教育部高等学校电子信息类专业教学指导委员会规划教材
高等学校电子信息类专业系列教材

现代信号分析和处理

第2版

张旭东 著

清華大學出版社
北京

内容简介

本书分三篇系统而深入地介绍了现代信号分析和处理的基础和广泛应用的算法。第一篇(第1～4章)介绍现代数字信号处理的统计方法基础，包括随机信号模型、估计理论概要、最优滤波器、最小二乘滤波和卡尔曼滤波，这些内容构成了信号处理统计方法的核心基础知识；第二篇(第5～8章)详细讨论了广泛应用的典型信号处理统计方法，包括自适应滤波算法、功率谱估计算法、高阶统计量和循环统计量、信号的盲处理算法等；第三篇(第9～11章)包括一般时频分析、小波变换原理和算法、信号的稀疏表示和压缩感知。

本书重视基础，但也包括了近年受到广泛关注的一些前沿专题，如无迹卡尔曼滤波和粒子滤波、独立分量分析、稀疏表示与压缩感知等。本书既注重了内容的先进性和系统性，也注重了内容的可读性，并通过大量实例帮助读者理解较为烦琐的算法。

本书适用于电子信息领域研究生课程，也可供各类利用信号或数据分析作为工具的大学高年级学生、研究生、教师和科技人员参考。

图书在版编目(CIP)数据

现代信号分析和处理/张旭东著. —2版. —北京：清华大学出版社，2024.4
高等学校电子信息类专业系列教材
ISBN 978-7-302-65837-5

Ⅰ. ①现… Ⅱ. ①张… Ⅲ. ①信号分析－高等学校－教材 ②信号处理－高等学校－教材 Ⅳ. ①TN911

中国国家版本馆CIP数据核字(2024)第060082号

责任编辑：曾 珊
封面设计：李召霞
责任校对：李建庄
责任印制：杨 艳

出版发行：清华大学出版社
网 址：https://www.tup.com.cn，https://www.wqxuetang.com
地 址：北京清华大学学研大厦A座 **邮 编**：100084
社 总 机：010-83470000 **邮 购**：010-62786544
投稿与读者服务：010-62776969，c-service@tup.tsinghua.edu.cn
质量反馈：010-62772015，zhiliang@tup.tsinghua.edu.cn
课件下载：https://www.tup.com.cn，010-83470236
印 装 者：三河市龙大印装有限公司
经 销：全国新华书店
开 本：185mm×260mm **印 张**：29.25 **字 数**：712千字
版 次：2018年8月第1版 2024年5月第2版 **印 次**：2024年5月第1次印刷
印 数：1～1500
定 价：99.00元

产品编号：104705-01

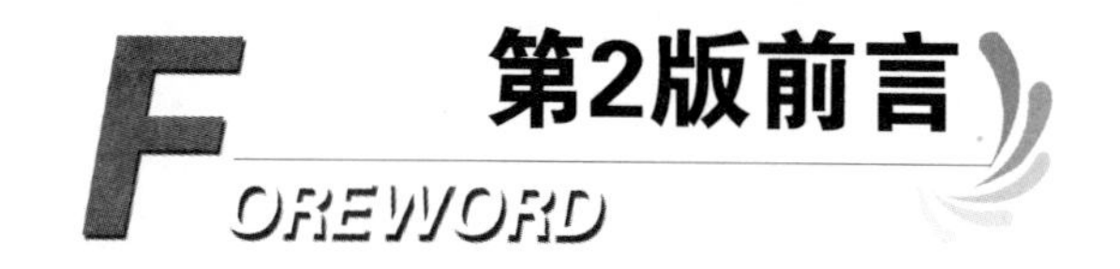

第2版前言

本书自第1版于2018年出版以来，得到许多读者的认可和一些任课教师的鼓励，并获得“清华大学优秀教材奖”，至2023年春季已重印8次。通过作者几年的教学实践，以及与许多教师和读者的交流，感觉本书第1版体量太大，技术细节的内容较多，作为研究生课程教材时篇幅过大。第2版主要的变化是进行了适当的删减，并保持内容的连贯性和良好的可读性，同时修改了部分习题，使本书更侧重于基础性和系统性，更适合研究生课程教学使用。参考文献集中于全书的最后，按作者字母顺序排列，便于读者参考。

第2版的另一个变化是将本书向“新形态教材”转化的尝试。除在出版社网站提供全部教学课件等资料的下载外，还提供了较丰富的微课视频，读者可扫描嵌入在各章节的二维码进行观看。当用本书作为教材时，授课教师的课堂讲课和微课视频可配合使用，以加深学生的理解。对于用本书作为自学的读者，微课视频可辅助理解书中的内容。

作者在准备本书第2版前，征求了何友院士的意见，何院士鼓励作者对第1版进行较大幅度的删减，以更适合于作为教材的推广；何院士也对教材修改给出许多指导意见，在此表示感谢。同时感谢本书第1版的责任编辑王一玲老师和清华大学出版社电子信息教材事业部主任盛东亮老师以及责任编辑曾珊老师对本书出版给予的大力支持。

限于作者水平，书中难免存在不足之处，敬请读者指正。

作　者

于清华园

2024年1月

第1版前言

现代信号分析和处理的应用非常广泛,不仅包括电子信息领域,而且在如生物医学工程、地质勘探、震动测量、自动控制甚至金融和社会学等众多领域都得到了深入的应用。作为一个研究领域和应用工具,现代信号分析和处理已形成众多分支,研究内容深入而广泛,应用面甚广,文献资料众多。

在这种情况下,为研究生课程提炼出一本全面反映现代信号分析和处理的理论、算法和应用的教材是不现实的,作者主要选择了两个主题构成本书的核心内容,一是信号的统计处理方法,包括信号的统计模型、统计推断基础、最优滤波理论、谱估计和自适应滤波、高阶和循环统计,以及信号的盲源分离;二是复杂信号的表示,包括信号的时频分析和稀疏信号表示。大致上第一部分内容占全书的2/3,第二部分内容占全书的1/3。

本书的内容超出一门课程的需要,可供灵活选择,为学生留出足够的自学材料。本书可以适用于几种不同的课程安排:①对于两个学期的课程,可选择统计部分作为一个学期,时频分析和稀疏表示作为一个学期,带星号的小节均留作自学材料;②对于一个学期每周3学时的工学硕士和博士研究生课程,除重点讲授前6章的基本内容外,再选择第9、10两章的基本内容,作者在清华大学电子工程系的课程就是按这种方式安排的,其中选择的各章中带星号的小节均留作课外阅读;③对于一个学期每周2学时的课程,或选择前6章的基础部分作为入门课程,或选择后3章作为时频分析和稀疏表示的专题课程。

本书各章都给出了几个需要用MATLAB仿真的习题(带*号的习题),希望使用本书的学生能够选做其中的一些,这对于理解书中的理论和算法是非常有帮助的。作者在讲授"现代信号处理"课程时,要求学生至少完成两个这样的仿真习题,并作为学期成绩的一部分,其效果是非常好的。

本书是作者在清华大学电子工程系近20年讲授研究生课程所积累的成果,其中融入了作者多年科研工作的心得。本书不完全是一本新书,它是作者和陆明泉教授于2005年在清华大学出版社出版的《离散随机信号处理》一书的大改版,由于新增内容和对原内容的修改都很大,以至于更适合作为一本新书出版。《离散随机信号处理》一书曾获得2004—2008年度清华大学优秀教材一等奖,但毕竟十几年过去,信号处理有了长足的发展,对原书的简单修订已不能反映这种发展,出版一本新书则更合适。这次新书的编著由作者单独完成,但本书第7章部分内容参考了陆明泉教授2005年原书相关章节的初稿,谨此对陆明泉教授多年的合作表示感谢。

本书各章单独列出参考文献,以便读者可独立选择阅读各章。共计列出超过300篇参考文献,都是作者在此次编著本书时直接参考或希望读者延伸阅读的。但本书中的一些材料是多年积累的结果,尽管作者努力包含对本书写作有影响的参考资料,但若有个别参考过的文献有所疏漏，仍恐难避免，若有此情况发生，作者表示歉意。

许多同事和研究生对本书的出版做出了贡献，清华大学生物医学工程系胡广书教授审阅了本书的第 8 章和第 11 章，并提出许多宝贵的建议。作者的学生张馨月帮助准备了 11.6.5 节的初稿，高昊和王超帮助绘制了多幅插图，在此表示感谢。

感谢清华大学出版社资深编辑王一玲老师在本书出版过程中给予的帮助和支持。

由于作者水平、时间和精力所限，本书会存在缺点和不足，希望读者批评指正。

作　者

于清华园

2018 年 5 月

微课视频清单

视 频 名 称	时长/min	位　　置
视频 1　绪论	22	0.1 节节首
视频 2　1-1：随机信号与特征	27	1.1 节节首
视频 3　1-2：信号特例与功率谱	44	1.3 节节首
视频 4　1-3：信号模型	30	1.6 节节首
视频 5　2-1：估计基础	36	2.1 节节首
视频 6　2-2：最大似然和贝叶斯估计	47	2.3 节节首
视频 7　2-3：线性估计	30	2.5 节节首
视频 8　3-1：最优滤波基础	44	3.1 节节首
视频 9　3-2：最优预测	54	3.2 节节首
视频 10　3-3：最优滤波-LS	48	3.3 节节首
视频 11　4-1：Kalman 滤波	80	4.2 节节首
视频 12　5-1：自适应滤波 1	52	5.1 节节首
视频 13　5-2：自适应滤波 2	31	5.4 节节首
视频 14　6-1：谱估计 1	66	6.1 节节首
视频 15　6-2：谱估计 2	33	6.7 节节首
视频 16　8-1：隐变量方法	44	8.1 节节首
视频 17　9-1：时频变换	58	9.1 节节首
视频 18　9-2：短时傅里叶和 Gabor	36	9.2 节节首
视频 19　9-3：时频变化-非线性变换	27	9.4 节节首
视频 20　10-1：小波变换 1	59	10.1 节节首
视频 21　10-2：小波变换 2	76	10.3 节节首

目录

CONTENTS

第二篇 信号统计处理方法

第三篇 时频分析和稀疏表示

第0章

绪　论

本书假设读者已具备了连续和离散确定性信号分析和处理的基本知识，这些知识包括傅里叶变换、z 变换、线性时不变系统的卷积，以及信号通过 LTI 系统的响应，尤其是经典滤波器对信号的处理。本书进一步讨论随机信号的统计处理方法和复杂信号的时频表示。

我们在自然界中遇到的实际信号大都具有随机特性，这样的信号称为随机信号。对随机信号的表示、分析和处理与确定性信号有许多不同的特点。确定性信号的分析工具是随机信号分析的重要基础，但随机信号分析和处理又有许多不同的方面。传统的信号时域表示和频域表示，均只反映了信号一方面的性质，对于复杂信号的分析和处理，经常需要更复杂的信号表示方法，时频分析是一种典型的复杂信号表示方法。对于复杂信号，为了有效地处理或表示，希望更多地使用信号的结构化性质，例如稀疏性，对这类问题本书也做概要讨论。本书讨论的主要问题是对离散随机信号的分析和处理方法以及复杂信号的表示方法。

0.1　本书的主要内容

本书主要包括如下几方面内容。

1. 对信号特性的了解

随机信号是一个随机过程，它可以是时间连续的，也可以是时间离散的，本书中主要讨论时间离散的随机信号。一个离散随机过程在每一个时刻对应一个随机变量，它服从一个概率分布函数，多个时刻对应的多个随机变量服从联合概率分布函数，这是随机过程的最基本的数学特征。在许多信号处理问题中，需要的是随机过程的更简单的特征，例如各种统计平均量，最常用的是期望值和相关函数。

在对实际信号的分析中，一般只能通过传感器或观测系统得到随机过程的一次实现，随机过程的一次实现称为一个时间序列，通过一个时间序列分析或估计随机信号的参数和特征，以提取有用的信息。

为了有利于对随机信号进行分析和处理，可以用一种数学形式来描述一个随机信号，这种数学描述称为信号的模型。对于一个实际的信号，给出一种模型表示，并通过测量得到的数据估计模型中的参数，这是信号的建模过程。对于随机信号，最一般的模型是联合概率密度函数，若获得了一个随机信号的联合概率密度函数及其参数，就获得了对该信号的相当完整的描述，信号的其他有用的特征量大多可以通过联合概率密度函数计算出来。但在实际中,在一些复杂情况下获得一个随机信号的准确的联合概率密度函数,并通过有限的测量值较准确地估计概率密度函数的参数是困难的,所以在很多应用中,需要采用信号的更简单的特征量。

当随机信号能够用更加特殊的模型表示,分析方法往往会更加有效,例如常用的一种模型是有理线性系统模型:一个随机过程由一个差分方程来刻画,差分方程的驱动信号是一个已知的简单的随机过程;另一个常用的信号模型是复正弦模型,一个随机信号由一组具有随机相位的复正弦信号组成,一个噪声干扰嵌在这个信号模型中。当一个时间序列符合这样的特殊模型时,许多分析和处理方法变得简单,甚至具有简洁的闭式方程。

随机信号处理中的一个重要问题,功率谱估计的现代方法主要建立在这样一些特殊模型基础上的。

2. 对统计意义下最优滤波的研究

随机信号处理的一个重要问题是波形估计,这类问题也称为滤波问题。在现代的信号处理领域,滤波一词的含义已远不再限于"选频"这样一个狭窄的概念,凡是对时间序列的处理过程均可称之为滤波。在随机信号作为输入和输出的滤波器中,滤波器的输出怎样是最优的?这个最优的评价准则应该考虑随机信号的特点和不同的应用对象。对随机信号,一个最常用的评价准则是均方误差最小准则。在平稳条件下,对一个期望波形的最优估计问题归结为维纳(Wiener)滤波器理论。作为线性滤波器理论上的目标,维纳滤波器给出了实际算法可达到的按均方误差准则的最优解,最小二乘滤波器(LS)则给出了有限数据样本下误差二次方和最小的一个易于实现的系统。如果按照最大信噪比准则,则可以得到匹配滤波器作为最优解。

在非平稳条件下:一个递推的最优滤波器是卡尔曼(Kalman)滤波。卡尔曼滤波的目标是对随机动力系统的状态变量进行估计和预测,递推结构使得卡尔曼滤波可以方便地跟踪非平稳变化的状态变量,并容易扩展到非线性系统。对非线性、非高斯的一般性最优滤波框架是贝叶斯滤波。贝叶斯滤波难以实现,一个次最优的典型实现是粒子滤波。

3. 对环境的自适应,具备"学习能力"的实际滤波算法

维纳滤波器给出了线性滤波在统计意义下的最优解,但维纳滤波器的实现需要对输入信号的先验统计,要求输入信号的2阶统计特征是已知的,这在许多实际应用中是不现实的。一种实际的实现方法是通过学习(或者说是一种递推的调节算法)自适应地获得这些统计量,以得到实际上可实现的滤波器。初始时滤波器的系数是预置的,可能产生较差的估计结果,但随着对环境的学习递推地对滤波器系数做调节,收敛到逼近于最优滤波器(维纳滤波器)的性能。

这类具有学习能力的线性滤波器称为线性自适应滤波器,它已经获得广泛应用,例如通信信道的自适应均衡、线性系统辨识、噪声对消、波束形成等。

4. 更多信息的利用

在线性自适应滤波和功率谱估计的应用中,仅使用了随机信号的2阶矩。2阶矩对高斯过程给予完全的表示,但对于非高斯过程,2阶矩是不完整的,通过高阶矩可以获得随机信号的更多有用信息。例如2阶矩和功率谱是相位盲的,它们不包含相位信息,利用这些特征对系统进行辨识时,只能处理最小相位系统。利用高阶矩和多谱可以提取信号的相位信息，可以实现非最小相位系统的辨识，可以分离高斯和非高斯分量，可以实现系统的盲反卷等应用。

5. 对时间(空间)频率关系的局域性分析

人们的注意力容易被信号中的瞬变或景物中的运动所吸引，而其中的平稳环境并不是最重要的，这些瞬变和运动包含了更重要的信息，同时，对于随机信号，这些局域的瞬变过程具有非平稳统计特性。为了获取这些重要信息，将信号分析工具局域化到瞬变时刻的附近，将得到更精细的结果，因此，具有时频局域性的分析工具是重要的。

傅里叶变换是线性系统分析最重要的工具。要得到一个信号 $f(t)$的傅里叶变换，必须在整个时间轴上对 $f(t)$和 $e^{i\omega t}$ 进行混合，因此传统傅里叶变换没有能力抽取一个信号的局域性质，即它没有能力抽取或定位信号在某个时间附近的瞬变特性。

因此，傅里叶变换对瞬态或非平稳信号的局域特性分析是无能为力的。人们研究了各种时频分析方法，目的是做局域的时间域和频率域的分析，典型的线性时频分析工具包括短时傅里叶变换、离散 Gabor 展开等，而维格纳分布则属于非线性时频分析方法。小波变换属于这一重要领域，它是一种线性时频分析工具，但不管是连续域还是离散域，小波变换都有简洁的正变换和反变换关系，并具有快速的离散小波变换算法，既可以作为信号分析的工具，又可以作为信号处理的工具，因此得到了更广泛的应用。

6. 对信号结构特性的利用

在信号处理算法的设计中，许多方法都会用到关于信号的特性，前述的统计处理方法中广泛使用了信号的统计特性，例如平稳假设、自相关或自协方差函数、参数的先验分布等。我们也可以利用信号的结构特性设计有针对性的信号处理算法，其中，近期研究较多的是利用信号或参数向量的稀疏特性。对于一个信号或参数向量，若向量自身或通过一个变换，使得向量表示中仅有少部分元素非零，则称该向量是稀疏的，利用稀疏性可获得问题的有效解。例如，如果通过采样值表示一个信号，若信号满足一定的稀疏性，可通过低于奈奎斯特采样率的总采样值准确重构信号，这是压缩感知讨论的问题；若需要求解的参数向量是稀疏的，可以通过施加特定的正则化条件，得到参数向量的稀疏解。利用稀疏性，可在许多问题的求解中得到更有效方法。目前，稀疏表示在信号处理、统计学和机器学习中都得到重视，本书第 11 章将简要介绍信号的稀疏表示和压缩感知。

7. 一些应用的例子

应用例子是理解各种算法的最有帮助的方式，书中列举了许多例子，既有为理解原理的说明性例子，也有许多数字仿真实例。

0.2 对信号处理的一些基本问题的讨论

在随机信号处理过程中，有几个问题或隐含或明显地影响一些技术的应用，这里对这些问题作一概要讨论，对于一些具体的影响和表现形式，可在后续学习中加以关注。

1. 先验知识问题

经典的数字信号处理技术(例如 DFT、FIR 数字滤波器等)对于信号的先验知识没有要求或要求很少，但对于随机信号处理中的理论和算法，都不可避免地对信号的先验知识进行假设，一种方法是否适用于一类实际问题或环境，要看先验知识是否得到满足。所谓先验知识是指在接收到或通过测量获得信号之前已对信号特性的了解，例如已知信号的联合概率密度函数，或已知信号的自相关序列，或在噪声中存在一段已知函数的波形等，这些都属于先验知识。

已知信号的先验知识，对于设计有效的信号处理系统是重要的。例如，在典型的雷达系统中，雷达接收机接收的有效信号是由同一部雷达的发射机发送的，因此雷达接收机信号处理系统的设计者是知道所接收的信号波形的数学函数的，其随机性主要表现在反射波形的到达时间和噪声与信号的强弱；典型的通信系统也是类似的，接收机的设计者知道发送器发送的信号波形是什么，随机性表现在波形所承载的信息、波形传输过程中混入的噪声、波形的衰减和畸变。典型雷达和通信系统的“信号的波形函数”是典型的先验知识，由于存在这种先验知识，因此人们采用“相关接收机”或“匹配滤波接收机”可以获得良好的接收质量。

在另一类应用电子对抗中，通过侦察敌方电子设备(例如雷达、通信系统等)采集信号，利用信号分析和处理技术获取对敌方电子设备的信号特性。由于这种环境下，电子侦察设备的设计者不知道敌方设备的信号波形函数，难以应用匹配滤波技术进行接收处理，由于缺乏这种先验知识，一般地，在一些同等条件下(例如同等发射功率、同等信号传输距离)电子侦察设备有效接收信号的能力不及雷达和通信接收机。

对于一类特定的应用，环境具备怎样的先验知识，如何获取这些先验知识，与具体应用背景密切相关。有些应用环境下，通过物理和数学原理可对先验知识做出一定推断，例如，许多物理条件下环境噪声逼近高斯分布，这种推断是建立在物理机理和概率论的中心极限定理基础上的；有些应用环境可通过长期积累获得若干先验知识；有些应用中，起始时没有先验知识，但通过系统操作过程中的积累而不断获取对环境的知识。具有更多的先验知识，一般来说可以改善信号处理的性能。如何获取先验知识，往往伴随着具体应用而衍生出不同的方法，这些不作为本书的核心内容。

2. 信噪比

由于实际接收或测量的信号中总是存在噪声，因此在实际信号中，期望得到的有用信号成分的功率和客观存在的噪声功率的比值总是有限值，这个比值称为信噪比。信噪比是影响很多现代信号处理方法的一个重要因素。对于一些算法来说，信噪比的影响是显式的，而对于另一些算法，信噪比的影响是隐含的。也就是说，对于一些信号处理算法来说，在算法的执行过程中，看不到信噪比的作用，但实际上信噪比却影响着算法执行的质量。一般来说，对于依赖信号先验知识较多或建立在特定的信号模型基础上的算法，在高信噪比时，表现出良好的性质，但在低信噪比时，算法性能会下降，甚至在低于某个门限后，算法性能急剧下降，从而变得不可用。

在本书后续章节中会看到这样的例子，例如，在信号频谱分析中，经典的方法是建立在DFT基础上的，但由于DFT存在着频率分辨率与测量信号长度直接相关联的缺点，在频率分辨能力上有明显的限制，所以人们研究了模型法谱估计和子空间谱估计等现代谱估计方法，在短数据条件下，可能获得高的频率分辨率。但是，事情往往是利弊共存的，现代谱方法可突破DFT方法的频率分辨率限制，但由于现代谱估计方法强烈地依赖于信号的模型假设，因此，其对信噪比的敏感度明显高于DFT方法，在低信噪比情况下，现代谱估计方法的性能会明显下降。

由于对于许多随机信号处理算法，信噪比的影响是隐性的，因此有必要讨论不同信噪比下信号处理算法的性能。对于一种具体算法，若能给出信噪比影响的解析表达式，当然是最理想的，但对于一些复杂算法，性能的解析分析变得非常复杂甚至不可能获得分析结果，这种情况下，利用数据仿真分析是一种替代的办法。目前由于计算技术的快速发展，许多软件工具可方便地用于算法的性能分析，例如广泛使用的一种软件工具是 MATLAB。

3. 算法复杂性与性能要求的匹配性

在实际系统设计中，在丰富的信号处理算法集中选择哪一种算法进行系统实现也是一个关键的问题。对于解决一个实际问题来说，并不是选择越先进、越复杂的算法越好，算法选择和系统实现的一条基本原理是 Occam 剃刀原理。该原理叙述为：除非必要，“实体”不应该随便增加。也可以认为，设计者不应该选用比“必要”更加复杂的系统。这个问题也可表示为方法的“适宜性”，即在解决一个实际问题中，选择最适宜的算法。

例如，在自适应滤波中，有两类典型算法——LMS 算法和 RLS 算法。其中，LMS 算法运算简单、复杂性低，但算法性能不如 RLS 算法；RLS 算法运算量更大，算法结构也更复杂。在一些对误差要求不是非常高的场合，若 LMS 算法适用，则没必要选择更高级的 RLS 算法。例如，通信系统中回响消除就是 LMS 算法成功应用的范例。由于 RLS 结构明显复杂于 LMS 算法，除了表面上运算量更高以外，由于算法结构更复杂，RLS 算法实现的系统稳健性不及 LMS 算法。在用数字系统实现时，一般定点 16 位运算可保障 LMS 算法的可靠实现，但标准 RLS 算法对数值运算字长的要求更高，一般需要 24 位或更高位数处理器，才能保证算法可靠实现。一些更稳健的 RLS 算法被提出，例如，格型结构 RLS 或基于 QR 分解的 RLS，但这些改进算法将使算法表示更加烦冗。在选择自适应滤波算法时，若 LMS 算法满足应用的性能要求，则优先选择 LMS 算法，当 LMS 算法的性能不能满足给出的指标要求时，再选择 RLS 算法，这是算法选择的“适宜性”原则的一个典型例子。

随着信息技术应用的广泛性，面临的电磁环境越来越复杂，为了解决复杂环境而采用的信号模型越来越复杂，相应的处理算法也越来越复杂，这是信号处理算法研究的一种必然趋势。科学研究往往要有预见性，不光要解决现有的问题，还要预见未来的问题并进行预先研究。由于环境愈加复杂是一种趋势，算法也相应愈加复杂，但对于应用者来说，却并不是选择越先进、越复杂的算法越好，“适宜性”原则是一种基本原则。也就是说，当为解决一个实际问题而选择信号处理算法时，应服从 Occam 剃刀原理。

0.3 一个简短的历史概述

尽管信号处理著作中频繁地出现一些几百年至百年前的先贤的名字，例如贝叶斯(Thomas Bayes，1702—1763，英国数学家)、高斯(Carl Friedrich Gauss，1777—1855，德国数学家)和傅里叶(Baron Jean-Baptiste-Joseph Fourier，1768—1830，法国学者)等，信号处理作为一个相对独立的研究领域却是近代的事情。

傅里叶变换是信号处理的基本方法，尤其是建立在傅里叶变换基础上的信号频谱分析和系统频域分析一直是信号处理的核心内容。1807 年 12 月 21 日，傅里叶提交了一篇关于热学原理的论文，其中揭示了：“在一个有限区间上任意不规则图形所定义的一个任意函数

(连续或具有不连续点)总是能够表示为正弦信号的和”,这被后来称为傅里叶级数。5 位法国数学家组成的评审委员会评审这篇论文,其中包括拉格朗日、拉普拉斯、勒让德等,最后因拉格朗日的激烈反对而未能发表。16 年后(1823 年),傅里叶在其努力失败后,以《热的解析理论》一书发表了他的成果。至今,傅里叶变换方法已是众多科学和技术领域的基本方法,信号处理不过是受傅里叶方法影响至深的领域之一。

高斯是线性参数估计思想的先驱。高斯于 1795 年在其 18 岁时就初步提出最小二乘(LS)方法,并于 1801 年成功预测小行星 Ceres 返回,1809 年高斯出版著作发表 LS 方法,在此之前,1806 年法国数学家 Legendre 在出版的著作中也独立提出 LS,人们还是把 LS 的发明权给了高斯。直到今日,LS 方法仍是信号处理中解决实际问题最有效的工具之一。

贝叶斯给出的概率公式构成了贝叶斯统计推断的基础,其基本思想是:已知条件概率密度和先验概率,利用贝叶斯公式转换成后验概率,根据后验概率的大小进行统计推断。贝叶斯统计推断思想已经成为信号统计处理的基础,贝叶斯概率公式是贝叶斯统计推断的基础,但贝叶斯统计推断方法却是许多近代学者众多成果的汇合。

维纳(Norbert Wiener,1894—1964)是信号的统计处理的先驱。维纳于 1942 年以内部报告的形式提出统计准则下对时间序列进行外推、滤波和预测的维纳滤波理论,并于 1949 年公开发表,维纳在 1948 年出版了他的名著《控制论》,给出了关于信息、通信和控制的基本思想。俄国数学家 Kolmogorov(1903—1987),于 1940 年也独立地发表了随机过程最小均方估计的理论,与维纳的工作很相似。

在另一方面,信号表示的离散化问题,也因奈奎斯特(1889—1976)的工作而奠定了基础,奈奎斯特于 1928 年发表了采样定理,1933 年由苏联工程师科捷利尼科夫首次用公式严格地表述这一定理,而 1948 年香农给出了著名的香农公式,表示了由采样值插值重构连续信号的公式。

在二战之前和期间,还有很多被认为是信号处理早期的重要工作被提出,这里仅列出其中的几个。Schuster 于 1898 年给出功率谱估计的周期图定义;Fisher 在 1918 年提出最大似然估计 MLE;Yule 于 1927 年首先提出了自回归模型;Wold 在 1938 年发表了关于离散时间平稳随机过程的表示理论;North 于 1943 年以技术报告形式提出了匹配滤波。

尽管从贝叶斯、傅里叶和高斯等的工作中找到了信号处理的一些基本思想,但作为一个研究领域,信号处理是一个“现代的科学分支”,一方面不断从数学和统计学中吸收重要思想,另一方面受到工程实践的需求,不断完善和发展。维纳和 Kolmogorov 的滤波理论,对于推动现代信号处理的统计方法的发展有显著的作用(其中维纳的学生 Levinson、李郁荣对于维纳滤波理论在电子工程的应用有实质贡献)。二战中和其后,雷达、通信、定位、航空航天和地震勘探等的需求推动了信号处理方法、理论和应用上的快速发展,大规模数字计算技术的飞跃,为应用提供了支持,两者的推动,使该领域自 20 世纪 50 年代以来一直非常活跃,至今新的问题不断被提出。尽管没有一个明确的标志时间和事件,但人们一般认为,二战以后信号处理作为一个研究方向已经成形。

经过 20 世纪 50 年代对经典理论的消化和由于数字计算而带来的对新方法的推动,20 世纪 60 年代成为信号处理突飞猛进的爆发期。大约 1960 年卡尔曼滤波和自适应滤波(LMS)被提出,1965 年 Cooley-Tukey 发表 FFT 算法,使得谱估计和数字滤波技术实时实现成为现实,1967 年 Burg 的最大熵思想激励了高分辨谱估计的研究。从 20 世纪 70 年代至今，信号处理的研究和应用一直非常活跃，新思想、新方法和新的研究分支不断出现，例如多采样率信号处理、小波变换和时频分析、盲信号处理、阵列信号处理和空时信号处理、贝叶斯滤波（粒子滤波为代表）、信号的稀疏表示和压缩感知、图上信号处理等。随着问题越来越复杂，新的问题不断被提出，信号处理的研究方法和实现方法也从传统的线性、时不变、高斯分布和集中结构向着非线性、时变、非高斯、分布式和智能型等方向发展。信号处理与机器学习、人工智能等领域的融合已成为现实。

第一篇

信号的统计处理方法基础

本篇包括4章内容，介绍信号处理中统计方法的基本内容。由于实际中遇到的信号都是随机信号，用统计方法对随机信号进行处理是有效的。

本篇的前两章给出了信号统计处理方法的基础知识，即随机信号的表示和模型以及估计理论基础，随后两章介绍了基本的统计处理方法，即维纳最优滤波器、最小二乘滤波和卡尔曼滤波。本篇也介绍了部分较前沿的内容，例如无迹卡尔曼滤波、粒子滤波等。

- 第1章　随机信号基础及模型；
- 第2章　估计理论基础；
- 第3章　最优滤波器；
- 第4章　卡尔曼滤波及其扩展。

第1章

随机信号基础及模型

本章讨论全书用到的一些基础知识。首先讨论随机信号的表示和随机信号基本特征量的定义，重点是平稳随机信号的自相关序列和功率谱及其通过线性系统后的形式，这些内容实际是对随机过程的复习，但这里重点讨论的是离散情况，而随机过程的数学著作更注重连续情况。在随机信号特征量中，一个特别重要的量是自相关矩阵，它是随机信号向量的最基本特征，在相当多的随机信号处理算法中起到关键作用。接下来讨论了随机信号的正交分解，重点讨论了 KL 变换。本章另一个重要论题是随机信号模型，讨论了几种常用模型，包括概率密度函数模型、复指数模型和有理分式模型，这些模型一方面为后续章节提供了随机信号的实例，另一方面，也是更重要的，它们是许多随机信号处理算法的基础。随机信号模型也为信号处理系统仿真和其他信息系统仿真提供了具有特定性质的信号源。

1.1 随机信号基础

在实际中遇到的大多数信号是具有随机性质的信号，可以用一个随机过程表示。因此，本书中“一个随机过程”和“一个随机信号”是等同的名词。随机信号在一个指定时刻的值是一个随机变量，服从一个概率分布函数，一般也存在一个概率密度函数。随机信号在不同时刻的取值组成一个随机向量，它服从一个联合概率分布函数，存在一个联合概率密度函数。对于一个随机信号，进行多次试验记录的信号波形可能都是不同的，每次试验的波形称为随机信号的一次实现，所有实现的集合构成这个随机过程。

对于一个随机信号的描述，它既有不确定性，也具有确定性的规律。随机信号每一次实现的波形是不同的，一般情况下，我们无法准确预测当前随机信号在某一时刻的取值，但是，一个随机信号服从确定的概率分布和联合概率分布。对于一个指定的时刻，信号取值的概率分布和概率密度函数是确定的；对于一组指定的时间集合，联合概率分布函数和联合概率密度函数也是确定的。另外，对于一个随机信号，它具有一些确定的统计特征量(简称统计量)，这些统计特征量反映了信号的许多本质的性质，通过对这些统计量的分析，可以获得随机信号中许多重要的信息。

图 1.1.1 是一个随机信号的三次不同的试验，这个随机信号由一个初相位是随机变量的正弦波被噪声所干扰，该信号可以表示为

$$x_a(t)=A\sin(\omega_0 t+\varphi)+v(t) \tag{1.1.1}$$

这里 ω_0 是确定的角频率，A 是确定的幅度，φ 是随机初相位且均匀分布于$[0,2\pi]$区间，

$v(t)$是混入的噪声。由于正弦信号的初相位是随机的，因此每次试验前无法预测这个初相位，每个时刻的干扰噪声都服从具有相同参数的正态(高斯)分布，但其取值是不可能被准确预测的。尽管具有这些不确定性，我们仍可能从这些试验的数据中以一定的精度估计出正弦波形的频率和幅度等重要信息。这个简单例子反映了这样一个事实：随机信号具有不确定性，但随机信号具有可用性。

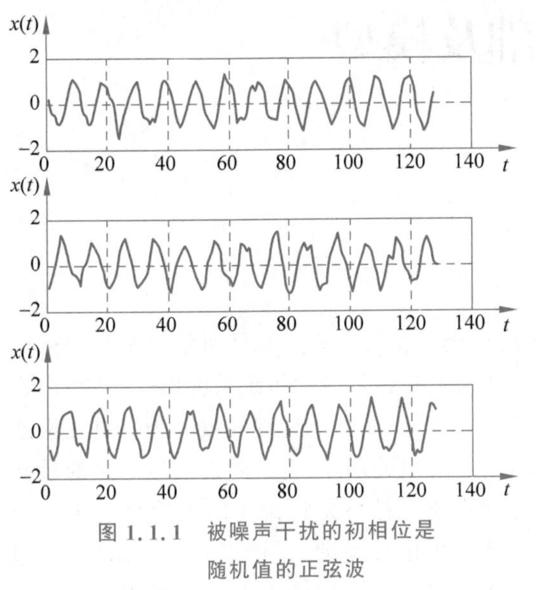

图 1.1.1 被噪声干扰的初相位是随机值的正弦波

物理世界的大多数随机信号是连续信号，为了方便处理，通过采样得到离散随机信号，对于连续信号 $x_a(t)$，以 T_s 为间隔进行均匀采样，得到离散随机信号 $x(n)=x_a(nT_s)$。本书主要针对离散随机信号展开讨论，因此，后文中如果不特殊说明，均指离散随机信号。

随机信号的各种统计特征量反映了随机信号的总体的性质，一般需要通过随机信号的联合概率密度函数来求得，也就是反映随机信号所有实现的集合的性质，这称为随机信号的汇集特征或汇集平均。在工程中，可以获得的往往只有随机信号的一次实现，统计信号处理中的一个重要任务就是通过这样一次实现，去估计随机信号的各种统计特征量及其这些统计量的各种变换形式，从而提取有用信息。我们称离散随机信号的一次实现为一个时间序列，记为$\{x(n)\}$，或简单记为 $x(n)$，$x(n)$只是表示随机信号的一次实现，是一个时间序列，而一个随机信号则是它的所有可能实现的集合。严格地讲，一个随机过程可以用$\{\boldsymbol{x}(n,\xi)\}$表示，$\xi$ 代表随机过程的一次实现，$\boldsymbol{x}(n,\xi)$表示这次实现的记录值，等价于前述的 $x(n)$，$\{\boldsymbol{x}(n,\xi)\}$表示所有实验的集合。但是为了符号表示和叙述简单，本书后文用符号 $x(n)$既表示一个随机信号又表示它的一次实现，根据上下文，这样做一般并不会引起歧义。

本节注释：在更严格的数学和统计学著作中，常用不同符号(例如大小写)表示一个随机过程和它的一次实现，例如用 $\boldsymbol{X}(n)$表示一个随机过程，用 $\boldsymbol{x}(n)$表示一次实现，用 $f(\boldsymbol{X}(n))$表示对随机过程定义的一种函数，用 $f(\boldsymbol{x}(n))$表示获得随机过程一次实现(一段实际测量的数据)后代入函数得到的一次取值。由于在信号处理中，也经常采用信号向量和信号矩阵，惯用黑体表示这些向量和矩阵。故为了区分标量和向量，本书采用非黑体的符号 $x(n)$表示一个标量的随机信号，至于 $x(n)$在一个表达式中表示的是随机过程的全体还是其一次实现，通过上下文容易区分。

1.1.1 随机过程的概率密度函数表示

为简单起见，用一个时间序列表示一个离散时间随机信号，时间序列是由一组按时间顺序排列的观测值组成的。一个离散随机信号可以用如下时间序列表示：

$$\cdots,x(-1),x(0),x(1),\cdots,x(n-1),x(n),\cdots$$

对于一个随机过程，在一个给定时间 n，它服从一个概率分布函数，即

$$F(x,n)=P\{x(n)\leqslant x\} \tag{1.1.2}$$

比较完整的描述是对于任意取的一个时间集合，给出它们的联合概率分布函数，一般地用

$$F(x_1,x_2,\cdots,x_M,n_1,n_2,\cdots,n_M)=P\{x(n_1)\leqslant x_1,x(n_2)\leqslant x_2,\cdots,x(n_M)\leqslant x_M\} \tag{1.1.3}$$

表示随机信号分别在 $n_1,n_2,\cdots,n_M$ 时刻取值的联合概率分布函数，这里 $P\{\xi\}$ 表示事件 ξ 发生的概率。

1. 概率密度函数

如果 $F(x,n)$ 对 x 可导，则

$$p(x,n)=\frac{\mathrm{d}F(x,n)}{\mathrm{d}x} \tag{1.1.4}$$

是随机信号在时刻 n 的概率密度函数。如果 $F(x_1,x_2,\cdots,x_M,n_1,n_2,\cdots,n_M)$ 分别对 x_1，$x_2,\cdots,x_M$ 是可导的，则

$$p(x_1,x_2,\cdots,x_M,n_1,n_2,\cdots,n_M)=\frac{\partial F(x_1,x_2,\cdots,x_M,n_1,n_2,\cdots,n_M)}{\partial x_1\partial x_2\cdots\partial x_M} \tag{1.1.5}$$

为随机信号在 $n_1,n_2,\cdots,n_M$ 时刻取值的联合概率密度函数。在工程文献中，通过引入冲激函数 $\delta(x)$，可以将取值连续和取值离散的随机信号的联合概率密度函数作统一处理。

注意到，在一般情况下，随机过程的联合概率密度函数与其时间集 $n_1,n_2,\cdots,n_M$ 有关，故联合概率密度函数写为 $p(x_1,x_2,\cdots,x_M,n_1,n_2,\cdots,n_M)$，但在讨论一些较复杂问题时，这种表示比较冗长，有时为了简单，也可省略时间集，写成 $p(x_1,x_2,\cdots,x_M)$。另外，可以定义信号向量为 $\boldsymbol{x}(\boldsymbol{n})=[x(n_1),x(n_2),\cdots,x(n_M)]^{\mathrm{T}}$，变量向量为 $\boldsymbol{x}=[x_1,x_2,\cdots,x_M]^{\mathrm{T}}$ 和时间向量 $\boldsymbol{n}=[n_1,n_2,\cdots,n_M]^{\mathrm{T}}$，$\boldsymbol{x}(\boldsymbol{n})$ 的联合概率密度函数可更紧凑地表示为 $p(\boldsymbol{x},\boldsymbol{n})$ 或 $p(\boldsymbol{x})$。

例 1.1.1 若一个随机信号在任意时刻均满足 $[a,b]$ 区间的均匀分布，其概率密度函数写为

$$p(x,n)=\begin{cases}\dfrac{1}{b-a}, & a\leqslant x\leqslant b\\ 0, & \text{其他}\end{cases}$$

例 1.1.2 若一个表示数字通信传输序列的随机信号，在任何时刻均只取 0，1 值，且是等概率的，则利用冲激函数，概率密度函数写为

$$p(x,n)=0.5\delta(x)+0.5\delta(x-1)$$

注意，本书多次出现 δ 函数，它有连续形式和离散形式，两者非常不同，本例中 δ 是连续形式。这里 $\delta(x)$ 称为冲激函数，是一个广义函数，由狄拉克给出的定义为

$$\begin{cases}\displaystyle\int_{-\infty}^{+\infty}\delta(x)\mathrm{d}x=1\\ \delta(x)=0,x\neq 0\Rightarrow\delta(x)\mid_{x=0}=\infty\end{cases}$$

其最基本的性质：①抽取性质，即 $f(x)\delta(x)=f(0)\delta(x)$，这里 $f(x)$ 在 $x=0$ 连续；②积分抽取性质，即 $\int_{-\infty}^{+\infty}\delta(x-x_i)f(x)\mathrm{d}x=f(x_i)$，后文会用到冲激函数的这个性质。

在后续章节也常见到 δ 函数的离散形式，离散 δ 函数是一个非常简单的函数，其定义为

$$\delta(k)=\begin{cases}1, & k=0\\ 0, & k=\text{其他}\end{cases}$$

其形式 $\delta(i-j)$ 有时也写成 δ_{ij}，表示只有当 $i=j$ 时为 1，其他情况下为 0。

根据自变量的连续或离散来确定 δ 是连续或离散函数，一般用 x、t 等表示连续变量，用 m、n、k、l 等表示离散变量，因此，根据上下文和自变量形式，容易判断一个 δ 函数是离散还是连续形式。

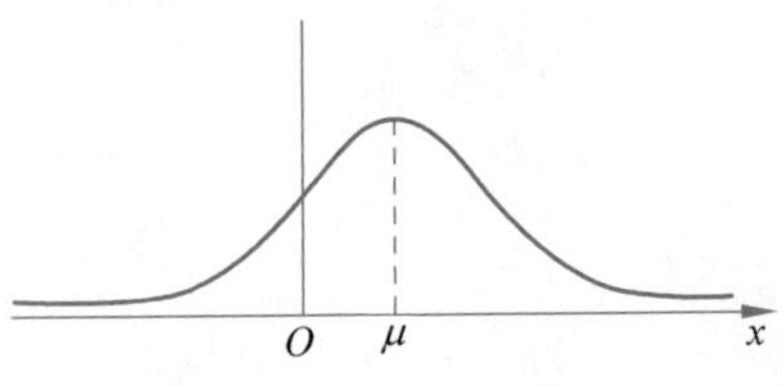

图 1.1.2　高斯密度函数

例 1.1.3　若一个随机信号在任意时刻满足如下概率密度函数：

$$p(x,n)=\frac{1}{\sqrt{2\pi}\sigma}e^{-\frac{(x-\mu)^2}{2\sigma^2}}$$

称其满足高斯分布或正态分布，这里 μ 称为其均值，σ^2 称为其方差，概率密度函数的图形表示如图 1.1.2 所示。

对于联合概率密度函数，当

$$p(x_1,x_2,\cdots,x_M,n_1,n_2,\cdots,n_M)=p(x_1,n_1)p(x_2,n_2)\cdots p(x_M,n_M) \tag{1.1.6}$$

称随机信号在这些时刻的取值是互相统计独立的。如果

$$\begin{aligned}&p(x_1,x_2,\cdots,x_M,n_1,n_2,\cdots,n_M)\\&=p(x_1,x_2,\cdots,x_l,n_1,n_2,\cdots,n_l)p(x_{l+1},\cdots,x_M,n_{l+1},\cdots,n_M)\end{aligned} \tag{1.1.7}$$

称该随机信号在时间子集 $n_1,n_2,\cdots,n_l$ 的取值和时间子集 $n_{l+1},n_{l+2},\cdots,n_M$ 的取值是统计独立的，但在每个时间子集内不一定独立。

如果已知一个联合概率密度函数 $p(x_1,x_2,\cdots,x_M,n_1,n_2,\cdots,n_M)$，通过在其取值区间积分消去一些变量，得到剩下的子集变量的联合概率密度函数，这个子集变量的联合概率密度函数相对原联合概率密度函数称为边际分布，例如

$$p(x_1,x_2,\cdots,x_{M-1},n_1,n_2,\cdots,n_{M-1})=\int p(x_1,x_2,\cdots,x_{M-1},x_M,n_1,n_2,\cdots,n_{M-1},n_M)\mathrm{d}x_M$$

$$p(x_1,n_1)=\int\cdots\int p(x_1,x_2,\cdots,x_{M-1},x_M,n_1,n_2,\cdots,n_{M-1},n_M)\mathrm{d}x_2\cdots\mathrm{d}x_M$$

2. 随机信号函数的概率密度

如果有随机信号 $x(n)$ 通过一个函数 $g(\cdot)$ 产生另外一个随机信号 $y(n)$，且满足

$$y(n)=g(x(n)) \tag{1.1.8}$$

如果对于给定的值 y，$y=g(x)$ 有唯一解 x，则由 $x(n)$ 的概率密度函数 $p(x,n)$，得到 $y(n)$ 的概率密度函数 $p_y(y,n)$ 为

$$p_y(y,n)=\frac{p(x,n)}{|g'(x)|} \tag{1.1.9}$$

例 1.1.4　若一个信号 $x(n)$ 的概率密度函数 $p(x,n)$，且 $y(n)$ 与 $x(n)$ 的关系为

$$y(n)=ax(n)+b$$

由于 $g(x)=ax+b$，故 $g'(x)=a$，并且 $y=g(x)$ 的唯一解是 $x=\dfrac{y-b}{a}$，故概率密度函数 $p_y(y,n)$ 为

$$p_y(y,n)=\frac{p(x,n)}{|g'(x)|}=\frac{1}{|a|}p\left(\frac{y-b}{a},n\right)$$

为了讨论随机信号函数的更一般形式，设随机信号 $x(n)$ 在不同时刻一组取值 $\{x(n_1),x(n_2),\cdots,x(n_M)\}$ 的联合概率密度函数为 $p(x_1,x_2,\cdots,x_M,n_1,n_2,\cdots,n_M)$，为了后续表示的简单，简写为 $p(x_1,x_2,\cdots,x_M)$，通过一组变换函数 $\{g_1(\cdot),g_2(\cdot),\cdots,g_M(\cdot)\}$ 得到另外一个随机信号 $y(n)$ 的一组值如下：

$$\begin{gathered}y(m_1)=g_1(x(n_1),x(n_2),\cdots,x(n_M))\\ y(m_2)=g_2(x(n_1),x(n_2),\cdots,x(n_M))\\ \vdots\\ y(m_M)=g_M(x(n_1),x(n_2),\cdots,x(n_M))\end{gathered}$$

设 $\{y(m_1),y(m_2),\cdots,y(m_M)\}$ 的联合概率密度函数为 $p_Y(y_1,y_2,\cdots,y_M)$，若对于任意给出的一组值 $y_1,y_2,\cdots,y_M$，方程组

$$\begin{gathered}y_1=g_1(x_1,x_2,\cdots,x_M)\\ y_2=g_2(x_1,x_2,\cdots,x_M)\\ \vdots\\ y_M=g_M(x_1,x_2,\cdots,x_M)\end{gathered}\tag{1.1.10}$$

有唯一解 $x_1,x_2,\cdots,x_M$，则 $p_Y(y_1,y_2,\cdots,y_M)$ 由下式确定：

$$p_Y(y_1,y_2,\cdots,y_M)=\frac{p(x_1,x_2,\cdots,x_M)}{|J(x_1,x_2,\cdots,x_M)|}\tag{1.1.11}$$

其中

$$J(x_1,x_2,\cdots,x_M)=\begin{vmatrix}\frac{\partial g_1}{\partial x_1} & \cdots & \frac{\partial g_1}{\partial x_M}\\ \vdots & \ddots & \vdots\\ \frac{\partial g_M}{\partial x_1} & \cdots & \frac{\partial g_M}{\partial x_M}\end{vmatrix}\tag{1.1.12}$$

称为变换函数组 $\{g_1(\cdot),g_2(\cdot),\cdots,g_M(\cdot)\}$ 的雅可比行列式。

3. 条件概率密度

对于随机信号在两个时刻的取值 $x(n_1)$、$x(n_2)$，假设其联合概率密度函数 $p(x_1,x_2)$，为了简单，这里略去概率密度函数中的时间变量 n_1、n_2，假设在 $x(n_1)$ 确定的条件下，$x(n_2)$ 的概率密度函数为 $p(x_2|x_1)$，并且有

$$p(x_2\mid x_1)=\frac{p(x_1,x_2)}{p(x_1)}\tag{1.1.13}$$

反之，由条件概率密度函数，也可以得到联合概率密度函数为

$$p(x_1,x_2)=p(x_2\mid x_1)p(x_1)\tag{1.1.14}$$

显然，改变 x_1，x_2 的作用，式(1.1.14)可进一步写为

$$p(x_1,x_2)=p(x_2\mid x_1)p(x_1)=p(x_1\mid x_2)p(x_2)\tag{1.1.15}$$

可将条件概率密度概念推广到更一般情况，设随机信号 $x(n)$ 在不同时刻一组取值 $\{x(n_1),x(n_2),\cdots,x(n_M)\}$ 的联合概率密度函数为 $p(x_1,x_2,\cdots,x_M)$，更一般的条件概率密度函数可写为

$$p(x_{k+1},\cdots,x_{M-1},x_M \mid x_1,\cdots,x_k)=\frac{p(x_1,x_2,\cdots,x_k,\cdots,x_{M-1},x_M)}{p(x_1,\cdots,x_k)} \tag{1.1.16}$$

对于条件概率密度函数,不难导出其链式法则(证明留作习题)为

$$p(x_1,\cdots,x_{M-1},x_M)=p(x_M \mid x_{M-1},\cdots,x_1)\cdots p(x_2 \mid x_1)p(x_1) \tag{1.1.17}$$

1.1.2 随机过程的基本特征

在信号处理的研究中,联合概率密度函数在理论上有其重要的意义,许多重要方法的提出,是建立在已知信号的联合概率密度函数的基础上的。但在许多实际算法实现中,尤其在变化的或未知的环境中,联合概率密度函数是比较难获取的。用联合概率密度函数,可以定义随机信号的一些常用的统计特征量,这些统计特征量可能会通过实际获取的一个随机信号的一次实现的有限样本进行近似估计。这样,利用随机信号的特征量构建的处理算法就比建立在概率密度函数基础上的算法更易于实现。

随机信号最常用的统计特征量是它的1阶和2阶特征,包括均值、自相关函数和自协方差函数,它们的定义分别如下。

均值(1阶特征,或称1阶矩):

$$\mu(n)=E[x(n)]=\int xp(x,n)\mathrm{d}x \tag{1.1.18}$$

自相关函数(2阶特征,或称2阶矩):

$$r(n_1,n_2)=E[x(n_1)x^*(n_2)]=\iint x_1x_2^*p(x_1,x_2,n_1,n_2)\mathrm{d}x_1\mathrm{d}x_2 \tag{1.1.19}$$

自协方差函数(2阶特征,或称2阶中心矩):

$$\begin{aligned}c(n_1,n_2)&=E[(x(n_1)-\mu(n_1))(x(n_2)-\mu(n_2))^*]\\&=r(n_1,n_2)-\mu(n_1)\mu^*(n_2)\end{aligned} \tag{1.1.20}$$

式(1.1.18)中,$p(x,n)$表示随机信号在n时刻取值的概率密度函数,式(1.1.19)中,$p(x_1,x_2,n_1,n_2)$表示随机信号分别在(n_1,n_2)时刻取值的联合概率密度函数,$E[\cdot]$表示数学期望。以上定义中,假设随机信号$x(n)$的取值是一般的复数,符号x^*表示对x取共轭,当信号取值是实数时,只要简单地去掉以上定义中的共轭符号即可。

更一般地,考虑信号向量为$\boldsymbol{x}(\boldsymbol{n})=[x(n_1),x(n_2),\cdots,x(n_M)]^{\mathrm{T}}$,变量向量为$\boldsymbol{x}=[x_1,x_2,\cdots,x_M]^{\mathrm{T}}$和时间向量$\boldsymbol{n}=[n_1,n_2,\cdots,n_M]^{\mathrm{T}}$,$\boldsymbol{x}(\boldsymbol{n})$的联合概率密度函数表示为$p(\boldsymbol{x},\boldsymbol{n})$,对信号向量定义一个任意函数$g[\boldsymbol{x}(n)]$,可定义信号向量函数的期望值为

$$E[g[\boldsymbol{x}(n)]]=\int g[\boldsymbol{x}(n)]p(\boldsymbol{x},\boldsymbol{n})\mathrm{d}\boldsymbol{x} \tag{1.1.21}$$

注意,式(1.1.21)中的积分符号$\int$表示M重积分。作为特例,假设有一个信号向量$\boldsymbol{x}(\boldsymbol{n})=[x(n_1),x(n_2),x(n_3),x(n_4)]^{\mathrm{T}}$,定义函数$g[\boldsymbol{x}(n)]=x(n_1)x(n_2)x(n_3)x(n_4)$,则$E[g[\boldsymbol{x}(n)]]$可以写为

$$\begin{aligned}&E[x(n_1)x(n_2)x(n_3)x(n_4)]\\&=\iiiint x_1x_2x_3x_4p(x_1,x_2,x_3,x_4,n_1,n_2,n_3,n_4)\mathrm{d}x_1\mathrm{d}x_2\mathrm{d}x_3\mathrm{d}x_4\end{aligned} \tag{1.1.22}$$

与2阶矩相比,信号在4个时刻连乘的期望值被称为4阶矩,式(1.1.22)是一种4阶矩的定义,

高于 2 阶的特征量称为高阶特征量，关于高阶统计量的性质和应用在第 7 章再做详细讨论。

例 1.1.5 设一个随机信号为

$$x(n)=A\cos(\omega n+\varphi)$$

其中，φ 是$[0,2\pi]$内均匀分布的随机变量，A 是实常数。求 $x(n)$的均值和自相关函数。

解：本题中，只有变量 φ 是随机的，故求 $x(n)$ 的均值变成了求 φ 的函数 $g(\varphi)=A\cos(\omega n+\varphi)$的均值，由于 φ 的概率密度函数为

$$p(\varphi)=\begin{cases}\dfrac{1}{2\pi}, & 0\leqslant\varphi\leqslant 2\pi\\ 0, & \text{其他}\end{cases}$$

故

$$\begin{aligned}\mu(n)&=E\{A\cos(\omega n+\varphi)\}=AE\{\cos(\omega n+\varphi)\}\\&=A\int_0^{2\pi}\frac{1}{2\pi}\cos(\omega n+\varphi)\mathrm{d}\varphi=0\end{aligned}$$

类似地

$$\begin{aligned}r(n_1,n_2)&=E\{A\cos(\omega n_1+\varphi)A\cos(\omega n_2+\varphi)\}\\&=\frac{1}{2}A^2E\{\cos\omega(n_1-n_2)+\cos(\omega n_1+\omega n_2+2\varphi)\}\end{aligned}$$

由于

$$E\{\cos(\omega n_1+\omega n_2+2\varphi)\}=\frac{1}{2\pi}\int_0^{2\pi}\cos(\omega n_1+\omega n_2+2\varphi)\mathrm{d}\varphi=0$$

得到

$$r(n_1,n_2)=\frac{1}{2}A^2\cos\omega(n_1-n_2)$$

信号处理中最常用和分析方法最成熟的是对平稳随机过程的分析。平稳随机过程是指对任意 M 个不同时刻，信号取值的联合概率密度函数与起始时间无关，即$\{x(n_1),x(n_2),\cdots,x(n_M)\}$和$\{x(n_1+k),x(n_2+k),\cdots,x(n_M+k)\}$的联合概率密度函数对任意整数 k 是相同的。实际中经常处理的是所谓宽平稳随机过程(WSS)，宽平稳是指随机过程的 1 阶和 2 阶矩与起始参考时间无关，一个 WSS 应满足

$$\begin{aligned}&\mu(n)=\mu\\&r(n_1,n_2)=r(n_1-n_2)=r(k),\quad k=n_1-n_2\end{aligned}\tag{1.1.23}$$

更严格地讲，K 阶平稳过程是指从 1 阶直到 K 阶矩满足与起始参考时间无关的性质。但在实际中，针对不同的应用，人们只关心到某阶平稳，例如功率谱估计只关心 2 阶平稳。在本书前 6 章主要用到前 2 阶特征量，故在前 6 章叙述中，我们主要讨论宽平稳性。因为宽平稳是更常用的，今后提起平稳性，如果不加限定条件，指的就是宽平稳，而一般平稳性用术语"严格平稳"来专指。宽平稳比严格平稳的条件要宽松，在严格平稳条件下，如果随机过程的均值和自相关存在，则一定是宽平稳的；反之，宽平稳情况下，推不出严格平稳性。当所讨论的问题遇到高阶统计量时，用术语 K 阶平稳表示平稳性。

对于平稳信号，自相关的定义可以更简单地写为

$$r(k)=E[x(n)x^*(n-k)]\tag{1.1.24}$$

其中，$r(0)=E[|x(n)|^2]=\int_{-\infty}^{+\infty}|x|^2p(x)\mathrm{d}x$，表示信号的平均功率。对零均值信号，$r(0)=E[|x(n)|^2]=\sigma^2$，即自相关函数在零标号的值等于随机信号的方差。

注意，在今后使用自相关函数、均值和方差等特征量时，可以带下标，也可以不带下标，例如，要指明是随机信号 $x(n)$、$y(n)$的自相关，分别用符号 $r_x(k)$、$r_y(k)$表示，如果不写下标，表明自相关 $r(k)$所对应的随机信号通过上下文是自明的。对于离散随机信号，由于自相关函数的自变量也是整数序号，故也常称为自相关序列。

自相关函数表示同一个随机信号在两个不同时刻取值的相关性，自协方差函数是去掉均值后的相关性，在信号处理文献中，对于平稳信号来说，经常将均值不为零的信号去均值后再进行处理，在本书后文中，如不加特别说明，总假设随机信号是零均值的，此时，自相关函数等于自协方差函数。对于一个实际信号，如果均值不为零，通过先估计均值，然后每个样本减去均值，变成零均值信号再做处理。

例 1.1.6 针对例 1.1.5 所讨论的信号，有

$$\mu(n)=\mu=0$$

$$r(k)=r(n_1,n_2)=\frac{1}{2}A^2\cos\omega(n_1-n_2)=\frac{1}{2}A^2\cos\omega k$$

该信号是 2 阶宽平稳的随机信号。

不难验证，自相关函数具有如下最常用性质。

(1) 原点值最大

$$r(0)\geqslant|r(k)| \tag{1.1.25}$$

(2) 共轭对称性

$$r(-k)=r^*(k) \tag{1.1.26}$$

对于实信号有 $r(-k)=r(k)$，即实信号的自相关函数是对称的。

(3) 半正定性，对于任意给的数值序列 a_i，满足

$$\sum_i\sum_j a_ia_j^*r(i-j)\geqslant 0 \tag{1.1.27}$$

这里仅给出半正定性的证明，另外两个性质的证明留作习题，半正定性证明如下。

对于任给的平稳随机信号 $x(n)$和数值序列 a_i，定义一个新的随机信号 $y(n)$为

$$y(n)=\sum_{i=-\infty}^{+\infty}a_ix(n+i)$$

由于 $r_y(0)\geqslant 0$，故

$$r_y(0)=E[y(n)y^*(n)]=E\left\{\sum_{i=-\infty}^{+\infty}a_ix(n+i)\sum_{j=-\infty}^{+\infty}a_j^*x^*(n+j)\right\}$$

$$=\sum_{i=-\infty}^{+\infty}\sum_{j=-\infty}^{+\infty}a_ia_j^*E[x(n+i)x^*(n+j)]=\sum_{i=-\infty}^{+\infty}\sum_{j=-\infty}^{+\infty}a_ia_j^*r_x(i-j)\geqslant 0$$

由于 $x(n)$是任取的，故对任意信号式(1.1.27)成立。

对两个不同的随机信号，可以定义它们的互相关函数为

$$r_{xy}(n_1,n_2)=E[x(n_1)y^*(n_2)] \tag{1.1.28}$$

如果它们是联合宽平稳的，它们的互相关函数为

$$r_{xy}(k)=E[x(n)y^*(n-k)] \tag{1.1.29}$$

互相关有如下性质：

$$r_{xy}(-k)=r_{yx}^{*}(k) \tag{1.1.30}$$

$$|r_{xy}(k)|^{2}\leqslant|r_{x}(0)||r_{y}(0)| \tag{1.1.31}$$

有时候也采用互相关系数来刻画两个信号之间的相关性，互相关系数定义为

$$\rho_{xy}(k)=\frac{r_{xy}(k)}{[r_{x}(0)r_{y}(0)]^{1/2}}$$

显然，$|\rho_{xy}(k)|\leqslant 1$，$\rho_{xy}(k)$是一个归一化的互相关函数。

对于均值不为零的两个联合宽平稳的随机信号，可以类似地定义它们的互协方差函数为

$$c_{xy}(k)=E[(x(n)-\mu_{x})(y(n-k)-\mu_{y})^{*}] \tag{1.1.32}$$

如果两个随机信号(或同一随机信号在不同时刻的取值)满足

$$r_{xy}(n_1,n_2)=E[x(n_1)y^{*}(n_2)]=E[x(n_1)]E[y^{*}(n_2)] \tag{1.1.33}$$

称 $x(n_1)$和 $y(n_2)$(或同一随机信号在不同时刻的取值)是不相关的，如果对所有 n_1、n_2，$x(n_1)$和 $y(n_2)$都是不相关的，称这两个随机信号是不相关的。如果满足

$$r_{xy}(n_1,n_2)=E[x(n_1)y^{*}(n_2)]=0 \tag{1.1.34}$$

称 $x(n_1)$和 $y(n_2)$是正交的，注意到，两个随机变量的正交定义是由它们的互相关定义的。对两个均值为零的随机信号，如果它们是不相关的，必然是正交的。

对于随机信号，用相关性定义正交性是容易理解的，考虑零均值随机信号 $y(n)$，如果我们希望用 y 的当前时刻和过去时刻值和一些$x(n)$的值预测 y 下一个时刻$y(n+1)$的值，如果$x(n_1)$与$y(n+1)$是不相关的，也就是正交的，我们不期望能从$x(n_1)$中得到对预测$y(n+1)$有用的信息，也就是 $y(n+1)$预测式中 $x(n_1)$项的系数为零。这些讨论也可以用向量空间的概念来理解，由 y 的过去值和$x(n)$的一些值构成一个向量空间 $\mathbf{V}$，其中 $x(n_1)$表示向量空间的一个坐标轴，设 $y(n+1)$是更高维向量空间的一个向量，预测 $y(n+1)$实际上是求 $y(n+1)$在向量空间 $\mathbf{V}$ 的投影，如果 $y(n+1)$与 $x(n_1)$是正交的，它在 $x(n_1)$方向上的投影必然为零，因此 $y(n+1)$的预测表达式中不包括 $x(n_1)$项。

例 1.1.7 设 $z(n)=x(n)+y(n)$，$x(n)$，$y(n)$是零均值，求 $z(n)$的自相关：(1)讨论非平稳的一般情况；(2)讨论 $x(n)$，$y(n)$不相关的情况；(3)讨论平稳情况。

解：

$$\begin{aligned}r_{z}(n_1,n_2)&=E\{[x(n_1)+y(n_1)][x(n_2)+y(n_2)]^{*}\}\\&=E\{x(n_1)x^{*}(n_2)\}+E\{x(n_1)y^{*}(n_2)\}+\\&\quad E\{y(n_1)x^{*}(n_2)\}+E\{y(n_1)y^{*}(n_2)\}\\&=r_{x}(n_1,n_2)+r_{xy}(n_1,n_2)+r_{yx}(n_1,n_2)+r_{y}(n_1,n_2)\end{aligned}$$

当 $x(n)$、$y(n)$不相关，又有 $x(n)$、$y(n)$是零均值，上式简化为

$$r_{z}(n_1,n_2)=r_{x}(n_1,n_2)+r_{y}(n_1,n_2)$$

在平稳且 $x(n)$、$y(n)$不相关时，$z(n)$的自相关序列进一步简化为

$$r_{z}(k)=r_{x}(k)+r_{y}(k)$$

令 k 为 0，得到 $z(n)$的方差为

$$\sigma_{z}^{2}=\sigma_{x}^{2}+\sigma_{y}^{2}$$

例 1.1.8 设有两个测量信号 $x(n)$、$y(n)$，是联合平稳的且分别表示为

$$x(n)=s(n)+v_1(n),\quad y(n)=As(n-K)+v_2(n)$$

这里有用的信号是 $s(n)$，而 $x(n)$和 $y(n)$分别是对 $s(n)$的一个本地测量和一个反射波的测量，可以利用互相关函数，测量延迟参数 K。注意，$v_1(n)$、$v_2(n)$是互不相关的白噪声，且与信号 $s(n)$也互不相关，假设本例中所有信号是均值为零的实信号。

解：

$$\begin{aligned}r_{yx}(k)&=E\{y(n)x(n-k)\}=E\{x(n)y(n+k)\}\\&=E\{[s(n)+v_1(n)][As(n-K+k)+v_2(n+k)]\}\\&=Ar_s(k-K)+r_{sv_2}(k)+Ar_{sv_1}(k-K)+r_{v_1v_2}(k)\\&=Ar_s(k-K)\end{aligned}$$

由于互相关等于 $s(n)$的自相关的位移，自相关的最大值发生在序号为零处，故互相关的最大值发生在 $k=K$ 处，本题中 K 是待求参数，通过计算互相关并搜索其最大值点，可获得延迟参数。

在许多信号处理问题中，对一个随机信号，我们往往只能得到该信号的一次实现(或有限次实现，下同)，我们需要通过这一个时间序列估计这个随机信号的特征量，如均值、自相关函数等，由一个时间序列估计的各种特征量称为该特征量的时间平均，当时间序列长度趋于无穷时，如果时间平均与汇集平均相等，则称随机过程对该特征量是历经的(或称为遍历的)。对于均值历经的定义和满足的条件如下。

设一个随机信号的时间平均为

$$\hat{\mu}_N=\frac{1}{N}\sum_{n=0}^{N-1}x(n)\tag{1.1.35}$$

其汇集平均为

$$\mu=E[x(n)]=\int xf(x)\mathrm{d}x$$

如果 $N\to\infty$时，

$$\hat{\mu}_N\to\mu\quad 即\quad \lim_{N\to\infty}E[(\mu-\hat{\mu}_N)^2]=0\tag{1.1.36}$$

称该随机过程是均值遍历的(ergodicity)。注意，式(1.1.36)定义的遍历性称为以均方意义遍历。满足均值遍历的条件是

$$\lim_{N\to\infty}\frac{1}{N}\sum_{l=-N+1}^{N-1}\left(1-\frac{|l|}{N}\right)c(l)=0\tag{1.1.37}$$

式中，$c(l)$是信号自协方差函数。类似可以定义其他特征量的遍历性，另一个常用的特征量是自相关函数，它的时间平均定义为

$$\hat{r}(k)=\frac{1}{2N+1}\sum_{n=-N}^{N}x(n)x^*(n-k)\tag{1.1.38}$$

如果 $N\to\infty$，$\hat{r}(k)\to r(k)$称该随机过程是相关遍历的，也就是 2 阶遍历的，2 阶遍历的判决条件需要用到随机信号的更高阶统计特征量，其严格的判决条件是复杂的，但在实际信号处理中遇到的平稳随机信号大多是满足各态遍历条件的。关于随机过程各态遍历性的更详细讨论，可参考随机过程的专门著作[192,298]。

1.2　随机信号向量的矩阵特征

在信号处理中，许多算法的描述及性能的分析是通过信号向量来表达的，由于应用的广泛性，信号向量的组成来自于不同的应用问题，向量的具体组成结构各有不同，但用矩阵特征描述这些信号向量的思路是相通的，本节给出信号向量的矩阵特征描述。

1.2.1　自相关矩阵

最基本和常用的信号向量是由一个标量的随机信号在不同时刻的取值按一个次序排列构成的一个向量。一般讲，一个 M 维信号向量是由在 M 个不同时间的信号值排成的一个列向量。一个信号向量的自相关矩阵是最常用的特征表示，也常用到两个信号向量的互相关矩阵，本节介绍这些特征量矩阵。

定义 1.2.1　设 M 维信号向量用 $\boldsymbol{x}(\boldsymbol{n})=[x(n_1),x(n_2),\cdots,x(n_M)]^{\mathrm{T}}$ 表示，向量各分量取自一个平稳随机信号 $x(n)$，其自相关矩阵定义为信号向量外积的期望值，即

$$\boldsymbol{R}_{xx}=E[\boldsymbol{x}(\boldsymbol{n})\boldsymbol{x}^{\mathrm{H}}(\boldsymbol{n})] \tag{1.2.1}$$

这是一个 $M\times M$ 维方阵。在只关注一个信号，又不会引起误解的情况下，可省略自相关矩阵的下标，简写成 $\boldsymbol{R}$。

在实际应用中，信号向量有两种最常见排列方式。在 FIR 滤波器中，为了用向量形式表示 n 时刻滤波器的输出，一般将信号向量排成按时间顺序相反的形式，这样的信号向量表示为

$$\boldsymbol{x}(\boldsymbol{n})=[x(n),x(n-1),\cdots,x(n-M+1)]^{\mathrm{T}} \tag{1.2.2}$$

注意，式(1.2.2)中的序号 n 表示第一个信号分量的时间，故不用黑体。设信号是平稳的，这个信号向量的自相关矩阵按定义是向量外积的期望值，即

$$\begin{aligned}\boldsymbol{R}&=E[\boldsymbol{x}(n)\boldsymbol{x}^{\mathrm{H}}(n)]\\&=\begin{bmatrix}E[x(n)x^*(n)] & E[x(n)x^*(n-1)] & \cdots & E[x(n)x^*(n-M+1)]\\ E[x(n-1)x^*(n)] & E[x(n-1)x^*(n-1)] & \cdots & E[x(n-1)x^*(n-M+1)]\\ \vdots & \vdots & \ddots & \vdots\\ E[x(n-M+1)x^*(n)] & E[x(n-M+1)x^*(n-1)] & \cdots & E[x(n-M+1)x^*(n-M+1)]\end{bmatrix}\\&=\begin{bmatrix}r(0) & r(1) & \cdots & r(M-1)\\ r(-1) & r(0) & \cdots & r(M-2)\\ \vdots & \vdots & \ddots & \vdots\\ r(-M+1) & r(-M+2) & \cdots & r(0)\end{bmatrix}\end{aligned} \tag{1.2.3}$$

在一些应用中，信号向量可能采用另一种时间顺序排列，得到的自相关矩阵与式(1.2.3)有所不同。设信号向量表示为

$$\boldsymbol{x}(\boldsymbol{n})=[x(n),x(n+1),\cdots,x(n+M-1)]^{\mathrm{T}} \tag{1.2.4}$$

在信号向量的这种排列次序下，不难验证自相关矩阵为

$$\boldsymbol{R}=\begin{bmatrix}r(0) & r(-1) & r(-2) & \cdots & r(-M+1)\\ r(1) & r(0) & r(-1) & \cdots & r(-M+2)\\ \vdots & \vdots & \vdots & \ddots & \vdots\\ r(M-1) & r(M-2) & \cdots & \cdots & r(0)\end{bmatrix} \tag{1.2.5}$$

由信号向量的这两种排序得到的自相关矩阵互为转置，或互为共轭，对于实信号，这两种形式是相同的。第一种表示[式(1.2.2)]滤波问题时较方便，为了用向量积的形式表示滤波器的输出，将最新时刻输入值排在向量的最前面，当新的时刻到来，将新的输入值压入向量第一个元素，最旧的一个输入值被挤出向量，这是 FIR 滤波器在程序或硬件实现中的基本流程(即实时卷积运算)，而且这种排列也引出比较规范的滤波器向量积表示。若定义一个 FIR 滤波器的单位抽样响应为如下向量：

$$\boldsymbol{h}=[h(0),h(1),\cdots,h(M-1)]^{\mathrm{T}}$$

则在 n 时刻，滤波器输出响应为

$$y(n)=\sum_{k=0}^{M-1}h^{*}(k)x(n-k)=\boldsymbol{h}^{\mathrm{H}}\boldsymbol{x}(n)$$

这里假设信号和 FIR 滤波器单位抽样响应均为复数序列，故为了与复空间内积定义一致，用 $h^{*}(m)$表示单位抽样响应，在复信号通过实系统(单位抽样响应为实值序列)时，与经典卷积表示一致。

第二种排列方式[式(1.2.4)]是按照信号的“由先到后”的自然顺序排列，例如在参数估计中，信号向量是已观测到的一组数据，惯常的排列次序如式(1.2.4)，尤其当信号从 0 时刻开始记录，把记录得到的 M 个值组成向量形式时，可以取 $n=0$，将信号向量写成

$$\boldsymbol{x}=\boldsymbol{x}(0)=[x(0),x(1),\cdots,x(M-1)]^{\mathrm{T}}$$

注意到自相关矩阵的定义是唯一的，总是信号向量外积的期望值矩阵，但信号的排列次序会使得不同应用中的自相关矩阵形式略有不同。本书在不同的应用中，会使用这两种自相关矩阵形式的一种，根据上下文容易区别。信号向量还可以按任意顺序排列，甚至不按相邻时刻取值，而是任取几个时刻值排成信号向量，这时，自相关矩阵就没有式(1.2.3)和式(1.2.5)这样好的结构，这种情况很少用到，以至于许多参考书就用式(1.2.3)或式(1.2.5)作为自相关矩阵的定义。本书后续不加说明时，约定以式(1.2.3)作为自相关矩阵的标准形式。

如果随机信号不是零均值的，也可以定义信号的自协方差矩阵，对于平稳信号，信号向量的均值向量各分量相等，记为$\boldsymbol{\mu}_x=\boldsymbol{E}[\boldsymbol{x}]$，信号向量 $\boldsymbol{x}$ 的自协方差矩阵是

$$\boldsymbol{C}_{xx}=E[(\boldsymbol{x}-\boldsymbol{\mu}_x)(\boldsymbol{x}-\boldsymbol{\mu}_x)^{\mathrm{H}}]=\boldsymbol{R}_{xx}-\boldsymbol{\mu}_x\boldsymbol{\mu}_x^{\mathrm{H}} \tag{1.2.6}$$

对于零均值情况，自协方差矩阵就等于自相关矩阵。

自相关矩阵的几个性质如下。

(1) 自相关矩阵是共轭对称的，即

$$\boldsymbol{R}^{\mathrm{H}}=\boldsymbol{R} \tag{1.2.7}$$

如果是实信号，自相关矩阵是对称的，即 $\boldsymbol{R}^{\mathrm{T}}=\boldsymbol{R}$。

(2) 自相关矩阵是 Toeplitz 矩阵(主对角线元素相等，平行于主对角线的各次对角线元素也是相等的)。即

$$[\boldsymbol{R}]_{ij}=r(j-i) \tag{1.2.8}$$

或

$$[\boldsymbol{R}]_{ij}=r(i-j) \tag{1.2.9}$$

对于式(1.2.3)或式(1.2.5)的自相关矩阵分别满足式(1.2.8)或式(1.2.9)。

(3) 自相关矩阵是半正定的，即对任意 M 维复数据向量 $\boldsymbol{a}\neq\boldsymbol{0}$(黑体 $\boldsymbol{0}$ 表示全 0 值向

量)，有

$$\boldsymbol{a}^{\mathrm{H}}\boldsymbol{R}\boldsymbol{a} \geqslant 0$$

一般情况下，$\boldsymbol{R}$ 是正定的，即大于零成立，只有当信号向量是由 K 个复正弦组成，且 $K \leqslant M$ 时是例外的。

(4) 特征分解，由矩阵论中厄尔米特矩阵(共轭对称，半正定)的特征分解性质直接得到自相关矩阵的对应性质。自相关矩阵的特征值总是大于或等于零，如果自相关矩阵是正定的，它的特征值总是大于零，不同的两个特征值对应的特征向量是正交的。

设自相关矩阵 $\boldsymbol{R}$ 的 M 个特征值分别记为 $\lambda_1, \lambda_2, \cdots, \lambda_M$，各特征值对应的特征向量为 $\boldsymbol{q}_1, \boldsymbol{q}_2, \cdots, \boldsymbol{q}_M$，设各特征向量是长度为 1 的归一化向量，则有

$$\boldsymbol{q}_i^{\mathrm{H}}\boldsymbol{q}_j = \begin{cases} 1, & i = j \\ 0, & i \neq j \end{cases}$$

特征向量作为列构成的矩阵 $\boldsymbol{Q}$ 称为特征矩阵：

$$\boldsymbol{Q} = [\boldsymbol{q}_1, \boldsymbol{q}_2, \cdots, \boldsymbol{q}_M] \tag{1.2.10}$$

自相关矩阵可以分解为

$$\boldsymbol{R} = \boldsymbol{Q}\boldsymbol{\Lambda}\boldsymbol{Q}^{\mathrm{H}} = \sum_{i=1}^{M} \lambda_i \boldsymbol{q}_i \boldsymbol{q}_i^{\mathrm{H}} \tag{1.2.11}$$

这里$\boldsymbol{\Lambda} = \mathrm{diag}(\lambda_1, \lambda_2, \cdots, \lambda_M)$是由特征值组成的对角矩阵。由 $\boldsymbol{Q}$ 的定义和特征向量的正交性，得到一个有意思的等式如下：

$$\boldsymbol{I} = \boldsymbol{Q}\boldsymbol{Q}^{\mathrm{H}} = \sum_{i=1}^{M} \boldsymbol{q}_i \boldsymbol{q}_i^{\mathrm{H}} \tag{1.2.12}$$

这里，$\boldsymbol{I}$ 是单位矩阵。将会看到，在信号处理中，会用到自相关矩阵的多种分解形式，这里的特征分解是其中的一个。

注意到，若一个矩阵 $\boldsymbol{Q}$ 的逆矩阵$\boldsymbol{Q}^{-1} = \boldsymbol{Q}^{\mathrm{H}}$，则该矩阵称为酉矩阵，显然特征矩阵 $\boldsymbol{Q}$ 是一个酉矩阵。

(5) 增广性质。自相关矩阵有如下特殊的结构，即由 $M \times M$ 自相关矩阵，增加一个行向量，一个列向量和一个标量值，就得到一个$(M+1) \times (M+1)$自相关矩阵，换句话说，一个$(M+1) \times (M+1)$自相关矩阵内嵌套一个完整的 $M \times M$ 自相关矩阵，这称为自相关矩阵的增广性。为了易于区别，用下标表示一个自相关矩阵的阶数，两种不同的增广方式如式(1.2.13)和式(1.2.14)所示。

$$\boldsymbol{R}_{M+1} = \begin{bmatrix} r(0) & \boldsymbol{r}^{\mathrm{H}} \\ \boldsymbol{r} & \boldsymbol{R}_M \end{bmatrix} \tag{1.2.13}$$

或

$$\boldsymbol{R}_{M+1} = \begin{bmatrix} \boldsymbol{R}_M & r^{B*} \\ r^{BT} & r(0) \end{bmatrix} \tag{1.2.14}$$

这里的向量 $\boldsymbol{r}$ 定义为

$$\boldsymbol{r} = [r^*(1), r^*(2), \cdots, r^*(M)]^{\mathrm{T}}$$

这里在向量 $\boldsymbol{r}$ 定义中，各分量加上共轭符号是为了本书后续几个方程表示的方便性。由向量 $\boldsymbol{r}$ 定义，得

$$\boldsymbol{r}^{\mathrm{H}} = [r(1), r(2), \cdots, r(M)]$$

$$\boldsymbol{r}^{BT}=[r(-M),r(-M+1),\cdots,r(-1)]$$

这里,为向量符号加上标 B 表示将向量内各分量次序按前后次序反转。第一种增广方式相当于对 $M+1$ 维信号向量做了如下划分:

$$\boldsymbol{x}_{M+1}(n)=[x(n)\vdots x(n-1),\cdots,x(n-M)]^{\mathrm{T}}=[x(n)\vdots \boldsymbol{x}_M(n-1)^{\mathrm{T}}]$$

对应这种划分,得到的 $(M+1)\times(M+1)$ 自相关矩阵的分块形式为式(1.2.13)。第二种增广相当于对信号向量做如下划分:

$$\boldsymbol{x}_{M+1}(n)=[x(n),x(n-1),\cdots,x(n-M+1),\vdots x(n-M)]^{\mathrm{T}}=[\boldsymbol{x}_M(n)\vdots x(n-M)]^{\mathrm{T}}$$

对应这种划分,得到的 $(M+1)\times(M+1)$ 自相关矩阵的分块形式为式(1.2.14)。

增广自相关矩阵相当于增加一维的信号向量作相应的划分后形成的 $(M+1)\times(M+1)$ 自相关矩阵的分块形式,这种分块结构的 $(M+1)\times(M+1)$ 自相关矩阵中,完整的保留着一个 $M\times M$ 自相关矩阵嵌在其中,自相关矩阵的这种结构特性在后面章节被用来构造快速递推算法。

需要注意,对于非平稳信号也同样可以定义自相关矩阵为信号向量外积的期望值,但非平稳信号的自相关矩阵不具备如上的良好特性。例如取 $\boldsymbol{x}=[x(0),x(1),\cdots,x(M-1)]^{\mathrm{T}}$,如果该信号向量取自非平稳信号,它的自相关矩阵是

$$\boldsymbol{R}=E[\boldsymbol{x}\boldsymbol{x}^{\mathrm{H}}]=\begin{bmatrix} r(0,0) & r(0,1) & \cdots & r(0,M-2) & r(0,M-1) \\ r(1,0) & r(1,1) & \cdots & r(1,M-2) & r(1,M-1) \\ \vdots & \vdots & \ddots & \vdots & \vdots \\ r(M-2,0) & r(M-2,1) & \cdots & r(M-2,M-2) & r(M-2,M-1) \\ r(M-1,0) & r(M-1,1) & \cdots & r(M-1,M-2) & r(M-1,M-1) \end{bmatrix}$$

显然,这个矩阵一般不再具有 Toeplitz 性。

1.2.2 互相关矩阵

如果有两个随机信号 $x(n)$ 和 $y(n)$,各取其一组值构成信号向量 $\boldsymbol{x}(\boldsymbol{n})$ 和 $\boldsymbol{y}(\boldsymbol{m})$,这里

$$\boldsymbol{x}(\boldsymbol{n})=[x(n_1),x(n_2),\cdots,x(n_M)]^{\mathrm{T}}$$

$$\boldsymbol{y}(\boldsymbol{m})=[y(m_1),y(m_2),\cdots,y(m_K)]^{\mathrm{T}}$$

注意,这里 $\boldsymbol{x}(\boldsymbol{n})$ 和 $\boldsymbol{y}(\boldsymbol{m})$ 可以是不同维数的向量,则信号向量 $\boldsymbol{x}(\boldsymbol{n})$ 和 $\boldsymbol{y}(\boldsymbol{m})$ 的互相关矩阵定义为

$$\boldsymbol{R}_{xy}=E[\boldsymbol{x}(\boldsymbol{n})\boldsymbol{y}^{\mathrm{H}}(\boldsymbol{m})]=\begin{bmatrix} r_{xy}(n_1,m_1) & r_{xy}(n_1,m_2) & \cdots & r_{xy}(n_1,m_K) \\ r_{xy}(n_2,m_1) & r_{xy}(n_2,m_2) & \cdots & r_{xy}(n_2,m_K) \\ \vdots & \vdots & \ddots & \vdots \\ r_{xy}(n_M,m_1) & r_{xy}(n_M,m_2) & \cdots & r_{xy}(n_M,m_K) \end{bmatrix} \tag{1.2.15}$$

这是一个 M 行 K 列的矩阵。如果 $x(n)$ 和 $y(n)$ 是联合平稳的,式(1.2.15)可写成

$$\boldsymbol{R}_{xy}=E[\boldsymbol{x}(\boldsymbol{n})\boldsymbol{y}^{\mathrm{H}}(\boldsymbol{m})]=\begin{bmatrix} r_{xy}(n_1-m_1) & r_{xy}(n_1-m_2) & \cdots & r_{xy}(n_1-m_K) \\ r_{xy}(n_2-m_1) & r_{xy}(n_2-m_2) & \cdots & r_{xy}(n_2-m_K) \\ \vdots & \vdots & \ddots & \vdots \\ r_{xy}(n_M-m_1) & r_{xy}(n_M-m_2) & \cdots & r_{xy}(n_M-m_K) \end{bmatrix} \tag{1.2.16}$$

如果 $\boldsymbol{R}_{xy}=\boldsymbol{0}_{M\times K}$，则称信号向量 $\boldsymbol{x}(\boldsymbol{n})$ 和 $\boldsymbol{y}(\boldsymbol{m})$ 是相互正交的。这里，$\boldsymbol{0}_{M\times K}$ 表示 M 行 K 列的全零值矩阵。

类似地，若随机信号 $x(n)$ 和 $y(n)$ 不是零均值的，则也可定义互协方差矩阵为

$$\boldsymbol{C}_{xy}=E[(\boldsymbol{x}(\boldsymbol{n})-\boldsymbol{\mu}_x)(\boldsymbol{y}(\boldsymbol{m})-\boldsymbol{\mu}_y)^{\mathrm{H}}]=\boldsymbol{R}_{xy}-\boldsymbol{\mu}_x\boldsymbol{\mu}_y^{\mathrm{H}} \tag{1.2.17}$$

1.2.3　向量信号相关阵

前面两小节讨论的是由标量信号在不同时刻的取值构成的信号向量，若一个随机信号自身就是一个向量信号，即信号在任意时刻的取值是 K 维向量，一个这样的向量信号可写为

$$\boldsymbol{x}(n)=[x_1(n),x_2(n),\cdots,x_K(n)]^{\mathrm{T}} \tag{1.2.18}$$

在表示由状态方程描述的系统时，常遇到这种向量信号，另一个例子是阵列天线由各阵元状态组成的向量信号。对于向量信号，可对其每个分量定义自相关序列，也可在分量间定义互相关序列，但若把向量信号作为整体讨论，则需要定义其相关矩阵，向量信号相关矩阵的定义与前面两小节类似，但也要注意其不同性。向量信号相关矩阵可写为

$$\begin{aligned}\boldsymbol{R}_{xx}(n_1,n_2)&=E[\boldsymbol{x}(n_1)\boldsymbol{x}^{\mathrm{H}}(n_2)]\\&=\begin{bmatrix}E[x_1(n_1)x_1^*(n_2)] & E[x_1(n_1)x_2^*(n_2)] & \cdots & E[x_1(n_1)x_K^*(n_2)]\\E[x_2(n_1)x_1^*(n_2)] & E[x_2(n_1)x_2^*(n_2)] & \cdots & E[x_2(n_1)x_K^*(n_2)]\\\vdots & \vdots & \ddots & \vdots\\E[x_K(n_1)x_1^*(n_2)] & E[x_K(n_1)x_2^*(n_2)] & \cdots & E[x_K(n_1)x_K^*(n_2)]\end{bmatrix}\\&=\begin{bmatrix}r_{1,1}(n_1,n_2) & r_{1,2}(n_1,n_2) & \cdots & r_{1,K}(n_1,n_2)\\r_{2,1}(n_1,n_2) & r_{2,2}(n_1,n_2) & \cdots & r_{2,K}(n_1,n_2)\\\vdots & \vdots & \ddots & \vdots\\r_{K,1}(n_1,n_2) & r_{K,2}(n_1,n_2) & \cdots & r_{K,K}(n_1,n_2)\end{bmatrix}\end{aligned} \tag{1.2.19}$$

这里，$r_{i,j}(n_1,n_2)=E[x_i(n_1)x_j^*(n_2)]$，$x_i(n_1)$ 是向量信号的第 i 个分量，注意到矩阵内的元素，除对角线元素外，其他元素都是向量内各分量之间的互相关。若取 $n_1=n_2=n$，则称为向量信号的自相关矩阵，可简写为

$$\widetilde{\boldsymbol{R}}_{xx}(n)=\boldsymbol{R}_{xx}(n,n) \tag{1.2.20}$$

对于向量信号来说，如果可将其相关矩阵写成

$$\boldsymbol{R}_{xx}(n_1,n_2)=\delta(n_1-n_2)\widetilde{\boldsymbol{R}}_{xx}(n_1)=\begin{cases}\widetilde{\boldsymbol{R}}_{xx}(n), & n=n_1=n_2\\\boldsymbol{0}_{K\times K}, & n_1\neq n_2\end{cases} \tag{1.2.21}$$

则称为白噪声向量。

以上讨论的是非平稳的一般情况，若向量信号各分量是平稳的，各分量间是联合平稳的，并令 $k=n_1-n_2$，则向量信号相关矩阵可简化为

$$\begin{aligned}\boldsymbol{R}_{xx}(k)&=E[\boldsymbol{x}(n)\boldsymbol{x}^{\mathrm{H}}(n-k)]\\&=\begin{bmatrix}r_{1,1}(k) & r_{1,2}(k) & \cdots & r_{1,K}(k)\\r_{2,1}(k) & r_{2,2}(k) & \cdots & r_{2,K}(k)\\\vdots & \vdots & \ddots & \vdots\\r_{K,1}(k) & r_{K,2}(k) & \cdots & r_{K,K}(k)\end{bmatrix}\end{aligned} \tag{1.2.22}$$

在平稳情况下,白噪声向量的相关矩阵式(1.2.21)可进一步简化为

$$\boldsymbol{R}_{xx}(k)=\delta(k)\boldsymbol{R}_{xx}=\begin{cases}\boldsymbol{R}_{xx}, & k=0\\ \boldsymbol{0}_{K\times K}, & k\neq 0\end{cases} \tag{1.2.23}$$

即相当于在平稳情况下式(1.2.20)中的自相关矩阵 $\widetilde{\boldsymbol{R}}_{xx}(n)$不随时间变化,变成常数阵 $\boldsymbol{R}_{xx}$。

若考虑 M 个不同时刻,由向量信号构成的更大的向量,例如按如下方式构成一个新向量:

$$\boldsymbol{X}(n)=[\boldsymbol{x}^{\mathrm{T}}(n),\boldsymbol{x}^{\mathrm{T}}(n-1),\cdots,\boldsymbol{x}^{\mathrm{T}}(n-M+1)]^{\mathrm{T}} \tag{1.2.24}$$

这是一个 $K\times M$ 维列向量,假设满足平稳性,其相关矩阵可由如下分块矩阵表示:

$$\boldsymbol{R}_{XX}=E[\boldsymbol{X}(n)\boldsymbol{X}^{\mathrm{H}}(n)]$$

$$\begin{bmatrix}\boldsymbol{R}_{xx}(0) & \boldsymbol{R}_{xx}(1) & \cdots & \boldsymbol{R}_{xx}(M-1)\\ \boldsymbol{R}_{xx}(-1) & \boldsymbol{R}_{xx}(0) & \cdots & \boldsymbol{R}_{xx}(M-1)\\ \vdots & \vdots & \ddots & \vdots\\ \boldsymbol{R}_{xx}(1-M) & \boldsymbol{R}_{xx}(2-M) & \cdots & \boldsymbol{R}_{xx}(0)\end{bmatrix} \tag{1.2.25}$$

式(1.2.23)的矩阵具有“块 Toeplitz”性。在信号处理的一个近代分支——空时信号处理中,用到这种“向量信号的向量”构成的相关矩阵,对空时信号处理感兴趣的读者可参考 Klemm 的著作,本书不再继续讨论这个课题。

可以类似地定义两个不同向量信号的互相关矩阵及其讨论其正交性,这个问题留给读者作为思考问题。

1.3 常见信号实例

本节介绍几种常用的信号和它们的统计特性,在后续章节中,这些信号可以作为例子使用。注意到,对于随机信号而言,若能用一种数学工具对一类信号(而不是特定的一个信号)进行描述,则说这种数学描述是这类随机信号的一种模型。不同的信号模型可以描述比较宽泛的一大类信号,也可能仅仅描述一类狭窄的信号。从这个意义上讲,如下讨论的各种信号实例可被看作一种信号模型。

1.3.1 独立同分布和白噪声

一个随机信号 $v(n)$ 被说成是独立同分布(independent identically distributed, i. i. d.)的,指其在任意时刻服从相同的概率分布且互相独立。

白噪声是信号处理中常见的一类随机过程,常用白噪声表示环境噪声等,也可以用白噪声表示特殊的输入随机信号。白噪声可通过自相关序列或功率谱来定义,这里先给出自相关的定义为:若一个零均值随机信号 $v(n)$的自相关序列可用单位抽样序列表示为 $r_v(k)=\sigma_v^2\delta(k)$,则称其为白噪声。

显然,一个零均值 i. i. d. 过程一定是白噪声,反之则不确定。因此白噪声比 i. i. d. 过程更广义化一些。白噪声可以分成三种情况:①非高斯分布的 i. i. d. 过程;②非高斯分布的信号在不同时刻不相关,但却不满足独立性条件;③高斯分布,不相关和独立性等价。

白噪声的一般定义中,没有指定其概率密度函数,若一白噪声的概率密度函数为均匀分

布，则称为白均匀噪声；若一白噪声的概率密度函数为高斯分布，则称为白高斯噪声（White Gaussian Noise，WGN），根据中心极限定理，很多环境噪声用 WGN 表示。

对白噪声在 M 个不同时刻的取值构成一个信号向量，显然其自相关矩阵为常数乘以单位矩阵，即

$$\boldsymbol{R}=\sigma_v^2\boldsymbol{I} \tag{1.3.1}$$

式中，$\boldsymbol{I}$ 是 $M\times M$ 维单位矩阵。

白噪声除了表示环境噪声外，还经常作为一种简单的基本信号去产生或分析更复杂信号，如 1.6 节的一般信号模型是用白噪声作为激励信号可产生复杂信号。了解白噪声和 i.i.d. 过程的关系，在信号仿真等应用中，用 i.i.d. 过程产生白噪声，这样比较易于实现，但白噪声却不必然是 i.i.d. 过程。另一方面，白噪声的定义只与信号的 2 阶矩即自相关函数（与功率谱互为傅里叶变换）有关，在讨论随机信号的高阶统计特性时，一般用 i.i.d. 过程替代白噪声作为一种基本信号。

1.3.2　复正弦加噪声

实际中经常用到复正弦加白噪声的信号模型，即

$$x(n)=\alpha\mathrm{e}^{\mathrm{j}(\omega_0 n+\varphi)}+v(n) \tag{1.3.2}$$

式中，α 是常数，$v(n)$是高斯白噪声，其相关序列 $r_v(k)=\sigma_v^2\delta(k)$；复正弦的相位 φ 是$[0,2\pi]$区间均匀分布的随机变量，并且与 $v(n)$相互统计独立，很容易求得 $x(n)$的自相关函数为

$$\begin{aligned}r(k)&=E[x(n)x^*(n-k)]=|\alpha|^2\mathrm{e}^{\mathrm{j}\omega_0 k}+\sigma_v^2\delta(k)\\&=\begin{cases}|\alpha|^2+\sigma_v^2, & k=0\\ |\alpha|^2\mathrm{e}^{\mathrm{j}\omega_0 k}, & k\neq 0\end{cases}\end{aligned} \tag{1.3.3}$$

由连续 M 个时刻的值构成的正弦波加噪声的信号向量为

$$\begin{aligned}\boldsymbol{x}&=[x(0),x(1),\cdots,x(M-1)]^{\mathrm{T}}\\&=[\alpha\mathrm{e}^{\mathrm{j}\varphi}+v(0),\alpha\mathrm{e}^{\mathrm{j}\varphi}\mathrm{e}^{\mathrm{j}\omega_0}+v(1),\cdots,\alpha\mathrm{e}^{\mathrm{j}\varphi}\mathrm{e}^{\mathrm{j}\omega_0(M-1)}+v(M-1)]^{\mathrm{T}}\end{aligned}$$

不难验证，这个信号向量的 $M\times M$ 自相关矩阵$\boldsymbol{R}$ 可以写成

$$\boldsymbol{R}=|\alpha|^2\boldsymbol{e}_0\boldsymbol{e}_0^{\mathrm{H}}+\sigma_v^2\boldsymbol{I} \tag{1.3.4}$$

这里

$$\boldsymbol{e}_0=[1,\mathrm{e}^{\mathrm{j}\omega_0},\cdots,\mathrm{e}^{\mathrm{j}(M-1)\omega_0}]^{\mathrm{T}} \tag{1.3.5}$$

或

$$\boldsymbol{e}_0=[\mathrm{e}^{-\mathrm{j}(M-1)\omega_0},\cdots,\mathrm{e}^{-\mathrm{j}\omega_0},1]^{\mathrm{T}}$$

或对以上向量乘一个任意的 $\mathrm{e}^{\mathrm{j}\omega_0 K}$ 均可以保持矩阵$\boldsymbol{R}$ 的内容不变。

更一般情况下，K 个复正弦之和与加性白噪声构成的信号表示为

$$x(n)=\sum_{i=1}^{K}\alpha_i\mathrm{e}^{\mathrm{j}(\omega_i n+\varphi_i)}+v(n) \tag{1.3.6}$$

各复正弦信号的相位 φ_i 是$[0,2\pi]$区间均匀分布且统计独立的随机变量，各正弦信号的相位 φ_i 与噪声之间也是统计独立的，该信号的自相关函数为

$$r(k)=\sum_{i=1}^{K}|\alpha_i|^2 e^{j\omega_i k}+\sigma_v^2\delta(k) \tag{1.3.7}$$

取连续 M 个值构成信号向量 $\boldsymbol{x}=[x(0),x(1),\cdots,x(M-1)]^{\mathrm{T}}$,$M$ 维向量的相关矩阵为

$$\boldsymbol{R}=\sum_{i=1}^{K}|\alpha_i|^2 \boldsymbol{e}_i\boldsymbol{e}_i^{\mathrm{H}}+\sigma_v^2\boldsymbol{I} \tag{1.3.8}$$

这里,$\boldsymbol{e}_i$ 是用 ω_i 替代 $\boldsymbol{e}_0$ 中的 ω_0 所定义的向量,即

$$\boldsymbol{e}_i=[1,e^{j\omega_i},\cdots,e^{j(M-1)\omega_i}]^{\mathrm{T}} \tag{1.3.9}$$

若定义一个矩阵 $\boldsymbol{E}$,

$$\begin{aligned}\boldsymbol{E}&=[\boldsymbol{e}_1\quad \boldsymbol{e}_2\quad\cdots\quad \boldsymbol{e}_K]\\&=\begin{bmatrix}1&1&\cdots&1\\e^{j\omega_1}&e^{j\omega_2}&\cdots&e^{j\omega_K}\\\vdots&\vdots&\ddots&\vdots\\e^{j(M-1)\omega_1}&e^{j(M-1)\omega_2}&\cdots&e^{j(M-1)\omega_K}\end{bmatrix}\end{aligned} \tag{1.3.10}$$

$$\begin{aligned}\boldsymbol{S}&=\begin{bmatrix}|\alpha_1|^2&0&\ddots&0\\0&|\alpha_2|^2&0&\ddots\\\ddots&0&\ddots&0\\0&\ddots&0&|\alpha_K|^2\end{bmatrix}\\&=\mathrm{diag}\{|\alpha_1|^2,|\alpha_2|^2,\cdots,|\alpha_K|^2\}\end{aligned} \tag{1.3.11}$$

以上矩阵 $\boldsymbol{E}$ 称为 Vandermonde 矩阵,这里 diag{}是对角矩阵的简化表示。自相关矩阵可以写成紧凑的矩阵形式

$$\boldsymbol{R}=\boldsymbol{ESE}^{\mathrm{H}}+\sigma_v^2\boldsymbol{I} \tag{1.3.12}$$

1.3.3 实高斯过程

如果一个实随机信号 $x(n)$在任一时刻取值服从高斯分布(正态分布),在 M 个不同时刻的取值服从联合高斯分布,$\boldsymbol{x}(\boldsymbol{n})=[x(n_1),x(n_2),\cdots,x(n_M)]^{\mathrm{T}}$ 表示信号在 M 个不同时刻取值构成的信号向量,用符号 $\boldsymbol{x}=[x_1,x_2,\cdots,x_M]^{\mathrm{T}}$ 表示联合概率密度函数的自变量向量,在均值不为零的一般情况下,M 维实高斯分布向量的联合概率密度函数为

$$p_x(\boldsymbol{x},\boldsymbol{n})=\frac{1}{(2\pi)^{M/2}\det^{1/2}(\boldsymbol{C}_{xx})}\exp\left(-\frac{1}{2}(\boldsymbol{x}-\boldsymbol{\mu}_x)^{\mathrm{T}}\boldsymbol{C}_{xx}^{-1}(\boldsymbol{x}-\boldsymbol{\mu}_x)\right) \tag{1.3.13}$$

注意,这里用 $\exp(x)$表示 e^x。式(1.3.13)中 $\boldsymbol{n}=[n_1,n_2,\cdots,n_M]^{\mathrm{T}}$ 是信号向量 $\boldsymbol{x}(\boldsymbol{n})$中各分量的取值时刻,$\boldsymbol{C}_{xx}$是信号向量 $\boldsymbol{x}(\boldsymbol{n})$的自协方差矩阵,$\boldsymbol{\mu}_x$ 是均值向量,在一般的非平稳条件下,$\boldsymbol{C}_{xx}$和$\boldsymbol{\mu}_x$ 与 $\boldsymbol{n}$ 有关,在平稳条件下,$\boldsymbol{\mu}_x$ 是常数向量,$\boldsymbol{C}_{xx}$中各元素取值仅与各 n_i 之差有关。当均值为零时,以自相关矩阵 $\boldsymbol{R}_{xx}$ 代替自协方差矩阵$\boldsymbol{C}_{xx}$,并令相应均值项为零。服从 M 维实高斯分布的信号向量 $\boldsymbol{x}(\boldsymbol{n})$可以用符号 $\boldsymbol{x}(\boldsymbol{n})\sim N(\boldsymbol{x}|\boldsymbol{\mu}_x,\boldsymbol{C}_{xx})$表示,这里 $N(\boldsymbol{x}|\boldsymbol{\mu}_x,\boldsymbol{C}_{xx})$指的是式(1.3.13)的概率密度函数。

对于$\boldsymbol{\mu}_x$ 和$\boldsymbol{C}_{xx}$的含义,确实可通过如下积分计算得到证实:

$$E[\boldsymbol{x}]=\int\boldsymbol{x}\frac{1}{(2\pi)^{M/2}\det^{1/2}(\boldsymbol{C}_{xx})}\exp\left(-\frac{1}{2}(\boldsymbol{x}-\boldsymbol{\mu}_x)^{\mathrm{T}}\boldsymbol{C}_{xx}^{-1}(\boldsymbol{x}-\boldsymbol{\mu}_x)\right)\mathrm{d}\boldsymbol{x}=\boldsymbol{\mu}_x$$

$$E[(\boldsymbol{x}-\boldsymbol{\mu}_x)(\boldsymbol{x}-\boldsymbol{\mu}_x)^{\mathrm{T}}]$$
$$=\int(\boldsymbol{x}-\boldsymbol{\mu}_x)(\boldsymbol{x}-\boldsymbol{\mu}_x)^{\mathrm{T}}\frac{1}{(2\pi)^{M/2}\det^{1/2}(\boldsymbol{C}_{xx})}\exp\left(-\frac{1}{2}(\boldsymbol{x}-\boldsymbol{\mu}_x)^{\mathrm{T}}\boldsymbol{C}_{xx}^{-1}(\boldsymbol{x}-\boldsymbol{\mu}_x)\right)\mathrm{d}\boldsymbol{x}=\boldsymbol{C}_{xx}$$

以上第一个积分的验证很简单，第二个积分的验证需要作一些变换，留作习题。

对于高斯过程，有几个独有的基本性质，前三条性质由式(1.3.13)做一些简单推导即可得到，性质分别如下。

(1) 宽平稳的高斯过程必然也是严平稳的。

(2) 对于高斯过程，若两个时刻信号的值是不相关的，则它们必然也是统计独立的。

(3) 一个高斯随机过程，通过任意线性变换(或通过任意线性系统)，仍然是高斯过程。

(4) 高斯随机过程的高阶矩可以由两阶矩表示，例如对零均值情况，3 阶和 4 阶矩可以分解成

$$E\{x_1x_2x_3\}=0$$
$$E\{x_1x_2x_3x_4\}=E\{x_1x_2\}E\{x_3x_4\}+E\{x_1x_3\}E\{x_2x_4\}+E\{x_1x_4\}E\{x_2x_3\}$$

对于更高阶矩的一般情况，由于信号处理中很少用到，此处省略。由性质 4 和高斯过程的联合概率密度函数表达式，可以看到，对于平稳高斯过程，由均值和自相关函数，可以完全刻画该过程。对于零均值过程，仅有自相关函数就够了。

对于高斯过程，其遍历性也可由其自相关序列确定，这里不加证明地给出如下定理[192]。

定理 1.3.1　*一个宽平稳高斯过程 $x(n)$，其自相关序列为 $r_x(k)$，当且仅当*

$$\lim_{N\to\infty}\frac{1}{2N+1}\sum_{k=-N}^{N}r_x(k)=0$$

时，$x(n)$是均值遍历的；当且仅当

$$\lim_{N\to\infty}\frac{1}{2N+1}\sum_{k=-N}^{N}r_x^2(k)=0$$

时，$x(n)$是 2 阶矩遍历的。

对于一个信号向量，若其概率密度函数是联合高斯分布的，当仅考虑向量的一部分时，其边际密度是否是高斯的？若向量中的一部分已确定，另一部分的条件概率密度是否是高斯的？如何得到边际密度或条件密度？这些问题在实际中是有用的。为了讨论这些问题方便，以下不再区分信号向量 $\boldsymbol{x}(\boldsymbol{n})=[x(n_1),x(n_2),\cdots,x(n_M)]^{\mathrm{T}}$ 和自变量向量 $\boldsymbol{x}=[x_1,x_2,\cdots,x_M]^{\mathrm{T}}$，只用向量符号 $\boldsymbol{x}$ 表示，这样不会引起歧义。为了更清楚，引入两个新的向量 $\boldsymbol{y}$ 和 $\boldsymbol{z}$，其中

$$\boldsymbol{y}=[y_1,y_2,\cdots,y_K]^{\mathrm{T}}$$
$$\boldsymbol{z}=\begin{bmatrix}\boldsymbol{x}\\\boldsymbol{y}\end{bmatrix}^{\mathrm{T}}\tag{1.3.14}$$

这里，$\boldsymbol{z}$ 表示$(M+K)$维的向量，其联合概率密度函数是高斯的，我们研究 $\boldsymbol{x}$ 的边际分布或 $\boldsymbol{y}$ 作为条件时 $\boldsymbol{x}$ 的条件概率密度函数。注意到 $\boldsymbol{z}$ 的均值可写成两个向量的合成：

$$\boldsymbol{\mu}_z=\begin{bmatrix}\boldsymbol{\mu}_x\\\boldsymbol{\mu}_y\end{bmatrix}\tag{1.3.15}$$

$\boldsymbol{z}$ 的协方差矩阵可写为如下分块矩阵：

$$\boldsymbol{C}_{zz}=\begin{bmatrix}\boldsymbol{C}_{xx} & \boldsymbol{C}_{xy}\\ \boldsymbol{C}_{yx} & \boldsymbol{C}_{yy}\end{bmatrix} \tag{1.3.16}$$

在已知 $N(\boldsymbol{z}|\boldsymbol{\mu}_z,\boldsymbol{C}_{zz})$ 的条件下，求边际密度 $p(\boldsymbol{x})$ 和条件密度 $p(\boldsymbol{x}|\boldsymbol{y})$，总结为如下两个定理。

定理 1.3.2 若 $\boldsymbol{z}\sim N(\boldsymbol{z}|\boldsymbol{\mu}_z,\boldsymbol{C}_{zz})$，且 $\boldsymbol{z}$ 由式(1.3.14)所示，则 $\boldsymbol{z}$ 中部分向量 $\boldsymbol{x}$ 仍服从高斯分布，且其概率密度函数为 $\boldsymbol{x}\sim N(\boldsymbol{x}|\boldsymbol{\mu}_x,\boldsymbol{C}_{xx})$。

定理 1.3.3 若 $\boldsymbol{z}\sim N(\boldsymbol{z}|\boldsymbol{\mu}_z,\boldsymbol{C}_{zz})$，且 $\boldsymbol{z}$ 由式(1.3.14)所示，则条件概率密度函数 $p(\boldsymbol{x}|\boldsymbol{y})$ 仍是高斯的，且可写为

$$p(\boldsymbol{x}\mid\boldsymbol{y})=N(\boldsymbol{x}\mid\boldsymbol{\mu}_{x|y},\boldsymbol{C}_{x|y}) \tag{1.3.17}$$

其中

$$\boldsymbol{\mu}_{x|y}=\boldsymbol{\mu}_x+\boldsymbol{C}_{xy}\boldsymbol{C}_{yy}^{-1}(\boldsymbol{y}-\boldsymbol{\mu}_y) \tag{1.3.18}$$

$$\boldsymbol{C}_{x|y}=\boldsymbol{C}_{xx}-\boldsymbol{C}_{xy}\boldsymbol{C}_{yy}^{-1}\boldsymbol{C}_{yx} \tag{1.3.19}$$

在式(1.3.17)中，若简单地置换 $\boldsymbol{x}$ 和 $\boldsymbol{y}$ 的位置，可得到

$$p(\boldsymbol{y}\mid\boldsymbol{x})=N(\boldsymbol{y}\mid\boldsymbol{\mu}_{y|x},\boldsymbol{C}_{y|x}) \tag{1.3.20}$$

其中，$\boldsymbol{\mu}_{y|x}$，$\boldsymbol{C}_{y|x}$ 的公式只需要将式(1.3.18)和式(1.3.19)中简单地置换 $\boldsymbol{x}$ 和 $\boldsymbol{y}$ 的位置即可得到。

定理 1.3.2 的结论看上去比较直接，由 $N(\boldsymbol{z}|\boldsymbol{\mu}_z,\boldsymbol{C}_{zz})$ 对 $\boldsymbol{y}$ 向量进行积分可得。定理 1.3.3 的条件概率密度函数仍是高斯的，其均值和协方差矩阵分别用式(1.3.18)和式(1.3.19)计算。定理 1.3.3 是概率论中的一个重要定理，其证明需要一些矩阵计算的技巧，将其证明留作习题。

本节注释：把式(1.3.13)的标准高斯密度函数简写成 $N(\cdot)$ 的缩写形式。本书和文献中有两种形式，一种如本节前述，写为 $N(\boldsymbol{x}|\boldsymbol{\mu}_x,\boldsymbol{C}_{xx})$，$\boldsymbol{x}$ 是变量，$\boldsymbol{\mu}_x$，$\boldsymbol{C}_{xx}$ 是参数，这是一个完整缩写形式；第二种形式写为 $N(\boldsymbol{\mu}_x,\boldsymbol{C}_{xx})$，这是一种简化的缩写，用这种形式时主要说明一个变量服从高斯分布，或用于说明其均值和协方差，例如 $\boldsymbol{x}\sim N(\boldsymbol{\mu}_x,\boldsymbol{C}_{xx})$ 说明 $\boldsymbol{x}$ 服从高斯分布且指出了均值和协方差阵。在实际中，若需要代入 $\boldsymbol{x}$ 的取值计算密度函数的值，则用第一种，例如 $c=N(\boldsymbol{x}_i|\boldsymbol{\mu}_x,\boldsymbol{C}_{xx})$，若只是说明一个变量是高斯的则可用第二种形式。本书这两种缩写都用，根据上下文不会引起歧义。

*1.3.4 混合高斯过程

式(1.3.13)表示的是高斯过程，在正常情况下，即协方差矩阵 $\boldsymbol{C}_{xx}$ 是正定矩阵的情况下，其表示单峰的概率密度函数。尽管在相当多的情况下，用高斯过程可以相当好地描述随机信号分布，且高斯分布具有良好的数学性质便于处理，但实际中，还是有许多环境不能用高斯分布来刻画，一个基本的情况是，当实际概率密度函数存在多峰时，高斯过程是不适用的，但若对高斯过程进行一定的修正，可以得到满足更一般情况的一种概率密度描述，混合高斯过程(Mixture Of Gaussian)是一种对高斯分布的推广形式。混合高斯过程是由多个高斯密度函数的叠加描述的，即

$$p(\boldsymbol{x})=\sum_{k=1}^{K}c_k N(\boldsymbol{x}\mid\boldsymbol{\mu}_k,\boldsymbol{C}_k) \tag{1.3.21}$$

这里，$p(\boldsymbol{x})$ 是混合高斯过程的概率密度函数，其积分为 1，故得到

$$\sum_{k=1}^{K} c_k = 1 \tag{1.3.22}$$

由于对所有的 $\boldsymbol{x}$，有 $p(\boldsymbol{x}) \geqslant 0$，要求

$$0 \leqslant c_k \leqslant 1 \tag{1.3.23}$$

或者说，在满足式(1.3.22)和式(1.3.23)的条件下，式(1.3.21)所得到的 $p(\boldsymbol{x})$ 是一个合格的概率密度函数。

一个一维情况下，由 3 个高斯函数混合得到的一个混合高斯过程的密度函数示于图 1.3.1，它可以表述概率密度中存在多峰的情况。

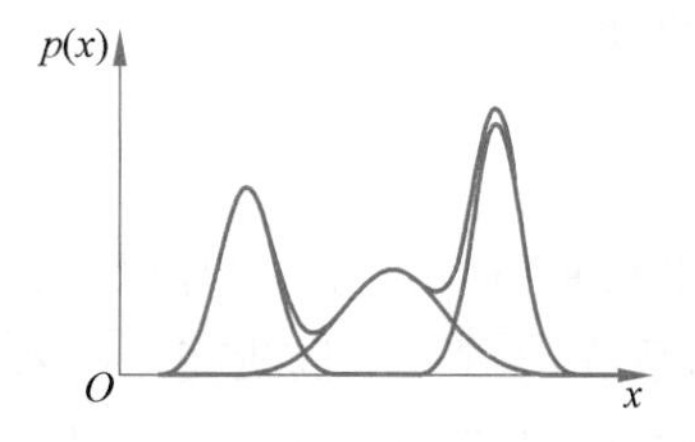

图 1.3.1　一个混合高斯过程例子

实际中，通过选择充分大的 K 和参数集 $\{c_k, \boldsymbol{\mu}_k, \boldsymbol{C}_k, k=1,2,\cdots,K\}$，一个混合高斯过程可以以任意精度逼近一个任意的概率密度函数[14]。对于一个实际信号，当建模为式(1.3.21)的混合高斯过程时，若我们能够测量到信号的充分多的数据，则可以通过最大似然估计方法相当精确地估计出参数集，从而得到估计的概率密度函数。

1.3.5　高斯-马尔可夫过程

如果一个随机信号满足条件

$$\begin{aligned} & P\{x(n) \leqslant x_n \mid x(n-1)=x_{n-1}, x(n-2)=x_{n-2}, \cdots, x(1)=x_1\} \\ = & P\{x(n) \leqslant x_n \mid x(n-1)=x_{n-1}\} \end{aligned} \tag{1.3.24}$$

称该信号为马尔可夫过程。马尔可夫过程的含义是：当 $x(n)$ 的“现在”已知时，“将来”和“过去”的统计特性是无关的。如果一个随机信号是高斯过程同时又是马尔可夫过程，就称信号为高斯-马尔可夫过程(正态-马尔可夫过程)。

对于一个零均值平稳随机信号，如果它是高斯过程，它也是马尔可夫过程的充要条件，其自相关函数可写为

$$r_x(k) = r_x(0) a^{|k|} \tag{1.3.25}$$

1.4　随机信号的展开

本节讨论随机信号的基展开方法。一个随机信号可以由确定的基函数展开，展开系数是随机序列，在一般情况下，展开系数之间存在相关性，选择特定的基函数下，可使得这些展开系数是不相关的，这就是 KL(Karhunen-Loeve)展开或 KL 变换。正交基总是易于处理的，因此需要讨论 Gram-Schmidt 正交化，这是将不满足正交性的一组基变成正交基的一种方法。

1.4.1　随机信号的正交展开

假设基序列集 $\{a_k(n), k=0, \pm 1, \cdots\}$ 对一类信号集满足完备性，且互相正交，即

$$\langle a_k(n), a_m(n) \rangle = \sum_{n=-\infty}^{+\infty} a_k(n) a_m^*(n) = C\delta(k-m) = \begin{cases} C, & k=m \\ 0, & k \neq m \end{cases} \tag{1.4.1}$$

若 $C=1$，称基序列是归一化的。对于这类信号集中的一个随机信号 $x(n)$，形式上可写成

$$x(n)=\sum_{k=-\infty}^{+\infty} c_k a_k(n) \tag{1.4.2}$$

上式两侧同乘 $a_m^*(n)$，并对 n 求和，有

$$\sum_{n=-\infty}^{+\infty} a_m^*(n)x(n)=\sum_{n=-\infty}^{+\infty}\sum_{k=-\infty}^{+\infty} c_k a_k(n)a_m^*(n)=\sum_{k=-\infty}^{+\infty} c_k \sum_{n=-\infty}^{+\infty} a_k(n)a_m^*(n)=Cc_m$$

因此，展开式系数

$$c_k=\frac{1}{C}\sum_{n=-\infty}^{+\infty} x(n)a_k^*(n)=\frac{1}{C}\langle x(n),a_k(n)\rangle \tag{1.4.3}$$

这里＜·，·＞表示序列内积运算。由于 $x(n)$ 是随机过程，对于不同试验有不同波形，因此，系数 c_k 是一个随机变量序列。系数 $1/C$ 放置在式(1.4.2)或式(1.4.3)前面均可。在零均值情况下，$E\{x(n)\}=0$，则 $E\{c_k\}=0$。

对于离散随机信号处理，常使用有限长序列，即信号的取值范围 $\{x(n),n=0,1,\cdots,N-1\}$，将信号表示成向量形式 $\boldsymbol{x}=[x(0),x(1),\cdots,x(N-1)]^{\mathrm{T}}$，对于长度为 N 的有限长序列，只需要 N 个基序列，且每个基序列长度为 N，即

$$\{a_k(n),k=0,1,\cdots,N-1;\ n=0,1,\cdots,N-1\}$$

每个基序列 $a_k(n)$ 也可写成向量形式 $\boldsymbol{a}_k=[a_k(0),a_k(1),\cdots,a_k(N-1)]^{\mathrm{T}}$。

式(1.4.2)和式(1.4.3)分别改写为

$$x(n)=\sum_{k=0}^{N-1} c_k a_k(n),\quad n=0,1,\cdots,N-1 \tag{1.4.4}$$

$$c_k=\frac{1}{C}\sum_{n=0}^{N-1} x(n)a_k^*(n)=\frac{1}{C}\boldsymbol{a}_k^{\mathrm{H}}\boldsymbol{x},\quad k=0,1,\cdots,N-1 \tag{1.4.5}$$

变换系数也可表示为向量 $\boldsymbol{c}=[c_0,c_1,\cdots,c_{N-1}]^{\mathrm{T}}$，变换系数向量可写成矩阵形式：

$$\boldsymbol{c}=\frac{1}{C}\boldsymbol{\Phi}^{\mathrm{H}}\boldsymbol{x} \tag{1.4.6}$$

这里

$$\boldsymbol{\Phi}^{\mathrm{H}}=\begin{bmatrix}\boldsymbol{a}_0^{\mathrm{H}}\\ \boldsymbol{a}_1^{\mathrm{H}}\\ \vdots\\ \boldsymbol{a}_{N-1}^{\mathrm{H}}\end{bmatrix}=\begin{bmatrix}a_0^*(0) & a_0^*(1) & \cdots & a_0^*(N-1)\\ a_1^*(0) & a_1^*(1) & \cdots & a_1^*(N-1)\\ \vdots & \vdots & \ddots & \vdots\\ a_{N-1}^*(0) & a_{N-1}^*(1) & \cdots & a_{N-1}^*(N-1)\end{bmatrix}$$

信号向量表示为

$$\boldsymbol{x}=\boldsymbol{\Phi}\boldsymbol{c}=[\boldsymbol{a}_0\quad \boldsymbol{a}_1\quad \cdots\quad \boldsymbol{a}_{N-1}]\boldsymbol{c}=\sum_{k=0}^{N-1} c_k\boldsymbol{a}_k \tag{1.4.7}$$

式(1.4.7)可以解释为信号向量表示为基向量的加权和，这里，

$$\boldsymbol{\Phi}=[\boldsymbol{a}_0\quad \boldsymbol{a}_1\quad \cdots\quad \boldsymbol{a}_{N-1}]$$

$\boldsymbol{\Phi}$ 的每一列由一个基向量构成。

最常用的一个有限长变换 DFT，其基序列集是

$$a_k[n]=\mathrm{e}^{\mathrm{j}\left(\frac{2\pi}{N}k\right)n}=W_N^{-kn}\quad k=0,1,\cdots,N-1;\ n=0,1,\cdots,N-1$$

这里，$W_N^m=\exp\left(-\mathrm{j}\dfrac{2\pi}{N}m\right)$，基序列的正交性可表示为

$$\sum_{n=0}^{N-1}\mathrm{e}^{\mathrm{j}\frac{2\pi}{N}kn}\left(\mathrm{e}^{\mathrm{j}\frac{2\pi}{N}rn}\right)^*=N\delta(k-r)$$

用 DFT 的习惯表示方法，用 $X(k)$表示 DFT 变换，DFT 变换写为

$$x(n)=\mathrm{IDFT}\{X(k)\}=\frac{1}{N}\sum_{k=0}^{N-1}X(k)W_N^{-kn}\quad n=0,1,\cdots,N-1 \tag{1.4.8}$$

$$X(k)=\mathrm{DFT}\{x(n)\}=\sum_{n=0}^{N-1}x(n)W_N^{kn}\quad k=0,1,\cdots,N-1 \tag{1.4.9}$$

对于随机信号来说，$x(n)$是随机过程，式(1.4.8)和式(1.4.9)表示对随机过程的一次实现互为正变换和反变换，既然对随机过程的所有实现都可以表示成这个变换对，可以说式(1.4.8)和式(1.4.9)是随机过程的 DFT 变换对，且变换系数 $X(k)$也是一个随机过程。假设 $x(n)$是平稳的，观察 $X(k)$的性质，若 $x(n)$是零均值的，$X(k)$也是零均值的。两个变换系数的自相关序列为

$$\begin{aligned}E\{X(k)X^*(l)\}&=E\left\{\sum_{n=0}^{N-1}x(n)W_N^{kn}\sum_{m=0}^{N-1}x^*(m)W_N^{-lm}\right\}\\&=\sum_{m=0}^{N-1}\sum_{n=0}^{N-1}E\{x(n)x^*(m)\}W_N^{kn}W_N^{-lm}\\&=\sum_{m=0}^{N-1}\left(\sum_{n=0}^{N-1}r_x(n-m)W_N^{kn}\right)W_N^{-lm}\end{aligned} \tag{1.4.10}$$

注意到花最后一行括号内是对 $r_x(n-m)$的 DFT，对于一个参数 m，求的是 N 长序列$\{r_x(-m),r_x(-m+1),\cdots,r_x(N-m-1)\}$的 DFT，故表示成 $R_x(k,m)$，该值与 m 有关，故

$$E\{X(k)X^*(l)\}=\sum_{m=0}^{N-1}R_x(k,m)W_N^{-lm}=\widetilde{R}(k,((-l))_N) \tag{1.4.11}$$

注意到，$\sum\limits_{m=0}^{N-1}R_x(k,m)W_N^{-lm}$ 相当于把 $R_x(k,m)$ 看作包含参数 k 的以 m 为变量的序列求 DFT，DFT 序号取$-l$，由于$-l$ 不在 DFT 系数范围内，故通过翻转运算$((-l))_N$ 翻转到$[0,N-1]$之间(关于 DFT 翻转特性请参考文献[314])。注意到对一般情况式(1.4.11)无法进一步化简，故一般结论：DFT 系数之间存在相关性，且 DFT 系数具有非平稳性。

若随机信号 $x(n)$是白噪声，即 $r_x(n)=\sigma_x^2\delta(n)$，直接代入式(1.4.10)最后一行，有

$$\begin{aligned}E\{X(k)X^*(l)\}&=\sum_{m=0}^{N-1}\left(\sum_{n=0}^{N-1}\sigma_x^2\delta(n-m)W_N^{kn}\right)W_N^{-lm}\\&=\sigma_x^2\sum_{m=0}^{N-1}W_N^{(k-l)m}=N\sigma_x^2\delta(k-l)\end{aligned} \tag{1.4.12}$$

即白噪声的各 DFT 系数互不相关，且是平稳的。

注释：有的读者可能会将式(1.4.10)最后一行进一步写为

$$\begin{aligned}E\{X(k)X^*(l)\}&=\sum_{m=0}^{N-1}\left(\sum_{n=0}^{N-1}r_x(n-m)W_N^{kn}\right)W_N^{-lm}\\&=\sum_{m=0}^{N-1}W_N^{km}W_N^{-lm}R_x(k)=NR_x(k)\delta(k-l)\end{aligned} \tag{1.4.13}$$

从而得到 DFT 各系数不相关的乐观结果,实际上 DFT 系数只有在循环移位条件下,才能写成循环位移性:$r_x((n-m))_N \leftrightarrow W_N^{km}R_x(k)$,但此处 $r_x(n-m)$ 针对 $r_x(n)$ 并不是循环位移,故 DFT 循环位移特性不成立,式(1.4.13)在一般情况下不成立。

1.4.2 基向量集的正交化

如果给出一组基向量,满足线性独立条件,但却不满足正交性,就无法直接应用式(1.4.5)这样简洁的获得展开系数的公式,将基向量正交化,将获得对问题表示的简单性。

设基向量 $\boldsymbol{v}_0,\boldsymbol{v}_1,\cdots,\boldsymbol{v}_{N-1}$ 线性独立但不正交,要求将其正交化和归一化,可以用如下的 Gram-Schmidt 正交化方法。设

$$\boldsymbol{u}_0=\boldsymbol{v}_0$$

$$\boldsymbol{u}_1=\boldsymbol{v}_1-b_{10}\boldsymbol{u}_0$$

为使 $\langle\boldsymbol{u}_1,\boldsymbol{u}_0\rangle=0$,求得系数 $b_{10}=\langle\boldsymbol{v}_1,\boldsymbol{u}_0\rangle\langle\boldsymbol{u}_0,\boldsymbol{u}_0\rangle^{-1}$,因此

$$\boldsymbol{u}_1=\boldsymbol{v}_1-\langle\boldsymbol{v}_1,\boldsymbol{u}_0\rangle\langle\boldsymbol{u}_0,\boldsymbol{u}_0\rangle^{-1}\boldsymbol{u}_0$$

以此类推,得到一般的正交化过程为

$$\boldsymbol{u}_k=\boldsymbol{v}_k-\sum_{i=0}^{k-1}\langle\boldsymbol{v}_k,\boldsymbol{u}_i\rangle\langle\boldsymbol{u}_i,\boldsymbol{u}_i\rangle^{-1}\boldsymbol{u}_i$$

这样得到的基向量 $\boldsymbol{u}_0,\boldsymbol{u}_1,\cdots,\boldsymbol{u}_{N-1}$ 是正交的,按如下式归一化:

$$\varphi_k=\boldsymbol{u}_k/\|\boldsymbol{u}_k\|,\quad k=0,1,2,\cdots,N-1$$

这里,$\|\boldsymbol{u}_k\|=\langle\boldsymbol{u}_k,\boldsymbol{u}_k\rangle^{1/2}=(\boldsymbol{u}_k^{\mathrm{H}}\boldsymbol{u}_k)^{1/2}$ 表示向量的范数。

1.4.3 KL 变换

如前所述,随机信号的各展开系数可能是相关的,这在某些应用中没有优势。例如,在信源编码(例如图像压缩编码、视频编码)等的应用中,希望展开系数是不相关的。如果找到特殊的基序列集 $\{a_k(n),k=0,\pm1,\cdots\}$,使

$$E\{c_kc_m^*\}=\lambda_k\delta(k-m)=\begin{cases}0, & k\neq m\\ \lambda_k, & k=m\end{cases}\tag{1.4.14}$$

即各系数 c_k 是不相关的(零均值情况下也是互相正交的),这种展开式称为 KL 变换。

为讨论方便,以下假设基序列集是归一化的。将式(1.4.3)代入式(1.4.14),得

$$\begin{aligned}E\{c_kc_m^*\}&=E\left\{\sum_{n=-\infty}^{+\infty}x(n)a_k^*(n)\sum_{l=-\infty}^{+\infty}x^*(l)a_m(l)\right\}\\&=E\left\{\sum_{n=-\infty}^{+\infty}\sum_{l=-\infty}^{+\infty}x(n)x^*(l)a_k^*(n)a_m(l)\right\}\\&=\sum_{n=-\infty}^{+\infty}\left[\sum_{l=-\infty}^{+\infty}E(x(n)x^*(l))a_m(l)\right]a_k^*(n)\\&=\sum_{n=-\infty}^{+\infty}\left[\sum_{l=-\infty}^{+\infty}r_x(n-l)a_m(l)\right]a_k^*(n)\\&=\lambda_k\delta(k-m)\end{aligned}$$

由 $a_k(n)$ 的正交性，要使上式最后一行成立，只需

$$\sum_{l=-\infty}^{+\infty} r_x(n-l)a_k(l)=\lambda_k a_k(n) \quad n=0,\pm1,\cdots \tag{1.4.15}$$

用式(1.4.15)得到的序列集 $\{a_k(n),k=0,\pm1,\cdots\}$ 作式(1.4.2)的展开，系数 c_k 必然满足式(1.4.14)，得到的展开式(1.4.2)是 KL 展开。

对于有限长序列的特殊情况，可得到更加简单的结果。变换的矩阵形式重写为

$$\boldsymbol{x}=\boldsymbol{\Phi c} \tag{1.4.16}$$

系数向量为

$$\boldsymbol{c}=\boldsymbol{\Phi}^{\mathrm{H}}\boldsymbol{x} \tag{1.4.17}$$

为使式(1.4.16)是有限长序列的 KL 变换，需确定基向量，在有限长序列情况，确定 $a_k(n)$ 的方程式(1.4.15)简化为如下 N 个方程：

$$\begin{bmatrix} r_x(0), & r_x(-1), & r_x(-2), & \cdots & r_x(-N+1) \\ r_x(1), & r_x(0), & r_x(-1), & \cdots & r_x(-N+2) \\ \vdots & \vdots & \vdots & \ddots & \vdots \\ r_x(N-1), & r_x(N-2), & \cdots & \cdots & r_x(0) \end{bmatrix} \begin{bmatrix} a_k(0) \\ a_k(1) \\ \vdots \\ a_k(N-1) \end{bmatrix} = \lambda_k \begin{bmatrix} a_k(0) \\ a_k(1) \\ \vdots \\ a_k(N-1) \end{bmatrix}$$

如上方程的系数矩阵恰好是信号向量 $\boldsymbol{x}=[x(0),x(1),\cdots,x(N-1)]^{\mathrm{T}}$ 的自相关矩阵，写成如下紧凑形式：

$$\boldsymbol{R}_x\boldsymbol{a}_k=\lambda_k\boldsymbol{a}_k \tag{1.4.18}$$

取 λ_k 为 $\boldsymbol{R}_x$ 的第 k 个特征值，式(1.4.18)说明基向量 $\boldsymbol{a}_k=\boldsymbol{q}_k$ 为 $\boldsymbol{R}_x$ 的第 k 个特征向量，这里特征向量 $\boldsymbol{q}_k$ 是归一化的。展开式(1.4.16)用这个基向量表示为

$$\boldsymbol{x}=[\boldsymbol{q}_0,\boldsymbol{q}_1,\cdots,\boldsymbol{q}_{N-1}]\boldsymbol{c}=\boldsymbol{Qc} \tag{1.4.19}$$

展开系数向量由下式求得：

$$\boldsymbol{c}=\boldsymbol{Q}^{\mathrm{H}}\boldsymbol{x} \tag{1.4.20}$$

这里，$\boldsymbol{Q}$ 是自相关矩阵的特征向量矩阵，其每一列是一个特征向量。对有限长序列，式(1.4.20)和式(1.4.19)分别称为 KL 变换和 KL 反变换，变换式(1.4.20)求得变换系数，反变换式(1.4.19)由变换系数恢复信号向量。对于 KL 变换，变换系数是互不相关的，且满足

$$\begin{aligned} E[\boldsymbol{c}\boldsymbol{c}^{\mathrm{H}}] &= E[\boldsymbol{Q}^{\mathrm{H}}\boldsymbol{x}\boldsymbol{x}^{\mathrm{H}}\boldsymbol{Q}]=\boldsymbol{Q}^{\mathrm{H}}E[\boldsymbol{x}\boldsymbol{x}^{\mathrm{H}}]\boldsymbol{Q}=\boldsymbol{Q}^{\mathrm{H}}\boldsymbol{R}_x\boldsymbol{Q} \\ &= \boldsymbol{Q}^{\mathrm{H}}\boldsymbol{Q}\boldsymbol{\Lambda}\boldsymbol{Q}^{\mathrm{H}}\boldsymbol{Q}=\Lambda=\mathrm{diag}(\lambda_0,\lambda_1,\cdots,\lambda_{N-1}) \end{aligned} \tag{1.4.21}$$

式(1.4.21)同时说明 $E[|c_i|^2]=\lambda_i$。由于

$$E[\|\boldsymbol{c}\|_2^2]=E\left[\sum_{k=0}^{N-1}|c_i|^2\right]=E[\boldsymbol{c}^{\mathrm{H}}\boldsymbol{c}]=\sum_{i=0}^{N-1}\lambda_i \tag{1.4.22}$$

另一方面

$$E[\|\boldsymbol{x}\|_2^2]=E\left[\sum_{i=0}^{N-1}|x(i)|^2\right]=E[\boldsymbol{x}^{\mathrm{H}}\boldsymbol{x}]=E[\boldsymbol{c}^{\mathrm{H}}\boldsymbol{Q}^{\mathrm{H}}\boldsymbol{Q}\boldsymbol{c}]=E[\boldsymbol{c}^{\mathrm{H}}\boldsymbol{c}]=\sum_{k=0}^{N-1}\lambda_i$$

即

$$E[\|\boldsymbol{c}\|_2^2]=E[\|\boldsymbol{x}\|_2^2]=\sum_{k=0}^{N-1}\lambda_i \tag{1.4.23}$$

式(1.4.23)称为 KL 变换的能量不变性(帕塞瓦尔定理)。

1.5 随机信号的功率谱密度

随机信号的功率谱密度(Power Spectrum Density,PSD)估计是现代信号处理的一个重要研究方向,本节讨论功率谱密度的定义和主要性质,以及随机信号通过线性系统后的功率谱密度。通过有限的观测数据估计一个随机信号的功率谱密度的实用算法是第 6 章的论题。

在随机信号处理中,我们经常需要一种在频域刻画信号特性的工具,对 WSS 过程的最重要的特征量就是自相关函数和 PSD,这是因为 WSS 的自相关函数和 PSD 是确定性的量。对于确定性信号最重要的量频谱,即信号的离散时间傅里叶变换(DTFT),对于 WSS 过程是随机的,并且是非平稳的。在 1.4 节看到了有限长随机序列的 DFT 系数是随机的,对于任意长度随机信号来说,其 DTFT 也是随机的。设 $x(n)$是 WSS 过程,它的 DTFT 为

$$X(e^{j\omega})=\sum_{n=-\infty}^{+\infty}x(n)e^{-j\omega n}\tag{1.5.1}$$

因为 $X(e^{j\omega})$是 ω 的周期函数,这里只在$|\omega|\leqslant\pi$ 范围内讨论 $X(e^{j\omega})$的性质,可以证明 $X(e^{j\omega})$是非平稳的白噪声,即

$$\begin{aligned}E[X(e^{j\omega_1})X^*(e^{j\omega_2})]&=E\left\{\sum_{n=-\infty}^{+\infty}x(n)e^{-j\omega_1 n}\sum_{m=-\infty}^{+\infty}x^*(m)e^{j\omega_2 m}\right\}\\&=\sum_{n=-\infty}^{+\infty}\sum_{m=-\infty}^{+\infty}E[x(n)x^*(m)]e^{-j\omega_1 n}e^{j\omega_2 m}\\&=\sum_{m=-\infty}^{+\infty}\sum_{n=-\infty}^{+\infty}r_x(n-m)e^{-j\omega_1 n}e^{j\omega_2 m}\\&=S_x(\omega_1)\sum_{m=-\infty}^{+\infty}e^{-j\omega_1 m}e^{j\omega_2 m}=2\pi S_x(\omega_1)\delta(\omega_1-\omega_2)\end{aligned}$$

注意到 $S_x(\omega)$是自相关序列的 DTFT,后面会看到它被定义为功率谱密度函数。上式最后一行用到了泊松求和公式[314],即

$$\sum_{m=-\infty}^{+\infty}e^{j\omega m}=2\pi\delta(\omega)$$

把 DTFT 的自相关函数重写为

$$E[X(e^{j\omega_1})X^*(e^{j\omega_2})]=2\pi S_x(\omega_1)\delta(\omega_1-\omega_2)\tag{1.5.2}$$

式(1.5.2)说明,一个 WSS 过程的 DTFT 是随机的,且是非平稳的,但不同频率的 DTFT 值不相关。由于 WSS 过程的 DTFT 是非平稳随机过程,在随机信号分析中很少直接使用信号的 DTFT 作为表征一个信号的基本特征量,这样 PSD 就成为 WSS 随机信号的主要频域表征。

如上讨论中,假设了 WSS 的 DTFT 是存在的,从而得到其具有非平稳随机性的结论,其实更严重的问题是,对于一个任意长 WSS 序列来讲,它不满足绝对可求和的条件,因此其 DTFT 可能是不存在的,若要求得其 DTFT 可能需对信号进行截断处理,但截断处理破坏了其平稳性条件。尽管从实际计算的角度讲,总是要截取一段数据进行处理,但仍希望有一种理论工具可以从一般的角度讨论信号的频域性质,这也是对 WSS 采用功率谱分析的

另一个原因。

1.5.1　功率谱密度的定义和性质

如果随机信号 $x(n)$ 的自相关序列 $r(k)$ 已知，自相关序列的 z 变换定义为

$$\widetilde{S}(z)=\sum_{k=-\infty}^{+\infty} r(k) z^{-k} \tag{1.5.3}$$

称 $\widetilde{S}(z)$ 为复功率谱，若复功率谱的收敛域包括单位圆，复功率谱在单位圆上取值，得到

$$\widetilde{S}(e^{j\omega})=\sum_{k=-\infty}^{+\infty} r(k) e^{-j\omega k}=\sum_{k=-\infty}^{+\infty} r(k) e^{-j2\pi fk} \tag{1.5.4}$$

由 $\widetilde{S}(e^{j\omega})$ 的反变换得到自相关序列，即

$$r(k)=\frac{1}{2\pi}\int_{-\pi}^{\pi} \widetilde{S}(e^{j\omega}) e^{j\omega k} d\omega \tag{1.5.5}$$

为了简化符号，用 $S(\omega)$ 替代 $\widetilde{S}(e^{j\omega})$，即 $S(\omega)=S(2\pi f)=\widetilde{S}(e^{j\omega})$。

$S(\omega)$ 是随机信号的功率谱密度（PSD）函数，它刻画的是随机信号中功率在各频率上的分布密度，它与自相关函数 $r(k)$ 构成一对离散时间傅里叶变换对。这个关系称为维纳-辛钦定理（Wiener-Khinchin Theorem）。

文献中也经常使用第二种功率谱密度的定义，比式（1.5.4）的定义更直观一些，PSD 定义为如下极限：

$$S(\omega)=\lim_{N\to\infty} E\left\{\frac{1}{N}\left|\sum_{n=0}^{N-1} x(n) e^{-j\omega n}\right|^2\right\} \tag{1.5.6}$$

并假设随机信号的自相关序列满足条件

$$\lim_{N\to\infty}\frac{1}{N}\sum_{k=-N}^{N}|k| r(k)=0 \tag{1.5.7}$$

这是一个比较宽的条件，在此条件下，可以证明式（1.5.6）与式（1.5.4）等价，证明如下：

$$\begin{aligned}\lim_{N\to\infty} E\left\{\frac{1}{N}\left|\sum_{n=0}^{N-1} x(n) e^{-j\omega n}\right|^2\right\} &= \lim_{N\to\infty}\frac{1}{N}\sum_{l=0}^{N-1}\sum_{m=0}^{N-1} E\{x(l)x^*(m)\} e^{-j(l-m)\omega} \\ &= \lim_{N\to\infty}\frac{1}{N}\sum_{k=-(N-1)}^{N-1}(N-|k|) r(k) e^{-j\omega k} \\ &= \sum_{k=-\infty}^{+\infty} r(k) e^{-j\omega k}-\lim_{N\to\infty}\frac{1}{N}\sum_{k=-(N-1)}^{N-1}|k| r(k) e^{-j\omega k}\end{aligned}$$

由式（1.5.7）的条件，上式第 2 项为零，式（1.5.4）和式（1.5.6）等价。

例 1.5.1　白噪声的相关函数为 $r(k)=\sigma_v^2\delta(k)$，直接做 DTFT，得到白噪声的功率谱密度（PSD）为

$$S(\omega)=\sigma_v^2$$

例 1.5.2　单个复正弦加噪声的信号为 $x(n)=\alpha e^{j(\omega_0 n+\varphi)}+v(n)$，它的自相关序列为

$$r(k)=|\alpha|^2\exp(j\omega_0 k)+\sigma_v^2\delta(k)=\begin{cases}|\alpha|^2+\sigma_v^2, & k=0\\ |\alpha|^2\exp(j\omega_0 k), & k\neq 0\end{cases}$$

对自相关序列做 DTFT，考虑到 $\exp(j\omega_0 k)$ 的 DTFT 是冲激函数[314]，PSD 为

$$S(\omega)=\sigma_v^2+2\pi|\alpha|^2\sum_{k=-\infty}^{+\infty}\delta(\omega-\omega_0-2\pi k)$$

例 1.5.3 设一个随机信号的自相关函数为 $r(k)=ca^{|k|}$,求它的 PSD。

为方便,先求复 PSD:

$$\begin{aligned}\widetilde{S}(z)&=\sum_{k=-\infty}^{+\infty}ca^{|k|}z^{-k}=\sum_{k=0}^{+\infty}ca^kz^{-k}+\sum_{k=-\infty}^{-1}ca^{-k}z^{-k}\\&=\sum_{k=0}^{+\infty}ca^kz^{-k}+\sum_{k=1}^{+\infty}ca^kz^k=\frac{c}{1-az^{-1}}+\frac{caz}{1-az}\\&=\frac{c(1-a^2)}{1+a^2-a(z+z^{-1})}\quad |a|<|z|<|1/a|\end{aligned}$$

当 $|a|<1$ 时,复 PSD 收敛域包含单位圆,PSD 为

$$S(\omega)=\widetilde{S}(z)|_{z=e^{j\omega}}=\frac{c(1-a^2)}{1+a^2-2a\cos\omega}$$

由式(1.5.5),得到

$$\sigma^2=r(0)=\frac{1}{2\pi}\int_{-\pi}^{\pi}S(\omega)d\omega \tag{1.5.8}$$

即 $S(\omega)$在$[-\pi,\pi]$之间的面积等于信号的平均功率 $\sigma^2=r(0)$,而 $S(\omega_0)\Delta\omega_0$,$\Delta\omega_0\to 0$ 表示在频率为 ω_0 处很窄的频带内的功率值,这可以理解 $S(\omega)$作为功率谱密度的含义。

功率谱密度具有如下几个性质。

(1) 正实性,对所有平稳随机信号和所有 ω,$S(\omega)$是实函数,且 $S(\omega)\geqslant 0$。由式(1.5.6)的定义直接得到此性质。

(2) 周期性,$S(\omega)$是以 2π 为周期的周期函数,$S(\omega)=S(\omega+2\pi k)$,$k$ 是任意整数,这是离散信号傅里叶变换的共同性质,PSD 作为离散信号自相关序列的 DTFT 也是必然满足此性质,至于 $S(\omega)$与对应连续信号的功率谱密度之间的对应关系,在 1.5.3 节专门讨论。

(3) 对于实信号,$r(k)$是实对称序列,功率谱密度公式也可以简化为

$$S(\omega)=r(0)+2\sum_{k=1}^{+\infty}r(k)\cos(k\omega)$$

功率谱密度满足对称关系,$S(\omega)=S(-\omega)=S(2\pi-\omega)$,$|\omega|\leqslant\pi$。

(4) 对于随机信号 $x(n)$和 $y(n)$,如果 $y(n)=e^{j\omega_0 n}x(n)$,有 $S_y(\omega)=S_x(\omega-\omega_0)$。

对于离散随机信号功率谱的周期性,还要再作些说明,因为周期性使得 $S(\omega)$是冗余的,只需要计算其一个周期内的值,对于角频率 ω,取主值为$[-\pi,\pi]$,如果使用频率 f,取主值为$[-1/2,1/2]$。如果画 $S(\omega)$或 $S(2\pi f)$的图形,一般只画出这个范围的图形,如果是实信号,因为对称性,也可以只画出主值区间中正的一半。

对于性质 4 的证明,首先可以证明(留作习题)$r_y(k)=e^{j\omega_0 k}r_x(k)$,再由 DTFT 的性质即可得证,这条性质说明对随机信号的功率谱密度,也有与确定性信号频谱类似的调制定理。

对两个随机信号 $x(n)$、$y(n)$,如果它们的互相关函数 $r_{xy}(k)$已知,类似地定义互功率谱。设互相关函数的 z 变换为

$$\widetilde{S}_{xy}(z)=\sum_{k=-\infty}^{+\infty}r_{xy}(k)z^{-k} \tag{1.5.9}$$

称 $\widetilde{S}_{xy}(z)$ 为互复功率谱，互复功率谱在单位圆上取值，得到

$$S_{xy}(\omega)=\sum_{k=-\infty}^{+\infty} r_{xy}(k)\mathrm{e}^{-\mathrm{j}\omega k} \tag{1.5.10a}$$

或

$$S_{xy}(2\pi f)=\sum_{k=-\infty}^{+\infty} r(k)\mathrm{e}^{-\mathrm{j}2\pi f k} \tag{1.5.10b}$$

$S_{xy}(\omega)$ 称为互功率谱，由 $S_{xy}(\omega)$ 的傅里叶反变换得到互相关函数，即

$$r_{xy}(k)=\frac{1}{2\pi}\int_{-\pi}^{\pi} S_{xy}(\omega)\mathrm{e}^{\mathrm{j}\omega k}\mathrm{d}\omega \tag{1.5.11}$$

互功率谱没有功率谱的正实性的特点，一般地，互功率谱是复函数且满足 $S_{xy}(\omega)=S_{yx}^{*}(\omega)$。信号处理文献中还常用相干函数（Coherence Function）来刻画两个信号的频率分布性质，相干函数定义为

$$C_{xy}(\omega)=\frac{|S_{xy}(\omega)|}{[S_{x}(\omega)S_{y}(\omega)]^{1/2}} \tag{1.5.12}$$

相干函数满足 $|C_{xy}(\omega)|\leqslant 1$，1.5.3 节可以证明如果 $y(n)$ 是由 $x(n)$ 通过一个线性系统后的输出，则 $C_{xy}(\omega)=1$。

对于非平稳情况，通过两维傅里叶变换定义一个随机信号的两维谱

$$S_{x}(\omega_1,\omega_2)=\sum_{n_1=-\infty}^{+\infty}\sum_{n_2=-\infty}^{+\infty} r_{x}(n_1,n_2)\mathrm{e}^{-\mathrm{j}(\omega_1 n_1+\omega_2 n_2)} \tag{1.5.13}$$

类似地可以定义两维互谱，此处从略。

1.5.2 随机信号通过线性系统

一个随机信号通过线性时不变（LTI）系统后，输出序列和输入序列之间的关系由系统的单位抽样响应和输入序列的卷积得到，即

$$y(n)=h(n)*x(n)=\sum_{m=-\infty}^{+\infty} h^{*}(m)x(n-m)=\sum_{m=-\infty}^{+\infty} x(m)h^{*}(n-m) \tag{1.5.14}$$

这里，$h(n)$ 是系统的单位抽样响应，$x(n)$ 为输入，$y(n)$ 为输出。注意，对复系统和复信号的一般情况，这里对卷积运算的一个变量用了共轭形式，这与复内积空间里内积的定义形式是一致的。注意这里实际是将 $h^{*}(n)$ 作为单位抽样响应的，但仍用习惯的卷积符号 $h(n)*x(n)$。

对于随机信号的分析，我们也关心输出信号的相关序列和功率谱密度与输入信号的相应量之间的关系，这些关系总结如下：

$$r_{xy}(k)=h^{*}(-k)*r_{x}(k)=\sum_{l=-\infty}^{+\infty} h(-l)r_{x}(k-l) \tag{1.5.15}$$

$$r_{yx}(k)=h(k)*r_{x}(k)=\sum_{l=-\infty}^{+\infty} h^{*}(l)r_{x}(k-l) \tag{1.5.16}$$

$$r_{y}(k)=h^{*}(-k)*h(k)*r_{x}(k)=\sum_{i=-\infty}^{+\infty} h(i-k)\sum_{l=-\infty}^{+\infty} h^{*}(l)r_{x}(i-l) \tag{1.5.17}$$

这里，$r_{xy}(k)$ 是输入和输出之间的互相关函数，$r_{yx}(k)$ 是颠倒了 x、y 的次序，$r_{y}(k)$ 是输出的自相关函数。显然，当输入信号是方差为 σ_x^2 的白噪声时，其输出自相关函数简化为

$$r_y(k)=\sigma_x^2\sum_{i=-\infty}^{+\infty}h^*(i)h(i-k) \tag{1.5.18}$$

如下证明式(1.5.15)和式(1.5.17),式(1.5.16)的证明与式(1.5.15)类似。由式(1.5.14),得

$$y^*(n-k)=\sum_{m=-\infty}^{+\infty}h(m)x^*(n-k-m) \tag{1.5.19}$$

代入 $r_{xy}(k)$ 的定义,有

$$\begin{aligned}r_{xy}(k)&=E\{x(n)y^*(n-k)\}=E\left\{x(n)\sum_{l=-\infty}^{+\infty}h(l)x^*(n-k-l)\right\}\\&=\sum_{l=-\infty}^{+\infty}h(l)E\{x(n)x^*(n-k-l)\}=\sum_{l=-\infty}^{+\infty}h(l)r_x(k+l)\\&=\sum_{m=-\infty}^{+\infty}[h^*(-m)]^*r_x(k-m)=h^*(-k)*r_x(k)\end{aligned}$$

将式(1.5.14)和式(1.5.19)代入 $r_y(k)$ 的定义,得

$$\begin{aligned}r_y(k)&=E\{y(n)y^*(n-k)\}\\&=E\left\{\sum_{l=-\infty}^{+\infty}h^*(l)x(n-l)\sum_{m=-\infty}^{+\infty}h(m)x^*(n-k-m)\right\}\\&=\sum_{l=-\infty}^{+\infty}h^*(l)\sum_{m=-\infty}^{+\infty}h(m)E\{x(n-l)x^*(n-k-m)\}\\&=\sum_{l=-\infty}^{+\infty}h^*(l)\sum_{m=-\infty}^{+\infty}h(m)r_x(k+m-l)\end{aligned}$$

用变量替换 $i=k+m$ 代入上式,得

$$\begin{aligned}r_y(k)&=\sum_{l=-\infty}^{+\infty}h^*(l)\sum_{i=-\infty}^{+\infty}h(i-k)r_x(i-l)=\sum_{i=-\infty}^{+\infty}h(i-k)\sum_{l=-\infty}^{+\infty}h^*(l)r_x(i-l)\\&=h^*(-k)*h(k)*r_x(k)\end{aligned}$$

如果定义 LTI 系统的系统函数为

$$h(n)\Leftrightarrow H(z)=\sum_{n=-\infty}^{+\infty}h^*(n)z^{-n} \tag{1.5.20}$$

则

$$h^*(-n)\Leftrightarrow\sum_{n=-\infty}^{+\infty}h(-n)z^{-n}=\sum_{n=-\infty}^{+\infty}h(n)z^n=\left[\sum_{n=-\infty}^{+\infty}h^*(n)\left(\frac{1}{z^*}\right)^{-n}\right]^*=H^*\left(\frac{1}{z^*}\right) \tag{1.5.21}$$

利用 z 变换的卷积性质,输出 $y(n)$ 的自相关序列的 z 变换为

$$\tilde{S}_y(z)=H(z)H^*\left(\frac{1}{z^*}\right)\tilde{S}_x(z) \tag{1.5.22}$$

如果单位抽样响应 $h(n)$ 是实的,如上关系式简化为

$$\tilde{S}_y(z)=H(z)H\left(\frac{1}{z}\right)\tilde{S}_x(z) \tag{1.5.23}$$

不管是复信号还是实信号,输入与输出之间的功率谱密度关系为

$$S_y(\omega)=|H(e^{j\omega})|^2S_x(\omega) \tag{1.5.24}$$

若输入是方差为 σ_v^2 的白噪声,则输出功率谱密度为

$$S_y(\omega)=|H(e^{j\omega})|^2\sigma_v^2 \tag{1.5.25}$$

式(1.5.25)是用信号模型表示功率谱密度的基础。

由式(1.5.15)和式(1.5.16),可以得到输入和输出的互功率谱关系为

$$\widetilde{S}_{xy}(z)=H^*\left(\frac{1}{z^*}\right)\widetilde{S}_x(z) \tag{1.5.26}$$

$$S_{xy}(\omega)=H^*(e^{j\omega})S_x(\omega) \tag{1.5.27}$$

$$\widetilde{S}_{yx}(z)=H(z)\widetilde{S}_x(z) \tag{1.5.28}$$

$$S_{yx}(\omega)=H(e^{j\omega})S_x(\omega) \tag{1.5.29}$$

现在可以求出,对于线性系统,输入和输出之间的相干函数

$$C_{xy}(\omega)=\frac{|S_{xy}(\omega)|}{[S_x(\omega)S_y(\omega)]^{1/2}}=\frac{|H^*(e^{j\omega})S_x(\omega)|}{|S_x(\omega)|H(e^{j\omega})|^2S_x(\omega)|^{1/2}}=1 \tag{1.5.30}$$

非线性系统一般不满足这个关系。

对于非平稳情况,用类似的证明过程,得到输出自相关和输入自相关的关系为

$$r_y(n_1,n_2)=\sum_{i=-\infty}^{+\infty}h^*(i)\sum_{l=-\infty}^{+\infty}h(l)r_x(n_1-i,n_2-l) \tag{1.5.31}$$

输出和输入的两维谱关系为

$$S_y(\omega_1,\omega_2)=H(e^{j\omega_1})H^*(e^{j\omega_2})S_x(\omega_1,\omega_2) \tag{1.5.32}$$

1.5.3　连续随机信号与离散随机信号的关系

在信号处理所面对的大多数实际问题中,一般是对连续时间信号进行采样得到离散时间信号,然后进行离散信号分析和处理,在离散域的分析和处理结果或者通过D/A变换器和重构补偿滤波器恢复成连续信号,或者直接由离散信号的分析结果给出对连续信号性质的物理解释,尤其在功率谱估计这样的应用中,要根据对离散信号的分析结果给出对连续信号的功率谱的正确解释。这需要搞清楚两个问题,一是对随机信号的采样定理;二是对于随机信号,离散域的自相关序列和连续域的自相关函数的关系,以及离散域的功率谱和相应连续信号功率谱的关系。

首先讨论随机信号的采样定理。随机信号的采样定理的基本结论与确定性信号的采样定理是类似的,与确定性信号采样定理不同的是,对随机信号的采样定理,要求功率谱是带限的,随机信号采样定理叙述如下。

定理1.5.1(随机信号采样定理)　一个连续随机过程$x_a(t)$,如果它的功率谱密度是频带受限的,即

$$S_a(\Omega)=0,\quad 对\ |\Omega|>B$$

如果以周期$T_s<\pi/B$对$x_a(t)$进行采样,由采样信号重构的随机过程为

$$\hat{x}_a(t)=\sum_{n=-\infty}^{+\infty}x_a(nT_s)\frac{\sin B(t-nT_s)}{B(t-nT_s)} \tag{1.5.33}$$

在均方意义上$x_a(t)$等于$\hat{x}_a(t)$,即

$$E\{|x_a(t)-\hat{x}_a(t)|^2\}=0$$

随机信号采样定理的详细证明可参考 Papoulis 的著作[193]。随机信号采样定理的意义是：如果用大于 2 倍功率谱最高频率的采样率对随机信号进行采样，从均方意义上讲，可以由采样序列准确地重构该连续随机信号。由于自相关是一个统计量，可以预见在满足采样定理的条件下，由离散序列估计的功率谱可以还原出相应连续随机信号的功率谱。下面进一步说明这一点。

由于离散信号的获得是通过对信号值采样得到的，问题是同样的采样关系对自相关函数是否成立。由于 $x(n)=x_a(nT_s)=x_a(t)|_{t=nT_s}$，这里 $x_a(t)$ 是相应的连续信号，T_s 是采样周期，离散域的自相关序列为

$$\begin{aligned} r(n_1,n_2) &= E[x(n_1)x^*(n_2)] = E[x_a(n_1T_s)x_a^*(n_2T_s)] \\ &= r_a(n_1T_s,n_2T_s) = r_a(t_1,t_2)|_{t_1=n_1T_s,t_2=n_2T_s} \end{aligned} \tag{1.5.34}$$

这里，$r_a(t)$ 表示连续随机信号的自相关函数，由式(1.5.34)看到，自相关序列满足同样的采样关系。

如果连续信号是平稳随机过程，相应的采样序列也是平稳的，则有

$$r(k)=r(n_1-n_2)=r_a(n_1T_s-n_2T_s)=r_a(t_1-t_2)|_{t_1-t_2=n_1T_s-n_2T}=r_a(\tau)|_{\tau=kT_s}$$

由于采样关系 $r(k)=r_a(\tau)|_{\tau=kT_s}$ 成立，并且功率谱与自相关是一对傅里叶变换对，因此离散域功率谱和连续域功率谱之间满足[314]

$$S(\omega)=\frac{1}{T_s}\sum_{k=-\infty}^{+\infty}S_a\left(\frac{\omega}{T_s}-\frac{2\pi}{T_s}k\right) \tag{1.5.35}$$

这里，$S_a(\Omega)$ 表示连续域功率谱，也就是连续随机信号真实的功率谱，为了区别，用 Ω 表示模拟角频率。

我们对式(1.5.35)并不感到奇怪，因为离散 DTFT 总是以 2π 为周期的，式(1.5.35)满足这一点。离散的功率谱是由连续功率谱通过伸缩和平移后的叠加，如果连续信号是频率有限的，在采样时，如果满足采样定理，即采样频率($1/T_s$)大于信号最高频率的 2 倍，式(1.5.35)中的各相加项是不重叠的，即离散功率谱中包含了连续功率谱的一个伸缩了的完整的复制品，因此，由离散谱完全能够给出连续谱的正确解释，连续信号的自相关函数也由离散信号自相关序列完全重构，即

$$r_a(\tau)=\sum_{n=-\infty}^{+\infty}r(k)\frac{\sin B(\tau-nT_s)}{B(\tau-nT_s)} \tag{1.5.36}$$

在满足采样定理时

$$S(\omega)=\frac{1}{T_s}S_a\left(\frac{\omega}{T_s}\right),\quad |\omega|\leqslant\pi \tag{1.5.37}$$

或

$$S_a(\Omega)=T_sS(T_s\Omega),\quad |\Omega|\leqslant\pi/T_s \tag{1.5.38}$$

式(1.5.38)给出了由离散域功率谱解释连续信号功率谱的公式，实际上在连续域和离散域的频率之间存在一个转换关系，即 $\Omega=\omega/T_s$。如果在离散域的功率谱中，在 $\omega=\omega_0$ 处存在一个峰值表明离散信号中有一个角频率为 ω_0 的谐波分量存在，对应的是连续信号中存在一个角频率为 $\Omega=\Omega_0=\omega_0/T_s$ 的谐波分量。

在对连续随机信号采样时，若采样频率不满足采样定理时，式(1.5.35)各项存在混叠，离散域功率谱不能完全正确地解释连续信号的真实功率谱，减小混叠影响的方法是在采样

前使用低通滤波器作为抗混叠处理，这方面原理与确定信号分析是一致的，更细节内容参考文献[314]。

例 1.5.4　设离散随机信号 $x(n)=A\cos(0.2\pi n+\varphi)$，其中 φ 是$[0,2\pi]$内均匀分布的随机变量，A 是常数，该信号由连续信号按 $T_s=10^{-5}$ 采样获得，且满足采样定理，分析其功率谱。

解：由 $r(k)=\frac{1}{2}A^2\cos 0.2\pi k$，得到功率谱为

$$S(\omega)=\frac{\pi}{2}A^2\sum_{k=-\infty}^{+\infty}\{\delta(\omega-0.2\pi+2k\pi)+\delta(\omega+0.2\pi+2k\pi)\}$$

$S(\omega)$在$\pm 0.2\pi$处有一个峰值，对应于连续信号是角频率 $\Omega_0=\omega_0/T_s=\pm 2\times 10^4\pi$，即连续信号频率为 10^4Hz。

由式(1.5.38)，得到

$$\begin{aligned}S_a(\Omega)&=10^{-5}\ \frac{\pi}{2}A^2\delta(10^{-5}\Omega-0.2\pi)+10^{-5}\ \frac{\pi}{2}A^2\delta(10^{-5}\Omega+0.2\pi)\\&=\frac{\pi}{2}A^2\delta(\Omega-0.2\pi\times 10^5)+\frac{\pi}{2}A^2\delta(\Omega+0.2\pi\times 10^5),\quad |\Omega|\leqslant 10^5\pi\end{aligned}$$

同样得 $\Omega_0=\pm 2\times 10^4\pi$ 处有峰值，上式第 2 行用了冲激函数的一个性质 $\delta(ax)=\frac{1}{|a|}\delta(x)$。

这个例子比较简单，在离散信号表达式中直接代入 $n=t/T_s$，得到

$$x_a(t)=A\cos(0.2\pi t/T_s+\varphi)=A\cos(2\times 10^4\pi t+\varphi)$$

同样得到 $\Omega_0=2\times 10^4\pi$ 的结果，但对一般信号，式(1.5.38)的结果是具有一般性的。

1.6　随机信号的有理分式模型

如前所述，若可以用一种数学工具描述一类随机信号，则可称之为随机信号的一种模型，1.3 节已经讨论了一些随机信号模型。本节讨论随机信号一种基本的和重要的模型：线性模型，或称为有理传递函数模型，这个模型是构成一类模型法功率谱密度估计的基础，同时这个模型可以相当精确地模型化非常广泛的一类平稳随机过程。本节首先讨论平稳随机信号功率谱的一些一般的性质，如谱分解定理，然后引出有理传递函数模型，讨论其适用范围和表示方法。

1.6.1　谱分解定理

定义 1.6.1　一个平稳随机信号如果满足佩利-维纳(Paley-Wiener)条件，称它是规则的，佩利-维纳条件是

$$\int_{-\pi}^{\pi}|\ln S(\omega)|\,\mathrm{d}\omega<\infty \tag{1.6.1}$$

式中，$S(\omega)$表示信号的功率谱密度。可以看到，如果一个随机信号的功率谱密度是连续的，不在一个有限区间内恒为零值，也没有离散谱(冲激函数)，那么，该随机信号必然是满足佩利-维纳条件的。

定理 1.6.1 一个宽平稳随机信号(WSS)如果是规则的,它的复功率谱和功率谱密度必然可以分解为

$$\widetilde{S}(z)=\sigma^2 Q(z)Q^*(1/z^*) \tag{1.6.2a}$$

$$S(\omega)=|Q(\mathrm{e}^{\mathrm{j}\omega})|^2\sigma^2 \tag{1.6.2b}$$

式中,$Q(z)$是一个最小相位系统的系统函数。

比较式(1.6.2)和式(1.5.22)可以得出结论,一个规则的 WSS 信号 $x(n)$,总可以由白噪声 $v(n)$通过传输函数为 $Q(z)$的最小相位系统获得。由于最小相位系统必存在稳定和因果的逆系统 $\Gamma(z)=1/Q(z)$,由 $x(n)$通过 $\Gamma(z)$也可以得到 $v(n)$。设 $Q(z)$和 $\Gamma(z)$所表示的系统的冲激响应分别为 $q(n)$和 $\gamma(n)$,有如下关系式成立:

$$x(n)=\sum_{k=0}^{+\infty}q(k)v(n-k) \tag{1.6.3}$$

$$v(n)=\sum_{k=0}^{+\infty}\gamma(k)x(n-k) \tag{1.6.4}$$

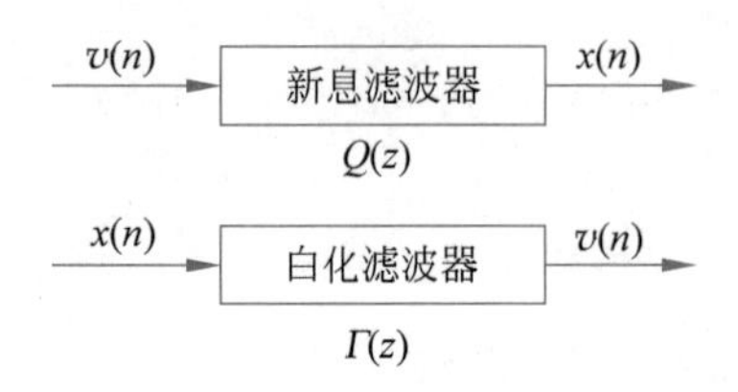

图 1.6.1 新息滤波器和白化滤波器

式中,$v(n)$称为 $x(n)$的新息,由新息驱动的滤波器 $Q(z)$称为新息滤波器,由 $x(n)$通过 $\Gamma(z)$输出白噪声,$\Gamma(z)$称为白化滤波器。这个过程如图 1.6.1 所示。

定理证明 由佩利-维纳条件,知道 $\ln\widetilde{S}(z)$的收敛域包含单位圆,假设$\ln\widetilde{S}(z)$的收敛域为 $r<|z|<1/r$,$0<r<1$,在收敛域内 $\ln\widetilde{S}(z)$是解析函数,它的各阶导数是连续的,可以展开成 Laurent 级数为

$$\ln\widetilde{S}(z)=\sum_{k=-\infty}^{+\infty}c(k)z^{-k} \tag{1.6.5}$$

在单位圆上为

$$\ln S(\omega)=\sum_{k=-\infty}^{+\infty}c(k)\mathrm{e}^{-\mathrm{j}\omega k} \tag{1.6.6}$$

因此

$$c(k)=\frac{1}{2\pi}\int_{-\pi}^{\pi}\ln S(\omega)\mathrm{e}^{\mathrm{j}\omega k}\mathrm{d}\omega \tag{1.6.7}$$

由于 $\ln S(\omega)$是实的,$c(k)$是共轭对称的,即 $c(-k)=c^*(k)$,并且注意到

$$c(0)=\frac{1}{2\pi}\int_{-\pi}^{\pi}\ln S(\omega)\mathrm{d}\omega \tag{1.6.8}$$

由式(1.6.5),得

$$\widetilde{S}(z)=\exp\left\{\sum_{k=-\infty}^{+\infty}c(k)z^{-k}\right\}=\exp\{c(0)\}\exp\left\{\sum_{k=1}^{+\infty}c(k)z^{-k}\right\}\exp\left\{\sum_{k=-\infty}^{-1}c(k)z^{-k}\right\} \tag{1.6.9}$$

定义

$$Q(z)=\exp\left\{\sum_{k=1}^{+\infty}c(k)z^{-k}\right\}\quad |z|>r \tag{1.6.10}$$

由 $Q(z)$ 的收敛域，它对应的序列 $q(n)$ 是因果和稳定的，且对于 $|z|>r$，$Q(z)$ 和 $\ln Q(z)$ 都是解析的，因此 $Q(z)$ 是最小相位的[314]，并且由 $Q(\infty)=1$ 知 $q(0)=1$，故 $Q(z)$ 可以写成 $Q(z)=1+q(1)z^{-1}+q(2)z^{-2}+\cdots$。

由 $c(k)$ 的共轭对称性，进一步有

$$\exp\left\{\sum_{k=-\infty}^{-1} c(k)z^{-k}\right\}=\exp\left\{\sum_{k=1}^{+\infty} c^*(k)z^k\right\}=\exp\left\{\sum_{k=1}^{+\infty} c(k)(1/z^*)^{-k}\right\}^*=Q^*(1/z^*) \tag{1.6.11}$$

令

$$\sigma^2=\exp\{c(0)\}=\exp\left\{\frac{1}{2\pi}\int_{-\pi}^{\pi}\ln S(\omega)\mathrm{d}\omega\right\} \tag{1.6.12}$$

联合式(1.6.9)～式(1.6.11)，得到

$$\tilde{S}(z)=\sigma^2 Q(z)Q^*(1/z^*) \tag{1.6.13}$$

上式在单位圆上取值，就得到式(1.6.2)的第 2 个式子，定理 1.6.1 得证。

对于一大类特殊情况，如果复功率谱能够表示为如下的有理分式形式：

$$\tilde{S}(z)=\frac{N(z)}{D(z)} \tag{1.6.14}$$

分解形式可以写为

$$\tilde{S}(z)=\frac{N(z)}{D(z)}=\sigma^2\frac{B(z)}{A(z)}\frac{B^*(1/z^*)}{A^*(1/z^*)}=\sigma^2 Q(z)Q^*(1/z^*) \tag{1.6.15}$$

其中，可表示 $Q(z)$ 为

$$Q(z)=\frac{B(z)}{A(z)}=\frac{1+b_1^* z^{-1}+b_2^* z^{-2}+\cdots+b_q^* z^{-q}}{1+a_1^* z^{-1}+a_2^* z^{-2}+\cdots+a_p^* z^{-p}} \tag{1.6.16}$$

对于实信号，这些结果都可以简化，在有理分式情况下，分解形式为

$$\tilde{S}(z)=\frac{N(z)}{D(z)}=\sigma^2\frac{B(z)}{A(z)}\frac{B(1/z)}{A(1/z)}=\sigma^2 Q(z)Q(1/z) \tag{1.6.17}$$

对于实信号，$S(\omega)$ 是 $\cos(\omega)$ 的函数，由于 $\cos(\omega)=(\mathrm{e}^{\mathrm{j}\omega}+\mathrm{e}^{-\mathrm{j}\omega})/2$。对于规则随机信号，其复功率谱 $\tilde{S}(z)$ 的收敛域包括单位圆，故 $\tilde{S}(z)=S(\omega)|_{\mathrm{e}^{\mathrm{j}\omega}=z}$，因此 $\tilde{S}(z)$ 是 $z+1/z$ 的函数。如果 z_i 是 $\tilde{S}(z)$ 的一个根(为叙述简单，将 $\tilde{S}(z)$ 分子和分母多项式的根都称为 $\tilde{S}(z)$ 的根)，$1/z_i$ 也必是 $\tilde{S}(z)$ 的根，又因为 $\tilde{S}(z)$ 是实系数多项式构成的分式，如果根是复数，则 z_i^*，$1/z_i^*$ 也都是 $\tilde{S}(z)$ 的根，根总是成对或成 4 个一组出现，即根是以 $\{z_i,z_i^*,1/z_i,1/z_i^*\}$ 或 $\{r_i,1/r_i\}$ 形式成组的，这里设 $|r_i|<1$，$|z_i|<1$，r_i 是实数。为保证 $Q(z)$ 是最小相位的，取 r_i，$\{z_i,z_i^*\}$ 作为 $Q(z)$ 的根。

例 1.6.1 设一个 WSS 的功率谱为

$$S(\omega)=\frac{25+24\cos\omega}{16(1.64-1.6\cos(\omega-\pi/3))(1.64+1.6\cos(\omega+\pi/3))}$$

求这个功率谱的分解式。

解：将 $\cos(\omega)=(\mathrm{e}^{\mathrm{j}\omega}+\mathrm{e}^{-\mathrm{j}\omega})/2$ 代入，并进一步分解为

$$S(\omega)=\frac{\left(1+\frac{3}{4}\mathrm{e}^{-\mathrm{j}\omega}\right)\left(1+\frac{3}{4}\mathrm{e}^{\mathrm{j}\omega}\right)}{(1-0.8\mathrm{e}^{\mathrm{j}\pi/3}\mathrm{e}^{-\mathrm{j}\omega})(1-0.8\mathrm{e}^{-\mathrm{j}\pi/3}\mathrm{e}^{-\mathrm{j}\omega})(1-0.8\mathrm{e}^{\mathrm{j}\pi/3}\mathrm{e}^{\mathrm{j}\omega})(1-0.8\mathrm{e}^{-\mathrm{j}\pi/3}\mathrm{e}^{\mathrm{j}\omega})}$$

相应的复功率谱的表达式为

$$\begin{aligned}\widetilde{S}(z)&=S(\omega)\big|_{\mathrm{e}^{\mathrm{j}\omega}=z}\\&=\frac{\left(1+\frac{3}{4}z^{-1}\right)\left(1+\frac{3}{4}z\right)}{(1-0.8\mathrm{e}^{\mathrm{j}\pi/3}z^{-1})(1-0.8\mathrm{e}^{-\mathrm{j}\pi/3}z^{-1})(1-0.8\mathrm{e}^{\mathrm{j}\pi/3}z)(1-0.8\mathrm{e}^{-\mathrm{j}\pi/3}z)}\end{aligned}$$

取分子和分母在单位圆内的根赋予 $Q(z)$,得

$$Q(z)=\frac{\left(1+\frac{3}{4}z^{-1}\right)}{(1-0.8\mathrm{e}^{\mathrm{j}\pi/3}z^{-1})(1-0.8\mathrm{e}^{-\mathrm{j}\pi/3}z^{-1})}=\frac{\left(1+\frac{3}{4}z^{-1}\right)}{1-1.6(\cos\pi/3)z^{-1}+0.64z^{-2}}$$

$$\sigma^2=1$$

对式(1.6.16)表示的系统函数,若以 $v(n)$作为系统输入,$x(n)$作为系统输出,得到输入和输出之间的差分方程表示,即由激励信号 $v(n)$通过系统函数为 $Q(z)$的系统产生 $x(n)$的过程可以由如下差分方程表示:

$$x(n)=-\sum_{k=1}^{p}a_k^*x(n-k)+\sum_{k=0}^{q}b_k^*v(n-k)\tag{1.6.18}$$

式(1.5.22)和式(1.6.2)从形式上是一致的,它们分别从分析和综合的角度表述了功率谱的结构。从分析角度讲,一个随机信号通过线性系统后的复功率谱满足式(1.5.22),从综合角度讲,只要一个随机信号的功率谱是规则的,总可以分解成式(1.6.2)的形式,换句话说,总可以由白噪声驱动一个线性系统而产生所给出的功率谱。在有理分式的这一大类情况下,这种关系可以由有限阶差分方程描述。这些结论是随机信号线性模型或有理传递函数模型之所以有效的基础。

1.6.2 随机信号的 ARMA 模型

定义 1.6.2 对于一类离散随机信号,可以用一个差分方程表示,差分方程的驱动 $v(n)$是一个方差为 σ_v^2 的白噪声,输出是所要描述的随机信号 $x(n)$,其差分方程重写如下:

$$x(n)=-\sum_{k=1}^{P}a_k^*x(n-k)+\sum_{k=0}^{q}b_k^*v(n-k)\tag{1.6.19}$$

式(1.6.19)所描述的随机信号称为 ARMA 模型,即自回归滑动平均模型(Autoregressive Moving Average,ARMA),并用 ARMA(p,q)表示。

式(1.6.19)表示的是针对复信号的一般情况,对于实信号只需将系数 a_k 和 b_k 上的共轭符号去掉,并且系数取实数。这是离散随机信号最常用的一个线性模型,可以用 LTI 系统表示这样一个过程。如下分别讨论 ARMA 模型的一般表示和两种特殊形式。

1. ARMA 模型

产生服从 ARMA 模型的随机信号的系统结构示意图如图 1.6.2 所示,此系统由白噪声激励,系统输出是一个 ARMA(p,q)信号。

对于如上结构,系统传输函数为

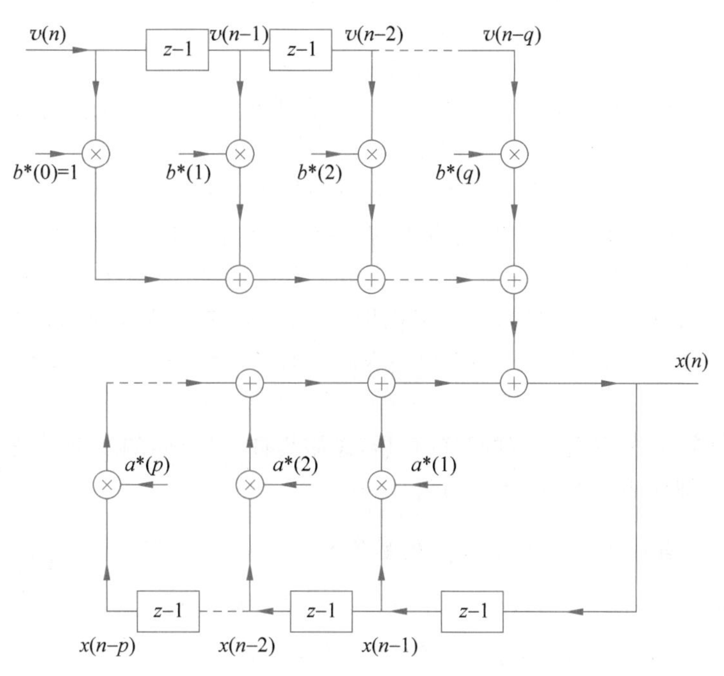

图 1.6.2　ARMA 模型的结构示意图

$$H(z)=\frac{B(z)}{A(z)} \tag{1.6.20}$$

其中

$$B(z)=\sum_{k=0}^{q} b_k^* z^{-k} \tag{1.6.21}$$

为前馈支路(滑动平均)，

$$A(z)=\sum_{k=0}^{p} a_k^* z^{-k} \tag{1.6.22}$$

为反馈支路(自回归)，并令 $a_0=1$。

为了直观地理解方程式(1.6.19)的差分方程在满足一定条件时确实存在平稳解，观察一个最简单的例子：实 ARMA(1,0)模型(后面会看到，ARMA(1,0)模型被称为 AR(1)模型)，对这个实信号的例子，ARMA(1,0)模型可表示为

$$x(n)=v(n)+ax(n-1)$$

重复应用上式，并假设上式从$-\infty$开始取值，得到

$$x(n)=v(n)+av(n-1)+a^2v(n-2)+\cdots+a^kv(n-k)+\cdots=\sum_{k=0}^{+\infty}a^kv(n-k)$$

要求上式收敛，需$|a|<1$。在满足条件$|a|<1$时，有

$$E(x(n))=E\left\{\sum_{k=0}^{+\infty}a^kv(n-k)\right\}=0$$

和

$$r_x(n+l,n)=\lim_{m\to\infty}E\left\{\sum_{j=0}^{m}a^jv(n+l-j)\sum_{k=0}^{m}a^kv(n-k)\right\}$$

$$=\sigma_v^2 a^{|l|}\sum_{k=0}^{+\infty}a^{2k}=\frac{\sigma_v^2}{1-a^2}a^{|l|}$$

因此这个 ARMA(1,0)模型差分方程的解 $x(n)$,在满足 $|a|<1$ 的条件时,确实是一个平稳的随机过程。

当从 $n=0$ 开始考虑差分方程的解,并以 $x(0)$ 作为初始条件时,解由两部分组成:由激励 $v(n)$ 产生的特解和由 $x(0)$ 产生的齐次解,特解满足平稳性(如上讨论),齐次解形式为 $x_0(n)=ca^n u(n)$,容易验证,当 $|a|<1$ 时,它不满足平稳性,但齐次解逐渐衰减为零,由激励信号引起的特解逐渐占主导,解趋于平稳性。因此,在实验仿真中,如果从 $n=0$ 开始利用式(1.6.19)产生一个随机信号,则需要丢弃起始的一段数据,以保证得到的信号是逼近平稳的。

关于 ARMA(p,q)差分方程的解的性质,总结为如下定理,如上例子是一个简单特例,对一般情况的详细证明请参考文献[26]。

定理 1.6.2 当表示 ARMA(p,q)模型的系统传输函数 $H(z)=\dfrac{B(z)}{A(z)}$ 的极点位于单位圆内时,差分方程式(1.6.19)存在一个唯一的因果且平稳的随机过程解。如果传输函数的零点也位于单位圆内,ARMA(p,q)过程是可逆的。

定理 1.6.2 中 ARMA(p,q)过程可逆的含义是,对式(1.6.19)表示的 ARMA(p,q)过程,必存在满足条件 $\sum\limits_{i=0}^{+\infty}|c_i|<\infty$ 的常数序列 c_i,使得

$$v(n)=\sum_{i=0}^{+\infty}c_i x(n-i)\quad n=0,\pm 1,\pm 2,\cdots$$

这里,c_i 是 $H(z)=\dfrac{B(z)}{A(z)}$ 的逆系统 $H_{\mathrm{av}}(z)=\dfrac{A(z)}{B(z)}$ 的 z 反变换序列,即 $H_{\mathrm{av}}(z)$ 的单位采样响应序列。

当 ARMA 模型的解是平稳随机过程时,$x(n)$ 的自相关函数 $r_x(n)$ 的 z 变换为

$$\widetilde{S}_{\mathrm{ARMA}}(z)=H(z)H^*\left(\frac{1}{z^*}\right)\widetilde{S}_v(z)=\frac{B(z)B^*\left(\dfrac{1}{z^*}\right)}{A(z)A^*\left(\dfrac{1}{z^*}\right)}\widetilde{S}_v(z)\tag{1.6.23}$$

沿单位圆取 $z=\mathrm{e}^{\mathrm{j}\omega}$,得到 $x(n)$ 的 PSD 为

$$S_{\mathrm{ARMA}}(\omega)=\left|\frac{B(\mathrm{e}^{\mathrm{j}\omega})}{A(\mathrm{e}^{\mathrm{j}\omega})}\right|^2 S_v(\omega)=\left|\frac{B(\mathrm{e}^{\mathrm{j}\omega})}{A(\mathrm{e}^{\mathrm{j}\omega})}\right|^2\sigma_v^2=\left|\frac{\sum\limits_{k=0}^{q}b_k^*\mathrm{e}^{-\mathrm{j}\omega k}}{\sum\limits_{k=0}^{P}a_k^*\mathrm{e}^{-\mathrm{j}\omega k}}\right|^2\sigma_v^2\tag{1.6.24}$$

当 $B(z)$和 $A(z)$如式(1.6.21)和式(1.6.22)所示时,式(1.6.23)的表达式中的系统函数 $H(z)$存在极点和零点,故从线性系统理论的角度看,ARMA 模型也称为极零点模型。

针对 ARMA 模型,讨论一下功率谱的等价性,或者是功率谱的相位盲性,尽管这里针对 ARMA 模型讨论这一问题,相位盲性是功率谱方法的一般性问题。所谓功率谱等价是,任何一个 ARMA 模型描述的随机信号,通过一个全通系统,其输出功率谱与此 ARMA 模型的功率谱是相等的。

设一个 ARMA 模型，其系统函数为 $H(z)=\dfrac{B(z)}{A(z)}$，并且 $H(z)$ 是最小相位的，在输出端级联一个全通系统 $H_{ap}(z)$，得到新的系统函数为

$$H_1(z)=\frac{B(z)}{A(z)}H_{ap}(z)$$

新的输出信号为 $x_1(n)$，$x_1(n)$ 的功率谱为

$$S_{x1}(\omega)=\left|\frac{B(e^{j\omega})}{A(e^{j\omega})}\right|^2 |H_{ap}(e^{j\omega})|^2\sigma_v^2=\left|\frac{B(e^{j\omega})}{A(e^{j\omega})}\right|^2\sigma_v^2=S_x(\omega)$$

一个信号通过一个全通系统后，功率谱不变，但全通系统会改变信号的相位特性，而相位改变在功率谱中是不能区分的，功率谱对相位是盲的。

由于 $H_1(z)$ 仍是有理分式，$x_1(n)$ 和 $v(n)$ 的关系也满足式(1.6.19)的差分方程，$x_1(n)$ 也是一个 ARMA 过程，并与 $x(n)$ 有相同的功率谱。由于谱分解定理告诉我们，对给出的连续功率谱，总可以通过一个最小相位系统来表示，考虑最小相位系统的许多好的性质，我们在与自相关序列和功率谱分析相关的领域，总是假设 ARMA 模型是最小相位的，这不会带来任何限制。对于更高阶统计量和多谱情况，会将 ARMA 模型扩展到非最小相位系统，可以获得相位信息，有关高阶量和多谱的问题，将在第 7 章详细介绍。

可以用功率谱方法进行系统辨识。如果一个系统参数未知，通过用白噪声激励该系统，对输出功率谱进行估计，通过对功率谱进行分解得到待辨识系统的系统函数。用功率谱的方式对系统进行辨识，若两个系统相差一个全通网络，功率谱方法是不可分辨的，因此，用功率谱方法进行系统辨识时，假设所辨识的系统是最小相位的，这样才有唯一解。

例 **1.6.2** 一个 ARMA(2,1)模型，描述它的差分方程为

$$x(n)-1.2x(n-1)+0.7225x(n-2)=v(n)-0.6v(n-1)$$

其中，激励白噪声满足 $v(n)\sim N(0,1)$，若取初始条件 $x(-1)=0, x(-2)=0$，产生的前 120 个输出值示于图 1.6.3(a)，可以看出，由于初始条件的影响，前 120 个点存在一定的非平稳趋势。若我们产生更多的点，例如产生 500 个点，弃掉前 50 个点，利用第 50～500 点，通过式(1.1.38)近似计算出其自相关序列的前 50 个值，并示于图 1.6.3(b)，可以看出这是一个按指数衰减的正弦序列。

实际上，产生该 ARMA 信号的系统函数为

$$H(z)=\frac{B(z)}{A(z)}=\frac{1-0.6z^{-1}}{1-1.2z^{-1}+0.7225z^{-2}}=\frac{1-0.6z^{-1}}{(1-0.85e^{j\pi/4}z^{-1})(1-0.85e^{-j\pi/4}z^{-1})}$$

其复功率谱为

$$\begin{aligned}\widetilde{S}(z)&=\sigma_v^2H(z)H^*(1/z^*)\\&=\frac{1-0.6z^{-1}}{(1-0.85e^{j\pi/4}z^{-1})(1-0.85e^{-j\pi/4}z^{-1})}\,\frac{1-0.6z}{(1-0.85e^{j\pi/4}z)(1-0.85e^{-j\pi/4}z)}\end{aligned}$$

复功率谱的收敛域为 $0.85\leqslant|z|<1/0.85$，是包含单位圆的环，其 z 反变换是双边序列的自相关序列，用部分分式方法求得自相关序列为

$$r_x(k)\approx 1.84\times(0.85)^{|k|}\cos(k\pi/4)$$

这个结果与用有限样本估计所得的图 1.6.3(b)相吻合。

由差分方程可直接写出其功率谱函数为

$$S_x(\omega)=\left|\frac{1-0.6\mathrm{e}^{-\mathrm{j}\omega}}{1-1.2\mathrm{e}^{-\mathrm{j}\omega}+0.7225\mathrm{e}^{-\mathrm{j}2\omega}}\right|^2$$

功率谱的图形示于图1.6.3(c)，这是一个带通信号，在 $\omega=\pm\pi/4\approx\pm0.785$ 处有峰值，这与系统函数的极点位置相吻合。

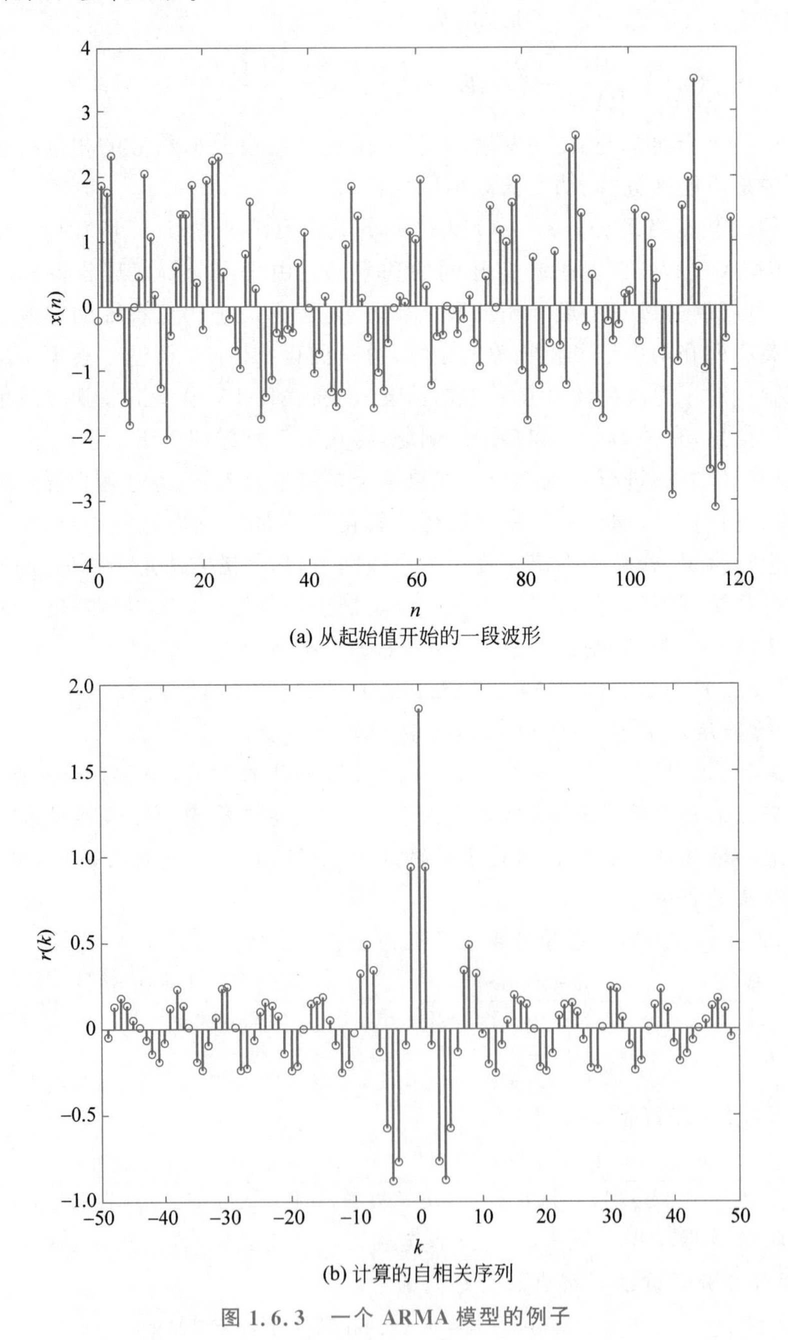

(a) 从起始值开始的一段波形

(b) 计算的自相关序列

图1.6.3 一个ARMA模型的例子

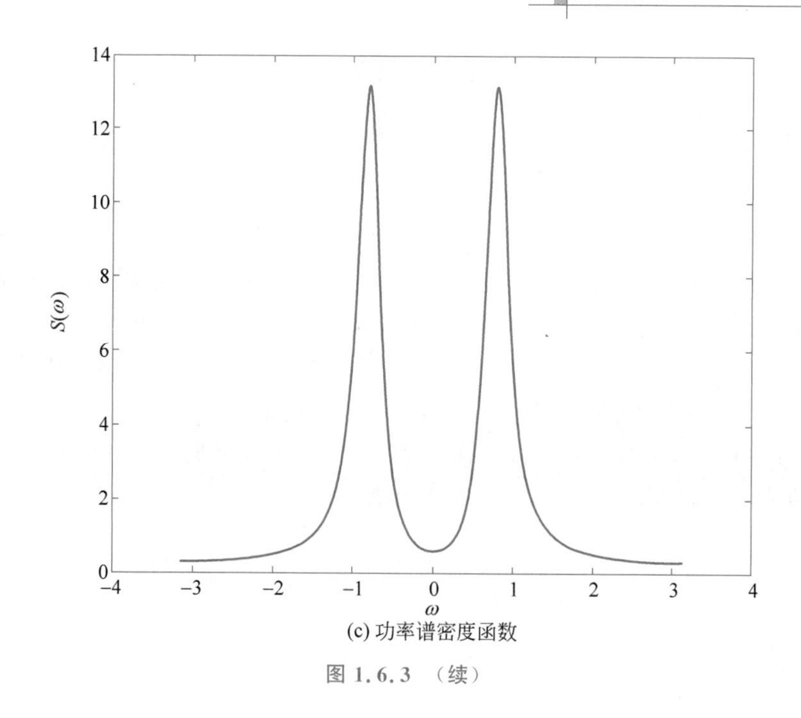

(c) 功率谱密度函数

图 1.6.3 （续）

2. MA 模型（滑动平均）

ARMA(p,q)的一种特例是图 1.6.2 的结构中没有反馈回路，即 $a_0=1$ 和 $a_i=0$，$1\leqslant i\leqslant p$，模型的差分方程简化为

$$x(n)=\sum_{k=0}^{q}b_k^* v(n-k) \tag{1.6.25}$$

该过程称为 q 阶滑动平均过程（Moving Average，MA），简称 MA(q)过程，其 PSD 为

$$S_{\mathrm{MA}}(\omega)=\sigma_v^2\,|B(\mathrm{e}^{\mathrm{j}\omega})|^2 \tag{1.6.26}$$

由于表示该过程的系统函数只有零点，故该模型也称为全零点模型。

3. AR 模型（自回归）

ARMA(p,q)的另一种特例是驱动信号只有一条前馈支路，并令 $b_0=1$，$b_i=0$，$1\leqslant i\leqslant q$，模型主要由反馈支路构成，模型的差分方程简化为

$$x(n)=-\sum_{k=1}^{p}a_k^* x(n-k)+v(n) \tag{1.6.27}$$

该过程称为自回归模型（Auto-Regressive，AR），用 AR(p)表示。由于产生该过程的系统的系统函数只有有效极点，故也称为全极点模型，它的 PSD 为

$$S_{\mathrm{AR}}(\omega)=\frac{\sigma_v^2}{|A(\mathrm{e}^{\mathrm{j}\omega})|^2}=\frac{\sigma_v^2}{\left|\sum\limits_{k=0}^{p}a_k^*\,\mathrm{e}^{-\mathrm{j}\omega k}\right|^2} \tag{1.6.28}$$

对 AR(p)，可以导出另外一种表示方法，令

$$X(z)=\frac{1}{A(z)}V(z) \tag{1.6.29}$$

也可以写成

$$V(z)=A(z)X(z) \tag{1.6.30}$$

对如上变换域表示做 z 反变换,对应的差分方程为

$$v(n)=x(n)+\sum_{k=1}^{p}a_k^* x(n-k)=x(n)-\sum_{k=1}^{p}w_k^* x(n-k)=x(n)-\hat{x}(n) \tag{1.6.31}$$

式中,$w_0=1, w_i=-a_i, i\neq 0$,如上可以看作一个预测过程,对 $x(n)$ 的一步预测是 $\hat{x}(n)$,$v(n)$ 是一步预测误差,它是白噪声。即,如果 $x(n)$ 是一个 AR(p)过程,通过一个 p 阶线性预测器,如果预测器系数是$\{a_k^*, k=1,2,\cdots,p\}$,那么预测误差是白噪声。

式(1.6.31)也可以看作一个白化过程,$v(n)$ 是 $x(n)$ 的新息过程,白化滤波器的系统函数是 $A(z)$,AR(p)的白化滤波器是一个 FIR 滤波器,这是 AR(p)的一个重要性质。

例 1.6.3 AR(1)模型的分析,设 AR(1)系统函数的分母多项式 $A(z)=1+a_1^* z^{-1}$ 中的系数 a_1 为实数,且要求 $|a_1|<1$,则复功率谱表示为

$$\widetilde{S}_x(z)=\sigma_v^2\frac{1}{A(z)A^*\left(\frac{1}{z^*}\right)}=\frac{\sigma_v^2}{(1+a_1z^{-1})(1+a_1z)}$$

它的两个极点分别是:$z_1=-a_1, z_2=-\frac{1}{a_1}$,收敛域为 $|a_1|<|z|<\frac{1}{|a_1|}$。

一个极点对应左序列,一个极点对应右序列,复功率谱分解为

$$\widetilde{S}_x(z)=\frac{\sigma^2}{1-a_1^2}\left(\frac{1}{1+a_1z^{-1}}-\frac{a_1z}{1+a_1z}\right)$$

对复功率谱做 z 反变换,得

$$r_x(k)=\frac{\sigma_v^2}{1-a_1^2}[(-a_1)^k u(k)+(-a_1)^{-k}u(-k-1)]$$

这里 $u(n)$ 是一个阶跃序列,上式可以简化为

$$r_x(k)=\frac{\sigma_v^2}{1-a_1^2}(-a_1)^{|k|}$$

功率谱密度 PSD 为

$$S(\omega)=\frac{\sigma_v^2}{|1+a_1e^{-j\omega}|^2}=\frac{\sigma_v^2}{1+a_1^2+2a_1\cos\omega}$$

按两种情况讨论 AR(1)模型的自相关序列和功率谱的规律,系数 a_1 为正或负,性质不同,讨论如下。

(1) 取 $a_1=-0.8$,自相关序列和功率谱密度如图 1.6.4 所示,信号功率主要集中在低频。

(2) 取 $a_1=0.8$,自相关序列和功率谱密度如图 1.6.5 所示,信号功率主要集中在高频。

如果一个随机信号 $x(n)$ 服从 AR(1)模型,并且激励白噪声是高斯过程,$x(n)$ 也是高斯过程,由其自相关表达式知,$x(n)$ 是一个高斯-马尔可夫过程。如上例子中,一个 AR(1)模型只能刻画一个低频信号或一个高频信号,无法刻画更复

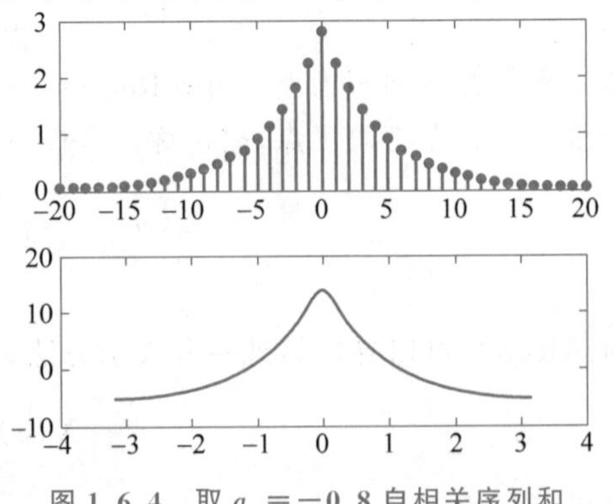

图 1.6.4 取 $a_1=-0.8$ 自相关序列和功率谱密度

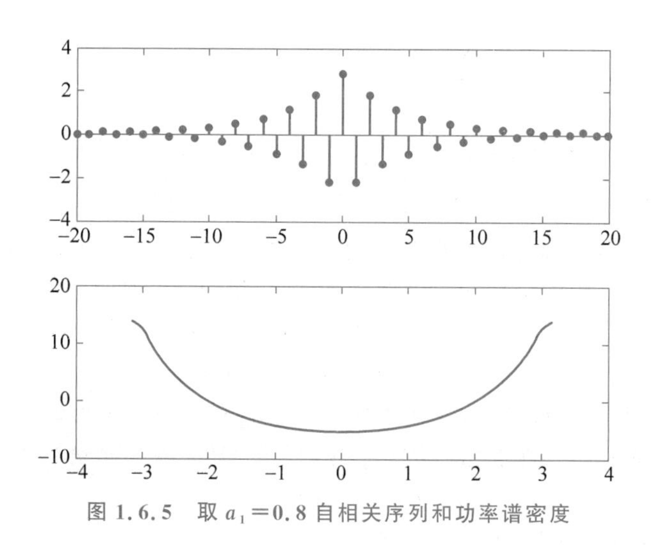

图 1.6.5　取 $a_1=0.8$ 自相关序列和功率谱密度

杂的随机信号，对于 AR(2)模型，通过选择模型参数，可容易表示一个带通随机信号，实际上，选择充分大的 p，可以由 AR(p)模型逼近复杂的功率谱密度函数。

1.6.3　随机信号表示的进一步讨论

上述讨论中都假设 WSS 的功率谱是连续的，对于离散谱(或称为冲激谱、线谱)情况，它们符合什么样的方程？连续谱和离散谱混合的一般情况下，随机信号有什么性质？本节进一步讨论这些问题。本节的许多结论对于理解随机信号处理的许多方法有启发意义，本节内容主要来自于随机过程的经典理论，这里只讨论相关结果。

考虑如下差分方程：

$$x(n)=-\sum_{k=1}^{p}a_k^* x(n-k) \tag{1.6.32}$$

这相当于该随机信号是完全可预测的，即它可以由前面的 p 个取值准确地预测当前值。将差分方程改写成

$$x(n)+\sum_{k=1}^{p}a_k^* x(n-k)=0 \tag{1.6.33}$$

这个方程的通解为

$$x(n)=c_1 z_1^n+c_2 z_2^n+\cdots+c_p z_p^n \tag{1.6.34}$$

式中，z_i 是多项式 $A(z)=\sum_{k=0}^{p}a_k^* z^{-k}$ 的根，与确定性信号的差分方程的区别在于，系数 c_i 是随机变量。

容易验证，式(1.6.33)的解，只有当 $z_i=\mathrm{e}^{\mathrm{j}\omega_i}$，并且系数 c_i 互相独立时，$x(n)$是 WSS，也就是说，并非对所有的 a_k，$k=1,2,\cdots,p$，式(1.6.33)都有 WSS 解，只有当 a_k，$k=1,2,\cdots,p$ 的取值使得多项式的根 z_i 都落在单位圆上时，式(1.6.33)才有 WSS 解，这个解为

$$x(n)=\sum_{i=1}^{p}c_i \mathrm{e}^{\mathrm{j}\omega_i n}$$

$x(n)$的自相关函数和 PSD 分别为

$$r_x(k)=\sum_{i=1}^{p}E\{c_i^2\}\mathrm{e}^{\mathrm{j}\omega_i k}$$

$$S_x(\omega)=2\pi\sum_{i=1}^{p}\sum_{k=-\infty}^{+\infty}E\{c_i^2\}\delta(\omega-\omega_i-2\pi k)$$

因此,具有离散谱的 WSS 满足式(1.6.32),是一个可预测过程。

对于一般的 WSS,它既包含离散谱,也包含连续谱,它的表示由 Wold 分解定理给出,这里只给出 Wold 分解定理的结论和一个推论,证明从略,有兴趣的读者可参考文献[192]。

定理 1.6.3(Wold 分解定理) 一个一般的 WSS 能够写为

$$x(n)=x_r(n)+x_p(n) \tag{1.6.35}$$

其中,$x_r(n)$是一个规则随机过程,具有连续谱,$x_p(n)$是一个可预测过程,具有离散谱,并且$x_r(n)$和 $x_p(n)$是正交的。即 $E\{x_r(n_1)x_p^*(n_2)\}=0\ \forall n_1,n_2$,其相关函数可以写成

$$r_x(k)=r_r(k)+r_p(k) \tag{1.6.36}$$

进一步,$x_r(n)$可以写成一个 MA(∞)模型

$$x_r(n)=\sum_{k=0}^{+\infty}b_k^*v(n-k) \tag{1.6.37}$$

$x_p(n)$可以完全由过去值预测:

$$x_p(n)=-\sum_{k=1}^{+\infty}a_k^*x_p(n-k) \tag{1.6.38}$$

推论 1.6.1(Wold 分解定理推论) 一个 ARMA 或 AR 过程,如果该过程的 PSD 是连续的,可以由一个至多无穷阶 MA 过程表示。

在式(1.6.37)中,定义 MA(∞) 的系统函数为 $B_\infty(z)=\sum_{k=0}^{+\infty}b_k^*z^{-k}$,若 $B_\infty(z)$ 存在一个因果逆系统,$A_\infty(z)=\sum_{k=0}^{+\infty}\bar{a}_k^*z^{-k}$,使得 $A_\infty(z)B_\infty(z)=1$,则激励白噪声序列

$$v(n)=\sum_{k=0}^{+\infty}\bar{a}_k^*x_r(n-k)$$

上式可重写为

$$x_r(n)=v(n)-\sum_{k=1}^{+\infty}a_k^*x_r(n-k)$$

这里,$a_k=\bar{a}_k/\bar{a}_0$,该式相当于用 AR(∞)模型表示一个规则随机过程,这是 Kolmogorov 定理的内容,Kolmogorov 给出了由 AR 模型表示 ARMA 和 MA 模型的定理,简述如下。

定理 1.6.4(Kolmogorov 定理) 一个 ARMA 或 MA 过程可以用一个至多无穷阶 AR 过程表示。

在实际中,或许不知道一个待处理的信号更符合 ARMA、AR 和 MA 中的哪一个,上述定理说明,如果模型选取不正确,只要适当增加阶数,仍可以得到对问题的相当好的逼近,代价是运算量的增加。

例 1.6.4 用 AR(∞)表示 ARMA(1,1),其中 a_1 和 b_1 为实数。给出

$$H_{\mathrm{ARMA}}(z)=\frac{1+b_1z^{-1}}{1+a_1z^{-1}}$$

用 AR(∞)表示它,相对应的 AR(∞)的系统函数为

$$H_{\mathrm{AR}(\infty)}(z)=\frac{1}{C(z)}=\frac{1}{1+c_1z^{-1}+c_2z^{-2}+\cdots}$$

为使两个模型是等价的，只要它们的传输函数是相等的，令 $H_{\mathrm{ARMA}}(z)=H_{\mathrm{AR}(\infty)}(z)$，得到

$$1+\sum_{i=1}^{+\infty}c_kz^{-k}=\frac{1+a_1z^{-1}}{1+b_1z^{-1}}$$

由

$$\frac{1+a_1z^{-1}}{1+b_1z^{-1}}=\frac{a_1}{b_1}+\left(1-\frac{a_1}{b_1}\right)\frac{1}{1+b_1z^{-1}}=\frac{a_1}{b_1}+\left(1-\frac{a_1}{b_1}\right)\sum_{k=0}^{+\infty}(-b_1)^kz^{-k}$$

用对比系数法得到

$$c_k=\begin{cases}1, & k=0\\ (a_1-b_1)(-b_1)^{k-1}, & k>0\end{cases}$$

这个例子可以推广到一般情况下，令

$$C(z)=\sum_{k=0}^{+\infty}c_kz^{-k}=\frac{1}{H_{(p,q)}(z)} \tag{1.6.39}$$

式中，$H_{(p,q)}(z)$表示一个任意 ARMA(p,q)模型的系统函数，上式两边取反变换，得到所求结果。由于 ARMA 模型的传输函数是最小相位的，c_k 必然是按指数衰减的。

1.6.4　自相关与模型参数的关系

前 3 小节讨论了 ARMA 模型的特点、适用性和功率谱表达式，本节讨论另一个重要问题，对于一个给定的模型，建立其自相关序列与模型参数之间的关系。将会看到，对于 AR 模型将建立一个非常规范的线性方程组，用于表示自相关序列和 AR 模型参数之间的关系，对于 MA 和 ARMA 模型，这种关系是非线性的。

先讨论 AR 过程，重写 AR 模型的差分方程为如下形式，注意 $a_0=1$：

$$\sum_{k=0}^{p}a_k^*x(n-k)=v(n) \tag{1.6.40}$$

上式两边同乘 $x^*(n-\ell)$并取期望值，得

$$E\left[\sum_{k=0}^{p}a_k^*x(n-k)x^*(n-\ell)\right]=E[v(n)x^*(n-\ell)] \tag{1.6.41}$$

由于因果性，$v(n)$和 $x^*(n-\ell)$，$\ell>0$ 是不相关的，式(1.6.41)在 $\ell=0$ 时变为

$$\sum_{k=0}^{p}a_k^*r_x^*(k)=E[v(n)v^*(n)]=\sigma_v^2$$

即

$$\sigma_v^2=\sum_{k=0}^{p}a_kr_x(k) \tag{1.6.42}$$

或

$$\sigma_x^2=r_x(0)=\sigma_v^2-\sum_{k=1}^{p}a_kr_x(k) \tag{1.6.43}$$

$\ell>0$ 时，$x^*(n-\ell)$与 $v(n)$不相关，式(1.6.41)右侧为零，得到

$$\sum_{k=0}^{p}a_k^*r_x(\ell-k)=0 \tag{1.6.44}$$

式(1.6.44)两侧取共轭，得到以 a_k 为待求量的方程组，由于只有 p 个未知数，上式只取 $\ell=1,2,\cdots,p$ 的前 p 个方程构成方程组，方程组可写成矩阵，矩阵形式为

$$\begin{bmatrix} r_x(0) & r_x(1) & \cdots & r_x(p-1) \\ r_x^*(1) & r_x(0) & \cdots & r_x(p-2) \\ \vdots & \vdots & \ddots & \vdots \\ r_x^*(p-1) & r_x^*(p-2) & \cdots & r_x(0) \end{bmatrix} \begin{bmatrix} a_1 \\ a_2 \\ \vdots \\ a_p \end{bmatrix} = - \begin{bmatrix} r_x^*(1) \\ r_x^*(2) \\ \vdots \\ r_x^*(p) \end{bmatrix} \tag{1.6.45}$$

紧凑地记为

$$\boldsymbol{R}_x \boldsymbol{a} = -\boldsymbol{r}_x \tag{1.6.46}$$

或

$$\boldsymbol{R}_x \boldsymbol{w} = \boldsymbol{r}_x \tag{1.6.47}$$

式中，$\boldsymbol{r}_x=[r_x^*(1) \quad r_x^*(2) \quad \cdots \quad r_x^*(p)]^{\mathrm{T}}$，$\boldsymbol{a}=[a_1 \quad a_2 \quad \cdots \quad a_p]^{\mathrm{T}}$ 和 $\boldsymbol{w}=-\boldsymbol{a}$，式(1.6.45)～式(1.6.47)是相同的，称为 Yule-Walker 方程。

如果已知 AR 模型阶 p 和自相关序列的前 $p+1$ 个值$\{r_x(0), r_x(1), \cdots, r_x(p)\}$，解 Yule-Walker 方程(1.6.45)，得到模型参数 $\boldsymbol{a}=[a_1, a_2, \cdots, a_p]^{\mathrm{T}}$，由于自相关矩阵一般是正定的，故方程(1.6.45)一般有唯一解。再由式(1.6.42)得到激励白噪声的方差 σ_v^2，代入 AR 模型的 PSD 公式，有

$$S_{\mathrm{AR}}(\omega) = \frac{\sigma_v^2}{|A(\mathrm{e}^{\mathrm{j}\omega})|^2} \tag{1.6.48}$$

就可以得到随机信号的 PSD。

实际中，$\{r_x(0), r_x(1), \cdots, r_x(p)\}$一般是未知的，只能得到随机信号一次试验的一组测量值$\{x(0), x(1), \cdots, x(N-1)\}$，由它估计自相关$\{r_x(0), r_x(1), \cdots, r_x(p)\}$或直接估计参数 $\boldsymbol{a}$ 和 σ_v^2。由随机过程的一组测量值估计它的有关参数，这个问题是估计理论讨论的主要内容，在只有有限数据测量的情况下，怎样更好地估计功率谱密度函数，将在第 6 章详细研究。

将式(1.6.42)和式(1.6.45)结合在一起，利用自相关矩阵的结构特点(增广特性)，得到如下增广的 Yule_Walker 方程：

$$\begin{bmatrix} r_x(0) & r_x(1) & \cdots & r_x(p-1) & r_x(p) \\ r_x^*(1) & r_x(0) & \cdots & r_x(p-2) & r_x(p-1) \\ \vdots & \vdots & \ddots & \vdots & \vdots \\ r_x^*(p) & r_x^*(p-1) & \cdots & r_x(1) & r_x(0) \end{bmatrix} \begin{bmatrix} 1 \\ a_1 \\ \vdots \\ a_p \end{bmatrix} = \begin{bmatrix} \sigma_v^2 \\ 0 \\ \vdots \\ 0 \end{bmatrix} \tag{1.6.49}$$

或写成紧凑形式：

$$\boldsymbol{R}_{p+1} \boldsymbol{a}_p = \sigma_v^2 \boldsymbol{u} \tag{1.6.50}$$

其中，$\boldsymbol{a}_p=(1 \quad a_1 \quad \cdots \quad a_p)^{\mathrm{T}}=(1 \quad \boldsymbol{a}^{\mathrm{T}})^{\mathrm{T}}$，$\boldsymbol{u}=(1 \quad 0 \quad \cdots \quad 0)^{\mathrm{T}}$。

注意到式(1.6.49)或式(1.6.50)不是一个标准的求解方程，待求向量 $\boldsymbol{a}_p$ 中有已知数 $a_0=1$，方程右侧有未知数 σ_v^2，故增广 Yule_Walker 方程更多的是一种形式表示，这种形式表示与可求解方程式(1.6.45)和式(1.6.42)是等价的，故可以用增广方程表示 AR 模型的求解问题。实际上，若先设式(1.6.49)中的 σ_v^2 为参数，用解方程得方法求解 $\boldsymbol{a}_p$，$\boldsymbol{a}_p$ 的解由参数 σ_v^2 控制，再利用 $a_0=1$ 反解出 σ_v^2，则得到 $\boldsymbol{a}$ 的解。

例 1.6.5 设一个随机信号的自相关序列为 $r_x(k)=2\times(0.8)^{|k|}+0.1\delta(k)$，用一个AR(2)模型表示该信号，用增广 Yule_Walker 方程求 AR(2)模型的参数。由已知自相关序列得到增广 Yule_Walker 方程为

$$\begin{bmatrix}2.1 & 1.6 & 1.28\\1.6 & 2.1 & 1.6\\1.28 & 1.6 & 2.1\end{bmatrix}\begin{bmatrix}1\\a_1\\a_2\end{bmatrix}=\begin{bmatrix}\sigma_v^2\\0\\0\end{bmatrix}$$

可求得增广自相关矩阵的逆矩阵为

$$\begin{bmatrix}2.1 & 1.6 & 1.28\\1.6 & 2.1 & 1.6\\1.28 & 1.6 & 2.1\end{bmatrix}^{-1}=\begin{bmatrix}1.1406 & -0.8089 & -0.0789\\-0.8089 & 1.7088 & -0.8089\\-0.0789 & -0.8089 & 1.1406\end{bmatrix}$$

因此

$$\begin{bmatrix}1\\a_1\\a_2\end{bmatrix}=\begin{bmatrix}1.1406 & -0.8089 & -0.0789\\-0.8089 & 1.7088 & -0.8089\\-0.0789 & -0.8089 & 1.1406\end{bmatrix}\begin{bmatrix}\sigma_v^2\\0\\0\end{bmatrix}=\begin{bmatrix}1.1406\sigma_v^2\\-0.8089\sigma_v^2\\-0.0789\sigma_v^2\end{bmatrix}$$

由上述第一行，得到

$$1=1.1406\sigma_v^2\Rightarrow\sigma_v^2=0.8767$$

代入上式，得

$$\begin{bmatrix}a_1\\a_2\end{bmatrix}=\begin{bmatrix}-0.8089\sigma_v^2\\-0.0789\sigma_v^2\end{bmatrix}=\begin{bmatrix}-0.7092\\-0.0692\end{bmatrix}$$

如果一个随机信号是 AR(p)过程，从 Yule-Walker 方程或增广 Yule-Walker 方程出发，若已知模型参数 $\boldsymbol{a}$ 和 σ_v^2，则可求出其全部自相关序列，通过如下例子进行说明。

例 1.6.6 设一个实 AR(2)模型的参数 $\boldsymbol{a}$ 和 σ_v^2 是已知的，写出求解自相关函数值 $\{r(0),r(1),(2)\}$ 的方程，并得到求解 $r_x(l),l>2$ 的递推公式。

解：由 2 阶 AR 模型的增广 Yule-Walker 方程，考虑到实信号自相关对称性，得到

$$\begin{bmatrix}r_x(0) & r_x(1) & r_x(2)\\r_x(1) & r_x(0) & r_x(1)\\r_x(2) & r_x(1) & r_x(0)\end{bmatrix}\begin{bmatrix}1\\a_1\\a_2\end{bmatrix}=\begin{bmatrix}\sigma_v^2\\0\\0\end{bmatrix}$$

将上面方程重新排列，以 $\{r_x(0),r_x(1),r_x(2)\}$ 为未知数，得到

$$\begin{bmatrix}1 & a_1 & a_2\\a_1 & 1+a_2 & 0\\a_2 & a_1 & 1\end{bmatrix}\begin{bmatrix}r_x(0)\\r_x(1)\\r_x(2)\end{bmatrix}=\begin{bmatrix}\sigma_v^2\\0\\0\end{bmatrix}$$

解此方程，得到 $\{r_x(0),r_x(1),r_x(2)\}$ 如下：

$$r_x(0)=\left(\frac{1+a_2}{1-a_2}\right)\frac{\sigma_v^2}{[(1+a_2)^2-a_1^2]}$$

$$r_x(1)=\frac{-a_1}{1+a_2}r_x(0)$$

$$r_x(2)=\left(\frac{a_1^2}{1+a_2}-a_2\right)r_x(0)$$

由式(1.6.44),取$l>2$,得到其他自相关值的递推公式为

$$r_x(l)=-\sum_{k=1}^{2}a_k r_x(l-k)=-a_1 r_x(l-1)-a_2 r_x(l-2)$$

可以证明,由Yule-Walker方程的解得到的系统必然是因果和稳定的,将此结论的证明留给读者作为思考题。

以上以AR(p)为对象,推导了Yule-Walker方程,对ARMA和MA模型,模型参数与自相关函数之间也存在关系式,通过类似的推导过程,得到对于ARMA(p,q)模型有

$$r_x(k)=\begin{cases}-\sum_{m=1}^{p}a_m r_x(k-m)+\sum_{m=k}^{q}b_m r_{vx}(k-m) & k=0,1,\cdots,q\\ -\sum_{m=1}^{p}a_m r_x(k-m) & k\geqslant q+1\end{cases}\tag{1.6.51}$$

如果不希望式(1.6.51)中存在互相关函数值,可以利用式(1.5.15)的系统输入和输出之间的互相关关系,注意到这里$v(n)$是输入,并且是白噪声,$x(n)$是输出,式(1.5.15)变为

$$r_{vx}(k)=\sum_{m=-\infty}^{+\infty}h(-m)r_v(k-m)=\sigma_v^2 h(-k)\tag{1.6.52}$$

将式(1.6.52)代入式(1.6.51),得

$$r_x(k)=\begin{cases}-\sum_{m=1}^{p}a_m r_x(k-m)+\sigma_v^2\sum_{m=k}^{q}b_m h(m-k) & k=0,1,\cdots,q\\ -\sum_{m=1}^{p}a_k r_x(k-m) & k\geqslant q+1\end{cases}\tag{1.6.53}$$

对于MA(q)模型,可得到

$$r_x(k)=\begin{cases}\sigma_v^2\sum_{m=0}^{q-k}b_m^* b_{m+k} & k=0,1,\cdots,q\\ 0 & k\geqslant q+1\end{cases}\tag{1.6.54}$$

例1.6.7 写出MA(2)模型的自相关序列。直接用式(1.6.54)得

$$r_x(k)=\begin{cases}\sigma_v^2(|b_0|^2+|b_1|^2+|b_2|^2) & k=0\\ \sigma_v^2(b_0^* b_1+b_1^* b_2) & k=1\\ \sigma_v^2 b_0^* b_2 & k=2\\ 0 & k\geqslant 3\end{cases}$$

与AR(p)相比,MA和ARMA的方程是非线性的,式(1.6.53)中,$h(k)$是a_k,b_k的函数,$b_l h(l-k)$是非线性的,式(1.6.54)是b_k的二次函数,也是非线性的。因此,AR模型是最容易处理的,有关AR模型的参数估计和功率谱密度估计的方法也最完善。

本节注释1:ARMA模型的应用

ARMA模型在现代信号处理和系统仿真中应用非常广泛。在现代谱分析中,利用ARMA模型对测量得到的随机信号进行建模,利用测量数据估计ARMA的参数,然后通过式(1.6.24)计算出功率谱,怎样利用有限的测量数据尽可能好地估计模型参数是估计理

论的主要问题,本书第 2 章对估计理论有一个概要的讨论。通过 ARMA 模型估计功率谱,是现代谱估计的核心内容之一,在第 6 章进一步讨论。

利用 ARMA 模型估计信号的功率谱属于信号分析范畴。在很多应用中,需要产生具有特定性质的信号,属于信号生成问题,系统仿真需要产生各类信号,用于评价一个系统的性能。利用 ARMA 模型产生具有指定功率谱的随机信号是最常用的方法。ARMA 模型尤其适用于产生具有规定功率谱的高斯随机信号。由于服从高斯分布的随机信号经过任意线性系统仍然服从高斯分布,而 ARMA 模型看作由激励白噪声驱动的一个线性时不变(LTI)系统的输出,可以通过用高斯白噪声驱动一个具有有理分式系统函数的稳定 LTI 系统,可产生具有任意功率谱的高斯随机信号。

但当激励白噪声不是高斯分布的,例如是均匀分布的,经过线性系统后,输出的概率密度函数(PDF)就会改变,怎样产生同时具有规定功率谱和任意 PDF 的随机信号的问题可参考文献[234]。

本节注释 2：有关时间序列分析

ARMA 模型是"时间序列分析"中的重要组成部分。时间序列分析是一个应用范围很广泛的统计学分支。在时间序列分析中,一个时间序列是一个按时间顺序观察到的数据集合,研究序列中数据之间的相互关系,研究数据的建模、预测和控制等。因为时间序列来自具有随机性质的环境,因此一个时间序列可看作一个随机过程的一次实现,从这个意义看,在信号处理中随机信号的一次观测所获得的信号样本是一个时间序列,因此信号处理所关注的很多问题与时间序列分析密切相关,其研究成果也相互影响。时间序列分析作为一个统计学分支,关注的问题更加一般化,属于更加基础性的学科,其方法在信号处理领域得到广泛应用,同时时间序列分析在经济学、金融学中的应用也颇受关注,实际上,时间序列分析的方法可应用于非常广泛的领域。除线性模型外,时间序列分析的近代方法也研究了各种非线性模型,这些工作又与神经网络、机器学习和信号处理的近代研究密切关联,所以,学习和研究信号处理的人,应该关注这些相关学科的发展,互相吸收新的思想和知识。

1.7 本章小结与进一步阅读

本章是全书,尤其前 8 章的共同基础,讨论了三个基本论题。第 1 个论题是随机信号的基本特征及其通过线性系统后的表达形式。描述信号的特征量有多种,最常用的是相关函数和功率谱密度,这些特征量可在不同应用中起到作用,对于随机信号向量,最重要的特征则是自相关矩阵。第二个论题是随机信号的正交展开问题,主要讨论了正交展开和 KL 变换。第 3 个论题是随机信号模型,作为例子讨论了随机信号的复正弦模型和概率模型,更详细地讨论了随机信号的 ARMA 模型及其两个特例 AR 模型和 MA 模型,并且看到 AR 模型具有简洁的线性方程组用于描述模型参数和自相关函数之间的关系。

用一定的数学形式描述一类信号的方式,都可以称为信号模型。用一种模型描述一类信号的过程,称为信号建模,本章已讨论了几种常用模型,总结为这样几类。类 1,用概率密度函数描述信号,例如高斯分布、混合高斯模型等；类 2,噪声中的典型特殊信号,例如噪声中的正弦信号；类 3，有理传输函数模型，如 ARMA 模型。

限于篇幅，有许多模型本章没有展开讨论，例如非线性模型、基于状态转移的非平稳模型，如隐马尔可夫模型（HMM）和概率图模型等，对这些模型有兴趣的读者可参考相关文献。

关于随机信号的基础知识，已有许多关于随机过程的经典著作，例如 Davenport[72-73] 和 Papoulis[192] 的著作。中文著作中，复旦大学概率论系列教材（第 3 册）[289] 是对随机过程的严谨的论述，陆大绘的著作[298] 则从工程观点和通过大量实例讨论了随机过程的基础和应用。对于 ARMA 模型和时间序列分析，Brockwell 的著作[26-27] 和 Box 的著作[22] 是非常详尽和深入的。Tong 的著作[249] 和范剑青等的著作[287] 则给出了非线性时间序列模型的详尽论述。作为在语音处理中起到关键作用的 HMM 模型，Rabiner 给出了一个被广泛引用的综述[209]。概率图模型在信号处理、机器学习和统计推断等诸多领域已获得应用，至今仍是非常活跃的研究方向，对于概率图模型的一个综合论述可参考 Koller 等的著作[147]。

习题

1. 证明条件概率密度函数的链式法则

$$p(x_1,\cdots,x_{M-1},x_M)=p(x_M\mid x_{M-1},\cdots,x_1)\cdots p(x_2\mid x_1)p(x_1)$$

2. 证明平稳随机信号自相关函数具有如下性质：

(1) 原点值最大：$r(0)\geqslant|r(k)|$；

(2) 共轭对称性：$r(-k)=r^*(k)$，对于实信号有 $r(-k)=r(k)$。

3. 设一个随机信号为 $x(n)=A\sin(\omega n+\varphi)$，其中 φ 是$[0,2\pi]$内均匀分布的随机变量，A 是常数，求 $x(n)$均值和自相关函数。

4. 设一个随机信号为 $x(n)=A\cos(\omega n+\varphi)$，其中 φ 是常数，A 是随机变量，符合均值为零方差为 σ^2 的高斯分布。求 $x(n)$均值和自相关函数，判断该信号是否为宽平稳的。

5. 对于平稳随机信号 $x(n)$和 $y(n)$，如果 $y(n)=\mathrm{e}^{\mathrm{j}\omega_0 n}x(n)$，证明 $r_y(k)=\mathrm{e}^{\mathrm{j}\omega_0 k}r_x(k)$。

6. 设 $x(n)=\sum_{i=1}^{p}A_i\cos(\omega_i n)+B_i\sin(\omega_i n)$，其中随机变量 A_i、B_i 都服从均值为零，方差为 σ^2 的高斯分布，并且两两之间互相独立，求 $x(n)$均值、自相关函数和 PSD。

7. 设 $x(n)$是 WSS，且 $r_x(1)=r_x(0)$，证明，对任意 k 有 $r_x(k)=r_x(0)$。

8. 设一个随机信号为 $x(n)=A\cos(\omega n+\varphi)$，其中 φ 是$[0,2\pi]$内均匀分布的随机变量，A 是常数，$x(n)$通过一个输入输出关系为 $y(n)=x^2(n)$的非线性系统，求 $r_y(n_1,n_2)$和 $r_{xy}(n_1,n_2)$，并判断 y 是否是平稳的，x，y 是否是联合平稳的。

9. 设随机信号向量 $\boldsymbol{x}(n)=[x(n),x(n-1),\cdots,x(n-M+1)]^{\mathrm{T}}$，假设该信号是非平稳的，其自相关矩阵与时间有关，记为 $\boldsymbol{R}(n)$，写出矩阵 $\boldsymbol{R}(n)$。

10. 若随机信号向量满足如下的高斯分布：

$$p_x(x)=\frac{1}{(2\pi)^{M/2}\det^{1/2}(\boldsymbol{C}_{xx})}\exp\left(-\frac{1}{2}(\boldsymbol{x}-\boldsymbol{\mu}_x)^{\mathrm{T}}\boldsymbol{C}_{xx}^{-1}(\boldsymbol{x}-\boldsymbol{\mu}_x)\right)$$

证明：

$$E[\boldsymbol{x}]=\int \boldsymbol{x} p_x(\boldsymbol{x})\mathrm{d}\boldsymbol{x}=\boldsymbol{\mu}_x$$

$$E[(\boldsymbol{x}-\boldsymbol{\mu}_x)(\boldsymbol{x}-\boldsymbol{\mu}_x)^{\mathrm{T}}]=\int(\boldsymbol{x}-\boldsymbol{\mu}_x)(\boldsymbol{x}-\boldsymbol{\mu}_x)^{\mathrm{T}} p_x(\boldsymbol{x})\mathrm{d}\boldsymbol{x}=\boldsymbol{C}_{xx}$$

11. 证明定理1.3.3的表达式，即式(1.3.17)、式(1.3.18)和式(1.3.19)。

12. 设随机信号 $x(n)=A\cos(\omega n+\varphi)$，其中 φ 是 $[0,2\pi]$ 内均匀分布的随机变量，A 是常数，$x(n)$ 通过一个传输函数为 $H(z)=\dfrac{1}{1-0.9z^{-1}}$ 的线性系统输出 y，求 $r_{xy}(n)$，$r_y(n)$，$S_{xy}(\omega)$，$S_y(\omega)$。

13. 设一个随机信号 $x(n)$ 的自相关序列是 $r_x(k)=(-0.8)^{|k|}$，$x(n)$ 通过一个传输函数为 $H(z)=\dfrac{1-\frac{1}{2}z^{-1}}{1-\frac{3}{4}z^{-1}}$ 的线性系统输出 $y(n)$，求输出信号的PSD和自相关序列。

14. 一个方差为1的白噪声激励一个线性系统产生一个随机信号，该随机信号的功率谱是

$$S(\omega)=\frac{5-4\cos\omega}{10-6\cos\omega}$$

求产生该信号的线性系统的传输函数。

15. 一个零均值，方差为1的白噪声序列 $v(k)$，通过一个线性移不变系统，已知该线性系统为全极点系统，它的两个极点分别为：$P1=\rho e^{j\varphi}$，$P2=\rho e^{-j\varphi}$，ρ 为正实数，且 $\rho<1$，线性系统的输出为 $x(n)$。

(1) $x(n)$ 应由AR、MA、ARMA的哪一个模型来描述，且模型阶为多大？

(2) 试求出描述该模型的各参数值。

(3) 写出 $x(n)$ 的功率谱密度表达式。

(4) 求出 $x(n)$ 的自相关序列的前3个值 $r(0)$、$r(1)$、$r(2)$。

16. 一个平稳实随机信号 $x(n)$ 的前几个自相关值为：$r(0)=3$，$r(1)=2$，$r(2)=1$，已知它满足AR(2)模型。

(1) 求模型参数。

(2) 写出该信号功率谱密度。

(3) 写出求 $r(k)k\geqslant3$ 的递推公式。

17. 如果 $r_x(k_1,k_2)=q(k_1)\delta(k_1-k_2)$，且 $s(n)=\sum\limits_{n=0}^{N}a_n x(n)$，证明：$E(s^2(n))=\sum\limits_{n=0}^{N}a_n^2 q(n)$。

18. 用MA(∞)表示ARMA(1,1)和AR(1)过程。

19. 设一个实AR(1)过程 $x(n)$ 被一个方差为 σ_w^2 的白噪声所污染，得到一个新过程 $y(n)$，如果用下式估计 $x(n)$ 的参数

$$\hat{a}(1)=-\frac{r_{yy}(1)}{r_{yy}(0)}$$

证明,估计值与真实值 $a(1)$ 之间关系为:$\hat{a}(1)=a(1)\dfrac{\eta}{\eta+1}$,这里,$\eta \triangleq r_x(0)/\sigma_w^2$ 为信噪比。

20. 证明:一个实 AR(1)过程加白噪声可以模型化为一个 ARMA(1,1)过程,其中其 MA 参数可由下式求解:

$$\frac{1+b^2(1)}{b(1)}=\frac{\sigma^2+\sigma_w^2(1+a^2(1))}{a(1)\sigma_w^2}$$

这里,σ^2 为 AR(1)过程的驱动白噪声的方差,σ_w^2 为附加白噪声方差。

21. 证明,一个 AR(2)模型的自相关函数的一般表达式为

$$r_x(k)=r_x(0)\left[\frac{p_1(p_2^2-1)}{(p_2-p_1)(p_1p_2+1)}p_1^k-\frac{p_2(p_1^2-1)}{(p_2-p_1)(p_1p_2+1)}p_2^k\right]$$

其中,$p_1=(-a_1+\sqrt{a_1^2-4a_2})/2$,$p_2=(-a_1-\sqrt{a_1^2-4a_2})/2$。

22. 对于 MA(q)模型,证明:

$$r_x(k)=\begin{cases}\sigma^2\sum\limits_{m=0}^{q-k}b_m^*b_{m+k} & k=0,1,\cdots,q\\ 0 & k\geqslant q+1\end{cases}$$

23. 对于 ARMA(p,q)模型,证明:

$$r_x(k)=\begin{cases}-\sum\limits_{m=1}^{p}a_mr_x(k-m)+\sigma_v^2\sum\limits_{m=k}^{q}b_mh(m-k) & k=0,1,\cdots,q\\ -\sum\limits_{m=1}^{p}a_kr_x(k-m) & k\geqslant q+1\end{cases}$$

*24. 设有两个随机信号,都是 AR(4)过程,它们分别是一个宽带和一个窄带过程,参数如下:

	$a(1)$	$a(2)$	$a(3)$	$a(4)$	σ^2
信号源 1	−1.352	1.338	−0.662	0.240	1
信号源 2	−2.760	3.809	−2.654	0.924	1

使用 MATLAB 工具:

(1) 画出这两个信号各自的一段时域图形(提示:用零初始条件,利用差分方程产生信号值,为了逼近平稳性,将前 200 个点丢弃不用,然后画出 128 点长序列的图形)。

(2) 重复 4 次运行如上功能的相同程序,得到随机信号的不同次实现,比较其波形。

(3) 利用 AR 模型的 PSD 公式,分别画出这两个信号的 PSD 图形。

(4) 对两个信号,采用反解 Yule-Walker 方程和递推的方法求出前 20 个自相关序列的值,并画出 $|k|<20$ 范围内自相关序列的图形。

*25. 有两个 ARMA 过程,其中信号 1 是宽带信号,信号 2 是窄带信号,其中产生信号 1 的系统函数为

$$H(z)=\frac{1+0.3544z^{-1}+0.3508z^{-2}+0.1736z^{-3}+0.2401z^{-4}}{1-1.3817z^{-1}+1.5632z^{-2}-0.8843z^{-3}+0.4096z^{-4}}$$

激励白噪声的方差为1。产生信号2的系统函数为

$$H(z)=\frac{1+1.5857z^{-1}+0.9604z^{-2}}{1-1.6408z^{-1}+2.2044z^{-2}-1.4808z^{-3}+0.8145z^{-4}}$$

激励白噪声的方差为1。使用MATLAB工具：

(1) 画出这两个信号各自的一段时域图形(提示：用零初始条件，利用差分方程产生信号值，为了逼近平稳性，将前200个点丢弃不用，然后画出128点长序列的图形)。

(2) 重复4次运行如上功能的相同程序，得到随机信号的不同次实现，比较其波形。

(3) 利用ARMA模型的PSD公式，分别画出这两个信号的PSD图形。

第2章

估计理论基础

统计学是现代信号处理的核心基础之一，统计学研究的一个主要问题是通过观测样本推断总体。统计推断的核心内容是估计和假设检验，其对应了信号处理中的参数估计、波形估计和信号检测问题，这是信号统计处理的基础。根据本书的需要，对统计推断中的估计理论基础给出一个概要和简捷的介绍，本章不讨论假设检验问题。

估计理论（本章仅讨论点估计）研究的是：在获得一组观测数据的条件下，定义一个观测数据的函数（称为点估计器），用于估计一个或几个与观测数据有关的确定性的或随机性的参数或波形。本章介绍估计理论中的几个最基本的概念和方法，重点放在参数估计上，波形估计的问题在第3章和第4章集中讨论。估计理论中习惯地划分成经典估计方法和现代估计方法（贝叶斯估计），经典估计中假设待估计的参数是确定性的未知量，而贝叶斯估计假设待估计参数是随机变量，服从先验分布。本章按照先经典估计后贝叶斯估计的顺序讨论。

为了叙述简单，本章一般仅讨论实数据情况，对复数据情况会特别说明。

视频讲解

2.1 基本经典估计问题

首先讨论最基本的问题，通过观测数据$\{x(0),x(1),\cdots,x(N-1)\}$，估计一个未知的确定性参数$\theta$，一个点估计器记为

$$\hat{\theta}=g(x(0),x(1),\cdots,x(N-1)) \tag{2.1.1}$$

本书仅讨论点估计，不涉及区间估计问题，今后将点估计器简称为估计器（Estimator）。注意到，当式(2.1.1)表示的是观测数据与估计参数之间的一般表达式时，称其为一个估计器，当把一组已测量得到的测量样本代入式(2.1.1)计算得到参数的值时，表示得到的一次估计值（Estimate）。也就是说，我们不从表达形式上区分式(2.1.1)的这两重含义。显然，由于测量数据是随机过程的一次实现，多次测量数据是不同的，得到估计值也可能不同，因此，尽管假设θ是一个确定性参数，但是它的估计器$\hat{\theta}$则是一个随机变量，但当将获得的一组测量样本看作是随机过程的一次实现代入式(2.1.1)计算时，得到的一个估计值可看作这个随机变量的一次实现。

2.1.1 经典估计基本概念和性能参数

估计器的设计有多种方法，有时根据对问题的物理意义的直观理解可以设计出实用的估计器，但大多数情况下，一个好的估计器的设计，紧密依赖于对观测数据的概率密度函数

(PDF)的假设。首先看一个直观的例子。

例 2.1.1 假设估计一个直流电压,测量仪器记录的是带有噪声的信号,设观测数据为 $x(n)=A+w(n), n=0,1,\cdots,N-1$,其中 $w(n)$ 是测量噪声,是零均值白高斯噪声(WGN),A 是直流电压值,由记录数据估计 A 的值。

解:为了估计确定参数 A,一个直观的估计器定义为

$$\hat{A}=\frac{1}{N}\sum_{n=0}^{N-1}x(n) \tag{2.1.2}$$

对于例 2.1.1 给出的估计器,产生两个基本的问题:(1)这个估计器的性能如何?即它怎样接近于真实值 A?(2)有没有更好的估计器,怎样设计好的估计器?在回答这些问题之前,首先介绍几个关于估计器性能及其评价的基本概念。

定义 2.1.1(无偏估计) 若估计器满足 $E(\hat{\theta})=\theta$,则称为无偏估计。

对例 2.1.1 定义的估计器,容易验证

$$E(\hat{A})=E\left(\frac{1}{N}\sum_{n=0}^{N-1}x(n)\right)=\frac{1}{N}\sum_{n=0}^{N-1}E[A+w(n)]=A$$

因此,这个估计器是无偏的。

对于无偏估计,估计器的方差评价了估计器性能的可靠性。估计器方差定义为

$$\operatorname{var}(\hat{\theta})=E[(\hat{\theta}-E(\hat{\theta}))^2]=E[(\hat{\theta}-\theta)^2] \tag{2.1.3}$$

对于无偏估计,方差越小,估计器性能越好,如果方差为零,从均方误差意义上讲,估计器总得到对参数的精确估计。

例 2.1.2 继续讨论例 2.1.1。针对该例子说明对无偏估计器用方差表示估计器性能的直观含义。由于式(2.1.2)的估计器中,$x(n)$ 是服从高斯分布的,且高斯分布随机变量之和仍是高斯的,故估计器 $\hat{A}$ 也是服从高斯分布的,又因其无偏性,故均值 $\mu=A$,设 $\hat{A}$ 的方差为 σ^2,方差的平方根是标准差 σ,$\hat{A}$ 的概率密度函数 $p(x)$ 如图 2.1.1 所示。

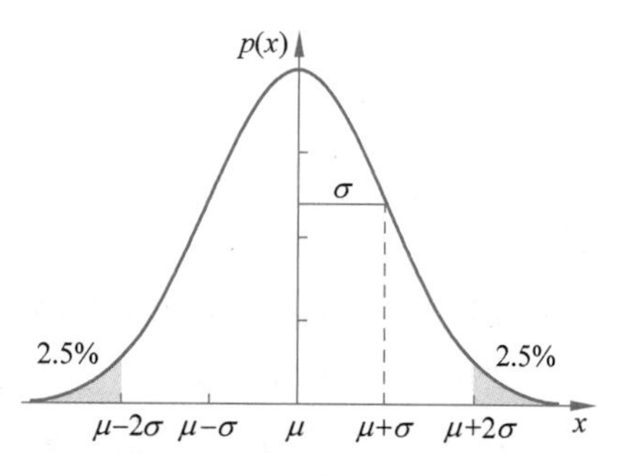

图 2.1.1 估计器 $\hat{A}$ 的概率密度函数

由图 2.1.1 可见,估计器 $\hat{A}$ 的取值落在区间 $[A-2\sigma, A+2\sigma]$ 的概率,即

$$P\{A-2\sigma\leqslant\hat{A}\leqslant A+2\sigma\}=\frac{1}{\sqrt{2\pi}\sigma}\int_{A-2\sigma}^{A+2\sigma}e^{-\frac{(x-A)^2}{2\sigma^2}}dx=G(2)-G(-2)\approx 0.95$$

这里

$$G(x)=\frac{1}{\sqrt{2\pi}}\int_{-\infty}^{x}e^{-s^2/2}ds$$

是零均值单位方差高斯密度的累积概率,概率论图书中一般给出其可查表格。

积分结果说明,对该估计器,由得到的一组测量数据,尽管所得估计是随机变量,但其取值与实际真值之差不大于 2σ 的概率高达约 0.95。若要求更高可信度,也可以计算出

$$P\{A-3\sigma\leqslant\hat{A}\leqslant A+3\sigma\}=G(3)-G(-3)\approx 0.997$$

也就是说,估计值与真值之差不大于 3σ 的概率高达约 0.997。

在例 2.1.2 中,若标准差 σ 很小,估计值则以很高的概率取得小误差,也就是说估计是可靠的。由于实际中方差是描述一个概率密度函数的更常用的标准量,在一些理论推导中方差也更容易表述,故以方差值作为估计器性能评估的主要指标则更方便。

例 2.1.2 中,测量信号服从高斯分布,故估计器也是高斯分布的,在这种情况下说明了用方差评价一个估计器的直观性质。若测量信号 $x(n)$ 不是高斯的,则严格讲估计器也不是高斯的,但是,对于类似式(2.1.2)这样做求和运算的估计器,根据概率论的中心极限定理,当 N 较大时,估计器 $\hat{A}$ 是逼近高斯的,例 2.1.2 的讨论仍然近似成立。

在许多实际问题中,无偏估计不易得到,但当测量得到的数据样本充分大时,一些渐进性质更加实用。

定义 2.1.2(渐进无偏估计) 当参与估计的样本数目 N 趋于无穷时,若估计器趋于无偏,称为渐进无偏估计。

定义 2.1.3(有偏估计) 对于不满足无偏估计的估计器称为有偏估计,定义

$$b(\theta)=E(\hat{\theta})-\theta \tag{2.1.4}$$

为估计的偏。注意到,渐进无偏估计器在有限数据情况下是有偏估计。

除方差外,也可定义均方误差来评价一个估计器的性能,用均方误差评价估计器的性能是更全面的。

定义 2.1.4(均方误差(**Mean Square Error,MSE**)) 对于一般的估计器,均方误差定义为

$$\mathrm{MSE}(\hat{\theta})=E[(\hat{\theta}-\theta)^2] \tag{2.1.5}$$

容易验证

$$\mathrm{MSE}(\hat{\theta})=E[(\hat{\theta}-E(\hat{\theta})+E(\hat{\theta})-\theta)^2]=\mathrm{var}(\hat{\theta})+b^2(\theta) \tag{2.1.6}$$

使均方误差最小的估计器称为最小均方估计。在无偏估计情况下,估计器的方差和均方误差相等。

在实际中,当估计器使用的观测样本数有限时,评价估计器性能的方差或均方误差一般是不可忽略的值,也就是说其不会是无穷小量(这一点,2.2 节的 Cramer-Rao 界定理将给出证实),但当样本数趋于无穷时,希望估计器是充分可靠的,满足这个性质的估计器称为一致估计。

定义 2.1.5(一致估计) 对于一个估计器,若当 $N\to\infty$ 时,均方误差 $\mathrm{MSE}(\hat{\theta})\to 0$,相当于估计方差和估计的偏均趋于零,这样的估计器称为一致估计。对于无偏估计器,仅要求估计方差随着 $N\to\infty$ 而趋于零。

在本章前 3 节所介绍的经典估计问题中,即把待估计参数 θ 看作未知常数的情况下,无法采用均方误差最小原则设计有效的估计器[143],故在经典估计中,一般以方差作为评估估计器的性能,故希望设计最小方差无偏估计器。

定义 2.1.6(最小方差无偏估计器,**MVU**) 对于确定性参数估计,理想的情况是设计一个无偏估计器,使其估计方差 $\mathrm{var}(\hat{\theta})$ 最小,这称为最小方差无偏估计器(MVU)。

在估计确定性参数的情况下,有一些方法用于设计 MVU 或渐进的 MVU,本章 2.2 节和 2.3 节介绍设计这种估计器的一般方法。

2.1.2　几个常用估计量

在讨论一般的估计理论之前，给出几个估计平稳随机信号常用特征量的实际估计器，并评价它们的性能，这几个估计器是根据其定义直观构造的，但也可以由后续的估计理论导出。设已得到了一个随机信号的 N 个样本值$\{x(n),n=0,1,\cdots,N-1\}$，估计这个随机信号的均值、方差和自相关序列。

1. 均值估计

均值估计是对例 2.1.1 的一般化，是估计观测信号自身的一个特征量。最常用的均值估计器是

$$\hat{\mu}_x=\frac{1}{N}\sum_{n=0}^{N-1}x(n) \tag{2.1.7}$$

容易验证，这个估计器是无偏的，即

$$E\{\hat{\mu}_x\}=\mu_x \tag{2.1.8}$$

如果 $x(n)$是白噪声序列，容易验证，均值估计器的方差为

$$\operatorname{var}(\hat{\mu}_x)=\sigma_x^2/N \tag{2.1.9}$$

如果 $x(n)$是一般的随机序列，估计器的方差可以证明为(留作练习)

$$\operatorname{var}(\hat{\mu}_x)=\frac{1}{N}\sum_{l=-N}^{N}\left(1-\frac{|l|}{N}\right)c_x(l) \tag{2.1.10}$$

这里，$c_x(l)$是 $x(n)$的协方差函数。当 $l\to\infty$时，$c_x(l)\to 0$，那么当 $N\to\infty$时，$\operatorname{var}(\hat{\mu}_x)\to 0$，均值估计器是均值的一致估计。

2. 方差估计

在使用记录的数据估计方差之前，先估计均值，因为方差估计器要用到均值的估计值。方差估计器为

$$\hat{\sigma}_x^2=\frac{1}{N}\sum_{n=0}^{N-1}(x(n)-\hat{\mu}_x)^2 \tag{2.1.11}$$

如果 $x(n)$是白噪声，容易得到方差估计的均值为

$$E(\hat{\sigma}_x^2)=\frac{N-1}{N}\sigma_x^2 \tag{2.1.12}$$

对一般的非白噪声的随机信号，方差估计的均值为

$$E(\hat{\sigma}_x^2)=\sigma_x^2-\frac{1}{N}\sum_{l=-N}^{N}\left(1-\frac{|l|}{N}\right)c_x(l) \tag{2.1.13}$$

这个方差估计器是有偏的，在白噪声情况下，是渐进无偏的。对于非白噪声情况，当 $l\to\infty$时，$c_x(l)\to 0$，那么当 $N\to\infty$时，$E(\hat{\sigma}_x^2)\to\sigma_x^2$ 也是渐进无偏的。方差估计器的方差的一般表达式相当复杂，当 N 取较大值时，它的近似表达式为

$$\operatorname{var}(\hat{\sigma}_x^2)\approx\frac{1}{N}c_x^4 \tag{2.1.14}$$

这里，c_x^4 是 $x(n)$的 4 阶中心矩，上式表明，方差估计器是一致估计器。

3. 自相关估计

为方便后续章节使用，这里给出针对复数据的一般情况下的自相关估计公式，对实数据

将公式中的共轭符号省略掉。在有限数据记录的条件下，直接进行自相关估计的常用估计器是

$$\hat{r}_x(l)=\begin{cases}\dfrac{1}{N}\sum\limits_{n=l}^{N-1}x(n)x^*(n-l), & 0\leqslant l\leqslant N-1\\ \hat{r}_x^*(-l), & -(N-1)\leqslant l<0\\ 0, & |l|\geqslant N\end{cases}\tag{2.1.15}$$

或者等价地写为

$$\hat{r}_x(l)=\begin{cases}\dfrac{1}{N}\sum\limits_{n=0}^{N-l-1}x(n+l)x^*(n), & 0\leqslant l\leqslant N-1\\ \hat{r}_x^*(-l), & -(N-1)\leqslant l<0\\ 0, & |l|\geqslant N\end{cases}\tag{2.1.16}$$

利用这种自相关估计器，一般估计$|l|<M, M<N$ 的 $2M+1$ 个相关值，可以验证自相关估计的均值为

$$E\{\hat{r}_x(l)\}=r_x(l)\left(1-\frac{|l|}{N}\right),\quad |l|<N\tag{2.1.17}$$

这个自相关估计器是有偏的，但它是渐进无偏的。由这个估计器估计得到的自相关序列构成的 $M\times M$ 自相关矩阵是半正定的。

从理论上可以证明，当 $N\to\infty$时，自相关序列的估计的方差趋于零，自相关估计器是一致估计，但通过估计器的表达式也不难观察到，对于有限个数据记录，当自相关序列的序号 l 充分小时，自相关估计是比较可靠的，但当 $l\to N$ 时，只有很少的样本参与自相关值的估计，估计器的方差将变得很大，估计器的偏也非常明显，因此，对 $l\to N$ 时的自相关估计是不可信的。

另一种自相关估计器是直接由自相关的定义得到的：

$$\hat{r}_x(l)=\begin{cases}\dfrac{1}{N-l}\sum\limits_{n=0}^{N-l-1}x(n+l)x^*(n), & 0\leqslant l\leqslant N-1\\ \hat{r}_x^*(-l), & -(N-1)\leqslant l<0\\ 0, & |l|\geqslant N\end{cases}\tag{2.1.18}$$

这个估计器是无偏的，但由这个估计器得到的自相关序列构成的自相关矩阵不能保证满足半正定性，因此，在信号处理的实际应用中大多还是采用第一种估计器。

互相关估计是类似的，一个互相关估计器定义如下：

$$\hat{r}_{xy}(l)=\begin{cases}\dfrac{1}{N}\sum\limits_{n=l}^{N-1}x(n)y^*(n-l), & 0\leqslant l\leqslant N-1\\ \dfrac{1}{N}\sum\limits_{n=0}^{N+l-1}x(n)y^*(n-l), & -(N-1)\leqslant l<0\\ 0, & |l|\geqslant N\end{cases}$$

用有限长记录估计自相关序列和互相关序列是信号处理中最常用的计算之一，在实时实现时可用快速傅里叶变换(FFT)和快速傅里叶反变换(IFFT)进行加速运算，为方便其应用，如下给出其算法描述，快速算法的导出过程偏离本章主题，有兴趣的读者可参考文献[314]。

算法 2.1.1 快速计算自相关序列

(1) 取 $L \geqslant 2N-1$，离散信号 $x[n]$ 补零，得到

$$x_L[n]=\begin{cases}x[n], & 0 \leqslant n \leqslant N-1 \\ 0, & N \leqslant n \leqslant L-1\end{cases}$$

(2) 对 $x_L[n]$ 做 L 点 FFT，得到 $X_L[k]\quad 0 \leqslant k \leqslant L-1$，

(3) 计算 $E_{xx}[k]=|X_L[k]|^2\quad 0 \leqslant k \leqslant L-1$

(4) 计算 IFFT，得到 $r_L[n]=\dfrac{1}{N}\mathrm{IFFT}\{|X_L[k]|^2\}\quad 0 \leqslant n \leqslant L-1$

(5) 得到自相关序列为

$$\hat{r}_{xx}[k]=\begin{cases}r_L[k], & 0 \leqslant k \leqslant N-1 \\ r_L[L+k], & -N+1 \leqslant k<0 \\ 0, & |k| \geqslant N\end{cases}$$

算法 2.1.2 快速计算互相关序列

(1) 取 $L \geqslant 2N-1$，离散信号 $x[n]$、$y[n]$ 补零，得到

$$x_L[n]=\begin{cases}x[n], & 0 \leqslant n \leqslant N-1 \\ 0, & N \leqslant n \leqslant L-1\end{cases}$$

$$y_L[n]=\begin{cases}y[n], & 0 \leqslant n \leqslant N-1 \\ 0, & N \leqslant n \leqslant L-1\end{cases}$$

(2) 对 $x_L[n]$ 做 L 点 FFT，得到 $X_L[k]\quad 0 \leqslant k \leqslant L-1$，对 $y_L[n]$ 做 L 点 FFT，得到 $Y_L[k]\quad 0 \leqslant k \leqslant L-1$

(3) 计算 $E_{xy}[k]=X_L[k]Y_L^*[k]\quad 0 \leqslant k \leqslant L-1$

(4) 计算 IFFT，得到 $r_{xyL}[n]=\dfrac{1}{N}\mathrm{IFFT}\{E_{xy}[k]\}\quad 0 \leqslant n \leqslant L-1$

(5) 得到互相关序列为

$$\hat{r}_{xy}[k]=\begin{cases}r_{xyL}[k], & 0 \leqslant k \leqslant N-1 \\ r_{xyL}[L+k], & -N+1 \leqslant k<0 \\ 0, & |k| \geqslant N\end{cases}$$

2.2 克拉美-罗下界

2.1 节给出了几个实际的估计器，这些估计器是否是好的估计器？对于确定性参数估计，最好的估计器能够达到什么性能？在讨论具体的估计器设计方法之前，首先讨论一下估计器能够达到最好的性能是什么？即性能界的问题。本节主要讨论在确定性参数的无偏估计前提下，一个最小方差无偏估计器(MVU)能够达到的最好估计性能。关于性能界，应用最广泛的是克拉美-罗下界，为叙述方便，假设数据向量为 $\boldsymbol{x}=[x(0), x(1), \cdots, x(N-1)]^{\mathrm{T}}$，其联合概率密度函数(PDF)写为 $p(\boldsymbol{x} | \theta)$，注意，由于 θ 是确定性量，用符号 $p(\boldsymbol{x} | \theta)$ 表示概率密度函数受参数 θ 控制，并不表示这是条件概率。克拉美-罗下界由如下定理描述。

定理 2.2.1(克拉美-罗(Cramer-Rao)下界定理) 假设观测数据向量的概率密度函数

(PDF)$p(\boldsymbol{x}|\theta)$满足规则性条件

$$E\left[\frac{\partial \ln p(\boldsymbol{x}\mid\theta)}{\partial\theta}\right]=\int_{-\infty}^{+\infty}\frac{\partial \ln p(\boldsymbol{x}\mid\theta)}{\partial\theta}p(\boldsymbol{x}\mid\theta)\mathrm{d}\theta=0 \tag{2.2.1}$$

上式对所有θ成立,则任意无偏估计器的方差满足

$$\operatorname{var}(\hat{\theta})\geqslant\frac{1}{-E\left[\frac{\partial^2 \ln p(\boldsymbol{x}\mid\theta)}{\partial\theta^2}\right]} \tag{2.2.2}$$

这里,导数是在θ的真实值处取值的,期望是针对$p(\boldsymbol{x}|\theta)$取的。

进一步,当且仅当

$$\frac{\partial \ln p(\boldsymbol{x}\mid\theta)}{\partial\theta}=I(\theta)(g(\boldsymbol{x})-\theta) \tag{2.2.3}$$

成立时,存在一个估计器可以达到该下界值,这里

$$I(\theta)=-E\left[\frac{\partial^2 \ln p(\boldsymbol{x}\mid\theta)}{\partial\theta^2}\right] \tag{2.2.4}$$

称为Fisher信息函数。g是一个函数,且由$g(\boldsymbol{x})$定义的最优估计器

$$\hat{\theta}=g(\boldsymbol{x}) \tag{2.2.5}$$

是一个下界可达的MVU估计器,且满足

$$\operatorname{var}(\hat{\theta})=\frac{1}{I(\theta)} \tag{2.2.6}$$

在定理2.2.1的叙述中,PDF $p(\boldsymbol{x}|\theta)$中,θ仅是一个参数,而$\boldsymbol{x}$才是描述概率分布的变量,因此,期望是针对$p(\boldsymbol{x}|\theta)$取的含义是,对随机变量函数$f(\boldsymbol{x},\theta)$,它的期望值是

$$E\{f(\boldsymbol{x},\theta)\}=\int f(\boldsymbol{x},\theta)p(\boldsymbol{x}\mid\theta)\mathrm{d}x \tag{2.2.7}$$

定理2.2.1中的Fisher信息函数$I(\theta)$是确定性的量,它的倒数限定了一个MVU估计器的方差可达到的下界。如下先通过一个例子讨论定理2.2.1的应用,然后再给出它的证明。

例2.2.1 由一组观察值$x(n)=A+w(n)$ $n=0,1,2,\cdots,N-1$,$w(n)$是WGN(白高斯噪声),且方差为σ^2,均值为0,估计未知量A。

解:由于$w(n)=x(n)-A$是WGN,故有

$$p(\boldsymbol{x}\mid\theta)=\frac{1}{(2\pi\sigma^2)^{\frac{N}{2}}}\exp\left[-\frac{1}{2\sigma^2}\sum_{n=0}^{N-1}(x(n)-A)^2\right]$$

这里参数是$\theta=A$,对参数A求1阶和2阶导数分别得到

$$\frac{\partial \ln p(\boldsymbol{x}\mid A)}{\partial A}=\frac{1}{\sigma^2}\left[\sum_{n=0}^{N-1}(x(n)-A)\right]$$

$$\frac{\partial^2 \ln p(\boldsymbol{x}\mid A)}{\partial A^2}=-\frac{N}{\sigma^2}$$

由式(2.2.4)的定义,Fisher信息函数为

$$I(A)=-E\left[\frac{\partial^2 \ln p(\boldsymbol{x}\mid A)}{\partial A^2}\right]=\frac{N}{\sigma^2}$$

再由式(2.2.3)的因式分解形式

$$\frac{\partial \ln p(\boldsymbol{x} \mid A)}{\partial A}=\frac{1}{\sigma^2}\left(\sum_{n=0}^{N-1}(x(n)-A)\right)=\frac{N}{\sigma^2}\left[\frac{1}{N}\sum_{n=0}^{N-1}x(n)-A\right]=I(A)(g(\boldsymbol{x})-A)$$

根据定理2.2.1，可以得到下界可达的MVU估计器为

$$\hat{A}=g(\boldsymbol{x})=\frac{1}{N}\sum_{n=0}^{N-1}x(n)$$

估计器的方差可达到下界，为

$$\operatorname{var}(\hat{A})=\frac{1}{I(A)}=\frac{\sigma^2}{N}$$

定理2.2.1的证明

首先看 $E\left[\frac{\partial \ln p(\boldsymbol{x}|\theta)}{\partial \theta}\right]=0$ 意味着什么，由

$$E\left[\frac{\partial \ln p(\boldsymbol{x} \mid \theta)}{\partial \theta}\right]=\int \frac{\partial \ln p(\boldsymbol{x} \mid \theta)}{\partial \theta}p(\boldsymbol{x} \mid \theta)\mathrm{d}\boldsymbol{x}=\int \frac{\partial p(\boldsymbol{x} \mid \theta)}{\partial \theta}\mathrm{d}\boldsymbol{x} \tag{2.2.8}$$

上式只要积分与求导可交换次序，则有

$$E\left[\frac{\partial \ln p(\boldsymbol{x} \mid \theta)}{\partial \theta}\right]=\frac{\partial}{\partial \theta}\int p(\boldsymbol{x} \mid \theta)\mathrm{d}\boldsymbol{x}=\frac{\partial}{\partial \theta}1=0 \tag{2.2.9}$$

只要 $p(\boldsymbol{x}|\theta)$ 积分与求导次序是可交换的，规则性条件就成立，因此，规则性条件是很松的。

再由无偏性假设 $E(\hat{\theta})=\theta$，得

$$E(\hat{\theta})=\int \hat{\theta} p(\boldsymbol{x} \mid \theta)\mathrm{d}\boldsymbol{x}=\theta$$

两边对 θ 求导，且交换求导与积分次序，得

$$\int \hat{\theta}\frac{\partial p(\boldsymbol{x} \mid \theta)}{\partial \theta}\mathrm{d}\boldsymbol{x}=1$$

上式等价为

$$\int \hat{\theta}\frac{\partial \ln p(\boldsymbol{x} \mid \theta)}{\partial \theta}p(\boldsymbol{x} \mid \theta)\mathrm{d}\boldsymbol{x}=1$$

利用式(2.2.8)和式(2.2.9)，且注意到 θ 与积分变量 $\boldsymbol{x}$ 是无关的，则

$$\int (\hat{\theta}-\theta)\frac{\partial \ln p(\boldsymbol{x} \mid \theta)}{\partial \theta}p(\boldsymbol{x} \mid \theta)\mathrm{d}\boldsymbol{x}=1$$

利用Cauchy-Schwarz不等式：

$$\left[\int w(x)g(x)f(x)\mathrm{d}x\right]^2 \leqslant \int w(x)g^2(x)\mathrm{d}\boldsymbol{x}\int w(x)f^2(x)\mathrm{d}\boldsymbol{x}$$

这里取

$$w(\boldsymbol{x})=p(\boldsymbol{x} \mid \theta), \quad g(\boldsymbol{x})=\hat{\theta}-\theta, \quad f(\boldsymbol{x})=\frac{\partial \ln p(\boldsymbol{x} \mid \theta)}{\partial \theta}$$

代入不等式，得

$$1 \leqslant \int (\hat{\theta}-\theta)^2 p(\boldsymbol{x} \mid \theta)\mathrm{d}\boldsymbol{x}\int \left(\frac{\partial \ln p(\boldsymbol{x} \mid \theta)}{\partial \theta}\right)^2 p(\boldsymbol{x} \mid \theta)\mathrm{d}\boldsymbol{x}$$

注意到右侧第一项就是估计器的方差定义，因此有

$$\operatorname{var}(\hat{\theta}) \geqslant \frac{1}{E\left[\left(\frac{\partial \ln p(\boldsymbol{x} \mid \theta)}{\partial \theta}\right)^2\right]}$$

对$\int \frac{\partial \ln p(\boldsymbol{x} \mid \theta)}{\partial \theta} p(\boldsymbol{x} \mid \theta) \mathrm{d}\boldsymbol{x} = 0$两边求导，并交换求导和积分次序，得到

$$E\left[\left(\frac{\partial \ln p(\boldsymbol{x} \mid \theta)}{\partial \theta}\right)^2\right] = -E\left[\frac{\partial^2 \ln p(\boldsymbol{x} \mid \theta)}{\partial \theta^2}\right]$$

由此得证：

$$\operatorname{var}(\hat{\theta}) \geqslant -\frac{1}{E\left[\frac{\partial^2 \ln p(\boldsymbol{x} \mid \theta)}{\partial \theta^2}\right]}$$

Cauchy-Schwarz 不等式成为等式的条件是 $f(x) = I(\theta) g(x)$，即

$$\frac{\partial \ln p(\boldsymbol{x} \mid \theta)}{\partial \theta} = I(\theta)(\hat{\theta} - \theta)$$

这里，$\hat{\theta} = g(\boldsymbol{x})$为要求的估计器，上式两边求导得

$$\frac{\partial^2 \ln p(\boldsymbol{x} \mid \theta)}{\partial \theta^2} = -I(\theta) + I'(\theta)(\hat{\theta} - \theta)$$

两边取期望，并利用估计器的无偏性，得

$$I(\theta) = -E\left[\frac{\partial^2 \ln p(\boldsymbol{x} \mid \theta)}{\partial \theta^2}\right]$$

定理 2.2.1 全部结论得证。

定理 2.2.1 可以推广到多个参数的情况，待估计的参数用参数向量$\boldsymbol{\theta}$表示，克拉美-罗下界的向量情况叙述为如下定理。

定理 2.2.2(克拉美-罗下界(Cramer-Rao)的向量情况) 假设 PDF 满足规则条件

$$E\left[\frac{\partial \ln p(\boldsymbol{x} \mid \boldsymbol{\theta})}{\partial \boldsymbol{\theta}}\right] = \boldsymbol{0}$$

无偏估计器$\hat{\boldsymbol{\theta}}$的协方差矩阵满足

$$\boldsymbol{C}_{\boldsymbol{\theta}} - \boldsymbol{I}^{-1}(\boldsymbol{\theta}) >= \boldsymbol{0} \tag{2.2.10}$$

这里的“$>=\boldsymbol{0}$”是指矩阵为半正定的，估计参数为向量情况下，$\boldsymbol{I}(\boldsymbol{\theta})$为 Fisher 信息矩阵，其各元素定义为

$$[\boldsymbol{I}(\boldsymbol{\theta})]_{ij} = -E\left[\frac{\partial^2 \ln p(\boldsymbol{x} \mid \boldsymbol{\theta})}{\partial \theta_i \partial \theta_j}\right] \tag{2.2.11}$$

进一步，如果下式满足

$$\frac{\partial \ln p(\boldsymbol{x} \mid \boldsymbol{\theta})}{\partial \boldsymbol{\theta}} = \boldsymbol{I}(\boldsymbol{\theta})(\boldsymbol{g}(\boldsymbol{x}) - \boldsymbol{\theta}) \tag{2.2.12}$$

最小无偏估计器$\hat{\boldsymbol{\theta}}$达到最小下界

$$\boldsymbol{C}_{\hat{\boldsymbol{\theta}}} = \boldsymbol{I}^{-1}(\boldsymbol{\theta}) \tag{2.2.13}$$

向量 MVU 估计器为

$$\hat{\boldsymbol{\theta}} = \boldsymbol{g}(\boldsymbol{x}) \tag{2.2.14}$$

当下界可达时，估计器第 i 个分量$\hat{\theta}_i$的方差为

$$\operatorname{var}(\hat{\theta}_i) = [\boldsymbol{C}_{\hat{\boldsymbol{\theta}}}]_{ii} = [\boldsymbol{I}^{-1}(\theta)]_{ii}$$

2.3 最大似然估计

在很多实际问题中，很难求得一个MVU估计器。尽管定理2.2.1和定理2.2.2给出了MVU估计器能够达到的最好估计性能，并给出了式(2.2.3)和式(2.2.12)的分解因式，由此得到可达下界的MVU估计器。但是，实际应用中遇到的大多数更复杂的概率密度函数不易分解成式(2.2.3)和式(2.2.12)的形式，甚至对许多概率密度函数，得不到可达下界的MVU估计器。因此，利用克拉美-罗定理中的因式分解可求得的估计器是相当有限的，应该寻求更实际的方法，利用最大似然原理是一个求取好的估计器的实用方法。尽管最大似然原理不能保证求得一个无偏的MVU估计器，但有良好的渐近特性。本节后半部分将会说明，对于确定性参数估计而言，随着观测数据增加，MLE可以渐近于一个MVU估计器。

首先给出似然函数的一个正式定义。

定义2.3.1 似然函数(Likelihood Function)，若将表示观测数据的随机向量的概率密度函数$p(\boldsymbol{x}|\theta)$中的$\boldsymbol{x}$固定(即$\boldsymbol{x}$取观测数据样本值)，将θ作为自变量，考虑由θ变化对$p(\boldsymbol{x}|\theta)$的影响，这时将$p(\boldsymbol{x}|\theta)$称为似然函数，可用符号$L(\theta|\boldsymbol{x})=p(\boldsymbol{x}|\theta)$表示似然函数。

定义2.3.2 最大似然估计(Maximum Likelihood Estimator，MLE)，对于一个观测得到的样本向量$\boldsymbol{x}$，令$\theta=\hat{\theta}$时使得似然函数$L(\theta|\boldsymbol{x})$达到最大，则$\hat{\theta}$是参数θ的最大似然估计(MLE)，MLE可更形式化地写为

$$\hat{\theta}=\underset{\theta\in\Omega}{\arg\max}\,L(\theta\mid\boldsymbol{x})$$

这里，Ω表示θ的定义域。

也可取似然函数的自然对数$\ln L(\theta|\boldsymbol{x})$，称为对数似然函数，由于对数函数是$(0,\infty)$区间的严格增函数，故$\ln L(\theta|\boldsymbol{x})$与$L(\theta|\boldsymbol{x})$的最大值点一致，因此，也可以用对数似然函数进行求解，所得解是一致的。对许多概率密度函数来说，对数似然函数的求解更容易。

最大似然估计是一个很直观的概念，当θ取值为$\hat{\theta}$时，当前这组观测样本$\boldsymbol{x}$出现的概率最大。

若$L(\theta|\boldsymbol{x})$或$\ln L(\theta|\boldsymbol{x})$是可微的，MLE可用如下方程求解：

$$\left.\frac{\partial L(\theta\mid\boldsymbol{x})}{\partial\theta}\right|_{\theta=\hat{\theta}}=0 \tag{2.3.1}$$

或

$$\left.\frac{\partial \ln L(\theta\mid\boldsymbol{x})}{\partial\theta}\right|_{\theta=\hat{\theta}}=0 \tag{2.3.2}$$

式(2.3.1)或式(2.3.2)的解写成$\hat{\theta}=g(\boldsymbol{x})$。

注意到，式(2.3.1)或式(2.3.2)的解只是MLE的可能的解，式(2.3.1)或式(2.3.2)可能有多个解，在有多个解时，一个解可能对应极大值、极小值或拐点，若MLE解落在边界上，则可能不满足式(2.3.1)或式(2.3.2)。因此，对式(2.3.1)或式(2.3.2)的解要做进一步验证，比较这些解和边界点哪个使得似然函数取得最大值。

例2.3.1 设观测值$x(n)=A+w(n)$，$n=0,1,2,\cdots,N-1$，$w(n)$为零均值WGN，方差为σ^2，估计A。

解：由 $w(n)=x(n)-A$ 是 WGN，得到 $\boldsymbol{x}$ 的联合概率密度函数为

$$p(\boldsymbol{x} \mid A)=\frac{1}{(2\pi\sigma^2)^{\frac{N}{2}}}\exp\left[-\frac{1}{2\sigma^2}\sum_{n=0}^{N-1}(x(n)-A)^2\right] \tag{2.3.3}$$

固定 $\boldsymbol{x}$ 并令似然函数 $L(A|\boldsymbol{x})=p(\boldsymbol{x}|A)$，由式(2.3.2)，有

$$\frac{\partial \ln L(A \mid \boldsymbol{x})}{\partial A}=\frac{1}{\sigma^2}\sum_{n=0}^{N-1}(x(n)-A)\Big|_{A=\hat{A}}=0$$

解得

$$\hat{A}=\frac{1}{N}\sum_{n=0}^{N-1}x(n) \tag{2.3.4}$$

可进一步验证

$$\frac{\partial^2 \ln L(A \mid \boldsymbol{x})}{\partial A^2}=-\frac{N}{\sigma^2}<0$$

由于式(2.3.2)有唯一解，且其2阶导数为负，因此该解对应最大值点，故式(2.3.4)是MLE。

对于例2.3.1这样的情况，似然函数是 θ 的连续函数且只有唯一的峰值，参数取值范围为 $(-\infty,\infty)$，可省去后续的判断过程，式(2.3.1)或式(2.3.2)的解就是MLE。

从克拉美-罗下界定理2.2.1，容易验证，当 θ 下界可达时，MLE就是MVU估计器。由克拉美-罗下界可达的条件式(2.2.3)，得到

$$\frac{\partial \ln p(\boldsymbol{x} \mid \theta)}{\partial \theta}=I(\theta)(g(\boldsymbol{x})-\theta)\Big|_{\theta=\hat{\theta}}=0$$

当取 $\hat{\theta}=g(\boldsymbol{x})$ 为MVU估计器时，它正好满足 $\frac{\partial \ln p(\boldsymbol{x}|\theta)}{\partial \theta}\Big|_{\theta=\hat{\theta}}=0$，这正是MLE估计器，故例2.3.1用MLE和例2.2.1用克拉美-罗下界定理的因式分解得到相同的结果。

在如下例子中，信号取值为离散情况下(参数为连续值)，可用概率质量(随机变量取各离散值概率的表达式)替代PDF。

例2.3.2 设信号 $x(n)$ 仅取1和0两个值(表示数字通信中的比特流)，$x(n)$ 取1的概率 π 未知，假设无法直接测得 $x(n)$，$n=0,1,\cdots,N-1$，而是利用计数器得到观测量 $y=\sum_{n=0}^{N-1}x(n)$，利用 y 求 π 的MLE。

解：注意到，$x(n)$ 服从伯努利(Bernoulli)分布，其概率质量函数为

$$p(x \mid \pi)=\pi^x(1-\pi)^{1-x}$$

y 满足二项分布(Binomial)，其概率质量函数

$$p(y \mid \pi,N)=\binom{N}{y}\pi^y(1-\pi)^{N-y}$$

设 y 已确定，似然函数

$$L(\pi \mid y,N)=p(y \mid \pi,N)=\binom{N}{y}\pi^y(1-\pi)^{N-y}$$

解如下方程：

$$\frac{\partial \ln L(\pi \mid y, N)}{\partial \pi} = \frac{\partial \left\{ \ln\binom{N}{y} + y\ln\pi + (N-y)\ln(1-\pi) \right\}}{\partial \pi}$$

$$= \frac{y}{\pi} - \frac{N-y}{1-\pi} = 0$$

解得 $\pi = y/N$，请读者自行验证这是极大值点，由于 y 等于所测量序列中 $x(n)$ 取值为 1 的个数，这个解显然符合直观理解。

MLE 的多参数解．MLE 很容易推广到多个待估计参数的情况，在有 K 个待估计参数时，MLE 的求解等价为解如下的方程组：

$$\left.\frac{\partial L(\theta_1, \theta_2, \cdots, \theta_K \mid \boldsymbol{x})}{\partial \theta_i}\right|_{\theta_1 = \hat{\theta}_1, \theta_2 = \hat{\theta}_2, \cdots, \theta_K = \hat{\theta}_K} = 0 \quad i = 1, 2, \cdots, K \tag{2.3.5}$$

或

$$\left.\frac{\partial \ln L(\theta_1, \theta_2, \cdots, \theta_K \mid \boldsymbol{x})}{\partial \theta_i}\right|_{\theta_1 = \hat{\theta}_1, \theta_2 = \hat{\theta}_2, \cdots, \theta_K = \hat{\theta}_K} = 0 \quad i = 1, 2, \cdots, K \tag{2.3.6}$$

与单个参数一样，式(2.3.5)或式(2.3.6)的解只是 MLE 多参数估计的可能解，还需要进行最大值的验证。对似然函数只有唯一的峰值且参数取值范围$(-\infty, \infty)$的情况可省略最大值验证。

例 2.3.3 考虑与例 2.3.1 非常相似的问题，随机信号 $x(n)$ 在任意时间服从 $N(\mu_x, \sigma_x^2)$ 分布，得到了 $x(n)$ 的 N 个独立同分布样本，$x(n_i), i = 0, 1, \cdots, N-1$，用 MLE 求 μ_x 和 σ_x^2。

解：既然 i.i.d. 样本 $x(n_i)$ 已经得到，则似然函数为

$$L(\mu_x, \sigma_x^2 \mid \boldsymbol{x}) = \prod_{i=0}^{N-1} p(x(n_i) \mid \mu_x, \sigma_x^2)$$

$$= \frac{1}{(2\pi\sigma_x^2)^{N/2}} \exp\left[-\frac{1}{2\sigma_x^2} \sum_{i=0}^{N-1} (x(n_i) - \mu_x)^2 \right]$$

求

$$\begin{cases} \left.\dfrac{\partial \ln L(\mu_x, \sigma_x^2 \mid \boldsymbol{x})}{\partial \mu_x}\right|_{\mu_x = \hat{\mu}_x} = 0 \\ \left.\dfrac{\partial \ln L(\mu_x, \sigma_x^2 \mid \boldsymbol{x})}{\partial \sigma_x^2}\right|_{\sigma_x^2 = \hat{\sigma}_x^2} = 0 \end{cases}$$

并令

$$\bar{\boldsymbol{x}} = \frac{1}{N} \sum_{i=0}^{N-1} x(n_i)$$

显然 MLE 为

$$\begin{pmatrix} \hat{\mu}_x \\ \hat{\sigma}_x^2 \end{pmatrix} = \begin{bmatrix} \dfrac{1}{N} \sum_{i=0}^{N-1} x(n_i) \\ \dfrac{1}{N} \sum_{i=0}^{N-1} (x(n_i) - \bar{\boldsymbol{x}})^2 \end{bmatrix} \tag{2.3.7}$$

注意，2.1.2 节给出的均值估计和方差估计公式与式(2.3.7)一致，只是本例给出的样本不

要求按顺序排列,只要求互相独立。

可推广到向量情况,对于向量信号 $\boldsymbol{x}(n)=[x_1(n),x_2(n),\cdots,x_M(n)]^{\mathrm{T}}$,其在任意时刻服从高斯分布,定义自变量向量 $\boldsymbol{x}=[x_1,x_2,\cdots,x_M]^{\mathrm{T}}$,概率密度函数表示为

$$p_x(\boldsymbol{x}\mid\boldsymbol{\mu}_x,\boldsymbol{C}_{xx})=\frac{1}{(2\pi)^{M/2}\det^{1/2}(\boldsymbol{C}_{xx})}\exp\left(-\frac{1}{2}(\boldsymbol{x}-\boldsymbol{\mu}_x)^{\mathrm{T}}\boldsymbol{C}_{xx}^{-1}(\boldsymbol{x}-\boldsymbol{\mu}_x)\right)$$

若得到 N 个独立样本 $\boldsymbol{x}(n_0),\boldsymbol{x}(n_1),\cdots,\boldsymbol{x}(n_{N-1})$,估计 $\boldsymbol{\mu}_x,\boldsymbol{C}_{xx}$。

对该问题定义似然函数为

$$L(\boldsymbol{\mu}_x,\boldsymbol{C}_{xx}\mid\boldsymbol{X})=\prod_{i=0}^{N-1}p_x(\boldsymbol{x}(n_i)\mid\boldsymbol{\mu}_x,\boldsymbol{C}_{xx})$$

这里,$\boldsymbol{X}=[\boldsymbol{x}(n_0),\boldsymbol{x}(n_1),\cdots,\boldsymbol{x}(n_{N-1})]$表示向量样本构成的样本矩阵,稍加整理,对数似然函数为

$$\ln L(\boldsymbol{\mu}_x,\boldsymbol{C}_{xx}\mid\boldsymbol{X})=-\frac{NM}{2}\ln 2\pi-\frac{N}{2}\ln|\boldsymbol{C}_{xx}|-\frac{1}{2}\sum_{i=0}^{N-1}(\boldsymbol{x}(n_i)-\boldsymbol{\mu}_x)^{\mathrm{T}}\boldsymbol{C}_{xx}^{-1}(\boldsymbol{x}(n_i)-\boldsymbol{\mu}_x) \tag{2.3.8}$$

式(2.3.8)对 $\boldsymbol{\mu}_x$、$\boldsymbol{C}_{xx}$ 求极大值,经过一些代数运算得到

$$\hat{\boldsymbol{\mu}}_x=\frac{1}{N}\sum_{i=0}^{N-1}\boldsymbol{x}(n_i) \tag{2.3.9}$$

$$\hat{\boldsymbol{C}}_{xx}=\frac{1}{N}\sum_{i=0}^{N-1}(\boldsymbol{x}(n_i)-\hat{\boldsymbol{\mu}}_x)(\boldsymbol{x}(n_i)-\hat{\boldsymbol{\mu}}_x)^{\mathrm{T}} \tag{2.3.10}$$

式(2.3.9)和式(2.3.10)是向量信号在得到 N 个独立同分布向量样本时,均值向量和自协方差矩阵的 MLE。

关于 MLE 的性能评价和变换不变性问题,不加证明地给出如下两个定理。

定理 2.3.1 MLE 渐近特性,如果 PDF $p(\boldsymbol{x}|\boldsymbol{\theta})$满足规则性条件,未知参数 $\boldsymbol{\theta}$ 的 MLE 渐近于如下分布:

$$\hat{\boldsymbol{\theta}}\to N(\boldsymbol{\theta},\boldsymbol{I}^{-1}(\boldsymbol{\theta})),\quad N\to\infty \tag{2.3.11}$$

这里,$\boldsymbol{I}(\boldsymbol{\theta})$是 Fisher 信息矩阵,且在 $\boldsymbol{\theta}$ 的真值处取值。

定理 2.3.1 说明,在 N 充分大时,MLE 逼近于一个无偏的,最小方差可达的 MVU 估计器,换句话说,MLE 是渐近最优的。尽管 MLE 有这样的良好性质,如上的几个例子也得到漂亮的解析表达式,但对于一般的 PDF,似然函数和对数似然函数对参数的导数等于 0 所构成的方程式可能是非线性方程,MLE 一般得不到解析表达式,这时可以通过数值迭代方法进行计算。解非线性方程的一种常用迭代方法是牛顿-拉弗森(Newton-Raphson)方法。

定理 2.3.2 MLE 不变性,若 $\hat{\boldsymbol{\theta}}$ 是 $\boldsymbol{\theta}$ 的 MLE,则对于 $\boldsymbol{\theta}$ 的任何函数 $g(\boldsymbol{\theta})$,$g(\hat{\boldsymbol{\theta}})$是 $g(\boldsymbol{\theta})$ 的 MLE。

MLE 不变性有其意义,在一些应用中需要估计参数 $\boldsymbol{\theta}$ 的函数 $g(\boldsymbol{\theta})$,但若参数的 MLE 更易于获得,则通过参数的 MLE 代入函数所获得的函数估计仍是 MLE。例如第 1 章讨论的 AR 模型中,若已得到 AR 模型的系数和激励白噪声方差,则可通过这些参数的函数计算信号的功率谱,第 6 章将看到,若一个随机信号满足 AR 模型,通过测量的一组样本得到 AR 模型参数的 MLE,则由定理 2.3.2 知,由此也就得到了其功率谱的 MLE,这样就保证了

一类参数化的功率谱估计方法有好的性能。

尽管经典估计中参数 θ 假设为确定量，实际上若参数 θ 是随机变量时 MLE 方法仍然有效，如果参数 θ 是随机变量，符号 $p(\boldsymbol{x}|\theta)$ 表示条件概率密度函数，对于 MLE，样本 $\boldsymbol{x}$ 确定，参数 θ 作为随机变量的一次实现需要求解，求似然函数 $L(\theta|\boldsymbol{x})=p(\boldsymbol{x}|\theta)$ 的最大值点确定参数的估计值 $\hat{\theta}$。从 MLE 的角度看，把参数 θ 看作确定性量还是随机变量的一次实现是无关紧要的。在 2.4 节讨论的贝叶斯(Bayesian)估计中，把参数 θ 作为随机变量，并且在获得样本值之前即知道 θ 的概率密度函数，因此，在获取样本之前，对 θ 的可能取值就有一定的知识，故将 θ 的概率分布称为先验分布，在得到一组样本值之后，由样本值和先验分布一起对 θ 的值(随机变量的一次实现)进行推断。若先验分布是正确的，贝叶斯估计将利用 θ 的概率密度函数带来的附加信息，改善估计质量。

2.4　贝叶斯估计

与经典的确定性参数的估计方法不同，贝叶斯估计假设所估计的参数 θ 是一个随机变量，在获得数据样本之前，即已存在其概率密度函数(PDF)，故称为先验分布，用符号 $p_\theta(\theta)$ 表示，当获取一组样本时，在产生这组样本时，随机变量 θ 也取一个值，即随机变量 θ 的一次实现值，我们估计的是它的值。

贝叶斯估计的核心思想是，在已知先验概率 $p_\theta(\theta)$ 的条件下，通过抽取的一组样本，对参数 θ 的分布进行校正，这个由数据样本进行校正后的概率密度可表示为 $p(\theta|\boldsymbol{x})$，称为后验 PDF，贝叶斯估计是利用后验 PDF $p(\theta|\boldsymbol{x})$ 对参数 θ 进行推断。

在实际问题中，后验分布不易直接获取，以 θ 为条件的随机向量的 PDF $p(\boldsymbol{x}|\theta)$ 更易于获得，2.3 节有多个例子说明怎样得到 $p(\boldsymbol{x}|\theta)$，由贝叶斯公式

$$p(\boldsymbol{x},\theta)=p_\theta(\theta)p(\boldsymbol{x}\mid\theta)=p(\theta\mid\boldsymbol{x})p_x(\boldsymbol{x}) \tag{2.4.1}$$

利用后一个等式，可得到后验 PDF 为

$$p(\theta\mid\boldsymbol{x})=\frac{p(\boldsymbol{x}\mid\theta)p_\theta(\theta)}{p_x(\boldsymbol{x})}=\frac{p(\boldsymbol{x}\mid\theta)p_\theta(\theta)}{\int p(\boldsymbol{x}\mid\theta)p_\theta(\theta)\mathrm{d}\theta} \tag{2.4.2}$$

有几种贝叶斯估计方法可利用后验 PDF 得到参数的贝叶斯估计，首先讨论最小均方误差方法。

2.4.1　最小均方误差贝叶斯估计

为了得到最优估计 $\hat{\theta}=g(\boldsymbol{x})$，需要首先选择一种评价估计性能的准则，在这个准则下求取最优解。对于贝叶斯估计最常用的准则之一是均方误差。由于 θ 是随机量，它是概率空间的一个分量，估计器 $\hat{\theta}$ 的均方误差定义为

$$\mathrm{MSE}(\hat{\theta})=\iint(\theta-\hat{\theta})^2p(\boldsymbol{x},\theta)\mathrm{d}\boldsymbol{x}\mathrm{d}\theta \tag{2.4.3}$$

在 $p(\boldsymbol{x},\theta)$ 中，θ 是联合概率密度函数的一个分量，因此要参与积分运算。若要求一个 $\hat{\theta}$ 使得均方误差最小，可令式(2.4.3)两侧对 $\hat{\theta}$ 求导且令为 0，将得到一个解为 $\hat{\theta}=g(\boldsymbol{x})$。

将式(2.4.1)代入式(2.4.3),得到

$$\mathrm{MSE}(\hat{\theta})=\iint(\theta-\hat{\theta})^2 p(\boldsymbol{x},\theta)\mathrm{d}\boldsymbol{x}\mathrm{d}\theta=\int\left[\int(\theta-\hat{\theta})^2 p(\theta\mid\boldsymbol{x})\mathrm{d}\theta\right]p_x(\boldsymbol{x})\mathrm{d}\boldsymbol{x}$$

上式两边对 $\hat{\theta}$ 求导,并交换积分和求导顺序,得

$$\frac{\partial\mathrm{MSE}(\hat{\theta})}{\partial\hat{\theta}}=\int\left[\frac{\partial}{\partial\hat{\theta}}\int(\hat{\theta}-\theta)^2 p(\theta\mid\boldsymbol{x})\mathrm{d}\theta\right]p_x(\boldsymbol{x})\mathrm{d}\boldsymbol{x}$$

为求最小均方估计 $\hat{\theta}$,只需令上式为0,因为对所有 $\boldsymbol{x}$,$p_x(\boldsymbol{x})\geqslant 0$,故欲使 $\frac{\partial\mathrm{MSE}(\hat{\theta})}{\partial\hat{\theta}}$ 为零,只需

$$\frac{\partial}{\partial\hat{\theta}}\int(\theta-\hat{\theta})^2 p(\theta\mid\boldsymbol{x})\mathrm{d}\theta=0$$

将上式求导和积分次序交换,得

$$\frac{\partial}{\partial\hat{\theta}}\int(\theta-\hat{\theta})^2 p(\theta\mid\boldsymbol{x})\mathrm{d}\theta=-2\int(\theta-\hat{\theta})p(\theta\mid\boldsymbol{x})\mathrm{d}\theta=0$$

得到

$$\hat{\theta}=\int\theta p(\theta\mid\boldsymbol{x})\mathrm{d}\theta=E_{\theta|x}(\theta\mid\boldsymbol{x})\tag{2.4.4}$$

这是最小均方误差(MMSE)贝叶斯估计器,是在已知一个观测向量 $\boldsymbol{x}$ 的条件下,对参数 θ 的条件期望值。利用式(2.4.2)得到 $p(\theta|\boldsymbol{x})$,再利用式(2.4.4)求得 θ 的估计值。将估计器 $\hat{\theta}$ 代入式(2.4.3),得到最小均方误差为

$$\mathrm{BMSE}(\hat{\theta})=\iint(\theta-E(\theta\mid\boldsymbol{x}))^2 p(\boldsymbol{x},\theta)\mathrm{d}\boldsymbol{x}\mathrm{d}\theta=C_{\theta|x}$$

这里,$C_{\theta|x}$ 表示 θ 的条件协方差,最小均方误差用符号 $\mathrm{BMSE}(\hat{\theta})$ 表示。

例 2.4.1 设观测值 $x(n)=A+w(n)$,$n=0,1,2,\cdots,N-1$,$w(n)$ 为 WGN,方差为1,且已知 A 满足高斯分布,$p_A(a)=\frac{1}{\sqrt{2\pi}}\mathrm{e}^{-a^2/2}$,求参数 A 的最小均方误差贝叶斯估计。

解:为利用式(2.4.4),先求 $p(A|\boldsymbol{x})$,显然

$$p(\boldsymbol{x}\mid A)=\frac{1}{(2\pi)^{N/2}}\exp\left[-\frac{1}{2}\sum_{n=0}^{N-1}(x(n)-A)^2\right]$$

由式(2.4.2)

$$\begin{aligned}p(A\mid\boldsymbol{x})&=\frac{p(\boldsymbol{x}\mid A)p_A(A)}{\int p(\boldsymbol{x}\mid A)p_A(A)\mathrm{d}A}\\&=\frac{\frac{1}{(2\pi)^{N/2}}\exp\left[-\frac{1}{2}\sum_{n=0}^{N-1}(x(n)-A)^2\right]\frac{1}{\sqrt{2\pi}}\mathrm{e}^{-A^2/2}}{\int_{-\infty}^{+\infty}\frac{1}{(2\pi)^{N/2}}\exp\left[-\frac{1}{2}\sum_{n=0}^{N-1}(x(n)-A)^2\right]\frac{1}{\sqrt{2\pi}}\mathrm{e}^{-A^2/2}\mathrm{d}A}\\&=\frac{(N+1)^{1/2}}{(2\pi)^{1/2}}\exp\left[-\frac{1}{2}(N+1)\left(A-\frac{N\bar{x}}{N+1}\right)^2\right]\end{aligned}$$

$$=\frac{1}{(2\pi\sigma_{A|x}^2)^{1/2}}\exp\left[-\frac{1}{2\sigma_{A|x}^2}(A-\mu_{A|x})^2\right]$$

上式中，省略了从第2行到第3行的烦琐过程，并用了简化符号 $\bar{x}=\frac{1}{N}\sum_{n=0}^{N-1}x(n)$。注意到 $p(A\mid \boldsymbol{x})$ 仍是高斯分布，方差为 $\sigma_{A|x}^2=\frac{1}{N+1}$，均值为 $\mu_{A|x}=\frac{N\bar{x}}{N+1}$，因此贝叶斯估计为

$$\hat{A}=E(A\mid \boldsymbol{x})=\mu_{A|x}=\frac{N\bar{x}}{N+1}=\frac{1}{N+1}\sum_{n=0}^{N-1}x(n)$$

为了评述估计质量，求

$$\begin{aligned}\text{BMSE}(\hat{A})&=\iint(A-E(A\mid \boldsymbol{x}))^2p(\boldsymbol{x},A)\mathrm{d}\boldsymbol{x}\,\mathrm{d}A\\&=\int\left[\int(A-\mu_{A|x})^2p(A\mid \boldsymbol{x})\mathrm{d}A\right]p_x(\boldsymbol{x})\mathrm{d}\boldsymbol{x}\\&=\int\sigma_{A|x}^2p_x(\boldsymbol{x})\mathrm{d}\boldsymbol{x}=\sigma_{A|x}^2=\frac{1}{N+1}\end{aligned}$$

注意到，上式第二行方括号内恰好是 $p(A|\boldsymbol{x})$ 的方差式，故得 $\text{BMSE}(\hat{A})=\sigma_{A|x}^2$。

本节开始提到贝叶斯估计的核心思想是，在已知先验概率 $p_\theta(\theta)$ 的条件下，通过抽取的一组样本，对参数 θ 的分布进行校正。从例2.4.1注意到，$p_\theta(\theta)$ 的方差为1，利用 N 个样本点对 θ 的分布进行校正后，其后验PDF方差校正为 $1/(N+1)$，方差的减小使得参数 θ 分布的确定性提高，这是贝叶斯估计的一个基本思想。

以下进一步说明MMSE贝叶斯估计。

1. 多参数 MMSE 贝叶斯估计

式(2.4.4)的标量参数MMSE贝叶斯估计很容易推广到多个参数的情况，对 K 个参数的MMSE贝叶斯估计器为

$$\hat{\boldsymbol{\theta}}=E_{\theta|x}(\boldsymbol{\theta}\mid \boldsymbol{x})=\begin{pmatrix}E_{\theta_1|x}(\theta_1\mid \boldsymbol{x})\\E_{\theta_2|x}(\theta_2\mid \boldsymbol{x})\\\vdots\\E_{\theta_K|x}(\theta_K\mid \boldsymbol{x})\end{pmatrix}\tag{2.4.5}$$

2. 高斯情况 MMSE 贝叶斯估计

将联合高斯分布作为贝叶斯估计的一个应用，得到简洁的计算公式。在1.3节定理1.3.3中讨论了 $\boldsymbol{x}$ 和 $\boldsymbol{y}$ 两个随机向量的联合分布和条件分布的一般关系，其结果可直接用于贝叶斯估计。为方便，这里重述定理1.3.3的基本结论。设 $\boldsymbol{x}$ 和 $\boldsymbol{y}$ 是联合高斯分布，$\boldsymbol{x}$ 是 k 维向量，$\boldsymbol{y}$ 是 ℓ 维向量，均值向量分别为 $E(\boldsymbol{x})$、$E(\boldsymbol{y})$，$\boldsymbol{x}$ 和 $\boldsymbol{y}$ 的联合协方差矩阵为如下分块矩阵：

$$\boldsymbol{C}=\begin{bmatrix}\boldsymbol{C}_{xx}, & \boldsymbol{C}_{xy}\\\boldsymbol{C}_{yx}, & \boldsymbol{C}_{yy}\end{bmatrix}\tag{2.4.6}$$

$\boldsymbol{x}$ 和 $\boldsymbol{y}$ 的联合PDF为

$$p(\boldsymbol{x},\boldsymbol{y})=\frac{1}{(2\pi)^{\frac{k+l}{2}}[\det(\boldsymbol{C})]^{\frac{1}{2}}}\exp\left\{-\left[\frac{1}{2}\begin{bmatrix}\boldsymbol{x}-E(\boldsymbol{x})\\\boldsymbol{y}-E(\boldsymbol{y})\end{bmatrix}^{\mathrm{T}}\boldsymbol{C}^{-1}\begin{bmatrix}\boldsymbol{x}-E(\boldsymbol{x})\\\boldsymbol{y}-E(\boldsymbol{y})\end{bmatrix}\right]\right\}\tag{2.4.7}$$

则条件 PDF $p(\boldsymbol{y}|\boldsymbol{x})$也是高斯的，且其条件均值和方差分别为

$$E_{y|x}(\boldsymbol{y} \mid \boldsymbol{x}) = E(\boldsymbol{y}) + \boldsymbol{C}_{yx}\boldsymbol{C}_{xx}^{-1}(\boldsymbol{x} - \boldsymbol{E}(\boldsymbol{x})) \tag{2.4.8}$$

$$\boldsymbol{C}_{y|x} = \boldsymbol{C}_{yy} - \boldsymbol{C}_{yx}\boldsymbol{C}_{xx}^{-1}\boldsymbol{C}_{xy} \tag{2.4.9}$$

由式(2.4.8)可以直接导出贝叶斯估计。这里若设 $\boldsymbol{y}$ 是待估计参数$\boldsymbol{\theta}$，$\boldsymbol{x}$ 是观测数据向量，如果$\boldsymbol{\theta}$ 和 $\boldsymbol{x}$ 满足联合高斯分布，比较式(2.4.5)和式(2.4.8)，在式(2.4.8)中，用$\boldsymbol{\theta}$ 代替 $\boldsymbol{y}$ 就得到$\boldsymbol{\theta}$ 的贝叶斯估计，式(2.4.9)就是估计器的协方差表达式。因此$\boldsymbol{\theta}$ 的 MMSE 贝叶斯估计和估计器的协方差表达式分别为

$$\hat{\boldsymbol{\theta}} = E_{\theta|x}(\boldsymbol{\theta} \mid \boldsymbol{x}) = E(\boldsymbol{\theta}) + \boldsymbol{C}_{\theta x}\boldsymbol{C}_{xx}^{-1}(\boldsymbol{x} - E(\boldsymbol{x})) \tag{2.4.10}$$

$$\boldsymbol{C}_{\theta|x} = \boldsymbol{C}_{\theta\theta} - \boldsymbol{C}_{\theta x}\boldsymbol{C}_{xx}^{-1}\boldsymbol{C}_{x\theta} \tag{2.4.11}$$

当$\boldsymbol{\theta}$ 和 $\boldsymbol{x}$ 都是零均值情况，估计器可以简化为

$$\hat{\boldsymbol{\theta}} = E_{\theta|x}(\boldsymbol{\theta} \mid \boldsymbol{x}) = \boldsymbol{R}_{\theta x}\boldsymbol{R}_{xx}^{-1}\boldsymbol{x} \tag{2.4.12}$$

$$\boldsymbol{C}_{\theta|x} = \boldsymbol{R}_{\theta\theta} - \boldsymbol{R}_{\theta x}\boldsymbol{R}_{xx}^{-1}\boldsymbol{R}_{x\theta} \tag{2.4.13}$$

当只有一个待估计参数 θ 且均值为 0 且 $\boldsymbol{x}$ 也均值为 0 时，上式进一步简化为

$$\hat{\theta} = E_{\theta|x}(\theta \mid \boldsymbol{x}) = \boldsymbol{r}_{\theta x}\boldsymbol{R}_{xx}^{-1}\boldsymbol{x} \tag{2.4.14}$$

$$\sigma_{\hat{\theta}}^2 = \boldsymbol{C}_{\theta|x} = \sigma_\theta^2 - \boldsymbol{r}_{\theta x}\boldsymbol{R}_{xx}^{-1}\boldsymbol{r}_{x\theta} \tag{2.4.15}$$

当只有一个标量参数待估计时，上列各式中的

$$\boldsymbol{r}_{x\theta} \triangleq E[\boldsymbol{x}\theta] \tag{2.4.16}$$

是 N 维列向量，而

$$\boldsymbol{r}_{\theta x} \triangleq E[\theta \boldsymbol{x}^{\mathrm{T}}] \tag{2.4.17}$$

是 N 维行向量。

高斯分布情况的特殊性在于①存在解析表达式；②参数估计是观测样本向量 $\boldsymbol{x}$ 的线性函数。

3. MMSE 贝叶斯估计的性能分析

设估计器的估计误差定义为 $e=\theta-\hat{\theta}=\theta-E(\theta|\boldsymbol{x})$，对应 $\boldsymbol{x},\boldsymbol{\theta}$ 的概率空间，求 e 的均值为

$$\begin{aligned} E_{x,\theta}(e) &= E_{x,\theta}(\theta - E(\theta \mid \boldsymbol{x})) \\ &= E_x[E_{\theta|x}(\theta) - E_{\theta|x}(\theta \mid \boldsymbol{x})] = E_x[E_{\theta|x}(\theta) - E_{\theta|x}(\theta)] = 0 \end{aligned}$$

由 e 的零均值，得到 $E(\hat{\theta})=E(\theta)$，估计器的均值和待估计参数的真实均值是相等的，这相当于随机参数估计的“无偏性”，它是平均无偏性。估计误差的方差为

$$\operatorname{var}(e) = E_{x,\theta}(e^2) = E[(\theta - \hat{\theta})^2] = \operatorname{BMSE}(\hat{\theta})$$

估计误差的方差正是可达到的最小均方误差 $\operatorname{BMSE}(\hat{\theta})$。贝叶斯估计是一种均方误差最小的平均无偏估计。作为特例，如果 e 是高斯的，$e \sim N(0, \operatorname{BMSE}(\hat{\theta}))$。

2.4.2 贝叶斯估计的其他形式

可以把贝叶斯估计问题推广到更一般的形式。设 $e=\theta-\hat{\theta}$ 表示估计误差，令 $C(e)$为代价函数，来自不同应用可能会定义不同的代价函数。定义

$$J=E[C(e)] \tag{2.4.18}$$

为贝叶斯风险函数。令贝叶斯风险函数最小，由不同的代价函数，可得到各种不同形式的贝叶斯估计。如下讨论常用的几种代价函数和风险函数情况下的贝叶斯估计，如下讨论中省略解的证明过程。

1. MMSE 贝叶斯估计

令代价函数为

$$C(e)=e^2 \tag{2.4.19}$$

则贝叶斯风险为 $J=E[C(e)]=E[(\theta-\hat{\theta})^2]$，这就是前面讨论的 MMSE 贝叶斯估计，不再赘述。

2. 绝对误差准则(ABS)

令代价函数为

$$C(e)=|e| \tag{2.4.20}$$

即以绝对误差的均值 $J=E[C(e)]=E[|\theta-\hat{\theta}|]$作为评价估计性能的准则。这个问题的解称为后验中值估计，即 $\hat{\theta}$ 是满足如下方程的解：

$$\int_{-\infty}^{\hat{\theta}} p(\theta \mid \boldsymbol{x})\mathrm{d}\theta=\int_{\hat{\theta}}^{+\infty} p(\theta \mid \boldsymbol{x})\mathrm{d}\theta \tag{2.4.21}$$

3. 最大后验估计(MAP)

定义一种"命中或错过"(Hit-or-Miss)准则，令代价函数为

$$C(e)=\begin{cases}0, & |e|<\delta \\ 1, & |e|>\delta\end{cases} \tag{2.4.22}$$

这里，δ 是一个门限。这个准则的含义是，当误差小于一个阈值时，代价为零，当误差大于一个阈值时，代价总为 1。这种开销函数有其实际意义，例如在二进制数字通信中，当接收机对一个码元的估计误差小于一个阈值时，不会产生错误判断，这种误差是容许的；但当误差大于一个阈值时，就会产生错误判断，只要误差大于这个阈值，于是产生一个误码，代价也是相同的。"命中或错过"准则的贝叶斯估计器是如下的最大后验概率(MAP)估计器，即

$$\hat{\theta}=\underset{\theta\in\Omega}{\operatorname{argmax}}\, p(\theta \mid \boldsymbol{x}) \tag{2.4.23}$$

这里，$\underset{\theta\in\Omega}{\operatorname{argmax}}\, p(\theta|\boldsymbol{x})$的含义是，在 θ 的定义域 Ω 内找到一个 $\theta=\hat{\theta}$，使 $p(\theta|\boldsymbol{x})$最大。这里 $p(\theta|\boldsymbol{x})$是后验概率，故估计值使后验概率最大，是这个估计器名称的由来。在式(2.4.23)中代入式(2.4.2)并注意到 $p_x(\boldsymbol{x})$与问题的解无关故可省略，MAP 得到一个更容易处理的形式为

$$\hat{\theta}=\underset{\theta\in\Omega}{\operatorname{argmax}}\{p(\boldsymbol{x} \mid \theta)p_\theta(\theta)\} \tag{2.4.24}$$

或等价地使用对数形式为

$$\hat{\theta}=\underset{\theta\in\Omega}{\operatorname{argmax}}\{\log p(\boldsymbol{x} \mid \theta)+\log p_\theta(\theta)\} \tag{2.4.25}$$

与 MLE 类似，对式(2.4.25)求最大可转化为求解

$$\frac{\partial \log p(\boldsymbol{x} \mid \theta)}{\partial \theta}+\frac{\partial \log p_\theta(\theta)}{\partial \theta}=0 \tag{2.4.26}$$

比较MAP和MLE可以看到，当参数θ先验概率密度$p_\theta(\theta)$为常数时，也就是对θ取值可能的取向没有预先知识的时候，MAP就退化为MLE。当参数有很强的先验知识(例如θ的先验知识是服从高斯分布且方差较小)且先验知识是正确的，由于可用信息的加强，MAP可以取得更好的效果，尤其是样本少的情况下。

例 2.4.2 给出一个比例2.4.1更一般化一些的例子。设观测值

$$x(n)=A+w(n),\quad n=0,1,\cdots,N-1$$

$w(n)$为WGN，方差为σ_w^2，且已知A满足高斯分布，

$$p_A(A)=\frac{1}{\sqrt{2\pi\sigma_A^2}}\mathrm{e}^{\frac{-(A-\mu_A)^2}{2\sigma_A^2}}$$

求参数A的MAP估计。

解：为利用式(2.4.26)，先求$p(\boldsymbol{x}|A)$，显然

$$p(\boldsymbol{x}\mid A)=\frac{1}{(2\pi\sigma_w^2)^{\frac{N}{2}}}\exp\left[-\frac{1}{2\sigma_w^2}\sum_{n=0}^{N-1}(x(n)-A)^2\right]$$

因此

$$p(\boldsymbol{x}\mid A)P_A(A)=\frac{1}{(2\pi\sigma_w^2)^{\frac{N}{2}}}\frac{1}{(2\pi\sigma_A^2)^{\frac{1}{2}}}\exp\left[-\frac{1}{2\sigma_w^2}\sum_{n=0}^{N-1}(x(n)-A)^2\right]\exp\left[-\frac{1}{2\sigma_A^2}(A-\mu_A)^2\right]$$

上式两边取对数，并求最大值点，相当于代入式(2.4.26)，解得A的MAP估计为

$$\hat{A}_{\mathrm{MAP}}=\frac{\sigma_A^2}{\sigma_A^2+\sigma_w^2/N}\frac{1}{N}\sum_{n=0}^{N-1}x(n)+\frac{\sigma_w^2/N}{\sigma_A^2+\sigma_w^2/N}\mu_A \tag{2.4.27}$$

显然MAP估计的解包括先验信息和观测样本两部分的贡献，在N比较小时，先验信息的贡献不可忽略，但当$N\to\infty$时，

$$\hat{A}_{\mathrm{MAP}}\to\frac{1}{N}\sum_{n=0}^{N-1}x(n)$$

即观测样本趋于无穷时，先验信息的作用被忽略。

在一般情况下，以上三种贝叶斯估计的结果可能不一致，在一定条件下，例如高斯分布情况下，各种贝叶斯估计器可能得到相同的结果。

视频讲解

2.5 线性贝叶斯估计器

由数据集$\{x(0),x(1),\cdots,x(N-1)\}$估计标量参数$\theta$，$\theta$是随机变量的一个实现，如果将估计限制在一个线性估计器

$$\hat{\theta}=\sum_{n=0}^{N-1}a_n x(n)+a_N \tag{2.5.1}$$

通过选择系数集$\{a_n,n=0,1,\cdots,N\}$，使均方误差最小，则得到线性贝叶斯MMSE估计器，简称线性贝叶斯估计。求系数集$\{a_n\}$使得MSE最小，即

$$\begin{aligned}\min_{\{a_n\}}\{\mathrm{MSE}(\hat{\theta})\}&=\min_{\{a_n\}}\{E[(\theta-\hat{\theta})^2]\}\\&=\min_{\{a_n\}}\left\{\iint(\theta-\hat{\theta})^2p(\boldsymbol{x},\theta)\mathrm{d}\boldsymbol{x}\mathrm{d}\theta\right\}\end{aligned}$$

$$= \min_{\{a_n\}} E\left[\left(\theta - \sum_{n=0}^{N-1} a_n x(n) - a_N\right)^2\right] \tag{2.5.2}$$

分两步解这个最小化问题，先求解 a_N，令

$$\frac{\partial}{\partial a_N} E\left[\left(\theta - \sum_{n=0}^{N-1} a_n x(n) - a_N\right)^2\right] = -2E\left[\theta - \sum_{n=0}^{N-1} a_n x(n)\right] - a_N = 0 \tag{2.5.3}$$

得

$$a_N = E(\theta) - \sum_{n=0}^{N-1} a_n E(x(n)) \tag{2.5.4}$$

将 a_N 表达式代入式(2.5.2)，得

$$\begin{aligned} \text{MSE}(\hat{\theta}) &= E\left\{\left[\sum_{n=0}^{N-1} a_n (x(n) - E[x(n)]) - (\theta - E[\theta])\right]^2\right\} \\ &= E\{[\boldsymbol{a}^{\text{T}}(\boldsymbol{x} - E[\boldsymbol{x}]) - (\theta - E[\theta])]^2\} \\ &= \boldsymbol{a}^{\text{T}} \boldsymbol{C}_x \boldsymbol{a} - \boldsymbol{a}^{\text{T}} \boldsymbol{c}_{x\theta} - \boldsymbol{c}_{\theta x} \boldsymbol{a} + \sigma_\theta^2 \end{aligned} \tag{2.5.5}$$

上式中 $\boldsymbol{a}=[a_0, a_1, \cdots, a_{N-1}]^{\text{T}}$ 为系数向量，$\boldsymbol{x}=[x(0), x(1), \cdots, x(N-1)]^{\text{T}}$ 为观测样本向量，$\boldsymbol{c}_{x\theta}$ 是数据向量和参数 θ 的互协方差向量，是互协方差矩阵在参数为标量时的特例，为使式(2.5.5)的均方误差最小，令

$$\frac{\partial \text{MSE}(\hat{\theta})}{\partial \boldsymbol{a}} = 2\boldsymbol{C}_x \boldsymbol{a} - 2\boldsymbol{c}_{x\theta} = \boldsymbol{0} \tag{2.5.6}$$

得

$$\boldsymbol{a} = \boldsymbol{C}_x^{-1} \boldsymbol{c}_{x\theta} \tag{2.5.7}$$

将 $\boldsymbol{a}$ 和 a_N 代入式(2.5.1)，得

$$\begin{aligned} \hat{\theta} &= \sum_{n=0}^{N-1} a_n x(n) + a_N = \sum_{n=0}^{N-1} a_n x(n) + E(\theta) - \sum_{n=0}^{N-1} a_n E(x(n)) \\ &= \boldsymbol{a}^{\text{T}}(\boldsymbol{x} - E(\boldsymbol{x})) + E(\theta) \\ &= E(\theta) + \boldsymbol{c}_{x\theta}^{\text{T}} \boldsymbol{C}_x^{-1}(\boldsymbol{x} - E(\boldsymbol{x})) \end{aligned} \tag{2.5.8}$$

将 $\boldsymbol{a}$ 代入式(2.5.5)，得线性估计器的最小均方误差为

$$\text{BMSE}(\hat{\theta}) = \sigma_\theta^2 - \boldsymbol{c}_{\theta x} \boldsymbol{C}_x^{-1} \boldsymbol{c}_{x\theta} \tag{2.5.9}$$

在零均值情况下，有 $E(\theta)=0$ 和 $E(x(n))=0$，则式(2.5.7)～式(2.5.9)各式简化为

$$\begin{cases} \boldsymbol{a} = \boldsymbol{R}_x^{-1} \boldsymbol{r}_{x\theta} \\ \hat{\theta} = \boldsymbol{r}_{x\theta}^{\text{T}} \boldsymbol{R}_x^{-1} \boldsymbol{x} = \boldsymbol{a}^{\text{T}} \boldsymbol{x} \\ \text{BMSE}(\hat{\theta}) = \sigma_\theta^2 - \boldsymbol{r}_{x\theta}^{\text{T}} \boldsymbol{R}_x^{-1} \boldsymbol{r}_{x\theta} \end{cases} \tag{2.5.10}$$

在均值为零，即 $E(\theta)=0$ 和 $E(x(n))=0$ 的条件下，可以导出一个很有意义的结论，即正交性原理，注意到

$$\begin{aligned} E[\boldsymbol{x}e] &= E[\boldsymbol{x}(\theta - \hat{\theta})] = E[\boldsymbol{x}\theta] - E[\boldsymbol{x}\hat{\theta}] \\ &= \boldsymbol{r}_{x\theta} - E[\boldsymbol{x}\boldsymbol{x}^{\text{T}}\boldsymbol{a}] = \boldsymbol{r}_{x\theta} - \boldsymbol{R}_x \boldsymbol{a} \end{aligned} \tag{2.5.11}$$

将 $\boldsymbol{a}$ 的表达式(式(2.5.10)的第一个式子)代入式(2.5.11)最后一项，得

$$E[\boldsymbol{x}e] = \boldsymbol{0} \tag{2.5.12}$$

这里，$e=\theta-\hat{\theta}$ 表示估计误差，上式可写成标量形式为

$$E[x(i)e]=0 \quad i=0,1,\cdots,N-1 \tag{2.5.13}$$

式(2.5.12)和式(2.5.13)分别是正交原理的向量和标量形式。正交原理是线性估计误差最小化的一种几何解释：假设由信号向量 $\boldsymbol{x}$ 的各元素作为一个分量构成一个线性空间，在这个线性空间中估计参数 θ，线性贝叶斯估计的估计误差垂直于该线性空间，因此误差最小。

对于线性贝叶斯估计，给出几点注释。

注释 1：用式(2.5.10)计算零均值情况下的线性贝叶斯估计，除观测数据向量 $\boldsymbol{x}$ 外，还需要 $\boldsymbol{x}$ 的自相关矩阵 $\boldsymbol{R}_x$、$\boldsymbol{x}$ 和 θ 互相关向量 $\boldsymbol{r}_{x\theta}$。$\boldsymbol{R}_x$ 和 $\boldsymbol{r}_{x\theta}$ 是计算线性贝叶斯估计所需的先验知识，比较一般的贝叶斯估计(MSE、MAP 等)需要 $\boldsymbol{x}$ 和 θ 的联合概率密度函数，线性估计所需要的先验知识更少。

注释 2：比较式(2.4.10)和式(2.5.8)，在标量参数的情况下，线性贝叶斯估计与高斯分布下的 MMSE 贝叶斯估计是一致的，如果将线性估计推广到一般向量参数情况下，这个结论也成立。即在高斯分布条件下，线性贝叶斯估计就是总体的最优贝叶斯估计。

注释 3：将对一个随机变量参数的估计推广到对一个平稳随机信号的波形估计时，式(2.5.10)推广为最优线性滤波器，即维纳滤波器。

注释 4：注意到，线性最优估计是将运算限定在式(2.5.1)这样的线性运算形式下得到的最优解，对于非高斯分布的情况，线性估计一般并不是真正的最优估计。在均方意义下，真正的最优估计是 $\hat{\theta}=E(\theta|\boldsymbol{x})$，一般情况下，它不能表示为 $\boldsymbol{x}$ 的线性运算形式。由于在很多情况下求 $\hat{\theta}=E(\theta|\boldsymbol{x})$ 是困难的，实际中广泛采用线性估计进行逼近。但必须注意，在一些情况下，线性估计的结果与 $\hat{\theta}=E(\theta|\boldsymbol{x})$ 有较大差距，线性估计不一定总能逼近到真实的最优解。对于非高斯分布的情况下，发展出一类建立在 MMSE 或 MAP 估计基础上的非线性估计器。对于非线性估计问题可用牛顿-拉弗森迭代求解，当将非线性估计用于波形估计问题时，引出贝叶斯滤波技术，最典型的一类方法是粒子滤波，在第 4 章做概要介绍。

2.6 最小二乘估计

最小二乘(Least Square，LS)方法是一个古老而又焕发生命力的方法，它的提出可以追溯到高斯时代。最小二乘方法在近几十年里又成为现代信号处理中一个非常有效的工具，在参数估计、谱估计、自适应滤波、线性模型的学习等许多现代方法中，LS 方法得到广泛的应用。本节从线性模型的参数估计角度讨论 LS 技术，后续章节将继续讨论 LS 在滤波和预测中的应用。

从线性模型的参数估计角度出发，设向量形式表示的线性模型为

$$\boldsymbol{s}=\boldsymbol{A}\boldsymbol{\theta} \tag{2.6.1}$$

这里，$\boldsymbol{s}=[s(0),s(1),\cdots,s(N-1)]^{\mathrm{T}}$ 为线性模型的输出观测向量，$\boldsymbol{A}$ 表示线性模型的数据矩阵，是 $N\times M$ 矩阵，$\boldsymbol{\theta}=[\theta_0,\theta_1,\cdots,\theta_{M-1}]$为待估计参数，线性模型参数估计问题表述为：在已知 $\boldsymbol{s}$ 和 $\boldsymbol{A}$ 的条件下，估计线性模型参数$\boldsymbol{\theta}$ 。

例 2.6.1 为了说明式(2.6.1)的模型，假设有一个多变量系统，输出为

$$s(n)=f(v_0(n),v_1(n),\cdots,v_{M-1}(n)) \tag{2.6.2}$$

如果用一个线性模型逼近这个系统，线性模型表示为

$$s(n)=\theta_0 v_0(n)+\theta_1 v_1(n)+\cdots+\theta_{M-1} v_{M-1}(n) \tag{2.6.3}$$

仅观测到时刻 $n=0$ 至 $n=N-1$ 的 $s(n)$ 和 $v_0(n), v_1(n), \cdots, v_{M-1}(n)$，则式(2.6.3)可写成式(2.6.1)的向量形式，其中数据矩阵为

$$\boldsymbol{A}=\begin{bmatrix} v_0(0) & v_1(0) & \cdots & v_{M-1}(0) \\ v_0(1) & v_1(1) & \cdots & v_{M-1}(1) \\ \vdots & \vdots & \ddots & \vdots \\ v_0(N-1) & v_1(N-1) & \cdots & v_{M-1}(N-1) \end{bmatrix} \tag{2.6.4}$$

例 2.6.2　若在 (x,s) 平面上有若干点 (x_i,s_i)，$i=1,2,\cdots,N$，希望用多项式曲线

$$s(x)=\theta_0+\theta_1 x+\cdots+\theta_{M-1} x^{M-1} \tag{2.6.5}$$

来拟合这些点，即将点 (x_i,s_i)，$i=1,2,\cdots,N$ 代入式(2.6.5)两侧，则得到向量方程(2.6.1)，且

$$\boldsymbol{s}=[s(x_1), s(x_2), \cdots, s(x_N)]^{\mathrm{T}} \tag{2.6.6}$$

和

$$\boldsymbol{A}=\begin{bmatrix} 1 & x_1 & \cdots & x_1^{M-1} \\ 1 & x_2 & \cdots & x_2^{M-1} \\ \vdots & \vdots & \ddots & \vdots \\ 1 & x_N & \cdots & x_N^{M-1} \end{bmatrix} \tag{2.6.7}$$

尽管数据矩阵中含有指数运算，但由于点 x_i，$i=1,2,\cdots,N$ 是已知的，故 $\boldsymbol{A}$ 仍是常数矩阵。

在线性模型式(2.6.1)中，当 $\boldsymbol{A}$ 是可逆的 $N\times N$ 方阵时，方程组(2.6.1)的解是熟知的，但当方程数目 N 不等于变量个数 M 时，也就是说当 $\boldsymbol{A}$ 不再是方阵时($\boldsymbol{A}$ 是 $N\times M$ 矩阵)，问题的解要复杂得多。

1. LS的过确定性情况

当 $N>M$ 时，从数学意义上讲，除非满足特定的条件，否则方程组(2.6.1)无解。但如果方程组描述的是一个工程问题时，实际上总希望得到一个可用的解。方程组无解的原因很多，一种可能是用测量的数据构成系数矩阵 $\boldsymbol{A}$ 和向量 $\boldsymbol{s}$ 时引入了噪声所致，另一种原因是模型自身的不理想。例 2.6.1 中，用式(2.6.3)的线性模型逼近式(2.6.2)的多变量系统时，线性逼近是不准确的，实际上线性逼近是存在误差的，式(2.6.3)可校正为

$$s(n)=\theta_0 v_0(n)+\theta_1 v_1(n)+\cdots+\theta_{M-1} v_{M-1}(n)+e(n) \tag{2.6.8}$$

即存在一个误差项 $e(n)$。类似地，例 2.6.2 中多项式函数(2.6.5)也不一定能准确拟合所给定的一组点，也同样需要加上一个误差项。也就是说，例 2.6.1 和例 2.6.2 这样的问题不一定有准确解，但是附加上一个误差项后可以得到一个解，由于误差项的加入方式很多，一个合理的方式是，使误差项的"总和"最小而得到的解。

考虑误差项，将式(2.6.1)修正为

$$\boldsymbol{s}=\boldsymbol{A\theta}+\boldsymbol{e} \tag{2.6.9}$$

这里，$\boldsymbol{e}=[e(0), e(1), \cdots, e(N-1)]^{\mathrm{T}}$，所谓式(2.6.1)的 LS 解为求 $\boldsymbol{\theta}$ 使得如下二乘误差最小：

$$J(\boldsymbol{\theta})=\sum_{n=0}^{N-1} e^2(n)=\|\boldsymbol{A\theta}-\boldsymbol{s}\|^2=(\boldsymbol{A\theta}-\boldsymbol{s})^{\mathrm{T}}(\boldsymbol{A\theta}-\boldsymbol{s}) \tag{2.6.10}$$

使式(2.6.10)最小的 $\boldsymbol{\theta}$，仍不能使式(2.6.1)成为等式，但却是使式(2.6.1)在二乘误差意义

上最近似成立的解,故这个解称为 LS 解。令

$$\frac{\partial J(\boldsymbol{\theta})}{\partial \boldsymbol{\theta}}=\frac{\partial(\boldsymbol{A\theta}-\boldsymbol{s})^{\mathrm{T}}(\boldsymbol{A\theta}-\boldsymbol{s})}{\partial \boldsymbol{\theta}}=-2\boldsymbol{A}^{\mathrm{T}}\boldsymbol{s}+2\boldsymbol{A}^{\mathrm{T}}\boldsymbol{A\theta}$$

令$\boldsymbol{\theta}=\hat{\boldsymbol{\theta}}$时上式为 0,LS 解满足方程

$$\boldsymbol{A}^{\mathrm{T}}\boldsymbol{A}\hat{\boldsymbol{\theta}}=\boldsymbol{A}^{\mathrm{T}}\boldsymbol{s} \tag{2.6.11}$$

式(2.6.11)称为 LS 的正则方程,如果 $\boldsymbol{A}^{\mathrm{T}}\boldsymbol{A}$ 可逆,得到

$$\hat{\boldsymbol{\theta}}=(\boldsymbol{A}^{\mathrm{T}}\boldsymbol{A})^{-1}\boldsymbol{A}^{\mathrm{T}}\boldsymbol{s} \tag{2.6.12}$$

可以证明,如果 $\boldsymbol{A}$ 满秩,即 $\boldsymbol{A}$ 的各列线性无关,$(\boldsymbol{A}^{\mathrm{T}}\boldsymbol{A})^{-1}$ 存在,称

$$\boldsymbol{A}^{+}=(\boldsymbol{A}^{\mathrm{T}}\boldsymbol{A})^{-1}\boldsymbol{A}^{\mathrm{T}} \tag{2.6.13}$$

为 $\boldsymbol{A}$ 的伪逆。$N>M$ 表示方程数目超过未知量数目,这是 LS 的过确定问题。在信号处理中,主要遇到的是过确定情况,式(2.6.12)是 LS 过确定性问题的解,本书后续中,若不加注明,LS 问题均指过确定性问题。

将$\hat{\boldsymbol{\theta}}$的解式(2.6.12)代入式(2.6.10),得到取得参数的 LS 估计情况下,误差和的结果为

$$\begin{aligned}J_{\min}&=J(\hat{\boldsymbol{\theta}})=\boldsymbol{e}^{\mathrm{T}}\boldsymbol{e}\\&=[\boldsymbol{s}-\boldsymbol{A}(\boldsymbol{A}^{\mathrm{T}}\boldsymbol{A})^{-1}\boldsymbol{A}^{\mathrm{T}}\boldsymbol{s}]^{\mathrm{T}}[\boldsymbol{s}-\boldsymbol{A}(\boldsymbol{A}^{\mathrm{T}}\boldsymbol{A})^{-1}\boldsymbol{A}^{\mathrm{T}}\boldsymbol{s}]\\&=\boldsymbol{s}^{\mathrm{T}}[\boldsymbol{I}-\boldsymbol{A}(\boldsymbol{A}^{\mathrm{T}}\boldsymbol{A})^{-1}\boldsymbol{A}^{\mathrm{T}}]^{\mathrm{T}}\boldsymbol{s}\\&=\boldsymbol{s}^{\mathrm{T}}(\boldsymbol{s}-\boldsymbol{A}\hat{\boldsymbol{\theta}})=\boldsymbol{s}^{\mathrm{T}}\boldsymbol{s}-\boldsymbol{s}^{\mathrm{T}}\boldsymbol{A}\hat{\boldsymbol{\theta}}\end{aligned} \tag{2.6.14}$$

2. LS 的欠确定性情况

在 $N<M$ 时,式(2.6.1)可能有无穷多解,但需要确定一个作为问题的最终解,常取使 2 范数平方 $\|\boldsymbol{\theta}\|^2=\boldsymbol{\theta}^{\mathrm{T}}\boldsymbol{\theta}$ 最小的解。实际上,需要求的是满足式(2.6.1)的约束下最小化 $\|\boldsymbol{\theta}\|^2$ 的问题,即求

$$J(\boldsymbol{\theta})=\|\boldsymbol{\theta}\|^2=\boldsymbol{\theta}^{\mathrm{T}}\boldsymbol{\theta}$$

最小化,同时满足约束 $\boldsymbol{s}=\boldsymbol{A\theta}$,这可用拉格朗日乘数法求解,即令

$$J_L(\boldsymbol{\theta})=\|\boldsymbol{\theta}\|^2+\lambda^{\mathrm{T}}(\boldsymbol{A\theta}-\boldsymbol{s})$$

则

$$\frac{\partial J_L(\boldsymbol{\theta})}{\partial \boldsymbol{\theta}}=2\boldsymbol{\theta}+\boldsymbol{A}^{\mathrm{T}}\lambda$$

令上式为 0,得最优解$\hat{\boldsymbol{\theta}}=-\frac{1}{2}\boldsymbol{A}^{\mathrm{T}}\lambda$,代入约束式 $\boldsymbol{s}=\boldsymbol{A\theta}$,确定 λ 为

$$\boldsymbol{s}=\boldsymbol{A}\left(-\frac{1}{2}\boldsymbol{A}^{\mathrm{T}}\lambda\right)\Rightarrow\lambda=2(\boldsymbol{A}\boldsymbol{A}^{\mathrm{T}})^{-1}\boldsymbol{s}$$

因此,欠确定情况下参数的 LS 估计为

$$\hat{\boldsymbol{\theta}}=\boldsymbol{A}^{\mathrm{T}}(\boldsymbol{A}\boldsymbol{A}^{\mathrm{T}})^{-1}\boldsymbol{s} \tag{2.6.15}$$

同样,称

$$\boldsymbol{A}^{+}=\boldsymbol{A}^{\mathrm{T}}(\boldsymbol{A}\boldsymbol{A}^{\mathrm{T}})^{-1} \tag{2.6.16}$$

为 $\boldsymbol{A}$ 的伪逆。$N<M$ 表示方程数目小于待确定未知参数的数目,这是 LS 的欠确定性问题。

例 2.6.3　有一个实因果系统,已知其单位抽样响应的部分值为 $h(0),h(1),\cdots,h(N-1)$,

设计一个有 M 个系数的 FIR 滤波器，逼近 $h(n)$ 的逆系统，这里的待估计参数集为 FIR 滤波器系数，该问题可以用线性模型的 LS 估计进行求解。

解：设待求参数即 FIR 滤波器的系数为 $\boldsymbol{\theta}=\boldsymbol{w}=[w_0,w_1,\cdots,w_{M-1}]^{\mathrm{T}}$，为了满足逆系统的要求，需满足

$$\sum_{k=0}^{M-1} w_k h(n-k)=\delta(n-D)$$

这里，D 是延迟项，并设 $D<M$。上式从 $n=0$ 到 $n=N-1$ 取值，设 $N>M$，用 LS 过确定方程求解，并考虑 $h(n)$ 的因果性，得到如下方程组：

$$\begin{aligned}
&w_0 h(0)=0\\
&w_0 h(1)+w_1 h(0)=0\\
&\qquad\vdots\\
&w_0 h(D)+w_1 h(D-1)+\cdots+w_D h(0)=1\\
&\qquad\vdots\\
&w_0 h(M-1)+w_1 h(M-2)+\cdots+w_{M-1} h(0)=0\\
&\qquad\vdots\\
&w_0 h(N-1)+w_1 h(N-2)+\cdots+w_{M-1} h(N-M)=0
\end{aligned}$$

上式写成矩阵形式：

$$\begin{bmatrix}
h(0) & 0 & \cdots & \cdots & \cdots & \cdots & 0\\
h(1) & h(0) & 0 & \cdots & \cdots & \cdots & 0\\
\vdots & \vdots & & \vdots & & & \vdots\\
h(D) & h(D-1) & \cdots & h(0) & 0 & \cdots & 0\\
\vdots & \vdots & & \vdots & \vdots & & \vdots\\
h(M-1) & h(M-2) & \cdots & \cdots & \cdots & \cdots & h(0)\\
\vdots & \vdots & & & & & \vdots\\
h(N-1) & h(N-2) & \cdots & \cdots & \cdots & \cdots & h(N-M)
\end{bmatrix}
\begin{bmatrix} w_0\\ w_1\\ \vdots\\ w_{M-1}\end{bmatrix}
=\begin{bmatrix}0\\ \vdots\\ 0\\ 1\\ 0\\ \vdots\\ \vdots\\ 0\end{bmatrix}$$

上式可写成紧凑形式：

$$\boldsymbol{H}\boldsymbol{w}=\boldsymbol{I}_D$$

这里，$\boldsymbol{I}_D$ 是第 D 位置取 1，其他位置取零的列向量。用 M 阶 FIR 滤波器，不一定能准确地实现一个因果系统的逆系统，在给定条件下最逼近逆系统的滤波器是如下 LS 解：

$$\hat{\boldsymbol{w}}=(\boldsymbol{H}^{\mathrm{T}}\boldsymbol{H})^{-1}\boldsymbol{H}^{\mathrm{T}}\boldsymbol{I}_D$$

最小二乘技术的最早提出者归功于高斯，高斯在 1795 年第一次使用该方法并经过改进后于 1809 年发表在他的一本书中，他将 LS 技术应用于行星轨迹的确定。LS 是在基于有限观测数据下的一种线性最优估计方法，其原始出发点并未考虑统计性质。但如果对所讨论的线性模型施加统计知识，也可用统计观点来考察 LS 的性质。

设式(2.6.9)中的误差向量 $\boldsymbol{e}$ 中的各元素是 i. i. d. 且服从高斯分布，把 $\boldsymbol{A\theta}$ 看作参数值，则观测数据向量 $\boldsymbol{s}$ 也是 i. i. d. 的高斯分布。如下可验证 LS 估计是线性模型参数的 MLE。

式(2.6.9)重写为

$$\boldsymbol{e}=\boldsymbol{A\theta}-\boldsymbol{s} \tag{2.6.17}$$

由 $\boldsymbol{e}$ 的概率密度函数，得到 $\boldsymbol{s}$ 的概率密度函数为

$$p(\boldsymbol{s} \mid \boldsymbol{\theta})=\frac{1}{(2\pi\sigma_e^2)^{\frac{N}{2}}}\exp\left[-\frac{1}{2\sigma_e^2}(\boldsymbol{A\theta}-\boldsymbol{s})^{\mathrm{T}}(\boldsymbol{A\theta}-\boldsymbol{s})\right] \tag{2.6.18}$$

这里,σ_e^2 是 $e(n)$ 的方差,当观测向量 $\boldsymbol{s}$ 确定后,似然函数为

$$L(\boldsymbol{\theta} \mid \boldsymbol{s})=\frac{1}{(2\pi\sigma_e^2)^{\frac{N}{2}}}\exp\left[-\frac{1}{2\sigma_e^2}(\boldsymbol{A\theta}-\boldsymbol{s})^{\mathrm{T}}(\boldsymbol{A\theta}-\boldsymbol{s})\right] \tag{2.6.19}$$

若要求 $\boldsymbol{\theta}$ 使 $L(\boldsymbol{\theta}|\boldsymbol{s})$ 最大,则要求 $\boldsymbol{\theta}$ 使 $\boldsymbol{J}(\boldsymbol{\theta})=(\boldsymbol{A\theta}-\boldsymbol{s})^{\mathrm{T}}(\boldsymbol{A\theta}-\boldsymbol{s})$ 最小,该式与式(2.6.10)一致,故其解为式(2.6.12),因此说明了 LS 是线性模型参数的 MLE。注意到,这里只在高斯分布条件下,证明了 LS 是 MLE,在其他概率分布下无法得到该结论。

2.6.1 加权最小二乘估计

在实际中,为了对不同误差分量的重要性进行加权,可推广到加权 LS(WLS)。

1. LS 的过确定性加权情况

设加权矩阵 $\boldsymbol{W}$ 为对角阵,满足 $[\boldsymbol{W}]_{ii}=w_i$ 和 $[\boldsymbol{W}]_{ij}=0, i\neq j$,过确定加权 LS 问题的准则函数定义为

$$\begin{aligned} J(\boldsymbol{\theta}) &=(\boldsymbol{s}-\boldsymbol{A\theta})^{\mathrm{T}}\boldsymbol{W}(\boldsymbol{s}-\boldsymbol{A\theta}) \\ &=\sum_{n=0}^{N-1} w_n \left| s(n)-\sum_{i=0}^{M-1}[A]_{ni}\theta_i \right|^2 \end{aligned} \tag{2.6.20}$$

使式(2.6.20)最小的参数向量估计为

$$\hat{\boldsymbol{\theta}}=(\boldsymbol{A}^{\mathrm{T}}\boldsymbol{W}\boldsymbol{A})^{-1}\boldsymbol{A}^{\mathrm{T}}\boldsymbol{W}\boldsymbol{s} \tag{2.6.21}$$

对于 WLS,伪逆矩阵相应修改为

$$\boldsymbol{A}^{+}=(\boldsymbol{A}^{\mathrm{T}}\boldsymbol{W}\boldsymbol{A})^{-1}\boldsymbol{A}^{\mathrm{T}}\boldsymbol{W}$$

对于 LS 或 WLS 的求解,在 $(\boldsymbol{A}^{\mathrm{T}}\boldsymbol{A})$ 或 $(\boldsymbol{A}^{\mathrm{T}}\boldsymbol{W}\boldsymbol{A})$ 满秩的情况下,可直接计算伪逆矩阵,从而直接得到 LS 或 WLS 的解,也可以用奇异值分解(SVD)方法求解。当 $(\boldsymbol{A}^{\mathrm{T}}\boldsymbol{A})$ 或 $(\boldsymbol{A}^{\mathrm{T}}\boldsymbol{W}\boldsymbol{A})$ 不满秩的情况下伪逆不存在,LS 问题可能没有唯一解,在此情况下,也可以用 SVD 技术得到 LS 的一种解,SVD 方法是求解 LS 问题的有效算法,本书在第 3 章讨论了 LS 滤波问题后,再进一步介绍 LS 的其他计算方法。

2. LS 的欠确定性加权情况

设一般的加权 2 范数平方为

$$J(\boldsymbol{\theta})=\|\boldsymbol{B\theta}\|^2=\boldsymbol{\theta}^{\mathrm{T}}\boldsymbol{B}^{\mathrm{T}}\boldsymbol{B}\boldsymbol{\theta}$$

则加权情况下欠确定 LS 的解修改为

$$\hat{\boldsymbol{\theta}}=(\boldsymbol{B}^{\mathrm{T}}\boldsymbol{B})^{-1}\boldsymbol{A}^{\mathrm{T}}(\boldsymbol{A}(\boldsymbol{B}^{\mathrm{T}}\boldsymbol{B})^{-1}\boldsymbol{A}^{\mathrm{T}})^{-1}\boldsymbol{s} \tag{2.6.22}$$

2.6.2 正则化最小二乘估计

本小节只对过确定 LS 问题讨论正则化方法。

在 LS 的直接求解时,$\boldsymbol{\Phi}=\boldsymbol{A}^{\mathrm{T}}\boldsymbol{A}$ 非满秩时无解。即使 $\boldsymbol{\Phi}$ 满秩但其条件数很大时,$\boldsymbol{\Phi}$ 的逆的数值解结果不稳定。矩阵的条件数为其最大特征值和最小特征值之比,由于 $\boldsymbol{\Phi}$ 半正定,其最小特征值可能为 0 时,$\boldsymbol{\Phi}$ 不可逆,若最小特征值略大于 0 但与最大特征值相差几个量级时,

对矩阵$\boldsymbol{\Phi}$求逆的数值稳定性不好。在应用中,$\boldsymbol{\Phi}$不可逆的情况很少出现,但$\boldsymbol{\Phi}$条件数很大的情况更常遇到。对于解决这类问题,发展了正则化最小二乘(Regularized Least Squares)方法。

所谓正则化LS是指在式(2.6.10)用误差和表示的目标函数中增加一项约束参数向量自身的量,常用的约束量选择为参数向量的范数平方,即$\|\boldsymbol{\theta}\|^2=\boldsymbol{\theta}^{\mathrm{T}}\boldsymbol{\theta}$,因此加了正则化约束的目标函数为

$$\begin{aligned} J(\boldsymbol{\theta}) &= \sum_{n=0}^{N-1} e^2(n) + \lambda\|\boldsymbol{\theta}\|^2 = \|\boldsymbol{A\theta}-\boldsymbol{s}\|^2 + \lambda\|\boldsymbol{\theta}\|^2 \\ &= (\boldsymbol{A\theta}-\boldsymbol{s})^{\mathrm{T}}(\boldsymbol{A\theta}-\boldsymbol{s}) + \lambda\boldsymbol{\theta}^{\mathrm{T}}\boldsymbol{\theta} \end{aligned} \tag{2.6.23}$$

这里,λ是一个可选择的参数,用于控制误差和项与参数向量范数约束项的作用。为求使得式(2.6.23)最小的$\boldsymbol{\theta}$值,计算

$$\begin{aligned} \frac{\partial J(\boldsymbol{\theta})}{\partial \boldsymbol{\theta}} &= \frac{\partial (\boldsymbol{A\theta}-\boldsymbol{s})^{\mathrm{T}}(\boldsymbol{A\theta}-\boldsymbol{s})}{\partial \boldsymbol{\theta}} + \frac{\partial \lambda \boldsymbol{\theta}^{\mathrm{T}}\boldsymbol{\theta}}{\partial \boldsymbol{\theta}} \\ &= -2\boldsymbol{A}^{\mathrm{T}}\boldsymbol{s} + 2\boldsymbol{A}^{\mathrm{T}}\boldsymbol{A\theta} + 2\lambda\boldsymbol{\theta} \end{aligned}$$

令$\boldsymbol{\theta}=\hat{\boldsymbol{\theta}}$时上式为0,得

$$(\boldsymbol{A}^{\mathrm{T}}\boldsymbol{A}+\lambda\boldsymbol{I})\hat{\boldsymbol{\theta}} = \boldsymbol{A}^{\mathrm{T}}\boldsymbol{s} \tag{2.6.24}$$

求得参数向量的正则化LS解为

$$\hat{\boldsymbol{\theta}} = (\boldsymbol{A}^{\mathrm{T}}\boldsymbol{A}+\lambda\boldsymbol{I})^{-1}\boldsymbol{A}^{\mathrm{T}}\boldsymbol{s} \tag{2.6.25}$$

正则化最小二乘是一般性正则理论的一个特例;Tikhonov正则化理论的泛函由两部分组成:一项是经验代价函数,如式(2.6.23)中的误差和是一种经验代价函数,另一项是正则化项,它是约束系统结构的,在参数估计中用于约束参数向量的范数,在后续章节的滤波器设计中,用于约束滤波器的单位采样响应。

例2.6.4 若一个问题的LS解中,$\boldsymbol{\Phi}$的最大特征值为$\lambda_{\max}=1.0$,最小特征值为$\lambda_{\min}=0.01$,条件数$T=\lambda_{\max}/\lambda_{\min}=100$,若正则化参数取$\lambda=0.1$,则$\boldsymbol{A}^{\mathrm{T}}\boldsymbol{A}+\lambda\boldsymbol{I}$的最大特征值和最小特征值分别为$\lambda_{\max}+\lambda=1.1$和$\lambda_{\min}+\lambda=0.11$,因此条件数变为$T_R=1.1/0.11=10$。

类似于LS估计,也可给出正则化LS估计的统计学解释。设式(2.6.17)和式(2.6.18)不变,即误差项和观测样本均服从高斯分布,若采用贝叶斯估计中的MAP估计,需要给出参数$\boldsymbol{\theta}$的先验分布,假设$\boldsymbol{\theta}$的各分量为i.i.d.的0均值方差σ_θ^2的高斯分布,表示为

$$p_\theta(\boldsymbol{\theta}) = \frac{1}{(2\pi\sigma_\theta^2)^{\frac{M}{2}}}\exp\left[-\frac{1}{2\sigma_\theta^2}\boldsymbol{\theta}^{\mathrm{T}}\boldsymbol{\theta}\right] \tag{2.6.26}$$

MAP估计为求$\boldsymbol{\theta}$使得如下式最大:

$$p(\boldsymbol{s}\mid\boldsymbol{\theta})p_\theta(\boldsymbol{\theta}) = \frac{1}{(2\pi\sigma_e^2)^{\frac{N}{2}}}\exp\left[-\frac{1}{2\sigma_e^2}(\boldsymbol{A\theta}-\boldsymbol{s})^{\mathrm{T}}(\boldsymbol{A\theta}-\boldsymbol{s})\right]\frac{1}{(2\pi\sigma_\theta^2)^{\frac{M}{2}}}\exp\left[-\frac{1}{2\sigma_\theta^2}\boldsymbol{\theta}^{\mathrm{T}}\boldsymbol{\theta}\right]$$

等价为求$\boldsymbol{\theta}$使得如下式最小:

$$\begin{aligned} J(\boldsymbol{\theta}) &= \frac{1}{2\sigma_e^2}(\boldsymbol{A\theta}-\boldsymbol{s})^{\mathrm{T}}(\boldsymbol{A\theta}-\boldsymbol{s}) + \frac{1}{2\sigma_\theta^2}\boldsymbol{\theta}^{\mathrm{T}}\boldsymbol{\theta} \\ &= \frac{1}{2\sigma_e^2}\left[(\boldsymbol{A\theta}-\boldsymbol{s})^{\mathrm{T}}(\boldsymbol{A\theta}-\boldsymbol{s}) + \frac{2\sigma_e^2}{2\sigma_\theta^2}\boldsymbol{\theta}^{\mathrm{T}}\boldsymbol{\theta}\right] \end{aligned} \tag{2.6.27}$$

令 $\lambda=\frac{2\sigma_e^2}{2\sigma_\theta^2}$，则式(2.6.27)方括号内与式(2.6.23)相等，其解为式(2.6.25)。因此，可将正则化 LS 看作高斯分布下线性模型参数向量的 MAP 估计。这种正则化 LS 在统计学中称为岭回归。

2.6.3 复数据的 LS 估计

由于 LS 的广泛应用，将其结果推广到一般复数据情况下是有意义的。线性模型式(2.6.9)重写为式(2.6.28)，但是，这里矩阵 $\boldsymbol{A}$、观测向量 $\boldsymbol{s}$ 和参数向量 $\boldsymbol{\theta}$ 均包含了复数据

$$\boldsymbol{s}=\boldsymbol{A\theta}+\boldsymbol{e} \tag{2.6.28}$$

过确定条件下的 LS 解为

$$\hat{\boldsymbol{\theta}}=(\boldsymbol{A}^{\mathrm{H}}\boldsymbol{A})^{-1}\boldsymbol{A}^{\mathrm{H}}\boldsymbol{s} \tag{2.6.29}$$

最小误差和为

$$J_{\min}=J(\hat{\boldsymbol{\theta}})=\boldsymbol{e}^{\mathrm{H}}\boldsymbol{e}=\boldsymbol{s}^{\mathrm{H}}\boldsymbol{s}-\boldsymbol{s}^{\mathrm{H}}\boldsymbol{A}\hat{\boldsymbol{\theta}} \tag{2.6.30}$$

正则化 LS 解为

$$\hat{\boldsymbol{\theta}}=(\boldsymbol{A}^{\mathrm{H}}\boldsymbol{A}+\lambda\boldsymbol{I})^{-1}\boldsymbol{A}^{\mathrm{H}}\boldsymbol{s} \tag{2.6.31}$$

欠确定条件下的 LS 解为

$$\hat{\boldsymbol{\theta}}=\boldsymbol{A}^{\mathrm{H}}(\boldsymbol{A}\boldsymbol{A}^{\mathrm{H}})^{-1}\boldsymbol{s} \tag{2.6.32}$$

2.7 本章小结与进一步阅读

本章讨论了参数估计的基本原理和几种最基本的估计方法。本章的内容提供了估计理论的一个入门性的介绍，也为了满足后续章节的需要。除了要了解参数估计的基本术语和几种常见参数的估计器外，主要讨论的是最大似然估计(MLE)和贝叶斯估计。ML 估计既可用于确定性参数的估计，也可用于随机参数的估计。贝叶斯估计的目标是用于随机参数的估计，我们介绍了贝叶斯估计的 3 种基本的形式，其中，MMSE 和 MAP 估计器尤其常用。本章还讨论了 MSE 意义下的最优线性估计问题，并发现对于高斯分布情况，线性估计就是总的最优估计。最小二乘估计是一种有效的工具，对于在有限数据观测下线性模型的参数估计问题给出一种易于实现的方法。

统计方法是现代信号处理的主要基石，作为统计推断的核心技术，估计理论也是信号处理的关键基础，有相当数量来自信号处理领域的专著讨论这些问题。一本深入且通俗易懂地介绍信号统计处理的书是 Kay 的两卷本著作，其卷一专注于估计理论[143]，卷二专注于检测理论[144]；另一本估计和检测理论的标准教材是 Poor 的书[200]；Van Trees 的系列著作是深入和庞大的，只关心估计理论的基本问题的读者，可只读其第 1 册[259]，Van Trees 的著作原本只讨论了连续的方法，但第 2 版则对离散情况给予许多扩充；李道本的著作中，对 ML 估计和线性估计有较详细的讨论[297]。大量统计学的著作给出了估计理论的系统论述，例如 Rao 的经典著作[213]、Berger 等的著作[19]、Casella 等的著作[47]和 Zacks 的著作[277]等；许多以统计模式识别为主的著作，也给出了估计理论和决策理论的概要性叙述，例如 Duda 的著作[87]。统计推断的方法已经应用到科学、工程、经济乃至社会学的各个领域，不同领域的著作都有对统计方法的不同侧重，但在主要的本质问题上是一致的。

习题

1. 最常用的随机信号均值估计器是 $\hat{\mu}_x=\frac{1}{N}\sum_{n=0}^{N-1}x(n)$，证明，如果 $x(n)$不是白噪声，估计器的方差为

$$\operatorname{var}(\hat{\mu}_x)=\frac{1}{N}\sum_{l=-N}^{N}\left(1-\frac{|l|}{N}\right)c_x(l)$$

这里，$c_x(l)$是 $x(n)$的协方差函数。

2. 通过观察序列 $x(n)=s(n,\theta)+w(n)$，$n=0,1,\cdots,N-1$，$w(n)$是高斯白噪声，零均值，方差 σ^2，$s(n,\theta)$是 θ 的函数并可导，证明 θ 的无偏估计器满足

$$\operatorname{var}(\theta)\geqslant\frac{\sigma^2}{\sum_{n=0}^{N-1}\left(\frac{\partial s(n,\theta)}{\partial\theta}\right)^2}$$

3. 设一组观测值 $x(n)=A\cos(2\pi f_0 n+\varphi)+w(n)$，$n=0,1,2,\cdots,N-1$，$0<f_0<1/2$，其中 $w(n)$是高斯白噪声，方差为 σ^2，A 和 φ 已知，通过这组观测值估计确定量 f_0，证明：估计值 $\hat{f}_0$ 的克拉美-罗下界是

$$\operatorname{var}(\hat{f}_0)\geqslant\frac{\sigma^2}{A^2\sum_{n=0}^{N-1}[2\pi n\sin(2\pi f_0 n+\varphi)]^2}$$

4. 如果观察数据能够表示成线性模型 $\boldsymbol{x}=\boldsymbol{H\theta}+\boldsymbol{w}$，且 $\boldsymbol{w}$ 满足 $N(0,\sigma^2\boldsymbol{I})$，则 MVU 估计器为$\hat{\boldsymbol{\theta}}=(\boldsymbol{H}^{\mathrm{T}}\boldsymbol{H})^{-1}\boldsymbol{H}^{\mathrm{T}}\boldsymbol{x}$，下界可达且为 $\boldsymbol{C}_{\hat{\boldsymbol{\theta}}}=\sigma^2(\boldsymbol{H}^{\mathrm{T}}\boldsymbol{H})^{-1}$。

（提示：$\frac{\partial\boldsymbol{b}^{\mathrm{T}}\boldsymbol{\theta}}{\partial\boldsymbol{\theta}}=\boldsymbol{b}$，$\frac{\partial\boldsymbol{\theta}^{\mathrm{T}}\boldsymbol{A\theta}}{\partial\boldsymbol{\theta}}=2\boldsymbol{A\theta}$。）

5. 如果上题中 $\boldsymbol{w}\sim N(0,\boldsymbol{R})$，上述结论变为$\hat{\boldsymbol{\theta}}=(\boldsymbol{H}^{\mathrm{T}}\boldsymbol{R}^{-1}\boldsymbol{H})^{-1}\boldsymbol{H}^{\mathrm{T}}\boldsymbol{R}^{-1}\boldsymbol{x}$，$\boldsymbol{C}_{\hat{\boldsymbol{\theta}}}=(\boldsymbol{H}^{\mathrm{T}}\boldsymbol{R}^{-1}\boldsymbol{H})^{-1}$。（提示：用 $\boldsymbol{R}^{-1}=\boldsymbol{D}^{\mathrm{T}}\boldsymbol{D}$，作变换 $\boldsymbol{x}'=\boldsymbol{Dx}$，$\boldsymbol{D}$ 是下三角矩阵。）

6. 证明：在确定性参数情况下，对于有偏估计，克拉美-罗下界为

$$\operatorname{var}(\hat{\theta})\geqslant-\frac{\left(1+\frac{\partial b(\theta)}{\partial\theta}\right)^2}{E\left[\frac{\partial^2\ln p(\boldsymbol{x};\theta)}{\partial\theta^2}\right]}$$

这里，$b(\theta)$是估计的偏。

7. 设观测序列为 $x(n)$，$n=0,1,\cdots,N-1$，每个样本是独立同分布的，满足如下概率密度函数，$p(x)=\begin{cases}\frac{1}{\alpha^2}x\mathrm{e}^{-x^2/2\alpha^2}, & x\geqslant 0\\ 0, & x<0\end{cases}$，求 α 的 MLE。

8. 设观测样本为 $x(n)$，$n=0,1,\cdots,N-1$，每个样本是独立同分布的，且 $x(n)$仅取 1 和 0 两个值，$P\{x(n)=1\}=p$ 未知，通过观测样本求 p 的 MLE。

9. 设观测值 $x(n)=A\cos(\omega_0 n+\varphi)+w(n)$，$n=0,1,\cdots,N-1$，$w(n)$为 WGN，方差为

σ^2,假设 ω_0 已知,φ 是$[0,2\pi]$上的均匀分布,求 A 的最大似然估计。

10. 两个随机变量 x_1、x_2 是相关的,相关系数 ρ,其联合概率密度函数为

$$p(x_1,x_2;\rho)=\frac{1}{2\pi(1-\rho^2)^{1/2}}\mathrm{e}^{-\frac{x_1^2-2\rho x_1x_2+x_2^2}{2(1-\rho^2)}}$$

如果记录了两个变量的 n 组独立的测量值,$\{x_1(i),x_2(i),i=1,2,\cdots,n\}$。求 ρ 的最大似然估计 $\hat{\rho}$。

11. 设观测值 $x(n)=A+w(n),n=0,1,\cdots,N-1,w(n)$为 WGN,并且方差也为 A,估计 A。

12. 设样本值 $x(n)=A+w(n),n=0,1,\cdots,N-1,w(n)$为 WGN,但方差 σ^2 未知,估计 A、σ^2。

13. 设信号 $x(n)$仅取 1 和 0,$x(n)$取 1 的概率 π 未知,假设无法直接测得 $x(n),n=0,1,\cdots,N-1$,而是利用计数器得到观测量 $y=\sum\limits_{n=0}^{N-1}x(n)$,并已知 π 的先验分布为贝塔分布 beta(α,β),利用 y 求 π 的贝叶斯估计。

14. 设观测序列为 $x(n)=\theta+w(n),n=0,1,\cdots,N-1,w(n)$是高斯白噪声过程,方差为 σ_w^2,设 θ 是一个随机参数,服从均匀分布,其概率密度函数为

$$p(\theta)=\begin{cases}\dfrac{1}{\theta_2-\theta_1}, & \theta_1\leqslant\theta\leqslant\theta_2\\ 0, & \text{其他}\end{cases}$$

求 θ 的 MAP 估计器。

*15. 设有两个随机信号,都是 AR(4)过程,它们分别是一个宽带和一个窄带过程,参数如下:

	$a(1)$	$a(2)$	$a(3)$	$a(4)$	σ^2
信号源 1	−1.352	1.338	−0.662	0.240	1
信号源 2	−2.760	3.809	−2.654	0.924	1

使用 MATLAB 工具:

(1) 产生这两个信号各自的 256 点值作为测量数据(提示:用零初始条件,利用差分方程产生信号值,为了逼近平稳性,将前 200 个点丢弃不用),利用本章给出的自相关估计器,估计每个信号前 10 个自相关值。

(2) 重复 20 次运行如上功能的相同程序,得到随机信号的不同次实现,比较估计的各自相关值的变化情况。

(3) 对每个信号,使用估计得到的一组自相关序列值,解 Yule-Walker 方程得到模型的参数,比较估计值和真实参数。

*16. 利用 MATLAB 工具产生均值为 0,方差为 25 的高斯白噪声,产生 N 个样本。利用产生的样本得到均值 μ 和方差 σ^2 的 MLE,与真实均值和样本进行对比。共做 50 次实验,统计均值估计 $\hat{\mu}$ 和方差估计 $\hat{\sigma}^2$ 的均值和方差。实验中,样本量分别取 $N=50$、200、500 并对不同样本下的结果进行对比分析。

第3章

最优滤波器

本章讨论从统计意义上的最优滤波问题或波形的最优线性估计问题。首先讨论对于平稳随机信号的维纳滤波器的设计，紧接着讨论一种特殊的维纳滤波器，最优一步线性预测，通过前向线性预测和后向线性预测的对称关系，导出了求解 Yule-Walker 方程的快速递推算法，并由此导出格型滤波器结构。接着讨论在有限数据集条件下的最小二乘滤波器(LS)，这是一种易于实现的有效滤波器并具有统计上的最优性，并介绍求解 LS 问题的奇异值分解(SVD)算法。

3.1 维纳滤波

视频讲解

维纳滤波器是统计意义上的最优滤波，或者等价地说是波形的最优线性估计，它要求输入信号是宽平稳随机信号。本章针对离散信号情况，详细讨论 FIR 结构和 IIR 结构的维纳滤波器。

由信号当前值及它的各阶位移$\{x(n-k)\}_{k=-\infty}^{+\infty}$，估计一个期望信号$d(n)$，输入信号$x(n)$是宽平稳的，$x(n)$和$d(n)$是联合宽平稳的，要求这个估计的均方误差最小，这就是维纳滤波器，它实质上是一个波形估计问题。为了方便，本章假设所涉及的信号都是零均值。

3.1.1 实际问题中的维纳滤波

初看起来，维纳滤波器有些抽象，用一个输入信号估计一个期望响应，期望响应是什么？通过如下几个来自于实际的应用实例来理解维纳滤波器是对许多不同应用问题的抽象，从而构成了最优滤波器的基础框架。

1. 通信的信道均衡器

在通信系统中，为了在接收器端补偿信道传输引入的各种畸变，在对接收信号进行检测之前，通过一个滤波器对信道失真进行校正，这个滤波器称为信道均衡器。为了说明均衡器问题，这里只简单地讨论基带传输，忽略通信系统中的调制解调和各种编解码过程，设通信系统的发射端发送序列$s(n)$，通过信道传输，在接收端的滤波器输入端得到因信道不理想而发生了失真的信号$x(n)$，$x(n)$可能包含了信道不理想产生的畸变和加性噪声，例如，无线通信系统中的多径效应和环境噪声。$x(n)$作为维纳滤波器的输入信号，通过确定滤波器的权系数，使得滤波器的输出$s'(n)$尽可能逼近一个期望信号$d(n)$，也就是发送序列的延迟$s(n-k)$。采用均方误差最小准则设计滤波器系数，使估计误差$e(n)=d(n)-s'(n)$的均方误差值最小，见图 3.1.1。

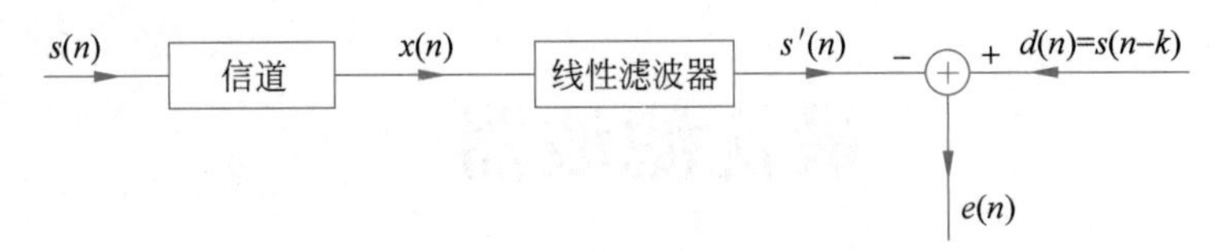

图 3.1.1 信道均衡器的结构示意

2. 系统辨识

系统辨识的问题是：有一个系统是未知的或需要用一个 LTI 系统进行模型化，设计一个线性滤波器尽可能精确地逼近这个待处理系统。维纳滤波器实现一个从统计意义上最优的对未知系统的线性逼近。图 3.1.2 示出一个实现系统辨识的原理框图。使维纳滤波器和未知系统使用同一个输入信号 $x(n)$，未知系统的输出作为维纳滤波器的期望响应 $d(n)$，设计滤波器系数使得滤波器输出 $y(n)$ 与期望响应 $d(n)$ 之间的估计误差的均方值最小。

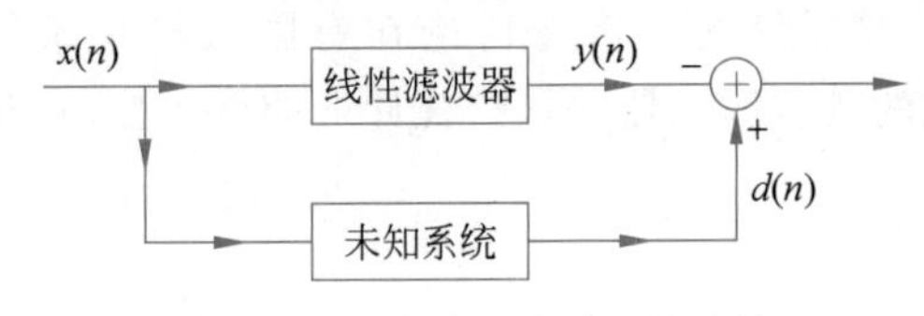

图 3.1.2 线性系统辨识的结构

3. 最优线性预测

通过一个随机信号已存在的数据 $\{x(n-1),x(n-2),\cdots,x(n-M)\}$ 来预测一个新值 $x(n)$，这是一步前向线性预测问题，由 $\{x(n-1),x(n-2),\cdots,x(n-M)\}$ 的线性组合得到对 $x(n)$ 的最优估计，相当于设计一个 FIR 滤波器对 $\{x(n-1),x(n-2),\cdots,x(n-M)\}$ 进行线性运算，来估计期望响应 $d(n)=x(n)$，维纳滤波器是用于设计均方误差最小的最优预测器。

通过如上几个例子，可以抽象出一种有用的滤波器结构，这就是维纳滤波器。维纳滤波器的一般结构示于图 3.1.3，滤波器自身是一个 FIR 或 IIR 滤波器，滤波器输入信号 $x(n)$，输出 $y(n)$，有一个待估计的期望响应 $d(n)$，滤波器系数的设计准则是使得滤波器的输出 $y(n)$（或写成 $\hat{d}(n)$）是均方意义上对期望响应的最优线性估计。

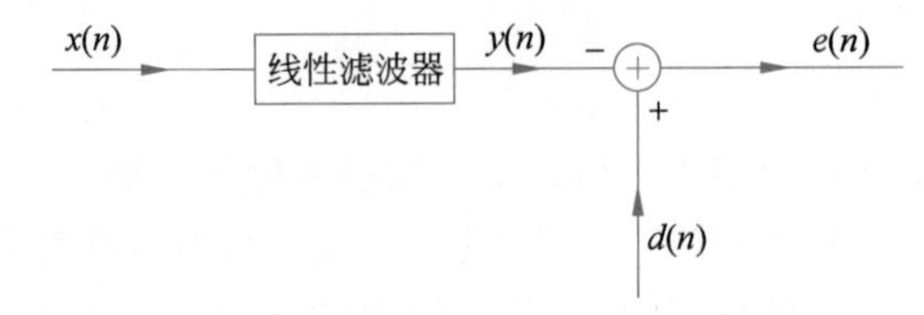

图 3.1.3 维纳滤波器的一般结构

维纳滤波器的目的是求最优滤波器系数 $\boldsymbol{w}_{\mathrm{o}}=[\cdots,w_{\mathrm{o},0},w_{\mathrm{o},1},\cdots,w_{\mathrm{o},k},\cdots]^{\mathrm{T}}$，使

$$J(n)=E[|e(n)|^2]=E[|d(n)-\hat{d}(n)|^2] \tag{3.1.1}$$

最小。当滤波器系数有无穷多个（即单位抽样响应无限长）时，对应 IIR 结构的维纳滤波器，

当滤波器系数为有限个时，对应 FIR 结构的维纳滤波器。FIR 结构的维纳滤波器的滤波部分的示意图如图 3.1.4 所示，在信号处理的文献中，也常称这个结构为横向滤波器。

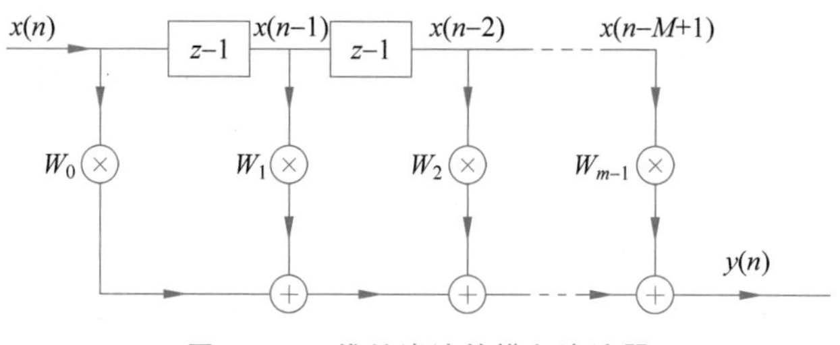

图 3.1.4　维纳滤波的横向滤波器

3.1.2　从估计理论观点导出维纳滤波

将存在有限个观测数据情况下的线性贝叶斯估计的结论，用于波形的估计，可以直接得到 FIR 结构的维纳滤波器，这表明维纳滤波器是波形的线性贝叶斯估计。

为简单起见，先讨论实信号的情况。将线性贝叶斯估计推广到波形估计的情况。在 n 时刻，由输入 $x(n)$ 及其延迟量 $\{x(n-1),x(n-2),\cdots,x(n-M+1)\}$ 作为观测值，估计期望信号的波形在 n 时刻的值 $d(n)$，确定权系数 $\boldsymbol{w}=[w_0,w_1,\cdots,w_{M-1}]^{\mathrm{T}}$，使估计误差均方值最小，即在权系数取 $\boldsymbol{w}_{\mathrm{o}}$ 时

$$J(n)=E[(d(n)-\hat{d}(n))^2] \tag{3.1.2}$$

达到最小，这里波形估计 $\hat{d}(n)$ 写为

$$\hat{d}(n)=\sum_{i=0}^{M-1}w_{\mathrm{o}i}x(n-i)=\boldsymbol{w}_{\mathrm{o}}^{\mathrm{T}}\boldsymbol{x}(n) \tag{3.1.3}$$

其中

$$\boldsymbol{w}_{\mathrm{o}}=[w_{\mathrm{o}0},w_{\mathrm{o}1},\cdots,w_{\mathrm{o}(M-1)}]^{\mathrm{T}} \tag{3.1.4}$$

$$\boldsymbol{x}(n)=[x(n),x(n-1),\cdots,x(n-M+1)]^{\mathrm{T}} \tag{3.1.5}$$

对一个固定时间 n，波形的瞬时估计与随机参数的线性贝叶斯估计是完全相同的问题，利用式(2.5.10)，时刻 n 的波形估计器的系数满足如下方程：

$$\boldsymbol{R}(n)\boldsymbol{w}_{\mathrm{o}}=\boldsymbol{r}_{xd}(n) \tag{3.1.6}$$

这里

$$\begin{aligned}\boldsymbol{R}(n)&=E[\boldsymbol{x}(n)\boldsymbol{x}^{\mathrm{T}}(n)]\\&=\begin{bmatrix}r(n,n) & r(n,n-1) & \cdots & r(n,n-M+2) & r(n,n-M+1)\\ r(n-1,n) & r(n-1,n-1) & \cdots & r(n-1,n-M+2) & r(n-1,n-M+1)\\ \vdots & \vdots & \ddots & \vdots & \vdots\\ r(n-M+2,n) & r(n-M+2,n-1) & \cdots & r(n-M+2,n-M+2) & r(n-M+2,n-M+1)\\ r(n-M+1,n) & r(n-M+1,n-1) & \cdots & r(n-M+1,n-M+2) & r(n-M+1,n-M+1)\end{bmatrix}\end{aligned} \tag{3.1.7}$$

$$\boldsymbol{r}_{xd}(n)=E[\boldsymbol{x}(n)d(n)]=[r_{xd}(n,n),r_{xd}(n-1,n),\cdots,r_{xd}(n-M+1,n)]^{\mathrm{T}} \tag{3.1.8}$$

在一般情况下，对于不同时刻 n，权系数不同，因此，需要对每个时刻重新计算权系数。

当输入信号 $x(n)$是一个宽平稳随机信号,并且 $x(n)$和 $d(n)$是联合平稳时,上述自相关矩阵和互相关向量简化为

$$\boldsymbol{R}(n)=\boldsymbol{R}=\begin{bmatrix} r_x(0) & r_x(1) & \cdots & r_x(M-1) \\ r_x(-1) & r_x(0) & \cdots & r_x(M-2) \\ \vdots & \vdots & \ddots & \vdots \\ r_x(-M+1) & r_x(-M+2) & \cdots & r_x(0) \end{bmatrix} \tag{3.1.9}$$

和

$$\boldsymbol{r}_{xd}(n)=\boldsymbol{r}_{xd}=[r_{xd}(0),r_{xd}(-1),\cdots,r_{xd}(-M+1)]^{\mathrm{T}} \tag{3.1.10}$$

权系数满足的方程简化为

$$\boldsymbol{R}\boldsymbol{w}_{\mathrm{o}}=\boldsymbol{r}_{xd} \tag{3.1.11}$$

注意,权系数是个确定性的量,不是随机量。对每个时刻 n,$d(n)$的估计值 $\hat{d}(n)$相当于图 3.1.4 线性时不变滤波器的输出。最小均方估计误差为

$$J_{\min}=\sigma_d^2-\boldsymbol{r}_{xd}^{\mathrm{T}}\boldsymbol{R}^{-1}\boldsymbol{r}_{xd} \tag{3.1.12}$$

从维纳滤波器是线性贝叶斯波形估计的观点,需注意如下几点。

(1) 在均方误差意义上,维纳滤波器是线性 FIR 滤波器中的最优滤波器,但可能存在一些非线性滤波器能达到更好结果。

(2) 在 $x(n)$和 $d(n)$是联合高斯分布条件下,维纳滤波也是总体最优的,不存在非线性滤波器能达到更好的结果。

(3) 从线性贝叶斯估计推导过程知,在滤波器系数取非最优的任意权系数 $\boldsymbol{w}$ 时,其误差性能表达式为

$$J(\boldsymbol{w})=\sigma_d^2-\boldsymbol{w}^{\mathrm{T}}\boldsymbol{r}_{xd}-\boldsymbol{r}_{xd}^{\mathrm{T}}\boldsymbol{w}+\boldsymbol{w}^{\mathrm{T}}\boldsymbol{R}\boldsymbol{w} \tag{3.1.13}$$

它是 $\boldsymbol{w}$ 的超二次曲面,当自相关矩阵 $\boldsymbol{R}$ 是正定矩阵时,该曲面只有一个最小点,当 $\boldsymbol{w}=\boldsymbol{w}_{\mathrm{o}}$ 时 $J(\boldsymbol{w})=J_{\min}$。

3.1.3 维纳滤波器-正交原理

维纳滤波器是一个最优线性滤波器,图 3.1.3 是一个一般表示框图,滤波器核是 IIR 或 FIR 的,在实信号情况下,已经导出了求解 FIR 型维纳滤波器的方程。在第 2 章讨论了线性最优估计的正交性原理,第 2 章的正交原理是由最优线性估计方程导出的。在最优线性滤波器理论中,正交原理是一个基本分析工具,由正交原理出发,很容易导出线性最优估计和维纳滤波器的方程式。由于正交原理应用的广泛性和简洁性,并且贯穿于平稳、非平稳和有限数据等多种情况,在本节,对复信号的一般情况,重新导出正交原理的一般形式,并利用正交原理,重新推导复信号情况下维纳滤波器的一般方程。先推导适应于 IIR 和 FIR 的一般结论,然后分别讨论 FIR 和 IIR。

将一般的复数形式维纳滤波器的问题重新描述如下。

设输入随机过程 $x(n)$为复信号,由$\{x(n-k)\}_{k=-\infty}^{+\infty}$估计期望响应 $d(n)$,求复数权系数$\cdots,w_{\mathrm{o}(-1)},w_{\mathrm{o}0},w_{\mathrm{o}1},w_{\mathrm{o}2},\cdots$,使输出误差 $e(n)=d(n)-y(n)$的均方值最小。

如下推导一般的正交性原理,实数据是特例。在复信号的一般情况下,滤波器输出和估计误差分别写为

$$y(n)=\sum_{k=-\infty}^{+\infty} w_k^* x(n-k) \tag{3.1.14}$$

$$e(n)=d(n)-y(n) \tag{3.1.15}$$

均方误差表示为

$$J(\boldsymbol{w})=E\{|e(n)|^2\}=E\{e(n)e^*(n)\} \tag{3.1.16}$$

设滤波器权系数是如下复数形式：

$$w_k=a_k+jb_k \tag{3.1.17}$$

定义针对滤波器系数向量的梯度算子为

$$\nabla=[\cdots,\nabla_0,\nabla_1,\cdots,\nabla_k,\cdots]^{\mathrm{T}} \tag{3.1.18}$$

其中，针对参数 w_k 的梯度算子为

$$\nabla_k=\frac{\partial}{\partial w_k^*}=\frac{\partial}{\partial a_k}+\mathrm{j}\frac{\partial}{\partial b_k} \tag{3.1.19}$$

为求解最优滤波器的权系数，将梯度算子作用于均方误差 $J(\boldsymbol{w})$，并令其为零。其中，第 k 项为

$$\nabla_k J(\boldsymbol{w})=\frac{\partial J(\boldsymbol{w})}{\partial a_k}+\mathrm{j}\frac{\partial J(\boldsymbol{w})}{\partial b_k} \tag{3.1.20}$$

求参数$\cdots,w_{-1},w_0,w_1,\cdots$的值，使得 $J(\boldsymbol{w})$最小，即使得

$$\nabla J(\boldsymbol{w})=\boldsymbol{0} \tag{3.1.21}$$

或等价地每个分量

$$\nabla_k J(\boldsymbol{w})=0,\quad k=\cdots,-1,0,1,2,\cdots \tag{3.1.22}$$

将 $J(\boldsymbol{w})=E\{e(n)e^*(n)\}$代入梯度算子定义式(3.1.20)，得到

$$\nabla_k J(\boldsymbol{w})=E\left[\frac{\partial e(n)}{\partial a_k}e^*(n)+\frac{\partial e^*(n)}{\partial a_k}e(n)+\frac{\partial e(n)}{\partial b_k}\mathrm{j}e^*(n)+\frac{\partial e^*(n)}{\partial b_k}\mathrm{j}e(n)\right] \tag{3.1.23}$$

由

$$e(n)=d(n)-\sum_{k=-\infty}^{+\infty} w_k^* x(n-k) \tag{3.1.24}$$

得到

$$\frac{\partial e(n)}{\partial a_k}=-x(n-k) \tag{3.1.25}$$

$$\frac{\partial e(n)}{\partial b_k}=\mathrm{j}x(n-k) \tag{3.1.26}$$

$$\frac{\partial e^*(n)}{\partial a_k}=-x^*(n-k) \tag{3.1.27}$$

$$\frac{\partial e^*(n)}{\partial b_k}=-\mathrm{j}x^*(n-k) \tag{3.1.28}$$

将如上各项代入$\nabla_k J(\boldsymbol{w})$表达式(3.1.23)，整理得

$$\nabla_k J(\boldsymbol{w})=-2E[x[n-k]e^*[n]],\quad k=\cdots,-1,0,1,\cdots \tag{3.1.29}$$

当

$$\nabla_k J(\boldsymbol{w})=0,\quad k=\cdots,-1,0,1,\cdots \tag{3.1.30}$$

时，$J(\boldsymbol{w})$达到最小。设 $J(\boldsymbol{w})$达到最小时，用 $\boldsymbol{w}_o$、$e_o(n)$表示权系数和误差 $e(n)$，即当

$$J(\boldsymbol{w})=J_{\min} \tag{3.1.31}$$

时,满足

$$E[x(n-k)e_o^*(n)]=0, \quad k=\cdots,-1,0,1,\cdots \tag{3.1.32}$$

或等价地

$$E[x^*(n-k)e_o(n)]=0, \quad k=\cdots,-1,0,1,2\cdots \tag{3.1.33}$$

以上两式为一般的正交性原理:滤波器达到最优时,误差和输入信号正交。正交性原理的一个直接推论是,滤波器达到最优时,输出和误差也是正交的,即

$$E[y_o(n)e_o^*(n)]=0 \tag{3.1.34}$$

注意到,在正交性原理式(3.1.32)中,输入信号的各阶位移 $x(n-k)$ 与 $e_o(n)$ 正交,式(3.1.32)所表示的正交方程数目与滤波器权系数 $\cdots,w_{-1},w_0,w_1,\cdots$ 数目是一致的,即维纳滤波器有多少个权系数,式(3.1.32)就包含多少个正交方程式。

现在通过正交性原理,导出更一般的维纳滤波器的设计方程,即维纳-霍普夫(Wiener-Hopf)方程。由正交性原理

$$E[x(n-k)e_o^*(n)]=0, \quad k=\cdots,-1,0,1,2\cdots \tag{3.1.35}$$

代入误差的表达式(3.1.24)到式(1.1.35),得

$$E\left[x(n-k)\left(d^*(n)-\sum_{i=-\infty}^{+\infty}w_{oi}x^*(n-i)\right)\right]=0, \quad k=\cdots,-1,0,1,2\cdots \tag{3.1.36}$$

交换求期望和求和次序,将如上方程展开为

$$\sum_{i=-\infty}^{+\infty}w_{oi}E[x(n-k)x^*(n-i)]=E[x(n-k)d^*(n)], \quad k=\cdots,-1,0,1,2\cdots \tag{3.1.37}$$

由自相关和互相关的定义

$$r_x(i-k)=E[x(n-k)x^*(n-i)] \tag{3.1.38}$$

$$r_{xd}(-k)=E[x(n-k)d^*(n)] \tag{3.1.39}$$

代入式(3.1.37),得到

$$\sum_{i=-\infty}^{+\infty}w_{oi}r_x(i-k)=r_{xd}(-k), \quad k=\cdots,-1,0,1,2\cdots \tag{3.1.40}$$

式(3.1.40)称为维纳-霍普夫方程,解此方程,可得到最优权系数$\{w_{oi},i=\cdots,-1,0,1,2,\cdots\}$。式(3.1.40)是维纳滤波器的一般方程,根据滤波器权系数是有限个还是无限个可以分别设计 FIR 和 IIR 型维纳滤波器。

3.1.4 FIR 维纳滤波器

对于 M 个系数的 FIR 滤波器(横向滤波器),只有 M 个权系数$\{w_{oi},i=0,1,\cdots,M-1\}$非零,维纳-霍普夫方程简化为有限个未知量的线性方程组,即式(3.1.40)简化为

$$\sum_{i=0}^{M-1}w_{oi}r_x(i-k)=r_{xd}(-k), \quad k=0,1,\cdots,M-1 \tag{3.1.41}$$

更方便的是写成矩阵形式。令

$$\begin{aligned}\boldsymbol{R}&=E[\boldsymbol{x}(n)\boldsymbol{x}^{\mathrm{H}}(n)]\\&=\begin{bmatrix}r_x(0)&r_x(1)&\cdots&r_x(M-1)\\r_x^*(1)&r_x(0)&\cdots&r_x(M-2)\\\vdots&\vdots&\ddots&\vdots\\r_x^*(M-1)&r_x^*(M-2)&\cdots&r_x(0)\end{bmatrix}\end{aligned} \tag{3.1.42}$$

和

$$\boldsymbol{r}_{xd}=E[\boldsymbol{x}(n)d^*(n)]=[r_{xd}(0),r_{xd}(-1),\cdots,r_{xd}(1-M)]^{\mathrm{T}} \tag{3.1.43}$$

维纳-霍普夫方程的矩阵形式为

$$\boldsymbol{R}\boldsymbol{w}_{\mathrm{o}}=\boldsymbol{r}_{xd} \tag{3.1.44}$$

解方程求得

$$\boldsymbol{w}_{\mathrm{o}}=\boldsymbol{R}^{-1}\boldsymbol{r}_{xd} \tag{3.1.45}$$

这个关系式与通过线性贝叶斯波形估计得到的结论是相同的。

下面用正交性原理，导出一般复信号情况下维纳滤波器的最小均方误差公式。在达最优时，$y_{\mathrm{o}}(n)$也写成$\hat{d}(n|X_n)$，意指由$x(n),x(n-1),\cdots,x(n-M+1)$张成的线性空间$X_n$对$d(n)$的最优估计。估计误差为

$$e_{\mathrm{o}}(n)=d(n)-y_{\mathrm{o}}(n)=d(n)-\hat{d}(n\mid X_n) \tag{3.1.46}$$

也可以写成

$$d(n)=e_{\mathrm{o}}(n)+\hat{d}(n\mid X_n) \tag{3.1.47}$$

由正交性原理的推论，$\hat{d}(n|X_n)$和$e_{\mathrm{o}}(n)$是正交的，因此

$$\sigma_d^2=E[|e_{\mathrm{o}}(n)|^2]+\sigma_{\hat{d}}^2=J_{\min}+\sigma_{\hat{d}}^2 \tag{3.1.48}$$

即

$$J_{\min}=\sigma_d^2-\sigma_{\hat{d}}^2 \tag{3.1.49}$$

由

$$\hat{d}(n\mid X_n)=\sum_{k=0}^{M-1}w_{\mathrm{o}k}^*x(n-k)=\boldsymbol{w}_{\mathrm{o}}^{\mathrm{H}}\boldsymbol{x}(n) \tag{3.1.50}$$

得

$$\begin{aligned}\sigma_{\hat{d}}^2&=E[\hat{d}(n\mid X_n)\hat{d}^*(n\mid X_n)]=E[\boldsymbol{w}_{\mathrm{o}}^{\mathrm{H}}\boldsymbol{x}(n)\boldsymbol{x}^{\mathrm{H}}(n)\boldsymbol{w}_{\mathrm{o}}]\\&=\boldsymbol{w}_{\mathrm{o}}^{\mathrm{H}}E[\boldsymbol{x}(n)\boldsymbol{x}^{\mathrm{H}}(n)]\boldsymbol{w}_{\mathrm{o}}\\&=\boldsymbol{w}_{\mathrm{o}}^{\mathrm{H}}\boldsymbol{R}\boldsymbol{w}_{\mathrm{o}}=\boldsymbol{w}_{\mathrm{o}}^{\mathrm{H}}\boldsymbol{r}_{xd}=\boldsymbol{r}_{xd}^{\mathrm{H}}\boldsymbol{w}_{\mathrm{o}}=\boldsymbol{r}_{xd}^{\mathrm{H}}\boldsymbol{R}^{-1}\boldsymbol{r}_{xd}\end{aligned} \tag{3.1.51}$$

将式(3.1.51)代入式(3.1.49)，得

$$J_{\min}=\sigma_d^2-\sigma_{\hat{d}}^2=\sigma_d^2-\boldsymbol{r}_{xd}^{\mathrm{H}}\boldsymbol{w}_{\mathrm{o}}=\sigma_d^2-\boldsymbol{r}_{xd}^{\mathrm{H}}\boldsymbol{R}^{-1}\boldsymbol{r}_{xd} \tag{3.1.52}$$

由正交原理导出的维纳滤波器和从线性贝叶斯估计得到的维纳滤波器，分别得到一些有益的启示。从估计理论看，维纳滤波器只是一个线性贝叶斯估计，它是最优估计的一个线性逼近，只有在高斯情况下，它才是真正的最优滤波器，在其他分布情况下，非线性滤波器可能达到比线性最优滤波器更优的结果。从一般线性最优滤波器的正交原理出发，我们容易忽视这些限制。

为了后续导出自适应滤波器的需要(第5章)，导出在复信号的一般情况下的误差性能表面。上面的讨论集中在最优滤波器的权系数设计和达到最优时均方误差的结果。讨论在滤波器权系数未取最优值时，滤波器的均方误差怎样随滤波器系数的不同取值而变化的规律是有意义的，对导出自适应滤波算法有指导作用。假设滤波器取一组任意权系数，对期望响应的估计误差为

$$e(n)=d(n)-\sum_{k=0}^{M-1}w_k^*x(n-k) \tag{3.1.53}$$

直接代入

$$J(\boldsymbol{w})=E[e(n)e^*(n)] \tag{3.1.54}$$

整理得

$$J(\boldsymbol{w})=\sigma_d^2-\sum_{k=0}^{M-1}w_k^*r_{xd}(-k)-\sum_{k=0}^{M-1}w_kr_{xd}^*(-k)+\sum_{k=0}^{M-1}\sum_{i=0}^{M-1}w_k^*w_ir_x(i-k) \tag{3.1.55}$$

由上式可以看出，$J(\boldsymbol{w})$是 w_k 的二次曲面，由于 2 次项的系数是一个半正定序列，因此二次曲面是一个碗状曲面，碗口向上，若自相关矩阵是正定的，则 $J_{\min}$ 在碗底且唯一，其实，由上式直接对各 w_k 求导，并令其为 0，得到一组方程，正是维纳-霍普夫方程。

上式也可以直接写成矩阵形式：

$$J(\boldsymbol{w})=\sigma_d^2-\boldsymbol{w}^{\mathrm{H}}\boldsymbol{r}_{xd}-\boldsymbol{r}_{xd}^{\mathrm{H}}\boldsymbol{w}+\boldsymbol{w}^{\mathrm{H}}\boldsymbol{R}\boldsymbol{w} \tag{3.1.56}$$

它可以整理成如下形式：

$$J(\boldsymbol{w})=\sigma_d^2-\boldsymbol{r}_{xd}^{\mathrm{H}}\boldsymbol{R}^{-1}\boldsymbol{r}_{xd}+(\boldsymbol{w}-\boldsymbol{R}^{-1}\boldsymbol{r}_{xd})^{\mathrm{H}}\boldsymbol{R}(\boldsymbol{w}-\boldsymbol{R}^{-1}\boldsymbol{r}_{xd}) \tag{3.1.57}$$

上式在 $\boldsymbol{w}_{\mathrm{o}}=\boldsymbol{R}^{-1}\boldsymbol{r}_{xd}$ 时，达到最小，且最小值为

$$J_{\min}=\min_{w}J(\boldsymbol{w})=\sigma_d^2-\boldsymbol{r}_{xd}^{\mathrm{H}}\boldsymbol{R}^{-1}\boldsymbol{r}_{xd} \tag{3.1.58}$$

式(3.1.58)与式(3.1.52)的结果是一致的。性能表面 $J(\boldsymbol{w})$也可以写成

$$J(\boldsymbol{w})=J_{\min}+(\boldsymbol{w}-\boldsymbol{w}_{\mathrm{o}})^{\mathrm{H}}\boldsymbol{R}(\boldsymbol{w}-\boldsymbol{w}_{\mathrm{o}}) \tag{3.1.59}$$

利用自相关矩阵的特征值分解式

$$\boldsymbol{R}=\boldsymbol{Q}\Lambda\boldsymbol{Q}^{\mathrm{H}} \tag{3.1.60}$$

得到

$$J(\boldsymbol{w})=J_{\min}+(\boldsymbol{w}-\boldsymbol{w}_{\mathrm{o}})^{\mathrm{H}}\boldsymbol{Q}\Lambda\boldsymbol{Q}^{\mathrm{H}}(\boldsymbol{w}-\boldsymbol{w}_{\mathrm{o}}) \tag{3.1.61}$$

令

$$\boldsymbol{v}=\boldsymbol{Q}^{\mathrm{H}}(\boldsymbol{w}-\boldsymbol{w}_{\mathrm{o}}) \tag{3.1.62}$$

上式可写成

$$J(\boldsymbol{w})=J_{\min}+\boldsymbol{v}^{\mathrm{H}}\Lambda\boldsymbol{v}=J_{\min}+\sum_{k=1}^{M}\lambda_kv_kv_k^*=J_{\min}+\sum_{k=1}^{N}\lambda_k|v_k|^2 \tag{3.1.63}$$

这里，$\boldsymbol{v}$ 是 $\boldsymbol{w}$ 的坐标变换，由 $\boldsymbol{w}$ 通过原点移位和坐标旋转得到 $\boldsymbol{v}$ 的坐标系，通过坐标变换，得到以 $\boldsymbol{v}$ 为变量的均方误差的如上的规范形式，对于一个给定 $J\neq J_{\min}$，有

$$J-J_{\min}=\sum_{k=1}^{M}\frac{|v_k|^2}{\dfrac{1}{\lambda_k}} \tag{3.1.64}$$

这是超椭圆，$\dfrac{1}{\lambda_k}$为其一个轴。$J-J_{\min}$ 取一个固定值所对应的 $\boldsymbol{v}$(等价于 $\boldsymbol{w}$)的所有取值称为性能表面的等高线，式(3.1.64)表明线性滤波器性能表面的等高线是超平面上的椭圆。

例 3.1.1　有一信号 $s(n)$，它的自相关序列为 $r_s(k)=\dfrac{10}{27}\left(\dfrac{1}{2}\right)^{|k|}$，被一加性白噪声所污染，噪声方差为 2/3，白噪声与信号不相关。被污染信号 $x[n]$作为维纳滤波器的输入，求两个系数 FIR 滤波器使输出信号是 $s(n)$的尽可能的恢复。

解：本题中，显然维纳滤波器的输入 $x(n)=s(n)+v(n)$，期望响应 $d(n)=s(n)$。故

$$r_x(k)=r_s(k)+r_v(k)=\frac{10}{27}\left(\frac{1}{2}\right)^{|k|}+\frac{2}{3}\delta(n)$$

$$r_{xd}(k)=E\{x(n)d(n-k)\}=r_s(k)=\frac{10}{27}\left(\frac{1}{2}\right)^{|k|}$$

由于只需要2阶滤波器设计，因此

$$\boldsymbol{R}=\begin{bmatrix}\frac{10}{27}+\frac{2}{3} & \frac{10}{27}\times\frac{1}{2}\\ \frac{10}{27}\times\frac{1}{2} & \frac{10}{27}+\frac{2}{3}\end{bmatrix},\quad \boldsymbol{r}_{xd}=\begin{bmatrix}\frac{10}{27}\\ \frac{10}{27}\times\frac{1}{2}\end{bmatrix}$$

代入维纳-霍普夫方程解，得

$$\boldsymbol{w}_o=\boldsymbol{R}^{-1}\boldsymbol{r}_{xd}=[0.3359,0.1186]^{\mathrm{T}}$$

$$J_{\min}=\sigma_d^2-\boldsymbol{r}_{xd}^{\mathrm{H}}\boldsymbol{w}_o=\frac{10}{27}-\begin{bmatrix}\frac{10}{27}\\ \frac{10}{27}\times\frac{1}{2}\end{bmatrix}^{\mathrm{T}}\begin{bmatrix}0.3359\\ 0.1186\end{bmatrix}=0.2240$$

例 3.1.2 设期望响应 $d(n)$ 是一个 AR(1) 过程，参数 $a(1)=0.8458$，激励白噪声 $v_1(n)$ 的方差 $\sigma_1^2=0.27$，由白噪声驱动的产生该过程的系统函数为

$$H_1(z)=\frac{1}{1+0.8458z^{-1}}$$

$d(n)$ 经过了一个通信信道，信道的系统函数为 $H_2(z)$，在信道输出端加入了白噪声 $\sigma_2^2=0.1$，通道模型如图 3.1.5 所示，系统函数

$$H_2(z)=\frac{1}{1-0.9458z^{-1}}$$

信道输出 $x(n)=s(n)+v_2(n)$。

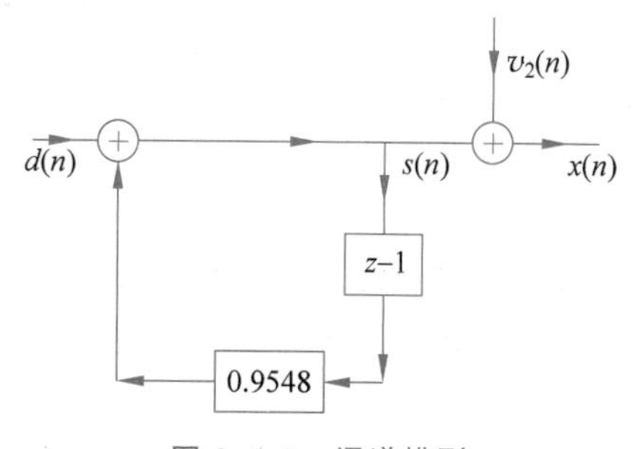

图 3.1.5 通道模型

在接收端设计一个二系数 FIR 结构的维纳滤波器，目的是由 $x[n]$ 恢复 $d[n]$，并写出等高线方程[117]。

解：$d(n)$ 是一个 AR(1) 过程，$A_1(z)=1+a_1z^{-1}$，$\sigma_1^2=0.27$，如例 1.6.3 所求，期望响应的方差为

$$\sigma_d^2=\frac{\sigma_1^2}{1-a_1^2}=\frac{0.27}{1-(0.8458)^2}=0.9486$$

在 $x(n)=s(n)+v_2(n)$ 中，$s(n)$ 是一个 2 阶 AR(2) 过程，由白噪声产生 $s(n)$ 的系统函数相当于 $H(z)=H_1(z)H_2(z)$，因此

$$A(z)=(1+0.8458z^{-1})(1-0.9458z^{-1})=1-0.1z^{-1}-0.8z^{-2}$$

2 阶 AR(2) 过程的参数为 $a_{2,1}=-0.1$，$a_{2,2}=-0.8$，方差仍为 $\sigma_1^2=0.27$。由 2 阶 AR(2) 参数，可以确定 $r_s(k)$，由 Yule-Walker 方程

$$\begin{bmatrix}r_s(0) & r_s(1)\\ r_s(1) & r_s(0)\end{bmatrix}\begin{bmatrix}a_{2,1}\\ a_{2,2}\end{bmatrix}=-\begin{bmatrix}r_s(1)\\ r_s(2)\end{bmatrix}$$

$$\sigma_1^2=r_s(0)+a_{2,1}r_s(1)+a_{2,2}r_s(2)$$

反解 $r_s(0)$、$r_s(1)$，得

$$r_s(0)=\left(\frac{1+a_{2,2}}{1-a_{2,2}}\right)\frac{\sigma_1^2}{[(1+a_{2,2})^2-a_{2,1}^2]}=\frac{1-0.8}{1+0.8}\frac{0.27}{[(1-0.8)^2-0.1^2]}=1$$

$$r_s(1)=\frac{-a_{2,1}r_s(0)}{1+a_{2,2}}=\frac{0.1\times 1}{1-0.8}=0.5$$

由上确定 $s(n)$ 的自相关矩阵为 $\boldsymbol{R}_s=\begin{bmatrix}1 & 0.5\\0.5 & 1\end{bmatrix}$，进而有

$$\boldsymbol{R}_x=\boldsymbol{R}_s+\sigma_2^2\boldsymbol{I}=\begin{bmatrix}1 & 0.5\\0.5 & 1\end{bmatrix}+\begin{bmatrix}1 & 0\\0 & 1\end{bmatrix}\times 0.1=\begin{bmatrix}1.1 & 0.5\\0.5 & 1.1\end{bmatrix}$$

接下来，求 $r_{xd}(-k)$：

$$r_{xd}(-k)=E[x(n-k)d(n)]$$

把 $s(n)-0.9458s(n-1)=d(n)$ 和 $x(n)=s(n)+v_2(n)$ 代入上式，得

$$r_{xd}(-k)=r_s(k)-0.9458r_s(k-1)$$

故

$$r_{xd}(0)=r_s(0)-0.9458\times r_s(-1)=0.5272$$

$$r_{xd}(-1)=r_s(1)-0.9458\times r_s(0)=-0.4458$$

$$\boldsymbol{r}_{xd}=\begin{bmatrix}0.5272\\-0.4458\end{bmatrix}$$

代入维纳-霍普夫方程，解得最优权系数为

$$\boldsymbol{w}_o=\boldsymbol{R}_x^{-1}\boldsymbol{r}_{xd}=\begin{bmatrix}0.8368\\-0.7853\end{bmatrix}$$

最小均方误差为

$$J_{\min}=\sigma_d^2-\boldsymbol{r}_{xd}^{\mathrm{H}}\boldsymbol{w}_o=0.9486-[0.5272,-0.4458]\begin{bmatrix}0.8360\\-0.7853\end{bmatrix}=0.1579$$

对于任意取的权系数，性能表面为

$$\begin{aligned}J(w_0,w_1)&=\sigma_d^2-\boldsymbol{w}^{\mathrm{H}}\boldsymbol{r}_{xd}-\boldsymbol{r}_{xd}^{\mathrm{H}}\boldsymbol{w}+\boldsymbol{w}^{\mathrm{H}}\boldsymbol{R}_x\boldsymbol{w}=\sigma_d^2-2\boldsymbol{w}^{\mathrm{T}}\boldsymbol{r}_{xd}+\boldsymbol{w}^{\mathrm{T}}\boldsymbol{R}_x\boldsymbol{w}\\&=0.9486-2[0.5272,-0.4458]\begin{bmatrix}w_0\\w_1\end{bmatrix}+[w_0,w_1]\begin{bmatrix}1.1 & 0.5\\0.5 & 1.1\end{bmatrix}\begin{bmatrix}w_0\\w_1\end{bmatrix}\\&=0.9486-1.0544w_0+0.8916w_1+w_0w_1+1.1(w_0^2+w_1^2)\end{aligned}$$

为求规范化性能表面，解 $|R-\lambda I|=0$，即

$$\begin{vmatrix}1.1-\lambda & 0.5\\0.5 & 1.1-\lambda\end{vmatrix}=0\quad\Rightarrow\quad(1.1-\lambda)^2-(0.5)^2=0$$

得到两个特征值分别为 $\lambda_1=1.6,\lambda_2=0.6$，规范化性能表面为

$$J(v_1,v_2)=J_{\min}+1.6v_1^2+0.6v_2^2$$

对于给定的一个均方误差值，性能表面的等高线由如下椭圆方程描述：

$$1=\frac{v_1^2}{\dfrac{(J-J_{\min})}{\lambda_1}}+\frac{v_2^2}{\dfrac{(J-J_{\min})}{\lambda_2}}$$

这是一个椭圆，主轴 $\left(\dfrac{J-J_{\min}}{\lambda_2}\right)^{\frac{1}{2}}$，副轴 $\left(\dfrac{J-J_{\min}}{\lambda_1}\right)^{\frac{1}{2}}$。

*3.1.5 IIR 维纳滤波器

考虑维纳-霍普夫方程在 IIR 滤波器时的情况，式(3.1.40)是针对非因果 IIR 滤波器的

一般方程，可以直接转换成 z 变换关系式。为了简便，先讨论无因果性要求的最一般的 IIR 滤波器的设计式。对 IIR 情况，我们仅考虑实信号和实滤波器系数的情况。

在非因果条件下，式(3.1.40)重写为

$$\sum_{i=-\infty}^{+\infty} w_{oi} r_x(i-k) = r_{xd}(-k) \quad k=-\infty,\cdots,-1,0,1,\cdots,\infty \tag{3.1.65}$$

注意到，式(3.1.65)左侧是两个序列 $w(k)=w_{ok}$ 和 $r_x(k)$ 的卷积表达式，两边取 z 变换，并由 $r_{dx}(k)=r_{xd}(-k)$，得

$$W(z)S_x(z)=S_{dx}(z) \tag{3.1.66}$$

或

$$W(z)=\frac{S_{dx}(z)}{S_x(z)} \tag{3.1.67}$$

这里，系统函数 $W(z)$ 是滤波器权系数序列 $w(k)=w_{ok}$ 的 z 变换，$S_x(z)$ 是 $r_x(k)$ 的 z 变换，$S_{dx}(z)$ 是 $r_{dx}(k)$ 的 z 变换。

最小均方误差为

$$J_{\min}=\sigma_d^2-\sum_{l=-\infty}^{+\infty} w_{ol} r_{dx}(l) \tag{3.1.68}$$

例 3.1.3 有一信号 $s(n)$，它的自相关序列为 $r_s(k)=\frac{10}{27}\left(\frac{1}{2}\right)^{|k|}$，被一加性白噪声所污染，噪声方差为 2/3，噪声和信号不相关，被污染信号 $x(n)$ 作为维纳滤波器的输入，求 IIR 滤波器使输出信号是 $s(n)$ 的尽可能的恢复。

解：本题中取 $x(n)=s(n)+v(n)$，$d(n)=s(n)$。显然

$$r_x(k)=r_s(k)+r_v(k)=\frac{10}{27}\left(\frac{1}{2}\right)^{|k|}+\frac{2}{3}\delta(n)$$

$$r_{dx}(k)=E\{x(n-k)d(n)\}=r_s(k)=\frac{10}{27}\left(\frac{1}{2}\right)^{|k|}$$

如上两式直接取 z 变换，得

$$S_x(z)=\frac{5/18}{\left(1-\frac{1}{2}z^{-1}\right)\left(1-\frac{1}{2}z\right)}+\frac{2}{3}=\frac{20-6z-6z^{-1}}{18\left(1-\frac{1}{2}z^{-1}\right)\left(1-\frac{1}{2}z\right)}$$

$$S_{dx}(z)=\frac{5/18}{\left(1-\frac{1}{2}z^{-1}\right)\left(1-\frac{1}{2}z\right)}$$

将其代入式(3.1.67)，得

$$W(z)=\frac{S_{dx}(z)}{S_x(z)}=\frac{5}{20-6z-6z^{-1}}=\frac{5}{18\left(1-\frac{1}{3}z^{-1}\right)\left(1-\frac{1}{3}z\right)}$$

求 $W(z)$ 的反 z 变换，得到

$$w_{ok}=\frac{5}{16}\left(\frac{1}{3}\right)^{|k|}$$

最小均方误差

$$J_{\min}=\sigma_d^2-\sum_{l=-\infty}^{+\infty} w_{ol} r_{dx}(l)=\frac{10}{27}-\sum_{l=-\infty}^{+\infty}\frac{5}{16}\left(\frac{1}{3}\right)^{|l|}\left(\frac{10}{27}\right)\left(\frac{1}{2}\right)^{|l|}=\frac{5}{24}\approx 0.2083$$

从滤波器输入的噪声功率为 2/3,下降到滤波器输出的误差功率为 5/24。

现在考虑因果 IIR 维纳滤波器设计。它的推导比非因果情况复杂一些,这里先给出结果。因果 IIR 维纳滤波器的系统函数为

$$W(z)=\frac{1}{S_x^+(z)}\left[\frac{S_{dx}(z)}{S_x^-(z)}\right]_+ \tag{3.1.69}$$

上式中,$S_x^+(z)$是由 $S_x(z)$中位于单位圆内的极点和零点组成;$S_x^-(z)$是由 $S_x(z)$中位于单位圆外的极点和零点组成;$\left[\frac{S_{dx}(z)}{S_x^-(z)}\right]_+$是对应于$\frac{S_{dx}(z)}{S_x^-(z)}$的反变换中的因果序列部分的 z 变换。最小均方误差为

$$J_{\min}=\sigma_d^2-\sum_{l=0}^{+\infty}w_{ol}r_{dx}(l) \tag{3.1.70}$$

下面通过一个白化滤波器导出因果 IIR 维纳滤波器的结果。一个规则随机过程可以通过一个白化滤波器产生其新息表示(白噪声),因此,将因果 IIR 维纳滤波器分成两步,第一步将输入信号白化,将新息作为维纳滤波器的输入对期望响应进行估计,如图 3.1.6 所示。

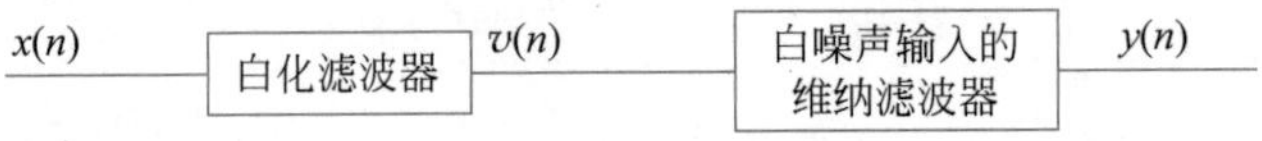

x(n) 白化滤波器 v(n) 白噪声输入的维纳滤波器 y(n)

图 3.1.6 因果 IIR 维纳滤波器的分级形式

在 1.6.1 节的谱分解定理指出,一个实规则随机信号的功率谱可以分解为

$$S(z)=\sigma^2Q(z)Q(1/z) \tag{3.1.71}$$

通过一个系统函数为 $\Gamma(z)=1/Q(z)$的白化滤波器,输出其新息序列,这里为了表示方便,定义

$$\frac{1}{S_x^+(z)}=\frac{1}{\sqrt{\sigma^2}Q(z)} \tag{3.1.72}$$

为白化滤波器的系统函数,由此产生的新息序列是方差为 1 的白噪声。

先求新息作为输入的因果 IIR 维纳滤波器的单位抽样响应 $h_2(n)$,因为

$$e(n)=d(n)-y(n)=d(n)-\sum_{k=0}^{+\infty}h_2(k)v(n-k) \tag{3.1.73}$$

利用正交原理

$$E[v(n-l)e(n)]=E[v(n-l)d(n)]-E\left[v(n-l)\sum_{k=0}^{+\infty}h_2(k)v(n-k)\right]=0,\quad l=0,1,\cdots,\infty \tag{3.1.74}$$

由于 $v(n)$是方差为 1 的白噪声,上式整理为

$$r_{dv}(l)=\sum_{k=0}^{+\infty}h_2(k)\delta(k-l)=h_2(l),\quad l\geqslant 0 \tag{3.1.75}$$

由于 $v(n)$是中间量,需要将 $r_{dv}(l)$进一步表示为

$$\begin{aligned}r_{dv}(l)&=E[d(n)v(n-l)]=E\left[\sum_{k=0}^{+\infty}\gamma(k)x(n-l-k)d(n)\right]\\&=\sum_{k=0}^{+\infty}\gamma(k)r_{dx}(l+k)=\sum_{m=0}^{-\infty}\gamma(-m)r_{dx}(l-m)=\gamma(-l)*r_{dx}(l)\end{aligned} \tag{3.1.76}$$

上式中，$\gamma(k)$是白化滤波器的单位抽样响应，上式两侧取 z 变换为

$$S_{dv}(z)=\frac{1}{\sqrt{\sigma^2}Q(1/z)}S_{dx}(z)=\frac{S_{dx}(z)}{S_x^-(z)} \tag{3.1.77}$$

注意到，$h_2(l)$只取 $r_{dv}(l)$的因果部分，因此

$$H_2(z)=[S_{dv}(z)]_+=\left[\frac{1}{\sqrt{\sigma^2}Q(1/z)}S_{dx}(z)\right]_+=\left[\frac{S_{dx}(z)}{S_x^-(z)}\right]_+$$

最终的因果 IIR 维纳滤波器是 $H_2(z)$与白化滤波器的级联，因此因果 IIR 维纳滤波器的系统函数为式(3.1.69)。

例 3.1.4　用因果 IIR 滤波器实现例 3.1.3 的相同问题。

解：由

$$S_x(z)=\frac{20-6z-6z^{-1}}{18\left(1-\frac{1}{2}z^{-1}\right)\left(1-\frac{1}{2}z\right)}=\frac{\left(1-\frac{1}{3}z^{-1}\right)\left(1-\frac{1}{3}z\right)}{\left(1-\frac{1}{2}z^{-1}\right)\left(1-\frac{1}{2}z\right)}$$

得到

$$S_x^+(z)=\frac{\left(1-\frac{1}{3}z^{-1}\right)}{\left(1-\frac{1}{2}z^{-1}\right)},\quad S_x^-(z)=\frac{\left(1-\frac{1}{3}z\right)}{\left(1-\frac{1}{2}z\right)}$$

另外，令

$$\Gamma(z)=\frac{S_{dx}(z)}{S_x^-(z)}=\frac{5}{18\left(1-\frac{1}{2}z^{-1}\right)\left(1-\frac{1}{3}z\right)}=\frac{\frac{1}{6}z^{-1}}{\left(1-\frac{1}{2}z^{-1}\right)}+\frac{1/3}{\left(1-\frac{1}{3}z\right)}$$

由反变换得

$$\gamma(n)=\frac{1}{6}\left(\frac{1}{2}\right)^{n-1}u(n-1)+\frac{1}{3}\left(\frac{1}{3}\right)^{-n}u(-n)$$

上式中的 $u(n)$代表阶跃序列。取 $\gamma(n)$的因果部分为 $\gamma_+(n)=\frac{1}{3}\left(\frac{1}{2}\right)^n u(n)$，因此

$$[\Gamma(z)]_+=\left[\frac{S_{dx}(z)}{S_x^-(z)}\right]_+=\frac{1/3}{1-\frac{1}{2}z^{-1}}$$

将上式代入式(3.1.69)，得

$$W(z)=\frac{1}{S_x^+(z)}\left[\frac{S_{dx}(z)}{S_x^-(z)}\right]_+=\frac{\left(1-\frac{1}{2}z^{-1}\right)}{\left(1-\frac{1}{3}z^{-1}\right)}\frac{1/3}{1-\frac{1}{2}z^{-1}}=\frac{1/3}{1-\frac{1}{3}z^{-1}}$$

取反 z 变换得到滤波器单位抽样响应为

$$w_{ok}=\frac{1}{3}\left(\frac{1}{3}\right)^k,\quad k\geqslant 0$$

$$J_{\min}=\sigma_d^2-\sum_{l=0}^{+\infty}w_{ol}r_{dx}[l]=\frac{10}{27}-\sum_{l=-\infty}^{+\infty}\frac{1}{3}\left(\frac{1}{3}\right)^{|l|}\left(\frac{10}{27}\right)\left(\frac{1}{2}\right)^{|l|}=\frac{2}{9}\approx 0.2222$$

因果的 IIR 维纳滤波器比非因果的剩余误差要略大。

注意到,例3.1.3、例3.1.4和例3.1.1是同一个问题分别用非因果IIR、因果IIR和2系数FIR维纳滤波器进行处理,得到输出最小均方误差分别为0.2083、0.2222和0.2240。虽然非因果IIR的误差最小,但是不可实现的,可实现的因果IIR和2系数FIR的误差很接近。在这个例子中,由于输入信号的极点远离单位圆,故用2系数的FIR滤波器即可取得接近于IIR滤波器的性能,若输入信号更复杂可能需要的FIR系数更多,但该例子给出一个直观说明,对于一个给定问题,选择适当阶数的FIR滤波器可能得到与因果IIR滤波器非常接近的性能。由于FIR滤波器不存在数值稳定性问题,容易实现和集成,所以实际中更易使用。

*3.1.6 应用实例——通信系统的最佳线性均衡器

在通信系统中,发射机发送的信号通过信道传输到接收机,传输信道有不同的媒体,主要分成有线和无线两类。以无线为例,发射信号通过无线信道传播,经过多径到达接收机而被接收,这些多径是由于信道中的信号经反射、折射和衍射形成的。多径传播产生的接收信号是由多个延迟衰落的发射信号叠加而成的。因此接收机接收到的信号中存在着串扰和畸变,直接进行检测会产生较大的误码。

一种改善信号检测性能的装置是信道均衡器,它的目标是补偿信道造成的串扰和畸变,为了叙述简单,我们采用图3.1.7的基带模型讨论均衡器的设计问题。

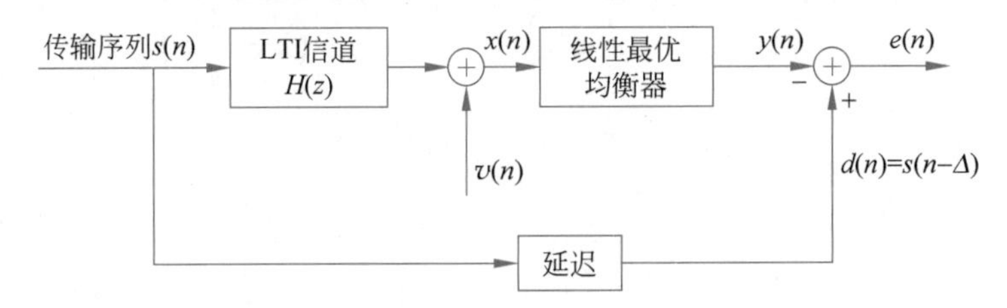

图3.1.7 通信系统线性均衡器示意图

设发射机发送的信号序列是$s(n)$,用一个线性时不变(LTI)滤波器模拟一个信道的传输性质(对于慢时变系统,这个LTI模型是合理的),假定接收机和发射机用相同的采样频率,接收到的信号表示为

$$x(n)=\sum_k h(k)s(n-k)+v(n)$$

其中,$v(n)$表示加性干扰白噪声,$h(n)$表示信道的单位抽样响应,为了降低加性噪声和信道传输的影响,设计一个线性滤波器作为均衡器,均衡器的单位抽样响应记为$w(n)$,均衡器输出为

$$y(n)=\sum_k w(k)x(n-k)$$

线性均衡器的设计目标是使$y(n)$是$s(n)$的尽可能精确的估计,即

$$y(n)=\sum_k w(k)x(n-k)\approx s(n-\Delta)$$

其中,Δ表示一个整数延迟量。一种设计线性最优均衡器的准则是最小均方准则,这实际是设计一个维纳滤波器,滤波器的输入为$x(n)$,期望响应为$d(n)=s(n-\Delta)$。既可以设计FIR结构的维纳滤波器,也可以设计IIR结构的维纳滤波器,并且只需要$x(n)$的自相关和$x(n)$与$s(n)$的互相关函数。如下以非因果IIR结构为例再进一步做说明,非因果IIR结构

可以取得理论上最好的结果。非因果 IIR 型维纳滤波器的系统函数为

$$W(z)=\frac{S_{dx}(z)}{S_x(z)}$$

容易求得

$$S_{dx}(z)=H\left(\frac{1}{z}\right)S_s(z)z^{-\Delta}$$

$$S_x(z)=H(z)H\left(\frac{1}{z}\right)S_s(z)+\sigma_v^2$$

因此，系统函数进一步写为

$$W(z)=\frac{H\left(\frac{1}{z}\right)S_s(z)z^{-\Delta}}{H(z)H\left(\frac{1}{z}\right)S_s(z)+\sigma_v^2} \tag{3.1.78}$$

频率响应为

$$W(e^{j\omega})=\frac{H(e^{-j\omega})S_s(\omega)e^{-j\omega\Delta}}{|H(e^{j\omega})|^2S_s(\omega)+\sigma_v^2} \tag{3.1.79}$$

由以上两式可以看到，一般情况下，维纳滤波器的频率响应与发射信号的功率谱和信道的频率响应有关。讨论两个特例。

（1）加性噪声不存在的情况，即 $\sigma_v^2=0$，线性最优均衡器的系统函数简化为

$$W(z)=\frac{z^{-\Delta}}{H(z)} \tag{3.1.80}$$

此时，最优线性均衡器是信道模型的逆系统。$y(n)=s(n-\Delta)$达到理想均衡。

（2）发射信号是方差为 1 的白噪声，均衡器的系统函数简化为

$$W(z)=\frac{H\left(\frac{1}{z}\right)z^{-\Delta}}{H(z)H\left(\frac{1}{z}\right)+\sigma_v^2} \tag{3.1.81}$$

此时，得到的均衡器是所有线性系统中，使 $y(n)$与 $s(n-\Delta)$均方误差最小的系统，但达不到理想均衡条件 $y(n)=s(n-\Delta)$。

在实际系统中，信道性质可能是时变的，可以通过自适应滤波技术达到最优线性均衡和跟踪信道的时变性，有关用自适应滤波算法实现自适应均衡器的讨论见第 5 章。

3.2　最优线性预测

视频讲解

最优线性预测是维纳滤波器的一种特殊类型，将特殊的输入向量和期望响应代入维纳-霍普夫方程，得到线性最优预测的解。线性最优预测分为前向预测和后向预测两种情况，将会发现解前向线性预测系数的方程与解 AR 模型系数的方程是完全等价的。通过讨论前向和后向线性预测滤波器结构，导出快速算法：Levinson-Durbin 递推算法，用于快速求解线性预测或 AR 模型问题。通过 Levinson-Durbin 递推算法也导出了一种重要的滤波器结构，即格型滤波器。本节如不加特别说明，均指一步预测。

3.2.1 前向线性预测

由$\{x(n-i)\}_{i=1}^{M}$张成的空间记为X_{n-1}，在X_{n-1}中预测$x(n)$的值，这是一步前向预测问题。在所有可能的线性预测器中，存在一个使预测误差的均方值最小的预测器，称为最优前向线性预测，设最优预测器的系数为$w_{f,1},w_{f,2},\cdots,w_{f,M}$。记最优预测为

$$\hat{x}(n \mid X_{n-1})=\sum_{k=1}^{M} w_{f,k}^{*} x(n-k) \tag{3.2.1}$$

显然，最优前向线性预测相当于一个维纳滤波器，对应于维纳滤波的术语，期望响应为

$$d(n)=x(n) \tag{3.2.2}$$

预测误差为

$$f_{M}(n)=x(n)-\hat{x}(n \mid X_{n-1}) \tag{3.2.3}$$

最小预测误差功率为

$$p_{M}=E[|f_{M}(n)|^{2}] \tag{3.2.4}$$

为使用维纳滤波器的结论，各变量和参数分别描述如下，输入向量为

$$\boldsymbol{x}(n-1)=[x(n-1),x(n-2),\cdots,x(n-M)]^{\mathrm{T}} \tag{3.2.5}$$

自相关矩阵为

$$\boldsymbol{R}_{x}=E[\boldsymbol{x}(n-1)\boldsymbol{x}^{\mathrm{H}}(n-1)]=E[\boldsymbol{x}(n)\boldsymbol{x}^{\mathrm{H}}(n)] \tag{3.2.6}$$

式(3.2.6)的第二个等号成立是假定了输入信号是平稳的。输入信号与期望响应的互相关向量为

$$\boldsymbol{r}_{xd}=E[\boldsymbol{x}(n-1)x^{*}(n)]=\begin{bmatrix} r_{x}(-1) \\ r_{x}(-2) \\ \vdots \\ r_{x}(-M) \end{bmatrix}=\boldsymbol{r} \tag{3.2.7}$$

相应的求解前向最优线性预测系数的维纳-霍普夫方程为

$$\boldsymbol{R}_{x}\boldsymbol{w}_{f}=\boldsymbol{r} \tag{3.2.8}$$

这里，$\boldsymbol{w}_{f}=[w_{f,1},w_{f,2},\cdots,w_{f,M}]^{\mathrm{T}}$，注意到，这个方程与求解AR模型系数的Yule-Walker方程是一致的，只是系数相差一个负号。

当采用最优预测系数时，预测误差均方值达到最小，即最小预测误差功率为

$$p_{M}=r_{x}(0)-\boldsymbol{r}^{\mathrm{H}}\boldsymbol{w}_{f} \tag{3.2.9}$$

前向预测和预测误差输出可用图3.2.1表示。

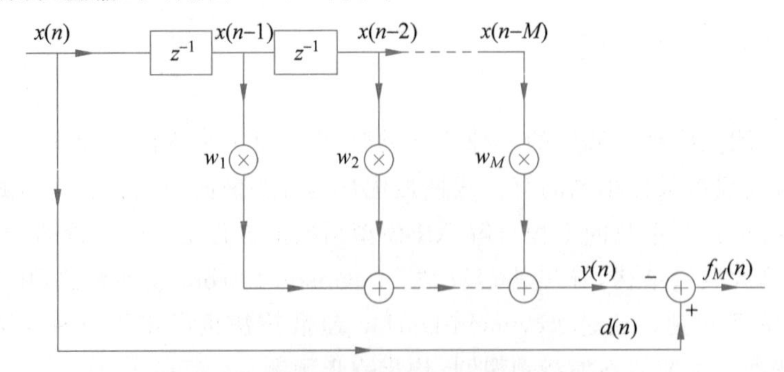

图3.2.1 前向线性预测器及预测误差输出

1. 前向线性预测误差滤波器

如果将预测误差作为一个滤波器的输出，由输入 $x(n)$ 到输出 $f_M(n)$ 构成前向线性预测误差滤波器，相应的滤波器输入输出关系表示为

$$\begin{aligned} f_M(n) &= x(n) - \sum_{k=1}^{M} w_{f,k}^* x(n-k) \\ &= \sum_{k=0}^{M} a_{M,k}^* x(n-k) = \boldsymbol{a}_M^{\mathrm{H}} \boldsymbol{x}_{M+1}(n) \end{aligned} \tag{3.2.10}$$

这里，相应的前向线性预测误差滤波器系数 $a_{M,k}$ 与最优预测器系数 $w_{f,k}$ 的关系为

$$a_{M,k} = \begin{cases} 1, & k=0 \\ -w_{f,k}, & k=1,2,\cdots,M \end{cases} \tag{3.2.11}$$

并使用向量符号为

$$\boldsymbol{a}_M = [1, a_{M,1}, a_{M,2}, \cdots, a_{M,M}]^{\mathrm{T}} \tag{3.2.12}$$

$$\boldsymbol{x}_{M+1}(n) = [x(n), x(n-1), \cdots, x(n-M+1), x(n-M)]^{\mathrm{T}}$$

2. 增广维纳-霍普夫方程

将前向预测的维纳-霍普夫方程式(3.2.8)和预测误差功率 p_M 公式(3.2.9)写在一起，有

$$\begin{bmatrix} r_x(0) & \boldsymbol{r}^{\mathrm{H}} \\ \boldsymbol{r} & \boldsymbol{R}_x \end{bmatrix} \begin{bmatrix} 1 \\ -\boldsymbol{w}_f \end{bmatrix} = \begin{bmatrix} p_M \\ \boldsymbol{0} \end{bmatrix} \tag{3.2.13}$$

或等价为

$$\boldsymbol{R}_{M+1} \boldsymbol{a}_M = \begin{bmatrix} p_M \\ \boldsymbol{0} \end{bmatrix} \tag{3.2.14}$$

式(3.2.13)或式(3.2.14)是线性预测的增广维纳-霍普夫方程，从增广方程看，前向线性预测误差滤波器和AR模型所服从的方程组也是一致的。

3. 前向线性预测误差滤波器与AR模型的关系

前文已经提到，在已知一组自相关序列值$\{r_x(k), k=0,\cdots,M\}$的条件下，前向线性预测误差滤波器和AR模型的求解方程是一致的。为了便于比较，将AR(M)模型的差分方程表达式写为如下形式：

$$\sum_{k=0}^{M} a_k^* x(n-k) = v(n) \tag{3.2.15}$$

比较式(3.2.10)和式(3.2.15)发现，AR模型与前向线性预测误差滤波器满足相同的方程(但等号左右两侧内容是相互调换的)，只需要进行如下的对应关系：

$$a_k^* \leftrightarrow a_{M,k}^* \tag{3.2.16}$$

$$v(n) \leftrightarrow f_M(n) \tag{3.2.17}$$

注意，这种对应只是数学形式的对应，从物理意义上，前向线性预测误差是分析器，即 $x(n)$ 是输入信号，通过滤波器产生输出 $f_M(n)$；AR模型是合成器，$v(n)$是激励信号，通过系统产生合成的信号 $x(n)$。两者分别用于解决不同的问题，但遵从相同的数学关系。因此，在已知一组自相关序列值$\{r_x(k), k=0,1,\cdots,M\}$的条件下，两者的求解过程和所求的解相同，即两者的解等价。

3.2.2 后向线性预测

初看起来,后向预测似乎没有实质用处,但其可与前向预测构成互补结构,从而得到有效的系统结构。由$\{x(n-i)\}_{i=0}^{M-1}$构成的空间X_n预测$x(n-M)$,称为一步后向预测,简称后向预测。最优后向线性预测器系数记为$w_{b,1},w_{b,2},\cdots,w_{b,M}$,预测值记为

$$\hat{x}(n-M \mid X_n)=\sum_{k=1}^{M} w_{b,k}^{*} x(n-k+1) \tag{3.2.18}$$

与前向预测类似,后向最优线性预测器也是维纳滤波器的特殊类型,对应于维纳滤波器的术语,分别有期望响应为

$$d(n)=x(n-M) \tag{3.2.19}$$

预测误差为

$$b_M(n)=x(n-M)-\hat{x}(n-M \mid X_n) \tag{3.2.20}$$

预测误差功率为

$$p_M=E[\mid b_M(n)\mid^2] \tag{3.2.21}$$

与标准维纳滤波器相比,后向预测器的有关向量分别写为,输入向量

$$\boldsymbol{x}(n)=[x(n),x(n-1),\cdots,x(n-M+1)]^{\mathrm{T}}$$

自相关矩阵为

$$\boldsymbol{R}_x=E[\boldsymbol{x}(n)\boldsymbol{x}^{\mathrm{H}}(n)]$$

互相关向量为

$$\boldsymbol{r}_{xd}=E[\boldsymbol{x}(n)x^{*}(n-M)]=[r(M),r(M-1),\cdots,r(1)]^{\mathrm{T}}=\boldsymbol{r}^{B*}$$

这里上标符号B指向量反向排序。

求后向预测器系数的维纳-霍普夫方程为

$$\boldsymbol{R}_x\boldsymbol{w}_b=\boldsymbol{r}^{B*} \tag{3.2.22}$$

这里,$\boldsymbol{w}_b=[w_{b,1},w_{b,2},\cdots,w_{b,M}]^{\mathrm{T}}$。预测误差功率为

$$p_M=r(0)-\boldsymbol{r}^{BT}\boldsymbol{w}_b \tag{3.2.23}$$

可以证明(留作习题),前向和后向最优预测系数之间满足如下关系:

$$\boldsymbol{w}_b^{B*}=\boldsymbol{w}_f \tag{3.2.24}$$

或写成如下分量形式:

$$w_{b,M-k+1}^{*}=w_{f,k} \quad k=1,2,\cdots,M \tag{3.2.25}$$

$$w_{b,k}=w_{f,M-k+1}^{*} \quad k=1,2,\cdots,M \tag{3.2.26}$$

由此也可证明前向最优线性预测误差功率与后向最优线性预测误差功率也相等,因此都用了同一个符号p_M表示。

1. 后向预测误差滤波器

与前向预测类似,定义后向预测误差滤波器

$$\begin{aligned} b_M(n)&=x(n-M)-\sum_{k=1}^{M} w_{bk}^{*} x(n-k+1) \\ &=\sum_{k=0}^{M} C_{M,k}^{*} x(n-k) \end{aligned} \tag{3.3.27}$$

这里

$$C_{M,k}^{*}=\begin{cases}-w_{b,k+1}^{*}, & k=0,1,\cdots,M-1\\ 1, & k=M\end{cases}$$

容易验证

$$C_{M,k}=a_{M,M-k}^{*}\quad k=0,1,\cdots,M \tag{3.2.28}$$

故

$$b_M(n)=\sum_{k=0}^{M}a_{M,M-k}x(n-k)=\boldsymbol{a}_M^{BT}\boldsymbol{x}_{M+1}(n) \tag{3.2.29}$$

2. 增广维纳-霍普夫方程

后向预测问题也可以写成一个增广方程：

$$\begin{bmatrix}\boldsymbol{R}_x & \boldsymbol{r}^{B*}\\ \boldsymbol{r}^{BT} & r_x(0)\end{bmatrix}\begin{bmatrix}-\boldsymbol{w}_b\\ 1\end{bmatrix}=\begin{bmatrix}\boldsymbol{0}\\ p_M\end{bmatrix} \tag{3.2.30}$$

或

$$\boldsymbol{R}_{M+1}\boldsymbol{a}_M^{B*}=\begin{bmatrix}\boldsymbol{0}\\ p_M\end{bmatrix} \tag{3.2.31}$$

3.2.3 Levinson-Durbin 算法

在实际应用中，不管是解 AR 模型问题或解线性最优预测问题，都需要求解增广的 Yule-Walker 方程(或线性预测的增广维纳-霍普夫方程)，但实际中，往往并不知道模型或预测的最好阶数。一些学者研究了阶数的确定准则；另一种方法就是对一个范围内的若干阶数分别进行求解，当预测误差不随阶数增加而明显减少时，就可以得到相应的模型阶。分别求解若干阶的增广 Yule-Walker 方程，是比较费时的。用高斯消元法解一个 M 阶方程需要 $O(M^3)$的运算量，随着 M 增加，运算量增加很快。一种好的方法是：如果已知 $M-1$ 阶的系数和最小均方误差，通过一个简单的递推关系得到 M 阶的系数与均方误差值，这就是 Levinson-Durbin 递推算法。

Levinson-Durbin 递推算法实际是利用相关矩阵 $\boldsymbol{R}$ 的 Toeplitz 性质，由 Toeplitz 性得到了自相关矩阵的增广形式，再利用前向和后向预测的增广 Yule-Walker 方程的结构，导出了由 $m-1$ 阶的解 $\boldsymbol{a}_{m-1}$、p_{m-1} 递推求解 $\boldsymbol{a}_m$、p_m 的快速算法。如下推导这个算法。

从 $m-1$ 阶出发，对前向预测有增广方程

$$\boldsymbol{R}_m\boldsymbol{a}_{m-1}=\begin{bmatrix}p_{m-1}\\ \boldsymbol{0}_{m-1}\end{bmatrix} \tag{3.2.32}$$

注意，为了推导过程清晰，自相关矩阵 $\boldsymbol{R}_m$ 的下标表示 $m\times m$ 增广矩阵。将式(3.2.32)的系数矩阵增加阶数，将系数自相关矩阵增广为$(m+1)\times(m+1)$矩阵，为保持方程成立，系数向量尾部增加一个 0，得到

$$\begin{bmatrix}\boldsymbol{R}_m & \boldsymbol{r}_m^{B*}\\ \boldsymbol{r}_m^{BT} & r_x(0)\end{bmatrix}\begin{bmatrix}\boldsymbol{a}_{m-1}\\ 0\end{bmatrix}=\begin{bmatrix}p_{m-1}\\ \boldsymbol{0}_{m-1}\\ \boldsymbol{r}_m^{BT}\boldsymbol{a}_{m-1}\end{bmatrix}\triangleq\begin{bmatrix}p_{m-1}\\ \boldsymbol{0}_{m-1}\\ \Delta_{m-1}\end{bmatrix} \tag{3.2.33}$$

这里，Δ_{m-1} 只是引入的一个缩写符号，即

$$\Delta_{m-1}=\boldsymbol{r}_m^{BT}\boldsymbol{a}_{m-1}=\sum_{\ell=0}^{m-1}r_x(\ell-m)a_{m-1,\ell} \tag{3.2.34}$$

实际上 Δ_{m-1} 有其明确的物理意义,它的物理意义稍后再讨论。

类似地,后向 $m-1$ 阶预测的增广方程为

$$\boldsymbol{R}_m \boldsymbol{a}_{m-1}^{B*} = \begin{bmatrix} \boldsymbol{0}_{m-1} \\ p_{m-1} \end{bmatrix} \tag{3.2.35}$$

同样对式(3.2.35)的系数矩阵做1阶增广,得如下方程:

$$\begin{bmatrix} r_x(0) & \boldsymbol{r}_m^{\mathrm{H}} \\ \boldsymbol{r}_m & \boldsymbol{R}_m \end{bmatrix} \begin{bmatrix} 0 \\ \boldsymbol{a}_{m-1}^{B*} \end{bmatrix} = \begin{bmatrix} \boldsymbol{r}_m^{\mathrm{H}} \boldsymbol{a}_{m-1}^{B*} \\ \boldsymbol{0}_{m-1} \\ p_{m-1} \end{bmatrix} = \begin{bmatrix} \Delta_{m-1}^* \\ \boldsymbol{0}_{m-1} \\ p_{m-1} \end{bmatrix} \tag{3.2.36}$$

观察式(3.2.33)和式(3.2.36)发现,它们都是以 $\boldsymbol{R}_{m+1}$ 为系数矩阵的方程,为了与 m 阶前向线性预测的增广方程进行比较,构造一个方程式为式(3.2.33)+式(3.2.36)×k_m,即

$$\boldsymbol{R}_{m+1} \left\{ \begin{bmatrix} \boldsymbol{a}_{m-1} \\ 0 \end{bmatrix} + k_m \begin{bmatrix} 0 \\ \boldsymbol{a}_{m-1}^{B*} \end{bmatrix} \right\} = \begin{bmatrix} p_{m-1} \\ \boldsymbol{0}_{m-1} \\ \Delta_{m-1} \end{bmatrix} + k_m \begin{bmatrix} \Delta_{m-1}^* \\ \boldsymbol{0}_{m-1} \\ p_{m-1} \end{bmatrix} \tag{3.2.37}$$

式(3.2.37)中,k_m 是一个自由参数。现在可以比较式(3.2.37)和 m 阶的前向预测的增广方程,为了比较方便,将 m 阶的前向预测的增广方程写在如下:

$$\boldsymbol{R}_{m+1} \boldsymbol{a}_m = \begin{bmatrix} p_m \\ \boldsymbol{0}_m \end{bmatrix} \tag{3.2.38}$$

比较式(3.2.37)和式(3.2.38)发现,如果能够确定 k_m 的值,使式(3.2.37)和式(3.2.38)两式等价,即式(3.2.37)和式(3.2.38)方程两侧的各向量相等,也就是

$$\boldsymbol{a}_m = \begin{bmatrix} \boldsymbol{a}_{m-1} \\ 0 \end{bmatrix} + k_m \begin{bmatrix} 0 \\ \boldsymbol{a}_{m-1}^{B*} \end{bmatrix} \tag{3.2.39}$$

和

$$\begin{bmatrix} p_m \\ \boldsymbol{0}_m \end{bmatrix} = \begin{bmatrix} p_{m-1} \\ \boldsymbol{0}_{m-1} \\ \Delta_{m-1} \end{bmatrix} + k_m \begin{bmatrix} \Delta_{m-1}^* \\ \boldsymbol{0}_{m-1} \\ p_{m-1} \end{bmatrix} \tag{3.2.40}$$

是有唯一解的。由于式(3.2.37)和式(3.2.38)的系数都是 $\boldsymbol{R}_{m+1}$,如果式(3.2.39)和式(3.2.40)有解,那么由式(3.2.39)就得到预测滤波系数的递推公式,式(3.2.39)可以写成标量形式:

$$a_{m,\ell} = a_{m-1,\ell} + k_m a_{m-1,m-\ell}^* \quad \ell = 0,1,\cdots,m \tag{3.2.41}$$

在使用上式时,应注意到 $a_{m-1,m}=0$ 和 $a_{m-1,0}=1$。

解式(3.2.40),确定 k_m 参数和 p_m 的公式,注意到式(3.2.40)中间 $m-2$ 行恒为零,因此只有如下两个方程:

$$\begin{cases} p_m = p_{m-1} + k_m \Delta_{m-1}^* \\ 0 = \Delta_{m-1} + k_m p_{m-1} \end{cases}$$

解之,得到

$$k_m = -\frac{\Delta_{m-1}}{p_{m-1}} \tag{3.2.42}$$

$$p_m = p_{m-1}(1 - |k_m|^2) \tag{3.2.43}$$

可以看到,只要按式(3.2.42)取 k_m 的值,就使式(3.2.39)和式(3.2.40)等式成立,由

式(3.2.41)和式(3.2.43)得到由 $\boldsymbol{a}_{m-1}$、p_{m-1} 递推求解 $\boldsymbol{a}_m$、p_m 的公式。

不难验证,与式(3.2.39)对应的另一个形式的递推公式是:

$$\boldsymbol{a}_m^{B*}=\begin{bmatrix}0\\ \boldsymbol{a}_{m-1}^{B*}\end{bmatrix}+k_m^*\begin{bmatrix}\boldsymbol{a}_{m-1}\\ 0\end{bmatrix} \tag{3.2.44}$$

或写成单项的形式:

$$a_{m,m-\ell}^*=a_{m-1,m-\ell}^*+k_m^*a_{m-1,\ell} \tag{3.2.45}$$

为了更全面地理解 Levinson-Durbin 算法,以下对几个相关问题作一些更详细地讨论。

1. $\boldsymbol{\Delta}_{m-1}$ 和 k_m 的解释

在上述的推导过程中,Δ_{m-1} 和 k_m 是在推导过程中引入的参数,其中 Δ_{m-1} 由式(3.2.34)定义,k_m 由式(3.2.42)可以求解,其实这两个参数有明确的物理意义,可以证明(留作习题)

$$\Delta_{m-1}=E[b_{m-1}(n-1)f_{m-1}^*(n)] \tag{3.2.46}$$

称为偏相关系数。而

$$\begin{aligned}k_m&=-\frac{E[b_{m-1}(n-1)f_{m-1}^*(n)]}{E[|f_{m-1}(n)|^2]}\\&=-\frac{E[b_{m-1}(n-1)f_{m-1}^*(n)]}{E[|f_{m-1}(n)|^2]^{\frac{1}{2}}E[|b_{m-1}(n-1)|^2]^{\frac{1}{2}}}\end{aligned} \tag{3.2.47}$$

称为反射系数,由施瓦茨不等式知,$|k_m|\leqslant 1$。

2. Levinson-Durbin 算法小结

目的是由 $m-1$ 阶的解 $\boldsymbol{a}_{m-1}$、p_{m-1},递推求解 $\boldsymbol{a}_m$、p_m。需进行如下计算:

(1) $\Delta_{m-1}=\boldsymbol{r}_m^{BT}\boldsymbol{a}_{m-1}=\sum_{\ell=0}^{m-1}r_x(\ell-m)a_{m-1,\ell}$

(2) $k_m=-\dfrac{\Delta_{m-1}}{p_{m-1}}$

(3) $a_{m,\ell}=a_{m-1,\ell}+k_ma_{m-1,m-\ell}^*$,　$\ell=0,1,\cdots,m$

(4) $p_m=p_{m-1}(1-|k_m|^2)$

如果需要初始时从最低阶开始进行递推,需要确定其初始条件。

3. Levinson-Durbin 算法初始化条件

根据预测误差滤波器的定义,可以得到如下一组初始条件:

$$\begin{cases}f_0(n)=b_0(n)=x(n)\\ p_0=r_x(0)\\ \Delta_0=E[b_0(n-1)f_0^*(n)]=E[x(n-1)x^*(n)]=r_x^*(1)\\ a_{0,0}=1\end{cases} \tag{3.2.48}$$

注意到上式中,因为零阶预测的全部预测系数为零,因此预测误差等于信号本身,由此导出各初始值。

如果用高斯消元法直接求解一个 M 阶的最优预测器系数,所需运算量为 $O(M^3)$,用 Levinson-Durbin 算法为 $O(M^2)$。但是 Levinson-Durbin 算法可以得到从 1 阶到 M 阶的各阶系数和最小均方误差值。

由 Levinson-Durbin 算法的 4 个计算公式可以看到,如果给出随机信号自相关函数的

$M+1$ 个值$\{r_x(0),r_x(1),\cdots,r_x(M)\}$,递推得到各阶反射系数$\{k_m,m=1,2,\cdots,M\}$和各阶预测误差滤波器系数$\{a_{m,k},m=1,2,\cdots,M,k=1,2,\cdots,m-1,m\}$,最终确定了第 M 阶系数,$\{a_{M,k},k=0,1,\cdots,M\}$。进一步注意到,在每增加 1 阶的递推过程中,除计算 Δ_{m-1} 外,其他参数计算不需要自相关函数的值,如果可以用其他方法获得反射系数,仅由 M 个反射系数 k_m,可以递推得到 M 阶预测误差滤波器的系数。

例 3.2.1 写出实信号的用 k_m 表示的 Levinson-Durbin 算法前 3 阶的系数递推公式。

解:由 $a_{0,0}=1$ 作为初始条件,各阶系数的递推公式为

$$
\begin{aligned}
1\text{ 阶}:\ & a_{1,1}=k_1\\
& a_{2,1}=a_{1,1}+k_2a_{1,1}=k_1+k_2k_1\\
2\text{ 阶}:\ & a_{2,2}=k_2\\
& a_{3,1}=a_{2,1}+k_3a_{2,2}=k_1+k_2k_1+k_3k_2\\
3\text{ 阶}:\ & a_{3,2}=a_{2,2}+k_3a_{2,1}=k_2+k_3(k_1+k_2k_1)\\
& a_{3,3}=k_3
\end{aligned}
$$

例 3.2.2 设随机信号是满足 1 阶 AR 模型的,即满足 $x(n)=-a_1x(n-1)+v(n)$,其中 $v(n)$是方差为 σ_v^2 的白噪声,用 Levinson-Durbin 算法求解对 $x(n)$的各阶最优线性预测误差滤波器的系数。

解:由例 1.6.3 已求得 $x(n)$的自相关序列为

$$r_x(k)=\frac{\sigma_v^2}{1-a_1^2}(-a_1)^{|k|}$$

用 Levinson-Durbin 算法可以获得各阶预测误差滤波器的系数。

初始的零阶预测误差滤波器的参数为

$$a_{0,0}=1,\quad p_0=r_x(0)=\frac{\sigma_v^2}{1-a_1^2},\quad \Delta_0=r_x(1)=\frac{-a_1\sigma_v^2}{1-a_1^2}$$

1 阶参数为

$$
\begin{aligned}
& k_1=-\frac{\Delta_0}{p_0}=-\frac{r_x(1)}{r_x(0)}=a_1\\
& a_{1,0}=1\\
& a_{1,1}=k_1=a_1\\
& p_1=p_0(1-|k_1|^2)=\sigma_v^2
\end{aligned}
$$

2 阶参数为

$$
\begin{aligned}
& \Delta_1=r_x(2)+a_{1,1}r_x(1)=0\\
& k_2=0\\
& p_2=p_1=\sigma_v^2\\
& a_{2,0}=1,\quad a_{2,1}=a_{1,1}=a_1,\quad a_{2,2}=0
\end{aligned}
$$

类似地,容易验证 M 阶预测误差滤波器系数为

$$
\begin{aligned}
& a_{M,0}=1,\quad a_{M,1}=a_1\\
& a_{M,k}=0,\quad k>1
\end{aligned}
$$

对于 1 阶 AR 模型,只需要 1 阶线性预测器可以达到使预测误差为白噪声,且预测误差

功率为 σ_v^2，更高阶预测不能改善预测性能，这个结论可以推广到任意阶 AR 模型，即对于 AR(p)模型产生的信号，只需要 p 阶预测，更高阶预测不再改善预测性能。

4. 反 Levinson-Durbin 算法

正如上所述，由 M 个反射系数$\{k_m, m=1,\cdots,M\}$，可以递推得到 M 阶预测误差滤波器的系数。反射系数 k_m 是一个重要的量，3.2.4 节将看到，由反射系数可以构成预测误差滤波器另一种规范的实现结构：格型结构。这里，讨论一个反问题，如果给出了预测误差滤波器的 M 阶系数，$\{a_{M,k}, k=0,1,\cdots,M\}$，也可以递推得到各阶反射系数 k_m。

将式(3.2.41)和式(3.2.45)联立，得到如下联立方程：

$$\begin{cases} a_{m,k} = a_{m-1,k} + k_m a_{m-1,m-k}^* \\ a_{m,m-k}^* = a_{m-1,m-k}^* + k_m a_{m-1,k} \end{cases} \tag{3.2.49}$$

且注意到，在式(3.2.41)中，取 $k=m$，并利用 $a_{m-1,m}=0$ 和 $a_{m-1,0}=1$，得到

$$k_m = a_{m,m} \tag{3.2.50}$$

将式(3.2.50)代入式(3.2.49)，以 $a_{m-1,k}$ 为未知量，解得

$$a_{m-1,k} = \frac{a_{m,k} - a_{m,m} a_{m,m-k}^*}{1 - |a_{m,m}|^2}, \quad k=0,1,\cdots,m-1 \tag{3.2.51}$$

由此得到 $k_{m-1}=a_{m-1,m-1}$。由 $m=M$ 开始，连续用式(3.2.50)和式(3.2.51)，每次使 m 减 1，依次得到 $k_M, k_{M-1}, \cdots, k_1$。这个过程称为反 Levinson-Durbin 算法，它是由 M 阶预测误差滤波器系数$\{a_{M,k}, k=0,1,\cdots,M\}$，递推得到各阶反射系数 $k_M, k_{M-1}, \cdots, k_1$。

3.2.4 格型预测误差滤波器

由 m 阶前向预测误差滤波器的输出 $f_m(n)=\boldsymbol{a}_m^{\mathrm{H}}\boldsymbol{x}_{m+1}(n)$，和 m 阶后向预测误差滤波器输出 $b_m(n)=\boldsymbol{a}_m^{BT}\boldsymbol{x}_{m+1}(n)$，利用 Levinson-Durbin 递推公式，整理得到

$$f_m(n) = f_{m-1}(n) + k_m^* b_{m-1}(n-1) \tag{3.2.52}$$

$$b_m(n) = b_{m-1}(n-1) + k_m f_{m-1}(n) \tag{3.2.53}$$

注意到

$$b_{m-1}(n-1) = Z^{-1}[b_{m-1}(n)] \tag{3.2.54}$$

表示后向预测误差的 1 阶延迟，并且注意到 0 阶预测误差滤波器输出为

$$f_0(n) = b_0(n) = x(n) \tag{3.2.55}$$

由式(3.2.52)～式(3.2.55)得到格型预测误差滤波器结构如图 3.2.2 所示。图 3.2.2(a)是 1 阶格型模块，实现了式(3.2.52)和式(3.2.53)的运算关系，通过 M 阶级联，同时实现了 M 阶前向预测误差和后向预测误差滤波器，第 m 级格型单元的反射系数为 k_m。

如下简单证明前向预测误差滤波器的递推关系式(3.2.52)，后向预测误差滤波器的递推关系式(3.2.53)的证明很相似，此处从略。由于

$$f_m(n) = \sum_{k=0}^{m} a_{m,k}^* x(n-k)$$

$$b_m(n) = \sum_{k=0}^{m} a_{m,m-k} x(n-k)$$

在如上第 1 式代入 Levinson-Durbin 递推公式(3.2.41)，得到

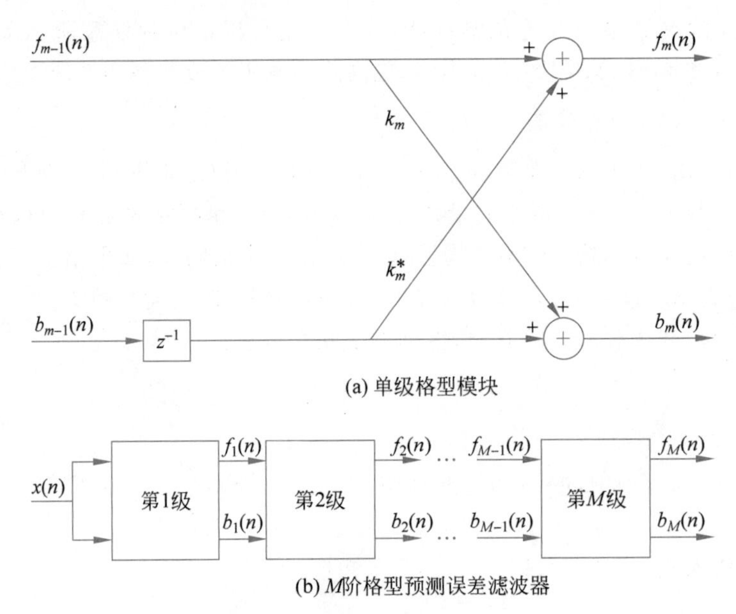

图 3.2.2 预测误差滤波器的格型结构

$$
\begin{aligned}
f_m(n) &= \sum_{k=0}^{m} a_{m,k}^* x(n-k) = \sum_{k=0}^{m} (a_{m-1,k} + k_m a_{m-1,m-k}^*)^* x(n-k) \\
&= \sum_{k=0}^{m} (a_{m-1,k})^* x(n-k) + k_m^* \sum_{k=0}^{m} a_{m-1,m-k} x(n-k)
\end{aligned}
$$

利用 $a_{m-1,m}=0$,代入上式,得到

$$
\begin{aligned}
f_m(n) &= \sum_{k=0}^{m-1} a_{m-1,k}^* x(n-k) + k_m^* \sum_{k=1}^{m} a_{m-1,m-k} x(n-k) \\
&= \sum_{k=0}^{m-1} a_{m-1,k}^* x(n-k) + k_m^* \sum_{k=0}^{m-1} a_{m-1,m-1-k} x(n-1-k) \\
&= f_{m-1}(n) + k_m^* b_{m-1}(n-1)
\end{aligned}
$$

预测误差滤波器的格型结构实现有几个明确的特点。

(1) 模块化结构,格型滤波器的每一级结构完全相同,只有唯一的参数即反射系数的取值不同,这利于硬件实现时模块的复用。

(2) 增加阶数后不改变前级的参数,对于格型实现,由 M 阶增加到 $M+1$ 阶只需要在最后增加一个反射系数为 k_{M+1} 模块,不需要改变前 M 级的参数。

(3) 格型结构可以同时计算前向和后向预测误差。

例 3.2.3 一个 WSS,已知它的 4 个自相关值分别为

$$
r_x(0)=2,\quad r_x(1)=1,\quad r_x(2)=1,\quad r_x(3)=0.5
$$

求它的 3 阶前向预测误差滤波器的格型结构和横向结构的参数,分别画出结构图。

解:用 Levinson-Durbin 递推算法,初始条件:$p_0=r_x(0)=2$,$\Delta_0=r_x(1)=1$,$a_{0,0}=1$

第 1 阶递推:

$$
k_1=-\frac{\Delta_0}{p_0}=-\frac{1}{2},\quad p_1=p_0(1-k_1^2)=1.5
$$

$$a_{1,0}=1$$

$$a_{1,1}=a_{0,1}+k_1a_{0,0}=k_1=-1/2$$

第 2 阶递推：

$$\Delta_1=r_x(2)+a_{1,1}r_x(1)=1/2$$

$$k_2=-\frac{\Delta_1}{p_1}=-\frac{1}{3}$$

$$p_2=p_1(1-k_2^2)=4/3$$

$$a_{2,0}=1$$

$$a_{2,1}=a_{1,1}+k_2a_{1,1}=-1/3$$

$$a_{2,2}=k_2=-1/3$$

第 3 阶递推：

$$\Delta_2=r_x(3)+a_{2,1}r_x(2)+a_{2,2}r_x(1)=-1/6$$

$$k_3=-\frac{\Delta_2}{p_2}=\frac{1}{8}$$

$$p_3=p_2(1-k_3^2)=21/16$$

$$a_{3,0}=1$$

$$a_{3,1}=a_{2,1}+k_3a_{2,2}=-3/8$$

$$a_{3,2}=a_{2,2}+k_3a_{2,1}=-3/8$$

$$a_{3,3}=k_3=1/8$$

由以上递推的参数，分别画出横向和格型结构图如图 3.2.3 所示。

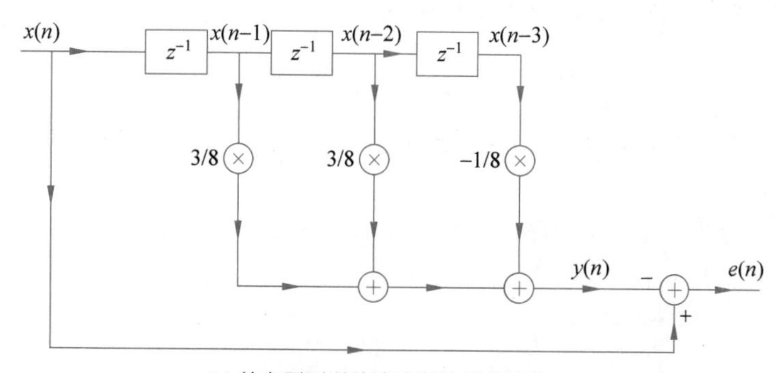

(a) 前向预测误差滤波器的横向结构

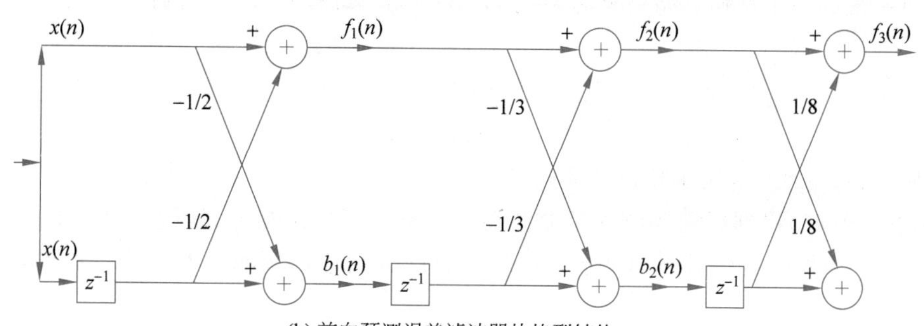

(b) 前向预测误差滤波器的格型结构

图 3.2.3　横向与格型滤波器结构

3.2.5 预测误差滤波器的性质

预测误差滤波器有一组性质,由这些性质可能导出一些有用的结论。

性质1 m 阶前向预测误差滤波器系统函数和 m 阶后向预测误差滤波器系统函数之间满足

$$H_{b,m}(z)=z^{-m}H_{f,m}^{*}(z^{-1}) \tag{3.2.56}$$

m 阶前向预测误差滤波器系统函数满足递推关系式

$$H_{f,m}(z)=H_{f,m-1}(z)+k_m^{*}z^{-1}H_{b,m-1}(z) \tag{3.2.57}$$

这里,$H_{f,m}(z)$是 m 阶前向预测误差滤波器系统函数,$H_{b,m}(z)$是 m 阶后向预测误差滤波器系统函数。由式(3.2.10)可得 $H_{f,m}(z)$的表达式为

$$H_{f,m}(z)=1+\sum_{k=1}^{m}a_{m,k}z^{-k} \tag{3.2.58}$$

利用式(3.2.58)直接可以证明式(3.2.56),将 Levinson-Durbin 递推式(3.2.41)代入式(3.2.58),直接可以证明式(3.2.57),推导过程类似于式(3.2.52)的证明,证明的详细步骤留作习题。

性质2 前向预测误差滤波器是最小相位的,后向预测误差滤波器是最大相位的。如果各阶反射系数$|k_m|<1$,对应有$|z_{m,i}|<1$,这里 $z_{m,i}$ 表示m 阶前向预测误差滤波器的第 i 个零点。

用数学归纳法来证明性质2,为简单假设滤波器系数是实的。对1阶前向预测误差滤波器,由 $H_{f,1}(z)=1+k_1z^{-1}$,得到的零点是 $z_{1,1}=k_1$,因此$|z_{1,1}|=|k_1|<1$。假设$m-1$阶前向预测误差滤波器的各零点都位于单位圆内,定义

$$H_{a,m-1}(z)=\frac{z^{-m}H_{f,m-1}(1/z)}{H_{f,m-1}(z)}$$

显然,$H_{a,m-1}(z)$是一个全部极点在单位圆内的全通系统。设 $z_{m,i}$ 是 m 阶前向预测误差滤波器的零点,因此

$$H_{f,m}(z_{m,i})=H_{f,m-1}(z_{m,i})+k_m^{*}z_{m,i}^{-1}H_{b,m-1}(z_{m,i})=0$$

利用上式和式(3.2.56),得

$$|H_{a,m-1}(z_{m,i})|=\frac{1}{|k_m|}>1$$

利用全通系统的一个性质:如果全通系统 $H_{ap}(z)$的全部极点在单位圆内,则有

$$H_{ap}(z)\begin{cases}>1, & |z|<1\\ =1, & |z|=1\\ <1, & |z|>1\end{cases}$$

由此性质,得$|z_{m,i}|<1$,最小相位性质得证。

由式(3.2.56)得到后向预测误差滤波器的零点位于单位圆外,是最大相位的。

性质3 如果随机信号是 AR(p)过程,它通过 p 阶前向预测误差滤波器后的输出是白噪声。

由 AR(p)模型和 p 阶前向预测误差滤波器解的等价性,这个性质是显然的,由例3.2.2的推广得到该性质的证明。

性质 4　预测误差滤波器的正交或功率关系。

预测误差滤波器存在许多正交和功率关系，几个较重要的关系分述如下：

(1)
$$\begin{aligned}&E[f_m(n)x^*(n-k)]=0,1\leqslant k\leqslant m\\&E[b_m(n)x^*(n-k)]=0,0\leqslant k\leqslant m-1\end{aligned}\tag{3.2.59}$$

这个关系式就是最优滤波器的正交性原理在前向线性预测和后向线性预测的具体形式。

(2) $$E[f_m(n)x^*(n)]=[b_m(n)x^*(n-m)]=p_m\tag{3.2.60}$$

式(3.2.60)可由(3.2.59)直接推出，即

$$E[f_m(n)x^*(n)]=E\left[f_m(n)\left[x^*(n)-\sum_{k=1}^{m}a_{m,k}x^*(n-k)\right]\right]=E[f_m(n)f_m^*(n)]=p_m$$

(3) $$E[b_m(n)b_i^*(n)]=\begin{cases}p_m, & i=m\\0, & i\neq m\end{cases}\tag{3.2.61}$$

式(3.2.61)说明，各不同阶后向预测误差滤波器在同时刻的输出互相正交。也就是图 3.2.2(b)中，底下一行的各级输出是相互正交的。

(4) $$E[f_m(n)f_i^*(n)]=p_l,l=\max(m,i)\tag{3.2.62}$$

前向预测误差滤波器没有与后向预测误差滤波器相同的性质，即图 3.2.2(b)中，顶上一行的各级输出在同一时刻不是相互正交的。

(5) $$E[f_i(n)f_j^*(n-k)]=0,\begin{cases}1\leqslant k\leqslant i-j, & i>j\\-1\geqslant k\geqslant i-j, & i<j\end{cases}\tag{3.2.63}$$

$$E[b_i(n)b_j^*(n-k)]=0,\begin{cases}0\leqslant k\leqslant i-j-1, & i>j\\0\geqslant k\geqslant i-j+1, & i<j\end{cases}\tag{3.2.64}$$

式(3.2.63)和式(3.2.64)给出了前向预测误差和后向预测误差在不同阶和不同时刻的正交关系，作为一个特例，对于前向预测误差，取 $i=n,k=i-j,j<i$，即等价的 $i=n,j=i-k,k=1,2,\cdots,n-1$，前向预测误差关系的特例是

$$E[f_n(n)f_{n-k}^*(n-k)]=0,\quad k=1,2,\cdots,n-1\tag{3.2.65}$$

或写成另一种形式

$$E[f_n(n)f_m^*(m)]=0,\quad m<n\tag{3.2.66}$$

这个关系式清楚地说明，m 阶前向预测误差滤波器在 m 时刻的输出与 n 阶前向预测误差滤波器在 n 时刻的输出是正交的(当 $n\neq m$)。

式(3.2.61)至式(3.2.64)的证明留作习题。

3.3　最小二乘滤波

视频讲解

本章前几节采用均方误差准则意义下的最优滤波，通过一个滤波器输出估计一个期望响应。为使滤波器输出是期望响应的最优估计，求滤波器系数使估计误差的均方值最小，由此得到了维纳滤波器。维纳滤波器的求解需要输入信号向量的自相关矩阵和输入与期望响应的互相关向量，在许多实际问题中，这两个统计量并不存在，实际存在的仅是一段时间内的输入信号和期望响应的波形。在这段有限时间内滤波器对期望响应进行估计，使估计误

差的平方和最小得到的滤波器权系数,就是最小二乘(LS)意义下的最优滤波器。

需要注意,也有文献把维纳滤波这样的按均方意义的统计最优问题,统称为 LS 问题,本书中,我们用 LS 专指"有限误差平方和最小"这种情况,以区别维纳滤波。在 2.6 节已讨论了线性模型参数估计情况下的 LS 技术,本节讨论 LS 的滤波问题。作为线性系统的表示,讨论复数据和复系统的最一般情况,实数据和实系统简单地作为一种特例,通过去掉共轭符号或将共轭转置符"H"变为转置符"T"而得到其解。

由于 LS 滤波器仅讨论有限误差和,其滤波器工作的持续时间有限,因此,对 LS 滤波器仅讨论 FIR 结构。由输入信号 $x(i), x(i-1), \cdots, x(i-M+1)$ 估计期望响应 $d(i)$,估计误差 $e(i)$,则有

$$\begin{aligned} e^*(i) &= d^*(i) - y^*(i) \\ &= d^*(i) - \sum_{k=0}^{M-1} w_k x^*(i-k) = d^*(i) - \boldsymbol{x}^{\mathrm{H}}(i)\boldsymbol{w} \end{aligned} \tag{3.3.1}$$

注意到,为使待求系数 w_k 上没有共轭符号,对误差和信号项加上共轭符号。误差表示的向量形式为

$$\boldsymbol{e} = \boldsymbol{d} - \boldsymbol{A}\boldsymbol{w} \tag{3.3.2}$$

对期望响应向量的估计为

$$\hat{\boldsymbol{d}} = \boldsymbol{y} = \boldsymbol{A}\boldsymbol{w} \tag{3.3.3}$$

这里,

$$\begin{aligned} \boldsymbol{e} &= [e^*(i_1), e^*(i_1+1), \cdots, e^*(i_2)]^{\mathrm{T}} \\ \boldsymbol{d} &= [d^*(i_1), d^*(i_1+1), \cdots, d^*(i_2)]^{\mathrm{T}} \\ \boldsymbol{x}(i) &= [x(i), x(i-1), \cdots, x(i-M+1)]^{\mathrm{T}} \\ \boldsymbol{w} &= [w_0, w_1, \cdots, w_{M-1}]^{\mathrm{T}} \end{aligned} \tag{3.3.4}$$

和

$$\boldsymbol{A} = \begin{bmatrix} \boldsymbol{x}^{\mathrm{H}}(i_1) \\ \boldsymbol{x}^{\mathrm{H}}(i_1+1) \\ \vdots \\ \boldsymbol{x}^{\mathrm{H}}(i_2) \end{bmatrix} \tag{3.3.5}$$

i_1、i_2 表示处理问题所考虑的起始时间和终止时间,即所谓 LS 滤波所考虑的误差取值范围为 $i_1 \leqslant n \leqslant i_2$,$\boldsymbol{A}$ 是数据矩阵,稍后会进一步讨论考虑有限区间边界问题时 $\boldsymbol{A}$ 的取值问题。

LS 滤波问题中,需确定 w_k 的值使

$$\begin{aligned} \xi(w_0, w_1, \cdots, w_{M-1}) &= \sum_{i=i_1}^{i_2} |e(i)|^2 = \sum_{i=i_1}^{i_2} \left| d(i) - \sum_{k=0}^{M-1} w_k^* x(i-k) \right|^2 \\ &= (\boldsymbol{d} - \boldsymbol{A}\boldsymbol{w})^{\mathrm{H}}(\boldsymbol{d} - \boldsymbol{A}\boldsymbol{w}) \end{aligned} \tag{3.3.6}$$

最小。

从如上的讨论中不难看出,LS 滤波器是一个"现实"的最优滤波器。维纳滤波器的设计目标是使得滤波器误差模平方的期望值最小,在各态历经的情况下,相当于在$(-\infty, +\infty)$区间上误差模平方的均值最小,因此,滤波器的求解需要输入信号的自相关矩阵和输入信号与期望响应的互相关向量,这在一些实际应用中可能难以做到。LS 滤波器的目标是现实

的，使用得到的观测数据及其持续时间，在这个持续时间内令误差模平方和最小（也等价于均值最小）而设计出滤波器系数。由于在 2.6 节已给出了 LS 解的形式，并且在 2.6.3 节给出了复数据和系统情况下 LS 的解，对滤波问题 LS 解重写为如下几个方程。LS 滤波器系数向量满足方程式

$$\boldsymbol{A}^{\mathrm{H}}\boldsymbol{A}\boldsymbol{w}_{\mathrm{LS}}=\boldsymbol{A}^{\mathrm{H}}\boldsymbol{d} \tag{3.3.7}$$

用 $\boldsymbol{w}_{\mathrm{LS}}$ 表示 LS 滤波器的解，若 $\boldsymbol{A}^{\mathrm{H}}\boldsymbol{A}$ 非奇异，则解为

$$\boldsymbol{w}_{\mathrm{LS}}=(\boldsymbol{A}^{\mathrm{H}}\boldsymbol{A})^{-1}\boldsymbol{A}^{\mathrm{H}}\boldsymbol{d} \tag{3.3.8}$$

最小误差平方和为

$$J_{\min}=J(\boldsymbol{w}_{\mathrm{LS}})=\boldsymbol{d}^{\mathrm{H}}\boldsymbol{d}-\boldsymbol{d}^{\mathrm{H}}\boldsymbol{A}\boldsymbol{w}_{\mathrm{LS}} \tag{3.3.9}$$

LS 滤波器的解只用到输入数据和期望响应的值。

3.3.1 LS 滤波的边界问题

在 LS 方法中，因为数据是有限长的，因此，存在对边界的不同处理方式，有几种(i_1,i_2)的不同取法，对应着对数据窗或数据矩阵的不同取法。

在实际滤波和参数估计问题中，可以将起始时间定义为 0，如果需要考虑终止时间，将终止时间表示为 $N-1$。即假设输入数据区间为$[0,N-1]$，在不同应用中，对输入数据的处理方式有多种选择，以下是 4 种基本方式。

1. 协方差方法

在产生滤波器输出或对期望响应进行估计时，避免对数据窗外的信号取值做任何假设。因此，如果 FIR 滤波器的非 0 系数为 M 个，考虑滤波器输出误差时，必须取 $i_1=M-1,i_2=N-1$，这样在产生滤波器输出误差时才不会使用到$[0,N-1]$区间之外的数据。这种方法不需要对数据窗之外的信号取值做任何假设，相当于不做任何“加窗”处理。考虑到式(3.3.8)对数据计算的要求，$\boldsymbol{A}$ 和 $\boldsymbol{A}^{\mathrm{H}}$ 起的作用一样重要，为书写方便，直接给出转置形式的数据矩阵定义为

$$\begin{aligned}\boldsymbol{A}^{\mathrm{H}}&=[\boldsymbol{x}(M-1),\boldsymbol{x}(M),\cdots,\boldsymbol{x}(N-1)]\\&=\begin{bmatrix}x(M-1)&x(M)&\cdots&x(N-1)\\x(M-2)&x(M-1)&\cdots&x(N-2)\\\vdots&\vdots&\ddots&\vdots\\x(0)&x(1)&\cdots&x(N-M)\end{bmatrix}\end{aligned} \tag{3.3.10}$$

这里，$\boldsymbol{x}(i)=[x(i),x(i-1),\cdots,x(i-M+1)]^{\mathrm{T}}$ 是计算每个时刻滤波器输出所需要的输入信号向量。这种取数据的方法称为协方差方法，需要注意，LS 的协方差方法的名称是一种习惯的叫法，它与随机信号的“协方差”的定义并无严格的联系，是一种因习惯而保留下来的名词。

2. 自相关方法

对一个有 M 个非 0 系数的 FIR 滤波器，如果输入数据范围为$[0,N-1]$，滤波器输出范围可扩展到$[0,N+M-2]$。取所有可能存在的滤波器输出值，得到相应的估计误差，即取滤波器输出误差的求和范围为 $i_1=0,i_2=N+M-2$。这种情况下，当需要数据观测窗$[0,N-1]$之外的数据时，假设 $x(i)$在 $0\leqslant i\leqslant N-1$ 的窗外取值为 0，由此，该方法可以计入所有不为 0

的滤波器输出。但该方法相当于对输入数据进行了“加窗”预处理,假设窗外数据为0。数据矩阵的共轭转置形式为

$$\boldsymbol{A}^{\mathrm{H}}=[\boldsymbol{x}(0),\boldsymbol{x}(2),\cdots,\boldsymbol{x}(N-1),\cdots,\boldsymbol{x}(N+M-2)]$$
$$=\begin{bmatrix} x(0) & x(1) & \cdots & x(M-1) & \cdots & x(N-1) & 0 & \cdots & 0 \\ 0 & x(0) & \cdots & x(M-2) & \cdots & x(N-2) & x(N-1) & \cdots & 0 \\ \vdots & \vdots & \ddots & \vdots & \ddots & \vdots & \vdots & \ddots & \vdots \\ 0 & 0 & \cdots & x(0) & \cdots & x(N-M) & x(N-M-1) & \cdots & x(N-1) \end{bmatrix} \tag{3.3.11}$$

3. 预加窗法

令 $i_1=0, i_2=N-1$,相当于假设 $i<0$ 时,$x(i)=0$。不考虑 $i\geqslant N$ 之后的数据。相当于加了前窗,即窗的起始时间是0,但没有考虑终止时间端的情况,因此称为预加窗。数据矩阵的转置形式为

$$\boldsymbol{A}^{\mathrm{H}}=[\boldsymbol{x}(0),\boldsymbol{x}(1),\cdots,\boldsymbol{x}(N-1)]$$
$$=\begin{bmatrix} x(0) & x(1) & \cdots & x(M-1) & \cdots & x(N-1) \\ 0 & x(0) & \cdots & x(M-2) & \cdots & x(N-2) \\ \vdots & \vdots & \ddots & \vdots & \ddots & \vdots \\ 0 & 0 & \cdots & x(0) & \cdots & x(N-M) \end{bmatrix} \tag{3.3.12}$$

4. 后加窗法

令 $i_1=M-1, i_2=N+M-2$ 相当于假设 $i>N$ 时,$x(i)=0$,但避开对 $i\leqslant 0$ 时的数据做假设。数据矩阵为

$$\boldsymbol{A}^{\mathrm{H}}=[\boldsymbol{x}(M-1),\cdots,\boldsymbol{x}(N-1),\cdots,\boldsymbol{x}(N+M-2)]$$
$$=\begin{bmatrix} x(M-1) & \cdots & x(N-1) & 0 & \cdots & 0 \\ x(M-2) & \cdots & x(N-2) & x(N-1) & \cdots & 0 \\ \vdots & \ddots & \vdots & \vdots & \ddots & \vdots \\ x(0) & \cdots & x(N-M) & x(N-M-1) & \cdots & x(N-1) \end{bmatrix} \tag{3.3.13}$$

LS方法在很多不同的信号处理问题中得以应用,在不同的应用中,数据矩阵有不同的取法。例如,在谱估计的应用时,由于加窗会引起谱分辨率的下降,最常用的数据矩阵是按协方差方法取的;在自适应滤波应用时,往往从接收到第一个数据就开始算法迭代,因此常用预加窗法。

以上式(3.3.9)~式(3.3.13)是在假设输入数据范围为[0,$N-1$],在标准滤波问题时数据矩阵的形式,对于各种不同应用,只需写出式(3.3.2)形式的误差向量表达式,即可得到相应的数据矩阵和期望响应向量,并不必要按式(3.3.9)~式(3.3.13)套用公式。

3.3.2 LS的正交性原理

尽管由式(3.3.8)已经得到了LS滤波器的解,以下还是要导出LS滤波器的另外一种解的形式,这来自于与维纳滤波器相对应的LS的正交性原理,这可以使得我们用向量空间角度进一步理解LS滤波问题。

LS的正交性原理的推导思路与维纳滤波情况一致,只是将取期望运算变成有限求和运

算。令

$$J(\boldsymbol{w})=\sum_{i=i_1}^{i_2}|e(i)|^2=\sum_{i=i_1}^{i_2}e(i)e^*(i) \tag{3.3.14}$$

将

$$e(i)=d(i)-\sum_{k=0}^{M-1}w_k^*x(i-k)$$

代入上式，并令

$$\nabla J(\boldsymbol{w})=\boldsymbol{0} \tag{3.3.15}$$

或标量形式

$$\nabla_k J=\frac{\partial J}{\partial w_k}=0,\quad k=0,1,\cdots,M-1 \tag{3.3.16}$$

在满足式(3.3.16)时，LS 误差 $e(i)$达到最小值 $e_o(i)$，由式(3.3.16)得到

$$\sum_{i=i_1}^{i_2}x(i-k)e_o^*(i)=0,\quad k=0,1,\cdots,M-1 \tag{3.3.17}$$

并由

$$\hat{d}(i)=y_o(i)=\sum_{k=0}^{M-1}w_{o,k}^*x(i-k) \tag{3.3.18}$$

进一步得到

$$\sum_{i=i_1}^{i_2}\hat{d}(i)e_o^*(i)=0 \tag{3.3.19}$$

式(3.3.17)、式(3.3.19)是 LS 意义下的正交原理及其推论。

1. 正则方程与最小误差平方和公式

与维纳滤波器类似，在 LS 意义下达到最优时，滤波器系数、期望响应的估计、误差和满足的关系式，均可以由正交性原理推导出。由

$$e_o(i)=d(i)-\sum_{t=0}^{M-1}w_{o,t}^*x(i-t) \tag{3.3.20}$$

两边取共轭后，同乘 $x(i-k)$并从 $i=i_1$ 到 i_2 求和，得

$$\sum_{t=0}^{M-1}w_{o,t}\sum_{i=i_1}^{i_2}x(i-k)x^*(i-t)=\sum_{i=i_1}^{i_2}x(i-k)d^*(i),\quad k=0,1,\cdots,M-1 \tag{3.3.21}$$

令

$$\Phi(t,k)=\sum_{i=i_1}^{i_2}x(i-t)x^*(i-k),\quad 0\leqslant(t,k)\leqslant M-1 \tag{3.3.22}$$

$$z(-k)=\sum_{i=i_1}^{i_2}x(i-k)d^*(i),\quad 0\leqslant k\leqslant M-1 \tag{3.3.23}$$

式(3.3.21)简化为

$$\sum_{t=0}^{M-1}w_{o,t}\Phi(t,k)=z(-k),\quad k=0,1,\cdots,M-1 \tag{3.3.24}$$

式(3.3.24)可称为LS意义下的维纳-霍普夫方程,或LS的正则方程。写成矩阵形式:

$$\boldsymbol{\Phi}\boldsymbol{w}_{\mathrm{o}}=\boldsymbol{z} \tag{3.3.25}$$

这里,

$$[\boldsymbol{\Phi}]_{ij}=\Phi(j,i)$$
$$\boldsymbol{z}=[z(0),z(-1),\cdots,z(-M+1)]^{\mathrm{T}}$$

若$\boldsymbol{\Phi}$可逆,式(3.3.25)的解为

$$\boldsymbol{w}_{\mathrm{o}}=\boldsymbol{\Phi}^{-1}\boldsymbol{z} \tag{3.3.26}$$

$\boldsymbol{\Phi}$的几个性质,由$\boldsymbol{\Phi}$的定义可以验证它的几个性质。

(1) $\boldsymbol{\Phi}^{\mathrm{H}}=\boldsymbol{\Phi}$,但一般情况下,$\boldsymbol{\Phi}$不再满足Toeplitz性,除非数据矩阵采用自相关方法。

(2) 对任意向量$\boldsymbol{x}$,满足$\boldsymbol{x}^{\mathrm{H}}\boldsymbol{\Phi}\boldsymbol{x}\geqslant 0$,也就是说$\boldsymbol{\Phi}$是半正定的。

(3) $\boldsymbol{\Phi}$的特征值是实的和非负的。

(4) $\boldsymbol{\Phi}$可以分解为

$$\boldsymbol{\Phi}=\boldsymbol{A}^{\mathrm{H}}\boldsymbol{A}=\sum_{i=i_1}^{i_2}\boldsymbol{x}(i)\boldsymbol{x}^{\mathrm{H}}(i) \tag{3.3.27}$$

$\boldsymbol{z}$可以表示成

$$\boldsymbol{z}=\boldsymbol{A}^{\mathrm{H}}\boldsymbol{d}=\sum_{i=i_1}^{i_2}\boldsymbol{x}(i)d(i) \tag{3.3.28}$$

将式(3.3.27)和式(3.3.28)代入式(3.3.25),得到LS的正则方程的矩阵形式

$$\boldsymbol{A}^{\mathrm{H}}\boldsymbol{A}\boldsymbol{w}_{\mathrm{o}}=\boldsymbol{A}^{\mathrm{H}}\boldsymbol{d} \tag{3.3.29}$$

如果$\boldsymbol{\Phi}$可逆,滤波器系数为

$$\boldsymbol{w}_{\mathrm{o}}=(\boldsymbol{A}^{\mathrm{H}}\boldsymbol{A})^{-1}\boldsymbol{A}^{\mathrm{H}}\boldsymbol{d} \tag{3.3.30}$$

对期望响应的LS估计为

$$\hat{\boldsymbol{d}}=\boldsymbol{A}\boldsymbol{w}_{\mathrm{o}}=\boldsymbol{A}(\boldsymbol{A}^{\mathrm{H}}\boldsymbol{A})^{-1}\boldsymbol{A}^{\mathrm{H}}\boldsymbol{d} \tag{3.3.31}$$

由正交原理得到的式(3.3.29)和式(3.3.30)与前面用矩阵运算得到的式(3.3.7)和式(3.3.8)是一致的,即式(3.3.30)的解$\boldsymbol{w}_{\mathrm{o}}$和式(3.3.8)的解$\boldsymbol{w}_{\mathrm{LS}}$相等。

与维纳滤波类似,由正交原理同样验证在LS意义下,各变量和的关系为

$$\xi_d=\sum_{i=i_1}^{i_2}|d(i)|^2=\sum_{i=i_1}^{i_2}|e_{\mathrm{o}}(i)|^2+\sum_{i=i_1}^{i_2}|\hat{d}(i)|^2=J_{\min}+\xi_{est}$$

故最小误差平方和为

$$J_{\min}=\xi_d-\xi_{est} \tag{3.3.32}$$

由式(3.3.3)得

$$\xi_{est}=\boldsymbol{w}_{\mathrm{o}}^{\mathrm{H}}\boldsymbol{\Phi}\boldsymbol{w}_{\mathrm{o}}=\boldsymbol{w}_{\mathrm{o}}^{\mathrm{H}}\boldsymbol{z}=\boldsymbol{z}^{\mathrm{H}}\boldsymbol{w}_{\mathrm{o}}=\boldsymbol{z}^{\mathrm{H}}\boldsymbol{\Phi}^{-1}\boldsymbol{z}$$

最小误差平方和为

$$J_{\min}=\xi_d-\boldsymbol{w}_{\mathrm{o}}^{\mathrm{H}}\boldsymbol{z}=\boldsymbol{d}^{\mathrm{H}}\boldsymbol{d}-\boldsymbol{z}^{\mathrm{H}}\boldsymbol{\Phi}^{-1}\boldsymbol{z} \tag{3.3.33}$$

2. 投影算子

如果将矩阵$\boldsymbol{A}$的列向量张成线性空间,在这个线性空间上估计向量$\boldsymbol{d}$,得到$\boldsymbol{d}$在该空间上的投影是$\boldsymbol{d}$在该空间上的最优估计,这个估计由式(3.3.31)表示。由此,可以定义

$$\boldsymbol{P}=\boldsymbol{A}(\boldsymbol{A}^{\mathrm{H}}\boldsymbol{A})^{-1}\boldsymbol{A}^{\mathrm{H}} \tag{3.3.34}$$

为对 $\boldsymbol{A}$ 的列向量张成的空间的投影算子，任意向量 $\boldsymbol{d}$ 在该空间的投影为

$$\hat{\boldsymbol{d}}=\boldsymbol{P}\boldsymbol{d}=\boldsymbol{A}(\boldsymbol{A}^{\mathrm{H}}\boldsymbol{A})^{-1}\boldsymbol{A}^{\mathrm{H}}\boldsymbol{d} \tag{3.3.35}$$

很自然地定义正交投影算子

$$\boldsymbol{P}^{\perp}=\boldsymbol{I}-\boldsymbol{P}=\boldsymbol{I}-\boldsymbol{A}(\boldsymbol{A}^{\mathrm{H}}\boldsymbol{A})^{-1}\boldsymbol{A}^{\mathrm{H}} \tag{3.3.36}$$

它作用于 $\boldsymbol{d}$ 得到的向量是 $\boldsymbol{d}$ 与 $\boldsymbol{d}$ 在 $\boldsymbol{A}$ 的列空间的投影的向量差，该向量是与 $\boldsymbol{A}$ 的列空间垂直的向量，或者说是最小误差向量，即

$$\boldsymbol{e}=\boldsymbol{d}-\hat{\boldsymbol{d}}=\boldsymbol{P}^{\perp}\boldsymbol{d} \tag{3.3.37}$$

3.3.3　最小二乘滤波的几个性质

为了更直观地讨论 LS 的性质，假设用 LS 估计一个自回归过程(AR)的参数。假设一个自回归过程为

$$x(n)=\sum_{k=1}^{M}w_{o,k}x(n-k)+v(n)$$

将 AR 过程在时间范围[0,$N-1$]的取值写成向量形式：

$$\boldsymbol{x}=\boldsymbol{A}\boldsymbol{w}_{o}+\boldsymbol{v}$$

由测量向量 $\boldsymbol{x}=\boldsymbol{d}$ 估计自回归过程的参数 $\boldsymbol{w}_o$，令 $\boldsymbol{v}=\boldsymbol{e}_o$，方程写为

$$\boldsymbol{d}=\boldsymbol{A}\boldsymbol{w}_{o}+\boldsymbol{e}_{o} \tag{3.3.38}$$

这里，$\boldsymbol{e}_o$ 等价为测量噪声，假设它是均值为 0 的白噪声，方差为 σ_e^2。可以分析得到 $\boldsymbol{w}_o$ 的 LS 估计 $\hat{\boldsymbol{w}}_o$ 的性质。首先，$\hat{\boldsymbol{w}}_o$ 满足正则方程

$$\boldsymbol{A}^{\mathrm{H}}\boldsymbol{A}\hat{\boldsymbol{w}}_{o}=\boldsymbol{A}^{\mathrm{H}}\boldsymbol{d} \tag{3.3.39}$$

将式(3.3.38)代入式(3.3.39)，得

$$\boldsymbol{A}^{\mathrm{H}}\boldsymbol{A}\hat{\boldsymbol{w}}_{o}=\boldsymbol{A}^{\mathrm{H}}\boldsymbol{d}=\boldsymbol{A}^{\mathrm{H}}(\boldsymbol{A}\boldsymbol{w}_{o}+\boldsymbol{e}_{o})$$

因此 $\boldsymbol{w}_o$ 的 LS 估计为

$$\hat{\boldsymbol{w}}_{o}=\boldsymbol{w}_{o}+(\boldsymbol{A}^{\mathrm{H}}\boldsymbol{A})^{-1}\boldsymbol{A}^{\mathrm{H}}\boldsymbol{e}_{o} \tag{3.3.40}$$

由式(3.3.40)不难验证 LS 估计的如下统计性质(1)、(2)，性质(3)、(4)的证明是第 2 章习题 4 的结论。

(1) LS 估计 $\hat{\boldsymbol{w}}_o$ 是无偏估计，$E[\hat{\boldsymbol{w}}_o]=\boldsymbol{w}_o$。

(2) $\hat{\boldsymbol{w}}_o$ 的协方差矩阵是 $\boldsymbol{C}_w=\sigma_e^2(\boldsymbol{A}^{\mathrm{H}}\boldsymbol{A})^{-1}=\sigma_e^2\boldsymbol{\Phi}^{-1}$。

(3) $\hat{\boldsymbol{w}}_o$ 是最小方差无偏估计器。

(4) 如果 $\boldsymbol{e}_o$ 是高斯白噪声，$\hat{\boldsymbol{w}}_o$ 是最小方差无偏估计，且克拉美-罗下界可达，同时它也是最大似然估计。

比较一下维纳滤波器和 LS 滤波器是有意义的。重写 FIR 结构维纳滤波器的维纳-霍普夫方程如下：

$$\boldsymbol{R}\boldsymbol{w}_{o}=\boldsymbol{r}_{xd}$$

比较 LS 的正则方程

$$\boldsymbol{\Phi}\boldsymbol{w}_{o}=\boldsymbol{z}$$

为了比较方便，考虑 LS 的输入信号取值范围为[0,$N-1$]，令 $\boldsymbol{\Phi}'=\frac{1}{N}\boldsymbol{\Phi}$ 和 $\boldsymbol{z}'=\frac{1}{N}\boldsymbol{z}$，正则方

程重写为

$$\boldsymbol{\Phi}'\boldsymbol{w}_{\mathrm{o}}=\boldsymbol{z}'$$

3.3.1 节讨论了 LS 滤波的 4 种边界处理方法，相应于 4 种数据矩阵的构成方式，4 种方法对应的矩阵$\boldsymbol{\Phi}'$不同，可以证明(留作习题)，若使用自相关方法处理边界，则$\boldsymbol{\Phi}'$满足 Toeplitz 性，实际上$\boldsymbol{\Phi}'=\hat{\boldsymbol{R}}_x$ 和 $\boldsymbol{z}'=\hat{\boldsymbol{r}}_{xd}$，这里，$\hat{\boldsymbol{R}}_x$ 和 $\hat{\boldsymbol{r}}_{xd}$ 相当于用$[0,N-1]$范围的观测数据估计 $r_x(k)$和 $r_{xd}(k)$，然后用估计得到的自相关序列和互相关序列构成的自相关矩阵和互相关向量，因此，自相关方法构成数据矩阵的 LS 滤波器是维纳滤波器在有限样本情况下的近似。需要注意，若利用其他边界处理方式，例如协方差方法构成的数据矩阵，则$\boldsymbol{\Phi}'$满足半正定性但不满足 Toeplitz 性。当观测数据量变大，边界效应减弱，当 $N\to\infty$时，若信号满足平稳性和遍历性，则$\boldsymbol{\Phi}'\to\boldsymbol{R}_x$ 和 $\boldsymbol{z}'\to\boldsymbol{r}_{xd}$，LS 滤波和维纳滤波趋于一致。

在观测数据量有限，尤其 N 较小时，LS 的不同边界处理方式，可能对结果有明显的影响，这时对一类应用选择合适的边界处理会使 LS 取得更好的效果。尽管自相关方法使得$\boldsymbol{\Phi}'$具有 Toeplitz 性，但自相关方法往往不是好的选择，例如，在信号的现代谱估计中协方差方法得到的估计性能更好，而在自适应滤波时更常用预加窗方法。LS 边界处理问题在第 5 章和第 6 章会进一步讨论。

3.3.4 最小二乘的线性预测

与最优线性预测是维纳滤波器的一个特例一样，LS 意义下的最优预测问题也是 LS 滤波的特例，假设已观测到随机信号的一组数据$\{x(0),x(1),\cdots,x(N-1)\}$，求 M 阶线性 LS 预测器，目标是求解最优线性预测系数。同 LS 滤波问题一样，可以有 4 种数据窗的取法，这里仅以预加窗法为例进行说明。

很显然，期望响应向量为

$$\boldsymbol{d}=[x^*(0),x^*(1),\cdots,x^*(N-1)]^{\mathrm{T}}$$

利用预加窗法，得到对期望响应的预测为

$$\hat{\boldsymbol{d}}=\begin{bmatrix}\hat{x}^*(0)\\ \hat{x}^*(1)\\ \vdots\\ \hat{x}^*(N-1)\end{bmatrix}$$

$$=\begin{bmatrix}0 & 0 & \cdots & 0 & 0\\ x^*(0) & 0 & \cdots & 0 & 0\\ x^*(1) & x^*(0) & 0 & \vdots & 0\\ \vdots & \vdots & \vdots & \ddots & \vdots\\ x^*(M-1) & x^*(M-2) & x^*(M-3) & \cdots & x^*(0)\\ \vdots & \vdots & \vdots & \ddots & \vdots\\ x^*(N-2) & x^*(N-3) & \cdots & x^*(N-M) & x^*(n-M-1)\end{bmatrix}\begin{bmatrix}w_1\\ w_2\\ \vdots\\ w_M\end{bmatrix}$$

数据矩阵为

$$\boldsymbol{A}=\begin{bmatrix} 0 & 0 & \cdots & 0 & 0 \\ x^*(0) & 0 & \cdots & 0 & 0 \\ x^*(1) & x^*(0) & 0 & \cdots & 0 \\ \vdots & \vdots & \vdots & \ddots & \vdots \\ x^*(M-1) & x^*(M-2) & x^*(M-3) & \cdots & x^*(0) \\ \vdots & \vdots & \vdots & \cdots & \vdots \\ x^*(N-2) & x^*(N-3) & \cdots & x^*(N-M) & x^*(n-M-1) \end{bmatrix}$$

为了与前面LS滤波的数据矩阵比较，也可以写成数据矩阵的共轭转置：

$$\begin{aligned}\boldsymbol{A}^{\mathrm{H}}&=[\boldsymbol{x}(-1),\boldsymbol{x}(0),\boldsymbol{x}(1),\cdots,\boldsymbol{x}(N-2)]\\&=\begin{bmatrix} 0 & x(0) & x(1) & \cdots & x(N-3) & x(n-2) \\ 0 & 0 & x(0) & \cdots & x(n-4) & x(n-3) \\ \vdots & \vdots & \vdots & \ddots & \vdots & \vdots \\ 0 & 0 & 0 & \cdots & x(n-M) & x(n-M-1) \end{bmatrix}\end{aligned}$$

例 3.3.1 LS预测，设一个随机信号的前几个数据是 $x(n)=\{1,2,3,3,4,5\}$，用LS方法求一个前向预测器，预测器是两系数的，用预加窗法。

解：对这个预测问题，列出如下期望响应和预测器估计方程：

$$\boldsymbol{d}=\begin{bmatrix}1\\2\\3\\3\\4\\5\end{bmatrix}\quad \hat{\boldsymbol{d}}=\begin{bmatrix}0 & 0\\1 & 0\\2 & 1\\3 & 2\\3 & 3\\4 & 3\end{bmatrix}\begin{bmatrix}w_1\\w_2\end{bmatrix}=\boldsymbol{A}\boldsymbol{w}$$

得到数据矩阵为

$$\boldsymbol{A}=\begin{bmatrix}0 & 0\\1 & 0\\2 & 1\\3 & 2\\3 & 3\\4 & 3\end{bmatrix}$$

LS解的预测系数为

$$\boldsymbol{w}=(\boldsymbol{A}^{\mathrm{H}}\boldsymbol{A})^{-1}\boldsymbol{A}^{\mathrm{H}}\boldsymbol{d}=\begin{bmatrix}1.48\\-0.3036\end{bmatrix}$$

因此，对期望响应向量的预测值向量为

$$\hat{\boldsymbol{d}}=\begin{bmatrix}0 & 0\\1 & 0\\2 & 1\\3 & 2\\3 & 3\\4 & 3\end{bmatrix}\begin{bmatrix}w_1\\w_2\end{bmatrix}=\boldsymbol{A}\boldsymbol{w}=\begin{bmatrix}0\\1.4821\\2.6607\\3.8393\\3.5357\\5.0179\end{bmatrix}$$

预测误差向量为

$$\boldsymbol{e}=\boldsymbol{d}-\hat{\boldsymbol{d}}=[1.0000 \quad 0.5179 \quad 0.3393 \quad -0.8393 \quad 0.4643 \quad -0.0179]^{\mathrm{T}}$$

对此问题,也可以直接求投影矩阵,并由投影矩阵得到对期望响应向量的估计,即

$$\boldsymbol{P}=\boldsymbol{A}(\boldsymbol{A}^{\mathrm{H}}\boldsymbol{A})^{-1}\boldsymbol{A}=\begin{bmatrix} 0 & 0 & 0 & 0 & 0 & 0 \\ 0 & 0.4107 & 0.3036 & 0.1964 & -0.3214 & 0.0893 \\ 0 & 0.3036 & 0.2679 & 0.2321 & -0.1071 & 0.1964 \\ 0 & 0.1964 & 0.2321 & 0.2679 & 0.1071 & 0.3036 \\ 0 & -0.3214 & -0.1071 & 0.1071 & 0.6429 & 0.3214 \\ 0 & 0.0893 & 0.1964 & 0.3036 & 0.3214 & 0.4107 \end{bmatrix}$$

$$\hat{\boldsymbol{d}}=\boldsymbol{P}\boldsymbol{d}=[0 \quad 1.4821 \quad 2.6607 \quad 3.8393 \quad 3.5357 \quad 5.0179]^{\mathrm{T}}$$

3.3.5 正则最小二乘滤波

与2.6节讨论线性模型LS估计遇到的问题一样,在LS滤波应用时,若数据矩阵$\boldsymbol{A}$非满秩,则$\boldsymbol{\Phi}=\boldsymbol{A}^{\mathrm{H}}\boldsymbol{A}$是奇异的,式(3.3.8)所表示的解不存在。即使$\boldsymbol{\Phi}$满秩但其条件数很大时,$\boldsymbol{\Phi}$的逆的数值解结果不稳定。在应用中,$\boldsymbol{\Phi}$不可逆的情况很少出现,但$\boldsymbol{\Phi}$条件数很大的情况更常遇到。对于解决这类问题,发展了正则化最小二乘(Regularized Least Squares)方法,本节对2.6节讨论的正则LS稍加一般化,讨论复数据和复系统的更一般形式的正则LS。

所谓复正则化LS是指在式(3.3.6)用误差和表示的目标函数中增加一项约束滤波器权系数向量自身的量,常用的约束量选择为滤波器权系数向量的范数平方,即$\|\boldsymbol{w}\|^2=\boldsymbol{w}^{\mathrm{H}}\boldsymbol{w}$,因此加了正则化约束的目标函数为

$$\begin{aligned}\xi(\boldsymbol{w})&=\sum_{i=i_1}^{i_2}|e(i)|^2+\lambda\sum_{k=0}^{M-1}|w_k|^2\\&=\sum_{i=i_1}^{i_2}\left|d(i)-\sum_{k=0}^{M-1}w_k^*x(i-k)\right|^2+\lambda\|\boldsymbol{w}\|^2\\&=(\boldsymbol{d}-\boldsymbol{A}\boldsymbol{w})^{\mathrm{H}}(\boldsymbol{d}-\boldsymbol{A}\boldsymbol{w})+\lambda\boldsymbol{w}^{\mathrm{H}}\boldsymbol{w}\end{aligned} \tag{3.3.41}$$

这里,λ是一个可选择的参数,用于控制误差和项与参数向量范数约束项的作用。为求使得式(3.3.41)最小的$\boldsymbol{w}$值。计算

$$\begin{aligned}\frac{\partial\xi(\boldsymbol{w})}{\partial\boldsymbol{w}^*}&=\frac{\partial(\boldsymbol{d}-\boldsymbol{A}\boldsymbol{w})^{\mathrm{H}}(\boldsymbol{d}-\boldsymbol{A}\boldsymbol{w})}{\partial\boldsymbol{w}^*}+\frac{\partial\lambda\boldsymbol{w}^{\mathrm{H}}\boldsymbol{w}}{\partial\boldsymbol{w}^*}\\&=-2\boldsymbol{A}^{\mathrm{H}}\boldsymbol{d}+2\boldsymbol{A}^{\mathrm{H}}\boldsymbol{A}\boldsymbol{w}+2\lambda\boldsymbol{w}\end{aligned}$$

令$\boldsymbol{w}=\boldsymbol{w}_{\mathrm{LS}}$时上式为0,得

$$(\boldsymbol{A}^{\mathrm{H}}\boldsymbol{A}+\lambda\boldsymbol{I})\boldsymbol{w}_{\mathrm{LS}}=\boldsymbol{A}^{\mathrm{H}}\boldsymbol{d} \tag{3.3.42}$$

求得滤波器权系数向量的正则化LS解为

$$\boldsymbol{w}_{\mathrm{LS}}=(\boldsymbol{A}^{\mathrm{H}}\boldsymbol{A}+\lambda\boldsymbol{I})^{-1}\boldsymbol{A}^{\mathrm{H}}\boldsymbol{d} \tag{3.3.43}$$

正则化最小二乘是一般性正则理论的一个特例;Tikhonov正则化理论的泛函由两部分组成:一项是经验代价函数,如式(3.3.41)中的误差和是一种经验代价函数,另一项是正则化项,它是约束系统结构的,在滤波器设计中用于约束滤波器权系数向量的范数。在实际

应用中，参数 λ 是一个经验性参数。

*3.3.6 基于非线性函数的最小二乘滤波

到目前为止，所讨论的 LS 滤波器是一个线性滤波器，输出是输入的线性函数，即

$$y(n)=\sum_{k=0}^{M-1} w_k^* x(n-k) \tag{3.3.44}$$

可以通过一组非线性映射函数

$$\psi_i(\boldsymbol{x}(n)),\quad i=1,2,\cdots,K \tag{3.3.45}$$

将滤波器输出与输入之间建立起非线性关系，但是与滤波器权系数向量仍是线性关系。注意，这里

$$\boldsymbol{x}(n)=[x(n),x(n-1),\cdots,x(n-M+1)]^{\mathrm{T}}$$
$$\boldsymbol{w}_\psi=[w_{\psi,1},w_{\psi,1},\cdots,w_{\psi,K}]^{\mathrm{T}}$$

注意输入信号向量 $\boldsymbol{x}(n)$ 为 M 维向量，权系数向量 $\boldsymbol{w}$ 为 K 维向量与映射函数集 ψ_i 数目相等。利用映射函数集定义滤波器输出为

$$y(n)=\sum_{k=1}^{K} w_{\psi,k}^* \psi_k(\boldsymbol{x}(n))=\boldsymbol{w}_\psi^{\mathrm{H}}\boldsymbol{\Psi}(\boldsymbol{x}(n)) \tag{3.3.46}$$

这里

$$\boldsymbol{\Psi}(\boldsymbol{x}(n))=[\psi_1(\boldsymbol{x}(n)),\psi_2(\boldsymbol{x}(n)),\cdots,\psi_K(\boldsymbol{x}(n))]^{\mathrm{T}} \tag{3.3.47}$$

在此基础上讨论 LS 滤波，滤波器的结构如式(3.3.46)，在有限区间 $i_1\leqslant n\leqslant i_2$ 范围内通过滤波器估计期望响应 $d(n)$，与线性 LS 滤波类似，定义向量

$$\boldsymbol{e}=[e^*(i_1),e^*(i_1+1),\cdots,e^*(i_2)]^{\mathrm{T}}$$
$$\boldsymbol{d}=[d^*(i_1),d^*(i_1+1),\cdots,d^*(i_2)]^{\mathrm{T}}$$

则

$$\begin{aligned}\boldsymbol{e}&=\boldsymbol{d}-\boldsymbol{A}_\psi\boldsymbol{w}_\psi\\&=\begin{bmatrix}d^*(i_1)\\d^*(i_1+1)\\\vdots\\d^*(i_2)\end{bmatrix}-\begin{bmatrix}\boldsymbol{\Psi}^{\mathrm{H}}(\boldsymbol{x}(i_1))\\\boldsymbol{\Psi}^{\mathrm{H}}(\boldsymbol{x}(i_1+1))\\\vdots\\\boldsymbol{\Psi}^{\mathrm{H}}(\boldsymbol{x}(i_2))\end{bmatrix}\boldsymbol{w}_\psi\end{aligned} \tag{3.3.48}$$

这里

$$\begin{aligned}\boldsymbol{A}_\psi&=\begin{bmatrix}\boldsymbol{\Psi}^{\mathrm{H}}(\boldsymbol{x}(i_1))\\\boldsymbol{\Psi}^{\mathrm{H}}(\boldsymbol{x}(i_1+1))\\\vdots\\\boldsymbol{\Psi}^{\mathrm{H}}(\boldsymbol{x}(i_2))\end{bmatrix}\\&=\begin{bmatrix}\psi_1^*(\boldsymbol{x}(i_1)) & \psi_2^*(\boldsymbol{x}(i_1)) & \cdots & \psi_K^*(\boldsymbol{x}(i_1))\\\psi_1^*(\boldsymbol{x}(i_1+1)) & \psi_2^*(\boldsymbol{x}(i_1+1)) & \cdots & \psi_K^*(\boldsymbol{x}(i_1+1))\\\vdots & \vdots & \ddots & \vdots\\\psi_1^*(\boldsymbol{x}(i_2)) & \psi_2^*(\boldsymbol{x}(i_2)) & \cdots & \psi_K^*(\boldsymbol{x}(i_2))\end{bmatrix}\end{aligned} \tag{3.3.49}$$

注意到，与式(3.3.6)的线性 LS 问题相比，这里除了数据矩阵 $\boldsymbol{A}_\psi$ 的定义由式(3.3.49)通过

映射函数进行计算外,一旦数据矩阵 $\boldsymbol{A}_\psi$ 确定了,由于待求量 $\boldsymbol{w}_\psi$ 仍保持线性关系,求解的问题是一致的,故滤波器权系数的解为

$$\boldsymbol{w}_\psi=(\boldsymbol{A}_\psi^{\mathrm{H}}\boldsymbol{A}_\psi)^{-1}\boldsymbol{A}_\psi^{\mathrm{H}}\boldsymbol{d} \tag{3.3.50}$$

注意到,与线性LS滤波的不同主要表现在数据矩阵 $\boldsymbol{A}_\psi$ 中,对于线性LS滤波,若输入信号向量 $\boldsymbol{x}(n)$ 是 M 维的,则数据矩阵 $\boldsymbol{A}$ 是 $(i_2-i_1+1)\times M$ 维矩阵,且矩阵的每个元素是输入信号 $x(n)$ 在某一时刻的取值。对于基于非线性映射函数的LS滤波器(简称NM-LS),数据矩阵 $\boldsymbol{A}_\psi$ 是 $(i_2-i_1+1)\times K$ 维矩阵,即数据矩阵的列数为 K,由映射函数数目确定,且数据矩阵 $\boldsymbol{A}_\psi$ 的每一个元素需要通过相应映射函数计算得到,一旦数据矩阵 $\boldsymbol{A}_\psi$ 计算得到了,则NM-LS的求解问题与线性LS是一致的。

例3.3.2 讨论一个基于非线性映射函数的LS滤波器,考虑滤波器的记忆性为两个单位延迟,故取 $\boldsymbol{x}(n)=[x(n),x(n-1),x(n-2)]^{\mathrm{T}}$,为了简单假设信号和系统都是实的。设映射函数向量为

$$\boldsymbol{\Psi}(\boldsymbol{x}(n))=\begin{bmatrix}\psi_1(\boldsymbol{x}(n))\\ \psi_2(\boldsymbol{x}(n))\\ \vdots\\ \psi_K(\boldsymbol{x}(n))\end{bmatrix}=\begin{bmatrix}x(n)\\ x(n-1)\\ x(n-2)\\ x^2(n)\\ x^2(n-1)\\ x^2(n-2)\\ x(n)x(n-1)\\ x(n)x(n-2)\\ x(n-1)x(n-2)\end{bmatrix}$$

这里,$K=9$,故权系数向量记为

$$\boldsymbol{w}_\psi=[w_{\psi,1},w_{\psi,2},\cdots,w_{\psi,9}]^{\mathrm{T}}$$

滤波器输出为

$$\begin{aligned}y(n)&=\sum_{k=1}^{K}w_{\psi,k}\psi_k(\boldsymbol{x}(n))\\ &=w_{\psi,1}x(n)+w_{\psi,2}x(n-1)+w_{\psi,3}x(n-2)+w_{\psi,4}x^2(n)+\\ &\quad w_{\psi,5}x^2(n-1)+w_{\psi,6}x^2(n-2)+w_{\psi,7}x(n)x(n-1)+\\ &\quad w_{\psi,8}x(n)x(n-2)+w_{\psi,9}x(n-1)x(n-2)\end{aligned}$$

假设考虑的误差范围为 $i_1=2,i_2=50$,则

$$\boldsymbol{d}=[d(2),d(3),\cdots,d(50)]^{\mathrm{T}}$$

数据矩阵 $\boldsymbol{A}_\psi$ 为

$$\boldsymbol{A}_\psi=\begin{bmatrix}x(2)&x(1)&x(0)&x^2(2)&x^2(1)&x^2(0)&x(2)x(1)&x(2)x(0)&x(1)x(0)\\ x(3)&x(2)&x(1)&x^2(3)&x^2(2)&x^2(1)&x(3)x(2)&x(3)x(1)&x(2)x(1)\\ \vdots&\vdots&\vdots&\vdots&\vdots&\vdots&\vdots&\vdots&\vdots\\ x(50)&x(49)&x(48)&x^2(50)&x^2(49)&x^2(48)&x(50)x(49)&x(50)x(48)&x(49)x(48)\end{bmatrix}$$

这里 $\boldsymbol{A}_\psi$ 是一个 49×9 的数据矩阵,计算 $(\boldsymbol{A}_\psi^{\mathrm{H}}\boldsymbol{A}_\psi)^{-1}$ 需要求 9×9 方阵的逆矩阵。

注意到,对此问题若采用线性LS滤波器,则输出写为

$$y(n) = w_1 x(n) + w_2 x(n-1) + w_3 x(n-2)$$

数据矩阵 $\boldsymbol{A}$ 是 49×3 的矩阵，则 $(\boldsymbol{A}^{\mathrm{H}}\boldsymbol{A})^{-1}$ 的计算只需求 3×3 方阵的逆矩阵。另外也需注意到，写出 $\boldsymbol{A}_{\psi}$ 需要一定的计算量，尤其当 $\psi_K(\boldsymbol{x}(n))$ 中存在复杂非线性函数时，附加运算量可能是相当可观的，而写出 $\boldsymbol{A}$ 不需要附加计算量。

对于许多实际应用，怎样选择合适的非线性函数 $\boldsymbol{\Psi}(\boldsymbol{x}(n))$ 是一个很重要的问题。很多情况下，非线性函数的选择与所处理的问题密切相关。有一些构造非线性函数集的方法，例如 Volterra 级数，例 3.3.2 给出的这组函数是 Volterra 级数的一个例子。近年来，人们利用核函数的思想研究非线性逼近取得了一些成果，核函数的思想可用于结合 LS 技术处理非线性问题，有关核函数的问题，限于篇幅本书不展开讨论，可参考相关文献。

3.4 奇异值分解计算 LS 问题

由于 LS 应用的广泛性，LS 问题的求解又主要是矩阵运算问题，因此对 LS 的计算已成为“矩阵计算”领域的一个专门问题，已有多种成熟算法，例如 Householder 变换、Givens 旋转、QR 分解和奇异值分解等，对这些算法的详细介绍不是本书目标，有兴趣的读者可参考有关矩阵计算方面的专著，例如 G. H. 戈卢布的著作[290]。在 LS 求解的诸多方法中，由于奇异值分解问题在信号处理领域有多方面的应用，本节以 LS 求解为例，介绍奇异值分解问题（Singular-Value Decomposition，SVD）。

解 LS 问题，关键是求

$$\boldsymbol{A}^{+} = (\boldsymbol{A}^{\mathrm{H}}\boldsymbol{A})^{-1}\boldsymbol{A}^{\mathrm{H}} \tag{3.4.1}$$

$\boldsymbol{A}^{+}$ 称为矩阵 $\boldsymbol{A}$ 的伪逆（Pseudo inverse），当伪逆求得后，LS 滤波器系数的解为

$$\boldsymbol{w}_{\mathrm{LS}} = (\boldsymbol{A}^{\mathrm{H}}\boldsymbol{A})^{-1}\boldsymbol{A}^{\mathrm{H}}\boldsymbol{d} = \boldsymbol{A}^{+}\boldsymbol{d} \tag{3.4.2}$$

如果 $(\boldsymbol{A}^{\mathrm{H}}\boldsymbol{A})$ 是满秩的，它是可逆的，式(3.4.1)定义的伪逆存在，LS 解是唯一的。当 $(\boldsymbol{A}^{\mathrm{H}}\boldsymbol{A})$ 不是满秩的，$(\boldsymbol{A}^{\mathrm{H}}\boldsymbol{A})$ 不可逆，由式(3.4.1)定义的伪逆不存在，使 LS 误差最小化的解不是唯一的。下面介绍奇异值分解(SVD)定理，利用 SVD 定理，不管 $(\boldsymbol{A}^{\mathrm{H}}\boldsymbol{A})$ 是否满秩，总可以得到一个 LS 解，并且解的数值稳定性是良好的。

1. SVD 定理

定理 3.4.1（SVD 定理） 给定数据矩阵 $\boldsymbol{A}$ 是 $N\times M$ 维矩阵，存在两个酉矩阵 $\boldsymbol{V}$ 和 $\boldsymbol{U}$，使得

$$\boldsymbol{U}^{\mathrm{H}}\boldsymbol{A}\boldsymbol{V} = \begin{bmatrix} \boldsymbol{\Sigma} & \boldsymbol{0} \\ \boldsymbol{0} & \boldsymbol{0} \end{bmatrix} \tag{3.4.3}$$

这里，$\boldsymbol{\Sigma} = \mathrm{diag}\{\sigma_1, \sigma_2, \cdots, \sigma_W\}$，且 $\sigma_1 \geqslant \sigma_2 \geqslant \cdots \geqslant \sigma_W > 0$，$W \leqslant \min\{N, M\}$（注意到，$\boldsymbol{U}$ 是 $N\times N$ 矩阵，$\boldsymbol{V}$ 是 $M\times M$ 矩阵）。

证明：这里给出一种构造式的证明，主要证明过确定情况 $N>M$，对欠确定情况的证明是非常相似的。

由于 $\boldsymbol{A}^{\mathrm{H}}\boldsymbol{A}$ 是共轭对称的和非负定的，它的特征值为实的和非负的，按从大到小顺序排列为 $\sigma_1^2, \sigma_2^2, \cdots, \sigma_M^2$，这里设 $\sigma_1 \geqslant \sigma_2 \geqslant \cdots \geqslant \sigma_W > 0$ 和 $\sigma_{W+1} =, \cdots, = \sigma_M = 0$，并设 $\boldsymbol{v}_1, \boldsymbol{v}_2, \cdots, \boldsymbol{v}_M$ 是与各 σ_i^2 对应的特征向量，互相正交且取其模为 1。因此 $\boldsymbol{V} = [\boldsymbol{v}_1, \boldsymbol{v}_2, \cdots, \boldsymbol{v}_M]$ 是 $M\times M$ 酉矩阵。故

$$\boldsymbol{V}^{\mathrm{H}}\boldsymbol{A}^{\mathrm{H}}\boldsymbol{A}\boldsymbol{V}=\begin{bmatrix}\boldsymbol{\Sigma}^2 & \boldsymbol{0}\\ \boldsymbol{0} & \boldsymbol{0}\end{bmatrix} \tag{3.4.4}$$

令

$$\boldsymbol{V}=[\boldsymbol{v}_1,\boldsymbol{v}_2,\cdots,\boldsymbol{v}_W \vdots \boldsymbol{v}_{W+1},\cdots,\boldsymbol{v}_M]=[\boldsymbol{V}_1,\boldsymbol{V}_2]$$

这里,$\boldsymbol{V}_1=[\boldsymbol{v}_1,\boldsymbol{v}_2,\cdots,\boldsymbol{v}_W]$,$\boldsymbol{V}_2=[\boldsymbol{v}_{W+1},\cdots,\boldsymbol{v}_M]$,$\boldsymbol{V}_1$ 是 $M\times W$ 矩阵,$\boldsymbol{V}_2$ 是 $M\times(M-W)$ 矩阵,且

$$\boldsymbol{V}_1^{\mathrm{H}}\boldsymbol{V}_2=\boldsymbol{0}$$

将 $\boldsymbol{V}$ 的分块 $\boldsymbol{V}_1$,$\boldsymbol{V}_2$ 代入式(3.4.4),得 $\boldsymbol{V}_1^{\mathrm{H}}\boldsymbol{A}^{\mathrm{H}}\boldsymbol{A}\boldsymbol{V}_1=\boldsymbol{\Sigma}^2$,即

$$\boldsymbol{\Sigma}^{-1}\boldsymbol{V}_1^{\mathrm{H}}\boldsymbol{A}^{\mathrm{H}}\boldsymbol{A}\boldsymbol{V}_1\boldsymbol{\Sigma}^{-1}=\boldsymbol{I} \tag{3.4.5}$$

和

$$\boldsymbol{V}_2^{\mathrm{H}}\boldsymbol{A}^{\mathrm{H}}\boldsymbol{A}\boldsymbol{V}_2=\boldsymbol{0} \tag{3.4.6}$$

即

$$\boldsymbol{A}\boldsymbol{V}_2=\boldsymbol{0} \tag{3.4.7}$$

令

$$\boldsymbol{U}_1=\boldsymbol{A}\boldsymbol{V}_1\boldsymbol{\Sigma}^{-1} \tag{3.4.8}$$

这里,$\boldsymbol{U}_1$ 是 $N\times W$ 矩阵,由式(3.4.5)得

$$\boldsymbol{U}_1^{\mathrm{H}}\boldsymbol{U}_1=\boldsymbol{I}$$

以 $\boldsymbol{U}_1$ 为基础,构造一个酉矩阵 $\boldsymbol{U}$,$\boldsymbol{U}=[\boldsymbol{U}_1,\boldsymbol{U}_2]$,且 $\boldsymbol{U}_1^{\mathrm{H}}\boldsymbol{U}_2=\boldsymbol{0}$,由以上关系式,得到

$$\begin{aligned}\boldsymbol{U}^{\mathrm{H}}\boldsymbol{A}\boldsymbol{V}&=\begin{bmatrix}\boldsymbol{U}_1^{\mathrm{H}}\\ \boldsymbol{U}_2^{\mathrm{H}}\end{bmatrix}\boldsymbol{A}(\boldsymbol{V}_1,\boldsymbol{V}_2)=\begin{bmatrix}\boldsymbol{U}_1^{\mathrm{H}}\boldsymbol{A}\boldsymbol{V}_1 & \boldsymbol{U}_1^{\mathrm{H}}\boldsymbol{A}\boldsymbol{V}_2\\ \boldsymbol{U}_2^{\mathrm{H}}\boldsymbol{A}\boldsymbol{V}_1 & \boldsymbol{U}_2^{\mathrm{H}}\boldsymbol{A}\boldsymbol{V}_2\end{bmatrix}\\ &=\begin{bmatrix}(\boldsymbol{A}\boldsymbol{V}_1\boldsymbol{\Sigma}^{-1})^{\mathrm{H}}\boldsymbol{A}\boldsymbol{V}_1 & \boldsymbol{0}\\ \boldsymbol{U}_2^{\mathrm{H}}\boldsymbol{U}_1\boldsymbol{\Sigma} & \boldsymbol{0}\end{bmatrix}=\begin{bmatrix}\boldsymbol{\Sigma} & \boldsymbol{0}\\ \boldsymbol{0} & \boldsymbol{0}\end{bmatrix}\end{aligned}$$

最后一行左上角用了式(3.4.5)。

对于欠确定情况 $N<M$,令 $\boldsymbol{U}$ 是 $\boldsymbol{A}\boldsymbol{A}^{\mathrm{H}}$ 的特征向量矩阵,是酉的,其他步骤类似,此处从略。

SVD 定理的证明过程也同时给出了两个酉矩阵 $\boldsymbol{V}$ 和 $\boldsymbol{U}$ 的定义,其中 $\boldsymbol{V}$ 是 $\boldsymbol{A}^{\mathrm{H}}\boldsymbol{A}$ 的特征向量构成的矩阵,可通过矩阵特征分解算法求得。在过确定情况下,$\boldsymbol{A}^{\mathrm{H}}\boldsymbol{A}$ 是 $M\times M$ 矩阵,M 是滤波器非零系数的个数,一般远比可用的数据记录数 N 为小,$\boldsymbol{A}^{\mathrm{H}}\boldsymbol{A}$ 的特征分解运算量尚可接受。类似 $\boldsymbol{U}$ 是 $\boldsymbol{A}\boldsymbol{A}^{\mathrm{H}}$ 的特征向量构成的矩阵。后面会看到,在实际利用 SVD 求解 LS 问题时,一般只需要求一个矩阵的特征分解,例如在过确定性问题时,只需求 $\boldsymbol{A}^{\mathrm{H}}\boldsymbol{A}$ 的特征分解。

SVD 定理也可以写成如下形式:

$$\boldsymbol{A}=\boldsymbol{U}\begin{bmatrix}\boldsymbol{\Sigma} & \boldsymbol{0}\\ \boldsymbol{0} & \boldsymbol{0}\end{bmatrix}\boldsymbol{V}^{\mathrm{H}}=\boldsymbol{U}_1\boldsymbol{\Sigma}\boldsymbol{V}_1^{\mathrm{H}}=\sum_{i=1}^{W}\sigma_i\boldsymbol{u}_i\boldsymbol{v}_i^{\mathrm{H}} \tag{3.4.9}$$

可以看到,用 SVD 定理可以确定数据矩阵 $\boldsymbol{A}$ 和 $\boldsymbol{\Phi}=\boldsymbol{A}^{\mathrm{H}}\boldsymbol{A}$ 的秩为 $\boldsymbol{W}$。

2. 伪逆矩阵

由奇异值分解定理,定义一个更一般的伪逆矩阵为

$$\boldsymbol{A}^{+}=\boldsymbol{V}\begin{pmatrix}\boldsymbol{\Sigma}^{-1} & \boldsymbol{0}\\ \boldsymbol{0} & \boldsymbol{0}\end{pmatrix}\boldsymbol{U}^{\mathrm{H}}=\sum_{i=1}^{W}\frac{1}{\sigma_i}\boldsymbol{v}_i\boldsymbol{u}_i^{\mathrm{H}} \tag{3.4.10}$$

对存在的以下三种情况分别讨论,这里只叙述有关结论,详细证明留作习题。

(1) 在过确定系统中 $N>M$，若 $W=M$ 即 $(\boldsymbol{A}^{\mathrm{H}}\boldsymbol{A})^{-1}$ 存在，那么有

$$\boldsymbol{A}^{+}=(\boldsymbol{A}^{\mathrm{H}}\boldsymbol{A})^{-1}\boldsymbol{A}^{\mathrm{H}}=\boldsymbol{V}[\boldsymbol{\Sigma}^{-1}\quad \boldsymbol{0}_{M\times(N-M)}]\boldsymbol{U}^{\mathrm{H}} \tag{3.4.11}$$

注意，上式中用 $\mathbf{0}$ 的下标更清晰地表示了这个全 0 矩阵的维数。

(2) 在欠确定系统中 $N<M$，若 $W=N$，即 $(\boldsymbol{A}\boldsymbol{A}^{\mathrm{H}})^{-1}$ 存在，伪逆阵为

$$\boldsymbol{A}^{+}=\boldsymbol{A}^{\mathrm{H}}(\boldsymbol{A}\boldsymbol{A}^{\mathrm{H}})^{-1}=\boldsymbol{V}\begin{bmatrix}\boldsymbol{\Sigma}^{-1}\\ \boldsymbol{0}_{(M-N)\times N}\end{bmatrix}\boldsymbol{U}^{\mathrm{H}} \tag{3.4.12}$$

(3) 在一般情况下，即 $\boldsymbol{A}^{\mathrm{H}}\boldsymbol{A}$ 或 $\boldsymbol{A}\boldsymbol{A}^{\mathrm{H}}$ 的秩小于 $\min\{N,M\}$ 的情况下，$(\boldsymbol{A}^{\mathrm{H}}\boldsymbol{A})^{-1}$ 或 $(\boldsymbol{A}\boldsymbol{A}^{\mathrm{H}})^{-1}$ 不存在，由

$$\boldsymbol{A}^{+}=\boldsymbol{V}\begin{bmatrix}\boldsymbol{\Sigma}^{-1} & \boldsymbol{0}\\ \boldsymbol{0} & \boldsymbol{0}\end{bmatrix}\boldsymbol{U}^{\mathrm{H}}=\boldsymbol{V}_1\boldsymbol{\Sigma}^{-1}\boldsymbol{U}_1^{\mathrm{H}}=\sum_{i=1}^{W}\frac{1}{\sigma_i}\boldsymbol{v}_i\boldsymbol{u}_i^{\mathrm{H}} \tag{3.4.13}$$

定义的伪逆矩阵得到的 LS 解

$$\boldsymbol{w}_{\mathrm{LS}}=\boldsymbol{V}\begin{bmatrix}\boldsymbol{\Sigma}^{-1} & \boldsymbol{0}\\ \boldsymbol{0} & \boldsymbol{0}\end{bmatrix}\boldsymbol{U}^{\mathrm{H}}\boldsymbol{d}=\boldsymbol{V}_1\boldsymbol{\Sigma}^{-1}\boldsymbol{U}_1^{\mathrm{H}}\boldsymbol{d} \tag{3.4.14}$$

是最小范数解，即它一方面产生最小平均误差 $J_{\min}$，另一方面，它的滤波器系数的模是所有可能解中最小的。

进一步，在过确定情况下，将 $\boldsymbol{U}_1=\boldsymbol{A}\boldsymbol{V}_1\boldsymbol{\Sigma}^{-1}$ 代入式(3.4.13)和式(3.4.14)，解进一步简化为

$$\boldsymbol{A}^{+}=\boldsymbol{V}\begin{bmatrix}\boldsymbol{\Sigma}^{-1} & \boldsymbol{0}\\ \boldsymbol{0} & \boldsymbol{0}\end{bmatrix}\boldsymbol{U}^{\mathrm{H}}=\boldsymbol{V}_1\boldsymbol{\Sigma}^{-2}\boldsymbol{V}_1^{\mathrm{H}}\boldsymbol{A}^{\mathrm{H}}=\sum_{i=1}^{W}\frac{1}{\sigma_i^2}\boldsymbol{v}_i\boldsymbol{v}_i^{\mathrm{H}}\boldsymbol{A}^{\mathrm{H}} \tag{3.4.15}$$

和

$$\boldsymbol{w}_{\mathrm{o}}=\sum_{i=1}^{W}\frac{\boldsymbol{v}_i}{\sigma_i^2}\boldsymbol{v}_i^{\mathrm{H}}\boldsymbol{A}^{\mathrm{H}}\boldsymbol{d}=\sum_{i=1}^{W}\frac{(\boldsymbol{v}_i^{\mathrm{H}}\boldsymbol{A}^{\mathrm{H}}\boldsymbol{d})}{\sigma_i^2}\boldsymbol{v}_i \tag{3.4.16}$$

在欠确定情况下，LS 滤波器权系数向量的解为

$$\boldsymbol{w}_{\mathrm{o}}=\sum_{i=1}^{w}\frac{(\boldsymbol{u}_i^{\mathrm{H}}\boldsymbol{d})}{\sigma_i^2}\boldsymbol{A}^{\mathrm{H}}\boldsymbol{u}_i \tag{3.4.17}$$

注意在式(3.4.16)和式(3.4.17)中，括号内的乘积是标量。在式(3.4.16)中只需要对 $\boldsymbol{A}^{\mathrm{H}}\boldsymbol{A}$ 做特征分解，在式(3.4.17)中只需要对 $\boldsymbol{A}\boldsymbol{A}^{\mathrm{H}}$ 做特征分解。

LS 的 SVD 解有好的性质，对过确定情况，不管 $\boldsymbol{A}^{\mathrm{H}}\boldsymbol{A}$ 是否满秩，都可以用式(3.4.16)得到 LS 解，$\boldsymbol{A}^{\mathrm{H}}\boldsymbol{A}$ 满秩时，LS 解是唯一的，式(3.4.16)和式(3.4.2)在理论上是相等的，在存在计算误差的情况下，SVD 解的数值稳定性良好。在 $\boldsymbol{A}^{\mathrm{H}}\boldsymbol{A}$ 不满秩的情况下，$\boldsymbol{A}^{\mathrm{H}}\boldsymbol{A}$ 的逆不存在，式(3.4.2)不可直接使用，这种情况下存在多个解都可以使 LS 误差达到最小 $J_{\min}$，即解不是唯一的，但在所有可能的解中，模值最小的解是唯一的，这就是 SVD 解。在 $\boldsymbol{A}^{\mathrm{H}}\boldsymbol{A}$ 不满秩的情况下，尽管存在多个解，即有多种滤波器系数的取值都可以达到最小的误差，但从数值稳定性的角度考虑，模值最小的解一般是最好的。

*3.5　总体最小二乘(TLS)

本节仅简要叙述总体最小二乘(Total Least Squares，TLS)的定义，并给出一个基于 SVD 的求解算法，关于 TLS 的详细材料，可参考文献[258]。

LS 方法求解 $\boldsymbol{Ax}=\boldsymbol{b}$ 的解，目标是求得一个解 $\boldsymbol{x}$ 使 $\|\boldsymbol{Ax}-\boldsymbol{b}\|^2$ 最小，在 LS 方法中，这可以理解为向量 $\boldsymbol{b}$ 被一个向量 $\Delta\boldsymbol{b}$ 所扰动，求一个范数最小的扰动向量 $\Delta\boldsymbol{b}$，即 $\min\{\|\Delta\boldsymbol{b}\|\}$，使解 $\boldsymbol{x}$ 满足方程式 $\boldsymbol{Ax}=\boldsymbol{b}+\Delta\boldsymbol{b}$，这里的 $\Delta\boldsymbol{b}$ 相当于 3.4 节中的误差 $\boldsymbol{e}$ 的另一种解释。将这个问题的思路进一步扩展，假设系数矩阵 $\boldsymbol{A}$ 也被 $\Delta\boldsymbol{A}$ 扰动，这就是 TLS 问题。可以找到 $\Delta\boldsymbol{A}$ 和 $\Delta\boldsymbol{b}$，使得方程组

$$(\boldsymbol{A}+\Delta\boldsymbol{A})\boldsymbol{x}=\boldsymbol{b}+\Delta\boldsymbol{b} \tag{3.5.1}$$

有解，但使得式(3.5.1)有解的 $\Delta\boldsymbol{A}$ 和 $\Delta\boldsymbol{b}$ 可能有很多，为此，构成一个扩展矩阵

$$[\Delta\boldsymbol{A}\quad\Delta\boldsymbol{b}]$$

找到使式(3.5.1)有解且使范数 $\|[\Delta\boldsymbol{A}\quad\Delta\boldsymbol{b}]\|$ 最小的 $\Delta\boldsymbol{A}_o$ 和 $\Delta\boldsymbol{b}_o$，即 TLS 解 $\boldsymbol{x}_{\mathrm{TLS}}$ 满足

$$(\boldsymbol{A}+\Delta\boldsymbol{A}_o)\boldsymbol{x}_{\mathrm{TLS}}=\boldsymbol{b}+\Delta\boldsymbol{b}_o \tag{3.5.2}$$

如下把问题稍加扩充，然后给出一种求 TLS 的方法。考虑更一般性的方程组的解，这里有

$$\boldsymbol{AX}=\boldsymbol{B} \tag{3.5.3}$$

设 $\boldsymbol{A}$ 是 $N\times M$ 矩阵，$\boldsymbol{B}$ 是 $N\times P$ 矩阵，$\boldsymbol{X}$ 是 $M\times P$ 个未知量组成的矩阵。方程组 $\boldsymbol{Ax}=\boldsymbol{b}$ 是 $P=1$ 的特例。式(3.5.3)的 TLS 解的定义如下。

定义 3.5.1 TLS 解的定义是，找到范数最小的扰动矩阵 $\Delta\boldsymbol{A}_o$ 和 $\Delta\boldsymbol{B}_o$，使如下方程式成立：

$$(\boldsymbol{A}+\Delta\boldsymbol{A}_o)\boldsymbol{X}_{\mathrm{TLS}}=\boldsymbol{B}+\Delta\boldsymbol{B}_o \tag{3.5.4}$$

即 $\Delta\boldsymbol{A}_o$ 和 $\Delta\boldsymbol{B}_o$ 是使式(3.5.4)成立，且满足优化关系 $\min\{\|[\Delta\boldsymbol{A},\Delta\boldsymbol{B}]\|\}$ 的矩阵。方程组(3.5.3)的 TLS 解 $\boldsymbol{X}_{\mathrm{TLS}}$ 是针对这样的扰动矩阵 $\Delta\boldsymbol{A}_o$ 和 $\Delta\boldsymbol{B}_o$ 所构成的方程组(3.5.4)的解。

利用 SVD 可得到一种 TLS 解。讨论过确定性问题，即 $N>M+P$，对于扩展矩阵 $[\boldsymbol{A}\quad\boldsymbol{B}]$ 进行 SVD 分解表示为

$$\boldsymbol{U}^{\mathrm{H}}[\boldsymbol{A}\quad\boldsymbol{B}]\boldsymbol{V}=\boldsymbol{\Sigma} \tag{3.5.5}$$

对各矩阵写成分块形式：

$$\boldsymbol{U}=[\boldsymbol{U}_1\quad\boldsymbol{U}_2] \tag{3.5.6}$$

$$\boldsymbol{\Sigma}=\begin{bmatrix}\boldsymbol{\Sigma}_1 & 0\\ 0 & \boldsymbol{\Sigma}_2\end{bmatrix} \tag{3.5.7}$$

$$\boldsymbol{V}=\begin{bmatrix}\boldsymbol{V}_{11} & \boldsymbol{V}_{12}\\ \boldsymbol{V}_{21} & \boldsymbol{V}_{22}\end{bmatrix} \tag{3.5.8}$$

最重要的是矩阵 $\boldsymbol{V}$ 的分块形式，其他矩阵的分块形式可与其对应。这里 $\boldsymbol{V}_{11}$ 是 $M\times M$ 矩阵，$\boldsymbol{V}_{12}$ 是 $M\times P$ 矩阵，$\boldsymbol{V}_{21}$ 是 $P\times M$ 矩阵，$\boldsymbol{V}_{22}$ 是 $P\times P$ 矩阵。如果 $\boldsymbol{V}_{22}^{-1}$ 存在，TLS 解为

$$\boldsymbol{X}_{\mathrm{TLS}}=-\boldsymbol{V}_{12}\boldsymbol{V}_{22}^{-1} \tag{3.5.9}$$

注意，在针对标准方程组和 LS 滤波器等常用情况时 $P=1$，$\boldsymbol{V}_{22}^{-1}$ 只是一个标量值，而 $\boldsymbol{V}_{12}$ 是一个列向量。

需要注意到，式(3.5.9)作为 TLS 的唯一解有一个前提条件。设以 $\boldsymbol{A}$ 作为数据矩阵所对应的第 M 个特征值为 σ_M，以 $[\boldsymbol{A}\quad\boldsymbol{B}]$ 为数据矩阵的所对应的第 $M+1$ 个特征值为 $\sigma_{AB,M+1}$，若 $\sigma_M>\sigma_{AB,M+1}$，则式(3.5.9)是 TLS 的唯一解。关于式(3.5.9)的推导过程请参考文献[290]。

3.6 本章小结和进一步阅读

本章的核心内容是统计意义下最优的滤波器理论，这些结果构成了实际线性滤波器可能达到的最优结果。其中，在平稳条件下，最优滤波器就是维纳滤波器，在采用 FIR 结构时由维纳-霍普夫方程表示了维纳滤波器的解，而在 IIR 结构时，需要求出的是滤波器的系统函数。最优线性预测可以看作维纳滤波器的一个特例，并且观察到前向线性最优预测与 AR 模型具有相同的解的方程，都可以采用 Levenson-Durbin 递推算法进行快速计算，Levenson-Durbin 算法也导出了滤波器的格型实现结构。

本章将 LS 滤波的概念限定在有限误差和最小意义下的最优滤波器。可以看到，在很多情况下，LS 是在存在有限数据的情况下，对维纳滤波器的逼近实现。可以证明，在用自相关方法构成数据矩阵时，对于最优预测或最优滤波的 LS 实现，相当于用观测的有限数据集，首先利用第 2 章给出的自相关和互相关的估计公式估计这些统计量，然后代入维纳-霍普夫方程所得到的解。很显然，在各态历经的情况下，当存在的数据量趋于无穷时，LS 解趋于维纳滤波器。

关于最优滤波器理论几乎所有涉及随机信号处理和统计信号处理的著作均有详细介绍，例如 Hayes(1996)[114]、Haykin(2002)[117] 和 Kailath(1990)[135] 等，也可以参考维纳的原始论文[271]。

存在大量方法用于解 LS 方程。用高斯消元和 Cholesky 分解可以求解正则方程，QR 分解、Givens 旋转、Householder 变换可以用于更加有效的解 LS 方程，奇异值分解也是有效和稳定的方法，但这些算法的细节，超出本书的范围，我们仅简要介绍了奇异值分解技术，对其他方法的详细讨论，请参考矩阵计算的专门著作，例如戈卢布(2001)[290]。

习题

1. 有一个零均值信号 $x(n)$，它的自相关序列的前两个值为 $r_x(0)=10$，$r_x(1)=5$，该信号在传输中混入了一个均值为 0、方差为 5 的加性高斯白噪声，该噪声与信号是不相关的，设计一个 2 系数 FIR 型维纳滤波器，使滤波器输出尽可能以均方意义逼近原信号 $x(n)$。

(1) 求滤波器系数。

(2) 滤波器输出与 $x(n)$之间均方误差。

2. 考虑如题图 3.1 所示的系统，用于估计期望响应 $d(n)$，其中零延时支路固定系数为 1，求系数 w_1 使估计的均方误差最小，并求此最小均方误差。已知参数为

$$\sigma_d^2=4,\quad r_x(0)=1.0,\quad r_x(1)=0.5,\quad r_x(2)=0.25,$$
$$r_{xd}(0)=-1.0,\quad r_{xd}(-1)=1.0$$

3. 维纳滤波器的输入为 $x(n)=s(n)+v(n)$，$s(n)$和 $v(n)$相互独立，设计一个非因果 IIR 滤波器，希望尽可能降低噪声 $v(n)$，证明

(1) 最优滤波器的输出均方误差可表示为

$$\varepsilon=E[|e_0|^2]=\frac{1}{2\pi}\int_{-\pi}^{\pi}S_v(\mathrm{e}^{\mathrm{j}\omega})W(\mathrm{e}^{\mathrm{j}\omega})\mathrm{d}\omega$$

式中，$S_v(\mathrm{e}^{\mathrm{j}\omega})$是噪声 $v(n)$的功率谱密度函数，$W(\mathrm{e}^{\mathrm{j}\omega})$是滤波器的频率响应。

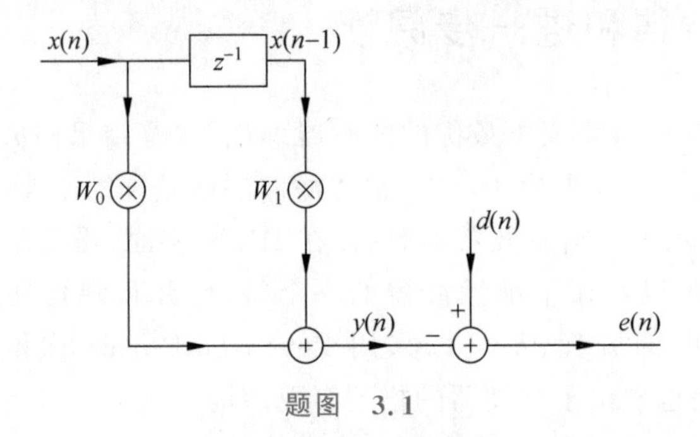

题图 3.1

(2) 若 $v(n)$是方差为 σ_v^2 的白噪声，证明上式简化为 $\varepsilon=\sigma_v^2 w_{o0}$，这里 w_{o0} 是最优滤波器 0 序号的权系数。

4. 源信号 $s(n)$是满足 $s(n)=\alpha s(n-1)+v(n)$的 AR(1)信号，$v(n)$的方差为 σ_v^2，实际测量信号 $x(n)=s(n)+w(n)$混入了白噪声 $w(n)$，其方差为 σ_w^2，设计一个维纳滤波器，以 $x(n)$为输入，输出尽可能近似 $s(n+K)$，K 是固定整数。

(1) 给出 2 系数 FIR 滤波器权系数的一般解的方程组。

(2) 在(1)中，假设 $\alpha=0.8$，$\sigma_w^2=\sigma_v^2=1$，分别求出 $K=0$ 和 $K=1$ 时滤波器的权系数和最小均方误差。

(3) 求出非因果 IIR 滤波器系统函数的表达式。

(4) 在(3)中，假设 $\alpha=0.8$，$\sigma_w^2=\sigma_v^2=1$，分别求出 $K=0$ 和 $K=1$ 时滤波器的权系数和最小均方误差。

5. 利用 FIR 结构的维纳滤波器，实现一个陷波器，即当输入为 $\mathrm{e}^{\mathrm{j}w_0 n}$ 时，输出为 0，输入为其他频率信号时，无损通过滤波器(这是指理想要求，实际不可实现，实际中是近似无损)，导出这个最优滤波器系数 $\boldsymbol{W}=[w_0,w_1,\cdots,w_{M-1}]^{\mathrm{T}}$ 的设计公式(输入信号的 M 阶自相关矩阵用 $\boldsymbol{R}_x$ 表示)。

6. 计算 $\left[\dfrac{\left(z+\dfrac{1}{3}\right)\left(z^{-1}+\dfrac{1}{3}\right)}{\left(z+\dfrac{1}{2}\right)\left(z^{-1}+\dfrac{1}{2}\right)}\right]_+$。

7. 证明前向最优线性预测器和后向最优线性预测器系数之间满足：$\boldsymbol{w}_b^{B*}=\boldsymbol{w}_f$，并且满足前向最优线性预测误差与后向最优线性预测误差的均方值相等。

8. 一个平稳随机信号的自相关序列为 $r_x(k)=\dfrac{1}{2}\delta(k+1)+\dfrac{5}{4}\delta(k)+\dfrac{1}{2}\delta(k-1)$。

(1) 设计该信号的 1 阶、2 阶最优前向一步预测器。

(2) 利用 Levinson-Durbin 算法，计算 3 阶前向预测误差滤波器对应的反射系数，画出格型结构图。

9. 如题图 3.2 所示两个线性因果系统级联，其中，$H_1(z)=\dfrac{1}{1-0.8z^{-1}}$，$H_2(z)=\dfrac{1}{1-0.5z^{-1}}$，输入 $w(n)$是

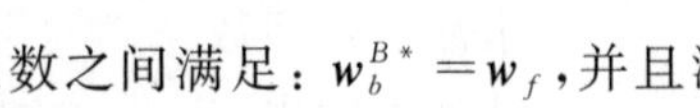

w(n) → $H_1(z)$ → $H_2(z)$ → x(n)

题图 3.2

白噪声，均值为 0，方差 $\sigma_w^2=1$，系统输出是 $x(n)$。

(1) 求 $x(n)$的自相关序列值 $r_x(0)$、$r_x(1)$和 $r_x(2)$；

(2) 如果对 $x(n)$进行最优预测，设计 $x(n)$的最优格型预测误差滤波器，求出格型预测误差滤波器的合适的阶数、各反射系数，画出实现结构图。

10. 设由输入信号 $x(n)$通过一个非因果 IIR 维纳滤波器对期望响应 $d(n)$进行估计，估计误差 $e(n)$，证明：估计误差功率可由下式计算：

$$E\{|e(n)|^2\}=\frac{1}{2\pi}\int_{-\pi}^{\pi}(1-|C_{dx}(\omega)|^2)S_d(\omega)\mathrm{d}\omega$$

其中，$S_d(\omega)$是期望响应的功率谱密度，$C_{dx}(\omega)$称为 $d(n)$和 $x(n)$的复相关，定义为下式：

$$C_{dx}(\omega)=\frac{S_{dx}(\omega)}{[S_x(\omega)S_d(\omega)]^{1/2}}$$

11. Levinson-Durbin 递推算法中，定义了标量：$\Delta_{m-1}=\sum_{k=0}^{m-1}r(k-m)a_{m-1,k}$，这里 $a_{m-1,k}$ 是 $m-1$ 阶前向线性最优预测滤波器的第 k 个权系数，用 $f_{m-1}(n)$和 $b_{m-1}(n)$分别表示前向和后向线性最优预测滤波器的预测误差，信号和滤波器系数都是实的，证明：

$$\Delta_{m-1}=E\{b_{m-1}(n-1)f_{m-1}(n)\}$$

12. 用 Levinson-Durbin 算法证明：一个 AR(p)信号输入到格型预测误差滤波器，仅有 p 个非零的反射系数，阶次高于 p 的反射系数均为零。

13. 证明：前向预测误差滤波器和后向预测误差滤波器输出满足如下的关系式。

(1) $E[b_m(n)b_i^*(n)]=\begin{cases}p_m, & i=m\\ 0, & i\neq m\end{cases}$

(2) $E[f_m(n)f_i^*(n)]=p_l, l=\max(m,i)$

(3) $E[f_i(n)f_j^*(n-k)]=0, \begin{cases}1\leqslant k\leqslant i-j, & i>j\\ -1\geqslant k\geqslant i-j, & i<j\end{cases}$

$E[b_i(n)b_j^*(n-k)]=0, \begin{cases}0\leqslant k\leqslant i-j-1, & i>j\\ 0\geqslant k\geqslant i-j+1, & i<j\end{cases}$

14. 证明：前向预测误差滤波器系统函数和后向预测误差滤波器系统函数满足如下关系：

$$H_{f,m}(z)=H_{f,m-1}(z)+k_m^*z^{-1}H_{b,m-1}(z)$$

15. 由测量的数据$\{x(1),x(2),\cdots,x(N)\}$，设计 M 阶前向一步 LS 线性预测器，分别按协方差方法和自相关方法使用数据，写出其数据矩阵、期望响应向量。

16. 如果要求设计后向一步 LS 线性预测器，重做上题。

17. 设有记录数据$\{x(1),x(2),\cdots,x(6)\}$，用 3 阶前向线性预测，采用协方差方法，写出求解预测系数的正则方程，确定 $\boldsymbol{\Phi}$、$\boldsymbol{z}$ 的各项。

18. 用自相关方法重解上题，比较两种方法得到的 $\boldsymbol{\Phi}$、$\boldsymbol{z}$ 各项的异同，并检查哪种方法得到的 $\boldsymbol{\Phi}$ 满足 Toeplitz 性。

19. 用奇异值分解方法重新求解例题 3.3.1。

20. 证明：在过确定系统中($N>M$)，若 $W=M$ 即$(\mathbf{A}^{\mathrm{H}}\mathbf{A})^{-1}$ 存在，那么有

$$\boldsymbol{A}^{+}=(\boldsymbol{A}^{\mathrm{H}}\boldsymbol{A})^{-1}\boldsymbol{A}^{\mathrm{H}}=\boldsymbol{V}[\boldsymbol{\Sigma}^{-1}\quad \boldsymbol{0}_{M\times(K-M)}]\boldsymbol{U}^{\mathrm{H}}$$

*21. 一个随机信号是由一个 AR(4)模型产生的,模型的极点分别位于 $p_{1,2}=0.8\mathrm{e}^{\pm\mathrm{j}\pi/6}$,$p_{3,4}=0.9\mathrm{e}^{\pm\mathrm{j}5\pi/8}$,激励白噪声方差为 1。用此模型产生 100 个数据,作为数据集,设计一个 LS 前向预测器,设预测器阶数为 4,分别使用自相关方法和协方差方法构成数据矩阵,估计预测系数并与 AR 模型的实际参数进行比较。

*22. 一个随机信号是由一个 ARMA(4,2)模型产生的,模型极点位于 $p_{1,2}=0.8\mathrm{e}^{\pm\mathrm{j}\pi/6}$,$p_{3,4}=0.9\mathrm{e}^{\pm\mathrm{j}5\pi/8}$,零点位于 $z_{1,2}=0.8\mathrm{e}^{\pm\mathrm{j}\pi/4}$,激励白噪声方差为 1。用此模型产生 200 个数据,作为数据集,设计一个 LS 前向预测器,设预测器阶数为 8,使用协方差方法构成数据矩阵,计算预测系数和平均估计误差。另设阶数为 4 和 12,重做此题,比较平均估计误差的大小。

第4章

卡尔曼滤波及其扩展

在信号处理、通信和现代控制系统中，需要对一个随机动态系统的状态进行估计。由一个测量装置对系统状态进行测量，这个测量过程是间接的和有噪的，通过记录的观测值对状态进行最优估计，并且这种估计是递推进行的，这是卡尔曼滤波所解决的问题。

第3章讨论了最优滤波问题。如果把LS滤波器看作在有限数据集条件下对维纳滤波的一种近似，则第3章讨论的这些最优滤波器都可以归类为维纳滤波器。维纳滤波器是在平稳随机信号的条件下的线性最优滤波器，若信号和期望响应服从联合高斯分布，则维纳滤波器是平稳环境下的最优滤波器，在高斯分布下，线性系统即可达到真正的最优解。

在实际问题中，很多信号具有"系统结构性"，即这类信号可用一个系统方程来描述。例如，通过一个雷达接收信号估计一个运动目标的位置和速度，这里，运动目标的位置和速度是期望响应信号，这类信号一般满足一组运动方程，这组方程可看作对一个系统的描述，故期望响应信号可看作一个系统的状态向量，可用状态方程描述。另一个例子是接收到一个被噪声干扰的源信号，源信号有一定结构，一个例子是其满足ARMA(p,q)模型，这样的信号可用一个差分方程描述，也可用一个有p个状态的状态方程描述。这两个例子说明了具有"系统结构性"信号的含义。遗憾的是，维纳滤波器无法直接应用这种系统信息所带来的可能益处。卡尔曼滤波则有效地利用了这些信息，它假设所估计的期望响应是一个系统的状态向量并满足已知的状态方程，结合状态方程可得到有效的递推计算结构。

维纳滤波的第二个明显的限制是平稳性要求。而卡尔曼滤波则打破了平稳性要求，其最基本假设和算法的推导都直接建立在非平稳假设下，这与卡尔曼滤波是建立在状态方程表示基础上是有关的，状态方程表示是目前人们解决时变系统的最有效工具之一。

与维纳滤波一样，标准的卡尔曼滤波是一种线性最优滤波器，但其突破了维纳滤波的一些主要限制，有效地利用了信号的"系统结构性"信息并突破了平稳性限制，卡尔曼滤波采用递推结构，本质上是一个时变系统。但与维纳滤波器一样，只有当信号是服从联合高斯分布时，它才是真正的最优滤波。

当信号的联合分布是非高斯的，或当状态方程是非线性的(非线性和非高斯性往往是伴随在一起的)，卡尔曼滤波只是"线性系统"中的最优系统，而真正的最优系统却可能是非线性的，此时卡尔曼滤波不再是真正的最优滤波器。针对非高斯非线性问题的解，有两种典型方法，一类是对卡尔曼滤波进行扩展使其适合非线性状态方程，典型的方法包括扩展卡尔曼滤波(Extended Kalman Filter,EKF)、无迹卡尔曼滤波等；第二类解决方法是回到贝叶斯估计的源头,通过持续接收的观测值推断后验概率从而得到对状态波形的最优估计,这类方法统称贝叶斯滤波。有多种次最优的实现方法实现贝叶斯滤波,其中最受关注的是粒子滤波(Particle Filter)。

本章重点讨论卡尔曼滤波,首先通过标量形式介绍一些基本概念,然后详细导出向量形式的卡尔曼滤波方程,在此基础上讨论扩展卡尔曼滤波和无迹卡尔曼滤波,最后概要地讨论贝叶斯滤波与粒子滤波。

4.1 标量卡尔曼滤波

对于一般较为复杂的问题,表示系统的状态一般为向量,故卡尔曼滤波一般形式是向量形式,但由于卡尔曼滤波涉及一些新的概念,为了易于理解,本节通过一个简单的标量模型讨论卡尔曼滤波的推导及其一些相关概念,读者也可跳过本节直接阅读4.2节。

描述一个卡尔曼滤波问题,需要两个模型,一个是描述系统的状态方程,另一个是观测方程,观测量通过观测方程与状态变量建立联系,由观测量估计状态值。

本节的简单标量情况采用只有一个状态的状态方程,一个1阶AR模型可以恰好由单个状态方程描述,故假设待估计状态满足AR(1)模型,状态方程为

$$x(n)=a_1x(n-1)+v(n) \tag{4.1.1}$$

卡尔曼滤波可以用于非平稳情况,故状态方程中,a_1 可以是时变量,但为了叙述概念简单,这里 a_1 选择为常数,即状态变量 $x(n)$ 仅满足标准AR(1)模型,观测方程是

$$y(n)=cx(n)+w(n) \tag{4.1.2}$$

这里,c 是常系数,$w(n)$ 是测量引入的白噪声,$v(n)$ 和 $w(n)$ 是统计独立的,$x(0)$ 作为初始状态与 $v(n)$ 和 $w(n)$ 是统计独立的。我们的问题描述为,从 $n=1$ 开始获得观测值 $y(1)$,$y(2)$,…,递推估计 $x(n)$。为了得到递推估计,需要推导的最优滤波过程描述为：假如由 $\{y(1),y(2),\cdots,y(n-1)\}$ 已估计得到 $x(n-1)$ 的估计值 $\hat{x}(n-1|n-1)$,这里符号 $(n-1|n-1)$ 表示由直到 $n-1$ 时刻的观测值对待估计量在 $n-1$ 时刻取值的最优(线性)估计,当获得一个新观测值 $y(n)$ 时,用递推公式

$$\hat{x}(n \mid n)=f(\hat{x}(n-1 \mid n-1),\alpha(n)) \tag{4.1.3}$$

得到对 $x(n)$ 新的估计值。这里 $\alpha(n)$ 是 $y(n)$ 中包含的新的信息量,称为新息,$f(\cdot)$ 是线性函数。新估计值 $\hat{x}(n|n)$ 由前一时刻估计值 $\hat{x}(n-1|n-1)$ 和新息 $\alpha(n)$ 组合构成。递推算法带来的一个好处是,算法不再受平稳性的限制,每一步递推时,随机信号的统计特性可以随时间变化。

上述问题可以推广到更一般的状态方程和观测方程,这一类最优估计问题,称为卡尔曼滤波。在4.1.1节首先通过简单的标量模型,讨论递推估计的基本思路。对向量卡尔曼滤波的一般性讨论在4.2节进行。

4.1.1 标量随机状态的最优递推估计

问题的模型描述为式(4.1.1)的状态方程和式(4.1.2)的观测方程,并假设 a_1 和 c 是已知参数,设 $v(n)$ 和 $w(n)$ 是互不相关的白噪声,均值都为0,方差分别为 $\sigma_v^2(n)$ 和 $\sigma_w^2(n)$,允

许白噪声是非平稳的。

设由$\{y(1),y(2),\cdots,y(n-1)\}$张成的空间为$\boldsymbol{Y}_{n-1}$，已得到$x(n-1)$的最优估计值$\hat{x}(n-1|\boldsymbol{Y}_{n-1})$。为了符号简单，以下均用向量空间$\boldsymbol{Y}_{n-1}$的下标来表示，即用$\hat{x}(n-1|n-1)$表示$\hat{x}(n-1|\boldsymbol{Y}_{n-1})$。当观测到新值$y(n)$时，$\{y(1),y(2),\cdots,y(n)\}$张成空间$\boldsymbol{Y}_n$，求$\hat{x}(n|n)$。$\hat{x}(n|n)$可表示为

$$\hat{x}(n \mid n)=\sum_{k=1}^{n}\beta_k(n)y(k) \tag{4.1.4}$$

目标是求系数$\beta_k(n)$，使得预测是均方最优的，并且可以表示成式(4.1.3)的递推形式。由于$y(1),y(2),\cdots,y(n-1),y(n)$互相相关，直接推导由$y(1),y(2),\cdots,y(n-1),y(n)$作为输入的递推方程很不方便，首先将其正交化。利用3.2节的最优线性预测原理，定义正交化的新息序列为

$$\alpha(k)=f_{k-1}(k)=y(k)-\hat{y}(k \mid k-1),\quad k=1,2,\cdots,n \tag{4.1.5}$$

这里，$\hat{y}(k|k-1)$是由$\boldsymbol{Y}_{k-1}$对$y(k)$进行的最优线性预测，$k-1$阶预测误差$f_{k-1}(k)$定义为新息$\alpha(k)$，是将$y(k)$中减去可预测分量，是$y(k)$中包含的新的信息，这是“新息”这个名词的含义。由此，可以定义一个新息序列$\alpha(1),\alpha(2),\cdots,\alpha(n-1),\alpha(n)$。新息序列有如下的特性。

性质1 与$y(n)$相对应的新息$\alpha(n)$与过去的观测值$y(1),y(2),\cdots,y(n-1)$是正交的，即

$$E[\alpha(n)y^*(k)]=0,\quad 1\leqslant k\leqslant n-1 \tag{4.1.6}$$

这里，由于$y(k),k=1,2,\cdots,n-1$是线性预测滤波器的输入，$\alpha(n)=f_{n-1}(n)$是预测误差，上面结论就是正交性原理。

性质2 新息序列是相互正交的。

$$E[\alpha(n)\alpha^*(k)]=0,\quad 1\leqslant k\leqslant n-1 \tag{4.1.7}$$

这个性质是前向预测误差滤波器的基本性质，可参见3.2节。

性质3 序列$\{y(1),y(2),\cdots,y(n)\}$和$\{\alpha(1),\alpha(2),\cdots,\alpha(n)\}$是一一对应，互相等价的，由一方可以完全确定另一方。$\{\alpha(1),\alpha(2),\cdots,\alpha(n)\}$是$\{y(1),y(2),\cdots,y(n)\}$的正交化序列，由序列$\{y(1),y(2),\cdots,y(n)\}$和$\{\alpha(1),\alpha(2),\cdots,\alpha(n)\}$作为输入所产生的最优估计相等。

在定义了新息序列后，由新息的性质3得到结论，由$\boldsymbol{Y}_n$估计$x(n)$和由$\{\alpha(1),\alpha(2),\cdots,\alpha(n)\}$估计是完全等价的。因此式(4.1.4)改写为

$$\hat{x}(n \mid n)=\sum_{k=1}^{n}g_k(n)\alpha(k) \tag{4.1.8}$$

注意$\alpha(k)$是正交的，为使估计误差$\varepsilon(n)=x(n)-\hat{x}(n|n)$均方最小，只需满足正交原理，即

$$E\left[(x(n)-\hat{x}(n \mid n))\alpha^*(k)\right]=0,\quad k=1,2,\cdots,n \tag{4.1.9}$$

将式(4.1.8)代入式(4.1.9)，得

$$E\left[\left(x(n)-\sum_{l=1}^{n}g_l(n)\alpha(l)\right)\alpha^*(k)\right]=0,\quad k=1,2,\cdots,n$$

上式两边展开，并利用$\alpha(k)$的正交性，得到系数为

$$g_k(n)=\frac{E[x(n)\alpha^*(k)]}{E[|\alpha(k)|^2]} \tag{4.1.10}$$

将 $\hat{x}(n|n)$ 写成如下两项：

$$\hat{x}(n\mid n)=\sum_{k=1}^{n-1}g_k(n)\alpha(k)+g_n(n)\alpha(n) \tag{4.1.11}$$

将状态方程(4.1.1)代入式(4.1.10)，得

$$\begin{aligned}g_k(n)&=\frac{E[x(n)\alpha^*(k)]}{E[|\alpha(k)|^2]}=\frac{E[(a_1x(n-1)+v(n))\alpha^*(k)]}{E[|\alpha(k)|^2]}\\&=a_1\frac{E[x(n-1)\alpha^*(k)]}{E[|\alpha(k)|^2]}=a_1g_k(n-1)\end{aligned} \tag{4.1.12}$$

将式(4.1.12)代入式(4.1.11)的第一个求和项，得

$$\begin{aligned}\hat{x}(n\mid n)&=a_1\sum_{k=1}^{n-1}g_k(n-1)\alpha(k)+g_n(n)\alpha(n)\\&=a_1\hat{x}(n-1\mid n-1)+g_n(n)\alpha(n)\end{aligned} \tag{4.1.13}$$

可见，$\hat{x}(n|n)$ 递推公式由前一时刻的估计值加上一个与新息“$\alpha(n)$”相关的校正项构成。式(4.1.13)展示了递推关系，由于递推公式的推导过程应用了正交原理，在每个时刻都保持了最优性。式(4.1.13)中的系数 $g_n(n)$ 和 $\alpha(n)$ 还需要推导，首先考虑

$$\begin{aligned}\alpha(n)&=y(n)-\hat{y}(n\mid n-1)\\&=y(n)-c\hat{x}(n\mid n-1)-\hat{w}(n\mid n-1)\\&=y(n)-c\hat{x}(n\mid n-1)\end{aligned} \tag{4.1.14}$$

上式推导中利用了观测方程，并把观测方程投影到 $\boldsymbol{Y}_{n-1}$ 空间。式(4.1.14)是 $\alpha(n)$ 的递推方程，在每一个新时刻，由 $y(n)$ 和 $\hat{x}(n|n-1)$ 递推得到 $\alpha(n)$，注意，$\hat{x}(n|n-1)$ 表示直到 $n-1$ 时刻的观测值对 $x(n)$ 的一步预测，可由状态方程导出，即将状态方程各项投影到 $\boldsymbol{Y}_{n-1}$ 空间：

$$\begin{aligned}\hat{x}(n\mid n-1)&=a_1\hat{x}(n-1\mid n-1)+\hat{v}(n\mid n-1)\\&=a_1\hat{x}(n-1\mid n-1)\end{aligned} \tag{4.1.15}$$

在式(4.1.14)中再次代入观测方程，得到 $\alpha(n)$ 的另一种形式为

$$\begin{aligned}\alpha(n)&=y(n)-c\hat{x}(n\mid n-1)\\&=cx(n)-c\hat{x}(n\mid n-1)+w(n)=c\varepsilon(n\mid n-1)+w(n)\end{aligned} \tag{4.1.16}$$

这里，$\varepsilon(n|n-1)=x(n)-\hat{x}(n|n-1)$ 称为前验预测误差，$\varepsilon(n|n-1)$ 与 $w(n)$ 是不相关的。定义

$$\sigma_\alpha^2(n)=E\{|\alpha(n)|^2\}=c^2K(n\mid n-1)+\sigma_w^2(n) \tag{4.1.17}$$

是新息序列的方差，其中

$$K(n\mid n-1)=E\{|\varepsilon(n\mid n-1)|^2\} \tag{4.1.18}$$

可以导出 $K(n|n-1)$ 的递推公式如下：

$$\begin{aligned}K(n\mid n-1)&=E\{|\varepsilon(n\mid n-1)|^2\}\\&=E[|x(n)-\hat{x}(n\mid n-1)|^2]\\&=E[|a_1x(n-1)+v(n)-a_1\hat{x}(n-1\mid n-1)|^2]\\&=a_1^2E[|x(n-1)-\hat{x}(n-1\mid n-1)|^2]+E[|v(n)|^2]\\&=a_1^2K(n-1)+\sigma_v^2(n)\end{aligned} \tag{4.1.19}$$

上式中,可令

$$\varepsilon(n-1)=x(n-1)-\hat{x}(n-1\mid n-1) \tag{4.1.20}$$

和

$$K(n-1)=E[\mid\varepsilon(n-1)\mid^2] \tag{4.1.21}$$

如下推导 $g_n(n)$的表达式,并且记 $g_f(n)=g_n(n)$为标量卡尔曼增益,由式(4.1.10),首先观察

$$\begin{aligned}E[x(n)\alpha^*(n)]&=E[((x(n)-\hat{x}(n\mid n-1))(c\varepsilon(n\mid n-1)+w(n))^*]\\&=cE[\varepsilon(n\mid n-1)\varepsilon^*(n\mid n-1)]=cK(n\mid n-1)\end{aligned} \tag{4.1.22}$$

在上式推导中使用了 $\hat{x}(n|n-1)$与 $\varepsilon(n|n-1)$的正交性,这是正交性原理推论的结果,并注意到 $\varepsilon(n|n-1)$和 $w(n)$的正交性。将式(4.1.17)、式(4.1.22)代入式(4.1.10),得

$$g_f(n)=g_n(n)=\frac{cK(n\mid n-1)}{c^2K(n\mid n-1)+\sigma_w^2(n)} \tag{4.1.23}$$

为使递推可循环进行下去,需要导出计算 $K(n)$的递推公式,$K(n)$的推导过程留作习题,下式给出其结果:

$$K(n)=E[\mid\varepsilon(n)\mid^2]=(1-cg_f(n))K(n\mid n-1) \tag{4.1.24}$$

将式(4.1.13)、式(4.1.14)、式(4.1.15)、式(4.1.19)、式(4.1.23)和式(4.1.24)合在一起,构成了标量模型的卡尔曼滤波算法。按照各公式的执行顺序,将标量卡尔曼算法列于表 4.1.1 中。

表 4.1.1 标量卡尔曼预测算法

初始条件	$\hat{x}(0\|0),K(0)$
递推算法	$\hat{x}(n\|n-1)=a_1\hat{x}(n-1\|n-1)$ $\alpha(n)=y(n)-c\hat{x}(n\|n-1)$ $K(n\|n-1)=a_1^2K(n-1)+\sigma_v^2(n)$ $g_f(n)=\frac{cK(n\|n-1)}{c^2K(n\|n-1)+\sigma_w^2(n)}$ $\hat{x}(n\|n)=\hat{x}(n\|n-1)+g_f(n)\alpha(n)$ $K(n)=(1-cg_f(n))K(n\|n-1)$ $n\leftarrow n+1$ 循环

由表 4.1.1 可以看到,若给出初始条件 $\hat{x}(0|0),K(0)$,设 $n=1$ 得到观测值 $y(1)$,则卡尔曼滤波过程可按如下顺序计算:

$$\hat{x}(1\mid 0)\rightarrow\alpha(1)\rightarrow K(1\mid 0)\rightarrow g_f(1)\rightarrow\hat{x}(1\mid 1)\rightarrow K(1)\rightarrow(n=2\text{ 循环})$$

每次获得一个新的观测值 $y(n)$,表 4.1.1 的递推算法循环 1 次。

4.1.2 与维纳滤波器的比较

我们讨论在同样问题下的维纳滤波器的解,为简单计,假设输入信号是白噪声,记为$\{\alpha(1),\alpha(2),\cdots,\alpha(n)\}$,由这组输入值估计期望响应 $x(n)$,当 $\alpha(n)$是平稳的,并且 $\alpha(n)$和 $x(n)$是联合平稳的,可以利用维纳滤波得到 $x(n)$的最优估计,估计式为

$$\hat{x}(n)=\sum_{k=0}^{n-1}w_{o,k}^*\alpha(n-k) \tag{4.1.25}$$

由于 $\alpha(n)$ 是白的和平稳的,故

$$R_\alpha = \mathrm{diag}(\sigma_\alpha^2, \sigma_\alpha^2, \cdots, \sigma_\alpha^2)$$

$$\boldsymbol{r}_{\alpha d} = [E[\alpha(n)x^*(n)], E[\alpha(n-1)x^*(n)], \cdots, E[\alpha(1)x^*(n)]]^{\mathrm{T}}$$

因此,维纳滤波器系数的解为

$$\boldsymbol{w}_o = \boldsymbol{R}_\alpha^{-1}\boldsymbol{r}_{\alpha d} = \frac{1}{\sigma_\alpha^2}\boldsymbol{r}_{\alpha d} \tag{4.1.26}$$

将式(4.1.26)代入式(4.1.25),得

$$\begin{aligned}\hat{x}(n) &= \sum_{k=0}^{n-1}\left(\frac{E[\alpha(n-k)x^*(n)]}{\sigma_\alpha^2}\right)^* \alpha(n-k) \\ &= \sum_{l=1}^{n}\frac{E[x(n)\alpha^*(l)]}{\sigma_\alpha^2}\alpha(l)\end{aligned} \tag{4.1.27}$$

式(4.1.27)是这个估计问题的维纳解,为了与卡尔曼滤波比较,这里的维纳滤波器构造成阶数是随时间 n 变化的,在 n 时刻是 n 个系数的 FIR 滤波器,随着 $n\to\infty$,趋于一个因果 IIR 滤波器。将式(4.1.10)代入式(4.1.8),与式(4.1.27)比较,在平稳情况下是一致的。在这个标量情况下卡尔曼滤波和维纳滤波在平稳条件下有一致的最优性结果,但卡尔曼滤波有两点明显的发展,一是可适应非平稳环境,二是利用了待估计状态的结构,导出了更方便的递推算法。

注意到,在处理非平稳情况时,在每个时刻都可以写出正交性原理的方程式,正交性原理是不受平稳性限制的,在对非平稳情况进行最优估计时,只要保证在每个时刻正交性原理成立,那么,在每个时刻得到的结果都是最优的。

例 4.1.1 设待估计状态满足 AR(1)模型,状态方程为 $x(n)=0.5x(n-1)+v(n)$,观测方程是 $y(n)=x(n)+w(n)$,设 $v(n)$ 和 $w(n)$ 是互不相关的白噪声,均值都为 0,方差分别为 $\sigma_v^2=5/18$ 和 $\sigma_w^2=2/3$,由观测 $y(n)$ 估计 $x(n)$。

解:为利用表 4.1.1,本题中 $a_1=0.5, c=1$,由第 1 章知 $x(n)$ 的自相关序列为

$$r_x(k) = \frac{\sigma_v^2}{1-a_1^2}(a_1)^{|k|} = \frac{10}{27}\left(\frac{1}{2}\right)^{|k|}$$

取初始值 $\hat{x}(0|0)=0, K(0)=r_x(0)=10/27$,由观测 $y(n)$ 估计 $x(n)$ 的公式依次写为

$$\hat{x}(n \mid n-1) = 0.5\hat{x}(n-1 \mid n-1)$$

$$\alpha(n) = y(n) - \hat{x}(n \mid n-1) = y(n) - 0.5\hat{x}(n-1 \mid n-1)$$

$$K(n \mid n-1) = a_1^2K(n-1) + \sigma_v^2(n) = 0.25K(n-1) + 5/18 \tag{4.1.28}$$

$$g_f(n) = \frac{cK(n \mid n-1)}{c^2K(n \mid n-1) + \sigma_w^2(n)} = \frac{K(n \mid n-1)}{K(n \mid n-1) + 2/3} \tag{4.1.29}$$

$$\begin{aligned}\hat{x}(n \mid n) &= \hat{x}(n \mid n-1) + g_f(n)\alpha(n) \\ &= 0.5\hat{x}(n-1 \mid n-1) + g_f(n)(y(n) - 0.5\hat{x}(n-1 \mid n-1)) \\ &= 0.5(1-g_f(n))\hat{x}(n-1 \mid n-1) + g_f(n)y(n)\end{aligned} \tag{4.1.30}$$

$$K(n) = (1-cg_f(n))K(n \mid n-1) = (1-g_f(n))K(n \mid n-1) \tag{4.1.31}$$

注意,本题中,由于 σ_v^2 和 σ_w^2 都是常数,这是一个平稳环境,在 $n\to\infty$ 时卡尔曼滤波达到稳态,即 $K(n|n-1)$、$K(n)$ 和 $g_f(n)$ 都趋于常数,为方便,记

$$K_1 = K(n \mid n-1)\mid_{n\to\infty}$$
$$K_2 = K(n)\mid_{n\to\infty}$$
$$g_\infty = g_f(n)\mid_{n\to\infty}$$

则 $n\to\infty$ 时,式(4.1.28)、式(4.1.29)和式(4.1.31)变为如下方程组:

$$K_1 = a_1^2 K_2 + \sigma_v^2(n) = 0.25K_2 + 5/18$$
$$g_\infty = \frac{K_1}{K_1 + \sigma_w^2(n)} = \frac{K_1}{K_1 + 2/3}$$
$$K_2 = (1 - g_\infty)K_1$$

可解得

$$K_2 = 2/9 \approx 0.2222$$
$$g_\infty = 1/3$$

则 $n\to\infty$ 时,重写式(4.1.30)为

$$\hat{x}(n \mid n) = 0.5(1 - g_\infty)\hat{x}(n-1 \mid n-1) + g_\infty y(n)$$

若记 $\hat{d}(n) = \hat{x}(n|n)$ 为期望响应的估计值,$y(n)$ 为输入信号,在卡尔曼滤波处于稳态时,系统差分方程为

$$\hat{d}(n) = 0.5(1 - g_\infty)\hat{d}(n-1) + g_\infty y(n)$$

相当于系统函数

$$H_\infty(z) = \frac{g_\infty}{1 - 0.5(1 - g_\infty)z^{-1}} = \frac{1/3}{1 - \frac{1}{3}z^{-1}}$$

$K_2 = K(n)|_{n\to\infty} = 2/9$ 表示了当卡尔曼滤波达到稳态时,由观测序列估计 $x(n)$ 的估计误差的均方值。对比第 3 章的例 3.1.4,发现本例与例 3.1.4 是同一个问题的不同解法,卡尔曼滤波稳态时达到的结果与因果 IIR 维纳滤波器的性能结果是一致的。

4.2 向量形式标准卡尔曼滤波

本节讨论和推导向量卡尔曼滤波。由于一个系统的状态一般可表示为一个向量,故向量形式卡尔曼滤波更常用。

导出卡尔曼滤波方程的方式有多种,本节采用新息作为输入向量并利用最优滤波的正交原理作为基础进行推导,这种方法概念比较清晰。

4.2.1 向量卡尔曼滤波模型

卡尔曼滤波器的线性系统模型由如下状态方程和观测方程组成。状态方程为

$$\boldsymbol{x}(n+1) = \boldsymbol{F}(n)\boldsymbol{x}(n) + \boldsymbol{v}_1(n) \tag{4.2.1}$$

观测方程为

$$\boldsymbol{y}(n) = \boldsymbol{C}(n)\boldsymbol{x}(n) + \boldsymbol{v}_2(n) \tag{4.2.2}$$

这里,状态变量 $\boldsymbol{x}(n)$ 是 M 维向量,观测值 $\boldsymbol{y}(n)$ 是 N 维向量,状态转换矩阵 $\boldsymbol{F}(n)$ 是 $M\times M$ 维矩阵,观测系数 $\boldsymbol{C}(n)$ 是 $N\times M$ 维矩阵。$\boldsymbol{v}_1(n)$ 是零均值的白噪声向量,一般情况下是非平稳的,其自相关矩阵为

$$E[\boldsymbol{v}_1(n)\boldsymbol{v}_1^{\mathrm{H}}(k)]=\begin{cases}\boldsymbol{Q}_1(n), & n=k\\ \boldsymbol{0}_{M\times M}, & n\neq k\end{cases}\tag{4.2.3}$$

注意,由于$\boldsymbol{v}_1(n)$是噪声向量,上式中$\boldsymbol{0}_{M\times M}$是全零的$M\times M$维矩阵,而

$$\boldsymbol{Q}_1(n)=E[\boldsymbol{v}_1(n)\boldsymbol{v}_1^{\mathrm{H}}(n)]=[E[v_{1,i}(n)v_{1,j}^*(n)]]_{M\times M}$$

也是$M\times M$维矩阵,当是平稳白噪声时,$\boldsymbol{Q}_1(n)$不随时间变化。$\boldsymbol{v}_2(n)$也是零均值白噪声向量,自相关矩阵为

$$E[\boldsymbol{v}_2(n)\boldsymbol{v}_2^{\mathrm{H}}(k)]=\begin{cases}\boldsymbol{Q}_2(n), & n=k\\ \boldsymbol{0}_{N\times N}, & n\neq k\end{cases}\tag{4.2.4}$$

假设$\boldsymbol{v}_1(n)$和$\boldsymbol{v}_2(n)$不相关。

假设初始状态$\boldsymbol{x}(0)$与$\boldsymbol{v}_1(n)$、$\boldsymbol{v}_2(n)$是不相关的。

卡尔曼滤波器的目标是离散时间线性动力系统状态估计,系统模型如图4.2.1所示。要解决的问题是,由观测值$\{\boldsymbol{y}(1),\boldsymbol{y}(2),\cdots,\boldsymbol{y}(n)\}$估计状态$\boldsymbol{x}(i)$,即$\hat{\boldsymbol{x}}(i|n)$。这里,$i$的不同取值对应不同的滤波器功能,即

$$i=\begin{cases}n, & \text{滤波}\\ n+k, & k>0\ \text{预测}\\ n-k, & k>0\ \text{平滑}\end{cases}$$

若取$i=n$,则称为卡尔曼滤波器,若取$i=n+k$,则称为卡尔曼预测器,常取$i=n+1$研究卡尔曼一步预测,若取$i=n-k$则称为卡尔曼平滑器,这里$k>0$。本节推导$i=n$的标准卡尔曼滤波器,4.3节会讨论卡尔曼预测器。

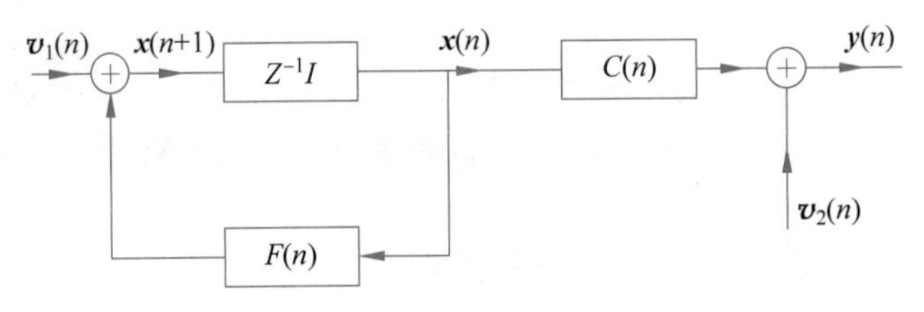

图4.2.1 卡尔曼滤波器模型

从滤波器观点看,$\boldsymbol{y}(n)$是输入,$\hat{\boldsymbol{x}}(n|n)$是滤波器输出,它是$\boldsymbol{x}(n)$的一个递推最优估计。卡尔曼滤波器也可以用图4.2.2表示。

以上模型中,$\boldsymbol{F}(n)$、$\boldsymbol{C}(n)$、$\boldsymbol{Q}_1(n)$和$\boldsymbol{Q}_2(n)$是已知的,式(4.2.1)和式(4.2.2)表示的是一种标准的系统方程组,本节以此为基础推导标准的卡尔曼滤波方程,一些变化和推广在4.3节讨论。

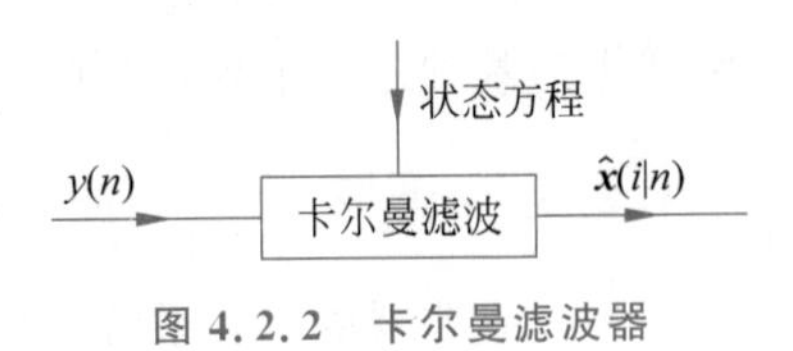

图4.2.2 卡尔曼滤波器

在讨论卡尔曼滤波的推导之前,先看几个由具体问题导出的模型。

例4.2.1 设有一个AR(p)过程

$$x(n)=-\sum_{k=1}^{p}a_kx(n-k)+v(n)$$

希望通过$y(n)=x(n)+w(n)$作为观测值估计$x(n)$,将这个问题模型化为卡尔曼滤波问题。

解：这里给出一个简要说明，以描述将差分方程转化为状态方程和观测方程的过程。令状态向量为

$$\boldsymbol{x}(n)=\begin{bmatrix}x(n-p+1)\\x(n-p+2)\\\vdots\\x(n)\end{bmatrix}$$

将 AR(p)模型的差分方程转化为状态方程为

$$\begin{bmatrix}x(n-p+1)\\x(n-p+2)\\\vdots\\x(n-1)\\x(n)\end{bmatrix}=\begin{bmatrix}0&1&0&\cdots&0\\0&0&1&0&0\\\vdots&\vdots&\ddots&\ddots&\vdots\\0&0&\cdots&\cdots&1\\-a_p&-a_{p-1}&\cdots&\cdots&-a_1\end{bmatrix}\begin{bmatrix}x(n-p)\\x(n-p+1)\\\vdots\\\vdots\\x(n-1)\end{bmatrix}+\begin{bmatrix}0\\0\\\vdots\\0\\1\end{bmatrix}v(n)$$

或写成紧凑形式为 $\boldsymbol{x}(n)=\boldsymbol{A}\boldsymbol{x}(n-1)+\boldsymbol{B}v(n)$，令 $\boldsymbol{v}_1(n)=\boldsymbol{B}v(n+1)$，状态方程可写成

$$\boldsymbol{x}(n+1)=\boldsymbol{A}\boldsymbol{x}(n)+\boldsymbol{v}_1(n)$$

状态转移矩阵

$$\boldsymbol{F}(n)=\boldsymbol{A}=\begin{bmatrix}0&1&0&\cdots&0\\0&0&1&0&0\\\vdots&\vdots&\vdots&\vdots&\vdots\\0&0&\ddots&\ddots&1\\-a_p&-a_{p-1}&\cdots&\cdots&-a_1\end{bmatrix}$$

状态噪声自相关矩阵

$$\boldsymbol{Q}_1(n)=\mathrm{diag}\{0,0,\cdots,0,\sigma_v^2\}$$

观测方程写为

$$y(n)=x(n)+w(n)=\boldsymbol{C}\boldsymbol{x}(n)+v_2(n)$$

其中

$$\boldsymbol{C}=[0,0,\cdots,0,1]$$

$$v_2(n)=w(n),\quad \boldsymbol{Q}_2(n)=\sigma_w^2$$

例 4.2.2 研究一个运动模型，这种模型在雷达、声呐和计算机视觉领域常用于目标跟踪。讨论一维的简单情况，设一个常速运动目标，距离用 $x(n)$表示，速度用 $v(n)$表示，则状态向量定义为

$$\boldsymbol{x}(n)=\begin{bmatrix}x(n)\\v(n)\end{bmatrix}$$

假设加速度 $a(n)$存在随机扰动，可建模为 $a(n)\sim N(0,\sigma_a^2)$，则方程状态可写为

$$\begin{bmatrix}x(n+1)\\v(n+1)\end{bmatrix}=\begin{bmatrix}1&T\\0&1\end{bmatrix}\begin{bmatrix}x(n)\\v(n)\end{bmatrix}+\begin{bmatrix}T^2/2\\T\end{bmatrix}a(n)$$

这里，T 是采样间隔。若设

$$\boldsymbol{v}_1(n)=\begin{bmatrix}T^2/2\\T\end{bmatrix}a(n)$$

则

$$\boldsymbol{Q}_1(n)=E\left[\begin{bmatrix}T^2/2\\T\end{bmatrix}a(n)a(n)[T^2/2 \quad T]\right]=\begin{bmatrix}T^4/4 & T^3/2\\T^3/2 & T^2\end{bmatrix}\sigma_a^2$$

设可以测量到有噪声的距离,则测量方程为

$$y(n)=(1 \quad 0)\begin{bmatrix}x(n)\\v(n)\end{bmatrix}+w(n)$$

这里,$w(n)\sim N(0,\sigma_w^2)$

$$\boldsymbol{C}=[1 \quad 0]$$

$$v_2(n)=w(n),\quad \boldsymbol{Q}_2(n)=\sigma_w^2$$

例 4.2.3 继续研究例 4.2.2 的运动模型,设一个常加速度运动目标,距离用 $x(n)$表示,速度用 $v(n)$表示,加速度用 $a(n)$表示,则状态向量定义为

$$\boldsymbol{x}(n)=\begin{bmatrix}x(n)\\v(n)\\a(n)\end{bmatrix}$$

假设加速度存在随机扰动,可建模为 $a'(n)\sim N(0,\sigma_a^2)$,则方程状态可写为

$$\begin{bmatrix}x(n+1)\\v(n+1)\\a(n+1)\end{bmatrix}=\begin{bmatrix}1 & T & T^2/2\\0 & 1 & T\\0 & 0 & 1\end{bmatrix}\begin{bmatrix}x(n)\\v(n)\\a(n)\end{bmatrix}+\begin{bmatrix}T^2/2\\T\\1\end{bmatrix}a'(n)$$

若设

$$\boldsymbol{v}_1(n)=\begin{bmatrix}T^2/2\\T\\1\end{bmatrix}a'(n)$$

则

$$\boldsymbol{Q}_1(n)=E\left[\begin{bmatrix}T^2/2\\T\\1\end{bmatrix}a'(n)a'(n)[T^2/2 \quad T \quad 1]\right]$$

$$=\begin{bmatrix}T^4/4 & T^3/2 & T^2/2\\T^3/2 & T^2 & T\\T^2/2 & T & 1\end{bmatrix}\sigma_a^2$$

设可以测量到有噪声的距离,则测量方程为

$$y(n)=[1 \quad 0 \quad 0]\begin{bmatrix}x(n)\\v(n)\\a(n)\end{bmatrix}+w(n)$$

这里,$w(n)\sim N(0,\sigma_w^2)$,则

$$\boldsymbol{C}=[1 \quad 0 \quad 0]$$

$$v_2(n)=w(n),\quad \boldsymbol{Q}_2(n)=\sigma_w^2$$

若考虑 x、y、z 三维方向的问题,只需要把例 4.2.2 和例 4.2.3 推广到三维情况即可,在三维情况下,状态向量分别为 6 维和 9 维。

4.2.2 向量卡尔曼滤波推导

以式(4.2.1)和式(4.2.2)的模型为出发点,推导卡尔曼滤波的递推方程。假设,给出了

初始值 $\hat{\boldsymbol{x}}(0|0)$，即在没有观测值的情况下对初始值的猜测值和

$$\boldsymbol{K}(0)=E\{[\boldsymbol{x}(0)-\hat{\boldsymbol{x}}(0\mid 0)][\boldsymbol{x}(0)-\hat{\boldsymbol{x}}(0\mid 0)]^{\mathrm{H}}\} \tag{4.2.5}$$

即初值猜测误差的自相关矩阵。

设在时刻 n 得到新的观测值 $\boldsymbol{y}(n)$，并已得到上一时刻的最优估计 $\hat{\boldsymbol{x}}(n-1|n-1)$ 和 $\boldsymbol{K}(n-1)$，推导求 $\hat{\boldsymbol{x}}(n|n)$ 和 $\boldsymbol{K}(n)$ 的递推公式，注意这里 $\boldsymbol{K}(n)$ 的一般化，即

$$\boldsymbol{K}(n)=E\{[\boldsymbol{x}(n)-\hat{\boldsymbol{x}}(n\mid n)][\boldsymbol{x}(n)-\hat{\boldsymbol{x}}(n\mid n)]^{\mathrm{H}}\} \tag{4.2.6}$$

$\boldsymbol{K}(n)$ 是估计误差的自相关矩阵，由于估计 $\hat{\boldsymbol{x}}(n|n)$ 是无偏的，故 $\boldsymbol{K}(n)$ 也是估计量 $\hat{\boldsymbol{x}}(n|n)$ 的协方差矩阵。注意将 $\{\boldsymbol{y}(1),\boldsymbol{y}(2),\cdots,\boldsymbol{y}(n)\}$ 张成的空间记为 $\boldsymbol{Y}(n)$，$\hat{\boldsymbol{x}}(n|n)$ 表示在 $\boldsymbol{Y}(n)$ 空间估计状态向量 $\boldsymbol{x}(n)$，故可看作 $\boldsymbol{x}(n)$ 在 $\boldsymbol{Y}(n)$ 空间的投影，这里 $\hat{\boldsymbol{x}}(n|n)$ 实际是对 $\hat{\boldsymbol{x}}(n|\boldsymbol{Y}(n))$ 的缩写。

向量卡尔曼滤波推导过程与 4.1 节标量情况类似，只是要注意到向量和矩阵运算带来的运算次序更严格的要求。首先讨论新息向量及性质。

1. 新息过程

定义新息向量为

$$\boldsymbol{\alpha}(n)=\boldsymbol{y}(n)-\hat{\boldsymbol{y}}(n\mid n-1) \tag{4.2.7}$$

与标量情况类似，新息向量具有如下性质。

(1) $E[\boldsymbol{\alpha}(n)\boldsymbol{y}^{\mathrm{H}}(k)]=\boldsymbol{0}_{N\times N} \quad 1\leqslant k\leqslant n-1$ (4.2.8)

(2) $E[\boldsymbol{\alpha}(n)\boldsymbol{\alpha}^{\mathrm{H}}(k)]=\boldsymbol{0}_{N\times N} \quad 1\leqslant k\leqslant n-1$ (4.2.9)

(3) $\{\boldsymbol{y}(1),\boldsymbol{y}(2),\cdots,\boldsymbol{y}(n)\}$ 和 $\{\boldsymbol{\alpha}(1),\boldsymbol{\alpha}(2),\cdots,\boldsymbol{\alpha}(n)\}$ 等价。由一方可以完全确定另一方。$\{\boldsymbol{\alpha}(1),\boldsymbol{\alpha}(2),\cdots,\boldsymbol{\alpha}(n)\}$ 是 $\{\boldsymbol{y}(1),\boldsymbol{y}(2),\cdots,\boldsymbol{y}(n)\}$ 的正交化序列，由序列 $\{\boldsymbol{y}(1),\boldsymbol{y}(2),\cdots,\boldsymbol{y}(n)\}$ 和 $\{\boldsymbol{\alpha}(1),\boldsymbol{\alpha}(2),\cdots,\boldsymbol{\alpha}(n)\}$ 作为输入所产生的最优估计相等。

2. 几个正交关系

为了方便后面使用，这里先讨论几个正交关系。由状态方程，从 $\boldsymbol{x}(0)$ 开始，反复代入状态方程，得到状态向量的如下递推式：

$$\boldsymbol{x}(k)=\boldsymbol{F}(k,0)\boldsymbol{x}(0)+\sum_{i=0}^{k-1}\boldsymbol{F}(k,i+1)\boldsymbol{v}_1(i) \tag{4.2.10}$$

注意，上式利用了缩写符号

$$\boldsymbol{F}(k,i)=\boldsymbol{F}(k-1)\boldsymbol{F}(k-2)\cdots\boldsymbol{F}(i)$$

利用状态方程和观测方程中假设的几个独立性和零均值性，也考虑式(4.2.10)，可以得到如下的几个正交关系，这些正交性在卡尔曼滤波方程的推导中常被引用。

(1) $E[\boldsymbol{x}(k)\boldsymbol{v}_2^{\mathrm{H}}(n)]=\boldsymbol{0}_{M\times N} \quad k,n\geqslant 0$ (4.2.11)

(2) $E[\boldsymbol{y}(k)\boldsymbol{v}_2^{\mathrm{H}}(n)]=\boldsymbol{0}_{N\times N} \quad 1\leqslant k\leqslant n-1$ (4.2.12a)

$E[\boldsymbol{\alpha}(k)\boldsymbol{v}_2^{\mathrm{H}}(n)]=\boldsymbol{0}_{N\times N} \quad 1\leqslant k\leqslant n-1$ (4.2.12b)

(3) $E[\boldsymbol{y}(k)\boldsymbol{v}_1^{\mathrm{H}}(n)]=\boldsymbol{0}_{N\times M} \quad 1\leqslant k\leqslant n$ (4.2.13a)

$E[\boldsymbol{\alpha}(k)\boldsymbol{v}_1^{\mathrm{H}}(n)]=\boldsymbol{0}_{N\times M} \quad 1\leqslant k\leqslant n$ (4.2.13b)

3. 新息过程的更新和相关矩阵

在新息向量的定义式(4.2.7)中，一般不进行 $\hat{\boldsymbol{y}}(n|n-1)$ 的实际估计，将观测方程投影到 $\boldsymbol{Y}(n-1)$ 空间，得到

$$\hat{\boldsymbol{y}}(n \mid n-1)=\boldsymbol{C}(n)\hat{\boldsymbol{x}}(n \mid n-1)+\hat{\boldsymbol{v}}_2(n \mid n-1)$$
$$=\boldsymbol{C}(n)\hat{\boldsymbol{x}}(n \mid n-1) \tag{4.2.14}$$

由不相关式(4.2.12a),有 $\hat{\boldsymbol{v}}_2(n|n-1)$为0,由此得到

$$\boldsymbol{\alpha}(n)=\boldsymbol{y}(n)-\boldsymbol{C}(n)\hat{\boldsymbol{x}}(n \mid n-1) \tag{4.2.15}$$

这是新息的递推方程,是卡尔曼滤波的递推方程之一,每观测到新的观测向量 $\boldsymbol{y}(n)$,由式(4.2.15)得到一个新的新息向量。但是注意到,为计算新息还需要 $\hat{\boldsymbol{x}}(n|n-1)$,这是在 $\boldsymbol{Y}(n-1)$空间对 $\boldsymbol{x}(n)$的预测,将状态方程(4.2.1)重写如下:

$$\boldsymbol{x}(n)=\boldsymbol{F}(n-1)\boldsymbol{x}(n-1)+\boldsymbol{v}_1(n-1) \tag{4.2.16}$$

上式两侧同时投影到空间$\boldsymbol{Y}(n-1)$,得

$$\hat{\boldsymbol{x}}(n \mid n-1)=\boldsymbol{F}(n-1)\hat{\boldsymbol{x}}(n-1 \mid n-1)+\hat{\boldsymbol{v}}_1(n-1 \mid n-1)$$
$$=\boldsymbol{F}(n-1)\hat{\boldsymbol{x}}(n-1 \mid n-1) \tag{4.2.17}$$

式(4.2.17)称为前验预测公式。将观测方程代入式(4.2.15),得$\boldsymbol{\alpha}(n)$的另一种表达为

$$\boldsymbol{\alpha}(n)=\boldsymbol{C}(n)\boldsymbol{x}(n)+\boldsymbol{v}_2(n)-\boldsymbol{C}(n)\hat{\boldsymbol{x}}(n \mid n-1)$$
$$=\boldsymbol{C}(n)[\boldsymbol{x}(n)-\hat{\boldsymbol{x}}(n \mid n-1)]+\boldsymbol{v}_2(n)$$
$$=\boldsymbol{C}(n)\varepsilon(n \mid n-1)+\boldsymbol{v}_2(n) \tag{4.2.18}$$

这里定义

$$\varepsilon(n \mid n-1)=\boldsymbol{x}(n)-\hat{\boldsymbol{x}}(n \mid n-1) \tag{4.2.19}$$

是状态向量的前验预测误差向量。由于新息$\boldsymbol{\alpha}(1),\cdots,\boldsymbol{\alpha}(n-1)$是 $\hat{\boldsymbol{x}}(n|n-1)$的输入,所以由正交原理

$$E[\varepsilon(n \mid n-1)\boldsymbol{\alpha}^{\mathrm{H}}(k)]$$
$$=E[(\boldsymbol{x}(n)-\hat{\boldsymbol{x}}(n \mid n-1))\boldsymbol{\alpha}^{\mathrm{H}}(k)]=\boldsymbol{0}_{M\times N},\quad 1\leqslant k\leqslant n-1 \tag{4.2.20}$$

利用式(4.2.11)和式(4.2.12),显然 $\varepsilon(n|n-1)$是正交于$\boldsymbol{v}_1(n)$和$\boldsymbol{v}_2(n)$的。

由于新息向量是递推预测过程的输入,有必要定义新息向量的相关矩阵为

$$\boldsymbol{R}(n)=E[\boldsymbol{\alpha}(n)\boldsymbol{\alpha}^{\mathrm{H}}(n)] \tag{4.2.21}$$

将式(4.2.18)代入式(4.2.21),得

$$\boldsymbol{R}(n)=\boldsymbol{C}(n)\boldsymbol{K}(n \mid n-1)\boldsymbol{C}^{\mathrm{H}}(n)+\boldsymbol{Q}_2(n) \tag{4.2.22}$$

这里

$$\boldsymbol{K}(n \mid n-1)=E[\varepsilon(n \mid n-1)\varepsilon^{\mathrm{H}}(n \mid n-1)] \tag{4.2.23}$$

是状态前验预测误差向量的相关矩阵或称为前验预测的协方差矩阵,它可由 $\boldsymbol{K}(n-1)$递推计算。推导如下:

$$\boldsymbol{K}(n \mid n-1)=E[\varepsilon(n \mid n-1)\varepsilon^{\mathrm{H}}(n \mid n-1)]$$
$$=E\{[\boldsymbol{x}(n)-\hat{\boldsymbol{x}}(n \mid n-1)][\boldsymbol{x}(n)-\hat{\boldsymbol{x}}(n \mid n-1)]^{\mathrm{H}}\}$$
$$=\{[\boldsymbol{F}(n-1)\boldsymbol{x}(n-1)+\boldsymbol{v}_1(n-1)-\boldsymbol{F}(n-1)\hat{\boldsymbol{x}}(n-1 \mid n-1)]\times$$
$$[\boldsymbol{F}(n-1)\boldsymbol{x}(n-1)+\boldsymbol{v}_1(n-1)-\boldsymbol{F}(n-1)\hat{\boldsymbol{x}}(n-1 \mid n-1)]^{\mathrm{H}}\}$$
$$=\boldsymbol{F}(n-1)E\{[\boldsymbol{x}(n-1)-\hat{\boldsymbol{x}}(n-1 \mid n-1)][\boldsymbol{x}(n-1)-\hat{\boldsymbol{x}}(n-1 \mid n-1)]^{\mathrm{H}}\}\boldsymbol{F}^{\mathrm{H}}(n-1)+$$
$$E[\boldsymbol{v}_1(n-1)\boldsymbol{v}_1^{\mathrm{H}}(n-1)]$$
$$=\boldsymbol{F}(n-1)\boldsymbol{K}(n-1)\boldsymbol{F}^{\mathrm{H}}(n-1)+\boldsymbol{Q}_1(n-1)$$

结果重写为

$$\boldsymbol{K}(n \mid n-1)=\boldsymbol{F}(n-1)\boldsymbol{K}(n-1)\boldsymbol{F}^{\mathrm{H}}(n-1)+\boldsymbol{Q}_1(n-1) \tag{4.2.24}$$

4. 用新息向量估计状态

在做了前面的准备后，可推导状态估计公式，用新息作输入向量的状态估计写为

$$\hat{\boldsymbol{x}}(n \mid n)=\sum_{k=1}^{n}\boldsymbol{B}(k)\boldsymbol{\alpha}(k) \tag{4.2.25}$$

由正交原理

$$E[\varepsilon(n)\boldsymbol{\alpha}^{\mathrm{H}}(k)]=E[(\boldsymbol{x}(n)-\hat{\boldsymbol{x}}(n \mid n))\boldsymbol{\alpha}^{\mathrm{H}}(k)]=\boldsymbol{0}_{M\times N},\quad k=1,2,\cdots,n$$

将式(4.2.25)代入并利用新息向量的正交性，得

$$E[\boldsymbol{x}(n)\boldsymbol{\alpha}^{\mathrm{H}}(k)]=\boldsymbol{B}(k)\boldsymbol{R}(k)$$

$$\boldsymbol{B}(k)=E[\boldsymbol{x}(n)\boldsymbol{\alpha}^{\mathrm{H}}(k)]\boldsymbol{R}^{-1}(k) \tag{4.2.26}$$

将式(4.2.26)代入式(4.2.25)并分项，得

$$\hat{\boldsymbol{x}}(n \mid n)=\sum_{k=1}^{n-1}E[\boldsymbol{x}(n)\boldsymbol{\alpha}^{\mathrm{H}}(k)]\boldsymbol{R}^{-1}(k)\,\boldsymbol{\alpha}(k)+E[\boldsymbol{x}(n)\boldsymbol{\alpha}^{\mathrm{H}}(n)]\boldsymbol{R}^{-1}(n)\boldsymbol{\alpha}(n) \tag{4.2.27}$$

由状态方程得

$$\begin{aligned}E[\boldsymbol{x}(n)\boldsymbol{\alpha}^{\mathrm{H}}(k)]&=E\,[[\boldsymbol{F}(n-1)\boldsymbol{x}(n-1)+\boldsymbol{v}_1(n-1)]\,\boldsymbol{\alpha}^{\mathrm{H}}(k)]\\&=\boldsymbol{F}(n-1)E[\boldsymbol{x}(n-1)\boldsymbol{\alpha}^{\mathrm{H}}(k)]\end{aligned}$$

代入式(4.2.27)，得

$$\begin{aligned}\hat{\boldsymbol{x}}(n \mid n)&=\boldsymbol{F}(n-1)\hat{\boldsymbol{x}}(n-1 \mid n-1)+\boldsymbol{G}_f(n)\boldsymbol{\alpha}(n)\\&=\hat{\boldsymbol{x}}(n \mid n-1)+\boldsymbol{G}_f(n)\alpha(n)\end{aligned} \tag{4.2.28}$$

这里

$$\boldsymbol{G}_f(n)=E[\boldsymbol{x}(n)\boldsymbol{\alpha}^{\mathrm{H}}(n)]\boldsymbol{R}^{-1}(n) \tag{4.2.29}$$

称为卡尔曼增益。式(4.2.28)是状态递推公式，需要进一步导出卡尔曼增益的递推式。

5. 卡尔曼增益

由 $\hat{\boldsymbol{x}}(n|n-1)$与$\boldsymbol{\alpha}(n)$的正交性，并将式(4.2.18)的$\boldsymbol{\alpha}(n)$代入 $\boldsymbol{G}_f(n)$的定义式(4.2.29)，得

$$\begin{aligned}\boldsymbol{G}_f(n)&=E[\boldsymbol{x}(n)\boldsymbol{\alpha}^{\mathrm{H}}(n)]\boldsymbol{R}^{-1}(n)\\&=E\{[\boldsymbol{x}(n)-\hat{\boldsymbol{x}}(n \mid n-1)]\,\boldsymbol{\alpha}^{\mathrm{H}}(n)\}\,\boldsymbol{R}^{-1}(n)\\&=E\{\varepsilon(n \mid n-1)[\varepsilon^{\mathrm{H}}(n \mid n-1)\boldsymbol{C}^{\mathrm{H}}(n)+\boldsymbol{v}_2^{\mathrm{H}}(n)]\}\boldsymbol{R}^{-1}(n)\\&=\boldsymbol{K}(n \mid n-1)\boldsymbol{C}^{\mathrm{H}}(n)\boldsymbol{R}^{-1}(n)\end{aligned} \tag{4.2.30}$$

结果重写为

$$\boldsymbol{G}_f(n)=\boldsymbol{K}(n \mid n-1)\boldsymbol{C}^{\mathrm{H}}(n)\boldsymbol{R}^{-1}(n) \tag{4.2.31}$$

6. 误差自相关矩阵递推公式

在如上几个递推公式中，使用了 $\boldsymbol{K}(n|n-1)$，而 $\boldsymbol{K}(n|n-1)$的计算基于 $\boldsymbol{K}(n-1)$，为了使 n 增量后递推得以继续进行，需要推导 $\boldsymbol{K}(n)$的递推公式，同时 $\boldsymbol{K}(n)$也是评价 $\hat{\boldsymbol{x}}(n|n)$估计性能的量。

$$\begin{aligned}\varepsilon(n)&=\boldsymbol{x}(n)-\hat{\boldsymbol{x}}(n\mid n)\\&=\boldsymbol{x}(n)-\hat{\boldsymbol{x}}(n\mid n-1)-\boldsymbol{G}_f(n)\boldsymbol{\alpha}(n)\\&=\varepsilon(n\mid n-1)-\boldsymbol{G}_f(n)\boldsymbol{\alpha}(n)\end{aligned}\tag{4.2.32}$$

由 $\boldsymbol{K}(n)$的定义,得

$$\begin{aligned}\boldsymbol{K}(n)&=E[\varepsilon(n)\varepsilon^{\mathrm{H}}(n)]\\&=E\{[\varepsilon(n\mid n-1)-\boldsymbol{G}_f(n)\boldsymbol{\alpha}(n)][\varepsilon(n\mid n-1)-\boldsymbol{G}_f(n)\boldsymbol{\alpha}(n)]^{\mathrm{H}}\}\\&=E[\varepsilon(n\mid n-1)\varepsilon^{\mathrm{H}}(n\mid n-1)]-\boldsymbol{G}_f(n)E[\boldsymbol{\alpha}(n)\varepsilon^{\mathrm{H}}(n\mid n-1)]-\\&\quad E[\varepsilon(n\mid n-1)\boldsymbol{\alpha}^{\mathrm{H}}(n)]\boldsymbol{G}_f^{\mathrm{H}}(n)+\boldsymbol{G}_f(n)\boldsymbol{R}(n)\boldsymbol{G}_f^{\mathrm{H}}(n)\end{aligned}\tag{4.2.33}$$

再次利用 $\hat{\boldsymbol{x}}(n|n-1)$与$\boldsymbol{\alpha}(n)$的正交性,则式(4.2.33)中的项可进一步写为

$$\begin{aligned}E[\boldsymbol{\alpha}(n)\boldsymbol{\varepsilon}^{\mathrm{H}}(n\mid n-1)]&=E[\boldsymbol{\alpha}(n)[\boldsymbol{x}(n)-\hat{\boldsymbol{x}}(n\mid n-1)]^{\mathrm{H}}]\\&=E[\boldsymbol{\alpha}(n)\boldsymbol{x}^{\mathrm{H}}(n)]\end{aligned}$$

类似地

$$E[\boldsymbol{\varepsilon}(n\mid n-1)\boldsymbol{\alpha}^{\mathrm{H}}(n)]=E[\boldsymbol{x}(n)\boldsymbol{\alpha}^{\mathrm{H}}(n)]$$

由 $\boldsymbol{G}_f(n)$的定义式(4.2.29),有

$$E[\boldsymbol{x}(n)\boldsymbol{\alpha}^{\mathrm{H}}(n)]=\boldsymbol{G}_f(n)\boldsymbol{R}(n)\tag{4.2.34}$$

$$E[\boldsymbol{\alpha}(n)\boldsymbol{x}^{\mathrm{H}}(n)]=\boldsymbol{R}^{\mathrm{H}}(n)\boldsymbol{G}_f^{\mathrm{H}}(n)=\boldsymbol{R}(n)\boldsymbol{G}_f^{\mathrm{H}}(n)\tag{4.2.35}$$

式(4.2.35)用到 $\boldsymbol{R}^{\mathrm{H}}(n)=\boldsymbol{R}(n)$这一基本性质(参见第 1 章)。将式(4.2.34)和式(4.2.35)代入式(4.2.33),得到

$$\begin{aligned}\boldsymbol{K}(n)&=\boldsymbol{K}(n\mid n-1)-\boldsymbol{G}_f(n)\boldsymbol{R}(n)\boldsymbol{G}_f^{\mathrm{H}}(n)-\\&\quad\boldsymbol{G}_f(n)\boldsymbol{R}(n)\boldsymbol{G}_f^{\mathrm{H}}(n)+\boldsymbol{G}_f(n)\boldsymbol{R}(n)\boldsymbol{G}_f^{\mathrm{H}}(n)\\&=\boldsymbol{K}(n\mid n-1)-\boldsymbol{G}_f(n)\boldsymbol{R}(n)\boldsymbol{G}_f^{\mathrm{H}}(n)\\&=\boldsymbol{K}(n\mid n-1)-\boldsymbol{G}_f(n)\boldsymbol{R}(n)[\boldsymbol{K}(n\mid n-1)\boldsymbol{C}^{\mathrm{H}}(n)\boldsymbol{R}^{-1}(n)]^{\mathrm{H}}\\&=\boldsymbol{K}(n\mid n-1)-\boldsymbol{G}_f(n)\boldsymbol{C}(n)\boldsymbol{K}(n\mid n-1)\end{aligned}$$

将结论重写为

$$\boldsymbol{K}(n)=[\boldsymbol{I}-\boldsymbol{G}_f(n)\boldsymbol{C}(n))]\boldsymbol{K}(n\mid n-1)\tag{4.2.36}$$

7. 初始条件

给出如下初始条件：

$$\hat{\boldsymbol{x}}(0\mid 0)=E[\boldsymbol{x}(0)]\tag{4.2.37}$$

$$\boldsymbol{K}(0)=E[(\boldsymbol{x}(0)-E[\boldsymbol{x}(0)])(\boldsymbol{x}(0)-E[\boldsymbol{x}(0)])^{\mathrm{H}}]=\boldsymbol{C}_{xx}(0)\tag{4.2.38}$$

这里,$\boldsymbol{C}_{xx}(0)$是向量 $\boldsymbol{x}(0)$的自协方差矩阵。

8. 计算流程

由初始条件 $\hat{\boldsymbol{x}}(0|0)$和 $\boldsymbol{K}(0)$,令 $n=1$,得到观测向量 $\boldsymbol{y}(1)$,依次利用式(4.2.17)计算一步预测 $\hat{\boldsymbol{x}}(1|0)$,由式(4.2.15)计算$\boldsymbol{\alpha}(1)$,利用式(4.2.24)计算 $\boldsymbol{K}(1|0)$、由式(4.2.22)计算新息向量的自相关矩阵 $\boldsymbol{R}(1)$,然后用式(4.2.31)计算卡尔曼增益 $\boldsymbol{G}_f(1)$,这样就可以用式(4.2.28)计算 $\hat{\boldsymbol{x}}(1|1)$,为下一次循环做准备用式(4.2.36)计算 $\boldsymbol{K}(1)$,令 $n=2$,待收到观测向量 $\boldsymbol{y}(2)$,进入新的循环。这个过程不断重复,每次一个循环结束,令 $n\leftarrow n+1$,进入下一次循环。

计算流程如图 4.2.3 所示.

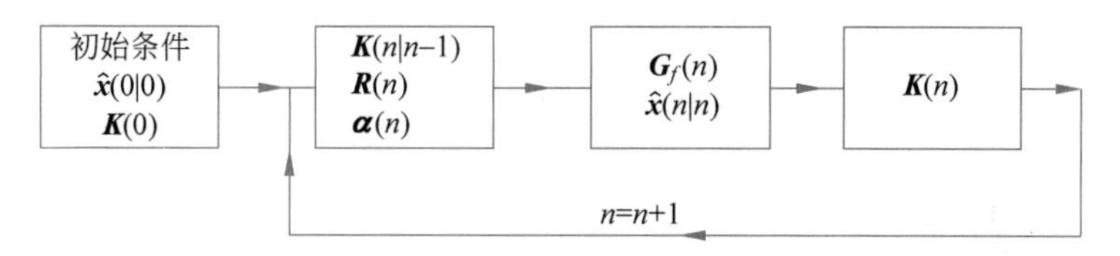

图 4.2.3　卡尔曼滤波的计算流程

为使用方便,将卡尔曼滤波的初始条件和递推公式总结在表 4.2.1 中。

表 4.2.1　卡尔曼滤波的初始条件与递推公式

系统方程	$\boldsymbol{x}(n+1)=\boldsymbol{F}(n)\boldsymbol{x}(n)+\boldsymbol{v}_1(n)$ $\boldsymbol{y}(n)=\boldsymbol{C}(n)\boldsymbol{x}(n)+\boldsymbol{v}_2(n)$
初始条件	$\hat{\boldsymbol{x}}(0\|0)=E[\boldsymbol{x}(0)]$ $\boldsymbol{K}(0)=\boldsymbol{C}_{xx}(0)$
递推公式	得到 $\boldsymbol{y}(1)$从 $n=1$ 开始 $\hat{\boldsymbol{x}}(n\|n-1)=\boldsymbol{F}(n-1)\hat{\boldsymbol{x}}(n-1\|n-1)$ $\boldsymbol{\alpha}(n)=\boldsymbol{y}(n)-\boldsymbol{C}(n)\hat{\boldsymbol{x}}(n\|n-1)$ $\boldsymbol{K}(n\|n-1)=\boldsymbol{F}(n-1)\boldsymbol{K}(n-1)\boldsymbol{F}^{\mathrm{H}}(n-1)+\boldsymbol{Q}_1(n-1)$ $\boldsymbol{R}(n)=\boldsymbol{C}(n)\boldsymbol{K}(n\|n-1)\boldsymbol{C}^{\mathrm{H}}(n)+\boldsymbol{Q}_2(n)$ $\boldsymbol{G}_f(n)=\boldsymbol{K}(n\|n-1)\boldsymbol{C}^{\mathrm{H}}(n)\boldsymbol{R}^{-1}(n)$ $\hat{\boldsymbol{x}}(n\|n)=\hat{\boldsymbol{x}}(n\|n-1)+\boldsymbol{G}_f(n)\boldsymbol{\alpha}(n)$ $\boldsymbol{K}(n)=[\boldsymbol{I}-\boldsymbol{G}_f(n)\boldsymbol{C}(n)]\boldsymbol{K}(n\|n-1)$ 令 $n\leftarrow n+1$,得到新观测值 $\boldsymbol{y}(n)$进入下一次循环

9. $\boldsymbol{K}(n)$的另一种形式

式(4.2.36)的 $\boldsymbol{K}(n)$递推公式简洁且运算量较低,是标准卡尔曼滤波中最常用的一种形式,这里导出 $\boldsymbol{K}(n)$的另一种形式。从式(4.2.32)出发,利用式(4.2.18)有,

$$\begin{aligned}\varepsilon(n)&=\varepsilon(n\mid n-1)-\boldsymbol{G}_f(n)\boldsymbol{\alpha}(n)\\&=\varepsilon(n\mid n-1)-\boldsymbol{G}_f(n)(\boldsymbol{C}(n)\varepsilon(n\mid n-1)+\boldsymbol{v}_2(n))\\&=(\boldsymbol{I}-\boldsymbol{G}_f(n)\boldsymbol{C}(n))\varepsilon(n\mid n-1)-\boldsymbol{G}_f(n)\boldsymbol{v}_2(n)\end{aligned}$$

如前所说,$\varepsilon(n|n-1)$和$\boldsymbol{v}_2(n)$正交,故得

$$\boldsymbol{K}(n)=(\boldsymbol{I}-\boldsymbol{G}_f(n)\boldsymbol{C}(n))\boldsymbol{K}(n\mid n-1)(\boldsymbol{I}-\boldsymbol{G}_f(n)\boldsymbol{C}(n))^{\mathrm{H}}+\boldsymbol{G}_f(n)\boldsymbol{Q}_2(n)\boldsymbol{G}_f^{\mathrm{H}}(n)\tag{4.2.39}$$

注意,式(4.2.39)和式(4.2.36)都是计算 $\boldsymbol{K}(n)$的递推公式,原理上是等价的。但在算法递推中一般存在计算误差和积累误差,在实际递推过程中,若 $\boldsymbol{K}(n|n-1)$是共轭对称性和正定的,则式(4.2.39)总是可以保证 $\boldsymbol{K}(n)$的共轭对称性和正定性。式(4.2.36)计算更简单,但不能确保 $\boldsymbol{K}(n)$的共轭对称性和正定性。所以,用式(4.2.39)计算 $\boldsymbol{K}(n)$的数值稳定性更好。

例 4.2.4　用如下差分方程产生一个 AR(2)随机序列:

$$x(n)=1.74x(n-1)-0.81x(n-2)+v(n)\quad x(-1)=x(0)=0$$

用观测方程 $y(n)=x(n)+v_2(n)$得到对 $x(n)$的含强噪声的测量。其中,$v(n)$、$v_2(n)$分别

是方差为 0.04 和 9 的高斯白噪声，利用卡尔曼滤波对 $x(n)$进行估计。

解：这是例 4.2.1 取 $p=2$ 的特例，令状态变量为

$$\boldsymbol{x}(n)=\begin{pmatrix}x(n-1)\\x(n)\end{pmatrix}$$

状态方程为

$$\begin{pmatrix}x(n-1)\\x(n)\end{pmatrix}=\begin{pmatrix}0&1\\-0.81&1.74\end{pmatrix}\begin{pmatrix}x(n-2)\\x(n-1)\end{pmatrix}+\begin{pmatrix}0\\v(n)\end{pmatrix}$$

观测方程已知为

$$y(n)=x(n)+v_2(n)$$

因此得到卡尔曼滤波器模型的参数为

$$\boldsymbol{F}(n)=\begin{pmatrix}0&1\\-0.81&1.74\end{pmatrix}\quad \boldsymbol{Q}_1(n)=\begin{pmatrix}0&0\\0&0.04\end{pmatrix}$$

$$\boldsymbol{C}=(0\quad 1)\quad \boldsymbol{Q}_2(n)=9$$

用 MATLAB 对该问题进行仿真实验，实验的方法为，由

$$x(n)=1.74x(n-1)-0.81x(n-2)+v(n)\quad x(-1)=x(0)=0$$

用 MATLAB 函数产生一个方差为 0.04 的白噪声 $v(n)$，用上一行的差分方程得到随机序列 $x(n)$的一次实现。用同样的 MATLAB 函数产生一个方差为 9 的白噪声 $v_2(n)$，并利用

$$y(n)=x(n)+v_2(n)$$

产生观测序列 $y(n)$，给定初始条件，利用表 4.2.1 的卡尔曼滤波进行状态向量递推 $\hat{\boldsymbol{x}}(n|n)$，并取 $\hat{\boldsymbol{x}}(n|n)$的第 2 个分量作为 $x(n)$的估计 $\hat{x}(n)$，由于这是一个仿真实验，$x(n)$的真实值是有的，故可对卡尔曼滤波性能进行比较，评价卡尔曼滤波的性能。图 4.2.4 是实验结果。

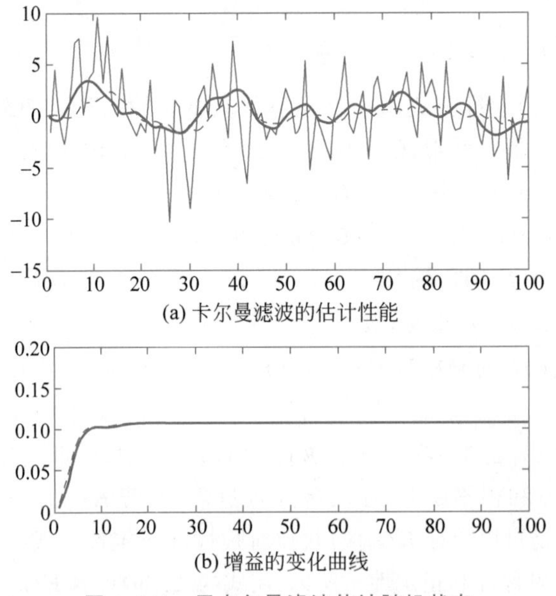

图 4.2.4 用卡尔曼滤波估计随机状态

注意图 4.2.4(a)中，实线表示 AR(2)的实际信号，细实线是观测值，它是非常噪声化的，点画线表示卡尔曼滤波器估计的值，尽管有偏差，但比较接近 AR(2)的真实曲线，比观

测值得到很大改善。图 4.2.4(b)是增益的变化曲线，实线和虚线是增益的两个分量，它们是接近重合的，由于本例的系统矩阵是非时变的，噪声也是平稳的，卡尔曼滤波趋于稳态，图中看到大约 10 次递推后，增益趋于固定，卡尔曼滤波器进入稳态。

4.3　卡尔曼滤波器的一些变化形式

由于应用的广泛性和重要性，卡尔曼滤波在众多领域获得关注，研究成果众多，因此各种文献中卡尔曼滤波以不同形式出现，一些形式看上去非常不同，以卡尔曼滤波为主题的专门著作众多，深入讨论了卡尔曼滤波的各方面(包括理论和应用)。作为一本信号处理的综合性著作，本书没有足够的篇幅展开全面的讨论，但也给出卡尔曼滤波一些最常见的变化形式。本节以状态方程式(4.2.1)、观测方程式(4.2.2)和表 4.2.1 的递推算法为卡尔曼滤波的标准形式，讨论一些变化情况和推广，包括系统状态方程的一些变化形式、卡尔曼预测方程。更多的变化和应用可参考卡尔曼滤波的文献[6]、[110]。

4.3.1　针对状态方程不同形式的卡尔曼滤波器

在一些文献和应用场景中，状态方程可能与式(4.2.1)有所变化，这些变化导致的卡尔曼滤波公式也有些调整，这些变化和调整可在表 4.2.1 基础上作相应修改而获得。

状态方程的另一种常用写法为

$$\boldsymbol{x}(n+1)=\boldsymbol{F}(n)\boldsymbol{x}(n)+\boldsymbol{B}(n)\boldsymbol{v}(n) \tag{4.3.1}$$

$\boldsymbol{v}(n)$是 K 维白噪声向量，$\boldsymbol{B}(n)$是 $M\times K$ 矩阵，对这种形式，只需要设

$$\boldsymbol{v}_1(n)=\boldsymbol{B}(n)\boldsymbol{v}(n)$$

注意到，若$\boldsymbol{v}(n)$的自相关矩阵为

$$E[\boldsymbol{v}(n)\boldsymbol{v}^{\mathrm{H}}(k)]=\begin{cases}\boldsymbol{Q}(n), & n=k\\ \boldsymbol{0}_{K\times K}, & n\neq k\end{cases}$$

则有

$$\boldsymbol{Q}_1(n)=\boldsymbol{B}(n)\boldsymbol{Q}(n)\boldsymbol{B}^{\mathrm{H}}(n) \tag{4.3.2}$$

将式(4.3.2)中 $\boldsymbol{Q}_1(n)$的表达式替代表 4.2.1 中的 $\boldsymbol{Q}_1(n)$，即可完成卡尔曼滤波公式的修改。

若状态方程为如下的形式：

$$\boldsymbol{x}(n+1)=\boldsymbol{F}(n)\boldsymbol{x}(n)+\boldsymbol{B}(n)\boldsymbol{v}(n)+\boldsymbol{D}(n)\boldsymbol{u}(n) \tag{4.3.3}$$

这里，$\boldsymbol{u}(n)$是一个 L 维确定性输入向量，$\boldsymbol{D}(n)$是 $M\times L$ 矩阵。

标准的状态方程(4.2.1)和观测方程(4.2.2)表示的是一个线性随机动力系统，状态方程的激励信号$\boldsymbol{v}_1(n)$或$\boldsymbol{v}(n)$是白噪声，用这种白噪声激励产生的随机状态向量需要通过观测向量来最优估计。在一些实际应用中，可能同时存在两种激励信号，一个是随机的，另一个是确定的，例如，卫星的运动方程中包含了由力学定律所规定的激励源，这部分是确定的。由于线性系统满足叠加性，故可将确定性激励信号的贡献叠加，从而对表 4.2.1 进行修改，实际上只需要修改 $\hat{\boldsymbol{x}}(n|n-1)$，将确定性激励的贡献进行叠加，即

$$\hat{\boldsymbol{x}}(n\mid n-1)=\boldsymbol{F}(n-1)\hat{\boldsymbol{x}}(n-1\mid n-1)+\boldsymbol{D}(n-1)\boldsymbol{u}(n-1) \tag{4.3.4}$$

表 4.2.1 中的其他行不需要修改。

4.3.2 卡尔曼预测器

在4.2节主要讨论了卡尔曼滤波问题。正如4.2节所述，由观测值$\{\boldsymbol{y}(1),\boldsymbol{y}(2),\cdots,\boldsymbol{y}(n)\}$估计状态$\boldsymbol{x}(i)$，即得到$\hat{\boldsymbol{x}}(i|n)$，若$i=n+k,k>0$，则称为卡尔曼预测器，预测是实际中另一个常用的工具，本小节讨论卡尔曼预测问题，只讨论$k=1$的情况，即1步预测。

可以用类似4.2节的过程重新推导卡尔曼预测方程，也可以在卡尔曼滤波基础上得到卡尔曼预测的方程。注意到，在式(4.2.17)中，以$n+1$代替n，即可得到一步预测值

$$\hat{\boldsymbol{x}}(n+1\mid n)=\boldsymbol{F}(n)\hat{\boldsymbol{x}}(n\mid n) \tag{4.3.5}$$

将式(4.2.28)代入式(4.3.5)，得

$$\begin{aligned}\hat{\boldsymbol{x}}(n+1\mid n)&=\boldsymbol{F}(n)(\hat{\boldsymbol{x}}(n\mid n-1)+\boldsymbol{G}_f(n)\boldsymbol{\alpha}(n))\\&=\boldsymbol{F}(n)\hat{\boldsymbol{x}}(n\mid n-1)+\boldsymbol{F}(n)\boldsymbol{G}_f(n)\boldsymbol{\alpha}(n)\end{aligned}$$

为了强调新息向量的增量系数的重要性，在卡尔曼预测中，定义如下卡尔曼预测增益：

$$\boldsymbol{G}_p(n)=\boldsymbol{F}(n)\boldsymbol{G}_f(n) \tag{4.3.6}$$

用预测增益表示的卡尔曼预测式为

$$\hat{\boldsymbol{x}}(n+1\mid n)=\boldsymbol{F}(n)\hat{\boldsymbol{x}}(n\mid n-1)+\boldsymbol{G}_p(n)\boldsymbol{\alpha}(n) \tag{4.3.7}$$

如果不把卡尔曼预测看作卡尔曼滤波的一个"衍生品"，而是直接从起始状态即进行以预测为目标的递推，可给出卡尔曼预测的初始条件为

$$\hat{\boldsymbol{x}}(1\mid 0)=E[\boldsymbol{x}(1)] \tag{4.3.8}$$

$$\boldsymbol{K}(1\mid 0)=E[(\boldsymbol{x}(1)-E[\boldsymbol{x}(1)])(\boldsymbol{x}(1)-E[\boldsymbol{x}(1)])^{\mathrm{H}}]=\boldsymbol{C}_{xx}(1) \tag{4.3.9}$$

考虑式(4.3.6)的预测增益和式(4.3.8)与式(4.3.9)的初始条件，在表4.2.1基础上，进行修正，将卡尔曼预测问题的方程式总结在表4.3.1中。

表4.3.1 卡尔曼预测的初始条件与递推公式

系统方程	$\boldsymbol{x}(n+1)=\boldsymbol{F}(n)\boldsymbol{x}(n)+\boldsymbol{v}_1(n)$ $\boldsymbol{y}(n)=\boldsymbol{C}(n)\boldsymbol{x}(n)+\boldsymbol{v}_2(n)$
初始条件	$\hat{\boldsymbol{x}}(1\|0)=E[\boldsymbol{x}(1)]$ $\boldsymbol{K}(1\|0)=E[(\boldsymbol{x}(1)-E[\boldsymbol{x}(1)])(\boldsymbol{x}(1)-E[\boldsymbol{x}(1)])^{\mathrm{H}}]=\boldsymbol{C}_{xx}(1)$
递推公式	得到$\boldsymbol{y}(1)$从$n=1$开始 $\boldsymbol{R}(n)=\boldsymbol{C}(n)\boldsymbol{K}(n\|n-1)\boldsymbol{C}^{\mathrm{H}}(n)+\boldsymbol{Q}_2(n)$ $\boldsymbol{G}_p(n)=\boldsymbol{F}(n)\boldsymbol{K}(n\|n-1)\boldsymbol{C}^{\mathrm{H}}(n)\boldsymbol{R}^{-1}(n)$ $\boldsymbol{\alpha}(n)=\boldsymbol{y}(n)-\boldsymbol{C}(n)\hat{\boldsymbol{x}}(n\|n-1)$ $\hat{\boldsymbol{x}}(n+1\|n)=\boldsymbol{F}(n)\hat{\boldsymbol{x}}(n\|n-1)+\boldsymbol{G}_p(n)\boldsymbol{\alpha}(n)$ $\boldsymbol{K}(n)=\boldsymbol{K}(n\|n-1)-\boldsymbol{F}^{-1}(n)\boldsymbol{G}_p(n)\boldsymbol{C}(n)\boldsymbol{K}(n\|n-1)$ $\boldsymbol{K}(n+1\|n)=\boldsymbol{F}(n)\boldsymbol{K}(n)\boldsymbol{F}^{\mathrm{H}}(n)+\boldsymbol{Q}_1(n)$ 令$n\leftarrow n+1$，得到新观测值$\boldsymbol{y}(n)$进入下一次循环

4.4 卡尔曼非线性滤波之一：扩展卡尔曼滤波(EKF)

由于卡尔曼滤波是递推进行的，比较容易推广到非线性系统中，采用的基本方法是利用非线性函数的泰勒级数展开的前两项来线性逼近非线性状态方程和观测方程。设非线性系

统的状态方程和观测方程为

$$\boldsymbol{x}(n+1)=\boldsymbol{f}(n,x(n))+\boldsymbol{v}_1(n)$$
$$\boldsymbol{y}(n)=\boldsymbol{c}(n,x(n))+\boldsymbol{v}_2(n) \tag{4.4.1}$$

对$\boldsymbol{v}_1(n)$和$\boldsymbol{v}_1(n)$的白噪声向量的假设不变。假设取如下导数矩阵作为状态转移矩阵和观测矩阵：

$$\boldsymbol{F}(n)\overset{\Delta}{=}\left.\frac{\partial \boldsymbol{f}(n,\boldsymbol{x})}{\partial \boldsymbol{x}}\right|_{x=\hat{x}(n|n)}$$
$$\boldsymbol{C}(n)\overset{\Delta}{=}\left.\frac{\partial \boldsymbol{c}(n,\boldsymbol{x})}{\partial \boldsymbol{x}}\right|_{x=\hat{x}(n|n-1)} \tag{4.4.2}$$

利用泰勒级数展开的前两项,得到两个非线性函数的线性逼近为

$$\boldsymbol{f}(n,\boldsymbol{x}(n))\approx\boldsymbol{f}(n,\hat{\boldsymbol{x}}(n\mid n))+\boldsymbol{F}(n)[\boldsymbol{x}(n)-\hat{\boldsymbol{x}}(n\mid n)]$$
$$\boldsymbol{c}(n,\boldsymbol{x}(n))\approx\boldsymbol{c}(n,\hat{\boldsymbol{x}}(n\mid n-1))+\boldsymbol{C}(n)[\boldsymbol{x}(n)-\hat{\boldsymbol{x}}(n\mid n-1)] \tag{4.4.3}$$

分别代入非线性状态方程和观测方程,得到如下线性逼近：

$$\boldsymbol{x}(n+1)=\boldsymbol{F}(n)\boldsymbol{x}(n)+\boldsymbol{v}_1(n)+\boldsymbol{d}(n) \tag{4.4.4}$$

$$\bar{\boldsymbol{y}}(n)=\boldsymbol{C}(n)\boldsymbol{x}(n)+\boldsymbol{v}_2(n) \tag{4.4.5}$$

其中

$$\boldsymbol{d}(n)=\boldsymbol{f}(n,\hat{\boldsymbol{x}}(n\mid n))-\boldsymbol{F}(n)\hat{\boldsymbol{x}}(n\mid n) \tag{4.4.6}$$

$$\bar{\boldsymbol{y}}(n)=\boldsymbol{y}(n)-[\boldsymbol{c}(n,\hat{\boldsymbol{x}}(n\mid n-1))-\boldsymbol{C}(n)\hat{\boldsymbol{x}}(n\mid n-1)] \tag{4.4.7}$$

这里,$\bar{\boldsymbol{y}}(n)$作为新的观测序列。

注意到线性化后的状态方程类似于式(4.3.3)的修改状态方程,而观测方程中以$\bar{\boldsymbol{y}}(n)$代替$\boldsymbol{y}(n)$,可以对应表4.2.1和式(4.3.4)得到建立在线性运算基础上的扩展卡尔曼滤波(EKF)算法,但可利用式(4.4.6)和式(4.4.7)做进一步简化。由式(4.3.4)的状态预测公式,有

$$\begin{aligned}\hat{\boldsymbol{x}}(n\mid n-1)&=\boldsymbol{F}(n-1)\hat{\boldsymbol{x}}(n-1\mid n-1)+\boldsymbol{d}(n-1)\\&=\boldsymbol{F}(n-1)\hat{\boldsymbol{x}}(n-1\mid n-1)+\boldsymbol{f}(n-1,\hat{\boldsymbol{x}}(n-1\mid n-1))-\\&\quad\ \boldsymbol{F}(n-1)\hat{\boldsymbol{x}}(n-1\mid n-1)\\&=\boldsymbol{f}(n-1,\hat{\boldsymbol{x}}(n-1\mid n-1))\end{aligned} \tag{4.4.8}$$

新息的计算公式可进一步化简为

$$\begin{aligned}\boldsymbol{\alpha}(n)&=\bar{\boldsymbol{y}}(n)-\boldsymbol{C}(n)\hat{\boldsymbol{x}}(n\mid n-1)\\&=\boldsymbol{y}(n)-[\boldsymbol{c}(n,\hat{\boldsymbol{x}}(n\mid n-1))-\boldsymbol{C}(n)\hat{\boldsymbol{x}}(n\mid n-1)]-\boldsymbol{C}(n)\hat{\boldsymbol{x}}(n\mid n-1)\\&=\boldsymbol{y}(n)-\boldsymbol{c}(n,\hat{\boldsymbol{x}}(n\mid n-1))\end{aligned} \tag{4.4.9}$$

将扩展卡尔曼滤波(EKF)公式列于表4.4.1中,其中直接利用了非线性函数进行一步预测和新息更新。

表4.4.1 扩展卡尔曼滤波(EKF)的初始条件与递推公式

系统方程	$\boldsymbol{x}(n+1)=\boldsymbol{f}(n,x(n))+\boldsymbol{v}_1(n)$ $\boldsymbol{y}(n)=\boldsymbol{c}(n,\boldsymbol{x}(n))+\boldsymbol{v}_2(n)$
初始条件	$\hat{\boldsymbol{x}}(0\mid 0)=E[\boldsymbol{x}(0)]$ $\boldsymbol{K}(0)=\boldsymbol{C}_{xx}(0)$

续表

系统矩阵	$\boldsymbol{F}(n-1)\triangleq\left.\dfrac{\partial \boldsymbol{f}(n-1,\boldsymbol{x})}{\partial \boldsymbol{x}}\right\|_{\boldsymbol{x}=\hat{\boldsymbol{x}}(n-1\|n-1)}$,$\boldsymbol{C}(n)\triangleq\left.\dfrac{\partial \boldsymbol{c}(n,\boldsymbol{x})}{\partial \boldsymbol{x}}\right\|_{\boldsymbol{x}=\hat{\boldsymbol{x}}(n\|n-1)}$
递推公式	得到 $\boldsymbol{y}(1)$ 从 $n=1$ 开始 $\hat{\boldsymbol{x}}(n\|n-1)=\boldsymbol{f}(n-1,\hat{\boldsymbol{x}}(n-1\|n-1))$ $\boldsymbol{\alpha}(n)=\boldsymbol{y}(n)-\boldsymbol{c}(n,\hat{\boldsymbol{x}}(n\|n-1))$ $\boldsymbol{K}(n\|n-1)=\boldsymbol{F}(n-1)\boldsymbol{K}(n-1)\boldsymbol{F}^{\mathrm{H}}(n-1)+\boldsymbol{Q}_1(n-1)$ $\boldsymbol{R}(n)=\boldsymbol{C}(n)\boldsymbol{K}(n\|n-1)\boldsymbol{C}^{\mathrm{H}}(n)+\boldsymbol{Q}_2(n)$ $\boldsymbol{G}_f(n)=\boldsymbol{K}(n\|n-1)\boldsymbol{C}^{\mathrm{H}}(n)\boldsymbol{R}^{-1}(n)$ $\hat{\boldsymbol{x}}(n\|n)=\hat{\boldsymbol{x}}(n\|n-1)+\boldsymbol{G}_f(n)\boldsymbol{\alpha}(n)$ $\boldsymbol{K}(n)=[\boldsymbol{I}-\boldsymbol{G}_f(n)\boldsymbol{C}(n)]\boldsymbol{K}(n\|n-1)$ 令 $n\leftarrow n+1$,得到新观测值 $\boldsymbol{y}(n)$进入下一次循环

在应用于非线性系统的滤波器中,EKF 是对卡尔曼滤波的最直接和最简单的扩充,EKF 也已获得很广泛的应用。但 EKF 也存在比较明显的限制,其要求状态方程和测量方程的非线性度是轻度的,以使得 1 阶泰勒级数展开能够较好逼近非线性函数,其次,要求非线性函数的 1 阶导数矩阵具有良好的数值特性,以使每次递推时矩阵 $\boldsymbol{F}(n-1)$和 $\boldsymbol{C}(n)$的数值特性不要太差。

*4.5 卡尔曼非线性滤波之二:无迹卡尔曼滤波(UKF)

如 4.4 节所述,EKF 通过将非线性函数展开成泰勒级数,然后取 1 阶近似得到非线性系统的线性化表示,然后利用卡尔曼滤波的递推式进行操作。由于 1 阶近似的限制以及计算导数矩阵的数值敏感性,EKF 在许多情况下性能不理想。无迹卡尔曼滤波(The Unscented Kalman Filter,UKF)是对 EKF 的性能改进。为简单计,本节讨论仅实信号情况。

卡尔曼滤波的递推中,关键递推量是状态预测协方差阵 $\boldsymbol{K}(n|n-1)$和状态估计协方差矩阵 $\boldsymbol{K}(n)$,卡尔曼增益可由其导出。在线性系统中,可直接导出这些协方差矩阵的递推公式,而在 EKF 中,通过泰勒级数展开对非线性方程进行线性化,从而得到近似的协方差阵的递推公式。UKF 中不直接通过级数展开对非线性函数做处理,而是通过一种无迹变换(The Unscented Transformation,UT)计算随机变量通过非线性函数后的均值和协方差。UT 的思想是通过一组特殊选择的采样点,通过非线性函数计算采样点的映射点,通过这组映射点计算非线性函数输出的均值和协方差阵。UKF 则是将 UT 和卡尔曼滤波的递推过程结合得到的非线性滤波器。为此,首先概要介绍 UT。

4.5.1 无迹变换(UT)

无迹变换(UT)解决的是,有一个随机变量向量 $\boldsymbol{x}$,是 M 维的,其均值为 $\bar{\boldsymbol{x}}$,协方差矩阵为 $\boldsymbol{P}_x$,若通过非线性函数,得到

$$\boldsymbol{y}=\boldsymbol{g}(\boldsymbol{x}) \tag{4.5.1}$$

需要求 $\boldsymbol{y}$ 的均值 $\bar{\boldsymbol{y}}$ 和协方差矩阵 $\boldsymbol{P}_y$。UT 解决这个问题的思路是：首先构造一组向量，称为 Sigma 样本，用 $\boldsymbol{x}^{(i)}$ 表示 Sigma 样本，其构造方式如下：

$$\begin{aligned}
&\boldsymbol{x}^{(0)}=\bar{\boldsymbol{x}}\\
&\boldsymbol{x}^{(i)}=\bar{\boldsymbol{x}}+\left(\sqrt{(M+\lambda)\boldsymbol{P}_x}\right)_i,\quad i=1,\cdots,M\\
&\boldsymbol{x}^{(i)}=\bar{\boldsymbol{x}}-\left(\sqrt{(M+\lambda)\boldsymbol{P}_x}\right)_{i-M},\quad i=M+1,\cdots,2M
\end{aligned}\tag{4.5.2}$$

每个 Sigma 样本相应的权值为

$$\begin{aligned}
&W_0=\frac{\lambda}{\lambda+M}\\
&W_i=\frac{1}{2(M+\lambda)},\quad i=1,2,\cdots,2M
\end{aligned}\tag{4.5.3}$$

在式(4.5.2)的 Sigma 样本的定义中，$\sqrt{(M+\lambda)\boldsymbol{P}_x}$ 表示矩阵的平方根，是一个下三角矩阵，可通过对 $(M+\lambda)\boldsymbol{P}_x$ 进行乔里奇分解获得。根据乔里奇分解，一个方阵 $\boldsymbol{A}$ 可分解为 $\boldsymbol{A}=\boldsymbol{S}\cdot\boldsymbol{S}^{\mathrm{T}}$，其中 $\boldsymbol{S}$ 是下三角矩阵，称 $\boldsymbol{S}$ 是 $\boldsymbol{A}$ 平方根矩阵，即 $\boldsymbol{S}=\sqrt{\boldsymbol{A}}$。$\left(\sqrt{(M+\lambda)\boldsymbol{P}_x}\right)_i$ 表示平方根矩阵的第 i 列，因此，式(4.5.2)构造了 $2M+1$ 个 Sigma 样本向量。

Sigma 样本的权系数公式中的 λ 是一个微调精度的参数，用于控制通过 Sigma 样本获得的协方差矩阵的高阶逼近精度，详细讨论请参考文献[134]，最简单的情况取 $\lambda=0$，此时，Sigma 样本只剩下 $2M$ 个。

确定了 Sigma 样本，通过式(4.5.1)得到非线性变换后的样本集为

$$\boldsymbol{y}^{(i)}=\boldsymbol{g}(\boldsymbol{x}^{(i)}),\quad i=0,1,\cdots,2M\tag{4.5.4}$$

$\boldsymbol{y}$ 的均值 $\bar{\boldsymbol{y}}$ 和协方差矩阵 $\boldsymbol{P}_y$ 可由下式逼近：

$$\bar{\boldsymbol{y}}\approx\sum_{i=0}^{2M}W_i\boldsymbol{y}^{(i)}\tag{4.5.5}$$

$$\boldsymbol{P}_y\approx\sum_{i=0}^{2M}W_i(\boldsymbol{y}^{(i)}-\bar{\boldsymbol{y}})(\boldsymbol{y}^{(i)}-\bar{\boldsymbol{y}})^{\mathrm{T}}\tag{4.5.6}$$

Julier 等学者已经证明，利用式(4.5.5)和式(4.5.6)估计的均值和协方差矩阵是相当精确的，对于输入 $\boldsymbol{x}$ 是高斯随机变量情况可达到 3 阶逼近的精度，对于其他概率分布至少可达 2 阶逼近的精度。注意到，Sigma 样本是对随机向量的一个数目很小的采样集合，对于 M 维向量，只需要 $2M+1$ 个样本，这比蒙特卡洛方法需要的样本数少几个数量级。假设随机向量表示一个运动目标的位置、速度和加速度的三维向量，则 Sigma 样本数只有 7 个或 6 个($\lambda=0$)。

4.5.2 加性噪声非线性系统的 UKF

讨论简单一些的情况，即状态和测量噪声是加性的，而状态转移函数和测量函数是非线性的，这与 EKF 所采用的模型式(4.4.1)是一样的，为方便重写如下：

$$\begin{aligned}
&\boldsymbol{x}(n+1)=\boldsymbol{f}(n,\boldsymbol{x}(n))+\boldsymbol{v}_1(n)\\
&\boldsymbol{y}(n)=\boldsymbol{c}(n,\boldsymbol{x}(n))+\boldsymbol{v}_2(n)
\end{aligned}\tag{4.5.7}$$

结合 UT(取 $\lambda=0$)和卡尔曼滤波公式，将 UKF 算法总结在表 4.5.1 中。

表 4.5.1 加性噪声非线性系统 UKF 算法描述

初始条件	$\hat{\boldsymbol{x}}(0\|0)=E[\boldsymbol{x}(0)]$ $\boldsymbol{K}(0)=\boldsymbol{C}_{xx}(0)$
递推公式	得到 $\boldsymbol{y}(1)$从 $n=1$ 开始 (1) 状态向量 UT $\hat{\boldsymbol{x}}_{n-1}^{(i)}=\hat{\boldsymbol{x}}(n-1\|n-1)+(\sqrt{M\boldsymbol{K}(n-1)})_i,\quad i=1,\cdots,M$ $\hat{\boldsymbol{x}}_{n-1}^{(i)}=\hat{\boldsymbol{x}}(n-1\|n-1)-(\sqrt{M\boldsymbol{K}(n-1)})_{i-M},\quad i=M+1,\cdots,2M$ $\hat{\boldsymbol{x}}_n^{(i)}=\boldsymbol{f}(n,\hat{\boldsymbol{x}}_{n-1}^{(i)}),\quad i=1,\cdots,2M$(Sigma 点映射) (2) 预测和协方差矩阵计算 $\hat{\boldsymbol{x}}(n\mid n-1)=\frac{1}{2M}\sum_{i=1}^{2M}\hat{\boldsymbol{x}}_n^{(i)}$ $\boldsymbol{K}(n\mid n-1)=\frac{1}{2M}\sum_{i=1}^{2M}(\hat{\boldsymbol{x}}_n^{(i)}-\hat{\boldsymbol{x}}(n\|n-1))(\hat{\boldsymbol{x}}_n^{(i)}-\hat{\boldsymbol{x}}(n\|n-1))^{\mathrm{T}}+\boldsymbol{Q}_1(n-1)$ (3) 测量向量 UT $\hat{\boldsymbol{x}}_n^{(i)}=\hat{\boldsymbol{x}}(n\|n-1)+(\sqrt{M\boldsymbol{K}(n-1)})_i,\quad i=1,\cdots,M$ $\hat{\boldsymbol{x}}_n^{(i)}=\hat{\boldsymbol{x}}(n\|n-1)-(\sqrt{M\boldsymbol{K}(n-1)})_{i-M},\quad i=M+1,\cdots,2M$ (可选项) $\hat{\boldsymbol{y}}_n^{(i)}=\boldsymbol{c}(n,\hat{\boldsymbol{x}}_n^{(i)}),i=1,\cdots,2M$ $\hat{\boldsymbol{y}}(n\mid n-1)=\frac{1}{2M}\sum_{i=1}^{2M}\hat{\boldsymbol{y}}_n^{(i)}$ $\boldsymbol{P}_y(n)=\frac{1}{2M}\sum_{i=1}^{2M}(\hat{\boldsymbol{y}}_n^{(i)}-\hat{\boldsymbol{y}}(n\mid n-1))(\hat{\boldsymbol{y}}_n^{(i)}-\hat{\boldsymbol{y}}(n\mid n-1))^{\mathrm{T}}+\boldsymbol{Q}_2(n)$ (4) 状态向量和测量向量互协方差 $\boldsymbol{P}_{xy}(n)=\frac{1}{2M}\sum_{i=1}^{2M}(\hat{\boldsymbol{x}}_n^{(i)}-\hat{\boldsymbol{x}}(n\mid n-1))(\hat{\boldsymbol{y}}_n^{(i)}-\hat{\boldsymbol{y}}(n\mid n-1))^{\mathrm{T}}$ (5) 状态更新 $\boldsymbol{G}_f(n)=\boldsymbol{P}_{xy}(n)\boldsymbol{P}_y^{-1}(n)$ $\hat{\boldsymbol{x}}(n\|n)=\hat{\boldsymbol{x}}(n\|n-1)+\boldsymbol{G}_f(n)(\boldsymbol{y}(n)-\hat{\boldsymbol{y}}(n\|n-1))$ $\boldsymbol{K}(n)=\boldsymbol{K}(n\|n-1)-\boldsymbol{G}_f(n)\boldsymbol{P}_y(n)\boldsymbol{G}_f^{\mathrm{T}}(n)$ 令 $n\leftarrow n+1$,得到新观测值 $\boldsymbol{y}(n)$进入下一次循环

表 4.5.1 中的第(3)部分“测量向量 UT”中,前两个公式是对状态 Sigma 样本 $\hat{\boldsymbol{x}}_n^{(i)}$ 的细化更新过程,标注了“可选项”,是可以跳过的,这样可以在略微损失精度的条件下降低运算复杂度。

注意到,表 4.5.1 的 UKF 公式集中,卡尔曼增益 $\boldsymbol{G}_f(n)$直接采用了式(4.2.29)的原始形式并用 $\boldsymbol{P}_y(n)$替代了 $\boldsymbol{R}(n)$,显然 $\boldsymbol{P}_y(n)$是用 UT 计算得到的 $\boldsymbol{R}(n)$。UKF 算法集并没有使用非线性函数的导数矩阵,一般地,UKF 性能优于 EKF,运算复杂性略高。

4.6 贝叶斯滤波

考虑一般非线性系统,其状态方程和观测方程表示为

$$\boldsymbol{x}_n=\boldsymbol{f}_n(\boldsymbol{x}_{n-1},\boldsymbol{v}_{n-1}) \tag{4.6.1}$$

$$\boldsymbol{y}_n=\boldsymbol{c}_n(\boldsymbol{x}_n,\boldsymbol{s}_n) \tag{4.6.2}$$

其中,式(4.6.1)表示非线性状态方程,式(4.6.2)表示非线性观测方程。为了避免多重括

号，本节和 4.7 节用下标表示时间序号。$\boldsymbol{v}_n$ 表示状态激励噪声，$\boldsymbol{s}_n$ 表示测量噪声。假设噪声的概率密度函数是已知的，函数 $\boldsymbol{f}_n(\cdot)$ 和 $\boldsymbol{c}_n(\cdot)$ 是已知的，在测量得到 $\{\boldsymbol{y}_1,\boldsymbol{y}_2,\cdots,\boldsymbol{y}_n\}$ 条件下，求状态 $\boldsymbol{x}_n$ 的最优估计 $\hat{\boldsymbol{x}}_{n|n}$。

为了方便表示时间递推，把集合 $\{\boldsymbol{y}_1,\boldsymbol{y}_2,\cdots,\boldsymbol{y}_n\}$ 简单地表示为 $\boldsymbol{y}_{1:n}$，下标中“:”前后分别表示起始时间和终止时间。

在 4.2 节讨论了线性系统情况下状态估计问题的解，这类问题归结为卡尔曼滤波器，4.2 节对此类问题给出了圆满的解。当噪声满足高斯假设时，卡尔曼滤波器是最优滤波。也就是说，卡尔曼滤波最优性的前提有两个，即线性系统和高斯噪声。

在非高斯情况下，卡尔曼滤波不再具有最优性。非高斯情况有两种来源，一是噪声自身的概率分布是非高斯的，其二是非线性系统带来非高斯性。若式(4.6.1)和式(4.6.2)是非线性函数，即使 $\boldsymbol{v}_n$ 和 $\boldsymbol{s}_n$ 满足高斯分布，经非线性运算后，$\boldsymbol{x}_n$ 和 $\boldsymbol{y}_n$ 也不再满足高斯分布，因此，非线性也引起非高斯性。在实际中，由非线性引起的非高斯性是更常遇到的。对于非线性情况，4.4 节的 EKF 和 4.5 节的 UKF 给出了两种逼近的解。

有必要讨论非高斯情况下，最优滤波器的一般性方法。第 3 章曾指出，维纳滤波是线性贝叶斯估计在波形估计中的应用，显然卡尔曼滤波也是一种线性贝叶斯估计。第 2 章也曾指出在高斯情况下，线性贝叶斯估计是最优的，这是高斯情况下维纳滤波和卡尔曼滤波最优的估计理论基础，但在非高斯情况下，根据不同的误差准则，贝叶斯的最优估计有不同的解，例如，若考虑均方误差准则，则后验条件期望是最优估计(MMSE)，若考虑门限判决准则，则最大后验概率估计(MAP)是最优估计。

设得到观测序列集合 $\{\boldsymbol{y}_1,\boldsymbol{y}_2,\cdots,\boldsymbol{y}_n\}$，如果得到 $\boldsymbol{x}_n$ 的条件概率(后验概率) $p(\boldsymbol{x}_n|\boldsymbol{y}_{1:n})$，则 $\boldsymbol{x}_n$ 的 MMSE 估计为

$$\hat{\boldsymbol{x}}_{n|n}=E_{\boldsymbol{x}_n|\boldsymbol{y}_{1:n}}\{\boldsymbol{x}_n \mid \boldsymbol{y}_{1:n}\} \tag{4.6.3}$$

MAP 估计为

$$\hat{\boldsymbol{x}}_{n|n}=\underset{\boldsymbol{x}_n}{\operatorname{argmax}}\{p(\boldsymbol{x}_n \mid \boldsymbol{y}_{1:n})\} \tag{4.6.4}$$

从式(4.6.3)和式(4.6.4)不管使用哪一种准则，最优贝叶斯估计都需要求得后验概率 $p(\boldsymbol{x}_n|\boldsymbol{y}_{1:n})$。

在信号处理中，一般是按时间顺序 $n=1,2,3,\cdots$，依次得到观测向量 $\boldsymbol{y}_n$，设在 $n=0$ 时刻有一个初始概率密度 $p(\boldsymbol{x}_0|\boldsymbol{y}_0)=p(\boldsymbol{x}_0)$，$n=1$ 得到第一个观测值 $\boldsymbol{y}_1$，求得后验概率密度函数 $p(\boldsymbol{x}_1|\boldsymbol{y}_1)$，$n=2$ 得到第 2 个观测值 $\boldsymbol{y}_2$，递推求得后验概率密度函数 $p(\boldsymbol{x}_1|\boldsymbol{y}_{1:2})$，以此类推，在任意时刻 n，递推得到 $p(\boldsymbol{x}_n|\boldsymbol{y}_{1:n})$。只要在每个时刻得到后验概率密度 $p(\boldsymbol{x}_n|\boldsymbol{y}_{1:n})$，则可利用式(4.6.3)或式(4.6.4)求出各时刻状态向量的最优估计 $\hat{\boldsymbol{x}}_{n|n}$。

设在 $n-1$ 时刻，已得到 $p(\boldsymbol{x}_{n-1}|\boldsymbol{y}_{1:n-1})$，现在得到 n 时刻的观测向量 $\boldsymbol{y}_n$，递推求 $p(\boldsymbol{x}_n|\boldsymbol{y}_{1:n})$，为了求解该问题，分为两步，即预测步和更新步。

1. 预测过程

首先利用 $\boldsymbol{y}_{1:n-1}$ 对 $\boldsymbol{x}_n$ 进行预测，得到预测 PDF $p(\boldsymbol{x}_n|\boldsymbol{y}_{1:n-1})$，为此，从如下联合概率出发：

$$p(\boldsymbol{x}_n,\boldsymbol{x}_{n-1} \mid \boldsymbol{y}_{1:n-1})=p(\boldsymbol{x}_n \mid \boldsymbol{x}_{n-1},\boldsymbol{y}_{1:n-1})p(\boldsymbol{x}_{n-1} \mid \boldsymbol{y}_{1:n-1})=p(\boldsymbol{x}_n \mid \boldsymbol{x}_{n-1})p(\boldsymbol{x}_{n-1} \mid \boldsymbol{y}_{1:n-1}) \tag{4.6.5}$$

上式用到了

$$p(\boldsymbol{x}_n \mid \boldsymbol{x}_{n-1}, \boldsymbol{y}_{1:n-1}) = p(\boldsymbol{x}_n \mid \boldsymbol{x}_{n-1}) \tag{4.6.6}$$

式(4.6.6)可由式(4.6.1)的状态方程获得,既然 $\boldsymbol{v}_{n-1}$ 的 PDF 是已知的,则由 $\boldsymbol{x}_{n-1}$ 可以确定 $\boldsymbol{x}_n$ 的 PDF,即式(4.6.1)规定了 $\boldsymbol{x}_n$ 是1阶马尔可夫(Markov)过程,由式(4.6.1)可求出 $p(\boldsymbol{x}_n|\boldsymbol{x}_{n-1})$。由式(4.6.5)得到 $p(\boldsymbol{x}_n|\boldsymbol{y}_{1:n-1})$ 为

$$p(\boldsymbol{x}_n \mid \boldsymbol{y}_{1:n-1}) = \int p(\boldsymbol{x}_n \mid \boldsymbol{x}_{n-1}) p(\boldsymbol{x}_{n-1} \mid \boldsymbol{y}_{1:n-1}) \mathrm{d}\boldsymbol{x}_{n-1} \tag{4.6.7}$$

2. 更新过程

现在得到了新观测量 $\boldsymbol{y}_n$,通过更新过程求 $p(\boldsymbol{x}_n|\boldsymbol{y}_{1:n})$,为此,从联合概率密度出发。首先

$$p(\boldsymbol{x}_n, \boldsymbol{y}_n \mid \boldsymbol{y}_{1:n-1}) = p(\boldsymbol{x}_n \mid \boldsymbol{y}_{1:n-1}) p(\boldsymbol{y}_n \mid \boldsymbol{x}_n, \boldsymbol{y}_{1:n-1}) = p(\boldsymbol{x}_n \mid \boldsymbol{y}_{1:n-1}) p(\boldsymbol{y}_n \mid \boldsymbol{x}_n) \tag{4.6.8}$$

上式中使用了

$$p(\boldsymbol{y}_n \mid \boldsymbol{x}_n, \boldsymbol{y}_{1:n-1}) = p(\boldsymbol{y}_n \mid \boldsymbol{x}_n) \tag{4.6.9}$$

式(4.6.9)来自观测方程式(4.6.2),与式(4.6.6)类似,由式(4.6.2)可得到 $p(\boldsymbol{y}_n|\boldsymbol{x}_n)$。从另一方面,有

$$\begin{aligned} p(\boldsymbol{x}_n, \boldsymbol{y}_n \mid \boldsymbol{y}_{1:n-1}) &= p(\boldsymbol{y}_n \mid \boldsymbol{y}_{1:n-1}) p(\boldsymbol{x}_n \mid \boldsymbol{y}_n, \boldsymbol{y}_{1:n-1}) \\ &= p(\boldsymbol{y}_n \mid \boldsymbol{y}_{1:n-1}) p(\boldsymbol{x}_n \mid \boldsymbol{y}_{1:n}) \end{aligned} \tag{4.6.10}$$

式(4.6.8)和式(4.6.10)相等,利用两式最右侧项相等,得到

$$p(\boldsymbol{x}_n \mid \boldsymbol{y}_{1:n}) = \frac{p(\boldsymbol{x}_n \mid \boldsymbol{y}_{1:n-1}) p(\boldsymbol{y}_n \mid \boldsymbol{x}_n)}{p(\boldsymbol{y}_n \mid \boldsymbol{y}_{1:n-1})} \tag{4.6.11}$$

式(4.6.11)的分子各项均已得到,分母项可通过下列积分获得:

$$p(\boldsymbol{y}_n \mid \boldsymbol{y}_{1:n-1}) = \int p(\boldsymbol{x}_n \mid \boldsymbol{y}_{1:n-1}) p(\boldsymbol{y}_n \mid \boldsymbol{x}_n) \mathrm{d}\boldsymbol{x}_n \tag{4.6.12}$$

式(4.6.7)和式(4.6.11)构成了后验 PDF 的递推公式。

把式(4.6.7)和式(4.6.11)结合式(4.6.3)或式(4.6.4)构成的最优状态估计过程称为贝叶斯滤波。贝叶斯滤波是一个最优滤波器的系统性框架,可应用于高斯和非高斯的一般情况,但是,除了一些特殊情况外,贝叶斯滤波难以得到精确的解析解,而是用一些特殊的逼近方法进行求解,由于逼近方法达不到最优性能,属于贝叶斯滤波的次优解。

如前所述,贝叶斯滤波在一般情况下无法获得解析解,但在几个简单情况下可以得到解析解,尽管仍然是递推形式,但在每一步递推都可以得到解析表达的后验 PDF。最简单的情况是式(4.6.1)和式(4.6.2)是线性方程,噪声变量满足高斯分布。这种情况最优解是卡尔曼滤波,因此卡尔曼滤波是贝叶斯滤波的一种特殊形式,本节以贝叶斯滤波的观点重新解释卡尔曼滤波。

重写线性系统方程为

$$\boldsymbol{x}_{n+1} = \boldsymbol{F}_n \boldsymbol{x}_n + \boldsymbol{v}_n \tag{4.6.13}$$

$$\boldsymbol{y}_n = \boldsymbol{C}_n \boldsymbol{x}_n + \boldsymbol{s}_n \tag{4.6.14}$$

$\boldsymbol{v}_n$ 和 $\boldsymbol{s}_n$ 都是零均值的高斯白噪声,其自相关矩阵分别为 $\boldsymbol{Q}_n$ 和 $\boldsymbol{U}_n$。

对于现有的模型,显然 $p(\boldsymbol{x}_n|\boldsymbol{y}_{1:n})$ 满足高斯分布,设

$$p(\boldsymbol{x}_{n-1} \mid \boldsymbol{y}_{1:n-1}) = N(\boldsymbol{x}_{n-1} \mid \boldsymbol{\mu}_{n-1|n-1}, \boldsymbol{K}_{n-1|n-1}) \tag{4.6.15}$$

是已得到的解，得到新的观测向量 $\boldsymbol{y}_n$，求

$$p(\boldsymbol{x}_n \mid \boldsymbol{y}_{1:n-1}) = N(\boldsymbol{x}_n \mid \boldsymbol{\mu}_{n|n-1}, \boldsymbol{K}_{n|n-1}) \tag{4.6.16a}$$

和

$$p(\boldsymbol{x}_n \mid \boldsymbol{y}_{1:n}) = N(\boldsymbol{x}_n \mid \boldsymbol{\mu}_{n|n}, \boldsymbol{K}_{n|n}) \tag{4.6.16b}$$

对于高斯过程，利用式(4.6.7)和式(4.6.11)可以得到以上两式参数的解析式，结果如下：

$$\boldsymbol{\mu}_{n|n-1} = \boldsymbol{F}_{n-1}\boldsymbol{\mu}_{n-1|n-1} \tag{4.6.17}$$

$$\boldsymbol{K}_{n|n-1} = \boldsymbol{F}_{n-1}\boldsymbol{K}_{n-1}\boldsymbol{F}_{n-1}^{\mathrm{H}} + \boldsymbol{Q}_{n-1} \tag{4.6.18}$$

$$\boldsymbol{\mu}_{n|n} = \boldsymbol{\mu}_{n|n-1} + \boldsymbol{G}_n(\boldsymbol{y}_n - \boldsymbol{C}_n\boldsymbol{\mu}_{n|n-1}) \tag{4.6.19}$$

$$\boldsymbol{K}_{n|n} = [\boldsymbol{I} - \boldsymbol{G}_n\boldsymbol{C}_n]\boldsymbol{K}_{n|n-1} \tag{4.6.20}$$

上式中的 $\boldsymbol{G}_n$ 即卡尔曼增益，为

$$\boldsymbol{G}_n = \boldsymbol{K}_{n|n-1}\boldsymbol{C}_n^{\mathrm{H}}\boldsymbol{R}_n^{-1} \tag{4.6.21}$$

$$\boldsymbol{R}_n = \boldsymbol{C}_n\boldsymbol{K}_{n|n-1}\boldsymbol{C}_n^{\mathrm{H}} + \boldsymbol{U}_n \tag{4.6.22}$$

这一组公式中没有显式地写出新息量，实际式(4.6.19)中的 $\boldsymbol{y}_n - \boldsymbol{C}_n\boldsymbol{\mu}_{n|n-1}$ 是新息，式(4.6.22)中的 $\boldsymbol{R}_n$ 是新息的自相关矩阵。

不管是采用式(4.6.3)的 MMSE 准则还是式(4.6.4)的 MAP 准则，对于高斯分布，贝叶斯估计的最优解总是其条件期望，因此

$$\hat{\boldsymbol{x}}_{n|n-1} = \boldsymbol{\mu}_{n|n-1} \tag{4.6.23}$$

$$\hat{\boldsymbol{x}}_{n|n} = \boldsymbol{\mu}_{n|n} \tag{4.6.24}$$

把式(4.6.23)和式(4.6.24)代入式(4.6.17)～式(4.6.20)，对比表 4.2.1 可以看到，除了用下标表示时间这一符号上的区别，式(4.6.17)～式(4.6.22)表示的一组递推关系与标准卡尔曼滤波是完全一致的。这样，说明了卡尔曼滤波是贝叶斯滤波在线性系统和高斯分布假设下的一种特殊情况。

*4.7 粒子滤波

粒子滤波(Particle Filter，PF)是逼近实现贝叶斯滤波的方法中最常用的一种。贝叶斯滤波的核心是递推地求得后验概率 $p(\boldsymbol{x}_n|\boldsymbol{y}_{1:n})$，但除了一些特例外无法求得这一后验 PDF 的解析表达式，实际中往往通过数值逼近的方法求得其一个逼近表示 $\hat{p}(\boldsymbol{x}_n|\boldsymbol{y}_{1:n})$。粒子滤波的思想是通过 $\boldsymbol{x}_n$ 的一组样本(称为粒子)来逼近后验 PDF，按时间递推对粒子及其权系数进行更新。粒子滤波建立在蒙特卡洛模拟(Monte Carlo Simulation，MCS)的基础上，本节首先概要介绍 MCS 的概念和推广，然后介绍基本粒子滤波算法，最后介绍一种改进的粒子滤波算法并给出仿真结果的说明。

4.7.1 蒙特卡洛模拟与序列重要性采样

为了理解粒子滤波，本小节给出蒙特卡洛模拟和序列重要性采样(Sequential Importance Sampling，SIS)的概念。

1. 蒙特卡洛模拟

对于后验概率 $p(\boldsymbol{x}_n|\boldsymbol{y}_{1:n})$，可以通过对该 PDF 采样产生一组样本

$$\{\boldsymbol{x}_n^{(i)}, i=1,2,\cdots,N_s\} \tag{4.7.1}$$

若 N_s 充分大,则 $p(\boldsymbol{x}_n|\boldsymbol{y}_{1:n})$可由如下式逼近:

$$\hat{p}(\boldsymbol{x}_n|\boldsymbol{y}_{1:n})=\frac{1}{N_s}\sum_{i=1}^{N_s}\delta(\boldsymbol{x}_n-\boldsymbol{x}_n^{(i)}) \tag{4.7.2}$$

如果式(4.7.2)的逼近存在,可以利用它计算对 $\boldsymbol{x}_n$ 的一个函数的期望值,设一个函数记为 $\boldsymbol{g}(\boldsymbol{x}_n)$,则其期望为

$$E[\boldsymbol{g}(\boldsymbol{x}_n)]=\int\boldsymbol{g}(\boldsymbol{x}_n)p(\boldsymbol{x}_n\mid\boldsymbol{y}_{1:n})\mathrm{d}\boldsymbol{x}_n\approx\frac{1}{N_s}\sum_{i=1}^{N_s}\boldsymbol{g}(\boldsymbol{x}_n^{(i)}) \tag{4.7.3}$$

如果希望获得 MMSE 意义下的最优滤波,则 $\boldsymbol{g}(\boldsymbol{x}_n)=\boldsymbol{x}_n$,用式(4.7.3)最优滤波逼近为

$$\hat{\boldsymbol{x}}_{n|n}\approx\frac{1}{N_s}\sum_{i=1}^{N_s}\boldsymbol{x}_n^{(i)} \tag{4.7.4}$$

由式(4.7.4)可见,若能够从后验分布 $p(\boldsymbol{x}_n|\boldsymbol{y}_{1:n})$产生一组如式(4.7.1)所示的样本,这组样本称为粒子,只要粒子数充分大,则式(4.7.4)所描述的简单的粒子平均可得到在 MMSE 意义下最优滤波的良好逼近。

式(4.7.1)~式(4.7.4)所描述的思路看似简单,但直接应用于贝叶斯滤波问题却存在实际困难。正如第 4.6 节所述,除非特殊情况(例如线性和高斯性),无法求取解析表达的后验分布 $p(\boldsymbol{x}_n|\boldsymbol{y}_{1:n})$,因此,无法直接通过 PDF 产生式(4.7.1)的一组样本。其次,在一般情况下,即使知道了 $p(\boldsymbol{x}_n|\boldsymbol{y}_{1:n})$,由于该 PDF 不再是高斯的,可能是非常复杂的,也可能难以从中产生一组样本。从随机模拟的角度讲,对于一些简单和常用的 PDF,例如高斯分布、均匀分布和二项分布等,比较容易通过 PDF 产生一组随机样本,但对于高度复杂的 PDF 函数,从 PDF 函数产生样本自身就是非常困难的。为了克服这些困难,可利用重要性采样方法。

2. 序列重要性采样

实际中一般不可能从后验概率 $p(\boldsymbol{x}_n|\boldsymbol{y}_{1:n})$进行采样,而是通过选用的一个已知 PDF 产生样本,这个选用的 PDF 称为重要性密度,从中产生的样本称为重要性采样(IS)。

首先讨论一般的重要性采样,然后 4.7.2 节将其应用于贝叶斯滤波问题。假设从初始时刻 0 开始考虑状态估计,从 1 时刻开始获得观测值,将从初始到 n 时刻的所有状态向量集合记为 $\boldsymbol{x}_{0:n}$,从 1 时刻到 n 时刻的所有测量向量集合记为 $\boldsymbol{y}_{1:n}$,更一般的后验概率记为 $p(\boldsymbol{x}_{0:n}|\boldsymbol{y}_{1:n})$,同理从这个后验 PDF 无法产生样本集合,给出一个重要性密度 $\pi(\boldsymbol{x}_{0:n}|\boldsymbol{y}_{1:n})$,从它可以产生重要性采样样本,为了能够用这些重要性样本表示状态向量集的最优估计,需要考虑怎样利用 $\pi(\boldsymbol{x}_{0:n}|\boldsymbol{y}_{1:n})$来计算函数 $\boldsymbol{g}_n(\boldsymbol{x}_{0:n})$关于概率 $p(\boldsymbol{x}_{0:n}|\boldsymbol{y}_{1:n})$的期望,即计算

$$\begin{aligned}
E[\boldsymbol{g}_n(\boldsymbol{x}_{0:n})]&=\int\boldsymbol{g}_n(\boldsymbol{x}_{0:n})p(\boldsymbol{x}_{0:n}\mid\boldsymbol{y}_{1:n})\mathrm{d}\boldsymbol{x}_{0:n}\\
&=\int\boldsymbol{g}_n(\boldsymbol{x}_{0:n})\frac{p(\boldsymbol{x}_{0:n}\mid\boldsymbol{y}_{1:n})}{\pi(\boldsymbol{x}_{0:n}\mid\boldsymbol{y}_{1:n})}\pi(\boldsymbol{x}_{0:n}\mid\boldsymbol{y}_{1:n})\mathrm{d}\boldsymbol{x}_{0:n}\\
&=\int\boldsymbol{g}_n(\boldsymbol{x}_{0:n})\frac{p(\boldsymbol{y}_{1:n}\mid\boldsymbol{x}_{0:n})p(\boldsymbol{x}_{0:n})}{\pi(\boldsymbol{x}_{0:n}\mid\boldsymbol{y}_{1:n})p(\boldsymbol{y}_{1:n})}\pi(\boldsymbol{x}_{0:n}\mid\boldsymbol{y}_{1:n})\mathrm{d}\boldsymbol{x}_{0:n}\\
&=\int\boldsymbol{g}_n(\boldsymbol{x}_{0:n})\frac{w_n(\boldsymbol{x}_{0:n})}{p(\boldsymbol{y}_{1:n})}\pi(\boldsymbol{x}_{0:n}\mid\boldsymbol{y}_{1:n})\mathrm{d}\boldsymbol{x}_{0:n}
\end{aligned} \tag{4.7.5}$$

上式中定义了权系数

$$w_n(\boldsymbol{x}_{0:n})=\frac{p(\boldsymbol{y}_{1:n}\mid\boldsymbol{x}_{0:n})p(\boldsymbol{x}_{0:n})}{\pi(\boldsymbol{x}_{0:n}\mid\boldsymbol{y}_{1:n})} \tag{4.7.6}$$

注意式(4.7.5)中 $p(\boldsymbol{y}_{1:n})$ 与积分变量无关,故

$$\begin{aligned}
E[\boldsymbol{g}_n(\boldsymbol{x}_{0:n})]&=\frac{1}{p(\boldsymbol{y}_{1:n})}\int\boldsymbol{g}_n(\boldsymbol{x}_{0:n})w_n(\boldsymbol{x}_{0:n})\pi(\boldsymbol{x}_{0:n}\mid\boldsymbol{y}_{1:n})\mathrm{d}\boldsymbol{x}_{0:n}\\
&=\frac{\int\boldsymbol{g}_n(\boldsymbol{x}_{0:n})w_n(\boldsymbol{x}_{0:n})\pi(\boldsymbol{x}_{0:n}\mid\boldsymbol{y}_{1:n})\mathrm{d}\boldsymbol{x}_{0:n}}{\int p(\boldsymbol{y}_{1:n}\mid\boldsymbol{x}_{0:n})p(\boldsymbol{x}_{0:n})\frac{\pi(\boldsymbol{x}_{0:n}\mid\boldsymbol{y}_{1:n})}{\pi(\boldsymbol{x}_{0:n}\mid\boldsymbol{y}_{1:n})}\mathrm{d}\boldsymbol{x}_{0:n}}\\
&=\frac{\int\boldsymbol{g}_n(\boldsymbol{x}_{0:n})w_n(\boldsymbol{x}_{0:n})\pi(\boldsymbol{x}_{0:n}\mid\boldsymbol{y}_{1:n})\mathrm{d}\boldsymbol{x}_{0:n}}{\int w_n(\boldsymbol{x}_{0:n})\pi(\boldsymbol{x}_{0:n}\mid\boldsymbol{y}_{1:n})\mathrm{d}\boldsymbol{x}_{0:n}}\\
&=\frac{E_{\pi(\cdot|\boldsymbol{y}_{1:n})}[\boldsymbol{g}_n(\boldsymbol{x}_{0:n})w_n(\boldsymbol{x}_{0:n})]}{E_{\pi(\cdot|\boldsymbol{y}_{1:n})}[w_n(\boldsymbol{x}_{0:n})]}
\end{aligned} \tag{4.7.7}$$

式(4.7.7)给出的结论是:可以通过两个函数对概率密度 $\pi(\boldsymbol{x}_{0:n}|\boldsymbol{y}_{1:n})$ 的期望获得 $\boldsymbol{g}_n(\boldsymbol{x}_{0:n})$ 关于后验概率 $p(\boldsymbol{x}_{0:n}|\boldsymbol{y}_{1:n})$ 的期望。

由于 $\pi(\boldsymbol{x}_{0:n}|\boldsymbol{y}_{1:n})$ 是有意选择的一个概率密度,可以从这个重要性密度获得一组样本值 $\{\boldsymbol{x}_{0:n}^{(i)},i=1,2,\cdots,N_s\}$,因此 $\pi(\boldsymbol{x}_{0:n}|\boldsymbol{y}_{1:n})$ 可以逼近为

$$\pi(\boldsymbol{x}_{0:n}\mid\boldsymbol{y}_{1:n})\approx\frac{1}{N_s}\sum_{i=1}^{N_s}\delta(\boldsymbol{x}_{0:n}-\boldsymbol{x}_{0:n}^{(i)}) \tag{4.7.8}$$

将式(4.7.8)代入式(4.7.7),得

$$E[\boldsymbol{g}_n(\boldsymbol{x}_{0:n})]\approx\frac{\frac{1}{N_s}\sum_{i=1}^{N_s}\boldsymbol{g}_n(\boldsymbol{x}_{0:n}^{(i)})w_n(\boldsymbol{x}_{0:n}^{(i)})}{\frac{1}{N_s}\sum_{i=1}^{N_s}w_n(\boldsymbol{x}_{0:n}^{(i)})}=\sum_{i=1}^{N_s}\boldsymbol{g}_n(\boldsymbol{x}_{0:n}^{(i)})\tilde{w}_n^{(i)} \tag{4.7.9}$$

上式中

$$\tilde{w}_n^{(i)}=\frac{w_n(\boldsymbol{x}_{0:n}^{(i)})}{\sum_{i=1}^{N_s}w_n(\boldsymbol{x}_{0:n}^{(i)})} \tag{4.7.10}$$

这里,$\tilde{w}_n^{(i)}$ 是归一化的权系数,即 $\sum_{i=1}^{N_s}\tilde{w}_n^{(i)}=1$,归一化权系数具有离散概率的意义。式(4.7.9)说明,通过重要性采样函数和归一化权系数的加权和可以得到针对后验概率 $p(\boldsymbol{x}_{0:n}|\boldsymbol{y}_{1:n})$ 的期望的逼近,因此,利用重要性采样可以得到贝叶斯估计的逼近。由式(4.7.9)也得到后验概率 $p(\boldsymbol{x}_{0:n}|\boldsymbol{y}_{1:n})$ 的逼近为

$$p(\boldsymbol{x}_{0:n}\mid\boldsymbol{y}_{1:n})=\sum_{i=1}^{N_s}\tilde{w}_n^{(i)}\delta(\boldsymbol{x}_{0:n}-\boldsymbol{x}_{0:n}^{(i)}) \tag{4.7.11}$$

4.7.2 粒子滤波算法

粒子滤波作为贝叶斯滤波的一种逼近实现,对其问题重述在这里。非线性系统模型表示为

$$\boldsymbol{x}_n=\boldsymbol{f}_n(\boldsymbol{x}_{n-1},\boldsymbol{v}_{n-1}) \tag{4.7.12}$$

$$\boldsymbol{y}_n=\boldsymbol{c}_n(\boldsymbol{x}_n,\boldsymbol{s}_n) \tag{4.7.13}$$

$\boldsymbol{v}_n$ 表示状态激励噪声,$\boldsymbol{s}_n$ 表示测量噪声。假设噪声的概率密度函数是已知的,函数 $\boldsymbol{f}_n(\cdot)$ 和 $\boldsymbol{c}_n(\cdot)$是已知的,在测量得到$\{\boldsymbol{y}_1,\boldsymbol{y}_2,\cdots,\boldsymbol{y}_n\}$条件下,得到状态 $\boldsymbol{x}_n$ 的最优估计 $\hat{\boldsymbol{x}}_{n|n}$。

由于$\boldsymbol{v}_n$ 的 PDF 是已知的,由式(4.7.12)可以得到条件密度 $p(\boldsymbol{x}_n|\boldsymbol{x}_{n-1})$,$\boldsymbol{s}_n$ 的 PDF 是已知的,由式(4.7.13)可以得到条件密度 $p(\boldsymbol{y}_n|\boldsymbol{x}_n)$。故对粒子滤波的讨论中,在时刻 n,$p(\boldsymbol{x}_n|\boldsymbol{x}_{n-1})$和 $p(\boldsymbol{y}_n|\boldsymbol{x}_n)$是已知函数。

为了使用4.7.1小节的重要性采样方法表示 $p(\boldsymbol{x}_{0:n}|\boldsymbol{y}_{1:n})$,研究递推采样方法。设 $p(\boldsymbol{x}_{0:n-1}|\boldsymbol{y}_{1:n-1})$的粒子逼近已知,记为 $\boldsymbol{x}_{0:n-1}^{(i)}$,产生这组粒子的重要性密度为 $\pi(\boldsymbol{x}_{0:n-1}|\boldsymbol{y}_{1:n-1})$,为了产生新的粒子,研究

$$\begin{aligned}\pi(\boldsymbol{x}_{0:n}\mid\boldsymbol{y}_{1:n})&=\pi(\boldsymbol{x}_{0:n-1},\boldsymbol{x}_n\mid\boldsymbol{y}_{1:n})=\pi(\boldsymbol{x}_{0:n-1}\mid\boldsymbol{y}_{1:n})\pi(\boldsymbol{x}_n\mid\boldsymbol{x}_{0:n-1},\boldsymbol{y}_{1:n})\\&=\pi(\boldsymbol{x}_{0:n-1}\mid\boldsymbol{y}_{1:n-1})\pi(\boldsymbol{x}_n\mid\boldsymbol{y}_{1:n},\boldsymbol{x}_{0:n-1})\end{aligned} \tag{4.7.14}$$

为得到式(4.7.14)的第二行,用了假设

$$\pi(\boldsymbol{x}_{0:n-1}\mid\boldsymbol{y}_{1:n})=\pi(\boldsymbol{x}_{0:n-1}\mid\boldsymbol{y}_{1:n-1}) \tag{4.7.15}$$

式(4.7.15)的假设是:时刻 $n-1$ 的状态变量与时刻 n 的观测量无关。

由式(4.7.14)中 $\pi(\boldsymbol{x}_{0:n}|\boldsymbol{y}_{1:n})$的分解项,可以用分式 $\pi(\boldsymbol{x}_n|\boldsymbol{y}_{1:n},\boldsymbol{x}_{0:n-1})$作为重要性密度产生一组新的粒子 $\boldsymbol{x}_n^{(i)}$,即 $\boldsymbol{x}_n^{(i)}\sim\pi(\boldsymbol{x}_n|\boldsymbol{y}_{1:n},\boldsymbol{x}_{0:n-1})$,更新的粒子集 $\boldsymbol{x}_{0:n}^{(i)}=\{\boldsymbol{x}_{0:n-1}^{(i)},\boldsymbol{x}_n^{(i)}\}$。

有了粒子集的更新,利用式(4.7.6)得到粒子权系数的更新式,代入一个粒子的值 $\boldsymbol{x}_{0:n}^{(i)}$ 到式(4.7.6),得到粒子权系数的表示为

$$w_n^{(i)}=w_n(\boldsymbol{x}_{0:n}^{(i)})=\frac{p(\boldsymbol{y}_{1:n}\mid\boldsymbol{x}_{0:n}^{(i)})p(\boldsymbol{x}_{0:n}^{(i)})}{\pi(\boldsymbol{x}_{0:n}^{(i)}\mid\boldsymbol{y}_{1:n})} \tag{4.7.16}$$

假设 $w_{n-1}^{(i)}$ 已知,递推 $w_n^{(i)}$,为此

$$\begin{aligned}w_n^{(i)}&=\frac{p(\boldsymbol{y}_{1:n}\mid\boldsymbol{x}_{0:n}^{(i)})p(\boldsymbol{x}_{0:n}^{(i)})}{\pi(\boldsymbol{x}_{0:n}^{(i)}\mid\boldsymbol{y}_{1:n})}=\frac{p(\boldsymbol{y}_{1:n},\boldsymbol{x}_{0:n}^{(i)})}{\pi(\boldsymbol{x}_{0:n}^{(i)}\mid\boldsymbol{y}_{1:n})}\\&=\frac{p(\boldsymbol{x}_{0:n}^{(i)}\mid\boldsymbol{y}_{1:n})p(\boldsymbol{y}_{1:n})}{\pi(\boldsymbol{x}_{0:n}^{(i)}\mid\boldsymbol{y}_{1:n})}\end{aligned} \tag{4.7.17}$$

为了进一步利用式(4.7.17),先考虑 $p(\boldsymbol{x}_{0:n}|\boldsymbol{y}_{1:n})$的表示,类似于式(4.6.11)的推导,得

$$\begin{aligned}p(\boldsymbol{x}_{0:n}\mid\boldsymbol{y}_{1:n})&=\frac{p(\boldsymbol{y}_n\mid\boldsymbol{x}_{0:n},\boldsymbol{y}_{1:n-1})p(\boldsymbol{x}_{0:n}\mid\boldsymbol{y}_{1:n-1})}{p(\boldsymbol{y}_n\mid\boldsymbol{y}_{1:n-1})}\\&=\frac{p(\boldsymbol{y}_n\mid\boldsymbol{x}_{0:n},\boldsymbol{y}_{1:n-1})p(\boldsymbol{x}_n\mid\boldsymbol{x}_{0:n-1},\boldsymbol{y}_{1:n-1})}{p(\boldsymbol{y}_n\mid\boldsymbol{y}_{1:n-1})}p(\boldsymbol{x}_{0:n-1}\mid\boldsymbol{y}_{1:n-1})\\&=\frac{p(\boldsymbol{y}_n\mid\boldsymbol{x}_n)p(\boldsymbol{x}_n\mid\boldsymbol{x}_{n-1})}{p(\boldsymbol{y}_n\mid\boldsymbol{y}_{1:n-1})}p(\boldsymbol{x}_{0:n-1}\mid\boldsymbol{y}_{1:n-1})\end{aligned} \tag{4.7.18}$$

将式(4.7.18)代入式(4.7.17),得

$$\begin{aligned}w_n^{(i)}&=\frac{p(\boldsymbol{x}_{0:n}^{(i)}\mid\boldsymbol{y}_{1:n})p(\boldsymbol{y}_{1:n})}{\pi(\boldsymbol{x}_{0:n}^{(i)}\mid\boldsymbol{y}_{1:n})}\\&=\frac{p(\boldsymbol{y}_n\mid\boldsymbol{x}_n^{(i)})p(\boldsymbol{x}_n^{(i)}\mid\boldsymbol{x}_{n-1}^{(i)})}{p(\boldsymbol{y}_n\mid\boldsymbol{y}_{1:n-1})}p(\boldsymbol{x}_{0:n-1}^{(i)}\mid\boldsymbol{y}_{1:n-1})\frac{p(\boldsymbol{y}_{1:n})}{\pi(\boldsymbol{x}_{0:n}^{(i)}\mid\boldsymbol{y}_{1:n})}\end{aligned}$$

$$=\frac{p(\boldsymbol{x}_{0:n-1}^{(i)} \mid \boldsymbol{y}_{1:n-1})p(\boldsymbol{y}_{1:n-1})}{\pi(\boldsymbol{x}_{0:n-1}^{(i)} \mid \boldsymbol{y}_{1:n-1})} \frac{p(\boldsymbol{y}_n \mid \boldsymbol{x}_n^{(i)})p(\boldsymbol{x}_n^{(i)} \mid \boldsymbol{x}_{n-1}^{(i)})p(\boldsymbol{y}_n \mid \boldsymbol{y}_{1:n-1})}{\pi(\boldsymbol{x}_n^{(i)} \mid \boldsymbol{y}_{1:n},\boldsymbol{x}_{0:n-1}^{(i)})p(\boldsymbol{y}_n \mid \boldsymbol{y}_{1:n-1})}$$

$$=w_{n-1}^{(i)} \frac{p(\boldsymbol{y}_n \mid \boldsymbol{x}_n^{(i)})p(\boldsymbol{x}_n^{(i)} \mid \boldsymbol{x}_{n-1}^{(i)})}{\pi(\boldsymbol{x}_n^{(i)} \mid \boldsymbol{y}_{1:n},\boldsymbol{x}_{0:n-1}^{(i)})} \tag{4.7.19}$$

在式(4.7.19)中，$p(\boldsymbol{x}_n|\boldsymbol{x}_{n-1})$和$p(\boldsymbol{y}_n|\boldsymbol{x}_n)$是已知函数，$\pi(\boldsymbol{x}_n|\boldsymbol{y}_{1:n},\boldsymbol{x}_{0:n-1})$是产生$\boldsymbol{x}_n^{(i)}$的重要性密度，是预先设定的，故当得到新的测量值$\boldsymbol{y}_n$后，可以计算出新的权系数$w_n^{(i)}$。这样，得到了后验概率密度$p(\boldsymbol{x}_{0:n}|\boldsymbol{y}_{1:n})$的递推逼近。

上述算法得到了一般的粒子滤波原理。但在贝叶斯滤波中，更有兴趣的是得到$p(\boldsymbol{x}_n|\boldsymbol{y}_{1:n})$，并称该后验PDF为后验滤波密度(Posterior Filtered Density)，为了直接得到对$p(\boldsymbol{x}_n|\boldsymbol{y}_{1:n})$的逼近，在选择生成新的粒子$\boldsymbol{x}_n^{(i)}$的重要性密度$\pi(\boldsymbol{x}_n|\boldsymbol{y}_{1:n},\boldsymbol{x}_{0:n-1})$时，使其与$\boldsymbol{y}_{1:n-1}$和$\boldsymbol{x}_{0:n-2}$无关，只与当前观测值和上时刻状态有关，即

$$\pi(\boldsymbol{x}_n \mid \boldsymbol{y}_{1:n},\boldsymbol{x}_{0:n-1})=\pi(\boldsymbol{x}_n \mid \boldsymbol{y}_n,\boldsymbol{x}_{n-1}) \tag{4.7.20}$$

用$\boldsymbol{x}_n^{(i)} \sim \pi(\boldsymbol{x}_n|\boldsymbol{y}_n,\boldsymbol{x}_{n-1}^{(i)})$产生一组新粒子，且加权值为

$$w_n^{(i)}=w_{n-1}^{(i)} \frac{p(\boldsymbol{y}_n \mid \boldsymbol{x}_n^{(i)})p(\boldsymbol{x}_n^{(i)} \mid \boldsymbol{x}_{n-1}^{(i)})}{\pi(\boldsymbol{x}_n^{(i)} \mid \boldsymbol{y}_n,\boldsymbol{x}_{n-1}^{(i)})} \tag{4.7.21}$$

并对权值归一化，得

$$\tilde{w}_n^{(i)}=\frac{w_n^{(i)}}{\sum_{i=1}^{N_s} w_n^{(i)}} \tag{4.7.22}$$

$p(\boldsymbol{x}_n|\boldsymbol{y}_{1:n})$的逼近为

$$\hat{p}(\boldsymbol{x}_n \mid \boldsymbol{y}_{1:n})=\sum_{i=1}^{N_s} \tilde{w}_n^{(i)}\delta(\boldsymbol{x}_n-\boldsymbol{x}_n^{(i)}) \tag{4.7.23}$$

显然，基于MMSE得到的贝叶斯滤波的逼近(粒子滤波的输出)为

$$\hat{\boldsymbol{x}}_{n|n}=\sum_{i=1}^{N_s} \tilde{w}_n^{(i)}\boldsymbol{x}_n^{(i)} \tag{4.7.24}$$

在继续讨论之前，先用图4.7.1形象地表示概率密度的加权采样表达。在概率密度函数曲线下方的黑点的位置表示了样本的取值，黑点的大小则表示了样本所带权重的大小。不难注意到，样本密集的区域和具有较大权重样本所处的区域都对应概率密度高的区域。

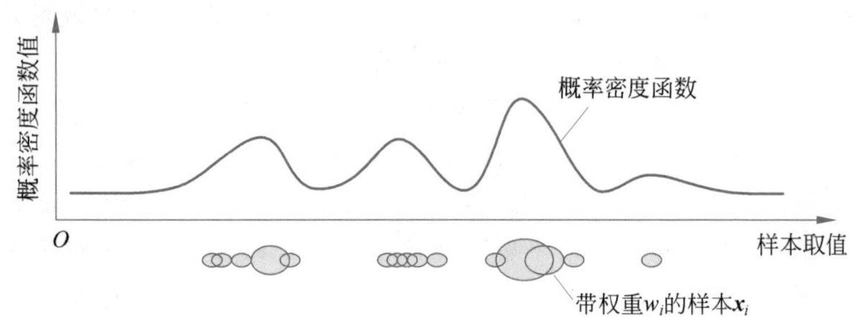

图4.7.1 用粒子和权重表示后验概率密度示意图

1. 基本粒子滤波(SIS)

为了表述清楚,将基本粒子滤波的算法总结在表 4.7.1 中,这是利用序列重要性采样(SIS)构成的基本粒子滤波算法。为了能够开始,给出初始条件。设在 $n=0$ 时刻状态的初始分布为 $p(\boldsymbol{x}_0)$,取初始重要性密度为 $\pi(\boldsymbol{x}_0|\boldsymbol{y}_0,\boldsymbol{x}_{-1})=p(\boldsymbol{x}_0)$,从该分布产生 N_s 个样本并赋予等权值,然后进行递推。算法详述如表 4.7.1。

表 4.7.1 SIS 粒子滤波

初始条件	从分布 $\pi(\boldsymbol{x}_0|\boldsymbol{y}_0,\boldsymbol{x}_{-1})=p(\boldsymbol{x}_0)$产生 N_s 个样本 $\boldsymbol{x}_0^{(i)}$,权值为 $\tilde{w}_0^{(i)}=w_0^{(i)}=1/N_s$
粒子更新和滤波公式	得到 $\boldsymbol{y}(1)$从 $n=1$ 开始 对于 $i=1,2,\cdots,N_s$ 产生新样本:$\boldsymbol{x}_n^{(i)}\sim\pi(\boldsymbol{x}_n|\boldsymbol{y}_n,\boldsymbol{x}_{n-1}^{(i)})$ 计算新权值:$w_n^{(i)}=w_{n-1}^{(i)}\dfrac{p(\boldsymbol{y}_n|\boldsymbol{x}_n^{(i)})p(\boldsymbol{x}_n^{(i)}|\boldsymbol{x}_{n-1}^{(i)})}{\pi(\boldsymbol{x}_n^{(i)}|\boldsymbol{y}_n,\boldsymbol{x}_{n-1}^{(i)})}$ 权值归一化:$\tilde{w}_n^{(i)}=\dfrac{w_n^{(i)}}{\sum_{i=1}^{N_s}w_n^{(i)}}$ 得到 $p(\boldsymbol{x}_n|\boldsymbol{y}_{1:n})$ 逼近式:$\hat{p}(\boldsymbol{x}_n|\boldsymbol{y}_{1:n})=\sum_{i=1}^{N_s}\tilde{w}_n^{(i)}\delta(\boldsymbol{x}_n-\boldsymbol{x}_n^{(i)})$ 粒子滤波的输出(MMSE):$\hat{\boldsymbol{x}}_{n|n}=\sum_{i=1}^{N_s}\tilde{w}_n^{(i)}\boldsymbol{x}_n^{(i)}$ 令 $n\leftarrow n+1$,得到新观测值 $\boldsymbol{y}(n)$进入下一次循环

为了对基本粒子滤波方法有一个感性的认识,首先以一个 1 阶线性高斯模型为例来考察其性能。

例 4.7.1 为简单起见,定义状态和观测均为标量,状态方程为 $x_n=x_{n-1}+v_{n-1}$ 测量方程为 $y_n=x_n+s_n$,v_{n-1} 和 s_n 均为 0 均值方差为 1 的白高斯噪声。显然,这样定义的动态模型是线性高斯模型,用它实施实验未能发挥粒子滤波在非线性非高斯问题方面的优势。然而请注意,由于此模型下卡尔曼滤波将能够得到后验概率密度的最优估计,因此便于将粒子滤波结果与之实施对比。使用 100 个粒子,递推 30 步。在图 4.7.2(a)中,用圆点表示每一时刻卡尔曼滤波得到的后验均值估计,其上下伸出的线段长度则表示标准差估计(因为后验概率亦为高斯的,因此均值和标准差已经完全刻画了该分布)。相应于粒子滤波,则以星形符以及携带的线段表示后验均值和标准差的估计。不难看出,粒子滤波对后验均值和方差的估计都不理想,而且随着递推进行还有恶化的趋势。

为什么基本粒子滤波算法的结果不能令人满意呢? 图 4.7.2(b)应该能说明一些问题,其中星号和相应线段的含义不变。追踪随机挑选的 10 个粒子在递推过程中的状态转移路径,并用线条连接示意出来。可以发现,其中大多数粒子总是处于由线段示意的区域之外,也就是说,这些粒子总是处在概率密度函数值非常小的区间内,亦即高斯分布的拖尾区域。而且,这样的粒子还占了多数。与概率密度函数的拖尾区域对应的是较小的重要性权重。

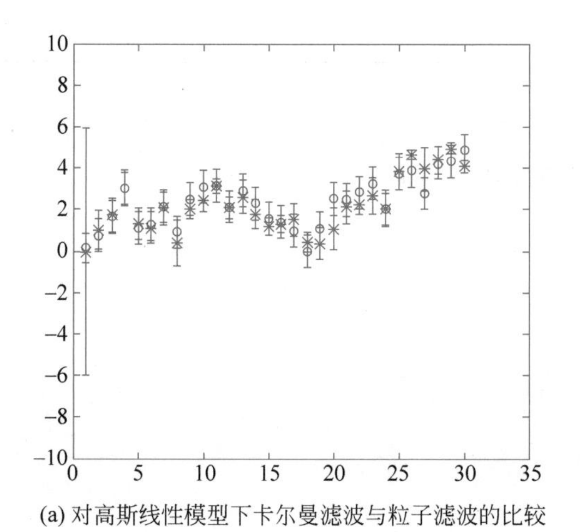

(a) 对高斯线性模型下卡尔曼滤波与粒子滤波的比较

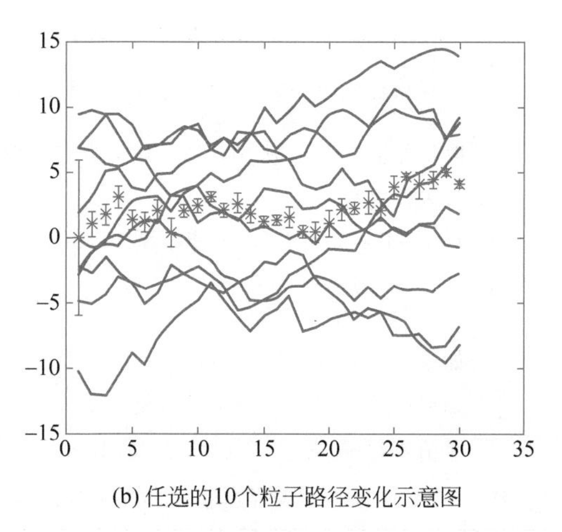

(b) 任选的10个粒子路径变化示意图

图 4.7.2　滤波比较与粒子路径变化示意图

若从重要性权重的角度来讨论，事实上，在基本粒子滤波过程中，有少数权重会迅速地增长，而其他的权重则变得非常小。如果大量的权重值非常小，对于 Monte Carlo 积分是非常不利的。因为一个小的权重对应的样本处在一个概率密度函数值非常小的地方，大量的样本集中在这些地方，就不能很好地反映具有较大概率密度函数值的区域，而概率密度函数值大的区域显然对求期望(积分)更加重要。因此，大量的粒子实际上将对我们面临的任务贡献甚微，这称为粒子退化现象。为了获得较精确的积分值，粒子们最好位于那些对积分值贡献大的区域内，概率密度函数值大的区域显然是这样的区域。对于那些权重很小的粒子，要想办法用另外一些对积分贡献大的粒子取而代之。这就启发了对粒子们进行“重采样”(resampling)的想法。

2. 重采样粒子滤波(SISR)

为了评价粒子退化的程度，定义有效粒子数的概念，一种广泛应用的有效粒子数表示为

$$N_{eff}=\frac{N_s}{1+\mathrm{var}(w_n^{(i)})}$$

这里，$\mathrm{var}(w_n^{(i)})$表示权系数的方差，由于其是未知的，故实际中由下式近似估计：

$$\hat{N}_{eff}=\frac{1}{\sum_{i=1}^{N_s}(\tilde{w}_n^{(i)})^2} \tag{4.7.25}$$

可以预设定一个门限 N_T，在每个时间递推中，若 $\hat{N}_{eff}<N_T$ 说明粒子退化严重，可以对粒子进行重采样。重采样的思想是抛弃权值已经变得非常小的粒子而加强大权值的粒子，具体的可使大权值的粒子被重复采样多次，重采样后的所有粒子变成等权重，即 $\tilde{w}_n^{(i)}=1/N_s$。

重采样的具体操作算法很多，表 4.7.2 给出一种典型的重采样算法，称为“标准重采样算法”。为了区分重采样后的粒子和重采样前的粒子，用符号$\{\boldsymbol{x}_n^{(i)},i=1,2,\cdots,N_s\}$表示重采样前的粒子，用$\{\boldsymbol{x}_n^{(j)*},j=1,2,\cdots,N_s\}$表示重采样后的粒子。

表 4.7.2 标准重采样算法

(1) 计算累积分布：$c_k=\sum_{i=1}^{k}\tilde{w}_n^{(i)}, k=1,2,\cdots,N_s$
(2) 取初始值：$i=1$，从$[0,N_s^{-1}]$均匀分布中取一随机数，记为 u_1
(3) 重采样过程
对 $j=1$ 至 $j=N_s$（每一步 j 增 1），每一步按如下方式产生一个粒子
$u_j=u_1+\frac{j-1}{N_s}$
如果 $u_j\leqslant c_i$，跳过下一行
如果 $u_j>c_i$ 则 $i\leftarrow i+1$ 可重复直至 $u_j\leqslant c_i$
赋值新粒子：$\boldsymbol{x}_n^{(j)*}=\boldsymbol{x}_n^{(i)}, \tilde{w}_n^{(j)}=1/N_s$
算法结束，重新把重采样后粒子和权系数记为 $\boldsymbol{x}_n^{(i)}, \tilde{w}_n^{(i)}, i=1,2,\cdots,N_s$

为了理解表 4.7.2 的重采样算法，看如下一个简单例子，为了操作简单例子中只有 4 个粒子。

例 4.7.2 粒子重采样，有 4 个粒子，分别为$\{\boldsymbol{x}_n^{(i)}, i=1,\cdots,4\}$，其权分别为$\left\{\frac{1}{8},\frac{1}{8},\frac{1}{2},\frac{1}{4}\right\}$，利用表 4.7.2 的算法，首先计算出

$$c_1=\frac{1}{8},\quad c_2=\frac{1}{4},\quad c_3=\frac{3}{4},\quad c_4=1$$

从$\left[0,\frac{1}{4}\right]$均匀分布产生一随机数，设为 $u_1=1/16$，从 $j=1$ 开始执行重采样过程。

$j=1$：$u_1=1/16, u_1\leqslant c_1$，直接执行赋值，$\boldsymbol{x}_n^{(1)*}=\boldsymbol{x}_n^{(1)}, \tilde{w}_n^{(1)}=1/4$

$j=2$：$u_2=5/16, u_2>c_1, i=2, u_2>c_2$，$i$ 重复增，$i=3, u_2<c_3$，执行赋值 $\boldsymbol{x}_n^{(2)*}=\boldsymbol{x}_n^{(3)}, \tilde{w}_n^{(2)}=1/4$

$j=3$：$u_3=9/16, u_3\leqslant c_3$，直接执行赋值，$\boldsymbol{x}_n^{(3)*}=\boldsymbol{x}_n^{(3)}, \tilde{w}_n^{(3)}=1/4$

$j=4$：$u_4=13/16, u_4>c_3, i=4, u_4\leqslant c_4$，执行赋值，$\boldsymbol{x}_n^{(4)*}=\boldsymbol{x}_n^{(4)}, \tilde{w}_n^{(4)}=1/4$

算法结束，重采样后的 4 个粒子为$\{\boldsymbol{x}_n^{(1)}, \boldsymbol{x}_n^{(3)}, \boldsymbol{x}_n^{(3)}, \boldsymbol{x}_n^{(4)}\}$，权均为 1/4。

在本例中，由于 u_1 是由均匀分布产生的，若起始时随机产生的 $u_1=3/16$，读者可自行验证，重采样后的 4 个粒子是$\{\boldsymbol{x}_n^{(2)}, \boldsymbol{x}_n^{(3)}, \boldsymbol{x}_n^{(3)}, \boldsymbol{x}_n^{(4)}\}$。由于原粒子 3 的权重最大为 1/2，不管初始值如何，都被重复采样。原粒子 1 和粒子 2 的权重小，只有 1 个被重采样，另 1 个被丢弃，哪一个被保留则由初始的随机值 u_1 确定。

结合重采样技术得到的一个更实际可用的粒子滤波算法如表 4.7.3 所示。称该算法为序列重要性采样加重采样算法(SISR)。

结合了重采样的粒子滤波算法的示意图如图 4.7.3 所示。该图比较形象地刻画递推过程中粒子变化和重采样过程。如下例子说明，重采样过程可以较好地克服基本粒子滤波算法(SIS)的缺点。

表 4.7.3　标准粒子滤波算法(SISR)

初始条件	从分布 $\pi(\boldsymbol{x}_0 \mid \boldsymbol{y}_0, \boldsymbol{x}_{-1}) = p(\boldsymbol{x}_0)$ 产生 N_s 个样本 $\boldsymbol{x}_0^{(i)}$，权值为 $\tilde{w}_0^{(i)} = w_0^{(i)} = 1/N_s$
粒子更新和滤波公式	得到 $\boldsymbol{y}(1)$ 从 $n=1$ 开始 对于 $i=1,2,\cdots,N_s$，产生新样本：$\boldsymbol{x}_n^{(i)} \sim \pi(\boldsymbol{x}_n \mid \boldsymbol{y}_n, \boldsymbol{x}_{n-1}^{(i)})$ 计算新权值：$w_n^{(i)} = w_{n-1}^{(i)} \dfrac{p(\boldsymbol{y}_n \mid \boldsymbol{x}_n^{(i)}) p(\boldsymbol{x}_n^{(i)} \mid \boldsymbol{x}_{n-1}^{(i)})}{\pi(\boldsymbol{x}_n^{(i)} \mid \boldsymbol{y}_n, \boldsymbol{x}_{n-1}^{(i)})}$ 权值归一化：$\tilde{w}_n^{(i)} = \dfrac{w_n^{(i)}}{\sum_{i=1}^{N_s} w_n^{(i)}}$ 计算 $\hat{N}_{eff} = \dfrac{1}{\sum_{i=1}^{N_s} (\tilde{w}_n^{(i)})^2}$ 如果 $\hat{N}_{eff} < N_T$，则执行表 4.7.2 的重采样算法，并把重采样后粒子重新用符号 $\{\boldsymbol{x}_n^{(i)}, i=1,2,\cdots,N_s\}$ 表示并令 $\tilde{w}_n^{(i)} = N_s^{-1}$，否则跳过重采样过程 得到 $p(\boldsymbol{x}_n \mid \boldsymbol{y}_{1:n})$ 逼近式：$\hat{p}(\boldsymbol{x}_n \mid \boldsymbol{y}_{1:n}) = \sum_{i=1}^{N_s} \tilde{w}_n^{(i)} \delta(\boldsymbol{x}_n - \boldsymbol{x}_n^{(i)})$ 粒子滤波的输出(MMSE)：$\hat{\boldsymbol{x}}_{n\mid n} = \sum_{i=1}^{N_s} \tilde{w}_n^{(i)} \boldsymbol{x}_n^{(i)}$ 令 $n \leftarrow n+1$，得到新观测值 $\boldsymbol{y}(n)$ 进入下一次循环

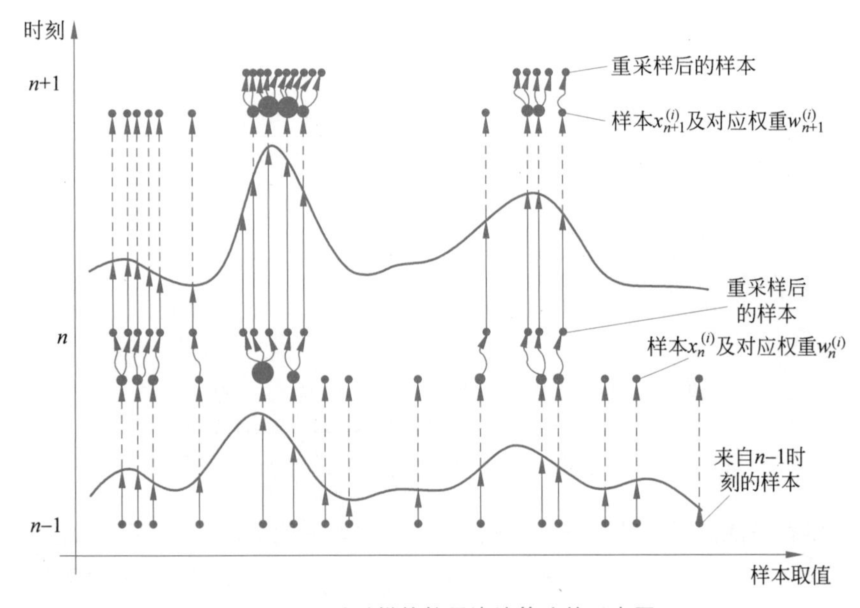

图 4.7.3　重采样的粒子滤波算法的示意图

例 4.7.3　利用重采样的粒子滤波重复例 4.7.1 的实验，情况发生了变化。图 4.7.4(a)给出了用重采样粒子滤波算法的估计结果，在几步递推之后已经与卡尔曼滤波结果基本重合。在图 4.7.4(b)中，同样给出对粒子状态的随机追踪结果，可以看到，在经过几次递推之后，大部分粒子都落入均值附近具有较大概率密度函数值的范围内。因而粒子对样本的表示效果大大地改观了。本例中,由于问题是高斯线性模型,这种情况下卡尔曼滤波是最优的,对这种情况,粒子滤波不可能得到对问题更好的解,重采样算法很好地逼近卡尔曼滤波,表示这种算法至少在高斯线性模型下是性能良好的,粒子滤波的真正优势是在非线性非高斯下凸显。

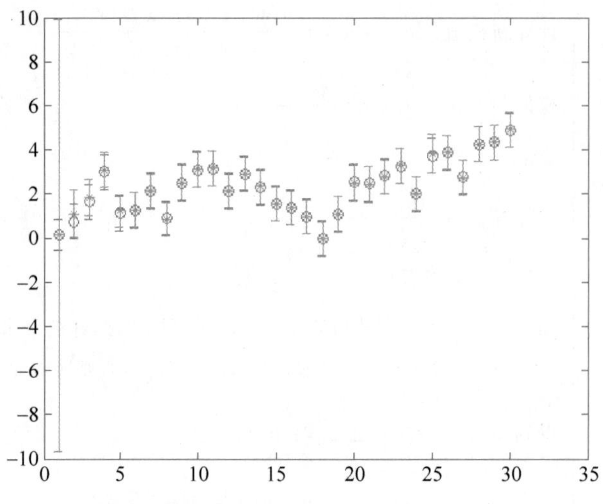

(a) 对高斯线性模型下卡尔曼滤波与重采样粒子滤波的比较

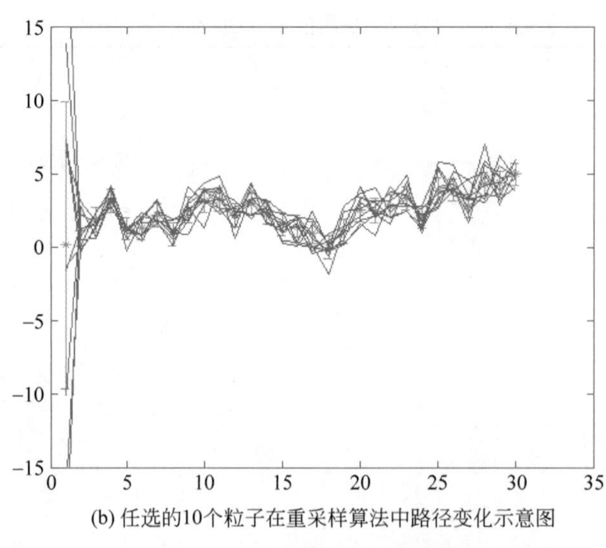

(b) 任选的10个粒子在重采样算法中路径变化示意图

图 4.7.4 重采样粒子滤波示意图

为了考察粒子滤波对非线性非高斯情况的优势,如下例子比较非线性情况。

例 4.7.4 为了显示粒子滤波在非线性动态系统条件下的优势,讨论如下模型,其状态转移方程为

$$x_n = \frac{x_{n-1}}{2} + 25\frac{x_{n-1}}{1 + x_{n-1}^2} + 8\cos(1.2n) + v_n$$

观测方程为

$$y_n = \frac{x_n^2}{20} + s_n$$

其中，$v_n \sim N(0,10)$，$s_n \sim N(0,1)$。

在这一模型下，卡尔曼滤波显然已经不再适用，分别利用扩展卡尔曼滤波和重采样粒子滤波来对状态进行估计。图 4.7.5(a)和图 4.7.5(b)中的浅色轨迹分别是利用扩展卡尔曼滤波和重采样粒子滤波进行状态估计的结果。深色虚线为真实状态，其上下的点线则划定了真实状态加上和减去 2 倍噪声标准差后的范围。可以发现，使用扩展卡尔曼滤波估计得到的状态不仅远离真实值，而且不时地落到点线划定范围之外。使用重采样粒子滤波，情形得到了很大的改观。

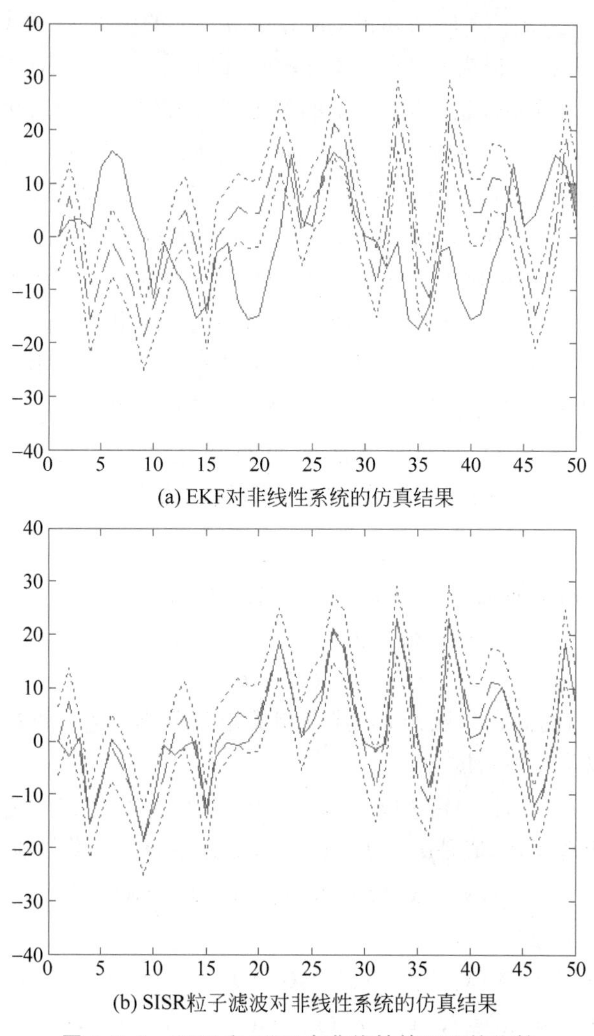

图 4.7.5　SISR 和 EKF 在非线性情况下的比较

3. 关于重要性密度选择的讨论

前面一直回避了一个基本问题，即重要性密度的选择问题。如前所示，在时刻 n，用重要性密度 $\pi(\boldsymbol{x}_n \mid \boldsymbol{y}_n, \boldsymbol{x}_{n-1}^{(i)})$，产生新的粒子集 $\boldsymbol{x}_n^{(i)}$，这一过程记为 $\boldsymbol{x}_n^{(i)} \sim \pi(\boldsymbol{x}_n \mid \boldsymbol{y}_n, \boldsymbol{x}_{n-1}^{(i)})$。怎

样选择重要性密度函数有两个基本准则，一是采样简单，例如从均匀分布和高斯分布都很容易产生样本，一些复杂分布则难以有效地产生样本；二是样本的性能，诸如粒子退化情况较弱，粒子逼近的后验 PDF 更精确等。

Doucet 等证明，从减轻粒子退化现象考虑，最优的重要性密度为

$$\pi(\boldsymbol{x}_n \mid \boldsymbol{y}_n, \boldsymbol{x}_{n-1}^{(i)}) = p(\boldsymbol{x}_n \mid \boldsymbol{y}_n, \boldsymbol{x}_{n-1}^{(i)}) \tag{4.7.26}$$

但由于在一般情况下，式(4.7.26)右侧的 PDF 难以得到，人们只能在一些简化的系统模型下导出 $p(\boldsymbol{x}_n|\boldsymbol{y}_n,\boldsymbol{x}_{n-1}^{(i)})$ 的解析表达式，关于特殊情况下 $p(\boldsymbol{x}_n|\boldsymbol{y}_n,\boldsymbol{x}_{n-1}^{(i)})$ 的推导，可参考文献[84]。一个次优但更常采用的重要性密度是取

$$\pi(\boldsymbol{x}_n \mid \boldsymbol{y}_n, \boldsymbol{x}_{n-1}^{(i)}) = p(\boldsymbol{x}_n \mid \boldsymbol{x}_{n-1}^{(i)}) \tag{4.7.27}$$

如本节开始所述，$p(\boldsymbol{x}_n|\boldsymbol{x}_{n-1})$ 是已知的，故对于 $n-1$ 的一个粒子 $\boldsymbol{x}_{n-1}^{(i)}$，可通过 $p(\boldsymbol{x}_n|\boldsymbol{x}_{n-1}^{(i)})$ 产生一个新粒子 $\boldsymbol{x}_n^{(i)}$，记为 $\boldsymbol{x}_n^{(i)} \sim p(\boldsymbol{x}_n|\boldsymbol{x}_{n-1}^{(i)})$。

在取式(4.7.27)的重要性密度时，粒子的权更新公式(4.7.21)简化为

$$w_n^{(i)} = w_{n-1}^{(i)} p(\boldsymbol{y}_n \mid \boldsymbol{x}_n^{(i)}) \tag{4.7.28}$$

采用式(4.7.27)的重要性密度构成的一个对表 4.7.3 的标准算法进行简化的一个算法是 SIR 粒子滤波(Sampling Importance Resampling，SIR)，如下简述该算法。

SIR 粒子滤波算法：SIR 粒子滤波有两个简化，其一是新粒子的产生表示为 $\boldsymbol{x}_n^{(i)} \sim p(\boldsymbol{x}_n|\boldsymbol{x}_{n-1}^{(i)})$。首先由 $\boldsymbol{v}_{n-1}^{(i)} \sim p_v(\boldsymbol{v}_{n-1})$ 产生一个噪声样本 $\boldsymbol{v}_{n-1}^{(i)}$，这里 $p_v(\boldsymbol{v}_{n-1})$ 是 $\boldsymbol{v}_{n-1}$ 的 PDF，然后由状态方程式(4.7.12)，得到新粒子为 $\boldsymbol{x}_n^{(i)} = \boldsymbol{f}_n(\boldsymbol{x}_{n-1}^{(i)}, \boldsymbol{v}_{n-1}^{(i)})$。其二是每一步都进行重采样，由于 $n-1$ 时刻进行了重采样，故 $w_{n-1}^{(i)} = N_s^{-1}$，因此 $w_n^{(i)} = p(\boldsymbol{y}_n|\boldsymbol{x}_n^{(i)})/N_s$。

读者可自行整理 SIR 粒子滤波算法的完整描述为类似表 4.7.3 的形式。如果 $p_v(\boldsymbol{v}_{n-1})$ 是高斯或均匀分布的密度函数，则实现过程大为简化。

4. 加性噪声非线性系统的粒子滤波

如果非线性系统模型简化为加性噪声非线性模型，即

$$\boldsymbol{x}_n = \boldsymbol{f}_n(\boldsymbol{x}_{n-1}) + \boldsymbol{v}_{n-1} \tag{4.7.29}$$

$$\boldsymbol{y}_n = \boldsymbol{c}_n(\boldsymbol{x}_n) + \boldsymbol{s}_n \tag{4.7.30}$$

若 $\boldsymbol{v}_n$ 和 $\boldsymbol{s}_n$ 都是零均值的高斯白噪声，且其自相关矩阵分别为 $\boldsymbol{Q}_n$ 和 $\boldsymbol{U}_n$，在这些假设下，如果按照式(4.7.27)取重要性密度，则

$$\pi(\boldsymbol{x}_n \mid \boldsymbol{y}_n, \boldsymbol{x}_{n-1}^{(i)}) = p(\boldsymbol{x}_n \mid \boldsymbol{x}_{n-1}^{(i)}) = N(\boldsymbol{x}_n \mid \boldsymbol{f}_n(\boldsymbol{x}_{n-1}^{(i)}), \boldsymbol{Q}_{n-1}) \tag{4.7.31}$$

即重要性密度是高斯密度，均值是 $\boldsymbol{\mu}_n = \boldsymbol{f}_n(\boldsymbol{x}_{n-1}^{(i)})$，协方差 $\boldsymbol{Q}_{n-1}$，类似地

$$p(\boldsymbol{y}_n \mid \boldsymbol{x}_n^{(i)}) = N(\boldsymbol{y}_n \mid \boldsymbol{c}_n(\boldsymbol{x}_n^{(i)}), \boldsymbol{U}_n) \tag{4.7.32}$$

故粒子更新的过程简单记为

$$\boldsymbol{x}_n^{(i)} \sim N(\boldsymbol{x}_n \mid \boldsymbol{f}_n(\boldsymbol{x}_{n-1}^{(i)}), \boldsymbol{Q}_{n-1}) \tag{4.7.33}$$

$$w_n^{(i)} = w_{n-1}^{(i)} N(\boldsymbol{y}_n \mid \boldsymbol{c}_n(\boldsymbol{x}_n^{(i)}), \boldsymbol{U}_n), \quad i = 1, 2, \cdots, N_s \tag{4.7.34}$$

式(4.7.33)的新粒子产生过程是从已知高斯密度函数随机产生一个样本，这已是非常简单的问题了。把加性噪声非线性系统的粒子滤波算法总结在表 4.7.4 中，这是表 4.7.3 的重采样粒子滤波的一个更具体实现算法。由于实际中式(4.7.29)和式(4.7.30)表示的加性噪声非线性模型很常用，故表 4.7.4 的算法是常用的粒子滤波实现算法，实际上，例 4.7.4 的仿真用的就是表 4.7.4 的算法。

表 4.7.4　加性噪声非线性系统粒子滤波算法

初始条件	从分布 $\pi(\boldsymbol{x}_0 \mid \boldsymbol{y}_0, \boldsymbol{x}_{-1}) = p(\boldsymbol{x}_0)$ 产生 N_s 个样本 $\boldsymbol{x}_0^{(i)}$，权值为 $\tilde{w}_0^{(i)} = w_0^{(i)} = 1/N_s$
粒子更新和滤波公式	得到 $\boldsymbol{y}(1)$ 从 $n=1$ 开始 对于 $i=1,2,\cdots,N_s$，产生新样本：$\begin{matrix} \boldsymbol{v}_n^{(i)} \sim N(\boldsymbol{v}_n \mid \boldsymbol{0}, \boldsymbol{Q}_n) \\ \boldsymbol{x}_n^{(i)} = \boldsymbol{f}_n(\boldsymbol{x}_{n-1}^{(i)}) + \boldsymbol{v}_n^{(i)} \end{matrix}$ 计算新权值：$w_n^{(i)} = w_{n-1}^{(i)} N(\boldsymbol{y}_n \mid \boldsymbol{c}_n(\boldsymbol{x}_n^{(i)}), \boldsymbol{U}_n)$ 权值归一化：$\tilde{w}_n^{(i)} = \dfrac{w_n^{(i)}}{\sum_{i=1}^{N_s} w_n^{(i)}}$ 计算 $\hat{N}_{eff} = \dfrac{1}{\sum_{i=1}^{N_s} (\tilde{w}_n^{(i)})^2}$ 如果 $\hat{N}_{eff} < N_T$，则执行表 7.4.2 的重采样算法，并把重采样后粒子重新用符号 $\{\boldsymbol{x}_n^{'(i)}, i=1,2,\cdots,N_s\}$ 表示并令 $\tilde{w}_n^{(i)} = N_s^{-1}$，否则跳过重采样过程 得到 $p(\boldsymbol{x}_n \mid \boldsymbol{y}_{1:n})$ 逼近式：$\hat{p}(\boldsymbol{x}_n \mid \boldsymbol{y}_{1:n}) = \sum_{i=1}^{N_s} \tilde{w}_n^{(i)} \delta(\boldsymbol{x}_n - \boldsymbol{x}_n^{(i)})$ 粒子滤波的输出(MMSE)：$\hat{\boldsymbol{x}}_{n\mid n} = \sum_{i=1}^{N_s} \tilde{w}_n^{(i)} \boldsymbol{x}_n^{(i)}$ 令 $n \leftarrow n+1$，得到新观测值 $\boldsymbol{y}(n)$ 进入下一次循环

本节注释 1：粒子滤波算法已经成功应用于诸多场合，有效地解决了不少复杂动态模型下的跟踪和推断问题。然而，这并不意味着其已经成为统计推断和信号处理领域的灵丹妙药。不难想象，如果粒子数目很多，那么重采样过程会是一个非常耗时的过程。但是，显然必须有足够多的粒子来保证采样表达的近似精度，维持较小的估计方差。尤其是当状态空间的维数很高时，粒子数不足将会导致算法的失败。遗憾的是，究竟如何选择粒子的数目并无统一的法则，而依赖于经验和具体的需要。

特别需要注意的是，粒子滤波算法本质上是一种状态搜索算法。我们估计得到一系列状态，然后将这些状态与我们得到的观测进行比较，判断哪一些状态是最有可能生成当前观测的状态，然后保留它们或者给它们以较大权重；其他的状态则被削弱或抛弃。但是请注意，如果似然函数有若干窄的峰，那么粒子们将有可能聚集到其中的某些峰处，对其他的峰则视而不见。这就是说，粒子滤波不能保证对任意复杂形状的概率分布都实现准确的描述和跟踪，尤其当状态空间维数较高时，这一缺陷会更加突出。

因此，常常需要根据具体问题的模型对粒子滤波器进行手动的初始化，以减小上述风险。同时还需要有效的机制判断跟踪器是否仍在正常工作，对失去跟踪进行及时纠正。

本节注释 2：详细介绍粒子滤波的各种成功应用场合将使本节变得十分庞杂。不过，了解其在不同场合的各种别名却有助于文献的阅读。"粒子滤波"这个基本称呼是统计学学者和信号处理学者使用的，统计学者是这一方法的创始人，当然在有的时候也被以"序贯重要性采样"(SIS)称呼，以突出重要性加权的作用和地位。在人工智能领域，这一方法也被称为

"适者生存"(survival of the fittest)[139]。计算机视觉是迄今为止粒子滤波最为活跃的应用场合，研究计算机视觉的人喜欢把粒子滤波称为所谓 Condensation 算法[129]，一篇普及式的论述粒子滤波在计算机视觉中应用的文章可见文献[93]。近年来，粒子滤波逐渐引起信号处理和通信领域的重视。例如，在序贯重要性采样框架下的粒子滤波及其几类变种在文献[8]中进行了详尽仔细的讨论。Djuric 等的综述[78]则逐一将包括盲均衡、多用户检测、衰落信道中的空时码估计和检测等诸多问题建模为粒子滤波问题，显示出粒子滤波方法在这些领域的潜力。粒子滤波最广泛的应用之一是各种跟踪问题，包括在计算机视觉、雷达和声呐、传感器网络等领域中的各类目标跟踪问题[79]。

4.8 本章小结和进一步阅读

对于线性系统的状态估计问题可以归类为卡尔曼滤波，当系统噪声满足高斯密度函数时，这类问题的解是最优的。卡尔曼滤波是解决许多实际问题的有效工具，因其重要性得到深入的研究，有各种变化形式，除标准卡尔曼滤波外，还有信息形式卡尔曼滤波。针对数值稳定性问题有 QR 卡尔曼滤波器，对于非时变系统和噪声可以得到实现更加简单的稳态卡尔曼滤波。有一些从经典的到最新出版的卡尔曼滤波的专门著作，对这一领域进行了全面的讨论。一本经典的介绍卡尔曼滤波的著作是 Anderson 等的著作(Anderson,1979)[6]；另一本全面讨论卡尔曼滤波的著作是 Grewal 的(Grewal,1993,2008)[110,111]，其 2008 年的新版本增加了实现卡尔曼滤波的 MATLAB 例程，可以方便地使用这些例程设计自己的仿真实验，这是一种很好的入门方式；比较新的著作包括 Gibbs 的著作[107]和 Simon 的著作[229]。一些关于系统理论和估计理论的著作，也以较大的篇幅详细地讨论了卡尔曼滤波问题，例如 Kailath 的著作[135]和 Mendel 的著作[174]；一些现代滤波技术的书也给出了卡尔曼滤波的介绍，例如 Haykin 的著作[117]。

在系统方程是非线性的，或(和)噪声是非高斯的情况下，卡尔曼滤波不能保持最优。解决非线性系统状态估计问题有两类基本思路，一是扩展卡尔曼滤波的思想到非线性问题，二是重新寻求新的滤波思想。对卡尔曼滤波的最直接扩展是 EKF，它通过泰勒级数展开只取线性项对非线性方程进行近似，然后直接使用卡尔曼滤波方程，在轻度非线性的情况下，EKF 可以获得满意的结果，但随着非线性程度的加强，EKF 性能不再满足要求；另一种更有效的扩展卡尔曼滤波的技术是 UKF，它通过精心得到的一组采样点有效估计和更新协方差矩阵，得到比 EKF 明显好的性能。UKF 的详细讨论可参考 Julier 的论文[134]和 Wan 的文章[264]。

从一般意义上实现非线性非高斯滤波的框架是贝叶斯滤波，本质上是一种递推求解状态向量的后验 PDF 的方法。当问题简化到线性和高斯性的情况下，贝叶斯滤波有闭式的解，这就是卡尔曼滤波，从这个意义上卡尔曼滤波是贝叶斯滤波的一种特例。当对于一般非线性非高斯性的情况下，贝叶斯滤波没有准确的解，可以采用一些逼近的方式实现贝叶斯滤波，这些逼近的贝叶斯滤波方法中最重要的一种是基于序列蒙特卡洛方法的粒子滤波，其核心思想是用一组样本和其权值(称为粒子)逼近状态向量的后验 PDF，为了保持粒子的有效性需要采用重采样技术。一篇从信号处理角度全面综述粒子滤波的文章是 Arulampalam 的综述论文[8]，Doucet 编辑的论文集式的著作[84]给出了早期粒子滤波的较全面论述，参考文献[79][93][148]则给出了粒子滤波的一些改进方法和应用，Ristic 的书则给出了粒子滤波及其在跟踪中应用的一个详细讨论[215]。

习题

1. 与 4.1 节表 4.1.1 的卡尔曼滤波器对应，证明如下的标量卡尔曼 1 步预测算法的各递推公式如下表所示。

初始条件	$\hat{x}(1\|0),K(1\|0)$
递推算法	$\alpha(n)=y(n)-c\hat{x}(n\|n-1)$ $\sigma_{\alpha}^{2}(n)=K(n\|n-1)+\sigma_{w}^{2}(n)$ $g_{n}(n)=\dfrac{a_{1}K(n\|n-1)}{K(n\|n-1)+\sigma_{w}^{2}}$ $\hat{x}(n+1\|n)=a_{1}\hat{x}(n\|n-1)+g_{n}(n)\alpha(n)$ $K(n+1\|n)=K(n\|n-1)\left(1-\dfrac{K(n\|n-1)}{K(n\|n-1)+\sigma_{w}^{2}}\right)a_{1}^{2}+\sigma_{v}^{2}(n)$ $n\leftarrow n+1$ 循环

2. 设一个系统，其状态方程为 $x(n+1)=x(n)+v(n)$，测量方程 $y(n)=x(n)+w(n)$，且 $v(n)\sim N(0,1)$ 和 $w(n)\sim N(0,1)$，$v(n)$ 和 $w(n)$ 不相关。

(1) 设初始条件为 $x(0)=0$，已知测量序列 $y(1)=-0.1,y(2)=0.05,y(3)=-0.2$，利用卡尔曼滤波手动计算前 3 次循环的结果。

(2) $n\to\infty$ 时，计算 $K(n|n-1)|_{n\to\infty}$ 和卡尔曼增益 $G_{f}(\infty)$。

3. 已知一个信号满足 AR(2) 模型，差分方程为 $x(n)=\frac{1}{4}x(n-1)+\frac{3}{8}x(n-2)+v(n)$，设无法直接测量到 $x(n)$，而是测量到 $y(n)=x(n)+w(n)$，且 $v(n)\sim N(0,1)$ 和 $w(n)\sim N(0,4)$，$v(n)$ 和 $w(n)$ 不相关。

(1) 写出相应状态方程和测量方程的矩阵形式。

(2) 设 $x(0)=x(-1)=0,y(1)=-0.6,y(2)=0.5$，手动完成卡尔曼滤波的前两次递推。

4. 证明 $\boldsymbol{K}(n)$ 有如下关系式：

$$\boldsymbol{K}^{-1}(n)=\boldsymbol{K}^{-1}(n\mid n-1)+\boldsymbol{C}^{\mathrm{H}}(n)\boldsymbol{Q}_{2}(n)\boldsymbol{C}(n)$$

5. 证明卡尔曼增益的另一种形式

$$\boldsymbol{G}_{f}(n)=\boldsymbol{K}(n)\boldsymbol{C}^{\mathrm{H}}(n)\boldsymbol{Q}_{2}^{-1}(n)$$

*6. 设有一个随机信号 $x(n)$ 服从 AR(4) 过程，它是一个宽带过程，参数如下：

参数名称	$a(1)$	$a(2)$	$a(3)$	$a(4)$	σ_{v}^{2}
信号源参数	−1.352	1.338	−0.662	0.240	1

我们通过观测方程 $y(n)=x(n)+v(n)$ 来测量该信号，$v(n)$ 是方差为 1.2 的高斯白噪声，要求分别利用维纳滤波器和卡尔曼滤波器通过测量信号估计 $x(n)$ 的波形，用 MATLAB 对此问题进行仿真，写出仿真报告。将 $v(n)$ 的方差分别改为 0.5、4 和 9，重做此题并比较分析结果（自行选择维纳滤波器的阶数，自行选择仿真内容，撰写仿真报告）。

*7. 在例 4.2.2 的运动模型中，给出如下假设：

$$\sigma_a^2=36,\quad \sigma_w^2=100,\quad T=0.1$$

由此可以建立卡尔曼滤波模型。进行如下仿真，设初始时刻运动目标的真实位置和速度为 $x(0)=800\text{m}$，$v(0)=-49\text{m/s}$，假设卡尔曼滤波使用的初始状态值为

$$[\hat{x}(0\mid 0)\quad \hat{v}(0\mid 0)]^{\mathrm{T}}=[900\quad -95]^{\mathrm{T}}$$

$$\boldsymbol{K}(0)=\operatorname{diag}(1000,1000)$$

对该问题给出仿真，并写出仿真报告。

第二篇

信号统计处理方法

本篇包括4章：前两章主要建立在信号的2阶统计基础上的方法，包括自适应滤波和功率谱估计；后两章介绍了超出信号的2阶统计的特征及其应用，包括高阶统计、循环统计、熵特征等，作为超出2阶统计的典型应用专题，介绍了独立分量分析。

- 第5章　自适应滤波器；
- 第6章　功率谱估计；
- 第7章　超出2阶平稳统计的信号特征；
- 第8章　信号处理的隐变量分析。

第5章

自适应滤波器

我们知道，从均方误差最小的意义上维纳（Wiener）滤波器是最优的线性滤波器，但是维纳滤波器需要输入信号的自相关矩阵及输入信号与期望响应之间的互相关向量，这些先验信息在实际系统设计时一般是不知道的，通过一段长时间记录的数据对这些特征量进行精确的估计，在许多应用中是不现实的，即使可以先估计这些相关函数的值，再设计维纳滤波器，但当环境发生变化时，设计对应用也不再适用。

一种更实际的滤波器是具有学习功能的，让期望响应作为“导师”，输入信号通过滤波器的输出对期望响应进行估计，逐渐更新（递推）滤波器系数，使得滤波器系数逐渐逼近最优滤波器，也就是使滤波器输出对期望响应的估计误差逐渐接近最小，这样的滤波器就是自适应滤波器。简单说，自适应滤波器就是通过对环境进行学习，逐渐达到或逼近最优滤波器。由于自适应滤波器在学习过程中有“教师”（期望响应）存在，它是一种有监督学习过程。

正因为自适应滤波器具有学习的能力，当滤波器的应用环境发生缓慢变化时，也就是相当于自适应滤波器应用于非平稳环境，但环境的非平稳变化比自适应滤波器的学习速度更缓慢时，自适应滤波器能够自适应地跟踪这种非平稳变化，这一点是维纳滤波器做不到的。

本章主要讨论广泛应用的几种线性自适应滤波器的设计原理和收敛性能。以线性自适应滤波器为主要讨论对象，基于如下几个原因。

(1) 大量的线性自适应滤波器能满足各类应用，且实现简单。

(2) 许多非线性（如多项式、高阶量等）自适应滤波器是以线性自适应滤波器为核心。

(3) 一大类人工神经网络（BP 算法）是线性自适应滤波器——LMS 算法的推广。

将会看到，所谓的线性自适应滤波器，从系统输入输出的关系看，都不再是线性系统，因为系统输入用于调节滤波器系数，滤波器系数变化也影响系统输出，因此，实际上自适应滤波器都是非线性时变系统，所谓的线性自适应滤波器是指构成系统处理模块的各运算单元是线性运算。当构成自适应滤波器的运算单元是非线性运算时，称为非线性自适应滤波器。本章也讨论几个典型非线性自适应滤波器，其中之一是利用非线性映射函数构成的自适应滤波器，其利用非线性映射函数直接将线性自适应滤波推广为非线性；第二类是盲自适应滤波，当期望响应缺席时，构成盲自适应滤波器，本章最后概要介绍盲自适应滤波器的一个特例：盲均衡，将会看到，为了构成盲均衡算法，同样需要非线性运算。

5.1 自适应滤波的分类和应用

自适应滤波有几种典型结构和几类典型应用。本章的核心内容主要是讨论以下三种典型的线性自适应滤波器原理。

1. 梯度下降算法

假设目标函数为 $J(n)=E[|e(n)|^2]$,为使之最小求对 $\boldsymbol{w}(n)$的梯度,构成对 $\boldsymbol{w}(n)$的迭代算法,由于采用汇集平均 $E[\cdot]$,使得梯度中有自相关矩阵和互相关向量 $\boldsymbol{R}_x$、$\boldsymbol{r}_{xd}$ 等统计量并存在于迭代公式中,实际中难以实现。它实际只是求维纳滤波器系数的一种迭代算法而不是真正的自适应滤波算法。

2. LMS 算法

假设目标函数为 $J(n)=|e(n)|^2$,为使之最小求对 $\boldsymbol{w}(n)$的梯度,由于瞬间操作,梯度随机性很大,构造的对 $\boldsymbol{w}(n)$的迭代算法收敛慢,有相对“较大”的多余误差 $J_{ex}(\infty)$存在。但算法简单,在能够满足实际需求时,采用该算法具有最简单的实现成本。

3. RLS 算法

设 $J(n)=\sum_{i=i_1}^{i_2}|e(n)|^2$,是以上两者的折中,比 LMS 有更好的性能,但运算复杂性比 LMS算法明显增加。目前已有各种快速 LS 算法,使运算复杂性大大降低,快速 LS 算法已经成为高性能自适应滤波器的主要算法。

本章 5.2 节～5.4 节集中讨论以上三种基本自适应滤波算法原理。自适应滤波器的基本结构示于图 5.1.1。其中图 5.1.1(a)表示一个自适应滤波器的组成结构,图 5.1.1(b)是完整自适应滤波器的表示图。

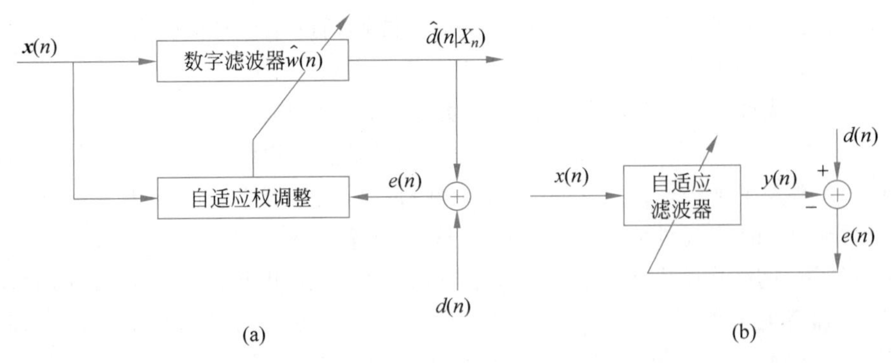

图 5.1.1 线性自适应滤波器的一般结构框图

以建立在 FIR 结构上的自适应滤波器为例,说明自适应滤波的工作原理。自适应滤波器主要由两部分构成,其主要执行部件是一个 FIR 滤波器,也常称为横向滤波器,它完成实质的工作:“滤波”,FIR 滤波器的权系数是可以随时调整的,构成自适应滤波器的第二部分就是滤波器的权调整算法,也称为学习算法。在开始时,可以给 FIR 滤波器赋予任意的初始权系数,在每个时刻,用当前权系数对输入信号进行滤波运算,产生输出信号,输出信号与期望响应的差定义为误差信号，由误差信号和输入信号向量一起构造一个校正量，自适应地调整权向量 $\hat{w}(n)$，使误差信号趋于降低的趋势，使滤波器逐渐达到或接近最优。

在自适应滤波器设计中，期望响应 $d(n)$是一个很关键的量，它被称之为"教师"，是构成学习算法的核心量，因为学习的目的是使滤波器输出逐渐更加逼近 $d(n)$，它是不可以缺少的一个量。在一些应用中，$d(n)$的选择是很显然的，而在另一些应用中，如何选取 $d(n)$，是一个很需要技巧的问题。

自适应滤波器有非常广泛的应用，主要可以归类为图 5.1.2 的 4 类应用。图 5.1.2(a)表示线性预测应用，将信号延迟后送到滤波器的输入，用于预测信号的当前值，这是第 3 章讨论的线性预测的自适应实现，初始时给出任意的预测系数(对应于 FIR 滤波器的系数)，随着自适应滤波过程的进行，逐渐逼近最优预测系数。图 5.1.2(b)对应系统辨识的应用，通过自适应滤波器逼近一个待模型化或参数未知的系统。图 5.1.2(c)是用自适应滤波实现逆系统的结构框图，自适应滤波器将逼近图中系统的逆系统，通过这个过程或得到系统的一个近似的逆系统，或得到系统输入信号的比较逼真的恢复，这类应用可统称为解卷积，其

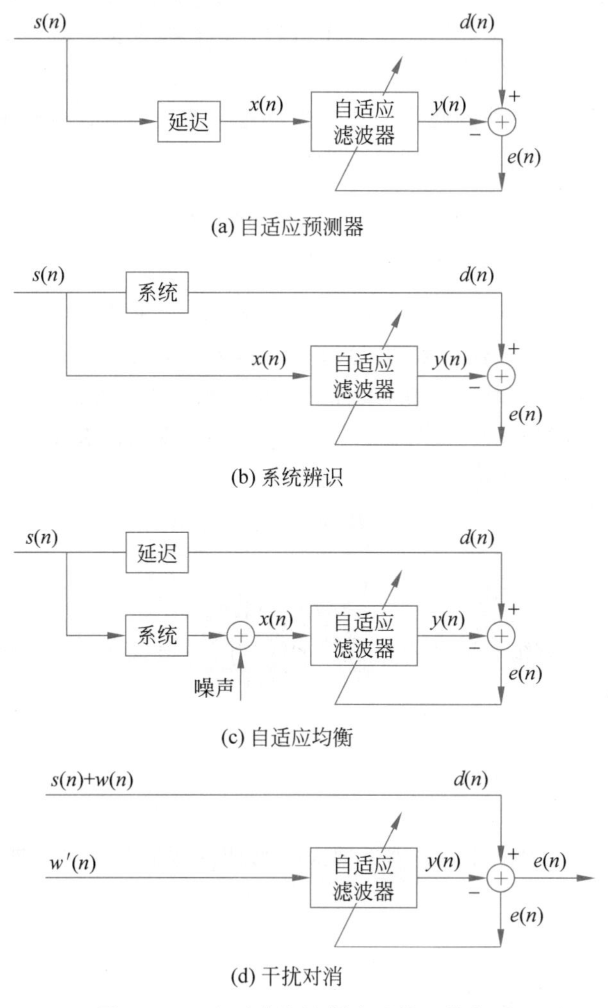

图 5.1.2 自适应滤波器应用的几种类型

中通信系统的自适应均衡器是一个典型的例子,通过自适应均衡器抑止通信系统传输过程中对传输信号的各种畸变和干扰。图 5.1.2(d)是消除噪声干扰的应用,信号 $s(n)$被加性噪声 $w(n)$所污染,但一个与 $w(n)$相关的噪声信号副本 $w'(n)$可以利用,以 $w'(n)$为输入信号的自适应滤波器产生一个对 $w(n)$非常近似的逼近,用于抵消混入信号中的噪声。

这里给出了对自适应滤波应用的一个简单说明,在讨论了自适应滤波算法后,再对相关的应用做更详细的讨论。

在自适应滤波器应用中,通过迭代或者说通过学习算法,使滤波器系数逐渐趋近最优滤波器系数。在不同应用中,学习过程有不同的作用和持续期。在有的应用中,只有开始的部分时间,期望响应和学习算法起作用,通过调整算法使滤波器系数接近最优,然后,期望响应将缺席,此后或学习算法中止,自适应滤波器退化为一个普通的滤波器,或由已达到良好性能的系统本身产生一个替代的期望响应。例如,在通信的自适应均衡器的应用中,只有在通话双方接通的初始阶段,通过一个双方约定的训练序列,使自适应均衡器达到好的性能,当训练阶段结束,或学习算法停止工作,自适应均衡器就变成一个普通的滤波器,或通过一个检测器产生一个替代的期望响应。在一个缓慢的非平稳环境下的最优预测的应用中,学习算法始终在工作,以跟踪序列的非平稳性,总能够得到好的预测滤波器系数。

如下复习第 3 章最优滤波的几个公式作为自适应滤波器设计的预备知识。对一个在给定时刻的滤波器系数 $\boldsymbol{w}(n)$,滤波器的输出为

$$y(n)=\hat{d}(n \mid X_n)=\boldsymbol{w}^{\mathrm{H}}(n)\boldsymbol{x}(n) \tag{5.1.1}$$

滤波器对期望响应的估计误差为

$$e(n)=d(n)-\hat{d}(n \mid X_n)=d(n)-\boldsymbol{w}^{\mathrm{H}}(n)\boldsymbol{x}(n) \tag{5.1.2}$$

注意到,由于自适应滤波器的权系数随时可以调整,因此,本章用带时间变量的滤波器权系数。对于任意权向量 $\boldsymbol{w}(n)$,均方误差(或称为开销函数)$J(n)$为

$$J(n)=\sigma_d^2-\boldsymbol{w}^{\mathrm{H}}(n)\boldsymbol{r}_{xd}-\boldsymbol{r}_{xd}^{\mathrm{H}}\boldsymbol{w}(n)+\boldsymbol{w}^{\mathrm{H}}(n)\boldsymbol{R}_x\boldsymbol{w}(n) \tag{5.1.3}$$

当滤波器达到最优时 $\boldsymbol{w}(n)=\boldsymbol{w}_{\mathrm{o}}$,满足

$$\boldsymbol{R}_x\boldsymbol{w}_{\mathrm{o}}=\boldsymbol{r}_{xd} \tag{5.1.4}$$

和

$$J_{\min}=\sigma_d^2-\boldsymbol{r}_{xd}^{\mathrm{H}}\boldsymbol{w}_{\mathrm{o}} \tag{5.1.5}$$

自适应滤波器就是从任意给定的初始权系数 $\boldsymbol{w}(0)$开始,通过学习过程逐渐达到或逼近最优滤波器,即 $\boldsymbol{w}(n)\to\boldsymbol{w}_{\mathrm{o}}$。

5.2 梯度下降算法

对于一个滤波器,希望设计滤波器系数 $\boldsymbol{w}(n)$,使滤波器输出是对期望响应 $d(n)$的最优估计,因为估计误差为

$$e(n)=d(n)-\hat{d}(n \mid X_n)=d(n)-\boldsymbol{w}^{\mathrm{H}}(n)\boldsymbol{x}(n)$$

设计滤波器系数,使估计误差的均方值

$$J(n)=E[\mid e(n)\mid^2]$$

最小。这是维纳滤波器的问题,这里换一个解决问题的思路,用迭代算法解最优滤波器系数。设在初始时给出滤波器系数的一个任意初始值 $\boldsymbol{w}(0)$,通过迭代的方法逐步趋近最优滤波器系数。这个问题的解可采用传统的最优化算法,最常用的一个迭代最优算法是梯度下降算法,也称为最陡下降算法,通过下式计算权更新:

$$\boldsymbol{w}(n+1)=\boldsymbol{w}(n)+\frac{1}{2}\mu[-\nabla J(n)] \tag{5.2.1}$$

式(5.2.1)中,μ 是迭代步长参数,由开销函数式(5.1.3)对滤波器权向量的求梯度,得

$$\nabla J(n)=\frac{\partial J(n)}{\partial \boldsymbol{w}^{*}(n)}=-2\boldsymbol{r}_{xd}+2\boldsymbol{R}_{x}\boldsymbol{w}(n) \tag{5.2.2}$$

将式(5.2.2)代入式(5.2.1),得到

$$\boldsymbol{w}(n+1)=\boldsymbol{w}(n)+\mu[\boldsymbol{r}_{xd}-\boldsymbol{R}_{x}\boldsymbol{w}(n)] \tag{5.2.3}$$

注意到,式(5.2.3)可以写成 $\boldsymbol{w}(n+1)=\boldsymbol{w}(n)+\delta\boldsymbol{w}(n)$,在每一个新时刻,新的滤波器权系数是在上一个时刻权系数基础上进行调整,调整量为

$$\delta\boldsymbol{w}(n)=\mu[\boldsymbol{r}_{xd}-\boldsymbol{R}_{x}\boldsymbol{w}(n)]=\mu E[\boldsymbol{x}(n)e^{*}(n)] \tag{5.2.4}$$

式(5.2.3)就是在每一步的权调整算法,或者称为学习算法,通过这个算法调整权系数,最终收敛到最优滤波器系数。式(5.2.3)的迭代算法的关键是在什么条件下该算法是收敛的。收敛的要求是对于给出的任意初始值,经过多次迭代,滤波器权系数向量逐渐趋于一个固定的向量,理想的情况下,这个固定向量就是最优滤波器系数 $\boldsymbol{w}_{\mathrm{o}}$。收敛分析的最重要的结果是:获得保证收敛的迭代步长 μ 的取值范围。

1. 梯度下降算法的收敛性分析

为便于分析,设中间变量 $\boldsymbol{c}(n)=\boldsymbol{w}(n)-\boldsymbol{w}_{\mathrm{o}}$,将式(5.2.3)两侧减 $\boldsymbol{w}_{\mathrm{o}}$,并代入 $\boldsymbol{r}_{xd}=\boldsymbol{R}_{x}\boldsymbol{w}_{\mathrm{o}}$,得

$$\boldsymbol{w}(n+1)-\boldsymbol{w}_{\mathrm{o}}=\boldsymbol{w}(n)-\boldsymbol{w}_{\mathrm{o}}+\mu[\boldsymbol{R}_{x}\boldsymbol{w}_{\mathrm{o}}-\boldsymbol{R}_{x}\boldsymbol{w}(n)]$$

代入中间变量 $\boldsymbol{c}(n)$,有

$$\boldsymbol{c}(n+1)=(\boldsymbol{I}-\mu\boldsymbol{R}_{x})\boldsymbol{c}(n) \tag{5.2.5}$$

利用自相关矩阵的分解性质 $\boldsymbol{R}_{x}=\boldsymbol{Q}\boldsymbol{\Lambda}\boldsymbol{Q}^{\mathrm{H}}$,并代入式(5.2.5),得

$$\boldsymbol{c}(n+1)=(\boldsymbol{I}-\mu\boldsymbol{Q}\boldsymbol{\Lambda}\boldsymbol{Q}^{\mathrm{H}})\boldsymbol{c}(n) \tag{5.2.6}$$

上式两边左乘 $\boldsymbol{Q}^{\mathrm{H}}$,并注意 $\boldsymbol{Q}^{\mathrm{H}}=\boldsymbol{Q}^{-1}$,得到

$$\boldsymbol{Q}^{\mathrm{H}}\boldsymbol{c}(n+1)=(\boldsymbol{I}-\mu\boldsymbol{\Lambda})\boldsymbol{Q}^{\mathrm{H}}\boldsymbol{c}(n) \tag{5.2.7}$$

设另一个中间变量

$$\boldsymbol{v}(n)=\boldsymbol{Q}^{\mathrm{H}}\boldsymbol{c}(n)=\boldsymbol{Q}^{\mathrm{H}}[\boldsymbol{w}(n)-\boldsymbol{w}_{\mathrm{o}}] \tag{5.2.8}$$

利用中间变量 $\boldsymbol{v}(n)$,式(5.2.7)变为

$$\boldsymbol{v}(n+1)=(\boldsymbol{I}-\mu\boldsymbol{\Lambda})\boldsymbol{v}(n)$$

这是一个解耦的向量关系式,从 $\boldsymbol{v}(0)$ 开始递推,得到

$$\boldsymbol{v}(n)=(\boldsymbol{I}-\mu\boldsymbol{\Lambda})^{n}\boldsymbol{v}(0) \tag{5.2.9}$$

由矩阵解耦性质,得每个分量的表达式

$$v_{k}(n)=(1-\mu\lambda_{k})^{n}v_{k}(0) \tag{5.2.10}$$

由式(5.2.8)可以看到,当 $\boldsymbol{w}(n)\to\boldsymbol{w}_{\mathrm{o}}$ 时,$\boldsymbol{v}(n)$ 收敛到零,因此只需要找到使 $\boldsymbol{v}(n)$ 收敛到零的条件,它就相当于 $\boldsymbol{w}(n)\to\boldsymbol{w}_{\mathrm{o}}$。由式(5.2.10)发现,$\boldsymbol{v}(n)$ 各分量收敛的条件为对所有 k,

$$|1-\mu\lambda_{k}|<1$$

相当于

$$0<\mu<\frac{2}{\lambda_k} \tag{5.2.11}$$

为了保证对所有 k,μ 均满足式(5.2.11),得到收敛条件为

$$0<\mu<\frac{2}{\lambda_{\max}} \tag{5.2.12}$$

由式(5.2.8)得

$$\boldsymbol{w}(n)=\boldsymbol{w}_{\mathrm{o}}+\boldsymbol{Q}\boldsymbol{v}(n) \tag{5.2.13}$$

代入 $v_k(n)$的表达式,得权系数各分量为

$$w_i(n)=w_{oi}+\sum_{k=1}^{M}q_{ki}v_k(0)(1-\mu\lambda_k)^n,\quad i=1,2,\cdots,M \tag{5.2.14}$$

这里,q_{ki} 是自相关矩阵$\boldsymbol{R}_x$ 第 k 个特征向量 $\boldsymbol{q}_k$ 的第 i 个元素。

2. 收敛性的讨论

式(5.2.14)的每一项都是一个指数衰减的形式,对于每一个指数衰减项,可以定义一个时间常数 τ_k,用 $c\mathrm{e}^{-\frac{\tau}{\tau_k}}$ 的包络描述该指数项的衰减情况,时间常数 τ_k 越大,衰减越慢,为得到一个指数项的时间常数,令式(5.2.14)的第 k 个指数项的时间标号取 1,得

$$c\mathrm{e}^{-\frac{\tau}{\tau_k}}\Big|_{\tau=1}=c(1-\mu\lambda_k)$$

得时间常数为

$$\tau_k=\frac{1}{\ln(1-\mu\lambda_k)} \tag{5.2.15}$$

当步长 μ 取很小时,时间常数近似为

$$\tau_k\approx\frac{1}{\mu\lambda_k} \tag{5.2.16}$$

由于式(5.2.14)是 M 个指数项的和,总的时间常数应该是最大时间常数和最小时间常数之间的折中值,为了充分留有余地,我们采用最大时间常数来刻画算法的收敛时间,记

$$\tau_{\max}\approx\frac{1}{\mu\lambda_{\min}} \tag{5.2.17}$$

由收敛条件,取

$$\mu=\alpha\frac{2}{\lambda_{\max}},\quad 0<\alpha<1 \tag{5.2.18}$$

将式(5.2.18)代入式(5.2.17),得到最大时间常数为

$$\tau_{\max}\approx\frac{1}{2\alpha}\frac{\lambda_{\max}}{\lambda_{\min}} \tag{5.2.19}$$

由式(5.2.19)可见,当输入信号的自相关矩阵的特征值分布很分散时,最大特征值和最小特征值相差很大,算法的收敛速度很慢,反之,当输入信号的自相关矩阵的特征值比较紧凑时,收敛速度较快。

例 5.2.1 设 $M=2$ 的自相关矩阵为

$$\boldsymbol{R}_x=\sigma_x^2\begin{bmatrix}1 & \rho\\ \rho & 1\end{bmatrix}$$

这里,$0\leqslant\rho<1$,该矩阵的特征值为 $\lambda_1=\lambda_{\max}=\sigma_x^2(1+\rho)$,$\lambda_2=\lambda_{\min}=\sigma_x^2(1-\rho)$则时间常数

$$\tau_{\max} \approx \frac{1}{2\alpha}\frac{\lambda_{\max}}{\lambda_{\min}} = \frac{1}{2\alpha}\frac{1+\rho}{1-\rho}$$

讨论两种情况。

情况 1：$\rho=0, \tau_{\max} \approx \frac{1}{2\alpha}$

情况 2：$\rho=0.99, \tau_{\max} \approx \frac{1}{2\alpha}\frac{1.99}{0.01} \approx 200 \times \frac{1}{2\alpha}$

显然，情况 1 时，信号的自相关矩阵为对角矩阵，说明信号相邻值是不相关的，即 $r_x(1)=0$，每一个信号值携带了最大的信息量(回忆卡尔曼滤波情况，在这种情况下新息序列就是信号序列自身)。情况 2 正相反，$r_x(1)$非常接近 $r_x(0)$，说明相邻信号取值相关性很强，从前一个取值预测后一个取值是相当准确的，预测误差很小，即每个新的信号取值所携带的信息量非常少。也就是说每个信号取值都携带较大信息量时，迭代算法收敛快，反之收敛慢，这与我们的直观感觉一致。这个讨论可推广到更高维。

将权系数表达式代入 $J(n)$的表达式(5.1.3)，容易验证均方误差的变化规律为

$$J(n) = J_{\min} + \sum_{k=1}^{M}\lambda_k \mid v_k(n) \mid^2 = J_{\min} + \sum_{k=1}^{M}\lambda_k(1-\mu\lambda_k)^{2n} \mid v_k(0) \mid^2 \tag{5.2.20}$$

若满足收敛条件式(5.2.12)，则 $J(n) \to J_{\min}$。同时观察到，均方误差的每一项的时间常数是相应权系数时间常数的一半，因此，输入信号自相关矩阵特征值的分布对均方误差衰减速度的影响同权系数是一致的。

由于梯度下降算法的迭代公式中存在 $\boldsymbol{R}_x$、$\boldsymbol{r}_{xd}$，因此该算法还不是真正意义的自适应滤波算法，但是讨论梯度下降算法是有意义的，5.3 节会看到，由梯度下降算法可以很直观地导出一类自适应滤波算法：LMS 算法，另外梯度下降算法中关于算法收敛的简洁和准确的结果，对讨论更复杂算法的收敛性有参考意义。

5.3 LMS 自适应滤波算法

LMS(Least Mean Square)算法是 20 世纪 60 年代由 Widrow 和 Hoff 提出的一类自适应滤波方法，在实际中得到广泛应用。该算法结构简单，可收敛，满足许多实际应用的需求，但也存在收敛速度慢、有额外误差等缺点。

5.3.1 LMS 算法

梯度下降算法尽管可以收敛到最优滤波器，但其迭代过程需要先验的自相关矩阵和互相关向量，这在实际中是难以实现的，为了构造真正的自适应算法，需要对梯度下降算法的梯度式(5.2.2)进行估计。由梯度表达式

$$\nabla J(n) = -2\boldsymbol{r}_{xd} + 2\boldsymbol{R}_x\boldsymbol{w}(n) \tag{5.3.1}$$

需由输入信号向量和期望响应值实时地估计 $\boldsymbol{R}_x$、$\boldsymbol{r}_{xd}$，一种最简单的估计方法是令

$$\hat{\boldsymbol{R}}_x(n) = \boldsymbol{x}(n)\boldsymbol{x}^{\mathrm{H}}(n) \tag{5.3.2}$$

和

$$\hat{\boldsymbol{r}}_{xd}(n) = \boldsymbol{x}(n)d^*(n) \tag{5.3.3}$$

将式(5.3.2)和式(5.3.3)代入式(5.3.1),得到梯度的估计值为

$$\begin{aligned}\hat{\nabla} J(n) &= -2\boldsymbol{x}(n)d^*(n) + 2\boldsymbol{x}(n)\boldsymbol{x}^{\mathrm{H}}(n)\hat{\boldsymbol{w}}(n) \\ &= -2\boldsymbol{x}(n)(d^*(n) - \boldsymbol{x}^{\mathrm{H}}(n)\hat{\boldsymbol{w}}(n)) = -2\boldsymbol{x}(n)e^*(n)\end{aligned} \tag{5.3.4}$$

式(5.3.4)代入梯度下降迭代公式(5.2.3),得

$$\hat{\boldsymbol{w}}(n+1) = \hat{\boldsymbol{w}}(n) + \mu\boldsymbol{x}(n)e^*(n) \tag{5.3.5}$$

这就是 LMS 算法权系数更新公式。结合自适应滤波器的 FIR 滤波功能,将 LMS 自适应滤波算法总结为如下三部分。

(1) 滤波器输出

$$y(n) = \hat{\boldsymbol{w}}^{\mathrm{H}}(n)\boldsymbol{x}(n)$$

(2) 估计误差

$$e(n) = d(n) - y(n)$$

(3) 权自适应更新

$$\hat{\boldsymbol{w}}(n+1) = \hat{\boldsymbol{w}}(n) + \mu\boldsymbol{x}(n)e^*(n)$$

注意到,在每个时刻,由输入向量和估计误差的乘积被步长限定后作为权系数的调整量,在这三部分中,只使用了输入向量和期望响应及当前权系数进行运算,然后更新权系数,为下一个时刻做准备。这个过程是完全自适应的。

需要注意:

(1) LMS 算法也可以由另一种方法推导出,令 $J(n)=|e(n)|^2$ 作为开销函数,在每一个时刻 n,$\hat{\boldsymbol{w}}(n-1)$已经确定的情况下,求 $\hat{\boldsymbol{w}}(n)$使得 $J(n)$最小,可以得到与式(5.3.5)相同的递推公式,因此 LMS 算法相当于即时地令每个时刻的误差最小而得出的最优结果。

(2) 每次迭代,LMS 算法需要 $2M+1$ 复数乘法,$2M$ 次复数加法,因此,它的运算量是 $O(M)$,这是非常理想的,LMS 算法具有运算量小的显著优点。

LMS 算法被称为随机梯度算法,显然式(5.3.4)表示的估计的梯度是一个随机向量,这是它名称的由来,为了区别随机梯度的递推,用 $\hat{\boldsymbol{w}}(n)$表示 LMS 算法的权系数向量。随机梯度能否使算法收敛?如果收敛能否收敛到最优滤波器的解?这是 LMS 算法收敛性分析所要回答的问题。将会看到,在限定迭代步长的条件下,LMS 算法是收敛的,但一般情况下,它不能收敛到维纳滤波器的最优解,这与最陡下降算法不同,称这个现象为 LMS 算法的失调。LMS 算法最终收敛,但均方误差收敛到比维纳滤波器的均方误差大一个额外值 $J_{ex}(n)$。通过调整步长参数可以减小 $J_{ex}(n)$,但相应地也加长了收敛时间。

5.3.2 LMS 算法的收敛性分析

定义自适应滤波器权系数的偏差向量,它表示自适应滤波器在每个迭代时刻的权系数向量与最优滤波器权系数向量的偏差,偏差向量定义为

$$\boldsymbol{\varepsilon}(n) = \hat{\boldsymbol{w}}(n) - \boldsymbol{w}_{\mathrm{o}} \tag{5.3.6}$$

由迭代公式(5.3.5),两边减去 $\boldsymbol{w}_{\mathrm{o}}$,并用 $\boldsymbol{w}_{\mathrm{o}}$ 和$\boldsymbol{\varepsilon}(n)$取代 $\hat{\boldsymbol{w}}(n)$,得

$$\boldsymbol{\varepsilon}(n+1) = [1 - \mu\boldsymbol{x}(n)\boldsymbol{x}^{\mathrm{H}}(n)]\boldsymbol{\varepsilon}(n) + \mu\boldsymbol{x}(n)e_{\mathrm{o}}^*(n) \tag{5.3.7}$$

这里,$e_{\mathrm{o}}(n)$表示达到最优时的误差。由式(5.3.7)直接进行$\boldsymbol{\varepsilon}(n+1)$性能分析比较烦琐,如果用式(5.3.7)计算$\boldsymbol{\varepsilon}(n)$随时间变化的均方收敛性质,即 $E[\|\boldsymbol{\varepsilon}(n)\|^2]$的收敛性分析将

引入最高 6 阶矩和多个交叉项，为了简化分析过程，同时又可以得出有指导意义的结论，做两方面假设和简化。

简化 1：直接平均方法

假设 μ 非常小，由于

$$E[\boldsymbol{I}-\mu\boldsymbol{x}(n)\boldsymbol{x}^{\mathrm{H}}(n)]=\boldsymbol{I}-\mu\boldsymbol{R}_x$$

用 $\boldsymbol{I}-\mu\boldsymbol{R}_x$ 近似替代式(5.3.7)中的 $1-\mu\boldsymbol{x}(n)\boldsymbol{x}^{\mathrm{H}}(n)$，用下式作为分析的出发点：

$$\boldsymbol{\varepsilon}(n+1)=(\boldsymbol{I}-\mu\boldsymbol{R}_x)\boldsymbol{\varepsilon}(n)+\mu\boldsymbol{x}(n)e_o^*(n) \tag{5.3.8}$$

这种简化称为直接平均法。注意这个简化不是必要的，即使不做直接平均法简化，只利用下面的独立性假设，也可以导出收敛性分析的完整表达式，但分析过程会更复杂。

简化 2：独立性假设

独立性假设由如下 4 条假设的条件组成，独立性假设的提出，在 LMS 收敛性分析中起到重要作用，由于独立性的假设，消除了交叉项，并且利用独立性条件的推论，可以将高阶矩简化成自相关形式，得到收敛性条件的显式解。尽管实际信号并不能真正满足独立性假设，但由简化假设导出的结论对确定 LMS 自适应滤波器的收敛性条件是有指导意义的。独立性假设是如下 4 条：

① 输入向量 $\boldsymbol{x}(1),\boldsymbol{x}(2),\cdots,\boldsymbol{x}(n)$是统计独立的；

② $\boldsymbol{x}(n)$与以前的期望响应 $d(1),d(2),\cdots,d(n-1)$统计独立；

③ $d(n)$与 $\boldsymbol{x}(n)$相关，但独立于以前的期望响应；

④ 向量 $\boldsymbol{x}(n)$和 $d(n)$构成联合高斯分布变量。

由独立性假设和 $\hat{\boldsymbol{w}}(n)$的递推公式，可以得到如下推论：

(1) $\hat{\boldsymbol{w}}(n)$仅与下列向量有关：

① 以前的输入向量 $\boldsymbol{x}(n-1),\boldsymbol{x}(n-2),\cdots,\boldsymbol{x}(1)$；

② 以前的期望响应 $d(n-1),d(n-2),\cdots,d(1)$；

③ 初始权向量 $\hat{\boldsymbol{w}}(0)$。

(2) 进一步可以推论，$\boldsymbol{\varepsilon}(n)$与 $\boldsymbol{x}(n)$、$d(n)$统计独立。由此可以做如下分解：

$$E[\boldsymbol{x}(n)\boldsymbol{x}^{\mathrm{H}}(n)\boldsymbol{\varepsilon}(n)\boldsymbol{\varepsilon}^{\mathrm{H}}(n)]=E[\boldsymbol{x}(n)\boldsymbol{x}^{\mathrm{H}}(n)]E[\boldsymbol{\varepsilon}(n)\boldsymbol{\varepsilon}^{\mathrm{H}}(n)] \tag{5.3.9}$$

由两个简化假设的准备，开始进行收敛性分析的讨论。由于任意零均值随机变量均满足 $E[\boldsymbol{\varepsilon}(n)]=0,n\to\infty$。因此，对于随机量的收敛，更合理的是对如下两个量进行分析。

为了研究滤波器权向量的收敛性质，定义

$$\zeta(n)=E[\|\boldsymbol{\varepsilon}(n)\|^2] \tag{5.3.10}$$

为了描述自适应滤波器对期望响应的估计误差的均方值，仍采用量

$$J(n)=E[|e(n)|^2]$$

并定义一个新的量

$$J_{ex}(n)=J(n)-J_{\min} \tag{5.3.11}$$

为 LMS 算法额外均方误差。如果算法收敛，必然有

$$\zeta(n)\to C_1 \quad n\to\infty$$

$$J(n)\to C_2 \quad n\to\infty$$

$$J_{ex}(n)\to C_3 \quad n\to\infty$$

这里，C_1、C_2、C_3 是小的常数，也可能取 0。

从数学推导的简单性出发,代替分析标量 $\zeta(n)$,而是对下列矩阵进行分析:

$$\boldsymbol{K}(n)=E[\boldsymbol{\varepsilon}(n)\boldsymbol{\varepsilon}^{\mathrm{H}}(n)] \tag{5.3.12}$$

$\boldsymbol{K}(n)$的对角线元素之和与 $\zeta(n)$是等价的。

下面进入数学推导过程。首先分析 $J(n)$收敛情况,由

$$\begin{aligned}e(n)&=d(n)-\hat{\boldsymbol{w}}^{\mathrm{H}}(n)\boldsymbol{x}(n)\\&=d(n)-\boldsymbol{w}_{\mathrm{o}}^{\mathrm{H}}\boldsymbol{x}(n)-\boldsymbol{\varepsilon}^{\mathrm{H}}(n)\boldsymbol{x}(n)=e_{\mathrm{o}}(n)-\boldsymbol{\varepsilon}^{\mathrm{H}}(n)\boldsymbol{x}(n)\end{aligned}$$

代入 $J(n)$表达式并利用独立性假设的推论,得

$$\begin{aligned}J(n)&=E[|e(n)|^{2}]\\&=J_{\min}+E[\boldsymbol{\varepsilon}^{\mathrm{H}}(n)\boldsymbol{x}(n)\boldsymbol{x}^{\mathrm{H}}(n)\boldsymbol{\varepsilon}(n)]\\&=J_{\min}+E[\mathrm{tr}\{\boldsymbol{\varepsilon}^{\mathrm{H}}(n)\boldsymbol{x}(n)\boldsymbol{x}^{\mathrm{H}}(n)\boldsymbol{\varepsilon}(n)\}]\\&=J_{\min}+E[\mathrm{tr}\{\boldsymbol{x}(n)\boldsymbol{x}^{\mathrm{H}}(n)\boldsymbol{\varepsilon}(n)\boldsymbol{\varepsilon}^{\mathrm{H}}(n)\}]\\&=J_{\min}+\mathrm{tr}\{E[\boldsymbol{x}(n)\boldsymbol{x}^{\mathrm{H}}(n)\boldsymbol{\varepsilon}(n)\boldsymbol{\varepsilon}^{\mathrm{H}}(n)]\}\\&=J_{\min}+\mathrm{tr}\{E[\boldsymbol{x}(n)\boldsymbol{x}^{\mathrm{H}}(n)]E[\boldsymbol{\varepsilon}(n)\boldsymbol{\varepsilon}^{\mathrm{H}}(n)]\}\\&=J_{\min}+\mathrm{tr}[\boldsymbol{R}_{x}\boldsymbol{K}(n)]\end{aligned} \tag{5.3.13}$$

在如上推导中,从第 1 行到第 2 行用了独立性假设,使交叉项为零。从第 2 行到第 3 行使用的是矩阵的迹运算,矩阵的迹用符号 $\mathrm{tr}(\boldsymbol{A})$表示,它等于矩阵对角元素之和。由于第 2 行求期望的 4 项相乘是一个标量,显然标量等于它的迹。从第 3 行到第 4 行应用了迹的一个性质,只要矩阵交换相乘是允许的,则 $\mathrm{tr}[\boldsymbol{AB}]=\mathrm{tr}[\boldsymbol{BA}]$。从第 4 行到第 5 行用了迹与期望运算的可交换性。从第 5 行到第 6 行用了独立性假设的推论式(5.3.9)。

推导的结果重写为

$$J(n)=J_{\min}+\mathrm{tr}[\boldsymbol{R}_{x}\boldsymbol{K}(n)] \tag{5.3.14}$$

可见,LMS 算法存在额外误差项为

$$J_{ex}(n)=\mathrm{tr}[\boldsymbol{R}_{x}\boldsymbol{K}(n)] \tag{5.3.15}$$

为进一步化简,利用自相关矩阵的分解性质 $\boldsymbol{Q}^{\mathrm{H}}\boldsymbol{R}_{x}\boldsymbol{Q}=\boldsymbol{\Lambda}$,并定义辅助变量

$$\boldsymbol{Q}^{\mathrm{H}}\boldsymbol{K}(n)\boldsymbol{Q}=\boldsymbol{T}(n)$$

或

$$\boldsymbol{K}(n)=\boldsymbol{Q}\boldsymbol{T}(n)\boldsymbol{Q}^{\mathrm{H}}$$

代入式(5.3.15),得到如下等式:

$$\mathrm{tr}[\boldsymbol{R}_{x}\boldsymbol{K}(n)]=\mathrm{tr}[\boldsymbol{\Lambda}\boldsymbol{T}(n)] \tag{5.3.16}$$

代入式(5.3.14),相当于

$$J(n)=J_{\min}+\mathrm{tr}[\boldsymbol{\Lambda}\boldsymbol{T}(n)]=J_{\min}+\sum_{i=1}^{M}\lambda_{i}t_{i}(n) \tag{5.3.17}$$

和

$$J_{ex}(n)=\mathrm{tr}[\boldsymbol{\Lambda}\boldsymbol{T}(n)]=\sum_{i=1}^{M}\lambda_{i}t_{i}(n) \tag{5.3.18}$$

这里设 $t_i(n)$为 $\boldsymbol{T}(n)$的相应对角线元素。

由于 λ_i 是输入信号向量自相关矩阵的特征值,都是确定性量,$\boldsymbol{T}(n)$是 $\boldsymbol{K}(n)$的变换形式,$J_{ex}(n)$是否收敛,取决于各 $t_i(n)$的收敛性质,因此,下面再求解 $t_i(n)$。为求解 $t_i(n)$,利用直接平均法得到的对 $\varepsilon(n)$的简化公式(5.3.8),再利用独立性假设,得

$$\boldsymbol{K}(n+1)=(\boldsymbol{I}-\mu\boldsymbol{R}_{x})\boldsymbol{K}(n)(\boldsymbol{I}-\mu\boldsymbol{R}_{x})^{\mathrm{H}}+\mu^{2}J_{\min}\boldsymbol{R}_{x} \tag{5.3.19}$$

这里，$\boldsymbol{K}(n)$是正定的。两边左右分别同乘$\boldsymbol{Q}^{\mathrm{H}}$和$\boldsymbol{Q}$，得：

$$\boldsymbol{T}(n+1)=(\boldsymbol{I}-\mu\boldsymbol{\Lambda})\boldsymbol{T}(n)(\boldsymbol{I}-\mu\boldsymbol{\Lambda})+\mu^2 J_{\min}\boldsymbol{\Lambda} \tag{5.3.20}$$

只关心$\boldsymbol{T}(n)$的对角元素，由如上解耦形式的方程，得到第i个对角元素满足的方程为

$$t_i(n+1)=(1-\mu\lambda_i)^2 t_i(n)+\mu^2 J_{\min}\lambda_i \tag{5.3.21}$$

对式(5.3.21)的方程讨论如下。

(1) 为使$t_i(n)$收敛，必须满足，对$i=1,2,\cdots,M$，有

$$|1-\mu\lambda_i|^2<1$$

即

$$0<\mu<\frac{2}{\lambda_{\max}} \tag{5.3.22}$$

(2) 在式(5.3.21)两边令$n\to\infty$，两边代入$t_i(\infty)$，可以解得

$$t_i(\infty)=\frac{\mu J_{\min}}{2-\mu\lambda_i} \tag{5.3.23}$$

将$t_i(\infty)$代入式(5.3.18)，得

$$J_{ex}(\infty)=\sum_{i=1}^{M}\lambda_i t_i(\infty)=J_{\min}\sum_{i=1}^{M}\frac{\mu\lambda_i}{2-\mu\lambda_i} \tag{5.3.24}$$

定义失调系数

$$U=\frac{J_{ex}(\infty)}{J_{\min}}=\sum_{i=1}^{M}\frac{\mu\lambda_i}{2-\mu\lambda_i} \tag{5.3.25}$$

失调系数刻画了LMS算法最终的收敛性能，失调系数越小，LMS算法越收敛于接近最优滤波器的性能，反之，失调系数越大，LMS算法最终的收敛结果与最优滤波器的性能差距越大。为使失调小于1，令

$$\sum_{i=1}^{M}\frac{\mu\lambda_i}{2-\mu\lambda_i}<1 \tag{5.3.26}$$

可确定步长μ。步长越小，失调参数越小，但收敛时间会越长，实际上，根据对失调参数的要求，适当选择步长。式(5.3.22)和式(5.3.25)是步长选取的依据，式(5.3.22)是必须满足的，然后根据式(5.3.25)再选择满足预定失调参数要求下的尽量大的步长。

在满足收敛条件的前提下，由式(5.3.7)两边取期望值，并利用独立性假设，可以证明

$$\lim_{n\to\infty}E\{\hat{\boldsymbol{w}}(n)\}=\boldsymbol{w}_{\mathrm{o}}=\boldsymbol{R}_x^{-1}\boldsymbol{r}_{xd} \tag{5.3.27}$$

此式说明，尽管权向量与最优权向量之差的均方值不趋于零，但权向量的期望值趋于最优向量，即权系数向量的自适应过程是渐近无偏的。

1. 其他收敛性分析

在分析$t_i(n)$的收敛性质时，如果不使用直接平均方法，而从式(5.3.7)出发，利用高斯矩分解公式，可以推得(留作习题)

$$\boldsymbol{t}(n+1)=\boldsymbol{B}\boldsymbol{t}(n)+\mu^2 J_{\min}\boldsymbol{\lambda} \tag{5.3.28}$$

这里

$$\boldsymbol{t}(n)=[t_1(n),t_2(n),\cdots,t_M(n)]^{\mathrm{T}}$$

$$\boldsymbol{\lambda}=[\lambda_1,\lambda_2,\cdots,\lambda_M]^{\mathrm{T}}$$

$$[\boldsymbol{B}]_{ij}=\begin{cases}(1-\mu\lambda_i)^2, & i=j\\ \mu^2\lambda_i\lambda_j, & i\neq j\end{cases}$$

可以求得 $\boldsymbol{t}(n)$一般解为

$$\boldsymbol{t}(n)=\sum_{i=1}^{M}c_i^n\boldsymbol{g}_i\boldsymbol{g}_i^{\mathrm{T}}[\boldsymbol{t}(0)-\boldsymbol{t}(\infty)]+\boldsymbol{t}(\infty) \tag{5.3.29}$$

c_i 是 $\boldsymbol{B}$ 矩阵的特征值,g_i 是相应特征向量,可以看到,当满足收敛条件时,$\boldsymbol{t}(n)$是按指数衰减的,由此也得到类似式(5.3.22)和式(5.3.25)的收敛条件。

2. 实际实现时的考虑

式(5.3.22)的步长收敛条件需要输入信号自相关矩阵的特征值,这在实际应用中不方便得到,我们讨论更实际的步长确定方法。

由于 $\boldsymbol{R}_x=\boldsymbol{Q\Lambda Q}^{\mathrm{H}}$,计算自相关矩阵的迹

$$\mathrm{tr}(\boldsymbol{R}_x)=\mathrm{tr}(\boldsymbol{Q\Lambda Q}^{\mathrm{H}})=\mathrm{tr}(\boldsymbol{\Lambda})=\left(\sum_{i=1}^{M}\lambda_i\right)>\lambda_{\max} \tag{5.3.30}$$

可得到更严格的步长确定公式

$$0<\mu<\frac{2}{\mathrm{tr}(\boldsymbol{R}_x)} \tag{5.3.31}$$

从另一方面,由迹的定义得

$$\mathrm{tr}(\boldsymbol{R}_x)=Mr_x(0)=\sum_{k=0}^{M-1}E[|x(n-k)|^2]=ME[|x(n)|^2]$$

上式等于滤波器各延迟节拍的实际输入功率之和。因此,一个实际的 LMS 算法的步长估计公式为

$$0<\mu<\frac{2}{Mr_x(0)}=\frac{2}{\text{滤波器实际输入功率}} \tag{5.3.32}$$

在实际中,对一个滤波器的输入功率取值的先验信息可能是存在的,或用前几个输入值近似估计。

5.3.3 一些改进的 LMS 算法

改进的或变化的 LMS 算法很多,介绍几种有代表性的算法。由于以下所有算法中,滤波器输出公式和估计误差公式与基本的 LMS 算法相同,故以下只讨论权更新公式。

1. 归一化 LMS 算法

简单介绍归一化 LMS 算法(Normalized LMS,NLMS),取

$$\hat{\boldsymbol{w}}(n+1)=\hat{\boldsymbol{w}}(n)+\frac{\tilde{\mu}}{\|\boldsymbol{x}(n)\|^2}\boldsymbol{x}(n)e^*(n) \tag{5.3.33}$$

其中

$$\|\boldsymbol{x}(n)\|^2=\sum_{k=0}^{M-1}|x(n-k)|^2$$

为信号向量的 2 范数平方。式(5.3.33)相当于取 $\mu(n)=\dfrac{\tilde{\mu}}{\|\boldsymbol{x}(n)\|^2}$的时变步长的 LMS 算

法,或相当于将输入信号能量归一化的 LMS 算法。可以验证,为使 NLMS 算法收敛,步长需满足

$$0 < \tilde{\mu} < 2 \tag{5.3.34}$$

因此,NLMS 算法的步长 $\tilde{\mu}$ 可以提前确定。为了避免在 $\|\boldsymbol{x}(n)\|^2$ 较小的时刻(例如语音信号的静音时段)$\mu(n)$太大,进一步限制和改进 NLMS 算法如下:

$$\hat{\boldsymbol{w}}(n+1) = \hat{\boldsymbol{w}}(n) + \frac{\tilde{\mu}}{\alpha + \|\boldsymbol{x}(n)\|^2}\boldsymbol{x}(n)e^*(n) \tag{5.3.35}$$

α 为大于零的校正量。

为了降低 NLMS 算法的运算复杂性,在 M 较大时可利用如下公式对 $\|\boldsymbol{x}(n)\|^2$ 进行递推:

$$\begin{aligned}\|\boldsymbol{x}(n)\|^2 &= \sum_{k=0}^{M-1}|x(n-k)|^2 = |x(n)|^2 - |x(n-M)|^2 + \sum_{k=1}^{M}|x(n-k)|^2 \\ &= |x(n)|^2 - |x(n-M)|^2 + \|\boldsymbol{x}(n-1)\|^2\end{aligned}$$

2. 泄漏 LMS 算法(Leaky LMS)

当自适应滤波器输入信号的自相关矩阵是奇异的,即自相关矩阵存在零特征值时,标准的 LMS 算法的滤波器权系数可能不收敛,这可以分析如下。

由式(5.3.7)两边取期望值,并利用独立性假设,得到 LMS 算法权系数向量的期望值的关系式为

$$E(\hat{\boldsymbol{w}}(n+1)) - \boldsymbol{w}_o = (\boldsymbol{I} - \mu\boldsymbol{R}_x)(E(\hat{\boldsymbol{w}}(n)) - \boldsymbol{w}_o) \tag{5.3.36}$$

做变量替换 $\hat{\boldsymbol{v}}(n) = \boldsymbol{Q}^{\mathrm{H}}[E(\hat{\boldsymbol{w}}(n)) - \boldsymbol{w}_o]$,由式(5.3.36)得

$$\hat{\boldsymbol{v}}(n+1) = (\boldsymbol{I} - \mu\boldsymbol{\Lambda})\hat{\boldsymbol{v}}(n)$$

每个分量的表达式为

$$\hat{v}_k(n) = (1 - \mu\lambda_k)^n \hat{v}_k(0)$$

当一个特征值 $\lambda_k = 0$,有 $\hat{v}_k(n) = \hat{v}_k(0)$,这使得 $\hat{\boldsymbol{v}}(n)$的一些分量不收敛,由 $E(\hat{\boldsymbol{w}}(n)) = \boldsymbol{Q}\hat{\boldsymbol{v}}(n) + \boldsymbol{w}_o$,影响了权系数的收敛。一个解决办法是修改 LMS 算法的目标函数,设

$$\begin{aligned}J(n) &= |e(n)|^2 + \gamma\hat{\boldsymbol{w}}^{\mathrm{H}}(n)\hat{\boldsymbol{w}}(n) \\ &= |e(n)|^2 + \gamma\|\hat{\boldsymbol{w}}(n)\|^2\end{aligned} \tag{5.3.37}$$

这里取 $0<\gamma\ll 1$,由于

$$\hat{\nabla}J(n) = -2e^*(n)\boldsymbol{x}(n) + 2\gamma\hat{\boldsymbol{w}}(n) \tag{5.3.38}$$

得到权向量的更新公式为

$$\begin{aligned}\hat{\boldsymbol{w}}(n+1) &= \hat{\boldsymbol{w}}(n) + \frac{1}{2}\mu[-\hat{\nabla}J(n)] \\ &= (1-\gamma\mu)\hat{\boldsymbol{w}}(n) + \mu\boldsymbol{x}(n)e^*(n)\end{aligned} \tag{5.3.39}$$

式(5.3.39)就是所谓的泄漏 LMS 算法。为了分析泄漏 LMS 算法的性能,将 $e(n)$的表达式代入式(5.3.39),并整理得

$$\hat{\boldsymbol{w}}(n+1) = (\boldsymbol{I} - \mu[\boldsymbol{x}(n)\boldsymbol{x}^{\mathrm{H}}(n) + \gamma\boldsymbol{I}])\hat{\boldsymbol{w}}(n) + \mu\boldsymbol{x}(n)d^*(n)$$

上式两边取均值,得

$$E[\hat{\boldsymbol{w}}(n+1)]=(\boldsymbol{I}-\mu[\gamma\boldsymbol{I}+\boldsymbol{R}_x])E[\hat{\boldsymbol{w}}(n)]+\mu\boldsymbol{r}_{xd} \tag{5.3.40}$$

不难验证，与式(5.3.40)对应的标准 LMS 算法的关系式是

$$E[\hat{\boldsymbol{w}}(n+1)]=(\boldsymbol{I}-\mu\boldsymbol{R}_x)E[\hat{\boldsymbol{w}}(n)]+\mu\boldsymbol{r}_{xd} \tag{5.3.41}$$

对应地，在泄漏 LMS 算法中，$(\gamma\boldsymbol{I}+\boldsymbol{R}_x)$所起作用与标准 LMS 算法中 $\boldsymbol{R}_x$ 所起作用是一致的。由于$(\gamma\boldsymbol{I}+\boldsymbol{R}_x)$的特征值为 $\lambda_k+\gamma$，因此，泄漏 LMS 算法不存在特征值为零的问题。泄漏 LMS 算法的步长因子必须满足

$$0<\mu<\frac{2}{\lambda_{\max}+\gamma}$$

泄漏 LMS 算法相当于对输入信号加入了方差为 γ 的白噪声。不难验证，泄漏 LMS 算法的权向量的期望值趋于

$$\lim_{n\to\infty}E\{\hat{\boldsymbol{w}}(n)\}=(\gamma\boldsymbol{I}+\boldsymbol{R}_x)^{-1}\boldsymbol{r}_{xd}$$

因此，泄漏 LMS 算法的权向量是有偏的。对比第 3 章 LS 滤波中的正则化 LS，可见泄漏 LMS 算法是一种正则化方法。

*5.3.4 稀疏 LMS 算法

在利用自适应滤波进行系统辨识时，待识别的线性系统表示为

$$d(n)=\boldsymbol{w}_o^{\mathrm{H}}\boldsymbol{x}(n)+v(n)$$

$v(n)$是观测噪声，$\boldsymbol{w}_o=[w_{o,0},w_{o,1},\cdots,w_{o,M-1}]^{\mathrm{T}}$ 是待求的系统参数，用自适应滤波估计 $\boldsymbol{w}_o$，n 时刻的估计值为 $\boldsymbol{w}(n)$。在很多实际问题中，待识别系统的系数中存在许多 0 值，则称这种系统具有稀疏性。LMS 算法自身对系统的稀疏性没有特别的处理，为了对于稀疏系统提高收敛效率和得到真正稀疏性的解，可对 LMS 算法的优化目标加以约束，研究表明，在开销函数中，加上权向量的 l_1 范数约束，可改善对稀疏系统的收敛性能。

令开销函数为

$$J_1(n)=|e(n)|^2+\gamma\|\boldsymbol{w}(n)\|_1 \tag{5.3.42}$$

这里，$\|\hat{\boldsymbol{w}}(n)\|_1$ 表示向量 $\hat{\boldsymbol{w}}(n)$的 l_1 范数，其定义为

$$\|\boldsymbol{w}(n)\|_1=\sum_{i=0}^{M-1}|w_i(n)| \tag{5.3.43}$$

则权更新公式可求得为

$$\begin{aligned}\boldsymbol{w}(n+1)&=\boldsymbol{w}(n)+\frac{1}{2}\mu[-\nabla J(n)]\\&=\boldsymbol{w}(n)-\frac{1}{2}\mu\frac{\partial J_1(n)}{\partial\boldsymbol{w}(n)}\\&=\boldsymbol{w}(n)+\mu e(n)\boldsymbol{x}(n)-\rho\operatorname{sgn}[\boldsymbol{w}(n)]\end{aligned} \tag{5.3.44}$$

这里，$\rho=\gamma\mu/2$ 是一个新的控制参数，其中，sgn(・)是符号函数，定义为

$$\operatorname{sgn}(x)=\begin{cases}1, & x>0\\0, & x=0\\-1, & x<0\end{cases}$$

式(5.3.44)中比标准 LMS 算法多出的一项 $\rho\operatorname{sgn}[\boldsymbol{w}(n)]$称为“零吸引子(zero attractor,ZA)”，该项的作用是使得迭代过程中 $\boldsymbol{w}(n)$具有稀疏性的趋向，故式(5.3.44)的

权更新算法称为 ZA-LMS 算法。

式(5.3.44)对各权系数施加同样的零吸引子,为了根据各权系数的性质调整零吸引子的作用,需对式(5.3.42)进行改进,一种改进形式为

$$J_2(n)=|e(n)|^2+\gamma'\sum_{i=0}^{M-1}\log\left(1+\frac{|w_i(n)|}{\varepsilon'}\right) \tag{5.3.45}$$

则得到的各权系数更新公式为

$$w_i(n+1)=w_i(n)+\mu e(n)x_i(n)-\rho\frac{\operatorname{sgn}[w_i(n)]}{1+\varepsilon|w_i(n)|},\quad i=0,1,\cdots,M-1 \tag{5.3.46}$$

可写成向量形式为

$$\boldsymbol{w}(n+1)=\boldsymbol{w}(n)+\mu e(n)\boldsymbol{x}(n)-\rho\frac{\operatorname{sgn}[\boldsymbol{w}(n)]}{1+\varepsilon|\boldsymbol{w}(n)|} \tag{5.3.47}$$

其中,参数 $\rho=\gamma'\mu/2\varepsilon'$,$\varepsilon=1/\varepsilon'$。式(5.3.47)的权更新算法称为重加权零吸引子 LMS 算法,简写为 RZA-LMS 算法。

将这类考虑了系统稀疏性的算法称为稀疏 LMS 算法。在以上稀疏 LMS 算法中,步长参数 μ 的确定与标准 LMS 相同,控制参数 ρ 是一个小的实数,合理的选取 ρ 参数可以使得稀疏 LMS 算法的收敛速度和稳态误差均优于 LMS 算法,关于参数 ρ 选取的细节可参考文献[51]。

例 5.3.1 给出一个仿真试验结果用于评价稀疏 LMS 算法,一个待识别的时变系统,假设有 16 个权系数,在 $0\leqslant n<500$ 时,只有 $w_{o,4}=1$,其余为 0,稀疏度 1/16,在 $500\leqslant n<1000$ 时间段,所有偶序号权为 1,奇序号权为 0,稀疏度 1/2,$n\geqslant1000$ 所有奇序号权为 -1,偶数序号权保持为 1,系数完全不稀疏。以方差 1 的高斯白噪声作为输入信号以 16 个权系数自适应滤波对系统进行识别,期望响应由 $d(n)=\boldsymbol{w}_o^{\mathrm{H}}\boldsymbol{x}(n)+v(n)$ 产生,测量噪声 $v(n)$ 为方差为 0.001 的高斯白噪声。取 $\mu=0.05$,$\rho=5\times10^{-4}$,$\varepsilon=10$,重复做 200 次实验,各算法均方误差示于图 5.3.1。

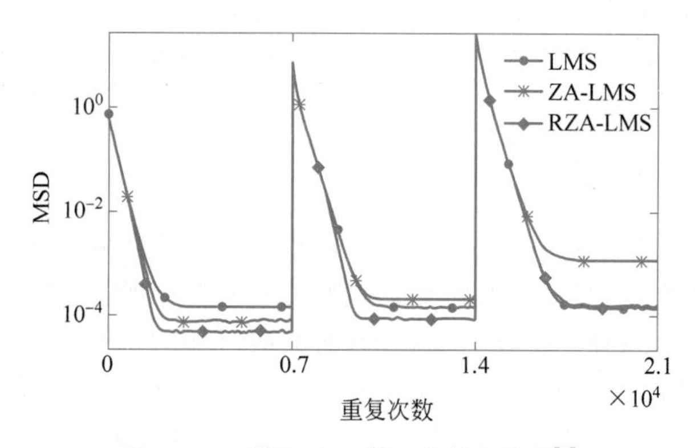

图 5.3.1 稀疏 LMS 算法的性能比较[2]

从实验结果看,在非常稀疏情况下,ZA-LMS 和 RZA-LMS 均优于 LMS 算法,在不太稀疏(500~1000 时间段),RZA-LMS 算法仍好于 LMS 算法,但 ZA-LMS 算法性能已不及 LMS 算法,在不稀疏的情况下,ZA-LMS 性能明显变差,但 RZA-LMS 仍保持与 LMS 算法同等性能。因此 RZA-LMS 既能做到对稀疏情况下优于其他方法的性能,也能做到在非稀疏时保持等同于 LMS 的性能。关于稀疏 LMS 算法更多的仿真说明,可参考文献[51]。

注意,本节的出发点,即在开销函数上加入 l_1 范数约束可改善 LMS 解的稀疏性,这是受"信号的稀疏方法"理论的启发,本节接受这样一个前提,对稀疏表示的详细讨论在第 11 章进行。同时也注意到,本节方法的导出是利用了简单将 $|w_i(n)|$ 对 $w_i(n)$ 求导写成 $\mathrm{sgn}(w_i(n))$,这对于 $w_i(n)\neq 0$ 时是正确的,但当 $w_i(n)=0$ 时,导数的取值是不确定的,但由于稀疏性的驱动,算法递推中使得许多分量 $w_i(n)$ 变成 0,这样,式(5.3.44)和式(5.3.47)从理论上不严格。关于稀疏问题更严格和全面的讨论见第 11 章。

5.4 递推 LS 算法(RLS)

第 3 章介绍了最小二乘滤波器原理,以及由 SVD 技术解 LS 滤波器的一般方法。实际中,LS 滤波器是令 $J(n)=\sum_{i=i_1}^{i_2}|e(n)|^2$ 为最小而设计的滤波器。由第 3 章看到,对 LS 滤波器的解只需要数据矩阵和期望响应向量,它是现实可实现的。第 3 章讨论的 LS 滤波器的设计方法是一种块处理结构,收集全部的数据构成数据矩阵和期望响应向量,然后通过矩阵运算得到最优滤波器的权系数向量,本节讨论自适应 LS 滤波,它本质上是一种递推 LS(Recursive Least-Squares,RLS)。基于 LS 原理的自适应滤波器,应该是 LMS 算法和梯度下降算法的折中,它不像 LMS 算法那样,只是用当前时刻的输入向量和期望响应值来调整滤波器权系数。由于 LMS 算法等价于仅令当前时刻的误差项最小,由此得到对梯度的估计是非常随机性的,代价是收敛速度慢、存在失调现象。LS 也不像梯度下降算法那样,用误差的汇集平均作为开销函数,结果是由输入的自相关矩阵和输入与期望响应的互相关向量定义梯度,使算法无法自适应实现。当 LS 滤波器用于自适应滤波时,可以固定起始时刻 $i_1=1$,令构成开销函数的时间上限为当前值,在每个固定时刻,等价于令从起始至当前时刻的误差和最小来确定滤波器权系数,每向前一个时刻,增加一个输入数据和期望响应的新值,产生一个新的误差项,应该会改善滤波器设计。可以预计,随 $i_2\to\infty$,LS 的平均结果将使得它的性能趋于最优维纳滤波器。平均的结果等价于减少梯度的随机性,使 LS 算法性能好于 LMS 算法。

5.4.1 基本 RLS 算法

由 LS 原理,对于 LS 自适应滤波器的一种实现方式已经存在,对每一个新时刻,将新得到的数据增加到数据矩阵,然后解新的 LS 方程,得到新时刻的权系数 $\boldsymbol{w}(n)$。但这种方法太耗费运算资源。希望与梯度下降和 LMS 算法类似,导出 LS 自适应滤波器的递推公式。相当于已知 $\boldsymbol{w}(n-1)=[w_0(n-1),w_1(n-1),\cdots,w_{M-1}(n-1)]^{\mathrm{T}}$,在 n 时刻,递推更新 $\boldsymbol{w}(n)$,使之满足最小二乘解,这就是递推 LS 算法,将这类算法统称为 RLS 算法。

更一般地,考虑加权开销函数

$$\xi(n)=\sum_{i=1}^{n}\beta(n,i)\,|e(i)|^2 \tag{5.4.1}$$

为了得到 LS 算法的递推实现,根据 LS 算法原则,对于时间 n 和 $\boldsymbol{w}(n)$,要评价观测窗 $i=i_1$ 和 $i=i_2$ 之间(本节取 $i_1=1,i_2=n$)的估计误差

$$e(i)=d(i)-y(i)=d(i)-\boldsymbol{w}^{\mathrm{H}}(n)\boldsymbol{x}(i)$$

的加权平均值(对于求最优滤波器系数来讲,加权和与加权平均是等价的),即求使式(5.4.1)达到最小的 $\boldsymbol{w}(n)$。上式中,$\boldsymbol{x}(i)=[x(i),x(i-1),\cdots,x(i-M+1)]^{\mathrm{T}}$ 是 i 时刻的输入信号向量。

在 RLS 问题中,$\beta(n,i)$取法应考虑给“较新的时刻”的误差较大的比例,“较久远的时刻”的误差更小的比例,经常使用的一种指数“忘却”因子如下:

$$\beta(n,i)=\lambda^{n-i},\quad i=1,2,\cdots,n,\quad 0<\lambda\leqslant 1 \tag{5.4.2}$$

利用第 3 章 LS 解的结果,使加权误差平方和最小的 LS 解,满足如下正则方程:

$$\boldsymbol{\Phi}(n)\hat{\boldsymbol{w}}(n)=\boldsymbol{z}(n) \tag{5.4.3}$$

即解为

$$\hat{\boldsymbol{w}}(n)=\boldsymbol{\Phi}^{-1}(n)\boldsymbol{z}(n) \tag{5.4.4}$$

对于加权 LS 问题,系数矩阵略有变化,由下式构成:

$$\boldsymbol{\Phi}(n)=\sum_{i=1}^{n}\lambda^{n-i}\boldsymbol{x}(i)\boldsymbol{x}^{\mathrm{H}}(i) \tag{5.4.5}$$

$$\boldsymbol{z}(n)=\sum_{i=1}^{n}\lambda^{n-i}\boldsymbol{x}(i)d^{*}(i) \tag{5.4.6}$$

由式(5.4.5)和式(5.4.6)的定义,很容易推出系数矩阵$\boldsymbol{\Phi}(n)$和向量 $\boldsymbol{z}(n)$的递推关系为

$$\boldsymbol{\Phi}(n)=\lambda\boldsymbol{\Phi}(n-1)+\boldsymbol{x}(n)\boldsymbol{x}^{\mathrm{H}}(n) \tag{5.4.7}$$

和

$$\boldsymbol{z}(n)=\lambda\boldsymbol{z}(n-1)+\boldsymbol{x}(n)d^{*}(n) \tag{5.4.8}$$

为了得到 $\boldsymbol{w}(n)$的递推解,关键问题是,由$\boldsymbol{\Phi}^{-1}(n-1)$递推得到$\boldsymbol{\Phi}^{-1}(n)$,为解决这个问题,应用矩阵逆引理(见附录 A)。为了阅读方便,将矩阵逆引理引述在此,矩阵逆引理为

若有

$$\boldsymbol{A}=\boldsymbol{B}+\boldsymbol{CDC}^{\mathrm{H}} \tag{5.4.9}$$

则有

$$\boldsymbol{A}^{-1}=\boldsymbol{B}^{-1}-\boldsymbol{B}^{-1}\boldsymbol{C}(\boldsymbol{D}^{-1}+\boldsymbol{C}^{\mathrm{H}}\boldsymbol{B}^{-1}\boldsymbol{C})^{-1}\boldsymbol{C}^{\mathrm{H}}\boldsymbol{B}^{-1} \tag{5.4.10}$$

若已知 $\boldsymbol{B}$ 和 $\boldsymbol{D}$ 的逆,并且 $\boldsymbol{D}^{-1}+\boldsymbol{C}^{\mathrm{H}}\boldsymbol{B}^{-1}\boldsymbol{C}$ 的阶数很小,在一些特殊情况下可能是标量,应用矩阵逆引理可以有效计算 $\boldsymbol{A}$ 的逆。

为使用矩阵逆引理由$\boldsymbol{\Phi}^{-1}(n-1)$得到$\boldsymbol{\Phi}^{-1}(n)$,比较式(5.4.7)和式(5.4.9),并可按如下对应关系应用矩阵逆引理:

$$\boldsymbol{A}=\boldsymbol{\Phi}(n),\quad \boldsymbol{B}=\lambda\boldsymbol{\Phi}(n-1)$$
$$\boldsymbol{C}=\boldsymbol{x}(n),\quad \boldsymbol{D}=1$$

注意到,在这种对应下,$\boldsymbol{D}^{-1}+\boldsymbol{C}^{\mathrm{H}}\boldsymbol{B}^{-1}\boldsymbol{C}$ 是标量,因此求$\boldsymbol{\Phi}^{-1}(n)$不再需要矩阵求逆运算。将如上对应项代入式(5.4.10),得

$$\boldsymbol{\Phi}^{-1}(n)=\lambda^{-1}\boldsymbol{\Phi}^{-1}(n-1)-\frac{\lambda^{-2}\boldsymbol{\Phi}^{-1}(n-1)\boldsymbol{x}(n)\boldsymbol{x}^{\mathrm{H}}(n)\boldsymbol{\Phi}^{-1}(n-1)}{(1+\lambda^{-1}\boldsymbol{x}^{\mathrm{H}}(n)\boldsymbol{\Phi}^{-1}(n-1)\boldsymbol{x}(n))} \tag{5.4.11}$$

为表示方便,令

$$\boldsymbol{P}(n)=\boldsymbol{\Phi}^{-1}(n) \tag{5.4.12}$$

$$\boldsymbol{k}(n)=\frac{\lambda^{-1}\boldsymbol{P}(n-1)\boldsymbol{x}(n)}{1+\lambda^{-1}\boldsymbol{x}^{\mathrm{H}}(n)\boldsymbol{P}(n-1)\boldsymbol{x}(n)} \tag{5.4.13}$$

由此得 $\boldsymbol{P}(n)$ 递推方程为

$$\boldsymbol{P}(n)=\lambda^{-1}\boldsymbol{P}(n-1)-\lambda^{-1}\boldsymbol{k}(n)\boldsymbol{x}^{\mathrm{H}}(n)\boldsymbol{P}(n-1) \tag{5.4.14}$$

这个方程称为 RLS 的 Riccati 方程。

这里称 $\boldsymbol{k}(n)$ 为增益向量,对它的表达式进行变换可以看到更明确的物理意义,将其定义式(5.4.13)的分母对两边同乘,并整理得

$$\begin{aligned}\boldsymbol{k}(n)&=\lambda^{-1}\boldsymbol{P}(n-1)\boldsymbol{x}(n)-\lambda^{-1}\boldsymbol{k}(n)\boldsymbol{x}^{\mathrm{H}}(n)\boldsymbol{P}(n-1)\boldsymbol{x}(n)\\&=[\lambda^{-1}\boldsymbol{P}(n-1)-\lambda^{-1}\boldsymbol{k}(n)\boldsymbol{x}^{\mathrm{H}}(n)\boldsymbol{P}(n-1)]\boldsymbol{x}(n)\\&=\boldsymbol{P}(n)\boldsymbol{x}(n)=\boldsymbol{\Phi}^{-1}(n)\boldsymbol{x}(n)\end{aligned} \tag{5.4.15}$$

$\boldsymbol{k}(n)$ 由 $\boldsymbol{x}(n)$ 经由一个 $\boldsymbol{\Phi}^{-1}(n)$ 线性变换而得。

在求得 $\boldsymbol{\Phi}^{-1}(n)$ 的递推公式后,可以进一步整理得到对 $\boldsymbol{w}(n)$ 的递推方程,由式(5.4.12)和式(5.4.4),得

$$\hat{\boldsymbol{w}}(n)=\boldsymbol{\Phi}^{-1}(n)\boldsymbol{z}(n)=\boldsymbol{P}(n)\boldsymbol{z}(n)=\boldsymbol{P}(n)[\lambda\boldsymbol{z}(n-1)+\boldsymbol{x}(n)d^*(n)]$$

将上式分成两项,第一项代入 $\boldsymbol{P}(n)$ 的迭代公式,并做如下推导:

$$\begin{aligned}\hat{\boldsymbol{w}}(n)&=\boldsymbol{P}(n-1)\boldsymbol{z}(n-1)-\boldsymbol{k}(n)\boldsymbol{x}^{\mathrm{H}}(n)\boldsymbol{P}(n-1)\boldsymbol{z}(n-1)+\boldsymbol{P}(n)\boldsymbol{x}(n)d^*(n)\\&=\boldsymbol{\Phi}^{-1}(n-1)\boldsymbol{z}(n-1)-\boldsymbol{k}(n)\boldsymbol{x}^{\mathrm{H}}(n)\boldsymbol{\Phi}^{-1}(n-1)\boldsymbol{z}(n-1)+\boldsymbol{k}(n)d^*(n)\\&=\hat{\boldsymbol{w}}(n-1)-\boldsymbol{k}(n)\boldsymbol{x}^{\mathrm{H}}(n)\hat{\boldsymbol{w}}(n-1)+\boldsymbol{k}(n)d^*(n)\\&=\hat{\boldsymbol{w}}(n-1)-\boldsymbol{k}(n)[d^*(n)-\boldsymbol{x}^{\mathrm{H}}(n)\boldsymbol{w}(n-1)]\\&=\hat{\boldsymbol{w}}(n-1)+\boldsymbol{k}(n)\varepsilon^*(n)\end{aligned}$$

这里

$$\varepsilon(n)=d(n)-\boldsymbol{x}^{\mathrm{T}}(n)\hat{\boldsymbol{w}}^*(n-1)=d(n)-\hat{\boldsymbol{w}}^{\mathrm{H}}(n-1)\boldsymbol{x}(n)$$

为前验误差,它用上一次迭代时刻的权系数 $\hat{\boldsymbol{w}}(n-1)$ 和当前输入向量产生当前时刻估计的误差。注意前验误差跟估计误差 $e(n)=d(n)-\hat{\boldsymbol{w}}^{\mathrm{H}}(n)\boldsymbol{x}(n)$ 的区别。为区别于 $\varepsilon(n)$,可称 $e(n)$ 为后验估计误差。

现在,已经得到了权更新递推公式

$$\hat{\boldsymbol{w}}(n)=\hat{\boldsymbol{w}}(n-1)+\boldsymbol{k}(n)\varepsilon^*(n) \tag{5.4.16}$$

和前验误差定义式

$$\varepsilon(n)=d(n)-\hat{\boldsymbol{w}}^{\mathrm{H}}(n-1)\boldsymbol{x}(n) \tag{5.4.17}$$

将式(5.4.13)～式(5.4.17)按可执行次序排列,就得到了 RLS 递推算法,将 RLS 算法总结于表 5.4.1。

表 5.4.1 RLS 算法的递推方程

(1) 计算 RLS 增益向量: $\boldsymbol{k}(n)=\dfrac{\lambda^{-1}\boldsymbol{P}(n-1)\boldsymbol{x}(n)}{1+\lambda^{-1}\boldsymbol{x}^{\mathrm{H}}(n)\boldsymbol{P}(n-1)\boldsymbol{x}(n)}$
(2) 计算前验估计误差: $\varepsilon(n)=d(n)-\hat{\boldsymbol{w}}^{\mathrm{H}}(n-1)\boldsymbol{x}(n)$
(3) 更新权系数向量: $\hat{\boldsymbol{w}}(n)=\hat{\boldsymbol{w}}(n-1)+\boldsymbol{k}(n)\varepsilon^*(n)$
(4) 递推系数逆矩阵: $\boldsymbol{P}(n)=\lambda^{-1}\boldsymbol{P}(n-1)-\lambda^{-1}\boldsymbol{k}(n)\boldsymbol{x}^{\mathrm{H}}(n)\boldsymbol{P}(n-1)$
(5) 当前滤波器输出: $y(n)=\hat{\boldsymbol{w}}^{\mathrm{H}}(n)\boldsymbol{x}(n)$
(6) 当前估计误差(并不是必要的): $e(n)=d(n)-\hat{\boldsymbol{w}}^{\mathrm{H}}(n)\boldsymbol{x}(n)$

设已有 $\boldsymbol{P}(n-1)$ 和 $\hat{\boldsymbol{w}}(n-1)$，则在 n 时刻按表 5.4.1 的递推次序执行 RLS 算法。递推算法示意图如图 5.4.1 所示。

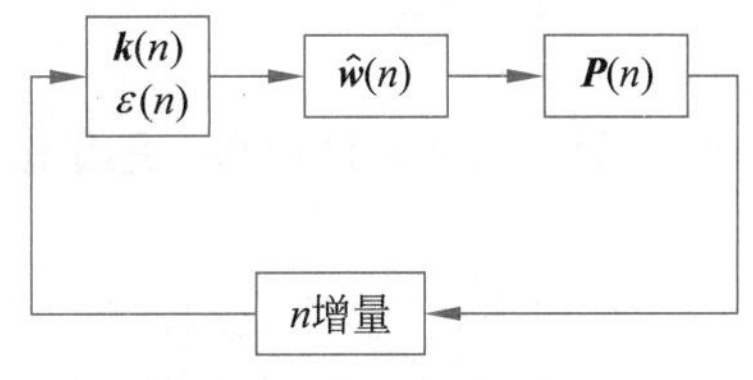

图 5.4.1 RLS 算法运算流程

1. RLS 递推的初始值

按预加窗 LS 正则方程系数矩阵的定义，$\boldsymbol{\Phi}(0)=0$，$\boldsymbol{P}(0)\to\infty$，为使 RLS 算法流程有一个可用的初始条件，设 δ 是一个很小值，一般 $\delta\leqslant 0.01\sigma_x^2$，这里 σ_x^2 表示信号的功率值，实际上取 $\boldsymbol{\Phi}(0)=\delta\boldsymbol{I}$ 作为初始条件，等效于 $\boldsymbol{P}(0)=\delta^{-1}\boldsymbol{I}$，另一个初始条件是 $\hat{\boldsymbol{w}}(0)=\boldsymbol{0}$。由初始条件，令 $n=1$ 开始 RLS 的递推，对每一个新的时刻，获得新的输入数据 $x(n)$ 和期望响应 $d(n)$，更新输入信号向量 $\boldsymbol{x}(n)$，依次执行 RLS 算法的各个公式。

2. 加权最小开销函数

由以上各种递推关系，也能得到加权最小开销函数随时间的递推关系，有

$$\xi_{\min}(n)=\xi_d(n)-\boldsymbol{z}^{\mathrm{H}}(n)\hat{\boldsymbol{w}}(n) \tag{5.4.18}$$

由于

$$\xi_d(n)=\sum_{i=1}^{n}\lambda^{n-i}\,|d(i)|^2=\lambda\xi_d(n-1)+|d(n)|^2 \tag{5.4.19}$$

将 $\boldsymbol{z}(n)$ 和 $\hat{\boldsymbol{w}}(n)$ 递推式以及式(5.4.19)代入式(5.4.18)并整理，得到

$$\begin{aligned}\xi_{\min}(n)&=\lambda\xi_{\min}(n-1)+\varepsilon^*(n)e(n)\\&=\lambda\xi_{\min}(n-1)+\gamma(n)\,|\varepsilon(n)|^2\end{aligned} \tag{5.4.20}$$

这里

$$\gamma(n)=\frac{e(n)}{\varepsilon(n)} \tag{5.4.21}$$

为误差转换因子，在 $e(n)$ 表达式中代入 $\hat{\boldsymbol{w}}(n)$ 递推式，可以证明

$$\gamma(n)=\frac{e(n)}{\varepsilon(n)}=1-\boldsymbol{k}^{\mathrm{H}}(n)\boldsymbol{x}(n) \tag{5.4.22}$$

利用式(5.4.20)可得到从起始到任意时刻 LS 加权估计误差平方和结果。

5.4.2 RLS 算法的收敛性分析

若不考虑数值计算可能带来的计算问题，RLS 算法从原理上是收敛的。为了对一个特定问题给出收敛性的一个比较简单的结果，讨论线性模型的参数估计。给出一个线性回归过程，用 LS 自适应滤波算法估计这个回归过程的参数，用这个例子研究 RLS 算法的收敛性质。假设，自回归过程为

$$x(n)=\sum_{k=1}^{M}w_{\mathrm{o},k}x(n-k)+v(n)$$

令 $d(n)=x(n)$ 为期望响应，定义 $e_{\mathrm{o}}(n)=v(n)$ 等价为测量误差，期望响应和输入 $\boldsymbol{x}(n)$ 满足的线性系统模型的向量形式为

$$d(n)=e_{\mathrm{o}}(n)+\boldsymbol{w}_{\mathrm{o}}^{\mathrm{H}}\boldsymbol{x}(n-1)$$

$e_{\mathrm{o}}(n)$ 是方差为 σ^2 的白噪声过程，$\boldsymbol{w}_{\mathrm{o}}$ 为模型的系数向量，用 RLS 算法递推估计 $\boldsymbol{w}_{\mathrm{o}}$，在第 n 次迭代后产生的权系数向量估计值为 $\hat{\boldsymbol{w}}(n)$，我们的目的是研究 RLS 算法得到的 $\hat{\boldsymbol{w}}(n)$ 是否

收敛于 $\boldsymbol{w}_o$,如果收敛则有怎样的收敛速度。评价权向量收敛的量是权误差向量及其统计量,权误差向量定义为

$$\boldsymbol{\delta}(n)=\hat{\boldsymbol{w}}(n)-\boldsymbol{w}_o$$

由于权误差向量是随机的,更有意义的是研究它时变的自相关矩阵

$$\boldsymbol{K}(n)=E[\boldsymbol{\delta}(n)\boldsymbol{\delta}^{\mathrm{H}}(n)]$$

另一个评价 RLS 算法收敛的准则是前验估计误差的均方值,如果权向量是收敛的,那么前验误差均方值与后验误差均方值将收敛到相同值。前验估计误差的均方值定义为

$$J'(n)=E[|\varepsilon(n)|^2]$$

对线性自回归模型,如果当 $n\to\infty$ 时,$\hat{\boldsymbol{w}}(n)\to\boldsymbol{w}_o$、$J'(n)\to\sigma^2$,则 RLS 收敛到最优估计的解。这里只给出有关结论,更细节的讨论参考文献[9]。

(1) RLS 是无偏估计:$E[\hat{\boldsymbol{w}}(n)]=\boldsymbol{w}_o$ $n\geqslant M$,这里 M 是模型的阶。

(2) 权系数误差向量的自相关矩阵的变化规律为

$$\boldsymbol{K}(n)=\frac{\sigma^2}{n-M-1}\boldsymbol{R}_x^{-1},\quad n>M+1 \tag{5.4.23}$$

权系数误差向量各分量平方和的收敛性为

$$E[\boldsymbol{\delta}^{\mathrm{H}}(n)\boldsymbol{\delta}(n)]=\mathrm{tr}[\boldsymbol{K}(n)]=\frac{\sigma^2}{n-M-1}\sum_{i=1}^{M}\frac{1}{\lambda_i},\quad n>M+1 \tag{5.4.24}$$

其中,λ_i 为信号自相关矩阵的特征值,如果 $\lambda_{\min}$ 很小,收敛相对较慢。但 $n\to\infty$ 时,$\boldsymbol{K}(n)\to\mathbf{0}$,这里 $\mathbf{0}$ 是全零的矩阵。同样,$n\to\infty$ 时,$E[\boldsymbol{\delta}^{\mathrm{H}}(n)\boldsymbol{\delta}(n)]\to 0$,滤波器权向量收敛于最优滤波器系数,对当前问题的解收敛于真实的回归系数向量 $\boldsymbol{w}_o$。

(3) 前验估计误差的均方值的收敛规律为

$$J'(n)=\sigma^2+\mathrm{tr}[\boldsymbol{R}_x\boldsymbol{K}(n-1)]=\sigma^2+\frac{M\sigma^2}{n-M-1},\quad n>M+1 \tag{5.4.25}$$

当 $n\to\infty$ 时,前验误差收敛到最优滤波器的估计误差值,等价地后验误差均方值也收敛于同一个值。

总结 RLS 算法的主要性质如下。

(1) RLS 是收敛的,且不存在额外误差项 $J_{ex}(\infty)$。

(2) 一般情况下,$n=2M$ 时大约就可以收敛,在高信噪比情况下,RLS 收敛速度明显快于 LMS 算法,在小信噪比情况下,RLS 收敛速度可能与 LMS 算法等价,但仍收敛到明显小于 LMS 的最终误差值。

(3) RLS 算法运算量明显大于 LMS 算法。

5.5 LMS 和 RLS 算法对自适应均衡器的仿真示例

在 3.1.5 节研究了线性最优均衡器的例子,在那里是作为维纳滤波器的应用。在实际上,更多地利用自适应滤波算法实现均衡器,即自适应均衡器。自适应均衡需要一个期望响应序列,在通信系统接通的时候,设置一段专门时间,用于训练均衡器,在这个时段,通信发送机和通信接收机都产生一段约定的训练序列。发送机发送约定的训练序列 $s(n)$,接收机收到的是已经畸变的信号 $x(n)$,$x(n)$作为均衡器的输入信号,接收机在本地产生相同的训练序列 $s(n)$作为自适应均衡器的期望响应。

为了研究自适应滤波算法的收敛性质,本节以一个仿真的自适应均衡器实验平台为例,

讨论两类自适应滤波算法的收敛性质。

考虑一个简化的线性自适应均衡器的原理性实验框图如图 5.5.1 所示。随机数据产生器产生双极性的随机序列 $s(n)$，它随机地取±1。随机信号通过一个信道传输，信道性质可由一个三系数 FIR 滤波器近似，滤波器系数分别是 0.3，0.9，0.3。在信道输出端加入方差为 σ^2 的高斯白噪声。设计一个有 11 个权系数的 FIR 结构的自适应滤波器作为本问题的自适应均衡器，为使均衡器的权系数接近对称，令均衡器的期望响应为 $s(n-7)$。在几个选定的信噪比下，进行如下实验。

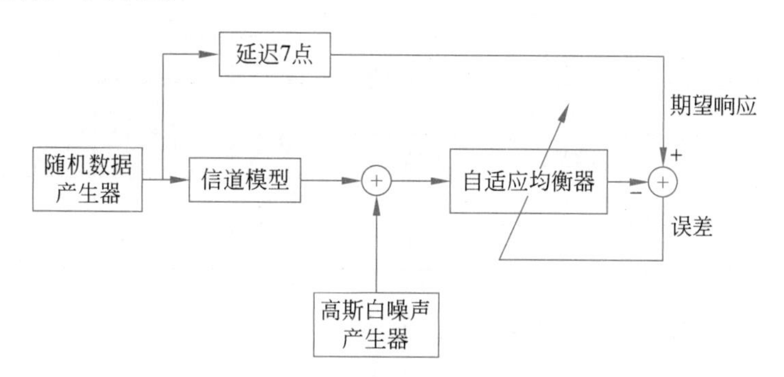

图 5.5.1　自适应均衡器应用示意图

(1) 用 LMS 算法实现这个自适应均衡器，画出一次实验的误差平方的收敛曲线，给出最后设计的滤波器系数。一次实验的训练序列长度为 500。进行 20 次独立实验，画出误差平方的平均收敛曲线。给出不同的步长值的比较。

(2) 用 RLS 算法进行(1)的实验，并比较(1)、(2)的结果。

通过这个实验，进一步了解 LMS 和 RLS 算法的收敛性和误差特性。

1. LMS 算法的实验结果

采用归一化 LMS(NLMS)算法进行实验，理论上步长取 $0<\tilde{\mu}<2$ 都可以保证收敛，实验中，首先取 $\tilde{\mu}=1$ 和信噪比 25dB，一次单独实验的误差平方曲线示于图 5.5.2(a)，20 次实验的误差平方的均值示于图 5.5.2(b)。

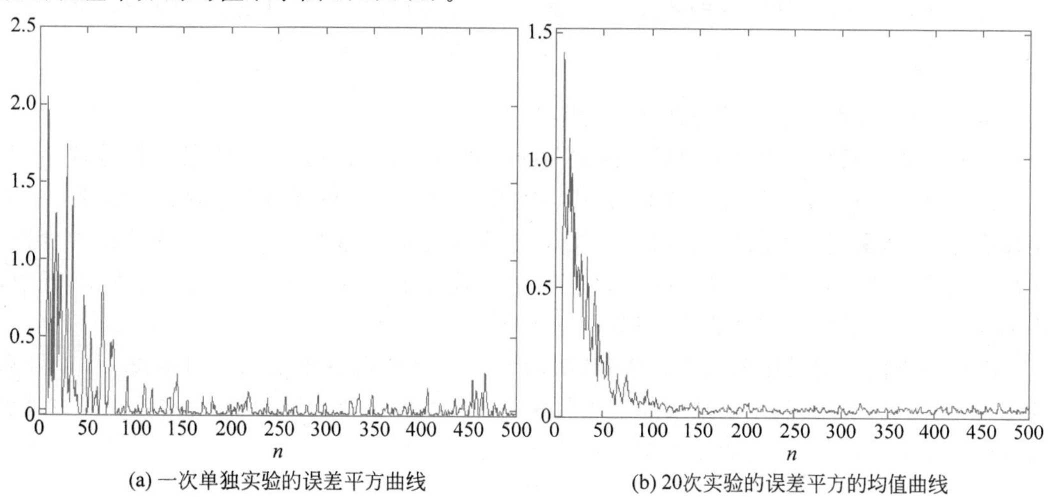

(a) 一次单独实验的误差平方曲线　(b) 20次实验的误差平方的均值曲线

图 5.5.2　$\tilde{\mu}=1$，信噪比 25dB 实验结果

由 LMS 算法设计的自适应均衡器的滤波器冲激响应(收敛后的权系数)和自适应均衡器与信道滤波器的卷积结果示于表 5.5.1 中。由表的第 3 行可见,自适应均衡器与信道滤波器的卷积非常接近于一个冲激响应为单位抽样序列的滤波器,这正是我们期望的。

表 5.5.1 用 LMS 设计的自适应均衡器

序　　号	0	1	2	3	4	5	6
20 次平均	−0.0018	−0.0060	0.021	−0.0788	0.209	−0.555	1.467
一次设计	−0.0384	0.0245	−0.016	−0.047	0.177	−0.526	1.455
卷积	−0.0005	−0.0034	0.0004	−0.0065	−0.0019	−0.0021	0.0031
序　　号	7	8	9	10	11	12	
20 次平均	−0.547	0.212	−0.084	0.02			
一次设计	−0.511	0.185	−0.073	−0.0117			
卷积	0.9896	0.0112	0.0019	−0.0057	−0.0073	0.0059	

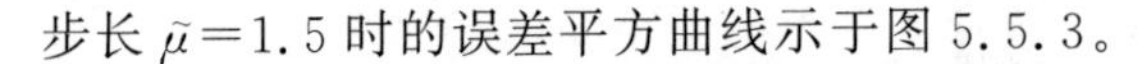

步长 $\tilde{\mu}=1.5$ 时的误差平方曲线示于图 5.5.3。

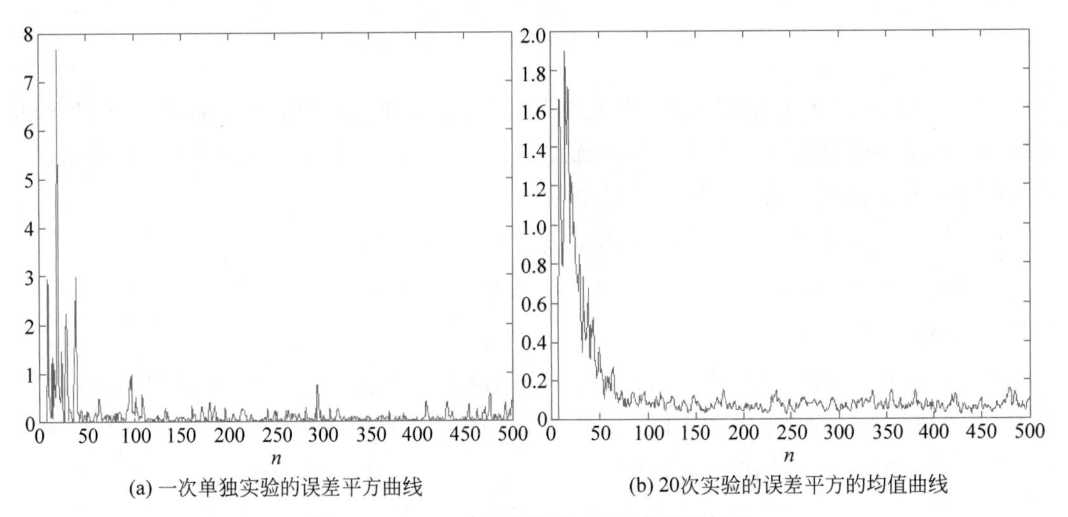

(a) 一次单独实验的误差平方曲线　　(b) 20次实验的误差平方的均值曲线

图 5.5.3 $\tilde{\mu}=1.5$、信噪比 25dB 的实验结果

步长 $\tilde{\mu}=0.4$ 时的误差平方曲线示于图 5.5.4。

观察三个不同步长情况下的平均误差曲线不难看出,步长越小,平均最终误差越小,但收敛速度越慢,为了获得更好的精度,必然牺牲收敛速度。一种有启发意义的做法是,在迭代算法开始时,采用较大的步长,以尽快收敛,在基本达到收敛状态时,再改用较小的步长,使最终额外误差尽可能小,这样做可以获得收敛速度和最终误差之间的一个好的折中,Harris 给出一个这样的实现算法,细节参见文献[112]。

降低信噪比的结果如图 5.5.5 所示,图示的是在信噪比为 20dB 时,用步长 $\tilde{\mu}=1$ 得到的结果,由图可见,尽管 20 次结果的平均曲线仍有较好的收敛结果,但单次实验的误差曲线随机性明显增加,这是更大的噪声功率对随机梯度的影响。

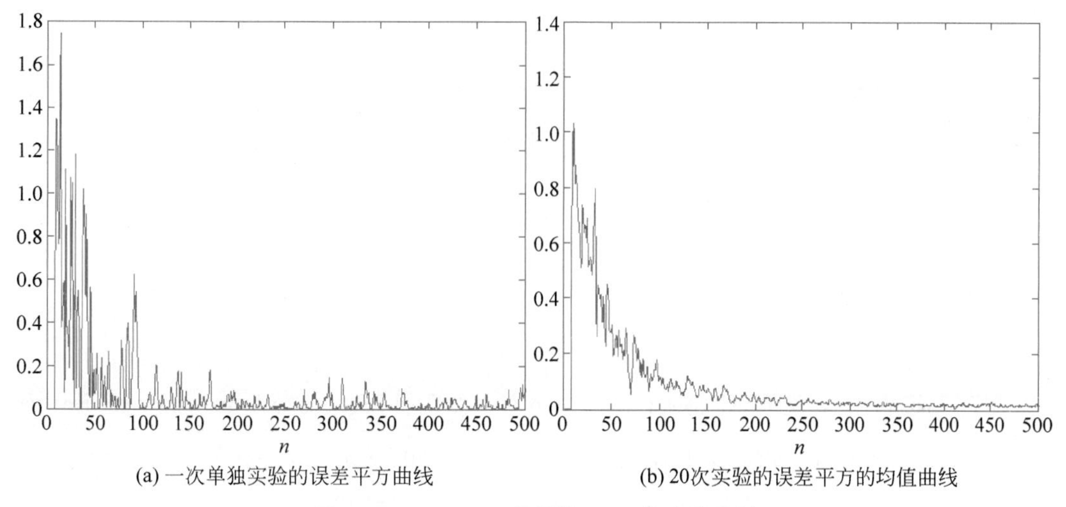

(a) 一次单独实验的误差平方曲线　(b) 20次实验的误差平方的均值曲线

图 5.5.4 $\tilde{\mu}=0.4$，信噪比 25dB 的实验结果

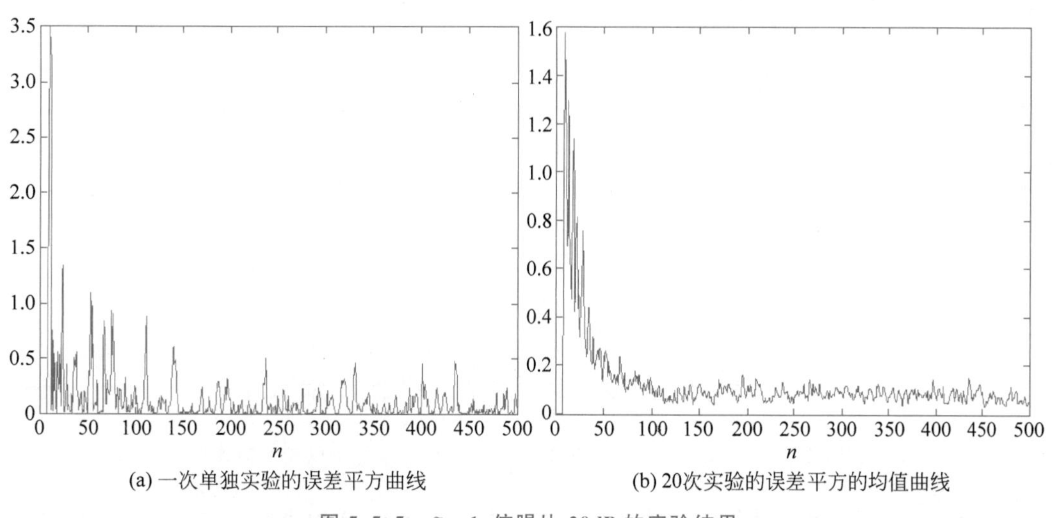

(a) 一次单独实验的误差平方曲线　(b) 20次实验的误差平方的均值曲线

图 5.5.5 $\tilde{\mu}=1$，信噪比 20dB 的实验结果

2. RLS 算法的实验结果

在同样条件下，用 RLS 算法设计这个自适应均衡器，观察它的收敛性和最终误差性能。仍在信噪比 25dB 下进行实验。取忘却因子 $\lambda=0.8$。单次实验和 20 次实验的结果如图 5.5.6 所示。

从图 5.5.6 可以看到，RLS 算法的收敛速度明显比 LMS 算法快，并且最终误差值也比 LMS 算法小。不考虑运算复杂性，RLS 算法性能比 LMS 算法要好。当 RLS 算法用更小的忘却因子时，单次实验结果明显变坏，图 5.5.7 是忘却因子取 $\lambda=0.6$ 时，一次实验的误差曲线。从原理上讲，当忘却因子取得较小时，几个单位时间之前的信号的贡献变得很小，只有最近的信号值参与了平均，当忘却因子趋于 0 时，LS 就蜕变成了 LMS。

3. 自适应滤波的有限字长问题

以上的仿真都是在 PC 上实现的，使用的是 MATLAB 软件，采用 32 位或 64 位字长的

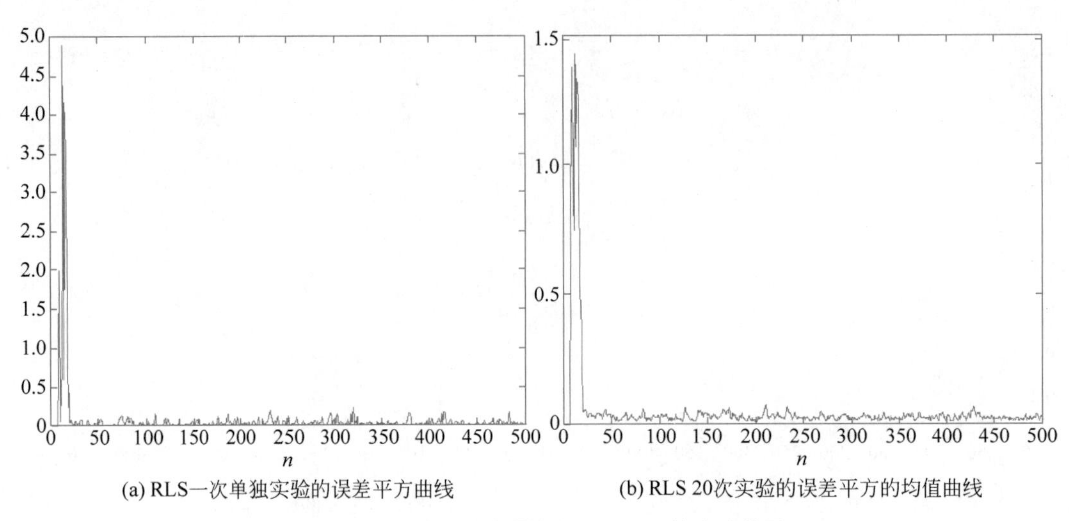

(a) RLS一次单独实验的误差平方曲线

(b) RLS 20次实验的误差平方的均值曲线

图 5.5.6 $\lambda=0.8$,信噪比 25dB,RLS 的实验结果

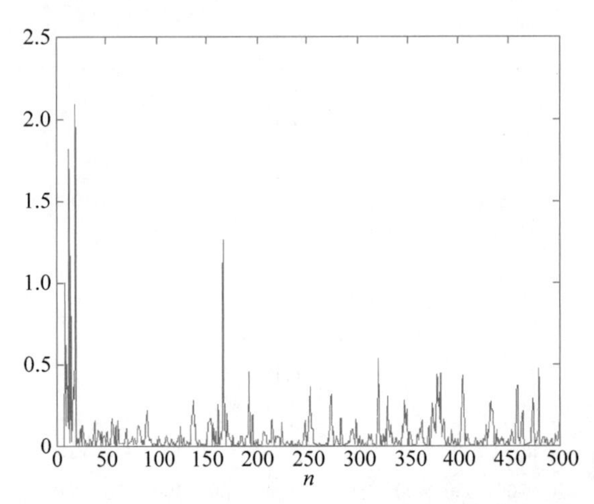

图 5.5.7 $\lambda=0.6$,信噪比 25dB,RLS 一次单独实验的误差平方曲线

浮点运算,在这种计算环境下,运算误差的影响近似可忽略,故以上实验中主要关心收敛和性能。LMS 算法的收敛性取决于步长的选择,而 RLS 算法原理上总是收敛的。

自适应滤波经常应用于实时处理环境,而实时处理的硬件平台常采用 FPGA 或嵌入式处理器,这些计算环境常用有限位定点运算,设字长为 B。在数字信号处理(DSP)的著作中都会详细讨论有限字长效应引起的各种误差和由此对输出信噪比的影响。有限字长效应对自适应滤波信噪比的影响与 DSP 讨论的类似,此处不再讨论。这里主要关注有限字长效应对自适应滤波收敛性的影响,对于 LMS 算法设步长 μ 满足收敛性,故只讨论有限字长对收敛性的影响,对这个问题通过仿真实验得到一些有参考价值的结果。

有限字长效应对 LMS 算法的收敛性影响不大,实验验证对本节的自适应均衡实验,只要取 $B>8\text{b}$ 即可保证 LMS 算法收敛,当然 B 越大运算量化误差越小,性能越好。

有限字长效应对 5.4 节导出的基本 RLS 算法的收敛性影响更明显,对于本节的均衡器,实验表明 $B>20\text{b}$ 才能保证均衡器收敛,由于很多 FPGA 的 DSP 核和经济型的嵌入式处理器可能是 16 位字长,在这些处理器中采用标准字长定点运算不能保证 RLS 算法收敛。

造成 RLS 算法不收敛的关键是式(5.4.14)，即 $\boldsymbol{P}(n)$ 的迭代公式

$$\boldsymbol{P}(n)=\lambda^{-1}\boldsymbol{P}(n-1)-\lambda^{-1}\boldsymbol{k}(n)\boldsymbol{x}^{\mathrm{H}}(n)\boldsymbol{P}(n-1)$$

由于该式是两项之差，在有限字长影响下，可能使得 $\boldsymbol{P}(n)$ 变成负定，这违背了 $\boldsymbol{P}(n)$ 必然正定的基本性质，引起 RLS 算法不收敛。注意到 RLS 算法不收敛问题与卡尔曼滤波遇到的计算问题很相似。只有当 B 充分大，运算量化误差可忽略时才避免 $\boldsymbol{P}(n)$ 变成负定，就像本例的 $B>20$b。

本节只给出一个实验性的结果，实际上对于一个具体应用，可通过仿真确定其收敛所需要的字长 B，但本节给出的例子对大多数中等规模的自适应滤波器是很有参考价值的。

对于 RLS 算法，其基本算法存在两个明显的缺点，一是运算量很大是 $O(M^2)$ 的，二是保证收敛的字长要求较高，因此怎样改进基本 RLS 算法以降低运算量和提高计算可靠性得到广泛研究，有兴趣的读者可参考自适应滤波的专著，例如文献[117]、[226]。

*5.6　非线性自适应滤波举例

有许多应用需要非线性自适应滤波器。所谓非线性自适应滤波指的是滤波运算单元是非线性系统，而不是前几节讨论的 FIR 结构的线性滤波器。非线性系统缺乏统一的处理方式，本节只讨论一种简单的非线性系统。

将滤波器输出与输入之间建立起非线性关系，但是与滤波器权系数向量仍是线性关系。注意，将 M 维的输入信号向量

$$\boldsymbol{x}(n)=[x(n),x(n-1),\cdots,x(n-M+1)]^{\mathrm{T}}$$

通过一个非线性函数变换得到一个 K 维向量，一般地，$K>M$，即将信号向量 $\boldsymbol{x}(n)$ 映射到更高维向量空间，映射关系表示为 $\boldsymbol{x}(n)\rightarrow\boldsymbol{\Psi}(\boldsymbol{x}(n))$，$K$ 维向量 $\boldsymbol{\Psi}(\boldsymbol{x}(n))$ 为

$$\boldsymbol{\Psi}(\boldsymbol{x}(n))=[\psi_1(\boldsymbol{x}(n)),\psi_2(\boldsymbol{x}(n)),\cdots,\psi_K(\boldsymbol{x}(n))]^{\mathrm{T}}$$

以 $\boldsymbol{\Psi}(\boldsymbol{x}(n))$ 替代 $\boldsymbol{x}(n)$ 作为输入，定义自适应滤波器系数向量为

$$\boldsymbol{w}_{\psi}(n)=[w_{\psi,1}(n),w_{\psi,_1}(n),\cdots,w_{\psi,K}(n)]^{\mathrm{T}}$$

利用映射函数向量，得到滤波器输出为

$$y(n)=\sum_{k=1}^{K}w_{\psi,k}^{*}(n)\psi_k(\boldsymbol{x}(n))=\boldsymbol{w}_{\psi}^{\mathrm{H}}(n)\boldsymbol{\Psi}(\boldsymbol{x}(n))$$

对期望响应的估计误差为

$$e(n)=d(n)-y(n)=d(n)-\boldsymbol{w}_{\psi}^{\mathrm{H}}(n)\boldsymbol{\Psi}(\boldsymbol{x}(n))$$

把这组公式代入 LMS 算法中，得到一种非线性映射 LMS 算法并列于表 5.6.1 中。

表 5.6.1　非线性映射 LMS 算法

初　始　值	$\boldsymbol{w}_{\psi}(0)=\boldsymbol{0}$
算法	$y(n)=\boldsymbol{w}_{\psi}^{\mathrm{H}}(n)\boldsymbol{\Psi}(\boldsymbol{x}(n))$ $e(n)=d(n)-\boldsymbol{w}_{\psi}^{\mathrm{H}}(n)\boldsymbol{\Psi}(\boldsymbol{x}(n))$ $\boldsymbol{w}_{\psi}(n+1)=\boldsymbol{w}_{\psi}(n)+\mu e^{*}(n)\boldsymbol{\Psi}(\boldsymbol{x}(n))$

同样地，以 $\boldsymbol{\Psi}(\boldsymbol{x}(n))$ 替代 $\boldsymbol{x}(n)$ 作为输入，可以将 RLS 算法推广为非线性映射 RLS 算法，并列于表 5.6.2 中。

表 5.6.2 非线性映射 RLS 算法的递推方程

(1) 计算 RLS 增益向量：$\boldsymbol{k}_\psi(n)=\dfrac{\lambda^{-1}\boldsymbol{P}_\psi(n-1)\boldsymbol{\Psi}(\boldsymbol{x}(n))}{1+\lambda^{-1}\boldsymbol{\Psi}^{\mathrm{H}}(\boldsymbol{x}(n))\boldsymbol{P}_\psi(n-1)\boldsymbol{\Psi}(\boldsymbol{x}(n))}$
(2) 计算前验估计误差：$\varepsilon(n)=d(n)-\boldsymbol{w}_\psi^{\mathrm{H}}(n-1)\boldsymbol{\Psi}(\boldsymbol{x}(n))$
(3) 更新权系数向量：$\boldsymbol{w}_\psi(n)=\boldsymbol{w}_\psi(n-1)+\boldsymbol{k}_\psi(n)\varepsilon^*(n)$
(4) 递推系数逆矩阵：$\boldsymbol{P}_\psi(n)=\lambda^{-1}\boldsymbol{P}_\psi(n-1)-\lambda^{-1}\boldsymbol{k}_\psi(n)\boldsymbol{\Psi}^{\mathrm{H}}(\boldsymbol{x}(n))\boldsymbol{P}_\psi(n-1)$
(5) 当前滤波器输出：$y(n)=\boldsymbol{w}_\psi^{\mathrm{H}}(n)\boldsymbol{\Psi}(\boldsymbol{x}(n))$
(6) 当前估计误差(并不是必要的)：$e(n)=d(n)-\boldsymbol{w}_\psi^{\mathrm{H}}(n)\boldsymbol{\Psi}(\boldsymbol{x}(n))$

在表 5.6.2 中，$\boldsymbol{k}_\psi(n)$是 K 维向量，$\boldsymbol{P}_\psi(n)$是 $K\times K$ 矩阵，初始时 $\boldsymbol{P}_\psi(0)=\delta^{-1}\boldsymbol{I}$，这里，$\delta$ 是初始选取的一个小的实数值。

在这种非线性映射的自适应滤波系统中，针对实际问题怎样选取合适的映射函数集 $\boldsymbol{\Psi}(\boldsymbol{x}(n))$是一个关键的问题。已有工作把非线性函数集的选择与核函数联系起来，并利用"核技巧"有效计算非线性自适应滤波器的输出，从而得到核 LMS 和核 RLS 算法(KLMS、KRLS)，有兴趣的读者可参考文献[157]、[158]。

5.7 自适应滤波器的应用举例

本章的开始非常简单地介绍了自适应滤波算法的 4 种类型的应用，在研究了一些重要的自适应滤波算法后，对自适应滤波的几个例子再进行稍详细些的讨论，以增加对自适应滤波应用的认识。

5.7.1 自适应均衡再讨论

在 5.5 节，通过数值仿真的例子，分析了自适应滤波在通信的信道均衡方面的应用。

前述的自适应均衡器需要一个期望响应，即训练序列，但训练序列只在初始系统训练阶段存在，一旦训练结束，训练序列不再存在，通信系统将传输用户的有用数据，期望响应不再存在。在期望响应不再存在后，自适应滤波器怎样做？一种方法是将自适应均衡器切换成一个固定滤波器，对于平稳信道来讲这样做是可接受的，但对于性能不稳定的信道，接收机性能将会明显下降。一种改善的方法是在训练序列传输结束后，通过人造一个期望响应，使得自适应滤波过程能够继续，以保证自适应均衡器跟踪信道的变化。一种人造期望响应的方法是在训练阶段结束后，将均衡器输出送入判决器，判决器的输出作为期望响应，与滤波器输出相减构成误差量用于调整自适应均衡器的滤波器系数，实验和理论分析都表明，这种方法达到好的效果，这种人造期望响应的方法称为"决策方向"(Decision-Direction)法，简称 DD 方法。采用 DD 方法的自适应均衡器的方框图如图 5.7.1 所示。由于判决器运算是一种非线性运算，因此，训练结束后，利用人造期望响应的自适应均衡算法不再是线性自适应滤波器，而是非线性自适应滤波器。

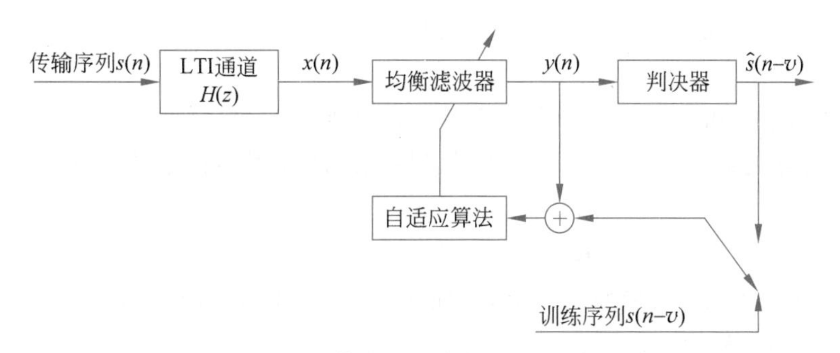

图 5.7.1 利用决策方向法的自适应均衡器的结构图

5.7.2 自适应干扰对消的应用

噪声对消的原理框图如图 5.7.2 所示。信号 $s(n)$中混入了不相关的噪声 $v_0(n)$，将 $s(n)+v_0(n)$称为原始输入，它的作用是用作期望响应，可以通过其他途径得到与 $v_0(n)$相关的另一个噪声信号 $v_1(n)$(称为噪声副本)，用作自适应滤波器的输入，它也称为参考输入，调整滤波器系数，使自适应滤波器输出 $y(n)$是 $v_0(n)$的非常精确的逼近，原始输入减去滤波器输出，得到基本上抵消了噪声干扰的信号 $s(n)$。

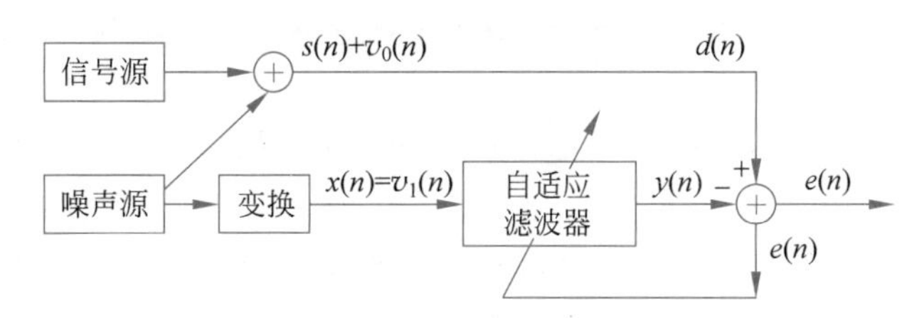

图 5.7.2 用自适应滤波进行噪声对消的原理框图

“噪声对消”一词表示了自适应滤波的一类应用，可以衍生出许多具体应用。例如，在心电图测量，50Hz 工频干扰(在美国等国是 60Hz)是非常严重的干扰，因为传感器产生的信号是弱信号 $s(n)$，很可能记录的信号 $s(n)+v_0(n)$中主要能量是工频干扰，为了消除干扰，通过变压器另获取一个工频信号 $v_1(n)$，但 $v_1(n)$的相位和幅度与 $v_0(n)$都不相同，直接相减可能会引起噪声的增强，使 $v_1(n)$通过自适应滤波器产生与 $v_0(n)$的幅度和相位几乎一致的输出 $y(n)$，再从 $s(n)+v_0(n)$减去 $y(n)$，就达到消除噪声的目的。

图 5.7.2 的结构能否使 $y(n)$有效逼近 $v_0(n)$且不对信号产生畸变呢？这是要回答的问题。假设各信号都是平稳的，$s(n)$和 $v_0(n)$、$v_1(n)$是不相关的，$v_0(n)$和 $v_1(n)$是相关的，噪声对消系统的输出为

$$e(n)=s(n)+v_0(n)-y(n)$$

两边取平方，得

$$e^2(n)=s^2(n)+(v_0(n)-y(n))^2+2s(n)(v_0(n)-y(n))$$

上式两边取期望值，并考虑到 $s(n)$与 $v_0(n)$和 $y(n)$的不相关性，有

$$\begin{aligned}E\{e^2(n)\}&=E\{s^2(n)\}+E\{(v_0(n)-y(n))^2\}+2E\{s(n)(v_0(n)-y(n))\}\\&=E\{s^2(n)\}+E\{(v_0(n)-y(n))^2\}\end{aligned}$$

由于 $E\{s^2(n)\}$不受自适应滤波器的权系数影响，是确定量，使 $E\{e^2(n)\}$最小和使

$E\{(v_0(n)-y(n))^2\}$最小是等价的，当滤波器收敛到最优滤波器系数时，$y(n)$是$v_0(n)$的最优估计。

用维纳-霍普夫(Wiener-Hopf)方程也可以很好地说明自适应滤波的收敛性质，设信号是平稳的，自适应滤波器收敛到(或近似收敛到)维纳滤波器的权系数，对噪声对消问题，权系数的解为

$$\boldsymbol{R}_x\boldsymbol{w}=\boldsymbol{r}_{xd}=\boldsymbol{r}_{v_1(s+v_0)}=\boldsymbol{r}_{v_1v_0}$$

由于$\boldsymbol{r}_{v_1s}=\boldsymbol{0}$，其对滤波器的解没有影响，最优滤波器的解由$v_1(n)$的自相关矩阵和$v_0(n)$与$v_1(n)$的互相关向量确定。

图5.7.2的结构中，由于$s(n)$没有经过滤波器，$y(n)$与$s(n)$不相关，因此，在噪声消除过程中，有用信号$s(n)$不会被衰弱和畸变。但是，如果信号$s(n)$也串扰到了参考信号$v_1(n)$中，噪声对消器输出中$s(n)$将发生畸变，但如果这种串扰能量较小，仍可以有较好的噪声消除和保持信号的效果。

当干扰噪声是单频的正弦信号时，一个两系数特殊结构的自适应滤波器将得到好的效果，设参考输入是$v_1(n)=A\cos(\omega_0 n+\varphi)$时，图5.7.3结构的自适应滤波器的消噪性能是良好的。在这个系统中，若采用LMS算法，则两个输入信号分量为

$$x_1(n)=A\cos(\omega_0 n+\varphi)$$
$$x_2(n)=A\sin(\omega_0 n+\varphi)$$

权系数更新公式为

$$w_1(n+1)=w_1(n)+\mu x_1(n)e(n)=w_1(n)+\mu A\cos(\omega_0 n+\varphi)e(n)$$
$$w_2(n+1)=w_2(n)+\mu x_2(n)e(n)=w_2(n)+\mu A\sin(\omega_0 n+\varphi)e(n)$$

虽然图5.7.3所示的系统，是一个非线性时变系统，但是可以证明，从期望响应$d(n)$到噪声抵消器输出$e(n)$等价为一个线性时不变系统，且传输函数为

$$H(z)=\frac{z^2-2z\cos(\omega_0)+1}{z^2-2(1-\mu A^2)z\cos(\omega_0)+1-2\mu A^2}$$

它的零点位于$z=\mathrm{e}^{\pm\mathrm{j}\omega_0}$，因此，频率响应在$\omega_0$处有一个凹口，凹口带宽为$BW=\mu A^2$，当迭代步长很小时，该系统是一个凹口带宽很窄的陷波器，这正是所需要的功能，即消除了原始输入中角频率为ω_0的干扰。

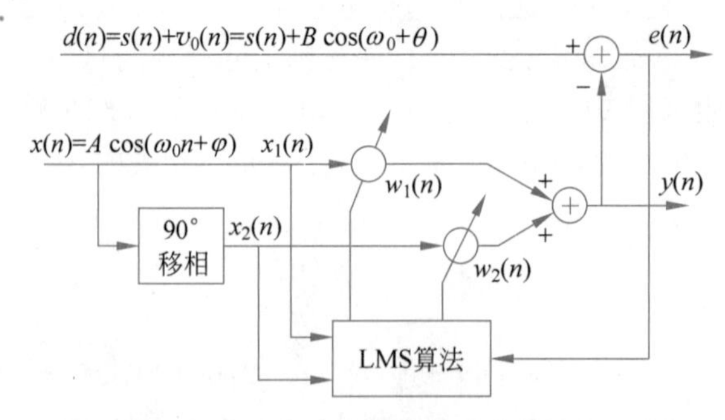

图5.7.3 抵消一个单频率正弦波噪声的特殊结构

噪声对消已得到许多实际应用，罗列一些应用实例如下。

- 心电图中50Hz或60Hz电源工频干扰的消除。

- 胎儿检测中胎儿心电图中母体心电图的对消。
- 飞机驾驶员座舱内,环境噪声的干扰对消。
- 长途电话线路中的回声对消。

有关这些应用的更详细的讨论,参考文献[269]。

*5.8 无期望响应的自适应滤波算法举例:盲均衡

前几节讨论的自适应滤波器都存在一个期望响应,除5.6节外,滤波器的各运算单元都是线性运算。如果满足收敛条件,所构成的自适应滤波器一般地会达到良好的性能和简单的运算结构。但在一些实际应用中,不存在或得不到一个期望响应,前面的算法就不能直接应用。

这种期望响应不存在的条件下的自适应滤波问题属于信号"盲处理"问题,对于信号盲处理这一专题,本书给出两个典型实例的介绍,本节以通信中的自适应均衡器为例,介绍"盲均衡"的一些基本算法,第8章扼要讨论盲源分离问题。

在点对点且信道相对平稳的通信系统中,自适应均衡很好地改进了通信接收机的性能,但在广播式的通信系统中,例如数字声广播(DVB)中,就不易通过传输一段训练序列来建立广播电台和每个接收机之间的连接。这种情况下,盲均衡是改善接收机性能的有效方法之一。

一种构建盲均衡的最直接的方法是利用前面讨论的自适应滤波算法,合理地人工制造一个"期望响应"来代替缺失的"期望响应",这样,前面介绍的算法都可以直接应用。5.7.1节介绍的"决策方向"法(Decision-Direction,DD),是这种构造替代期望的一种实例。

DD方法对无训练序列存在的盲均衡算法设计给出有用的启示,用人造期望响应代替训练序列构造盲均衡算法,这是一种非线性算法。与各种非线性技术一样,目前尚没有一种广泛存在的理论用于指导非线性系统的设计,针对一些特定的假设,构造针对一类应用有效的算法,是解决非线性问题的一般研究方法。

针对通信系统中信号传输的特点,通过对传输信号的特性的利用,构造一个"合理的期望响应"用于均衡算法。盲均衡的一般结构示意图如图5.8.1所示。

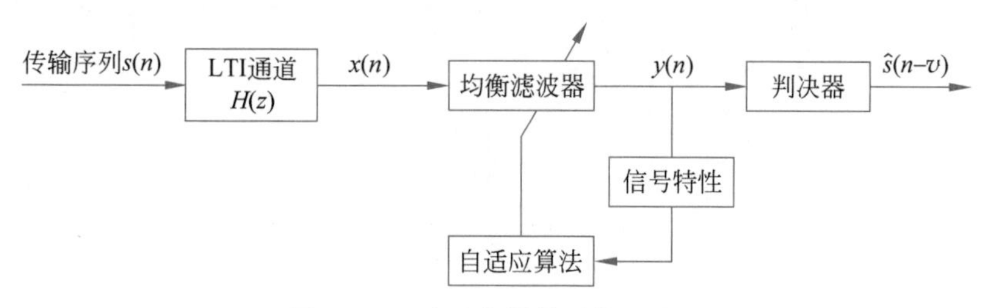

图5.8.1 盲均衡器的结构示意图

5.8.1 恒模算法(CMA)

通过前面的讨论,一个物理意义比较明确的算法:恒模算法(Constant Modulus Algorithm,CMA)被构造。在通信系统中,角度调制是常用的调制形式,包括频率调制

(FM)和相位调制(PM)，这些调制信号都满足包络是常数的性质，利用这个性质，构造一类盲自适应均衡算法，即CMA算法。传输信号满足恒模性，即$|s(n)|^2=R_2$，因为接收到的信号由于信道造成的畸变和干扰噪声，已不满足恒模性，当接收到的信号通过均衡器后，如果性能得到改善，则误差函数

$$\varepsilon(n)=|y(n)|^2-R_2 \tag{5.8.1}$$

会下降，理想的均衡器是误差函数下降到零，定义

$$\Psi(y(n))=(\varepsilon(n))^2=(|y(n)|^2-R_2)^2 \tag{5.8.2}$$

使$\Psi(y(n))$最小，利用LMS算法的基本思路，可以导出CMA算法如下：

$$\begin{aligned}\boldsymbol{w}(n+1)&=\boldsymbol{w}(n)-\mu'\frac{\partial}{\partial\boldsymbol{w}(n)}\Psi(y(n))\\&=\boldsymbol{w}(n)-\mu(|y(n)|^2-R_2)y(n)\boldsymbol{x}(n)\end{aligned} \tag{5.8.3}$$

对于复信号和复系统，权更新算法为

$$\boldsymbol{w}(n+1)=\boldsymbol{w}(n)-\mu(|y(n)|^2-R_2)y(n)\boldsymbol{x}^*(n) \tag{5.8.4}$$

尽管CMA算法的导出受到角度调制的启发，但其应用并不局限于角度调制，例如对数字通信的QAM调制，CMA算法也是相当有效的，如下给出针对4QAM和16QAM调制的一些实验结果，对QAM调制不熟悉的读者请参考有关通信原理的著作(如文献[285])。

例5.8.1 首先看一个4QAM调制的例子，用复信号表示，4QAM调制相当于只传输4种取值的信号，即$x=a+b\mathrm{j}$，$a=\pm\sqrt{2}/2$，$b=\pm\sqrt{2}/2$，因此发送信号的星座是4个点，假设4QAM的基带信号通过一个信道，信道用一个FIR滤波器来表示，滤波器的传输函数为

$$H(z)=0.2+0.5z^{-1}+z^{-2}-0.1z^{-3}$$

信号经FIR滤波器输出后加入了高斯白噪声，信噪比为30dB，接收到的信号的分布图如图5.8.2所示，由于码间串扰和噪声干扰，接收的信号已经非常混乱。

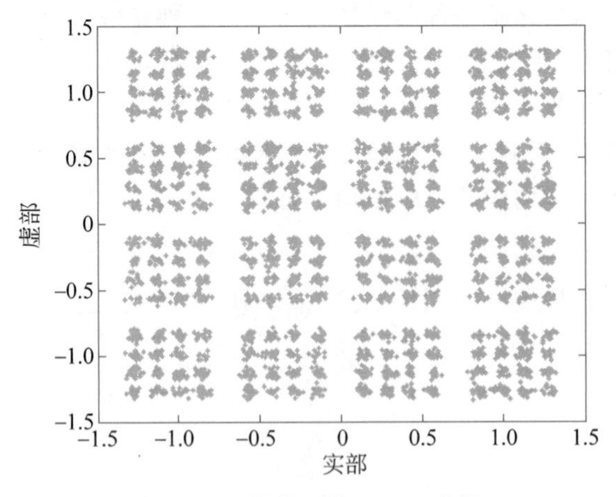

图5.8.2 接收到的4QAM信号

接收到的4QAM信号经过一个均衡器，均衡器由长度为6的FIR滤波器构成，应用本节的CMA算法进行盲均衡，步长取0.001，图5.8.3是收敛后均衡器输出的分布图，由图可以看到，盲均衡器将输出聚集到4个星座的附近，判决器可以产生正确的判决。

图5.8.4是CMA算法收敛图，可以看到，作为盲均衡的CMA算法的收敛速度明显比

LMS 算法要慢，大约要到 5000 次迭代以后才达到收敛，对同等规模的系统 LMS 算法一般只需几十至几百次迭代，这是缺乏期望响应的代价。

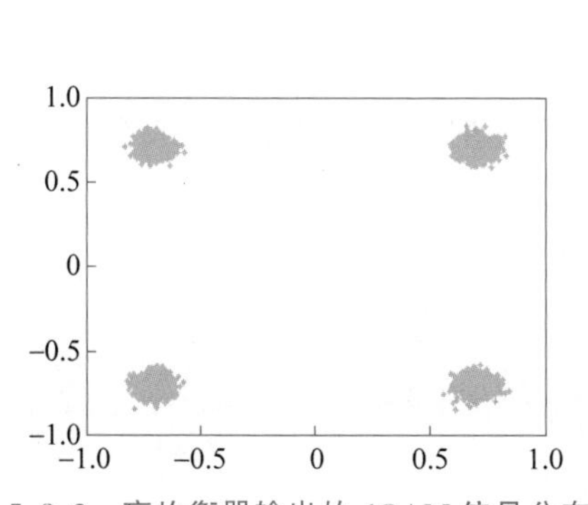

图 5.8.3 盲均衡器输出的 4QAM 信号分布图

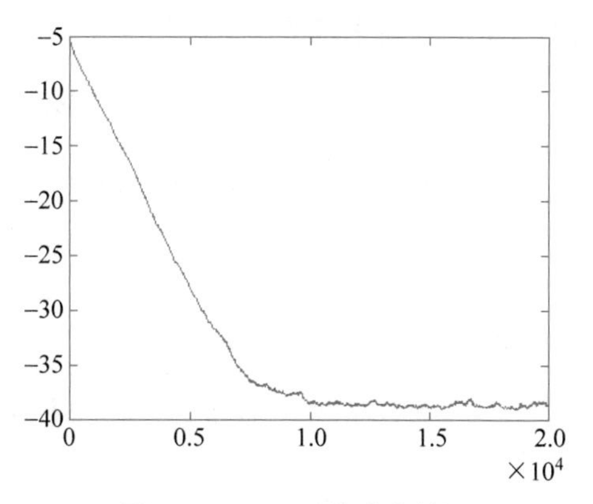

图 5.8.4 CMA 算法收敛图

例 5.8.2 由于 4QAM 满足恒模性，CMA 算法的有效性是容易理解的，下一个实验例子是将 CMA 算法用于 16QAM 系统，由于 16QAM 不再满足恒模性，但是图 5.8.5～图 5.8.7 说明 CMA 算法仍然取得了较好的效果。

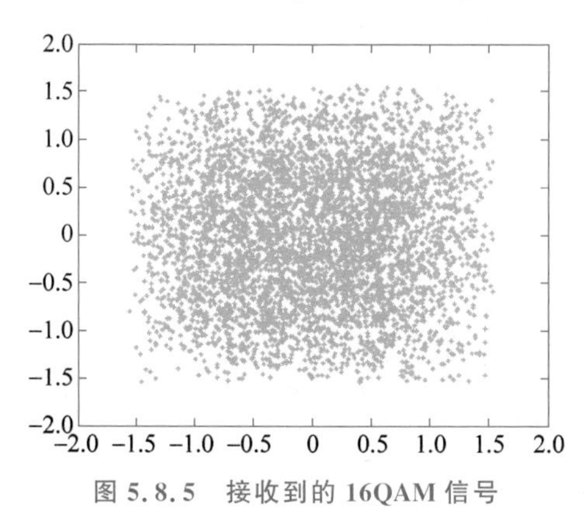

图 5.8.5 接收到的 16QAM 信号

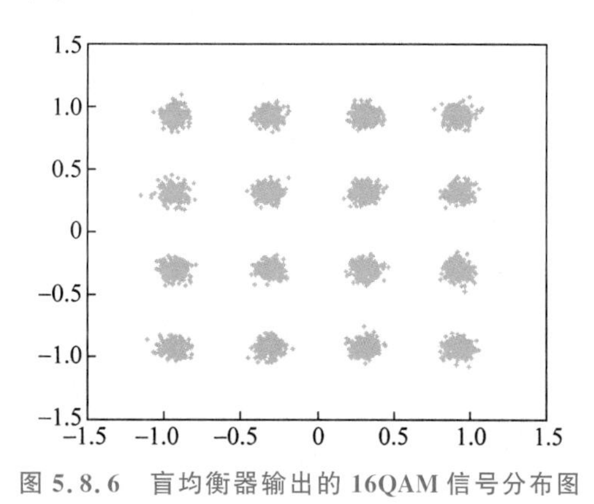

图 5.8.6 盲均衡器输出的 16QAM 信号分布图

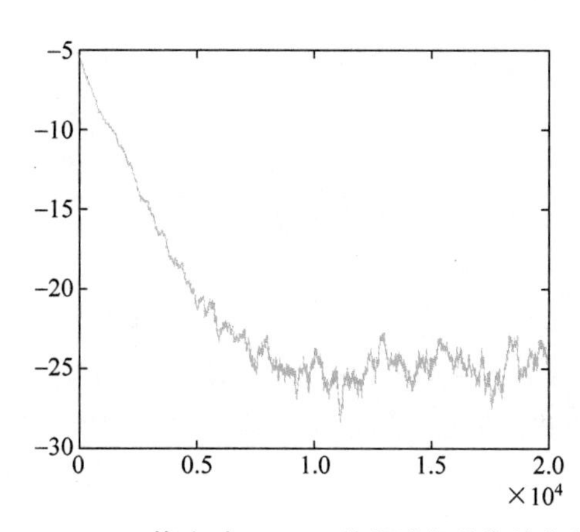

图 5.8.7 CMA 算法对 16QAM 信号进行均衡的收敛曲线

由于 CMA 算法具有的良好的性能和简单的运算结构,使得以 CMA 为基础的一类盲均衡器已经应用于实际系统中,例如,数字 HDTV 系统[253]、短码 DS-CDMA 系统[196]、无线 GMS 蜂窝系统等[76]。

5.8.2 一类盲均衡算法(Bussgang 算法)

对 CMA 算法的思想给予推广,构成一类盲均衡算法。取一个不同的目标函数 $\Psi(y(n))$,使得目标函数

$$J(\boldsymbol{w}(n))=E\{\Psi(y(n))\} \tag{5.8.5}$$

最小,由随机梯度的思想,得

$$\begin{aligned}\boldsymbol{w}(n+1)&=\boldsymbol{w}(n)-\mu\frac{\partial}{\partial\boldsymbol{w}(n)}\Psi(y(n))\\&=\boldsymbol{w}(n)-\mu\Psi'(\boldsymbol{w}^{\mathrm{T}}(n)\boldsymbol{x}(n))\boldsymbol{x}(n)\\&=\boldsymbol{w}(n)-\mu\psi(\boldsymbol{w}^{\mathrm{T}}(n)\boldsymbol{x}(n))\boldsymbol{x}(n)\end{aligned} \tag{5.8.6}$$

上式中,记 $\Psi'(x)=\psi(x)$,等价于 LMS 算法中的误差项 $e(n)$,取不同的 $\Psi(x)$或 $\psi(x)$构造不同的盲自适应均衡算法。

1. Sato 算法

取误差函数

$$\psi(y(n))=y(n)-R_1\operatorname{sgn}(y(n)) \tag{5.8.7}$$

这里

$$R_1=\frac{E[|s(n)|^2]}{E[|s(n)|]} \tag{5.8.8}$$

得到权更新公式

$$\begin{aligned}\boldsymbol{w}(n+1)&=\boldsymbol{w}(n)-\mu\psi(\boldsymbol{w}^{\mathrm{T}}(n)\boldsymbol{x}(n))\boldsymbol{x}(n)\\&=\boldsymbol{w}(n)-\mu(y(n)-R_1\operatorname{sgn}(y(n)))\boldsymbol{x}(n)\end{aligned} \tag{5.8.9}$$

2. Godard 算法

取

$$\Psi_q(y(n))=\frac{1}{2q}(|y(n)|^q-R_q)^2 \tag{5.8.10}$$

这里

$$R_q=\frac{E[|s(n)|^{2q}]}{E[|s(n)|^q]} \tag{5.8.11}$$

得到权更新公式

$$\begin{aligned}\boldsymbol{w}(n+1)&=\boldsymbol{w}(n)-\mu\psi(\boldsymbol{w}^{\mathrm{T}}(n)\boldsymbol{x}(n))\boldsymbol{x}(n)\\&=\boldsymbol{w}(n)-\mu(|y(n)|^q-R_q)|y(n)|^{q-2}y(n)\boldsymbol{x}(n)\end{aligned} \tag{5.8.12}$$

Godard 算法是一个更一般化的算法,它将 Sato 算法和 CMA 算法作为特例,注意到,$q=1$ 时,Godard 算法简化成 Sato 算法;$q=2$ 时,Godard 算法变成 CMA 算法。

3. 一般 Bussgang 算法

上述的几个盲均衡算法都归结为 Bussgang 算法的特例。可以用一个不同的思路导出

以前的盲均衡算法。假设通信系统传输的信号序列是 $s(n)$，均衡器的输出 $y(n)$，由 $y(n)$ 对 $s(n)$进行估计，设估计函数是非线性无记忆估计器 $\hat{s}(n)=g(y(n))$，最优估计器是贝叶斯估计 $\hat{s}(n)=g(y(n))=E\{s(n)|y(n)\}$，也可以采用其他次最优估计器，总之 $g(y(n))$是一个非线性无记忆函数，以估计器输出 $\hat{s}(n)=g(y(n))$作为期望响应 $d(n)$，代入 LMS 算法中，得到权更新公式：

$$\boldsymbol{w}(n+1)=\boldsymbol{w}(n)-\mu(g(y(n))-y(n))\boldsymbol{x}(n)$$

上式中，取不同的 $g(y(n))$得到一类盲均衡算法，例如，取

$$g(y(n))=y(n)(1+R_2-|y(n)|^2)$$

得到 CMA 算法，很容易也可以得到 Sato 和 Godard 算法相应的 $g(y(n))$函数形式，有兴趣的读者可作为练习。注意，这类盲均衡算法用图 5.8.8 表示。

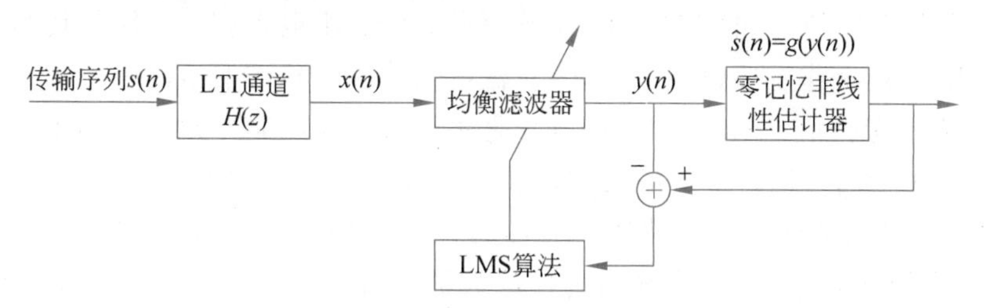

图 5.8.8 由非线性无记忆估计器代替期望响应的盲均衡

可以证明[117]，这类算法近似满足条件

$$E(y(n)y(n-k))=E(g(y(n))y(n-k))$$

如果一个随机过程满足这个条件，称为 Bussgang 过程，因此文献中习惯将这一类算法统称为 Bussgang 算法。

5.8.3 盲反卷算法介绍

盲均衡是盲反卷算法的一个特例。一般的输入信号通过一个线性系统，只可以测量到系统输出，线性系统和输入信号是未知的，仅通过系统输出信号求解系统的输入信号或系统的冲激响应的问题，就称为盲反卷问题。

解盲反卷的方法主要有三类方法，分别为 Bussgang 算法、基于高阶统计量(HOS)的算法、基于循环 2 阶统计(SOS)的算法。

Bussgang 算法是一种非线性算法，它的主要思想已通过盲均衡的例子给予介绍，这种算法是一种隐性的高阶统计算法，也就是说，尽管在算法的描述中，没有显示的使用高阶统计量，但隐含地使用了高阶统计的性质。

显式的使用高阶统计的方法，是利用高阶统计的性质构造了求解方程，有关 HOS 的讨论，参考第 7 章。

利用循环 2 阶统计的方法，主要建立在对系统输出信号过采样的基础上，过采样信号满足 2 阶的循环平稳性，所谓循环平稳是指自相关函数满足

$$r_x(t_1,t_2)=E(x(t_1)x^*(t_2))=r_x(t_1+T,t_2+T)$$

有关循环平稳的讨论，参考第 7 章。

关于盲反卷和盲均衡的详细讨论，参考 Ding 的著作(文献[77])。

5.9 本章小结和进一步阅读

本节主要讨论了线性自适应滤波器的算法原理和一些应用实例，也简要介绍了一种非线性自适应滤波的基本方法。LMS 算法是一种运算有效的自适应滤波算法，通过选择适当的迭代步长，可使 LMS 算法收敛，但 LMS 算法的均方误差收敛不到维纳滤波器给出的最小误差，存在一个额外均方误差项，步长参数的选择可以控制额外均方误差项的大小。RLS 算法的收敛误差更小，不存在额外均方误差项，但是算法的运算复杂性比 LMS 算法要高得多，同时 RLS 算法的数值特性不够好，在定点实现时需要较长的字长才能收敛。

由于自适应滤波的广泛应用，有许多关于自适应滤波的专著已出版。Haykin 的著作是一本关于自适应滤波的相当完整和深入的著作，可读性也很强，可参考其第 4 版(文献[117])；Widrow 的著作主要讨论了 LMS 算法(文献[269])，该书给出了非常丰富的应用实例的介绍，很有参考价值；Alexander 的著作是关于自适应滤波专题的一个非常简明的读本(文献[3])；一本专门讨论自适应滤波的较新的著作是 Sayed 的书(文献[226])；Treichler 的著作给出了许多关于自适应滤波实现方面的讨论，对实际工程人员很有参考价值(文献[254])；Liu 的著作是第一本关于核自适应滤波的专著(文献[158])。Slock 的论文给出了一类快速 RLS 算法的介绍(文献[231])；Sayed 等的论文给出了 RLS 算法和一种特殊结构的卡尔曼滤波器之间一一对应的关系，由此导出一类快速 RLS 算法(文献[227])，Ding 的著作(文献[77])给出了盲均衡的更详细的讨论。中文著作中，龚耀寰和何振亚的著作对自适应滤波的原理和应用都给出了详尽的讨论(文献 [291]、[293])。

习题

1. 一个随机信号 $x(n)$，他的自相关序列值 $r(0)=1, r(1)=a$，$x(n)$混入了方差为 1/2 的白噪声，设计一个 2 阶 FIR 滤波器，以使输出噪声功率最小。

(1) 求出滤波器系数。

(2) 求输出残余噪声功率。

(3) 求滤波器输入信号自相关矩阵的特征值。

(4) 如果用最陡下降法递推求解滤波器系数，分析 a 取值变化对递推算法收敛性的影响。

2. 一个信号 $x(n)$，它满足一个 AR(1)模型，模型参数 $a_1=-0.8$，驱动白噪声方差为 1，该信号中混入了一个具有随机初相位的正弦噪声 $w(n)=A\cos\left(\frac{\pi}{4}n+\varphi\right)$，$\varphi$ 是在$[0,2\pi]$间均匀分布的随机相位，$A=2$。

(1) 求 $x(n)$的自相关序列值 $r_x(0), r_x(1)$。

(2) 求 $w(n)$的自相关序列值 $r_w(0), r_w(1)$。

(3) 设计一个有两个系数的 FIR 型维纳滤波器，使滤波器输出中有尽可能低的噪声功率。求滤波器系数和输出中尚存的噪声功率。

(4) 设计一个自适应滤波器，用一个两个系数的 FIR 自适应滤波器尽可能消除信号中的噪声，设滤波器采用 LMS 算法，画出自适应滤波器原理框图，写出自适应滤波器的递推公式,求最大允许的迭代步长。

3. 有两个黑盒子,已知其中一个内装一个 4 阶全极点线性滤波器,另一个内装一个 5 阶全零点线性滤波器,但滤波器的权系数均被遗忘,设计两个自适应滤波器分别用于估计两个黑盒子的滤波器系数,自适应滤波采用 FIR 结构的 LMS 算法. 分别画出两个估计系统的方框图和两个自适应滤波器的结构图,标出各输入/输出点的信号名称,写出各自适应滤波器的递推公式。

4. 通过一个自适应滤波器对随机信号 $x(n)$进行预测,设计一个具有两个系数 $w_1(n)$、$w_2(n)$的自适应滤波器,即 n 时刻用 $x(n-1)$、$x(n-2)$对 $x(n)$进行预测。

(1) 写出自适应滤波器在 n 时刻的预测误差 $e(n)$的表达式和权系数的更新公式 $w_1(n+1)$,$w_2(n+1)$。

(2) 设信号的自相关序列为 $r(k)=5\times(0.5)^{|k|}$,给出保证自适应预测收敛的迭代步长范围。

5. 在如图 5.7.2 所示的噪声对消系统中,设噪声 $v(n)$是高斯白噪声,均值为 0 方差为 σ_v^2。$v(n)$直接混入了有用信号 $s(n)$中,另一路 $v(n)$通过系统函数为 $H(z)=1/(1-0.5z^{-1})$的线性系统后作为自适应滤波器的输入,自适应滤波器选择具有 3 个系数的 FIR 滤波器。

(1) 用 LMS 算法实现该自适应滤波器,写出各权系数的迭代公式。

(2) 给出迭代步长的选择范围。

*6. 考虑一个线性自适应均衡器的原理框图如题图 5.1 所示。随机数据产生器产生双极性的随机序列 $x[n]$,它随机地取±1。随机信号通过一个信道传输,信道性质可由一个三系数 FIR 滤波器刻画,滤波器系数分别是 0.3,0.9,0.3。在信道输出加入方差为 σ^2 的高斯白噪声。设计一个有 11 个权系数的 FIR 结构的自适应均衡器,令均衡器的期望响应为 $x[n-7]$。选择几个合理的白噪声方差值 σ^2(相当于针对不同信噪比),进行实验。

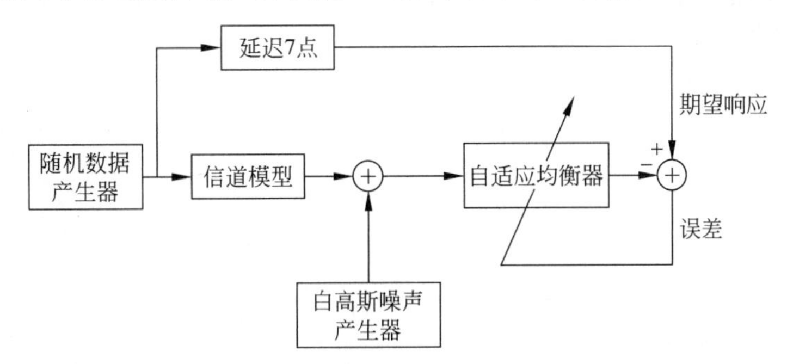

题图 5.1　自适应均衡器应用示意图

(1) 用 LMS 算法实现这个自适应均衡器,画出一次实验的误差平方的收敛曲线,给出最后设计的滤波器系数。一次实验的训练序列长度为 500。进行 20 次独立实验,画出误差平方的平均收敛曲线。给出不同的 3 个步长值的比较。

(2) 用 RLS 算法进行(1)的实验,并比较(1)、(2)的结果。

*7. 在上题中,如果针对复信号和复系统,重做此题。随机数据产生器产生双极性的随机序列$\{x_R[n],x_I[n]\}$($x_R[n]+\mathrm{j}x_I[n]$),它随机地取{±1,±1}。随机信号通过一个信道传输,信道性质可由一个三系数 FIR 滤波器刻画,滤波器系数分别是 0.3+0.35j,0.9+0.8j,

0.3+0.35j。在信道输出加入方差为 σ^2 的复高斯白噪声。设计一个有 11 个权系数(复系数)的 FIR 结构的自适应均衡器,令均衡器的期望响应为 $\{x_R[n-7], x_I[n-7]\}$。选择几个合理的白噪声方差值 σ^2(相当于针对不同信噪比,建议实验 20dB 和 30dB),进行实验。

(1) 用 LMS 算法实现这个自适应均衡器,画出一次实验的误差平方的收敛曲线,给出最后设计的滤波器系数。一次实验的训练序列长度为 500。进行 20 次独立实验,画出误差平方的平均收敛曲线。给出不同的 3 个步长值的比较。

(2) 用 RLS 算法进行(1)的实验,并比较(1)、(2)的结果。

*8. 用自适应滤波器实现模型参数的辨识。设有两个信号模型,均是 4 阶 AR 过程,模型参数为

	$a(1)$	$a(2)$	$a(3)$	$a(4)$	σ^2
信号源 1	−1.352	1.338	−0.662	0.240	1
信号源 2	−2.760	3.809	−2.654	0.924	1

设计一个自适应线性前向预测器,用于对 AR 模型的辨识。

(1) 用 LMS 算法实现这个功能,画出随时间序号的各参数的变化曲线和误差收敛曲线。

(2) 用 RLS 算法实现同样的功能,比较两个算法的收敛特性。

(3) 设计一个非平稳环境,研究 LMS 算法对非平稳环境的跟踪。这个非平稳环境是:在前 500 个时刻,信号模型用第一组参数,在第 500 个点时,信号参数突然切变到第二组参数。研究 LMS 算法的跟踪能力。

(4) 用 RLS 算法重新做(3)。

*9. 第 6 题中,假设接收端不存在训练序列,用 CMA 盲均衡算法,重做此题,并比较盲和非盲算法的收敛性能,包括收敛速度、最终误差。

第6章

功率谱估计

在第 1 章介绍了可以用一个模型来描述一个随机信号。最常用的模型有两类，一是线性系统模型，如 ARMA、AR 和 MA 模型，它们刻画一个由白噪声驱动的线性有理分式系统产生的随机信号。另一类是复正弦模型，它们刻画的是被噪声污染的复正弦信号。用模型法进行谱估计的方法称为现代谱估计方法，主要区别于周期图法等经典谱估计方法。

经典的周期图谱估计存在两个明显的问题，第一，谱估计的分辨率与记录数据长度成正比，对于较短的记录数据，无法得到高分辨的谱估计。第二，基本的周期图谱估计方法不是一致估计，在记录数据趋于无穷时，估计的方差并不趋于零，因此不是可靠的估计。为了改善周期图的可靠性问题，进行了平均化处理，例如平均周期图。平均周期图改善了估计的方差性能，但同时降低了分辨率，除非有长的记录数据，否则周期图法很难在分辨率和可靠性方面都取得满意的结果。因为有限带宽信号在时域是无限的，用有限的数据记录进行经典谱分析，意味着对加窗后的序列做傅里叶变换，截取有限长数据，这相当于加矩形窗的操作，可以选择其他窗函数以改善分析性能，但加窗是必然的操作。时域加窗对应的乘运算，带来频域的卷积。由于窗函数的傅里叶变换一般是一个光滑地集中在零频率附近的窄带函数，频域卷积的结果是对原始信号频谱的平滑，降低了它的频率分辨率。由于窗函数的频谱的主瓣宽度与窗长度成反比，使得谱估计的分辨率与窗长度成正比。

现代谱估计的方法不是直接地进行功率谱的计算，而是假设随机信号服从一个模型，通过有限的数据记录，对信号模型的参数进行估计，通过模型参数得到信号的功率谱。例如假设一个信号服从 p 阶 AR 模型，从记录的数据估计 AR 模型的参数，得到 AR 模型参数以后，代入 AR 模型功率谱的表达式，可以绘制出具有任意光滑性的功率谱密度图，也可以按任意精度得到它的峰值点的位置。当然，由于对模型参数的估计存在误差，由于测量噪声的影响，限制了模型法功率谱密度图能够达到的分辨率。理论上证明，AR 模型的参数估计存在一致估计，并且是渐进无偏的，这说明，如果一个信号符合 AR 模型的假设，随着记录数据的增加，可以得到一个可信的功率谱估计。对于另一种常用随机信号模型：复正弦信号模型，通过分析其自相关矩阵特征空间的正交性质，得到对频率估计的有效方法。

本章首先简要介绍经典谱估计的基本结论，然后分别讨论基于线性系统模型和复正弦模型的功率谱估计方法。

6.1 经典谱估计方法

本节讨论建立在傅里叶变换基础上的经典谱估计方法，这类方法用于平稳随机信号的功率谱估计时，对信号没有任何先验假设，方法简单、适应性强，但也存在显著的缺点。

6.1.1 周期图方法

第1章给出功率谱密度的一个等价定义是

$$S(f)=\lim_{M\to\infty}E\left\{\frac{1}{2M+1}\left|\sum_{n=-M}^{M}x(n)\mathrm{e}^{-\mathrm{j}2\pi fn}\right|^2\right\} \tag{6.1.1}$$

在如上公式中，将取期望运算应用于求和项中，再通过极限运算，就得到维纳-欣钦(Wiener-Khinchin)定理的表达式：功率谱是自相关序列的离散时间傅里叶变换。

在只有观测数据集$\{x(0),x(1),\cdots,x(N-1)\}$的情况下，式(6.1.1)的一个最简单的估计式为

$$\hat{S}_{per}(f)=\frac{1}{N}\left|\sum_{n=0}^{N-1}x(n)\mathrm{e}^{-\mathrm{j}2\pi fn}\right|^2 \tag{6.1.2}$$

这就是周期图的定义。它是经典谱估计的基本公式。若以$\omega=2\pi f$为自变量，也可将周期图估计写为$\hat{S}_{per}(\omega)$。

尽管平稳随机信号的功率谱密度是确定量，但由于$x(n)$是随机信号，如第2章所述，由其有限样本估计的量$\hat{S}_{per}(f)$却是随机量，为了评价估计的性能，需要计算周期图谱估计的均值和方差。

1. 估计器均值

对式(6.1.2)两边取期望值，得到周期图谱估计器的均值表示为

$$\begin{aligned}E\{\hat{S}_{per}(f)\}&=\frac{1}{N}E\left\{\sum_{n=0}^{N-1}x(n)\mathrm{e}^{-\mathrm{j}2\pi fn}\sum_{m=0}^{N-1}x^*(m)\mathrm{e}^{\mathrm{j}2\pi fm}\right\}\\&=\frac{1}{N}\sum_{n=0}^{N-1}\sum_{m=0}^{N-1}E\{x(n)x^*(m)\}\mathrm{e}^{-\mathrm{j}2\pi f(n-m)}\\&=\frac{1}{N}\sum_{n=0}^{N-1}\sum_{m=0}^{N-1}r_x(n-m)\mathrm{e}^{-\mathrm{j}2\pi f(n-m)}\\&=\frac{1}{N}\sum_{k=-N-1}^{N-1}(N-|k|)r_x(k)\mathrm{e}^{-\mathrm{j}2\pi fk}\\&=\sum_{k=-N-1}^{N-1}\left(1-\frac{|k|}{N}\right)r_x(k)\mathrm{e}^{-\mathrm{j}2\pi fk}\\&=\int_{-1/2}^{1/2}W_B(f-\lambda)S(\lambda)\mathrm{d}\lambda\end{aligned} \tag{6.1.3}$$

注意，式(6.1.3)中从第3行到第4行时，若令$k=n-m$，则求和中，$k=0$的项共有N项，$k=\pm1$的项各有$N-1$项，以此类推，可将两重求和变成第4行的一重求和。在式(6.1.3)的最后一行，$W_B(f)$是对称三角窗(也称Bartlett窗)的DTFT，Bartlett窗时域和频域表示

分别为

$$w_b(n)=\begin{cases}1-\dfrac{|n|}{N}, & |n|\leqslant N-1\\ 0, & |n|\geqslant N\end{cases} \tag{6.1.4}$$

$$W_B(f)=\frac{1}{N}\left(\frac{\sin(\pi fN)}{\sin(\pi f)}\right)^2 \tag{6.1.5}$$

因此式(6.1.3)的最后一行用了时域相乘的变换等于变换域卷积的性质。由窗函数的性质，当 $N\to\infty$时，$W_B(f)\to\delta(f)$，故

$$\lim_{N\to\infty}E\{\hat{S}_{per}(f)\}=S(f) \tag{6.1.6}$$

这里，$S(f)$表示信号的真实功率谱。也就是说，周期图谱估计器是有偏的，但是渐进无偏的。

2. 估计器的方差

为了计算周期图估计的方差，将周期图估计表示为

$$\begin{aligned}\hat{S}_{per}(f)&=\frac{1}{N}\left|\sum_{n=0}^{N-1}x(n)\mathrm{e}^{-\mathrm{j}2\pi fn}\right|^2=\frac{1}{N}\sum_{n=0}^{N-1}x(n)\mathrm{e}^{-\mathrm{j}2\pi fn}\sum_{k=0}^{N-1}x^*(k)\mathrm{e}^{\mathrm{j}2\pi fk}\\&=\frac{1}{N}\sum_{n=0}^{N-1}\sum_{l=0}^{N-1}x(n)x^*(l)\mathrm{e}^{-\mathrm{j}2\pi f(n-l)}\end{aligned}$$

为了求得估计的方差，首先计算周期图估计的 2 阶矩，即

$$\begin{aligned}&E\{\hat{S}_{per}(2\pi f_1)\hat{S}_{per}(2\pi f_2)\}\\&=\frac{1}{N^2}\sum_{n=0}^{N-1}\sum_{l=0}^{N-1}\sum_{m=0}^{N-1}\sum_{k=0}^{N-1}E\{x(n)x^*(l)x(m)x^*(k)\}\mathrm{e}^{-\mathrm{j}2\pi f_1(n-l)}\mathrm{e}^{-\mathrm{j}2\pi f_2(m-k)}\end{aligned} \tag{6.1.7}$$

式(6.1.7)中出现 $x(n)$的 4 阶矩，对于一般信号而言，进一步推导很困难，为了得到周期图估计方差性能的解析表达式，首先做三个简化假设。

(1) 假设信号 $x(n)$是服从高斯分布的。

(2) 信号 $x(n)$是白噪声，即其 $r_x(k)=\sigma_x^2\delta(k)$，$S(f)=\sigma_x^2$。

(3) N 充分大，$E\{\hat{S}_{per}(f)\}\approx S(f)$。

利用复数高斯随机信号高阶矩的分解性质如下：

$$\begin{aligned}&E\{x(n)x^*(l)x(m)x^*(k)\}\\&=E\{x(n)x^*(l)\}E\{x(m)x^*(k)\}+E\{x(n)x^*(k)\}E\{x(m)x^*(l)\}\end{aligned} \tag{6.1.8}$$

将式(6.1.8)代入式(6.1.7)，并利用 $r_x(k)=\sigma_x^2\delta(k)$，得

$$\begin{aligned}E\{\hat{S}_{per}(f_1)\hat{S}_{per}(f_2)\}&=\frac{1}{N^2}\sum_{n=0}^{N-1}\sum_{m=0}^{N-1}\sigma_x^4+\frac{1}{N^2}\sum_{n=0}^{N-1}\sum_{l=0}^{N-1}\sigma_x^4\mathrm{e}^{-\mathrm{j}2\pi f_1(n-l)}\mathrm{e}^{\mathrm{j}2\pi f_2(n-l)}\\&=\sigma_x^4+\frac{\sigma_x^4}{N^2}\sum_{n=0}^{N-1}\mathrm{e}^{-\mathrm{j}2\pi(f_1-f_2)n}\sum_{l=0}^{N-1}\mathrm{e}^{\mathrm{j}2\pi(f_1-f_2)l}\\&=\sigma_x^4\left(1+\left[\frac{\sin\pi N(f_1-f_2)}{N\sin\pi(f_1-f_2)}\right]^2\right)\end{aligned}$$

利用 N 充分大的假设(即 $E\{\hat{S}_{per}(f)\}\approx S(f)$)，得到周期图谱估计的协方差为

$$\begin{aligned}\operatorname{cov}\{\hat{S}_{per}(f_1)\hat{S}_{per}(f_2)\} &= E\{\hat{S}_{per}(f_1)\hat{S}_{per}(f_2)\} - E\{\hat{S}_{per}(f_1)\}E\{\hat{S}_{per}(f_2)\} \\ &\approx \sigma_x^4\left[\frac{\sin\pi N(f_1-f_2)}{N\sin\pi(f_1-f_2)}\right]^2\end{aligned} \tag{6.1.9}$$

式(6. 1.9)中,令 $f_1=f_2$,得到信号为高斯白噪声情况下,周期图谱估计的方差为

$$\operatorname{var}\{\hat{S}_{per}(f)\}=\sigma_x^4=S^2(f) \tag{6.1.10}$$

式(6.1.10)是对复信号给出的结果,如果是实信号,如第1章所述,与式(6.1.8)对应的4阶矩分解公式由3项求和组成,证明过程留作习题,实信号情况下周期图谱估计器的方差表达式近似为

$$\operatorname{var}\{\hat{S}_{per}(f)\}\approx S^2(f)\left[1+\left(\frac{\sin(2\pi Nf)}{N\sin(2\pi f)}\right)^2\right] \tag{6.1.11}$$

对于频率 $f\neq 0,\pm 1/2$,和较大的 N 值,方差近似为

$$\operatorname{var}\{\hat{S}_{per}(f)\}\approx S^2(f) \tag{6.1.12}$$

式(6.1.12)与式(6.1.10)相等。

式(6.1.10)给出了信号为高斯白噪声情况下周期图谱估计的方差,如将信号放宽到高斯非白噪声的情况,可以将信号看作高斯白噪声通过一个LTI系统所产生,即高斯白噪声 $v(n)$ 激励一个频率响应为 $H(\mathrm{e}^{\mathrm{j}2\pi f})$ 的系统,产生一般高斯信号 $x(n)$,则 $x(n)$ 功率谱为

$$S(f)=|H(\mathrm{e}^{\mathrm{j}2\pi f})|^2\sigma_v^2$$

可以证明(留作习题),若样本数 N 充分大,则对 $x(n)$ 的周期图谱估计的方差近似为

$$\operatorname{var}\{\hat{S}_{per}(f)\}\approx|H(\mathrm{e}^{\mathrm{j}2\pi f})|^4\sigma_v^4=S^2(f)$$

这个结果也与式(6.1.10)一致。这是令人失望的结果,周期图谱估计器的方差不随记录数据长度 N 减小,而是趋于常数,因此它不是功率谱的一致估计。

3. 加窗周期图

从理论上讲,离散时间信号处理方法能够准确分析的信号是有限带宽的(采样定理的要求),而有限带宽信号在时域是无限长的。因此,只取有限一段数据进行傅里叶变换,相当于对原信号做了加窗运算,原始周期图采用的是矩形窗函数。时域加窗等价于频域卷积,而频域卷积实际上是对原信号功率谱的平滑运算。一个矩形窗函数的幅度谱如图6.1.1所示,它是一个窄带的光滑函数,卷积的结果是由此光滑函数对原信号频谱进行平滑。对于适当

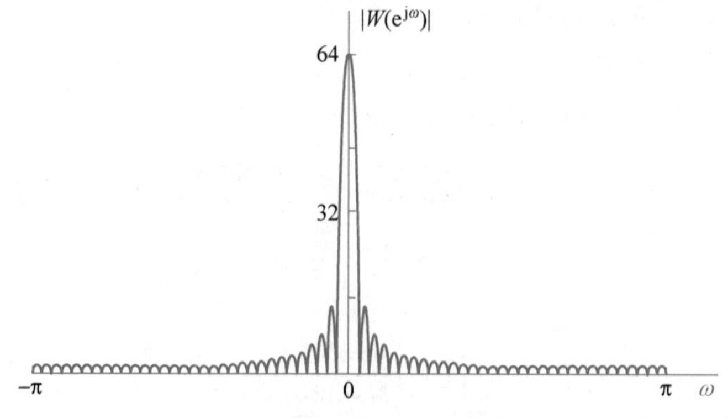

图6.1.1 矩形窗函数的幅度频谱

的 N 值，这种平滑作用对于信号频谱中的连续变化部分影响不大，但对于原信号中的一些独立的正弦分量的影响是明显的。理论上正弦信号的频谱是频域的冲激函数，是无穷细的线谱，但是，卷积的结果却使得加窗的正弦信号的频谱变成窗函数频谱的形状，如图 6.1.1 那样有一定宽度、存在若干旁瓣的光滑脉冲，当信号中包含两个以上正弦信号，且频率非常接近时，叠加的结果，两个正弦信号可能不可分辨。

定义谱估计的分辨率为可以分辨的两个正弦信号的最小(角)频率差，用 $\Delta\omega$ 或 Δf 表示，$\Delta\omega$ 越小，分辨率越高。如果采用矩形窗，矩形窗幅度谱的主瓣宽度(原点两侧两个过零点之间距离，用角频率为单位)为 $4\pi/N$，如果两个正弦信号的角频率之差大于主瓣宽度，肯定是可分辨的。实践证明，如果两个正弦信号角频率之差大于窗函数幅度谱的 3dB 带宽时，是可以分辨的，因此以窗函数幅度谱的 3dB 带宽作为周期图谱分析的分辨率度量更合理。

矩形窗是所有窗函数中频率分辨率最高的，但是它的旁瓣电平也是最高的，从图 6.1.1 中可以看出，主瓣两侧的第一个旁瓣，大约是主瓣的 1/5，严格讲，仅比主瓣低 13dB。矩形窗比较大的旁瓣值，使得很难区分一个极值点是小信号的主瓣，还是一个大幅度信号的旁瓣。在实际应用中，幅度相差 10 倍或 100 倍量级的多个正弦分量共存在一个信号中是可能的，用矩形窗难以区分。通过选择一些光滑的窗函数，可以降低谱估计的旁瓣的能量，表 6.1.1 和表 6.1.2 列出了一些常见的窗函数及其参数，注意在表 6.1.2 中，已将各种窗函数幅度谱的主瓣归一化，列出了最大旁瓣电平的值，表 6.1.2 中的频率分辨率和主瓣带宽都是用角频率单位表示的。不管采用哪种窗函数，周期图估计器能够分辨出的频率间隔总为 $O(1/N)$ 量级。在实际中，旁瓣电平小的窗，频率分辨率一般会更低，需要根据应用环境折中地选择这些窗函数。

表 6.1.1　常用窗函数及其表达式

窗　函　数	表　达　式
矩形窗	$w(n)=1, 0\leqslant n<N$
三角窗 (Bartlett)	$w(n)=\begin{cases}2n/(N-1), & 0\leqslant n\leqslant (N-1)/2\\ 2-2n/(N-1), & (N-1)/2\leqslant n<N\end{cases}$
汉宁窗 (Hanning)	$w(n)=\frac{1}{2}\left[1-\cos\left(\frac{2\pi n}{N-1}\right)\right], 0\leqslant n<N$
汉明窗 (Hamming)	$w(n)=0.54-0.46\cos\left(\frac{2\pi n}{N-1}\right), 0\leqslant n<N$
布莱克曼窗 (Blackman)	$w(n)=0.42-0.5\cos\left(\frac{2\pi n}{N-1}\right)+0.08\cos\left(\frac{4\pi n}{N-1}\right), 0\leqslant n<N$

表 6.1.2　常用窗函数及其参数

窗　函　数	主 瓣 宽 度	频率分辨率	最大旁瓣电平
矩形窗	$4\pi/N$	$0.86\times 2\pi/N$	−13dB
三角窗	$8\pi/N$	$1.28\times 2\pi/N$	−25dB
汉宁窗	$8\pi/N$	$1.44\times 2\pi/N$	−31dB
汉明窗	$8\pi/N$	$1.3\times 2\pi/N$	−41dB
布莱克曼窗	$12\pi/N$	$1.68\times 2\pi/N$	−57dB

当窗函数选定后，功率谱的加窗周期图估计器写为

$$\hat{S}_{per}(f)=\frac{1}{N\beta}\left|\sum_{n=0}^{N-1}x(n)w(n)\mathrm{e}^{-\mathrm{j}2\pi fn}\right|^2 \tag{6.1.13}$$

式(6.1.13)中，参数 β 为

$$\beta=\frac{1}{N}\sum_{n=0}^{N-1}|w(n)|^2 \tag{6.1.14}$$

β 是任意窗的能量与矩形窗能量之比，为的是保持加窗周期图的渐近无偏性。

4. 周期图的计算

周期图方法在应用中，如果只需要画出在离散频率点 $f_k=k/N$(或 $\omega_k=2\pi k/N$)上的谱图，可通过下式计算：

$$\hat{S}_{per}(f_k)=\frac{1}{N\beta}\left|\sum_{n=0}^{N-1}w(n)x(n)\mathrm{e}^{-\mathrm{j}2\pi kn/N}\right|^2 \tag{6.1.15}$$

式(6.1.15)的取模运算内部是 DFT 的标准定义，可通过 FFT(快速傅里叶变换)进行高效计算。如果希望得到在更密集的 $f_k=k/N'$(或 $\omega_k=2\pi k/N'$，$N'>N$)频率点上的功率谱图形，可以通过给观测数据尾部补零得到更细致的图，令

$$x'(n)=\begin{cases}w(n)x(n), & n=0,1,\cdots,N-1\\ 0, & n=N,N+1,\cdots,N'-1\end{cases}$$

对 $x'(n)$ 做 N' 点 FFT，然后再取模的平方。注意，尾部补零的方式可以增加谱图的细致度，但不能改善谱估计的分辨率，谱估计的分辨率是由观测数据长度 N 确定的。

6.1.2 改进周期图

为了提高周期图估计器的可信度，一种改进是采用平均周期图法，将长度为 N 的观测数据，截断成 K 段，每一段长度为 L，分别计算每一段的周期图，最后进行平均得到平均周期图估计器，数学表达式如下：

$$\hat{S}_{\mathrm{per}}^{(m)}(f)=\frac{1}{L}\left|\sum_{n=0}^{L-1}x_m(n)\mathrm{e}^{-\mathrm{j}2\pi fn}\right|^2 \tag{6.1.16}$$

$$\hat{S}_{\mathrm{avper}}(f)=\frac{1}{K}\sum_{m=0}^{K-1}\hat{S}_{\mathrm{per}}^{(m)}(f) \tag{6.1.17}$$

如果各段数据近似是不相关的，显然，估计器的方差为

$$\mathrm{var}\{\hat{S}_{\mathrm{avper}}(f)\}\approx\frac{1}{K}\mathrm{var}(\hat{S}_{\mathrm{per}}^{(m)}(f))\approx\frac{1}{K}S^2(f) \tag{6.1.18}$$

随着分段数目的增加而下降。但注意，平均周期图估计器能够分辨出的频率间隔也变成 $O(1/L)$，显然频率分辨率下降了。

根据分段方式和是否段内加窗等具体操作方式的不同，改进周期图有不同的具体实现方法。

1. Bartlett 方法

实际上，最常用的数据分段方法是不重叠地将数据分成等长的 K 段，$N=KL$，分割关系是

$$x_m(n)=x(n+mL),\quad n=0,1,\cdots,L-1;\quad m=0,1,\cdots,K-1 \tag{6.1.19}$$

按式(6.1.19)的分段是平均周期图法的最直接实现，称为 Bartlett 方法，即平均周期图公式可写为

$$\hat{S}_B(f)=\frac{1}{N}\sum_{m=0}^{K-1}\left|\sum_{n=0}^{L-1}x(n+mL)\mathrm{e}^{-\mathrm{j}2\pi fn}\right|^2 \tag{6.1.20}$$

尽管各段不是严格不相关的，但这种无重叠的分段可使得各段的相关性较小，可近似用式(6.1.18)估计其方差，若 N 充分大，在选择 L 满足分辨率要求的条件下，K 仍然很大，则 Bartlett 方法趋于一致估计。

2. Welch 方法

Welch 建议的方法是对 Bartlett 方法的改进，有两方面的改进，一是相邻两段可以重叠，二是对每一段可使用任意窗函数，前者可以增加段数(即相同 L 的条件下，K 增加)，后者可以减少旁瓣，因此 Welch 是一个更实用化的平均周期图方法。

Welch 方法的信号分段表示为

$$x_m(n)=x(n+mD),\quad n=0,1,\cdots,L-1;\quad m=0,1,\cdots,K-1 \tag{6.1.21}$$

这里，$D\leqslant L$，即相邻两段之间重叠 $L-D$，信号总长度和段数之间关系为

$$N=L+D(K-1)$$

给定 N，根据频率分辨率要求确定 L，则段数为

$$K=\frac{N-L}{D}+1$$

实际中，常取 $D=L/2$，即 50%重叠，这时段数为

$$K=2\frac{N}{L}-1 \tag{6.1.22}$$

每段数据可加窗，即

$$\hat{S}_W^{(m)}(f)=\frac{1}{L\beta}\left|\sum_{n=0}^{L-1}x(n+mD)w(n)\mathrm{e}^{-\mathrm{j}2\pi fn}\right|^2 \tag{6.1.23}$$

$$\hat{S}_W(f)=\frac{1}{K}\sum_{m=0}^{K-1}\hat{S}_W^{(m)}(f) \tag{6.1.24}$$

在 N 和 K 充分大，且 50%重叠条件下，Welch 给出了其方法方差性能的近似结果为

$$\operatorname{var}\{\hat{S}_W(f)\}\approx\frac{9}{8K}S^2(f)\approx\frac{9}{16}\frac{L}{N}S^2(f)\approx\frac{9}{16}\operatorname{var}\{\hat{S}_B(f)\} \tag{6.1.25}$$

式(6.1.25)说明，在等分辨率(L 相等)的情况下，Welch 方法的方差减小为 Bartlett 方法的 9/16。

6.1.3 Blackman-Tukey 方法

另一类经典谱估计的方法是 Blackman-Tukey(BT)方法，它是对维纳-欣钦定理的加窗实现，通过观测的 N 个数据，用 2.1 节所给出的公式，可以估计自相关序列的如下值：

$$\hat{r}_x(l)=\begin{cases}\dfrac{1}{N}\displaystyle\sum_{n=0}^{N-l-1}x(n+l)x^*(n), & 0\leqslant l\leqslant N-1\\ \hat{r}_x^*(-l), & -(N-1)\leqslant l<0\\ 0, & |l|\geqslant N\end{cases} \tag{6.1.26}$$

由于估计的自相关序列在序号较大时是不可靠的，通过加窗只取其中一部分用于谱估计，以改善谱估计的可靠性。由于自相关序列是双向序列，窗函数是以坐标纵轴对称的，即窗函数的定义满足如下条件：

$$0 \leqslant w(k) \leqslant w(0)=1$$
$$w(-k)=w(k)$$
$$|k|>M, \quad w(k)=0$$

这个对称窗可通过表 6.1.1 的延迟窗左移得到。这个窗实际只保留 $|k| \leqslant M$ 的那些自相关值，从工程经验看一般常取 $M \leqslant N/5$。定义 BT 功率谱估计器为

$$\hat{S}_{BT}(f)=\sum_{k=-M}^{M} w(k) \hat{r}_x(k) \mathrm{e}^{-\mathrm{j} 2 \pi f k} \tag{6.1.27}$$

可以证明，在取 $M=N-1$，窗函数为对称的矩形窗时，BT 谱估计等于周期图谱估计。BT 估计器能够分辨出的频率间隔为 $O(1/M)$。可以证明，BT 估计器的均值为

$$E\{\hat{S}_{BT}(f)\} \approx \int_{-1/2}^{1/2} W(f-\lambda) S(\lambda) \mathrm{d} \lambda \tag{6.1.28}$$

在通过一些简化假设后，可以证明 BT 估计器的方差近似表示为

$$\operatorname{var}\{\hat{S}_{BT}(f)\} \approx \frac{1}{N} S^2(f) \sum_{k=-M}^{M} w^2(k) \tag{6.1.29}$$

例如，如果取 Bartlett 窗和 $M=N/5$，得到

$$\operatorname{var}\{\hat{S}_{BT}(f)\} \approx \frac{2M}{3N} S^2(f)=\frac{1}{7.5} S^2(f)$$

与周期图相比，在降低了谱分辨率的情况下，也降低了估计器的方差。

6.2 AR 模型法和最大熵法谱估计

假设一个随机过程可以由 AR(p)模型刻画，即

$$x(n)=-\sum_{k=1}^{p} a^*(k) x(n-k)+v(n) \tag{6.2.1}$$

它的功率谱为

$$S_{\mathrm{AR}}(f)=\frac{\sigma_v^2}{|1+a^*(1) \mathrm{e}^{-\mathrm{j} 2 \pi f}+\cdots+a^*(p) \mathrm{e}^{-\mathrm{j} 2 \pi f p}|^2} \tag{6.2.2}$$

这里，$\sigma_v^2=E[|v(n)|^2]$。

给出一组观测数据$\{x(0), x(1), \cdots, x(N-1)\}$，如果通过一种估计方法求得参数集$\{\hat{a}(1), \hat{a}(2), \cdots, \hat{a}(p), \hat{\sigma}_v^2\}$，那么估计的功率谱密度(PSD)为

$$\hat{S}_{\mathrm{AR}}(f)=\frac{\hat{\sigma}_v^2}{\left|1+\sum_{k=1}^{p} \hat{a}^*(k) \mathrm{e}^{-\mathrm{j} 2 \pi f k}\right|^2} \tag{6.2.3}$$

在现代功率谱估计的历史中，Burg 提出的最大熵方法产生了很大的影响，刺激了现代谱估计方法的发展，另外，建立在信息理论基础上的“信息最优”准则，在现代信号处理中也产生了重要的影响。尽管人们后来认识到最大熵谱估计方法和模型法(AR、ARMA)的等价性，后期的研究更多地集中在模型法上，但是了解最大熵的概念以及与模型法的等价性仍

是有益的。下面首先简要分析 AR 模型方法和最大熵谱估计方法的等价性，然后讨论几种实际的 AR 模型功率谱估计方法。

6.2.1　最大熵谱估计

最大熵谱估计(MESE)的思想是，假设已知(或可以估计出)一个信号的部分自相关序列$\{r_x(0),r_x(1),\cdots,r_x(p)\}$，为了确定 PSD，但又不采用加窗处理，希望用外推方法获得$r_x(p+1),r_x(p+2),\cdots$的值。有无穷多种外推方法，Burg 提出的一种外推的原则是使信号的熵最大，即信号具有最大不确定性。

对于高斯过程，可以得到熵的封闭表达式。高斯过程的熵可以由 PSD 表达为

$$C_1+C_2\int_{-\frac{1}{2}}^{\frac{1}{2}}\ln S_{xx}(f)\mathrm{d}f \tag{6.2.4}$$

式(6.2.4)是熵表达式，C_1、C_2 是常数，对优化问题无关紧要。目标是求 $r_x(p+1),r_x(p+2),\cdots$的值，使得式(6.2.4)的熵达到最大，但由于已知 $p+1$ 个自相关值，它们构成如下约束方程：

$$\int_{-\frac{1}{2}}^{\frac{1}{2}}S_{xx}(f)\mathrm{e}^{\mathrm{j}2\pi fk}\mathrm{d}f=r(k),\quad k=0,1,\cdots,p \tag{6.2.5}$$

这里

$$S_{xx}(f)=\sum_{k=-\infty}^{+\infty}r(k)\mathrm{e}^{-\mathrm{j}2\pi fk} \tag{6.2.6}$$

在实际运算时，将式(6.2.6)代入式(6.2.5)和式(6.2.4)。

为了外推 $r_x(p+1),r_x(p+2),\cdots$，使得式(6.2.4)的熵最大，且满足式(6.2.5)的 $p+1$ 个约束方程，这是一个约束最优问题，可用拉格朗日(Lagrangian)乘数法求解，首先构成如下目标函数，注意，这里为简单计仅讨论实信号情况：

$$J=\int_{-\frac{1}{2}}^{\frac{1}{2}}\ln S_{xx}(f)\mathrm{d}f+\sum_{k=0}^{p}\lambda_k\left[\int_{-\frac{1}{2}}^{\frac{1}{2}}S_{xx}(f)\mathrm{e}^{\mathrm{j}2\pi fk}\mathrm{d}f-r(k)\right] \tag{6.2.7}$$

且令

$$\frac{\partial J}{\partial r_x(k)}=0,\quad |k|=p+1,p+2,\cdots \tag{6.2.8}$$

对式(6.2.8)经过计算和整理，得

$$\int_{-\frac{1}{2}}^{\frac{1}{2}}\frac{\mathrm{e}^{-\mathrm{j}2\pi fk}}{S_{xx}(f)}\mathrm{d}f=0,\quad |k|\geqslant p+1 \tag{6.2.9}$$

由于$\dfrac{1}{S_{xx}(f)}$是周期函数，可以展开成傅里叶级数，式(6.2.9)正是$\dfrac{1}{S_{xx}(f)}$展开成傅里叶级数时的求系数公式。式(6.2.9)隐含着$\dfrac{1}{S_{xx}(f)}$的各次谐波 $\mathrm{e}^{-\mathrm{j}2\pi fk}$，$|k|\geqslant p+1$ 系数为 0，因此其傅里叶级数展开式中仅存在低次谐波，故可以写成

$$\frac{1}{S_{xx}(f)}=\sum_{k=-p}^{p}c_k\mathrm{e}^{-\mathrm{j}2\pi fk} \tag{6.2.10}$$

即

$$S_{xx}(f)=\frac{1}{\sum\limits_{k=-p}^{p}c_k\mathrm{e}^{-\mathrm{j}2\pi fk}} \tag{6.2.11}$$

为确保 $S_{xx}(f)$是实的,必然有 $c_k^*=c_{-k}$。式(6.2.11)结合条件 $c_k^*=c_{-k}$,可以将 $S_{xx}(f)$进一步写成

$$S_{xx}(f)=\frac{\sigma^2}{\left|1+\sum_{k=1}^{p}a(k)\mathrm{e}^{-\mathrm{j}2\pi fk}\right|^2} \tag{6.2.12}$$

式(6.2.12)有 $p+1$ 个待定参数,将式(6.2.12)代回 $p+1$ 个约束方程(6.2.5),经过整理,得到求解参数 σ^2 和 $a(k)$的方程式为

$$\begin{pmatrix} r_{xx}(0) & r_{xx}(1) & \cdots & r_{xx}(p-1) \\ r_{xx}(1) & r_{xx}(0) & \cdots & r_{xx}(p-2) \\ \vdots & \vdots & \ddots & \vdots \\ r_{xx}(p-1) & r_{xx}(p-2) & \cdots & r_{xx}(0) \end{pmatrix}\begin{pmatrix} a(1) \\ a(2) \\ \vdots \\ a(p) \end{pmatrix}=-\begin{pmatrix} r(1) \\ r(2) \\ \vdots \\ r(p) \end{pmatrix} \tag{6.2.13}$$

和

$$\sigma^2=r(0)+\sum_{k=1}^{p}a(k)r(k) \tag{6.2.14}$$

这正是求解 AR(p)模型参数的 Yule-Walker 方程(实数形式)。这段推导给出的结论是,已知$\{r_x(0),r_x(1),\cdots,r_x(p)\}$的条件下,最大熵谱估计的表达式为式(6.2.12),其中系数满足的方程式为式(6.2.13)和式(6.2.14),这也正是 p 阶 AR 模型的功率谱表达和求解参数的方程式。由此得到结论:在高斯随机过程情况下,最大熵谱估计和 AR 模型谱估计是一致的。由于这种一致性,本节后面几小节仅以 AR 模型法为例,给出几种求功率谱估计的具体算法。

6.2.2 AR 模型谱估计的协方差方法

由观测数据$\{x(0),x(1),\cdots,x(N-1)\}$,进行 AR($p$)模型的参数估计,在得到 AR($p$)模型的参数后,代入 AR($p$)模型的 PSD 公式可得到所估计的 PSD。

本小节给出 AR 模型 PSD 估计的协方差方法。协方差方法这个名词来源于 LS 的数据矩阵的协方差方法。设观测数据窗是$[0,N-1]$,为了不对观测数据窗之外的数据作任何假设,将这组数据分成初始数据$\{x(0),x(1),\cdots,x(p-1)\}$,并记为 $\boldsymbol{x}_0=[x(0),x(1),\cdots,x(p-1)]^{\mathrm{T}}$,其他数据记为 $\boldsymbol{x}=[x(p),x(p+1),\cdots,x(N-1)]^{\mathrm{T}}$。

在第 3 章已经知道,前向预测系数与 AR(p)参数的求解是一致的,因此用求解前向预测的方法求 AR(p)的参数。p 阶前向预测表示为

$$\hat{x}(n\mid X_{n-1})=-\sum_{k=1}^{p}a^*(k)x(n-k) \tag{6.2.15}$$

预测误差为

$$f_p(n)=x(n)-\hat{x}(n\mid X_{n-1})=x(n)+\sum_{k=1}^{p}a^*(k)x(n-k) \tag{6.2.16}$$

在有限数据观测下,对观测窗外的数据不作任何假设,相当于避免了加窗概念的引入,可以得到的预测误差只存在 $n=p$ 至 $n=N-1$ 之间,预测误差和为

$$\xi=\sum_{n=p}^{N-1}\mid f_p(n)\mid^2 \tag{6.2.17}$$

求解系数集$\{a(1),a(2),\cdots,a(p)\}$,使式(6.2.17)最小,即使

$$\xi=\sum_{n=p}^{N-1}\left|x(n)+\sum_{k=1}^{p}a^{*}(k)x(n-k)\right|^{2} \tag{6.2.18}$$

最小,这是典型的 LS 问题。为用 LS 求解 AR(p)参数,首先由数据集$\{x(0),x(1),\cdots,x(N-1)\}$,确定数据矩阵。前向预测误差向量为

$$\boldsymbol{f}^{*}=\begin{bmatrix}f_p^{*}(p)\\f_p^{*}(p+1)\\\vdots\\f_p^{*}(N-1)\end{bmatrix}=\begin{bmatrix}x^{*}(p)\\x^{*}(p+1)\\\vdots\\x^{*}(N-1)\end{bmatrix}+\begin{bmatrix}\sum_{k=1}^{p}a(k)x^{*}(p-k)\\\sum_{k=1}^{p}a(k)x^{*}(p+1-k)\\\vdots\\\sum_{k=1}^{p}a(k)x^{*}(N-1-k)\end{bmatrix}$$

$$=\begin{bmatrix}x^{*}(p)\\x^{*}(p+1)\\\vdots\\x^{*}(N-1)\end{bmatrix}+\begin{bmatrix}\boldsymbol{x}^{\mathrm{H}}(p-1)\\\boldsymbol{x}^{\mathrm{H}}(p)\\\vdots\\\boldsymbol{x}^{\mathrm{H}}(N-2)\end{bmatrix}\boldsymbol{a}=\boldsymbol{x}_f+\boldsymbol{A}\boldsymbol{a} \tag{6.2.19}$$

这里,$\boldsymbol{a}=[a(1),a(2),\cdots,a(p)]^{\mathrm{T}}$,数据矩阵的共轭转置为

$$\begin{aligned}\boldsymbol{A}^{\mathrm{H}}&=[\boldsymbol{x}(p-1),\boldsymbol{x}(p),\cdots,\boldsymbol{x}(N-2)]\\&=\begin{bmatrix}x(p-1)&x(p)&\cdots&x(N-2)\\x(p-2)&x(p-1)&\cdots&x(N-3)\\\vdots&\vdots&\ddots&\vdots\\x(0)&x(1)&\cdots&x(N-p-1)\end{bmatrix}\end{aligned} \tag{6.2.20}$$

AR(p)模型系数的 LS 解为

$$\hat{\boldsymbol{a}}=-(\boldsymbol{A}^{\mathrm{H}}\boldsymbol{A})^{-1}\boldsymbol{A}^{\mathrm{H}}\boldsymbol{x}_f=-\left(\frac{1}{N-p}\boldsymbol{A}^{\mathrm{H}}\boldsymbol{A}\right)^{-1}\left(\frac{1}{N-p}\boldsymbol{A}^{\mathrm{H}}\boldsymbol{x}_f\right) \tag{6.2.21}$$

LS 的最小误差和为

$$\xi_{\min}=\xi_x+\hat{\boldsymbol{a}}^{\mathrm{H}}\boldsymbol{A}^{\mathrm{H}}\boldsymbol{x}_f=\boldsymbol{x}_f^{\mathrm{H}}\boldsymbol{x}_f+\hat{\boldsymbol{a}}^{\mathrm{H}}\boldsymbol{A}^{\mathrm{H}}\boldsymbol{x}_f \tag{6.2.22}$$

AR(p)模型激励白噪声的方差估计为

$$\hat{\sigma}_v^2=\frac{1}{N-p}\xi_{\min}=\frac{1}{N-p}(\boldsymbol{x}_f^{\mathrm{H}}\boldsymbol{x}_f+\hat{\boldsymbol{a}}^{\mathrm{H}}\boldsymbol{A}^{\mathrm{H}}\boldsymbol{x}_f) \tag{6.2.23}$$

其中,式(6.2.21)是 LS 的形式解,实际中可以通过 SVD 求解得到 $\hat{\boldsymbol{a}}$,现将协方差方法进行功率谱估计的算法总结在算法 6.2.1 中。

算法 **6.2.1**

(1) 确定模型阶 p,由观测数据$\{x(0),x(1),\cdots,x(N-1)\}$按式(6.2.20)构成数据矩阵 $\boldsymbol{A}$。

(2) 对 $\boldsymbol{A}^{\mathrm{H}}\boldsymbol{A}$ 进行特征分解,得到 W 个不为零的特征值 $\sigma_1^2,\sigma_2^2,\cdots,\sigma_W^2$,和部分特征矩阵 $\boldsymbol{V}_1=[\boldsymbol{v}_1,\boldsymbol{v}_2,\cdots,\boldsymbol{v}_W]$。AR($p$)的系数表示为 $\hat{\boldsymbol{a}}=\boldsymbol{V}_1\boldsymbol{\Sigma}^{-2}\boldsymbol{V}_1^{\mathrm{H}}\boldsymbol{A}^{\mathrm{H}}\boldsymbol{x}_f$,并由式(6.2.23)求出 $\hat{\sigma}_v^2$。

(3) 将估计参数代入公式

$$\hat{S}_{\mathrm{AR}}(f)=\frac{\hat{\sigma}_v^2}{\left|1+\sum_{k=1}^{p}\hat{a}^{*}(k)\mathrm{e}^{-\mathrm{j}2\pi fk}\right|^{2}}$$

根据所要求的显示精度和频率范围,计算 $f_i = i\Delta f$ 处的 PSD 值,并画出图形。

第二种求解方法是直接构造正则方程,通过数值方法求解正则方程。正则方程是

$$\boldsymbol{\Phi}\hat{\boldsymbol{a}} = -\boldsymbol{z} \tag{6.2.24}$$

为了平均的缘故,取

$$\boldsymbol{\Phi} = \frac{1}{N-p}\boldsymbol{A}^{\mathrm{H}}\boldsymbol{A} \tag{6.2.25}$$

和

$$\boldsymbol{z} = \frac{1}{N-p}\boldsymbol{A}^{\mathrm{H}}\boldsymbol{x}_f \tag{6.2.26}$$

得到正则方程系数矩阵各元素为

$$\begin{aligned} \phi_{xx}(j,k) &= \frac{1}{N-p}\sum_{n=p-1}^{N-2} x^*(n-j)x(n-k) \\ z(j) &= \frac{1}{N-p}\sum_{n=p}^{N-1} x^*(n-j-1)x(n) \end{aligned} \tag{6.2.27}$$

激励白噪声方差为

$$\hat{\sigma}_v^2 = \hat{\sigma}_x^2 + \sum_{j=1}^{p}\hat{a}(j)z(j-1) \tag{6.2.28}$$

协方差方法的正则方程的系数矩阵是共轭对称的,但不满足 Toeplitz 性,因此无法使用 Levinson-Durbin 快速递推算法,可以使用针对系数矩阵是共轭对称的各种解线性方程组的数值算法进行求解。一般情况下,在有限精度实现时,用数值方法解方程组的数值稳定性不如用 SVD 方法,因此算法 6.2.1 是协方差方法进行功率谱估计的一个好的实现算法。

下面对 AR 模型的协方差方法进行功率谱估计的性能做分析,这些分析结果的基本结论对后续几小节的方法也是适用的,只是细节处理上有所差异。将会看到,在观测数据较长并且服从高斯分布时,AR 模型谱估计确实逼近最大似然估计,这与参数的 LS 估计的性质是一致的,是参数的一致估计。

对观测数据 $\{x(0),x(1),\cdots,x(N-1)\}$,如前所述,根据 AR($p$)方程,为了不对观测数据窗之外的数据做任何假设,将这组数据分成初始数据 $\{x(0),x(1),\cdots,x(p-1)\}$,并记为 $\boldsymbol{x}_0 = [x(0),x(1),\cdots,x(p-1)]^{\mathrm{T}}$,其他数据记为 $\boldsymbol{x} = [x(p),x(p+1),\cdots,x(N-1)]^{\mathrm{T}}$,将数据集的联合概率密度函数记为

$$p(\boldsymbol{x}_0,\boldsymbol{x} \mid \boldsymbol{a},\sigma^2) = p(\boldsymbol{x} \mid \boldsymbol{x}_0,\boldsymbol{a},\sigma^2)p(\boldsymbol{x}_0 \mid \boldsymbol{a},\sigma^2) \tag{6.2.29}$$

对一般的概率密度函数的处理是复杂的,这里做两个假设,在该假设下求 AR(p)模型的 MLE。

(1) 数据长度很长,对条件概率求最大等价于原概率函数求最大。

(2) $\boldsymbol{x}$ 是高斯的,并且是实数的。

由于 AR(p)方程可以写成 $v(n) = x(n) + \sum_{k=1}^{p} a(k)x(n-k)$,$\boldsymbol{x}$ 是高斯的,$v(n)$必为高斯白噪声,令 $\boldsymbol{v} = [v(p),v(p+1),\cdots,v(N-1)]^{\mathrm{T}}$,得到密度函数为

$$p(\boldsymbol{v}) = \prod_{n=p}^{N-1}\frac{1}{\sqrt{2\pi\sigma^2}}\mathrm{e}^{-\frac{v^2(n)}{2\sigma^2}} = \frac{1}{(2\pi\sigma^2)^{\frac{(N-p)}{2}}}\mathrm{e}^{-\frac{1}{2\sigma^2}\sum_{n=p}^{N-1}v^2(n)} \tag{6.2.30}$$

由于可以写成

$$
\boldsymbol{v}=\begin{bmatrix}1 & 0 & 0 & \cdots & 0\\ a(1) & 1 & 0 & \cdots & 0\\ a(2) & a(1) & 1 & \cdots & 0\\ \vdots & \vdots & \vdots & \ddots & \vdots\\ 0 & \cdots & a(p) & \cdots & 1\end{bmatrix}\begin{bmatrix}x(p)\\ x(p+1)\\ \vdots\\ x(N-1)\end{bmatrix}+
$$

$$
\begin{bmatrix}a(p) & a(p-1) & \cdots & a(2) & a(1)\\ \vdots & \vdots & \ddots & \vdots & \vdots\\ 0 & 0 & \cdots & 0 & a(p)\\ 0 & 0 & \cdots & 0 & 0\\ \vdots & \vdots & \ddots & \vdots & \vdots\end{bmatrix}\begin{bmatrix}x(0)\\ x(1)\\ \vdots\\ x(p-2)\\ x(p-1)\end{bmatrix}
$$

$$
=\boldsymbol{Cx}+\boldsymbol{Bx}_0
$$

且

$$
\det\left(\frac{\partial \boldsymbol{v}}{\partial \boldsymbol{x}}\right)=|\boldsymbol{C}|=1
$$

因此由随机变量函数的概率密度公式(见1.1节),得

$$
p(\boldsymbol{x} \mid \boldsymbol{x}_0,\boldsymbol{a},\sigma^2)=p(v(\boldsymbol{x}))\det\left(\frac{\partial \boldsymbol{v}}{\partial \boldsymbol{x}}\right)
$$

$$
=\frac{1}{(2\pi\sigma^2)^{\frac{(N-p)}{2}}}\mathrm{e}^{-\frac{1}{2\sigma^2}\sum\limits_{n=p}^{N-1}\left(x(n)+\sum\limits_{k=1}^{p}a(k)\cdot x(n-k)\right)^2} \tag{6.2.31}
$$

为使 $p(\boldsymbol{x}|\boldsymbol{x}_0,\boldsymbol{a},\sigma^2)$最大,应使

$$
J_1(a)=\sum_{n=p}^{N-1}\left(x(n)+\sum_{k=1}^{p}a(k)x(n-k)\right)^2 \tag{6.2.32}
$$

最小,可以求得参数 $\hat{\boldsymbol{a}}$,可以看到式(6.2.32)与式(6.2.18)是一致的,因此AR模型的协方差方法的系数求解是MLE。为求激励白噪声的方差的MLE,令

$$
\left.\frac{\partial \ln p(\boldsymbol{x} \mid \boldsymbol{x}_0,\boldsymbol{a},\sigma^2)}{\partial \sigma^2}\right|_{\sigma^2=\hat{\sigma}_v^2}=0
$$

整理得

$$
\hat{\sigma}_v^2=\hat{\sigma}_x^2+\sum_{j=1}^{p}\hat{a}(j)z(j-1) \tag{6.2.33}
$$

这与自协方差方法的结果也是一致的。

对于协方差方法进行AR模型参数的估计性能,还可以证明(留作习题)如下结论:当数据长度 $N\gg p$ 时,估计 $\hat{\boldsymbol{a}}$ 和 $\hat{\sigma}^2$ 的CR下界为

$$
\boldsymbol{C}_{a,\sigma^2}=E\left\{\begin{bmatrix}\hat{\boldsymbol{a}}-E(\hat{\boldsymbol{a}})\\ \hat{\sigma}^2-E(\hat{\sigma}^2)\end{bmatrix}\begin{bmatrix}\hat{\boldsymbol{a}}-E(\hat{\boldsymbol{a}})\\ \hat{\sigma}^2-E(\hat{\sigma}^2)\end{bmatrix}^{\mathrm{T}}\right\}=\begin{bmatrix}\frac{\sigma^2}{N}\boldsymbol{R}_{xx}^{-1} & 0\\ 0 & \frac{2\sigma^4}{N}\end{bmatrix} \tag{6.2.34}
$$

并且是渐进无偏的

$$
\mu=E\begin{bmatrix}\hat{\boldsymbol{a}}\\ \hat{\boldsymbol{\sigma}}^2\end{bmatrix}=\begin{bmatrix}\boldsymbol{a}\\ \boldsymbol{\sigma}^2\end{bmatrix},\quad N\rightarrow\infty \tag{6.2.35}
$$

因此,这个估计方法是 AR 模型参数的一致估计。并且估计 $\hat{\boldsymbol{a}}$ 和 $\hat{\boldsymbol{\sigma}}^2$ 满足联合高斯分布。

另外,也已证明,MLE 参数估计得到的 AR 模型的功率谱估计也是一致估计,当 $N\to\infty$, $p\to\infty$时,PSD 估计的均值、方差、不同频率点的互协方差逼近如下式:

$$E[\hat{S}_{\mathrm{AR}}(f)]=S_{\mathrm{AR}}(f)$$

$$\operatorname{var}[\hat{S}_{\mathrm{AR}}(f)]=\begin{cases}\dfrac{4p}{N}S_{\mathrm{AR}}^2(f), & f=0,\pm 1/2\\ \dfrac{2p}{N}S_{\mathrm{AR}}^2(f), & \text{其他}\end{cases} \tag{6.2.36}$$

$$\operatorname{cov}[\hat{S}_{\mathrm{AR}}(f_1),\hat{S}_{\mathrm{AR}}(f_2)]=0,\quad f_1\neq f_2$$

由此可见,AR 模型功率谱估计的方差随 N/p 增加而得到改善。

6.2.3 改进协方差方法

为了在协方差方法中尽可能地利用观测数据,利用前向、后向预测误差平均最小,得到 AR(p)模型参数的解,其中前向预测误差为

$$f_p(n)=x(n)+\sum_{i=1}^{p}a^*(i)x(n-i) \tag{6.2.37}$$

后向预测误差为

$$\begin{aligned}b_p(n)&=x(n-p)+\sum_{k=0}^{p-1}a(p-k)x(n-k)\\&=x(n-p)+\sum_{i=1}^{p}a(i)x(n-p+i)\end{aligned} \tag{6.2.38}$$

前向预测误差和写为

$$\xi^f=\sum_{n=p}^{N-1}|f_k(n)|^2=\sum_{n=p}^{N-1}\left|x(n)+\sum_{i=1}^{p}a^*(i)x(n-i)\right|^2 \tag{6.2.39}$$

后向预测误差和为

$$\xi^b=\sum_{n=p}^{N-1}|b(n)|^2=\sum_{n=p}^{N-1}\left|x(n-p)+\sum_{i=1}^{p}a(i)x(n-p+i)\right|^2 \tag{6.2.40}$$

问题的解归结为使前向和后向预测误差和最小:

$$\xi=\frac{1}{2}[\xi^f+\xi^b] \tag{6.2.41}$$

前向 LS 预测的数据矩阵式(6.2.20)已经讨论,如下给出后向预测 LS 表示的数据矩阵,后向预测误差向量为

$$\boldsymbol{b}=\begin{bmatrix}b_p^*(p)\\b_p^*(p+1)\\\vdots\\b_p^*(N-1)\end{bmatrix}=\begin{bmatrix}x^*(0)\\x^*(1)\\\vdots\\x^*(N-p-1)\end{bmatrix}+\begin{bmatrix}\sum_{k=1}^{p}a^*(k)x^*(k)\\\sum_{k=1}^{p}a^*(k)x^*(k+1)\\\vdots\\\sum_{k=1}^{p}a^*(k)x^*(N-1-p+k)\end{bmatrix}$$

$$=\begin{bmatrix} x^*(0) \\ x^*(1) \\ \vdots \\ x^*(N-p-1) \end{bmatrix} + \begin{bmatrix} \boldsymbol{x}_b^{\mathrm{H}}(1) \\ \boldsymbol{x}_b^{\mathrm{H}}(2) \\ \vdots \\ \boldsymbol{x}_b^{\mathrm{H}}(N-p) \end{bmatrix} \boldsymbol{a}^* = \boldsymbol{x}_b + \boldsymbol{A}_b \boldsymbol{a}^* \tag{6.2.42}$$

式中，$\boldsymbol{x}_b(i)=[x(i),x(i+1),\cdots,x(i+p-1)]^{\mathrm{T}}$，数据矩阵的共轭转置为

$$\boldsymbol{A}_b^{\mathrm{H}}=[\boldsymbol{x}_b(1),\boldsymbol{x}_b(2),\cdots,\boldsymbol{x}_b(N-p)]$$

$$=\begin{bmatrix} x(1) & x(2) & \cdots & x(N-p) \\ x(2) & x(3) & \cdots & x(N-p+1) \\ \vdots & \vdots & \ddots & \vdots \\ x(p) & x(p+1) & \cdots & x(N-1) \end{bmatrix}$$

为求待估计参数，令

$$\frac{\partial \xi}{\partial \boldsymbol{a}}=0$$

得到改进协方差方法的 LS 解为

$$\hat{\boldsymbol{a}}=-(\boldsymbol{A}^{\mathrm{H}}\boldsymbol{A}+\boldsymbol{A}_b^{\mathrm{T}}\boldsymbol{A}_b^*)^{-1}(\boldsymbol{A}^{\mathrm{H}}\boldsymbol{x}_f+\boldsymbol{A}_b^{\mathrm{T}}\boldsymbol{x}_b^*) \tag{6.2.43}$$

激励白噪声方差为

$$\hat{\sigma}_v^2=\frac{1}{N-p}\xi_{\min}=\frac{1}{2(N-p)}(\boldsymbol{x}_f^{\mathrm{H}}\boldsymbol{x}_f+\boldsymbol{x}_b^{\mathrm{H}}\boldsymbol{x}_b+\hat{\boldsymbol{a}}^{\mathrm{H}}\boldsymbol{A}^{\mathrm{H}}\boldsymbol{x}_f+\hat{\boldsymbol{a}}^{\mathrm{H}}\boldsymbol{A}_b^{\mathrm{T}}\boldsymbol{x}_b^*) \tag{6.2.44}$$

同样可以得到正则方程为

$$\Phi\hat{\boldsymbol{a}}=-\boldsymbol{z} \tag{6.2.45}$$

其中

$$\Phi=\frac{1}{2(N-p)}(\boldsymbol{A}^{\mathrm{H}}\boldsymbol{A}+\boldsymbol{A}_b^{\mathrm{T}}\boldsymbol{A}^*)$$

$$\boldsymbol{z}=\frac{1}{2(N-p)}(\boldsymbol{A}^{\mathrm{H}}\boldsymbol{x}_f+\boldsymbol{A}_b^{\mathrm{T}}\boldsymbol{x}_b^*)$$

正则方程系数矩阵的各元素为

$$\phi(j,k)=\frac{1}{2(N-p)}\left[\sum_{n=p-1}^{N-2}x(n-j)x^*(n-k)+\sum_{n=1}^{N-p}x^*(n+j)x(n+k)\right]$$

$$z(j)=\frac{1}{2(N-P)}\left[\sum_{n=p}^{N-1}x(n-j-1)x^*(n)+\sum_{n=0}^{N-1-p}x^*(n+j+1)x(n)\right]$$

解正则方程也可以得到 AR(p)模型系数的估计值，得到正则方程的解后，激励白噪声的方差为

$$\hat{\sigma}_v^2=\hat{\sigma}_x^2+\sum_{j=1}^{p}\hat{a}(j)z(j-1)=\frac{1}{2(N-p)}(\boldsymbol{x}_f^{\mathrm{H}}\boldsymbol{x}_f+\boldsymbol{x}_b^{\mathrm{H}}\boldsymbol{x}_b)+\sum_{j=1}^{p}\hat{a}(j)z(j-1)$$

在观测数据很短时，利用改进协方差方法可以改善估计参数和功率谱的方差性能，在较长数据存在时，改进不明显。

6.2.4 自相关方法

与协方差方法不同，由观测数据$\{x(0),x(1),\cdots,x(N-1)\}$，对于信号在尽可能多的时

刻进行预测,产生尽可能多的预测误差,这是自相关方法。对于 AR(p)模型,利用观测数据 $\{x(0),x(1),\cdots,x(N-1)\}$,可以得到预测值的最大时间范围是$[0,N+p-1]$,计算该范围的预测误差和

$$\xi=\sum_{n=0}^{N+p-1}\left|x(n)+\sum_{k=1}^{p}a^*(k)x(n-k)\right|^2 \tag{6.2.46}$$

在式(6.2.46)的计算中,要用到观测数据集$\{x(0),x(1),\cdots,x(N-1)\}$以外的数据,为此假设在 $0\leqslant n\leqslant N-1$ 范围之外 $x(n)=0$。这个问题的解是 LS 按自相关方式构成数据矩阵时的结果。

这里不再写出自相关方法的数据矩阵,可以证明,自相关方法相当于用 2.1 节的自相关估计公式用数据估计自相关序列后,再代入 Yule-Walker 方程求解 AR 模型系数,可以采用 Levinson-Durbin 递推算法求解。由于它假设了观测窗外的数据是 0,相当于进行了加窗处理,自相关方法估计的功率谱分辨率受到窗长度的限制,这一点将在 6.9.1 节的仿真实验中得到证实。

6.2.5 Burg 算法

Levinson 递推算法告诉我们,若已知初始 $P_0=r_{xx}(0)$,如果得到一组反射系数$\{k_1,k_2,\cdots,k_p\}$,则可以递推地得到最终 p 阶的 AR 参数$\{a_p(1),a_p(2),\cdots,a_p(p),P=\sigma_v^2\}$。原始 Levinson 递推算法是通过低阶滤波器系数和自相关序列计算反射系数,本节导出通过观测数据$\{x(0),x(1),\cdots,x(N-1)\}$估计反射系数的公式,从而利用 Levinson 递推算法,递推各阶滤波器系数,直到 p 阶。这种算法称为 Burg 算法。

假设 $m-1$ 阶前向和后向预测误差滤波器的各量(系数、误差输出等)均已求得,估计反射系数 k_m,使得 m 阶前向和后向预测误差平方和最小,即

$$\xi_m=\frac{1}{2}(\xi_m^f+\xi_m^b)=\frac{1}{2(N-m)}\left[\sum_{n=m}^{N-1}|\hat{f}_m(n)|^2+\sum_{n=m}^{N-1}|\hat{b}_m(n)|^2\right] \tag{6.2.47}$$

最小,利用格型预测误差滤波器的递推关系

$$\hat{f}_m(n)=\hat{f}_{m-1}(n)+k_m^*b_{m-1}(n-1) \tag{6.2.48}$$

$$\hat{b}_m(n)=\hat{b}_{m-1}(n-1)+k_m\hat{f}_{m-1}(n) \tag{6.2.49}$$

代入式(6.2.47),注意到未知参数只有 k_m,令

$$\frac{\partial\xi_m}{\partial k_m}=0$$

整理,得到

$$\hat{k}_m=\frac{-2\sum\limits_{n=m}^{N-1}f_{m-1}^*(n)b_{m-1}(n-1)}{\sum\limits_{n=m}^{N-1}(|f_{m-1}(n)|^2+|b_{m-1}(n-1)|^2)} \tag{6.2.50}$$

结合第 3 章介绍的 Levinson 递推算法、新的反射系数公式(6.2.50)和式(6.2.48)及式(6.2.49)的预测误差更新公式,得到 AR 模型谱估计的 Burg 算法。总结 Burg 算法如下。

Burg 算法：

(1) 初始值

$$\hat{r}_{xx}(0)=\frac{1}{N}\sum_{n=0}^{N-1}|x(n)|^2$$

$$\hat{P}_0=\hat{r}_{xx}(0)$$

$$\hat{f}_0(n)=x(n),\quad n=1,2,\cdots,N-1$$

$$\hat{b}_0(n)=x(n),\quad n=0,1,\cdots,N-2$$

(2) 对 $m=1,2,\cdots,p$，递推

$$\hat{k}_m=\frac{-2\sum_{n=m}^{N-1}f_{m-1}^*(n)b_{m-1}(n-1)}{\sum_{n=m}^{N-1}(|f_{m-1}(n)|^2+|b_{m-1}(n-1)|^2)}$$

$$\hat{P}_m=(1-|k_m|^2)\hat{P}_{m-1}$$

$$\hat{a}_m(i)=\begin{cases}\hat{a}_{m-1}(i)+\hat{k}_m\hat{a}_{m-1}^*(m-i), & i=1,2,\cdots,m-1\\ \hat{k}_m, & i=m\end{cases}$$

$$\hat{f}_m(n)=\hat{f}_{m-1}(n)+k_m^*b_{m-1}(n-1),\quad n=m+1,\cdots,N-1$$

$$\hat{b}_m(n)=\hat{b}_{m-1}(n-1)+k_m\hat{f}_{m-1}(n),\quad n=m,\cdots,N-2$$

(3) 递推的最后一步得到 AR(p)模型系数$\{\hat{a}(i),i=1,2,\cdots,p\}$和 $\hat{\sigma}_v^2=\hat{P}_p$。将估计参数代入公式

$$\hat{S}_{\mathrm{AR}}(f)=\frac{\hat{\sigma}_v^2}{\left|1+\sum_{k=1}^{p}\hat{a}^*(k)\mathrm{e}^{-\mathrm{j}2\pi fk}\right|^2}$$

根据所要求的显示精度和频率范围，计算 $f_i=i\Delta f$ 处的 PSD 值，并画出图形。

把式(6.2.50)$\hat{k}_m$ 的分母项记为 DEN(m)，它需要较多乘法运算，为了更有效地计算，可导出其递推公式，可以证明(留作习题)

$$\mathrm{DEN}(m)=(1-|k_{m-1}|^2)\mathrm{DEN}(m-1)-|\hat{f}_{m-1}^*(m-1)|^2-|\hat{b}_{m-1}(N-1)|^2 \tag{6.2.51}$$

在上述几个算法的推导中，利用了前向和后向预测误差的均值 ξ_p^f、ξ_p^b，这两项在最优预测误差滤波器的讨论时是相等的，但在谱估计时，我们用到的分别是前向和后向预测误差的有限项平均值，而不是均方值，对于有限项平均值，一般 $\xi_p^f\neq\xi_p^b$。

至此，已经讨论了 AR 模型谱估计的几个计算方法，其中在对具有规则性谱进行估计时，几个方法的效果差距不明显，一般可得到较好的结果，但当信号中存在多峰值谱甚至线谱时，自相关方法的谱分辨率较差。对如上几种方法的主要优缺点简单列于下，一些实验比较参看第 6.9.1 节。

(1) 自相关方法可用 Levinson 快速算法，运算量小易于编程实现，但频率分辨率较低。

(2) 自协方程方法分辨率高，运算量较大。

(3) 改进协方差方法，分辨率高，无谱线分裂和偏移，运算量大。

(4) Burg 算法可用改进的 Levinson 递推算法，运算量小易于编程实现，分辨率高，但有谱线分裂和偏移现象(对线谱情况)。

6.2.6 AR 模型谱的进一步讨论

本小节进一步讨论 AR 模型谱的几个问题，有助于对 AR 模型谱估计的深入理解。

1. AR 模型谱的界

Burg 证明了，由反射系数可以确定 AR 模型谱的上下界，这个上下界关系为

$$r(0)\prod_{i=1}^{p}\frac{1-|k_i|}{1+|k_i|}\leqslant \hat{S}_{\mathrm{AR}}(\omega)\leqslant r(0)\prod_{i=1}^{p}\frac{1+|k_i|}{1-|k_i|} \tag{6.2.52}$$

由此上下界关系，可见，反射系数越接近 1，AR 模型谱越尖锐。

2. AR 模型方法对噪声中正弦波形的功率谱估计

按谱分解定理，AR 模型刻画的是规则随机信号，即功率谱是连续的，如果随机信号中包含一个正弦信号，其功率谱中有冲激函数存在，不再是连续谱，因此理论上 AR 模型谱估计不能准确地估计正弦波形的功率谱。这里，讨论 AR 模型对正弦信号功率谱的逼近性质。首先考虑单个正弦信号的情况，设随机信号为

$$x(n)=A_1\mathrm{e}^{\mathrm{j}(\omega_1 n+\varphi)}+w(n) \tag{6.2.53}$$

其中，$\varphi\in[-\pi,\pi]$是均匀分布的随机变量，A_1 是实数，$w(n)$是方差为 σ_w^2 的白噪声，用 AR(p)模型逼近该信号。为了后面分析方便，定义$(p+1)\times(p+1)$自相关矩阵为

$$\boldsymbol{R}_{p+1}=P_1\boldsymbol{e}_1\boldsymbol{e}_1^{\mathrm{H}}+\sigma_w^2\boldsymbol{I} \tag{6.2.54}$$

其中，$\boldsymbol{e}=[1,\mathrm{e}^{\mathrm{j}\omega_1},\cdots,\mathrm{e}^{\mathrm{j}p\omega_1}]^{\mathrm{T}}$，$P_1=A_1^2$，求解 AR($p$)模型参数的增广尤尔-沃克(Yule-Walker)方程为

$$\boldsymbol{R}_{p+1}\boldsymbol{a}_p=\sigma_v^2\boldsymbol{u} \tag{6.2.55}$$

其中，$\boldsymbol{a}_p=[1,a(1),\cdots,a(p)]^{\mathrm{T}}=[1,\boldsymbol{a}]^{\mathrm{T}}$，$\boldsymbol{u}=[1,0,\cdots,0]^{\mathrm{T}}$，$\sigma_v^2$ 是 AR(p)的激励白噪声方差。

解方程式(6.2.55)可得到 $\boldsymbol{a}_p$ 和 σ_v^2，从而得到式(6.2.53)信号的 AR 模型谱估计式。由式(6.2.54)利用矩阵逆引理(附录 A)的如下特例：

$$(\boldsymbol{A}+\boldsymbol{e}\boldsymbol{e}^{\mathrm{H}})^{-1}=\boldsymbol{A}^{-1}-\frac{\boldsymbol{A}^{-1}\boldsymbol{e}\boldsymbol{e}^{\mathrm{H}}\boldsymbol{A}^{-1}}{1+\boldsymbol{e}^{\mathrm{H}}\boldsymbol{A}^{-1}\boldsymbol{e}}$$

求得

$$\boldsymbol{R}_{p+1}^{-1}=\frac{1}{\sigma_w^2}\boldsymbol{I}-\frac{\dfrac{1}{\sigma_w^4}P_1\boldsymbol{e}_1\boldsymbol{e}_1^{\mathrm{H}}}{1+\dfrac{P_1}{\sigma_w^2}\boldsymbol{e}_1^{\mathrm{H}}\boldsymbol{e}_1}=\frac{1}{\sigma_w^2}\left[\boldsymbol{I}-\frac{P_1}{\sigma_w^2+(p+1)P_1}\boldsymbol{e}_1\boldsymbol{e}_1^{\mathrm{H}}\right] \tag{6.2.56}$$

$\boldsymbol{a}_p$ 的解为

$$\boldsymbol{a}_p=\sigma_v^2\boldsymbol{R}_{p+1}^{-1}\boldsymbol{u}=\frac{\sigma_v^2}{\sigma_w^2}\left[\boldsymbol{u}-\frac{P_1}{\sigma_w^2+(p+1)P_1}\boldsymbol{e}_1\right] \tag{6.2.57}$$

由 $a_p(0)=1$，得

$$a_p(0)=1=\frac{\sigma_v^2}{\sigma_w^2}\left[1-\frac{P_1}{\sigma_w^2+(p+1)P_1}\right]$$

解出

$$\sigma_v^2=\sigma_w^2\left[1+\frac{P_1}{\sigma_w^2+pP_1}\right] \tag{6.2.58}$$

将 σ_v^2 代入式(6.2.57)，得

$$a(i)=-\frac{P_1}{pP_1+\sigma_w^2}\mathrm{e}^{\mathrm{j}\omega_1 i} \tag{6.2.59}$$

将 σ_v^2 和 $a(i)$ 代入 AR(p)的功率谱表达式，并进行整理，得到用 AR(p)模型估计的噪声中复正弦的功率谱为

$$\hat{S}_{\mathrm{AR}}(\omega)=\frac{\sigma_w^2\left[1-\dfrac{P_1}{\sigma_w^2+(p+1)P_1}\right]}{\left(\dfrac{\sigma^2}{\sigma_w^2}\right)^2\left|1-\dfrac{P_1}{\sigma_w^2+(p+1)P_1}W_R(\mathrm{e}^{\mathrm{j}(\omega-\omega_1)})\right|^2} \tag{6.2.60}$$

这里

$$W_R(\mathrm{e}^{\mathrm{j}(\omega-\omega_1)})=\sum_{k=0}^{p}\mathrm{e}^{-\mathrm{j}k(\omega-\omega_1)}=\frac{\sin(p+1)(\omega-\omega_1)/2}{(p+1)\sin(\omega-\omega_1)/2}\mathrm{e}^{-\mathrm{j}(\omega-\omega_1)p/2}$$

是一个矩形窗的 DTFT。显然，式(6.2.60)的最大值发生在 $\omega=\omega_1$ 处，最大值为

$$\begin{aligned}\hat{S}_{\mathrm{AR}}(\omega)\big|_{\omega=\omega_1}&=\frac{\sigma_w^2\left[1-\dfrac{P_1}{\sigma_w^2+(p+1)P_1}\right]}{\left(\dfrac{\sigma^2}{\sigma_w^2}\right)^2\left|1-\dfrac{P_1}{\sigma_w^2+(p+1)P_1}(p+1)\right|^2}\\&=\frac{1}{\sigma_w^2}[\sigma_w^2+pP_1][\sigma_w^2+(p+1)P_1]\end{aligned}$$

在高信噪比时，即 $P_1\gg\sigma_w^2$ 时，最大值近似为

$$\hat{S}_{\mathrm{AR}}(\omega)\big|_{\omega=\omega_1}=\frac{1}{\sigma_w^2}[\sigma_w^2+pP_1][\sigma_w^2+(p+1)P_1]\approx p^2\frac{P_1^2}{\sigma_w^2}=p^2P_1\eta \tag{6.2.61}$$

上式中，$\eta=P_1/\sigma_w^2$ 为信噪比，上式说明，谱峰值与正弦信号的功率平方成正比，与噪声功率成反比，或与正弦信号功率与信噪比之积成正比。

由此分析可见，如果噪声中有一个正弦信号存在，如果信噪比和信号幅度较大，估计的 PSD 中有一个幅度较大的峰值，并且峰值发生在正弦信号的频率处。尽管用 AR(p)模型得不到一个具有冲激的 PSD，但较大的峰值还是准确地指出了正弦信号的频率位置。LACOSS 等证明，正弦谱估计峰值的 3dB 带宽为 $2/(\pi(p+1)^2\eta)$，可见，大信噪比和高模型阶会使谱估计的峰值快速衰减。

对于两个复正弦和加性白噪声的情况，可以进一步说明 AR 模型谱估计的性能和分辨率。两个复正弦和加性白噪声的自相关矩阵为

$$\boldsymbol{R}_{p+1}=P_1\boldsymbol{e}_1\boldsymbol{e}_1^{\mathrm{H}}+P_2\boldsymbol{e}_2\boldsymbol{e}_2^{\mathrm{H}}+\sigma_w^2\boldsymbol{I} \tag{6.2.62}$$

用类似的分析过程，在满足 $\omega_1=k_1/p,\omega_2=k_2/p$ 的条件下，AR(p)模型参数求得为

$$\sigma_v^2 = \sigma_w^2 \left[1 + \frac{P_1}{\sigma_w^2 + pP_1} + \frac{P_2}{\sigma_w^2 + pP_2}\right]$$

$$a(i) = -\left[\frac{P_1}{pP_1 + \sigma_w^2} e^{j\omega_1 i} + \frac{P_2}{pP_2 + \sigma_w^2} e^{j\omega_2 i}\right]$$

得到功率谱为

$$\hat{S}_{\mathrm{AR}}(\omega) = \frac{\sigma_w^2 \left[1 + \dfrac{P_1}{\sigma_w^2 + pP_1} + \dfrac{P_2}{\sigma_w^2 + pP_2}\right]}{\left|1 - \dfrac{P_1 p}{\sigma_w^2 + pP_1} W_R(e^{j(\omega-\omega_1)}) - \dfrac{P_2 p}{\sigma_w^2 + pP_2} W_R(e^{j(\omega-\omega_2)})\right|^2} \tag{6.2.63}$$

令 $\eta_1 = P_1/\sigma_w^2$，$\eta_2 = P_2/\sigma_w^2$ 分别为两个复正弦对白噪声的信噪比，在 $\eta_1 p \gg 1$，$\eta_2 p \gg 1$ 的条件下，分别得到

$$\hat{S}_{\mathrm{AR}}(\omega_1) \approx Cp^2\eta_1^2, \quad \hat{S}_{\mathrm{AR}}(\omega_2) \approx Cp^2\eta_2^2$$

其中，C 是一个常数。可以得到两个频率点的功率谱密度估计值之比为

$$\hat{S}_{\mathrm{AR}}(\omega_1)/\hat{S}_{\mathrm{AR}}(\omega_2) \approx \eta_1^2/\eta_2^2$$

这个结果揭示了一个现象，如果两个复正弦的信噪比相差 10 倍，那么它们的功率谱密度估计值相差 100 倍，因此多个正弦信号和的 AR 模型谱估计趋于增强电平高的正弦分量。

Marple 证明[170]，AR 模型谱估计的频率分辨率近似为

$$\delta\omega_{\mathrm{AR}} = \frac{2.06\pi}{p(\eta(p+1))^{0.31}} \tag{6.2.64}$$

考虑到周期图法的频率分辨率约为

$$\delta\omega_{\mathrm{per}} = \frac{1.72\pi}{N}$$

当 $\delta\omega_{\mathrm{AR}} < \delta\omega_{\mathrm{per}}$ 时，AR 模型法可取得更好的分辨率。为使 AR 模型法取得比周期图法更高的分辨率，假设模型阶已确定，要求信噪比为

$$10\log_{10}\eta > -10\log_{10}(p+1) + 32.3\log_{10}1.2(N/p)$$

举例说明，设信号中存在两个复正弦，若取模型阶 $p = 8$，周期图的长度为 $N = 64$，为使 AR 模型得到更高分辨率，要求信噪比 $10\log_{10}\eta > 22\mathrm{dB}$。由此可见，AR 模型法的高分辨率是建立在高信噪比的基础上的。

3. 测量噪声对 AR 模型谱估计的影响

前述，利用复正弦信号说明了噪声功率对 AR 模型谱估计分辨率的影响，更一般地，如果随机信号 $x(n)$ 可以由 AR(p)模型非常精确地表示，但测量中混入了测量误差，因此实际测量的信号是 $y(n) = x(n) + w(n)$，这里 $w(n)$ 是白噪声，我们用 $y(n)$ 进行谱估计，但 $y(n)$ 实际已是 ARMA(p,p)信号，这可以由下式说明：

$$\begin{aligned} \widetilde{S}_y(z) &= \widetilde{S}_x(z) + \sigma_w^2 = \frac{\sigma_v^2}{A(z)A^*(1/z^*)} + \sigma_w^2 \\ &= \frac{\sigma_v^2 + \sigma_w^2 A(z)A^*(1/z^*)}{A(z)A^*(1/z^*)} \end{aligned} \tag{6.2.65}$$

由于 $y(n)$ 是 ARMA(p,p)信号，当信噪比很高并且满足 $\sigma_v^2 \gg \sigma_w^2$ 条件时，上式还可以近似用 AR(p)模型表示，当信噪比较低时，AR(p)模型法已不再适用。因此 AR(p)模型谱估计

对噪声是敏感的。

有些方法可以用于缓解这个问题，例如可以采用更高阶模型，或者对噪声引起的自相关系数进行补偿等，根本的方法就是采用 ARMA(p,q)模型法。

6.3 系统模型阶选择问题

在上述算法的讨论时，假设 AR 模型的阶 p 是已经确定的，实际中，p 是一个待确定的参数，怎样确定最优的 p 值，是模型阶的确定问题。模型阶的确定在几个不同领域都存在，如第 4 章和第 5 章讨论的最优或自适应滤波器也有怎样选择最优阶的问题。最优阶的选择也可以通过确定一定的目标准则得到最优解，Akaike 较早研究了这个问题，并导出几个准则，本章不深入地讨论模型阶选择问题，只简单列出如下几个准则。

(1) 最终预测误差准则(Final Prediction Error，FPE)，是由 Akaike 于 1969 年提出的。使如下准则函数最小的阶数，确定为模型的阶：

$$\mathrm{FPE}(k)=\frac{N+k}{N-k}\hat{P}_k \tag{6.3.1}$$

这里，$\hat{P}_k$ 是 k 阶预测误差滤波器的输出功率，即等价为 k 阶 AR 模型的激励白噪声方差。

(2) Akaike 信息准则(Akaike Information Criterion，AIC)，是由 Akaike 于 1974 年提出的，令如下信息函数：

$$\mathrm{AIC}(k)=N\ln\hat{P}_k+2k \tag{6.3.2}$$

当 $k=p$ 时，信息函数为最小，则确定 AR 模型为 p 阶。

(3) 最小描述长度准则(Minimizes The Description Length，MDL)，是由 Rissanen 于 1983 年提出的，准则函数定义为

$$\mathrm{MDL}(k)=N\ln\hat{P}_k+k\ln N \tag{6.3.3}$$

使准则函数最小的阶，确定为模型阶。

(4) 传输函数准则(Criterion Autoregressive Transfer Function，CAT)，定义准则函数为

$$\mathrm{CAT}(k)=\left(\frac{1}{N}\sum_{m=1}^{k}\frac{N-m}{N\hat{P}_m}\right)-\frac{1}{\hat{P}_k} \tag{6.3.4}$$

最小化准则函数的阶选为模型的阶。

遗憾的是，这几个模型阶的准则并不能总给出相同的模型阶估计，在缺乏先验信息的情况下，可以实验用不同准则确定的阶，并对最终的谱估计结果进行分析和选择。

6.4 MA 模型谱估计

由 MA 模型知，如果一个随机信号符合 MA 模型，它的功率谱为

$$S_{\mathrm{MA}}(f)=\sigma^2\mid B(f)\mid^2=\sigma^2\left|1+\sum_{k=1}^{q}b^*(k)\mathrm{e}^{-\mathrm{j}2\pi fk}\right|^2 \tag{6.4.1}$$

类似 Yule-Walker 方程，MA 模型的自相关函数与模型系数存在如下关系：

$$r_{xx}(k)=\begin{cases}\sigma^2\sum_{\ell=0}^{q-k}b^*(\ell)b(\ell+k), & k=0,1,\cdots,q\\ r_{xx}^*(-k), & k=-1,-2,\cdots,-q\\ 0, & \text{其他}\end{cases} \tag{6.4.2}$$

由于 MA 序列的自相关函数仅有有限个不为零的值,MA 谱也可以写成如下形式:

$$S_{\mathrm{MA}}(f)=\sum_{k=-q}^{q}r_{xx}(k)\mathrm{e}^{-\mathrm{j}2\pi fk} \tag{6.4.3}$$

上式与经典的 BT 估计公式是一致的,注意到一点不同是,BT 估计器是通过加窗,限制 $r_{xx}(k)$ 在窗函数之外值为 0,如果 MA 模型是准确地刻画当前的信号,式(6.4.3)的 MA 估计器是准确的。MA 模型的一个最简单的估计器,就是利用观测数据$\{x(0),x(1),\cdots,x(N-1)\}$获得估计的自相关值 $\hat{r}_{xx}(k),k=0,\pm1,\cdots,\pm q$,代入式(6.4.3)。如同在 AR 模型谱估计中,直接用估计的自相关函数解 Yule-Walker 方程得到的结果并不理想一样,直接将估计自相关值代入式(6.4.3),得到的谱估计的性能也不理想。

由于 MA 模型不存在与线性预测的直接对应关系,不能直接利用线性预测误差和最小导出 MA 模型参数估计的 LS 算法。为了导出 MA 的参数估计算法,假设随机信号是服从高斯分布,利用 MLE 估计技术,导出一个 MLE-MA 估计器,称这个估计器为 Durbin 方法。为简单计,以下仅讨论实信号情况。

设一个 MA 过程表示为

$$x(n)=\sum_{k=0}^{q}b(k)v(n-k) \tag{6.4.4}$$

记 $\boldsymbol{b}=[b(0),b(1),\cdots,b(q)]^q$ 为其系数向量,假设该过程的零点位置不是非常靠近单位圆,由 Kolmogorov 定理,这个 MA(q)模型可以由 AR(L)模型逼近,这里要求 $L\gg q$,即由如下 AR(L)方程近似替代 MA(q)方程:

$$x(n)=-\sum_{k=1}^{L}a(k)x(n-k)+v(n) \tag{6.4.5}$$

由观测数据集$\{x(0),x(1),\cdots,x(N-1)\}$估计 AR($L$)的参数集 $\hat{\boldsymbol{y}}=[\hat{\boldsymbol{a}}^{\mathrm{T}},\hat{\sigma}_{\mathrm{AR}}^2]^{\mathrm{T}}$,由于 $\hat{\boldsymbol{y}}$ 和 MA(q)模型系数向量 $\boldsymbol{b}$、MA(q)的激励白噪声方差 σ^2 是直接相关联的,存在一个似然函数 $p(\hat{\boldsymbol{y}}|\boldsymbol{b},\sigma^2)$,因为 $\hat{\boldsymbol{y}}$ 是 AR(L)模型的参数集,可由 6.2 节的任一种方法进行估计,因此目前是已经可以得到的量,如果能够写出似然函数的表达式 $p(\hat{\boldsymbol{y}}|\boldsymbol{b},\sigma^2)$,由 MLE 估计方法可以得到 MA($q$)的参数 $\boldsymbol{b}$ 和 σ^2。

在上节已经证明,AR(L)参数集 $\hat{\boldsymbol{y}}$ 是通过观测数据集$\{x(0),x(1),\cdots,x(N-1)\}$得到的 MLE 估计,它是逼近高斯的,并且均值向量和协方差矩阵都已得到,重写如下:

$$E[\hat{\boldsymbol{y}}]=\boldsymbol{y}=\begin{bmatrix}\boldsymbol{a}\\ \sigma^2\end{bmatrix} \tag{6.4.6}$$

注意,对于真实值,$\sigma_{\mathrm{AR}}^2=\sigma_{\mathrm{MA}}^2=\sigma^2$ 是一致的。$\hat{\boldsymbol{y}}$ 的协方差矩阵是

$$\boldsymbol{C}_{\hat{y}}=\boldsymbol{C}_{\hat{a},\hat{\sigma}_{\mathrm{AR}}^2}=\begin{bmatrix}\dfrac{\sigma^2}{N}\boldsymbol{R}_{xx}^{-1} & \boldsymbol{0}\\ \boldsymbol{0}^{\mathrm{T}} & \dfrac{2\sigma^4}{N}\end{bmatrix} \tag{6.4.7}$$

在均值和协方差矩阵已知的情况下，高斯随机向量 $\hat{\boldsymbol{y}}$ 的似然函数为

$$p(\hat{\boldsymbol{y}} \mid \boldsymbol{b},\sigma^2)=\frac{1}{(2\pi)^{\frac{(L+1)}{2}}\det^{\frac{1}{2}}(\boldsymbol{C}_{\hat{y}})}\exp\left[-\frac{1}{2}(\hat{\boldsymbol{y}}-\boldsymbol{y})^{\mathrm{T}}\boldsymbol{C}_{\hat{y}}^{-1}(\hat{\boldsymbol{y}}-\boldsymbol{y})\right] \tag{6.4.8}$$

为了简化式(6.4.8)，利用一个关系，当 L 很大时，$\det(\boldsymbol{R}_{xx})\approx\sigma^{2L}$，故

$$\det(\boldsymbol{C}_{\hat{y}})=\frac{2\sigma^4}{N}\left(\frac{\sigma^2}{N}\right)^L\det{}^{-1}(\boldsymbol{R}_{xx})=\frac{2\sigma^4}{N^{L+1}} \tag{6.4.9}$$

式(6.4.9)说明，似然函数中，指数函数前面的系数仅与 σ^2 有关。代入 $\boldsymbol{C}_{\hat{y}}$ 表达式(6.4.7)到式(6.4.8)的指数部分，得到

$$(\hat{\boldsymbol{y}}-\boldsymbol{y})^{\mathrm{T}}\boldsymbol{C}_{\hat{y}}^{-1}(\hat{\boldsymbol{y}}-\boldsymbol{y})=(\hat{\boldsymbol{a}}-\boldsymbol{a})\left(\frac{N\boldsymbol{R}_{xx}}{\sigma^2}\right)(\hat{\boldsymbol{a}}-\boldsymbol{a})+\frac{N}{2\sigma^4}(\hat{\sigma}_{\mathrm{AR}}^2-\sigma^2)^2 \tag{6.4.10}$$

定义 $\bar{\boldsymbol{R}}_{xx}=\frac{1}{\sigma^2}\boldsymbol{R}_{xx}$，得到

$$p(\hat{\boldsymbol{y}} \mid \boldsymbol{b},\sigma^2)=\underbrace{\frac{C}{\sigma^2}\mathrm{e}^{-\frac{N}{4\sigma^4}(\hat{\sigma}_{\mathrm{AR}}^2-\sigma^2)^2}}_{P_1}\underbrace{\exp\left\{-\frac{N}{2}(\hat{\boldsymbol{a}}-\boldsymbol{a})^{\mathrm{T}}\bar{\boldsymbol{R}}_{xx}(\hat{\boldsymbol{a}}-\boldsymbol{a})\right\}}_{P_2} \tag{6.4.11}$$

将 $p(\hat{\boldsymbol{y}}|\boldsymbol{b},\sigma^2)$ 分成 P_1 和 P_2，分别求 σ^2 和 $\boldsymbol{b}$ 的估计值：

(1) 由

$$\left.\frac{\partial \ln P_1}{\partial\sigma^2}\right|_{\sigma^2=\hat{\sigma}^2}=\frac{\partial}{\partial\sigma^2}\left[\ln c-\ln\sigma^2-\frac{N}{4\sigma^4}(\hat{\sigma}_{\mathrm{AR}}^2-\sigma^2)^2\right]=0$$

当 $N\gg1$ 时，得

$$\hat{\sigma}^2=\hat{\sigma}_{\mathrm{AR}}^2=\hat{r}_{xx}(0)+\sum_{k=1}^{L}\hat{a}(k)\hat{r}_{xx}(k) \tag{6.4.12}$$

式(6.4.12)中第 2 个等号是假设 AR(L)参数的估计用的是自相关方法。

(2) P_2 的指数部分，不包括常数和符号，写为

$$Q=(\hat{\boldsymbol{a}}-\boldsymbol{a})^{\mathrm{T}}\bar{\boldsymbol{R}}_{xx}(\hat{\boldsymbol{a}}-\boldsymbol{a})=\hat{\boldsymbol{a}}\bar{\boldsymbol{R}}_{xx}\hat{\boldsymbol{a}}-2\hat{\boldsymbol{a}}\bar{\boldsymbol{R}}_{xx}\boldsymbol{a}+\boldsymbol{a}^{\mathrm{T}}\bar{\boldsymbol{R}}_{xx}\boldsymbol{a} \tag{6.4.13}$$

由 Yule-Walker 方程知，

$$\bar{\boldsymbol{R}}_{xx}\boldsymbol{a}=\frac{\boldsymbol{R}_{xx}}{\sigma^2}\boldsymbol{a}=-\frac{\boldsymbol{r}_{xx}}{\sigma^2}=-\bar{\boldsymbol{r}}_{xx}$$

代回式(6.4.13)，得

$$Q=\hat{\boldsymbol{a}}\bar{\boldsymbol{R}}_{xx}\hat{\boldsymbol{a}}+2\hat{\boldsymbol{a}}^{\mathrm{T}}\bar{\boldsymbol{r}}_{xx}-\boldsymbol{a}^{\mathrm{T}}\bar{\boldsymbol{r}}_{xx} \tag{6.4.14}$$

再由 $\sigma^2=r_{xx}(0)+\sigma^2\boldsymbol{a}^{\mathrm{T}}\bar{\boldsymbol{r}}_{xx}$，得到

$$\boldsymbol{a}^{\mathrm{T}}\bar{\boldsymbol{r}}_{xx}=1-\frac{r_{xx}(0)}{\sigma^2}=1-\bar{r}_{xx}(0)$$

代入式(6.4.14)，得

$$\begin{aligned}Q&=\hat{\boldsymbol{a}}\bar{\boldsymbol{R}}_{xx}\hat{\boldsymbol{a}}+2\hat{\boldsymbol{a}}^{\mathrm{T}}\boldsymbol{r}_{xx}+\frac{r_{xx}(0)}{\sigma^2}-1\\&=\begin{bmatrix}1\\\hat{\boldsymbol{a}}\end{bmatrix}^{\mathrm{T}}\begin{bmatrix}\bar{r}_{xx}(0)&\bar{\boldsymbol{r}}_{xx}^{\mathrm{T}}\\\bar{\boldsymbol{r}}_{xx}&\bar{\boldsymbol{R}}_{xx}\end{bmatrix}\begin{bmatrix}1\\\hat{\boldsymbol{a}}\end{bmatrix}-1\end{aligned}$$

$$=\sum_{i=0}^{L}\sum_{j=0}^{L}\hat{a}(i)\hat{a}(j)\bar{r}_{xx}(i-j)-1 \tag{6.4.15}$$

再由式(6.4.2),两边做变量替换,得

$$\bar{r}_{xx}(i-j)=\sum_{n=-\infty}^{+\infty}b(n)b(n+i-j)=\sum_{n=-\infty}^{+\infty}b(n-j)b(n-j) \tag{6.4.16}$$

尽管将式(6.4.16)的上下求和限写成无穷,但因为满足 $b(i)=0$,对 $q<i<0$,式(6.4.16)是有限求和,将式(6.4.16)代入式(6.4.15)并整理,得

$$Q=\sum_{n=0}^{L+q}\left[\hat{a}(n)+\sum_{k=1}^{q}b(k)\hat{a}(n-k)\right]^2-1 \tag{6.4.17}$$

为使似然函数 $p(\hat{\boldsymbol{y}}|\boldsymbol{b},\sigma^2)$最大,$P_2$ 部分要求最小化式(6.4.17),等价于最小化如下,

$$Q'=Q+1=\sum_{N=0}^{L+q}\left[\hat{a}(n)+\sum_{k=1}^{q}b(k)\hat{a}(n-k)\right]^2 \tag{6.4.18}$$

注意到,上式正是相当于以$\{\hat{a}(k),k=0,1,\cdots,L\}$为观测数据时,求解 AR($q$)模型的自相关方法的 LS 误差平方和公式,这里 AR(q)模型的待求参数为 $b(k),k=1,2,\cdots,q$。故此,系数向量 $\boldsymbol{b}$ 的正则方程的解为

$$\hat{\boldsymbol{b}}=-\hat{\boldsymbol{R}}_{aa}^{-1}\hat{\boldsymbol{r}}_{aa} \tag{6.4.19}$$

这里

$$[\hat{\boldsymbol{R}}_{aa}]_{ij}=\frac{1}{L+1}\sum_{n=0}^{L-|i-j|}\hat{a}(n)\hat{a}(n+|i-j|),\quad i,j=1,2,\cdots,q \tag{6.4.20}$$

$$[\hat{r}_{aa}]_i=\frac{1}{L+1}\sum_{n=0}^{L-i}\hat{a}(n)\hat{a}(n+i),\quad i=1,2,\cdots,q \tag{6.4.21}$$

由以上讨论,将 Durbin 算法进行 MA 模型谱估计的算法总结如下,分为 3 步。

Durbin 算法:

(1) 由$\{x(0),\cdots,x(N-1)\}$为观测数据,估计 L 阶 AR(L)参数,L 选取应满足 $q\ll L\ll N$,用自相关法进行求解,得到$\{\hat{a}(0),\cdots,\hat{a}(L)\}$和 $\hat{\sigma}_{\mathrm{AR}}^2$。

(2) 以$\{\hat{a}(0),\cdots,\hat{a}(L)\}$为输入数据,用解 AR($q$)模型的自相关方法求解 MA($q$)参数,得到 $\boldsymbol{b}=[b(1),\cdots,\hat{b}(q)]^{\mathrm{T}}$,并有 $\hat{\sigma}^2=\hat{\sigma}_{\mathrm{AR}}^2$。

(3) 将$\{\hat{b}(k),\hat{\sigma}\}$代入 $S_{\mathrm{MA}}(f)$公式:

$$S_{\mathrm{MA}}(f)=\sigma^2\mid B(f)\mid^2=\sigma^2\left|1+\sum_{k=1}^{q}b(k)\mathrm{e}^{-\mathrm{j}2\pi fk}\right|^2$$

按要求在 $f_i=i\Delta f$ 处计算 $S_{\mathrm{MA}}(f)$,并画出功率谱密度的图形,这里 Δf 为要求的显示精度。

实际应用中,需要估计 MA 模型的阶数,可采用 Akaike 信息函数准则,准则函数为

$$\mathrm{AIC}(k)=N\ln\hat{\sigma}^2(k)+2k$$

这里,用 $\hat{\sigma}^2(k)$表示用 k 阶 MA 模型时的激励噪声方差估计。当 $k=p$ 时,信息函数 AIC(k)为最小,则确定 MA 模型为 p 阶。

6.5 ARMA 模型谱估计

如果利用观测数据$\{x(0),x(1),\cdots,x(N-1)\}$估计得到 ARMA($p,q$)的参数集

$$\{\hat{a}(1),\cdots,\hat{a}(p),\hat{b}(1),\cdots,\hat{b}(q),\hat{\sigma}^2\}$$

PSD的估计为

$$\hat{S}_{\text{ARMA}}(f)=\hat{\sigma}^2\frac{\left|1+\sum_{k=1}^{q}\hat{b}^*(k)\mathrm{e}^{-\mathrm{j}2\pi fk}\right|^2}{\left|1+\sum_{k=1}^{p}\hat{a}^*(k)\mathrm{e}^{-\mathrm{j}2\pi fk}\right|^2} \tag{6.5.1}$$

从观测数据$\{x(0),x(1),\cdots,x(N-1)\}$估计ARMA$(p,q)$的参数，远没有AR模型参数估计那样好的结构和成熟的算法。如下仅介绍改进Yule-Walker方程方法。

将第1章给出的ARMA(p,q)模型的自相关函数与模型参数的关系重写如下：

$$r_{xx}(k)=\begin{cases}-\sum_{l=1}^{p}a(l)r_{xx}(k-l)+\sigma^2\sum_{l=0}^{q-k}h^*(\ell)b(\ell+k), & k=0,1,\cdots,q\\ -\sum_{\ell=1}^{p}a(\ell)r_{xx}(k-\ell), & k\geqslant q+1\end{cases} \tag{6.5.2}$$

上式中$h(n)=Z^{-1}\left[\frac{B(z)}{A(z)}\right]$，$Z^{-1}$表示$z$反变换，$h(n)$是系数$a(k)$、$b(k)$的函数，前$q+1$个方程是高度非线性的。从第$q+1$个方程开始是线性的，可以解出AR部分的系数，取第$q+1$至$q+p$共构成$p$个方程，写成矩阵形式为

$$\begin{bmatrix}\hat{r}_{xx}(q) & \hat{r}_{xx}(q-1) & \cdots & \hat{r}_{xx}(q-p+1)\\ \hat{r}_{xx}(q+1) & \hat{r}_{xx}(q) & \cdots & \hat{r}_{xx}(q-p+2)\\ \vdots & \vdots & \ddots & \vdots\\ \hat{r}_{xx}(q+p-1) & \hat{r}_{xx}(q+p-2) & \cdots & \hat{r}_{xx}(q)\end{bmatrix}\begin{bmatrix}\hat{a}(1)\\ \vdots\\ \hat{a}(p)\end{bmatrix}=-\begin{bmatrix}\hat{r}_{xx}(q+1)\\ \hat{r}_{xx}(q+2)\\ \vdots\\ \hat{r}_{xx}(q+p)\end{bmatrix} \tag{6.5.3}$$

由观测数据$\{x(0),x(1),\cdots,x(N-1)\}$，通过估计$\hat{r}_{xx}(q-p+1),\cdots,\hat{r}_{xx}(q),\cdots,\hat{r}_{xx}(p+q)$的值，可解式(6.5.3)，得到一组AR参数$\{\hat{a}(k),k=1,2,\cdots,p\}$。

对式(6.5.3)取更一般的形式，取$q+1$至$q+L$的L个方程，这里$L>p$，L个方程记为

$$\boldsymbol{R}_{L+q}\boldsymbol{a}=-\boldsymbol{r}_{L+q} \tag{6.5.4}$$

这里

$$\boldsymbol{R}_{L+q}=\begin{bmatrix}\hat{r}_{xx}(q) & \hat{r}_{xx}(q-1) & \cdots & \hat{r}_{xx}(q-p+1)\\ \hat{r}_{xx}(q+1) & \hat{r}_{xx}(q) & \cdots & \hat{r}_{xx}(q-p+2)\\ \vdots & \vdots & \ddots & \vdots\\ \hat{r}_{xx}(q+L-1) & \hat{r}_{xx}(q+L-2) & \cdots & \hat{r}_{xx}(q+L-p)\end{bmatrix}$$

$$\boldsymbol{r}_{L+q}=-\begin{bmatrix}\hat{r}_{xx}(q+1)\\ \hat{r}_{xx}(q+2)\\ \vdots\\ \hat{r}_{xx}(q+L)\end{bmatrix} \tag{6.5.5}$$

由于式(6.5.4)是过确定的，故由此得到$\{\hat{a}(k),k=1,2,\cdots,p\}$的LS解为

$$\hat{\boldsymbol{a}}=-(\boldsymbol{R}_{L+q}^{\mathrm{H}}\boldsymbol{R}_{L+q})^{-1}\boldsymbol{R}_{L+q}^{\mathrm{H}}\boldsymbol{r}_{L+q} \tag{6.5.6}$$

由于估计的自相关值存在误差，适当选择L，式(6.5.6)的LS解一般可好于式(6.5.3)

的解。

既然已经求得 ARMA(p,q)模型中的 AR 参数,通过下式定义一个近似 MA 序列:

$$\hat{y}(n)=Z^{-1}\{X(z)\hat{A}(z)\} \tag{6.5.7}$$

很显然,如果 AR 模型参数估计得相当准确,$\hat{y}(n)$是逼近 MA 模型的随机序列,即

$$\hat{Y}(z)=X(z)\hat{A}(z)=\frac{B(z)}{A(z)}V(z)\hat{A}(z)\approx B(z)V(z) \tag{6.5.8}$$

式中,$V(z)$是激励白噪声 $v(n)$的 z 变换。由式(6.5.7)得 $\hat{y}(n)$,可由下式计算:

$$\hat{y}(n)=x(n)+\sum_{k=1}^{p}\hat{a}(k)x(n-k) \tag{6.5.9}$$

为了不考虑因为边界点引起的瞬态效应,由$\{x(0),x(1),\cdots,x(N-1)\}$通过式(6.5.9)计算 $\hat{y}(n)$时,只计算$\{\hat{y}(n),n=p,p+1,\cdots,N-1\}$共 $N-p$ 个值。因为 $\hat{y}(n)$是近似 MA(q)过程,并且 $\hat{y}(n)$的参数与 ARMA(p,q)中的 MA 参数是近似相等的,用上节介绍的 Durbin 算法估计参数$\{\hat{b}(k),\hat{\sigma},k=1,\cdots,q\}$。将$\{\hat{a}(k),k=1,2,\cdots,p\}$和$\{\hat{b}(k),\hat{\sigma},k=1,\cdots,q\}$代入式(6.5.1)并在 $f_i=i\Delta f$ 处计算 $\hat{S}_{\text{ARMA}}(f)$,并可画出 ARMA(p,q)的 PSD 图形。以上求解 ARMA 模型谱估计的算法称为改进 Yule-Walker 算法,总结在如下的算法描述中。

改进 Yule-Walker 算法:

(1) 由式(6.5.6)计算$\{\hat{a}(k),k=1,2,\cdots,p\}$。

(2) 由式(6.5.9)计算$\{\hat{y}(n),n=p,p+1,\cdots,N-1\}$。

(3) 把 $\hat{y}(n)$看作 MA(q)模型,用 Durbin 算法计算$\{\hat{b}(k),\hat{\sigma},k=1,\cdots,q\}$。

(4) 利用式(6.5.1),要求在 $f_i=i\Delta f$ 处计算 $S_{\text{ARMA}}(f)$,并画出功率谱密度的图形,这里 Δf 为要求的显示精度。

*6.6 最小方差谱估计

本节讨论通过最优滤波器进行 PSD 估计的方法,基本的思路是:待分析的信号通过一个滤波器,滤波器通过频率为 ω_0 的信号而抑制其他频率分量,滤波器的输出功率就是待分析信号中频率为 ω_0 的功率,改变 ω_0 得到待分析信号中不同频率分量的功率分布。

作为维纳滤波器的应用,研究约束最优滤波问题,滤波器输出为

$$y(n)=\sum_{k=0}^{p}w_k^*x(n-k) \tag{6.6.1}$$

它要求在输入为 $\mathrm{e}^{\mathrm{j}\omega_0 n}$ 时,为直通,即增益为 1,要求

$$y(n)=\sum_{k=0}^{p}w_k^*\mathrm{e}^{\mathrm{j}\omega_0(n-k)}=\mathrm{e}^{\mathrm{j}\omega_0 n}\sum_{k=0}^{p}w_k^*\mathrm{e}^{-\mathrm{j}\omega_0 k}=\mathrm{e}^{\mathrm{j}\omega_0 n}$$

即要求

$$\sum_{k=0}^{p}w_k^*\mathrm{e}^{-\mathrm{j}\omega_0 k}=1 \tag{6.6.2}$$

在此条件下,为抑制其他频率分量,要求 $y(n)$的输出功率为最小。

这实际上是一个约束最小化问题,可表示为如下式的优化:

$$J_o = \min_{w_k}\{E[|y(n)|^2]\} = \min_{w_k}\left\{\sum_{k=0}^{p}\sum_{i=0}^{p} w_k^* w_i r(i-k)\right\} \tag{6.6.3}$$

同时满足式(6.6.2)的约束条件。

以上问题可用拉格朗日(Lagrange)乘积法求解,求使

$$J = \sum_{k=0}^{p}\sum_{i=0}^{p} w_k^* w_i r(i-k) + Re\left[\lambda^*\left(\sum_{k=0}^{p} w_k^* e^{-j\omega_0 k} - 1\right)\right] \tag{6.6.4}$$

最小的滤波器系数,这里 Re 表示取其实部,这个最优问题的解是

$$\boldsymbol{w}_0 = \frac{\boldsymbol{R}_{xx}^{-1}\boldsymbol{e}(\omega_0)}{\boldsymbol{e}^{\mathrm{H}}(\omega_0)\boldsymbol{R}_{xx}^{-1}\boldsymbol{e}(\omega_0)} \tag{6.6.5}$$

这里

$$\boldsymbol{e}(\omega_0) = [1, e^{-j\omega_0}, e^{-j\omega_0 2}, \cdots, e^{-jp\omega_0}]^{\mathrm{T}}$$

将 $\boldsymbol{w}_0$ 代入式(6.6.3)中,得到滤波器输出最小功率为

$$J_{\min} = \frac{1}{\boldsymbol{e}^{\mathrm{H}}(\omega_0)\boldsymbol{R}_{xx}^{-1}\boldsymbol{e}(\omega_0)} \tag{6.6.6}$$

这个滤波器允许频率为 ω_0 的复正弦频率信号近似无损地通过滤波器,而以最大的强度抑制其他频率成分,以使输出功率最小,这个最小输出功率就逼近输入信号中 ω_0 频率成分的强度,改变 ω_0 值,就可以得到在各个频率点上,信号中包含该频率成分的强度,这实际上就是我们所要求的 PSD。

在谱估计时,按信号向量的惯用顺序,定义

$$\boldsymbol{x}(n) = [x(n), x(n-1), \cdots, x(n-p)]^{\mathrm{T}}$$
$$\boldsymbol{R}_{xx} = E[\boldsymbol{x}(n)\boldsymbol{x}^{\mathrm{H}}(n)]$$

考虑 $p+1$ 个系数滤波器的情况:

$$\boldsymbol{R}_{xx} = [r_{xx}(i-j)]_{(p+1)\times(p+1)}$$

定义

$$\boldsymbol{e}(f) = [1, e^{j\omega}, e^{j2\omega}, \cdots, e^{jp\omega}]^{\mathrm{T}} = [1, e^{j2\pi f}, e^{j4\pi f}, \cdots, e^{j2\pi pf}]^{\mathrm{T}}$$

则最小方差功率谱估计器(MVSE-PSD)为

$$S_{\mathrm{MVSE}}(f) = \frac{1}{\boldsymbol{e}^{\mathrm{H}}(f)\boldsymbol{R}_{xx}^{-1}\boldsymbol{e}(f)} \tag{6.6.7}$$

式(6.6.7))给出了 MVSE 方法的 PSD 估计公式,通过观测数据,估计 $p+1$ 个自相关函数的值,将估计的自相关矩阵求逆后代入式(6.6.7),令 $f_i = i\Delta f$,画出估计的 PSD 图形,这里 Δf 是要求的频率显示精度。

6.7 利用特征空间的频率估计

视频讲解

许多应用问题可以模型化为白噪声中的复正弦信号,即

$$x(n) = \sum_{i=1}^{P} A_i e^{j(2\pi f_i n + \varphi_i)} + z(n) \tag{6.7.1}$$

这里 $z(n)$是白高斯噪声,方差为 σ_z^2,均值为 0,为使该序列是 WSS 的,假设 φ_i 是$[0,2\pi]$区间均匀分布的随机变量,且各 φ_i 之间统计独立。对于实正弦信号可以由频率为$\pm\omega_i$ 的两

个复正弦表示。利用观测数据$\{x(0),x(1),\cdots,x(N-1)\}$估计各频率值$\{f_i,i=1,2,\cdots,p\}$,有多方面的应用需求。

估计频率$\{f_i,i=1,2,\cdots,p\}$的一种方法是功率谱密度方法,利用前几节的任一种方法进行PSD估计,搜索其PSD估计的极值点,这些极值点对应各频率值,不同的方法有不同的频率分辨率和估计的可信度。但对于式(6.7.1)的信号模型,估计频率的更有效的方法是利用信号自相关矩阵的特征分解的独特性质。

为方便计,将本节反复用到的特征向量的一个性质重述如下:如果$\boldsymbol{R}_{xx}$是正定的$M\times M$维自相关矩阵,它有$\lambda_i,i=1,2,\cdots,M$个正的特征值,对应M个互相正交的特征向量$\boldsymbol{v}_1,\boldsymbol{v}_2,\cdots,\boldsymbol{v}_M$,且设它们的模长为1,记特征矩阵为$\boldsymbol{Q}=[\boldsymbol{v}_1,\boldsymbol{v}_2,\cdots,\boldsymbol{v}_M]$,由

$$\boldsymbol{Q}\boldsymbol{Q}^{\mathrm{H}}=\boldsymbol{I} \tag{6.7.2}$$

得

$$\boldsymbol{I}=\sum_{i=1}^{M}\boldsymbol{v}_i\boldsymbol{v}_i^{\mathrm{H}} \tag{6.7.3}$$

自相关矩阵的分解式为

$$\boldsymbol{R}_{xx}=\sum_{i=1}^{M}\lambda_i\boldsymbol{v}_i\boldsymbol{v}_i^{\mathrm{H}} \tag{6.7.4}$$

回到讨论的问题,对于噪声中的正弦波情况,第1章已求得其$M\times M$自相关矩阵是

$$\boldsymbol{R}_{xx}=\sum_{i=1}^{p}A_i^2\boldsymbol{e}_i\boldsymbol{e}_i^{\mathrm{H}}+\sigma_z^2\boldsymbol{I}\stackrel{\Delta}{=}\boldsymbol{R}_{ss}+\boldsymbol{R}_{zz} \tag{6.7.5}$$

$\boldsymbol{R}_{ss}$对应于信号分量,$\boldsymbol{R}_{zz}$对应于噪声分量,其中

$$\boldsymbol{e}_i=[1,\mathrm{e}^{\mathrm{j}2\pi f_i},\mathrm{e}^{\mathrm{j}2\pi f_i\cdot 2},\cdots,\mathrm{e}^{\mathrm{j}2\pi f_i(M-1)}]^{\mathrm{T}} \tag{6.7.6}$$

对于简单情况,即仅有一个复正弦的情况$p=1$,容易验证

$$\boldsymbol{v}_1=\frac{1}{\sqrt{M}}\boldsymbol{e}_1 \tag{6.7.7}$$

是$\boldsymbol{R}_{ss}$和$\boldsymbol{R}_{xx}$的一个特征向量,我们仅验证$\boldsymbol{v}_1$是$\boldsymbol{R}_{xx}$的特征值,将$\boldsymbol{v}_1$右乘式(6.7.5),并注意到$p=1$,得

$$\begin{aligned}\boldsymbol{R}_{xx}\boldsymbol{v}_1&=(A_1^2\boldsymbol{e}_1\boldsymbol{e}_1^{\mathrm{H}}+\sigma_z^2\boldsymbol{I})\frac{1}{\sqrt{M}}\boldsymbol{e}_1=\frac{1}{\sqrt{M}}A_1^2\boldsymbol{e}_1\boldsymbol{e}_1^{\mathrm{H}}\boldsymbol{e}_1+\frac{1}{\sqrt{M}}\sigma_z^2\boldsymbol{e}_1\\&=\sqrt{M}A_1^2\boldsymbol{e}_1+\frac{1}{\sqrt{M}}\sigma_z^2\boldsymbol{e}_1=(MA_1^2+\sigma_z^2)\frac{1}{\sqrt{M}}\boldsymbol{e}_1\\&=(MA_1^2+\sigma_z^2)\boldsymbol{v}_1\end{aligned}$$

上式推导中利用了$\boldsymbol{e}_1^{\mathrm{H}}\boldsymbol{e}_1=M$,$\boldsymbol{v}_1$对应的特征值是$MA_1^2+\sigma_z^2$。另设$\boldsymbol{v}_2,\cdots,\boldsymbol{v}_M$为$\boldsymbol{R}_{xx}$的其他特征向量,利用式(6.7.3),$\boldsymbol{R}_{xx}$容易分解为

$$\boldsymbol{R}_{xx}=(MA_1^2+\sigma_z^2)\boldsymbol{v}_1\boldsymbol{v}_1^{\mathrm{H}}+\sigma_z^2\sum_{i=2}^{M}\boldsymbol{v}_i\boldsymbol{v}_i^{\mathrm{H}} \tag{6.7.8}$$

对照式(6.7.4),相当于$\boldsymbol{R}_{xx}$的特征值分别为

$$\{MA_1^2+\sigma_z^2,\sigma_z^2,\cdots,\sigma_z^2\}$$

最大的特征值$MA_1^2+\sigma_z^2$对应着信号分量$\boldsymbol{v}_1$(也包含噪声贡献),其他特征值对应着噪声分量,因此,定义由$\boldsymbol{v}_1$张成的向量空间为信号空间,由$\{\boldsymbol{v}_2,\cdots,\boldsymbol{v}_M\}$张成的向量空间为噪

声空间,两个空间是正交的,由此有

$$\boldsymbol{v}_1^{\mathrm{H}}\sum_{i=2}^{M}\alpha_i\boldsymbol{v}_i=\frac{1}{\sqrt{M}}\boldsymbol{e}_1^{\mathrm{H}}\sum_{i=2}^{M}\alpha_i\boldsymbol{v}_i=0$$

实际上,上式已经导出了求解频率 f_1 的一种方法,例如,设 $M=2,\boldsymbol{v}_2=[\alpha,\beta]^{\mathrm{T}}$,上式可写为如下方程:

$$[1,\mathrm{e}^{\mathrm{j}2\pi f_1}]^{\mathrm{H}}\begin{bmatrix}\alpha\\\beta\end{bmatrix}=\alpha+\beta\mathrm{e}^{\mathrm{j}2\pi f_1}=0$$

解此方程,可求得 f_1。

将如上结果推广到一般情况,对信号中包含 p 个复正弦,$p<M$ 的一般情况,可以证明 $\boldsymbol{R}_{xx}$ 能够分解为

$$\boldsymbol{R}_{xx}=\sum_{i=1}^{p}(\gamma_i+\sigma_z^2)\boldsymbol{v}_i\boldsymbol{v}_i^{\mathrm{H}}+\sum_{i=p+1}^{M}\sigma_z^2\boldsymbol{v}_i\boldsymbol{v}_i^{\mathrm{H}}\tag{6.7.9}$$

针对式(6.7.9)需要注意如下几点。

(1) $\boldsymbol{R}_{xx}$ 的特征值分别为 $\{\gamma_1+\sigma_z^2,\gamma_2+\sigma_z^2,\cdots,\gamma_p+\sigma_z^2,\sigma_z^2,\cdots,\sigma_z^2\}$,这里 γ_i 是大于0的实数,即存在 p 个较大的特征值和 $M-p$ 个较小的特征值 σ_z^2,小的特征值仅与白噪声的方差有关;p 个较大的特征值对应的特征向量分别为 $\boldsymbol{v}_1,\boldsymbol{v}_2,\cdots,\boldsymbol{v}_p$,它们张成信号子空间;小的特征值对应的特征向量分别为 $\boldsymbol{v}_{p+1},\boldsymbol{v}_{p+2},\cdots,\boldsymbol{v}_M$,它们张成噪声子空间。信号子空间和噪声子空间是互相正交的。

(2) $\sum_{i=1}^{p}\gamma_i\boldsymbol{v}_i\boldsymbol{v}_i^{\mathrm{H}}$ 表示信号自相关阵,γ_i 是与各复正弦幅度相关的量。

(3) 可以证明,$\{\boldsymbol{v}_1,\boldsymbol{v}_2,\cdots,\boldsymbol{v}_p\}$ 与 $\{\boldsymbol{e}_1,\boldsymbol{e}_2,\cdots,\boldsymbol{e}_p\}$ 张成相同空间,即这两组向量是等价的,由一组向量的线性组合得到另一组向量。

(4) 由(3)直接推论出

$$\boldsymbol{e}_i^{\mathrm{H}}\sum_{j=p+1}^{M}\alpha_j\boldsymbol{v}_j=0,\quad i=1,2,\cdots,p\tag{6.7.10}$$

对如上结论给出一个简单的论证。由式(6.7.5)的定义,知信号自相关矩阵为

$$\boldsymbol{R}_{ss}=\sum_{i=1}^{p}A_i^2\boldsymbol{e}_i\boldsymbol{e}_i^{\mathrm{H}}\tag{6.7.11}$$

显然,$\boldsymbol{R}_{ss}$ 的秩等于 p,它有 p 个不为零的特征值 $\gamma_i>0,i=1,2,\cdots,p$,各特征值对应的特征向量分别为 $\boldsymbol{v}_1,\boldsymbol{v}_2,\cdots,\boldsymbol{v}_p$,因此

$$\boldsymbol{R}_{ss}=\sum_{i=1}^{p}\gamma_i\boldsymbol{v}_i\boldsymbol{v}_i^{\mathrm{H}}\tag{6.7.12}$$

下面证明 $\boldsymbol{v}_1,\boldsymbol{v}_2,\cdots,\boldsymbol{v}_p$ 也是 $\boldsymbol{R}_{xx}$ 的特征向量,对 $i=1,2,\cdots,p$:

$$\boldsymbol{R}_{xx}\boldsymbol{v}_i=(\boldsymbol{R}_{ss}+\sigma_z^2\boldsymbol{I})\boldsymbol{v}_i=R_{ss}\boldsymbol{v}_i+\sigma_z^2\boldsymbol{I}\boldsymbol{v}_i=(\gamma_i+\sigma_z^2)\boldsymbol{v}_i$$

由此证明:$\boldsymbol{v}_1,\boldsymbol{v}_2,\cdots,\boldsymbol{v}_p$ 也是 $\boldsymbol{R}_{xx}$ 的特征向量,分别对应特征值为 $\gamma_i+\sigma_z^2,i=1,2,\cdots,p$,由于 $\boldsymbol{R}_{xx}$ 是满秩的,它的非零特征值数为 M 个,除已得到的 p 个特征值,设其余特征值为 $\lambda_i,i=p+1,p+2,\cdots,M$,对应特征向量为 $\boldsymbol{v}_{p+1},\boldsymbol{v}_{p+2},\cdots,\boldsymbol{v}_M$,将式(6.7.12)和式(6.7.3)代入式(6.7.5),得到式(6.7.9),由自相关矩阵的特征分解的性质,得到结论:$\boldsymbol{R}_{xx}$ 的前 p 个特征值为 $\gamma_i+\sigma_z^2,i=1,2,\cdots,p$,后 $M-p$ 个特征值均为 σ_z^2,由 $\boldsymbol{v}_1,\boldsymbol{v}_2,\cdots,\boldsymbol{v}_p$ 张成信号空

间,$\boldsymbol{v}_{p+1},\boldsymbol{v}_{p+2},\cdots,\boldsymbol{v}_M$ 张成噪声空间,信号空间和噪声空间正交。

最后证明,$\{\boldsymbol{v}_1,\boldsymbol{v}_2,\cdots,\boldsymbol{v}_p\}$与$\{\boldsymbol{e}_1,\boldsymbol{e}_2,\cdots,\boldsymbol{e}_p\}$张成相同空间。由

$$\boldsymbol{R}_{ss}=\sum_{i=1}^{p}A_i^2\boldsymbol{e}_i\boldsymbol{e}_i^{\mathrm{H}}=\sum_{i=1}^{p}\gamma_i\boldsymbol{v}_i\boldsymbol{v}_i^{\mathrm{H}}$$

两边同时左乘$\boldsymbol{v}_k(k=1,2,\cdots,p)$,得

$$\sum_{i=1}^{p}A_i^2\boldsymbol{e}_i\boldsymbol{e}_i^{\mathrm{H}}\boldsymbol{v}_k=\sum_{i=1}^{p}\gamma_i\boldsymbol{v}_i\boldsymbol{v}_i^{\mathrm{H}}\boldsymbol{v}_k$$

上式改写成

$$\sum_{i=1}^{p}A_i^2\boldsymbol{e}_i(\boldsymbol{e}_i^{\mathrm{H}}\boldsymbol{v}_k)=\sum_{i=1}^{p}\gamma_i\boldsymbol{v}_i(\boldsymbol{v}_i^{\mathrm{H}}\boldsymbol{v}_k)$$

由特征向量的正交性,得

$$\gamma_k\boldsymbol{v}_k=\sum_{i=1}^{p}A_i^2\boldsymbol{e}_i(\boldsymbol{e}_i^{\mathrm{H}}\boldsymbol{v}_k)$$

即

$$\boldsymbol{v}_k=\sum_{i=1}^{p}\frac{A_i^2}{\gamma_k}(\boldsymbol{e}_i^{\mathrm{H}}\boldsymbol{v}_k)\boldsymbol{e}_i=\sum_{i=1}^{p}c_i\boldsymbol{e}_i,\quad k=1,2,\cdots,p$$

由于$\boldsymbol{v}_1,\boldsymbol{v}_2,\cdots,\boldsymbol{v}_p$ 每一个都表成$\boldsymbol{e}_1,\boldsymbol{e}_2,\cdots,\boldsymbol{e}_p$ 的线性组合,且$\boldsymbol{v}_1,\boldsymbol{v}_2,\cdots,\boldsymbol{v}_p$ 是相互正交的,$\boldsymbol{e}_1,\boldsymbol{e}_2,\cdots,\boldsymbol{e}_p$ 是线性独立的,因此$\{\boldsymbol{v}_1,\boldsymbol{v}_2,\cdots,\boldsymbol{v}_p\}$与$\{\boldsymbol{e}_1,\boldsymbol{e}_2,\cdots,\boldsymbol{e}_p\}$张成相同空间。

在实际中,得到观测数据集$\{x(0),x(1),\cdots,x(N-1)\}$,确定一个$M>p$,估计自相关值$\{\hat{r}_x(0),r_x(1),\cdots,r_x(M-1)\}$,构成估计的$M\times M$ 自相关矩阵$\hat{\boldsymbol{R}}_{xx}$,进行特征估计,其中前 p 个为大的特征值,后$M-p$ 个特征值为σ_z^2 的估计,在此基础上可以构造估计各频率值$\{f_i,i=1,2,\cdots,p\}$的算法,估计的频率值记为$\{\hat{f}_i,i=1,2,\cdots,p\}$。利用这种特征估计得到的有效算法有 Pisarenko 算法和 MUSIC 算法。

假设频率估计值$\{\hat{f}_i,i=1,2,\cdots,p\}$已获得,通过自相关矩阵也可以求得各信号分量的幅度(或功率)估计。由于$\hat{\sigma}_z^2$ 已求得,一方面

$$\hat{\boldsymbol{R}}_{ss}=\hat{\boldsymbol{R}}_{xx}-\hat{\sigma}_z^2\boldsymbol{I}\tag{6.7.13}$$

可以计算得到,另一方面

$$\hat{\boldsymbol{R}}_{ss}=\sum_{i=1}^{p}A_i^2\hat{\boldsymbol{e}}_i\hat{\boldsymbol{e}}_i^{\mathrm{H}}\tag{6.7.14}$$

这里,$\hat{\boldsymbol{e}}$ 表示将估计频率$\hat{f}_i$ 代入$\boldsymbol{e}_i$ 中得到的向量,故A_i^2 成为式(6.7.14)中的待求未知数,另式(6.7.13)和式(6.7.14)的右侧相等,即

$$\hat{\boldsymbol{R}}_{xx}-\hat{\sigma}_z^2\boldsymbol{I}=\sum_{i=1}^{p}A_i^2\hat{\boldsymbol{e}}_i\hat{\boldsymbol{e}}_i^{\mathrm{H}}\tag{6.7.15}$$

解式(6.7.15)可求得$\{\hat{A}_i^2,i=1,2,\cdots,p\}$,则可求得各幅度值$|\hat{A}_i|$,利用自相关方法无法恢复模型式(6.7.1)的初相位φ_i。

6.7.1 Pisarenko 谱分解

利用上述白噪声加复正弦信号的自相关矩阵的特征分解的特殊性质,取特殊情况 $M=$

$p+1$，对 $M\times M$ 自相关矩阵进行特征分解，得到 $M=p+1$ 个特征值和特征向量，最小的特征值对应的特征向量 $\boldsymbol{v}_{p+1}$ 构成噪声子空间，且与 $\boldsymbol{e}_1,\boldsymbol{e}_2,\cdots,\boldsymbol{e}_p$ 构成的子空间相互正交，因此

$$\boldsymbol{e}_i^{\mathrm{H}}\boldsymbol{v}_{p+1}=0,\quad i=1,2,\cdots,p \tag{6.7.16}$$

这里，$\boldsymbol{v}_{p+1}$ 是对应 $M\times M$ 自相关矩阵的最小特征值的特征向量。

上式可以写成标量形式

$$\sum_{n=0}^{p}[\boldsymbol{v}_{p+1}]_n \mathrm{e}^{-\mathrm{j}2\pi f_i n}=0 \tag{6.7.17}$$

这里，$[\boldsymbol{v}_{p+1}]_n$ 表示向量 $\boldsymbol{v}_{p+1}$ 的 n 分量，令 $z=\mathrm{e}^{-\mathrm{j}2\pi f_i}$，代入式(6.7.17)，得到如下多项式方程：

$$\sum_{n=0}^{p}[\boldsymbol{v}_{p+1}]_n z^n=0 \tag{6.7.18}$$

式(6.7.18)的多项式方程有 p 个解，每个解的形式为 $z_i=\mathrm{e}^{-\mathrm{j}2\pi f_i}=\mathrm{e}^{-\mathrm{j}\omega_i}$，即每个解都在单位圆上。对于 $M\times M$ 自相关矩阵进行特征值分解，并得到对应最小特征值的归一化的特征向量，由此构造式(6.7.18)的多项式方程，求多项式方程在单位圆上的解，对应的角度就是待求的角频率 ω_i。

Pisarenko 谱分解算法总结如下：

(1) 由观测数据 $\{x(0),x(1),\cdots,x(N-1)\}$，估计自相关函数前 M 个值，并构成 $M\times M$ 维自相关矩阵。

(2) 对 $M\times M$ 维自相关矩阵进行特征值分解，求出最小特征值对应的特征向量 $\boldsymbol{v}_{p+1}$。

(3) 构造并求解如式(6.7.18)所示的多项式方程，多项式方程在单位圆上的解，对应的角度就是待求的角频率 ω_i。

6.7.2　MUSIC 方法

MUSIC 方法是 Multiple Signal Classification 的缩写。对于式(6.7.1)的信号模型，取 $M\geqslant p+1$，构成 $M\times M$ 的自相关矩阵并对自相关矩阵进行特征分解，其中 p 个较大的特征值对应的特征向量分别为 $\boldsymbol{v}_1,\boldsymbol{v}_2,\cdots,\boldsymbol{v}_p$，它们张成信号子空间；小的特征值对应的特征向量分别为 $\boldsymbol{v}_{p+1},\boldsymbol{v}_{p+2},\cdots,\boldsymbol{v}_M$，它们张成噪声子空间。在特征分解基础上，定义一个 MUSIC 谱公式

$$\hat{S}_{\mathrm{MUSIC}}(f)=\frac{1}{\sum\limits_{k=p+1}^{M}|e^{\mathrm{H}}\boldsymbol{v}_k|} \tag{6.7.19}$$

由正交性知，在 $\boldsymbol{e}=\boldsymbol{e}_i$ 时，

$$\hat{S}_{\mathrm{MUSIC}}(f)\mid_{f=f_i}=\frac{1}{\sum\limits_{k=p+1}^{M}|e_i^{\mathrm{H}}\boldsymbol{v}_k|^2}\to\infty \tag{6.7.20}$$

MUSIC 算法也经常按向量空间语言描述，$\{\boldsymbol{v}_1,\boldsymbol{v}_2,\cdots,\boldsymbol{v}_p\}$ 张成信号空间，$\{\boldsymbol{v}_{p+1},\boldsymbol{v}_{p+2},\cdots,\boldsymbol{v}_M\}$ 张成噪声子空间，定义两个子空间矩阵

$$\boldsymbol{U}_1=[\boldsymbol{v}_1,\boldsymbol{v}_2,\cdots,\boldsymbol{v}_p]$$

$$\boldsymbol{U}_2=[\boldsymbol{v}_{p+1},\boldsymbol{v}_{p+2},\cdots,\boldsymbol{v}_M]$$

则等价的 MUSIC 谱定义为

$$\hat{S}_{\text{MUSIC}}(f)=\frac{1}{\boldsymbol{e}^{\text{H}}\boldsymbol{U}_2\boldsymbol{U}_2^{\text{H}}\boldsymbol{e}} \tag{6.7.21}$$

或

$$\hat{S}_{\text{MUSIC}}(f)=\frac{1}{\boldsymbol{e}^{\text{H}}(\boldsymbol{I}-\boldsymbol{U}_1\boldsymbol{U}_1^{\text{H}})\boldsymbol{e}} \tag{6.7.22}$$

直接可以验证式(6.7.19)和式(6.7.21)是等价的,只是不同的书写方式。由于只有自相关矩阵的估计值,因而所用的特征向量 $\boldsymbol{v}_k$ 是估计值 $\hat{\boldsymbol{v}}_k$ 而不是精确值,式(6.7.19)和式(6.7.21)在待求的各频率点上将得到一个极大值,取最大的 p 个极大值点对应的横坐标值,得到相应频率估计。

1. MUSIC 算法小结

(1) 由记录的观测数据,估计自相关序列的前 M 个值,并构成 $M\times M$ 自相关矩阵。

(2) 对自相关矩阵进行特征值分解,得到 p 个主特征值 $\lambda_1,\cdots,\lambda_p$,和次特征值 σ^2,并求出相应的特征向量,构成 $\boldsymbol{U}_1$ 和 $\boldsymbol{U}_2$。

(3) 利用式(6.7.21)或式(6.7.22)计算 MUSIC 谱 $\hat{S}_{\text{MUSIC}}(f_i)$,这里取 $f_i=i\cdot\Delta f$,其中根据对待估计值的频率精度和分辨率要求确定 Δf 的值,例如要求精度为 0.001,取 $\Delta f=0.001$。

(4) 从如上计算结果中取最大的 p 个峰值对应的横坐标,即为要估计的 p 个频率。

例 6.7.1 设有 WSS 信号 $x(n)$,它由一个实正弦信号与白噪声混合组成,已知其自相关值为 $r_x(0)=2,r_x(1)=\sqrt{3}/2,r_x(2)=0.5$,求它的频率的 MUSIC 估计,并估计正弦幅度。

解:对 3×3 自相关矩阵

$$\boldsymbol{R}_{xx}=\begin{bmatrix}2 & \sqrt{3/2} & 0.5\\ \sqrt{3/2} & 2 & \sqrt{3/2}\\ 0.5 & \sqrt{3/2} & 2\end{bmatrix}$$

求得特征值分别为 $\lambda_1=3.5,\lambda_2=1.5,\lambda_3=1.0$,对应特征值为

$$\boldsymbol{v}_1=\sqrt{\frac{2}{5}}\begin{bmatrix}\sqrt{3}/2\\ 1\\ \sqrt{3}/2\end{bmatrix},\quad \boldsymbol{v}_2=\sqrt{\frac{1}{2}}\begin{bmatrix}-1\\ 0\\ 1\end{bmatrix},\quad \boldsymbol{v}_3=\sqrt{\frac{1}{5}}\begin{bmatrix}1\\ -\sqrt{3}\\ 1\end{bmatrix}$$

由于实正弦信号相当两个复正弦,只有 $\boldsymbol{v}_3$ 用于构成 MUSIC 谱

$$\hat{S}_{\text{MUSIC}}(f)=\frac{1}{|\boldsymbol{e}^{\text{H}}\boldsymbol{v}_3|^2}=\frac{5}{|1-\sqrt{3}\text{e}^{-\text{j}\omega}+\text{e}^{-\text{j}2\omega}|^2}$$

上式分母可以写成

$$|1-\sqrt{3}\text{e}^{-\text{j}\omega}+\text{e}^{-\text{j}2\omega}|^2=|(1-\text{e}^{\text{j}\varphi}\text{e}^{-\text{j}\omega})(1-\text{e}^{-\text{j}\varphi}\text{e}^{-\text{j}\omega})|^2$$

它有两个根 $\omega=\pm\varphi,\cos\varphi=\sqrt{3}/2$,当 $\omega=\pm\varphi=\pm\pi/6$ 时,$\hat{S}_{\text{MUSIC}}(f)$ 达到最大,因此,实正弦的角频率为 $\omega=\pi/6$,频率为 $f=1/12$。

由于 $\lambda_3=1.0$ 等于噪声方差 σ_z^2，由 $r_x(0)=A^2/2+\sigma_z^2=2$，得到正弦信号幅度估计为 $A=\sqrt{2}$。

例 6.7.1 给出的是准确的自相关值，故通过 $\hat{S}_{\text{MUSIC}}(f)$ 的根求得准确角频率，若只有估计的自相关值，则求 $\hat{S}_{\text{MUSIC}}(f)$ 的极值点效果更好。

2. 根 MUSIC 算法

可以构造与 Pisarenko 算法类似的根 MUSIC(Root-MUSIC)算法，令

$$\boldsymbol{e}_z(z)=[1,z,\cdots,z^{M-1}]^{\mathrm{T}} \tag{6.7.23}$$

构造一个多项式

$$Q(z)=\boldsymbol{e}_z^{\mathrm{T}}\left(\frac{1}{z}\right)[\boldsymbol{I}-\boldsymbol{U}_1\boldsymbol{U}_1^{\mathrm{H}}]\boldsymbol{e}_z(z) \tag{6.7.24}$$

求解 $Q(z)$ 最靠近单位圆的 p 个根 z_i，则估计的频率为

$$\hat{f}_i=\frac{\arg(z_i)}{2\pi} \tag{6.7.25}$$

这里，$\arg(z_i)$ 表示角度。

6.7.3 模型阶估计

利用特征分解方法估计正弦信号频率的方法，需要预先确定正弦信号数目 p，由前面的分析知道，自相关矩阵的前 p 个特征值为 $\{\lambda_i+\sigma_z^2, i=1,2,\cdots,p\}$，其余的 $M-p$ 个特征值为 σ_z^2，在实际中，由于只有估计的自相关矩阵，因此上述结论只近似成立，可以通过与预定门限比较的方法确定 p。

也有人研究了类似 AR 模型的阶确定方法，Wax 和 Kailath 提出的 MDL 准则定义如下：

$$\mathrm{MDL}(k)=-N\log\left(\frac{G(k)}{A(k)}\right)+\frac{1}{2}k(2M-k)\log N \tag{6.7.26}$$

这里

$$A(k)=\left(\frac{1}{M-k}\sum_{i=k+1}^{M}\lambda_i\right)^{M-k}$$

$$G(k)=\prod_{i=k+1}^{M}\lambda_i$$

计算 $\mathrm{MDL}(k)$，$k=0,1,2,\cdots,M-1$，当 $k=p$ 时 $\mathrm{MDL}(k)$ 最小，p 为正弦波数目的估计值。

*6.8 ESPRIT 算法

对于噪声中复正弦信号，还可以利用子空间旋转方法估计频率和幅度，基于旋转不变性技术的信号参数估计(Estimating Signal Parameters via Rotational Invariance Techniques，ESPRIT)算法利用了两个时间上互相位移的信号向量的信号子空间旋转不变性，通过广义特征值或最小二乘等方法估计复正弦信号的频率。

6.8.1 基本 ESPRIT 算法

为方便后续算法的讨论，首先给出广义特征值的定义。

定义 6.8.1 广义特征值和特征向量,设 $\boldsymbol{A}$ 和 $\boldsymbol{B}$ 是两个 $n\times n$ 的矩阵,具有形式 $\boldsymbol{A}-\lambda\boldsymbol{B}$ 的所有矩阵集合称为矩阵束(Matrix Pencil),表示成$(\boldsymbol{A},\boldsymbol{B})$,$\lambda$ 是任意复数,矩阵束的广义特征值集合 $\lambda(\boldsymbol{A},\boldsymbol{B})$定义为

$$\lambda(\boldsymbol{A},\boldsymbol{B})=\{z\in C \mid \det(\boldsymbol{A}-z\boldsymbol{B})=0\} \tag{6.8.1}$$

这里 C 表示全体复数的集合。更一般的广义特征值是使 $\boldsymbol{A}-z\boldsymbol{B}$ 降秩的 z 值集合。若对于一个特征值 $\lambda\in\lambda(\boldsymbol{A},\boldsymbol{B})$,如果有一向量 $\boldsymbol{x}$,$\boldsymbol{x}\neq\boldsymbol{0}$,满足 $\boldsymbol{A}\boldsymbol{x}=\lambda\boldsymbol{B}\boldsymbol{x}$,则称 $\boldsymbol{x}$ 是矩阵束 $\boldsymbol{A}-\lambda\boldsymbol{B}$ 的广义特征向量。

有了预备知识,如下研究 ESPRIT 算法,设信号模型为

$$x(k)=\sum_{i=1}^{p}s_i\mathrm{e}^{\mathrm{j}k\omega_i}+n(k) \tag{6.8.2}$$

这里,$\omega_i\in(-\pi,\pi)$是归一化角频率,s_i 是第 i 个复正弦的复幅度值,$n(k)$是零均值的平稳白高斯噪声,目的是通过观测数据$\{x(0),x(1),\cdots,x(N-1)\}$估计各复正弦的频率和幅度。

为了利用复正弦信号的相关矩阵的性质,定义 $x(n)$的时间位移信号 $y(n)$为

$$y(n)=x(n+1) \tag{6.8.3}$$

并定义如下 m 维向量(这里要求 $m>p$):

$$\begin{aligned}\boldsymbol{x}(k)&=[x(k),\cdots,x(k+m-1)]^{\mathrm{T}}\\ \boldsymbol{n}(k)&=[n(k),\cdots,n(k+m-1)]^{\mathrm{T}}\\ \boldsymbol{y}(k)&=[y(k),\cdots,y(k+m-1)]^{\mathrm{T}}=[x(k+1),\cdots,x(k+m)]^{\mathrm{T}}\end{aligned} \tag{6.8.4}$$

由信号模型式(6.8.2),可以得到如下矩阵表示:

$$\begin{aligned}\boldsymbol{x}(k)&=\boldsymbol{A}\boldsymbol{s}+\boldsymbol{n}(k)\\ \boldsymbol{y}(k)&=\boldsymbol{A}\boldsymbol{\Phi}\boldsymbol{s}+\boldsymbol{n}(k+1)\end{aligned} \tag{6.8.5}$$

这里,$\boldsymbol{s}=[s_1,\cdots,s_p]^{\mathrm{T}}$ 包含复正弦的幅度向量和起始相位,Φ 是 $p\times p$ 对角矩阵,它反映了 $\boldsymbol{x}$ 和 $\boldsymbol{y}$ 之间的时移关系,又称为旋转算子,它可以写成

$$\Phi=\mathrm{diag}(\mathrm{e}^{\mathrm{j}\omega_1},\cdots,\mathrm{e}^{\mathrm{j}\omega_p}) \tag{6.8.6}$$

A 是 $m\times p$ Vandermonde 矩阵,它的各列向量$\{e_i;\ i=1,\cdots,p\}$定义为

$$\boldsymbol{e}_i=[1,\mathrm{e}^{\mathrm{j}\omega_i},\cdots,\mathrm{e}^{\mathrm{j}(m-1)\omega_i}]^{\mathrm{T}}$$

通过这些表示,信号向量 $\boldsymbol{x}$ 的自相关矩阵可以写成

$$\boldsymbol{R}_{xx}=E[\boldsymbol{x}(k)\boldsymbol{x}^{\mathrm{H}}(k)]=\boldsymbol{A}\boldsymbol{S}\boldsymbol{A}^{\mathrm{H}}+\sigma^2\boldsymbol{I} \tag{6.8.7}$$

这里,$\boldsymbol{S}$ 是 $p\times p$ 对角矩阵,每个元素对应于一个复正弦的功率,即

$$\boldsymbol{S}=\mathrm{diag}[\mid s_1\mid^2,\cdots,\mid s_p\mid^2]$$

但实际上 ESPRIT 算法并不要求 $\boldsymbol{S}$ 一定是对角矩阵,它只要是非奇异的。类似地,$\boldsymbol{x}$ 和 $\boldsymbol{y}$ 的互相关矩阵为

$$\boldsymbol{R}_{xy}=E[\boldsymbol{x}(k)\boldsymbol{y}^{\mathrm{H}}(k)]=\boldsymbol{A}\boldsymbol{S}\boldsymbol{\Phi}^{\mathrm{H}}\boldsymbol{A}^{\mathrm{H}}+\sigma^2\boldsymbol{Z} \tag{6.8.8}$$

注意,$\sigma^2\boldsymbol{Z}=E[\boldsymbol{n}(k)\boldsymbol{n}^{\mathrm{H}}(k+1)]$,$\boldsymbol{Z}$ 是 $m\times m$ 矩阵,它的次对角元素为 1,其他元素为零,即

$$\boldsymbol{Z}=\begin{bmatrix}0&0&\cdots&\cdots&0\\1&0&\cdots&\cdots&\vdots\\0&1&\ddots&\ddots&\vdots\\\vdots&\ddots&\ddots&0&\vdots\\0&\cdots&0&1&0\end{bmatrix}$$

式(6.8.7)和式(6.8.8)是两个相关矩阵的形式表示。若已有自相关序列 $r_x(k)$，则按自相关矩阵的定义，也可以直接写出自相关矩阵的形式，即

$$[\boldsymbol{R}_{xx}]_{ij}=E[x(i)x^*(j)]=r_x(i-j)=r_x^*(j-i) \tag{6.8.9}$$

或

$$\boldsymbol{R}_{xx}=\begin{bmatrix} r_x(0) & r_x^*(1) & \cdots & r_x^*(m-1) \\ r_x(1) & r_x(0) & \cdots & r_x^*(m-2) \\ \vdots & \vdots & \ddots & \vdots \\ r_x(m-1) & r_x(m-2) & \cdots & r_x(0) \end{bmatrix} \tag{6.8.10}$$

互相关则为

$$[\boldsymbol{R}_{xy}]_{ij}=E[x(i)x^*(j+1)]=r_x(i-j-1) \tag{6.8.11}$$

$$\boldsymbol{R}_{xy}=\begin{bmatrix} r_x^*(1) & r_x^*(2) & \cdots & r_x^*(m) \\ r_x(0) & r_x^*(1) & \cdots & r_x^*(m-1) \\ \vdots & \vdots & \ddots & \vdots \\ r_x(m-2) & r_x(m-3) & \cdots & r_x^*(1) \end{bmatrix} \tag{6.8.12}$$

根据这些模型关系并通过观测数据集估计一组自相关值，可通过旋转性估计复正弦参数。估计算法的基础是如下定理，这个定理的证明主要依赖于 $\boldsymbol{x}$ 和 $\boldsymbol{y}$ 向量构成的信号子空间的旋转不变性。

定理 6.8.1　定义矩阵束$\{\boldsymbol{C}_{xx},\boldsymbol{C}_{xy}\}$，这里

$$\boldsymbol{C}_{xx}=\boldsymbol{R}_{xx}-\lambda_{\min}\boldsymbol{I} \tag{6.8.13}$$

和

$$\boldsymbol{C}_{xy}=\boldsymbol{R}_{xy}-\lambda_{\min}\boldsymbol{Z} \tag{6.8.14}$$

$\lambda_{\min}$ 是 $\boldsymbol{R}_{xx}$ 的最小特征值。定义$\boldsymbol{\Gamma}$ 是矩阵束的广义特征值矩阵，如果 $\boldsymbol{S}$ 是非奇异的，则$\boldsymbol{\Phi}$ 和 $\boldsymbol{\Gamma}$ 具有如下关系：

$$\boldsymbol{\Gamma}=\begin{bmatrix} \boldsymbol{\Phi} & \boldsymbol{0} \\ \boldsymbol{0} & \boldsymbol{0} \end{bmatrix} \tag{6.8.15}$$

式中，$\boldsymbol{\Phi}$ 的元素可能是重排列的。

证明：$\boldsymbol{A}$ 是满秩矩阵，$\boldsymbol{S}$ 是非奇异的，故 $\boldsymbol{ASA}^{\mathrm{H}}$ 的秩是 p，因此 $\boldsymbol{R}_{xx}$ 具有一个 m-p 阶特征值σ^2，它是最小特征值，即 $\lambda_{\min}=\sigma^2$ 因此，

$$\boldsymbol{C}_{xx}=\boldsymbol{R}_{xx}-\lambda_{\min}\boldsymbol{I}=\boldsymbol{R}_{xx}-\sigma^2\boldsymbol{I}=\boldsymbol{ASA}^{\mathrm{H}}$$

$$\boldsymbol{C}_{xy}=\boldsymbol{R}_{xy}-\lambda_{\min}\boldsymbol{Z}=\boldsymbol{R}_{xy}-\sigma^2\boldsymbol{Z}=\boldsymbol{AS}\boldsymbol{\Phi}^{\mathrm{H}}\boldsymbol{A}^{\mathrm{H}}$$

现在考虑矩阵束

$$\boldsymbol{C}_{xx}-\gamma\boldsymbol{C}_{xy}=\boldsymbol{AS}(\boldsymbol{I}-\gamma\boldsymbol{\Phi}^{\mathrm{H}})\boldsymbol{A}^{\mathrm{H}}$$

容易检查，$\boldsymbol{ASA}^{\mathrm{H}}$ 和 $\boldsymbol{AS\Phi}^{\mathrm{H}}\boldsymbol{A}^{\mathrm{H}}$ 的列空间是一致的，对一般的 γ 取值，$\boldsymbol{C}_{xx}-\gamma\boldsymbol{C}_{xy}=\boldsymbol{AS}(\boldsymbol{I}-\gamma\boldsymbol{\Phi}^{\mathrm{H}})\boldsymbol{A}^{\mathrm{H}}$ 的秩为 p，只有取 $\gamma=\mathrm{e}^{\mathrm{j}\omega_i}$ 时，$(\boldsymbol{I}-\gamma\boldsymbol{\Phi}^{\mathrm{H}})$的第 i 行为零，$\boldsymbol{C}_{xx}-\gamma\boldsymbol{C}_{xy}=\boldsymbol{AS}(\boldsymbol{I}-\gamma\boldsymbol{\Phi}^{\mathrm{H}})\boldsymbol{A}^{\mathrm{H}}$ 的秩降为 $p-1$，按定义，$\gamma=\mathrm{e}^{\mathrm{j}\omega_i}$ 是矩阵束的一个广义特征值，这样的特征值有 p 个，其余 $m-p$ 个广义特征值为零。

由如上定理，可总结得到基于广义特征值的 ESPRIT 基本算法如下。

ESPRIT 基本算法:

(1) 由观测数据估计得到一组自相关值$\{\hat{r}_x(0),\hat{r}_x(1),\cdots,\hat{r}_x(m)\}$。

(2) 由$\{\hat{r}_x(0),\hat{r}_x(1),\cdots,\hat{r}_x(m)\}$,按式(6.8.10)和式(6.8.12)分别构造自相关矩阵$\boldsymbol{R}_{xx}$和互相关矩阵$\boldsymbol{R}_{xy}$。

(3) 对$\boldsymbol{R}_{xx}$作特征分解,对于$m>p$,最小特征值是σ^2。

(4) 由式(6.8.13)和式(6.8.14)计算得到矩阵束$\{\boldsymbol{C}_{xx},\boldsymbol{C}_{xy}\}$。

(5) 计算矩阵束$\{\boldsymbol{C}_{xx},\boldsymbol{C}_{xy}\}$的广义特征值,这些特征值在单位圆上的取值对应复正弦的角频率,即$\gamma_i=\mathrm{e}^{\mathrm{j}\omega_i}$,其他为0。

(6) 设广义特征值γ_i的特征向量记为$\boldsymbol{v}_i$,由$\boldsymbol{AS}(\boldsymbol{I}-\gamma_i\boldsymbol{\Phi}^{\mathrm{H}})\boldsymbol{A}^{\mathrm{H}}\boldsymbol{v}_i=0$,可以导出

$$|s_i|^2=\frac{\boldsymbol{v}_i^{\mathrm{H}}\boldsymbol{C}_{xx}\boldsymbol{v}_i}{|\boldsymbol{v}_i^{\mathrm{H}}\boldsymbol{e}_i|^2} \tag{6.8.16}$$

这对应着一个复频率项的幅度值。

这里对求幅度公式(6.8.16)给出一个证明。由于$\boldsymbol{v}_i$对应矩阵束的广义特征值γ_i的广义特征向量,故

$$\boldsymbol{C}_{xx}\boldsymbol{v}_i=\gamma_i\boldsymbol{C}_{xy}\boldsymbol{v}_i$$

即

$$\boldsymbol{C}_{xx}\boldsymbol{v}_i-\gamma_i\boldsymbol{C}_{xy}\boldsymbol{v}_i=\boldsymbol{AS}(\boldsymbol{I}-\gamma_i\boldsymbol{\Phi}^{\mathrm{H}})\boldsymbol{A}^{\mathrm{H}}\boldsymbol{v}_i=0$$

代入各矩阵式的定义,并整理得

$$[\boldsymbol{e}_1,\boldsymbol{e}_2,\cdots,\boldsymbol{e}_p]\begin{bmatrix}|s_1|^2 & 0 & \cdots & 0\\ 0 & \ddots & & \vdots\\ \vdots & & \ddots & 0\\ 0 & \cdots & 0 & |s_p|^2\end{bmatrix}\begin{bmatrix}1-\gamma_i\mathrm{e}^{\mathrm{j}\omega_1} & & \\ & \ddots & \\ & 0 & \\ & & 1-\gamma_i\mathrm{e}^{\mathrm{j}\omega_p}\end{bmatrix}\begin{bmatrix}\boldsymbol{e}_1^{\mathrm{H}}\\ \boldsymbol{e}_2^{\mathrm{H}}\\ \vdots\\ \boldsymbol{e}_p^{\mathrm{H}}\end{bmatrix}\boldsymbol{v}_i=0$$

即

$$\sum_{\substack{k=1\\k\neq i}}^{p}|s_k|^2(1-\gamma_i\mathrm{e}^{\mathrm{j}\omega_k})(\boldsymbol{e}_k^{\mathrm{H}}\boldsymbol{v}_i)\boldsymbol{e}_k=0$$

由于诸$\boldsymbol{e}_k$是不相关的,若要使上式为零,只有全部系数为零,故

$$\boldsymbol{e}_k^{\mathrm{H}}\boldsymbol{v}_i=0,\quad k\neq i$$

另一方面,由$\boldsymbol{AS}(\boldsymbol{I}-\gamma_i\boldsymbol{\Phi}^{\mathrm{H}})\boldsymbol{A}^{\mathrm{H}}\boldsymbol{v}_i=0$,得

$$\boldsymbol{ASA}^{\mathrm{H}}\boldsymbol{v}_i=\boldsymbol{AS}\gamma_i\boldsymbol{\Phi}^{\mathrm{H}}\boldsymbol{A}^{\mathrm{H}}\boldsymbol{v}_i$$

即

$$\begin{aligned}\boldsymbol{C}_{xx}\boldsymbol{v}_i&=\boldsymbol{AS}\gamma_i\boldsymbol{\Phi}^{\mathrm{H}}\boldsymbol{A}^{\mathrm{H}}\boldsymbol{v}_i\\ &=[\boldsymbol{e}_1,\boldsymbol{e}_2,\cdots,\boldsymbol{e}_p]\begin{bmatrix}|s_1|^2 & 0 & \cdots & 0\\ 0 & \ddots & & \vdots\\ \vdots & & \ddots & 0\\ 0 & \cdots & 0 & |s_p|^2\end{bmatrix}\begin{bmatrix}\gamma_i\mathrm{e}^{\mathrm{j}\omega_1} & & \\ & \ddots & \\ & 1 & \\ & & \gamma_i\mathrm{e}^{\mathrm{j}\omega_p}\end{bmatrix}\begin{bmatrix}\boldsymbol{e}_1^{\mathrm{H}}\boldsymbol{v}_i\\ \boldsymbol{e}_2^{\mathrm{H}}\boldsymbol{v}_i\\ \vdots\\ \boldsymbol{e}_p^{\mathrm{H}}\boldsymbol{v}_i\end{bmatrix}\\ &=\boldsymbol{e}_i|s_i|^2\boldsymbol{e}_i^{\mathrm{H}}\boldsymbol{v}_i\end{aligned}$$

上面等式两侧同乘$\boldsymbol{v}_i^{\mathrm{H}}$,得

$$\boldsymbol{v}_i^{\mathrm{H}}\boldsymbol{C}_{xx}\boldsymbol{v}_i=\boldsymbol{v}_i^{\mathrm{H}}\boldsymbol{e}_i\mid s_i\mid^2\boldsymbol{e}_i^{\mathrm{H}}\boldsymbol{v}_i=\mid\boldsymbol{v}_i^{\mathrm{H}}\boldsymbol{e}_i\mid^2\mid s_i\mid^2$$

公式得证。

实际上，由于只有估计的自相关序列值，因此，如上理论只是近似满足，在这些限制条件下，有一些改进方法已经用于 ESPRIT 估计算法中，6.8.2 小节给出两个 ESPRIT 的改进算法。

6.8.2　LS-ESPRIT 和 TLS-ESPRIT 算法

假设有信号向量 $\boldsymbol{x}$

$$\boldsymbol{x}=\begin{bmatrix}x(k)\\x(k+1)\\x(k+2)\\\vdots\\x(k+M-1)\end{bmatrix}\tag{6.8.17}$$

从中抽取两个子向量 $\boldsymbol{x}_1$、$\boldsymbol{x}_2$，分别定义为

$$\boldsymbol{x}_1=\begin{bmatrix}x(k)\\x(k+1)\\x(k+2)\\\vdots\\x(k+M-r-1)\end{bmatrix}\tag{6.8.18}$$

$$\boldsymbol{x}_2=\begin{bmatrix}x(k+r)\\x(k+r+1)\\x(k+r+2)\\\vdots\\x(k+M-1)\end{bmatrix}\tag{6.8.19}$$

这里，每个子向量维数为 $M_s>p$，r 是两个子向量相对的时间位移，$r=M-M_s$。定义两个选择矩阵分别为

$$\boldsymbol{J}_{s1}=[\boldsymbol{J}_s,\boldsymbol{0}_{M_s\times r}]\tag{6.8.20}$$

$$\boldsymbol{J}_{s2}=[\boldsymbol{0}_{M_s\times r},\boldsymbol{J}_s]\tag{6.8.21}$$

这里，$\boldsymbol{J}_s$ 是 $M_s\times M_s$ 单位矩阵，从信号向量 $\boldsymbol{x}$ 中抽取两个子向量 $\boldsymbol{x}_1$、$\boldsymbol{x}_2$ 的选择运算为

$$\boldsymbol{x}_1=\boldsymbol{J}_{s1}\boldsymbol{x}\tag{6.8.22}$$

$$\boldsymbol{x}_2=\boldsymbol{J}_{s2}\boldsymbol{x}\tag{6.8.23}$$

设信号向量取自信号模型式(6.8.2)，M 维信号向量表达式为

$$\boldsymbol{x}(k)=\boldsymbol{A}\boldsymbol{s}+\boldsymbol{n}(k)\tag{6.8.24}$$

这里，$\boldsymbol{s}=[s_1,\cdots,s_p]^{\mathrm{T}}$ 包含复正弦的幅度向量和起始相位，$\boldsymbol{A}$ 是 $M\times p$ Vandermonde 矩阵：

$$\boldsymbol{A}=[\boldsymbol{e}_1,\boldsymbol{e}_2,\cdots,\boldsymbol{e}_p]$$

其中

$$\boldsymbol{e}_i=[1,\mathrm{e}^{\mathrm{j}\omega_i},\cdots,\mathrm{e}^{\mathrm{j}(M-1)\omega_i}]^{\mathrm{T}}$$

两个子向量 $\boldsymbol{x}_1$、$\boldsymbol{x}_2$ 的 Vandermonde 矩阵分别是

$$\boldsymbol{A}_1 = \boldsymbol{J}_{s1}\boldsymbol{A} \tag{6.8.25}$$

$$\boldsymbol{A}_2 = \boldsymbol{J}_{s2}\boldsymbol{A} \tag{6.8.26}$$

同时,利用信号的“旋转特性”,不难得到

$$\boldsymbol{A}_2 = \boldsymbol{A}_1\boldsymbol{\Phi} \tag{6.8.27}$$

这里

$$\boldsymbol{\Phi} = \mathrm{diag}(\mathrm{e}^{\mathrm{j}r\omega_1}, \cdots, \mathrm{e}^{\mathrm{j}r\omega_p}) \tag{6.8.28}$$

是旋转因子矩阵。我们利用两种选择子向量的关系,导出新的一类 ESPRIT 算法,目的是计算出$\boldsymbol{\Phi}$,从而确定各角频率。

由于信号子空间和 Vandermonde 矩阵列生成的子空间是相同的,故存在一 $p\times p$ 可逆矩阵 $\boldsymbol{T}$ 使得

$$\boldsymbol{U}_s = \boldsymbol{A}\boldsymbol{T} \tag{6.8.29}$$

这里,$\boldsymbol{U}_s$ 是信号向量 $\boldsymbol{x}$ 对应的信号子空间特征矩阵,即由 $\boldsymbol{x}$ 的自相关矩阵的特征分解,p 个大特征值所对应的特征向量作为列构成的矩阵。定义两个选择的子向量信号子空间矩阵为

$$\boldsymbol{U}_{s1} = \boldsymbol{J}_{s1}\boldsymbol{U}_s = \boldsymbol{J}_{s1}\boldsymbol{A}\boldsymbol{T} = \boldsymbol{A}_1\boldsymbol{T} \tag{6.8.30}$$

和

$$\boldsymbol{U}_{s2} = \boldsymbol{J}_{s2}\boldsymbol{U}_s = \boldsymbol{J}_{s2}\boldsymbol{A}\boldsymbol{T} = \boldsymbol{A}_2\boldsymbol{T} \tag{6.8.31}$$

由

$$\boldsymbol{U}_{s1} = \boldsymbol{A}_1\boldsymbol{T}$$

得

$$\boldsymbol{A}_1 = \boldsymbol{U}_{s1}\boldsymbol{T}^{-1} \tag{6.8.32}$$

由式(6.8.31)得

$$\boldsymbol{U}_{s2} = \boldsymbol{A}_2\boldsymbol{T} = \boldsymbol{A}_1\boldsymbol{\Phi}\boldsymbol{T} = \boldsymbol{U}_{s1}\boldsymbol{T}^{-1}\boldsymbol{\Phi}\boldsymbol{T} \tag{6.8.33}$$

定义

$$\boldsymbol{\Psi} = \boldsymbol{T}^{-1}\boldsymbol{\Phi}\boldsymbol{T} \tag{6.8.34}$$

注意,$\boldsymbol{\Psi}$ 的特征值是$\boldsymbol{\Phi}$ 的元素。

由式(6.8.33)得到一个方程

$$\boldsymbol{U}_{s1}\boldsymbol{\Psi} = \boldsymbol{U}_{s2} \tag{6.8.35}$$

在实际中,我们得到估计的 $\boldsymbol{U}_s$,表示为 $\hat{\boldsymbol{U}}_s$,由下两式得到 $\hat{\boldsymbol{U}}_{s1}$ 和 $\hat{\boldsymbol{U}}_{s2}$:

$$\hat{\boldsymbol{U}}_{s1} = \boldsymbol{J}_{s1}\hat{\boldsymbol{U}}_s \tag{6.8.36}$$

$$\hat{\boldsymbol{U}}_{s2} = \boldsymbol{J}_{s2}\hat{\boldsymbol{U}}_s \tag{6.8.37}$$

得到方程组

$$\hat{\boldsymbol{U}}_{s1}\hat{\boldsymbol{\Psi}} = \hat{\boldsymbol{U}}_{s2} \tag{6.8.38}$$

由于 $M_s > p$,式(6.8.38)是过确定性的方程组,它的解是更一般的最小二乘形式,LS 解为

$$\hat{\boldsymbol{\Psi}}_{\mathrm{LS}} = (\hat{\boldsymbol{U}}_{s1}^{\mathrm{H}}\hat{\boldsymbol{U}}_{s1})^{-1}\hat{\boldsymbol{U}}_{s1}^{\mathrm{H}}\hat{\boldsymbol{U}}_{s2} \tag{6.8.39}$$

总结 LS-ESPRIT 算法如下。

LS-ESPRIT 算法:

(1) 利用测量值$\{x(n), n=0,1,\cdots,N-1\}$,估计自相关矩阵 $\boldsymbol{R}_x$,进行特征分解,确定

p,得到信号子空间矩阵 $\hat{\boldsymbol{U}}_s$。

(2) 利用式(6.8.36)、式(6.8.37)计算 $\hat{\boldsymbol{U}}_{s1}$、$\hat{\boldsymbol{U}}_{s2}$。

(3) 利用式(6.8.39)解得 $\hat{\boldsymbol{\Psi}}_{\mathrm{LS}}$。

(4) 对 $\hat{\boldsymbol{\Psi}}_{\mathrm{LS}}$ 进行特征分解,求得其特征值 $\hat{\lambda}_1,\hat{\lambda}_2,\cdots,\hat{\lambda}_p$,解出 $\hat{\omega}_i=\arg(\hat{\lambda}_i),i=1,2,\cdots,p$。

就像在第 3 章讨论 LS 和 TLS 解时所讨论的,在对方程式(6.8.38)得到式(6.8.39)的 LS 解时,假设观测误差集中在 $\hat{\boldsymbol{U}}_{s2}$ 中,实际上,$\hat{\boldsymbol{U}}_{s1}$,$\hat{\boldsymbol{U}}_{s2}$ 都是估计所得,都存在误差,这样,对式(6.8.38)的解用 TLS 更加合理。为了求出 TLS 解,我们构成一个新矩阵

$$\hat{\boldsymbol{U}}_T=[\hat{\boldsymbol{U}}_{s1},\hat{\boldsymbol{U}}_{s2}]$$

对该矩阵进行 SVD 分解,其实际运算是求如下特征分解:

$$\hat{\boldsymbol{R}}_T \triangleq \hat{\boldsymbol{U}}_T^{\mathrm{H}}\hat{\boldsymbol{U}}_T=\begin{bmatrix}\hat{\boldsymbol{U}}_{s1}^{\mathrm{H}}\\ \hat{\boldsymbol{U}}_{s2}^{\mathrm{H}}\end{bmatrix}[\hat{\boldsymbol{U}}_{s1} \quad \hat{\boldsymbol{U}}_{s2}]=\begin{bmatrix}\boldsymbol{V}_{11} & \boldsymbol{V}_{12}\\ \boldsymbol{V}_{21} & \boldsymbol{V}_{22}\end{bmatrix}\boldsymbol{\Lambda}_T\begin{bmatrix}\boldsymbol{V}_{11}^{\mathrm{H}} & \boldsymbol{V}_{21}^{\mathrm{H}}\\ \boldsymbol{V}_{12}^{\mathrm{H}} & \boldsymbol{V}_{22}^{\mathrm{H}}\end{bmatrix} \tag{6.8.40}$$

这里,$\boldsymbol{\Lambda}_T=\mathrm{diag}\{\lambda_{T_1},\lambda_{T_2},\cdots,\lambda_{T_{2p}}\}$,且 $\lambda_{T_1}\geqslant\lambda_{T_2}\geqslant\cdots\geqslant\lambda_{T_{2p}}$ 为 $\hat{\boldsymbol{R}}_T$ 的特征值。TLS 解为

$$\hat{\boldsymbol{\Psi}}_{\mathrm{TLS}}=-\boldsymbol{V}_{12}\boldsymbol{V}_{22}^{-1} \tag{6.8.41}$$

总结 TLS-ESPRIT 算法如下。

TLS-ESPRIT 算法:

(1) 利用测量值$\{x(n),n=0,1,\cdots,N-1\}$,估计自相关矩阵 $\boldsymbol{R}_x$,进行特征分解,确定 p,得到信号子空间矩阵 $\hat{\boldsymbol{U}}_s$。

(2) 利用式(6.8.36)、式(6.8.37)计算 $\hat{\boldsymbol{U}}_{s1}$、$\hat{\boldsymbol{U}}_{s2}$。

(3) 进行如式(6.8.40)所示的特征分解,利用式(6.8.41)得到解 $\hat{\boldsymbol{\Psi}}_{\mathrm{TLS}}$。

(4) 对 $\hat{\boldsymbol{\Psi}}_{\mathrm{TLS}}$ 进行特征分解,求得其特征值 $\hat{\lambda}_1,\hat{\lambda}_2,\cdots,\hat{\lambda}_p$,解出 $\hat{\omega}_i=\arg(\hat{\lambda}_i),i=1,2,\cdots,p$。

6.9 功率谱估计的一些实验结果

本节针对几种典型的信号,通过仿真比较几种方法的谱估计性能,直观地理解各种方法的特点。

6.9.1 经典方法和 AR 模型法对不同信号类型的仿真比较

这里,选用 2 个不同性质的信号源,用几种方法比较其功率谱密度。2 个信号源分别是,信号源 1 表示为

$$x(n)=2\cos(2\pi f_1 n)+2\cos(2\pi f_2 n)+2\cos(2\pi f_3 n)+z(n)$$

其中,$f_1=0.05$、$f_2=0.40$、$f_3=0.42$,$z(n)$是 1 阶 AR 过程,满足方程

$$z(n)=-a(1)z(n-1)+v(n)$$

其中,$a(1)=-0.850\,848$,$v(n)$是一个实高斯白噪声,方差 $\sigma^2=0.101\,043$。

信号源 2 是 AR(4)过程,它是一个窄带过程,AR 模型的参数如表 6.9.1 所示。

表 6.9.1 AR 模型参数

	$a(1)$	$a(2)$	$a(3)$	$a(4)$	σ^2
信号源 2	−2.760	3.809	−2.654	0.924	1

在实验时，通过 MATLAB 产生的白噪声，驱动各 AR 模型，为了得到平稳的随机信号，在每次实验时，注意避开起始瞬态点。分别用周期图法、自协方差法和自相关法进行谱估计，并与理论值比较。

进行 50 次独立实验，画出它们的起伏特性，用于比较各种算法的方差性能，将 50 次实验平均，与理论值比较，分析算法的平均特性。还可以改变 N 值，进行相同的实验，比较仿真结果的变化情况。分别给出 $N=64$、512 的实验结果并进行比较分析。

1. 信号源 1 的实验结果

图 6.9.1 是信号源 1 的理论上功率谱的图形，图 6.9.2 给出了用周期图方法进行谱估计的起伏特性和平均特性。所谓起伏特性是将 50 次实验叠加在一张图中，在平均特性图中实线为周期图法谱估计结果，虚线为功率谱的理论值。由于信号源 1 的功率谱中除了AR(1)过程的谱外还含有三根正弦谱线，因而在用 AR 模型谱估计方法时，我们选用了更高的阶数，这里取 $p=10$。图 6.9.3 给出了用协方差方法进行谱估计的结果，图 6.9.4 给出了用自相关方法进行谱估计的结果。

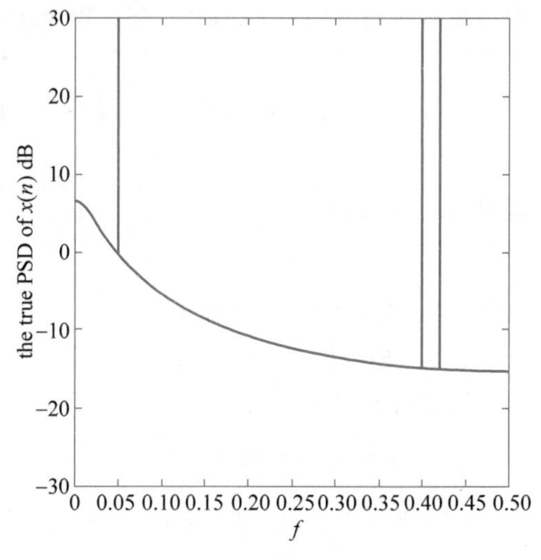

图 6.9.1 信号源 1 的功率谱的理论值

比较各方法的方差特性来看(起伏图)，对信号源 1 谱估计，周期图方法的方差最大；协方差法和自相关法都属于 AR 模型谱估计，它们的方差性能基本相同，都明显好于周期图法。

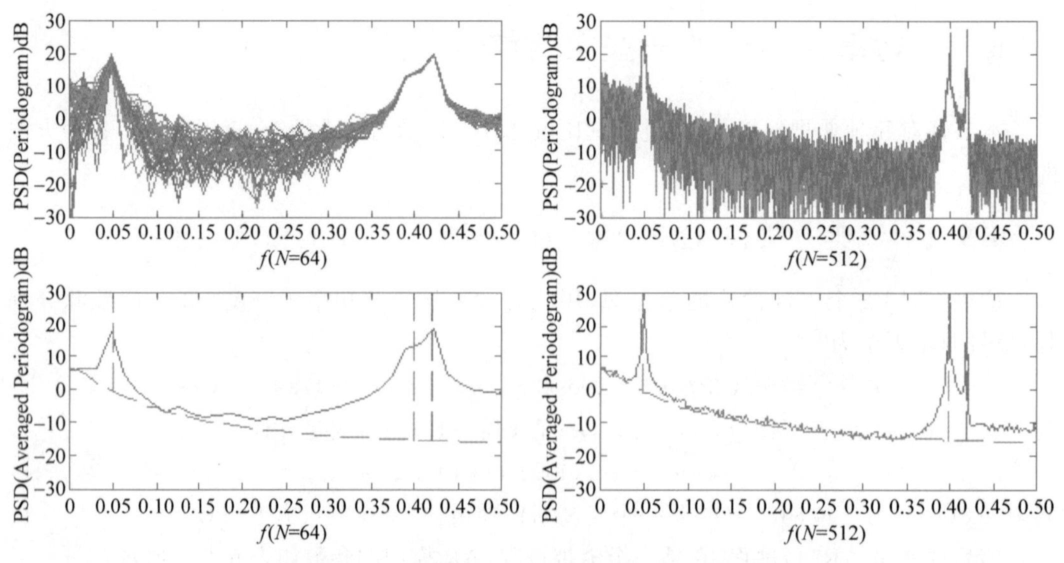

图 6.9.2 对信号源 1 的周期图方法谱估计结果

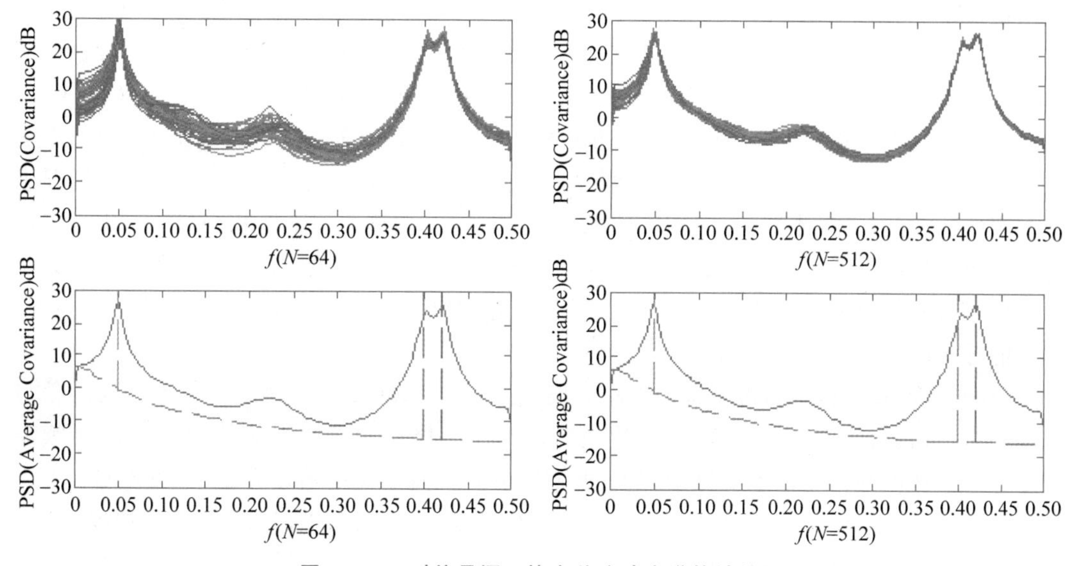

图 6.9.3 对信号源 1 协方差法功率谱估计结果

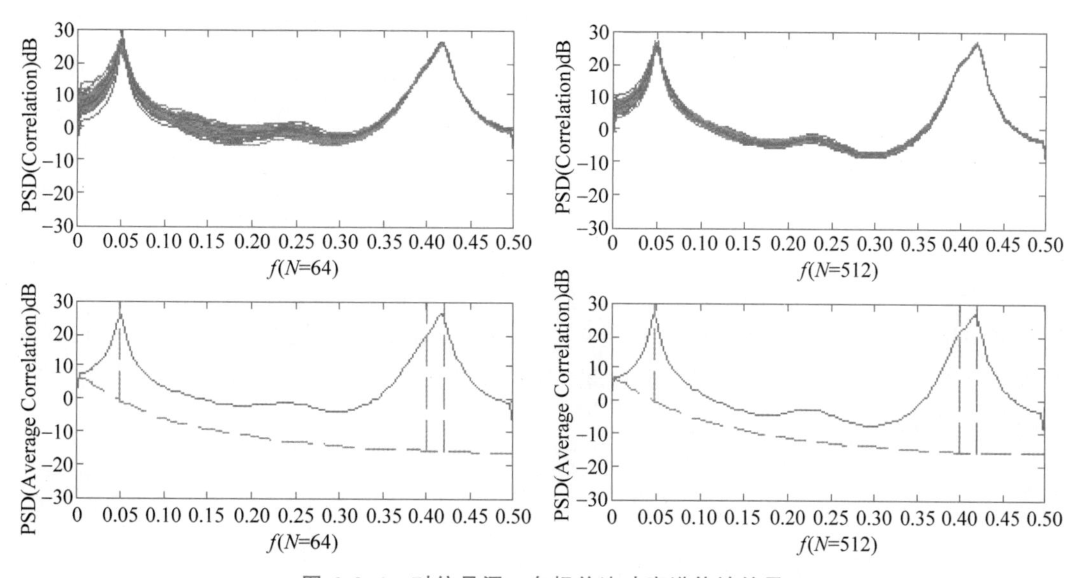

图 6.9.4 对信号源 1 自相关法功率谱估计结果

再以每种方法在 $N=64$ 和 $N=512$ 两种情况下谱估计的起伏特性来看，对于信号源 1 的谱估计结果，周期图方法的方差不随 N 的增大而减小，也就是当 $N\rightarrow\infty$，估计的方差不趋于 0，即周期图方法不是对功率谱的一致估计，AR 模型方法的方差都随 N 的增大而减小。

比较 $N=512$ 时这 3 种方法的平均特性来看，周期图方法可以很好地分辨出 3 个正弦频率，而且估计的谱和信号源 1 功率谱的理论值比较接近，这是由于我们选取的样本数比较多，$N=512$，而周期图法在大样本的情况下有很好的分辨能力，即使 f_2 和 f_3 两个频率非常接近，它也可以分辨出来；协方差法估计出来的谱和信号源 1 功率谱的理论值也比较接近，它估计的谱在 $f_1=0.05$，$f_2=0.40$，$f_3=0.42$ 三个频率处分别有三个峰，对应着信号中的三个正弦频率,但在 f_2 和 f_3 处的两个峰没有周期图法估计的突出,还有一点要注意的是在 $f=0.22$ 附近出现了一个伪峰,这是由于模型阶数选择的过高造成的;自相关法的估计性能明显没有其他两种 AR 模型谱估计方法好,它不能分辨出 f_2 和 f_3 两个频率相近的正弦信号。

再以每种方法在 $N=64$ 和 $N=512$ 两种情况下的谱估计的平均特性来看,周期图方法在 $N=64$ 时不能分辨出 f_2 和 f_3 处的两个正弦信号,这是由于周期图方法在小样本情况下分辨率低造成的,当样本数很大时,周期图方法估计的平均谱与理论值相当接近;协方差法在样本数变化的情况下谱估计的平均特性和分辨率性能基本不变,仍可以分辨出 3 个频率的正弦信号;自相关法在样本数变化的情况下谱估计的平均特性和分辨率性能基本不变,仍不能分辨出 f_2 和 f_3 处的两个正弦信号。

总的来看,在大样本情况下,周期图方法还是一种很好的谱估计方法,它不需要对信号的模型做任何假设,而且存在着 FFT 快速算法。在小样本和模型选对的情况下,AR 模型谱估计的方法的分辨率性能要好于周期图方法,在这两种 AR 谱估计方法中,协方差法好于自相关法,对于本例 BURG 法结果与协方差方法基本一致,故未画出,Burg 法有快速算法。

需要指出,如果模型阶数进一步增加,AR 模型谱估计的分辨率还会提高,但伪峰的数目和幅度会进一步增加。

2. 对于信号源 2 进行谱分析

信号源 2 是一个窄带的 AR(4)过程,得到信号源 2 的功率谱的理论值为

$$S_{XX}(f)=\sigma^2\left|\frac{1}{1+\sum_{i=1}^{4}a(i)\mathrm{e}^{-\mathrm{j}2\pi if}}\right|^2$$

$$=\left|\frac{1}{1-2.760\mathrm{e}^{-\mathrm{j}2\pi f}+3.809\mathrm{e}^{-\mathrm{j}4\pi f}-2.654\mathrm{e}^{-\mathrm{j}6\pi f}+0.924\mathrm{e}^{-\mathrm{j}8\pi f}}\right|^2$$

功率谱的理论值如图 6.9.5 所示,从图中可以看出信号源 2 的功率谱是一个 AR(4)过程的窄带谱。图 6.9.6 和图 6.9.7 是实验结果,由于自协方差法和 BURG 法的图形基本一致,只画出自协方差方法的图形。

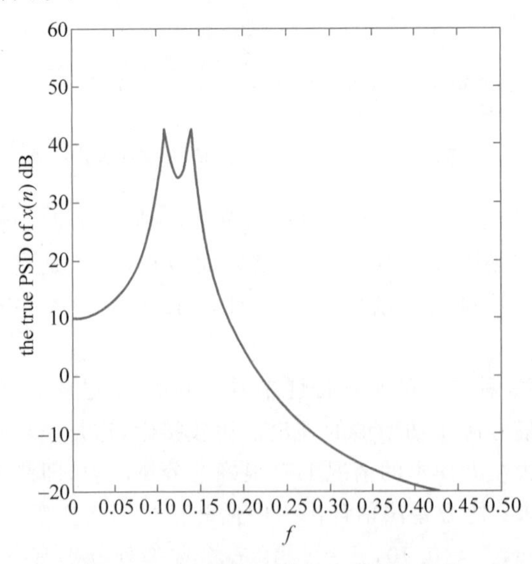

图 6.9.5　信号源 3 的功率谱的理论值

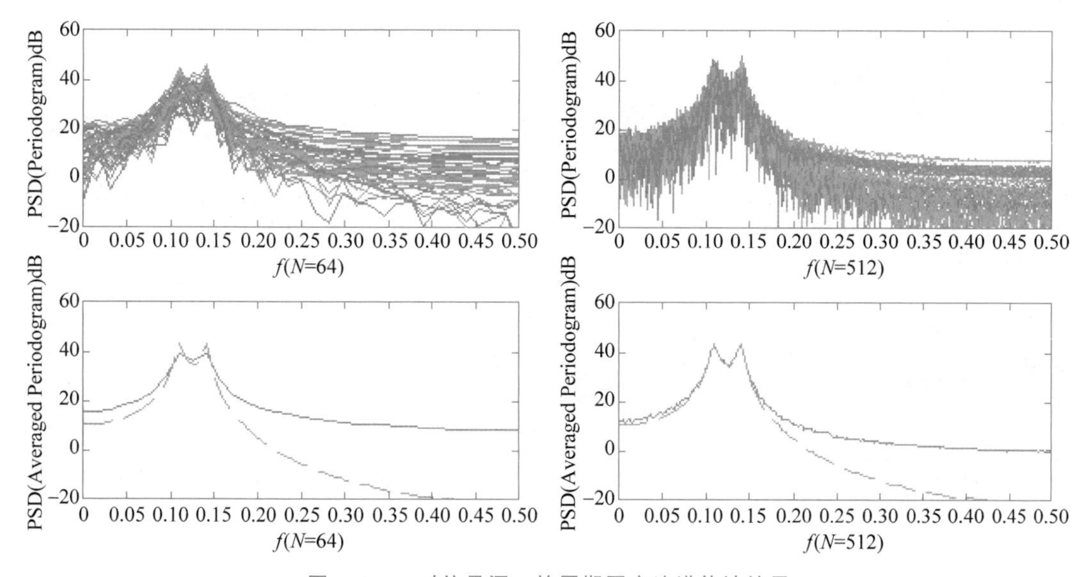

图 6.9.6 对信号源 3 的周期图方法谱估计结果

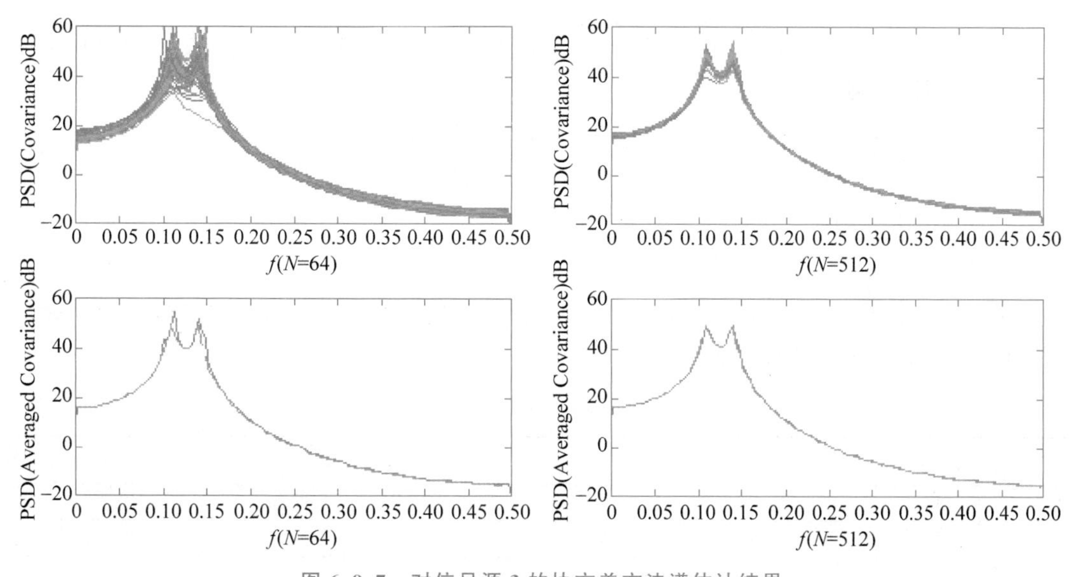

图 6.9.7 对信号源 3 的协方差方法谱估计结果

以 $N=512$ 时比较这几种方法的方差特性来看，对于窄带信号进行谱估计，周期图方法的方差最大；自相关法的方差也很大；协方差法、Burg 法的方差性能基本相同，这两种方法的方差性能都明显好于周期图法和自相关法。再以每种方法在 $N=64$ 和 $N=512$ 两种情况下的谱估计的起伏特性来看，周期图方法的方差不随 N 的增大而减小，即周期图方法不是对功率谱的一致估计；自相关法对窄带信号的估计，它的方差也不随 N 的增大而减小，协方差方法的方差随 N 的增大而减小。

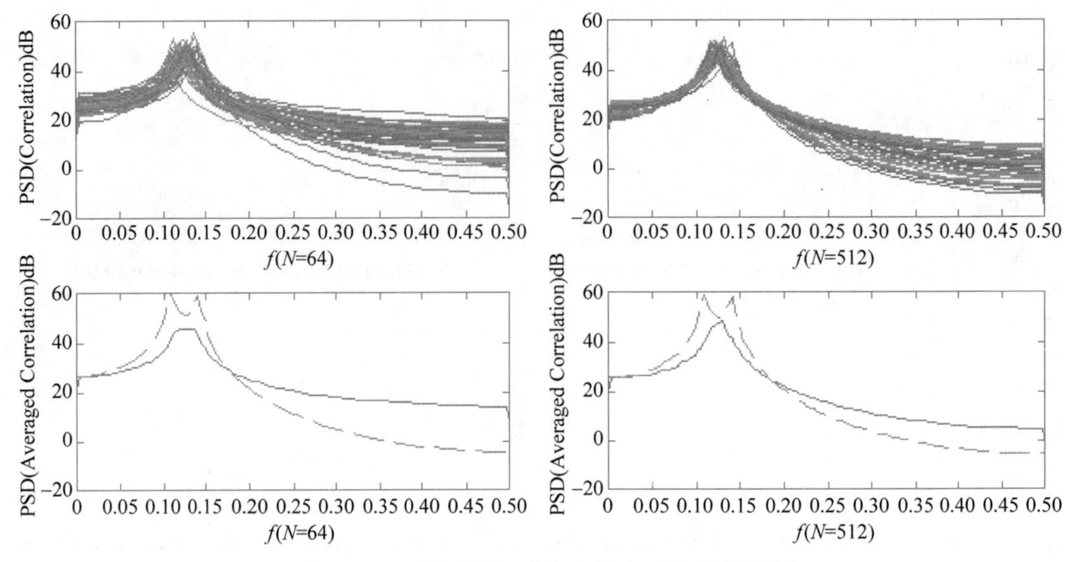

图 6.9.8 对信号源 3 的自相关方法谱估计结果

6.9.2 谐波估计的实验结果

对于噪声中的正弦信号，通过 Pisarenko 谐波估计算法、MUSIC 算法和 ESPRIT 算法进行频率估计，信号源是

$$x(n)=2\cos(2\pi f_1 n)+3\cos(2\pi f_2 n)+1.2\cos(2\pi f_3 n)+z(n)$$

这里，$f_1=0.05$，$f_2=0.40$，$f_3=0.42$，$z(n)$是实白高斯噪声，方差为 $\sigma^2=0.36$。使用 128 个数据样本进行估计。

1. Pisarenko 谐波估计算法

进行 20 次独立实验，每次实验的白噪声信号都是独立产生的，每次用 Pisarenko 进行频率估计，实验的记录结果如表 6.9.2 所示。

表 6.9.2 用 Pisarenko 进行频率估计的实验结果

实验次数	f_1	f_2	f_3
1	0.0500	0.3371	0.4033
2	0.0490	0.2773	0.4021
3	0.0508	0.3821	0.4019
4	0.0497	0.3749	0.4051
5	0.0497	0.3319	0.4025
6	0.0507	0.3253	0.4030
7	0.0494	0.3244	0.4041
8	0.0514	0.4020	0.5000
9	0.0505	0.3533	0.4030
10	0.0509	0.3537	0.4027
11	0.0499	0.3624	0.4025
12	0.0608	0.4027	0.5000
13	0.0508	0.4024	0.5000

续表

实验次数	f_1	f_2	f_3
14	0.0501	0.3511	0.4033
15	0.0505	0.3407	0.4035
16	0.0526	0.4010	0.5000
17	0.0504	0.2909	0.4013
18	0.0504	0.3002	0.4021
19	0.0501	0.3124	0.4015
20	0.0508	0.3306	0.4024

2. MUSIC 谐波估计算法

对 MUSIC 算法，同样做 20 次独立实验，将 20 次实验结果重叠画在图 6.9.9 中，将 20 次实验的平均结果示于图 6.9.10 中。

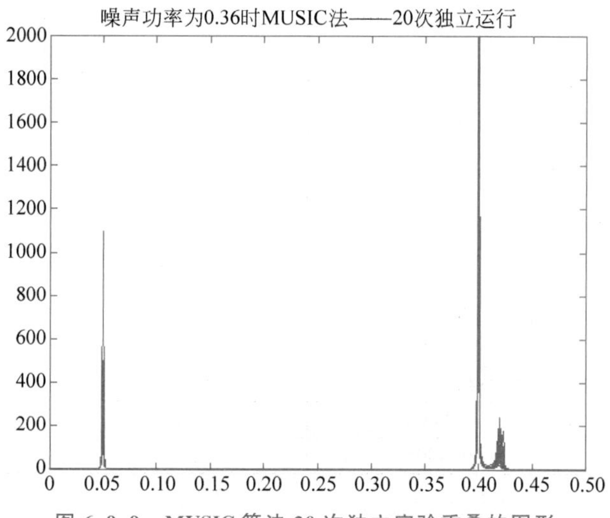

图 6.9.9　MUSIC 算法 20 次独立实验重叠的图形

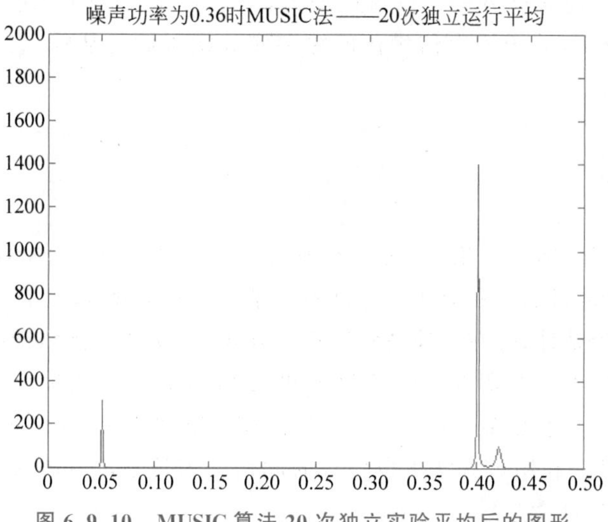

图 6.9.10　MUSIC 算法 20 次独立实验平均后的图形

3. ESPRIT 算法的实验结果

独立运行 20 次实验,记录估计值,并计算了估计值的均值和方差,结果见表 6.9.3。

表 6.9.3 ESPRIT 算法的实验结果

实验次数	f_1	f_2	f_3
20 次实验结果	0.0502	0.3992	0.4165
	0.0508	0.3982	0.4124
	0.0505	0.3861	0.4048
	0.0504	0.3878	0.4042
	0.0506	0.3960	0.4098
	0.0504	0.3978	0.4142
	0.0510	0.3996	0.4204
	0.0506	0.3907	0.4056
	0.0509	0.3986	0.4132
	0.0511	0.4008	0.4262
	0.0505	0.4002	0.4224
	0.0501	0.3972	0.4102
	0.0502	0.3962	0.4095
	0.0507	0.3947	0.4070
	0.0506	0.3992	0.4172
	0.0508	0.3910	0.4056
	0.0505	0.4006	0.4270
	0.0508	0.3911	0.4058
	0.0502	0.3927	0.4072
	0.0505	0.3962	0.4107
平均值	0.0506	0.3957	0.4125
方差 1.0e−004*	0.0008	0.1910	0.4997

从上面的实验结果可以看到,Pisarenko 的性能比较差,MUSIC 和 ESPRIT 都有较好的频率估计结果。上述三种方法在信噪比增大,样本点数增加的情况下,效果都有较大改善,这也符合理论分析,关于增大信噪比的更多实验结果此处从略。三种方法中,MUSIC 方法的计算量最大。

6.10 本章小结和进一步阅读

本章介绍了功率谱估计的几种方法。经典谱估计方法实现简单,不需要任何先验的模型假设,但存在估计的可靠性和分辨率之间的矛盾。AR 模型方法,在高信噪比条件下,可以得到高分辨率的谱估计,存在多种高效的实现方式,是模型法谱估计中最常用的方法,但该方法对噪声是敏感的。本章也讨论了 MA 和 ARMA 模型的谱估计方法,这些方法的实现比 AR 模型方法明显的复杂。利用自相关矩阵特征空间的性质,进行频率估计,也是本章讨论的一个重要课题,利用该方法可以估计时间信号的频率,也可以扩展到空间阵列信号中,用于估计入射波的角度。

存在多本有关功率谱估计的专门著作，Kay[142]的著作对功率谱估计这个领域给出了相当系统和深入的总结，Marple[170]的著作则给出了更多实现算法，Stoica[238]的著作除了很简明地概述了谱估计的各类算法外，还对功率谱估计应用于空间阵列信号处理问题给出专章的论述。中文著作中，王宏禹[302]、肖先赐[303]等的书，对功率谱的算法和应用也给出了相当详尽的讨论。几本论文集式的著作，汇集了许多学者当时的研究成果[53][115][116]。

对于谱估计的历史，Robinson 给出了一个很全面的回顾[216]。

习题

1. 证明实高斯白噪声信号情况下周期图谱估计器的方差表达式近似为(N 充分大)：

$$\operatorname{var}\{\hat{S}_{\mathrm{per}}(f)\} \approx S^2(f)\left[1+\left(\frac{\sin(2\pi N f)}{N\sin(2\pi f)}\right)^2\right]$$

2. 信号为高斯非白噪声的情况，可以将信号看作高斯白噪声通过一个 LTI 系统所产生，即高斯白噪声 $v(n)$ 激励一个频率响应为 $H(\mathrm{e}^{\mathrm{j}2\pi f})$ 的系统，产生一般高斯信号 $x(n)$，证明，若样本数 N 充分大，则对 $x(n)$ 的周期图谱估计的方差近似为

$$\operatorname{var}\{\hat{S}_{\mathrm{per}}(f)\} \approx |H(\mathrm{e}^{\mathrm{j}2\pi f})|^4\sigma_v^4 = S^2(f)$$

3. 设有记录的数据$\{x(0),x(1),x(2),x(3),x(4),x(5)\}$，随机信号服从 AR(2)模型，用协方差方法和自相关方法，分别写出用 LS 求解 AR 模型系数的正则方程。

4. 条件同题 3，用 Burg 算法写出 k_1、k_2 和 $a(1)$、$a(2)$参数的表达式。

5. 在进行 AR 模型谱估计时，在随机信号服从高斯分布时，当数据趋于无穷时，证明 AR 模型参数的估计 $\hat{\boldsymbol{a}}$ 和 $\hat{\sigma}^2$ 的 CR 下界为

$$\boldsymbol{C}_{\boldsymbol{a},\sigma^2}=E\left[\begin{bmatrix}\hat{\boldsymbol{a}}-E(\hat{\boldsymbol{a}})\\ \hat{\sigma}^2-E(\hat{\sigma}^2)\end{bmatrix}\begin{bmatrix}\hat{\boldsymbol{a}}-E(\hat{\boldsymbol{a}})\\ \hat{\sigma}^2-E(\hat{\sigma}^2)\end{bmatrix}^{\mathrm{T}}\right]=\begin{bmatrix}\frac{\sigma^2}{N}\boldsymbol{R}_{xx}^{-1} & \boldsymbol{0}\\ \boldsymbol{0} & \frac{2\sigma^4}{N}\end{bmatrix}$$

提示：用 $P(\boldsymbol{x}|\boldsymbol{x}_0,\boldsymbol{a},\sigma^2)$。

6. 在 Burg 算法中，估计 K_m 的分母公式

$$\mathrm{DEN}(m)=\sum_{n=m}^{N-1}(|f_{m-1}(n)|^2+|b_{m-1}(n-1)|^2)$$

证明，它可由如下递推算法快速计算：

$$\mathrm{DEN}(m)=(1-|k_{m-1}|^2)\mathrm{DEN}(m-1)-|f_{m-1}(m-1)|^2-|b_{m-1}(N-1)|^2$$

7. 设有 N 个观测数据，用 p 阶 AR 模型进行功率谱估计，且 $p<N$，用协方差方法，证明正则方程系数矩阵是共轭对称的，但不是 Toeplitz 的。

8. 同题 7，用自相关方法，证明正则方程的系数矩阵是 Toeplitz 的。

9. 设有一个平稳随机信号为 $x(n)=A\sin(\omega_1 n+\varphi)+w(n)$，$w(n)$是白噪声，通过测量的数据估计出 3 个自相关值分别为 $r_x(0)=2.2$，$r_x(1)=1.3$，$r_x(2)=0.8$，用 Pisarenko、MUSIC 和 Blackman-Tukey 方法分别估计 ω_1 和 A。

*10. 有三个信号源，分别产生三种随机序列，用几种方法比较其功率谱密度。

信号源 1：$x(n)=2\cos(2\pi f_1 n)+2\cos(2\pi f_2 n)+2\cos(2\pi f_3 n)+z(n)$

$f_1=0.05, f_2=0.40, f_3=0.42$，$z(n)$是一个1阶AR过程，满足方程

$$z(n)=-a(1)z(n-1)+v(n)$$

$a(1)=-0.850\,848$，$v(n)$是实白噪声，是高斯的，$\sigma^2=0.101\,043$。

信号源2和3：都是AR(4)过程，它们分别是一个宽带和一个窄带过程，参数如下：

参数名称	$a(1)$	$a(2)$	$a(3)$	$a(4)$	σ^2
信号源2	-1.352	1.338	-0.662	0.240	1
信号源3	-2.760	3.809	-2.654	0.924	1

记录$N=256$个测量值(注意避开起始瞬态点)，分别用周期图法、自相关法、自协方差法、改进自协方差法、Burg法进行谱估计，并与理论值比较。

要求：进行50次独立实验，画出它们的起伏特性，比较各种算法的方差性能，将50次实验平均，与理论值比较，分析各算法的平均特性。

改变N的值，进行同样的实验，比较结果(建议对$N=64,128,512$进行实验，并结合如上实验进行分析)。

*11. 有两个ARMA过程，其中信号1是宽带信号，信号2是窄带信号，分别用AR谱估计算法、ARMA谱估计算法和周期图算法估计其功率谱。

产生信号1的系统函数为

$$H(z)=\frac{1+0.3544z^{-1}+0.3508z^{-2}+0.1736z^{-3}+0.2401z^{-4}}{1-1.3817z^{-1}+1.5632z^{-2}-0.8843z^{-3}+0.4096z^{-4}}$$

激励白噪声的方差为1。

产生信号2的系统函数为

$$H(z)=\frac{1+1.5857z^{-1}+0.9604z^{-2}}{1-1.6408z^{-1}+2.2044z^{-2}-1.4808z^{-3}+0.8145z^{-4}}$$

激励白噪声的方差为1。

每次实验使用的数据长度为256。

(1) 对信号1，分别使用AR(4)、AR(8)、ARMA(4,4)和ARMA(8,8)模型进行谱估计，对AR方法采用自协方差算法，对ARMA算法采用改进Yule-Walker方程算法，也用周期图方法做谱估计。做20次独立实验，将20次实验结果画在1张图上，观察谱估计随机分布性质，另将20次的平均值和真实谱画在一张图上进行比较。

(2) 对信号2，分别使用AR(4)、AR(8)、AR(12)、AR(16)、ARMA(4,2)、ARMA(8,4)和ARMA(12,6)模型进行谱估计，对AR方法采用自协方差算法，对ARMA算法采用改进Yule-Walker方程算法，也用周期图方法做谱估计。做20次独立实验，将20次实验结果画在1张图上，观察谱估计随机分布性质，另将20次的平均值和真实谱画在一张图上进行比较。

(3) 对各种算法的性能进行分析比较。

(4) 比较窄带信号和宽带信号系统函数的极零点分布。

注意：(1) 利用模型的差分方程产生的数据的前200个点丢弃不用，以保证所使用数据的平稳性。

(2) 改进Yule-Walker方程算法采用方程数目大于变量数目1倍的LS算法。

*12. 对于噪声中的正弦信号，通过 Pisarenko 谐波分解算法、MUSIC 算法和 ESPRIT 算法进行频率估计，信号源是

$$x(n)=2\cos(2\pi f_1 n)+3\cos(2\pi f_2 n)+1.2\cos(2\pi f_3 n)+z(n),$$
$$f_1=0.05,\quad f_2=0.40,\quad f_3=0.42$$

$z(n)$是实白噪声，是高斯的，方差为 $\sigma^2=0.32$。使用 128 个数据样本进行估计。

(1) 用三种算法，进行频率估计，独立运行程序 20 次，记录各方法的估计值，并利用 20 次估计值，近似计算各种方法的频率估计的均值和方差。

(2) 逐渐增加噪声功率，观察和分析各种方法的性能。

(3) 实现 LS-ESPRIT 算法和 TLS-ESPRIT 算法，与以上实验进行比较。

第7章

超出2阶平稳统计的信号特征

在前面6章中，除第2章估计理论外，其他5章中使用最多的随机信号特征是2阶特征，特别是信号的相关函数和协方差函数。维纳滤波和最优预测是建立在相关函数基础上的，卡尔曼滤波算法主要依赖相关和协方差函数，线性自适应滤波的性能评估也主要依赖相关函数，功率谱是由自相关函数定义的，这些现代信号处理中最基本的和最核心的问题，都建立在信号的2阶特征基础上。

实际上，对于线性系统的分析和设计，对于高斯随机信号的分析和处理，2阶统计是足够的，这在理论和实践中是得到证实的。在第1章中介绍了高斯随机信号的高阶矩均可以分解为2阶矩的组合；第2章导出了线性贝叶斯估计只需要信号的2阶特征(假设均值为0，否则均值即1阶特征是需要的)，这些理论结果就预示了对于线性系统和高斯过程2阶统计的作用。

随着电磁环境的复杂化，很多随机信号不再满足高斯性。另外，随着系统构成的复杂，很多非线性系统得以应用，而非线性系统又可以把高斯过程变成非高斯过程，因此非线性和非高斯性在信号处理中扮演越来越重要的角色，而对于非线性系统设计和对非高斯信号的描述，2阶统计量是不够的，需要研究信号的更多特征。

其实，在第4章讨论的非线性扩展卡尔曼滤波和粒子滤波中，都已经遇到了非线性系统，尤其是粒子滤波，2阶统计已经不满足要求，通过递推信号的联合概率密度函数得到滤波结果。第6章讨论的盲均衡是非线性系统，尽管没有显示地使用信号特征，但其隐含地使用了信号的高阶特征。

随机信号的联合概率密度函数最全面地刻画了信号的随机性质，是随机信号的最完整的描述，由联合概率密度函数除了可以得到信号的2阶特征外，还可以得到信号的更多特征量，例如信号的高阶特征和信号的熵特征等。通信和雷达等领域的一些信号的2阶统计特征不是平稳的，但是周期的，即具有循环平稳性，对这类信号循环平稳特征也是有用的。这些特征统称为"超出2阶平稳统计"的特征，超出2阶平稳的特征有多方面的应用，可以用来刻画更多的信号特性，可以导出一些信号处理系统(例如盲源分离等)，可以与机器学习结合，作为新的信号特征量构造信号的自动分类和识别系统，等等。

本章主要讨论三类信号特征，分别是信号高阶统计量和高阶谱、信号的循环平稳统计和谱特征、信号的熵特征。第8章讨论信号盲源分离这一有趣而活跃的信号处理分支，其直接应用了信号的高阶特征和熵特征。

7.1 信号的高阶统计量和高阶谱

自相关函数是离散随机信号的一种 2 阶统计量,对于高斯随机信号而言,高阶矩可以分解成 2 阶矩的组合,若信号的均值为 0,则自相关函数可以描述高斯信号的全部统计特性,但对于非高斯信号而言,仅有 2 阶统计量是不够的。功率谱估计是现代信号处理技术中最基本、最重要的内容之一。经过几十年的发展,功率谱的基本理论和估计方法已经相当完善,并且已经在科学研究和工程实践中得到了广泛的应用。但是,由于功率谱理论本身的局限性和实际问题的复杂性,功率谱估计技术在应用中也遇到了一些难于解决的问题。

我们知道,对于一个广义平稳的随机序列,功率谱被定义为该序列的自相关函数的傅里叶变换。从统计学的观点来看,功率谱(自相关函数)仅仅反映序列的 2 阶统计。从物理含义上来看,功率谱只揭示了该随机序列的幅度信息,而没有反映出其相位信息,这是因为功率谱理论把一个随机序列看作一系列统计不相关的谐波分量的叠加,而忽略了各个频率之间的相位关系。因此,严格来说,自相关函数以及相对应的功率谱只能完整地描述一个广义的平稳高斯过程;一旦该序列偏离了高斯性,便不能用自相关函数或者功率谱来完整地描述该序列的统计特性。从这个角度来说,基于功率谱(或者自相关函数)的技术不能用来处理非高斯信号,至少不是处理非高斯信号的最佳方法。然而,在科学研究和工程实践活动中,我们所遇到的问题往往非常复杂,实际的观测序列并不是理想化的高斯过程,因此,除了需要了解该序列的幅度信息以外,还需要获取该序列的相位信息(例如对非最小相位线性过程的辨识),甚至非线性结构(例如对相位耦合的检测)。这就迫使人们去寻找比功率谱和自相关函数更加全面的信号处理工具。

高阶统计量和高阶谱是自相关函数和功率谱概念的推广和发展,高阶谱通常被定义为高阶累积量的多维傅里叶变换,因而也称之为高阶累积量谱。其中,3 阶累积量和 3 阶谱、4 阶累积量和 4 阶谱是高阶统计量和高阶谱的两类重要的特例,也是目前高阶统计量和高阶谱理论和应用研究的主要内容。高阶统计量和高阶谱含有超出自相关和功率谱之外的更丰富的统计信息,例如过程的相位信息、可刻画非线性性质等。概括起来,高阶统计量和高阶谱作为一种信号处理工具在以下三方面有独特的应用。

(1) 在信号检测、参数估计问题中,高阶统计量和高阶谱可以自动抑制各种加性高斯噪声。

(2) 高阶统计量和高阶谱可以用来重构信号的幅度和相位。

(3) 高阶统计量和高阶谱可以用来检测时间序列的非线性结构。

本节主要介绍高阶统计量和高阶谱的定义、性质和一些直接应用。

7.1.1 高阶累积量和高阶矩的定义

一个平稳随机信号的高阶谱是通过高阶累积量来定义的,而高阶累积量又和高阶矩有密切的关系,因此我们先介绍高阶累积量和高阶矩的定义。为了简单,首先针对一组随机变量讨论高阶矩和高阶累积量,然后推广到带有时间顺序的一般随机信号。

对于一组实随机变量 $x_1,x_2,\cdots,x_n$,定义其联合特征函数为

$$\Phi(\omega_1,\omega_2,\cdots,\omega_n)=E\{\exp[\mathrm{j}(\omega_1x_1+\omega_2x_2+\cdots+\omega_nx_n)]\}$$
$$=\int \mathrm{e}^{\mathrm{j}(\omega_1x_1+\omega_2x_2+\cdots+\omega_nx_n)}p(x_1,x_2,\cdots,x_n)\mathrm{d}x_1\cdots\mathrm{d}x_n \qquad (7.1.1)$$

可见,除了一个负号外,$\Phi(\omega_1,\omega_2,\cdots,\omega_n)$相当于$p(x_1,x_2,\cdots,x_n)$的$n$维傅里叶变换。由特征函数可以定义随机变量组的联合矩和累积量。

随机变量$x_1,x_2,\cdots,x_n$的$r=k_1+k_2+\cdots+k_n$阶联合矩定义为

$$m_{k_1k_2\cdots k_n}=E[x_1^{k_1}\quad x_2^{k_2}\quad\cdots\quad x_n^{k_n}]$$
$$=(-\mathrm{j})^r\frac{\partial^r\Phi(\omega_1,\omega_2,\cdots,\omega_n)}{\partial\omega_1^{k_1}\omega_2^{k_2}\cdots\omega_n^{k_n}}\bigg|_{\omega_1=\omega_2=\cdots=\omega_n=0} \qquad (7.1.2)$$

它们的$r=k_1+k_2+\cdots+k_n$阶联合累积量定义为

$$c_{k_1k_2\cdots k_n}=(-\mathrm{j})^r\frac{\partial^r\ln\Phi(\omega_1,\omega_2,\cdots,\omega_n)}{\partial\omega_1^{k_1}\omega_2^{k_2}\cdots\omega_n^{k_n}}\bigg|_{\omega_1=\omega_2=\cdots=\omega_n=0} \qquad (7.1.3)$$

从上面的定义可知,一组随机变量的联合累积量可以通过它们的联合矩来表示。例如,随机变量x_1的前4阶矩为

$$m_1=E[x_1]$$
$$m_2=E[x_1^2]$$
$$m_3=E[x_1^3]$$
$$m_4=E[x_1^4] \qquad (7.1.4)$$

矩和累积量之间的关系如下:

$$c_1=m_1$$
$$c_2=m_2-m_1^2$$
$$c_3=m_3-3m_2m_1-2m_1^2$$
$$c_4=m_4-4m_3m_1-3m_2^2+12m_2m_1^2-6m_1^4 \qquad (7.1.5)$$

这里只对c_2证明式(7.1.5)的关系,其他阶累积量的证明留作习题。为了求c_2,首先计算下两式:

$$\frac{\partial\ln\Phi(\omega)}{\partial\omega}=\frac{1}{\Phi(\omega)}\frac{\partial\Phi(\omega)}{\partial\omega}$$
$$\frac{\partial^2\ln\Phi(\omega)}{\partial\omega^2}=\frac{1}{\Phi(\omega)}\frac{\partial^2\Phi(\omega)}{\partial\omega^2}-\frac{1}{\Phi^2(\omega)}\left[\frac{\partial\Phi(\omega)}{\partial\omega}\right]^2$$

由于这里只有一个变量,故为简单省略了ω_1上的下标。将上式代入c_2的定义,有

$$c_2=(-\mathrm{j})^2\left\{\frac{1}{\Phi(\omega)}\frac{\partial^2\Phi(\omega)}{\partial\omega^2}-\frac{1}{\Phi^2(\omega)}\left[\frac{\partial\Phi(\omega)}{\partial\omega}\right]^2\right\}_{\omega=0}=m_2-m_1^2$$

上式第2行用到了$\Phi(0)=\int p(x)\mathrm{d}x=1$。

由此可见,计算x_1的r阶累积量c_r需要知道该随机变量所有从第1阶到第r阶的矩$m_1,m_2,\cdots,m_r$。由于m_i可直接计算,故通过计算m_i间接计算累积量。

假定$x(k),k=0,\pm1,\pm2,\cdots,\pm n$是一个严平稳的实随机序列,它的第1阶一直到第$n$阶的矩都存在,则随机信号的$n$阶矩定义为

$$\mathrm{Mom}[x(k),x(k+\tau_1),\cdots,x(k+\tau_{n-1})]=E[x(k)\quad x(k+\tau_1)\quad\cdots\quad x(k+\tau_{n-1})] \qquad (7.1.6)$$

n 阶矩与时间间隔 $\tau_1,\tau_2,\cdots,\tau_{n-1}$ 有关，故记为

$$m_n^x(\tau_1,\tau_2,\cdots,\tau_{n-1})=E[x(k)\quad x(k+\tau_1)\quad\cdots\quad x(k+\tau_{n-1})]\tag{7.1.7}$$

类似可以给出随机序列的累积量的定义 $c_n^x(\tau_1,\tau_2,\cdots,\tau_{n-1})$，由于累积量可以用各阶矩表示，更常用的是类似于式(7.1.5)的表示，对于 $n=1,2,3,4$，求出随机序列 $x(k)$ 的累积量 $c_n^x(\tau_1,\tau_2,\cdots,\tau_{n-1})$和矩 $m_n^x(\tau_1,\tau_2,\cdots,\tau_{n-1})$之间的关系，关系式如下：

$$c_1^x=m_1^x=E\{x(k)\}\tag{7.1.8}$$

$$c_2^x(\tau_1)=m_2^x(\tau_1)-(m_1^x)^2\tag{7.1.9}$$

$$c_3^x(\tau_1,\tau_2)=m_3^x(\tau_1,\tau_2)-m_1^x[m_2^x(\tau_1)+m_2^x(\tau_2)+m_2^x(\tau_2-\tau_1)]+2(m_1^x)^3\tag{7.1.10}$$

$$\begin{aligned}c_4^x(\tau_1,\tau_2,\tau_3)=m_4^x(\tau_1,\tau_2,\tau_3)-&\\ &m_2^x(\tau_1)m_2^x(\tau_3-\tau_2)-m_2^x(\tau_2)m_2^x(\tau_3-\tau_1)-m_2^x(\tau_3)m_2^x(\tau_2-\tau_1)-\\ &m_1^x[m_3^x(\tau_2-\tau_1,\tau_3-\tau_1)+m_3^x(\tau_2,\tau_3)+m_3^x(\tau_1,\tau_3)+m_3^x(\tau_1,\tau_2)]+\\ &2(m_1^x)^2[m_2^x(\tau_1)+m_2^x(\tau_2)+m_2^x(\tau_3)+m_2^x(\tau_3-\tau_1)+m_2^x(\tau_3-\tau_2)+\\ &m_2^x(\tau_2-\tau_1)]-6(m_1^x)^4\end{aligned}\tag{7.1.11}$$

注意，其中 $c_1^x=m_1^x$ 是信号的均值，$m_2(\tau)$是自相关函数，$c_2^x(\tau)$是协方差函数。

如果该随机序列的均值为零，即 $m_1^x=0$，则其 2 阶累积量和 2 阶矩、3 阶累积量和 3 阶矩分别相等，即对 0 均值信号简化为

$$c_1^x=m_1^x=E\{x(k)\}=0$$

$$c_2^x(\tau_1)=m_2^x(\tau_1)\tag{7.1.12}$$

$$c_3^x(\tau_1,\tau_2)=m_3^x(\tau_1,\tau_2)\tag{7.1.13}$$

$$\begin{aligned}c_4^x(\tau_1,\tau_2,\tau_3)=m_4^x(\tau_1,\tau_2,\tau_3)-&\\ &m_2^x(\tau_1)m_2^x(\tau_3-\tau_2)-m_2^x(\tau_2)m_2^x(\tau_3-\tau_1)-\\ &m_2^x(\tau_3)m_2^x(\tau_2-\tau_1)\end{aligned}\tag{7.1.14}$$

在信号的自动分类和识别中，常用很少的几个高阶累积量作为信号特征描述信号的性质，令 $\tau_1=\tau_2=\tau_3=0$，并假定 $m_1^x=0$，可以得到

$$\gamma_2^x=c_2^x(0)=E[x^2(k)]\tag{7.1.15}$$

$$\gamma_3^x=c_3^x(0,0)=E[x^3(k)]\tag{7.1.16}$$

$$\gamma_4^x=c_4^x(0,0,0)=E[x^4(k)]-3[\gamma_2^x]^2\tag{7.1.17}$$

这里，γ_2^x是熟悉的方差，γ_3^x称为信号的斜度，γ_4^x称为信号的峭度。注意到斜度和峭度可用于刻画信号的非高斯性，对于高斯信号斜度和峭度均为 0，对于非高斯信号，斜度刻画信号概率密度函数的非对称性，峭度的符号表示了信号的概率密度函数比高斯分布更加锋利还是更加缓变(在等方差条件下的比较)。

从上面可以看到，在一般情况下，一个随机序列的累积量和矩之间的关系还是比较复杂的，但可以用如下的一个简单表达式来表示：

$$c_n^x(\tau_1,\tau_2,\cdots,\tau_{n-1})=m_n^x(\tau_1,\tau_2,\cdots,\tau_{n-1})-m_n^G(\tau_1,\tau_2,\cdots,\tau_{n-1}),\quad n>2\tag{7.1.18}$$

其中，$m_n^G(\tau_1,\tau_2,\cdots,\tau_{n-1})$是与 $x(k)$具有相同均值和方差的一个等价高斯过程的 n 阶矩，由此也得到结论，对于 3 阶或以上的高斯随机信号(3 阶或以上通称为高阶特征)，其累积量恒为 0，这样可以用高阶累积量刻画信号的高斯性，这是高阶累积量比高阶矩更常用的原因之一。

在一些应用中,需要通过采样样本判断一个随机信号是否是高斯的,式(7.1.17)定义的峭度 $\gamma_4^x=E[x^4(k)]-3[\gamma_2^x]^2$ 是一个判断高斯性或非高斯性的一个简单且有效的度量函数。由于利用有限样本数据估计峭度很容易,可利用计算得到的峭度值判断信号的高斯性。若 γ_4^x 为零或近似为零,信号可判断为高斯的,若峭度值偏离零值较大,则可判断为非高斯的,且峭度的值偏离零值越大,其非高斯性越强。

7.1.2 高阶累积量的若干数学性质

由于累积量更常用,本小节列出其几个主要性质,省略大多数性质的证明。以下用 $\text{cum}(x_1,x_2,\cdots,x_k)$ 表示随机变量集 $\{x_1,x_2,\cdots,x_k\}$ 之间的 k 阶累积量,这些性质与时间顺序无关,用 $c(\tau_1,\tau_2,\cdots,\tau_{n-1})=\text{cum}[x(k),x(k+\tau_1),\cdots,x(k+\tau_{n-1})]$ 表示 $x(k)$ 的不同时刻取值的 n 阶累积量。

(1) 假定 $\lambda_i, i=1,2,\cdots,k$ 是常数,$x_i, i=1,2,\cdots,k$ 是随机变量,则有

$$\text{cum}(\lambda_1 x_1,\lambda_2 x_2,\cdots,\lambda_k x_k)=\left(\prod_{i=1}^{k}\lambda_i\right)\text{cum}(x_1,x_2,\cdots,x_k) \tag{7.1.19}$$

(2) 累积量的对称性

$$\text{cum}(x_i,\cdots,x_k)=\text{cum}(x_{i_1},\cdots,x_{i_k}) \tag{7.1.20}$$

其中,$i_1,\cdots,i_k$ 是$(1,2,\cdots,k)$的一个排列。

(3) 累积量的可加性

$$\begin{aligned}&\text{cum}(x_0+y_0,z_1,z_2,\cdots,z_k)\\&=\text{cum}(x_0,z_1,z_2,\cdots,z_k)+\text{cum}(y_0,z_1,z_2,\cdots,z_k)\end{aligned} \tag{7.1.21}$$

上式表明随机变量的和的累积量等于其累积量的和。

(4) 如果 α 是一个常数,则有

$$\text{cum}(\alpha+z_1,z_2,\cdots,z_k)=\text{cum}(z_1,z_2,\cdots,z_k) \tag{7.1.22}$$

(5) 如果随机变量 $\{x_i\}$ 与随机变量 $\{y_i\}, i=1,2,\cdots,k$ 独立,则有

$$\begin{aligned}&\text{cum}(x_1+y_1,x_2+y_2,\cdots,x_k+y_k)\\&=\text{cum}(x_1,x_2,\cdots,x_k)+\text{cum}(y_1,y_2,\cdots,y_k)\end{aligned} \tag{7.1.23}$$

(6) 如果随机变量 $\{x_i\}$ 的一个子集与其余的随机变量独立,则有

$$\text{cum}(x_1,x_2,\cdots,x_k)=0 \tag{7.1.24}$$

(7) 独立同分布(i. i. d.)随机序列的 n 阶累积量是一个冲击函数,即对于独立同分布的随机序列 $w(k)$,其 n 阶累积量为

$$c_n^w(\tau_1,\tau_2,\cdots,\tau_{n-1})=\gamma_n^w\delta(\tau_1)\delta(\tau_2)\cdots\delta(\tau_{n-1}) \tag{7.1.25}$$

(8) 高阶累积量可以自动抑制加性高斯噪声,即对于平稳随机序列 $y(k)=x(k)+G(k)$,其中 $G(k)$ 是一个平稳的(白色或者有色)高斯随机序列,$x(k)$ 是一个平稳的非高斯随机序列,并且 $G(k)$ 和 $x(k)$ 独立,则有

$$\begin{aligned}c_n^y(\tau_1,\tau_2,\cdots,\tau_{n-1})&=c_n^x(\tau_1,\tau_2,\cdots,\tau_{n-1})+c_n^G(\tau_1,\tau_2,\cdots,\tau_{n-1})\\&=c_n^x(\tau_1,\tau_2,\cdots,\tau_{n-1})\end{aligned} \tag{7.1.26}$$

其中,$n>2$。

7.1.3 高阶谱的定义

由于高阶累积量比高阶矩拥有更多优异的数学性质,因此,高阶谱通常是通过高阶累积

量来定义的，这也是高阶谱也被称为累积量谱的原因。假定随机序列 $x(k)$ 的 n 阶累积量 $c_n^x(\tau_1,\tau_2,\cdots,\tau_{n-1})$ 是绝对可加的，即

$$\sum_{\tau_1=-\infty}^{+\infty}\sum_{\tau_2=-\infty}^{+\infty}\cdots\sum_{\tau_{n-1}=-\infty}^{+\infty}|c_n^x(\tau_1,\tau_2,\cdots,\tau_{n-1})|<\infty \tag{7.1.27}$$

那么 $x(k)$ 的 n 阶累积谱 $S_n^x(\omega_1,\omega_2,\cdots,\omega_{n-1})$ 存在，被定义为 n 阶累积量 $c_n^x(\tau_1,\tau_2,\cdots,\tau_{n-1})$ 的 $n-1$ 维傅氏变换，

$$S_n^x(\omega_1,\omega_2,\cdots,\omega_{n-1})=\sum_{\tau_1=-\infty}^{+\infty}\sum_{\tau_2=-\infty}^{+\infty}\cdots\sum_{\tau_{n-1}=-\infty}^{+\infty}c_n^x(\tau_1,\tau_2,\cdots,\tau_{n-1})\times \exp[-\mathrm{j}(\omega_1\tau_1+\omega_2\tau_2+\cdots+\omega_{n-1}\tau_{n-1})] \tag{7.1.28}$$

其中，高阶谱的定义域为

$$|\omega_i|\leqslant\pi,\quad i=1,2,\cdots,n-1,\quad |\omega_1+\omega_2+\omega_{n-1}|\leqslant\pi \tag{7.1.29}$$

通常，对于 $n>2$，高阶谱 $S_n^x(\omega_1,\omega_2,\cdots,\omega_{n-1})$ 是一个复数，所以也可以表示为

$$S_n^x(\omega_1,\omega_2,\cdots,\omega_{n-1})=|S_n^x(\omega_1,\omega_2,\cdots,\omega_{n-1})|\exp\{\mathrm{j}\psi_n^x(\omega_1,\omega_2,\cdots,\omega_{n-1})\} \tag{7.1.30}$$

高阶谱也是一个周期为 2π 的周期性函数，2 阶谱、3 阶谱和 4 阶谱分别是上述高阶谱的定义中当 $n=2,3,4$ 时的特例，其中，2 阶谱就是我们熟悉的功率谱，3 阶谱和 4 阶谱又分别被称为双谱和三谱。

1. 2 阶谱(功率谱)

当 $n=2$ 时

$$S_2^x(\omega)=\sum_{\tau=-\infty}^{+\infty}c_2^x(\tau)\exp[-\mathrm{j}\omega\tau],\quad |\omega|\leqslant\pi \tag{7.1.31}$$

其中，$c_2^x(\tau)$ 是随机序列 $x(k)$ 的协方差序列，对于实信号有 $c_2^x(\tau)=c_2^x(-\tau)$。注意到，在本书第 1 章和第 6 章均以信号的自相关序列定义功率谱，当信号是零均值时自相关和自协方差相等，但当信号均值非 0 时，自相关中包含了均值信息，故功率谱在 ω 为 0 处(也包括 2π 的整数倍处)有 1 个冲激，表示信号存在直流成分，协方差中减去了直流成分信息，除此之外两者定义的功率谱是一致的。

2. 3 阶谱(双谱)

当 $n=3$ 时，定义 3 阶谱，也称为双谱为

$$S_3^x(\omega_1,\omega_2)=\sum_{\tau_1=-\infty}^{+\infty}\sum_{\tau_2=-\infty}^{+\infty}c_3^x(\tau_1,\tau_2)\exp[-\mathrm{j}(\omega_1\tau_1+\omega_2\tau_2)] \tag{7.1.32}$$

定义域为 $|\omega_1|\leqslant\pi$，$|\omega_2|\leqslant\pi$，$|\omega_1+\omega_2|\leqslant\pi$。

其中，$c_3^x(\tau_1,\tau_2)$ 是随机序列 $x(k)$ 的 3 阶累积量序列。实信号的 3 阶累积量 $c_3^x(\tau_1,\tau_2)$ 有 6(3!)个对称性区域，即

$$\begin{aligned}c_3^x(\tau_1,\tau_2)&=c_3^x(\tau_2,\tau_1)\\&=c_3^x(-\tau_1,\tau_2-\tau_1)\\&=c_3^x(\tau_2-\tau_1,-\tau_1)\\&=c_3^x(-\tau_2,\tau_1-\tau_2)\\&=c_3^x(\tau_1-\tau_2,-\tau_2)\end{aligned} \tag{7.1.33}$$

相应的谱也存在对称关系，

$$
\begin{aligned}
S_3(\omega_1,\omega_2) &= S_3^*(-\omega_2,-\omega_1) = S_3(\omega_2,\omega_1) \\
&= S_3^*(-\omega_1,-\omega_2) = S_3(-\omega_1-\omega_2,\omega_2) \\
&= S_3(\omega_1,-\omega_1-\omega_2) = S_3(-\omega_1-\omega_2,-\omega_1) \\
&= S_3(\omega_2,-\omega_1-\omega_2)
\end{aligned}
$$

即 3 阶累积量中存在多个冗余区域,实际中只需要计算部分区域的值即可,同样对应的二谱也存在许多冗余。

3. 4 阶谱(三谱)

当 $n=4$ 时,定义 4 阶谱,也称为三谱为

$$
S_4^x(\omega_1,\omega_2,\omega_3) = \sum_{\tau_1=-\infty}^{+\infty}\sum_{\tau_2=-\infty}^{+\infty}\sum_{\tau_3=-\infty}^{+\infty} c_3^x(\tau_1,\tau_2,\tau_3)\exp[-\mathrm{j}(\omega_1\tau_1+\omega_2\tau_2+\omega_3\tau_3)] \tag{7.1.34}
$$

定义域为 $|\omega_1|\leqslant\pi, |\omega_2|\leqslant\pi, |\omega_3|\leqslant\pi, |\omega_1+\omega_2+\omega_3|\leqslant\pi$。

其中,$c_4^x(\tau_1,\tau_2,\tau_3)$是随机序列 $x(k)$的 4 阶累积量序列。实信号的 4 阶累积量 $c_4^x(\tau_1,\tau_2,\tau_3)$有 24(4!)个对称域,即 4 阶累积量中存在大量冗余区域,实际中只需要计算部分区域的值即可,同样对应的三谱也存在大量冗余。

4. 高阶相干系数

用功率谱来归一化的高阶谱被称为高阶相干系数。对于一个平稳随机序列 $x(k)$,其 n 阶相干系数 $\rho_n^x(\omega_1,\omega_2,\cdots,\omega_{n-1})$被定义为

$$
\rho_n^x(\omega_1,\omega_2,\cdots,\omega_{n-1}) = \frac{S_n^x(\omega_1,\omega_2,\cdots,\omega_{n-1})}{[S_2^x(\omega_1)S_2^x(\omega_2)\cdots S_2^x(\omega_{n-1})S_2^x(\omega_1+\omega_2+\cdots+\omega_{n-1})]^{\frac{1}{2}}} \tag{7.1.35}
$$

当 $n=3$ 时,归一化的 3 阶谱(双谱)$\rho_3^x(\omega_1,\omega_2)$就是双向干系数,当 $n=4$ 时,归一化的 4 阶谱(三谱)$\rho_4^x(\omega_1,\omega_2,\omega_3)$就是三相干系数。相干系数在检测和刻画非线性时间序列方面有很重要的应用。

7.1.4 线性非高斯过程的高阶谱

假定 $x(k)$和 $y(k)$分别是一个稳定的线性时不变系统(LTI)的输入和输出,系统的单位抽样响应为 $h(k)$,为简单计将系统的频率响应记为 $H(\omega)$(标准形式应为 $H(\mathrm{e}^{\mathrm{j}\omega})$),则系统的输入和输出的高阶谱关系可以表示为

$$
\begin{aligned}
&S_n^y(\omega_1,\omega_2,\cdots,\omega_{n-1}) \\
&= H(\omega_1)H(\omega_2)\cdots H(\omega_{n-1})H^*(\omega_1+\omega_2+\cdots+\omega_{n-1})S_n^x(\omega_1,\omega_2,\cdots,\omega_{n-1})
\end{aligned} \tag{7.1.36}
$$

如果把 $h(k)$的频率响应表示为

$$
H(\omega) = |H(\omega)|\exp[\mathrm{j}\phi_h(\omega)] \tag{7.1.37}
$$

输出高阶谱也表示为幅度和相位部分

$$
S_n^y(\omega_1,\omega_2,\cdots,\omega_{n-1}) = |S_n^y(\omega_1,\omega_2,\cdots,\omega_{n-1})|\exp\{\mathrm{j}\psi_n^y(\omega_1,\omega_2,\cdots,\omega_{n-1})\} \tag{7.1.38}
$$

则有

$$|S_n^y(\omega_1,\omega_2,\cdots,\omega_{n-1})|=|H(\omega_1)||H(\omega_2)|\cdots|H(\omega_{n-1})|\times \\ |H^*(\omega_1+\omega_2+\cdots+\omega_{n-1})||S_n^x(\omega_1,\omega_2,\cdots,\omega_{n-1})| \tag{7.1.39}$$

$$\psi_n^y(\omega_1,\omega_2,\cdots,\omega_{n-1})=\phi_h(\omega_1)+\phi_h(\omega_2)+\cdots+\phi_h(\omega_{n-1})- \\ \phi_h(\omega_1+\omega_2+\cdots+\omega_{n-1})+ \\ \psi_n^x(\omega_1+\omega_2+\cdots+\omega_{n-1}) \tag{7.1.40}$$

一种特殊情况是，当 $x(k)$ 是白色非高斯过程时，它的 n 阶累积量谱为

$$S_n^x(\omega_1,\omega_2,\cdots,\omega_{n-1})=\gamma_n^x \tag{7.1.41}$$

则有

$$S_n^y(\omega_1,\omega_2,\cdots,\omega_{n-1})=\gamma_n^x H(\omega_1)H(\omega_2)\cdots H(\omega_{n-1})H^*(\omega_1+\omega_2+\cdots+\omega_{n-1}) \tag{7.1.42}$$

同时，线性非高斯过程的 n 阶相干系数的幅度也是一个常数，而且，其 n 阶谱和 $n-1$ 阶谱之间还存在着如下的关系：

$$S_n^x(\omega_1,\omega_2,\cdots,\omega_{n-2},0)=S_{n-1}^x(\omega_1,\omega_2,\cdots,\omega_{n-2})H(0)\frac{\gamma_n^x}{\gamma_{n-1}^x} \tag{7.1.43}$$

所以，线性非高斯过程的 $n-1$ 阶谱可以由 n 阶谱来重构。例如，功率谱就可以由双谱来重构：

$$S_2^x(\omega_1)=S_3^x(\omega_1,0)\frac{1}{H(0)}\frac{\gamma_2^x}{\gamma_3^x} \tag{7.1.44}$$

当然，需要满足 $H(0)\neq 0$。

7.1.5　非线性过程的高阶谱

通过前面的介绍我们可以知道，由于高阶谱对高斯噪声不敏感，因而在信号处理中可以自动抑制加性的高斯噪声，而且，由于高阶谱还含有过程的相位信息，可以用来辨识非最小相位的线性系统，或者重构信号的幅度和相位。除了这些优异的特性外，高阶谱还可以用来检测和刻画随机过程的非线性结构，这是高阶谱的另一个重要应用。注意到，线性和非线性是系统的分类，信号本身无所谓线性与非线性，本节说一个信号是(非)线性结构的或简称为(非)线性的是指，该信号是通过一个(非)线性系统产生的，实际上是通过检测信号的(非)线性结构判断系统的性质。

我们知道，线性系统的结构很简单，可以唯一地用一个线性方程来描述，例如，一个无记忆线性系统表示为

$$y(k)=ax(k)$$

这里，a 为常数，且 $a\neq 0$。非线性系统当然需要用非线性方程来描述，但是，非线性系统非常复杂，不可能用一个简单的非线性方程来统一的描述。所以，在这里我们只能用一个例子来说明非线性过程的高阶谱，以及用高阶谱来检测过程的非线性特征的机理。

考虑一个平方非线性系统

$$y(k)=ax(k)+bx^2(k)\quad a,b\neq 0 \tag{7.1.45}$$

假设该系统的输入为

$$x(k)=A_1\cos(\lambda_1 k+\phi_1)+A_2\cos(\lambda_2 k+\phi_2) \tag{7.1.46}$$

其中,ϕ_1 和 ϕ_2 是独立同分布(i.i.d.)的随机变量,那么在系统的输出中就包含了这样一些谐波分量,(λ_1,ϕ_1),(λ_2,ϕ_2),$(2\lambda_1,2\phi_1)$,$(2\lambda_2,2\phi_2)$,$(\lambda_1+\lambda_2,\phi_1+\phi_2)$和$(\lambda_1-\lambda_2,\phi_1-\phi_2)$。这种非线性现象被称为平方相位耦合。在一些特定的应用中,不但需要分析判断这种的相位耦合的存在与否,并且还需要定量地确定这种的相位耦合的强弱。但由于功率谱并不能反映这种谐波间的相位关系,因此,功率谱不能用来检测和刻画任何相位耦合问题。下面我们继续用实例来说明双谱是如何解决这类问题的。

考虑这样两个随机信号:

$$x_1(k)=A_1\cos(\lambda_1 k+\phi_1)+A_2\cos(\lambda_2 k+\phi_2)+A_3\cos(\lambda_3 k+\phi_3) \tag{7.1.47}$$

和

$$x_2(k)=A_1\cos(\lambda_1 k+\phi_1)+A_2\cos(\lambda_2 k+\phi_2)+A_3\cos[\lambda_3 k+(\phi_1+\phi_2)] \tag{7.1.48}$$

其中,$\lambda_3=\lambda_1+\lambda_2$,即$(\lambda_1,\lambda_2,\lambda_3)$是谐波相关的,而且 ϕ_1、ϕ_2 和 ϕ_3 是独立同分布(i.i.d.)的随机变量。在输入信号 $x_1(k)$中,由于 ϕ_3 是独立的随机变量,所以 λ_3 是一个独立的谐波分量。但是在输入信号 $x_2(k)$中,λ_3 是谐波分量 λ_1 和 λ_2 之间耦合的结果。显然,$x_1(k)$只是一个有 3 个频率分量的一般信号,而 $x_2(k)$的相位耦合关系说明它是来自一个平方非线性系统的输出。

由 $x_1(k)$和 $x_2(k)$的表达式可知,$E[x_1(k)]=E[x_2(k)]=0$,所以,这两个信号的自相关序列为

$$c_2^{x_1}(\tau_1)=c_2^{x_2}(\tau_1)=\frac{1}{2}[\cos(\lambda_1\tau_1)+\cos(\lambda_2\tau_1)+\cos(\lambda_3\tau_1)] \tag{7.1.49}$$

这个结果表明,这两个不同的信号有相同的功率谱,都在频率轴的 λ_1、λ_2 和 $\lambda_3=\lambda_1+\lambda_2$ 处出现同样高度的谱峰。

再来看这两个信号的 3 阶累积量。从 $x_1(k)$和 $x_2(k)$可以直接计算得到

$$c_3^{x_1}(\tau_1,\tau_2)=0 \tag{7.1.50}$$

$$\begin{aligned}c_3^{x_2}(\tau_1,\tau_2)=\frac{1}{4}[&\cos(\lambda_2\tau_1+\lambda_1\tau_2)+\cos(\lambda_3\tau_1-\lambda_1\tau_2)]+\\&\cos(\lambda_1\tau_1+\lambda_2\tau_2)+\cos(\lambda_3\tau_1-\lambda_2\tau_2)+\\&\cos(\lambda_1\tau_1-\lambda_3\tau_2)+\cos(\lambda_2\tau_1-\lambda_3\tau_2)\end{aligned} \tag{7.1.51}$$

由此可见,$x_1(k)$双谱为零,而 $x_2(k)$的不为零,而且在双谱定义域的一个三角形区域 $\omega_2\geqslant 0$,$\omega_1\geqslant\omega_2$ 和 $\omega_1+\omega_2\leqslant\pi$ 出现一个谱峰,当 $\lambda_1\geqslant\lambda_2$ 时,该谱峰的位置就在(λ_1,λ_2)。

上面的例子可以看到,信号 $x_1(k)$和 $x_2(k)$的功率谱都在频率轴的 λ_1、λ_2 和 $\lambda_3=\lambda_1+\lambda_2$ 处出现了同样高度的谱峰,没有反映出谐波分量之间的平方耦合关系,因此也不能区分这两个不同的信号,而从双谱则完全可以区分这两个信号,并且可以发现其中的谐波平方耦合关系。应该指出的是,除了双谱可以检测信号的平方耦合关系以外,三谱还可以检测信号的立方相位耦合关系。

另外,利用高阶相干系数的幅度信息,我们还可以简单地检测信号的线性和非线性。

对于一个非高斯的线性随机序列和一个非线性序列，假定它们的 $n\geqslant 3$ 阶累积量都存在而且不为零，那么非高斯线性随机序列的高阶相干系数的幅度在整个定义域内都是一个常数，即

$$|\rho_n^x(\omega_1,\omega_2,\cdots,\omega_{n-1})|=\frac{\gamma_n^x}{[\gamma_2^x]^{\frac{n}{2}}} \tag{7.1.52}$$

而非线性随机序列的高阶相干系数的幅度则是频率的函数。注意，当高阶相干系数为零时，则表明待检测的信号是不单是线性的，而且是高斯的。

7.1.6 高阶谱的应用

高阶谱(主要是指 3 阶谱和 4 阶谱)是比功率谱(2 阶谱)的阶次更高的统计量，包含了比功率谱更多的有关过程的信息，具有很多功率谱所不具有的有用特性，所以，以前用功率谱可以解决的应用问题都可以用高阶谱来解决，而且可以利用高阶谱来解决许多功率谱所不能解决的难题。原理上高阶谱比功率谱的应用更为有效，更为广泛。其有效性和广泛性主要体现在以下三方面。

(1) 高阶谱可以用来处理非高斯过程。在现实世界中，很多应用问题的对象都是非高斯的。在过去，我们往往把事实上并不是高斯的过程理想化为一个高斯过程来处理，这主要是由于分析和处理工具的缺乏，不得已而采取的一种措施。对于这些问题，由于高阶统计技术的发展，现在都可以利用先进的高阶统计技术来解决，例如信号的检测和处理，系统的辨识，信号的重构等。

(2) 高阶谱可以自动抑制加性高斯噪声。到目前为止，很多成熟的信号处理方法一般都是在加性高斯白噪声的假设下导出的，当污染信号的噪声是有色高斯噪声时，就需要对这些算法作相应的修改。通常，这些修改不但使算法复杂化，而且需要知道噪声的统计信息，如功率谱，但是，在实际应用中噪声的统计信息往往又不可能得到，这是一个非常棘手而又经常遇到的问题。然而，一旦利用高阶谱，问题便可以迎刃而解，这是因为理论上高阶谱对任何加性高斯都不敏感，可以自动抑制任何统计特性未知的加性高斯噪声。

(3) 高阶谱能够检测和刻画过程的非线性特性。这里的非线性是指过程的非线性相位耦合问题。由于功率谱理论把一个随机序列看作一系列统计不相关的谐波分量的叠加，忽略了各个频率之间的相位关系，因此，功率谱对过程的相位耦合是“盲”的。但是，3 阶谱可以用来检测并定量刻画过程的平方相位耦合，4 阶谱则可以用来检测并定量刻划过程的立方相位耦合。

从发表的文献来看，高阶谱早在 20 世纪 80 年代就已经广泛应用于海洋物理、地球物理、大气物理、等离子体物理、水声信号处理、语音处理、经济时间序列分析等方面，也在光脉冲检测、机械故障诊断、图像重建、生物医学工程等领域有广泛的应用。近十几年里，随着理论本身和估计方法的不断完善，高阶统计也开始卓有成效地在通信、雷达、声呐、控制等与电子和信息有关的领域得到应用。这些应用包括系统辨识、时延估计、信号检测和识别、自适应滤波、解卷积、信道盲均衡、独立分量分析，等等。

尽管高阶谱和高阶统计量刻画信号更多的特征，但也要认识到，高阶统计量和高阶谱的计算要比 2 阶特征更加复杂，在同等数据样本量的条件下，高阶特征估计的可靠性不及 2 阶特征，为了得到可靠的高阶特征需要更多的样本量，这在许多应用环境难以达到，这些实际

问题又限制了高阶特征的广泛应用。高阶统计量的估计易受信号测量中的野值影响,所谓野值是取值严重偏离其他正常值范围的量,对于信号来讲主要是突发的一些大的值,高阶统计量容易受到野值控制,偏离真实值,尽管可以通过一些技术手段剔除野值,但这些技术难以避免引入一些负面效果。

第 8 章将会看到高阶统计量在信号盲源分离中的应用,至于高阶统计的其他应用可参考有关文献,本章限于篇幅不再深入讨论。

*7.2 周期平稳信号的谱相关分析

在现代信号处理中,通常需要根据所处理信号的不同统计特性来选择合适的信号处理工具。在本书前面的章节,我们已经介绍过广义平稳的高斯信号一般可以用相关函数或功率谱来分析处理,而广义平稳的非高斯信号的分析处理则需要用到更复杂的高阶统计量(高阶累计量或者高阶谱)。此外,为了能够同时从时间和频率域来刻画非平稳信号的特性,本书的后续章节还会进一步讨论时-频分布和时间-尺度分布。实际上,在现实世界中,除了上面所提到的平稳和非平稳信号以外,还存在着一类统计特性介于平稳和非平稳之间的特殊信号。这类信号的主要特征是,它们的统计量如均值、自相关函数等具有周期性。这一类信号既不是广义平稳的,也不是严格的非平稳的,因此,我们称之为周期平稳信号或者循环平稳信号。例如,在通信工程中熟悉的已调信号,由于经过了采样、编码、调制等处理技术,这些信号的均值、自相关函数等统计量都具有周期性,属于典型的循环平稳信号。此外,如果用一个时间序列来描述自然界在若干年中的温度变化,那么由于每年春夏秋冬的四季轮回,这个时间序列也呈现出循环或者周期平稳的性质。所以,周期平稳信号是一类比较常见信号。本节主要讨论周期平稳信号的统计特征表示。

7.2.1 周期平稳信号的概念

在工程中,随机信号大致分为平稳和非平稳两大类。虽然平稳或者广义平稳的随机信号处理的方法已经比较完善,但由于平稳过程过于理想化,所代表的实际过程是有限的,特别是在通信、雷达、控制等领域,所遇到的很多随机过程都不能归结为平稳随机过程,所以,基于平稳假设的信号处理理论和方法,就难以有效地用来解决这类问题,或只在一个局部时间内表示这类信号。于是,人们在理论上又开始研究非平稳过程的一般特性,并最终导致了周期平稳过程理论的产生。早在 20 世纪 50 年代,就有人将电报信号和电传信号看成是一种具有周期特性的非平稳随机过程,并正式提出了周期平稳(Cyclostationary)随机过程这样的术语。美国学者 Gardner 从 20 世纪 60 年代开始,深入研究了非平稳随机过程的周期平稳特性,并针对无线电通信领域,研究了大量典型通信信号的周期平稳特性,系统地建立了周期平稳过程的理论,于 1987 年出版了著作《统计谱分析——非概率理论》,对周期平稳理论作了系统的总结。到目前为止,周期平稳信号处理理论和应用的发展,基本上都建立在 Gardner 和他的同事所做的工作的基础上。

下面先简单介绍周期平稳信号的概念,然后讨论周期平稳信号的自相关和谱相关函数的定义。注意,本章只考虑 1 阶和 2 阶周期平稳信号。

不失一般性,对于一个功率有限的实 2 阶随机过程 $x(t)$,$-\infty<t<+\infty$,设其 1 阶和

2 阶统计分别为 $m_x(t)$和 $R_x(t_1,t_2)$，如果存在一个常数 T，而且 $m_x(t)$和 $R_x(t_1,t_2)$分别满足

$$m_x(t)=E[x(t)]=m_x(t+T) \tag{7.2.1}$$

$$R_x(t_1,t_2)=E[x(t_1)x(t_2)]=R_x(t_1+T,t_2+T) \tag{7.2.2}$$

则称 $x(t)$为一个周期平稳随机过程，或者循环平稳随机过程，常数 T 就是周期。

从上面的定义可以看到，周期平稳随机过程 $x(t)$的统计特性是随时间而变化的，因此可以认为 $x(t)$是非平稳的，它是广义平稳信号的推广；同时，$x(t)$又不同于一般的非平稳信号，其统计特性随时间的变化具有周期性，因此，它是非平稳过程一个特例。概括起来可以这样说，周期平稳过程是介于广义平稳和非平稳之间的一类特殊随机过程。

对于非平稳相关函数 $R_x(t_1,t_2)$也可以写成 $R_x(t+\tau,t)$或 $R_x(t+\tau/2,t-\tau/2)$，由此可以定义时间平均自相关函数为

$$\begin{aligned}\langle R_x\rangle(\tau)&=\lim_{T\to\infty}\frac{1}{T}\int_{-T/2}^{T/2}R_x(t+\tau,t)\mathrm{d}t\\&=\lim_{T\to\infty}\frac{1}{T}\int_{-T/2}^{T/2}E\{x(t+\tau)x^*(t)\}\mathrm{d}t\end{aligned} \tag{7.2.3}$$

或

$$\begin{aligned}\langle R_x\rangle(\tau)&=\lim_{T\to\infty}\frac{1}{T}\int_{-T/2}^{T/2}R_x(t+\tau/2,t-\tau/2)\mathrm{d}t\\&=\lim_{T\to\infty}\frac{1}{T}\int_{-T/2}^{T/2}E\{x(t+\tau/2)x^*(t-\tau/2)\}\mathrm{d}t\end{aligned} \tag{7.2.4}$$

这是非平稳相关函数的时间平均。也可以定义时变功率谱为

$$S_x(t,f)=\int_{-\infty}^{+\infty}R_x(t+\tau/2,t-\tau/2)\mathrm{e}^{-\mathrm{j}2\pi f\tau}\mathrm{d}\tau \tag{7.2.5}$$

类似地，定义时间平均功率谱

$$\langle S_x\rangle(f)=\lim_{T\to\infty}\frac{1}{T}\int_{-T/2}^{T/2}S_x(t,f)\mathrm{d}t \tag{7.2.6}$$

不难看出，对于一个自相关函数为 $R_x(\tau)$、功率谱为 $S_x(f)$的平稳信号

$$\langle R_x\rangle(\tau)=R_x(\tau) \tag{7.2.7}$$

$$\langle S_x\rangle(f)=S_x(f) \tag{7.2.8}$$

7.2.2 周期平稳信号的谱相关函数

对于非平稳信号而言，式(7.2.3)～式(7.2.8)的平均特征可以得到一些一维的平均性质，但也丢失了非平稳特性的许多重要信息，并且没有反映式(7.2.2)的周期平稳性，本节针对式(7.2.2)的 2 阶周期特性给出一种刻画方式。

令 $t_1=t+\tau/2,t_2=t-\tau/2$，由式(7.2.2)可得

$$R_x(t_1,t_2)=R_x(t+T+\tau/2,t+T-\tau/2)=R_x(t+\tau/2,t-\tau/2) \tag{7.2.9}$$

由于周期平稳过程的自相关函数 $R_x(t_1,t_2)$即 $R_x(t+\tau/2,t-\tau/2)$对于时间 t 是周期为 T 的一个周期函数，因此可以把 $R_x(t+\tau/2,t-\tau/2)$展开成傅里叶级数的形式

$$R_x(t+\tau/2,t-\tau/2)=\sum_{\alpha}R_x^{\alpha}(\tau)\mathrm{e}^{\mathrm{j}2\pi\alpha t} \tag{7.2.10}$$

其中,$R_x^\alpha(\tau)$为傅里叶级数的系数,即

$$R_x^\alpha(\tau)=\frac{1}{T}\int_{-T/2}^{T/2} R_x(t+\tau/2,t-\tau/2)\mathrm{e}^{-\mathrm{j}2\pi\alpha t}\mathrm{d}t \tag{7.2.11}$$

我们称 $R_x^\alpha(\tau)$为周期平稳过程 $x(t)$的周期自相关函数,或者循环自相关函数,α 就是这个周期平稳过程的周期频率,α 的取值范围为任意整数乘以基频 $1/T$。集合$\{R_x^\alpha(\tau)\mid \alpha T\in Z\}$反映了 $R_x(t+\tau/2,t-\tau/2)$的全部特性,对于一个周期平稳信号,使 $R_x^\alpha(\tau)$不恒为 0 的 α 的全体,称为其周期谱。

若 $R_x(t_1,t_2)$中存在几个周期值 $T_1,T_2,\cdots$,则 $R_x^\alpha(\tau)$的定义可以扩展为更一般的形式,即

$$R_x^\alpha(\tau)=\lim_{T\to\infty}\frac{1}{T}\int_{-T/2}^{T/2} R_x(t+\tau/2,t-\tau/2)\mathrm{e}^{-\mathrm{j}2\pi\alpha t}\mathrm{d}t \tag{7.2.12}$$

考虑一个特例,如果 $x(t)$是一个广义平稳的随机过程,则有

$$R_x(t+\tau/2,t-\tau/2)=R_x(\tau) \tag{7.2.13}$$

$R_x(\tau)$是 $x(t)$自相关函数,把式(7.2.13)代入式(7.2.11),可以得到

$$R_x^\alpha(\tau)=\frac{1}{T}\int_{-\frac{T}{2}}^{\frac{T}{2}} R_x(\tau)\mathrm{e}^{-\mathrm{j}2\pi\alpha t}\mathrm{d}t=R_x(\tau)\delta(\alpha) \tag{7.2.14}$$

因此,对于平稳过程,$R_x(\tau)=R_x^\alpha(\tau)|_{\alpha=0}=R_x^0(\tau)$,$R_x^\alpha(\tau)\equiv 0|_{\alpha\neq 0}$,这样我们就可以把周期自相关函数看作平稳过程的自相关函数的推广,或作为特例平稳过程的周期谱只有 $\alpha=0$ 一项。

对于信号 $x(t)$,令 $y(t)=x(t+t_0)$,则可以证明

$$R_y^\alpha(\tau)=R_x^\alpha(\tau)\mathrm{e}^{\mathrm{j}2\pi\alpha t_0}$$

由上式知,只有 $\alpha=0$ 时,$R_y^0(\tau)=R_x^0(\tau)$,$\alpha\neq 0$ 时,两个在时间上位移 t_0 的信号的位移量反映在其周期自相关函数上。

对周期自相关函数的认识,我们还可以从另外一个角度来看。假定 $x(t)$是一个周期平稳的随机过程,令

$$u(t)=x(t)\mathrm{e}^{-\mathrm{j}\pi\alpha t} \tag{7.2.15}$$

$$v(t)=x(t)\mathrm{e}^{\mathrm{j}\pi\alpha t} \tag{7.2.16}$$

$u(t)$和 $v(t)$的一次实现的波形在频域中的关系为

$$U(f)=X(f+\alpha/2) \tag{7.2.17}$$

$$V(f)=X(f-\alpha/2) \tag{7.2.18}$$

显然,$u(t)$和 $v(t)$是 $x(t)$经过频移后的两个过程。$u(t)$时间平均自相关函数为

$$\begin{aligned}\langle R_u\rangle(\tau)&=\lim_{T\to\infty}\frac{1}{T}\int_{-\frac{T}{2}}^{\frac{T}{2}} E\{u(t+\tau/2)u(t-\tau/2)^*\}\mathrm{d}t\\&=\langle R_x\rangle(\tau)\mathrm{e}^{-\mathrm{j}\pi\alpha\tau}\end{aligned} \tag{7.2.19}$$

同理可得,$v(t)$时间平均自相关函数为

$$\begin{aligned}\langle R_v\rangle(\tau)&=\lim_{x\to\infty}\frac{1}{T}\int_{-\frac{T}{2}}^{\frac{T}{2}} E\{v(t+\tau/2)v(t-\tau/2)^*\}\mathrm{d}t\\&=\langle R_x\rangle(\tau)\mathrm{e}^{\mathrm{j}\pi\alpha\tau}\end{aligned} \tag{7.2.20}$$

由式(7.2.15)和式(7.2.16),可以得到 $u(t)$和 $v(t)$互相关函数为

$$
\begin{aligned}
\langle R_{uv}\rangle(\tau) &= \lim_{T\to\infty}\frac{1}{T}\int_{-\frac{T}{2}}^{\frac{T}{2}} E\{u(t+\tau/2)v(t-\tau/2)^*\}\,dt \\
&= \lim_{T\to\infty}\frac{1}{T}\int_{-T/2}^{T/2} R_x(t+\tau/2,t-\tau/2)e^{-j2\pi\alpha t}\,dt \\
&= R_x^\alpha(\tau)
\end{aligned}
\tag{7.2.21}
$$

由此可见，周期平稳过程 $x(t)$ 的周期自相关函数 $R_x^\alpha(\tau)$ 就是 $x(t)$ 的两个频移过程 $u(t)$ 和 $v(t)$ 的时间平均互相关函数。这个结果表明，$x(t)$ 的周期平稳性实际上就是该过程的两个频移信号的相关性。

例 7.2.1　设幅度调制信号表示为

$$x(t)=y(t)\cos(2\pi f_0 t)$$

其中，$y(t)$ 是 0 均值平稳随机信号，求 $R_x^\alpha(\tau)$。

解：显然

$$
\begin{aligned}
R_x(t+\tau/2,t-\tau/2) &= E\{x(t+\tau/2)x^*(t-\tau/2)\} \\
&= R_y(\tau)\cos(2\pi f_0(t+\tau/2))\cos(2\pi f_0(t-\tau/2)) \\
&= \frac{1}{2}R_y(\tau)[\cos(2\pi f_0\tau)+\cos(4\pi f_0 t)]
\end{aligned}
$$

利用式(7.2.12)求 $R_x^\alpha(\tau)$ 如下：

$$
\begin{aligned}
R_x^\alpha(\tau) &= \lim_{T\to\infty}\frac{1}{T}\int_{-T/2}^{T/2} R_x(t+\tau/2,t-\tau/2)e^{-j2\pi\alpha t}\,dt \\
&= \lim_{T\to\infty}\frac{1}{T}\int_{-T/2}^{T/2} \frac{1}{2}R_y(\tau)[\cos(2\pi f_0\tau)+\cos(4\pi f_0 t)]e^{-j2\pi\alpha t}\,dt \\
&= \lim_{T\to\infty}\frac{1}{T}\int_{-T/2}^{T/2} \frac{1}{2}R_y(\tau)\left[\cos(2\pi f_0\tau)e^{-j2\pi\alpha t}+\frac{1}{2}e^{j2\pi(2f_0-\alpha)t}+\frac{1}{2}e^{-j2\pi(2f_0+\alpha)t}\right]dt \\
&= \begin{cases} \frac{1}{2}R_y(\tau)\cos(2\pi f_0\tau), & \alpha=0 \\ \frac{1}{4}R_y(\tau), & \alpha=\pm 2f_0 \\ 0, & \text{其他} \end{cases}
\end{aligned}
$$

既然周期平稳过程是广义平稳过程的推广，周期自相关函数是平稳自相关函数的推广，那么，一个合乎逻辑的推理就是，广义平稳过程的功率谱的概念也可以推广到周期平稳的情形。这个推广就是所谓的谱相关密度函数，简称谱相关函数。

假定 $x(t)$ 是一个周期平稳过程，其周期自相关函数为 $R_x^\alpha(\tau)$，则 $x(t)$ 的谱相关密度函数(Spectral Correlation Function，SCF)被定义为 $R_x^\alpha(\tau)$ 的傅氏变换

$$S_x^\alpha(f)=\int_{-\infty}^{+\infty} R_x^\alpha(\tau)e^{-j2\pi f\tau}\,d\tau \tag{7.2.22}$$

如上式可见，所定义的信号的谱相关 $S_x^\alpha(f)$ 是一个形式上的二维傅里叶频谱，其形式二维频域变量分别为 f 和 α。其中，f 是经典傅里叶分析得到的频谱中的频率表示，而 α 则是谱相关形式上所增加的另外一个维度的频率变量。在 Gardner 的原始文献中，称 α 为“周期频率”。

我们再从另一个角度来分析谱相关函数的含义。由式(7.2.17)和式(7.2.18)可以得到，$x(t)$ 的频移过程 $u(t)$ 和 $v(t)$ 的平均功率谱满足

$$\langle S_U\rangle(f)=\langle S_x\rangle(f+\alpha/2)$$
$$\langle S_V\rangle(f)=\langle S_x\rangle(f-\alpha/2) \tag{7.2.23}$$

平均互谱密度函数为

$$\langle S_{UV}\rangle(f)=\int_{-\infty}^{+\infty}\langle R_{UV}\rangle(\tau)\mathrm{e}^{-\mathrm{j}2\pi f\tau}\mathrm{d}\tau=\int_{-\infty}^{+\infty}R_x^\alpha(\tau)\mathrm{e}^{-\mathrm{j}2\pi f\tau}\mathrm{d}\tau=S_x^\alpha(f) \tag{7.2.24}$$

即周期平稳过程 $x(t)$的谱相关函数就是它的两个频移过程 $u(t)$和 $v(t)$的时间平均互谱密度函数。由此可见,周期平稳过程 $x(t)$的谱相关函数实际上反映了该过程在频率分量 $f\pm\alpha/2$ 处的互相关特性。这也就是谱相关函数的主要物理含义。更具体地,对于一个 α 值,若 $S_x^\alpha(f)$不恒为0,则频率分量 $f\pm\alpha/2$ 具有相关性。

例 7.2.1(续) 由例 7.2.1 求得的 $R_x^\alpha(\tau)$继续求其 SCF 为

$$S_x^\alpha(f)=\begin{cases}\dfrac{1}{4}[S_y(f-2\pi f_0)+S_y(f-2\pi f_0)], & \alpha=0\\ \dfrac{1}{4}S_y(f), & \alpha=\pm 2f_0\\ 0, & \text{其他}\end{cases}$$

这里,$S_y(f)$是平稳信号 $y(t)$的功率谱。

从以上讨论看,可以定义谱相关函数的归一化表示,即谱相干(Spectral Coherence, SC),SC 定义为

$$C_x^\alpha(f)=\frac{S_x^\alpha(f)}{|\langle S_x\rangle(f+\alpha/2)\langle S_x\rangle(f-\alpha/2)|^{1/2}} \tag{7.2.25}$$

由定义可以推出$|C_x^\alpha(f)|\leqslant 1$,对于给定的 f 和α,若 $x(t)$在频率 $f+\alpha/2$ 和 $f-\alpha/2$ 完全相关,则$|C_x^\alpha(f)|=1$,完全不相关则 $C_x^\alpha(f)=0$。$S_x^\alpha(f)$和 $C_x^\alpha(f)$都是两个变量 f 和α 的函数,其中,α 是离散变量。在一些应用中,只需要信号的简单的部分循环平稳特征,则可以通过下式定义“周期频率域切面”(Cycle-frequency Domain Profile,CDP),

$$I(\alpha)=\max_f\{|C_x^\alpha(f)|\} \tag{7.2.26}$$

$I(\alpha)$仅在一些离散值 α 处非零,是循环平稳信号的一种有效的简单特征。

7.2.3 谱相关函数的估计

当随机信号仅有一段长度为 T 的波形 $x(u)$,$u\in[t-T/2,t+T/2]$时,利用有限波形可近似估计谱相关函数

$$S_{x,T}^\alpha(t,f)=\frac{1}{T}X_T(t,f+\alpha/2)X_T^*(t,f+\alpha/2) \tag{7.2.27}$$

上式称为循环周期图,注意本小节用 T 表示信号观测时间长度,与式(7.2.2)中的周期 T 用了同一个符号,但是表示了不同的意义。其中

$$X_T(t,f)=\int_{t-T/2}^{t+T/2}x(u)\mathrm{e}^{-\mathrm{j}2\pi fu}\mathrm{d}u \tag{7.2.28}$$

是时变傅里叶变换,与区间的参考时间 t 有关。为提高估计的可靠性,需对循环周期图结果进行频域平滑,即在 Δf 区间内进行平均,得

$$S_{x,T,\Delta f}^\alpha(t,f)=\frac{1}{\Delta f}\int_{f-\Delta f/2}^{f+\Delta f/2}S_{x,T}^\alpha(t,v)\mathrm{d}v \tag{7.2.29}$$

Gardner 证明，当 T 充分大，Δf 充分小时，平滑循环周期图估计得到改善，实际上

$$S_x^\alpha(f)=\lim_{\Delta f\to 0}\lim_{T\to\infty}S_{x,T,\Delta f}^\alpha(t,f) \tag{7.2.30}$$

实际计算中，信号是采样值，即用间隔 T_s 对信号进行采样，为了表示方面，设采样从参考时间 t，采样 N 个点，即信号样本 $\{x(t+nT_s)\}_{n=0}^{N-1}$，$T=NT_s$，则相应平滑循环周期图为

$$\widetilde{S}_{x,T,\Delta f}^\alpha(t,f)=\frac{1}{M}\sum_{\nu=-(M-1)/2}^{(M-1)/2}\frac{1}{T}\widetilde{X}_T(t,f+\alpha/2+\nu\lambda)\widetilde{X}_T^*(t,f-\alpha/2+\nu\lambda) \tag{7.2.31}$$

其中

$$\widetilde{X}_T(t,f)=\sum_{n=0}^{N-1}w(n)x(t+nT_s)\mathrm{e}^{-\mathrm{j}2\pi f(t+nT_s)} \tag{7.2.32}$$

式中，$w(n)$是一个窗函数。式(7.2.31)中，$\lambda=\frac{f_s}{N}$是频率间隔，M 是频域平滑的数目，对应 $\Delta f=M\lambda$，$f_s=1/T_s$ 是时间信号的采样频率。

在实际计算时，只计算频率 f 在离散点的值，设仅取 $f_k=\frac{k}{N}f_s$，$k=0,1,\cdots,N-1$，并令 $x_t(n)=x(t+nT_s)$，则式(7.2.32)为

$$\widetilde{X}_T(t,f_k)=\mathrm{e}^{-\mathrm{j}2\pi f_k t}\sum_{n=0}^{N-1}w(n)x_t(n)\mathrm{e}^{-\mathrm{j}\frac{2\pi nk}{N}} \tag{7.2.33}$$

式(7.2.33)求和号内的部分是 DFT，可用 FFT 快速计算。可见对于离散信号，通过 FFT 计算 $\widetilde{X}_T(t,f_k)$，α 自身就是离散值，但其取值未知，可以密集地取一组 α_m，对于每一个 α_m，用式(7.2.31)计算 $\widetilde{S}_{x,T,\Delta f}^{\alpha_m}(t,f_k)$，不考虑参考时间 t 的影响，则 $\widetilde{S}_x^{\alpha_m}(f_k)\approx\widetilde{S}_{x,T,\Delta f}^{\alpha_m}(t,f_k)$。

若能够采样得到充分长的离散信号，则可以通过数据分段估计 $\widetilde{S}_{x,T,\Delta f}^{\alpha_m}(t_k,f_k)$，然后将所得结果平均估计 $\widetilde{S}_x^{\alpha_m}(f_k)$，设总样本集为$\{x(n)\}_{n=0}^{L-1}$，分成 K 段互不重叠的数据段，每段长度 N，即 $L=KN$，第 l 段为 $x_l(n)=x(n+lN)$，其起始时间 $t_l=lT=lNT_s$，由式(7.2.33)

$$\widetilde{X}_T(t_l,f_k)=\mathrm{e}^{-\mathrm{j}2\pi f_k lNT_s}\sum_{k=0}^{N-1}w(n)x_l(n)\mathrm{e}^{-\mathrm{j}\frac{2\pi nk}{N}}=\sum_{k=0}^{N-1}w(n)x_l(n)\mathrm{e}^{-\mathrm{j}\frac{2\pi nk}{N}} \tag{7.2.34}$$

对于每一段若不做频域平均，相当于式(7.2.31)中取 $M=1$，则对于一个 α_m：

$$\widetilde{S}_{x,T,\Delta f}^{\alpha_m}(t_l,f_k)=\frac{1}{T}\widetilde{X}_T(t_l,f_k+\alpha_m/2)\widetilde{X}_T(t_l,f_k-\alpha_m/2) \tag{7.2.35}$$

谱相关估计为各段估计的均值，即

$$\widetilde{S}_x^{\alpha_m}(f_k)=\frac{1}{K}\sum_{l=0}^{K-1}\widetilde{S}_{x,T,\Delta f}^{\alpha_m}(t_l,f_k) \tag{7.2.36}$$

遍取给定的 α_m 集，则得到完整的谱相关估计。

如果需要，也可以通过式(7.2.25)和式(7.2.26)进一步估计出信号的谱相干(SC)$C_x^\alpha(f)$和 CDP 值 $I(\alpha)=\max_f\{|C_x^\alpha(f)|\}$。对于式(7.2.25)中的分母$\langle S_x\rangle(f)$，可通过有限样本的平均周期图方法进行估计。

例 **7.2.2** 用本节给出的方法估计 BPSK 信号和 QPSK 信号的谱相关函数 SCF。实验时取 $N=500$，$K=100$，用数值算法得到 BPSK 信号的谱相关函数如图 7.2.1(a)所示，QPSK 信号的谱相关函数如图 7.2.1(b)所示(本例取材自 Ramkumar 的论文[212])。

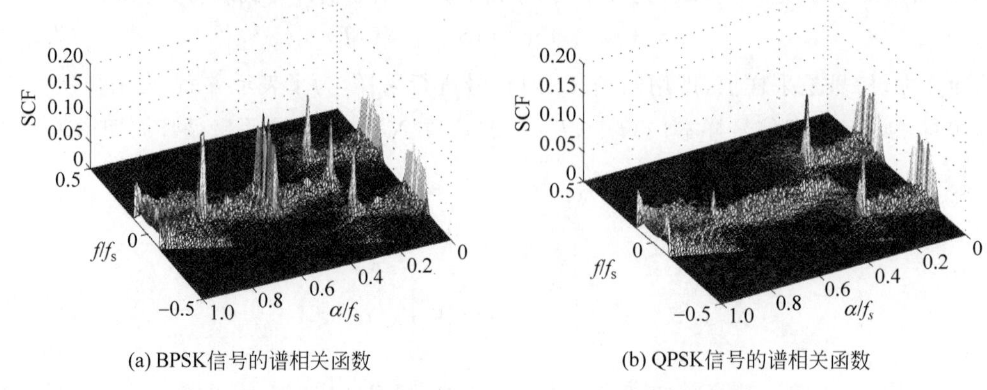

(a) BPSK信号的谱相关函数　　(b) QPSK信号的谱相关函数

图 7.2.1　BPSK 信号及 QPSK 信号的谱相关函数

SCF 函数是二维函数，在利用循环特征进行信号自动分类研究中，用其一维特征会使系统更简单，BPSK 和 QPSK 信号的 CDP 函数如图 7.2.2 所示。

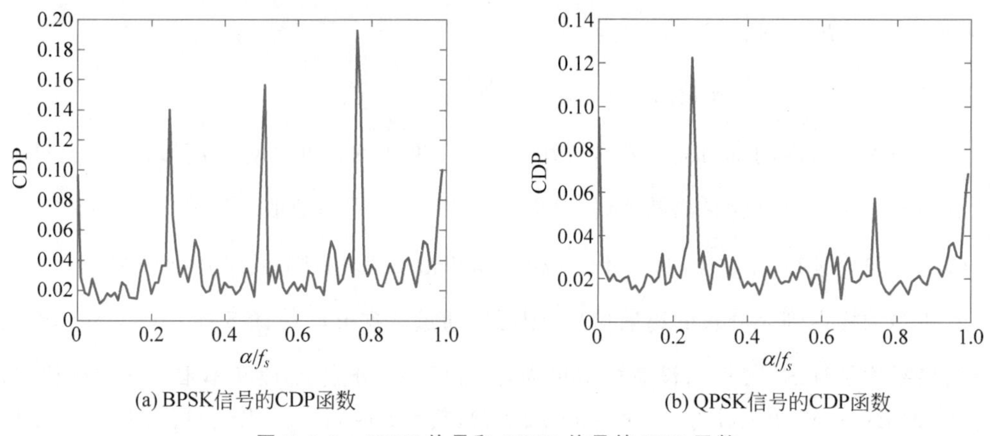

(a) BPSK信号的CDP函数　　(b) QPSK信号的CDP函数

图 7.2.2　BPSK 信号和 QPSK 信号的 CDP 函数

周期平稳信号的谱相关已得到了一些应用，本节只给出几个简单介绍。在近来的认知无线电应用中，对通信信号的自动分类是一个有挑战性的问题。利用循环特征结合机器学习构成的自动信号分类取得了良好的效果，例如，利用简化的一维循环特征 CDP，可以有效地分类 BPSK、QPSK/QAM、FSK 和 MSK 等信号，在 5dB 环境下正确识别率达 99%。另一个应用是利用循环平稳统计可有效地进行通信信道的建模，或设计一类盲均衡系统。谱相关的其他应用，本节不再赘述。

本节仅简要介绍了周期平稳和谱相关的基本概念、信号实例和估计方法，仅是对这个专题的一个入门性的介绍，有兴趣的读者可进一步参考 Gardner 的论文和著作[100-101,103]。

*7.3　随机信号的熵特征

对于一个随机信号，其统计特性的最完整描述是联合概率密度函数(PDF)，显然，在实际应用中，需要已知联合 PDF 是一个非常高的要求，因此人们由联合 PDF 导出了各阶统计量及其谱，并通过有限数据样本有效地估计这些特征量，信号的熵特征则是由 PDF 导出的另一类特征，在信号处理中已获得若干应用。

第6章讨论了最大熵谱估计，利用了熵的最大化得到一类高分辨谱估计方法。第6章的推导简单地引用了一个高斯平稳随机信号的熵表达式，并没有更多地涉及熵的性质，本节对信号的熵特征作一个概要的讨论。信号的熵特征在信号处理中已获得若干应用，例如盲源信号分离问题，在雷达和声呐中的最优波形设计问题，在通信信号处理中熵的概念则应用得更加广泛。本节仅对与信号处理相关的几个基本概念作概要叙述，对熵和信息度量问题的详细讨论可参考信息论的专著。

7.3.1 熵的定义和基本性质

在讨论一个随机信号 $x(n)$ 的熵特征时，假设信号是严格平稳的，故 $x(n)$ 在任意时刻的取值都可看作一个随机变量 x，其 PDF 是 $p(x)$。若讨论一个信号向量

$$\boldsymbol{x}(n)=[x_0(n),x_1(n),x_2(n),\cdots,x_{M-1}(n)]^{\mathrm{T}}$$

或

$$\boldsymbol{x}(n)=[x(n),x(n-1),x(n-2),\cdots,x(n-M+1)]^{\mathrm{T}}$$

时，忽略其时间变量，仅把它看作为一个 M 维随机向量，即 $\boldsymbol{x}=[x_0,x_1,x_2,\cdots,x_{M-1}]^{\mathrm{T}}$，其联合 PDF 为 $p(\boldsymbol{x})$。

首先讨论 x 取值为离散的情况，即 x 取值为离散集合 $\{x_i \mid i=1,2,\cdots,N\}$，$x$ 取值 x_i 的概率为 $p(x_i)=P\{x=x_i\}$，则 x 的平均信息量或者说熵为

$$H(x)=-\sum_{i=1}^{N}p(x_i)\log p(x_i) \tag{7.3.1}$$

注意，log 可取任意底，若取以 2 为底的对数，熵的单位为比特(bit)，表示传输满足这一概率分布的一个变量平均所需要的最小比特数，若取自然对数，单位为奈特(nats)，与比特量相差固定因子 ln2。在信号处理中，若以熵特征作为评价准则设计最优系统时，熵取何种单位无关紧要。

一个取值离散随机变量熵的最小值为 0，最小值发生在 $p(x_k)=1, p(x_i)=0, i\neq k$ 情况下，即 x 取 x_k 概率为 1，取其他值的概率为 0，相当于一个确定性的量。由于 $p(x_i)$ 满足约束条件 $\sum_{i=1}^{N}p(x_i)=1$，故通过优化下式得到熵的最大值：

$$J[p(x_i)]=-\sum_{i=1}^{N}p(x_i)\log p(x_i)+\lambda\left(\sum_{i=1}^{N}p(x_i)-1\right)$$

求得当 $p(x_i)=1/N$ 时，熵的最大值是 $\log N$。即等概率情况下，熵最大，即信号取值的不确定性最大。

在信号处理应用中，更方便的是讨论随机变量 x 取值连续，其 PDF 为 $p(x)$。为了利用式(7.3.1)导出连续情况的熵，将 x 的值域划分成 Δ 的小区间，信号取值位于区间 $[i\Delta,(i+1)\Delta]$ 的概率可写为

$$\int_{i\Delta}^{(i+1)\Delta}p(x)\mathrm{d}x\approx\Delta p(x_i),\quad x_i\in[i\Delta,(i+1)\Delta] \tag{7.3.2}$$

Δ 充分小时，连续随机变量的熵逼近为

$$H_{\Delta}(x)=-\sum_{i}\Delta p(x_i)\log\Delta p(x_i)=-\sum_{i}\Delta p(x_i)\log p(x_i)-\sum_{i}\Delta p(x_i)\log\Delta$$

$$=-\sum_i \Delta p(x_i)\log p(x_i)-\log\Delta \tag{7.3.3}$$

式(7.3.3)第2行的求得利用了 $\sum_i \Delta p(x_i)=1$，注意到，当 $\Delta\to 0$ 时，$-\log\Delta\to\infty$，这容易理解，对于任意连续值的精确表示或传输需要无穷比特，但是，为了描述不同的连续变量之间熵的相对大小，只保留式(7.3.3)第2行的第一项的极限为

$$H(x)=-\lim_{\Delta\to 0}\sum_i \Delta p(x_i)\log p(x_i)=-\int p(x)\log p(x)\mathrm{d}x \tag{7.3.4}$$

称式(7.3.4)定义的 $H(x)$ 为微分熵。注意，对于给定的PDF，x 的熵是确定的量，之所以用类似于函数的符号 $H(x)$ 表示熵，是为了区分多个不同随机量的熵，例如用 $H(x)$ 和 $H(y)$ 区分 x 和 y 的熵。

为了比较不同PDF的微分熵，需要附加两个限定条件，即在相等均值 μ 和方差 σ^2 的条件下，哪种PDF函数具有最大熵？需要求解如下约束最优问题：

$$J[p(x)]=-\int p(x)\log p(x)\mathrm{d}x+\lambda_1\left(\int p(x)\mathrm{d}x-1\right)+$$
$$\lambda_2\left(\int xp(x)\mathrm{d}x-\mu\right)+\lambda_3\left(\int (x-\mu)^2p(x)\mathrm{d}x-\sigma^2\right) \tag{7.3.5}$$

上式得解为

$$p(x)=\frac{1}{(2\pi\sigma^2)^{1/2}}\exp\left\{-\frac{(x-\mu)^2}{2\sigma^2}\right\} \tag{7.3.6}$$

即在相同的均值 μ 和方差 σ^2 的条件下，高斯分布具有最大熵，且高斯过程的微分熵表示为

$$H_G(x)=\frac{1}{2}\log(2\pi e\sigma^2) \tag{7.3.7}$$

对于随机向量 $\boldsymbol{x}=[x_0,x_1,x_2,\cdots,x_{M-1}]^{\mathrm{T}}$，其联合PDF为 $p(\boldsymbol{x})$，则式(7.3.4)的微分熵定义推广到多重积分，形式化地表示为

$$H(\boldsymbol{x})=-\int p(\boldsymbol{x})\log p(\boldsymbol{x})\mathrm{d}\boldsymbol{x} \tag{7.3.8}$$

在同均值和协方差矩阵的所有PDF中，高斯分布

$$p(\boldsymbol{x})=\frac{1}{(2\pi)^{M/2}\det^{1/2}(\boldsymbol{C}_{xx})}\exp\left(-\frac{1}{2}(\boldsymbol{x}-\boldsymbol{\mu}_x)\right)^{\mathrm{T}}\boldsymbol{C}_{xx}^{-1}(\boldsymbol{x}-\boldsymbol{\mu}_x)$$

具有最大熵，且最大熵为

$$H_G(\boldsymbol{x})=\frac{M}{2}\log(2\pi e)+\frac{1}{2}\log|\det(\boldsymbol{C}_{xx})| \tag{7.3.9}$$

若存在两个随机向量 $\boldsymbol{x}$、$\boldsymbol{y}$，其联合PDF为 $p(\boldsymbol{x},\boldsymbol{y})$，则联合熵和条件熵分别为

$$H(\boldsymbol{x},\boldsymbol{y})=-\int p(\boldsymbol{x},\boldsymbol{y})\log(\boldsymbol{x},\boldsymbol{y})\mathrm{d}\boldsymbol{x}\mathrm{d}\boldsymbol{y} \tag{7.3.10}$$

$$H(\boldsymbol{y}\mid\boldsymbol{x})=-\int p(\boldsymbol{x},\boldsymbol{y})\log p(\boldsymbol{y}\mid\boldsymbol{x})\mathrm{d}\boldsymbol{x}\mathrm{d}\boldsymbol{y} \tag{7.3.11}$$

这里，$H(\boldsymbol{y}|\boldsymbol{x})$ 是假设 $\boldsymbol{x}$ 已知的条件下 $\boldsymbol{y}$ 的条件熵，由积分公式易证明

$$H(\boldsymbol{x},\boldsymbol{y})=H(\boldsymbol{y}\mid\boldsymbol{x})+H(\boldsymbol{x})=H(\boldsymbol{x}\mid\boldsymbol{y})+H(\boldsymbol{y}) \tag{7.3.12}$$

若 $\boldsymbol{x}$、$\boldsymbol{y}$ 相互独立，则

$$H(\boldsymbol{x},\boldsymbol{y})=H(\boldsymbol{x})+H(\boldsymbol{y})$$

式(7.3.7)给出了一个高斯随机变量或一个高斯随机信号在一个给定时刻的熵表示(无记忆),式(7.3.9)则给出了一个 M 维高斯信号向量的熵表示,对于一个高斯平稳随机信号 $x(n)$,若其自相关序列 $r_x(k)$,功率谱密度为 $S_x(\omega)$,则信号在不同时刻取值是相关的,信号的平均熵可定义为

$$\overline{H}(\boldsymbol{x})=\lim_{n\to\infty}\frac{1}{2n+1}H[x(-n),\cdots,x(-1),x(0),x(1),\cdots,x(n)]$$

高斯随机信号的平均熵总结为如下定理。

定理 7.3.1 高斯平稳随机信号的平均熵表示为

$$\overline{H}(\boldsymbol{x})=\ln\sqrt{2\pi e}+\frac{1}{4\pi}\int_{-\pi}^{\pi}\ln S_x(\omega)\mathrm{d}\omega \tag{7.3.13}$$

第 6 章讨论 Burg 的最大熵谱估计时,利用了式(7.3.13)的后一部分。定理 7.3.1 的证明可参考文献[192]。

还可以讨论信号变换的熵。若有随机信号向量 $\boldsymbol{x}$ 和 $\boldsymbol{y}$ 均为 M 维向量,其满足

$$\boldsymbol{y}=\boldsymbol{g}(\boldsymbol{x})$$

这里,$\boldsymbol{g}(\cdot)$是可逆变换,其雅可比行列式为 $\boldsymbol{J}(\boldsymbol{x})$,则随机向量 $\boldsymbol{y}$ 的熵为

$$H(\boldsymbol{y})=H(\boldsymbol{x})+E\{\log|\boldsymbol{J}(\boldsymbol{x})|\} \tag{7.3.14}$$

通过变换,微分熵变化量为 $E\{\log|\boldsymbol{J}(\boldsymbol{x})|\}$,若变换是线性的,即

$$\boldsymbol{y}=\boldsymbol{A}\boldsymbol{x}$$

则变换后的微分熵为

$$H(\boldsymbol{y})=H(\boldsymbol{x})+\log|\det\boldsymbol{A}| \tag{7.3.15}$$

7.3.2 KL 散度、互信息和负熵

有两个 PDF $p(\boldsymbol{x})$和 $q(\boldsymbol{x})$,一种度量两个 PDF 之间不同的量 KL 散度(Kullback-Leibler Divergence)定义为

$$\mathrm{KL}(p(\boldsymbol{x})\parallel q(\boldsymbol{x}))=-\int p(\boldsymbol{x})\ln\frac{q(\boldsymbol{x})}{p(\boldsymbol{x})}\mathrm{d}\boldsymbol{x} \tag{7.3.16}$$

KL 散度也称为相对熵。可以证明,对于任意两个 PDF,其 KL 散度大于等于 0,即

$$\mathrm{KL}(p(\boldsymbol{x})\parallel q(\boldsymbol{x}))\geqslant 0 \tag{7.3.17}$$

利用 Jensen 不等式可以证明式(7.3.17),对于一个凸函数 $f(\boldsymbol{y})$和随机向量 $\boldsymbol{y}$,Jensen 不等式写为

$$E[f(\boldsymbol{y})]\geqslant f(E[\boldsymbol{y}]) \tag{7.3.18}$$

这里,$E[\cdot]$表示取期望。由于$-\ln y$ 是凸函数,令 $\boldsymbol{y}=\frac{q(\boldsymbol{x})}{p(\boldsymbol{x})}$,则对 $p(\boldsymbol{x})$取期望得

$$\begin{aligned}\mathrm{KL}(p(\boldsymbol{x})\parallel q(\boldsymbol{x}))&=E[-\ln\boldsymbol{y}]=-\int p(\boldsymbol{x})\ln\frac{q(\boldsymbol{x})}{p(\boldsymbol{x})}\mathrm{d}\boldsymbol{x}\\&\geqslant-\ln\left\{\int p(\boldsymbol{x})\frac{q(\boldsymbol{x})}{p(\boldsymbol{x})}\mathrm{d}\boldsymbol{x}\right\}=-\ln\int q(\boldsymbol{x})\mathrm{d}\boldsymbol{x}=0\end{aligned}$$

只有在 $p(\boldsymbol{x})=q(\boldsymbol{x})$时,$\mathrm{KL}(p(\boldsymbol{x})\parallel q(\boldsymbol{x}))=0$。

若有两个随机向量 $\boldsymbol{x}$、$\boldsymbol{y}$,其联合 PDF 为 $p(\boldsymbol{x},\boldsymbol{y})$,若取 $q(\boldsymbol{x},\boldsymbol{y})=p(\boldsymbol{x})p(\boldsymbol{y})$,则定义 $\boldsymbol{x}$、$\boldsymbol{y}$ 的互信息为

$$I(\boldsymbol{x},\boldsymbol{y})=\mathrm{KL}(p(\boldsymbol{x},\boldsymbol{y})\parallel q(\boldsymbol{x},\boldsymbol{y}))=-\int p(\boldsymbol{x},\boldsymbol{y})\ln\frac{p(\boldsymbol{x})p(\boldsymbol{y})}{p(\boldsymbol{x},\boldsymbol{y})}\mathrm{d}\boldsymbol{x}\mathrm{d}\boldsymbol{y} \tag{7.3.19}$$

显然,互信息 $I(\boldsymbol{x},\boldsymbol{y})\geqslant 0$,只有当 $p(\boldsymbol{x},\boldsymbol{y})=q(\boldsymbol{x},\boldsymbol{y})=p(\boldsymbol{x})p(\boldsymbol{y})$,即 $\boldsymbol{x}$、$\boldsymbol{y}$ 相互独立时,互信息 $I(\boldsymbol{x},\boldsymbol{y})=0$。可以用互信息度量两个随机向量 $\boldsymbol{x}$,$\boldsymbol{y}$ 的独立性,只有相互独立时,互信息最小。容易证明

$$I(\boldsymbol{x},\boldsymbol{y})=H(\boldsymbol{x})-H(\boldsymbol{x}\mid\boldsymbol{y})=H(\boldsymbol{y})-H(\boldsymbol{y}\mid\boldsymbol{x}) \tag{7.3.20}$$

可以看到互信息的物理意义是:已知 $\boldsymbol{y}$ 引起的 $\boldsymbol{x}$ 的不确定性的降低量,当 $\boldsymbol{x}$、$\boldsymbol{y}$ 相互独立时 $H(\boldsymbol{x})=H(\boldsymbol{x}\mid\boldsymbol{y})$,已知 $\boldsymbol{y}$ 并不能改变 $\boldsymbol{x}$ 的不确定性,因此互信息为 0。同样地可解释 $H(\boldsymbol{y})=H(\boldsymbol{y}\mid\boldsymbol{x})$的意义。利用式(7.3.12)可以得到互信息的另一种表示

$$I(\boldsymbol{x},\boldsymbol{y})=H(\boldsymbol{x})+H(\boldsymbol{y})-H(\boldsymbol{x},\boldsymbol{y})$$

对于一个随机向量 $\boldsymbol{x}=[x_0,x_1,x_2,\cdots,x_{M-1}]^{\mathrm{T}}$,互信息可以写成

$$I(\boldsymbol{x})=I(x_0,x_1,x_2,\cdots,x_{M-1})=\sum_{i=0}^{M-1}H(x_i)-H(\boldsymbol{x})$$

上式说明,若 $\boldsymbol{x}$ 的各分量 x_i 相互独立,则 $I(\boldsymbol{x})=0$。若 $\boldsymbol{x}$ 的各分量 x_i 不相互独立,通过变换得到新向量 $\boldsymbol{y}=\boldsymbol{A}\boldsymbol{x}$,则

$$I(\boldsymbol{y})=I(y_0,y_1,y_2,\cdots,y_{M-1})=\sum_{i=0}^{M-1}H(y_i)-H(\boldsymbol{x})-\log\mid\det\boldsymbol{A}\mid$$

$H(\boldsymbol{x})$与变换矩阵无关,通过求一个 $\boldsymbol{A}$ 使得 $I(\boldsymbol{y})$最小,则可使变换向量 $\boldsymbol{y}$ 的各分量最接近相互独立,若能使得 $I(\boldsymbol{y})=0$,则其各分量相互独立。互信息或 KL 散度是描述信号分量的独立性的有效工具。

如前所述,对于等协方差条件下的所有 PDF,高斯 PDF 具有最大微分熵,为了评价一个随机向量的非高斯性,可以定义负熵的概念,为了简单,假设所讨论的向量是零均值的,则负熵定义为

$$J(\boldsymbol{x})=H(\boldsymbol{x}_G)-H(\boldsymbol{x}) \tag{7.3.21}$$

这里,$\boldsymbol{x}_G$ 和 $\boldsymbol{x}$ 是具有相同协方差矩阵的随机向量,$\boldsymbol{x}_G$ 是高斯的,$\boldsymbol{x}$ 服从任意 PDF,显然,若 $\boldsymbol{x}$ 是高斯的,则负熵为 0,否则负熵大于 0,注意,尽管用了负熵的名称,负熵是非负的,其取值的大小代表了一种非高斯性强弱的度量。

负熵还有一个很有趣的性质,负熵对线性变换具有不变性,即若 $\boldsymbol{y}=\boldsymbol{A}\boldsymbol{x}$,则 $J(\boldsymbol{x})=J(\boldsymbol{y})$,证明如下。

在 0 均值假设下,显然 $\boldsymbol{y}$ 的协方差矩阵

$$\boldsymbol{C}_{yy}=\boldsymbol{E}(\boldsymbol{y}\boldsymbol{y}^{\mathrm{H}})=\boldsymbol{A}\boldsymbol{E}(\boldsymbol{x}\boldsymbol{x}^{\mathrm{H}})\boldsymbol{A}^{\mathrm{H}}=\boldsymbol{A}\boldsymbol{C}_{xx}\boldsymbol{A}^{\mathrm{H}}$$

则

$$\begin{aligned}J(\boldsymbol{y})&=\frac{M}{2}\log(2\pi e)+\frac{1}{2}\log\mid\det(\boldsymbol{A}\boldsymbol{C}_{xx}\boldsymbol{A}^{\mathrm{H}})\mid-H(\boldsymbol{x})-\log\mid\det\boldsymbol{A}\mid\\&=\frac{M}{2}\log(2\pi e)+\frac{1}{2}\log\mid\det(\boldsymbol{C}_{xx})\mid-H(\boldsymbol{x})\\&=H(\boldsymbol{x}_G)-H(\boldsymbol{x})=J(\boldsymbol{x})\end{aligned}$$

本节讨论的几个概念在现代信号处理中得到很多应用,例如在盲源分离技术中,利用 KL 散度和互信息刻画信号向量中各分量之间的独立性,用负熵刻画信号的非高斯性。

7.4 本章小结和进一步阅读

本章讨论了超出 2 阶平稳特征量的几个统计特征并简述其在信号处理中可能的应用。对于非高斯信号，高阶统计量揭示了关于信号的更多特征，例如，通过高阶累积量描述信号的非高斯性。通过高阶累积量定义了高阶谱，与功率谱不包含相位信息不同，高阶谱具有相位信息，因此利用高阶谱可以对非最小相位系统进行识别或建模，还可以用高阶谱识别一个信号通过的系统是线性的还是非线性的。尽管高阶统计量和高阶谱有许多性质可以利用且已经在信号处理领域得到应用，但其计算的困难也限制其应用的范围。

循环统计量刻画了一种特别的非平稳统计特性，由于通信和雷达等领域的很多信号具有循环特性，使得这一统计特征得以应用，本章对循环特征和谱相关的定义和性质给出一个概要性的叙述，对于通过采样数据集估计循环特征和谱相关给予讨论，为读者进一步学习和应用循环统计解决实际问题打下基础。

本章最后一个专题讨论了随机信号的熵特征，这个专题属于信息论的内容。由于近期信号处理中利用信息度量进行系统或信号的优化设计已得到若干应用，因此作为一个信号特征给出概要介绍。主要介绍了几个重要的基本概念，包括微分熵、KL 散度、互信息和负熵等。

第 8 章讨论盲源分离专题，在这个专题里，高阶统计量和熵特征都得以应用。

Nikias 的著作给出了关于高阶统计量和高阶谱及其应用的一个非常完整的介绍[182]，几篇综述论文也给出了这一专题的讨论以及丰富的参考文献列表[176,186]；Gardner 的论文和著作则给出了循环平稳统计的全面介绍[97,103]；至于熵特征，可参考信息论的专门著作[67,319]。

习题

1. 证明式(7.1.5)中的第 3 个式子 $c_3=m_3-3m_2m_1-2m_1^2$。

2. 证明随机信号的 3 阶矩公式

$$c_3^x(\tau_1,\tau_2)=m_3^x(\tau_1,\tau_2)-m_1^x[m_2^x(\tau_1)+m_2^x(\tau_2)+m_2^x(\tau_2-\tau_1)]+2(m_1^x)^3$$

3. 给定一个随机相位的正弦波 $x(t)=a\sin(2\pi ft+\theta)$，其中幅度 a 和频率 f 是常数，相位 θ 是一个在$[-\pi,\pi]$上均匀分布的随机变量，试根据定义求 $x(t)$的自相关函数、2 阶累计量和 3 阶累积量，以及相应的功率谱、2 阶谱和 3 阶谱。

4. 给定一个 1 阶 FIR 系统，其冲击响应和频率响应函数分别为 $h(k)=\delta(k)-a\delta(k-1)$ 和 $H(\omega)=1-a\mathrm{e}^{-\mathrm{j}\omega}$，当这个系统的输入为一个零均值非高斯白噪声 $x(k)$，其中 $x(k)$的方差和斜度分别为 γ_2^x 和 γ_3^x，试求这个系统的输出斜度以及输出的 2 阶谱和 3 阶谱。

5. 试证明 3 阶谱的对称性 $S_3(\omega_1,\omega_2)=S_3^*(-\omega_2,-\omega_1)=S_3(\omega_2,\omega_1)$，并说明对称性在高阶谱估计中的作用。

6. 假定 $x(t)$是一个周期平稳随机过程，$R_X^\alpha(\tau)$是 $x(t)$的周期自相关函数，$y(t)=x(t+t_0)$，t_0 是一个常数，试证明 $R_X^\alpha(\tau)=R_Y^\alpha(\tau)\exp(\mathrm{j}2\pi\alpha t_0)$。

7. 试推导调幅信号的周期自相关函数、谱相关函数，假定调幅信号为

$$x(t)=y(t)\cos(2\pi f_c t)=\frac{1}{2}y(t)\exp(\mathrm{j}2\pi f_c t)+\frac{1}{2}y(t)\exp(-\mathrm{j}2\pi f_c t)$$

其中，$y(t)$为一个零均值的平稳过程。

*8. 设有一个观测序列为 $y(n)=x(n)+w(n)$，$n=0,1,\cdots,N-1$，其中 $x(n)$是一个随机相位的正弦波，$x(n)=A\cos(2\pi\times 0.21\times n+\theta)$，$x(n)$的归一化频率为 0.21，幅度为 A，θ是一个在$[0,2\pi]$上均匀分布的随机变量，$w(n)$是一个零均值的加性高斯白噪声。当 $N=4096$ 时，

(1) 令 SNR$=+\infty$，用数值计算法分别估计 $y(n)$的 2 阶(自相关)、3 阶和 4 阶累积量，并画出相应的图形，最后给出从上述结果得到的结论。

(2) 分别令 SNR$=20,0,-3$dB，利用 $y(n)$的 2 阶(自相关)、3 阶和 4 阶累积量，或者 2 阶(功率)、3 阶和 4 阶谱，估计被高斯噪声污染的正弦波的频率，要求画出相关的图形，并对得到的结果给出必要的说明。

第8章

信号处理的隐变量分析

本章讨论的课题是一个在信号处理、机器学习和统计学等领域共同关注的问题。其核心在信号处理中归结为盲源信号分离(BSS),在机器学习中属于无监督学习的子类,在统计学中属于多维统计数据的表示问题。共同的本质问题可归结为隐变量方法,因此本章以"信号处理的隐变量分析"为名,传统上,信号处理著作一般将本章主要内容命名为"盲源信号分离",以"隐变量分析"(Latent Variable Analysis,LVA)为名,则主分量分析(PCA)作为本章的核心内容之一则更为合适。

在信号处理和许多其他领域常遇到这样的问题,观测的信号(或数据)向量是由几个无法直接观测的隐变量所控制的,而通过观测数据向量估计这些隐变量则是需要解决的问题。这里举两类典型的隐变量存在的例子。

第一类例子是观测的高维信号向量实际可由几个更少数目(相比信号向量维数)的隐向量相当精确地表示,称这几个向量为主向量。从观测信号向量无法直接得到主向量,因此,主向量是隐藏的。若能够获得足够多的观测向量,则可以由统计方法估计出这组主向量,则原观测向量可由其在主向量的投影系数所确定,这些系数组成的系数向量(主分量表示)的维数比原观测向量低,这是信号(或数据)向量表示的一种有效降维方法,其关键技术是获得这组隐藏的主向量。这个例子所描述的问题称为主分量分析,其在信号处理、机器学习和高维统计数据分析中都已获得广泛应用。

第二类例子在信号处理中更加常见,我们观测到的信号向量是由一组源信号混合组成的,若混合过程已知则通过系统求逆(尽管很多情况下也不容易)得到源信号,但很多实际环境下,混合过程未知或部分未知,主要可用的只是观测信号向量,此时源信号就相当于是一类隐藏变量,怎样利用观测向量和一些合理的假设条件求得源信号其实就是求隐变量的问题。这类问题在信号处理中称为盲源信号分离,8.3 节将给出这类问题的一个更详细的描述。

还有一些其他应用类型属于隐变量分析方法的范围,由于篇幅所限和本书的特点,本章主要围绕 PCA 和 BSS 进行讨论。需注意的是 BSS 中影响最大的方法是独立分量分析(ICA),随着 ICA 方法得到广泛关注,在 1999—2009 年期间曾举行过 8 届 ICA 国际研讨会,自 2010 年起该研讨会更名为 LVA/ICA 国际学术会议(Latent Variable Analysis and Signal Separation),也说明 LVA 作为一个范围更加宽的研究方向得到认可。

由于本章许多方法涉及非线性函数运算,为讨论方便和简单,本章假设所用信号为实信号,仅在必要时给出复信号的扩充说明。

视频讲解

8.1 在线主分量分析

第1章中,在假设一个向量信号 $\boldsymbol{x}(n)$ 的自协方差矩阵已知的条件下,给出了KL变换的表示,本节首先复习KL变换并导出PCA表示,然后重点讨论只存在信号向量的一组样本点$\{\boldsymbol{x}(n),n=1,\cdots,T\}$的情况下,怎样在线计算主分量的有效算法。

为了简单,假设信号向量 $\boldsymbol{x}(n)$ 是零均值的 M 维向量,即

$$\boldsymbol{x}(n)=[x_1(n),x_2(n),\cdots,x_M(n)]^{\mathrm{T}} \tag{8.1.1}$$

$\boldsymbol{E}[\boldsymbol{x}(n)]=\boldsymbol{0}$,其协方差矩阵等于自相关矩阵 $\boldsymbol{R}_x=\boldsymbol{C}_x$。设 λ_k 为 $\boldsymbol{R}_x$ 的第 k 个特征值,$\boldsymbol{q}_k$ 为 $\boldsymbol{R}_x$ 的第 k 个特征向量,特征向量 $\boldsymbol{q}_k$ 是归一化的。$\boldsymbol{Q}=[\boldsymbol{q}_1,\boldsymbol{q}_2,\cdots,\boldsymbol{q}_M]$为特征向量矩阵,$\boldsymbol{Q}^{\mathrm{T}}\boldsymbol{Q}=\boldsymbol{I}$。则任意一个信号向量 $\boldsymbol{x}(n)$ 可表示为

$$\boldsymbol{x}(n)=[\boldsymbol{q}_1,\boldsymbol{q}_2,\cdots,\boldsymbol{q}_M]\boldsymbol{y}(n)=\boldsymbol{Q}\boldsymbol{y}(n) \tag{8.1.2}$$

系数向量 $\boldsymbol{y}(n)$ 为

$$\boldsymbol{y}(n)=\boldsymbol{Q}^{\mathrm{T}}\boldsymbol{x}(n) \tag{8.1.3}$$

式(8.1.2)和式(8.1.3)是KL变换对,对于KL变换,变换系数是互不相关的,即满足

$$E[\boldsymbol{y}(n)\boldsymbol{y}^{\mathrm{T}}(n)]=\mathrm{diag}(\lambda_1,\lambda_2,\cdots,\lambda_M)=\Lambda \tag{8.1.4}$$

并且 $E[|y_i(n)|^2]=\lambda_i$。且

$$E[\|\boldsymbol{x}(n)\|_2^2]=E\left[\sum_{i=1}^{M}|x_i(n)|^2\right]=E[\|\boldsymbol{y}(n)\|_2^2]=\sum_{i=1}^{M}\lambda_i \tag{8.1.5}$$

在KL变换中,若把特征值按序号从大到小排列,即

$$\lambda_1\geqslant\lambda_2\geqslant\cdots\geqslant\lambda_M \tag{8.1.6}$$

在式(8.1.2)中,若仅保留系数向量 $\boldsymbol{y}(n)$ 的前 $K(<M)$ 个系数,定义

$$\hat{\boldsymbol{y}}(n)=[y_1(n),y_2(n),\cdots,y_K(n)]^{\mathrm{T}}$$

这里

$$\hat{\boldsymbol{y}}(n)=\boldsymbol{Q}_K^{\mathrm{T}}\boldsymbol{x}(n) \tag{8.1.7}$$

或

$$y_i(n)=\boldsymbol{q}_i^{\mathrm{T}}\boldsymbol{x}(n),\quad i=1,2,\cdots,K \tag{8.1.8}$$

$\boldsymbol{Q}_{\boldsymbol{K}}=[\boldsymbol{q}_1,\boldsymbol{q}_2,\cdots,\boldsymbol{q}_K]$是一个 $M\times K$ 矩阵,不难验证 $\boldsymbol{Q}_{\boldsymbol{K}}^{\mathrm{T}}\boldsymbol{Q}_{\boldsymbol{K}}=\boldsymbol{I}$,这里 $\boldsymbol{I}$ 是 $K\times K$ 单位矩阵,$\hat{\boldsymbol{y}}(n)$是 K 维系数向量。由此得到信号向量 $\boldsymbol{x}(n)$ 的近似表示 $\hat{\boldsymbol{x}}(n)$,即

$$\hat{\boldsymbol{x}}(n)=[\boldsymbol{q}_1,\boldsymbol{q}_2,\cdots,\boldsymbol{q}_K]\hat{\boldsymbol{y}}(n)=\boldsymbol{Q}_{\boldsymbol{K}}\hat{\boldsymbol{y}}(n)=\sum_{i=1}^{K}y_i(n)\boldsymbol{q}_i \tag{8.1.9}$$

注意 $\hat{\boldsymbol{x}}(n)$是 $\boldsymbol{x}(n)$的近似表示,仍是 M 维向量,则

$$E[\|\hat{\boldsymbol{x}}(n)\|_2^2]=E\left[\sum_{i=1}^{M}|\hat{x}_i(n)|^2\right]=E[\|\hat{\boldsymbol{y}}(n)\|_2^2]=\sum_{i=1}^{K}\lambda_i \tag{8.1.10}$$

若定义误差向量

$$\boldsymbol{e}(n)=\boldsymbol{x}(n)-\hat{\boldsymbol{x}}(n) \tag{8.1.11}$$

不难验证

$$E[\|\boldsymbol{e}(n)\|_2^2]=\sum_{i=K+1}^{M}\lambda_i \tag{8.1.12}$$

注意到，若只用 K 个特征向量逼近一个信号向量，则误差等于没有用到的对应的小特征值之和。式(8.1.9)是信号向量的PCA表示。

注意到，原信号向量 $\boldsymbol{x}$ 是 M 维的，若对一类信号来说，信号向量的自相关矩阵有 $M-K$ 个很小的特征值，则选择 K 个大特征值对应的特征向量表示信号向量时，可得到原信号向量的非常准确的逼近，由于

$$\hat{\boldsymbol{x}}(n)=[\boldsymbol{q}_1,\boldsymbol{q}_2,\cdots,\boldsymbol{q}_K]\hat{\boldsymbol{y}}(n)=\sum_{i=1}^{K}y_i(n)\boldsymbol{q}_i \tag{8.1.13}$$

即近似向量 $\hat{\boldsymbol{x}}$ 仅由 K 个向量的线性组合得到，它实际只有 K 个自由度，即 $\hat{\boldsymbol{x}}$ 可等价为 K 维向量，与其系数向量 $\hat{\boldsymbol{y}}(n)$ 等价，也就是说在满足前述的特征值条件下，可用 K 个分量非常近似地逼近 $\boldsymbol{x}$。这里 $\boldsymbol{q}_i,i=1,2,\cdots,K$ 是主向量，$\hat{\boldsymbol{y}}(n)$ 是主向量系数向量，将主向量集和系数向量合称为样本集合 $\{\boldsymbol{x}(n),n=1,2,\cdots,T\}$ 的主分量分析，由于主向量集是针对一个样本集合的或是针对一类信号的，故对于其中一个信号向量 $\boldsymbol{x}(n)$，系数向量 $\hat{\boldsymbol{y}}(n)$ 是其主分量表示。主分量分析的要点是用低维向量表示高维向量，是一种对高维数据的有效降维方法。

以上从原理上给出PCA概念的简要讨论，在实际应用中，可能从实际测量得到一个高维信号向量的数据集，由这些数据集估计自相关矩阵，通过矩阵的特征分解，得到PCA表示。但在许多应用场合，这种经典算法运算结构太复杂，也不适用于测量数据集不断积累或更新的环境，因此需要研究由测量数据集通过递推计算快速得到其PCA的算法，即讨论PCA的在线算法，本节给出几种在线PCA算法的介绍。

在线PCA算法中，假设信号向量样本集为 $\{\boldsymbol{x}(n),n=1,\cdots,T\}$。实际中有两种典型情况，其一，样本集有限，并且已经收集完毕；其二，起始时没有数据集，随着时间序号 n 的递增，逐渐得到样本 $\boldsymbol{x}(1),\boldsymbol{x}(2),\cdots,\boldsymbol{x}(n)$。第一种情况常出现在模式识别的应用中，用PCA算法对特征向量进行降维，第二种情况常出现在实时信号处理环境中，用于压缩信号向量的表示。两种情况下，在线PCA算法是一致的，都是通过递推算法得到PCA。下面介绍两种常用的在线算法：广义Hebian算法(GHA)和投影近似子空间跟踪算法(PAST)。

8.1.1 广义Hebian算法

为了给出 K 个主分量的有效估计，先研究怎样估计第一个主分量，式(8.1.8)中取 $i=1$，得

$$y_1(n)=\boldsymbol{q}_1^{\mathrm{T}}\boldsymbol{x}(n) \tag{8.1.14}$$

这里，$\boldsymbol{q}_1$ 是最大特征值对应的特征向量，是第一个主向量，$y_1(n)$ 为信号向量 $\boldsymbol{x}(n)$ 的第一个主分量系数。这里的目的是用递推算法求出 $\boldsymbol{q}_1$，为了导出类似第5章的递推算法，把式(8.1.14)的 $y_1(n)$ 看作一个滤波器的输出，记

$$\boldsymbol{w}_1(n)=[w_{11}(n),w_{12}(n),\cdots,w_{1k}(n),\cdots,w_{1M}(n)]^{\mathrm{T}} \tag{8.1.15}$$

则滤波器输出为

$$y_1(n)=\boldsymbol{w}_1^{\mathrm{T}}(n)\boldsymbol{x}(n)=\boldsymbol{x}^{\mathrm{T}}(n)\boldsymbol{w}_1(n) \tag{8.1.16}$$

需要导出 $\boldsymbol{w}_1(n)$ 的递推公式，使得 $n\to\infty$ 时，$\boldsymbol{w}_1(n)\to\boldsymbol{q}_1$。

显然，这里的问题是，求 $\boldsymbol{w}_1(n)$ 使得

$$E[y_1^2(n)]=E[|\boldsymbol{w}_1^{\mathrm{T}}(n)\boldsymbol{x}(n)|^2] \tag{8.1.17}$$

最大，按照PCA原理，最大值是 $E[|y_1(n)|^2]=\lambda_1$。显然，直接求解式(8.1.17)需要自相关

矩阵 $\boldsymbol{R}_x$,为了利用数据样本得到 $\boldsymbol{w}_1(n)$ 的迭代更新算法,回忆第 5 章导出 LMS 算法的思路,直接将目标函数写为

$$J(n)=y_1^2(n)=|\boldsymbol{w}_1^{\mathrm{T}}(n)\boldsymbol{x}(n)|^2=\boldsymbol{w}_1^{\mathrm{T}}(n)\boldsymbol{x}(n)\boldsymbol{x}^{\mathrm{T}}(n)\boldsymbol{w}_1(n) \tag{8.1.18}$$

为使 $J(n)$ 最大,相当于使 $-J(n)$ 最小,利用梯度下降算法(相当于 $J(n)$ 的随机梯度上升算法)得到 $\boldsymbol{w}_1(n)$ 的更新算法为

$$\begin{aligned}\boldsymbol{w}_1(n+1)&=\boldsymbol{w}_1(n)+\frac{1}{2}\mu\frac{\partial J(n)}{\partial \boldsymbol{w}_1(n)}=\boldsymbol{w}_1(n)+\mu\boldsymbol{x}(n)\boldsymbol{x}^{\mathrm{T}}(n)\boldsymbol{w}_1(n)\\&=\boldsymbol{w}_1(n)+\mu\boldsymbol{x}(n)y_1(n)\end{aligned} \tag{8.1.19}$$

式(8.1.19)的权系数更新部分为 $\Delta\boldsymbol{w}_1(n)=\mu\boldsymbol{x}(n)y_1(n)$,在神经网络的文献中,这类将权系数的更新表示为输入与输出乘积的形式,称为 Hebb 学习规则,这类算法称为 Hebb 学习算法。

在 PCA 原理中,$\boldsymbol{q}_1$ 是归一化的,即 $\|\boldsymbol{q}_1\|_2=1$,为了使最终收敛的 $\boldsymbol{w}_1(n)$ 也是归一化的,希望式(8.1.19)的每一步迭代也满足 $\|\boldsymbol{w}_1(n)\|_2=1$,为此,将式(8.1.19)修正为

$$\boldsymbol{w}_1(n+1)=\frac{\boldsymbol{w}_1(n)+\mu\boldsymbol{x}(n)y_1(n)}{\|\boldsymbol{w}_1(n)+\mu\boldsymbol{x}(n)y_1(n)\|_2} \tag{8.1.20}$$

为了对式(8.1.20)进行化简,写出其任意一个标量形式为

$$w_{1i}(n+1)=\frac{w_{1i}(n)+\mu y_1(n)x_i(n)}{\left[\sum_{k=1}^{M}(w_{1k}(n)+\mu y_1(n)x_k(n))^2\right]^{1/2}} \tag{8.1.21}$$

为了简化式(8.1.21),假设 μ 很小,将分母部分简化如下:

$$\begin{aligned}&\frac{1}{\left[\sum_{k=1}^{M}(w_{1k}(n)+\mu y_1(n)x_k(n))^2\right]^{1/2}}\\&=\frac{1}{\left[\sum_{k=1}^{M}w_{1k}^2(n)+2\mu y_1(n)\sum_{k=1}^{M}w_{1k}(n)x_k(n)\right]^{1/2}+O(\mu^2)}\\&=\frac{1}{(1+2\mu y_1^2(n))^{1/2}+O(\mu^2)}\approx\frac{1}{1+\mu y_1^2(n)}\\&\approx 1-\mu y_1^2(n)\end{aligned} \tag{8.1.22}$$

注意到,式(8.1.22)的简化中用到 $\|\boldsymbol{w}_1(n)\|_2=1$ 的条件,并使用了两个近似式,即 x 很小时,$\sqrt{1+x}\approx 1+x/2$ 和 $(1+x)^{-1}\approx 1-x$。将式(8.1.22)代入式(8.1.21)并忽略 μ^2 项,得到

$$\begin{aligned}w_{1i}(n+1)&\approx(w_{1i}(n)+\mu y_1(n)x_i(n))(1-\mu y_1^2(n))\\&\approx w_{1i}(n)+\mu y_1(n)x_i(n)-\mu y_1^2(n)w_{1i}(n)\end{aligned} \tag{8.1.23}$$

写成向量形式为

$$\begin{aligned}\boldsymbol{w}_1(n+1)&=\boldsymbol{w}_1(n)+\mu y_1(n)(\boldsymbol{x}(n)-y_1(n)\boldsymbol{w}_1(n))\\&=\boldsymbol{w}_1(n)-\Delta\boldsymbol{w}_1(n)\end{aligned} \tag{8.1.24}$$

或

$$\Delta\boldsymbol{w}_1(n)=\mu y_1(n)\boldsymbol{x}(n)-\mu y_1^2(n)\boldsymbol{w}_1(n) \tag{8.1.25}$$

式(8.1.24)收敛的关键是 μ 取小的值,关于收敛性的讨论与第 5 章 LMS 算法类似,此处不

再详述。起始时可取 $\boldsymbol{w}_1(0)=0$ 或一个小的随机数向量，令 $n=1$ 开始迭代执行式(8.1.24)，每次执行完令 $n\leftarrow n+1$，直到全部数据集被使用或在线采集过程结束。只要能得到充分多的样本，$\boldsymbol{w}_1(n)$ 将收敛于 $\boldsymbol{q}_1$。式(8.1.24)或式(8.1.25)称为 Oja 学习法则。

至此，得到了求第一个主分量的算法。Sanger 把问题推广到一般情况，导出了一种同时递推求取 K 个主分量的递推算法，类似于第一个主分量，用 $\boldsymbol{w}_j(n), j=1,2,\cdots,K$ 表示递推中的第 j 个主向量，其系数看作一个滤波器输出，记为 $y_j(n)$，其推导过程不再赘述，稍后给出一个直观性的解释，有兴趣的读者参考 Sanger 的论文[224]，这里描述算法于表 8.1.1，该算法称为广义 Hebb 算法(Generalized Hebbian Algorithm, GHA)。

表 8.1.1 GHA 算法描述

初始化：$\boldsymbol{w}_j(0), j=1,2,\cdots,K$，取小的随机数，构成 K 个随机数向量，分别赋予 $\boldsymbol{w}_j(0)$ 令 $n=1$
循环起始：对 $j=1,2,\cdots,K$ 计算 $y_j(n)=\boldsymbol{w}_j^{\mathrm{T}}(n)\boldsymbol{x}(n)$ $\Delta\boldsymbol{w}_j(n)=\mu y_j(n)\left(\boldsymbol{x}(n)-\sum_{k=1}^{j}y_k(n)\boldsymbol{w}_k(n)\right)$ (8.1.26) $\boldsymbol{w}_j(n+1)=\boldsymbol{w}_j(n)+\Delta\boldsymbol{w}_j(n)$ (8.1.27)
$n=n+1$，得到 $\boldsymbol{x}(n)$ 回到循环起始，直到停止

算法收敛后，$\boldsymbol{w}_j(n), j=1,2,\cdots,K$ 将收敛到 $\boldsymbol{q}_j, j=1,2,\cdots,K$。为了直观地理解 GHA 算法，观察式(8.1.26)，重写为

$$\begin{aligned}\Delta\boldsymbol{w}_j(n)&=\mu y_j(n)\left(\boldsymbol{x}(n)-\sum_{k=1}^{j}y_k(n)\boldsymbol{w}_k(n)\right)\\&=\mu y_j(n)\boldsymbol{x}^{(j)}(n)-\mu y_j^2(n)\boldsymbol{w}_j(n)\end{aligned}\tag{8.1.28}$$

这里，$\boldsymbol{x}^{(j)}(n)$ 中的上标是一个指示因子，注意到

$$\boldsymbol{x}^{(j)}(n)=\boldsymbol{x}(n)-\sum_{k=1}^{j-1}y_k(n)\boldsymbol{w}_k(n)\tag{8.1.29}$$

式(8.1.28)与只求一个主分量的式(8.1.25)比，用 $\boldsymbol{x}^{(j)}(n)$ 替代 $\boldsymbol{x}(n)$，为了直观，写出前 3 个 $\boldsymbol{x}^{(j)}(n)$ 为

$$\begin{aligned}\boldsymbol{x}^{(1)}(n)&=\boldsymbol{x}(n)\\\boldsymbol{x}^{(2)}(n)&=\boldsymbol{x}(n)-y_1(n)\boldsymbol{w}_1(n)\\\boldsymbol{x}^{(3)}(n)&=\boldsymbol{x}(n)-y_1(n)\boldsymbol{w}_1(n)-y_2(n)\boldsymbol{w}_2(n)\end{aligned}$$

为了递推求第二个主分量，以 $\boldsymbol{x}(n)-y_1(n)\boldsymbol{w}_1(n)$ 替代 $\boldsymbol{x}(n)$，当 $\boldsymbol{w}_1(n)$ 收敛于 $\boldsymbol{q}_1$ 时，$y_1(n)$ 是 $\boldsymbol{x}(n)$ 中包含分量 $\boldsymbol{q}_1$ 的系数(见式(8.1.13))，故 $y_1(n)\boldsymbol{w}_1(n)$ 表示迭代过程中，$\boldsymbol{x}(n)$ 包含的第一个主分量成分，故 $\boldsymbol{x}^{(2)}(n)$ 是减去了第一个主分量成分的差信号向量，可以用于求第二个主分量。类似地 $\boldsymbol{x}^{(3)}(n)$ 是减去了第一个和第二个主分量成分的差信号向量，可以用于求第三个主分量，$\boldsymbol{x}^{(j)}(n)$ 以此类推。故此，GHA 算法可看作仅求一个主分量的式(8.1.24)或式(8.1.25)的直观推广。

8.1.2 投影近似子空间跟踪算法——PAST

Yang 于 1995 年提出的子空间方法收敛速度更快[275]，并且可使用 RLS 算法进行递推。

首先给出子空间思想的一个新的解释,然后给出一种递推算法。将式(8.1.7)和式(8.1.9)结合,得到利用PCA近似表示的信号向量为

$$\hat{\boldsymbol{x}}(n)=\boldsymbol{Q}_K\hat{\boldsymbol{y}}(n)=\boldsymbol{Q}_K\boldsymbol{Q}_K^{\mathrm{T}}\boldsymbol{x}(n) \tag{8.1.30}$$

类似于8.1.1小节,用$\boldsymbol{W}(n)=[\boldsymbol{w}_1(n),\boldsymbol{w}_2(n),\cdots,\boldsymbol{w}_K(n)]^{\mathrm{T}}$表示递推中的系数矩阵,其每一行是一个主特征向量的递推值,即$\boldsymbol{W}(n)$是对$\boldsymbol{Q}_K^{\mathrm{T}}$的递推,其每一行相当于一个滤波器系数向量,则

$$\hat{\boldsymbol{x}}(n)=\boldsymbol{W}^{\mathrm{T}}(n)\boldsymbol{W}(n)\boldsymbol{x}(n) \tag{8.1.31}$$

为了求得$\boldsymbol{W}(n)$的最优解,忽略时间序号n,定义如下准则:

$$\begin{aligned}J(\boldsymbol{W})&=E[\|\boldsymbol{x}-\boldsymbol{W}^{\mathrm{T}}\boldsymbol{W}\boldsymbol{x}\|^2]\\&=\operatorname{tr}(\boldsymbol{R}_x)-2\operatorname{tr}(\boldsymbol{W}\boldsymbol{R}_x\boldsymbol{W}^{\mathrm{T}})+\operatorname{tr}(\boldsymbol{W}\boldsymbol{R}_x\boldsymbol{W}^{\mathrm{T}}\boldsymbol{W}\boldsymbol{W}^{\mathrm{T}})\end{aligned} \tag{8.1.32}$$

这里$\operatorname{tr}(\cdot)$是矩阵的迹。关于什么样的$\boldsymbol{W}$使$J(\boldsymbol{W})$取得极小或最小的解,Yang给出两个定理。

定理8.1.1 若$\boldsymbol{W}=\boldsymbol{T}\boldsymbol{U}_K$,这里$\boldsymbol{U}_K$是由$\boldsymbol{R}_x$的任意$K$个不同的特征向量为行构成的$K\times M$维矩阵,$\boldsymbol{T}$是任一$K\times K$维酉矩阵,则$\boldsymbol{W}$是$J(\boldsymbol{W})$的一个驻点,且$J(\boldsymbol{W})$的驻点也必是这样的$\boldsymbol{W}$矩阵。

定理8.1.2 只有当驻点中的$\boldsymbol{U}_K$等于$\boldsymbol{Q}_K^{\mathrm{T}}$,即$\boldsymbol{U}_K$的各行是$\boldsymbol{R}_x$最大的$K$个特征值所对应的特征向量时$J(\boldsymbol{W})$达到最小,其他驻点都是鞍点。

定理的证明请参考Yang的论文[275],这里根据定理给出4点解释。

(1) 既然$J(\boldsymbol{W})$只有一个全局最小点,没有局部极小点,因此,通过迭代算法可以收敛到最优解。

(2) 由于解的形式为$\boldsymbol{W}=\boldsymbol{T}\boldsymbol{U}_K$,故$\boldsymbol{W}\boldsymbol{W}^{\mathrm{T}}=\boldsymbol{T}\boldsymbol{U}_K\boldsymbol{U}_K^{\mathrm{T}}\boldsymbol{T}^{\mathrm{T}}=\boldsymbol{I}$,因此,对$J(\boldsymbol{W})$最小化得到的解$\boldsymbol{W}$的各列是正交的,注意到,在式(8.1.32)的目标函数中,并没有对解的正交性加以约束,但其解的正交性自动满足。

(3) 由于全局最优解收敛到$\boldsymbol{W}=\boldsymbol{T}\boldsymbol{Q}_K^{\mathrm{T}}$,即解的各行是正交的并与主特征向量张成相同的子空间,但各行却不保证收敛到K个真正的主特征向量,只能收敛到一组与K个主特征向量等价的一组正交(基)向量,对于许多应用来讲这是可行的。

(4) 若$K=1$,则最优解$\boldsymbol{W}$收敛到与最大特征值对应的主特征向量。

以上几点确信式(8.1.32)的最小化是有一个全局最优解,可以构造递推算法得到最优解,为此,对于数据集情况,给出修改的目标函数为

$$J(\boldsymbol{W}(n))=\sum_{i=1}^{n}\beta^{n-i}\|\boldsymbol{x}(i)-\boldsymbol{W}^{\mathrm{T}}(n)\boldsymbol{W}(n)\boldsymbol{x}(i)\|^2 \tag{8.1.33}$$

这里,$0<\beta\leqslant 1$为忘却因子,其引入的原因与第5章RLS算法一样,为了跟踪信号环境中的非平稳性。式(8.1.33)尽管是有限和,其最小化的结论与式(8.1.32)一致,只是以加权样本估计的自相关$\boldsymbol{R}_x(n)$取代$\boldsymbol{R}_x$,这里$\boldsymbol{R}_x(n)$为

$$\boldsymbol{R}_x(n)=\sum_{i=1}^{n}\beta^{n-i}\boldsymbol{x}(i)\boldsymbol{x}^{\mathrm{T}}(i)=\beta\boldsymbol{R}_x(n-1)+\boldsymbol{x}(n)\boldsymbol{x}^{\mathrm{T}}(n) \tag{8.1.34}$$

注意到,为简单计,同时也不影响结果,忽略$\boldsymbol{R}_x(n)$中的$1/n$因子,式(8.1.34)与RLS算法中用到的一致。假设$\boldsymbol{W}(n-1)$已知,为了以式(8.1.33)最小为目标递推$\boldsymbol{W}(n)$,做一个简化假设,令

$$\boldsymbol{y}(i)=\boldsymbol{W}(n-1)\boldsymbol{x}(i)$$

并以 $\boldsymbol{y}(i)$取代式(8.1.33)中的$\boldsymbol{W}(n)\boldsymbol{x}(i)$，得到新的目标函数

$$J'(\boldsymbol{W}(n))=\sum_{i=1}^{n}\beta^{n-i}\left\|\boldsymbol{x}(i)-\boldsymbol{W}^{\mathrm{T}}(n)\boldsymbol{y}(i)\right\|^{2} \tag{8.1.35}$$

注意，式(8.1.35)中，除了以矩阵$\boldsymbol{W}(n)$代替权系数向量$\boldsymbol{w}(n)$外，与第5章RLS算法的目标函数一致，是一个推广的RLS问题，因此，利用RLS的解，得到$\boldsymbol{W}(n)$的递推公式，称这个算法为PAST算法并列于表8.1.2中。

表 8.1.2　PAST 算法描述

初始化：选择 $\boldsymbol{P}(0)$和$\boldsymbol{W}(0)$，令 $n=1$
计算 $\boldsymbol{y}(n)=\boldsymbol{W}(n-1)\boldsymbol{x}(n)$ $\boldsymbol{h}(n)=\boldsymbol{P}(n-1)\boldsymbol{y}(n)$ $\boldsymbol{g}(n)=\boldsymbol{h}(n)/[\beta+\boldsymbol{y}^{\mathrm{T}}(n)\boldsymbol{h}(n)]$ $\boldsymbol{e}(n)=\boldsymbol{x}(n)-\boldsymbol{W}^{\mathrm{T}}(n-1)\boldsymbol{y}(n)$ $\boldsymbol{W}(n)=\boldsymbol{W}(n-1)+\boldsymbol{g}(n)\boldsymbol{e}^{\mathrm{T}}(n)$ $\boldsymbol{P}(n)=\frac{1}{\beta}\mathbf{Tri}\{\boldsymbol{P}(n-1)-\boldsymbol{g}(n)\boldsymbol{h}^{\mathrm{T}}(n)\}$
$n=n+1$，得到新 $\boldsymbol{x}(n)$回到循环起始，直到停止

注意到表8.1.2的PSAT算法，除$\boldsymbol{P}(n)$的递推公式外，其余是RLS算法的直接引用，$\boldsymbol{P}(n)$递推中用了符号**Tri**，符号**Tri**(•)表示递推中只计算$\boldsymbol{P}(n)$的上三角(或下三角)矩阵，利用对称性得到下三角(或上三角)矩阵，这实际是利用了QR分解思想的RLS算法，以保持递推中$\boldsymbol{P}(n)$的正定性。

需要注意表8.1.2算法的初始值选择，初始选择$\boldsymbol{P}(0)$为对称正定矩阵，一个合理的选择为一个常数乘以单位矩阵，详见第5章RLS算法初始矩阵的讨论，$\boldsymbol{W}(0)$的各行可随机产生，但要求各行是正交的。

对每个时间n的更新，PAST算法需要运算量$3MK+O(K^2)$，若$n\to\infty$时，$\boldsymbol{W}(n)$各行达到正交，$\boldsymbol{W}(n)$与K个主特征向量等价，但当仅有有限样本时，$\boldsymbol{W}(n)$各行近似正交，若需要一组准确的正交基向量，则可在递推结束后，后对$\boldsymbol{W}(n)$各行进行一次正交化。可使用(Gram-Schmidt)正交化方法或其他正交化方法(8.2.2节介绍了其他正交化方法)。

PAST算法本质上是一种子空间方法，收敛后$\boldsymbol{W}(n)$与$\boldsymbol{Q}_K^{\mathrm{T}}$等价但并不相等，即$\boldsymbol{W}(n)\approx\boldsymbol{T}\boldsymbol{Q}_K^{\mathrm{T}}$、$\boldsymbol{W}(n)$和$\boldsymbol{Q}_K^{\mathrm{T}}$行张成的子空间是相同的，但用于表示信号向量的权系数并不相等，在许多应用中，例如对信号向量的降维处理时，得到等价的降维表示，即同样的维数和相等的逼近误差。但在某些具有明确几何意义的应用时，希望得到准确的主特征向量集而不是其等价集，这时可以对PAST算法作一些变化。

如前对两个定理的说明，若$K=1$，则最优解$\boldsymbol{W}$收敛到与最大特征值对应的主特征向量，因此，类似于GHA算法的导出，可令$K=1$使用PAST算法得到第一个主特征向量，然后在$\boldsymbol{x}(n)$中减去第一个主成分$\boldsymbol{w}_1 y_1$，再次使用$K=1$的PAST算法以得到次最大特征值对应的特征向量，以此类推，可以得到K个主特征向量。把这种串行运行PAST的算法称为PASTd算法，这里d是deflation的缩写，意指“紧缩”，即每次用PAST算法时，先对

$\boldsymbol{x}(n)$向量进行“紧缩”,为便于使用,把 PASTd 算法总结于表 8.1.3 中。

表 8.1.3 PASTd 算法描述

初始化:选择 $d_i(0)$和 $\boldsymbol{w}_i(0)$,$i=1,2,\cdots,K$,令 $n=1$
算法循环主体起始 $\boldsymbol{x}_1(n)=\boldsymbol{x}(n)$ FOR $i=1,2,\cdots,K$ DO $y_i(n)=\boldsymbol{w}_i^{\mathrm{T}}(n-1)\boldsymbol{x}_i(n)$ $d_i(n)=\beta d_i(n-1)+y_i^2(n)$ $\boldsymbol{e}_i(n)=\boldsymbol{x}_i(n)-\boldsymbol{w}_i(n-1)y_i(n)$ $\boldsymbol{w}_i(n)=\boldsymbol{w}_i(n-1)+\boldsymbol{e}_i(n)y_i(n)/d_i(n)$ $\boldsymbol{x}_{i+1}(n)=\boldsymbol{x}_i(n)-\boldsymbol{w}_i(n)y_i(n)$
$n=n+1$,得到新 $\boldsymbol{x}(n)$回到循环主体起始处,直到停止

注意,在 PASTd 算法中 $d_i(n)$的作用相当于 PSAT 算法中的 $\boldsymbol{P}(n)$,并随着递推过程 $d_i(n)$是特征值λ_i 的指数加权估计。PASTd 算法避免了矩阵运算,$\boldsymbol{w}_i(n)$收敛到第 i 个主特征向量,$y_i(n)$是对应的权系数。对每个时间 n 的更新,PASTd 算法的运算复杂性为 $4MK+O(K)$。

例 8.1.1 对一类雷达信号进行短时傅里叶变换(STFT),关于 STFT 详见第 9 章,此处并不涉及 STFT 的细节,只是用于说明 PCA 降维。对每个信号得到 10 000 维的变换系数向量,得到 1000 个不同信号的样本进行迭代,保持 95%的原向量能量的基础上,仅需要保留 49 个主分量,即主分量表示的维数为 49,仅为原向量维数的 0.49%。由于采用的 STFT 表示存在大量冗余,这个降维的例子比较极端。另一个例子是对于手写字符图像进行 PCA 降维处理,保留 5%~10%的主分量即可取得良好的降维逼近效果。

8.2 信号向量的白化和正交化

平稳随机信号的白化是相对简单的问题,基本原理第一章已讨论过,这里主要讨论信号向量的白化,为后续几节的算法做预处理。另外,在一些问题中,需要计算出的特征向量或权向量是相互正交的,但很多递推算法的直接解不满足正交性,需要进行正交化,在这些应用中,正交化是一个辅助工具。

8.2.1 信号向量的白化

为了后续盲源处理算法的简单,将信号向量 $\boldsymbol{x}(n)$预处理为零均值、白化和归一化。零均值的处理很简单,不必赘述,并假设信号向量已是零均值的。这里主要讨论白化和归一化,对于一个信号向量 $\boldsymbol{z}(n)$,如果其为白的,则其自相关矩阵为 $\boldsymbol{R}_z=\sigma_z^2\boldsymbol{I}$,若其为归一化的,则 $\sigma_z^2=1$,因此一个白化和归一化的信号向量的自相关矩阵是单位矩阵。

对于任意随机信号向量 $\boldsymbol{x}(n)$,其自相关矩阵为 $\boldsymbol{R}_x$,用 KL 变换可以去相关,但不能归一化,但对 KL 变换稍加变化即可进行白化和归一化,设 $\boldsymbol{R}_x$ 的特征值构成对角矩阵

$$\Lambda=\operatorname{diag}\{\lambda_1,\cdots,\lambda_M\} \tag{8.2.1}$$

特征向量矩阵记为

$$\boldsymbol{Q}=[\boldsymbol{q}_1,\boldsymbol{q}_2,\cdots,\boldsymbol{q}_M] \tag{8.2.2}$$

则取变换矩阵为

$$\boldsymbol{T}=\Lambda^{-1/2}\boldsymbol{Q}^{\mathrm{T}} \tag{8.2.3}$$

则变换向量

$$\boldsymbol{z}(n)=\boldsymbol{T}\boldsymbol{x}(n)=\Lambda^{-1/2}\boldsymbol{Q}^{\mathrm{T}}\boldsymbol{x}(n) \tag{8.2.4}$$

容易验证，$\boldsymbol{z}(n)$是白化和归一化的，即

$$\begin{aligned}E[\boldsymbol{z}(n)\boldsymbol{z}^{\mathrm{T}}(n)]&=E[\Lambda^{-1/2}\boldsymbol{Q}^{\mathrm{T}}\boldsymbol{x}(n)\boldsymbol{x}^{\mathrm{T}}(n)\boldsymbol{Q}\Lambda^{-1/2}]=\Lambda^{-1/2}\boldsymbol{Q}^{\mathrm{T}}\boldsymbol{R}_x\boldsymbol{Q}\Lambda^{-1/2}\\&=\Lambda^{-1/2}\boldsymbol{Q}^{\mathrm{T}}\boldsymbol{Q}\Lambda\boldsymbol{Q}^{\mathrm{T}}\boldsymbol{Q}\Lambda^{-1/2}=\boldsymbol{I}\end{aligned}$$

注意到，白化不是唯一的，对于任意正交矩阵$\boldsymbol{U}$满足$\boldsymbol{U}\boldsymbol{U}^{\mathrm{T}}=\boldsymbol{I}$，则新变换$\boldsymbol{T}'=\boldsymbol{U}\boldsymbol{T}$也可以完成白化，$\boldsymbol{z}'(n)=\boldsymbol{T}'\boldsymbol{x}(n)$也是白化的，即

$$E[\boldsymbol{z}'(n)\boldsymbol{z}'^{\mathrm{T}}(n)]=\boldsymbol{U}\boldsymbol{T}\boldsymbol{R}_x\boldsymbol{T}^{\mathrm{T}}\boldsymbol{U}^{\mathrm{T}}=\boldsymbol{U}\boldsymbol{I}\boldsymbol{U}^{\mathrm{T}}=\boldsymbol{I}$$

正交矩阵$\boldsymbol{U}$的作用是多维空间的一种旋转，因此两种不同白化矩阵$\boldsymbol{T}'$和$\boldsymbol{T}$作用的结果是其对应白化向量$\boldsymbol{z}(n)$和$\boldsymbol{z}'(n)$是一种旋转关系。

以上讨论的是在假设已知信号向量$\boldsymbol{x}(n)$的自相关矩阵$\boldsymbol{R}_x$的基础上的解析解，若仅有一组信号向量样本$\{\boldsymbol{x}(n),n=1,\cdots,T\}$，则可以用下式估计$\boldsymbol{R}_x$：

$$\hat{\boldsymbol{R}}_x=\frac{1}{T}\sum_{i=1}^{T}\boldsymbol{x}(i)\boldsymbol{x}^{\mathrm{T}}(i) \tag{8.2.5}$$

然后进行特征分解或等价地对数据矩阵$\boldsymbol{X}=[\boldsymbol{x}(1),\boldsymbol{x}(2),\cdots,\boldsymbol{x}(T)]^{\mathrm{T}}$做SVD分解得到白化变换。在只有有限数据样本情况下只能得到近似白化，这在后续应用中就够了。

也可以通过8.1节介绍的递推算法得到白化变换，例如PASTd算法中，令主特征数$K=M$和忘却因子$\beta=1$，通过递推获得所有特征向量和特征值，则可以得到白化变换矩阵。

例8.2.1　设有两个变量$s_i,i=1,2$是相互独立的，并且都为0均值方差为1的均匀分布，即

$$p(s_i)=\begin{cases}\dfrac{1}{2\sqrt{3}}, & |s_i|<\sqrt{3}\\ 0, & \text{其他}\end{cases}$$

设源向量$\boldsymbol{s}=[s_1,s_2]^{\mathrm{T}}$，显然$p(\boldsymbol{s})=p(s_1)p(s_2)$，随机产生若干样本$s_1$、$s_2$，并以其取值为坐标在平面上画一个点，样本数充分多时，可用点集合逼近$p(\boldsymbol{s})$，如图8.2.1(a)所示。利用$\boldsymbol{x}=\boldsymbol{A}\boldsymbol{s}$产生一个新的向量，这里

$$\boldsymbol{A}=\begin{bmatrix}1 & 0.5\\ 0.3 & 0.9\end{bmatrix}$$

$\boldsymbol{x}$的自相关矩阵

$$\boldsymbol{R}_x=\begin{bmatrix}1.25 & 0.75\\ 0.75 & 0.9\end{bmatrix}$$

显然，$\boldsymbol{x}$的两个分量是相关的，由每个随机生成的$\boldsymbol{s}$样本计算出$\boldsymbol{x}$样本值并画在平面上得到$\boldsymbol{x}$的概率密度函数的逼近，如图8.2.1(b)所示。

对$\boldsymbol{x}$白化，得到$\boldsymbol{z}=\Lambda^{-1/2}\boldsymbol{Q}^{\mathrm{T}}\boldsymbol{x}$，同样地把白化向量$\boldsymbol{z}$画在平面上，得到图8.2.1(c)所示。可见本例白化的结果使得$\boldsymbol{z}$不相关且归一化，但非独立，若要求$\boldsymbol{z}$独立应该进行合理的旋转操作。

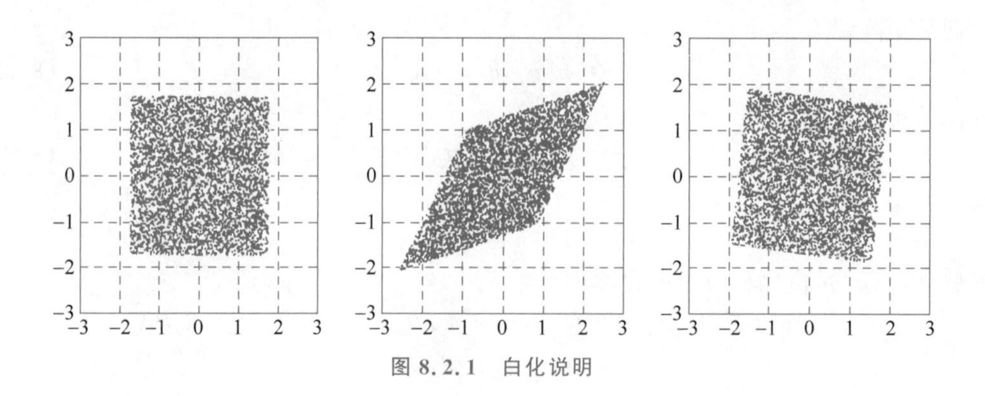

图 8.2.1 白化说明

8.2.2 向量集的正交化

在 8.1 节中，PCA 算法运行中得到一组权向量$\{\boldsymbol{w}_i(n), i=1,2,\cdots,K\}$，或得到权向量矩阵$\boldsymbol{W}(n)=[\boldsymbol{w}_1(n),\boldsymbol{w}_2(n),\cdots,\boldsymbol{w}_K(n)]^{\mathrm{T}}$，许多算法要求最终的各权向量$\boldsymbol{w}_i(n)$之间互相正交，但一些算法在运行过程中得到的权向量是不正交的，这就需要对其进行正交化。

如果权向量集$\{\boldsymbol{w}_i(n), i=1,2,\cdots,K\}$不正交，把每个$\boldsymbol{w}_i(n)$看作一个单独向量处理时，有经典的 Gram-Schmidt 正交化方法将这组向量正交化，1.4.2 节已讨论了 Gram-Schmidt 正交化的算法，此处不再重复。

如果把权向量写成矩阵形式：

$$\boldsymbol{W}=[\boldsymbol{w}_1(n),\boldsymbol{w}_2(n),\cdots,\boldsymbol{w}_K(n)]^{\mathrm{T}}$$

可直接通过矩阵运算一次性完成正交化过程，$\boldsymbol{W}$ 的正交化后的矩阵为

$$\widetilde{\boldsymbol{W}}=(\boldsymbol{W}\boldsymbol{W}^{\mathrm{T}})^{-1/2}\boldsymbol{W} \tag{8.2.6}$$

注意，这里用了一个矩阵 $\boldsymbol{A}$ 的逆开方表示 $\boldsymbol{A}^{-1/2}$，第 4 章用过矩阵 $\boldsymbol{A}$ 的开方表示 $\boldsymbol{A}^{1/2}$，为了清楚，对矩阵的逆开方表示做一点说明。

若 $\boldsymbol{A}$ 是对称的正定矩阵，则可分解为 $\boldsymbol{A}=\boldsymbol{S}\boldsymbol{S}^{\mathrm{T}}$，则 $\boldsymbol{A}^{1/2}=\boldsymbol{S}$，类似地，其逆矩阵也可表示为 $\boldsymbol{A}^{-1}=(\boldsymbol{S}^{\mathrm{T}})^{-1}\boldsymbol{S}^{-1}=\boldsymbol{A}^{-1/2}\boldsymbol{A}^{-\mathrm{T}/2}$。对于矩阵 $\boldsymbol{W}\boldsymbol{W}^{\mathrm{T}}$，可以通过乔里奇分解得到逆开方，也可以通过特征分解进行。设 $\boldsymbol{W}\boldsymbol{W}^{\mathrm{T}}$ 的特征值作为对角元素的矩阵记为 $\Lambda=\mathrm{diag}\{\lambda_1,\lambda_2,\cdots,\lambda_M\}$，其特征向量矩阵记为 $\boldsymbol{E}$，则 $\boldsymbol{W}\boldsymbol{W}^{\mathrm{T}}=\boldsymbol{E}\Lambda\boldsymbol{E}^{\mathrm{T}}$，显然

$$(\boldsymbol{W}\boldsymbol{W}^{\mathrm{T}})^{-1}=\boldsymbol{E}\Lambda^{-1}\boldsymbol{E}^{\mathrm{T}} \tag{8.2.7}$$

则

$$(\boldsymbol{W}\boldsymbol{W}^{\mathrm{T}})^{-1/2}=\boldsymbol{E}\Lambda^{-1/2} \tag{8.2.8}$$

注意到，一个矩阵的开方矩阵并不是唯一的，其乘以一个正交矩阵仍是开方矩阵，若 $\boldsymbol{U}$ 是一个正交矩阵，即 $\boldsymbol{I}=\boldsymbol{U}\boldsymbol{U}^{\mathrm{T}}$，则 $\boldsymbol{A}=\boldsymbol{S}\boldsymbol{S}^{\mathrm{T}}=\boldsymbol{S}\boldsymbol{U}\boldsymbol{U}^{\mathrm{T}}\boldsymbol{S}^{\mathrm{T}}$，$\boldsymbol{A}^{1/2}=\boldsymbol{S}\boldsymbol{U}$ 也是开方矩阵，由于 $\boldsymbol{E}^{\mathrm{T}}$ 是一个正交矩阵，故也可用下式构成一个逆开方矩阵：

$$(\boldsymbol{W}\boldsymbol{W}^{\mathrm{T}})^{-1/2}=\boldsymbol{E}\Lambda^{-1/2}\boldsymbol{E}^{\mathrm{T}} \tag{8.2.9}$$

注意到式(8.2.9)的逆开方矩阵是对称的，把式(8.2.9)代入式(8.2.6)完成的正交化称为对称正交化。

有了逆开方矩阵的讨论，很容易验证 $\widetilde{\boldsymbol{W}}\widetilde{\boldsymbol{W}}^{\mathrm{T}}=\boldsymbol{I}$，即 $\widetilde{\boldsymbol{W}}$ 为正交的。

8.3 盲源分离问题的描述

在一些实际问题中，环境中存在多个信号源，记为$\{s_i(n), i=1,2,\cdots,N\}$，或写成向量形式$\boldsymbol{s}(n)$，即

$$\boldsymbol{s}(n)=[s_1(n), s_2(n), \cdots, s_N(n)]^{\mathrm{T}} \tag{8.3.1}$$

这些源信号经过一个混合系统，产生可测量到的信号向量$\boldsymbol{x}(n)$，这里

$$\boldsymbol{x}(n)=[x_1(n), x_2(n), \cdots, x_M(n)]^{\mathrm{T}} \tag{8.3.2}$$

其中，N和M可以相等，也可以不等。混合系统表示为

$$\boldsymbol{x}(n)=\boldsymbol{f}(\boldsymbol{s}(n), \boldsymbol{s}(n-1), \cdots, \boldsymbol{s}(n-L), n) \tag{8.3.3}$$

现在的问题是在$\boldsymbol{f}(\cdot)$表示的系统是未知的条件下，仅由测量信号向量$\boldsymbol{x}(n)$试图恢复$\boldsymbol{s}(n)$，这一过程称为盲源分离(Blind Source Separation，BSS)，这里“盲”的意义为：混合过程是盲的。

BSS的解是混合系统$\boldsymbol{f}(\cdot)$的一类逆系统，找到一个分离系统$\boldsymbol{g}(\cdot)$，由$\boldsymbol{x}(n)$求出$\boldsymbol{s}(n)$的估计值，即

$$\boldsymbol{y}(n)=\hat{\boldsymbol{s}}(n)=\boldsymbol{g}(\boldsymbol{x}(n), \boldsymbol{x}(n-1), \cdots, \boldsymbol{x}(n-K), n) \tag{8.3.4}$$

估计值$\hat{\boldsymbol{s}}(n)$是$\boldsymbol{s}(n)$的尽可能的逼近。盲源分离问题的系统示意图如图8.3.1所示。

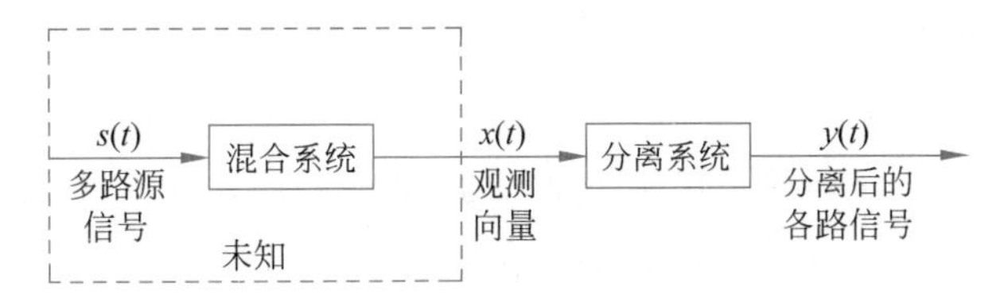

图8.3.1 盲源分离的系统示意图

在继续讨论之前，来看两个例子，说明一些实际问题怎样可以归为盲源分离问题。

例8.3.1 鸡尾酒会问题(cocktail party problem)是语音信号处理中的一个经典问题。在鸡尾酒宴会上，参加宴会的每个人都在交谈，而我们期望通过麦克风阵列记录现场混杂的音源，并通过一定的方法在嘈杂的环境中提取出感兴趣的声音，如单个人的语音或者背景音乐等。这本身是一个相当复杂的问题，首先，我们并不知道在该环境中有什么人在交谈，也不知道他们何时说话，因而无法通过简单的频域或者时域滤波的方法分离出单个信号源；其次，在宴会中所有人都在不停地移动，因而对声音的传输函数进行建模也很难实现。将上述问题进一步泛化，鸡尾酒会问题可以表述成，在多个信号源同时发出信号的时候，接收端(麦克风阵列)接收到的是源信号(每个人的说话声、音乐、噪声等)的混合信号，我们期望通过某种方法在传输函数不知道的情况下从混合信号中分离出源信号。因此这是一个很典型的盲信号分离问题。

例8.3.2 医学脑电记录的干扰主要来自于其他生理信号，如快速眼动、心电、肌电等。研究表明干扰信号的频带与感兴趣的脑电频带交叠，同时具有类似的时域结构。如何在神经信号中消除这些“伪迹”构成了神经信号处理的一个关键研究领域。传统的解决方法是使用时域回归或者自适应噪声消除，但这些方法或者无法完全消除干扰，或者需要太长的学习时间，制约了它们进一步的应用。而盲信号分离算法则为上述问题提供一系列可行的解决

方案。因为各种伪迹(干扰)与实际的脑电信号互相独立,而且实验结果证明它们的混合关系可以很好地用线性模型来拟合,近年来采用独立分量分析去除脑电中的伪迹取得了很大进展。

在一般情况下,得到式(8.3.4)的解是非常困难的,这种困难表现在几方面。首先,一般情况下式(8.3.3)是欠定模型,不存在唯一解,若想得到唯一解需要辅助条件;其次,即使通过给定的辅助条件使得唯一解存在,式(8.3.3)的非线性记忆模型的求逆问题自身就是非常困难的。为此,首先简化式(8.3.3)的模型。

最基本的BSS模型是一个无记忆线性模型,即测量向量 $\boldsymbol{x}(n)$ 是由一个混合矩阵 $\boldsymbol{A}$ 作用于源向量 $\boldsymbol{s}(n)$ 产生的,即

$$\boldsymbol{x}(n)=\boldsymbol{A}\boldsymbol{s}(n) \tag{8.3.5}$$

其中,$\boldsymbol{A}$ 是一个 $M\times N$ 维的未知矩阵。由测量向量 $\boldsymbol{x}(n)$ 估计 $\boldsymbol{s}(n)$,如果能够找到一个 $N\times M$ 维矩阵 $\boldsymbol{W}$,使得

$$\boldsymbol{W}\boldsymbol{A}\approx\boldsymbol{I} \tag{8.3.6}$$

则

$$\boldsymbol{y}=\hat{\boldsymbol{s}}(n)=\boldsymbol{W}\boldsymbol{x}(n)=\boldsymbol{W}\boldsymbol{A}\boldsymbol{s}(n)\approx\boldsymbol{s}(n) \tag{8.3.7}$$

问题是:式(8.3.5)的模型中混合矩阵 $\boldsymbol{A}$ 是未知的,因此问题仍是欠定问题,仍需要补充辅助信息才能得到类似式(8.3.7)这样的解。不同的辅助信息得到BSS问题的不同解,下面概要介绍几类BSS的方法。

1. 独立分量分析

假设各源信号分量 $s_i(n)$ 是相互统计独立的,即 $\boldsymbol{s}(n)$ 的联合PDF可写为

$$p_s(\boldsymbol{s})=p_{s_1}(s_1)p_{s_2}(s_2)\cdots p_{s_N}(s_N) \tag{8.3.8}$$

为了简单,式(8.3.8)中省略了时间序号 n。

设 $J_{\text{indep}}(\boldsymbol{y})$ 是描述 $\boldsymbol{y}$ 中各分量相互统计独立(简称 $\boldsymbol{y}$ 独立)的一种度量函数,则已知测量向量 $\boldsymbol{x}(n)$ 求 $\boldsymbol{W}$ 使得 $\boldsymbol{y}$ 独立性最强,即求解如下优化问题:

$$\max_{\boldsymbol{W}}\{J_{\text{indep}}(\boldsymbol{y}=\boldsymbol{W}\boldsymbol{x}(n))\} \tag{8.3.9}$$

如果能够求得 $\boldsymbol{W}$,使 $\boldsymbol{y}$ 是独立的或接近独立的,则 $\boldsymbol{y}$ 是 $\boldsymbol{s}$ 的有效估计,利用式(8.3.9)的准则求解各独立分量,称为独立分量分析(Independent Component Analysis,ICA)。

解决ICA问题的第一个关键就是得到描述随机向量中各分量独立性的准则,式(8.3.8)是独立性的定义式,直接使用它作为评价准则不容易实现,需要研究一些更容易实现的准则。第7章的内容为研究ICA问题做了准备。

由第7章知,用互信息或KL散度可以描述独立性。稍后将会看到,独立性和非高斯性具有等价性,因此可用非高斯性度量替代独立性度量。第7章也给出了几种非高斯度量的方法,高阶统计量中的峭度可以很方便地描述一个随机向量的非高斯度量,另外一个有效的特征量是负熵,通过信号的有限样本值可以估计峭度和负熵,因此以峭度和负熵描述独立性容易计算。另一类描述独立性的方法是利用非线性函数的不相关性描述独立性,由此导出显式地使用非线性方法的ICA技术。8.4节给出关于ICA问题的一个较详细的介绍。

概要地讲,标准ICA技术分离的各源分量是非高斯的,允许最多有1个高斯源,要求 $M\geqslant N$,即获得测量向量的传感器数目大于或等于待抽取的独立源数目。

2. 利用2阶统计的BSS

ICA方法要求源独立性假设,ICA算法或显式地或隐含地使用了信号的高阶统计。对于一般的任意信号,直接利用信号的2阶统计(Second-Order Statistics,SOS)难以进行盲源分离,但是若源信号的时间结构可以利用,或信号的非平稳统计和时间结构都可以利用,则通过SOS可以进行盲源分离。已有多个这类算法被提出和研究,这类方法计算简单易于实现,但对信号类型有所限制。

3. 稀疏分量分析(SCA)

标准ICA方法要求$M \geqslant N$,若不满足该条件,即测量传感器的数目少于源数目,则标准ICA算法得不到各源信号的分离。若源信号满足一些特定的性质,则利用这些性质对ICA技术进行修正则可以求得各源信号。一种可利用的性质是源信号具有稀疏性,本书第11章专门讨论稀疏恢复问题,这里简要地将稀疏性理解为信号波形中存在大量的零值或信号经过一个变换后存在大量零系数。利用稀疏性对源信号进行盲抽取的方法称为稀疏分量分析(Sparse Component Analysis,SCA)。

4. 对于卷积混合信号的盲分离

这类方法与以上的ICA和SCA等方法是不并行的,而是对式(8.3.5)的混合模型的扩展。式(8.3.5)的模型是即时模型,没有记忆性,但实际中在信号的传输和混合过程中会引入记忆性。例如鸡尾酒会问题中,在封闭的房间中,墙体对语音信号的反射作用,使得在传感器接收端接收到来自多径的信号,由此引起卷积混合。为了简单,只写出一个测量信号分量为

$$x_i(n)=\sum_{j=1}^{N}\sum_{k=0}^{+\infty}a_{ij}(k)s_j(n-k)=\sum_{j=1}^{N}a_{ij}(n)*s_j(n),\quad i=1,2,\cdots,M \tag{8.3.10}$$

这里,*是卷积符号。

同样,对于混合过程$a_{ij}(n)$是未知的,只能利用测量信号向量$\boldsymbol{x}(n)$估计源信号$\boldsymbol{s}(n)$,显然这是比无记忆混合更困难的任务。

本节引出了BSS问题,并简单说明了几种方法所采用的技术。这其中ICA方法最基本,其应用也最广泛,8.4节将详细讨论ICA方法,对于其他方法本章不再详细讨论。

8.4 独立分量分析——ICA

本节集中讨论ICA方法。讨论基本情况,即测量向量$\boldsymbol{x}(n)$是由一个混合矩阵$\boldsymbol{A}$作用于源向量$\boldsymbol{s}(n)$产生的,即

$$\boldsymbol{x}(n)=\boldsymbol{A}\boldsymbol{s}(n) \tag{8.4.1}$$

为了简单,假设$\boldsymbol{A}$是一个$M\times M$维的未知方阵。由测量向量$\boldsymbol{x}(n)$估计源$\boldsymbol{s}(n)$,如果能够找到一个$M\times M$维矩阵$\boldsymbol{W}$,使得

$$\boldsymbol{W}\boldsymbol{A}\approx\boldsymbol{I} \tag{8.4.2}$$

则

$$\boldsymbol{y}=\hat{\boldsymbol{s}}(n)=\boldsymbol{W}\boldsymbol{x}(n)=\boldsymbol{W}\boldsymbol{A}\boldsymbol{s}(n)\approx\boldsymbol{s}(n) \tag{8.4.3}$$

为了求得$\boldsymbol{W}$或$\boldsymbol{y}$,假设$\boldsymbol{s}(n)$的各分量是相互独立的,设$J_{\text{indep}}(\boldsymbol{y})$是描述$\boldsymbol{y}$中各分量相互统

计独立(简称 $\boldsymbol{y}$ 独立)的一种度量函数,则已知测量向量 $\boldsymbol{x}(n)$ 求 $\boldsymbol{W}$ 使得 $\boldsymbol{y}$ 独立性最强,即求解如下优化问题:

$$\max_{\boldsymbol{W}}\{J_{\text{indep}}(\boldsymbol{y}=\boldsymbol{W}\boldsymbol{x}(n))\} \tag{8.4.4}$$

如果能够求得 $\boldsymbol{W}$,使 $\boldsymbol{y}$ 是独立的或接近独立的,则 $\boldsymbol{y}$ 是 $\boldsymbol{s}$ 的有效估计,利用式(8.4.4)的准则求解各独立分量,这是独立分量分析(ICA)解决的问题,本节介绍 ICA 算法。首先讨论求解 ICA 问题的基本原理和一些准则 $J_{\text{indep}}(\boldsymbol{y})$,然后给出几种常用算法。

8.4.1 独立分量分析的基本原理和准则

在讨论具体的 ICA 算法之前,对 ICA 的原理给出更为深入的讨论,理解 ICA 所蕴含的深刻意义。以下从几方面来讨论 ICA 问题。

1. ICA 的基本约束和限制

作为基本的 ICA 算法,对 ICA 问题给出几个基本条件。

条件 1:假设各源信号分量 $s_i(n)$ 是相互统计独立的,即 $\boldsymbol{s}(n)$ 的联合 PDF 可写为

$$p_s(\boldsymbol{s})=p_{s_1}(s_1)p_{s_2}(s_2)\cdots p_{s_M}(s_M) \tag{8.4.5}$$

条件 1 是 ICA 问题的基本假设,由于只有观测向量 $\boldsymbol{x}(n)$,ICA 的目的是求得矩阵 $\boldsymbol{W}$ 或 $\boldsymbol{y}$,使得 $\boldsymbol{y}$ 的各分量是独立或近似独立的,则 $\boldsymbol{y}$ 是源信号 $\boldsymbol{s}$ 的逼近。

条件 2:各独立分量是非高斯的,至多存在一个高斯分量。利用独立性假设可分离的信号分量是非高斯的,这是 ICA 方法有效的前提,关于该问题稍后给出解释,这里首先把非高斯分量作为 ICA 方法的基本条件列出。

条件 3:混合矩阵 $\boldsymbol{A}$ 是方阵。条件 3 是为了叙述简单而加入的,不是一个必要条件,本节的讨论中,为了简单,把它作为一个条件列出。

解 ICA 问题得到源信号的各分量 $s_i(n)$,源信号的解存在两个限制条件,这些限制条件在大多数应用中是无关紧要的。

限制条件 1:无法确定独立分量的能量

由观测信号向量表达式(8.4.1),当混合矩阵 $\boldsymbol{A}$ 和源 $\boldsymbol{s}(n)$ 均未知时,对 $\boldsymbol{A}$ 的每一列和 $\boldsymbol{s}(n)$ 的相应行各乘以互为倒数的因子,结果 $\boldsymbol{x}(n)$ 不变,即

$$\boldsymbol{x}(n)=\boldsymbol{A}\boldsymbol{s}(n)=\sum_{i=1}^{M}\boldsymbol{a}_i s_i(n)=\sum_{i=1}^{M}(b_i\boldsymbol{a}_i)\left(\frac{1}{b_i}s_i(n)\right) \tag{8.4.6}$$

其中,$b_i\neq 0$ 为一任意常数,式(8.4.6)说明,在 $\boldsymbol{A}$ 未知的情况下,$s_i(n)$ 的解的幅度不能确定,一般情况下,可以假设 $E[s_i^2(n)]=1$,即源信号是归一化的,但即使如此,$b_i=\pm 1$ 只影响信号符号,即信号的符号仍是无法确定的。

限制条件 2:无法确定独立成分的次序

取式(8.4.6)的第二个等号后的内容 $\boldsymbol{x}(n)=\sum_{i=1}^{M}\boldsymbol{a}_i s_i(n)$,其中,可以把次序 i 任意交换均得到相同的观测向量,因此,无法用 $\boldsymbol{x}(n)$ 得到 $s_i(n)$ 的一种预定的排序,也就是说各独立分量的次序是无法识别的。例如,在鸡尾酒会上,有三个人在不同位置讲话,通过 ICA 可以分离出三个人的声音,但是若要求 ICA 方法自动按年龄次序给三个分量排序是做不到的,三个声音的顺序可能是随机的。

本节讨论 ICA 算法时遵循这三个条件，而两个限制条件对大多数应用来说无关紧要。

2. ICA 与去相关

概率论的基本知识说明，随机变量之间的独立性条件是强于不相关的，即两个(或多个)随机变量是统计独立的，则必是不相关的，反之不一定，独立性是比不相关性更强的条件。则建立在独立性假设基础上的 ICA，则是比信号的去相关和白化更强的一种工具。

在本书已讨论多个去相关的方法，例如 KL 变换和 PCA，8.2 节介绍的白化则是更规则化的去相关，除去相关外各分量是等方差的，例 8.2.1 给出一个白化的例子，从例子中看到，白化过程并没有得到独立分布，而是与独立分布之间相差一个旋转操作，而且白化不是唯一的，白化矩阵乘以任意正交矩阵仍是一个白化矩阵，而正交矩阵的作用是向量的旋转操作。本节后续将会看到，ICA 则更强大，它的输出是独立的或近似独立的，例 8.2.1 的例子经过 ICA 后的输出是与原独立分量相等的，其分布是标准正方形。

由例 8.2.1 看到，白化尽管得不到独立分量，但白化后的联合 PDF 与 ICA 的要求只相差一个旋转操作，比原始观测向量更接近于 ICA 输出，因此，白化可以作为 ICA 的预处理过程，则可以降低 ICA 的复杂性，即将观测向量先白化，以白化向量作为 ICA 的输入，由 ICA 来完成这个旋转操作，因此，在 ICA 文献中，白化操作常称为预白化。

以上分析是对非高斯分布而言的，高斯分布是例外，在高斯分布时，不相关与独立性是等价的，故对高斯随机变量讲，独立性假设并不能比去相关得到更多。如下引用概率论中的 Darmois-Skitovich 定理，该定理说明，对于式(8.4.1)这样的模型，若各分量 $s_i(n)$ 是非高斯的，则 ICA 可得到各分量的解，而对高斯分量则例外。

定理 8.4.1(Darmois-Skitovich 定理)　对于 M 个独立零均值源变量 $s_i, i=1,2,\cdots,M$，若定义

$$
\begin{aligned}
y_1 &= \sum_{i=1}^{M} a_{1,i} s_i \\
y_2 &= \sum_{i=1}^{M} a_{2,i} s_i
\end{aligned}
\tag{8.4.7}
$$

以上系数中，至少有两个 i 值其 $a_{1,i}a_{2,i} \neq 0$，如果 y_1 和 y_2 是统计独立的，则满足 $a_{1,i}a_{2,i} \neq 0$ 的源变量一定是高斯的。

定理 8.4.1 给出两个结论。其一，对于式(8.4.1)这样的模型，若各源分量 $\boldsymbol{s}_i$ 是非高斯的，则求一个矩阵 $\boldsymbol{W}$，使得 $\boldsymbol{y}$ 向量各分量独立，即

$$\boldsymbol{y} = \boldsymbol{W}\boldsymbol{x}(n) = \boldsymbol{W}\boldsymbol{A}\boldsymbol{s}(n) \tag{8.4.8}$$

则其中的一个分量写为

$$y_i = \sum_{j=1}^{M}\sum_{k=1}^{M} w_{i,j} a_{j,k} s_k = \sum_{l=1}^{M} \gamma_{i,l} s_l \tag{8.4.9}$$

由定理 8.4.1 知，除非 s_i 是高斯的，否则各 y_i 不可能是相互独立的，但由于前提是 s_i 是非高斯的，则 y_i 是相互独立的唯一可能是，对于给定一个 i，y_i 表达式(8.4.9)中只有一个系数 $\gamma_{i,m} \neq 0$，即

$$y_i = \gamma_{i,m} s_m \tag{8.4.10}$$

注意式(8.4.10)中，i 取遍集合$\{1,2,\cdots,M\}$，则 m 也取遍集合$\{1,2,\cdots,M\}$且不重复，这样若能够由式(8.4.8)得到一个独立向量，则该向量 $\boldsymbol{y}$ 必定是源向量 $\boldsymbol{s}(n)$ 的一个次序重排或

加了比例因子的版本，这正是ICA所期待的功能。

定理8.4.1给出的第二个结论是：既然高斯源的加权组合(如式(8.4.7)所表示)也可能是独立的，故式(8.4.8)得到的独立向量 $\boldsymbol{y}$ 不一定是源向量 $\boldsymbol{s}(n)$，也可能是其一个线性组合，因此，利用寻找 $\boldsymbol{W}$ 使向量 $\boldsymbol{y}$ 独立作为条件的ICA，不能保证分离出高斯源，故此ICA对高斯源是无效的，这是ICA分析假设各源分量是非高斯的原因。例外是若 $\boldsymbol{s}(n)$ 中只有一个高斯源，其他均为非高斯的，则ICA仍有效。

由以上讨论给出ICA的可分解性定理如下。

定理8.4.2(ICA可分离性定理) 对于式(8.4.1)的模型，若 $\boldsymbol{s}(n)$ 的各分量是非高斯的或至多有一个高斯分量，则可以利用 $\boldsymbol{y}=\boldsymbol{W}\boldsymbol{x}(n)$，在允许存在次序模糊和一个比例因子不定的前提下，得到 $\boldsymbol{s}(n)$ 的各源分量。

3. ICA算法的目标函数

为了导出具体的ICA算法，需要定义目标函数从而得到优化算法，式(8.4.4)给出一般化的目标函数，即用 $J_{\text{indep}}(\boldsymbol{y}=\boldsymbol{W}\boldsymbol{x}(n))$ 表示向量 $\boldsymbol{y}$ 的独立性度量，为了便于优化，希望使得目标函数是分离矩阵 $\boldsymbol{W}$ 的显函数，这里简要讨论几个描述独立性的等价准则，其导出的具体算法在后续几小节做更详细介绍。

准则1：最大化非高斯性

在ICA算法中，最常用和有效的准则是最大化非高斯性准则，最大化非高斯性和最大化独立性是等价的。为了理解这一点分析式(8.4.9)，根据中心极限定理，几个独立分量的线性组合总是比原分量更接近于高斯分布。举一个简单的例子，假设各分量 s_i 是独立同分布的均匀分布，则两个这样的分量和是三角分布，三个这样的和是二次型分布，总之越多求和则越接近高斯分布(假设确定系数使得各种求和具有等方差)，则越远离独立性，实际上满足独立性时，式(8.4.9)中只有一个系数非零，输出等于一个待分离的分量(相差一个系数)，所以，可以看到，输出独立性的要求等价于输出向量的最大非高斯性，所以最大化非高斯性等价于最大化独立性。

对于一个随机变量的非高斯性度量，有几个有效的函数，其中之一是其峭度，即4阶累计量的一个值，一个随机变量 y_i 的峭度可表示为 $\text{kurt}(y_i)$，若 $\text{kurt}(y_i)=0$ 则 y_i 是高斯的，若 $\text{kurt}(y_i)>0$ 则称 y_i 是超高斯的，其在0点的尖锋比高斯函数更锐利，若 $\text{kurt}(y_i)<0$ 则称 y_i 是亚高斯的，其在0点的锋值比高斯函数平缓，超高斯和亚高斯都是非高斯性，故用 $|\text{kurt}(y_i)|$ 表示非高斯性度量。图8.4.1给出了一个高斯和超高斯PDF实例，其均值为0，方差都为1，一个亚高斯的例子是方差为1的均匀分布。

另一个描述随机向量非高斯性的度量是第7章介绍的负熵 $J(\boldsymbol{y})=H(\boldsymbol{y}_G)-H(\boldsymbol{y})$，这里 $\boldsymbol{y}_G$ 表示与 $\boldsymbol{y}$ 等协方差矩阵的高斯向量，负熵最大化相当于非高斯性最大化，故从ICA求解的角度讲，解ICA的问题等价为如下的其中一个准则：

$$\max_{\boldsymbol{W}}\{\text{kurt}(y_i)\} \tag{8.4.11}$$

或

$$\max_{\boldsymbol{W}}\{J(\boldsymbol{y})\} \tag{8.4.12}$$

准则2：互信息准则

互信息准则比非高斯性准则更直接，回忆7.4节介绍的互信息，若 $\boldsymbol{y}$ 的各分量互相独立

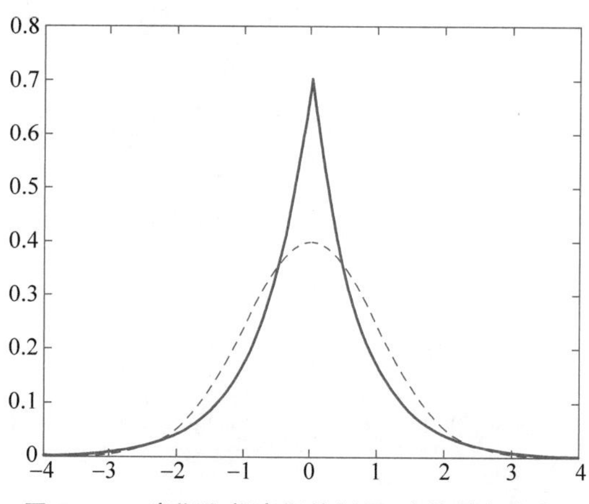

图 8.4.1 高斯和超高斯的例子(实线是超高斯)

时,$\boldsymbol{y}$ 的互信息达到最小值 0,因此互信息的最小化和独立性是等价的,若用式(8.4.8)表示 ICA 的输出,由 7.4 节知 $\boldsymbol{y}$ 的互信息表示为

$$I(\boldsymbol{y})=I(y_1,y_2,\cdots,y_M)=\sum_{i=1}^{M}H(y_i)-H(\boldsymbol{x})-\log|\det\boldsymbol{W}|$$

由于 $\boldsymbol{x}$ 与待求的 $\boldsymbol{W}$ 无关,故利用互信息准则求解 ICA 的目标函数为

$$\min_{\boldsymbol{W}}\left\{\sum_{i=1}^{M}H(y_i)-\log|\det\boldsymbol{W}|\right\} \tag{8.4.13}$$

准则 3:非线性去相关

如前所述,独立性是比不相关更强的要求,如果两个随机变量 y_1、y_2 是统计独立的,则对于两个任意函数 $f(\cdot)$,$g(\cdot)$,$f(y_1)$,$g(y_2)$是不相关的(证明留作习题),即

$$E[f(y_1)g(y_2)]=E[f(y_1)]E[g(y_2)] \tag{8.4.14}$$

当取最简单的函数,即 $f(y_1)=y_1$,$g(y_2)=y_2$ 时,式(8.4.14)表示的是两个随机变量之间是不相关的,如果 y_1、y_2 不相关,并不能导出对于任意其他函数 $f(y_1)$、$g(y_2)$不相关。对于一些非线性函数 $f(\cdot)$、$g(\cdot)$,y_1、y_2 的非线性函数的不相关是比两个随机变量自身的不相关更强的性质,也就是说有可能找到一些特定的非线性函数,使得 $f(y_1)$、$g(y_2)$的不相关与 y_1、y_2 的相互独立近似等价。即用准则

$$\min_{\boldsymbol{W}}\{|E[f(y_1)g(y_2)]-E[f(y_1)]E[g(y_2)]|\} \tag{8.4.15}$$

近似表示独立性。

由于不相关导出有效的 PCA 方法,非线性函数作用后的不相关可以导出非线性 PCA(NPCA)用于独立分量分析。

准则 4:信息最大化和最大似然准则

利用图 8.4.2 的结构图进行 ICA,通过一个矩阵 $\boldsymbol{W}$ 和一组非线性函数 $f_i(\cdot)$获得独立分量 z_i,希望输出向量的熵最大作为目标函数,即

$$\max_{\boldsymbol{W}}\{H(\boldsymbol{z})\} \tag{8.4.16}$$

由于

$$H(\boldsymbol{z})=\sum_{i=1}^{M}H(z_i)-I(\boldsymbol{z}) \tag{8.4.17}$$

实际上式(8.4.16)等价于各 $H(z_i)$ 最大和互信息 $I(\boldsymbol{z})$ 最小，而互信息最小等价于最大化输出的独立性。

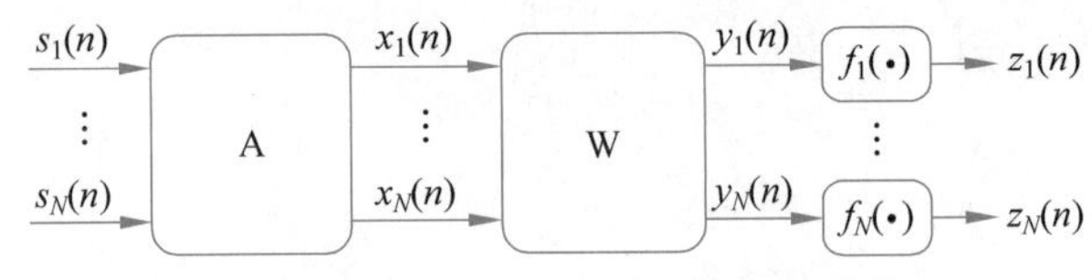

图 8.4.2 Infomax 准则下的 ICA 结构

通过推导，可以将式(8.4.17)与 $\boldsymbol{W}$ 建立联系，即

$$H(\boldsymbol{z})=H(\boldsymbol{x})+E\left\{\sum_{i=1}^{M}\log(f_i'(\boldsymbol{w}_i^{\mathrm{T}}\boldsymbol{x}))\right\}+\log|\det \boldsymbol{W}|$$

由于 $H(\boldsymbol{x})$ 与 $\boldsymbol{W}$ 无关，故 ICA 算法的目标函数为

$$\max_{\boldsymbol{W}}\left\{E\left[\sum_{i=1}^{M}\log(f_i'(\boldsymbol{w}_i^{\mathrm{T}}\boldsymbol{x}))\right]+\log|\det \boldsymbol{W}|\right\} \tag{8.4.18}$$

Cardoso 证明，去掉与求解无关的常数项后，用最大似然准则求解 ICA 问题的目标函数为

$$\max_{\boldsymbol{W}}\left\{J_{ML}(\boldsymbol{W})=E\left[\sum_{i=1}^{M}\log(p_{s_i}(\boldsymbol{w}_i^{\mathrm{T}}\boldsymbol{x}))\right]+\log|\det \boldsymbol{W}|\right\} \tag{8.4.19}$$

可见，除了用源分量的 PDF 函数 $p_{s_i}(\cdot)$ 取代非线性函数 $f_i'(\cdot)$ 外，式(8.4.18)和式(8.4.19)是一致的。

尽管还有不同的准则和目标函数用于解 ICA 问题，但本节不再赘述，以下几小节将给出几种利用所讨论的准则构成的 ICA 算法。

8.4.2 不动点算法——Fast-ICA

ICA 的不动点算法是建立在非高斯性最大化准则基础上的，由于其收敛速度快，也称为 Fast-ICA 算法，这是芬兰学者 Hyvärinen 提出的。非高斯性度量的两种基本度量函数：峭度和负熵均可以导出 Fast-ICA 算法，由于实际中基于负熵的算法性能更好，本小节只讨论负熵算法，对基于峭度的 Fast-ICA 算法感兴趣的读者可参考 Hyvärinen 的著作[124]。

在导出 Fast-ICA 算法过程中，输入信号向量 $\boldsymbol{x}$ 是已经预白化的，即 $E[\boldsymbol{x}\boldsymbol{x}^{\mathrm{T}}]=\boldsymbol{I}$，为了简单，首先导出只求一个独立分量 y 的算法，分离矩阵 $\boldsymbol{W}$ 也退化成只是一个滤波器系数向量 $\boldsymbol{w}$，且 $\|\boldsymbol{w}\|=1$。求 $\boldsymbol{w}$ 使得 $y=\boldsymbol{w}^{\mathrm{T}}\boldsymbol{x}$ 为一个独立分量，即求 $\boldsymbol{w}$ 使得 $y=\boldsymbol{w}^{\mathrm{T}}\boldsymbol{x}$ 的负熵最大化。

负熵的准确计算是非常复杂的，但可以对负熵进行近似计算。负熵最简单的一种近似是找到一个特定的函数 $G(\cdot)$，用下式作为对负熵准则的近似：

$$J(y)=k(E[G(y)]-E[G(v)])^2$$

这里，v 是单位方差的高斯随机变量，与优化无关，另需要考虑约束项 $\|\boldsymbol{w}\|=1$，因此重新定义目标函数为

$$J(\boldsymbol{w})=E[G(\boldsymbol{w}^{\mathrm{T}}\boldsymbol{x})]+\lambda(\boldsymbol{w}^{\mathrm{T}}\boldsymbol{w}-1) \tag{8.4.20}$$

这里，λ 为拉格朗日常数。为求 $\boldsymbol{w}$ 使 $J(\boldsymbol{w})$ 最大，求梯度并令其为 0，

$$\begin{aligned}\frac{\partial J(\boldsymbol{w})}{\partial \boldsymbol{w}}&=\frac{\partial}{\partial \boldsymbol{w}}\{E[G(\boldsymbol{w}^{\mathrm{T}}\boldsymbol{x})]+\lambda(\boldsymbol{w}^{\mathrm{T}}\boldsymbol{w}-1)\}\\&=E\left[\frac{\partial G(\boldsymbol{w}^{\mathrm{T}}\boldsymbol{x})}{\partial \boldsymbol{w}}\right]+\lambda\boldsymbol{w}=E[\boldsymbol{x}g(\boldsymbol{w}^{\mathrm{T}}\boldsymbol{x})]+\lambda\boldsymbol{w}=0\end{aligned} \tag{8.4.21}$$

式中，用 $g(\cdot)$ 表示 $G(\cdot)$ 的导数，为了通过式(8.4.21)求解 $\boldsymbol{w}$，利用牛顿法进行迭代，为此令

$$\boldsymbol{f}(\boldsymbol{w})=E[\boldsymbol{x}g(\boldsymbol{w}^{\mathrm{T}}\boldsymbol{x})]+\lambda\boldsymbol{w} \tag{8.4.22}$$

求向量函数 $\boldsymbol{f}(\boldsymbol{w})$ 的雅可比矩阵

$$\boldsymbol{J}(\boldsymbol{w})=\frac{\partial\boldsymbol{f}(\boldsymbol{w})}{\partial\boldsymbol{w}}=\frac{\partial E[\boldsymbol{x}g(\boldsymbol{w}^{\mathrm{T}}\boldsymbol{x})]}{\partial\boldsymbol{w}}+\lambda\boldsymbol{I}=E[\boldsymbol{x}\boldsymbol{x}^{\mathrm{T}}g'(\boldsymbol{w}^{\mathrm{T}}\boldsymbol{x})]+\lambda\boldsymbol{I} \tag{8.4.23}$$

为了简化计算，做如下近似：

$$E[\boldsymbol{x}\boldsymbol{x}^{\mathrm{T}}g'(\boldsymbol{w}^{\mathrm{T}}\boldsymbol{x})]\approx E[\boldsymbol{x}\boldsymbol{x}^{\mathrm{T}}]E[g'(\boldsymbol{w}^{\mathrm{T}}\boldsymbol{x})]=E[g'(\boldsymbol{w}^{\mathrm{T}}\boldsymbol{x})]\boldsymbol{I} \tag{8.4.24}$$

注意上式≈符号后是一个近似性假设，等号后的单位矩阵是基于 $\boldsymbol{x}$ 已白化，雅可比矩阵简化为

$$\boldsymbol{J}(\boldsymbol{w})=(E[g'(\boldsymbol{w}^{\mathrm{T}}\boldsymbol{x})]+\lambda)\boldsymbol{I} \tag{8.4.25}$$

根据牛顿更新公式，权系数更新算法为

$$\boldsymbol{w}^{+}=\boldsymbol{w}-\boldsymbol{J}^{-1}(\boldsymbol{w})\boldsymbol{f}(\boldsymbol{w})=\boldsymbol{w}-\frac{E[\boldsymbol{x}g(\boldsymbol{w}^{\mathrm{T}}\boldsymbol{x})]+\lambda\boldsymbol{w}}{E[g'(\boldsymbol{w}^{\mathrm{T}}\boldsymbol{x})]+\lambda} \tag{8.4.26}$$

上式两边同乘 $E[g'(\boldsymbol{w}^{\mathrm{T}}\boldsymbol{x})]+\lambda$，得

$$\begin{aligned}\boldsymbol{w}^{+}(E[g'(\boldsymbol{w}^{\mathrm{T}}\boldsymbol{x})]+\lambda)&=\boldsymbol{w}(E[g'(\boldsymbol{w}^{\mathrm{T}}\boldsymbol{x})]+\lambda)-E[\boldsymbol{x}g(\boldsymbol{w}^{\mathrm{T}}\boldsymbol{x})]-\lambda\boldsymbol{w}\\&=E[g'(\boldsymbol{w}^{\mathrm{T}}\boldsymbol{x})]\boldsymbol{w}-E[\boldsymbol{x}g(\boldsymbol{w}^{\mathrm{T}}\boldsymbol{x})]\end{aligned}$$

注意到，更新的权系数 $\boldsymbol{w}^{+}$ 需要归一化，故 $\boldsymbol{w}^{+}$ 上乘的因子没有实际作用，故把更新公式重写为

$$\boldsymbol{w}^{+}=E[g'(\boldsymbol{w}^{\mathrm{T}}\boldsymbol{x})]\boldsymbol{w}-E[\boldsymbol{x}g(\boldsymbol{w}^{\mathrm{T}}\boldsymbol{x})] \tag{8.4.27}$$

为使 $\boldsymbol{w}^{+}$ 的范数为1，需归一化

$$\boldsymbol{w}=\frac{\boldsymbol{w}^{+}}{\|\boldsymbol{w}^{+}\|} \tag{8.4.28}$$

至此，导出了只抽取一个独立分量的算法，得到权系数向量的递推公式(8.4.27)和式(8.4.28)。这里有两点需要做进一步讨论。其一，需要找到合适的函数 $G(\cdot)$ 用于近似负熵，Hyvärinen 在其 Fast-ICA 算法的论文中推荐了三个这样的函数，并验证了其有效性，表 8.4.1 列出了三个函数及其导数。

表 8.4.1 近似负熵和 Fast-ICA 的非线性函数例

$G(y)$	1 阶导数 $g(y)$	2 阶导数 $g'(y)$
$\frac{1}{a}\log\cosh(ay)$ $1\leqslant a\leqslant 2$	$\tanh(ay)$	$a(1-\tanh^2(ay))$
$-\exp(-y^2/2)$	$y\exp(-y^2/2)$	$(1-y^2)\exp(-y^2/2)$
$y^4/4$	y^3	$3y^2$

第二点需要说明的是，式(8.4.27)中有两个求期望项 $E[g'(\boldsymbol{w}^{\mathrm{T}}\boldsymbol{x})]$ 和 $E[\boldsymbol{x}g(\boldsymbol{w}^{\mathrm{T}}\boldsymbol{x})]$，在实际中，可以用信号向量的样本序列进行估计，设 $\{\boldsymbol{x}(n),n=1,2,\cdots,N\}$ 为信号向量的样本集，且每个样本向量是已白化的，则

$$E[\boldsymbol{x}g(\boldsymbol{w}^{\mathrm{T}}\boldsymbol{x})]\approx\frac{1}{N}\sum_{n=1}^{N}\boldsymbol{x}(n)g(\boldsymbol{w}^{\mathrm{T}}\boldsymbol{x}(n)) \tag{8.4.29}$$

$$E[g'(\boldsymbol{w}^{\mathrm{T}}\boldsymbol{x})]=\frac{1}{N}\sum_{n=1}^{N}g'(\boldsymbol{w}^{\mathrm{T}}\boldsymbol{x}(n)) \tag{8.4.30}$$

单独立分量 Fast-ICA 算法总结于表 8.4.2 中。

表 8.4.2 单独立分量 Fast-ICA 算法

初始值 $\boldsymbol{w}$ 设为一个范数为 1 的初始向量，具体值可随机选取
迭代过程 $$\boldsymbol{w}^{+}=E[g'(\boldsymbol{w}^{\mathrm{T}}\boldsymbol{x})]\boldsymbol{w}-E[\boldsymbol{x}g(\boldsymbol{w}^{\mathrm{T}}\boldsymbol{x})]$$ $$\boldsymbol{w}=\frac{\boldsymbol{w}^{+}}{\Vert\boldsymbol{w}^{+}\Vert}$$
判断是否收敛，若未收敛则返回“迭代过程”重复

由于 $\boldsymbol{w}$ 是范数为 1 的向量，向量是有方向的，因此，在迭代公式(8.4.27)中新的权向量 $\boldsymbol{w}^{+}$ 若与旧向量 $\boldsymbol{w}$ 方向相同，则归一化后必相等，则达到收敛条件，实际中可设置一个小的门限制作为收敛条件。Fast-ICA 算法收敛速度很快，一般情况下经过几次迭代即可收敛，这也是 Fast 一词的由来。

表 8.4.2 的算法仅用于抽取一个独立分量，称为一元 ICA 算法，当 $\boldsymbol{w}$ 收敛后，用 $y(n)=\boldsymbol{w}^{\mathrm{T}}\boldsymbol{x}(n)$ 计算出观测向量 $\boldsymbol{x}(n)$ 中包含的一个独立分量 $y(n)$，如果需要估计 K 个独立分量($K\leqslant M$)，则需要对以上算法进行修改。设 $\boldsymbol{w}_i$ 表示抽取第 i 个独立分量的权系数向量，则 $y_i=\boldsymbol{w}_i^{\mathrm{T}}\boldsymbol{x}$ 为第 i 个独立分量，则显然

$$E[y_iy_j]=E[\boldsymbol{w}_i^{\mathrm{T}}\boldsymbol{x}\boldsymbol{x}^{\mathrm{T}}\boldsymbol{w}_j]=\boldsymbol{w}_i^{\mathrm{T}}E[\boldsymbol{x}\boldsymbol{x}^{\mathrm{T}}]\boldsymbol{w}_j=\boldsymbol{w}_i^{\mathrm{T}}\boldsymbol{w}_j=\begin{cases}1, & i=j\\ 0, & i\neq j\end{cases}$$

即

$$\boldsymbol{w}_i^{\mathrm{T}}\boldsymbol{w}_j=\begin{cases}1, & i=j\\ 0, & i\neq j\end{cases} \tag{8.4.31}$$

各权系数向量是相互正交的。利用这个条件，可导出一种串行使用如上一元算法计算各独立分量的方法。

首先抽取第一个独立分量，直接应用表 8.4.2 算法产生第一个权系数向量 $\boldsymbol{w}_1$，然后产生一个范数为 1 的随机初始向量 $\boldsymbol{w}_2$，并且运行一次式(8.4.27)产生新的 $\boldsymbol{w}_2^{+}$，由于 $\boldsymbol{w}_2^{+}$ 与 $\boldsymbol{w}_1$ 不一定正交，需要对 $\boldsymbol{w}_2^{+}$ 与 $\boldsymbol{w}_1$ 正交化，用 Gram-Schmidt 正交化，得

$$\boldsymbol{w}_2^{++}=\boldsymbol{w}_2^{+}-(\boldsymbol{w}_2^{+\mathrm{T}}\boldsymbol{w}_1)\boldsymbol{w}_1 \tag{8.4.32}$$

再对 $\boldsymbol{w}_2^{++}$ 归一化，得到新的权系数向量

$$\boldsymbol{w}_2=\frac{\boldsymbol{w}_2^{++}}{\Vert\boldsymbol{w}_2^{++}\Vert} \tag{8.4.33}$$

若 $\boldsymbol{w}_2$ 已收敛则停止，否则再次调用式(8.4.27)和重复正交化和归一化过程。注意到在求 $\boldsymbol{w}_2$ 时，在每一次调用式(8.4.27)后都要进行正交化，而不是反复迭代结束后只进行一次正交化，以避免迭代过程中 $\boldsymbol{w}_2$ 收敛到 $\boldsymbol{w}_1$ 而得不到新的权系数向量。继续这个过程直到产生 K 个互相正交的权系数向量。

串行产生 K 个独立分量的 Fast-ICA 算法总结于表 8.4.3 中。

表 8.4.3 串行产生 K 个独立分量 Fast-ICA 算法

初始步：观测数据向量首先白化，$\boldsymbol{x}$ 是白化向量，确定 $K\leqslant M, k=1$
第 1 步：选择范数为 1 的随机初始权向量 $\boldsymbol{w}_k$ 第 2 步：迭代计算 $\boldsymbol{w}_k^{+}=E[g'(\boldsymbol{w}_k^{\mathrm{T}}\boldsymbol{x})]\boldsymbol{w}_k-E[\boldsymbol{x}g(\boldsymbol{w}_k^{\mathrm{T}}\boldsymbol{x})]$ $\boldsymbol{w}_k^{++}=\boldsymbol{w}_k^{+}-\sum_{j=1}^{k-1}(\boldsymbol{w}_k^{+\mathrm{T}}\boldsymbol{w}_j)\boldsymbol{w}_j$ $\boldsymbol{w}_k=\frac{\boldsymbol{w}_k^{++}}{\Vert\boldsymbol{w}_k^{++}\Vert}$ 第 3 步：若 $\boldsymbol{w}_k$ 尚未收敛，返回第 2 步 第 4 步：若 $k<K, k\leftarrow k+1$，返回第 1 步

串行 Fast-ICA 算法已可以产生 K 个独立分量，串行算法仅需向量运算，实现简单，但串行算法不利于并行结构实现，而且串行算法存在误差积累问题，即 $\boldsymbol{w}_1$ 估计若存在误差，这个误差将影响所有其他权系数向量的精度。为此，可以使用并行正交算法，即把各 $\boldsymbol{w}_i$ 构成一个权向量矩阵 $\boldsymbol{W}=[\boldsymbol{w}_1,\boldsymbol{w}_2,\cdots,\boldsymbol{w}_K]^{\mathrm{T}}$，对其直接进行正交化。并行 Fast-ICA 算法总结于表 8.4.4 中。

表 8.4.4 并行产生 K 个独立分量的 Fast-ICA 算法

初始步：观测数据向量首先白化，$\boldsymbol{x}$ 是白化向量，确定 $K\leqslant M$ 随机产生 $\boldsymbol{w}_1,\boldsymbol{w}_2,\cdots,\boldsymbol{w}_K$，每一个都是范数为 1 的随机向量，构成 $\boldsymbol{W}=[\boldsymbol{w}_1,\boldsymbol{w}_2,\cdots,\boldsymbol{w}_K]^{\mathrm{T}}$， 并正交化为 $\boldsymbol{W}\leftarrow(\boldsymbol{W}\boldsymbol{W}^{\mathrm{T}})^{-1/2}\boldsymbol{W}$
第 1 步：对每个 $k=1,2,\cdots,K$ 计算 $\boldsymbol{w}_k^{+}=E[g'(\boldsymbol{w}_k^{\mathrm{T}}\boldsymbol{x})]\boldsymbol{w}_k-E[\boldsymbol{x}g(\boldsymbol{w}_k^{\mathrm{T}}\boldsymbol{x})]$ 第 2 步：$\boldsymbol{W}^{+}=[\boldsymbol{w}_1^{+},\boldsymbol{w}_2^{+},\cdots,\boldsymbol{w}_K^{+}]^{\mathrm{T}}$，正交化为 $\boldsymbol{W}=(\boldsymbol{W}^{+}\boldsymbol{W}^{+\mathrm{T}})^{-1/2}\boldsymbol{W}^{+}$ 第 3 步：若尚未收敛，返回第 1 步

表 8.4.3 或表 8.4.4 的算法收敛后，得到矩阵 $\boldsymbol{W}$，对于任意观测向量 $\boldsymbol{x}(n)$，得到

$$\boldsymbol{y}(n)=[y_1(n),y_2(n),\cdots,y_K(n)]^{\mathrm{T}}=\boldsymbol{W}\boldsymbol{x}(n)$$

是 K 个独立分量，它是混合模型(8.4.1)的源向量 $\boldsymbol{s}(n)$ 中的 K 个成分，当 $K=M$ 时，$\boldsymbol{y}(n)$ 是 $\boldsymbol{s}(n)$ 的逼近，但是次序和幅度可能是变化的，这是 ICA 的模糊性决定的。

Fast-ICA 算法收敛快，不需要确定迭代步长参数，但为使算法快速稳健地收敛，需要用较大的数据集良好地估计算法中的两个期望值，如式(8.4.29)和式(8.4.30)。对于离线应用，没有任何限制，对于实时在线应用，可把式(8.4.29)和式(8.4.30)修改为在一个滑动窗内的平均，为使算法保持稳健，滑动窗不能太小，这样，Fast-ICA 算法在跟踪实时信号的非平稳性方面不如梯度类算法有效。

还需要注意到，尽管在 8.4.1 节假设 ICA 算法中 $M=N$，但 Fast-ICA 算法不受这一条件限制，其可分离出的源信号数为 $K\leqslant M$ 的任意数目。

本节注释：对本节算法的名称-不动点算法作一点解释。本节算法的导出是利用式(8.4.20)的带约束目标函数得到式(8.4.21)的方程，然后用牛顿法解这一非线性方程。式(8.4.21)的等式也可以写成如下形式：

$$\lambda \boldsymbol{w} = -E[\boldsymbol{x} g(\boldsymbol{w}^{\mathrm{T}} \boldsymbol{x})] \tag{8.4.34}$$

如果利用梯度法解当前的问题,并令目标函数为

$$\widetilde{J}(\boldsymbol{w}) = E[G(\boldsymbol{w}^{\mathrm{T}} \boldsymbol{x})] \tag{8.4.35}$$

为求 $\boldsymbol{w}$ 使 $J(\boldsymbol{w})$ 最大,求梯度并令其为0:

$$\frac{\partial \widetilde{J}(\boldsymbol{w})}{\partial \boldsymbol{w}} = E[\boldsymbol{x} g(\boldsymbol{w}^{\mathrm{T}} \boldsymbol{x})] \tag{8.4.36}$$

则递推法的迭代算法可写为

$$\boldsymbol{w}^{+} = \boldsymbol{w} + \mu E[\boldsymbol{x} g(\boldsymbol{w}^{\mathrm{T}} \boldsymbol{x})] \tag{8.4.37}$$

$$\boldsymbol{w} = \frac{\boldsymbol{w}^{+}}{\| \boldsymbol{w}^{+} \|} \tag{8.4.38}$$

若算法收敛,达到收敛时梯度应满足式(8.4.34),故式(8.4.37)变成 $\boldsymbol{w}^{+} = (1-\lambda\mu)\boldsymbol{w}$,迭代后的新权系数向量方向不变,仅有一个比例系数的变换,经过式(8.4.38)的归一化后,与旧系数向量相等,即若收敛到满足式(8.4.34)的条件,梯度法迭代的 $\boldsymbol{w}$ 不再变化,达到目标函数的"不动点",这是不动点算法的由来。同时,式(8.4.37)和式(8.4.38)也构成了基于非高斯性最大准则下的梯度ICA算法,但这个算法比Fast-ICA收敛慢,用得少。

8.4.3 自然梯度算法

自然梯度是一类新的梯度算法,基于新的梯度算法,可导出一类ICA算法。对于目标函数 $J(\boldsymbol{W})$,若求 $\boldsymbol{W}$ 使得目标函数最大或最小,则需要求梯度 $\frac{\partial J(\boldsymbol{W})}{\partial \boldsymbol{W}}$,由梯度确定每步迭代的更新量 $\Delta \boldsymbol{W}$ 为

$$\Delta \boldsymbol{W} \propto \pm \frac{\partial J(\boldsymbol{W})}{\partial \boldsymbol{W}} \tag{8.4.39}$$

符号∝表示"正比于",±取决于最大还是最小化目标函数。一般来说,随着迭代的进行,$\Delta \boldsymbol{W}$ 方向和大小都发生变化,若改变梯度策略为:保持 $\|\Delta \boldsymbol{W}\|$ 不变,搜寻最优的方向,在此条件下,Amari导出一种新的梯度,称为自然梯度,记自然梯度为 $\frac{\partial J_{\mathrm{Nat}}(\boldsymbol{W})}{\partial \boldsymbol{W}}$,Amari证明

$$\nabla_{\mathrm{Nat}} J(\boldsymbol{W}) = \frac{\partial J_{\mathrm{Nat}}(\boldsymbol{W})}{\partial \boldsymbol{W}} = \frac{\partial J(\boldsymbol{W})}{\partial \boldsymbol{W}} \boldsymbol{W}^{\mathrm{T}} \boldsymbol{W} \tag{8.4.40}$$

限于篇幅,略去式(8.4.40)的证明,有兴趣的读者请参考Amari的论文[5]。用自然梯度迭代 $\boldsymbol{W}$ 的更新量为

$$\Delta \boldsymbol{W} \propto \pm \frac{\partial J(\boldsymbol{W})}{\partial \boldsymbol{W}} \boldsymbol{W}^{\mathrm{T}} \boldsymbol{W} \tag{8.4.41}$$

Cardoso等定义了另一种新的梯度"相对梯度",尽管相对梯度并不等于自然梯度,但用作梯度递推时却是等价的,故不再赘述。

自然梯度是一种新的梯度迭代方法,定义不同的目标函数 $J(\boldsymbol{W})$,都可以得到一种相应算法,本节主要以互信息准则为例,推导ICA的自然梯度算法,然后简要讨论最大似然和信息最大化准则的相似性。

由7.3.2节知输出向量 $\boldsymbol{y}$ 的互信息,或 $p_{\boldsymbol{y}}(\boldsymbol{y})$ 与 $p_{y_1}(y_1)p_{y_2}(y_2)\cdots p_{y_M}(y_M)$ 的KL散度记为

$$I(\boldsymbol{y})=\sum_{i=0}^{M-1}H(y_i)-H(\boldsymbol{y})$$

代入 $\boldsymbol{y}=\boldsymbol{W}\boldsymbol{x}$ 的关系，则有

$$\begin{aligned}I(\boldsymbol{y})&=\sum_{i=1}^{M}H(y_i)-H(\boldsymbol{x})-\log|\det\boldsymbol{W}|\\&=-\sum_{i=1}^{M}E[\log p_{y_i}(y_i)]-\log|\det\boldsymbol{W}|-H(\boldsymbol{x})\end{aligned}\tag{8.4.42}$$

若 $\boldsymbol{y}$ 是独立向量，则达到最小值 0，式(8.4.42)中，$H(\boldsymbol{x})$与待求矩阵 $\boldsymbol{W}$ 无关，可不予考虑，故定义目标函数

$$J(\boldsymbol{W})=-\sum_{i=1}^{M}E[\log p_{y_i}(y_i)]-\log|\det\boldsymbol{W}|\tag{8.4.43}$$

为了利用自然梯度法递推得到 $\boldsymbol{W}$，首先推导目标函数的梯度，希望导出的算法能够实时在线执行，类似 LMS 算法，使用随机梯度，即去掉式(8.4.43)的期望运算，得到即时的目标函数

$$\widetilde{J}(\boldsymbol{W})=-\sum_{i=1}^{M}\log p_{y_i}(y_i)-\log|\det\boldsymbol{W}|\tag{8.4.44}$$

梯度写为

$$\nabla\widetilde{J}(\boldsymbol{W})=-\frac{\partial\sum_{i=1}^{M}\log p_{y_i}(y_i)}{\partial\boldsymbol{W}}-\frac{\partial\log|\det\boldsymbol{W}|}{\partial\boldsymbol{W}}\tag{8.4.45}$$

由附录 A 知

$$\frac{\partial\log|\det\boldsymbol{W}|}{\partial\boldsymbol{W}}=\boldsymbol{W}^{-\mathrm{T}}\tag{8.4.46}$$

这里，上标中的$-\mathrm{T}$ 表示逆矩阵的转置。为了清楚，将式(8.4.45)右侧第一个求偏导数分解为首先对 $\boldsymbol{W}=[\boldsymbol{w}_1,\boldsymbol{w}_2,\cdots,\boldsymbol{w}_M]^{\mathrm{T}}$ 中的一项 $\boldsymbol{w}_i$ 求偏导数，即

$$\frac{\partial\log p_{y_i}(y_i)}{\partial\boldsymbol{w}_i}=\frac{\partial\log p_{y_i}(y_i)}{\partial y_i}\frac{\partial y_i}{\partial\boldsymbol{w}_i}=\frac{p'_{y_i}(y_i)}{p_{y_i}(y_i)}\boldsymbol{x}=-g_i(y_i)\boldsymbol{x}\tag{8.4.47}$$

上式用到了 $y_i=\boldsymbol{w}_i^{\mathrm{T}}\boldsymbol{x}$，$p'_{y_i}(y_i)$是 $p_{y_i}(y_i)$的 1 阶导数。$g_i(y_i)$是为表示简单定义的函数，即

$$g_i(y_i)=-\frac{p'_{y_i}(y_i)}{p_{y_i}(y_i)}\tag{8.4.48}$$

把式(8.4.47)合在一起，有

$$\frac{\partial\sum_{i=1}^{M}\log p_{y_i}(y_i)}{\partial\boldsymbol{W}}=-\boldsymbol{g}(\boldsymbol{y})\boldsymbol{x}^{\mathrm{T}}=-\boldsymbol{x}\boldsymbol{g}^{\mathrm{T}}(\boldsymbol{y})\tag{8.4.49}$$

这里

$$\boldsymbol{g}(\boldsymbol{y})=[g_1(y_1),g_2(y_2),\cdots,g_M(y_M)]^{\mathrm{T}}\tag{8.4.50}$$

故梯度为

$$\begin{aligned}\nabla\widetilde{J}(\boldsymbol{W})&=-\boldsymbol{W}^{-\mathrm{T}}+\boldsymbol{g}(\boldsymbol{y})\boldsymbol{x}^{\mathrm{T}}\\&=-(\boldsymbol{I}-\boldsymbol{g}(\boldsymbol{y})\boldsymbol{x}^{\mathrm{T}}\boldsymbol{W}^{\mathrm{T}})\boldsymbol{W}^{-\mathrm{T}}\\&=-(\boldsymbol{I}-\boldsymbol{g}(\boldsymbol{y})\boldsymbol{y}^{\mathrm{T}})\boldsymbol{W}^{-\mathrm{T}}\end{aligned}\tag{8.4.51}$$

梯度式(8.4.51)中,有一个矩阵求逆运算,是非常复杂的,用式(8.4.40)定义的自然梯度,则

$$\nabla_{\mathrm{Nat}}\widetilde{J}(\boldsymbol{W})=\frac{\partial \widetilde{J}_{\mathrm{Nat}}(\boldsymbol{W})}{\partial \boldsymbol{W}}=\frac{\partial \widetilde{J}(\boldsymbol{W})}{\partial \boldsymbol{W}}\boldsymbol{W}^{\mathrm{T}}\boldsymbol{W}$$
$$=-(\boldsymbol{I}-\boldsymbol{g}(\boldsymbol{y})\boldsymbol{y}^{\mathrm{T}})\boldsymbol{W}^{-\mathrm{T}}\boldsymbol{W}^{\mathrm{T}}\boldsymbol{W}=-(\boldsymbol{I}-\boldsymbol{g}(\boldsymbol{y})\boldsymbol{y}^{\mathrm{T}})\boldsymbol{W} \tag{8.4.52}$$

基于自然梯度的分离矩阵更新项为

$$\Delta\boldsymbol{W}=\mu(\boldsymbol{I}-\boldsymbol{g}(\boldsymbol{y})\boldsymbol{y}^{\mathrm{T}})\boldsymbol{W} \tag{8.4.53}$$

这里,μ 是迭代步长。

设 n 时刻的观测信号向量为 $\boldsymbol{x}(n)$,则 n 时刻的独立分量输出为

$$\boldsymbol{y}(n)=\boldsymbol{W}(n)\boldsymbol{x}(n) \tag{8.4.54}$$

由式(8.4.53)分离矩阵的更新公式为

$$\boldsymbol{W}(n+1)=\boldsymbol{W}(n)+\mu[\boldsymbol{I}-\boldsymbol{g}(\boldsymbol{y}(n))\boldsymbol{y}^{\mathrm{T}}(n)]\boldsymbol{W}(n) \tag{8.4.55}$$

可以利用随机矩阵 $\boldsymbol{W}(0)$ 作为初始分离矩阵,从 $n=0$ 开始迭代反复执行式(8.4.54)和式(8.4.55)。

在导出的算法中,向量函数 $\boldsymbol{g}(\boldsymbol{y})$ 的每一个分量由式(8.4.48)确定,即由 y_i 的 PDF 及其导数确定,实际情况中,y_i 的 PDF 是未知的,对于这个问题,学者 Cardoso 等证明,不使用 y_i 的准确 PDF,而是使用一个能表征其超高斯性或亚高斯性的函数来近似 $p_{y_i}(y_i)$ 即可以保证 ICA 算法的收敛,基于这个原则,给出两个典型 PDF 分别代表超高斯和亚高斯 PDF。

$$p_y^+(y)=\alpha_1-2\log(\cosh(y)) \tag{8.4.56}$$

$$p_y^-(y)=\alpha_2-\left[\frac{1}{2}y^2-\log(\cosh(y))\right] \tag{8.4.57}$$

式中,α_1 和 α_2 是正常数,确保 $p_y^+(y)$ 和 $p_y^-(y)$ 满足 PDF 的基本性质。若 $p_{y_i}(y_i)$ 是超高斯的,用 $p_y^+(y)$ 表示,若 $p_{y_i}(y_i)$ 是亚高斯的,用 $p_y^-(y)$ 表示。代入式(8.4.48),得到相应的 $g(\cdot)$ 函数形式为

$$g^+(y)=2\tanh(y) \tag{8.4.58}$$

$$g^-(y)=y-\tanh(y) \tag{8.4.59}$$

一些实际应用中,通过经验可能确定 $p_{y_i}(y_i)$ 的分类,例如,若用于鸡尾酒会问题,各独立分量均为语音信号,则语音信号的 PDF 是超高斯的,算法中可选择 $g^+(y_i)$ 替代 $g_i(y_i)$。有的应用场景中,几个分量信号有不同的 PDF,甚至类型不同,这时需要用一个判定因子确定其类型,关于怎样判断 PDF 类型的细节本节不再赘述,一个带判断因子 γ_i 的完整自然梯度 ICA 算法列于表 8.4.5 中,γ_i 用于判断 y_i 是超高斯的还是亚高斯的。

表 8.4.5 互信息准则下的自然梯度 ICA 算法

初始步:观测数据向量首先白化,$\boldsymbol{x}$ 是白化向量,$n=0$ 选择 $\boldsymbol{W}(0)$ 作为初始分离矩阵,其可随机生成,确定两个迭代步长 μ、μ_γ 选择初始值 γ_i,$i=1,2,\cdots,M$,γ_i 可由经验选择,若无经验可用则随机选择
第 1 步:$\boldsymbol{y}(n)=\boldsymbol{W}(n)\boldsymbol{x}(n)$ 第 2 步:若不需确定 $\boldsymbol{g}(\boldsymbol{y})$,则跳过该步 (1) 更新 $\gamma_i\leftarrow(1-\mu_\gamma)\gamma_i+\mu_\gamma[-y_i(n)\tanh(y_i(n))+(1-\tanh^2(y_i(n)))]$ (2) $\gamma_i>0$ 选 $g^+(y_i)$ 作为 $g_i(y_i)$,否则选 $g^-(y_i)$ 作为 $g_i(y_i)$ 第 3 步:$\boldsymbol{W}(n+1)=\boldsymbol{W}(n)+\mu[\boldsymbol{I}-\boldsymbol{g}(\boldsymbol{y}(n))\boldsymbol{y}^{\mathrm{T}}(n)]\boldsymbol{W}(n)$ 第 4 步:$n=n+1$ 若未结束,返回第 1 步

表 8.4.5 给出的是实时在线实现，若数据集已全部存在，进行非在线处理，则以 $E[\boldsymbol{g}(\boldsymbol{y})\boldsymbol{y}^{\mathrm{T}}]$替代 $\boldsymbol{g}(\boldsymbol{y}(n))\boldsymbol{y}^{\mathrm{T}}(n)$，以 $\mu_\gamma E[-y_i\tanh(y_i)+(1-\tanh^2(y_i))]$作为 γ_i 的更新项，去掉表 8.4.5 中的时间序号(n)，以有限样本平均近似期望值 $E[\cdot]$，则可得到更快的收敛速度和更好的精度。

以上利用互信息准则推导了自然梯度算法，研究发现有几个准则可以导出几乎一致的算法，以下简单介绍最大似然(ML)准则和信息最大准则，并讨论在这些准则下的自然梯度 ICA 算法与以上讨论几乎一致。

1. 最大似然 ICA 算法

对于观测信号模型 $\boldsymbol{x}(n)=\boldsymbol{A}\boldsymbol{s}(n)$，假设 $\boldsymbol{A}$ 是可逆的(未知)，则可以找到 $\boldsymbol{W}=\boldsymbol{A}^{-1}$，使得 $\boldsymbol{y}(n)=\boldsymbol{W}\boldsymbol{x}(n)=\boldsymbol{W}\boldsymbol{A}\boldsymbol{s}(n)=\boldsymbol{s}(n)$，关键是求分离矩阵 $\boldsymbol{W}$，可以用 ML 准则求解参数矩阵 $\boldsymbol{W}$。假设 $\boldsymbol{x}(n)$是已知观测向量，其 PDF 可写为

$$
\begin{aligned}
p_x(\boldsymbol{x}(n)) &= |\det(\boldsymbol{A}^{-1})|\, p_s(\boldsymbol{s}(n)) = |\det(\boldsymbol{W})| \prod_{i=1}^{M} p_{s_i}(s_i(n)) \\
&= |\det(\boldsymbol{W})| \prod_{i=1}^{M} p_{s_i}(\boldsymbol{w}_i^{\mathrm{T}}\boldsymbol{x}(n))
\end{aligned} \tag{8.4.60}
$$

若有观测信号集为 $\boldsymbol{X}=\{\boldsymbol{x}(n), n=0,1,\cdots,N-1\}$，则观测信号集的联合概率为

$$
p_x(\boldsymbol{X}) = \prod_{n=0}^{N-1} p_x(\boldsymbol{x}(n)) = \prod_{n=0}^{N-1}\prod_{i=1}^{M} p_{s_i}(\boldsymbol{w}_i^{\mathrm{T}}\boldsymbol{x}(n))\,|\det(\boldsymbol{W})| \tag{8.4.61}
$$

式(8.4.61)中，$\boldsymbol{X}$ 是已经产生的数据集，故若把 $\boldsymbol{W}$ 看作待求参数集，则可得到 $\boldsymbol{W}$ 的似然函数，为方便使用对数似然函数，则

$$
\begin{aligned}
\frac{1}{N}L(\boldsymbol{W}) &= \frac{1}{N}\sum_{n=0}^{N-1}\sum_{i=1}^{M}\log(p_{s_i}(\boldsymbol{w}_i^{\mathrm{T}}\boldsymbol{x}(n))) + \log|\det(\boldsymbol{W})| \\
&\approx \sum_{i=1}^{M} E\{\log(p_{s_i}(\boldsymbol{w}_i^{\mathrm{T}}\boldsymbol{x}(n)))\} + \log|\det(\boldsymbol{W})|
\end{aligned} \tag{8.4.62}
$$

注意到，式(8.4.62)与式(8.4.42)除了缺一项 $H(\boldsymbol{x})$外只相差一个负号，由于 $H(\boldsymbol{x})$与待求矩阵 $\boldsymbol{W}$ 无关，故 ML 准则下的目标函数与互信息的目标函数符号相反，因此最小化互信息准则和最大似然准则等价，由此，ML 准则下的自然梯度 ICA 算法与表 8.4.5 的算法一致。

微小的区别是，互信息准则用的 PDF 是输出 y_i 的，而 ML 准则用的 PDF 是 s_i 的，理想情况下 $s_i=y_i$，实际中两者有误差，但由于自然梯度类算法中，只用区分超高斯和亚高斯的函数近似表示 PDF，故这个微小差距对算法没有影响。

2. 信息最大化 ICA 算法

在图 8.4.2 给出 Infomax 的框图，式(8.4.19)则给出 Infomax 的准则函数，比较式(8.4.19)和式(8.4.62)发现，只要取 $f_i'(\cdot)=p_{s_i}(\cdot)$，则两者是一致的。同样地，自然梯度算法的收敛不要求严格的函数集合，因此 $f_i'(\cdot)$取式(8.4.56)或式(8.4.57)中的一个，则其 ICA 算法与表 8.4.5 一致。

如下给出一个仿真数值实例说明 ICA 算法的有效性。

例 8.4.1　设有两个变量 $s_i, i=1,2$ 是相互独立的，并且都为在$[-1,1]$均匀分布，随机产生 4000 个样本 s_1, s_2，并以其取值为坐标在平面上画一个点，样本数充分多时，可用点集合逼近 $p(\boldsymbol{s})$，如图 8.4.3(a)所示。利用 $\boldsymbol{x}=\boldsymbol{A}\boldsymbol{s}$ 产生一个新的向量，这里

$$\boldsymbol{A}=\begin{bmatrix}-0.1961 & -0.9806\\ 0.7071 & -0.7071\end{bmatrix}$$

$\boldsymbol{x}$ 的分布如图 8.4.3(b)所示。利用白化技术将 $\boldsymbol{x}$ 白化，白化的分布如图 8.4.3(c)所示，注意前 3 步都没有归一化，将白化结果归一化后，用 Fast-ICA 算法分离源信号，分离信号分布示于图 8.4.3(d)，可见 Fast-ICA 相当好地得到独立分量。

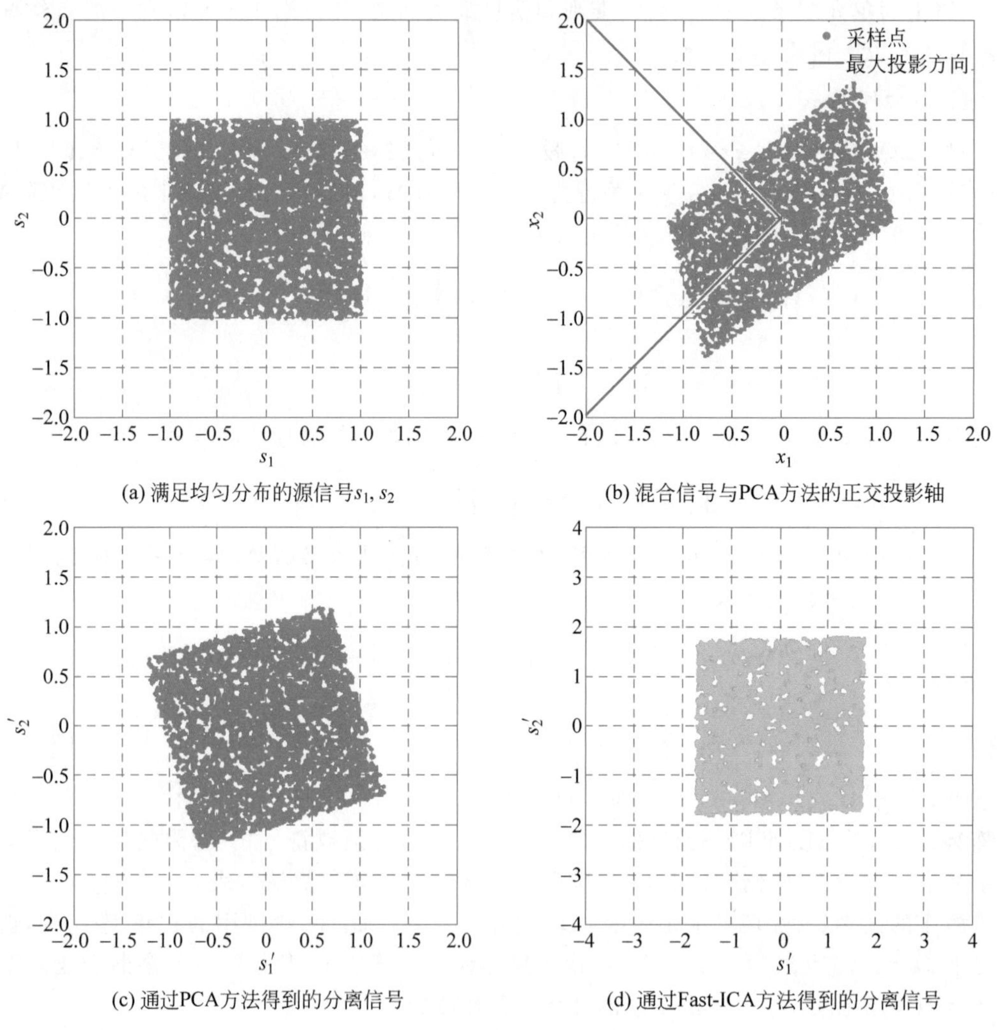

(a) 满足均匀分布的源信号s_1, s_2

(b) 混合信号与PCA方法的正交投影轴

(c) 通过PCA方法得到的分离信号

(d) 通过Fast-ICA方法得到的分离信号

图 8.4.3　两个均匀分布独立分量的分离

8.5　本章小结和进一步阅读

隐变量方法已经成为信号处理、机器学习和统计分析领域一个很重要的研究和应用分支，本章主要从信号处理的观点出发讨论了隐变量分析中的主要专题 PCA 和 BSS，较详细地讨论了递推的 PCA 算法和 ICA 算法。本章可作为隐变量分析的一个入门性的专题，为读者进入这样一个活跃的方向打下好的基础，如果希望在这个方向上有更深入的学习甚至作为自己的研究方向，则可进一步阅读更深入的著作和研究论文。

已有多本关于 ICA 或 BSS 的专门著作。Hyvärinen 和 Oja 的书专注于 ICA 算法[125]，从理论基础到应用都给出了详细的讨论，在算法叙述上突出了 Fast-ICA 类算法，毕竟作者是这一应用广泛的算法的提出者。另一本较早的全面讨论 ICA 的书是 Roberts 和 Everson 的著作[217]。Cichocki 和 Amari 的书则从更全面的视角讨论了盲源分离及其应用[55]，作者是 BSS 研究的重要学者，该书也反映了作者的许多贡献。Haykin 主编的书是对 BSS 算法和应用的汇集[118]，Comon 和 Jutten 主编的书则给出了 ICA 领域更多的算法和应用[66]。Bartholomew 则以统计学的视角给出了讨论隐变量模型和因子分解的著作[16]。国内也有独立分量分析的书出版，较早的一本是杨福生和洪波的书[307]。自 20 世纪 90 年代以后，有关 ICA 和 BSS 的研究论文大量发表，综述性和教学性论文也非常之多，这里就不一一介绍，仅指出一篇近期的综述性论文[1]，由近期的综述性论文为线索找到有重要意义的研究论文，也是文献检索的一种有效手段。

习题

1. 设信号 $x(n)=4.0\cos(0.5\pi n)+1.5\sin(3\pi n/4)+v(n)$，这里 $v(n)$ 是白噪声方差为 $\sigma^2=0.25$，以 $\boldsymbol{x}(n)=[x(n),x(n-1),x(n-2),x(n-3)]$ 构成 4 维信号向量，求其自相关矩阵特征值，若用最大的两个特征值对应的特征向量为主向量进行 PCA 表示，问 PCA 表示与原信号向量表示的能量比。

2. 用约束最优的思想导出主分量分析。设 $\boldsymbol{x}$ 表示 M 维零均值数据向量，$\boldsymbol{w}$ 表示一个 M 维向量，令 σ^2 表示 $\boldsymbol{x}$ 在 $\boldsymbol{w}$ 上投影的方差值。

(1) 证明，在 $\|\boldsymbol{w}\|^2=1$ 的约束下，求 $\boldsymbol{w}$ 使得 σ^2 最大化，用拉格朗日乘数法构造的目标函数为

$$J(\boldsymbol{w})=\boldsymbol{w}^{\mathrm{T}}\boldsymbol{R}_x\boldsymbol{w}-\lambda(\boldsymbol{w}^{\mathrm{T}}\boldsymbol{w}-1)$$

λ 是拉格朗日乘子。

(2) 由(1)的结果，证明 $\boldsymbol{w}$ 的解满足

$$\boldsymbol{R}_x\boldsymbol{w}=\lambda\boldsymbol{w}$$

即 $\boldsymbol{w}$ 的解是 $\boldsymbol{R}_x$ 的特征向量，这里 λ 是相应特征值。

3. 设 $\boldsymbol{x}$ 表示 M 维零均值数据向量，$\boldsymbol{w}$ 表示一个 M 维向量，令 σ^2 表示 $\boldsymbol{x}$ 在 $\boldsymbol{w}$ 上投影的方差值。

(1) 证明，在 $\|\boldsymbol{w}\|^2=1$ 的约束下，求 $\boldsymbol{w}$ 使得 σ^2 最大化，利用方差的瞬时估计值替代统计值，则拉格朗日乘数法构造的目标函数为

$$J(\boldsymbol{w})=(\boldsymbol{w}^{\mathrm{T}}\boldsymbol{x})^2-\lambda(\boldsymbol{w}^{\mathrm{T}}\boldsymbol{w}-1)$$

λ 是拉格朗日乘子。

(2) 证明随机梯度为

$$\frac{\partial J(\boldsymbol{w})}{\partial \boldsymbol{w}}=2(\boldsymbol{w}^{\mathrm{T}}\boldsymbol{x})\boldsymbol{x}-2\lambda\boldsymbol{w}$$

(3) 利用梯度迭代

$$\hat{\boldsymbol{w}}(n+1)=\hat{\boldsymbol{w}}(n)+\frac{1}{2}\mu\frac{\partial J(\hat{\boldsymbol{w}}(n))}{\partial \boldsymbol{w}}$$

并考虑约束条件 $\|\boldsymbol{w}\|^2=1$，导出权更新公式为

$$\hat{\boldsymbol{w}}(n+1)=\hat{\boldsymbol{w}}(n)+\frac{1}{2}\mu[(\boldsymbol{x}(n)\boldsymbol{x}^{\mathrm{T}}(n))\hat{\boldsymbol{w}}(n)-\hat{\boldsymbol{w}}^{\mathrm{T}}(n)(\boldsymbol{x}(n)\boldsymbol{x}^{\mathrm{T}}(n))\hat{\boldsymbol{w}}(n)\hat{\boldsymbol{w}}(n)]$$

4. 如果两个随机变量 y_1、y_2 是统计独立的，则对于两个任意函数 $f(\cdot)$、$g(\cdot)$，证明：$f(y_1)$、$g(y_2)$是不相关的。

5. 在 Fast-ICA 算法中，如果非线性函数 $g(\cdot)$取为线性函数会怎样？

6. 讨论在 Fast-ICA 算法中，如果在非线性函数 $g(\cdot)$中加入：(1)一个非线性函数项；(2)一个常数项，算法特性会有什么变化？

7. 以输出的 3 阶累积量 $E[y^3]$为目标函数推导 Fast-ICA 算法，该目标函数适用于什么条件？与以峭度为目标函数相比有什么优势和劣势？

*8. 有三个源信号：

$s_1(n)=0.8\sin(0.9\pi n)\cos(10n)$

$s_2(n)=\mathrm{sgn}[\sin(20n+5\cos(3n))]$

$s_3(n)$为在$[-1,1]$均匀分布

每个源信号各产生 2000 个样本，混合矩阵为

$$\mathbf{A}=\begin{bmatrix}0.3298 & 0.5062 & 0.2232\\ 0.1264 & 0.1162 & 0.2195\\ 0.3831 & 0.5787 & 0.4553\end{bmatrix}$$

(1) 画出源信号波形及混合信号波形；

(2) 用 Fast-ICA 和自然梯度算法(基于互信息的)分别分离各源信号，画出分离的源信号，与原始信号进行对比。

第三篇

时频分析和稀疏表示

本篇包括3章，讨论复杂信号的表示问题，主要分为时频分析和稀疏表示这两个有紧密联系的主题。第9章讨论一般时频分析方法，有两类技术，一是线性时频分析，包括短时傅里叶变换、Gabor展开等内容；二是非线性(二次)时频变换，包括WVD和Cohen类以及与之密切相关的模糊函数。这些内容是时频分析最基本的方法，构成了时频分析的基础。第10章单独讨论小波变换，严格地讲，小波变换属于线性时频变换的一类，但由于其独特的性质，使得其应用更加广泛，故单独一章进行讨论。本篇最后一章是信号的稀疏表示，受压缩感知方法的推动，信号的稀疏表示方法成为近十几年信号处理、统计学和机器学习等领域都非常活跃的前沿课题，本章对其基本原理和相关算法做了概要的介绍。

- 第9章　时频分析方法；
- 第10章　小波变换原理及应用概论；
- 第11章　信号的稀疏表示与压缩感知。

第9章

时频分析方法

人们的注意力容易被信号中的瞬变或景物中的运动所吸引而忽略其中的平稳环境，这些瞬变和运动包含了更重要的信息，为了获取这些重要信息，将分析工具局域化到瞬变时刻的附近，将得到更精细的结果，因此，具有时频局域化的分析工具是重要的。

信号在瞬变附近表现出非平稳的性质，在每个瞬变附近信号的频谱（或功率谱）可能会有明显的变化，瞬变附近短时间内的频谱与一段长时间观测序列所得到的频谱可能有很大不同，每个瞬变附近的短时的性质可能包含了很多有用的信息，但传统的频谱分析和功率谱分析是一种全局的分析工具，它揭示了信号中各频率分量的存在性和强度，却没有任何时间信息，即这种全局分析工具可以告诉我们信号中有没有一些频率分量存在，强度如何，但没有关于这个分量何时存在、何时消亡的任何信息，更没有能力自然地获取信号在一些瞬变附近的频谱变化。

时频分析方法就是一种局域化分析工具，它的目标就是获取信号在时间与频率域的联合信息。时频分析工具有多种，例如短时傅里叶变换、Gabor 展开、分数傅里叶变换、小波变换和 Wigner-Ville 分布等。其中短时傅里叶变换、Gabor 展开、分数傅里叶变换和小波变换属于线性时频变换，而 Wigner-Ville 分布及其推广属于二次时频变换，也就是一种非线性时频变换。本章依次讨论短时傅里叶变换、Gabor 展开和 Wigner-Ville 分布，小波变换将在第 10 章单独讨论。

本章提供了时频分析的导论性的材料，通过直观分析和例子导出概念和方法，对于一些算法、公式和性质的证明，比较简单地留作习题，较烦琐地指出了参考文献，供有兴趣的读者进一步参考，本章仅给出几个最基本的结论的证明，将不讨论大多数结论的证明细节。

9.1 时频分析的预备知识

视频讲解

本节讨论时频分析的几个基本概念和一些预备知识。

9.1.1 傅里叶变换及其局限性

对于线性时不变系统，傅里叶变换无疑是最有力的工具。设线性时不变系统算子为 L，信号 $x(t)$ 通过线性时不变系统等价为算子 L 作用于 $x(t)$，即 $Lx(t)$。容易验证，$\mathrm{e}^{\mathrm{j}\omega t}$ 是线性时不变系统算子 L 的特征函数，该算子的特征值是 $\hat{h}(\omega)$。故

$$L\mathrm{e}^{\mathrm{j}\omega t}=\hat{h}(\omega)\mathrm{e}^{\mathrm{j}\omega t} \tag{9.1.1}$$

这里,$\hat{h}(\omega)=\int_{-\infty}^{+\infty} h(t)\mathrm{e}^{-\mathrm{j}\omega t}\mathrm{d}t$ 和 $h(t)=L\delta(t)$。由于傅里叶变换将一个函数 $x(t)$ 分解为一系列正弦复指数的和,即

$$x(t)=\frac{1}{2\pi}\int_{-\infty}^{+\infty}\hat{x}(\omega)\mathrm{e}^{\mathrm{j}\omega t}\mathrm{d}\omega \tag{9.1.2}$$

这里

$$\hat{x}(\omega)=\int_{-\infty}^{+\infty}x(t)\mathrm{e}^{-\mathrm{j}\omega t}\mathrm{d}t=\langle x(t),\mathrm{e}^{\mathrm{j}\omega t}\rangle \tag{9.1.3}$$

在本章和第10章,我们使用时频变换领域更常用的符号,用 $x(t)$ 表示时域信号,用 $\hat{x}(\omega)$ 表示其傅里叶变换。式(9.1.3)是傅里叶变换,式(9.1.2)是由傅里叶变换重构信号,或称傅里叶反变换,由式(9.1.1)和式(9.1.2),得

$$Lx(t)=\frac{1}{2\pi}\int_{-\infty}^{+\infty}\hat{x}(\omega)\hat{h}(\omega)\mathrm{e}^{\mathrm{j}\omega t}\mathrm{d}\omega$$

记 $y(t)=Lx(t)$,则 $\hat{y}(\omega)=\hat{x}(\omega)\hat{h}(\omega)$。

以上这些关系奠定了线性时不变系统分析的基础,对离散信号和系统也有一组相应的公式存在。但由式(9.1.3)可以注意到,要得到 $x(t)$ 的傅里叶变换,必须在整个时间轴上对 $x(t)$ 和 $\mathrm{e}^{\mathrm{j}\omega t}$ 进行混合,式(9.1.3)的内积运算的几何解释是求 $x(t)$ 在 $\mathrm{e}^{\mathrm{j}\omega t}$ 分量上的投影,由于 $\mathrm{e}^{\mathrm{j}\omega t}$ 的单频率性和无穷伸展性,$\hat{x}(\omega)$ 表示了在 $(-\infty,+\infty)$ 的时间域上,$x(t)$ 中 $\mathrm{e}^{\mathrm{j}\omega t}$ 分量的强度和相位的密度分布。因此,傅里叶变换没有能力抽取一个信号的局域性质,即它没有能力抽取或定位信号在某个时间附近的瞬变特性。

因此,原始的傅里叶变换对瞬态或非平稳信号的局域特性是无能为力的。

9.1.2 时频分析的几个基本概念

与平稳信号相比,另一类信号称为瞬变的,瞬变的意思是指描述信号本质的特征量是随时间变化的,例如信号的瞬时频率是时变的,或信号的方差是时变的等。例如,一类信号可以表达为 $x(t)=a(t)\mathrm{e}^{\mathrm{j}\varphi(t)}$,其中 $a(t)$,$\varphi(t)$ 都是实的,若 $a(t)$ 相对 $\varphi(t)$ 变化是非常平缓的,信号的瞬时频率可定义为

$$\omega(t)=\varphi'(t) \tag{9.1.4}$$

常见的复正弦信号 $x(t)=a\mathrm{e}^{\mathrm{j}\omega_0 t}$,其频率 $\omega(t)=\omega_0$ 为常数,但有许多实际信号其瞬时频率是时变的,如下例子中,讨论了一组频率随时间变化的信号族。

例 9.1.1 调制信号(Chirp 信号)。

调制信号指形式为 $x(t)=a\mathrm{e}^{\mathrm{j}\varphi(t)}$ 的一类信号,当瞬时频率 $\omega(t)=\varphi'(t)$ 为时间 t 的线性函数时,称为线性调制信号;当瞬时频率 $\omega(t)=\varphi'(t)$ 为时间 t 的二次函数时,称为二次调制函数,以此类推。线性和二次调制函数及瞬时频率如下:

$$x(t)=a\mathrm{e}^{\mathrm{j}(\beta t^2+\omega_0 t+\varphi)},\quad \omega(t)=2\beta t+\omega_0$$

$$x(t)=a\mathrm{e}^{\mathrm{j}(\mu t^3+\beta t^2+\omega_0 t+\varphi)},\quad \omega(t)=3\mu t^2+2\beta t+\omega_0$$

当调制函数仅取实部时,称为实调制函数。

例 9.1.2 高斯包络线性调制信号,信号表示为

$$x(t)=g(t-t_0)\mathrm{e}^{\mathrm{j}(\beta t^2+\omega_0 t)}=\left(\frac{\alpha}{\pi}\right)^{1/4}\mathrm{e}^{-\alpha(t-t_0)^2/2+\mathrm{j}(\beta t^2/2+\omega_0 t)} \tag{9.1.5}$$

式中，$g(t)=\left(\frac{\alpha}{\pi}\right)^{1/4}\mathrm{e}^{-\alpha t^2/2}$ 为高斯函数，这个信号只在 t_0 附近有明显的取值，在远离 t_0 处取值近似为零，并且，在 t_0 附近，其瞬时频率也是随时间线性变化的。其实部的波形如图 9.1.1 所示。

对于如上例子中的信号，希望得到瞬时频率，对例 9.1.2 这样仅在有限时间内出现的信号，希望得到信号在何时出现、何时消亡这样的参数。但是，频谱和功率谱这样的分析工具是全局性的，只能得到信号在整个时间范围内（或一个观测窗内）有哪些频率成分，例如，式(9.1.5)所表示信号的频谱可表示为

$$\hat{x}(\omega)=\sqrt{\frac{\sqrt{\alpha}}{\sqrt{\pi}(\alpha+\mathrm{j}\beta)}}\mathrm{e}^{-(\omega-\omega_0)^2/2(\alpha-\mathrm{j}\beta)}\mathrm{e}^{-\mathrm{j}\omega t_0} \tag{9.1.6}$$

其能量谱表示为

$$|\hat{x}(\omega)|^2=\sqrt{\frac{\alpha}{\pi(\alpha^2+\beta^2)}}\mathrm{e}^{-\alpha(\omega-\omega_0)^2/(\alpha^2+\beta^2)} \tag{9.1.7}$$

式(9.1.7)的能量谱示于图 9.1.2 中，由此可以得知信号在整个时间范围内包含哪些频率成分，但希望得到的两个局域性参数——随时间变化的瞬时频率和有效信号的存在区间，在能量谱中都体现不出来。

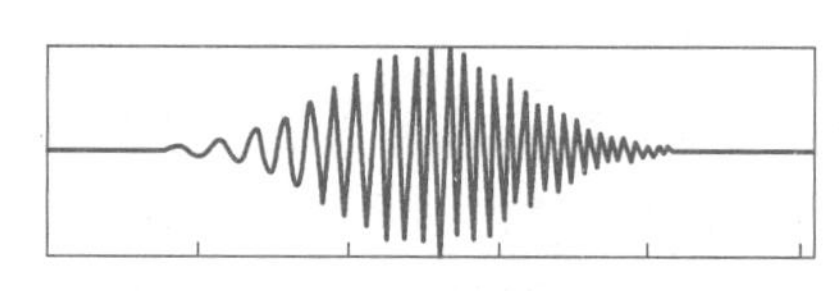

图 9.1.1 高斯包络线性调制信号

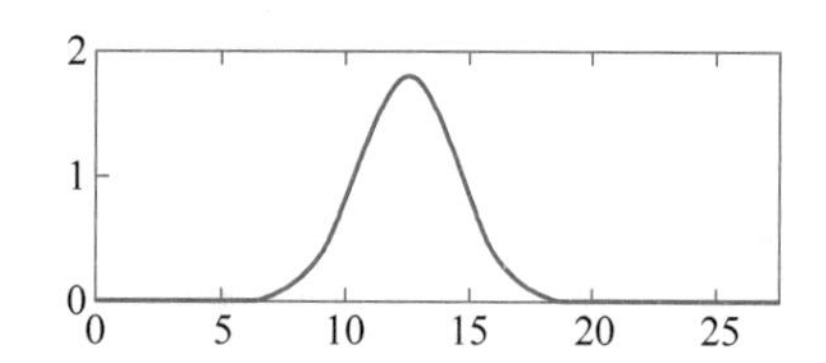

图 9.1.2 高斯包络线性调制信号的能量谱

例 9.1.3 雷达中常用的线性调频脉冲表示为

$$x(t)=A(t)\mathrm{e}^{\mathrm{j}\alpha t^2} \tag{9.1.8}$$

其中幅度函数

$$A(t)=\begin{cases}1, & -\tau/2\leqslant t\leqslant\tau/2\\0, & 其他\end{cases} \tag{9.1.9}$$

如果要求信号的带宽为 β，则 $\alpha=\pi\frac{\beta}{\tau}$，信号的频率范围 $[-\beta/2,\beta/2]$，我们用 DFT 技术分析线调频脉冲的频谱。图 9.1.3 画出了信号实部的波形和幅度谱。同样，幅度谱只给出了信号包含哪些频率成分，没有频率随时间变化的信息。

希望得到信号的一种“时频”变换，时频变换反映“信号随时间变化的频谱（或功率谱或能量谱）”，一个信号的时频变换可以用符号 $\mathrm{TF}_x(t,\omega)$ 表示，称时频变换的图形表示为时频谱图，时频谱图可以是三维立体图形，也可以是平面图。对于平面图，在时频平面，用黑白强度表示 $|\mathrm{TF}_x(t,\omega)|$ 的取值，越黑的点 $|\mathrm{TF}_x(t,\omega)|$ 取值越大，白色点对应于 $|\mathrm{TF}_x(t,\omega)|$ 取零。例如，对于线性调制信号 $x(t)=a\mathrm{e}^{\mathrm{j}(\beta t^2+\omega_0 t+\varphi)}$，一个理想的时频变换 $\mathrm{TF}_x(t,\omega)$ 的时频谱图应如图 9.1.4(a)所示。

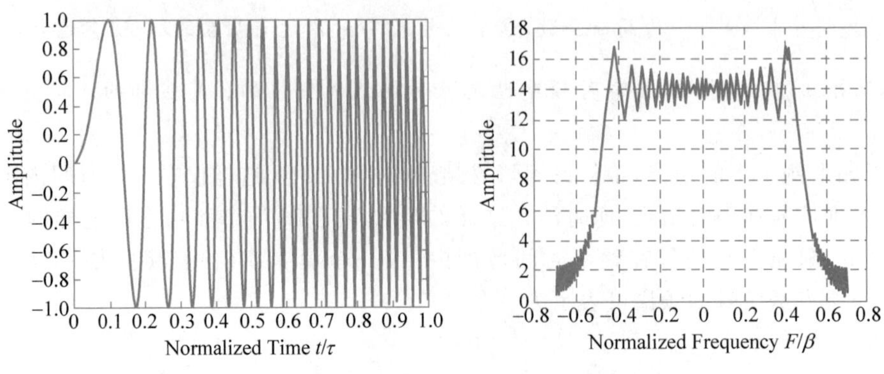

图 9.1.3 线调频脉冲的波形与频谱

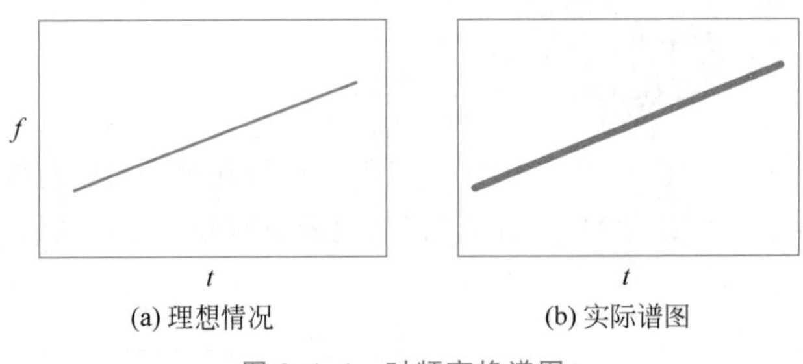

(a) 理想情况　　(b) 实际谱图

图 9.1.4 时频变换谱图

对理想的时频变换 $\mathrm{TF}_x(t,\omega)$，在一个给定时间 t_0，$\mathrm{TF}_x(t_0,\omega)$ 表达了信号在时刻 t_0 所包含的频率成分，考虑线性调频信号的例子，t_0 时，信号仅包含一个频率分量，瞬时频率为 $\omega(t_0)=2\beta t_0+\omega_0$，仅有 $\mathrm{TF}_x(t_0,2\beta t_0+\omega_0)\neq 0$，因此线性调制信号的理想时频谱图是在$(t,\omega)$平面上 $\omega=2\beta t+\omega_0$ 的一条直线，这就是图 9.1.4(a)所示的情况。理想时频谱图精确地刻画了信号瞬时频率随时间变化的规律，可惜的是，实际中得不到这种理想的时频变换。

为了简单，首先研究线性时频变换的一般形式，设时间信号为 $x(\tau)$，为了与时频变换的时间参数区别，这里用 τ 表示信号的时间自变量。考虑一个由母函数 $g_0(\tau)$构成的函数集 $g(\tau,t,\omega)$，t、ω 是可变化的参数，例如 $g(\tau,t,\omega)=g_0(\tau-t)\mathrm{e}^{\mathrm{j}\omega\tau}$ 就是由母函数 $g_0(\tau)$生成的函数集，是由 $g_0(\tau)$在时间轴上移位 t 后再被角频率为 ω 的载波调制得到的。定义线性时频变换为

$$\begin{aligned}\mathrm{TF}_x(t,\omega)&=\langle x(\tau),g(\tau,t,\omega)\rangle=\int x(\tau)g(\tau,t,\omega)\mathrm{d}\tau\\&=\frac{1}{2\pi}\langle\hat{x}(\lambda),\hat{g}(\lambda,t,\omega)\rangle=\frac{1}{2\pi}\int\hat{x}(\lambda)\hat{g}(\lambda,t,\omega)\mathrm{d}\lambda\end{aligned}\tag{9.1.10}$$

式中，$\hat{x}(\lambda)=\int x(\tau)\mathrm{e}^{-\mathrm{j}\lambda\tau}\mathrm{d}\tau$ 是 $x(\tau)$ 的傅里叶变换，$\hat{g}(\lambda,t,\omega)=\int g(\tau,t,\omega)\mathrm{e}^{-\mathrm{j}\lambda\tau}\mathrm{d}\tau$ 是 $g(\tau,t,\omega)$ 的傅里叶变换，t、ω 是参数。

式(9.1.10)定义了线性时频变换的一般形式，取不同的 $g(\tau,t,\omega)$的定义，得到一种不同的时频变换。在进入线性时频变换的性质的讨论之前，研究两个作为极端情况的特例。

1. 信号的时域表示

取

$$g(\tau,t,\omega)=\delta(\tau-t)$$

则有

$$\mathrm{TF}_x(t,\omega)=\langle x(\tau),\ \delta(\tau-t)\rangle=x(t)$$

这是信号的时域表示，具有最高的时间分辨率，但没有频率分析能力。

2. 信号的傅里叶变换

取

$$g(\tau,t,\omega)=\mathrm{e}^{-\mathrm{j}\omega\tau}$$

则有

$$\mathrm{TF}_x(t,\omega)=\langle x(\tau),\mathrm{e}^{-\mathrm{j}\omega\tau}\rangle=\int_{-\infty}^{+\infty}x(\tau)\mathrm{e}^{-\mathrm{j}\omega\tau}\mathrm{d}\tau=\hat{x}(\omega)$$

这是信号的傅里叶变换，具有分析信号频率的最高分辨率，但没有时间定位的能力。

由如上两个特例，信号的时域表示和傅里叶变换是时频变换的特例。由信号的时域表示，可以定位两个相邻任意近的冲激函数 $\delta(\tau-t_1)$ 和 $\delta(\tau-t_2)$，理论上具有任意的时域分辨率，但却得不到有关频率分量的任何信息；由信号的傅里叶变换，可以分辨出两个任意接近的频率分量，理论上有任意高的频率分辨率，但却不能定位这些频率分量的出现和消亡，不能识别频率随时间的变化。因此，本章讨论的时频分析不采用这种具有无穷短和无穷长的母函数。

为了得到好的时频局域性分析，取 $g_0(\tau)$ 是一个在时域和频域都具有良好的能量集中特性的函数，在时域，$g_0(\tau)$ 的能量主要集中在 $-\Delta_t/2\leqslant\tau\leqslant\Delta_t/2$ 范围内，这个范围之外，$g_0(\tau)$ 取值很小；在频域，$\hat{g}_0(\lambda)$ 的能量主要集中在 $-\Delta_\omega/2\leqslant\lambda\leqslant\Delta_\omega/2$ 范围内。一种情况是，改变参数 t,ω 的取值，使得在时域 $g(\tau,t,\omega)$ 的主要能量集中在 $t-\Delta_t/2\leqslant\tau\leqslant t+\Delta_t/2$，在频域 $\hat{g}(\lambda,t,\omega)$ 的主要能量集中在 $\omega-\Delta_\omega/2\leqslant\lambda\leqslant\omega+\Delta_\omega/2$ 范围内，因此，式(9.1.10)定义的时频变换 $\mathrm{TF}_x(t,\omega)$ 实际上是提取了信号在 t,ω 附近，主要影响区间为

$$[t-\Delta_t/2,t+\Delta_t/2]\times[\omega-\Delta_\omega/2,\omega+\Delta_\omega/2] \tag{9.1.11}$$

内信号的能量，区间的面积为 $\Delta_t\Delta_\omega$。注意到，在不同的时频变换中，Δ_t 和 Δ_ω 可能是取定的常数，也可能随 t,ω 变化。

看一个例子，设 $g_0(\tau)=\left(\frac{\alpha}{\pi}\right)^{1/4}\mathrm{e}^{-\alpha\tau^2}$ 为高斯函数，取 $g(\tau,t,\omega)=g_0(\tau-t)\mathrm{e}^{-\mathrm{j}\omega\tau}$，$g(\tau,t,\omega)$ 是高斯调制函数集，$g(\tau,t=0,\omega)$ 实部的图形如图 9.1.5(a)所示，其傅里叶变换的幅度 $|\hat{g}(\lambda,t,\omega)|$ 如图 9.1.5(b)所示。

由图可见，当指定了参数 t,ω，将 t,ω 当作常数，$g(\tau,t,\omega)$ 是以 t 为中心，频率为 ω 的局域波形，由定义式(9.1.10)的第一行 $\mathrm{TF}_x(t,\omega)=\langle x(\tau),g(\tau,t,\omega)\rangle$，$\mathrm{TF}_x(t,\omega)$ 得到了以 t 为中心的一段时间内信号中包含频率 ω 的成分；而 $\hat{g}(\lambda,t,\omega)$ 是以 ω 为中心的窄带状频谱，由定义(9.1.10)的第二行，$<\hat{x}(\lambda),\hat{g}(\lambda,t,\omega)>/2\pi$ 抽取了信号频谱中以 ω 为中心的、以 Δ_ω 为有效宽度的范围内的成分。让参数 t,ω 任意变化，$\mathrm{TF}_x(t,\omega)$ 得到了在任意时间和频率处的时频分布函数。这里对于指定的参数 $t,\omega,g(\tau,t,\omega)$ 被称为时频原子。

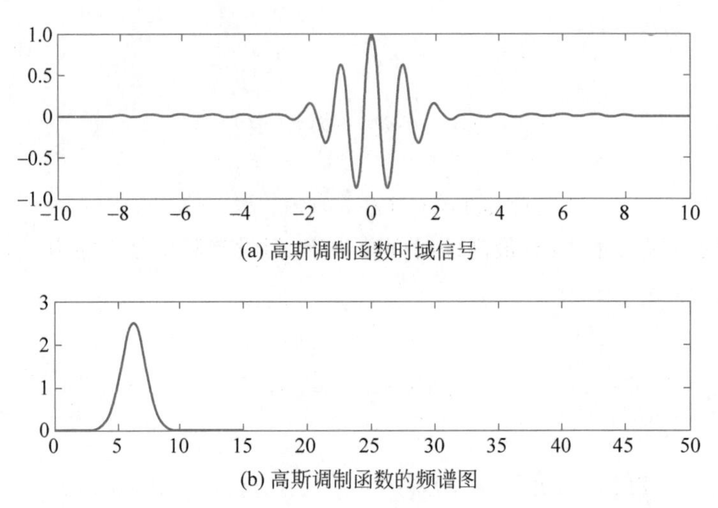

(a) 高斯调制函数时域信号

(b) 高斯调制函数的频谱图

图 9.1.5 $g(\tau,t,\omega)$时域和频域图形

这里也观察到了时频变换的限制，即在 t,ω 处，得到的不是精确地描述“时间 t 处，频率 ω 的成分”，而是 t 附近和 ω 附近，面积为 $\Delta_t\Delta_\omega$ 的区间内信号的能量分布，如果有两个频率分量距离小于 Δ_ω，或两个脉冲距离小于 Δ_t，$\mathrm{TF}_x(t,\omega)$将无法区分，这就是说，时频变换 $\mathrm{TF}_x(t,\omega)$的时间分辨率受 Δ_t 限制，频率分辨率受 Δ_ω 限制。

图 9.1.4(b)是线性调频信号的一种实际的线性时频变换谱图，由图 9.1.4(a)的直线变成带状图，带状图在频率方向的宽度为 Δ_ω，如果有两个频率差固定为 $\Delta_\omega/2$ 的线性调制信号，两条带子将合成为一条，从而不能分辨。同理，带状图在时间方向的宽度为 Δ_t，如果有两个时域脉冲时间差小于 $\Delta_t/2$，则两条带状线将合成为一条，从而不能分辨这两个脉冲。

为了得到任意高的时间和频率分辨率，希望 $\Delta_t\to0$ 和 $\Delta_\omega\to0$ 同时成立，但这是不可能的，如下讨论的不确定性原理给出了时频分辨率的限制条件。

对于给定的函数 $g(t)$，定义其能量为

$$E_x=\|g(t)\|_2^2=\int_{-\infty}^{+\infty}|g(t)|^2\mathrm{d}t$$

这里用符号 $\|g(t)\|_2$ 表示函数的 2 范数，以下为了简单省略范数符号的下标 2。设函数能量是有限的，即平方可积，$g(t)\in L^2(R)$，则

$$\frac{1}{\|g(t)\|^2}|g(t)|^2$$

$$\frac{1}{\|\hat{g}(\omega)\|^2}|\hat{g}(\omega)|^2$$

在时域和频域分别具有概率密度函数的性质，即正实性和积分为 1，由此定义信号的时域中心和频域中心分别为

$$\mu_t=\frac{1}{\|g(t)\|^2}\int_{-\infty}^{+\infty}t|g(t)|^2\mathrm{d}t \tag{9.1.12}$$

$$\mu_\omega=\frac{1}{\|\hat{g}(\omega)\|^2}\int_{-\infty}^{+\infty}\omega|\hat{g}(\omega)|^2\mathrm{d}\omega \tag{9.1.13}$$

围绕中心的时域方差和频域方差分别为

$$\sigma_t^2 = \frac{1}{\| g(t) \|^2} \int_{-\infty}^{+\infty} (t - \mu_t)^2 \mid g(t) \mid^2 \mathrm{d}t \tag{9.1.14}$$

$$\sigma_\omega^2 = \frac{1}{\| \hat{g}(\omega) \|^2} \int_{-\infty}^{+\infty} (\omega - \mu_\omega)^2 \mid \hat{g}(\omega) \mid^2 \mathrm{d}\omega \tag{9.1.15}$$

称 σ_t 为信号的等效时宽，σ_ω 为信号的等效频宽。

定理 9.1.1　不确定性定理：对平方可积信号 $g(t) \in L^2(R)$，且满足 $\lim\limits_{|t| \to \infty} \sqrt{t} g(t) = 0$，其等效时宽和等效频宽满足如下不等式：

$$\sigma_t \sigma_\omega \geqslant \frac{1}{2} \tag{9.1.16}$$

证明：为简单计，假设信号的时域中心和频域中心为零 $\mu_t = 0, \mu_\omega = 0$，直接代入 σ_t^2 和 σ_ω^2 的定义式，得

$$\sigma_t^2 \sigma_\omega^2 = \frac{1}{\| g(t) \|^2} \int_{-\infty}^{+\infty} \mid t g(t) \mid^2 \mathrm{d}t \ \frac{1}{\| \hat{g}(\omega) \|^2} \int_{-\infty}^{+\infty} \mid \omega \hat{g}(\omega) \mid^2 \mathrm{d}\omega$$

由帕塞瓦尔定理知 $\| \hat{g}(\omega) \|^2 = 2\pi \| g(t) \|^2$，由于 $\mathrm{j}\omega \hat{g}(\omega)$ 是 $g'(t)$ 的傅里叶变换，由帕塞瓦尔定理，有

$$\frac{1}{2\pi} \int_{-\infty}^{+\infty} \mid \omega \hat{g}(\omega) \mid^2 \mathrm{d}\omega = \int_{-\infty}^{+\infty} \mid g'(t) \mid^2 \mathrm{d}t$$

将这些代入前式，得

$$\sigma_t^2 \sigma_\omega^2 = \frac{1}{\| g(t) \|^4} \int_{-\infty}^{+\infty} \mid t g(t) \mid^2 \mathrm{d}t \int_{-\infty}^{+\infty} \mid g'(t) \mid^2 \mathrm{d}t$$

再由施瓦茨不等式得

$$\begin{aligned}
\sigma_t^2 \sigma_\omega^2 &\geqslant \frac{1}{\| g(t) \|^4} \left[\int_{-\infty}^{+\infty} \mid t g'(t) g^*(t) \mid \mathrm{d}t \right]^2 \\
&\geqslant \frac{1}{\| g(t) \|^4} \left[\int_{-\infty}^{+\infty} \frac{t}{2} [g'(t) g^*(t) + g'^*(t) g(t)] \mathrm{d}t \right]^2 \\
&\geqslant \frac{1}{4 \| g(t) \|^4} \left[\int_{-\infty}^{+\infty} t (\mid g(t) \mid^2)' \mathrm{d}t \right]^2 \\
&= \frac{1}{4 \| g(t) \|^4} \left[t \mid g(t) \mid^2 \Big|_{-\infty}^{+\infty} + \int_{-\infty}^{+\infty} \mid g(t) \mid^2 \mathrm{d}t \right]^2
\end{aligned}$$

上式利用分部积分公式，并使用 $\lim\limits_{|t| \to \infty} \sqrt{t} x(t) = 0$ 得

$$\sigma_t^2 \sigma_\omega^2 \geqslant \frac{1}{4 \| g(t) \|^4} \left[\int_{-\infty}^{+\infty} \mid g(t) \mid^2 \mathrm{d}t \right]^2 = \frac{1}{4}$$

根据施瓦茨不等式等号成立的条件，若要使等号成立，必须满足

$$g'(t) = -2bt g(t)$$

该方程的解为

$$g(t) = a \mathrm{e}^{-bt^2}$$

也就是说，只有 $g(t)$ 为高斯类函数时，不确定性定理的等号成立。

若 $\mu_t \neq 0, \mu_\omega \neq 0$，只要做变换 $y(t) = \mathrm{e}^{-\mathrm{j}\mu_\omega t} g(t + \mu_t)$，则 $y(t)$ 的时域中心和频域中心均为零，且 $y(t)$ 和 $g(t)$ 的时域和频域方差均相等，故 $\mu_t \neq 0, \mu_\omega \neq 0$ 时，不等式仍成立。同时，使等号成立的一般函数为

$$g(t)=a\mathrm{e}^{\mathrm{j}\xi t-b(t-\tau)^2}$$

不确定性原理给出了函数在时域和频域宽度的限制条件,不能产生这样一个函数:它同时具有很小的时宽和很小的频宽,这两者受该定理的限制,如果要产生一个频谱很窄的函数信号,其时域要有一定的持续时间,反之亦然。不确定性原理对线性时频变换加了基本限制。

9.1.3 框架和 Reisz 基

在一些时频变换的离散化过程中,需要由一族函数集来对信号进行变换和重构,但这族函数集一般不满足正交性,构不成正交基,甚至不能构成一个基,但由这族函数构成的信号变换是完整的,可以重构信号,这样一族函数集称为框架。本小节简要介绍框架和 Reisz 基的概念,以便后续章节使用。

1. 框架和 Reisz 基的定义

定义 9.1.1 框架定义,由一个函数族$\{\varphi_j(t),j\in Z\}$,Z 表示所有整数集合,如果可以定义一个线性变换 T,T 按分量方式定义为$[Tx]_j=\langle x(t),\varphi_j(t)\rangle$,且满足如下:

(1) 唯一性:如果 $x_1(t)=x_2(t)$,则 $Tx_1=Tx_2$;

(2) 正变换连续性:

如果 $x_1(t)$与 $x_2(t)$很接近,则 Tx_1 与 Tx_2 也很接近,这相当于可找到一个常数 B,使

$$\sum_j|\langle x,\varphi_j\rangle|^2\leqslant B\|x\|^2,\quad 0<B<\infty$$

(3) 反变换连续性:

当$[Tx_1]_j=\langle x_1,\varphi_j\rangle$和$[Tx_2]_j=\langle x_2,\varphi_j\rangle$,$j\in Z$ 充分接近时,要求 $x_1(t)$与 $x_2(t)$充分接近,这相当于可找到一个常数 A,使

$$\sum_j|\langle x,\varphi_j\rangle|^2\geqslant A\|x\|^2,\quad 0<A<\infty$$

概括起来,要求有如下不等式:

$$A\|x\|^2\leqslant\sum_j|\langle x,\varphi_j\rangle|^2\leqslant B\|x\|^2 \tag{9.1.17}$$

满足这些条件的函数族$\{\varphi_j(x),j\in z\}$称为一个框架。

框架可以对连续函数空间定义,也可以对离散空间定义,定义 9.1.1 是对连续函数定义的,将变量 t 看成离散序号,或以 n 代替 t 则得到对离散序列空间定义的框架。为了讨论方便,假设框架的每个元素 $\varphi_j(t)$是归一化的,即 $\|\phi_j(t)\|=1$。

框架有一些特例,当 $A=B>1$ 时框架不等式条件变为

$$\sum_j|\langle x,\varphi_j\rangle|^2=A\|x\|^2 \tag{9.1.18}$$

这称为紧框架。

当 $A=B=1$ 时,框架条件变为

$$\sum_j|\langle x,\varphi_j\rangle|^2=\|x\|^2 \tag{9.1.19}$$

此时满足

$$\langle\varphi_i,\varphi_j\rangle=\delta(j-i)$$

$\{\varphi_j\}$构成一个正交基。

例 9.1.4 对于所有$\{x(n)|0\leqslant n<N-1\}$构成的 N 维离散信号空间，定义

$$e_{\hat{k}}(n)=\frac{1}{\sqrt{N}}\mathrm{e}^{\mathrm{j}\frac{2\pi}{N}\hat{k}n}\quad n=0,\cdots,N-1$$

$$\hat{k}=0,\frac{1}{2},1,1\frac{1}{2},\cdots,N-1,N-\frac{1}{2}$$

为一个框架，可以验证

$$\sum_{\hat{k}}|\langle x,e_{\hat{k}}\rangle|^2=2\|x\|^2$$

因此，$e_{\hat{k}}(n),\hat{k}=0,\frac{1}{2},1,1\frac{1}{2},\cdots,N-1,N-\frac{1}{2}$构成一个紧框架。

在例 9.1.4 中，$\hat{k}=\frac{1}{2},1\frac{1}{2},\cdots,N-\frac{1}{2}$的元素可以由 $\hat{k}=0,1,\cdots,N-1$ 的元素线性表示，即这个框架中存在冗余。当框架没有冗余，即满足线性不相关条件时，就构成一个 Reisz 基，Reisz 基定义如下。

定义 9.1.2 Reisz 基 设$\{\varphi_j(t),j\in\mathbf{Z}\}$满足下述要求：

(1) 对于一个函数 $x(t)$，存在 $B\geqslant A>0$，有

$$A\|x\|^2\leqslant\sum_j|\langle x,\varphi_j\rangle|^2\leqslant B\|x\|^2,\quad 0<A<B<\infty$$

(2) $\sum_{j\in z}c_j\varphi_j=0$ 意味着 $c_j=0\quad j\in\mathbf{Z}$，即$\{\varphi_j(t),j\in\mathbf{Z}\}$是不相关的。

满足这些条件的$\{\varphi_j(t),j\in\mathbf{Z}\}$称为一个 Reisz 基。

Reisz 基是一种特殊的框架，它是一组基但没有正交性要求，不必是正交基，正交基是一类特殊的 Reisz 基。这样，用框架表示信号就是一种比基表示更一般的信号表示，Reisz 基是比正交基更一般的表示。时频变换中常用到信号的框架表示。

2. 通过框架对函数 $x(t)$的重建

假设变换系数$[Tx]_j=\langle x(t),\varphi_j(t)\rangle$存在，希望利用变换系数重构信号 $x(t)$，如果$\{\varphi_j(t),j\in\mathbf{Z}\}$是一个框架，由这组变换系数可以重构信号。

定义一个线性算子 F，设 $Fx=\sum_{j\in z}\langle x,\varphi_j\rangle\varphi_j(t)$，则有

$$x=F^{-1}\left[\sum_{j\in z}\langle x,\varphi_j\rangle\varphi_j(t)\right]=\sum_{j\in z}\langle x,\varphi_j\rangle F^{-1}\varphi_j(t)$$

令 $\tilde{\varphi}_j\triangleq F^{-1}\varphi_j(t)$，则

$$x=\sum_{j\in z}\langle x,\varphi_j\rangle\tilde{\varphi}_j\tag{9.1.20}$$

称$\{\tilde{\varphi}_j\}$为$\{\varphi_j\}$的对偶。若$\{\varphi_j\}$是一个框架，在一定条件下$\{\tilde{\varphi}_j\}$存在，并且是$\{\varphi_j\}$的对偶框架，由对偶框架可以重构信号 $x(t)$。在式(9.1.20)中，$\tilde{\varphi}$ 和 φ 是可以互换的，即式(9.1.20)也可以写成

$$x=\sum_{j\in z}\langle x,\tilde{\varphi}_j\rangle\varphi_j\tag{9.1.21}$$

$\{\varphi_j\}$和$\{\tilde{\varphi}_j\}$之中一个用作变换(分析)函数，另一个用于作合成(综合)函数。对于对偶框架，其不等式关系为

$$B^{-1}\|x\|^2 \leqslant \sum_j |\langle x,\tilde{\varphi}_j\rangle|^2 \leqslant A^{-1}\|x\|^2 \tag{9.1.22}$$

当为紧框架时

$$\tilde{\varphi}_j(t)=\frac{1}{A}\varphi_j(t)$$

当 $A=1$ 时，紧框架变成正交基，且 $\tilde{\varphi}_j(t)=\varphi_j(t)$，此时式(9.1.20)和式(9.1.21)变成我们所熟悉的由正交变换系数重构信号的公式。

视频讲解

9.2 短时傅里叶变换

对傅里叶变换进行变化，使之适合于时频分析，是一个很自然的思路，短时傅里叶变换(STFT)就是这样一个过程。STFT 是一种最基本的时频分析工具，也可称之为滑窗傅里叶变换。本节讨论 STFT 的定义和性质以及在离散样本情况下的计算。

9.2.1 STFT 的定义和性质

取一个窗函数 $g(\tau)$，它在时域是一个(近似)有限持续时间函数，即它的能量主要集中在 $-\Delta_t/2\leqslant\tau\leqslant\Delta_t/2$ 范围内，通过一个平移参数 t，使窗函数 $g(\tau-t)$ 移动到以 t 为中心，对于给出的信号 $x(\tau)$，$x(\tau)g(\tau-t)$ 反映了信号在以参考时间 t 为中心，在区间 $[t-\Delta_t/2,t+\Delta_t/2]$ 范围的变化。以 t 作为参数，取 $x(\tau)g(\tau-t)$ 的傅里叶变换，结果是 t 和 ω 的函数。短时傅里叶变换的定义为

$$\begin{aligned}\mathrm{STFT}(t,\omega)&=\int_{-\infty}^{+\infty}x(\tau)g^*(\tau-t)\mathrm{e}^{-\mathrm{j}\omega\tau}\mathrm{d}\tau\\&=\int_{-\infty}^{+\infty}x(\tau)g_{t,\omega}^*(\tau)\mathrm{d}\tau=\langle x(\tau),g_{t,\omega}(\tau)\rangle\end{aligned} \tag{9.2.1}$$

这里

$$g_{t,\omega}(\tau)=g(\tau-t)\mathrm{e}^{\mathrm{j}\omega\tau} \tag{9.2.2}$$

是窗函数的平移和调制函数。

例 9.2.1 观察一个极端的例子，信号为 $x(\tau)=c\delta(\tau-t_0)$，取一个实的窗函数 $g(\tau)$，信号的 STFT 为

$$\mathrm{STFT}(t,\omega)=\int_{-\infty}^{+\infty}c\delta(\tau-t_0)g(\tau-t)\mathrm{e}^{-\mathrm{j}\omega\tau}\mathrm{d}\tau=cg(t_0-t)\mathrm{e}^{-\mathrm{j}\omega t_0}$$

可见，在时频平面，$|\mathrm{STFT}(t,\omega)|^2$ 的主要能量集中在垂直于 t 轴，范围在 $[t_0-\Delta_t/2,t_0+\Delta_t/2]$ 的带状内，如图 9.2.1 所示(注意，图中只画出了 $|\mathrm{STFT}(t,\omega)|^2$ 能量集中的带状区域，并没有数值大小的显示)。在时频分析中，$|\mathrm{STFT}(t,\omega)|^2$ 称为时频谱图，或简称谱图。

例 9.2.2 观察另一个极端的例子，$x(\tau)=\mathrm{e}^{\mathrm{j}\omega_0\tau}$，它的 STFT 为

$$\mathrm{STFT}(t,\omega)=\int_{-\infty}^{+\infty}c\mathrm{e}^{\mathrm{j}\omega_0\tau}g(\tau-t)\mathrm{e}^{-\mathrm{j}\omega\tau}\mathrm{d}\tau=c\hat{g}(\omega-\omega_0)\mathrm{e}^{-\mathrm{j}(\omega-\omega_0)t}$$

这里 $\hat{g}(\omega)$ 是 $g(\tau)$ 的傅里叶变换，假设它在频域的主要能量集中在 $[-\Delta_\omega/2,\Delta_\omega/2]$ 范围内，信号 $x(\tau)=\mathrm{e}^{\mathrm{j}\omega_0\tau}$ 的 STFT 的谱图 $|\mathrm{STFT}(t,\omega)|^2$，在时频平面主要集中在一个垂直于 ω 轴，范围在 $[\omega_0-\Delta_\omega/2,\omega_0+\Delta_\omega/2]$ 的带状内，如图 9.2.2 所示。

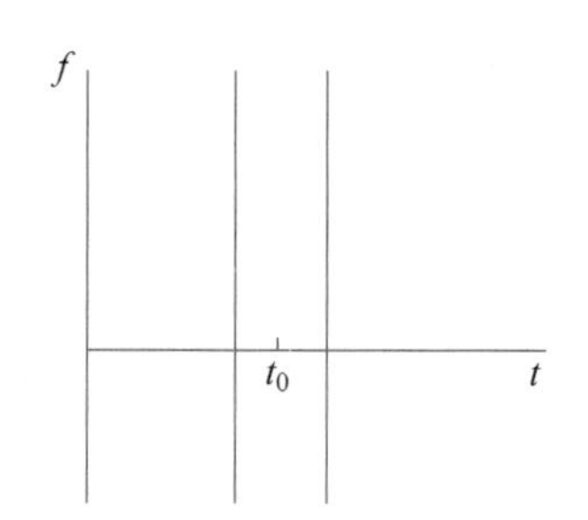

图 9.2.1　冲激信号的 $|\mathrm{STFT}(t,\omega)|^2$ 的主能量区域

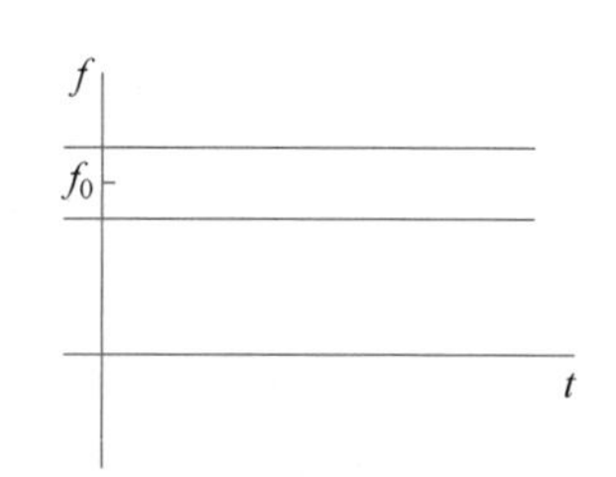

图 9.2.2　复正弦信号的 $|\mathrm{STFT}(t,\omega)|^2$ 的主能量区域

从以上两个极端的例子,可以得到一些有意义的观察,对一个冲激信号,它在时域是任意窄的信号,但在 STFT 的时频域,它的主要能量区域在时间轴上却有近似 Δ_t 的宽度,这意味着,如果有一个信号,包含两个冲激信号,如果两个冲激出现的时间小于 Δ_t,在 STFT 的时频域,这两个冲激将不能分辨,这就是时间分辨率问题,也就是说,STFT 的时间分辨率约为 Δ_t,Δ_t 越小,时间分辨率越高。

类似地,对于一个复正弦信号,它是单频率信号,但它的 STFT 的主要能量区域在频率轴上却有近似 Δ_ω 的宽度,因此,如果有两个复正弦信号的角频率之差小于 Δ_ω,在 STFT 的时频域,这两个复正弦信号不能被分辨,因此,STFT 的频率分辨率近似为 Δ_ω,Δ_ω 越小,频率分辨率越高。

很显然,一个信号的时间表示,具有最高的时域分辨率,可以分辨任意接近的两个冲激信号,但完全没有频率分析能力。一个信号的连续傅里叶变换具有最高的频率分辨率,可以区分两个频率任意接近的复正弦信号,但完全没有时域分辨率。而 DTFT 作为一种时频分析工具,具有一定的时间分辨率和频率分辨率,但时间和频率的分辨率都是有限的,这受不确定原理限制,即

$$\Delta_t\Delta_\omega \geqslant 1/2 \tag{9.2.3}$$

这个限制条件,限定了线性时频分析不可能得到任意的时间分辨率和频率分辨率,如果需要时间分辨率高一些,必然要降低频率分辨率,反之亦然。Δ_t 和 Δ_ω 的大小,可以通过选择窗函数的形状和尺寸来确定。

下面看一个频率时变信号的例子,由此体会 STFT 的时频分析,相比傅里叶变换带来的更多的信息。

例 9.2.3　信号为

$$x(\tau)=\left(\frac{\alpha}{\pi}\right)^{1/4}\mathrm{e}^{-\alpha\tau^2/2+\mathrm{j}(\beta\tau^2/2+\omega_0\tau)}$$

取窗函数为

$$g(\tau)=\left(\frac{b}{\pi}\right)^{1/4}\mathrm{e}^{-b\tau^2/2}$$

这里略去计算的细节,直接写出 STFT 的幅度平方为

$$|\mathrm{STFT}(t,\omega)|^2=\frac{P(t)}{\sqrt{2\pi\sigma_\omega^2}}\exp\left(-\frac{(\omega-\mu_\omega)^2}{2\sigma_\omega^2}\right)$$

其中的参数为

$$P(t)=\sqrt{\frac{\alpha b}{\pi(\alpha+b)}}\exp\left(-\frac{\alpha b}{\alpha+b}t^2\right)$$

$$\sigma_\omega^2=\frac{1}{2}(\alpha+b)+\frac{\beta^2}{2(\alpha+\beta)}$$

$$\mu_\omega=\frac{b}{\alpha+b}\beta t+\omega_0$$

原信号是在零时刻附近存在的线性调频信号,瞬时频率为 $\omega(t)=\beta t+\omega_0$,作为时频谱图,$|\mathrm{STFT}(t,\omega)|^2$ 在时域和频域都是有限持续的,$P(t)$ 确定了时频谱图的时间持续性,σ_ω^2 确定了频域的持续性,实际时频谱图是一个条状图形,μ_ω 则是时频谱图的条状图的斜率。注意到,若 μ_ω 与 $\omega(t)(=\beta t+\omega_0)$ 相等,则时频谱图的中心正好表示了时变频率,遗憾的是,在 STFT 中 $\mu_\omega\neq\omega(t)$,两者斜率不同,若取 $b\gg a$,则两者近似相等,若取两个不同的 b 进行两次时频分析,则根据时频谱图的斜率可求出 β 和 α。

下面通过数值积分计算不同信号的 STFT,增加直观印象。

例 9.2.4 信号由两个线性调制信号(Chirp)构成,即

$$f(t)=a_1\mathrm{e}^{\mathrm{j}(bt^2+ct)}+a_2\mathrm{e}^{\mathrm{j}(bt^2)}$$

相当于两个信号的瞬时频率分别是 $\omega_1(t)=2bt+c$,$\omega_2(t)=2bt$,其频率差为常数,为进行短时傅里叶变换,选择一个窗函数,取高斯窗 $\sigma=0.05$,窗函数为

$$g(t)=\frac{1}{(\sigma^2\pi)^{1/4}}\exp\left(\frac{-t^2}{2\sigma^2}\right)$$

信号波形(实部)和它的短时傅里叶变换的幅度图如图 9.2.3 所示。在时频平面,用黑白强度表示 $|\mathrm{STFT}(t,\omega)|^2$ 的取值,越黑的点 $|\mathrm{STFT}(t,\omega)|^2$ 取值越大,白色点对应于 $|\mathrm{STFT}(t,\omega)|^2$ 取零。由图 9.2.3 清楚地表明,信号中有两个频率分量,随时间频率线性增加,频差保持不变。这些信息从傅里叶变换中无法获得,该信号的傅里叶变换的幅度值显示出该信号是一个宽带信号,能量在一个频率范围内近似均匀分布,也就是说,傅里叶变换告诉我们,在整个观测时间内,信号中包含很宽范围的频率成分,但却不知道,在任意给定时刻,信号中只有两个频率分量,且按一定规律变化。本例由 Mallat 等给出的软件包生成图形[162]。

例 9.2.5 再通过一个线性 Chirp 信号的例子,对 STFT 和功率谱进行比较。如图 9.2.4 所示,有 4 个小图,最下侧是时域信号,是一个频率慢变的线性调制信号乘一个高斯函数所得到的一个瞬变信号,用两个不同窗函数分别做 STFT,得到第 1 行左和中间的图,图中显示的是 $|\mathrm{STFT}(t,\omega)|^2$ 的值。左图用了时域较短的窗,因此频域窗较宽,具有较好的时间分辨率,但较差的频率分辨率,中间图用了时域较长的窗,因此频域窗较短,时间分辨率比左图差,频率分辨率比左图好,且两个图的斜率也有变化,这些结果与例 9.2.3 的数学表达形式是吻合的。第 1 行最右图是功率谱图,为了与 STFT 的纵轴(频率轴)对应,功率谱旋转了 90°,从功率谱中,只能看到信号是一个带通信号,但频率变换规律完全体现不出来,因此 STFT 比功率谱展示了更多信息,但也必须注意,无论时域还是频域,STFT 的分辨率都是受限的。

前述通过几个例子对 STFT 的定义和性质进行了直观理解,以下再从其他方面对 STFT 做进一步说明。

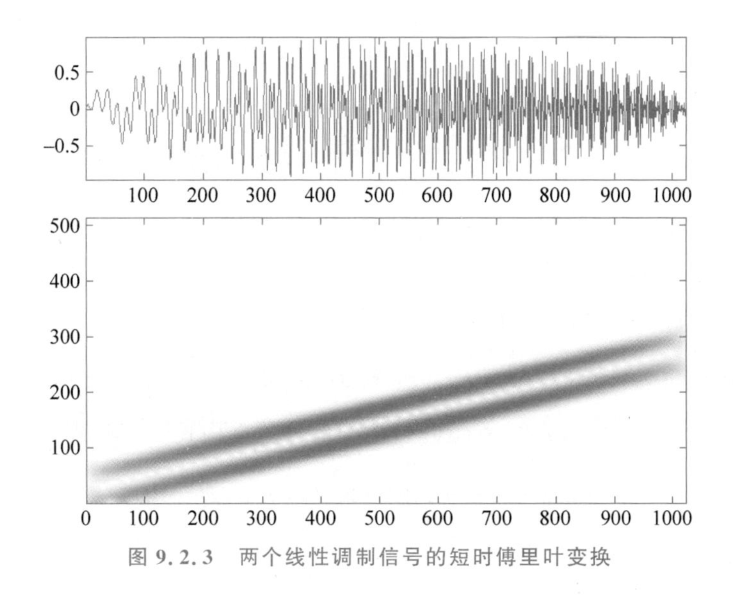

图 9.2.3　两个线性调制信号的短时傅里叶变换

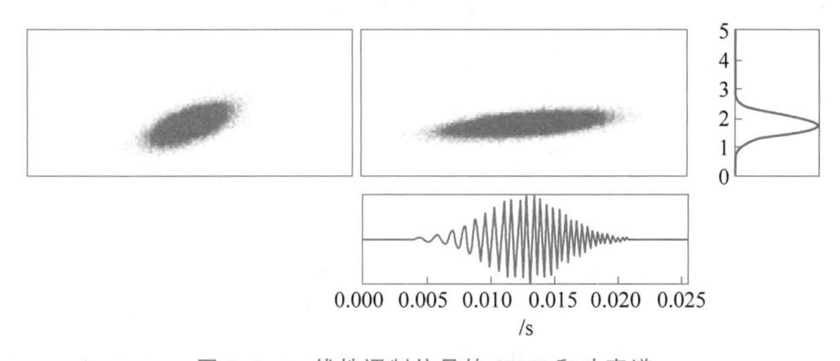

图 9.2.4　线性调制信号的 STFT 和功率谱

1. STFT 的频域等价形式

由式(9.2.1)，STFT 定义为 $x(\tau)g(\tau-t)$ 的傅里叶变换，利用信号乘积的傅里叶变换等于傅里叶变换卷积的性质，得到 STFT 的等价频域定义为

$$\text{STFT}(t,\omega)=\int_{-\infty}^{+\infty}x(\tau)g^*(\tau-t)\mathrm{e}^{-\mathrm{j}\omega\tau}\mathrm{d}\tau=\hat{x}(\omega)*(\hat{g}^*(\omega)\mathrm{e}^{-\mathrm{j}\omega t})$$

$$=\frac{1}{2\pi}\int_{-\infty}^{+\infty}\hat{x}(\lambda)\hat{g}^*(\omega-\lambda)\mathrm{e}^{-\mathrm{j}(\omega-\lambda)t}\mathrm{d}\lambda=\frac{1}{2\pi}\mathrm{e}^{-\mathrm{j}\omega t}\langle\hat{x}(\lambda),\hat{g}_{\omega,t}(\lambda)\rangle \qquad (9.2.4)$$

这里

$$\hat{g}_{\omega,t}(\lambda)=\hat{g}(\omega-\lambda)\mathrm{e}^{-\mathrm{j}\lambda t} \qquad (9.2.5)$$

由式(9.2.4)可以看出，从频域观点，$\text{STFT}(t,\omega)$反映了信号在频域范围$[\omega-\Delta_\omega/2,\omega+\Delta_\omega/2]$的变化。总之，$\text{STFT}(t,\omega)$反映了信号在时频联合区域$[t-\Delta_t/2,t+\Delta_t/2]\times[\omega-\Delta_\omega/2,\omega+\Delta_\omega/2]$的性质。取所有的$(t,\omega)$，$|\text{STFT}(t,\omega)|^2$反映了信号能量在任意时间和任意频率处的分布，当然这个分布反映的是信号在时频联合区域$[t-\Delta_t/2,t+\Delta_t/2]\times[\omega-\Delta_\omega/2,\omega+\Delta_\omega/2]$的性质，而非在点$(t,\omega)$处的性质。这一结论由如下 STFT 的帕塞瓦尔定理所验证，即对于能量归一化的窗函数 g，即

$$\| g \|^2 = \int_{-\infty}^{+\infty} |g(\tau)|^2 \mathrm{d}\tau = 1$$

STFT 满足

$$\int_{-\infty}^{+\infty} |x(\tau)|^2 \mathrm{d}\tau = \frac{1}{2\pi} \iint |\mathrm{STFT}(t,\omega)|^2 \mathrm{d}t\,\mathrm{d}\omega \tag{9.2.6}$$

上式说明，$|\mathrm{STFT}(t,\omega)|^2$ 反映了信号的时频联合能量谱。

2. STFT 的反变换

关于 STFT 的帕塞瓦尔定理的更一般形式，对于任意窗函数，有

$$\iint \langle x_1(\tau), g_{t,\omega}(\tau)\rangle \langle x_2(\tau), g_{t,\omega}(\tau)\rangle \mathrm{d}t\,\mathrm{d}\omega = 2\pi \| g \|^2 < x_1(\tau), x_2(\tau)\rangle \tag{9.2.7}$$

在上式中代入 $x_1(\tau)=x(\tau), x_2(\tau)=\delta(\tau)$，得到信号的重构式

$$x(\tau) = \frac{1}{2\pi \| g \|^2} \iint \mathrm{STFT}(t,\omega) g_{t,\omega}(\tau) \mathrm{d}t\,\mathrm{d}\omega \tag{9.2.8}$$

3. 核函数方程和冗余性

可以验证(留作习题)，如果采用归一化窗函数，STFT 满足如下的核函数方程：

$$\mathrm{STFT}(t,\omega) = \frac{1}{2\pi} \iint \mathrm{STFT}(t',\omega') K(t,\omega;\ t'\omega') \mathrm{d}t'\mathrm{d}\omega' \tag{9.2.9}$$

核函数为

$$K(t,\omega;\ t'\omega') = \langle g_{t,\omega}(\tau), g_{t',\omega'}(\tau)\rangle \tag{9.2.10}$$

这里，核函数方程说明两个问题：

(1) 不是以(t,ω)为变量的任意二元函数都能够对应一个信号的 STFT，只有满足核方程的二元函数才是一个信号的 STFT，即 $\mathrm{STFT}(t,\omega)$是以(t,ω)为变量的二元函数的子集。

(2) $\mathrm{STFT}(t,\omega)$是存在冗余的，由方程(9.2.9)表明，(t,ω)的 STFT 的值可以通过核函数由其他时刻的 STFT 值重构出来，这表明了 $\mathrm{STFT}(t,\omega)$的冗余性。其实，这种冗余性在直观上也是容易理解的，用二元函数描述一个一元函数信号，冗余是显然的。

4. STFT 的离散化

由于连续时间 STFT 存在的冗余性和对连续 STFT 计算上的困难，有必要进一步研究其离散化形式，即时频离散 STFT(DSTFT)。不是计算所有(t,ω)的 STFT 的值，而是仅计算在(t,ω)离散采样点$(t=nT_\Delta, \omega=m\Omega_\Delta)$的值 $\mathrm{STFT}(nT_\Delta, m\Omega_\Delta)$，这里 T_Δ, Ω_Δ 分别是时频分析的时间和频率变量的采样间隔。

离散化的一个重要问题是：如何选取采样间隔 T_Δ, Ω_Δ，才能由$\{\mathrm{STFT}(nT_\Delta, m\Omega_\Delta), n\in Z, m\in Z\}$重构信号，如何重构？这些问题，将在 9.3 节 Gabor 展开标题下一并讨论。Gabor 展开是由 Gabor 独立提出的一个信号展开问题，它也同时回答了时频离散 STFT 的计算和重构问题。

*9.2.2 STFT 的数值计算

刚刚讨论的 STFT 的离散化问题，只是讨论了对时频变量(t,ω)的离散化，若对连续时间信号 $x_a(\tau)$进行采样，得到离散序列 $x[n]=x_a(\tau)|_{\tau=nT_s}$，可用离散序列计算 $\mathrm{STFT}(nT_\Delta, m\Omega_\Delta)$。

在数字信号处理中讨论信号频谱分析时，用离散傅里叶变换(DFT)逼近计算连续信号的傅里叶变换，若连续信号表示为 $x_a(t)$，其傅里叶变换为 $X_a(\mathrm{j}\omega)$，若以 $x[n]=x_a(t)\big|_{t=nT_s}$ 获得采样信号，对截断的采样信号做 DFT，相当于在 $\omega=\frac{\omega_S}{N}k=\frac{2\pi}{T_s}\frac{k}{N}$ 处近似计算连续信号的傅里叶变换。即

$$\hat{X}_a(\mathrm{j}\omega)\Big|_{\frac{\omega_s}{N}k}=T_sX[k]$$

这里，ω_S 是采样角频率，$X[k]$是 $x[n]$的 DFT 变换。

类似地，可用连续信号的采样序列计算短时傅里叶变换 STFT 在 $\mathrm{STFT}(t,\omega)\Big|_{t=nT_\Delta,\omega=k\Omega_\Delta}$ 的值，为此，需离散化三个参数 t、ω、τ。下面推导这个离散化过程。

重写 DTFT 的定义式(9.2.1)如下

$$\mathrm{STFT}(t,\omega)=\int_{-\infty}^{+\infty}x_a(\tau)g^*(\tau-t)\mathrm{e}^{-\mathrm{j}\omega\tau}\mathrm{d}\tau$$

为了后续表示方便，做简单变量替换，将上式改写为

$$\mathrm{STFT}(t,\omega)=\mathrm{e}^{-\mathrm{j}\omega t}\int_{-\infty}^{+\infty}x_a(\tau+t)g^*(\tau)\mathrm{e}^{-\mathrm{j}\omega\tau}\mathrm{d}\tau \tag{9.2.11}$$

将 $t=nT_\Delta,\omega=k\Omega_\Delta$ 代入式(9.2.11)，得

$$\mathrm{STFT}(nT_\Delta,k\Omega_\Delta)=\mathrm{e}^{-\mathrm{j}kn\Omega_\Delta T_\Delta}\int_{-\infty}^{+\infty}x_a(\tau+nT_\Delta)g^*(\tau)\mathrm{e}^{-\mathrm{j}k\Omega_\Delta\tau}\mathrm{d}\tau \tag{9.2.12}$$

接下来，对信号 $x_a(\tau)$和窗函数 $g(\tau)$采样，选择采样间隔 T_s 满足采样定理，离散序列记为

$$x[m]=x_a(mT_s),\quad m=0,1,\cdots \tag{9.2.13}$$

由于 $g(\tau)$是窗函数，其持续时间有限，其采样后为 N 点有限长序列，即

$$\begin{aligned}&g[m]=g(\tau)\big|_{\tau=mT_s}\\&g[m]=0,\quad m<0,m>N-1\end{aligned} \tag{9.2.14}$$

将式(9.2.13)和式(9.2.14)代入式(9.2.12)，并令 $\mathrm{d}\tau=T_s$，得到

$$\mathrm{STFT}(nT_\Delta,k\Omega_\Delta)\approx\mathrm{e}^{-\mathrm{j}kn\Omega_\Delta T_\Delta}\sum_{m=0}^{N-1}x_a(mT_s+nT_\Delta)g^*(mT_s)\mathrm{e}^{-\mathrm{j}\Omega_\Delta T_skm}T_s \tag{9.2.15}$$

为得到更加规范的形式，对 T_Δ，Ω_Δ 的取值加些约束，即令

$$T_\Delta=\Delta MT_s \tag{9.2.16}$$

这里 ΔM 为一整数，即 T_Δ 是信号采样间隔的整数倍。令

$$\Omega_\Delta=\frac{\omega_s}{N}=\frac{2\pi f_s}{N}=\frac{2\pi}{NT_s} \tag{9.2.17}$$

将式(9.2.16)和式(9.2.17)代入式(9.2.15)，得

$$\mathrm{STFT}\left(n\Delta MT_s,k\frac{\omega_s}{N}\right)=T_s\mathrm{e}^{-\frac{2\pi}{N}kn\Delta M}\sum_{m=0}^{N-1}x[m+n\Delta M]g^*[m]\mathrm{e}^{-\mathrm{j}\frac{2\pi}{N}km} \tag{9.2.18}$$

上式中，令

$$X_D[n,k]=\sum_{m=0}^{N-1}x[m+n\Delta M]g^*[m]\mathrm{e}^{-\mathrm{j}\frac{2\pi}{N}km} \tag{9.2.19}$$

注意到，$X_D[n,k]$是一个数据滑动的 DFT 结构，随着 n 的变化，相当于 $x[n]$滑动 $n\Delta M$ 步，然后加窗做 N 点 DFT，其可以用 FFT 处理器快速实现。除了一个比例常数 T_s 和一个相位因子，离散短时傅里叶变换与滑动 DFT $X_D[n,k]$是一致的。

$$\mathrm{STFT}\left(n\Delta MT_s,k\frac{\omega_s}{N}\right)=T_s\mathrm{e}^{-\frac{2\pi}{N}kn\Delta M}X_D[n,k] \tag{9.2.20}$$

如果需要画出时频谱的能量谱图,并忽略常数因子 T_s,则有

$$|\mathrm{SFTF}(nT_\Delta,k\Omega_\Delta)|^2=|X_D[n,k]|^2 \tag{9.2.21}$$

例 9.2.6 一个实例研究。如下离散信号:

$$x[n]=\begin{cases}0, & n<0\\ \cos(0.1\pi n+0.0005n^2), & 0\leqslant n<2048\\ \cos(0.4\pi n), & 2048\leqslant n<4096\\ \cos(0.4\pi n)+\cos(0.43\pi n), & 4096\leqslant n<6144\end{cases}$$

信号共取 6144 个采样点,采用海明(Hamming)窗作为分析窗进行 STFT

$$g[m]=\begin{cases}0.54-0.46\cos(2\pi m/N), & 0\leqslant m\leqslant N\\ 0, & 其他\end{cases}$$

分别取窗长度 $N=512$ 和 $N=128$,取 $\Delta M=4$,针对不同的窗长,频率分辨率不同,如图 9.2.5 所示。注意,图 9.2.5 中,纵坐标是归一化频率,横坐标是窗的滑动步长序号 n。

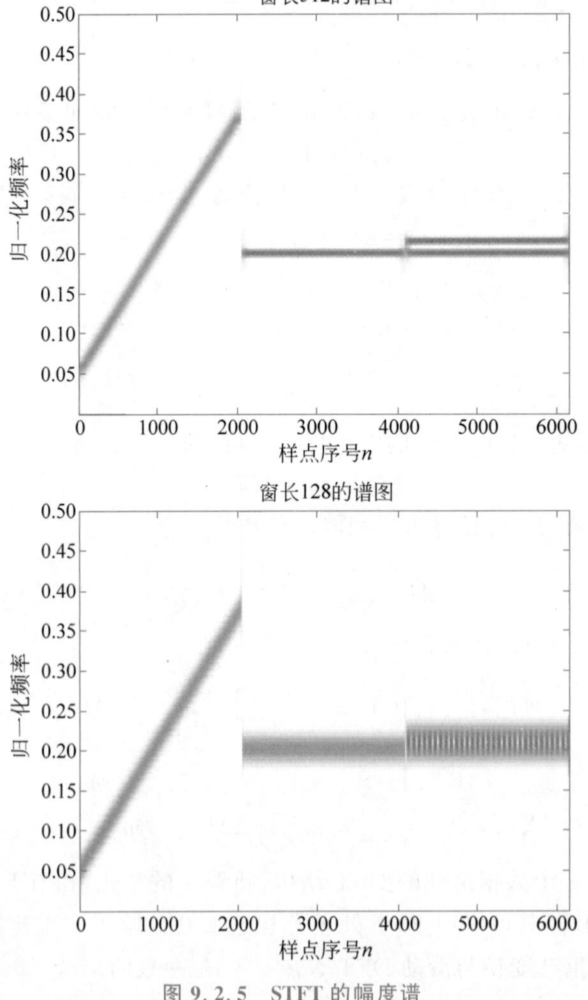

图 9.2.5 STFT 的幅度谱

9.3　Gabor 展开

Gabor 展开是 Gabor 于 1946 年提出的，但由于计算展开系数的困难，限制了它的应用。1980 年，Bastianns 提出了利用辅助函数（现在更多的称为对偶函数）计算 Gabor 系数的方法，1990 年，Wexler 等发表了离散 Gabor 展开的计算问题的论文，为 Gabor 展开的广泛应用打下基础（Gabor 获得 1971 年的诺贝尔物理奖）。

9.3.1　连续 Gabor 展开

对于信号 $x(t)$，Gabor 展开定义为

$$x(t)=\sum_{m=-\infty}^{+\infty}\sum_{n=-\infty}^{+\infty}c_{m,n}h_{m,n}(t)=\sum_{m=-\infty}^{+\infty}\sum_{n=-\infty}^{+\infty}c_{m,n}h(t-mT)\mathrm{e}^{\mathrm{j}n\Omega t} \tag{9.3.1}$$

式中，$h_{m,n}(t)=h(t-mT)\mathrm{e}^{\mathrm{j}n\Omega t}$ 是 Gabor 展开的基函数集，它是由原函数 $h(t)$ 经过平移和调制生成的函数集，$c_{m,n}$ 是 Gabor 展开系数，T 和 Ω 分别是时频平面的时间和频率移位间隔。

为使 Gabor 展开成为信号的一种良好的时频局域性表示，要求 $h(t)$ 在时域和频域能量都是集中在零附近，设在时域 $h(t)$ 能量主要集中在 $[-\Delta_t/2,\Delta_t/2]$，而 $h(t)$ 的傅里叶变换 $\hat{h}(\omega)$ 的能量主要集中在 $[-\Delta_\omega/2,\Delta_\omega/2]$。$h_{m,n}(t)=h(t-mT)\mathrm{e}^{\mathrm{j}n\Omega t}$ 在时域和频域的能量则分别集中在 $[mT-\Delta_t/2,mT+\Delta_t/2]$ 和 $[n\Omega-\Delta_\omega/2,n\Omega+\Delta_\omega/2]$，Gabor 展开系数 $c_{m,n}$ 主要表示了信号 $x(t)$ 中包含的在以 mT 为时间中心，以 $n\Omega$ 为频率中心的一个时频栅格内的分量强度，每个栅格在时间和频率轴宽度分别为 Δ_t，Δ_ω。每个系数 $c_{m,n}$ 近似表达了信号在时频区间 $[mT-\Delta_t/2,mT+\Delta_t/2]\times[n\Omega-\Delta_\omega/2,n\Omega+\Delta_\omega/2]$ 的性质。Gabor 展开对时频平面的划分如图 9.3.1(a) 所示，系数 $c_{m,n}$ 所代表的任意一个时频栅格的示意图如图 9.3.1(b) 所示。一旦选定 $h(t)$，所有系数 $c_{m,n}$ 所表示的时频栅格都是相同的。

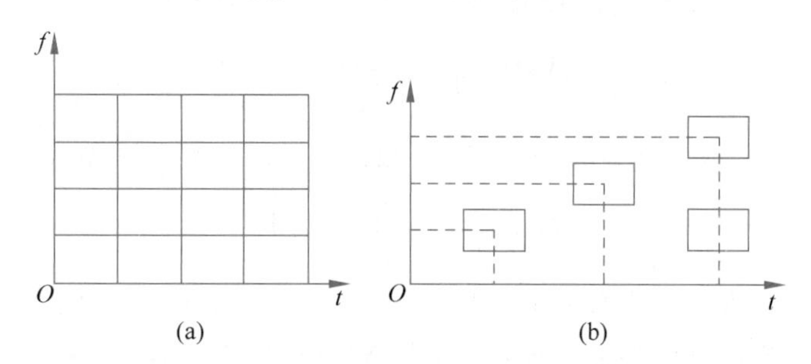

图 9.3.1　Gabor 系数的时频采样栅格

在 Gabor 的原始论文中，他所采用的原函数 $h(t)$ 是高斯函数，即

$$h(t)=\left(\frac{\alpha}{\pi}\right)^{1/4}\mathrm{e}^{-\alpha t^2/2}$$

$$\hat{h}(\omega)=\frac{1}{\sqrt{2}}\left(\frac{\pi}{\alpha}\right)^{1/4}\mathrm{e}^{-\omega^2/2\alpha}$$

时频栅格的大小可以达到测不准原理的下界，即

$$\Delta_t \Delta_\omega = \frac{1}{\sqrt{2\alpha}} \sqrt{\frac{\alpha}{2}} = \frac{1}{2}$$

后来人们扩展了 Gabor 对原函数的选择,许多函数都可以选作原函数。

为使 Gabor 展开成立,对时频平面上时间和频率的移位间隔 T 和 Ω 有要求,如果 T 和 Ω 太大,图 9.3.1(a)的栅格太稀疏,因为信息太少,式(9.3.1)不能够完整地表示信号 $x(t)$,如果 T 和 Ω 太小,图 9.3.1(a)的栅格太密集且各格子互相重叠,式(9.3.1)可以完整地表示信号 $x(t)$,但 Gabor 系数中存在很多冗余。要使 Gabor 展开存在且能完整地表示信号,T 和 Ω 满足的约束条件为[266]

$$T\Omega \leqslant 2\pi \tag{9.3.2}$$

当 $T\Omega=2\pi$ 时称为临界采样,对应着使 Gabor 展开成立的最稀疏的时频间隔,即图 9.3.1(a)能够完整表示信号的最稀疏的栅格,$T\Omega<2\pi$ 时称为过采样,过采样情况下,Gabor 展开系数 $c_{m,n}$ 中存在冗余,但这种冗余,在信号处理中可用于噪声消除或更有效地检测信号。

例 9.3.1 对带限信号情况下,T 和 Ω 取值的讨论。假设信号 $x(t)$ 的频谱是时变的,但在任何时候 $x(t)$ 的最高频率是有限的,即 $\Omega_{\max}$,对该信号奈奎斯特(Nyquist)角频率为 $\Omega_N=\Omega_{\max}$,对应奈奎斯特率 $\Omega_s=2\Omega_{\max}$,采样间隔为 $T_s=\dfrac{2\pi}{\Omega_s}$。

对 Gabor 展开中 T 和 Ω 的取值做如下讨论。

(1) 在临界采样情况 $T\Omega=2\pi$,如果取 $T=T_s$,必然有 $\Omega=\dfrac{2\pi}{T}=\dfrac{2\pi}{T_s}=\Omega_s=2\Omega_{\max}$,由于 Gabor 展开系数 $c_{m,n}$ 表示信号在时频平面以 $(mT,n\Omega)=(mT_s,n2\Omega_{\max})$ 为中心的栅格的性质,因此,对于 T 和 Ω 的这种取值,$n=0$ 是频率方向唯一有意义的取值,而在时域方向 $mT=mT_s$,即时间方向栅格间隔与采样间隔相等,这种情况下系数 $c_{m,0}$ 有很高的时域分辨性质,但频域分辨性最差。如果取原函数 $h(t)=\sin(\pi t/T_s)/(\pi t/T_s)$,和 Gabor 系数取信号采样值 $c_{m,0}=x(mT_s)$,式(9.3.1)的 Gabor 展开蜕变成采样定理中的插值公式,即

$$x(t)=\sum_{m=-\infty}^{+\infty} x(mT_s)\frac{\sin(\pi(t-mT_s)/T_s)}{(\pi(t-mT_s)/T_s)}$$

(2) 在临界采样情况 $T\Omega=2\pi$,如果取 $\Omega=\Omega_s/N$,这里 N 是一整数,则

$$T=\frac{2\pi}{\Omega}=N\frac{2\pi}{\Omega_s}=NT_s$$

Gabor 展开系数 $c_{m,n}$ 表示信号在时频平面以 $(mT,n\Omega)=(mNT_s,n\Omega_s/N)$ 为中心的栅格的性质,因此,$c_{m,n}$ 所表示的栅格在时间方向是按 NT_s 间隔步进的,在频率方向上是按 Ω_s/N 间隔步进的,这样 $c_{m,n}$ 在时间域的步进间隔约为 NT_s,在频率域的步进间隔约为 Ω_s/N,为提高时频系数在时间方向的有效密度就要降低在频率方向的有效密度,在实际问题中,根据需要选择 T 和 Ω。如果我们感兴趣的观测时间长度为 LT_s,在时域方向的栅格数为 L/N,在频域方向的栅格数为 $\Omega_s/\Omega=N$,总栅格数为 L。当 $L=N$ 时,适当选取原函数,Gabor 展开系数 $c_{m,n}$ 蜕变成离散傅里叶变换(DFT)系数或加窗 DFT 系数,此情况下,$c_{m,n}$ 具有最好的频率分辨率,但在观测区间内,将不再具有时间分辨力。

(3) 在过采样情况 $T\Omega<2\pi$,在时频平面上有更密集的采样栅格。定义 $\alpha=2\pi/(T\Omega)$ 为

过采样率,假设取 $\alpha=4$,如果取 $\Omega=\Omega_s/(2N)$,则 $T=NT_s/2$,比之临界采样情况,时间方向和频率方向的栅格密度都增加1倍,在一个观测时间内,总栅格数是临界情况的4倍,这将得到更精细的时频图。

在如上例子中我们看到,为了使 Gabor 展开能够完整地表示信号,所需的最少 Gabor 系数数量与采样定理所规定的最少采样数量是一致的。但 Gabor 展开的实际应用中,过采样情况将有更好的性质和更稳定的数值性能。

当 Gabor 展开的基函数集 $\{h_{m,n}(t)=h(t-mT)\mathrm{e}^{\mathrm{j}n\Omega t},m\in Z,n\in Z\}$ 构成一个框架时,存在一个对偶原函数 $\gamma(t)$,其位移调制集 $\{\gamma_{m,n}(t)=\gamma(t-mT)\mathrm{e}^{\mathrm{j}n\Omega t},m\in Z,n\in Z\}$ 构成对偶框架[68],利用对偶框架计算 Gabor 展开系数 $c_{m,n}$,计算公式为

$$\begin{aligned}c_{m,n}&=\int_{-\infty}^{+\infty}x(t)\gamma_{m,n}^{*}(t)\mathrm{d}t=\int_{-\infty}^{+\infty}x(t)\gamma_{m,n}^{*}(t-mT)\mathrm{e}^{-\mathrm{j}n\Omega t}\mathrm{d}t\\&=\langle x(t),\gamma_{m,n}(t)\rangle=\mathrm{STFT}(mT,n\Omega)\end{aligned}\tag{9.3.3}$$

式(9.3.3)说明,Gabor 展开系数 $c_{m,n}$ 实际是以 $\gamma(t)$ 做窗函数的 STFT 在时频离散采样位置 $(mT,n\Omega)$ 的取值,从这个意义上,Gabor 展开式(9.3.1)可以看作由采样的 STFT 系数(时频离散 STFT)重构信号的公式。这样,可以将连续 Gabor 展开和离散 STFT 联系在一起,Gabor 展开给出的重构条件对 STFT 也是适用的。故可将离散 STFT 和 Gabor 展开统一讨论,本节后续内容将注意力只放在 Gabor 展开的讨论。

需要说明,基函数集 $\{h_{m,n}(t)=h(t-mT)\mathrm{e}^{\mathrm{j}n\Omega t},m\in Z,n\in Z\}$ 一般不是正交的,对偶框架是不同的函数集,但原函数和对偶原函数的作用是可以交换的,只要其中一个作为分析函数,另一个用作综合函数,即

$$\begin{aligned}x(t)&=\sum_{m=-\infty}^{+\infty}\sum_{n=-\infty}^{+\infty}<x(t),\gamma_{m,n}(t)>h_{m,n}(t)\\&=\sum_{m=-\infty}^{+\infty}\sum_{n=-\infty}^{+\infty}<x(t),h_{m,n}(t)>\gamma_{m,n}(t)\end{aligned}\tag{9.3.4}$$

实际应用中,选定一个原函数,需要求出对偶原函数,将式(9.3.3)代入式(9.3.1),并交换求和与积分次序,得

$$x(t)=\int_{-\infty}^{+\infty}x(t')\sum_{m=-\infty}^{+\infty}\sum_{n=-\infty}^{+\infty}\gamma_{m,n}^{*}(t')h_{m,n}(t)\mathrm{d}t'\tag{9.3.5}$$

由式(9.3.5),为使信号理想重构,要求

$$\sum_{m=-\infty}^{+\infty}\sum_{n=-\infty}^{+\infty}\gamma_{m,n}^{*}(t')h_{m,n}(t)=\delta(t-t')\tag{9.3.6}$$

对式(9.3.6)利用泊松(Poisson)求和公式,可以转化为如下的积分方程:

$$\frac{T_0\Omega_0}{2\pi}\int_{-\infty}^{+\infty}h(t)\gamma_{m,n}^{0*}(t)\mathrm{d}t=\delta(m)\delta(n)\tag{9.3.7}$$

式中,

$$\gamma_{m,n}^{0*}(t)=\gamma(t-mT_0)\mathrm{e}^{\mathrm{j}n\Omega_0}$$

并且 $T_0=2\pi/\Omega$,$\Omega_0=2\pi/T$,因此,除非对临界采样情况 $T\Omega=2\pi$,否则总有 $\gamma_{m,n}^{0*}(t)\neq\gamma_{m,n}(t)$。

对于给定的函数 $h(t)$,解式(9.3.7)的积分方程求得 $\gamma(t)$,但是除非对几个特殊的

$h(t)$函数，例如只有在$h(t)$是高斯函数、双边指数函数等有限的几类函数，并且在临界采样条件下，才会得到$\gamma(t)$的显式解，一般情况下由式(9.3.7)得不到对$\gamma(t)$的解析解。即使对$\gamma(t)$的解存在，并且$h(t)$在时域和频域都具有良好的局域性，但式(9.3.7)的解不能保证$\gamma(t)$也具有良好的时频局域性。一般地，当过采样率较高时，容易求得与$h(t)$有类似时频局域性的$\gamma(t)$。在临界采样时，即使$h(t)$是高斯函数，所求得的$\gamma(t)$也是一个非常不规则的函数，在时域和频域都有很差的局域性，但当过采样率超过2时，$\gamma(t)$与$h(t)$的波形非常接近，这说明，在连续 Gabor 展开应用时，选取适当的过采样率，将得到满意的结果。由于目前实际信号常以采样形式存在，因此，讨论离散 Gabor 展开将更有实用价值。

9.3.2 周期离散 Gabor 展开

实际中为了实现方便，更多应用的是离散信号情况，为了导出离散 Gabor 展开，对式(9.3.1)两边进行采样，注意到，连续 Gabor 展开中，频域参数已经离散化了，对式(9.3.1)两侧采样后，Gabor 展开中时域和频域都已经离散化，这种离散化直接导致信号序列和系数序列都是周期的，因此，将这种离散化的 Gabor 展开称为周期离散 Gabor 展开。

为对式(9.3.1)两侧离散化，将$t=kT_s$代入式(9.3.1)两侧，得到

$$\begin{aligned} x(kT_s) &= \sum_{m=-\infty}^{+\infty}\sum_{n=-\infty}^{+\infty} c_{m,n}h(kT_s-mT)\mathrm{e}^{\mathrm{j}n\Omega kT_s} \\ &= \sum_{m=-\infty}^{+\infty}\sum_{n=-\infty}^{+\infty} c_{m,n}h(T_s(k-mT/T_s))\mathrm{e}^{\mathrm{j}\frac{\Omega T_s L}{2\pi}\cdot\frac{2\pi nk}{L}} \end{aligned} \tag{9.3.8}$$

这里假设，离散信号的周期是L(L是总采样点数，对有限长信号，将所有采样信号样本作为周期序列的一个周期)，Gabor 系数$c_{m,n}$在时频方向的周期分别是M、N，考虑到周期性，令

$$\tilde{x}(k)=x(kT_s),\quad \tilde{h}(k)=h(T_sk)$$

$$\Delta M=\frac{T}{T_s},\quad \Delta N=\frac{\Omega T_sL}{2\pi},\quad W_L=\mathrm{e}^{\mathrm{j}\frac{2\pi}{L}}$$

将这些符号代入式(9.3.8)，得到周期离散 Gabor 展开为

$$\tilde{x}(k)=\sum_{m=0}^{M-1}\sum_{n=0}^{N-1}\tilde{c}_{m,n}\tilde{h}(k-m\Delta M)W_L^{nk\Delta N} \tag{9.3.9}$$

类似地，Gabor 展开系数利用如下求和式获得：

$$\tilde{c}_{m,n}=\sum_{k=0}^{L}\tilde{x}(k)\tilde{\gamma}^*(k-m\Delta M)W_L^{-nk\Delta N} \tag{9.3.10}$$

这里，$\tilde{\gamma}(k)$，$\tilde{h}(k)$也是周期为L。在式(9.3.9)和式(9.3.10)中，ΔM、ΔN分别称为离散时间移位步长和离散频率步长，它们的含义是清楚的，$\Delta M=T/T_s$是 Gabor 展开中，窗函数每次移动距离$h(t-mT)$中的T与采样步长T_s之比，实际是将窗移动距离换算成多少倍采样步长，ΔM取整数。

$$\Delta N=\frac{\Omega T_sL}{2\pi}=\frac{\Omega L}{\Omega_s}=\frac{L}{\Omega_s/\Omega} \tag{9.3.11}$$

这里，Ω_s/Ω表示时频平面上纵向(频率方向)的栅格数，如果信号直接做 DFT，L也正是频率通道数，它是可能的最大有效频率通道数，也对应了频率分辨率最高时的频率通道

数，ΔN 表示一个时频栅格在频率轴上占据了多少个对应于最高频率分辨率时的频率通道数。

式(9.3.9)和式(9.3.10)是周期离散 Gabor 展开的一般表达式，在实际应用中，取

$$L=\Delta MM=\Delta NN \tag{9.3.12}$$

这里 N 表示 Gabor 系数的频率通道数(频率轴上栅格数)，M 表示 Gabor 系数的时间位移通道数(时间轴上栅格数)，MN 表示 Gabor 系数的数目(由于周期性，以上均指一个周期内数目)，由各参数的定义，可以得到过采样率的如下几个等价形式：

$$\alpha=\frac{2\pi}{T\Omega}=\frac{L}{\Delta M\Delta N}=\frac{MN}{L}=\frac{N}{\Delta M} \tag{9.3.13}$$

式(9.3.13)说明，过采样时，Gabor 展开系数数目大于信号采样数，或 Gabor 展开系数的频率通道数大于 Gabor 展开的时间窗位移步长。

后续讨论中，总假设 $L=\Delta MM=\Delta NN$，Gabor 展开公式简化成如下形式：

$$\tilde{x}(k)=\sum_{m=0}^{M-1}\sum_{n=0}^{N-1}\tilde{c}_{m,n}\tilde{h}(k-m\Delta M)W_N^{nk} \tag{9.3.14}$$

$$\tilde{c}_{m,n}=\sum_{k=0}^{L}\tilde{x}(k)\tilde{\gamma}^*(k-m\Delta M)W_N^{-nk} \tag{9.3.15}$$

式(9.3.14)和式(9.3.15)都可以利用 FFT 进行计算，式(9.3.14)中，对于一个固定的 m，内求和式直接可以利用 FFT 计算，式(9.3.15)中，对于一个固定的 m，可以拆成 ΔN 段，每段 N 个数据求和，可以利用 FFT 计算。由式(9.3.15)也可以直接验证 $\tilde{c}_{m,n}$ 在频率方向的周期性为 $\tilde{c}_{m,n}=\tilde{c}_{m,n+lN}$。

与连续 Gabor 展开一样，给出 $\tilde{h}(k)$，需要求出 $\tilde{\gamma}(k)$。如下推导由 $\tilde{h}(k)$ 求 $\tilde{\gamma}(k)$ 的方程，将式(9.3.15)代入式(9.3.14)，交换求和次序得到

$$\tilde{x}(k)=\sum_{k=0}^{L-1}\tilde{x}(k')\sum_{m=0}^{M-1}\sum_{n=0}^{N-1}\tilde{\gamma}^*(k'-m\Delta M)\tilde{h}(k-m\Delta M)W_N^{n(k-k')} \tag{9.3.16}$$

为使周期离散 Gabor 展开系数能够重构信号序列，要求

$$\sum_{m=0}^{M-1}\sum_{n=0}^{N-1}\tilde{\gamma}^*(k'-m\Delta M)\tilde{h}(k-m\Delta M)W_N^{n(k-k')}=\delta(k-k') \tag{9.3.17}$$

由式(9.3.17)的双正交方程，不容易建立显式的求解方程，为此，利用泊松求和公式，将式(9.3.17)转化成如下的等价方程[266]：

$$\sum_{k=0}^{L-1}\tilde{h}(k+qN)W_{\Delta M}^{-pk}\tilde{\gamma}^*(k)=\frac{\Delta M}{N}\delta(p)\delta(q)\quad 0\leqslant p<\Delta M,\quad 0\leqslant q<\Delta N \tag{9.3.18}$$

式(9.3.18)是线性方程组，未知量是 $\tilde{\gamma}(k)$，共有 L 个未知量，有 $\Delta M\Delta N$ 个方程，式(9.3.18)可以写成矩阵形式为

$$\boldsymbol{H\gamma}=\boldsymbol{u} \tag{9.3.19}$$

这里，$H=[h_{i,j}]_{\Delta M\Delta N\times L}$，组成矩阵的每一项为

$$h_{p\Delta M+q,k}=\tilde{h}(k+qN)W_{\Delta M}^{-pk} \tag{9.3.20}$$

待求解向量为

$$\boldsymbol{\gamma}=[\tilde{\gamma}^*(0),\tilde{\gamma}^*(1),\cdots,\tilde{\gamma}^*(L-1)]^{\mathrm{T}}$$

方程右侧向量

$$\boldsymbol{u}=\left[\frac{\Delta M}{N},0,\cdots,0\right]^{\mathrm{T}}$$

对于不同的过采样率，$\tilde{\gamma}(k)$的解是不同的，对于临界采样，由式(9.3.13)知，$\Delta M\Delta N=L$，$\Delta M=N$，$\boldsymbol{H}=[h_{i,j}]_{\Delta M\Delta N\times L}$ 是方阵，并可验证是非奇异的，因此 $\tilde{\gamma}(k)$有唯一解。

通过一个例子说明 $\tilde{\gamma}(k)$解的性质，设 $\tilde{h}(k)$是对高斯函数的采样，在$[0,L-1]$区间内，$\tilde{h}(k)=(\pi\sigma^2)^{-0.25}\mathrm{e}^{-(k-0.5(L-1))^2/(2\sigma^2)}$，代入式(9.3.20)得到式(9.3.19)方程的系数矩阵，求解式(9.3.19)得到 $\tilde{\gamma}(k)$，设 $L=128$，$\Delta M=N=16$ 求出 $\tilde{\gamma}(k)$，将求得的 $\tilde{h}(k)$和 $\tilde{\gamma}(k)$的包络画在图 9.3.2 中，横坐标做了归一化。由这个例子可以看到，尽管 $\tilde{h}(k)$有好的时频局域性，但 $\tilde{\gamma}(k)$的时频局域性都非常差，由 $\tilde{\gamma}(k)$计算得到的 Gabor 系数也不再具有好的时频局域性，因此，利用这样一对 $\tilde{h}(k)$和 $\tilde{\gamma}(k)$，得到的 Gabor 系数，尽管仍可以理想重构信号，但 Gabor 系数缺乏好的时频局域性质，没有太大应用价值。

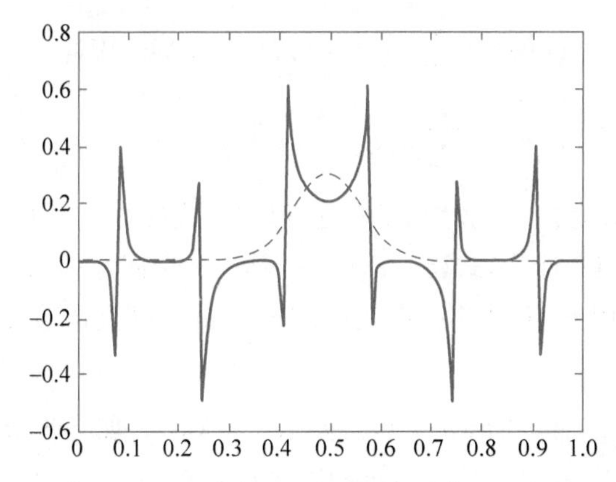

图 9.3.2 $\tilde{h}(k)$和$\tilde{\boldsymbol{\gamma}}(k)$的包络图，虚线表示$\tilde{\boldsymbol{h}}(k)$，实线表示$\tilde{\boldsymbol{\gamma}}(k)$

这个例子说明，在临界采样时，尽管可以使 Gabor 系数与信号采样数相等，得到最紧凑的信号展开式，但具有良好时频性的基序列 $\tilde{h}(k)$的对偶序列 $\tilde{\gamma}(k)$的时频局域性非常差，使得 Gabor 系数缺乏好的时频性质。下面我们讨论过采样情况，研究在过采样情况下，是否可以得到时频局域性良好的对偶序列 $\tilde{\gamma}(k)$。

过采样时，由式(9.3.13)，得 $\alpha>1$，$\Delta M\Delta N<L$，$\Delta M<N$，式(9.3.19)是一个欠定方程，$\tilde{\gamma}(k)$的解不是唯一的，可以利用最小二乘确定一个最小范数解，即

$$\boldsymbol{\gamma}=H^{\mathrm{H}}(HH^{\mathrm{H}})^{-1}\boldsymbol{u} \tag{9.3.21}$$

图 9.3.3 是几种过采样率情况下，$\tilde{\gamma}(k)$的 LS 解及其与 $\tilde{h}(k)$的比较，图中可以看到，对高斯函数 $\tilde{h}(k)$，随着过采样率提高，$\tilde{\gamma}(k)$越接近于 $\tilde{h}(k)$，在过采样率等于 2 时，$\tilde{\gamma}(k)$已经非常接近 $\tilde{h}(k)$，$\tilde{\gamma}(k)$和 $\tilde{h}(k)$都有很好的时频局域性，Gabor 系数也有良好的时频分析性能。

与正交基展开不同，离散 Gabor 展开是一种框架展开，实际上框架展开有一个基本的趋势，即展开系数越是过采样的，则框架趋于紧框架，则对偶框架与框架除一个比例系数外，趋于相同的函数，若把比例系数分配给框架和紧框架，则两者趋于相同，变换和重构变得更简单，代价是变换系数远多于原信号采样数，从而带来变换系数的冗余，但冗余表示并不总是劣势，其在一些问题上是有益的。

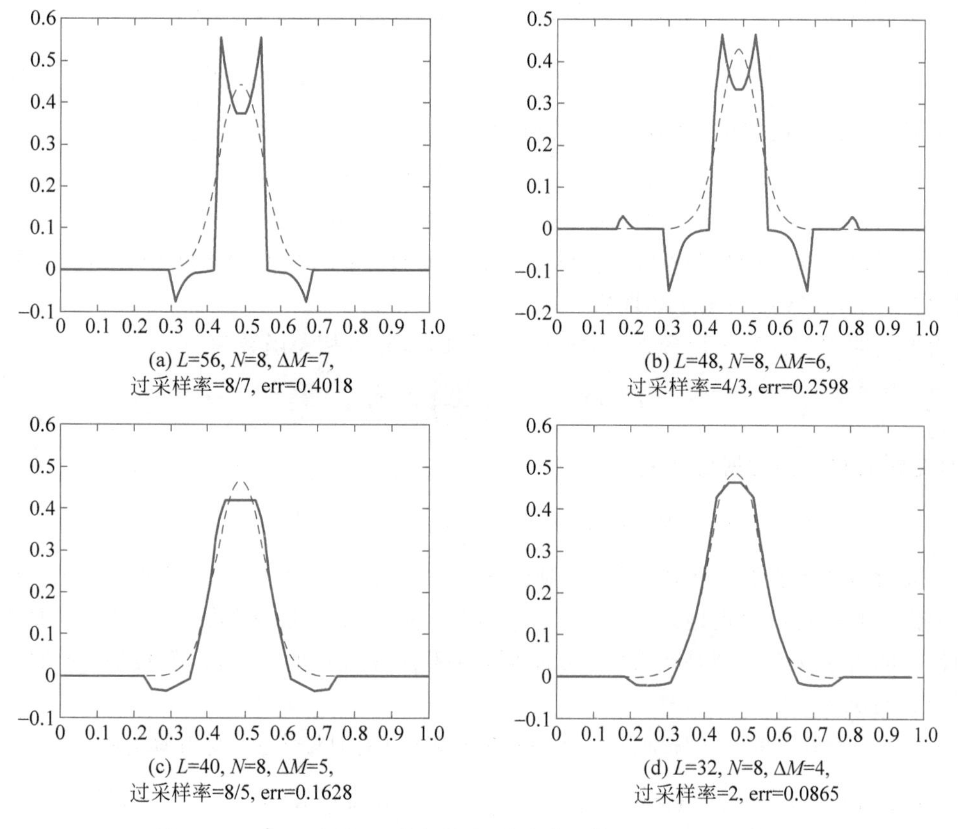

(a) L=56, N=8, ΔM=7, 过采样率=8/7, err=0.4018

(b) L=48, N=8, ΔM=6, 过采样率=4/3, err=0.2598

(c) L=40, N=8, ΔM=5, 过采样率=8/5, err=0.1628

(d) L=32, N=8, ΔM=4, 过采样率=2, err=0.0865

图 9.3.3 $\tilde{h}(k)$和$\tilde{\gamma}(k)$的包络图，虚线表示$\tilde{h}(k)$，实线表示$\tilde{\gamma}(k)$

9.4 Wigner-Ville 分布

Wigner-Ville 分布最初是由物理学家维格纳(Wigner)于 1932 年在研究量子力学时提出的(维格纳于 1963 年获得诺贝尔物理奖)，大约 15 年后，由维尔(Ville)引入信号处理领域，并利用特征函数方法重新导出了这个分布，因此，信号处理文献中，习惯称之为 Wigner-Ville 分布(WVD)。直到 1980 年，Claasen 和 Mecklenbrauker 连续发表的三篇论文，使得 WVD 作为时频分析方法重新得到人们的重视，并引起广泛研究。

与短时傅里叶变换(STFT)不同，WVD 没有使用基函数与信号进行内积，因此也就没有 STFT 那样在时频域的分辨率限制，WVD 使用信号的正负移位之积构成一种"双线性形式"的变换，实际是一种二次型运算结构，是一种非线性时频分布，具有时频分辨率高的特点，但同时 WVD 具有交叉项，在多分量信号分析时，交叉项的存在混淆了对信号时频性质的正确解释，这个问题限制了 WVD 应用的广泛性。

9.4.1 连续 Wigner-Ville 分布的定义和性质

对于信号 $x(t)$，它的自 Wigner-Ville 分布定义为

$$\mathrm{WVD}_x(t,\omega)=\int_{-\infty}^{+\infty} x\left(t+\frac{\tau}{2}\right) x^*\left(t-\frac{\tau}{2}\right) \mathrm{e}^{-\mathrm{j}\omega\tau}\mathrm{d}\tau \tag{9.4.1}$$

对于两个信号 $x(t)$、$y(t)$，定义其互 Wigner-Ville 分布为

$$\mathrm{WVD}_{xy}(t,\omega)=\int_{-\infty}^{+\infty}x\left(t+\frac{\tau}{2}\right)y^{*}\left(t-\frac{\tau}{2}\right)\mathrm{e}^{-\mathrm{j}\omega\tau}\mathrm{d}\tau \tag{9.4.2}$$

对定义式(9.4.1)和式(9.4.2)两边取共轭，可以验证

$$\mathrm{WVD}_{x}(t,\omega)=\mathrm{WVD}_{x}^{*}(t,\omega) \tag{9.4.3}$$

$$\mathrm{WVD}_{xy}(t,\omega)=\mathrm{WVD}_{yx}^{*}(t,\omega) \tag{9.4.4}$$

式(9.4.3)说明，信号的自 WVD 是实的。后面主要讨论信号的自 WVD，但在研究多分量信号时，会用到互 WVD 的概念和性质。

为了说明 WVD 的物理含义，不妨定义信号的瞬时自相关函数为

$$r_{x}(t,\tau)=x\left(t+\frac{\tau}{2}\right)x^{*}\left(t-\frac{\tau}{2}\right)$$

WVD 是瞬时自相关的傅里叶变换，即

$$\mathrm{WVD}_{x}(t,\omega)=\int_{-\infty}^{+\infty}r_{x}(t,\tau)\mathrm{e}^{-\mathrm{j}\omega\tau}\mathrm{d}\tau$$

如果对瞬时自相关在时间域取平均，得到信号的自相关函数，而自相关函数的傅里叶变换就是功率谱，因此，可以直观地理解 WVD 具有信号的"时变能量谱"的含义，但直接把 WVD 称为信号的时变能量谱却是错误的，因为 WVD 不保证是正的，它可以取负值，这在后面会看到相关的例子。

式(9.4.1)和式(9.4.2)分别是自 WVD 和互 WVD 的时域定义，利用傅里叶变换的性质，可以导出自 WVD 和互 WVD 的频域定义。式(9.4.2)说明互 WVD 是 $x\left(t+\frac{\tau}{2}\right)y^{*}\left(t-\frac{\tau}{2}\right)$ 的傅里叶变换，这里要注意，τ 是求傅里叶变换的时间变量，t 是参数，由傅里叶变换的性质，得

$$x_{t}(\tau)=x\left(t+\frac{\tau}{2}\right)\Leftrightarrow\hat{x}_{t}(\omega)=2\hat{x}(2\omega)\mathrm{e}^{\mathrm{j}2\omega t}$$

$$y_{t}(t)=y^{*}\left(t-\frac{\tau}{2}\right)\Leftrightarrow\hat{y}_{t}(\omega)=2\hat{y}^{*}(2\omega)\mathrm{e}^{-\mathrm{j}2\omega t}$$

由傅里叶变换的性质，即两个函数乘积的傅里叶变换等于两个信号傅里叶变换的卷积，则有

$$\begin{aligned}\mathrm{WVD}_{xy}(t,\omega)&=\int_{-\infty}^{+\infty}x\left(t+\frac{\tau}{2}\right)y^{*}\left(t-\frac{\tau}{2}\right)\mathrm{e}^{-\mathrm{j}\omega\tau}\mathrm{d}\tau\\&=\int_{-\infty}^{+\infty}x_{t}(\tau)y_{t}(\tau)\mathrm{e}^{-\mathrm{j}\omega\tau}\mathrm{d}\tau=\hat{x}_{t}(\omega)*\hat{y}_{t}(\omega)\\&=\frac{1}{2\pi}\int_{-\infty}^{+\infty}\hat{x}_{t}(\theta)\hat{y}_{t}(\omega-\theta)\mathrm{d}\theta\\&=\frac{4}{2\pi}\int_{-\infty}^{+\infty}\hat{x}(2\theta)\hat{y}^{*}(2\omega-2\theta)\mathrm{e}^{\mathrm{j}(4\theta-2\omega)t}\mathrm{d}\theta\end{aligned}$$

做变量替换 $2\theta=\omega+\Omega/2$，得互 WVD 的频域定义为

$$\mathrm{WVD}_{xy}(t,\omega)=\frac{1}{2\pi}\int_{-\infty}^{+\infty}\hat{x}\left(\omega+\frac{\Omega}{2}\right)\hat{y}^{*}\left(\omega-\frac{\Omega}{2}\right)\mathrm{e}^{\mathrm{j}\Omega t}\mathrm{d}\Omega \tag{9.4.5}$$

类似地，自 WVD 的频域定义为

$$\mathrm{WVD}_{x}(t,\omega)=\frac{1}{2\pi}\int_{-\infty}^{+\infty}\hat{x}\left(\omega+\frac{\Omega}{2}\right)\hat{x}^{*}\left(\omega-\frac{\Omega}{2}\right)\mathrm{e}^{\mathrm{j}\Omega t}\mathrm{d}\Omega \tag{9.4.6}$$

利用自 WVD 的定义，我们可以验证自 WVD 的一组有用的基本性质，其中一些性质的证明留作习题。其他更多性质和证明参见文献[206]。

性质 1　WVD 的取值范围。

如果 $x(t)$在区间(t_1, t_2)之外取值为零，$\mathrm{WVD}_x(t,\omega)$对于 t 取值在(t_1, t_2)之外时为零。如果 $\hat{x}(\omega)$在区间(ω_1, ω_2)之外取值为零，$\mathrm{WVD}_x(t,\omega)$对于 ω 取值在(ω_1, ω_2)之外时为零。

对于一个实际信号，若其时域的主支撑区间为$[t_0-\Delta_t/2, t_0+\Delta_t/2]$，其角频率的主支撑区间为$[\omega_0-\Delta_\omega/2, \omega_0+\Delta_\omega/2]$，则其 WVD 在时频域的主支撑区间为

$$[t_0-\Delta_t/2, t_0+\Delta_t/2]\times[\omega_0-\Delta_\omega/2, \omega_0+\Delta_\omega/2] \tag{9.4.7}$$

性质 2　WVD 分布的边际特性。

$$\frac{1}{2\pi}\int_{-\infty}^{+\infty}\mathrm{WVD}_x(t,\omega)\mathrm{d}\omega=|x(t)|^2 \tag{9.4.8}$$

$$\int_{-\infty}^{+\infty}\mathrm{WVD}_x(t,\omega)\mathrm{d}t=|\hat{x}(\omega)|^2 \tag{9.4.9}$$

$$\frac{1}{2\pi}\int_{-\infty}^{+\infty}\int_{-\infty}^{+\infty}\mathrm{WVD}_x(t,\omega)\mathrm{d}t\,\mathrm{d}\omega=\frac{1}{2\pi}\int_{-\infty}^{+\infty}|\hat{x}(\omega)|^2\mathrm{d}\omega=\int_{-\infty}^{+\infty}|x(t)|^2\mathrm{d}t$$

边际特性说明，WVD 对角频率的积分等于信号瞬时能量，WVD 对时间的积分等于信号傅里叶变换的幅度平方，对 WVD 的两重积分等于信号的能量，这再次说明 WVD 反映了能量谱的分布，但由于可能存在的负值，不能定义 WVD 为能量谱。

比上述边际性质更一般的性质是 Moyal 公式，其表述如下：

$$\left|\int_{-\infty}^{+\infty}x(t)y^*(t)\mathrm{d}t\right|^2=\frac{1}{2\pi}\int_{-\infty}^{+\infty}\int_{-\infty}^{+\infty}\mathrm{WVD}_x(t,\omega)\mathrm{WVD}_y(t,\omega)\mathrm{d}t\,\mathrm{d}\omega \tag{9.4.10}$$

性质 3　时移和频率调制不变性。

如果 $x(t)$的 WVD 是 $\mathrm{WVD}_x(t,\omega)$，且 $y(t)=x(t-t_0)$，$y(t)$的 WVD 是

$$\mathrm{WVD}_y(t,\omega)=\mathrm{WVD}_x(t-t_0,\omega) \tag{9.4.11}$$

这是 WVD 的时移不变性。

如果 $x(t)$的 WVD 是 $\mathrm{WVD}_x(t,\omega)$，且 $y(t)=x(t)\mathrm{e}^{\mathrm{j}\omega_0 t}$，$y(t)$的 WVD 是

$$\mathrm{WVD}_y(t,\omega)=\mathrm{WVD}_x(t,\omega-\omega_0) \tag{9.4.12}$$

这是 WVD 的频率调制不变性。

性质 4　尺度性质。

如果 $x(t)$的 WVD 是 $\mathrm{WVD}_x(t,\omega)$，且 $y(t)=\frac{1}{\sqrt{a}}x\left(\frac{t}{a}\right)$，$y(t)$的 WVD 是

$$\mathrm{WVD}_y(t,\omega)=\mathrm{WVD}_x\left(\frac{t}{a},a\omega\right) \tag{9.4.13}$$

性质 5　瞬时频率。

如果信号可以写成 $x(t)=a(t)\mathrm{e}^{\mathrm{j}\varphi(t)}$，其中 $a(t)$、$\varphi(t)$都是实的，信号的瞬时频率 $\varphi'(t)$可以由 WVD 按下式求得：

$$\varphi'(t)=\frac{\int_{-\infty}^{+\infty}\omega\,\mathrm{WVD}_x(t,\omega)\mathrm{d}\omega}{\int_{-\infty}^{+\infty}\mathrm{WVD}_x(t,\omega)\mathrm{d}\omega} \tag{9.4.14}$$

对于任意给定的时间，用式(9.4.14)的积分可以由 WVD 求出瞬时频率，尽管都是时频分析的工具，STFT 却没有这样好的性质。

该性质是 WVD 的最实质性质，以下给出其证明。

利用傅里叶变换的性质知，$\delta(t)\leftrightarrow 1$ 和 $\delta'(t)\leftrightarrow \mathrm{j}\omega$，这里$\leftrightarrow$表示傅里叶变换对，由 $\delta'(t)$ 的傅里叶变换可得

$$\frac{1}{2\pi}\int_{-\infty}^{+\infty}\mathrm{j}\omega\,\mathrm{e}^{\mathrm{j}\omega\tau}\,\mathrm{d}\omega=\delta'(\tau)$$

考虑到 $\delta'(t)$是奇函数，上式可写成

$$\int_{-\infty}^{+\infty}\omega\,\mathrm{e}^{-\mathrm{j}\omega\tau}\,\mathrm{d}\omega=\mathrm{j}2\pi\delta'(\tau) \tag{9.4.15}$$

利用 $\delta'(t)$的定义 $\int_{-\infty}^{+\infty}h(\tau)\delta'(\tau)\mathrm{d}\tau=-h'(0)$，由式(9.4.15)两边同乘 $h(\tau)$ 并积分，得

$$\int_{-\infty}^{+\infty}\int_{-\infty}^{+\infty}\omega h(\tau)\mathrm{e}^{-\mathrm{j}\omega\tau}\,\mathrm{d}\omega\,\mathrm{d}\tau=-\mathrm{j}2\pi h'(0) \tag{9.4.16}$$

令 $h(\tau)=x(t+\tau/2)x^*(t+\tau/2)$，代入式(9.4.16)则为

$$\begin{aligned}&\int_{-\infty}^{+\infty}\int_{-\infty}^{+\infty}\omega x(t+\tau/2)x^*(t+\tau/2)\mathrm{e}^{-\mathrm{j}\omega\tau}\,\mathrm{d}\omega\,\mathrm{d}\tau\\&=\int_{-\infty}^{+\infty}\omega\,\mathrm{WVD}_x(t,\omega)\mathrm{d}\omega\\&=-\mathrm{j}2\pi h'(0)=-\mathrm{j}\pi(x'(t)x^*(t)-x(t)(x^*(t))')\end{aligned} \tag{9.4.17}$$

将 $x(t)=a(t)\mathrm{e}^{\mathrm{j}\varphi(t)}$ 及其导数代入式(9.4.17)，得

$$\int_{-\infty}^{+\infty}\omega\,\mathrm{WVD}_x(t,\omega)\mathrm{d}\omega=2\pi a^2(t)\varphi'(t) \tag{9.4.18}$$

对于这个特殊信号，由式(9.4.8)得

$$\int_{-\infty}^{+\infty}\mathrm{WVD}_x(t,\omega)\mathrm{d}\omega=2\pi\mid x(t)\mid^2=2\pi a^2(t) \tag{9.4.19}$$

将式(9.4.18)和式(9.4.19)代入式(9.4.14)右侧则得到所证结果。

性质 6 群延时。

如果信号的傅里叶变换可以写成 $\hat{x}(\omega)=b(\omega)\mathrm{e}^{\mathrm{j}\psi(\omega)}$，反映信号的时间延迟的参量群延时由下式通过对 WVD 的积分求得：

$$-2\pi\psi'(\omega)=\frac{\int_{-\infty}^{+\infty}t\,\mathrm{WVD}_x(t,\omega)\mathrm{d}t}{\int_{-\infty}^{+\infty}\mathrm{WVD}_x(t,\omega)\mathrm{d}t} \tag{9.4.20}$$

性质 6 的证明和性质 5 的证明是对偶的，留作练习。

9.4.2 WVD 的一些实例及问题

本节通过一些例子说明 WVD 的优点及存在的问题，这些例子说明了 WVD 的高分辨率的特点，但也存在交叉项等问题。初步讨论交叉项抑制的方法，并建立了 STFT 和 WVD 之间的联系。

例 9.4.1 两个最基本的信号：复正弦和冲激信号，其 WVD 分别是

$$x(t)=\mathrm{e}^{\mathrm{j}\omega_0 t}\Leftrightarrow\mathrm{WVD}_x(t,\omega)=2\pi\delta(\omega-\omega_0)$$

$$x(t)=\delta(t-t_0)\Leftrightarrow \mathrm{WVD}_x(t,\omega)=\delta(t-t_0)$$

复正弦信号的 WVD 是平行于时间轴的直线，说明信号在任意时间都只有 $\omega=\omega_0$ 的频率分量，冲激信号的 WVD 则说明信号只出现在 $t=t_0$ 时刻，在这个时刻信号中包含了所有频率成分，与 STFT 相比，WVD 有理想分辨率，因为 WVD 是一条线，而 STFT 是一个带状图。

例 9.4.2　高斯包络的复正弦信号

$$x(t)=g(t)\mathrm{e}^{\mathrm{j}\omega_0 t}=\left(\frac{\alpha}{\pi}\right)^{1/4}\mathrm{e}^{-\alpha t^2/2+\mathrm{j}\omega_0 t}$$

$$\mathrm{WVD}_x(t,\omega)=2\mathrm{e}^{-\alpha t^2-(\omega-\omega_0)^2/\alpha}=|g(t)|^2\,|\hat{g}(\omega-\omega_0)|^2$$

在高斯包络特殊形况下，WVD 是其时域信号幅度平方和位移的傅里叶变换幅度平方之乘积。

例 9.4.3　线性调制信号和高斯包络线性调制信号。

线性调制信号及 WVD 为

$$x(t)=\mathrm{e}^{\mathrm{j}(\beta t^2+\omega_0 t)}$$

$$\mathrm{WVD}_x(t,\omega)=2\pi\delta(\omega-\beta t-\omega_0)$$

线性调制信号的 WVD 为时-频平面上沿 $\omega=\beta t+\omega_0$ 的一条线，这是非常理想的时-频分布。

一个线性调制信号乘高斯函数后，得到一个高斯包络线性调制信号，信号及其 WVD 如下：

$$x(t)=g(t)\mathrm{e}^{\mathrm{j}(\beta t^2+\omega_0 t)}=\left(\frac{\alpha}{\pi}\right)^{1/4}\mathrm{e}^{-\alpha t^2/2+\mathrm{j}(\beta t^2+\omega_0 t)}$$

$$\mathrm{WVD}_x(t,\omega)=2\mathrm{e}^{-\alpha t^2-(\omega-\beta t-\omega_0)^2/\alpha}$$

图 9.4.1 示出了高斯包络线性调制信号的时间信号波形 $x(t-t_0)$（实部）以及功率谱和 WVD 的图形，该图与相应的 STFT 的谱图比较，有明显更高的分辨率。

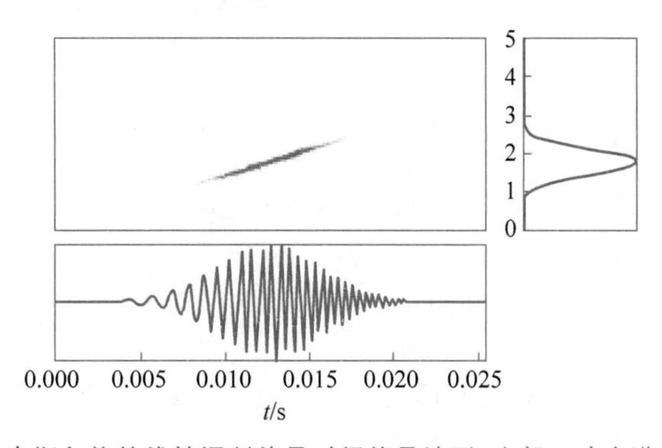

图 9.4.1　高斯包络的线性调制信号时间信号波形(实部)、功率谱和 WVD 谱

如上讨论了 WVD 用于单分量信号分析的例子，在这些例子中，WVD 都得到近乎理想的结果，下面进一步讨论 WVD 用于多分量信号的情况，不失一般性，假设信号由两个分量组成，即 $x(t)=x_1(t)+x_2(t)$，直接代入 WVD 的定义：得到

$$\begin{aligned}\mathrm{WVD}_x(t,\omega)&=\mathrm{WVD}_{x_1}(t,\omega)+\mathrm{WVD}_{x_2}(t,\omega)+\mathrm{WVD}_{x_1x_2}(t,\omega)+\mathrm{WVD}_{x_2x_1}(t,\omega)\\&=\mathrm{WVD}_{x_1}(t,\omega)+\mathrm{WVD}_{x_2}(t,\omega)+2\mathrm{Re}\{\mathrm{WVD}_{x_1x_2}(t,\omega)\}\end{aligned}\tag{9.4.21}$$

注意到,两个信号和的WVD不等于两个信号的WVD之和,多出一项 $2\mathrm{Re}\{\mathrm{WVD}_{x_1x_2}(t,\omega)\}$,这一项称为交叉项,这是因为WVD不是信号的线性变换,而是二次变换的直接结果,我们将会看到,交叉项将会干扰由信号WVD对信号时频性质的正确解释。

例 9.4.4 设信号是两个复正弦之和,即

$$x(t)=a_1\mathrm{e}^{\mathrm{j}\omega_1 t}+a_2\mathrm{e}^{\mathrm{j}\omega_2 t}$$

该信号的WVD为

$$\begin{aligned}\mathrm{WVD}_x(t,\omega)=&2\pi a_1^2\delta(\omega-\omega_1)+2\pi a_2^2\delta(\omega-\omega_2)+\\&4\pi a_1a_2\delta\left(\omega-\frac{\omega_1+\omega_2}{2}\right)\cos((\omega_2-\omega_1)t)\end{aligned}$$

由WVD表达式,两个复正弦之和的WVD,除各复正弦的WVD之和外,还有一个交叉项,交叉项出现在频率$\dfrac{\omega_1+\omega_2}{2}$处的一个振荡项,其振荡项按频率 $\omega_2-\omega_1$ 在时间轴方向振荡。

本例的一个特例是,信号是实余弦信号

$$x(t)=\cos\omega_0 t=\frac{1}{2}(\mathrm{e}^{\mathrm{j}\omega_0 t}+\mathrm{e}^{-\mathrm{j}\omega_0 t})$$

WVD是

$$\mathrm{WVD}_x(t,\omega)=\frac{\pi}{2}\delta(\omega+\omega_0)+\frac{\pi}{2}\delta(\omega-\omega_0)+\pi\delta(\omega)\cos(2\omega_0 t)$$

即实余弦信号的WVD在频率零点处有一个沿时间轴振荡的交叉项,交叉项在时间轴的振荡频率为 $2\omega_0$。

例 9.4.5 我们再考查一下具有多分量的时变信号的例子,考虑由两个在不同时间和以不同频率出现的高斯调制复正弦之和构成的信号:

$$\begin{aligned}x(t)&=g(t-t_1)\mathrm{e}^{\mathrm{j}\omega_1 t}+g(t-t_2)\mathrm{e}^{\mathrm{j}\omega_2 t}\\&=\left(\frac{\alpha}{\pi}\right)^{1/4}\mathrm{e}^{-\alpha(t-t_1)^2/2+\mathrm{j}\omega_1 t}+\left(\frac{\alpha}{\pi}\right)^{1/4}\mathrm{e}^{-\alpha(t-t_2)^2/2+\mathrm{j}\omega_2 t}\end{aligned}$$

可导出该信号的WVD为

$$\begin{aligned}\mathrm{WVD}_x(t,\omega)=&2\mathrm{e}^{-\alpha(t-t_1)^2-(\omega-\omega_1)^2/\alpha}+2\mathrm{e}^{-\alpha(t-t_2)^2-(\omega-\omega_2)^2/\alpha}+\\&4\mathrm{e}^{-\alpha(t-\bar{t})^2-(\omega-\bar{\omega})^2/\alpha}\cos[(\omega-\bar{\omega})t_d+\omega_d(t-\bar{t})+\omega_d\bar{t}]\end{aligned}$$

式中

$$\bar{t}=\frac{t_1+t_2}{2},\quad \bar{\omega}=\frac{\omega_1+\omega_2}{2},\quad t_d=\frac{t_1-t_2}{2},\quad \omega_d=\frac{\omega_1-\omega_2}{2}$$

分别为两个信号分量时间和频率参数的均值和差值,可以看到交叉项是振荡的,出现的位置是两分量的时间平均和频率平均处。图 9.4.2 给出了两个高斯调制复正弦之和的时间波形及功率谱和WVD,从图中看到WVD交叉项的存在。

例 9.4.6 为了给出更直观的印象,图 9.4.3 给出两个线性调频分量之和的WVD的三维图形。

如上以信号中包含两个分量为例,讨论了交叉项的影响,在一般情况下,如果信号中含有 N 个分量,WVD中存在 $N(N-1)/2$ 个交叉项,当信号分量数目较大时,因交叉项数目更多且系数较大,干扰了我们通过WVD谱图对信号特性的正确解释。

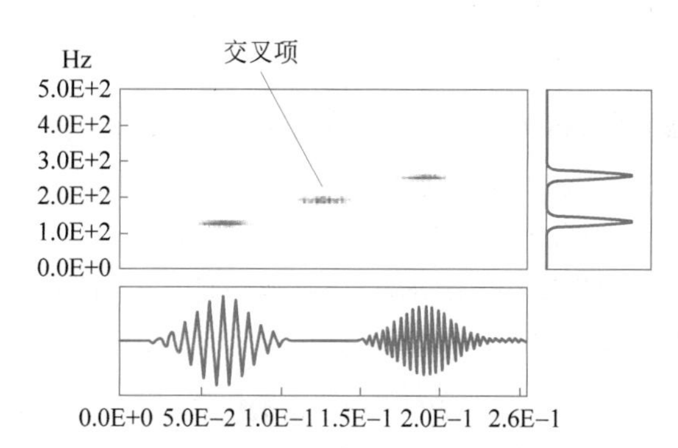

图 9.4.2 两个高斯调制复正弦之和的时间波形，功率谱和 WVD

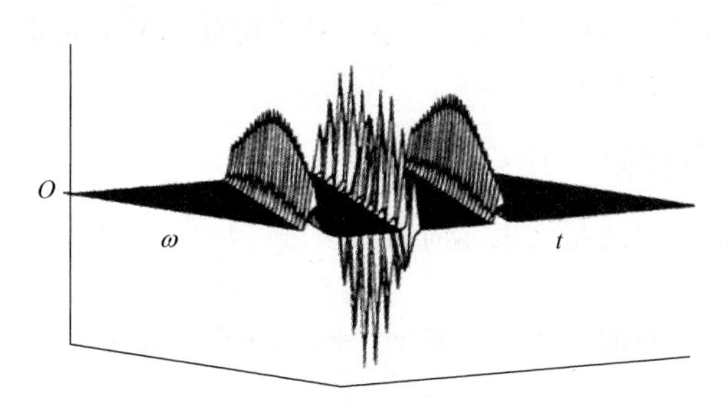

图 9.4.3 两个线性调频分量之和的 WVD 的三维图形

对于实的窄带调制信号，利用其解析信号作 WVD 是非常方便的，并且有效地降低了干扰项的影响，一个实信号 $x(t)$ 的解析信号定义为

$$x_a(t)=x(t)+\mathrm{j}H\{x(t)\} \tag{9.4.22}$$

这里，$H\{x(t)\}$表示 $x(t)$的希尔伯特变换：

$$H\{x(t)\}=\frac{1}{\pi}\int_{-\infty}^{+\infty}\frac{x(\tau)}{t-\tau}\mathrm{d}\tau \tag{9.4.23}$$

实信号 $x(t)$的解析信号是复信号，只有正的频率分量，即

$$\hat{x}_a(\omega)=\begin{cases}2\hat{x}(\omega), & \omega>0\\ \hat{x}(\omega), & \omega=0\\ 0, & \omega<0\end{cases}$$

实信号的解析信号的最常见例子是 $\cos(\omega_0 t)$的解析信号是 $\mathrm{e}^{\mathrm{j}\omega_0 t}$。一个窄带实调制信号的解析信号是只有正频率的那部分频谱，解析信号不像实信号那样有对称的频谱，减少了交叉项的影响。但对于低频信号来讲，其解析信号的 WVD 与原信号的 WVD 比较，相当于用一个很宽的光滑函数进行了平滑，因此存在有很宽的延伸，这个关系由如下公式给予说明：

$$\mathrm{WVD}_{x_a}(t,\omega)=\int_{-\infty}^{+\infty}\frac{\sin(2\omega\tau)}{\tau}\mathrm{WVD}_x(t-\tau,\omega)\mathrm{d}\tau \tag{9.4.24}$$

降低交叉项干扰的另一个方法是对 WVD 进行平滑，这个思路来自对交叉项的观察。在如上有关交叉项的几个例子中，交叉项都是振荡的，交替地取正和负，对交叉项的积分为零，由此观察启发一个降低交叉项的方法，取一个平滑函数与 WVD 相乘，然后积分，可以非常有效地降低交叉项的值，设一个平滑函数为 $\varphi(t,\omega)$，一个平滑的 WVD 定义为如下卷积：

$$\mathrm{SWVD}_x(t,\omega)=\int_{-\infty}^{+\infty}\int_{-\infty}^{+\infty}\varphi(x,y)\mathrm{WVD}_x(t-x,\omega-y)\mathrm{d}x\mathrm{d}y \tag{9.4.25}$$

平滑函数一般为低通滤波函数，例如一个典型的平滑函数为

$$\varphi(t,\omega)=\mathrm{e}^{-\alpha t^2-\beta\omega^2}\quad \alpha>0,\beta>0 \tag{9.4.26}$$

并且有人证明[25]，当$\alpha\beta\geqslant 1$时，可使SWVD非负。

SWVD与WVD相比，降低了时频分辨率，有趣的是，一个信号的STFT的幅度平方是该信号的平滑WVD，假设STFT用的窗函数是$g(t)$，有

$$|\mathrm{STFT}_x(t,\omega)|^2=\int_{-\infty}^{+\infty}\int_{-\infty}^{+\infty}\mathrm{WVD}_g(x,y)\mathrm{WVD}_x(t-x,\omega-y)\mathrm{d}x\mathrm{d}y \tag{9.4.27}$$

式(9.4.27)说明用$g(t)$的WVD作为平滑函数对信号$x(t)$的WVD进行平滑，则$\mathrm{SWVD}_x(t,\omega)=|\mathrm{STFT}_x(t,\omega)|^2$，即谱图$|\mathrm{STFT}_x(t,\omega)|^2$是一种平滑的WVD，它是非负的，且没有交叉项，但时频分辨率比WVD低。

9.4.3 通过离散信号计算WVD

由于实际中更常用到的是已采样的离散信号，因此有必要研究通过离散信号计算WVD的问题。

对式(9.4.1)中WVD的积分定义，设$\tau/2=n\Delta$，用求和逼近积分得到

$$\mathrm{WVD}_x(t,\omega)=2\Delta\sum_{n=-\infty}^{+\infty}x_a(t+n\Delta)x_a^*(t-n\Delta)\mathrm{e}^{-\mathrm{j}2n\omega\Delta} \tag{9.4.28}$$

为后续叙述方便，这里用x_a表示连续信号。对式(9.4.28)两边用采样周期T_s采样，并令$\Delta=T_s$，得

$$\mathrm{WVD}_x(mT_s,\omega)=2T_s\sum_{n=-\infty}^{+\infty}x_a((m+n)T_s)x_a^*((m-n)T_s)\mathrm{e}^{-\mathrm{j}2n\omega T_s} \tag{9.4.29}$$

令$x(m)=x_a(mT_s)$表示采样信号，并且去掉求和项的比例系数T_s不会影响对WVD的解释，重写式(9.4.29)为

$$\mathrm{WVD}_x(m,\omega)=2\sum_{n=-\infty}^{+\infty}x(m+n)x^*(m-n)\mathrm{e}^{-\mathrm{j}2n\omega T_s} \tag{9.4.30}$$

对WVD时域的离散化，带来了频域的周期性，由式(9.4.30)，明显地有

$$\mathrm{WVD}_x\left(m,\omega+\frac{\pi}{T_s}\right)=\mathrm{WVD}_x(m,\omega) \tag{9.4.31}$$

即时域离散化的WVD，在频域是以$\frac{\pi}{T_s}$为周期的。与信号的采样相对比，信号采样周期T_s，其频谱以$\frac{2\pi}{T_s}$为周期，若连续信号的最高频率不高于$\frac{\pi}{T_s}$，频谱不会重叠，即不会有混叠。由于离散化WVD的结果是频域以$\frac{\pi}{T_s}$为周期，因此只有连续信号的最高频率不高于$\frac{\pi}{2T_s}$，才不会使WVD在频域发生混叠，换句话说，如果连续信号的最高频率为$f_{\max}$，采样频率至少为$f_s=4f_{\max}$，才不会使WVD在频域发生混叠。

式(9.4.30)为无穷求和，仍不能用于实际计算WVD，为此，定义一个加窗的离散化WVD形式，取一个窗函数$w(n)$，它是实的和对称的，即$w(n)=w(-n)$，长度为$2L-1$，加

窗离散化 WVD(或称为伪 WVD)为

$$\begin{aligned}
\mathrm{PWVD}_x(m,\omega) &= 2\sum_{n=-(L-1)}^{L-1} w(n)x(m+n)x^*(m-n)\mathrm{e}^{-\mathrm{j}2n\omega T_s} \\
&= 2\sum_{n=-(L-1)}^{0} w(n)x(m+n)x^*(m-n)\mathrm{e}^{-\mathrm{j}2n\omega T_s} + \\
&\quad 2\sum_{n=0}^{L-1} w(n)x(m+n)x^*(m-n)\mathrm{e}^{-\mathrm{j}2n\omega T_s} - 2w(0)x(m)x^*(m) \\
&= 4\mathrm{Re}\left\{\sum_{n=0}^{L-1} w(n)x(m+n)x^*(m-n)\mathrm{e}^{-\mathrm{j}2n\omega T_s}\right\} - \\
&\quad 2w(0)x(m)x^*(m)
\end{aligned} \tag{9.4.32}$$

为了能使用 FFT 计算式(9.4.32),对 ω 也离散化,即按 $\omega_k T_s = \frac{2\pi}{L}k$ 采样,得到离散伪 WVD 为

$$\mathrm{DWVD}_x(m,k) = 4\mathrm{Re}\left\{\sum_{n=0}^{L-1} w(n)x(m+n)x^*(m-n)\mathrm{e}^{-\mathrm{j}\frac{4\pi kn}{L}}\right\} - 2w(0)x(m)x^*(m) \tag{9.4.33}$$

由于在得到采样信号 $x(m)$时,只能保证满足采样定理,即 $f_s \geqslant 2f_{\max}$,但如上讨论说明,为使 DWVD 不产生频率方向的混叠,要求信号的采样频率满足 $f_s \geqslant 4f_{\max}$,为了保证这个条件成立,在使用式(9.4.33)前,首先对 $x(m)$进行 2 倍插值,即在 $x(m)$的样本间插入 1 个 0 值,再通过一个低通数字滤波器,得到 2 倍速率的插值信号 $x_I(m)$,有关插值的具体实现可参见文献[314]。$x_I(m)$相当于是以 $f_s \geqslant 4f_{\max}$ 采样获得的,用 $x_I(m)$代入式(9.4.33)计算 DWVD,就不会造成混叠,注意到式(9.4.33)的移位 m 等价于$x_I(m)$的移位 $2m$,并且 $x_I(m)$数据增加 1 倍,因此

$$\mathrm{DWVD}_x(m,k) = 4\mathrm{Re}\left\{\sum_{n=0}^{2L-1} w(n)x_I(2m+n)x_I^*(2m-n)\mathrm{e}^{-\mathrm{j}\frac{4\pi kn}{2L}}\right\} - 2w(0)x_I(2m)x_I^*(2m) \tag{9.4.34}$$

为便于运算,将上式分解为

$$\begin{aligned}
\mathrm{DWVD}_x(m,k) &= 4\mathrm{Re}\left\{\sum_{n=0}^{L-1} w(n)x_I(2m+n)x_I^*(2m-n)\mathrm{e}^{-\mathrm{j}\frac{2\pi kn}{L}}\right\} + \\
&\quad 4\mathrm{Re}\left\{\sum_{n=L}^{2L-1} w(n)x_I(2m+n)x_I^*(2m-n)\mathrm{e}^{-\mathrm{j}\frac{2\pi kn}{L}}\right\} - \\
&\quad 2w(0)x_I(2m)x_I^*(2m) \\
&= 4\mathrm{Re}\left\{\sum_{n=0}^{L-1} w(n)x_I(2m+n)x_I^*(2m-n)\mathrm{e}^{-\mathrm{j}\frac{2\pi kn}{L}}\right\} + \\
&\quad 4\mathrm{Re}\left\{\sum_{n=0}^{L-1} w(n)x_I(2m+L+n)x_I^*(2m-L-n)\mathrm{e}^{-\mathrm{j}\frac{2\pi kn}{L}}\right\} - \\
&\quad 2w(0)x_I(2m)x_I^*(2m)
\end{aligned} \tag{9.4.35}$$

式(9.4.35)最后两个求和项都是 DFT 的标准定义式,对于每个确定的 $m(0 \leqslant m < 2L)$,由式(9.4.35)用 FFT 直接计算出对所有 $0 \leqslant k < L$ 的系数 $\mathrm{DWVD}_x(m,k)$。$0 \leqslant k < L$ 对应着

频率范围 $0\leqslant\omega<\pi/T_s$，这正是 $\mathrm{DWVD}_x(m,k)$在频率方向上一个周期的取值。

*9.5 一般时频分布：Cohen 类

克服 WVD 中存在的交叉项的影响是一个值得关注的问题，这方面的研究统一在一个框架下进行，这就是 Cohen 类。Cohen 类给出一个统一的表示式，通过确定不同的核函数可以构造出许多个新的时频分布。本节简要讨论 Cohen 类的基本原理和例子，为了更方便地描述 Cohen 类，首先介绍信号的对称模糊函数的概念。

9.5.1 模糊函数

9.4 节已经定义了信号的瞬时自相关函数为

$$r_x(t,\tau)=x\left(t+\frac{\tau}{2}\right)x^*\left(t-\frac{\tau}{2}\right)$$

以 τ 为变量，对 $r_x(t,\tau)$求傅里叶变换就是 WVD 的定义，如果以 t 为变量，对 $r_x(t,\tau)$作傅里叶反变换，其结果定义为信号 $x(t)$的对称模糊函数，简称模糊函数 AF，即

$$AF_x(\theta,\tau)=\frac{1}{2\pi}\int_{-\infty}^{+\infty}x\left(t+\frac{\tau}{2}\right)x^*\left(t-\frac{\tau}{2}\right)\mathrm{e}^{\mathrm{j}\theta t}\,\mathrm{d}t \tag{9.5.1}$$

以上是一个信号的自模糊函数，类似于 WVD，定义两个信号的互模糊函数为

$$AF_{x,y}(\theta,\tau)=\frac{1}{2\pi}\int_{-\infty}^{+\infty}x\left(t+\frac{\tau}{2}\right)y^*\left(t-\frac{\tau}{2}\right)\mathrm{e}^{\mathrm{j}\theta t}\,\mathrm{d}t \tag{9.5.2}$$

与 WVD 不同，实信号的模糊函数一般是复函数。

既然 $r_x(t,\tau)$和 $AF_x(\theta,\tau)$是傅里叶变换对，则有

$$r_x(t,\tau)=x\left(t+\frac{\tau}{2}\right)x^*\left(t-\frac{\tau}{2}\right)=\int_{-\infty}^{+\infty}AF_x(\theta,\tau)\mathrm{e}^{-\mathrm{j}\theta t}\,\mathrm{d}\theta \tag{9.5.3}$$

式(9.5.3)两侧再以 τ 为变量作傅里叶变换，$r_x(t,\tau)$的傅里叶变换就是 WVD 的定义，由此得到 WVD 和 AF 之间的关系式为

$$\mathrm{WVD}_x(t,\omega)=\int_{-\infty}^{+\infty}\int_{-\infty}^{+\infty}AF_x(\theta,\tau)\mathrm{e}^{-\mathrm{j}(\theta t+\omega\tau)}\,\mathrm{d}\theta\,\mathrm{d}\tau \tag{9.5.4}$$

由式(9.5.4)说明，$\mathrm{WVD}_x(t,\omega)$是 $AF_x(\theta,\tau)$的二维傅里叶变换，由信号的模糊函数可以得到 WVD，反之，由 WVD 也可以求出模糊函数(推导留作习题)。

如下通过一个例子说明交叉项在 AF 中的表现。

例 9.5.1 信号

$$x(t)=g(t-t_0)\mathrm{e}^{\mathrm{j}\omega_0 t}=\left(\frac{\alpha}{\pi}\right)^{1/4}\mathrm{e}^{-\alpha(t-t_0)^2/2+\mathrm{j}\omega_0 t}$$

的模糊函数为

$$AF_x(\theta,\tau)=\mathrm{e}^{-\left(\frac{1}{4\alpha}\theta^2+\frac{\alpha}{4}\tau^2\right)}\mathrm{e}^{\mathrm{j}(\omega_0\tau+\theta t_0)}$$

例 9.5.1 说明，一个在时频平面能量集中在(t_0,ω_0)附近的信号，在 AF 的(θ,τ)平面，其能量集中在原点附近，(t_0,ω_0)的信息出现在 AF 的相位中。

例 9.5.2 两个分量信号

$$x(t)=x_1(t)+x_2(t)=g(t-t_1)e^{j\omega_1 t}+g(t-t_2)e^{j\omega_2 t}$$
$$=\left(\frac{\alpha}{\pi}\right)^{1/4}e^{-\alpha(t-t_1)^2/2+j\omega_1 t}+\left(\frac{\alpha}{\pi}\right)^{1/4}e^{-\alpha(t-t_2)^2/2+j\omega_2 t}$$

的模糊函数由如下4项组成：

$$AF_x(\theta,\tau)=AF_{x1}(\theta,\tau)+AF_{x2}(\theta,\tau)+AF_{x1,x2}(\theta,\tau)+AF_{x2,x1}(\theta,\tau)$$

其中前两项是自 AF 函数，如例 9.5.1 所示，能量集中在(θ,τ)平面的原点，(t_i,ω_i)，$i=1,2$ 出现在自 AF 函数的相位中。

后两项是互 AF 函数，互 AF 函数的形式为

$$AF_{x1,x2}(\theta,\tau)=e^{-\left(\frac{1}{4\alpha}(\theta-\omega_d)^2+\frac{\alpha}{4}(\tau-t_d)^2\right)}e^{j(\bar{\omega}\tau-\theta\bar{t}+\omega_d\bar{t})}$$

上式中的各参数为

$$\bar{t}=\frac{t_1+t_2}{2},\quad \bar{\omega}=\frac{\omega_1+\omega_2}{2},\quad t_d=\frac{t_1-t_2}{2},\quad \omega_d=\frac{\omega_1-\omega_2}{2}$$

为了讨论方便，将 WVD 的交叉项重写如下：

$$2\mathrm{Re}\{\mathrm{WVD}_{x1,x2}(t,\omega)\}=4e^{-\alpha(t-\bar{t})^2-(\omega-\bar{\omega})^2/\alpha}\cos[(\omega-\bar{\omega})t_d+\omega_d(t-\bar{t})+\omega_d\bar{t}]$$

AF 的交叉项的能量中心在$(\theta,\tau)=(\omega_d,t_d)$处，而 ω_d 对应了 WVD 交叉项在时间轴上的振荡频率，t_d 对应了 WVD 交叉项在频率轴上的振荡频率，WVD 振荡越快，AF 的交叉项的能量中心离(θ,τ)平面原点越远。

在 WVD 中，每个分量的自分布集中在时频平面的(t_i,ω_i)处，交叉项出现在$(\bar{t}_i,\bar{\omega}_i)$处，这里 $\bar{t}_i$，$\bar{\omega}_i$ 表示两分量的时间中点和频率中点。在多分量的情况下，很难从位置上定位哪些是自分布，哪些是交叉项。在 AF 中，凡各分量的自 AF 函数的能量均集中在(θ,τ)的原点处，而交叉项的能量中心偏离原点，相对应的 WVD 交叉项振荡越快，AF 交叉项离原点越远，因此在 AF 域，可以比较明确地从区域上区分自 AF 和交叉项，这个特点被用来构造更一般性时频分布：Cohen 类。

式(9.5.4)说明，$\mathrm{WVD}_x(t,\omega)$和 $AF_x(\theta,\tau)$互为二维傅里叶变换，可以将(θ,τ)看作(t,ω)的“频域”，由 AF 的性质，构造一个在(θ,τ)域的低通滤波器 $\Phi(\theta,\tau)$，由于 $\Phi(\theta,\tau)$的低通特性，它与 $AF_x(\theta,\tau)$相乘，保存了 $AF_x(\theta,\tau)$在原点附近的能量(自项)，降低了 $AF_x(\theta,\tau)$远离原点处的能量(交叉项)，$AF_x(\theta,\tau)\times\Phi(\theta,\tau)$作二维傅里叶变换，就得到一个压制了交叉项的新的时频分布，这样构造的时频分布称为 Cohen 类，即

$$C_x(t,\omega)=\int_{-\infty}^{+\infty}\int_{-\infty}^{+\infty}AF_x(\theta,\tau)\Phi(\theta,\tau)e^{-j(\theta t+\omega\tau)}d\theta d\tau \tag{9.5.5}$$

如果定义一个(t,ω)域的平滑函数 $\phi(t,\omega)$是 $\Phi(\theta,\tau)$的傅里叶变换，即

$$\phi(t,\omega)=\int_{-\infty}^{+\infty}\int_{-\infty}^{+\infty}\Phi(\theta,\tau)e^{-j(\theta t+\omega\tau)}d\theta d\tau \tag{9.5.6}$$

由二维傅里叶变换的卷积定理(乘积的傅里叶变换等于傅里叶变换卷积)，得到

$$C_x(t,\omega)=\int_{-\infty}^{+\infty}\int_{-\infty}^{+\infty}\phi(x,y)\mathrm{WVD}_x(t-x,\omega-y)dxdy=\mathrm{SWVD}_x(t,\omega) \tag{9.5.7}$$

式(9.5.7)就是 9.4 节讨论的平滑 WVD，由此可见 Cohen 类和平滑 WVD 是一种定义。若取 $\Phi(\theta,\tau)$是窗函数的模糊函数，$C_x(t,\omega)$就是 STFT 的谱图$|\mathrm{STFT}(t,\omega)|^2$。

9.5.2 Cohen 类的定义与实例

信号 $x(t)$的 Cohen 类定义为

$$C_x(t,\omega)=\frac{1}{2\pi}\iiint_{-\infty}^{+\infty}x\left(u+\frac{\tau}{2}\right)x^*\left(u-\frac{\tau}{2}\right)\Phi(\theta,\tau)\mathrm{e}^{-\mathrm{j}(\theta t+\omega\tau-\theta u)}\mathrm{d}u\,\mathrm{d}\tau\,\mathrm{d}\theta \tag{9.5.8}$$

式中,$\Phi(\theta,\tau)$称为核函数,取不同的核函数,构成一系列不同的时频分析。在最里层积分中代入模糊函数的定义,式(9.5.8)的 Cohen 类定义变成

$$C_x(t,\omega)=\int_{-\infty}^{+\infty}\int_{-\infty}^{+\infty}AF_x(\theta,\tau)\Phi(\theta,\tau)\mathrm{e}^{-\mathrm{j}(\theta t+\omega\tau)}\mathrm{d}\theta\,\mathrm{d}\tau$$

这就是已经熟悉的式(9.5.5)。对每一个选定的核函数 $\Phi(\theta,\tau)$,都对应一种时频分布,但是,不是任取一个 $\Phi(\theta,\tau)$都可以得到一个好的时频分布,要使得一个构造出的时频分布具有好的性质,必须对 $\Phi(\theta,\tau)$施加约束条件,如下给出几条时频分布性质与 $\Phi(\theta,\tau)$约束之间的关系。

(1) $C_x(t,\omega)$边际积分和 $\Phi(\theta,\tau)$的关系,即如果要求 $C_x(t,\omega)$满足如下几个边际积分条件,$\Phi(\theta,\tau)$必须满足相应条件。

① 如果 $C_x(t,\omega)$满足 $\frac{1}{2\pi}\int_{-\infty}^{+\infty}C_x(t,\omega)\mathrm{d}\omega=|x(t)|^2$,则要求 $\Phi(\theta,0)=1$。

② 如果 $C_x(t,\omega)$满足 $\int_{-\infty}^{+\infty}C_x(t,\omega)\mathrm{d}t=|\hat{x}(\omega)|^2$,则要求 $\Phi(0,\tau)=1$。

③ 如果 $C_x(t,\omega)$满足 $\int_{-\infty}^{+\infty}\int_{-\infty}^{+\infty}C_x(t,\omega)\mathrm{d}t=\frac{1}{2\pi}\int_{-\infty}^{+\infty}|\hat{x}(\omega)|^2\mathrm{d}\omega=\int_{-\infty}^{+\infty}|x(t)|^2\mathrm{d}t$,则要求 $\Phi(0,0)=1$。

(2) 如果要求 $C_x(t,\omega)$是实的,必须有 $\Phi(\theta,\tau)=\Phi^*(-\theta,-\tau)$。

许多学者已经提出了若干核函数和相应的时频分布,表 9.5.1 列出了几个例子。

表 9.5.1 Cohen 类的一些例子

名　称	核 函 数	分布 $C_x(t,\omega)$
WVD	1	$\mathrm{WVD}_x(t,\omega)=\int_{-\infty}^{+\infty}x\left(t+\frac{\tau}{2}\right)x^*\left(t-\frac{\tau}{2}\right)\mathrm{e}^{-\mathrm{j}\omega\tau}\mathrm{d}\tau$
Margenau-Hill	$\cos\frac{\theta\tau}{2}$	$\mathrm{Re}\left\{\frac{1}{\sqrt{2}}x(t)\hat{x}^*(\omega)\mathrm{e}^{-\mathrm{j}\omega t}\right\}$
Born-Jordan Cohen	$\frac{\sin\frac{\theta\tau}{2}}{\frac{\theta\tau}{2}}$	$\int_{-\infty}^{+\infty}\frac{1}{\lvert\tau\rvert}\mathrm{e}^{-\mathrm{j}\omega\tau}\int_{t-\lvert\tau\rvert/2}^{t+\lvert\tau\rvert/2}x\left(u+\frac{\tau}{2}\right)x^*\left(u-\frac{\tau}{2}\right)\mathrm{d}u\,\mathrm{d}\tau$
Choi-William	$\mathrm{e}^{-(\theta\tau)^2/\sigma}$	$\frac{1}{\sqrt{4\pi}}\iint_{-\infty}^{+\infty}\frac{1}{\sqrt{\tau^2/\sigma}}\mathrm{e}^{-\sigma(u-t)^2/\tau^2-\mathrm{j}\tau\omega}x\left(u+\frac{\tau}{2}\right)x^*\left(u-\frac{\tau}{2}\right)\mathrm{d}u\,\mathrm{d}\tau$
Cone-Shape	$\frac{\sin\alpha\theta\tau}{\alpha\theta\tau}\lvert\tau\rvert g(\tau)$	$\frac{1}{2\alpha}\int_{-\infty}^{+\infty}g(\tau)\mathrm{e}^{-\mathrm{j}\omega\tau}\int_{t-\lvert\tau\rvert\alpha}^{t+\lvert\tau\rvert\alpha}x\left(u+\frac{\tau}{2}\right)x^*\left(u-\frac{\tau}{2}\right)\mathrm{d}u\,\mathrm{d}\tau$
谱图	$g(t)$的 AF	$\lvert\mathrm{STFT}(t,\omega)\rvert^2=\left\lvert\int_{-\infty}^{+\infty}x(\tau)g^*(\tau-t)\mathrm{e}^{-\mathrm{j}\omega\tau}\mathrm{d}\tau\right\rvert^2$

例 9.5.3　Cohen 类的一个例子 Choi-William 分布，即取表 9.5.1 的第 4 个核函数：

$$\Phi(\theta,\tau)=\mathrm{e}^{-(\theta\tau)^2/\sigma}$$

注意到，$\sigma\to\infty$ 时，$\Phi(\theta,\tau)\to 1$，Choi-William 分布趋于 WVD，若 σ 取一个适当的值，则可降低交叉项，但也降低时频分辨率，Choi-William 核函数在模糊函数域如图 9.5.1(a)所示。假设有三个分量的一个信号 $x(t)=s_1(t)+s_2(t)+s_3(t)$，其 WVD 如图 9.5.2(a)所示，为了说明 Choi-William 核函数的作用，将该信号的模糊函数示于图 9.5.1(b)，Choi-William 核函数与模糊函数乘积的结果，可以消除 $s_1(t)$ 和 $s_3(t)$ 的交叉项，明显降低 $s_2(t)$ 和 $s_3(t)$ 的交叉项，但 $s_1(t)$ 和 $s_2(t)$ 的交叉项中一部分被保留，Choi-William 的时频图如图 9.5.2(b)所示。

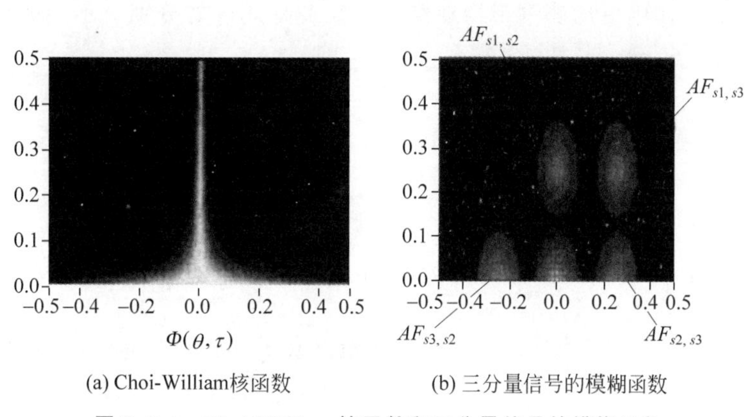

(a) Choi-William核函数　　(b) 三分量信号的模糊函数

图 9.5.1　Choi-William 核函数和三分量信号的模糊函数

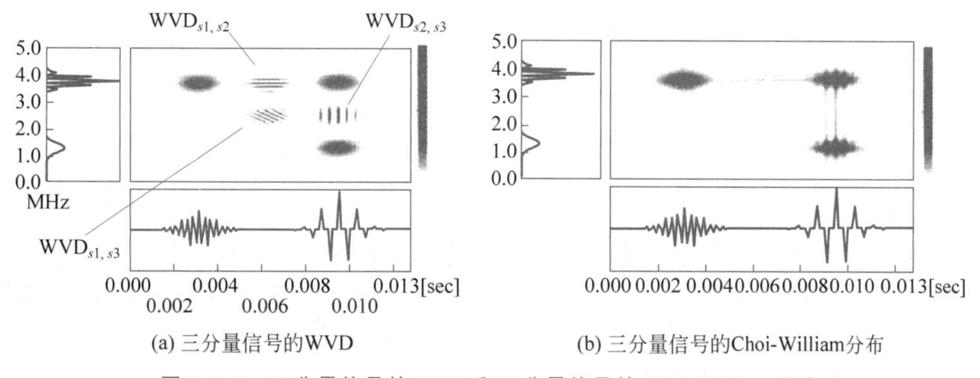

(a) 三分量信号的WVD　　(b) 三分量信号的Choi-William分布

图 9.5.2　三分量信号的 WVD 和三分量信号的 Choi-William 分布

这些 Cohen 类分布都在一定程度上降低了交叉项的影响，但同时也降低了时频分辨率。

这里仅对 Cohen 类给出一个概念性的讨论，有兴趣的读者可以参考更专门的著作，如文献[63]、[206]，以及重要的综述性论文[62]、[120]。

9.6　本章小结和进一步阅读

本章首先讨论了时频分析的一些基本概念，其中不定性原理是约束线性时频元素的时频分辨率的基本限制。讨论了短时傅里叶变换和 Gabor 展开这两种线性时频分析工具，其中 Gabor 展开具有更好的灵活性。Wigner-Ville 分布是二次型的时频分析工具,具有高的分辨率,但也带来交叉项的问题,Cohen 类是一个一般的时频分析工具,通过构造不同的核函数,将已有的时频分析工具作为其一个特殊形式,并可以构造各种侧重于不同性质的时频分布。希尔伯特-黄变换(HHT)也可归于时频变换的一种,由于 HHT 已在本书的姐妹篇[314]中作为希尔伯特变换的推广性材料做过介绍,故本书不再重复。小波变换也可看作一种时频变换,但由于小波变换的重要性和应用的广泛性,将在第 10 章对其做专门讨论。

本章是关于时频分析这一非常广泛的专题的入门性介绍,有几本时频分析的专门著作对这个专题给出了更深入和全面的讨论,Qian[206,208] 的著作侧重于各种时频算法及其应用实例,Cohen[63] 的著作则更加侧重于物理概念。几篇综述论文分别对不同的专题给出了详尽的分析,如文献[57-59]、[62]、[266]、[4]。

习题

1. 证明 STFT 的一般形式的帕塞瓦尔定理

$$\iint \langle x_1(\tau), g_{t,\omega}(\tau)\rangle \langle x_2(\tau), g_{t,\omega}(\tau)\rangle \mathrm{d}t\,\mathrm{d}\omega = 2\pi \| g \|^2 < x_1(\tau), x_2(\tau)\rangle$$

2. 给出信号 $x(\tau)=\left(\dfrac{\beta}{\pi}\right)^{1/4} \mathrm{e}^{-\beta\tau^2/2}$,并且选窗函数 $g(\tau)=\left(\dfrac{\alpha}{\pi}\right)^{1/4} \mathrm{e}^{-\alpha\tau^2/2}$,证明该信号的 DTFT 为

$$\mathrm{STFT}(t,\omega)=\sqrt{\frac{2\sqrt{\alpha\beta}}{\alpha+\beta}} \exp\left\{-\frac{\alpha\beta}{2(\alpha+\beta)}t^2-\frac{1}{2(\alpha+\beta)}\omega^2+\mathrm{j}\frac{\alpha}{\alpha+\beta}\omega t\right\}$$

3. 证明,如果采用归一化窗函数,STFT 满足如下的核函数方程:

$$\mathrm{STFT}(t,\omega)=\frac{1}{2\pi}\iint \mathrm{STFT}(t',\omega')K(t,\omega;\, t'\omega')\mathrm{d}t'\mathrm{d}\omega'$$

其中,$K(t,\omega;\, t'\omega')=\langle g_{t,\omega}(\tau), g_{t',\omega'}(\tau)\rangle$。

4. 如果 $x(t)$在区间(t_1,t_2)之外取值为零,$\mathrm{WVD}_x(t,\omega)$对于 t 取值在(t_1,t_2)之外时为零。如果 $\hat{x}(\omega)$在区间(ω_1,ω_2)之外取值为零,$\mathrm{WVD}_x(t,\omega)$对于 ω 取值在(ω_1,ω_2)之外时为零。

5. 证明 WVD 分布满足如下边际特性:

$$\frac{1}{2\pi}\int_{-\infty}^{+\infty} \mathrm{WVD}_x(t,\omega)\mathrm{d}\omega = | x(t) |^2$$

$$\int_{-\infty}^{+\infty} \mathrm{WVD}_x(t,\omega)\mathrm{d}t = | \hat{x}(\omega) |^2$$

$$\int_{-\infty}^{+\infty}\int_{-\infty}^{+\infty} \mathrm{WVD}_x(t,\omega)\mathrm{d}t = \frac{1}{2\pi}\int_{-\infty}^{+\infty} | \hat{x}(\omega) |^2 \mathrm{d}\omega = \int_{-\infty}^{+\infty} | x(t) |^2 \mathrm{d}t$$

6. 给出 $x(t)$的 WVD 是 $\mathrm{WVD}_x(t,\omega)$,$y(t)=\mathrm{e}^{\mathrm{j}\omega_0 t}x(t-t_0)$,证明:$y(t)$的 WVD 是

$$\mathrm{WVD}_y(t,\omega)=\mathrm{WVD}_x(t-t_0,\omega-\omega_0)$$

7. 求两分量信号

$$x(t)=\left(\frac{\alpha}{\pi}\right)^{1/4} \mathrm{e}^{-\alpha(t-t_1)^2/2+\mathrm{j}\omega_1 t}+\left(\frac{\alpha}{\pi}\right)^{1/4} \mathrm{e}^{-\alpha(t-t_2)^2/2+\mathrm{j}\omega_2 t}$$

的 WVD。

8. 证明：实信号 $x(t)$ 与其解析信号 $x_a(t)$ 的 WVD 的关系如下：

$$\mathrm{WVD}_{x_a}(t,\omega)=\int_{-\infty}^{+\infty}\frac{\sin(2\omega\tau)}{\tau}\mathrm{WVD}_x(t-\tau,\omega)\mathrm{d}\tau$$

9. 信号 $x(t)$ 的 WVD 是 $\mathrm{WVD}_x(t,\omega)$，推导由 $\mathrm{WVD}_x(t,\omega)$ 求模糊函数 $AF_x(\theta,\tau)$ 的积分公式。

10. 若 $x_1(t)=x(t-t_0)\mathrm{e}^{\mathrm{j}\omega_0 t}$，证明其模糊函数为 $A_{x_1}(\theta,\tau)=A_x(\theta,\tau)\mathrm{e}^{\mathrm{j}(\tau\omega_0+\omega t_0)}$。

11. 求脉冲调制信号

$$x(t)=\frac{1}{\sqrt{T}}\mathrm{rect}\left(\frac{t}{T}\right)\cos\omega_0 t=\begin{cases}\dfrac{1}{\sqrt{T}}\cos\omega_0 t, & |t|\leqslant\dfrac{T}{2}\\ 0, & \text{其他}\end{cases}$$

的模糊函数 $A_x(\theta,\tau)$，并分别画出其 $\tau=0$ 和 $\theta=0$ 的图形。

*12. 设信号 $x(t)=\mathrm{e}^{-t^2/10}(\sin 2t+2\cos 4t+0.5\sin(t)\sin(50t))$，用采样间隔 $T=1/2^8$，从 $t=0$ 开始采样 256 个样本，利用 Gabor 展开和 Wigner-Ville 分布对其进行时频分析，并对实验结果进行分析(注：其他有关参数的选择，均自行确定)。

*13. 对于线性调频脉冲

$$x(t)=\frac{1}{\sqrt{T}}\mathrm{rect}\left(\frac{t}{T}\right)\mathrm{e}^{\mathrm{j}\pi k t^2},\quad k=\frac{B}{T}$$

针对 $BT=10$ 和 $BT=100$，自行给出其他参数并画出其时域波形。

(1) 对于两种参数，分别画出其 WVD 谱图。

(2) 对于两种参数，分别计算其模糊函数，画出模糊函数的三维幅度图，选择一些典型时间切片和频率切片，画出这些切片的图形。

第10章

小波变换原理及应用概论

小波变换是时频变换的一种,更严格地说,它是一种“时间-尺度”变换,由于尺度参数和频率参数有直接的对应关系,因此小波变换可归结为时频变换的一种。由于小波变换的广泛应用性,用单独一章较详细地讨论小波变换。

从连续域到离散域,小波变换都有非常好的数学性质。连续小波变换非常清楚地刻画了小波变换具有的良好的数学和物理性质,洞察了小波变换所潜在的各类应用;离散小波变换则存在良好的可计算性,存在多种容易理解和实现的快速算法,存在许多性质良好的正交和双正交基函数。这些性质使得小波变换非常易于应用,这是小波变换的研究比其他时频变换更广泛和深入的一个原因。

小波是指“一个持续时间很短的振荡波形”,如果用 $\psi(t)$ 表示一个母小波,$\psi(t)$ 的伸缩和平移也是小波,由一个母小波及其伸缩平移形成的函数集来表示一个信号,这就是小波变换。在 1910 年,Harr 就认识到了小波变换的存在,并给出了一个小波基,这就是 Harr 基,但 Harr 基的时频局域性不好。直到 1983 年,Morlet 在地震数据分析中正式提出小波的概念,小波变换的研究才得到了广泛的重视。Mallat 提出的多分辨分析的概念成为系统地构造正交小波基的基础,并引出了离散小波变换和信号重构的快速算法,Daubechies 等则构造出了一组具有良好数学性质的“紧支”小波基,这些工作,刺激了小波变换理论研究及在各个领域的应用研究。

尽管从数学上形成了小波变换的从连续到离散的一套理论体系,但人们也发现,其实离散小波变换与多采样率信号处理中的子带编码和滤波器组理论是一致的,而物理学中相干态的研究也有类似连续小波变换的结果,可以说,小波变换是数学、物理学、信号处理等不同学科研究成果的综合。本章主要从信号处理的角度来阐述小波变换的原理,由于小波变换所涉及内容的丰富性,本章只给出小波变换的入门性介绍。

视频讲解

10.1 连续小波变换

本节讨论连续小波变换(Continuous Wavelet Transform,CWT),通过 CWT 的定义和对其时频特性的分析,容易理解小波变换所表达的深刻含义。

10.1.1 CWT 的定义

定义 10.1.1 设 $x(t)$ 是平方可积函数(记作 $x(t)\in L^2(\boldsymbol{R})$),$\psi(t)$ 是被称为基本小波

或母小波的函数,则

$$\mathrm{WT}_x(a,b)=\frac{1}{\sqrt{a}}\int_{-\infty}^{+\infty}x(t)\psi^*\left(\frac{t-b}{a}\right)\mathrm{d}t=\langle x(t),\psi_{ab}(t)\rangle \tag{10.1.1}$$

称为 $x(t)$的小波变换,式中 $a>0$ 是尺度因子,b 是位移,$b\in\boldsymbol{R}$,其中,

$$\psi_{ab}(t)=\frac{1}{\sqrt{a}}\psi\left(\frac{t-b}{a}\right) \tag{10.1.2}$$

定义 10.1.1 中,$\boldsymbol{R}$ 表示所有实数集合,$L^2(\boldsymbol{R})$表示所有平方可积函数集合。式(10.1.1)的小波变换定义具有很深刻的含义,我们首先对它的时域性质做一说明。基本小波 $\psi(t)$可能是复函数或实函数,在复函数时,一般是取解析函数或近似解析函数(后文进一步解释),例如 $\psi(t)=\mathrm{e}^{-\frac{t^2}{T}}\mathrm{e}^{\mathrm{j}\omega_0 t}$ 称为 Morlet 小波,它是高斯包络下的复指数函数。复小波主要用于对信号频率的跟踪和估计,实小波则常用于检测信号的瞬变特性或用于信号的变换域处理,例如图像的边缘检测、信号去噪和图像编码等。

尺度因子 a 的作用是将基本小波作伸缩,a 越大,$\psi\left(\frac{t}{a}\right)$越宽,$a$ 越小,$\psi\left(\frac{t}{a}\right)$越窄,若把 $\psi(t)$看作一个波,$\frac{1}{a}$与其角频率 ω 等价。改变 a,就改变小波变换的分析区间,或者等价地说,从时域观点看,改变 a 就改变小波变换的时域分辨率。这是因为,小波函数 $\psi(t)$一般是一段持续时间较短的振荡波形(后面讨论的小波允许条件保证了这一结论),对于确定的(a,b),由小波变换的内积定义,$\mathrm{WT}(a,b)$反映了信号 $x(t)$在基函数 $\psi_{ab}(t)\triangleq\frac{1}{\sqrt{a}}\psi\left(\frac{t-b}{a}\right)$上的投影,由于 $\psi_{ab}(t)$在 $t=b$ 附近的有限持续性和 $\psi_{ab}(t)$的振荡性(反映了一个中心频率特性),因此 $\mathrm{WT}(a,b)$反映两重特性。一方面,它仅反映了 $t=b$ 附近 $x(t)$的性质,另一方面,它也具有抽取 $x(t)$在 $t=b$ 附近的某一频率成分$\left(正比于\frac{1}{a}\right)$的能力,因此,小波变换是一个"时间频率"联合分析的工具。a 称为尺度因子,它与时域分辨率是成反比的,a 越大,$\psi\left(\frac{t}{a}\right)$越宽,小波变换分辨两个时域突变发生所要求的时差就要增加,时域分辨率降低;反之,a 越小,$\psi\left(\frac{t}{a}\right)$越窄,时域分辨率越高。图 10.1.1 是三个不同尺度情况下,一个小波母函数的伸缩示意图。

还需要注意,由于 a 是变量,在变换过程中,为使 $\psi_{ab}(t)$的能量对于不同的 a 保持不变,故小波变换定义中,加上因子$\frac{1}{\sqrt{a}}$,即小波变换的基函数按式(10.1.2)的形式随 a 变化。还要注意到一个常用关系,即内积和卷积之关系

$$\begin{aligned}\int x(t)\psi^*(t-b)\mathrm{d}t&=\langle x(t),\psi(t-b)\rangle=x(t)*\psi^*(-t)\Big|_{t=b}\\&=\int x(\tau)\psi^*(-(t-\tau))\mathrm{d}\tau\Big|_{t=b}\end{aligned}$$

上式或写成 $x(b)*\psi^*(-b)$,b 是卷积后变量。这个关系经常用于一些关系式的推导。

用 $\hat{\psi}(\omega)$表示 $\psi(t)$的傅里叶变换,则 $\psi\left(\frac{t}{a}\right)$的傅里叶变换为$|a|\hat{\psi}(a\omega)$,可以得到小波

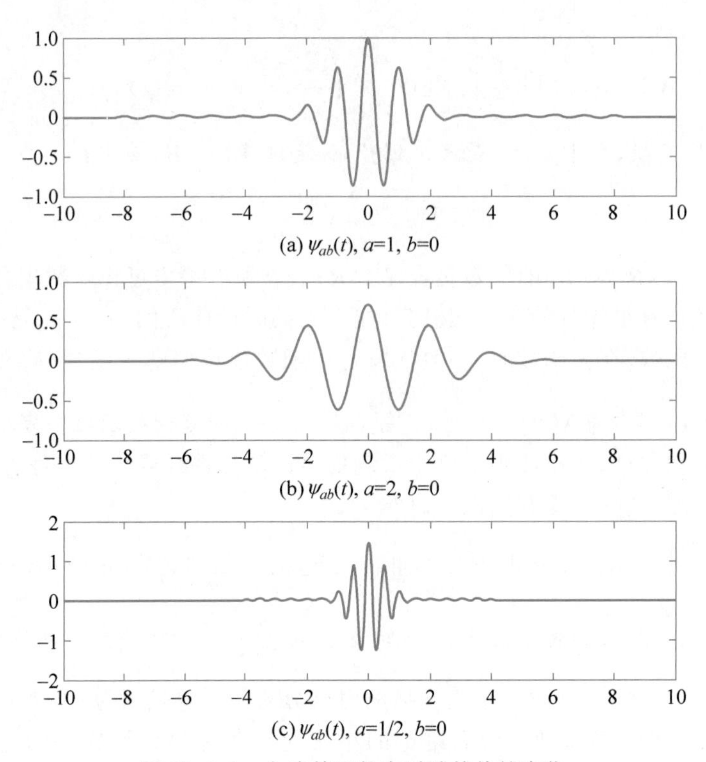

图 10.1.1 小波基函数在时域的伸缩变化

变换的另一个等价定义，由此可以更好地分析它的频域性质。

小波变换的等效频域定义表示为

$$\mathrm{WT}_x(a,b)=\frac{\sqrt{a}}{2\pi}\int_{-\infty}^{+\infty}\hat{x}(\omega)\hat{\psi}^*(a\omega)\mathrm{e}^{\mathrm{j}\omega b}\,\mathrm{d}\omega \tag{10.1.3}$$

证明如下，由

$$x(t)*\psi(t)\leftrightarrow\hat{x}(\omega)\hat{\psi}(\omega)$$

这里用↔表示一对傅里叶变换对，故

$$x(t)*\psi^*(-t)\leftrightarrow\hat{x}(\omega)\hat{\psi}^*(\omega)$$

因而

$$\frac{1}{\sqrt{a}}x(t)*\psi^*\left(-\frac{t}{a}\right)\leftrightarrow\sqrt{a}\,\hat{x}(\omega)\hat{\psi}^*(a\omega)$$

上式左边即是 $\mathrm{WT}_x(a,b)$，与右式是一对傅里叶变换对，由傅里叶反变换定义，得

$$\mathrm{WT}_x(a,b)=\frac{\sqrt{a}}{2\pi}\int_{-\infty}^{+\infty}\hat{x}(\omega)\hat{\psi}^*(a\omega)\mathrm{e}^{\mathrm{j}\omega b}\,\mathrm{d}\omega$$

对于这个频域表达式，可以做进一步的说明。如果 $\psi(t)$是幅频特性集中的带通函数，则小波变换便具有表征待分析信号的傅里叶变换，即频域 $\hat{x}(\omega)$的局部性质的能力，改变 a 的值，可以分析 $\hat{x}(\omega)$不同频域区间的性质。

设 $\psi(t)$是一个解析信号，其频域 $\hat{\psi}(\omega)$是以 ω_0 为中心的窄带函数，带宽为 Δ，它可以写成 $\hat{\psi}(\omega)=s(\omega-\omega_0)$，则

$$\hat{\psi}(a\omega)=s\left[a\left(\omega-\frac{\omega_0}{a}\right)\right]$$

其频率中心在$\frac{\omega_0}{a}$，带宽为$\frac{\Delta}{a}$。将 $a=1$ 作为基准值，当 a 增加时，$\hat{\psi}(a\omega)$的中心频率低移，且频带变窄，小波变换抽取的是 $\hat{x}(\omega)$在低频窄带的成分；当 a 变小，$\hat{\psi}(a\omega)$中心频率高移，且频带变宽，小波变换抽取的是 $\hat{x}(\omega)$在高频区比较宽的频带内的成分。这相当于小波变换在低频有较高的频域分辨率，在高频有较低的频域分辨率。改变 a 的值，一个小波母函数的傅里叶变换 $\hat{\psi}(\omega)$在频域随 a 伸缩与移动的示意图如图 10.1.2 所示（为了说明简单，图中假设 $\hat{\psi}(\omega)$是正实函数）。

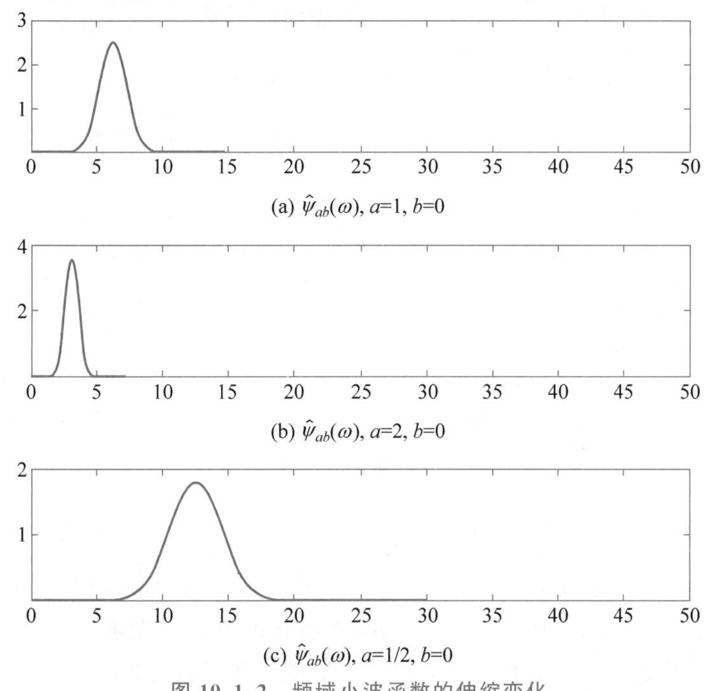

(a) $\hat{\psi}_{ab}(\omega)$, a=1, b=0

(b) $\hat{\psi}_{ab}(\omega)$, a=2, b=0

(c) $\hat{\psi}_{ab}(\omega)$, a=1/2, b=0

图 10.1.2　频域小波函数的伸缩变化

采用不同 a 值进行处理时，各 $\hat{\psi}(a\omega)$的中心频率和带宽都不相同，但品质因数 Q 不变（Q=中心频率/带宽）。观察如下例子。

例 10.1.1　设小波母函数及其傅里叶变换为

$$\psi(t)=\mathrm{e}^{-\frac{t^2}{T}}\mathrm{e}^{\mathrm{j}\omega_0 t}\text{和 }\hat{\psi}(\omega)=\sqrt{\frac{\pi}{T}}\mathrm{e}^{-\frac{T}{4}(\omega-\omega_0)^2}$$

当 $a=1$ 时，中心频率 $\omega=\omega_0$，带宽为$\sqrt{\frac{4}{T}}$。

当 $a=2$ 时，有

$$2\hat{\psi}(2\omega)=2\sqrt{\frac{\pi}{T}}\mathrm{e}^{-\frac{T}{4}(2\omega-\omega_0)^2}=2\sqrt{\frac{\pi}{T}}\mathrm{e}^{-T\left(\omega-\frac{\omega_0}{2}\right)^2}$$

故中心频率 $\omega=\frac{\omega_0}{2}$，带宽$\sqrt{\frac{1}{T}}$。

两个尺度参数下的品质因数分别为

$$Q\big|_{a=1}=\frac{\omega_0}{\sqrt{\dfrac{4}{T}}}=\frac{1}{2}\omega_0\sqrt{T}$$

$$Q\big|_{a=2}=\frac{\dfrac{\omega_0}{2}}{\dfrac{1}{\sqrt{T}}}=\frac{1}{2}\omega_0\sqrt{T}$$

考虑母小波函数为解析信号的一般情况下,若 $a=1$ 时,$\hat{\varphi}(\omega)$的中心在 ω_0,带宽为 Δ_ω,a 取任意值时 $\hat{\varphi}(a\omega)$的中心在$\dfrac{\omega_0}{a}$,带宽为$\dfrac{\Delta_\omega}{a}$,品质因数不变。

总结小波变换的时频特性如下,这里以 $a=1$ 为基准。

(1) 随着 a 增加,则 ω 降低,$\psi\left(\dfrac{t}{a}\right)$展宽,即时域窗变宽,在时域小波变换观测更长时间区间,同时 $\hat{\varphi}(a\omega)$变窄,在频域则观测更窄的频域区间,且频率中心向低频移动。对于低频部分,小波变换对时间域观察得粗些(尺度更大),对频域观察得仔细一些(区间变窄)。

(2) 随着 a 减小,则 ω 增大,$\psi\left(\dfrac{t}{a}\right)$变窄,即时域窗变窄,在时域小波变换观测更短时间区间,同时 $\hat{\varphi}(a\omega)$变宽,在频域观测更宽的频域区间,且中心频率向高频方向移动。对于高频部分,小波变换对时间域观察得细一些(尺度更小),对频域观察得粗些(区间变宽)。

小波变换的这种时频"自调节"能力被称为"数学显微镜"能力。由上分析,可以得到小波变换的时频平面示意图如图 10.1.3(a)所示,图中用 $f=\dfrac{\omega_0}{a}$表示频率,随着频率变化,一个小波系数反映的信号局部性质变化,频率升高,小波系数的频带变宽,时域影响变窄,频率降低则反之。图 10.1.3(b)则给出了时频局域性变化的更直观表示,它实际上将图 10.1.1 和图 10.1.2 的变化综合在一张图上以说明 CWT 的时频局域特性。

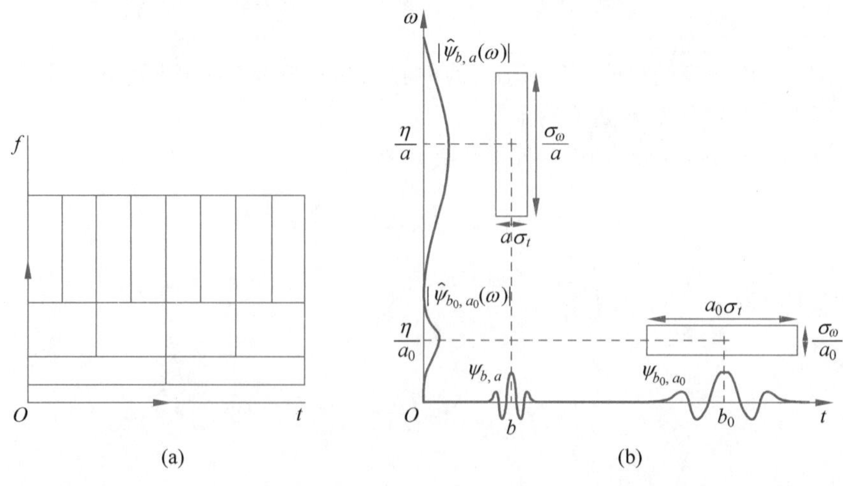

图 10.1.3　小波变换的时频平面的分辨率示意图

10.1.2　CWT的性质

连续小波变换有许多重要的含义，下面讨论小波变换的几个主要性质，通过其性质可以更好地理解其所包含的深意。在叙述性质时，用符号“$\xleftrightarrow{\text{CWT}}$”表示信号与其小波变换这样一对变换。对如下性质，只给出比较有代表性的证明，简单和相似的证明留给读者做练习。

1. 叠加性

小波变换是一个线性变换，满足基本的叠加性，即若

$$x(t)\xleftrightarrow{\text{CWT}}\mathrm{WT}_x(a,b)$$

$$y(t)\xleftrightarrow{\text{CWT}}\mathrm{WT}_y(a,b)$$

则

$$k_1x(t)+k_2y(t)\xleftrightarrow{\text{CWT}}k_1\mathrm{WT}_x(a,b)+k_2\mathrm{WT}_y(a,b) \tag{10.1.4}$$

2. 时移性质

小波变换是一种时频变换，信号在时间轴上移动，反映在变换系数上，其位移参数有相同的移动。若

$$x(t)\xleftrightarrow{\text{CWT}}\mathrm{WT}_x(a,b)$$

则

$$x(t-t_0)\xleftrightarrow{\text{CWT}}\mathrm{WT}_x(a,b-t_0) \tag{10.1.5}$$

3. 尺度转换

小波变换有尺度特性，若

$$x(t)\xleftrightarrow{\text{CWT}}\mathrm{WT}_x(a,b)$$

则

$$x\left(\frac{t}{\lambda}\right)\xleftrightarrow{\text{CWT}}\sqrt{\lambda}\,\mathrm{WT}_x\left(\frac{a}{\lambda},\frac{b}{\lambda}\right),\quad \lambda>0 \tag{10.1.6}$$

此性质表明，当信号$x(t)$作某一倍数伸缩时，其小波变换将在a、b两轴上作同一比例伸缩，但不发生失真变形。

4. 小波变换的内积定理

类似于傅里叶变换的帕塞瓦尔定理，小波变换也存在变换域和时域的内积不变性，小波变换的内积性质更复杂一些。设

$$x_1(t)\xleftrightarrow{\text{CWT}}\mathrm{WT}_{x_1}(a,b)=\langle x_1(t),\psi_{ab}(t)\rangle$$

$$x_2(t)\xleftrightarrow{\text{CWT}}\mathrm{WT}_{x2}(a,b)=\langle x_2(t),\psi_{ab}(t)\rangle$$

则

$$\langle \mathrm{WT}_{x_1}(a,b),\mathrm{WT}_{x_2}(a,b)\rangle=C_\psi\langle x_1(t),x_2(t)\rangle \tag{10.1.7}$$

其中，

$$C_\psi=\int_0^{+\infty}\frac{|\psi(\omega)|^2}{\omega}\mathrm{d}\omega \tag{10.1.8}$$

注意，两个信号的小波变换的内积写成

$$\langle \mathrm{WT}_{x_1}(a,b), \mathrm{WT}_{x_2}(a,b)\rangle = \int_0^{+\infty}\int_{-\infty}^{+\infty} \mathrm{WT}_{x_1}(a,b)\mathrm{WT}_{x_2}{}^{*}(a,b)\frac{1}{a^2}\mathrm{d}a\,\mathrm{d}b$$

$$= \int_0^{+\infty}\frac{\mathrm{d}a}{a^2}\int_{-\infty}^{+\infty}\langle x_1(t),\psi_{ab}(t)\rangle\langle \psi_{ab}(t), x_2(t)\rangle \mathrm{d}b$$

$$= C_\psi \int x_1(t)x_2^*(t)\mathrm{d}t \tag{10.1.9}$$

证明　由傅里叶变换的帕塞瓦尔定理

$$\langle x(t), y(t)\rangle = \frac{1}{2\pi}\int \hat{x}(\omega)\hat{y}^*(\omega)\mathrm{d}\omega$$

故

$$\langle x_1(t),\psi_{ab}(t)\rangle = \frac{1}{2\pi}\int \hat{x}_1(\omega)\hat{\psi}_{ab}^*(\omega)\mathrm{d}\omega$$

$$\langle \psi_{ab}(t), x_2(t)\rangle = \frac{1}{2\pi}\int \hat{\psi}_{ab}(\omega')\hat{x}_2^*(\omega')\mathrm{d}\omega'$$

又由 $\psi_{ab} = \frac{1}{\sqrt{a}}\psi\left(\frac{t-b}{a}\right)$ 的傅里叶变换性质，得

$$\hat{\psi}_{ab}(\omega) = \sqrt{a}\,\hat{\psi}(a\omega)\mathrm{e}^{-\mathrm{j}\omega b}$$

$$\hat{\psi}_{ab}^*(\omega') = \sqrt{a}\,\hat{\psi}^*(a\omega')\mathrm{e}^{\mathrm{j}\omega' b}$$

将上面 4 个公式代入式(10.1.9)，并应用

$$\int \mathrm{e}^{-\mathrm{j}(\omega-\omega')b}\mathrm{d}b = 2\pi\delta(\omega-\omega')$$

得

$$\langle \mathrm{WT}_{x_1}(a,b), \mathrm{WT}_{x_2}(a,b)\rangle = \frac{1}{2\pi}\iint \frac{\mathrm{d}a}{a}\hat{x}_1(\omega)\hat{x}_2^*(\omega)\hat{\psi}(a\omega)\hat{\psi}^*(a\omega)\mathrm{d}\omega$$

$$= \frac{1}{2\pi}\int\left[\int \frac{|\hat{\psi}(a\omega)|^2}{a}\mathrm{d}a\right]\hat{x}_1(\omega)\hat{x}_2^*(\omega)\mathrm{d}\omega$$

由于

$$\int \frac{|\hat{\psi}(a\omega)|^2}{a\omega}\mathrm{d}(a\omega) = \int \frac{|\hat{\psi}(\bar{\omega})|^2}{\bar{\omega}}\mathrm{d}\bar{\omega} \triangleq C_\psi$$

故

$$\langle \mathrm{WT}_{x_1}(a,b), \mathrm{WT}_{x_2}(a,b)\rangle = C_\psi \int \frac{1}{2\pi}\hat{x}_1(\omega)\hat{x}_2^*(\omega)\mathrm{d}\omega = C_\psi\langle x_1(t), x_2(t)\rangle$$

在上面的证明中，要求

$$C_\psi = \int \frac{|\hat{\psi}(\omega)|^2}{\omega}\mathrm{d}\omega < \infty$$

这个条件称为允许条件，它的推论是

$$\hat{\psi}(\omega)\big|_{\omega=0} = 0 \tag{10.1.10}$$

和

$$\int \psi(t)\mathrm{d}t = 0 \tag{10.1.11}$$

即 $\psi(t)$ 是振荡的。

小波变换的内积定理是一个很基本的关系式，由它可以导出如下两个重要结论。

5. 小波反变换

在小波内积定理中，取 $x_1(t)=x(t)$，$x_2(t)=\delta(t-t')$，得

$$x(t)=\frac{1}{C_\psi}\int_0^{+\infty}\frac{\mathrm{d}a}{a^2}\int_{-\infty}^{+\infty}\mathrm{WT}_x(a,b)\frac{1}{\sqrt{a}}\psi\left(\frac{t-b}{a}\right)\mathrm{d}b \tag{10.1.12}$$

这正是由小波变换系数重构信号的连续小波反变换公式(ICWT)。

6. 小波能量公式

取 $x_1(t)=x(t)$，$x_2(t)=x(t)$，得

$$\int_0^{+\infty}\frac{\mathrm{d}a}{a^2}\int_{-\infty}^{+\infty}|\mathrm{WT}_x(a,b)|^2\mathrm{d}b=C_\psi\int_{-\infty}^{+\infty}|x(t)|^2\mathrm{d}t \tag{10.1.13}$$

如果取比例系数 $C_\psi=1$，则信号能量与小波变换在时-频平面上的能量分布是相等的，因此，也称 $\frac{1}{a^2}|\mathrm{WT}_x(a,b)|^2$ 为时频平面上的小波能量分布。

7. 正则性条件(regularity condition)

为了在频域上有较好的局域性，若信号 $x(t)$ 是光滑变化的，要求 $|\mathrm{WT}_x(a,b)|$ 随 a 的减小而迅速减小(a 减小等价于频率升高)。若对于给定的 p，有

$$\int t^k\psi(t)\mathrm{d}t=0,\quad k<p \tag{10.1.14}$$

成立，或相当于 $\hat{\psi}(\omega)$ 在 $\omega=0$ 处有 p 阶零点，即

$$\hat{\psi}(\omega)=\omega^p\hat{\psi}_0(\omega),\quad \hat{\psi}_0(\omega=0)\neq 0 \tag{10.1.15}$$

这样的小波母函数称为具有 p 阶消失矩，如果 $x(t)$ 也存在 p 阶导数，那么采用具有 p 阶消失矩的母小波 $\psi(t)$ 进行小波变换，其CWT满足

$$\mathrm{WT}_x(a,b)=O(a^{p+\frac{1}{2}}) \tag{10.1.16}$$

且对于

$$x(t)=\sum_{i=0}^{p-1}a_i(x-t_0)^i \tag{10.1.17}$$

有

$$\mathrm{WT}_x(a,t_0)=0 \tag{10.1.18}$$

正则性条件说明，如果选择的母小波满足如上的正则性条件，在 $x(t)$ 的多项式展开中，$t^k(k<p)$ 各项在小波变换中没有贡献，这突出信号的高阶起伏和高阶导数中可能存在的奇点，即小波变换反映信号中的高阶变化。式(10.1.16)说明若信号是光滑的(p 阶导数)，则随 $a\to 0$，小波变换系数 $\mathrm{WT}_x(a,b)$ 以 $a^{p+\frac{1}{2}}$ 的速度衰减并趋于0。

8. 再生核方程

可以证明，$x(t)$ 的小波变换满足如下的再生核方程：

$$\mathrm{WT}_x(a_0,b_0)=\int_0^{+\infty}\frac{\mathrm{d}a}{a^2}\int_{-\infty}^{+\infty}\mathrm{WT}_x(a,b)k_\psi(a_0,b_0,a,b)\mathrm{d}b \tag{10.1.19}$$

其中，

$$K_{\psi}(a_0,b_0,a,b)=\frac{1}{C_{\psi}}\int\psi_{ab}(t)\psi^{*}_{a_0b_0}(t)\mathrm{d}t=\frac{1}{C_{\psi}}\langle\psi_{ab}(t),\psi_{a_0b_0}(t)\rangle \quad (10.1.20)$$

为再生核,再生核方程说明两点问题。

(1) CWT是冗余的,(a_0,b_0)处CWT取值可由其他(a,b)处CWT的值通过再生核构造出。

(2) 不是任意两维函数$F(a,b)$都可能是一个函数$x(t)$的小波变换,小波变换必须满足再生核方程约束。也就是说,一维信号的小波变换,是二维函数空间的一个子集,这个子集里的每个函数,必须满足再生核方程。

10.1.3 几个小波实例

为了便于理解CWT,给出几个母小波的例子,并讨论CWT的两个应用实例。

1. 几个常见小波

1) Morlet小波

它的小波母函数和相应的傅里叶变换为

$$\psi(t)=\mathrm{e}^{-\frac{t^2}{2}}\mathrm{e}^{\mathrm{j}\omega_0 t}$$

$$\hat{\psi}(\omega)=\sqrt{2\pi}\,\mathrm{e}^{\frac{-(\omega-\omega_0)^2}{2}}$$

Morlet小波不严格满足允许性条件,只是近似满足。图10.1.1是Morlet小波实部的图形,图10.1.2是其傅里叶变换的图形。一个能量归一化的小波也称为Gabor小波,它的小波母函数和相应的傅里叶变换为

$$\psi(t)=g(t)\mathrm{e}^{\mathrm{j}\omega_0 t}$$

$$g(t)=\frac{1}{(\sigma^2\pi)^{1/4}}\mathrm{e}^{-\frac{t^2}{2\sigma^2}}$$

$$\hat{\psi}(\omega)=(4\pi\sigma^2)^{1/4}\mathrm{e}^{\frac{-\sigma^2(\omega-\omega_0)^2}{2}}$$

2) Marr小波

由高斯函数的二阶导数构成母小波函数,即

$$\psi(t)=(1-t^2)\mathrm{e}^{-\frac{t^2}{2}}$$

$$\hat{\psi}(\omega)=\sqrt{2\pi}\,\omega^2\mathrm{e}^{-\frac{\omega^2}{2}}$$

$\hat{\psi}(\omega)$在原点有二阶零点,满足小波允许性条件。Marr小波常用于图像的边缘检测。Marr小波的波形和其频谱如图10.1.4所示。

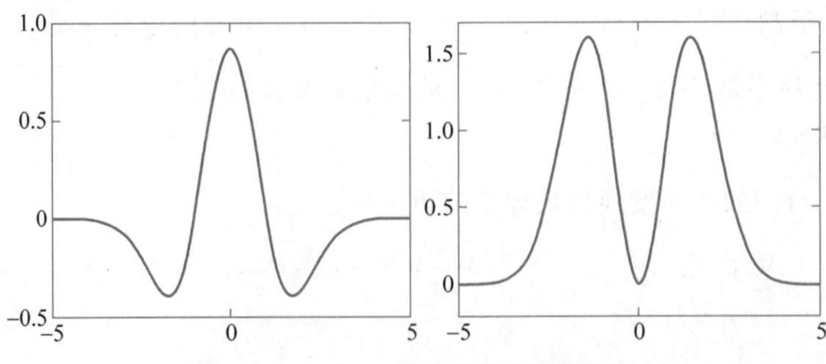

图10.1.4 Marr母小波的波形和频谱

3) Harr 小波

Harr 小波是人们最早构造的一个简单小波，定义为

$$\psi(t)=\begin{cases}1, & 0\leqslant t<\dfrac{1}{2}\\ -1, & \dfrac{1}{2}\leqslant t<1\end{cases}$$

它的不同尺度和位移函数满足正交条件，即

$$\langle\psi(t),\psi(2^j t)\rangle=0$$
$$\langle\psi(t),\psi(t-k)\rangle=0$$

母函数的傅里叶变换为

$$\hat{\psi}(\omega)=\mathrm{j}\,\frac{4}{\omega}\sin^2\left(\frac{\omega}{4}\right)\mathrm{e}^{-\mathrm{j}\frac{\omega}{2}}$$

$\hat{\psi}(\omega)$在原点仅有一阶零点，满足允许性条件。

4) 样条小波族

一次 β 样条定义为

$$\beta_1(t)=\begin{cases}1, & 0\leqslant t<1\\ 0, & \text{其他}\end{cases}$$

由此可以定义各阶样条函数为

$$\beta_n(t)=\beta_1(t)*\beta_{n-1}(t)$$

由 $\beta_n(t)$作为尺度函数再构造小波，由尺度函数构造小波母函数的系统方法建立在多分辨分析的基础上，详见 10.3 节。

5) Meyer 小波

Meyer 小波的构造是通过一个数字滤波器的频率响应 $\hat{h}(\omega)$，要求 $\hat{h}(\omega)$是光滑的，且

$$\hat{h}(\omega)=\begin{cases}\sqrt{2}, & \omega\in[-\pi/3,\pi/3]\\ 0, & \omega\in[-\pi,-2\pi/3]\text{ 或 }\omega\in[2\pi/3,\pi]\end{cases}$$

由于上式中没有定义 $\hat{h}(\omega)$在过渡带$[-2\pi/3,-\pi/3]$和$[\pi/3,2\pi/3]$的值，$\hat{h}(\omega)$在这个区间取值是自由的，但 $\hat{h}(\omega)$还必须满足约束条件

$$|\hat{h}(\omega)|^2+|\hat{h}(\omega+\pi)|^2=2$$

为了要求 $\hat{h}(\omega)$在$|\omega|=\pi/3$ 和$|\omega|=2\pi/3$ 处 n 阶光滑，要求其前 n 阶导数在这些点为 0，只要得到满足这些条件的 $\hat{h}(\omega)$，Meyer 通过小波母函数的傅里叶变换定义的小波为

$$\hat{\psi}(\omega)=\begin{cases}0, & |\omega|<2\pi/3\\ \dfrac{1}{\sqrt{2}}\exp\left(\dfrac{-\mathrm{j}\omega}{2}\right)\hat{h}^*\left(\dfrac{\omega}{2}+\pi\right), & 2\pi/3\leqslant|\omega|<4\pi/3\\ \dfrac{1}{\sqrt{2}}\exp\left(\dfrac{-\mathrm{j}\omega}{2}\right)\hat{h}\left(\dfrac{\omega}{4}\right), & 4\pi/3\leqslant|\omega|<8\pi/3\\ 0, & |\omega|\geqslant 8\pi/3\end{cases}$$

Meyer 通过构造满足条件的 $\hat{h}(\omega)$，从而得到一组小波母函数。

6) Daubechies 小波族

Daubechies 小波族由满足一定条件的滤波器来表示,并通过迭代逼近一个连续小波。Daubechies 小波族是我们常用的一类小波,其构造方法详见 10.5 节。

2. 连续小波变换实例

为了理解连续小波变换的性质,如下给出两个例子,观察小波变换在时频平面的表现。在例子中,小波母函数取一个近似的解析小波,即

$$\psi(t)=g(t)\mathrm{e}^{\mathrm{j}\omega_0 t}$$

这里

$$g(t)=\frac{1}{(\sigma^2\pi)^{1/4}}\exp\left(\frac{-t^2}{2\sigma^2}\right)$$

和

$$\hat{g}(\omega)=(4\pi\sigma^2)^{1/4}\exp(-\sigma^2\omega^2/2)$$

如果取 $\sigma^2\omega_0^2\gg 1$,对于 $|\omega|>\omega_0$,$\hat{g}(\omega)\approx 0$ 和 $\hat{\psi}(0)\approx 0$,它是一个近似可允许小波。

为了得到“时间-频率”的直观谱图,将小波变换的尺度参数转化成频率参数,设 $a=\frac{\omega_0}{\omega}$,考虑到小波变换的重构公式中存在一个因子$\frac{1}{a}$,小波变换的时-频分布图是如下幅度谱:

$$\left|\frac{1}{a}\mathrm{WT}(a,b)\right|=\left|\frac{\omega}{\omega_0}\mathrm{WT}\left(\frac{\omega_0}{\omega},b\right)\right|$$

例 10.1.2　信号由两个线性调制信号构成,即

$$x(t)=a_1\mathrm{e}^{\mathrm{j}(bt^2+ct)}+a_2\mathrm{e}^{\mathrm{j}(bt^2)}$$

相当于两个信号的瞬时频率分别是 $\omega_1(t)=2bt+c$,$\omega_2(t)=2bt$,其频率差为常数,连续小波变换如图 10.1.5 所示。

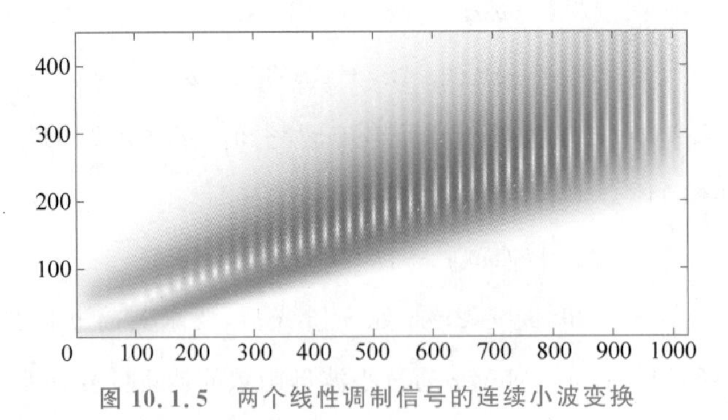

图 10.1.5　两个线性调制信号的连续小波变换

例 10.1.3　信号由两个超调制信号(hyperbolic chirp)构成,即

$$x(t)=a_1\cos\left(\frac{\alpha_1}{\beta_1-t}\right)+a_2\cos\left(\frac{\alpha_2}{\beta_2-t}\right)$$

其中,$\beta_1=0.68$,$\beta_2=0.72$,其波形如图 10.1.6(a)所示,它们的瞬时频率分别为

$$\omega_1(t)=\frac{\alpha_1}{(\beta_1-t)^2},\quad \omega_2(t)=\frac{\alpha_2}{(\beta_2-t)^2}$$

它的短时傅里叶变换谱图如图 10.1.6(b)所示，连续小波变换如图 10.1.6(c)所示[162]。

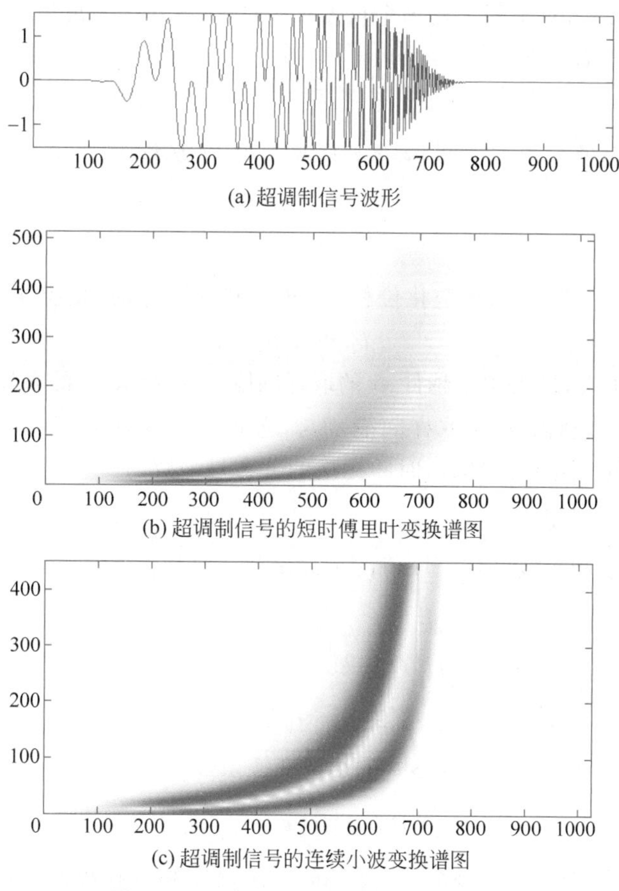

(a) 超调制信号波形

(b) 超调制信号的短时傅里叶变换谱图

(c) 超调制信号的连续小波变换谱图

图 10.1.6　超调制信号的时频谱图比较

例 10.1.2 和例 10.1.3 很清楚地表明，对于固定频差的信号，用短时傅里叶变换能较好地识别它们，连续小波变换反而因高频时频率分辨率下降而产生混叠，但对于例 10.1.3 这样的信号，在频率高端时，它们的频差趋于无穷，这个信号用小波变换能够较好地跟踪它们的频率变化。

短时傅里叶变换和连续小波变换能够反映信号的时频变化，但仅从时频谱图我们还不能很精确地估计信号的瞬时频率，可以通过确定变换的脊线来更精确地估计瞬时频率，有兴趣的读者参见文献[162]。总体上，对于单分量信号的瞬时谱频率的测量，WVD 具有最优性能，但在多分量信号情况下，WVD 的交叉项影响其性能，但小波和短时傅里叶变换作为线性时频变换对多分量具有叠加性，更能适应多分量信号情况。各类时频分析方法构成了一个工具箱，在实际中可灵活选择或组合使用。

10.2　尺度和位移离散化的小波变换

连续小波存在信息冗余，希望只计算离散的位移和尺度下的小波变换值，并通过离散位移和尺度下的小波变换值重构原信号。与短时傅里叶变换的离散化不同，STFT 在时频平面的离散取值是均匀的，小波变换的时频栅格随频率变化，如图 10.1.3 所示，因此尺度参数 a 的离散化按指数形式，对于固定的一个尺度 a，位移参数 b 均匀离散化。因此，CWT 的离散化分别为如下三方面。

1. 尺度离散化

取一个合适的基值 $a_0>1$，尺度因子 a 只取 a_0 的整数幂，例如，a 仅取

$$\cdots,a_0^{-j},\cdots,a_0^{-2},a_0^{-1},a_0^0=1,a_0^1,a_0^2,\cdots,a_0^j,\cdots \tag{10.2.1}$$

2. 位移离散化

当尺度取 $a=a_0^0=1$ 时，取离散化位移为 kb_0。在 $a=a_0^j$ 时，相应取

$$b=ka_0^jb_0 \tag{10.2.2}$$

当 j 越大，a_0^j 越大，代表频率越低，b 的取样间隔 $a_0^jb_0$ 越大，b 的采样越稀疏，反之，j 越小，a_0^j 越小，代表频率越高，b 的取样间隔 $a_0^jb_0$ 越小，b 的采样越密集，显然，CWT 的变量 (a,b) 离散采样分布与图 10.1.3(a)时频栅格的分布是一致的。

3. 离散采样小波变换

在这些离散尺度和离散位移上取值的小波函数，通过伸缩平移构成了一族离散参数小波函数集，即

$$\begin{aligned}&\{a_0^{-\frac{j}{2}}\psi(a_0^{-j}(t-ka_0^jb_0)),k\in Z,j\in Z\}\\&=\{a_0^{-\frac{j}{2}}\psi(a_0^{-j}t-kb_0),k\in Z,j\in Z\}\end{aligned} \tag{10.2.3}$$

用 CWT 公式计算在离散尺度和位移处的小波变换系数

$$\mathrm{WT}_x(a_0^j,kb_0)=\int x(t)\psi_{a_0^j,kb_0}^*(t)\mathrm{d}t \tag{10.2.4}$$

这些变换系数的集合 $\{\mathrm{WT}_x(a_0^j,kb_0)\}_{j,k\in Z}$，构成了尺度和位移离散化的小波变换。注意：表示 b 采样时，为了简化，省略了 a_0^j，它已出现在 a 采样中。

实际应用中，最典型的 a_0,b_0 取值是 $a_0=2,b_0=1$，由此得到的小波伸缩平移函数集简记为

$$\psi_{jk}(t)\triangleq 2^{-\frac{j}{2}}\psi(2^{-j}t-k) \tag{10.2.5}$$

这种情况称为二尺度采样，在二尺度采样情况下，相应的离散尺度和位移点的小波变换值简记为

$$\mathrm{WT}_x(j,k)=\langle x(t),\psi_{jk}(t)\rangle \tag{10.2.6}$$

对于尺度和位移离散化的小波变换，需要回答的一个问题是，由 $\{\mathrm{WT}_x(a_0^j,kb_0)\}_{j,k\in Z}$ 能否稳定地重构 $x(t)$。由 9.1 节介绍的框架概念，如果函数族 $\{\psi_{a_0^j,kb_0}(t)\}_{j,k\in Z}$ 构成一个框架，通过对偶框架，由 $\{\mathrm{WT}_x(a_0^j,kb_0)\}_{j,k\in Z}$ 可以稳定地重构 $x(t)$。为简单计，如下只讨论二尺度情况，即 $a_0=2,b_0=1$ 的情况。

Duabechies 给出一些结果，用于确定框架和对偶框架以及信号重构之间的关系，设 $\{\varphi_j(t)\}$ 是一个框架，如下结论成立。

(1) 存在对偶函数集 $\tilde{\varphi}_j(t)$，$\tilde{\varphi}_j(t)$ 也构成一个框架，其上、下界恰与 φ_j 的上、下界呈倒数关系，即

$$B^{-1}\|x(t)\|^2\leqslant\sum_{j\in z}|\langle x(t),\tilde{\varphi}_j(t)\rangle|^2\leqslant A^{-1}\|x(t)\|^2 \tag{10.2.7}$$

(2) 在 A 与 B 比较接近时，作为一阶近似，对偶框架近似为

$$\tilde{\varphi}_j(t)=\frac{2}{A+B}\varphi_j(t) \tag{10.2.8}$$

因此

$$x(t)=\frac{2}{A+B}\sum_{j\in z}\langle x(t),\varphi_j(t)\rangle\varphi_j(t)+RX \tag{10.2.9}$$

$\|R\|\leqslant\frac{B-A}{B+A}$，$RX$ 为对 $x(t)$ 做一阶逼近的残差。

将一般框架的概念推广到小波变换的离散化，得到如下小波框架的结论。

(1) 小波框架定义。当由基本小波 $\psi(t)$ 经伸缩与位移引出的函数族

$$\{\psi_{j,k}(t)=2^{-\frac{j}{2}}\psi(2^{-j}t-k),j\in Z,k\in Z\} \tag{10.2.10}$$

具有

$$A\|x(t)\|^2\leqslant\sum_j\sum_k|\langle x(t),\psi_{jk}(t)\rangle|^2\leqslant B\|x(t)\|^2 \tag{10.2.11}$$

性质时，便称它构成一个小波框架。

(2) 在满足一定条件下，$\psi_{jk}(t)$ 存在对偶函数集 $\tilde{\psi}_{jk}(t)$ 也构成一个框架，其框架的上、下界是 $\psi_{jk}(t)$ 框架上、下界的倒数，即

$$\frac{1}{B}\|x(t)\|^2\leqslant\sum_j\sum_k|\langle x(t),\tilde{\psi}_{jk}(t)\rangle|^2\leqslant\frac{1}{A}\|x(t)\|^2 \tag{10.2.12}$$

(3) 信号重建。对一般情况，由离散采样的小波变换系数和对偶框架，可以重构信号，即

$$\begin{aligned}x(t)&=\sum_j\sum_k\langle x(t),\psi_{jk}(t)\rangle\tilde{\psi}_{jk}(t)\\&=\sum_j\sum_k\langle x(t),\tilde{\psi}_{jk}(t)\rangle\psi_{jk}(t)\end{aligned} \tag{10.2.13}$$

对于紧框架，其对偶框架为 $\tilde{\psi}_{jk}(t)=\frac{1}{A}\psi_{jk}(t)$

$$x(t)=\frac{1}{A}\sum_j\sum_k\langle x(t),\psi_{jk}(t)\rangle\psi_{jk}(t) \tag{10.2.14}$$

对非紧框架的一般情况，求取对偶框架是比较复杂的，但当 A 与 B 很接近时，可取

$$\tilde{\psi}_{jk}(t)=\frac{2}{A+B}\psi_{jk}(t) \tag{10.2.15}$$

$$x(t)\approx\frac{2}{A+B}\sum_j\sum_k\langle x(t),\psi_{jk}(t)\rangle\psi_{jk}(t) \tag{10.2.16}$$

(4) 在紧框架下，存在

$$\mathrm{WT}_x(j_0,k_0)=\frac{1}{A}\sum_j\sum_k K_\psi(j_0,k_0;j,k)\mathrm{WT}_x(j,k) \tag{10.2.17}$$

这里

$$K_\psi(j_0,k_0;j,k)=\langle\psi_{jk}(t),\psi_{j_0,k_0}(t)\rangle \tag{10.2.18}$$

当 $\psi_{jk}(t)$ 与 $\psi_{j_0,k_0}(t)$ 互相交时，即

$$K_{\psi}(j_0,k_0;j,k)=\delta(j-j_0)\delta(k-k_0) \tag{10.2.19}$$

离散尺度和位移下的小波变换没有冗余,这时 $\psi_{jk}(t)$ 是一组正交基。

比正交更一般的情况,当一个框架是线性无关时,它是一个 Reisz 基,对一个 Reisz 基,它的对偶也是 Reisz 基,且两者是互正交的,这可以证明如下,由信号重构公式

$$x(t)=\sum_{j}\sum_{k}\langle x(t),\widetilde{\psi}_{jk}(t)\rangle\psi_{jk}(t) \tag{10.2.20}$$

取 $x(t)=\psi_{l,m}(t)$,有

$$\psi_{l,m}(t)=\sum_{j}\sum_{k}\langle\psi_{l,m}(t),\widetilde{\psi}_{jk}(t)\rangle\psi_{jk}(t) \tag{10.2.21}$$

由于 Reisz 基各分量的独立性,得到

$$\langle\psi_{l,m}(t),\widetilde{\psi}_{j,k}(t)\rangle=\delta(l-j)\delta(m-k) \tag{10.2.22}$$

满足这个关系的两个 Reisz 基称为双正交的。

计算在离散尺度和位移下的小波变换和由这些离散点的小波变换系数对信号的重构,这就是离散小波变换(DWT)和反变换(IDWT),在一般情况下,通过由母小波构成的框架和相应的对偶框架,可以计算小波变换和对信号重构,一般框架下的离散小波变换系数仍存在冗余,这些冗余在一些特殊的信号处理中可以得到应用,但计算比较复杂。但对图像压缩和信号滤波这类应用,希望用尽可能少的冗余,希望采用正交或双正交小波进行数字信号和图像的离散小波变换,本章的后续几节就主要研究正交和双正交离散小波变换。

视频讲解

10.3 多分辨分析和正交小波基

在本章后续几节中,如果不特殊说明,均假设离散小波变换的尺度因子为 $a_0=2$。本节首先介绍多分辨分析的概念,由此引出构造正交小波基的一般方法,并导出快速离散小波变换算法——Mallat 算法。

10.3.1 多分辨分析的概念

直接给出多分辨分析的概念有些抽象,首先给出几个例子,在这几个例子的基础上,再讨论多分辨分析的一般概念。

例 10.3.1 首先通过一个最简单的例子可以很容易理解多分辨分析的概念。设有一母函数 $\varphi(t)$,其定义为

$$\varphi(t)=\begin{cases}1, & 0\leqslant t<1\\ 0, & \text{其他}\end{cases} \tag{10.3.1}$$

设有子空间 V_0,它是由母函数 $\varphi(t)$ 及其整数平移 $\varphi(t-k)$ 构成的函数集 $\{\varphi(t-k),k\in Z\}$ 作为基,即对于任一 $x(t)\in V_0$,有

$$x(t)=\sum_{k}a_k\varphi(t-k)$$

直观地说,V_0 是由单位宽度的脉冲串构成的函数子空间(或称为单位宽台阶函数子空间)。更一般的 V_i 是由函数集 $\{2^{-i/2}\varphi(2^{-i}t-k),k\in Z\}$ 生成的,例如,V_1 是由宽度为 2 的脉冲串

构成的函数子空间，V_{-1} 是宽度为 1/2 的脉冲串构成的函数子空间，不难理解这些子空间之间的嵌套关系：$\cdots V_2 \subset V_1 \subset V_0 \subset V_{-1} \subset V_{-2} \cdots$。$V_\infty$ 表示直流分量子空间，$V_{-\infty}$ 表示任意光滑函数子空间。参考这个简单例子，有助于理解多分辨分析的定义。

例 10.3.2　从频域来看一下多分辨子空间，设 V_0 是包含频率范围 $[-\Omega_M, \Omega_M]$ 的信号子空间，V_i 是包括频率范围 $\left[-\frac{\Omega_M}{2^i}, \frac{\Omega_M}{2^i}\right]$ 的信号子空间，显然这些子空间之间的嵌套关系：$\cdots V_2 \subset V_1 \subset V_0 \subset V_{-1} \subset V_{-2} \cdots$。$V_\infty$ 表示直流分量子空间，$V_{-\infty}$ 表示任意快速变化的函数子空间。

例 10.3.3　这个例子更直观地从图形的角度来说明，不仅看到嵌套的多分辨子空间，还可以引出细节子空间，用信号在细节子空间的投影和最大尺度子空间联合表示该信号。观察图 10.3.1 的左侧一列和右侧一列。

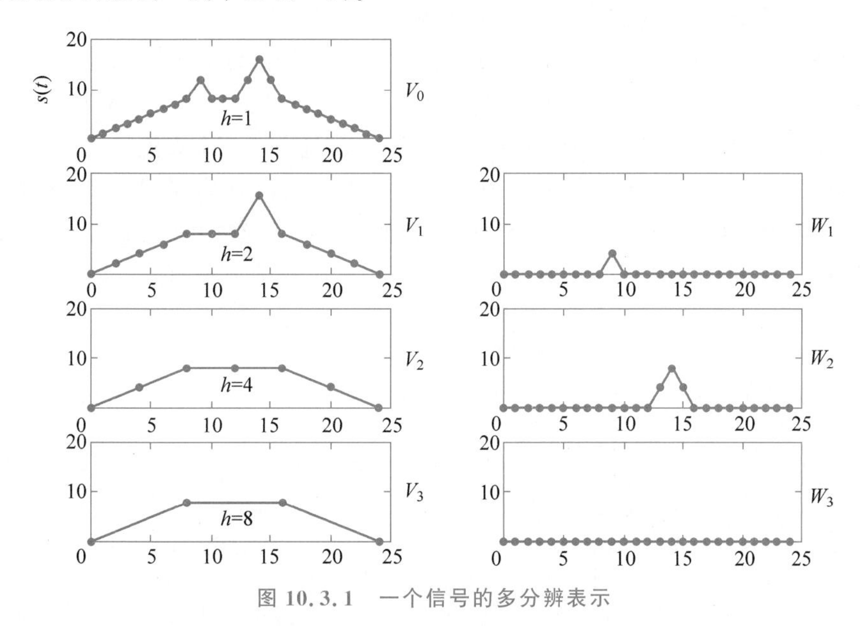

图 10.3.1　一个信号的多分辨表示

对于任何一个实际信号，总可以把它投影到某个子空间，不失一般性，假设实际信号可准确地投影在$\boldsymbol{V}_0$ 子空间，如图 10.3.1 左上角所示。该信号在子空间 V_1、V_2、V_3 的投影分别如图中左侧第 2～4 行所示，显然，对于嵌套的多分辨子空间，信号在 V_i，$i \geqslant 1$ 的投影是原信号的更粗糙尺度下的表示，由信号在 V_i，$i \geqslant 1$ 的投影不可能重构原信号，因为这些投影丢掉了一些细节，例如信号在 V_1 中的投影丢弃了原信号的细节，这个细节表示在图 10.3.1 右侧第一行，假设这个细节信号属于信号子空间 W_1，原信号可表示为 $s_0(t) = s_1(t) + w_1(t)$，这里 $s_1(t) \in \boldsymbol{V}_1$，$w_1(t) \in \boldsymbol{W}_1$。这种分解称$\boldsymbol{V}_0$ 是$\boldsymbol{V}_1$ 和$\boldsymbol{W}_1$ 的直和，记为$\boldsymbol{V}_0 = \boldsymbol{V}_1 \oplus \boldsymbol{W}_1$。

按照以上过程继续分解，则有 $s_1(t) = s_2(t) + w_2(t)$和$\boldsymbol{V}_1 = \boldsymbol{V}_2 \oplus \boldsymbol{W}_2$，以及 $s_2(t) = s_3(t) + w_3(t)$和$\boldsymbol{V}_2 = \boldsymbol{V}_3 \oplus \boldsymbol{W}_3$，将这些过程联合，则有

$$s_0(t) = s_3(t) + w_3(t) + w_2(t) + w_1(t) \tag{10.3.2}$$

$$\boldsymbol{V}_0 = \boldsymbol{V}_3 \oplus \boldsymbol{W}_3 \oplus \boldsymbol{W}_2 \oplus \boldsymbol{W}_1 \tag{10.3.3}$$

即一个属于 $\boldsymbol{V}_0$ 的信号可以分解为其在 $\boldsymbol{W}_1$、$\boldsymbol{W}_2$、$\boldsymbol{W}_3$ 和 $\boldsymbol{V}_3$ 子空间的投影。本节后面将会看到，信号在 $\boldsymbol{W}_1$、$\boldsymbol{W}_2$、$\boldsymbol{W}_3$ 子空间的投影，表示为其基函数的系数后即得到小波变换系数，$\boldsymbol{V}_3$

是对有限次小波变换的尺度补子空间，若这个分解次数趋于无穷，则这个补子空间将消失。

有了这几个例子的准备，我们给出多分辨分析的一般定义。

定义 10.3.1 多分辨分析 一个多分辨分析由一个嵌套的闭子空间序列组成，它们满足

$$\cdots \mathbf{V}_2 \subset \mathbf{V}_1 \subset \mathbf{V}_0 \subset \mathbf{V}_{-1} \subset \mathbf{V}_{-2} \cdots$$

并且满足以下 5 条：

(1) 上完整性 $\overline{\bigcup_{m\in Z} \mathbf{V}_m} = L_2(\boldsymbol{R})$

(2) 下完整性 $\bigcap_{m\in Z} \mathbf{V}_m = \{0\}$

(3) 尺度不变性 $x(t)\in \mathbf{V}_m \Leftrightarrow x(2^m t)\in \mathbf{V}_0$

(4) 位移不变性 $x(t)\in \mathbf{V}_0 \Rightarrow x(t-n)\in \mathbf{V}_0 \quad n\in \boldsymbol{Z}$

(5) 存在一个基 $\varphi(t)\in \mathbf{V}_0$，使得 $\{\varphi(t-n) \quad n\in \boldsymbol{Z}\}$ 是$\mathbf{V}_0$ 的 Reisz 基。

以例 10.3.1 的台阶函数子空间为例子，容易一一验证其满足多分辨分析的定义。由于空间表示的信号是平方可积的，即属于 $L_2(\boldsymbol{R})$，则$\mathbf{V}_\infty$仅包含了一个直流 0 信号。

定义 10.3.1 是多分辨分析的一个一般定义，为以后讨论简单，可以将多分辨分析的第(5)个条件简化为$\{\varphi(t-n) \quad n\in \boldsymbol{Z}\}$是$\mathbf{V}_0$ 的正交基。为说明这一点，先证明一个引理。

引理 10.3.1 如果$\{\varphi(t-n) \quad n\in \boldsymbol{Z}\}$是一个子空间的正交基，则

$$\sum_{k=-\infty}^{+\infty} |\hat{\varphi}(\omega+2k\pi)|^2 = 1 \tag{10.3.4}$$

如果$\{\varphi(t-n) \quad n\in \boldsymbol{Z}\}$和$\{\psi(t-n) \quad n\in \boldsymbol{Z}\}$互相正交，即$\langle \varphi(t-k), \psi(t-l)\rangle = 0$，则

$$\sum_{k=-\infty}^{+\infty} \hat{\varphi}(\omega+2\pi k)\hat{\psi}^*(\omega+2k\pi) = 0 \tag{10.3.5}$$

证明 设$\{\varphi(t-n)\}$是正交的，则

$$\begin{aligned}
\delta(n) &= \int_{-\infty}^{+\infty} \varphi(t-n)\varphi^*(t)\mathrm{d}t \\
&= \frac{1}{2\pi}\int_{-\infty}^{+\infty} \hat{\varphi}(\omega)\mathrm{e}^{-\mathrm{j}\omega n}\hat{\varphi}^*(\omega)\mathrm{d}t \\
&= \frac{1}{2\pi}\sum_{k=-\infty}^{+\infty}\int_0^{2\pi} |\hat{\varphi}(\omega+2\pi k)|^2 \mathrm{e}^{-\mathrm{j}\omega n}\mathrm{d}\omega \\
&= \frac{1}{2\pi}\int_0^{2\pi}\sum_{k=-\infty}^{+\infty} (|\hat{\varphi}(\omega+2\pi k)|^2)\mathrm{e}^{-\mathrm{j}\omega n}\mathrm{d}\omega
\end{aligned}$$

注意：$\hat{\varphi}_1(\omega) \triangleq \sum_{k=-\infty}^{+\infty} |\hat{\varphi}(\omega+2\pi k)|^2$ 是 2π 周期函数，而上式是求其傅里叶级数系数的公式，因此，$\delta(n)$是 $\hat{\varphi}_1(\omega)$的傅里叶级数展开系数。故由傅里叶级数展开式得

$$\sum_{k=-\infty}^{+\infty} |\hat{\varphi}(\omega+2\pi k)|^2 = \sum_{n=-\infty}^{+\infty} \delta(n)\mathrm{e}^{\mathrm{j}\omega n} = 1$$

类似地，可以证明正交性的结果，此处从略。

由引理 10.3.1 知，如果多分辨分析的第(5)个条件中，$\{\varphi(t-n)\}$不是正交的，而是一般的 Reisz 基，则可以由下式构造一个正交基：

$$\hat{\tilde{\varphi}}(\omega) \triangleq \frac{\hat{\varphi}(\omega)}{\left[\sum_k |\hat{\varphi}(\omega+2k\pi)|^2\right]^{\frac{1}{2}}} \tag{10.3.6}$$

容易验证，由此构造的$\{\tilde{\varphi}(t-n)\}$是正交基，因为它满足$\sum_{k=-\infty}^{+\infty}|\hat{\tilde{\varphi}}(\omega+2k\pi)|^2=1$，这样以$\{\tilde{\varphi}(t-n)\}$替代$\{\varphi(t-n)\}$作为这个多分辨分析的正交基。因此，在如下讨论时，我们假设一个多分辨分析的第(5)条为正交基。其实，在前面的例10.3.1的台阶函数的例子中，不难验证$\{\varphi(t-n)\}$是正交基。

10.3.2　小波基的构造

由多分辨分析推出小波基的构造和计算方法的思路与例10.3.3一致，是该例子所表达的思路的一般化。

由于$\boldsymbol{V}_1\subset\boldsymbol{V}_0$，设$\boldsymbol{W}_1$是$\boldsymbol{V}_1$在$\boldsymbol{V}_0$中的正交补子空间，则$\boldsymbol{W}_1\perp\boldsymbol{V}_1$和$\boldsymbol{V}_1\oplus\boldsymbol{W}_1=\boldsymbol{V}_0$，同理可以得到$\boldsymbol{V}_1=\boldsymbol{V}_2\oplus\boldsymbol{W}_2$且$\boldsymbol{W}_2\perp\boldsymbol{W}_1$……以此类推，由此构成一组互相正交的子空间

$$\cdots,\boldsymbol{W}_2,\boldsymbol{W}_1,\boldsymbol{W}_0,\boldsymbol{W}_{-1},\boldsymbol{W}_{-2},\cdots \tag{10.3.7}$$

且使得

$$\bigcup_{m\in\boldsymbol{Z}}\boldsymbol{W}_m=L_2(\boldsymbol{R}) \tag{10.3.8}$$

如果找到一$\psi(t)\in\boldsymbol{W}_0$，且$\{\psi(t-n),n\in\boldsymbol{Z}\}$构成$\boldsymbol{W}_0$的正交基，则由尺度不变性，可得到

$$\{\psi_{jk}(t)=2^{-\frac{j}{2}}\psi(2^{-j}t-k),\quad k\in\boldsymbol{Z}\} \tag{10.3.9}$$

构成$\boldsymbol{W}_j$的正交基。那么，取所有不同j值下各$\boldsymbol{W}_j$的正交基的集合

$$\{\psi_{jk}(t)=2^{-\frac{j}{2}}\psi(2^{-j}t-k),\quad j,k\in\boldsymbol{Z}\} \tag{10.3.10}$$

构成$\bigcup_{m\in\boldsymbol{Z}}\boldsymbol{W}_m=L_2(\boldsymbol{R})$的正交基。

由于$\{\varphi(t-n),n\in\boldsymbol{Z}\}$构成$\boldsymbol{V}_0$的正交基，并且，$\boldsymbol{V}_1\subset\boldsymbol{V}_0$，$\boldsymbol{W}_1\subset\boldsymbol{V}_0$以及

$$\varphi\left(\frac{t}{2}\right)\in\boldsymbol{V}_1\subset\boldsymbol{V}_0$$

$$\psi\left(\frac{t}{2}\right)\in\boldsymbol{W}_1\subset\boldsymbol{V}_0$$

既然属于$\boldsymbol{V}_0$的任何函数均由$\{\varphi(t-n),n\in\boldsymbol{Z}\}$展开，因此$\varphi\left(\frac{t}{2}\right)$、$\psi\left(\frac{t}{2}\right)$都可以由$\{\varphi(t-n),n\in\boldsymbol{Z}\}$展开，由此可以构成如下二尺度方程：

$$\varphi\left(\frac{t}{2}\right)=\sqrt{2}\sum_k h_k\varphi(t-k) \tag{10.3.11}$$

$$\psi\left(\frac{t}{2}\right)=\sqrt{2}\sum_k g_k\varphi(t-k) \tag{10.3.12}$$

利用式(10.3.11)两边积分相等和将式(10.3.12)代入小波容许条件的关系式$\int\psi(t)\mathrm{d}t=0$，可以证明以下关系式成立：

$$\sum_k h_k=\sqrt{2} \tag{10.3.13}$$

$$\sum_k g_k = 0 \tag{10.3.14}$$

对式(10.3.11)两边取傅里叶变换,并利用傅里叶变换性质,得到

$$\hat{\varphi}(\omega) = \frac{1}{\sqrt{2}}\hat{h}\left(\frac{\omega}{2}\right)\hat{\varphi}\left(\frac{\omega}{2}\right) \tag{10.3.15}$$

其中,

$$\hat{h}(\mathrm{e}^{\mathrm{j}\omega}) = \sum_k h_k \mathrm{e}^{-\mathrm{j}k\omega} \triangleq \hat{h}(\omega) \tag{10.3.16}$$

是序列 h_k 的离散时间傅里叶变换(DTFT),注意到,在式(10.3.15)中,同时出现了连续信号和离散信号的傅里叶变换,$\hat{\varphi}(\omega)$作为连续信号的傅里叶变换没有周期性,而 $\hat{h}(\omega)$是以 2π 为周期的。对式(10.3.12)两边取傅里叶变换,得到

$$\hat{\psi}(\omega) = \frac{1}{\sqrt{2}}\hat{g}\left(\frac{\omega}{2}\right)\hat{\varphi}\left(\frac{\omega}{2}\right) \tag{10.3.17}$$

其中,

$$\hat{g}(\mathrm{e}^{\mathrm{j}\omega}) = \sum_k g_k \mathrm{e}^{-\mathrm{j}k\omega} \triangleq \hat{g}(\omega) \tag{10.3.18}$$

由引理 10.3.1 知道如下关系式成立:

$$\sum_k |\hat{\varphi}(\omega + 2\pi k)|^2 = 1$$

$$\sum_k |\hat{\psi}(\omega + 2\pi k)|^2 = 1$$

$$\sum_k \hat{\varphi}(\omega + 2\pi k)\hat{\psi}^*(\omega + 2k\pi) = 0$$

分别将式(10.3.15)和式(10.3.17)代入上述三个关系式,得到如下一组关系式:

$$|\hat{h}(\omega)|^2 + |\hat{h}(\omega + \pi)|^2 = 2 \tag{10.3.19}$$

$$|\hat{g}(\omega)|^2 + |\hat{g}(\omega + \pi)|^2 = 2 \tag{10.3.20}$$

$$\hat{h}(\omega)\hat{g}^*(\omega) + \hat{h}(\omega + \pi)g^*(\omega + \pi) = 0 \tag{10.3.21}$$

这里仅说明性的验证第一个关系式,即式(10.3.19),由

$$1 = \sum_{k=-\infty}^{+\infty} |\hat{\varphi}(2\omega + 2k\pi)|^2 = \frac{1}{2}\sum_{-\infty}^{+\infty} |\hat{h}(\omega + k\pi)|^2 |\hat{\varphi}(\omega + k\pi)|^2$$

分成奇偶项如下:

$$1 = \frac{1}{2}\sum_{-\infty}^{+\infty} |h(\omega + 2k\pi)|^2 |\hat{\varphi}(\omega + 2k\pi)|^2 +$$

$$\frac{1}{2}\sum_{-\infty}^{+\infty} |\hat{h}(\omega + (2k+1)\pi)|^2 |\hat{\varphi}(\omega + (2k+1)\pi)|^2$$

由 $\hat{h}(\omega)$为 2π 周期的事实,得到

$$1 = \frac{1}{2}|\hat{h}(\omega)|^2 \sum_{k=-\infty}^{+\infty} |\hat{\varphi}(\omega + 2k\pi)|^2 + \frac{1}{2}|\hat{h}(\omega + \pi)|^2 \sum_{k=-\infty}^{+\infty} |\hat{\varphi}(\omega + \pi + 2k\pi)|^2$$

$$= \frac{1}{2}(|\hat{h}(\omega)|^2 + |\hat{h}(\omega + \pi)|^2) = 1$$

式(10.3.19)证毕,式(10.3.20)和式(10.3.21)证明类似,读者可自行练习。

我们可以把 h_k、g_k 看作两个离散滤波器的冲激响应，$\hat{h}(\omega)$、$\hat{g}(\omega)$是滤波器的频率响应，用 $\hat{h}(z)$、$\hat{g}(z)$表示 h_k、g_k 的 z 变换，等式(10.3.19)～式(10.3.21)也存在等价的 z 变换形式为

$$\hat{h}(z)\hat{h}(z^{-1})+\hat{h}(-z)\hat{h}(-z^{-1})=2 \tag{10.3.22}$$

$$\hat{g}(z)\hat{g}(z^{-1})+\hat{g}(-z)\hat{g}(-z^{-1})=2 \tag{10.3.23}$$

$$\hat{h}(z)\hat{g}(z^{-1})+\hat{h}(-z)\hat{g}(-z^{-1})=0 \tag{10.3.24}$$

为满足如上等式(10.3.19)～式(10.3.21)或式(10.3.22)～式(10.3.24)，两个滤波器的频率响应间建立了一定的关系，这种关系式的解不是唯一的，其中一个解是

$$\hat{g}(\omega)=\mathrm{e}^{-\mathrm{j}\omega}\hat{h}^{*}(\omega+\pi) \tag{10.3.25}$$

即

$$g_k=(-1)^{1-k}h_{(1-k)} \tag{10.3.26}$$

h_k 和 g_k 各自等价于一个离散滤波器，它们被称为双通道滤波器组，满足如上关系的这些滤波器称为共轭镜像滤波器，相应的滤波器组称为共轭镜像滤波器组。

由如上讨论，可以得到小波母函数的关系式：首先令

$$\hat{h}'(\omega)=\frac{1}{\sqrt{2}}\hat{h}(\omega),\quad \hat{g}'(\omega)=\frac{1}{\sqrt{2}}\hat{g}(\omega)$$

连续迭代使用式(10.3.15)和式(10.3.17)，并利用 $\hat{\varphi}(\omega)|_{\omega=0}=1$的约束条件，得到

$$\hat{\varphi}(\omega)=\prod_{j=1}^{+\infty}\hat{h}'(2^{-j}\omega) \tag{10.3.27}$$

和

$$\hat{\psi}(\omega)=\hat{g}'\left(\frac{\omega}{2}\right)\prod_{j=2}^{+\infty}\hat{h}'(2^{-j}\omega) \tag{10.3.28}$$

通过到目前为止的讨论，我们可以看到，通过多分辨分析，将小波基的求解转化为对一个数字滤波器的设计问题，设计一个满足式(10.3.19)的低通滤波器 h_k，通过式(10.3.26)得到相应的高通滤波器 g_k，再通过式(10.3.27)和式(10.3.28)可以获得尺度函数和母小波函数的傅里叶变换，再由其反变换得到这些函数本身，母小波的按 2 的幂次的伸缩平移函数集

$$\{\psi_{jk}(t)=2^{-\frac{j}{2}}\psi(2^{-j}t-k),j,k\in\boldsymbol{Z}\} \tag{10.3.29}$$

构成 $L^2(\boldsymbol{R})$的正交基。

以上从原理性上讨论了由多分辨分析和共轭镜像滤波器构造小波基的方法，下面的两个定理给出对这一问题的总结，这两个定理的叙述比上述讨论稍严格一些。

定理 10.3.1 设 $\varphi(t)\in L^2(\boldsymbol{R})$是一个可积的尺度函数，$h_k=\left\langle\frac{1}{\sqrt{2}}\varphi(t/2),\varphi(t-k)\right\rangle$的离散傅里叶变换满足

$$\forall\,\omega\in R,\quad |\hat{h}(\omega)|^2+|\hat{h}(\omega+\pi)|^2=2 \tag{10.3.30}$$

和

$$\hat{h}(0)=\sqrt{2} \tag{10.3.31}$$

反之，如果 $\hat{h}(\omega)$ 是 2π 周期函数，并且在 $\omega=0$ 附近连续可导，并且满足式(10.3.30)和式(10.3.31)，且

$$\inf_{\omega\in[-\pi/2,\pi/2]}|\hat{h}(\omega)|>0 \tag{10.3.32}$$

那么

$$\hat{\varphi}(\omega)=\prod_{j=1}^{+\infty}h(2^{-j}\omega)/\sqrt{2}$$

是尺度函数 $\varphi(t)\in L^2(\boldsymbol{R})$ 的傅里叶变换。

定理 10.3.2 设 $\varphi(t)\in L^2(\boldsymbol{R})$ 是一个尺度函数，h_k 是相应的共轭镜像滤波器，设函数 $\psi(t)$ 的傅里叶变换为

$$\hat{\psi}(\omega)=\frac{1}{\sqrt{2}}\hat{g}\left(\frac{\omega}{2}\right)\hat{\varphi}\left(\frac{\omega}{2}\right)$$

当且仅当

$$|\hat{g}(\omega)|^2+|\hat{g}(\omega+\pi)|^2=2 \tag{10.3.33}$$

$$\hat{h}(\omega)\hat{g}^*(\omega)+\hat{h}(\omega+\pi)g^*(\omega+\pi)=0 \tag{10.3.34}$$

时，函数族 $\{\psi_{jk}(t)=2^{-\frac{j}{2}}\psi(2^{-j}t-k),k\in\boldsymbol{Z}\}$ 对任一尺度 2^j 构成 W_j 的正交基，对所有尺度，$\{\psi_{jk}(t)\}_{j,k\in\mathbf{Z}}$ 构成 $L^2(\boldsymbol{R})$ 的正交基，而且

$$\hat{g}(\omega)=\mathrm{e}^{-\mathrm{j}\omega}\hat{h}^*(\omega+\pi)$$

或

$$g_k=(-1)^{1-k}h_{(1-k)}$$

是式(10.3.33)和式(10.3.34)的一个解。

这里将小波基的构造与滤波器设计联系了起来，并且从理论上给出了由设计的滤波器构造尺度函数和小波函数(式(10.3.27)和式(10.3.28))的方法。在10.5节将会看到，Daubechies等应用这些理论，构造了多种性质良好的紧支小波基。下面将会看到，离散小波变换系数的计算也与滤波和亚抽样结合在一起，构成了快速离散小波变换算法，即Mallat算法。

10.3.3 离散小波变换的Mallat算法

到目前为止，我们还只能通过 $\mathrm{WT}(j,k)=\langle x(t),\psi_{j,k}(t)\rangle$ 这样一个积分计算每个小波变换系数，运算量很大且不易编程实现。现在考虑离散小波变换的快速计算问题。设一个信号可准确投影在 $\boldsymbol{V}_0$ 子空间，从 $\boldsymbol{V}_0$ 出发，经过 J 级分解得系列子空间

$$\boldsymbol{V}_0=\boldsymbol{W}_1\oplus\boldsymbol{W}_2\oplus\boldsymbol{W}_3\cdots\oplus\boldsymbol{W}_J\oplus\boldsymbol{V}_J \tag{10.3.35}$$

设有函数 $x(t)$，它在 $\boldsymbol{V}_0$ 空间的投影记为 $x_0(t)=\boldsymbol{P}_0x(t)$，该投影由一组系数 $a_n^{(0)}$ 表示，即

$$\boldsymbol{P}_0x(t)=\sum_n a_n^{(0)}\varphi_{0n}(t)=\sum_n a_n^{(0)}\varphi(t-n) \tag{10.3.36}$$

这里，$a_n^{(0)}$ 作为初始系数，显然 $a_n^{(0)}=\langle x(t),\varphi(t-n)\rangle$ 还不是要求的小波系数 $\mathrm{WT}(j,k)$，而是一种尺度系数，称 $a_n^{(0)}$ 为初始尺度系数。在这里用带括号的上标表示子空间的序号。由

$$\boldsymbol{V}_0=\boldsymbol{V}_1\oplus\boldsymbol{W}_1$$

得到

$$\boldsymbol{P}_0x(t)=\boldsymbol{P}_1x(t)+\boldsymbol{D}_1x(t) \tag{10.3.37}$$

$\boldsymbol{P}_1$ 是 $x(t)$在$\boldsymbol{V}_1$ 上的投影算子,$\boldsymbol{D}_1$ 是 $x(t)$在$\boldsymbol{W}_1$ 上的投影算子。因此,

$$\boldsymbol{P}_0x(t)=\sum_n a_n^{(0)}\varphi_{0n}(t)=\sum_n a_n^{(1)}\varphi_{1n}(t)+\sum_n d_n^{(1)}\psi_{1n}(t) \tag{10.3.38}$$

这里,$a_n^{(1)}=\langle x(t),\varphi_{1n}(t)\rangle$是尺度 2^1 下的尺度系数,$d_n^{(1)}=\langle x(t),\psi_{1n}(t)\rangle$是尺度 2^1 下的小波系数,即 $\mathrm{WT}(1,n)$。这个过程可以继续下去,$\boldsymbol{V}_1$ 继续分解,连续分解下去可以将$\boldsymbol{V}_0$ 空间分解为 $\boldsymbol{W}_1,\boldsymbol{W}_2,\cdots,\boldsymbol{W}_J,\boldsymbol{V}_J$,从而得到在这些子空间内的系数集

$$\{d_k^{(i)},a_k^{(J)},i=1,2,\cdots,J,k\in\boldsymbol{Z}\} \tag{10.3.39}$$

若需要从 $a_n^{(0)}$ 出发得到分解系数 $a_n^{(1)}$ 和 $d_n^{(1)}$,则由两尺度方程式(10.3.11)和式(10.3.12),可以证明分解方程为

$$a_k^{(1)}=\sum_n h_{(n-2k)}a_n^{(0)} \tag{10.3.40}$$

$$d_k^{(1)}=\sum_n g_{(n-2k)}a_n^{(0)} \tag{10.3.41}$$

反之,若已有分解系数 $a_n^{(1)}$ 和 $d_n^{(1)}$,需要重构 $a_n^{(0)}$,则合成方程为

$$a_n^{(0)}=\sum_k h_{(n-2k)}a_k^{(1)}+\sum_k g_{(n-2k)}d_k^{(1)} \tag{10.3.42}$$

这个分解与合成过程可以进行 J 阶,其中第 i 次到 $i+1$ 的一般分解公式为

$$\begin{cases}a_k^{(i+1)}=\sum_n h_{(n-2k)}a_n^{(i)}\\ d_k^{(i+1)}=\sum_n g_{(n-2k)}a_n^{(i)}\end{cases} \tag{10.3.43}$$

相反过程,一般合成公式为

$$a_n^{(i)}=\sum_k h_{(n-2k)}a_k^{(i+1)}+\sum_k g_{(n-2k)}d_k^{(i+1)} \tag{10.3.44}$$

注意到,在这个分解过程中,系数 $d_k^{(i)}$ 就是希望求的离散小波系数,即

$$d_k^{(i)}=\langle x(t),\psi_{i,k}(t)\rangle=W(i,k) \tag{10.3.45}$$

是在 2^i 尺度下的小波变换系数 $\mathrm{WT}(i,k)$,和由于实际中分解过程是有限次,最后的尺度系数

$$a_k^{(J)}=\langle x(t),\varphi_{J,k}\rangle$$

是函数 $x(t)$在这次分解过程中,分解到最大尺度子空间 V_J 的投影系数,它作为小波系数的补充需要保留。

由 $\boldsymbol{V}_0=\boldsymbol{W}_1\oplus\boldsymbol{W}_2\oplus\boldsymbol{W}_3\oplus\cdots\oplus\boldsymbol{W}_J\oplus\boldsymbol{V}_J$,将$\boldsymbol{P}_0x(t)$分解为如下形式:

$$\boldsymbol{P}_0x(t)=\sum_{i=1}^{J}\sum_k d_k^{(i)}\psi_{i,k}(t)+\sum_k a_k^{(J)}\varphi_{J,k}(t) \tag{10.3.46}$$

可以看到,分解公式(10.3.43)相当于输入序列分别同滤波器 $h(-n)$和 $g(-n)$的冲激响应卷积后进行亚采样,只保留偶数样点,而合成公式(10.3.44)相当于先对输入序列插值,再分别通过滤波器 $h(n)$和 $g(n)$后相加。分解和合成的示意图如图 10.3.2 所示。这组计算离散小波变换和反变换的分解和合成公式(10.3.43)和式(10.3.44)称为 Mallat 公式。

下面给出分解和合成公式的简要证明。

证明　先证明式(10.3.43)的第一个等式 $a_k^{(i+1)}=\sum_n h_{(n-2k)}a_n^{(i)}$ 成立。

由 $\boldsymbol{V}_j=\boldsymbol{V}_{j+1}\oplus\boldsymbol{W}_{j+1}$,得

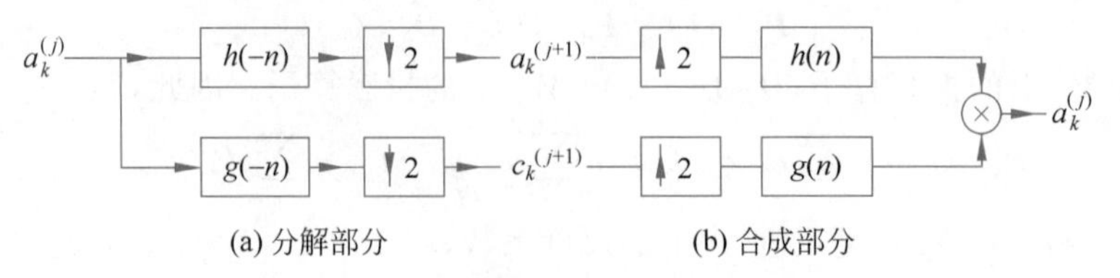

图 10.3.2　单层小波分解与合成示意图

$$\boldsymbol{P}_j x(t)=\boldsymbol{P}_{j+1} x(t)+\boldsymbol{D}_{j+1} x(t)$$

即

$$\sum_k a_k^{(j)} \varphi_{j,k}(t)=\sum_m a_m^{(j+1)} \varphi_{j+1,m}(t)+\sum_m d_m^{(j+1)} \psi_{j+1,m}(t) \tag{10.3.47}$$

由双尺度方程和正交性原理,容易验证

$$\langle\varphi_{j,k}, \varphi_{j+1,m}\rangle=h_{(k-2m)} \tag{10.3.48}$$

$$\langle\varphi_{j,k}, \psi_{j+1,m}\rangle=g_{(k-2m)} \tag{10.3.49}$$

式(10.3.47)两边同乘 $\varphi_{j+1,l}(t)$并两边积分,利用式(10.3.48),得

$$a_m^{(j+1)}=\sum_k h_{(k-2m)} a_k^{(j)}$$

以 k 代 m,以 n 代 k,即为所证公式。

同理,式(10.3.47)两边同乘 $\psi_{j+1,l}$,可以证明公式 $d_k^{(i+1)}=\sum_k g_{(n-2k)} a_n^{(i)}$。

式(10.3.47)两边同乘 $\varphi_{j,l}(t)$,可以证明合成公式(10.3.44)。

证毕。

对于离散小波变换的计算,人们只需初始值 $a_n^{(0)}$ 和一组由两尺度方程规定的滤波器系数 h_n 和 g_n,并不需要 $\psi(t)$,$\varphi(t)$表达式,因此正交小波基往往是以 h_n 和 g_n 形式给出的。由 h_n 和 g_n 用迭代方法可以逼近地画出 $\varphi(t)$和 $\psi(t)$。有关正交小波基的例子,参看 10.5 节。

在实际应用中,一般仅有信号 $x(t)$的离散采样值 $x(n)$存在,由 $x(n)$计算离散小波变换系数,一般取 $a_n^{(0)}=x(n)$作为计算 DWT 系数的初始尺度系数,反复应用式(10.3.43),可以得到 J 级小波分解,得到系数集 $\{d_k^{(i)}, a_k^{(J)}, i=1,2,\cdots,J, k\in Z\}$。

如果实际中仅有 N 个数据 $\{x(n), n=0,1,\cdots,N-1\}$,也就是 $\{a_n^{(0)}, n=0,1,\cdots,N-1\}$ 仅有 N 个初始系数,如果忽略边界问题,注意到 $a_n^{(1)}$ 和 $d_n^{(1)}$ 仅各有 $N/2$ 个系数,这是由于 Mallat 算法是滤波加亚采样的结果。类似地,$a_n^{(2)}$ 和 $d_n^{(2)}$ 各有 $N/4$ 个系数,以此类推,$a_n^{(J)}$ 和 $d_n^{(J)}$ 各有 $N/2^J$ 个系数,最后保留下来的系数集可记为

$$\{d_k^{(i)}, a_k^{(J)}, i=1,2,\cdots,J, 0\leqslant k<N/2^i\}$$

共有 N 个系数,与原始数据量相等,并可按表 10.3.1 的格式存储在相同数组中。注意最后作为小波子空间的补子空间$\mathbf{V}_J$,最后保留的尺度系数 $a_k^{(J)}$ 只有 $N/2^J$ 个。

表 10.3.1　小波变换系数的结构

原始数据	$x(0), x(1)$		$,\cdots,$		$x(N-1)$
变换系数	$d_0^{(1)},\cdots,d_{N/2-1}^{(1)}$	$d_0^{(2)},\cdots,d_{N/4-1}^{(2)}$	$\cdots$	$d_0^{(J)},\cdots,d_{N/2^J-1}^{(J)}$	$a_0^{(J)},\cdots,a_{N/2^J-1}^{(J)}$
系数数目	$N/2$	$N/4$	$\cdots$	$N/2^J$	$N/2^J$

10.4 双正交小波变换

正交基与正交小波变换从数学性质上说是最理想的，但是 Daubechies 已经证明，除 Harr 基外，所有正交基都不具有对称性。Harr 基是一种最简单的小波基，它对应的尺度函数就是上节例 10.3.1 的台阶函数的例子，容易验证，其相应的共轭镜像滤波器分别为

$$h_0=1/\sqrt{2},\quad h_1=1/\sqrt{2}$$

和

$$g_0=1/\sqrt{2},\quad g_1=-1/\sqrt{2}$$

其他系数为零。在类似图像编码这类有失真的应用情况下，h_n 和 g_n 不对称会引入相位失真，这是很不理想的，为此希望具有对称性质的小波基。有一类具有双正交性质的小波基具有这个特性，Cohen 和 Daubechies 等从数学上构造了具有紧支特性和一定正则性的对称双正交小波基，Vetterli 和 Herley 从理想重构的滤波器组理论出发构造了对称的双正交小波基。

双正交小波基是框架理论的一个特例，存在两个对偶的母小波 $\psi(t)$ 和 $\tilde{\psi}(t)$，满足如下互正交关系：

$$\langle\psi_{m,n},\tilde{\psi}_{m',n'}\rangle=\delta_{mm'}\delta_{nn'} \tag{10.4.1}$$

相应的尺度函数也满足

$$\langle\varphi_{mn},\tilde{\varphi}_{mn'}\rangle=\delta_{nn'} \tag{10.4.2}$$

这里，$\{\psi_{m,n},m,n\in Z\}$ 和 $\{\tilde{\psi}_{m,n},m,n\in Z\}$ 自身并不要求是正交的。

双正交小波基联系着一个推广了的多分辨分析，存在两个嵌套的空间，即

$$\cdots\subset\mathbf{V}_1\subset\mathbf{V}_0\subset\mathbf{V}_{-1}\subset\cdots \tag{10.4.3}$$

$$\cdots\subset\tilde{\mathbf{V}}_1\subset\tilde{\mathbf{V}}_0\subset\tilde{\mathbf{V}}_{-1}\subset\cdots \tag{10.4.4}$$

其中，

$$\begin{aligned}V_m&=\operatorname{span}\{\varphi_{m,n}(t)\}\\ \tilde{V}_m&=\operatorname{span}\{\tilde{\varphi}_{m,n}(t)\}\end{aligned} \tag{10.4.5}$$

这里，span 表示由基函数张成的空间。并且

$$\begin{aligned}V_m&\perp\tilde{W}_m\\ \tilde{V}_m&\perp W_m\end{aligned} \tag{10.4.6}$$

相似于式(10.3.11)和式(10.3.12)的两尺度关系同样存在，但除式(10.3.11)和式(10.3.12)之外，还增加了两个两尺度方程，即

$$\tilde{\varphi}(t)=\sqrt{2}\sum_n\tilde{h}_n\tilde{\varphi}(2t-n) \tag{10.4.7a}$$

$$\tilde{\psi}(t)=\sqrt{2}\sum_n\tilde{g}_n\tilde{\varphi}(2t-n) \tag{10.4.7b}$$

与正交情况类似，如果要求 $\psi(t)$ 和 $\tilde{\psi}(t)$ 构成双正交基，必须对相应的四个滤波器系数 h、$\tilde{h}$、g、$\tilde{g}$ 施加约束，类似于 10.3 节的推导，可得使 $\psi(t)$ 和 $\tilde{\psi}(t)$ 构成双正交基的约束条

件为

$$\begin{cases}\hat{h}(z^{-1})\hat{\tilde{h}}(z)+\hat{g}(z^{-1})\hat{\tilde{g}}(z)=2\\ \hat{h}(-z^{-1})\hat{\tilde{h}}(z)+\hat{g}(-z^{-1})\hat{\tilde{g}}(z)=0\end{cases}\tag{10.4.8}$$

用频域表示所构成的一种解的形式为

$$\hat{h}^{*}(\omega)\hat{\tilde{h}}(\omega)+\hat{h}^{*}(\omega+\pi)\hat{\tilde{h}}(\omega+\pi)=2\tag{10.4.9}$$

和

$$g_n=(-1)^{1-n}\tilde{h}_{1-n},\quad \tilde{g}_n=(-1)^{1-n}h_{1-n}\tag{10.4.10}$$

这个解中,双正交性在滤波器系数上的表现为

$$\sum_n h_n\tilde{h}_{n+2k}=\delta_{k,0}\tag{10.4.11}$$

满足如上关系的滤波器组称为准确重构滤波器组,由式(10.4.9)设计 h、$\tilde{h}$,然后用式(10.4.10)构造 g、$\tilde{g}$,这组滤波器获得后,由下式构造尺度函数和小波函数:

$$\begin{aligned}&\hat{\varphi}(2\omega)=\frac{1}{\sqrt{2}}\hat{h}(\omega)\hat{\varphi}(\omega),\quad \hat{\tilde{\varphi}}(2\omega)=\frac{1}{\sqrt{2}}\hat{\tilde{h}}(\omega)\hat{\tilde{\varphi}}(\omega)\\&\hat{\psi}(2\omega)=\frac{1}{\sqrt{2}}\hat{g}(\omega)\hat{\psi}(\omega),\quad \hat{\tilde{\psi}}(2\omega)=\frac{1}{\sqrt{2}}\hat{\tilde{g}}(\omega)\hat{\tilde{\psi}}(\omega)\end{aligned}\tag{10.4.12}$$

由此构成的两个小波函数族 $\{\psi_{m,n},m,n\in\mathbf{Z}\}$ 和 $\{\tilde{\psi}_{m,n},m,n\in\mathbf{Z}\}$ 构成双正交的 Reisz 基。双正交时,小波变换的递推公式(分析公式)仍然成立,写成如下式:

$$\begin{cases}a_k^{(i+1)}=\sum_n h_{(n-2k)}a_n^{(i)}\\ d_k^{(i+1)}=\sum_n g_{(n-2k)}a_n^{(i)}\end{cases}\tag{10.4.13}$$

双正交小波的合成公式修改为

$$a_n^{(j-1)}=\sum_k\left[\tilde{h}_{n-2k}a_k^{(j)}+\tilde{g}_{n-2k}d_k^{(j)}\right]\tag{10.4.14}$$

注意,其实递推和反递推中滤波器组 h、g 和 $\tilde{h}$、$\tilde{g}$ 是可以互换的,但必须一个出现在分解公式中,另一个出现在合成公式中。按叙述方便选择一组作为分析滤波器,另一组作为合成滤波器。

由离散双正交小波变换对 $x(t)$ 的一般性分解公式可写为

$$\begin{aligned}x(t)&=\sum_n a_n^{(J)}\tilde{\varphi}_{J,n}(t)+\sum_m\sum_n d_n^{(m)}\tilde{\psi}_{m,n}(t)\\&=\sum_n\langle x(t),\varphi_{J,n}(t)\rangle\tilde{\varphi}_{J,n}(t)+\sum_m\sum_n\langle x(t),\psi_{m,n}(t)\rangle\tilde{\psi}_{m,n}(t)\end{aligned}\tag{10.4.15}$$

当 $J\to\infty$ 时,式(10.4.15)等式右边第一项消失,式(10.4.15)简化为

$$x(t)=\sum_m\sum_n\langle x(t),\psi_{m,n}(t)\rangle\tilde{\psi}_{m,n}(t)\tag{10.4.16}$$

这是框架理论下,由离散小波变换重构 $x(t)$ 的标准公式,式(10.4.16)更多地用于原理性的说明,式(10.4.15)的有限次分解更多地用于实际计算。

10.5 小波基实例

在10.3节和10.4节看到，利用Mallat算法计算离散小波变换系数需要确定所选择小波基的相应的共轭镜像滤波器系数 h_n，但选择什么样的小波基对于待分析的信号是适宜的，小波基的性质与 h_n（或 $\hat{h}(\omega)$）有何联系？本节首先不加证明的讨论小波基选取的一些原则，然后介绍几类常用的小波基实例，有关结论的详细证明请参见文献[162,60,69]。

在很多应用中，如噪声消除、图像编码等，希望用尽可能少的小波系数逼近一个信号，这主要依赖于小波母函数的消失矩，10.1节已经介绍过，对于 $0\leqslant k<p$，如果 $\psi(t)$ 满足

$$\int_{-\infty}^{+\infty} t^k \psi(t)\mathrm{d}t = 0 \tag{10.5.1}$$

则称 $\psi(t)$ 具有 p 阶消失矩。如果一个函数 $x(t)$ 在其一个邻域内是 k 阶连续的，且 $k<p$，那么该函数可以由 k 阶的泰勒级数很好地逼近，且对于较小的尺度值 a，其小波系数是非常小的（对于大的尺度，由于离散小波变换的采样结构，本身就保留了较少的系数），因此，对于光滑的信号，采用大的消失矩的小波基，可以使得大量的小波系数接近0。

如下定理给出了 $\psi(t)$ 的消失矩与相应的 $\hat{h}(\omega)$ 之间的关系。

定理 10.5.1 设 $\psi(t)$ 和 $\varphi(t)$ 分别是母小波函数和尺度函数，它们的离散集构成一个正交基，假设 $|\psi(t)|=O(1+t^2)^{-\frac{p}{2}}$ 和 $|\varphi(t)|=O\left((1+t^2)^{-\frac{p}{2}}\right)$

如下三个结论是等价的。

(1) 小波 $\psi(t)$ 有 p 阶消失矩。

(2) $\hat{\psi}(\omega)$ 及其前 $p-1$ 阶导数在 $\omega=0$ 处取值为0。

(3) $\hat{h}(\omega)$ 及其前 $p-1$ 阶导数在 $\omega=\pi$ 处取值为0（p 阶零点）。

定理10.5.1给出一个有用的启示，如果设计的滤波器 $\hat{h}(\omega)$ 在 $\omega=\pi$ 处有 p 阶零点，则对应的母小波 $\psi(t)$ 有 p 阶消失矩，可以将设计一个具有 p 阶消失矩的母小波函数的问题，转化为设计一个在 $\omega=\pi$ 处有 p 阶零点的滤波器的问题。

影响小波系数的第二个主要因素是小波的支集，即母小波函数取值不为零的区间。假设待分析函数 $f(t)$ 有一个孤立的奇异点，凡包含这个奇异点在 $\psi_{j,k}(t)$ 支内的小波系数 $\langle f,\psi_{j,k}\rangle$ 都可能取较大的幅值，而在每一个尺度 2^j，与该奇异点重叠的小波族 $\psi_{j,k}$ 个数正比于 $\psi(t)$ 的支集，因此，$\psi(t)$ 的支集越小，在一个奇异点附近产生的较大小波系数幅值的数目就越小。

小波函数 $\psi(t)$、尺度函数 $\varphi(t)$ 的支集与 $h(n)$ 的支集的关系可以由如下定理描述。

定理 10.5.2 如果尺度函数 $\varphi(t)$ 是紧支（集）的，当且仅当 h_n 也是紧支的，且它们的支集相等，如果 $\varphi(t)$ 和 h_n 的支是 $[N_1,N_2]$，那么 $\psi(t)$ 也是紧支的，它的支是

$$\left[\frac{N_1-N_2+1}{2},\frac{N_2-N_1+1}{2}\right] \tag{10.5.2}$$

由如上分析可知，大的消失矩，小的支集是我们希望的小波基，但实际上，大的消失矩和

小的支集是一对矛盾体，不可能同时成立，如下定理限制了它们之间的关系。

定理 10.5.3　如果小波函数有 p 阶消失矩，它的支至少是 $2p-1$。

这对矛盾使得必须折中地选取小波基，如果信号除少的几个奇异点外，基本上是光滑的，那么应该选择消失矩阶数更高的小波基，如果信号的奇异点分布比较密集，应选择支集比较小的基，但不管什么情况下，在给定消失矩的条件下，寻找支集尽可能小的基总是有意义的，Dabechies 给出了一组满足给定消失矩下最小支集的紧支小波基。

第三个因素考虑信号重构，一个函数可分解为

$$f(t)=\sum_{j=-\infty}^{+\infty}\sum_{k=-\infty}^{+\infty}\langle f,\psi_{j,k}\rangle\psi_{j,k}(t) \tag{10.5.3}$$

如果因为量化或其他影响，使小波系数 $\langle f,\psi_{j,k}\rangle$ 产生一个误差 Δ，在重构信号中，就会存在一个误差项 $\Delta\psi_{j,k}(t)$，在许多应用中，如图像压缩，一个光滑的误差函数比一个不连续的奇异的误差函数具有更好的视觉效果，这要求 $\psi_{j,k}(t)$ 具有尽量好的光滑特性。

10.5.1　Daubechies 紧支小波

Daubechies 给出一种方法，构造了实的紧支小波基，由定理 10.5.2 可知，紧支小波基意味着紧支的共轭镜像滤波器，考虑一个实的因果滤波器 h_n，这意味着 $\hat{h}(\omega)$ 是三角多项式

$$\hat{h}(\omega)=\sum_{n=0}^{N-1}h_n\mathrm{e}^{-\mathrm{j}n\omega} \tag{10.5.4}$$

定理 10.5.1 说明，为了确保 $\psi(t)$ 有 p 阶消失矩，要求 $\hat{h}(\omega)$ 在 $\omega=\pi$ 点有 p 阶零点，满足这个要求的 $\hat{h}(\omega)$ 可以分解为

$$\hat{h}(\omega)=\sqrt{2}\left(\frac{1+\mathrm{e}^{-\mathrm{j}\omega}}{2}\right)^{p}R(\mathrm{e}^{-\mathrm{j}\omega}) \tag{10.5.5}$$

为了得到支集尽可能小的 $\psi(t)$，只需寻求一个 $R(\mathrm{e}^{-\mathrm{j}\omega})$，使得 $\hat{h}(\omega)$ 尽可能短，并且满足

$$|\hat{h}(\omega)|^2+|\hat{h}(\omega+\pi)|^2=2 \tag{10.5.6}$$

注意到，由于 h_n 是实的，因此 $|\hat{h}(\omega)|^2$ 是偶函数，它可以写成 $\cos\omega$ 的多项式，因此，$|R(\mathrm{e}^{-\mathrm{j}\omega})|^2$ 也可以写成 $\cos\omega$ 的多项式，因为 $\cos\omega$ 可由 $\sin^2\dfrac{\omega}{2}$ 表示，为后面处理方便，用 $P\left(\sin^2\dfrac{\omega}{2}\right)$ 替代 $|R(\mathrm{e}^{-\mathrm{j}\omega})|^2$，即

$$|\hat{h}(\omega)|^2=2\left(\cos\frac{\omega}{2}\right)^{2P}P\left(\sin^2\frac{\omega}{2}\right) \tag{10.5.7}$$

将它代入式(10.5.6)，并令 $y=\sin^2\dfrac{\omega}{2}$，得到等式

$$(1-y)^pP(y)+y^pP(1-y)=1 \tag{10.5.8}$$

为了求得满足式(10.5.6)的 $\hat{h}(\omega)$，并使 h_n 最短，只需求得满足式(10.5.8)的具有最小阶的 $P(y)\geqslant 0$，这要利用一个代数定理(Bezout 定理)。

贝祖(Bezout)定理描述为：设 $Q_1(y)$ 和 $Q_2(y)$ 分别为 n_1 阶和 n_2 阶多项式且没有公共

零点，存在唯一的 n_2-1 阶和 n_1-1 阶多项式 $P_1(y)$ 和 $P_2(y)$，它们是最小阶的，且满足

$$P_1(y)Q_1(y)+P_2(y)Q_2(y)=1 \tag{10.5.9}$$

将这个定理对照式(10.5.8)，相当于 $Q_1(y)=(1-y)^p$，$Q_2(y)=y^p$，如果能够找到 $p-1$ 阶 $P(y)$ 使得 $P_1(y)=P(y)$，$P_2(y)=P(1-y)$ 且满足式(10.5.8)，那么这个 $P(y)$ 是唯一的 $p-1$ 阶多项式，它就是我们要寻找的最小阶多项式，可以验证

$$P(y)=\sum_{k=0}^{p-1}\binom{p-1+k}{k}y^k \tag{10.5.10}$$

就是寻求的多项式。

既然 $P(y)$ 已经得到，下一步就是通过 $|R(e^{-j\omega})|^2=P\left(\sin^2\frac{\omega}{2}\right)$ 求得最小阶的 $R(e^{-j\omega})$，设

$$R(e^{-j\omega})=\sum_{k=0}^{m}r_k e^{-jk\omega}=r_0\prod_{k=0}^{m}(1-a_k e^{-j\omega}) \tag{10.5.11}$$

目的是求各零点 a_k 和 r_0。

注意到，由于是实系数，故 $R^*(e^{-j\omega})=R(e^{j\omega})$，因此

$$|R(e^{-j\omega})|^2=R(e^{-j\omega})R(e^{j\omega})=P\left(\frac{2-e^{j\omega}-e^{-j\omega}}{4}\right)\triangleq Q(e^{-j\omega}) \tag{10.5.12}$$

利用 $z=e^{-j\omega}$ 扩展到复频域为

$$R(z)R(z^{-1})=r_0^2\prod_{k=0}^{m}(1-a_k z)(1-a_k z^{-1})=Q(z)=P\left(\frac{2-z-z^{-1}}{4}\right) \tag{10.5.13}$$

注意到，$Q(z)$ 的系数是实的，故如果 C_k 是 $Q(z)$ 的一个根，C_k^* 也是一个根，又 $Q(z)$ 是 $z+z^{-1}$ 的函数，故 C_k 是 $Q(z)$ 的根，$\frac{1}{C_k}$ 也是一个根，因此，$Q(z)$ 的根总是以 $\left(C_k,\frac{1}{C_k}\right)$，$\left(C_k^*,\frac{1}{C_k^*}\right)$ 成对形式出现的，选择哪些根分配给 $R(z)$，哪些分配给 $R(z^{-1})$ 需要一个准则，假定 $R(z)$ 是最小相位的，选择 $C_k,\frac{1}{C_k}$ 中模小于 1 的分配给 $R(z)$，同样从 $C_k^*,\frac{1}{C_k^*}$ 中选择一个模小于 1 的分配给 $R(z)$，以使 $R(z)$ 的零点互为共轭，这样可以得到最小相位 $R(z)$，当 $P(y)$ 是 $p-1$ 阶时，$R(z)$ 也是 $p-1$ 阶的。易求得 $r_0^2=Q(0)=P\left(\frac{1}{2}\right)=2^{p-1}$，将 $R(z)$ 代入式(10.5.5)得到 $\hat{h}(\omega)$，它是 $2p$ 阶的，将三角多项式展开，得到各系数 h_n，表 10.5.1 是当 p 分别取 2 至 6 时，按这个方法得到的小波基对应的滤波器系数。图 10.5.1 是其中几个小波和尺度函数的图形。

有以下两点需注意。

(1) Daubechies 证明，正交小波基，除 Harr 小波外，不存在对称或反对称小波，相当于共轭镜像滤波器系数 h_n 除 Harr 基外不存在对称或反对称，即滤波器不是线性相位的。

(2) Daubechies 小波在 p 较大时，更加光滑。

表 10.5.1 Daubechies 小波列表

p	n	h_n
$p=2$	0	0.482962913145
	1	0.836516303738
	2	0.224143868042
	3	−0.129409522551
$p=3$	0	0.332670552950
	1	0.806891509311
	2	0.459877502118
	3	−0.135011020010
	4	−0.085441273882
	5	0.035226291882
$p=4$	0	0.230377813309
	1	0.714846570553
	2	0.630880767930
	3	−0.027983769417
	4	−0.187034811719
	5	0.030841381836
	6	0.032883011667
	7	0.010597401785
$p=5$	0	0.160102397974
	1	0.603829269797
	2	0.724308528438
	3	0.138428145901
	4	0.242294887066
	5	0.032244869585
	6	0.077571493840
	7	−0.006241490213
	8	0.012580751999
	9	0.003335725285
$p=6$	0	0.111540743350
	1	0.494623890398
	2	0.751133908021
	3	0.315250351709
	4	0.226264693965
	5	−0.129766867567
	6	0.097501605587
	7	0.027522865530
	8	−0.031582039317
	9	0.000553842201
	10	0.004777257511
	11	−0.001077301085

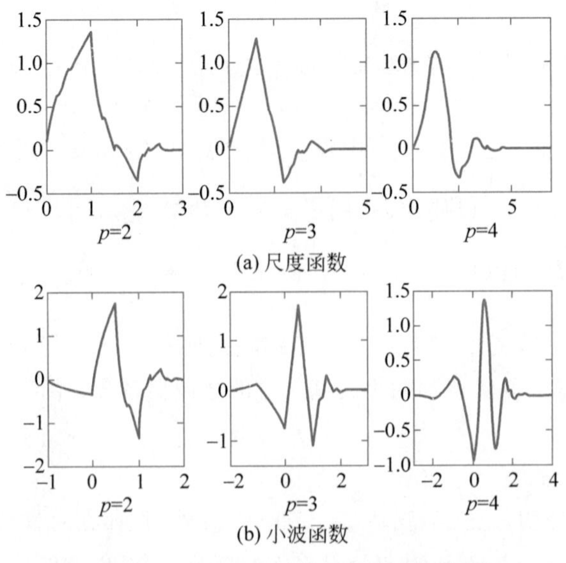

图 10.5.1 几个尺度函数和小波函数的图示

10.5.2 双正交小波基实例

在双正交情况下，可以用类似的原则选择和设计小波基，唯一的例外是在双正交情况下，人们可以得到对称或反对称的小波基，它更适合于有限长序列情况下的边界处理，下面首先讨论双正交小波基选择的一些基本原则，然后给出一些双正交小波基实例。

1. 选择双正交小波基的基本原则

1）小波基的支

如果准确重构滤波器 h 和 $\tilde{h}$ 具有有限抽样响应，则相应的尺度函数和小波函数也均是有限支的，若 h_n 和 $\tilde{h}_n$ 分别在 $N_1 \leqslant n \leqslant N_2$ 和 $\tilde{N}_1 \leqslant n \leqslant \tilde{N}_2$ 范围内非零，那么 $\varphi(t)$ 和 $\tilde{\varphi}(t)$ 的支分别为 $[N_1, N_2]$ 和 $[\tilde{N}_1, \tilde{N}_2]$，由

$$g_n = (-1)^{1-n}\tilde{h}_{(1-n)}, \quad \tilde{g}_n = (-1)^{1-n}h_{(1-n)}$$

以及

$$\psi(t) = \sqrt{2}\sum_{n=-\infty}^{+\infty} g_n \varphi(2t-n), \quad \tilde{\psi}(t) = \sqrt{2}\sum_{n=-\infty}^{+\infty} \tilde{g}_n \tilde{\varphi}(2t-n)$$

可以得到 $\psi(t)$ 和 $\tilde{\psi}(t)$ 的支分别是

$$\left[\frac{N_1 - \tilde{N}_2 + 1}{2}, \frac{N_2 - \tilde{N}_1 + 1}{2}\right] \tag{10.5.14}$$

和

$$\left[\frac{\tilde{N}_1 - N_2 + 1}{2}, \frac{\tilde{N}_2 - N_1 + 1}{2}\right] \tag{10.5.15}$$

两个小波函数的支是等长的，均为 $l = \dfrac{N_2 - N_1 + \tilde{N}_2 - \tilde{N}_1}{2}$。

2）小波基的消失矩

小波基 $\psi(t)$ 和 $\tilde{\psi}(t)$ 的消失矩分别依赖于 $\hat{\tilde{h}}(\omega)$ 和 $\hat{h}(\omega)$ 在 $\omega = \pi$ 处的零点阶数，这容易被验证。如果对于 $k < \tilde{p}$，$\hat{\psi}^k(0) = 0$，说明 $\psi(t)$ 有 $\tilde{p}$ 阶消失矩，既然 $\hat{\varphi}(0) = 1$ 和 $\hat{\psi}(2\omega) = \dfrac{1}{\sqrt{2}}\hat{g}(\omega)\hat{\varphi}(\omega)$，要求 $\hat{g}(\omega)$ 在 $\omega = 0$ 处有 $\tilde{p}$ 阶零点；又因为 $\hat{g}(\omega) = \mathrm{e}^{-\mathrm{i}\omega}\hat{\tilde{h}}^*(\omega + \pi)$，这意味着 $\hat{\tilde{h}}(\omega)$ 在 $\omega = \pi$ 处有 $\tilde{p}$ 阶零点。同理，可以说明 $\hat{h}(\omega)$ 在 $\omega = \pi$ 处有 p 阶零点等价于 $\tilde{\psi}(t)$ 有 p 阶消失矩。

3）小波变换次序

在双正交情况下，小波变换和重构有两种不同次序，可以分别用如下两式表示：

$$f = \sum_{n,j=-\infty}^{+\infty} \langle f, \psi_{j,n} \rangle \tilde{\psi}_{j,n} \tag{10.5.16}$$

和

$$f = \sum_{n,j=-\infty}^{+\infty} \langle f, \tilde{\psi}_{j,n} \rangle \psi_{j,n} \tag{10.5.17}$$

式(10.5.16)等价于用 (h, g) 进行分解，用 $(\tilde{h}, \tilde{g})$ 进行重构，式(10.5.17)等价于用 $(\tilde{h}, \tilde{g})$ 进

行分解,用(h,g)进行重构。在类似图像编码这类应用时,用哪个滤波器组进行分解,哪个进行重构是需要考虑的。如果我们希望分解后的小波系数集中,尽可能少的大系数存在,就希望分解用的小波基是尽可能高的消失矩,如果希望重构时量化误差造成的影响尽可能平滑,就要求重构用的小波有尽可能高的光滑性。例如当 $\tilde{p}>p$ 时,由于 $\psi(t)$的消失矩为 $\tilde{p}$,并且 $\tilde{\psi}(t)$的光滑性随 $\tilde{p}$ 增加而增加,故此 $\psi(t)$ 比 $\tilde{\psi}(t)$ 有更大的消失矩,而 $\tilde{\psi}(t)$ 可能比 $\psi(t)$有更好的光滑性,这时,选(h,g)作为分解滤波器,选$(\tilde{h},\tilde{g})$作为重构滤波器可能会得到更好的结果。

4) 对称性

对于双正交小波基,可以构造光滑的、对称或反对称的小波基,其相应的准确重构滤波器 h_n 和 $\tilde{h}_n$ 是线性相位的,有两种典型的对称关系。

① h 和 $\tilde{h}$ 具有奇数个非零值,以 $n=0$ 为对称点,相应的 $\varphi(t)$和 $\tilde{\varphi}(t)$以 $t=0$ 为对称点,$\psi(t)$和 $\tilde{\psi}(t)$也是对称的,但它的对称点与 $\varphi(t)$的对称点有一个位移。

② h_n 和 $\tilde{h}_n$ 有偶数个非零值,以 $n=\frac{1}{2}$为对称点,$\varphi(t)$和 $\tilde{\varphi}(t)$也是对称的,对称点是 $t=\frac{1}{2}$,而 $\psi(t)$和 $\tilde{\psi}(t)$是反对称的,对称点相对 $\varphi(t)$对称点有一个位移。

2. 双正交小波基实例

双正交小波基的构造技术,从原理上与正交基类似,不再给出详细讨论。这里只给出两组例子。

第一组例子称为样条双正交小波,如表 10.5.2 所示,相应的尺度函数和小波函数图形如图 10.5.2 所示。

表 10.5.2 双正交样条小波

n	$p,\tilde{p}$	h_n	$\tilde{h}_n$
0	$p=2$ $\tilde{p}=4$	0.70710678118655	0.99436891104358
1,−1		0.35355339059327	0.41984465132951
2,−2			−0.17677669529664
3,−3			−0.06629126073624
4,−4			0.03314563036812
0,1	$p=3$ $\tilde{p}=7$	0.53033008588991	0.95164212189718
−1,2		0.17677669529664	−0.02649924094535
−2,3			−0.30115912592284
−3,4			0.03133297870736
−4,5			0.07466398507402
−5,6			−0.01683176542131
−6,7			−0.00906325830378
−7,8			0.00302108610126

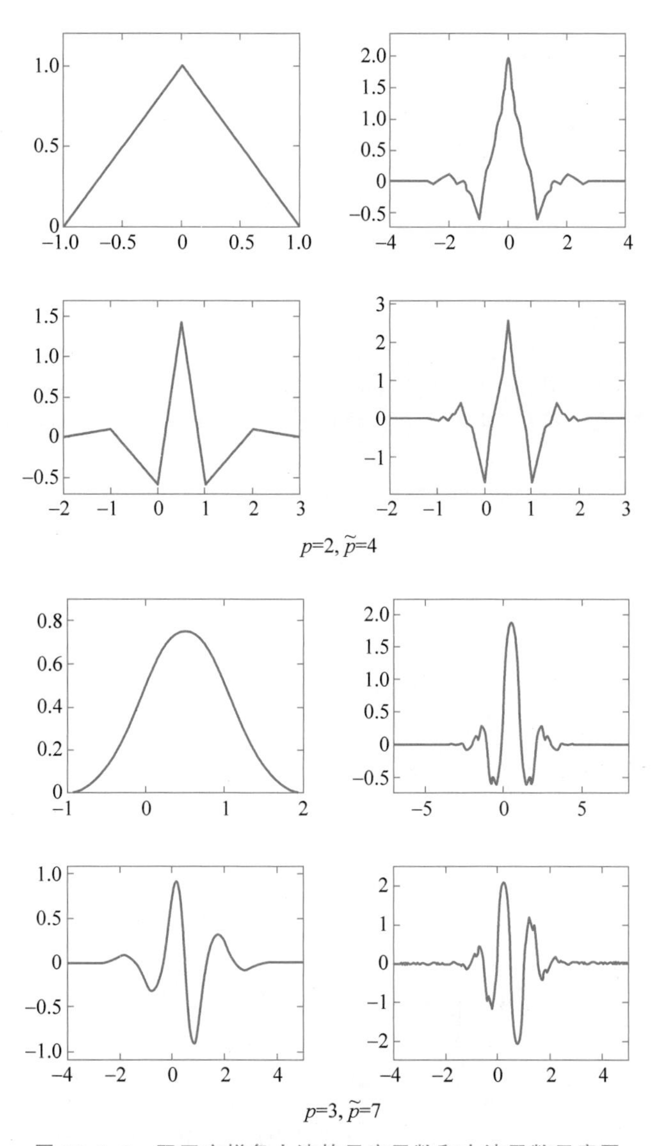

图 10.5.2 双正交样条小波的尺度函数和小波函数示意图

第 2 组例子是近似等长滤波器构造的双正交小波基，列于表 10.5.3 中。其中，$\tilde{p}=p=4$ 的滤波器对应的尺度函数和小波函数的图形示于图 10.5.3，这个滤波器是图像编码中著名的(7,9)滤波器，它是接近于正交的(ψ 和 $\tilde{\psi}$ 图形接近)，具有较好的消失矩和光滑性。

表 10.5.3 近似等长双正交小波滤波器

$p,\tilde{p}$	n	h_n	$\tilde{h}_n$
$p=4$ $\tilde{p}=4$	0	0.78848561640637	0.85269867900889
	−1,1	0.41809227322204	0.37740285561283
	−2,2	−0.04068941760920	−0.11062440441844
	−3,3	−0.06453888262876	−0.02384946501956
	−4,4	0	0.03782845554969

续表

$p,\tilde{p}$	n	h_n	$\tilde{h}_n$
$p=5$ $\tilde{p}=5$	0	0.89950610974865	0.73666018142821
	−1,1	0.47680326579848	0.34560528195603
	−2,2	−0.09350469740094	−0.05446378846824
	−3,3	−0.13670658466433	0.00794810863724
	−4,4	−0.00269496688011	0.03968708834741
	−5,5	0.01345670945912	0
$p=5$ $\tilde{p}=5$	0	0.54113273169141	1.32702528570780
	−1,1	0.34335173921766	0.47198693379091
	−2,2	0.06115645341349	−0.36378609009851
	−3,3	0.00027989343090	−0.11843354319764
	−4,4	0.02183057133337	0.05382683783789
	−5,5	0.00992177208685	0

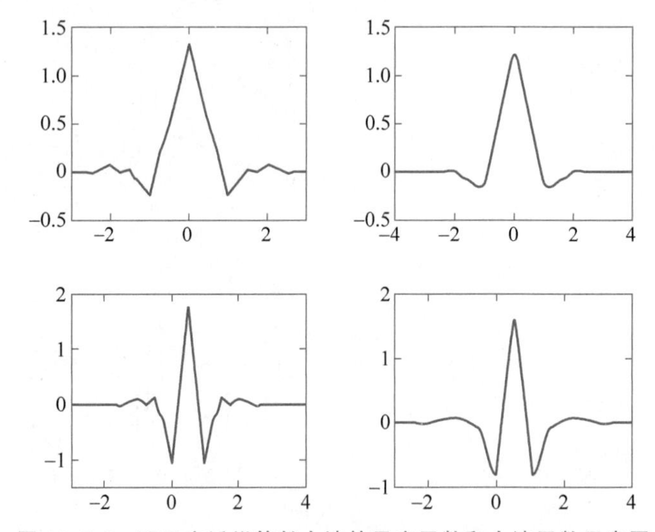

图 10.5.3 双正交近似等长小波的尺度函数和小波函数示意图

10.6 多维空间小波变换

对于多维小波变换情况，这里只讨论二维可分的特殊情况。

10.6.1 二维可分小波变换

二维可分的多分辨分析是一个嵌套的子空间序列，其中$\mathbf{V}_m$ 可以写为

$$\mathbf{V}_m=\mathbf{V}_m^1\otimes\mathbf{V}_m^2 \tag{10.6.1}$$

其中，$\mathbf{V}_m^1$ 和$\mathbf{V}_m^2$ 分别表示一维子空间，其上标表示一维子空间的序号，$\otimes$表示子空间的张量积，二维尺度函数和相应滤波器系数的形式为

$$\Phi(x,y)=\varphi(x)\varphi(y),\quad h_{n,m}=h_n h_m \tag{10.6.2}$$

将$V_m^1=V_{m+1}^1\oplus W_{m+1}^1, V_m^2=V_{m+1}^2\oplus W_{m+1}^2$ 代入式(10.6.1),得

$$V_{m-1}=V_m\oplus(V_m^1\otimes W_m^2)\oplus(W_m^1\otimes V_m^2)\oplus(W_m^1\otimes W_m^2) \tag{10.6.3}$$

将由此得到三个小波函数和相应滤波器系数表达式为

$$\begin{aligned}&\Psi^1(x,y)=\varphi(x)\psi(y),\quad g_{n,m}^1=h_n g_m\\&\Psi^2(x,y)=\psi(x)\varphi(y),\quad g_{n,m}^2=g_n h_m\\&\Psi^3(x,y)=\psi(x)\psi(y),\quad g_{n,m}^3=g_n g_m\end{aligned} \tag{10.6.4}$$

使得$\{\Psi_{i,j}^{m;d}, d=1,2,3;\ m,i,j\in Z\}$构成$L^2(\boldsymbol{R}^2)$的正交小波基,这里上标$m$表示尺度因子,$d$代表方向因子,下标$(i,j)$是平移因子,即

$$\Psi_{i,j}^{m,d}(x,y)=2^{-m}\Psi^d(2^{-m}x-i,2^{-m}y-j) \tag{10.6.5}$$

二维双正交小波基和框架理论的推广也是相似的,函数的小波展开式的二维推广为

$$f(x,y)=\sum_d\sum_m\sum_{i,j}\langle f,\Psi_{i,j}^{m,d}\rangle\tilde{\Psi}_{i,j}^{m,d}\triangleq\sum_d\sum_m\sum_{i,j}c_{i,j}^{m,d}\tilde{\Psi}_{i,j}^{m,d} \tag{10.6.6}$$

二维离散小波变换系数的递推公式为

$$\begin{aligned}a_{i,j}^{(m)}&=\sum_k\sum_l a_{k,l}^{(m-1)}h_{2i-k,2j-l}=\sum_k h_{2i-k}\sum_l a_{k,l}^{(m-1)}h_{2j-l}\\c_{i,j}^{m,d}&=\sum_k\sum_l a_{k,l}^{(m-1)}g_{2i-k,2j-l}^{d}=\sum_k g_{2i-k}^{i2}\sum_l a_{k,l}^{(m-1)}g_{2j-l}^{i1},\quad d=1,2,3\end{aligned} \tag{10.6.7}$$

这里,$i_2i_1=d$ 是d的二进制编码。

反递推公式为

$$a_{i,j}^{(m-1)}=\sum_k\sum_l a_{k,l}^{(m)}\tilde{h}_{2k-i,2l-j}+\sum_{d=1,2,3}\sum_k\sum_l c_{k,l}^{m,d}\tilde{g}_{2k-i,2l-j}^{d} \tag{10.6.8}$$

10.6.2 数字图像的小波变换模型

通过前几节对小波理论的分析,得到了DWT分析数字图像的数学模型。对于给定的一个数字图像,记为一个数据集合:

$$\{a_{i,j}^{(0)},0\leqslant i<N_1,0\leqslant j<N_2\} \tag{10.6.9}$$

必然存在一个函数$f(x,y)\in V_0\otimes V_0\in L^2(\boldsymbol{R}^2)$,使

$$f(x,y)=\sum_{i,j}a_{i,j}^{(0)}\varphi_{i,j}(x,y) \tag{10.6.10}$$

通过离散小波变换,获得$f(x,y)$的有限层分解为

$$\begin{aligned}f(x,y)&=\sum_{i,j}a_{i,j}^{(0)}\varphi_{i,j}(x,y)\\&=\sum_{i,j}a_{i,j}^{(L)}\varphi_{i,j}^{L}(x,y)+\sum_{m,d}\sum_{i,j}c_{i,j}^{m,d}\psi_{i,j}^{m,d}(x,y)\end{aligned} \tag{10.6.11}$$

记为

$$\begin{aligned}&\mathrm{DWT}\{a_{i,j}^{(0)},0\leqslant i<N_1,0\leqslant j<N_2\}\\&\Rightarrow\{a_{i,j}^{(L)},c_{i,j}^{m,d},0\leqslant i<2^{-m}N_1,0\leqslant j<2^{-m}N_2,m=1,2,\cdots,L,d=1,2,3\}\end{aligned} \tag{10.6.12}$$

为数字图像的小波分解;逆过程是小波合成,均满足Mallat的递推公式和反递推公式。对于图像分解,式(10.6.7)相当于交替在水平与垂直方向上进行滤波和亚采样,一个三层分解的离散小波系数阵如图10.6.1所示,它将图像分解成10个子带;单层小波分解与合成的滤波器结构如图10.6.2所示。

数字图像的小波模型可以从两方面理解，一方面是将固定尺度下空间采样的数字图像分解为CWT在空一频空间离散格点的采样(DWT)，正如式(10.6.11)所表示的，DWT将单空间域序列变换为小波域序列，联系到一个多分辨分析，这实际是序列的多分辨分解；另一方面，数字图像的DWT等价于倍频程子带分解，实际上也已证明，对h、g、$\tilde{h}$、$\tilde{g}$这些滤波器系数的约束条件与子带分解中理想重构滤波器组的条件是一致的。即使是这样，DWT还是引入了一些新的思想，DWT表示了两重意义的统一：多分辨分解与子带分解。数学家们非常优美的工作，导出了几类正则性好的紧支小波基及相应的较短的滤波器组，5～9个抽头的小波滤波器组就具有了很好的性质，而传统的理想重构滤波器组设计给出的常用滤波器为16～64个抽头。

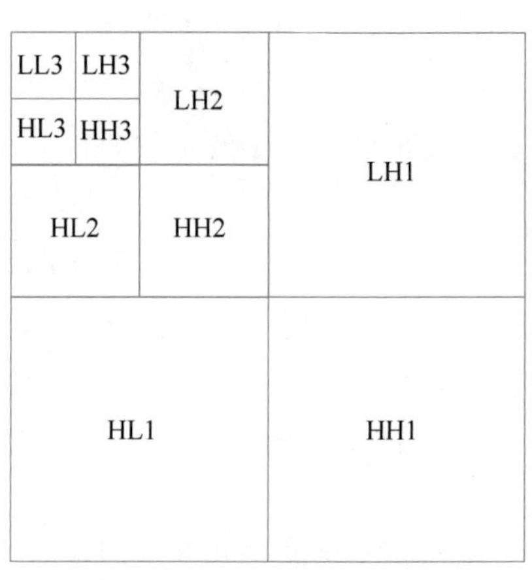

图 10.6.1　图像的小波分解

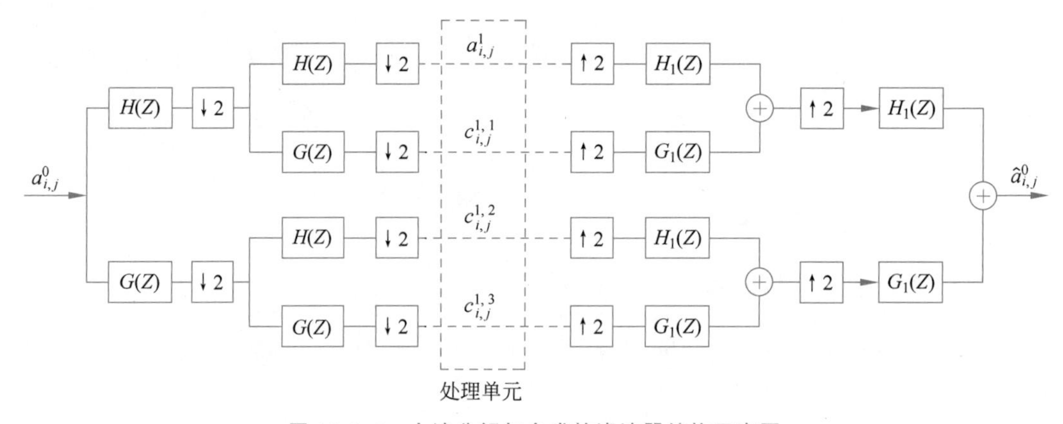

图 10.6.2　小波分解与合成的滤波器结构示意图

从空频局域化性质分析，图10.6.1所示DWT系数保持了同连续小波变换相一致的特性。从分解层1到L，每向上一层，一个小波系数的有效频宽减半，有效时宽增倍。这种图像小波分解的空频性质是4维空间的划分，但以二维空间简化说明，则可以画出图10.1.3的示意图。因此，数字图像的DWT保持了函数空间连续小波变换相一致的空频局域化性质。

小波图像分解常用的是双正交紧支小波，因为小波基的选取不是唯一的，选哪种小波基作分解更优，也没有一个明确的准则，有人用一些折中的评价准则，对大量现有小波基进行了评价，得出了一些较好的适用于图像压缩的小波基，在应用中，可以优先加以选择。

10.7　小波包分解

假设待分析的信号存在于子空间$\boldsymbol{V}_0$，小波分解将信号分别投影到子空间$\boldsymbol{V}_1$和$\boldsymbol{W}_1$，$\boldsymbol{V}_1$是信号的低频分量子空间，$\boldsymbol{W}_1$表示细节信号，是高频分量子空间。$\boldsymbol{V}_1$子空间被进一步分解为$\boldsymbol{V}_2$和$\boldsymbol{W}_2$，假设信号是实的，$\boldsymbol{V}_0$对应$[-\pi,\pi]$频率范围，由于频谱对称性，仅考虑正频率部分。假设选择共轭镜像滤波器 $h(n)$和 $g(n)$,使$\boldsymbol{V}_1$ 和$\boldsymbol{W}_1$ 非常接近地均分$\boldsymbol{V}_0$ 所占频带的低频和高频部分,小波分解在频域相应的频带划分如图 10.7.1 所示。

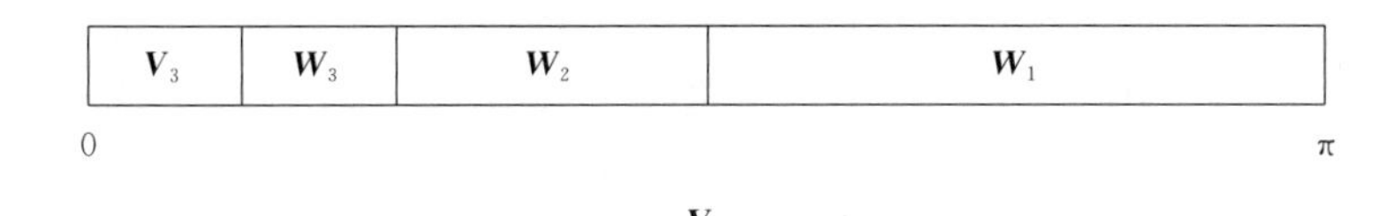

图 10.7.1 小波分解的频率划分

小波分解的特点是将频率按倍频程划分,这种倍频程使得每个频段中心频率与带宽之比是一个常数,这也称为等 Q 划分。

小波变换的这种等 Q 特性,与人类视觉的分辨特性很相似,因此小波变换非常适用于视觉处理问题,但并不是所有的问题都非常符合等 Q 特性,能否找到一种更加灵活方便的频率划分模式,自适应地适合更复杂的物理问题,这就是小波包分解。

在正交小波分解时,通过多分辨分析,将一个子空间$\boldsymbol{V}_j$ 分解为互为正交的子空间$\boldsymbol{V}_{j+1}$和$\boldsymbol{W}_{j+1}$,即

$$\boldsymbol{V}_j = \boldsymbol{V}_{j+1} \oplus \boldsymbol{W}_{j+1} \tag{10.7.1}$$

通过两个共轭镜像滤波器 $h(n)$和 $g(n)$,得到构造小波基的二尺度方程,那么,很自然地问,$\boldsymbol{W}_j$ 是否可以分解成两个互为正交的子空间?是否可以用同一组滤波器构成二尺度方程;进而,对一般空间 $\boldsymbol{U}$ 情况如何?

学者 Coifman、Meyer 和 Wickerhauser 研究了这个问题,并得到肯定的回答,这些结论总结在如下定理中。

定理 10.7.1 设$\{\theta_j(t-2^j n)\}_{n\in \mathbf{z}}$是空间$\boldsymbol{U}_j$ 的正交基,设 $h(n)$和 $g(n)$是一对共轭镜像滤波器,定义

$$\theta_{j+1}^{(0)}(t) = \sum_{n=-\infty}^{+\infty} h(n)\theta_j(t-2^j n) \tag{10.7.2}$$

$$\theta_{j+1}^{(1)}(t) = \sum_{n=-\infty}^{+\infty} g(n)\theta_j(t-2^j n) \tag{10.7.3}$$

则函数族

$$\{\theta_{j+1}^{(0)}(t-2^{j+1}n), \theta_{j+1}^{(1)}(t-2^{j+1}n)\}_{n\in \mathbf{z}} \tag{10.7.4}$$

也构成$\boldsymbol{U}_j$ 的正交基,这样由$\{\theta_{j+1}^{(0)}(t-2^{j+1}n)\}_{n\in \mathbf{z}}$张成子空间$\boldsymbol{U}_{j+1}^{(0)}$,由$\{\theta_{j+1}^{(1)}(t-2^{j+1}n)\}_{n\in \mathbf{z}}$张成子空间$\boldsymbol{U}_{j+1}^{(1)}$,并且

$$\boldsymbol{U}_j = \boldsymbol{U}_{j+1}^{(0)} \oplus \boldsymbol{U}_{j+1}^{(1)} \tag{10.7.5}$$

共轭镜像滤波器需满足

$$\begin{gathered} |\hat{h}(\omega)|^2 + |\hat{h}(\omega+\pi)|^2 = 2 \\ |\hat{g}(\omega)|^2 + |\hat{g}(\omega+\pi)|^2 = 2 \\ \hat{g}(\omega)\hat{h}^*(\omega) + \hat{g}(\omega+\pi)\hat{h}^*(\omega+\pi) = 0 \end{gathered} \tag{10.7.6}$$

定理 10.7.1 的式(10.7.6)表明,对任意空间$\boldsymbol{U}_j$ 的分解,要求的共轭镜像滤波器关系式与正交小波基时的相同,既然如此,不管是对$\boldsymbol{V}_j$ 或$\boldsymbol{W}_j$ 进一步分解,可以用同一组共轭镜像滤波器。

有定理 10.7.1 的基础，在任一分解层，不但将$\boldsymbol{V}_j$ 分解，将$\boldsymbol{W}_j$ 也可进一步分解，不失一般性，假设从$\boldsymbol{V}_0$ 开始分解，采用新的符号，即令$\boldsymbol{W}_0^0=\boldsymbol{V}_0$ 和 $\psi_0^0(t)=\varphi(t)$，这里用上标表示分解子空间的序号，为简单省去上标的括号。由于$\{\psi_0^0(t-n)\}_{n\in\mathbf{Z}}$ 是$\boldsymbol{W}_0^0$ 的正交基，首先将$\boldsymbol{W}_0^0$ 分解成$\boldsymbol{W}_1^0$ 和$\boldsymbol{W}_1^1$，且$\boldsymbol{W}_1^0\oplus\boldsymbol{W}_1^1=\boldsymbol{W}_0^0$；这个分解进行下去，在高层，$\boldsymbol{W}_j^p$ 被分解为$\boldsymbol{W}_{j+1}^{2p}$ 和$\boldsymbol{W}_{j+1}^{2p+1}$ 两个子空间，相应$\boldsymbol{W}_j^p$ 的基为$\{\psi_j^p(t-2^jn)\}_{n\in\mathbf{Z}}$，$\boldsymbol{W}_{j+1}^{2p}$ 和$\boldsymbol{W}_{j+1}^{2p+1}$ 的基分别为$\{\psi_{j+1}^{2p}(t-2^{j+1}n)\}_{n\in\mathbf{Z}}$ 和$\{\psi_{j+1}^{2p+1}(t-2^{j+1}n)\}_{n\in\mathbf{Z}}$，这些基之间满足二尺度方程

$$\psi_{j+1}^{2p}(t)=\sum_{n=-\infty}^{+\infty}h(n)\psi_j^p(t-2^jn) \tag{10.7.7}$$

$$\psi_{j+1}^{2p+1}(t)=\sum_{n=-\infty}^{+\infty}g(n)\psi_j^p(t-2^jn) \tag{10.7.8}$$

并且满足$\boldsymbol{W}_{j+1}^{2p}\perp\boldsymbol{W}_{j+1}^{2p+1}$ 和 $\boldsymbol{W}_{j+1}^{2p}\oplus\boldsymbol{W}_{j+1}^{2p+1}=\boldsymbol{W}_j^p$。一个三层分解的过程如图 10.7.2 所示。

如果按图 10.7.2 所示的完整树分解后，取函数分解在空间$\boldsymbol{W}_L^0\sim\boldsymbol{W}_L^{2^L-1}$ 的系数，等价于将频率空间按等间隔分解成 2^L 份，这是另外一种固定的频率分解，实际上，小波包分解提供了非常灵活的分解方式。为此，先介绍“允许树”概念，在一个二进树中，一个节点或可以进一步分解，从而这个节点有两个子女，或这个节点终止分解，这个节点成为叶节点，这样的树构成一个“允许树”。任一个允许树对应一种小波包分解，一个子空间 W_j^p 在第 j 层不再继续分解，它就构成了“允许树”上的一个叶节点，从上到下，从左到右，记第 i 个叶节点的上、下标为(j_i,p_i)。设一个允许树共有 I 个叶节点，则记为$\{j_i,p_i\}_{1\leqslant i\leqslant I}$，相应的叶节点子空间集为$\{\boldsymbol{W}_{j_i}^{p_i}\}_{1\leqslant i\leqslant I}$，它们的直和是$\boldsymbol{W}_0^0$，即

$$\boldsymbol{W}_0^0=\oplus_{i=1}^I\boldsymbol{W}_{j_i}^{p_i}$$

它们的联合的小波包基集合为

$$\{\psi_{j_i}^{p_i}(t-2^{j_i}n)\}_{n\in\mathbf{Z},1\leqslant i\leqslant I}$$

图 10.7.3 是允许树的一个实例。

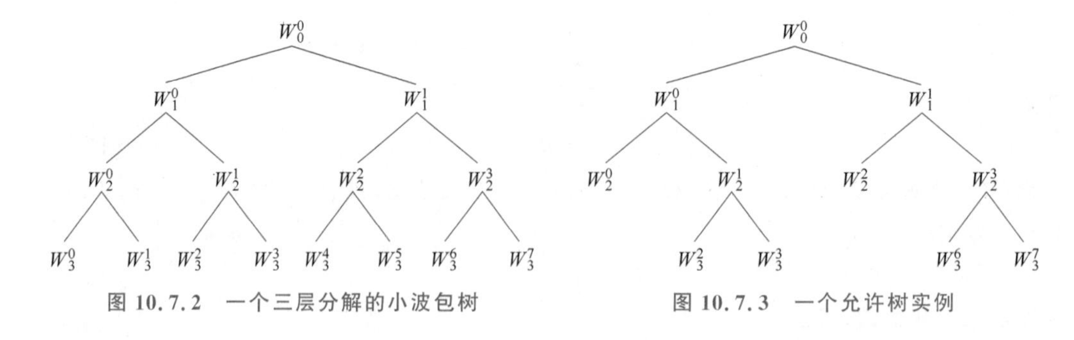

图 10.7.2　一个三层分解的小波包树

图 10.7.3　一个允许树实例

图 10.7.3 的实例中，在第二层，$\boldsymbol{W}_2^0$ 和$\boldsymbol{W}_2^2$ 不再继续分解，而$\boldsymbol{W}_2^1$ 和$\boldsymbol{W}_2^3$ 继续分解为$\boldsymbol{W}_3^2$，$\boldsymbol{W}_3^3$ 和$\boldsymbol{W}_3^6$，$\boldsymbol{W}_3^7$，最后取$\{\boldsymbol{W}_2^0,\boldsymbol{W}_2^2,\boldsymbol{W}_3^2,\boldsymbol{W}_3^3,\boldsymbol{W}_3^6,\boldsymbol{W}_3^7\}$中的分解系数为小波包分解的系数，图 10.7.3 的实例等价的频率分解如图 10.7.4 所示。

W_2^0	W_3^2	W_3^3	W_2^2	W_3^6	W_3^7

图 10.7.4　一个允许树的频率分解

小波包基也对应了更加灵活的时频空间分解，图 10.7.5 给出了一个允许树和它对应的时频平面划分。

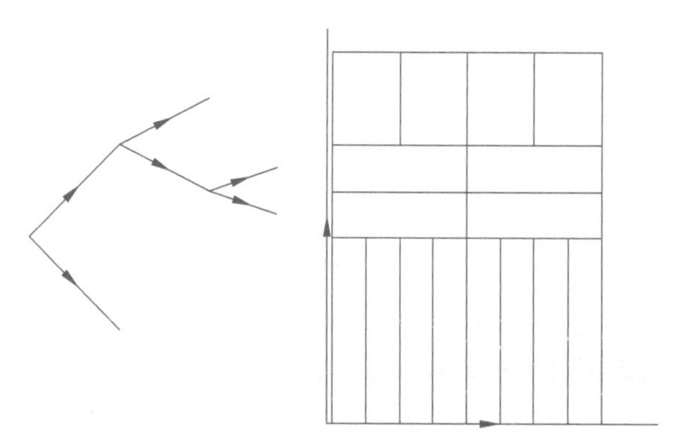

图 10.7.5 一个允许树及其对应的时频平面划分

在一个完整的小波包树中，将所有节点表示的子空间集合，$\boldsymbol{W}_0^0$，$\{\boldsymbol{W}_1^p\}_{0\leqslant p\leqslant 1}$，…，$\{\boldsymbol{W}_j^p\}_{0\leqslant p\leqslant 2^j-1}$，…，$\{\boldsymbol{W}_L^p\}_{0\leqslant p\leqslant 2^L-1}$，总称为小波包空间库，将相应的$\{\boldsymbol{W}_j^p\}_{0\leqslant j\leqslant L,0\leqslant p_j\leqslant 2^j-1}$ 称为小波包基库，将各子空间系数集称为小波包系数库。在这个完整树中，或从小波包空间库中，得到一个允许树，就对应一种小波包分解。一共存在多少种分解呢？可以证明：一个分解层深为 J 的库，可以构造 $2^{2^{J-1}}\leqslant B_J\leqslant 2^{\frac{5}{4}\cdot 2^{J-1}}$ 种小波包分解，对一种问题的处理，哪种分解最优？可以构造一定的评价准则，从小波包库中寻找最优的一种分解方式，由于正交小波变换是小波包中一种特殊的允许树，因此它是小波包的特例。

小波包也可推广到高维情况，这里只讨论二维情况，讨论图像的小波包分解。

对于二维情况，讨论简单的二维可分情况，即$\boldsymbol{V}_0^{0,0}=\boldsymbol{V}_0\otimes\boldsymbol{V}_0$ 作为初始逼近空间，定义$\boldsymbol{W}_0^{0,0}=\boldsymbol{V}_0^{0,0}=\boldsymbol{V}_0\otimes\boldsymbol{V}_0=\boldsymbol{W}_0^0\otimes\boldsymbol{W}_0^0$，这里$\boldsymbol{W}_0^0=\boldsymbol{V}_0$。

一般情况下，对于第 j 层分解，$\boldsymbol{W}_j^{p,q}=\boldsymbol{W}_j^p\otimes\boldsymbol{W}_j^q$，可分的小波包函数为

$$\psi_j^{p,q}=\psi_j^p(x_1)\psi_j^q(x_2)$$

$\boldsymbol{W}_j^{p,q}$ 的基函数族为$\{\psi_j^{p,q}(\boldsymbol{x}-2^j\boldsymbol{n})\}_{n\in\mathbf{z}^2}$，这里 $\boldsymbol{x}=(x_1,x_2)^{\mathrm{T}}$，$\boldsymbol{n}=(n_1,n_2)^{\mathrm{T}}$。

由一维小波包分解过程

$$\boldsymbol{W}_j^p=\boldsymbol{W}_{j+1}^{2p}\oplus\boldsymbol{W}_{j+1}^{2p+1},\quad \boldsymbol{W}_j^q=\boldsymbol{W}_{j+1}^{2q}\oplus\boldsymbol{W}_{j+1}^{2q+1}$$

得到

$$\boldsymbol{W}_j^{p,q}=\boldsymbol{W}_{j+1}^{2p,2q}\oplus\boldsymbol{W}_{j+1}^{2p+1,2q}\oplus\boldsymbol{W}_{j+1}^{2p,2q+1}\oplus\boldsymbol{W}_{j+1}^{2p+1,2q+1}$$

这是四叉树分解过程，二维图像的一个子空间分解示意图如图 10.7.6 所示。

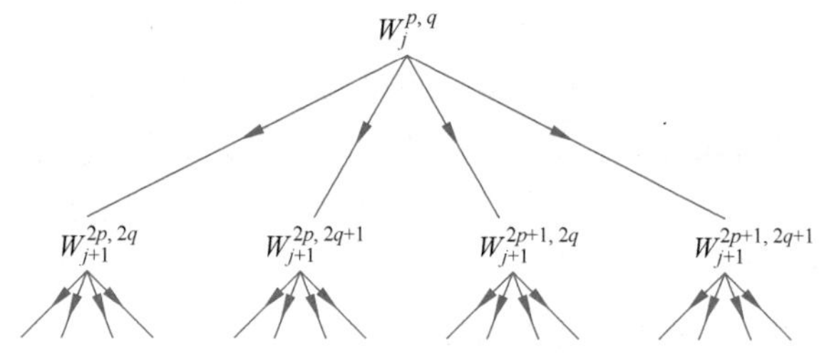

图 10.7.6 二维小波包分解的四叉树结构

与一维情况相似，一种小波包分解对应一个允许树，二维情况下，允许树要求一个节点或有4个子女，或没有子女，所有叶节点的集合为$\{j_i,p_i,q_i\}_{0\leqslant i\leqslant I}$相应的小波分解等价于空间分解

$$\boldsymbol{W}_0^{0,0}=\bigoplus_{i=1}^{I}\boldsymbol{W}_{j_i}^{p_i,q_i}$$

小波包基为

$$\{\psi_{j_i}^{p_i,q_i}(\boldsymbol{x}-2^{j_i}\boldsymbol{n})\}_{n=(n_1,n_2)\in \mathbf{z}^2,0\leqslant i\leqslant I}$$

可以证明，一个J层小波包全树，可以构造的小波包基数目(即允许树数目)为$2^{4^{J-1}}\leqslant B_J\leqslant 2^{\frac{49}{48}4^{J-1}}$，对于一个待分析的问题，例如一个图像的小波包分解，从B_J中取择哪一个小波包能取得更好的效果？根据应用可以构造最优小波包基的选取方法。

一个二维小波包基(允许树)的例子及其相应的频率分解示于图10.7.7。

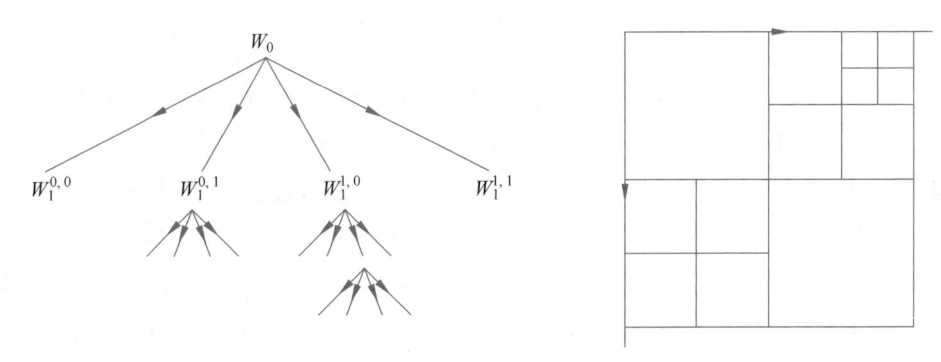

图10.7.7 一个二维小波包分解实例

*10.8 小波变换应用实例

10.8.1 图像压缩

小波变换在图像压缩领域已经取得很多研究成果，一个标志性的成果是，在ISO制定的新一代图像压缩标准——JPEG 2000中采用了小波变换技术。

在图像信源编码中，主要采用的是有失真的编码技术。有失真压缩的目的是去除图像数据中的冗余信息和视觉不重要的细节分量，以尽可能少的码字来表示所处理的图像。给定一幅数字图像，它的原始表示一般是空间像素阵列，这是它的空间域表示。在空间域表示中，相邻的像素之间存在很强相关性，冗余信息分布在较大范围的空间像素集中，直接处理比较困难。直观的思想是，通过一种变换，将图像从空间域映射到变换域中，在变换域可以进行简捷和有效的处理。对理想变换的第一种要求是将强相关的空间像素阵映射成完全不相关的、能量分布紧凑的变换系数阵，占少数的大的变换系数代表了图像中最主要的能量成分，占多数的小的变换系数表示了一些不重要的细节分量，通过量化去除小系数所代表的细节分量，用很少的码字来描述大系数所代表的主要能量成分，从而达到高的压缩比，这是用变换技术进行有失真编码能够达到高压缩比的主要原因。对于变换的第二种要求是，变换系数阵的物理含义要明确，容易与人们关于HVS(Human Visual System，人类视觉系统)

的知识相结合，以便有效地去除视觉冗余，尽可能地保留对视觉重要的信息。

理想的去相关和保证能量紧致的变换是KL(Karhunen Loeve)变换，它使得变换系数是统计不相关的。但KL变换的基是不固定的，由像素的相关系数矩阵的特征向量列构成，由于特征分析的复杂性和需要存储变换基的额外开销，使得KL变换对于应用是不现实的。幸运的是，人们找到了KL变换的一个很好的逼近。对于强相关空间像素阵，人们发现DCT(Discrete Cosine Transform，离散余弦变换)是KL变换的很好的逼近，由于DCT具有固定的基和明确的物理含义，使得DCT广泛应用于图像压缩，成了变换编码方法的主要代表。

正是这个背景，20世纪80年代中期开始制定的静止图像压缩编码的国际标准JPEG采用了DCT变换编码为其核心算法，并被广泛接受和应用，但是DCT变换编码也有其难以克服的缺点。在实际中，依赖于实现上和后处理的方便，图像被划分为8×8或16×16的小块，对每一个块进行单独的变换和后处理，这种块之间的单独处理带来了压缩效率上的限制和块效应问题，尤其当压缩倍数较高时，块效应(类似马赛克效应)成为DCT变换编码最主要的质量限制。

20世纪90年代以后，出现了许多新的传输媒体，其中，以Internet最有影响力。Internet上的图像浏览和传输有许多新要求，例如嵌入式码流和多分辨码流，这要求在图像压缩算法实现中，能灵活地提供关于质量、分辨率等的分级结构，这些"灵活性"要求，与DCT变换编码的结构很难有机地结合。

小波变换的发展提供了一种新的有效的多分辨信号处理工具，也为各种可分级图像编码算法的实现建立了基础。小波变换被应用到很多领域，而被认为最成功的应用领域之一就是图像压缩。小波变换的理论和算法明确地提出了一些有启发意义的思想，一个关键的思想是多分辨率分解，这个思想在小波图像编码的研究中，被很好地利用。小波图像压缩的研究表明，许多现代应用所需要的特征：多分辨、多层质量控制、嵌入式码流等与小波图像编码结构非常自然地融合在一起，在较大压缩比情况下，小波图像压缩的重构质量也明显好于块DCT变换方法。正是如此，在新一代静止图像压缩标准JPEG 2000中，采用小波图像编码作为核心算法。

同块正交变换一样，如果采用正交小波变换，图像在空间域和变换域内能量是守恒的，即满足下式：

$$\sum_{i=1}^{N}\sum_{j=1}^{M} | x_{i,j} |^2 = \sum_{i=1}^{N}\sum_{j=1}^{M} | X_{i,j} |^2 \tag{10.8.1}$$

注意，在后面表示中，如果强调小波变换系数属于那个方向和那个层的某个子带，用$c_{i,j}^{m;d}$表示，如果只是表示它是一个$M\times N$的系数矩阵，则简单用$X_{i,j}$表示，如果采用双正交变换，尽量采用近似于正交的双正交小波基，以使式(10.8.1)可以近似成立。

小波变换也具有与其他正交变换相似的去相关能力，因此，变换后系数矩阵的主要能量集中在少数的小波系数上，为了对这个问题有比较直观的概念，图10.8.1(a)示出了一个测试图像Lena进行一级分解后的小波系数矩阵的图示(将小波系数的幅度作为像素值显示在相应位置上)，从图中可见，在高频子带大多数小波系数因取值小基本不可见，为了更清楚地观察该图，除LL子带外，其余子带系数绝对值乘2后显示在图中。在图10.8.1(b)中，显示了3层小波分解，图中仍然显示出大量区域系数因为取值小而不可见。

(a) 图像一层小波变换系数幅度图

(b) 三层小波变换，除LL子带外，其他子带幅度乘2

图 10.8.1　一层小波变换和三层小波变换

进一步给出一些数值例子，以说明小波变换域的一些特性，对 512×512 的 Barbara 图像进行三级小波分解，形成 10 个子带，用滤波器长度为 10 的 Daubechies 正交小波进行分解，边界采用周期延拓，统计各子带的方差列于表 10.8.1 第一列中，256×256 的 Lena 图像统计结果列于表 10.8.1 第二列。

表 10.8.1　测试图像中各子带的方差

子带名	方差值(Barbara)	方差值(Lena)	子带名	方差值(Barbara)	方差值(Lena)
LL3	2559.8	1892	LH2	24.5	63.8
HL3	60	37.3	HH2	33.7	15.8
LH3	43.8	140.2	HL1	141.4	12.6
HH3	21.2	29.4	LH1	15.2	35.2
HL2	55.4	20.2	HH1	16.2	6.13

通过观察表 10.8.1，可以看到一些规律。

(1) 除 LL3 外，其他子带方差明显减少。

(2) 对同一方向子带，按从高层到低层(从低频向高频)子带，即 HL3→HL2→HL1，LH3→LH2→LH1，HH3→HH2→HH1，方差大致是按从大到小规律变化(也有例外，例如 Barbara 的 HL1 比较大)。

这些观察对设计压缩算法有指导意义。

对于各子带的概率密度函数(PDF)，可以通过统计方法逼近，统计结果表明，在高频子带，小波变换系数更符合广义高斯分布，即对于 m、d 子带，PDF 函数由如下函数逼近：

$$p_{m,d}(x)=a_{m,d}\exp(-|b_{m,d}x|^{r_{m,d}}) \tag{10.8.2}$$

这里

$$a_{m,d}=\frac{b_{m,d}r_{m,d}}{2T\left(\dfrac{1}{r_{m,d}}\right)},\quad b_{m,d}=\frac{1}{\sigma_{m,d}}\frac{T\left(\dfrac{3}{r_{m,d}}\right)^{1/2}}{T\left(\dfrac{1}{r_{m,d}}\right)^{1/2}}$$

其中，$\sigma_{m,d}^2$ 是方差，$r_{m,d}$ 是控制 PDF 形状的参数，当 $r_{m,d}=2$ 时，广义高斯分布就变成高斯分布，当 $r_{m,d}=1$ 时，广义高斯分布变成 Laplacian 分布，$r_{m,d}$ 越小，PDF 变化越陡，对于小波变换系数(除 LL 子带)，$r_{m,d}=0.7$ 时得到使实际统计和逼近函数最接近的曲线。

利用小波变换的结构和统计特性，可构造有效的图像编码器，例如零树算法和 JPEG 2000 等，可获得有效的压缩倍数，其细节不再详述。

10.8.2 小波消噪

噪声消除是信号处理中一个基本问题，维纳滤波器和自适应滤波器的最重要应用方向之一就是消噪。当测量到的信号是高斯分布并且与期望信号是联合高斯分布时，维纳滤波器是最优的，但当信号是非高斯的甚至是非平稳的，维纳滤波器不再是最优的，一些合理设计的非线性方法，可能具有更加简单和有效的结果。

假设由测量信号 $x(n)$ 估计原信号 $s(n)$，$x(n)$ 表示为

$$x(n)=s(n)+v(n)$$

其中，$v(n)$ 是噪声，$v(n)$ 与 $s(n)$ 是不相关的，假设噪声 $v(n)$ 是高斯白噪声，信号 $s(n)$ 可以是非高斯甚至是非平稳的，用小波变换，将信号与噪声之和变换后，信号与噪声对应的变换系数呈现出非常不同的统计特性，利用此性质构造算法尽可能消除噪声而保持信号。

由小波变换的线性性质，得到

$$\mathrm{WT}_x(j,k)=\mathrm{WT}_s(j,k)+\mathrm{WT}_v(j,k)$$

可以证明，如果采用正交小波变换，噪声对应的小波变换系数 $\mathrm{WT}_v(j,k)$ 仍是高斯白噪声，但信号分量小波变换系数 $\mathrm{WT}_s(j,k)$ 的主要能量集中到少数的系数上，利用这种观察，可以构造小波门限法消噪算法。

下面概要介绍小波门限法消噪的基本步骤，有关细节可参考 Donoho 等的论文[81]。

门限法分为硬门限和软门限两种，对于给定的门限 T，硬门限是如下运算：

$$x^T=\begin{cases}x, & |x|>T\\0, & \text{其他}\end{cases}$$

其中，x^{T} 是门限运算的结果，上标仅是一个标志。软门限则是如下运算：

$$x^T=\begin{cases}\operatorname{sgn}(x)(|x|-T), & |x|>T\\0, & \text{其他}\end{cases}$$

sgn 是符号运算。在小波门限消噪的应用中，软门限法一般会取得更好的效果。

使用门限法消噪，关键是确定门限，这里列出 4 种常用的门限确定准则。

(1) 固定门限准则，这是最简单的准则，门限为

$$T=\sqrt{\log(2N)}$$

其中，N 是用该门限处理的数据长度。

(2) 无偏风险估计准则，首先求一个风险序列，寻找风险序列最小点，然后确定门限。设待处理的数据序列为 $\{w(i),i=1,2,\cdots,N\}$，对 $w(i)$ 取平方后，按从小到大排列，得到新的数据序列为 $\{q(i),i=1,2,\cdots,N\}$，由 $q(i)$ 计算如下风险序列：

$$\mathrm{Risk}(k)=\frac{N-2k+\sum_{i=1}^{k}q(i)+(N-k)q(N-k)}{N}$$

找到使 Risk(k)最小的序号 $k_{\min}$,门限为

$$T=\sqrt{q(k_{\min})}$$

(3) 混合准则,先计算如下两个值:

$$A=\frac{\sum_{i=1}^{N}|w(i)|^2-N}{N}$$

$$B=\sqrt{\frac{1}{N}\left|\frac{\log(N)}{\log 2}\right|^3}$$

若 $A<B$,则取固定门限值作为混合门限,否则,取固定门限和无偏风险估计准则门限中较小者作为混合门限。

(4) 极小极大准则,门限值为

$$T=0.3936+0.1829\frac{\log(N)}{\log(2)}$$

有了确定门限的方法后,将小波门限消噪算法总结如下。

(1) 对测量信号 $x(n)$做离散小波变换,得到变换系数 $\mathrm{WT}_x(j,k)$。

(2) 对每一个不同尺度系数集,用如上一种确定门限的方法,得到门限 T_j。

(3) 利用各尺度门限 T_j,进行软门限处理

$$\mathrm{WT}_x^{\mathrm{T}}(j,k)=\begin{cases}\mathrm{sgn}(\mathrm{WT}_x(j,k)(|\mathrm{WT}_x(j,k)|-T_j)), & |\mathrm{WT}_x(j,k)|>T_j\\ 0, & \text{其他}\end{cases}$$

(4) 用 $\mathrm{WT}_x^{\mathrm{T}}(j,k)$作为小波系数,进行反变换,得到消噪的信号 $\hat{s}(n)$。

图 10.8.2 给出了一个小波软门限消噪的效果示意图[292]。

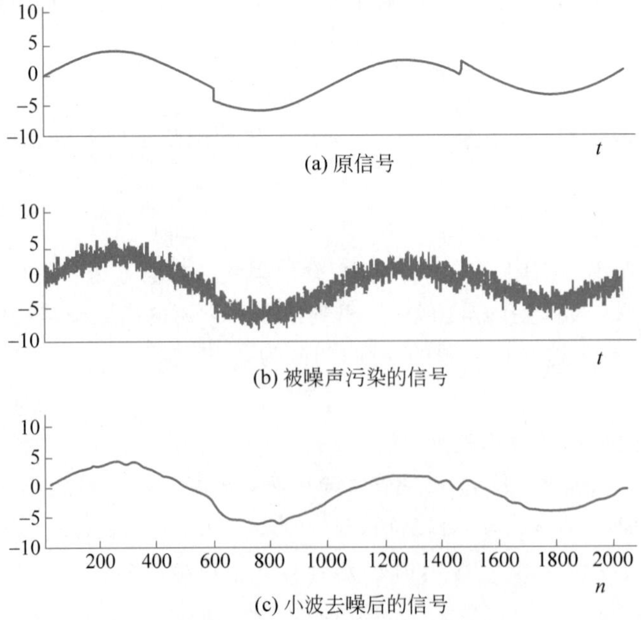

(a) 原信号

(b) 被噪声污染的信号

(c) 小波去噪后的信号

图 10.8.2 小波软门限消噪示意图

10.8.3 其他应用简介

小波变换已经取得非常广泛的应用,如下再简要介绍几个应用例子。

1. 数字水印

在数字媒体(主要是语音和图像)上通过嵌入水印,可以进行知识产权保护、篡改检测和隐藏信息通信等。这里仅考虑图像的水印插入,在图像的小波变换域,通过检测高复杂纹理区域,将水印插入复杂纹理区,这样的水印插入是自适应的和稳健的。通过小波的多分辨性和局域性,可以定义多分辨和局域检测器,既可得到更可靠的判决,也可以进行局域篡改检测,这是传统 DCT 水印很难做到的[281]。

2. 多载波调制

多载波调制已经成为数字通信中一种重要的调制方式,正交频分复用(Orthogonal Frequency Division Multiplexing,OFDM)是应用最广泛的一种多载波调制方式,并已应用到多种现代通信系统中。OFDM 的最典型的实现方法是采用 IFFT(Inverse Fast Fourier Transform),IFFT 表达式中的每一项相当于一个载波被系数调制,IFFT 相当于由这些系数重构的时间信号。IFFT 的每个载波平均地将频带划分为 N 等份,是一个均匀的频带划分方案。采用反小波包变换,可以将时间信号分解为各种尺度和位移下的小波函数的加权和,每个尺度和位移下的小波函数相当于一个载波,小波包系数相当于对载波的调制量,显然,小波包对频带的划分是灵活的,可最佳地适应于信道的特性。

小波变换还有很多应用,例如图像的多尺度检测[162]、分形信号的分析[274]、小波域的信号估计与检测[198]等,在其他领域,如地震、近代物理等也有重要应用,我们不再进一步讨论,有兴趣的读者可参考相关文献。

10.9 本章小结和进一步阅读

本章概要性的讨论了小波变换的原理和算法。通过连续小波变换,分析了小波变换时频局域性的特点,然后通过多分辨分析导出了构造正交小波基和双正交小波基的一般原理,在多分辨分析的基础上,构造了计算离散小波变换的快速算法,即 Mallat 算法。多分辨分析也建立了小波基与共轭镜像滤波器之间的关系,通过设计滤波器组达到设计小波基的目的,并且简要研究了几种常用小波基的导出方法。本章还讨论了小波变换的更深入的几个专题:多维小波变换和小波包,也讨论了小波变换的一些应用实例。

目前已有很多深入介绍小波变换的专门著作和经典论文,例如 Daubechies 的论文[69]和 Mallat 的论文[165]。Mallat 关于小波信号处理的著作[162]内容丰富和深入,Daubechies 的“小波十讲”则更侧重于小波理论的数学推演,是一本有广泛影响的经典著作[68],Vetteli 的著作[262]以及 Strang 的著作[239]则更侧重从子带编码和滤波器组的角度分析小波的构造和算法。

近年来,小波变换和与小波变换密切相关的一些方法取得许多成果,例如对方向性敏感的方向小波、提供更好稀疏性表示的 Curvelet 和提供更好方向正则性的 Bandlet 都是对传统基本小波变换的改进性方法。同时小波变换及其相关方法也与信号的稀疏表示类方法的发展建立了密切的联系。限于篇幅和本书的目标,对于这些更专门的问题不做进一步讨论,有兴趣的读者可参考相关文献[32]、[60]、[151]。

习题

1. 设信号 $x(t)=A\delta(t-t_1)+B\delta(t-t_2)$,求其CWT,$\mathrm{WT}(a,b)$。

2. 设信号为 $x(t)=A\cos(\omega_0 t)$,设小波母函数为解析函数 Morlet 小波,求其CWT的表达式 $\mathrm{WT}(a,b)$。

3. 已知 $x(t)$的CWT为 $\mathrm{WT}(a,b)$,求 $x(2t-1)$的CWT。

4. 证明小波变换的核方程

$$\mathrm{WT}_x(a_0,b_0)=\int_0^{+\infty}\frac{\mathrm{d}a}{a^2}\int_{-\infty}^{+\infty}\mathrm{WT}_x(a,b)k_\psi(a_0,b_0,a,b)\mathrm{d}b$$

这里,$K_\psi(a_0,b_0,a,b)=\dfrac{1}{C_\psi}\langle\psi_{ab}(t),\psi_{a_0b_0}(t)\rangle$。

5. 设 $\varphi(t)$、$\psi(t)$是 Harr 尺度和小波函数,信号 $x(t)$存在于 V_0 子空间,并定义如下:

$$x(t)=\begin{cases}-1, & 0\leqslant t<1\\ 4, & 1\leqslant t<2\\ 2, & 2\leqslant t<3\\ -3, & 3\leqslant t<4\end{cases}$$

将 $x(t)$分解到子空间 W_1、W_2、V_2,分别求各小波和尺度系数。

6. 一个多分辨分析对应的尺度函数为 $\varphi(t)$,其相应的滤波器系数分别为

$$h_0=\frac{1+\sqrt{3}}{4\sqrt{2}},\quad h_1=\frac{3+\sqrt{3}}{4\sqrt{2}},\quad h_2=\frac{3-\sqrt{3}}{4\sqrt{2}},\quad h_4=\frac{1-\sqrt{3}}{4\sqrt{2}}$$

求相应的小波母函数的消失矩。

7. 一个多分辨分析对应的尺度函数为 $\varphi(t)$,$\varphi(t)$定义为

$$\varphi(t)=\begin{cases}t+1, & -1\leqslant t\leqslant 0\\ t-1, & 0<t\leqslant 1\\ 0, & |t|>1\end{cases}$$

注意到,$\{\varphi(t-k),k\in Z\}$是 V_0 子空间的非正交基。

(1) 求尺度函数的二尺度方程。

(2) 证明尺度函数的傅里叶变换是 $\hat{\varphi}(\omega)=2\sqrt{\dfrac{2}{\pi}}\dfrac{\sin^2(\omega/2)}{\omega^2}$。

8. 设 $h,\tilde{h}$ 是满足式(10.4.9)的理想重构滤波器,定义如下的一次"平衡"运算:

$$h_{\mathrm{new}}(n)=(h(n)+h(n-1))/2,\quad \tilde{h}(n)=(\tilde{h}_{\mathrm{new}}(n)+\tilde{h}_{\mathrm{new}}(n-1))/2$$

构造了新的滤波器组 $h_{\mathrm{new}},\tilde{h}_{\mathrm{new}}$,证明:

(1) $h_{\mathrm{new}},\tilde{h}_{\mathrm{new}}$ 也是理想重构滤波器组,且,$\hat{h}_{\mathrm{new}}(\omega)$在 π 处比 $\hat{h}(\omega)$多1重零点,$\hat{\tilde{h}}_{\mathrm{new}}(\omega)$在 π 处比 $\hat{\tilde{h}}(\omega)$少1重零点。

(2) Deslauriers-Dubuc 滤波器定义为

$$\hat{h}(\omega)=1,\quad \hat{\tilde{h}}(\omega)=(-e^{-3j\omega}+9e^{-j\omega}+16+9e^{j\omega}-e^{3j\omega})/16$$

分别计算一次和二次平衡运算后的 h_{new},$\tilde{h}_{\text{new}}$。

9. 证明,若一个离散噪声信号是高斯白噪声,如果采用正交小波变换,噪声对应的小波变换系数 $\mathrm{WT}_v(j,k)$仍是高斯白噪声,即

$$E\{\mathrm{WT}_v(j_2,k_2)\mathrm{WT}_v(j_1,k_1)\}=\sigma^2\delta(j_1-j_2,k_1-k_2)$$

*10. 设信号 $x(t)=e^{-t^2/10}(\sin 2t+2\cos 4t+0.5\sin(t)\sin(50t))$,用采样间隔 $T=1/2^8$,从 $t=0$ 开始采样 256 个样本,设采样值为 V_0 系数 a_n^0。

(1) 用 MATLAB 的 DWT 函数,将 a_n^0 分解到 $W_1,\cdots,W_6,V_6$,画出各子空间小波和尺度系数的图形。

(2) 用 IDWT 函数,进行合成实验,重构 a_n^0。

(3) 假设在 a_n^0 中混入了方差为 1 的离散高斯白噪声,设计并实验小波域去噪声算法。

*11. 利用网络资源搜集 10 幅质量较高的图像,要求图像的大小不小于 256 像素×256 像素(如果有数码相机,设在最高图像质量下,自己拍摄至少 10 幅图像则更好),利用 MATLAB 功能将各图像还原为二维数据阵。

(1) 分别选择 D4 小波、(9,7)小波对各图像做 4 层二维小波变换,形成 13 各方向子带。

(2) 对每一个子带统计其小波系数的均值和方差。

(3) 对于每一个子带,利用所有图像,对小波系数的概率密度函数进行统计,得到统计概率密度函数,然后用如下概率函数对统计概率密度函数进行逼近,即

$$p_{m,d}(x)=a_{m,d}\exp(-|b_{m,d}x|^{r_{m,d}})$$

这里,有

$$a_{m,d}=\frac{b_{m,d}r_{m,d}}{2T\left(\frac{1}{r_{m,d}}\right)},\quad b_{m,d}=\frac{1}{\sigma_{m,d}}\frac{T\left(\frac{3}{r_{m,d}}\right)^{1/2}}{T\left(\frac{1}{r_{m,d}}\right)^{1/2}}$$

其中,$\sigma_{m,d}^2$ 是方差,$r_{m,d}$ 是控制 PDF 形状的参数,可自行选择。当 $r_{m,d}=2$ 时,就是高斯分布,当 $r_{m,d}=1$ 时,就是拉普拉斯分布,从 $r_{m,d}=0.5$ 开始取值并按 0.1 进行增量,最大为 $r_{m,d}=2$,通过实验判断对于哪个 $r_{m,d}$ 值得到对统计概率密度函数的最好逼近。

本章附录　子带编码

本附录完全从数字信号处理中采样率转换和滤波器的观点讨论子带编码问题,可以看到,子带编码和离散小波变换是等价的。

所谓子带编码是指将一个全频带信号分解成两个半频带信号,一个是低频带,另一个是高频带,对每个半频带信号进行亚采样,以保持变换前后总数据量不变,信号分析分别对两个半频带进行处理。在信号重构端,对每个半频带分别进行插值和滤波后相加,以重建原信号。这个分解和重构过程就是子带编码,它最初是用于语音的编码,20 世纪 80 年代中期,Wood 等将它用于图像编码。一个包括分解和重构过程的子带编码框图如图 10.f.1 所示。

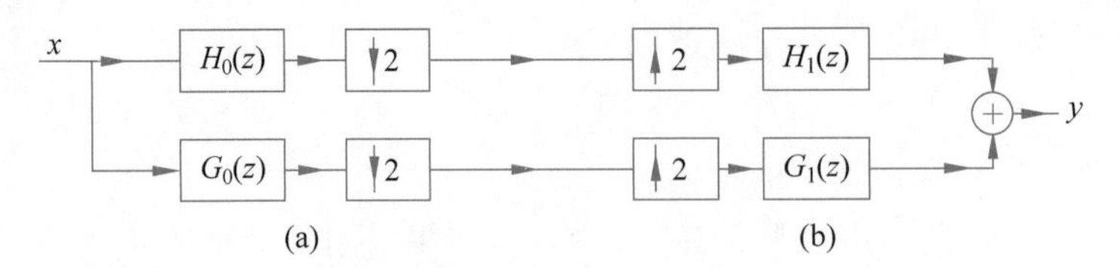

图 10.f.1 子带编码框图,前两级是分解过程,后两级是重构过程

先讨论亚采样和插值的复频域表示,然后讨论子带编码得到理想重构的条件。如果对信号 $x[n]$进行亚采样,隔一个样本丢掉一个,得到 $y[n]=x[2n]$,它们的 z 变换关系为

$$Y(z)=\frac{1}{2}\left[X(z^{1/2})+X(-z^{1/2})\right] \tag{10.f.1}$$

对信号 $x[n]$进行插值是指:在 $x[n]$的两个采样值之间插入一个 0,得到

$$y[n]=\begin{cases}x[n/2], & n=2m\\ 0, & n=2m+1\end{cases}$$

它们的复频域关系为

$$Y(z)=X(z^2) \tag{10.f.2}$$

关系式(10.f.2)可以由列 z 变换的定义直接得到,式(10.f.1)的证明稍烦琐一点,读者可参见文献[314],利用式(10.f.1)和式(10.f.2),参考图 10.f.1 各级输出信号,第一级滤波器输出表示为

$$V_0(z)=X(z)H_0(z)$$
$$V_1(z)=X(z)G_0(z)$$

亚采样后,利用式(10.f.1),得亚采样信号的输出为

$$U_0(z)=\frac{1}{2}\left[V_0(z^{1/2})+V_0(-z^{1/2})\right]$$

$$U_1(z)=\frac{1}{2}\left[V_1(z^{1/2})+V_1(-z^{1/2})\right]$$

在重构端,插值后利用式(10.f.2),得插值后信号输出为

$$\hat{V}_0(z)=U_0(z^2)=\frac{1}{2}\left[V_0(z)+V_0(-z)\right]$$

$$\hat{V}_1(z)=U_1(z^2)=\frac{1}{2}\left[V_1(z)+V_1(-z)\right]$$

最后一级输出信号的表达式为

$$\begin{aligned}Y(z)&=H_1(z)\hat{V}_0(z)+G_1(z)\hat{V}_1(z)\\&=\frac{1}{2}\left[X(z)H_0(z)+X(-z)H_0(-z)\right]H_1(z)+\\&\quad\frac{1}{2}\left[X(z)G_0(z)+X(-z)G_0(-z)\right]H_1(z)\end{aligned}$$

上式进一步整理为

$$Y(z)=\frac{1}{2}\left[H_0(z)H_1(z)+G_0(z)G_1(z)\right]X(z)+$$

$$\frac{1}{2}\left[H_0(-z)H_1(z)+G_0(-z)G_1(z)\right]X(-z)$$

如果要求分解和重构是理想的，要求

$$\begin{aligned}&\left[H_0(z)H_1(z)+G_0(z)G_1(z)\right]=2\\&\left[H_0(-z)H_1(z)+G_0(-z)G_1(z)\right]=0\end{aligned}\tag{10.f.3}$$

将式(10.f.3)和双正交小波的条件式(10.43)比较，只要令

$$H_0(z)=\hat{h}(z^{-1}),H_1(z)=\hat{\tilde{h}}(z),G_0(z)=\hat{g}(z^{-1}),G_1(z)=\hat{\tilde{g}}(z)$$

或者等价地令

$$h_0(n)=h(-n),h_1(n)=\tilde{h}(n),g_0(n)=g(-n),g_1(n)=\tilde{g}(n)$$

则式(10.f.3)和式(10.4.8)是完全等价的。也立即可以得到图 10.f.1 对应的分解公式，即 $u_0[n]$，$u_1[n]$的计算公式和双正交离散小波变换的 Mallat 分解公式是完全相同的，图 10.f.1 中计算 $y[n]$的公式和双正交离散小波变换的 Mallat 重构公式是一致的。

正交小波变换作为双正交的特例，等价性不再赘述。

本附录只是简单介绍了子带编码和小波变换的等价关系，实际上，子带编码和更一般的滤波器组理论独立发展成信号处理中的一个很完善的分支，其中包括理想重构的矩阵表示，滤波器组的多相表示等，此处不再详述。对这些专题有兴趣的读者可参见文献[2]、[257]、[262]或[314]。

*第11章

信号的稀疏表示与压缩感知

利用信号的稀疏性增强信号处理能力的尝试由来已久,所谓信号的稀疏性是指:一个高维信号向量中只有少量的非0有效值或在一个变换下仅有少量非0有效变换系数。20世纪70年代,在地震信号处理中就有学者利用稀疏性重构信号[246],到了20世纪90年代,在统计学中,Tibshirani等提出了利用l_1引导回归系统解的稀疏性,大约同时期,在信号处理领域Chen等在原子分解的基追踪算法中也用l_1范数加强信号分解的稀疏性。信号稀疏性的应用也在其他领域被研究,并逐渐形成一个活跃的分支。约2006年,Candès、Romberg和Tao以及Donoho各自发表了关于压缩感知(CS)的论文,CS是在信号具有稀疏性的前提下,用较少的测量值重构信号的一类方法,CS是一个活跃的领域,并延伸出一些新的研究方向。

从信号处理观点看,稀疏表示和CS是紧密关联的问题,从一般意义上讲,信号的稀疏表示,包括稀疏模型和稀疏恢复算法是一个更广泛性问题,不失一般性,可以把CS看作信号稀疏表示问题中一类特殊的问题,因此,本章以信号稀疏表示为主线,CS作为这一主线下的一类特定问题,以这种方式展开本章的叙述。

本章按如下方式安排。第1节给出稀疏表示所需要的一些基本概念,第2节以CS和统计中回归问题(与信号处理中系统辨识问题等价)为例引出稀疏表示的数学模型。第3、4节讨论信号稀疏表示的基本原理,第5节专门讨论CS中的一些特殊性问题,第6节介绍稀疏信号恢复的若干算法,第7节给出几个应用实例,然后是小结并结束本章。由于信号的稀疏表示是仍很活跃的研究领域,本章只给出这一领域的最基本的介绍。稀疏表示中有一些重要定理的证明非常繁复,对于这类定理只给出叙述和说明,并给出相关参考文献。

11.1 信号稀疏表示的数学基础

为了更好地理解信号的稀疏表示问题,本节扼要补充一些数学基础,以方便后续的讨论。已具备这些基础的读者,可跳过本节。

11.1.1 凸集和凸函数

凸函数在优化问题上有特殊的重要性,尽管本书前文中也涉及凸函数,为了方便,这里给出凸集合和凸函数的定义。

定义 1.1.1(凸集)　对于集合 Ω,任取 $\boldsymbol{s}_1,\boldsymbol{s}_2\in\Omega$,对于任意 $\alpha\in[0,1]$,若凸组合 $\boldsymbol{s}=\alpha\boldsymbol{s}_1+(1-\alpha)\boldsymbol{s}_2$ 也属于 Ω,则称 Ω 为一个凸集。

定义 1.1.2(凸函数)　一个函数 $J(\boldsymbol{s}):\Omega\to R$,任取 $\boldsymbol{s}_1,\boldsymbol{s}_2\in\Omega$,对于任意 $\alpha\in[0,1]$,若满足

$$J(\alpha\boldsymbol{s}_1+(1-\alpha)\boldsymbol{s}_2)\leqslant\alpha J(\boldsymbol{s}_1)+(1-\alpha)J(\boldsymbol{s}_2)\tag{11.1.1}$$

则称该函数为凸函数。

对于一个凸函数 $J(\boldsymbol{s})$,若 $\boldsymbol{s}$ 是 N 维向量,则集合 $\{(\boldsymbol{s},y)\mid y\geqslant J(\boldsymbol{s})\}$ 是 $N+1$ 维空间的凸集,注意该集合称为 $J(\boldsymbol{s})$ 函数的上镜图(epigraph),稍后图 11.1.1 中示出几个范数函数的上镜图。

如下给出一个函数是凸函数的基本判断条件。

定理 1.1.1　一个函数 $J(\boldsymbol{s}):\Omega\to R$,对于任取 $\boldsymbol{s}_1,\boldsymbol{s}_2\in\Omega$,当且仅当

$$J(\boldsymbol{s}_2)\geqslant J(\boldsymbol{s}_1)+[\nabla J(\boldsymbol{s}_1)]^{\mathrm{T}}(\boldsymbol{s}_2-\boldsymbol{s}_1)\tag{11.1.2}$$

或当且仅当 Hessian 矩阵 $\nabla^2 J(\boldsymbol{s})$ 是半正定的,则函数 $J(\boldsymbol{s})$ 是凸的。

在优化问题中,若目标函数 $J(\boldsymbol{s})$ 是严格凸函数,则问题有唯一解,通过适当的算法和初值,优化问题可以保证得到全局最小值。对于非凸的目标函数,优化问题的解要困难得多。

11.1.2　范数

在本书前面的章节,只用到了向量的 2 范数(欧几里得范数),因此不加区别地把 2 范数作为信号向量的范数,但在讨论信号的稀疏表示时,不同范数起到不同作用,我们在这里讨论各种不同范数的定义。

对于 N 维向量 $\boldsymbol{s}=[s_1,s_2,\cdots,s_N]^{\mathrm{T}}$,其 ℓ_p 范数定义为

$$\|\boldsymbol{s}\|_p=\left(\sum_{i=1}^{N}|s_i|^p\right)^{1/p}\tag{11.1.3}$$

可以验证,对于 $p\geqslant1$,式(11.1.3)定义的范数满足范数的 4 个基本条件,即

(1) $\|\boldsymbol{s}\|_p\geqslant0$;

(2) $\|\boldsymbol{s}\|_p=0\Leftrightarrow\boldsymbol{s}=\boldsymbol{0}$;

(3) $\|\alpha\boldsymbol{s}\|_p=|\alpha|\,\|\boldsymbol{s}\|_p$,$\alpha$ 是任意常数(齐次性);

(4) $\|\boldsymbol{s}_1+\boldsymbol{s}_2\|_p\leqslant\|\boldsymbol{s}_1\|_p+\|\boldsymbol{s}_2\|_p$(三角不等式)。

范数的 4 个性质也保证了 $p\geqslant1$ 时,ℓ_p 范数是凸函数。$p\geqslant1$ 的 ℓ_p 范数的几个例子如下。

ℓ_2 范数(2 范数):

$$\|\boldsymbol{s}\|_2=\left(\sum_{i=1}^{N}|s_i|^2\right)^{1/2}\tag{11.1.4}$$

ℓ_1 范数:

$$\|\boldsymbol{s}\|_1=\sum_{i=1}^{N}|s_i|\tag{11.1.5}$$

ℓ_∞ 范数:

$$\|\boldsymbol{s}\|_\infty=\lim_{p\to\infty}\left(|s_{\max}|^p\sum_{i=1}^{N}\left(\frac{|s_i|}{|s_{\max}|}\right)^p\right)^{1/p}=|s_{\max}|\tag{11.1.6}$$

其中,$s_{\max}$ 是 $\boldsymbol{s}$ 中绝对值最大的元素。

对于 ℓ_2 范数，若以范数平方作为目标函数，则容易验证其 Hessian 矩阵为

$$\nabla^2 \|\boldsymbol{s}\|_2^2 = 2\boldsymbol{I}$$

利用定理 1.1.1 也可判断其为凸函数。

ℓ_1 范数是满足范数的 4 个条件和凸函数性的最小 p 值。在本章，为了叙述方便，我们要把范数的概念扩大化，这实际是对范数名词的滥用，只要预先申明这一点，不会带来应用上的问题。严格地讲，当取 $0<p<1$ 时，式(11.1.3)不再满足范数的第(4)个条件，即三角不等式不再是严格意义上的范数，为了叙述简单，仍称其为 ℓ_p 范数，并且注意到，对于 $0<p<1$，ℓ_p 范数为非凸函数。

将这个概念推广到 $p=0$ 的情况，即得到 ℓ_0 范数的定义如下：

$$\|\boldsymbol{s}\|_0 = \lim_{p\to 0}\sum_{i=1}^{N}|s_i|^p = \sum_{i=1}^{N}\chi_{(0,\infty)}(|s_i|) \tag{11.1.7}$$

这里，$\chi_{(0,\infty)}(|s_i|)$ 是一个示性函数，其定义为

$$\chi_{\aleph}(x) = \begin{cases} 1, & x \in \aleph \\ 0, & x \notin \aleph \end{cases} \tag{11.1.8}$$

$\aleph$ 是一个任意集合。显然，直观地说，$\|\boldsymbol{s}\|_0$ 表示 $\boldsymbol{s}$ 中非 0 元素的个数。

容易验证，ℓ_0 范数不满足齐次性条件，即对于任意 $|\alpha|\neq 1$ 有 $\|\alpha\boldsymbol{s}\|_0 \neq |\alpha|\,\|\boldsymbol{s}\|_0$。显然，$\ell_0$ 范数不是一个真范数，仍是借用了范数的名词。注意，ℓ_0 范数满足三角不等式，这一点很容易验证，两个向量和的非零元素数必然小于或等于两个向量各自非零元素数之和，即三角不等式成立。

图 11.1.1 画出了一维向量(或考虑一个分量的贡献)情况下各种 p 范数的函数，可以看到，$p\geq 1$ 的范数是凸函数，范数曲线的上镜图(epigraph)是凸集合，而 $0<p<1$ 的范数是非凸函数，其上镜图是非凸集合。

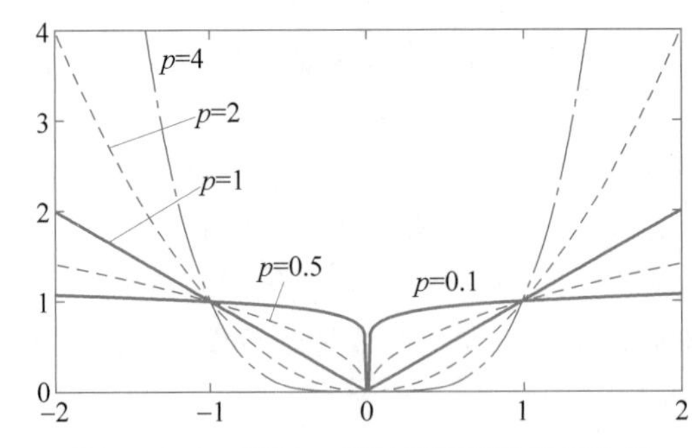

图 11.1.1 不同 p 值时各种范数的示意图

如果令

$$\|\boldsymbol{s}\|_p = r \tag{11.1.9}$$

这里，r 是一个给定常数，画出所有满足式(11.1.9)的 $\boldsymbol{s}$ 取值集合，则是 N 维空间的曲面，称这个曲面为半径为 r 的 ℓ_p 球面，这里球面也是一个广义的名称。对于二维情况，给出 $r=1$，图 11.1.2 画出几个典型 p 值下的单位球面。

本章主要研究信号的稀疏表示，若 $\boldsymbol{s}$ 中存在许多 0 分量，则称其为稀疏的。设 $\boldsymbol{s}$ 表示一个待优化的参数向量，若目标函数取 $J(\boldsymbol{s})=\|\boldsymbol{s}\|_p^p$，则对于 $p>1$，$\boldsymbol{s}$ 中绝对值大的分量对目

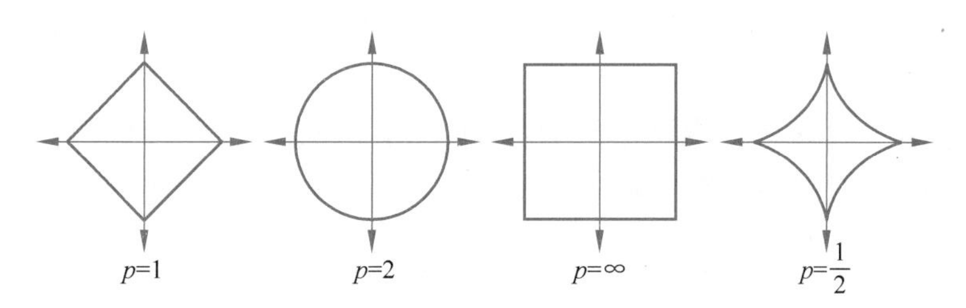

图 11.1.2 不同 p 值时二维空间各种范数的单位球面

标函数有大的影响，而小的分量则影响很小，若使 $J(\boldsymbol{s})$ 最小化，则主要抑制的对象是大的分量。例如，一个二维向量中 $s_1=4, s_2=0.1$，则 s_1 对 ℓ_2 目标函数的贡献是 16，s_2 对 ℓ_2 目标函数的贡献仅有 0.01，因此，若能够通过优化降低 s_1 的取值，其对 $J(\boldsymbol{s})$ 最小化的贡献是明显的，因此对于 $p>1$ 的范数作为目标函数，则主要关注于大分量，对小分量则比较忽视，优化的结果也很难将小分量值变为 0，也就是说，优化的结果很难使 $\boldsymbol{s}$ 稀疏化。

同样的问题，若取 ℓ_0 范数作为目标函数，则不管分量的大小，从非 0 变为 0，对目标函数的减小是相等的，但小的分量通过微调则可以变成 0，因此，ℓ_0 范数作为目标函数，则容易达到使 $\boldsymbol{s}$ 稀疏化。实际上，取 $0<p<1$ 的任意范数都可以使小分量的作用被放大，而大分量值的作用被衰减，从而易于使 $\boldsymbol{s}$ 稀疏化。但由于 $0\leqslant p<1$ 的范数是非凸的，存在优化上的计算困难，人们折中地取 $p=1$，即以 ℓ_1 范数作为目标函数，ℓ_1 范数即不放大大分量值，也不压缩小分量值的贡献，通过优化，可将小分量值置为 0，从而使 $\boldsymbol{s}$ 稀疏化。ℓ_1 范数是唯一具有稀疏化参数向量能力且为凸函数的范数，故稀疏信号表示中，常用 ℓ_1 范数作为目标函数或约束函数，这是对范数影响稀疏性的一个初步的直观理解。

为后续使用，这里给出 k 稀疏向量的定义。

定义 11.1.3 k-稀疏向量：若向量 $\boldsymbol{s}$ 称为 k-稀疏向量，则 $\|\boldsymbol{s}\|_0\leqslant k$。

11.1.3 矩阵的零空间和稀疏度

为后续讨论稀疏解的需要，对一个矩阵的零空间给出定义。

定义 11.1.4 设矩阵 $\boldsymbol{A}$ 是 $M\times N$ 维矩阵，则满足 $\boldsymbol{Az}=\boldsymbol{0}$ 的 N 维向量 $\boldsymbol{z}\in\boldsymbol{R}^N$ 的集合称为矩阵 $\boldsymbol{A}$ 的零空间，记为

$$\mathrm{Null}(\boldsymbol{A})=\{\boldsymbol{z}\in\boldsymbol{R}^N \mid \boldsymbol{Az}=\boldsymbol{0}\} \tag{11.1.10}$$

设 $M<N$，且矩阵 $\boldsymbol{A}$ 是满秩矩阵，则 $\boldsymbol{A}$ 的秩为 $\mathrm{rank}(\boldsymbol{A})=M$，由此可得零空间是一个 $N-M$ 子空间，即

$$\dim(\mathrm{Null}(\boldsymbol{A}))=N-M \tag{11.1.11}$$

定义 11.1.5 设矩阵 $\boldsymbol{A}$ 是 $M\times N$ 维矩阵，这里 $M\leqslant N$，则矩阵 $\boldsymbol{A}$ 的稀疏度 $\mathrm{spark}(\boldsymbol{A})$ 定义为矩阵的最小相关列的数目。

若一个矩阵 $\boldsymbol{A}$ 是 $N\times N$ 满秩矩阵，则其所有 N 列都是线性独立的，故满秩方阵的稀疏度为 $N+1$。另一个例子是如下矩阵 $\boldsymbol{B}$：

$$\boldsymbol{B}=\begin{bmatrix}1&0&0&0&0&1\\0&1&0&0&0&1\\0&0&1&0&1&0\\0&0&0&1&1&0\end{bmatrix}$$

对于这个矩阵,其秩 rank($\boldsymbol{B}$)=4,第 3、4、5 列是相关的,第 1、2、6 列也是相关的,故 spark($\boldsymbol{B}$)=3。

将会看到,稀疏度在研究信号的稀疏恢复中很有用,但对于一个任意矩阵,求其稀疏度却是很困难的,只能通过对所有可能的列组合进行验证,但可以有一些方法估计稀疏度的范围,本章稍后再进一步讨论。

11.2 信号的稀疏模型实例

在实际信号处理、机器学习和统计学的环境下,很多问题可建模为稀疏表示问题。本节仅以信号处理的压缩感知和统计学中套索回归(Least Absolute Shrinkage and Selection Operator,LASSO)问题为例,理解将实际问题怎样描述为稀疏模型,后续几节将讨论稀疏恢复的理论问题和恢复算法。

11.2.1 压缩感知问题

数据的采集是联系现实世界和数学世界的桥梁,传统上采样问题一直遵循奈奎斯特采样定理,该定理说明了对于一个带限信号,如果想对其进行数字化处理,采样频率取值与信号的带宽直接相关,采样率不低于信号单边带宽的 2 倍。可以说,采样定理是数字信号处理技术的基础。然而随着技术的发展,信号的频带越来越宽。更高速的采样意味着更先进的模数转换技术或者更多的传感器数目,同时意味着更大的数据量。

以雷达、医学成像领域为例,模数转换器性能的提高和传感器数目的增加会造成系统成本的大幅度上升,而这些系统的输出往往仅是目标的少量关键参数。又如,在音频和图像处理领域中,针对音频和图像中的大量冗余信息,多种压缩算法早已应用到音频和图像的传输和存储中。而经过压缩处理,表示音频和图像的数据量大幅减少。

广泛应用的信号压缩算法包括变换编码技术,即将要编码的数字信号经过数学变换在基(basis)或框架(frame)下稀疏(sparse)或者可压缩(compressible)地表示。稀疏指信号的大部分元素都是零元素。对于一个长度为 n 的信号向量,所谓**稀疏地表示**是指可以利用 $k(k\ll n)$个非零系数在某组基或框架下准确表示;所谓**可压缩地表示**是指可以利用 $k(k\ll n)$ 个较大的非零系数在某组基或框架下近似表示,其余的 $n-k$ 个较小的系数可被丢弃。我们可以称这种信号为 k-稀疏信号或可压缩信号。在图像、视频、语音信号处理领域,我们常见的 JPEG 图像压缩标准、MPEG/H264 视频压缩标准、MP3 音频压缩标准等都使用了变换编码技术。常用的变换有离散余弦变换、小波变换等。

图 11.2.1 是典型的图像压缩实现框图,图像信号经过一个变换(DCT 或小波变换等)后,只有少量大的系数需要保留,图像压缩算法则将大系数的位置和取值用有效的方法表示,然后进行传输或存储。图 11.2.2 是利用 DCT 变换实现压缩的一个实例,左图是原图像,做 DCT 变换后仅保留 1%的大系数,只利用 1%的系数重构出的图像如右图所示,同原图像的比较,其相对误差为 0.075(这里像素用了归一化表示)。大量类似的实验表明,日常生活中的大量信号都具有稀疏性或者可压缩性。

在过去的几十年里,数据压缩在语音、图像、视频等领域取得了广泛的成功。在很多领

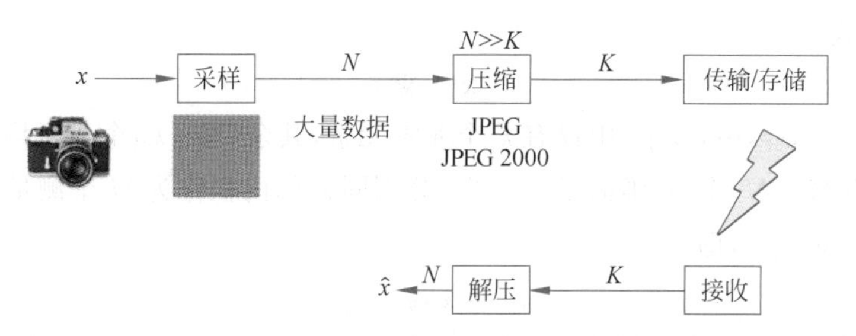

图 11.2.1　图像压缩过程示意图

(a) 原图像　　(b) 恢复图像

图 11.2.2　利用原图像和保留 1%DCT 变换系数重构图像比较

域实际在做"采集得到的数据中大部分都可以丢掉"这样的事情。这就引起很自然的疑问，为什么我们要花费那么多的资源去采集最后终究会被丢弃的数据呢？为采集这大量的数据，需要大量的传感器并消耗很多的能量，为什么不能直接去采集那些最终不会被丢弃的数据呢？针对信号处理过程中的这种"先采样，后丢弃"的模式，美国学者 Candes、Romberg、陶哲轩和 Donoho 等总结自己的研究，提出了压缩感知(Compressed Sensing，Compressive Sensing 或 Compressive Sampling，CS)理论。压缩感知理论出发点在于，既然很多应用需要以高采样率进行采样后再通过处理丢弃一大部分样本，何不将采样和压缩过程结合起来同时进行，直接对信号的稀疏性或可压缩性进行感知，这也是压缩感知得名的原因。如果能对稀疏信号进行感知，采样率就可能大幅降低。几位学者的工作表明，通过精心设计采样方式，一个稀疏或者可压缩的信号是可以通过少量的非自适应线性映射测量值准确或逼近地恢复的，而这些采样值的数目少于奈奎斯特采样率的限制。

下面从信号表示的角度对压缩感知问题进行简要说明。为了描述方便，我们先集中讨论 k-稀疏情况，对不严格稀疏的可压缩情况稍后再做讨论。

假设离散信号 $\boldsymbol{x}\in\mathbb{R}^N$ 是一个 N 维列向量，其中元素可以表示为 $x(n)$，$n=1,2,\cdots,N$。对于图像、视频等信号，可以将其向量化。简单起见，假设 $\boldsymbol{\Psi}$ 为一 $N\times N$ 维的正交基矩阵，$\boldsymbol{\Psi}=[\psi_1,\psi_2,\cdots,\psi_N]$，$\psi_i$ 是列向量。$\boldsymbol{x}$ 可以以 $\boldsymbol{\Psi}$ 为基，k-稀疏地表示($k\ll N$)，即

$$\boldsymbol{x}=\sum_{i=1}^{N}s_i\psi_i \tag{11.2.1}$$

或写为矩阵形式

$$\boldsymbol{x}=\boldsymbol{\Psi}\boldsymbol{s} \tag{11.2.2}$$

其中,向量 $\boldsymbol{s}=[s_1,s_2,\cdots,s_N]^{\mathrm{T}}$ 中仅有 k 个非零元素,其余$(N-k)$个元素均为0。

假设用$M(M<N)$个 N 维向量$\{\varphi_j\}_{j=1}^{M}$ 分别同 $\boldsymbol{x}$ 的内积作为M 个测量值,记录获得的 M 个内积结果$\{y_j\}_{j=1}^{M}$,即

$$y_j=\langle \boldsymbol{x},\varphi_j\rangle\big|_{j=1}^{M} \tag{11.2.3}$$

这里,$\{y_j\}_{j=1}^{M}$ 相当于 M 个采样值,由于 $M<N$,称这组采样值为压缩采样。注意到这种采样方式与采样定理支持下的简单采样是不同的。

将 M 个采样值写成向量形式为

$$\boldsymbol{y}=\boldsymbol{\Phi}\boldsymbol{x} \tag{11.2.4}$$

其中,$\boldsymbol{y}=[y_1,y_2,\cdots,y_M]^{\mathrm{T}}$ 为测量向量,矩阵$\boldsymbol{\Phi}=[\varphi_1,\varphi_2,\cdots,\varphi_M]^{\mathrm{T}}$ 为 $M\times N$ 维的测量矩阵。式(11.2.4)相当于对原信号 $\boldsymbol{x}$ 进行线性映射,从 N 维空间线性映射至 M 维空间。将式(11.2.2)和式(11.2.4)结合,可以得到

$$\boldsymbol{y}=\boldsymbol{\Phi}\boldsymbol{x}=\boldsymbol{\Phi}\boldsymbol{\Psi}\boldsymbol{s}=\boldsymbol{A}\boldsymbol{s} \tag{11.2.5}$$

其中,$\boldsymbol{A}=\boldsymbol{\Phi}\boldsymbol{\Psi}$ 是$M\times N$ 维感知矩阵。

在以上描述的压缩采样问题中,我们已知 $\boldsymbol{y}$ 和 $\boldsymbol{A}$(或$\boldsymbol{\Phi}$ 、$\boldsymbol{\Psi}$)要对 $\boldsymbol{s}$ 进行求解(间接求解 $\boldsymbol{x}$)。

式(11.2.5)是压缩感知的一种原理性说明,这个说明可以由图 11.2.3 直观地给出示意。图中 s 列中只有很少的几个颜色快,表示非零值,它是一种稀疏向量。变换矩阵$\boldsymbol{\Psi}$ 和测量矩阵$\boldsymbol{\Phi}$ 中,不同颜色表示其不同的系数值。由于并不知道 s 列中有几个非零值和非零值的位置,简单的代数求解式(11.2.5)往往达不到我们的目的。怎样求解这个方程,是压缩感知研究中要解决的问题。

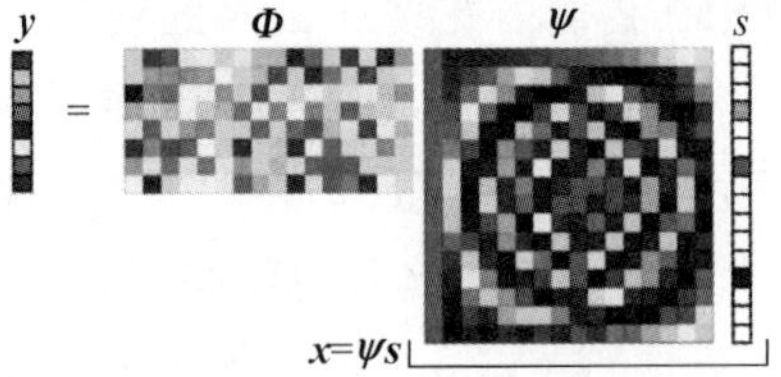

图 11.2.3 压缩感知的原理示意图

首先看到,式(11.2.5)是一个欠定方程,可能存在无穷组 $\boldsymbol{s}$ 的解满足式(11.2.5)。为了得到对该问题的唯一解,必须施加附加约束条件。第2章的LS估计一节已经遇到式(11.2.5)的欠定问题的解,在LS意义下,以解 $\boldsymbol{s}$ 的 ℓ_2 范数平方最小作为附加条件,得到了欠定LS的唯一解。欠定LS的解可描述如下:

$$\begin{gathered}\hat{\boldsymbol{s}}=\underset{s}{\operatorname{argmin}}\{\|\boldsymbol{s}\|_2^2=\boldsymbol{s}^{\mathrm{T}}\boldsymbol{s}\}\\ \text{s.t.}\quad \boldsymbol{y}=\boldsymbol{A}\boldsymbol{s}\end{gathered} \tag{11.2.6}$$

这里,“s.t.”是“subject to”(服从于)的缩写。2.6节已证明欠定LS的解是

$$\hat{\boldsymbol{s}}=\boldsymbol{A}^{\mathrm{T}}(\boldsymbol{A}\boldsymbol{A}^{\mathrm{T}})^{-1}\boldsymbol{y} \tag{11.2.7}$$

然而,式(11.2.7)的解不具有稀疏性,即若实际的 $\boldsymbol{s}$ 是稀疏的,但式(11.2.7)得到的解一般不满足稀疏性,不是一个我们所期待的解。也就是说,用 ℓ_2 范数作为约束条件得不到信号的稀疏解。

为了描述稀疏性,可以利用向量的 ℓ_0 范数$\|\boldsymbol{s}\|_0$ 最小为约束条件,即求解如下问题:

$$\begin{gathered}\hat{\boldsymbol{s}}=\underset{s}{\operatorname{argmin}}\|\boldsymbol{s}\|_0\\ \text{s.t.}\quad \boldsymbol{y}=\boldsymbol{A}\boldsymbol{s}\end{gathered} \tag{11.2.8}$$

式中，优化的目标是零范数最小，同时满足第 2 行的约束方程。显然，这样以 $\boldsymbol{s}$ 的稀疏度最高作为目标函数，从直观的角度理解，其解 $\boldsymbol{s}$ 具有稀疏性，事实也的确如此，人们已经证明，对于一个 k 稀疏信号，在 ℓ_0 范数最小约束下仅需要 $M=k+1$ 个压缩采样点 y_j 即可以恢复原稀疏信号。

很可惜，以上 ℓ_0 范数是非凸的，存在求解的困难，这是一个 NP 难的问题。然而通过对该问题的松弛，如 11.1 节所讨论的，ℓ_1 范数是得到稀疏解的凸函数，用 ℓ_1 范数替代 ℓ_0 范数，得到对问题的描述为

$$\begin{aligned} \hat{\boldsymbol{s}} &= \underset{\boldsymbol{s}}{\operatorname{argmin}} \| \boldsymbol{s} \|_1 \\ \text{s.t.} \quad \boldsymbol{y} &= \boldsymbol{A}\boldsymbol{s} \end{aligned} \tag{11.2.9}$$

式(11.2.9)的目标函数和约束方程均是凸的，用凸优化算法可以得到其解。

在测量存在噪声情况或信号是可压缩的情况下，只需要更改约束条件，即 ℓ_0 范数最小化问题重写为

$$\begin{aligned} \hat{\boldsymbol{s}} &= \underset{\boldsymbol{s}}{\operatorname{argmin}} \| \boldsymbol{s} \|_0 \\ \text{s.t.} \quad & \| \boldsymbol{y} - \boldsymbol{A}\boldsymbol{s} \|_2^2 \leqslant \varepsilon \end{aligned} \tag{11.2.10}$$

这里，ε 是一个噪声控制参数。

在测量存在噪声情况或信号是可压缩的情况下，ℓ_1 范数最小问题为

$$\begin{aligned} \hat{\boldsymbol{s}} &= \underset{\boldsymbol{s}}{\operatorname{argmin}} \| \boldsymbol{s} \|_1 \\ \text{s.t.} \quad & \| \boldsymbol{y} - \boldsymbol{A}\boldsymbol{s} \|_2^2 \leqslant \varepsilon \end{aligned} \tag{11.2.11}$$

从以上的讨论可见，压缩感知和传统采样不同。第一，传统采样一般考虑无限长的连续信号，而压缩感知中，信号表现为有限维度的向量信号，当然，压缩感知方法可推广到连续信号的压缩采样问题，但在原理和算法叙述阶段，仍以有限维度向量信号为目标，在本章最后将简要讨论利用 CS 对连续信号的采样问题。第二，在压缩感知中采样是利用内积的形式实现，这是对传统的采样的一种拓展。

想要说明压缩感知技术的工作原理，有几个问题需要回答。

(1) 对于给定的 N 和稀疏度 k，需要多少采样值 M，才能重构 $\boldsymbol{x}$ 或 $\boldsymbol{s}$？

(2) 线性映射矩阵，或称为感知矩阵 $\boldsymbol{A}$ 如何设计？

(3) 利用什么样的算法可以有效地重建 $\boldsymbol{x}$ 或 $\boldsymbol{s}$？

后续几节将回答这几个问题。

例 11.1.1　考虑几种正交变换条件下，不同的 $\boldsymbol{\Psi}$ 矩阵。

第一种情况，$\boldsymbol{\Psi}$ 取 DFT 变换矩阵，这是 Candes 在其 2006 年的标志性论文里用的变换，即

$$\boldsymbol{\Psi} = \frac{1}{\sqrt{N}} \begin{bmatrix} 1 & 1 & \cdots & 1 \\ 1 & e^{j\frac{2\pi}{N}} & \cdots & e^{j\frac{2\pi}{N}(N-1)} \\ \vdots & \vdots & \ddots & \vdots \\ 1 & e^{j\frac{2\pi}{N}(N-1)} & \cdots & e^{j\frac{2\pi}{N}(N-1)(N-1)} \end{bmatrix} \tag{11.2.12}$$

这种情况下，$\boldsymbol{s}$ 表示信号向量的 DFT 系数，k 稀疏表示其 DFT 系数仅有 k 个非零值。

第二种情况，用离散小波变换(DWT)。DWT 有很多种基函数，为了简单这里取 Harr

小波,可把小波变换改写成矩阵形式,以 $N=8$ 为例,Harr 小波的矩阵 $\boldsymbol{\Psi}$ 为

$$\boldsymbol{\Psi}=\frac{1}{\sqrt{8}}\begin{bmatrix}1 & 1 & 1 & 1 & 1 & 1 & 1 & 1\\ 1 & 1 & 1 & 1 & -1 & -1 & -1 & -1\\ \sqrt{2} & \sqrt{2} & -\sqrt{2} & -\sqrt{2} & 0 & 0 & 0 & 0\\ 0 & 0 & 0 & 0 & \sqrt{2} & \sqrt{2} & -\sqrt{2} & -\sqrt{2}\\ 2 & -2 & 0 & 0 & 0 & 0 & 0 & 0\\ 0 & 0 & 2 & -2 & 0 & 0 & 0 & 0\\ 0 & 0 & 0 & 0 & 2 & -2 & 0 & 0\\ 0 & 0 & 0 & 0 & 0 & 0 & 2 & -2\end{bmatrix} \tag{11.2.13}$$

可将以上矩阵推广到任意 $N=2^m$ 情况下。$\boldsymbol{s}$ 表示信号向量的 DWT 系数,k 稀疏表示其 DWT 系数仅有 k 个非零值。

第三种情况,$\boldsymbol{\Psi}=\boldsymbol{I}$,其中 $\boldsymbol{I}$ 是单位矩阵,即 $\boldsymbol{s}$ 就是信号向量 $\boldsymbol{x}$,这种情况下,信号自身是稀疏的,不必再利用变换。

11.2.2 套索回归问题——LASSO

第 2 章的线性模型的 LS 估计和第 3 章的 LS 滤波中都讨论了线性系统参数的一种最优估计,称为 LS 估计,为了方便,将该问题重新描述为一个线性系统的输出向量和权系数向量关系为

$$\boldsymbol{y}=\boldsymbol{A\theta}+\boldsymbol{e} \tag{11.2.14}$$

这里,$\boldsymbol{y}=[y_1,y_2,\cdots,y_M]^{\mathrm{T}}$ 为系统输出向量,$\boldsymbol{\theta}=[\theta_1,\theta_2,\cdots,\theta_\ell]^{\mathrm{T}}$ 是系统的权系数向量,$\boldsymbol{A}$ 是由输入向量组成的数据矩阵。把第 2 章和第 3 章讨论的线性模型更一般化的表示,有 M 组输入和输出样本,即 $\{(\boldsymbol{x}_i,y_i)\}_{i=1}^{M}$,这里 $\boldsymbol{x}_i=[x_{i,1},x_{i,2},\cdots,x_{i,\ell}]^{\mathrm{T}}$。用一个线性系统表示每一个样本对 $(\boldsymbol{x}_i,y_i)$,即

$$y_i=\boldsymbol{x}_i^{\mathrm{T}}\boldsymbol{\theta}+e_i \tag{11.2.15}$$

在统计学和机器学习等领域,式(11.2.15)的模型称为线性回归,式(11.2.14)是式(11.2.15)的向量形式,其中

$$\boldsymbol{A}=\begin{bmatrix}\boldsymbol{x}_1^{\mathrm{T}}\\ \boldsymbol{x}_2^{\mathrm{T}}\\ \vdots\\ \boldsymbol{x}_M^{\mathrm{T}}\end{bmatrix} \tag{11.2.16}$$

这里,$\boldsymbol{A}$ 是 $M\times\ell$ 维数据矩阵,为方便计,假设 $\boldsymbol{A}$ 是满秩矩阵。

为了得到参数向量的估计值 $\hat{\boldsymbol{\theta}}$,使得回归模型最优拟合所有 M 样本,则需求解如下问题:

$$\hat{\boldsymbol{\theta}}=\underset{\boldsymbol{\theta}}{\arg\min}\|\boldsymbol{y}-\boldsymbol{A\theta}\|_2^2 \tag{11.2.17}$$

这里首先回忆一下对回归问题的已知的解,分别讨论过确定情况和欠确定情况。

1. 过确定情况下回归问题的解

在过确定情况下 $M>\ell$,式(11.2.17)的解为

$$\hat{\boldsymbol{\theta}}=(\boldsymbol{A}^{\mathrm{T}}\boldsymbol{A})^{-1}\boldsymbol{A}^{\mathrm{T}}\boldsymbol{y} \tag{11.2.18}$$

这是过确定情况下的标准 LS 解。一个更稳健的解是对式(11.2.17)加上一个约束条件，这是一种正则化的 LS 解，第 2 章用$\boldsymbol{\theta}$的 ℓ_2 范数作为约束条件，即求解

$$\hat{\boldsymbol{\theta}}=\underset{\boldsymbol{\theta}}{\operatorname{argmin}}\{J(\boldsymbol{\theta})\}=\underset{\boldsymbol{\theta}}{\operatorname{argmin}}\{\|\boldsymbol{A\theta}-\boldsymbol{s}\|_2^2+\lambda\|\boldsymbol{\theta}\|_2^2\} \tag{11.2.19}$$

正则 LS 解为

$$\hat{\boldsymbol{\theta}}=(\boldsymbol{A}^{\mathrm{T}}\boldsymbol{A}+\lambda\boldsymbol{I})^{-1}\boldsymbol{A}^{\mathrm{T}}\boldsymbol{y} \tag{11.2.20}$$

在统计学领域，式(11.2.20)称为岭回归(ridge regression)。

2. 欠确定情况下回归问题的解

在欠确定情况下 $M<\ell$，式(11.2.17)的目标函数为 0，或式(11.2.14)的 $\boldsymbol{e}=\boldsymbol{0}$，即式(11.2.14)可为等式

$$\boldsymbol{y}=\boldsymbol{A\theta} \tag{11.2.21}$$

即使式(11.2.21)的等式也有无穷多解，必须对解$\boldsymbol{\theta}$施加约束，才能得到唯一解，第 2 章已讨论的一个约束是$\boldsymbol{\theta}$的 ℓ_2 范数最小，即将问题描述为

$$\begin{aligned}&\hat{\boldsymbol{\theta}}=\underset{\boldsymbol{\theta}}{\operatorname{argmin}}\|\boldsymbol{\theta}\|_2^2\\&\text{s.t.}\quad \boldsymbol{y}=\boldsymbol{A\theta}\end{aligned} \tag{11.2.22}$$

或等价为解如下的拉格朗日乘子问题：

$$J_L(\boldsymbol{\theta})=\|\boldsymbol{\theta}\|^2+\boldsymbol{\lambda}^{\mathrm{T}}(\boldsymbol{A\theta}-\boldsymbol{y}) \tag{11.2.23}$$

问题的解为

$$\hat{\boldsymbol{\theta}}=\boldsymbol{A}^{\mathrm{T}}(\boldsymbol{A}\boldsymbol{A}^{\mathrm{T}})^{-1}\boldsymbol{y} \tag{11.2.24}$$

3. 回归问题的稀疏模型

在前面两种情况下，不管是过确定情况下通过 ℓ_2 范数正则化的岭回归，还是欠确定情况下的 ℓ_2 范数最小约束下得到的唯一解，这种利用 ℓ_2 范数约束的解，都不具备稀疏性。在很多实际情况下，当用式(11.2.15)描述一个实际问题时，$\boldsymbol{\theta}$ 具有稀疏性，但以上通过 ℓ_2 范数约束的解一般不具备稀疏性。

许多实际问题中$\boldsymbol{\theta}$具有稀疏性，这里给出两个例子作为说明。第一个例子是在无线通信系统信道建模中，用式(11.2.15)表示无线信道模型，$\boldsymbol{x}$ 是不同延迟组成的输入信号向量，$\boldsymbol{\theta}$ 是信道的单位抽样响应，$\boldsymbol{y}$ 是信道输出，在开阔区域，可能只有少量远近不等的建筑物产生反射波，需要 ℓ 取较大值，但$\boldsymbol{\theta}$ 中仅有几簇系数取较大值(对应远近不同建筑物)，其他系数为 0 或近似为 0，即$\boldsymbol{\theta}$ 是稀疏的，可假设其是 k 稀疏的。第二个例子是 Hastie 等给出的[113]，对癌症进行分类，影响癌症的基因类有 4718 个，即 $\ell=4718$，但实际上，对于一种癌症，只有少量基因类是关键的，因此，对于一种癌症的预测，$\boldsymbol{\theta}$ 是非常稀疏的，即 $k\ll\ell$。

另一个问题是数据量对估计质量的影响，若定义 M/ℓ 为每个参数的平均信息量，在有些情况下，样本数 M 不够大，具有的信息量不足，例如以上癌症的例子，作者声称收集的癌症病人样本只有 $M=349\ll\ell$，但若系数是 k-稀疏的，则每个参数的信息量可增加为 M/k，若 $M>k$ 则显著增加了估计每个参数的平均信息量。

针对稀疏回归问题或稀疏系统参数估计问题，统计学家 Tibshirani 等提出 LASSO (Least Absolute Selection and Shrinkage Operator，LASSO)，中文常称为套索回归。LASSO 的关键是对系数向量$\boldsymbol{\theta}$施加了 ℓ_1 范数约束，即约束条件为 $\|\boldsymbol{\theta}\|_1<t$，这里 t 是一个

施加的约束量。LASSO 问题的正式描述为

$$\min_{\boldsymbol{\theta}}\left\{\frac{1}{2}\|\boldsymbol{y}-\boldsymbol{A\theta}\|_2^2\right\} \quad \text{s.t.} \quad \|\boldsymbol{\theta}\|_1<t \tag{11.2.25}$$

或等价地表示为

$$\min_{\boldsymbol{\theta}}\left\{\frac{1}{2}\|\boldsymbol{y}-\boldsymbol{A\theta}\|_2^2+\lambda\|\boldsymbol{\theta}\|_1\right\} \tag{11.2.26}$$

这里，$\lambda \geqslant 0$，对于一个给定的 t，有一个相应的 λ 值使式(11.2.25)和式(11.2.26)同解。

如同 11.1 节所初步讨论的，ℓ_1 范数约束有助于解 $\boldsymbol{\theta}$ 的稀疏性。

4. LASSO 的等价描述

对于 LASSO 问题，人们也已证明，式(11.2.25)或式(11.2.26)的问题与下述问题等价，即

$$\min_{\boldsymbol{\theta}}\|\boldsymbol{\theta}\|_1 \quad \text{s.t.} \quad \|\boldsymbol{y}-\boldsymbol{A\theta}\|_2^2 \leqslant \varepsilon \tag{11.2.27}$$

只要适当选择控制参数 ε、t、λ 的值，可使式(11.2.25)、式(11.2.26)和式(11.2.27)同解。可以看到，式(11.2.27)与压缩感知问题的数学表示一致。

LASSO 问题的原始工作仅使用了 ℓ_1 范数，这是因为凸优化计算上的方便性，实际上，随着稀疏模型的深入研究，采用 ℓ_p，$p<1$ 范数的非凸优化也是有意义的。

11.2.3 不同稀疏问题的比较

从以上讨论可以看到，11.2.1 节的 CS 问题和 11.2.2 节的 LASSO 问题，所建立的数学模型是几乎一致的，还有很多实际应用可以建模为类似的数学问题，本章后面还会进一步讨论稀疏模型的应用，这里不再讨论更多例子。本节给出的 CS 和 LASSO 代表了稀疏模型的两个典型应用。CS 代表了信号的采样问题，将采样和压缩过程结合，得到更少的样本来表示稀疏信号；LASSO 回归问题，在信号处理中对应典型的系统建模或系统辨识问题，LASSO 使得系统参数向量具有稀疏性。

从数学模型看，CS 和 LASSO 是基本一致的，因此，可以一并讨论其求解算法。但是，两类问题也还是有许多不同的特性，如下做简单讨论，在后续叙述中也可以注意到这些不同带来的问题。

(1) 对于 CS 来说，感知矩阵 $\boldsymbol{A}$ 是人为选择的，可以对其进行设计以使其满足一些特别的性质，例如满足 RIP(本章稍后讨论)特性。但对 LASSO，矩阵 $\boldsymbol{A}$ 由信号样本组成，人为可控因素少，不一定能满足一些矩阵特性如 RIP。

(2) 对稀疏恢复性能的描述上，CS 是比较简单明确的，即稀疏采样尽可能精确地重构原信号；但 LASSO 这类应用的性能描述要更困难，一般来讲，在系统辨识中，通过训练样本辨识系统参数，以便对未来数据(或测试数据)做预测，但预测性能和稀疏参数稀疏度以及非零系数指标集之间的关系并不明确，所以对 LASSO 问题的性能描述更困难。

(3) 对 CS 应用，重点讨论重构原信号所需要的压缩采样数和感知矩阵应满足的条件，而对于 LASSO 的应用，更重要的是讨论估计的渐近一致性，有更多因素需要讨论，例如预

测误差、参数估计误差和模型选择误差等；更一般的情况下，可关注模型的泛化性。

(4) 从研究和应用来看，CS问题比较明确，而LASSO这类问题不管是针对系统辨识还是针对稀疏统计学习，都有更宽的开拓空间，例如可扩展到广义线性模型(Generalized Linear Models，GLM)、稀疏概率图模型等问题。

限于篇幅，本章仅讨论基本的CS和LASSO方法，对这些方法进一步推广而引出的更广泛的课题不再赘述。

11.3　信号的稀疏模型表示

本节对信号的稀疏恢复模型给出一般性描述，并通过几何图形给出直观解释，关于稀疏解的唯一性和给出唯一解的条件等理论结果，放在11.4节集中讨论。

1. 稀疏恢复模型

由11.2节的讨论可知，有多种类型的实际问题可模型化为一种稀疏恢复模型，最基本的稀疏恢复问题，可模型化为如下的($\mathbf{P}_0$)问题：

$$(\mathbf{P}_0)\qquad \begin{aligned}&\min_{\boldsymbol{\theta}} \|\boldsymbol{\theta}\|_0\\ &\text{s.t.}\quad \boldsymbol{y}=\boldsymbol{A\theta}\end{aligned} \tag{11.3.1}$$

这里，$\boldsymbol{A}$是$M\times N$维矩阵，$\boldsymbol{y}$是M维向量，$\boldsymbol{\theta}$是N维向量，$M<N$，约束方程是欠定的。

($\mathbf{P}_0$)问题是稀疏模型的最基本描述，但由于ℓ_0范数是一个"计数"的非连续量，难以用解析方式表示，($\mathbf{P}_0$)问题的解是困难的，为了得到解，需要进行组合搜索，对于给出的N和稀疏指标k，搜索次数为$\binom{N}{k}$，Elad在其著作中举了一个例子[91]，即$N=2000$，$k=20$，遍历次数为$\binom{N}{k}=\binom{2000}{20}\approx 3.9\times 10^{47}$，这是非常巨大的数量，即使以今天计算机的计算能力，也是无法承担的。($\mathbf{P}_0$)的这种计算困难，称为NP难问题，所谓NP难是指其计算量无法用数据维度的一个有限界多项式表示。

一种对($\mathbf{P}_0$)问题的解决方法是对其做松弛，例如用ℓ_1范数最小替代ℓ_0范数最小，由此得到问题的另一种描述，记为($\mathbf{P}_1$)问题。描述如下：

$$(\mathbf{P}_1)\qquad \begin{aligned}&\min_{\boldsymbol{\theta}} \|\boldsymbol{\theta}\|_1\\ &\text{s.t.}\quad \boldsymbol{y}=\boldsymbol{A\theta}\end{aligned} \tag{11.3.2}$$

($\mathbf{P}_1$)是保持解的稀疏性的一种凸优化问题，可方便地求解。

这里通过几何图形的直观方式说明ℓ_1范数最小可以得到稀疏解，同时比较ℓ_2范数最小问题，并且看到ℓ_2范数最小不能得到稀疏解。

为了给出直观和简单的说明，假设式(11.3.2)仅取$N=2$，$M=1$，矩阵$\boldsymbol{A}$可写为

$$\boldsymbol{A}=[x_{11},x_{12}]$$

约束方程$\boldsymbol{y}=\boldsymbol{A\theta}$简化为单个方程，即

$$x_{11}\theta_1+x_{12}\theta_2=y_1 \tag{11.3.3}$$

图11.3.1中的斜线代表式(11.3.3)的方程，由于解必须满足该约束方程，因此，解$[\hat{\theta}_1,\hat{\theta}_2]$必定是直线上的一个点。由于是欠定情况，仅由约束方程得到无数解，即斜线上的

所有点都是可能解,因此,这条直线构成问题的解空间。为了确定唯一解,需要式(11.3.2)的ℓ_1范数最小起作用。如11.1节定义的,对于一个常数r,令$\|\boldsymbol{\theta}\|_p=r$表示的曲面(本例是曲线)为半径为$r$的$\ell_p$球面。这里讨论$p=1$的$\ell_1$范数情况,$\min\limits_{\boldsymbol{\theta}}\|\boldsymbol{\theta}\|_1$的含义是求出满足约束$\boldsymbol{y}=\boldsymbol{A\theta}$的最小$\ell_1$范数解,故将$r$从0开始增加,即$\ell_1$球膨胀,直到与$\boldsymbol{y}=\boldsymbol{A\theta}$相交,在当前的例子中,即如图11.3.1左上图所示,得到一个解$[\hat{\theta}_1,\hat{\theta}_2]=[0,y_1/x_{12}]$,这是一个有半数0元素的解,显然这是式(11.3.2)在本例子的解。

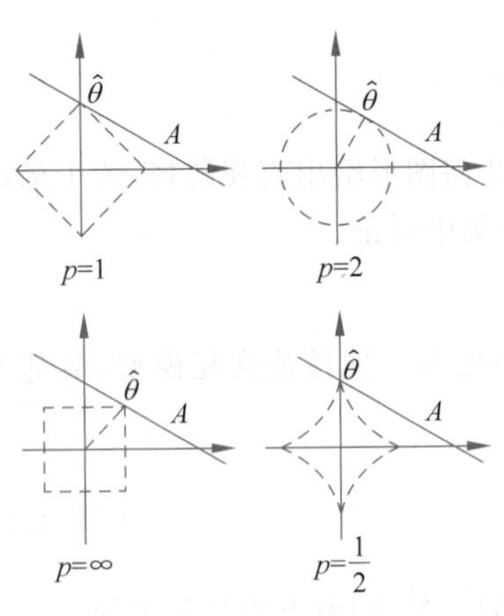

图11.3.1 几个不同范数下的解

若考虑($\mathbf{P}_2$)的解,即用ℓ_2范数替代式(11.3.2)中的ℓ_1范数,则情况如图11.3.1的右上图所示,其解不具有稀疏性。类似地,图11.3.1的左下图和右下图分别给出了ℓ_∞和$\ell_{1/2}$最小化的情况,显然ℓ_∞范数最小化的解是非稀疏的,而$\ell_{1/2}$范数最小化的解同样是稀疏的,但与ℓ_1范数最小化比$\ell_{1/2}$范数是非凸的,计算的难度更大。

可以给出图11.3.1几何解释的推广,对任意(N,M),既然$\mathbf{A}$满秩,M个方程表示N维空间的M个超平面,其一定是相交的,其交集是N-M维超平面,即这个超平面也就是解空间是N-M维的,ℓ_1球膨胀过程中与解超平面第一次相交的点即为式(11.3.2)的解,由ℓ_1球的形状,解趋于稀疏性。

在如上的例子中可以看到,若取ℓ_p,$0<p<1$范数最小,则得到的解是稀疏的,将这样的问题表示为($\mathbf{P}_p$)问题,即

$$(\mathbf{P}_p)\quad \begin{aligned}&\min_{\boldsymbol{\theta}}\|\boldsymbol{\theta}\|_p^p\\ &\text{s.t.}\quad \boldsymbol{y}=\boldsymbol{A\theta}\end{aligned}\tag{11.3.4}$$

注意到,($\mathbf{P}_p$)问题对于$0<p<1$比($\mathbf{P}_1$)更逼近于($\mathbf{P}_0$),因此可能更有益于稀疏解的获得,但是,对于$0<p<1$,($\mathbf{P}_p$)是非凸优化,解更困难。目前已有研究侧重于非凸优化下的稀疏恢复,限于本章篇幅,不进一步讨论非凸稀疏恢复,有兴趣的读者可参考相关文献,如[286]。

在测量存在噪声或处理可压缩信号等情况下,可对($\mathbf{P}_0$)和($\mathbf{P}_1$)问题做扩展,得到两个对应模型($\mathbf{P}_0^\varepsilon$)和($\mathbf{P}_1^\varepsilon$)。分别描述如下:

$$(\mathbf{P}_0^\varepsilon)\quad \begin{aligned}&\min_{\boldsymbol{\theta}}\|\boldsymbol{\theta}\|_0\\ &\text{s.t.}\quad \|\boldsymbol{y}-\boldsymbol{A\theta}\|_2^2\leqslant\varepsilon\end{aligned}\tag{11.3.5}$$

和

$$(\mathbf{P}_1^\varepsilon)\quad \begin{aligned}&\min_{\boldsymbol{\theta}}\|\boldsymbol{\theta}\|_1\\ &\text{s.t.}\quad \|\boldsymbol{y}-\boldsymbol{A\theta}\|_2^2\leqslant\varepsilon\end{aligned}\tag{11.3.6}$$

有时为了方便,对于($\mathbf{P}_1^\varepsilon$)问题,也可找到一个受ε控制的参数λ,将其表示为拉格朗日乘数公式,即

$$(\mathbf{P}_1^\lambda)\quad \min_{\boldsymbol{\theta}}\left\{\frac{1}{2}\|\boldsymbol{y}-\boldsymbol{A\theta}\|_2^2+\lambda\|\boldsymbol{\theta}\|_1\right\}\tag{11.3.7}$$

2. $\mathbf{P}_p$ 的解空间

这里给出($\mathbf{P}_p$)问题解空间的基本讨论。由于($\mathbf{P}_p$)问题的解首先要满足约束方程 $\boldsymbol{y}=\boldsymbol{A\theta}$,对于欠定的约束方程,若增广矩阵$[\boldsymbol{A},\boldsymbol{y}]$和 $\boldsymbol{A}$ 等秩,或 $\boldsymbol{A}$ 满秩,则约束方程必有解且有无穷多解,定义解空间 $\Theta=\{\boldsymbol{\theta}\mid\boldsymbol{y}=\boldsymbol{A\theta}\}$,如稍早所讨论的,$\Theta$ 是 N-M 维子空间。

设有$\boldsymbol{\theta}\in\Theta,\boldsymbol{\theta}_1\in\Theta$,则$\boldsymbol{A}(\boldsymbol{\theta}-\boldsymbol{\theta}_1)=\boldsymbol{0}$,则$\boldsymbol{\theta}-\boldsymbol{\theta}_1\in\mathrm{Null}(\boldsymbol{A})$,这里 $\mathrm{Null}(\boldsymbol{A})$是 $\boldsymbol{A}$ 的零空间,其在 11.1.3 节中已定义。这样,约束方程的解空间 Θ 可写为

$$\Theta=\boldsymbol{\theta}_1+\mathrm{Null}(\boldsymbol{A}) \tag{11.3.8}$$

约束方程的解空间 Θ 由 $\boldsymbol{A}$ 的零空间加一特解组成,这样的子空间称为仿射子空间,同时约束方程的解空间与 $\boldsymbol{A}$ 的零空间同维数。

我们再次以 $N=2,M=1$ 这个简单情况做说明,为了更清晰,式(11.3.3)给出具体数值为

$$\frac{1}{1.5}\theta_1+\theta_2=1 \tag{11.3.9}$$

这里,$\boldsymbol{A}=[1/1.5,1]$,$\boldsymbol{A}$ 的零空间满足方程$\frac{1}{1.5}\theta_1+\theta_2=0$,即 $\mathrm{Null}(\boldsymbol{A})$是图 11.3.2 中通过原点的直线,式(11.3.9)有无穷多解,其一个特解为(0,1),故约束方程(11.3.9)的解空间为(0,1)+$\mathrm{Null}(\boldsymbol{A})$,其为通过(0,1)点且与 $\mathrm{Null}(\boldsymbol{A})$平行的直线,如图 11.3.2(a)所示。

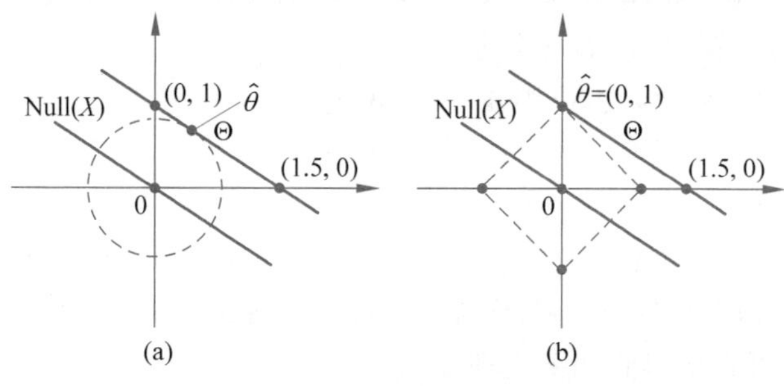

图 11.3.2　零空间和解

对于($\mathbf{P}_p$)问题,不管 p 怎样取值,解空间是相同的,图 11.3.2 同时给出了 ℓ_2 范数最小化和 ℓ_1 范数最小化的解,进一步看到,以 $N=2,M=1$ 的简单情况,ℓ_1 范数最小化总可以得到一个系数为 0 的解,即解要么在纵轴要么在横轴,取决于解空间(这里是直线)的斜率(除了一个概率为 0 的特殊情况),而 ℓ_2 范数最小化的解一般总是非稀疏的,即两个系数均非零,除非解空间的直线斜率为 0 或∞。

3. 一些其他约束条件

本节至今讨论了最基本的稀疏约束 ℓ_0 和 ℓ_1,后续主要讨论这两种基本情况下的解,其实如前所述 ℓ_p,$0<p<1$ 的所有约束均引导解的稀疏性,构成了非凸的约束条件,有学者也研究了典型非凸约束下稀疏解的问题,例如 $p=1/2$。除了 ℓ_p 约束,还有其他约束条件可引导解的稀疏性,可写成一般约束条件为

$$\min_{\boldsymbol{\theta}}\left(J(\boldsymbol{\theta})=\sum_{i=1}^{N}\rho(\theta_i)\right) \tag{11.3.10}$$

人们找到了一系列这样的函数,例如

$$\rho(\theta_i)=\log(1+|\theta_i|)$$

$$\rho(\theta_i)=1-e^{-\sigma|\theta_i|^p}$$

这类函数是非凸的，比ℓ_1范数更接近ℓ_0范数，可能获得比ℓ_1范数约束更逼近稀疏性的解，限于篇幅，本章不再进一步讨论这类扩充的约束函数。

11.4 稀疏恢复的基本理论

本节讨论稀疏恢复的基本问题，什么条件下可得到稀疏解？稀疏解是否唯一？($\mathbf{P}_0$)和($\mathbf{P}_1$)的解等价吗？本节对这些问题给出一系列定理，对于一些证明过程繁长的定理，这里仅给出结论，其证明可参考有关文献。

本节叙述中，问题($\mathbf{P}_p$)的描述如11.3节，且$\mathbf{A}$是$M\times N$维矩阵，$\boldsymbol{y}$是M维向量，$\boldsymbol{\theta}$是N维向量，假设$M<N$，用k表示解$\boldsymbol{\theta}$的稀疏性。

11.4.1 ($\mathbf{P}_0$)解的唯一性

首先讨论ℓ_0范数最小化的解，本节给出两个特征表示ℓ_0范数最小化解的唯一性条件。

1. 稀疏度表示解的唯一性

为了讨论($\mathbf{P}_0$)的唯一解，回忆11.1.3节定义的矩阵稀疏度spark($\mathbf{A}$)，由稀疏度可给出($\mathbf{P}_0$)解的唯一性条件，首先给出如下引理。

引理11.4.1 对于任意$\boldsymbol{\nu}\in\mathrm{Null}(\mathbf{A})$，$\boldsymbol{\nu}\neq\mathbf{0}$，有

$$\|\boldsymbol{\nu}\|_0\geqslant\mathrm{spark}(\mathbf{A})\tag{11.4.1}$$

证明：可用反证法证明该引理。

假设存在一个$\boldsymbol{\nu}\in\mathrm{Null}(\mathbf{A})$，$\boldsymbol{\nu}\neq\mathbf{0}$满足$\|\boldsymbol{\nu}\|_0<\mathrm{spark}(\mathbf{A})$，则必有$\mathbf{A}\boldsymbol{\nu}=\mathbf{0}$，因此，矩阵$\mathbf{A}$的$\|\boldsymbol{\nu}\|_0<\mathrm{spark}(\mathbf{A})$个列线性相关，这与spark($\mathbf{A}$)的定义矛盾，故假设不成立，引理得证。

由引理11.4.1可直接得到如下定理。

定理11.4.1 向量$\hat{\boldsymbol{\theta}}$是($\mathbf{P}_0$)问题

$$\min_{\boldsymbol{\theta}}\|\boldsymbol{\theta}\|_0$$
$$\text{s.t.}\quad \boldsymbol{y}=\mathbf{A}\boldsymbol{\theta}$$

的最稀疏的唯一解的条件是：当且仅当$\hat{\boldsymbol{\theta}}$满足$\boldsymbol{y}=\mathbf{A}\hat{\boldsymbol{\theta}}$和$\|\hat{\boldsymbol{\theta}}\|_0<\frac{1}{2}\mathrm{spark}(\mathbf{A})$。

证明：为了简单，只给出充分性的证明，假设存在另外一个解$\boldsymbol{\theta}_1\neq\hat{\boldsymbol{\theta}}$，则$\boldsymbol{\theta}_1-\hat{\boldsymbol{\theta}}\in\mathrm{Null}(\mathbf{A})$，由引理11.4.1

$$\mathrm{spark}(\mathbf{A})\leqslant\|\boldsymbol{\theta}_1-\hat{\boldsymbol{\theta}}\|_0\leqslant\|\boldsymbol{\theta}_1\|_0+\|\hat{\boldsymbol{\theta}}\|_0\tag{11.4.2}$$

由$\|\hat{\boldsymbol{\theta}}\|_0<\frac{1}{2}\mathrm{spark}(\mathbf{A})$，得

$$\|\boldsymbol{\theta}_1\|_0>\frac{1}{2}\mathrm{spark}(\mathbf{A})>\|\hat{\boldsymbol{\theta}}\|_0$$

即满足$\|\hat{\boldsymbol{\theta}}\|_0<\frac{1}{2}\mathrm{spark}(\mathbf{A})$条件的解是最稀疏的。

证明过程中的式(11.4.2)用到了三角不等式，如11.1.1节所述，尽管ℓ_0范数不是真正

意义上的范数，其不满足齐次性，但 ℓ_0 范数满足三角不等式。

定理对($\mathbf{P}_0$)的解给出了有价值的结论。首先若$\boldsymbol{\theta}$ 的真实解是 k 稀疏的，如果能够选择矩阵 $\mathbf{A}$ 满足 $\text{spark}(\mathbf{A})>2k$，则($\mathbf{P}_0$)的解给出了这一真实解；其次对于给定的 $\mathbf{A}$，通过 $\text{spark}(\mathbf{A})$ 可以确定能够得到最稀疏解的条件，实际上，对于任给的矩阵 $\mathbf{A}$，$1<\text{spark}(\mathbf{A})\leqslant M+1$，一般地，越大的 $\text{spark}(\mathbf{A})$，越利于问题的解。在 CS 问题中，$\mathbf{A}$ 是人为设计的，若取 i. i. d. 分布的随机变量组成 $\mathbf{A}$，则以高概率满足 $\text{spark}(\mathbf{A})=M+1$。

如 11.1.3 节所述，一个大矩阵 $\mathbf{A}$ 的稀疏度计算是很困难的，故人们研究用其他更易于求解的矩阵特征代替稀疏度，一个常用的特征是矩阵的自相干。

2. 矩阵的自相干与解的唯一性

首先定义矩阵的自相干。

定义 11.4.1　自相干，对于 $M\times N$ 维矩阵 $\mathbf{A}$，其自相干值定义为

$$\mu(\mathbf{A})=\max_{\substack{1\leqslant i,j\leqslant N\\ i\neq j}}\left\{\frac{|\boldsymbol{a}_i^{\mathrm{T}}\boldsymbol{a}_j|}{\|\boldsymbol{a}_i\|_2\|\boldsymbol{a}_j\|_2}\right\} \tag{11.4.3}$$

这里，$\boldsymbol{a}_i$ 表示矩阵 $\mathbf{A}$ 的第 i 列向量。

由柯西-施瓦茨不等式，显然 $0\leqslant\mu(\mathbf{A})\leqslant 1$，实际上，若 $\mathbf{A}$ 的列是归一化的，即 $\|\boldsymbol{a}_i\|_2=1$，Welch 曾给出了 $\mu(\mathbf{A})$的界为

$$\mu(\mathbf{A})\geqslant\sqrt{\frac{N-M}{M(N-1)}} \tag{11.4.4}$$

若有 $N\gg M$，则式(11.4.4)可近似为

$$\mu(\mathbf{A})\geqslant\sqrt{1/M} \tag{11.4.5}$$

$\mu(\mathbf{A})$的计算是相对容易的。如下引理通过 $\mu(\mathbf{A})$给出了 $\text{spark}(\mathbf{A})$的下界。

引理 11.4.2　对于 $M\times N$ 维矩阵 $\mathbf{A}$，若 $\mu(\mathbf{A})>0$，则

$$\text{spark}(\mathbf{A})\geqslant 1+\frac{1}{\mu(\mathbf{A})} \tag{11.4.6}$$

由引理 11.4.2 直接得到如下定理。

定理 11.4.2　向量$\hat{\boldsymbol{\theta}}$ 满足 $\boldsymbol{y}=\mathbf{A}\hat{\boldsymbol{\theta}}$ 和

$$\|\hat{\boldsymbol{\theta}}\|_0<\frac{1}{2}\left(1+\frac{1}{\mu(\mathbf{A})}\right) \tag{11.4.7}$$

则$\hat{\boldsymbol{\theta}}$ 是($\mathbf{P}_0$)问题

$$\begin{aligned}&\min_{\boldsymbol{\theta}}\|\boldsymbol{\theta}\|_0\\ &\text{s.t.}\quad \boldsymbol{y}=\mathbf{A}\boldsymbol{\theta}\end{aligned}$$

的最稀疏的唯一解。

定理 11.4.2 是引理 11.4.2 和定理 11.4.1 的直接推论，接下来给出引理 11.4.2 的证明。

证明引理 1.4.2：对一个方阵，首先证明一个简单不等式，令矩阵 $\boldsymbol{B}$ 是方阵。设 λ 是 $\boldsymbol{B}$ 的一个特征值，$\boldsymbol{v}$ 是对应的非 0 特征向量，则 $\boldsymbol{B}\boldsymbol{v}=\lambda\boldsymbol{v}$，对于 $\boldsymbol{v}$ 第 i 个分量有

$$(\lambda-b_{ii})v_i=\sum_{j\neq i}b_{ij}v_j$$

若取v_i是v的绝对值最大的分量,则有

$$|\lambda - b_{ii}| \leqslant \sum_{j \neq i} |b_{ij}| \left|\frac{v_j}{v_i}\right| \leqslant \sum_{j \neq i} |b_{ij}| \tag{11.4.8}$$

为了利用上式估计矩阵的稀疏度,令$h=\text{spark}(\boldsymbol{A})$,即$h$表示$\boldsymbol{A}$中最小的线性相关列的数目,取一个这样的最小线性相关列组合构成矩阵$\boldsymbol{A}_H$,显然有$h=\text{spark}(\boldsymbol{A}_H)$,定义一个新矩阵$\boldsymbol{G}=\boldsymbol{A}_H^{\mathrm{T}}\boldsymbol{A}_H$,由于$\boldsymbol{A}_H$的列是线性相关的,故$\boldsymbol{G}$是奇异矩阵,其有一个特征值$\lambda_h=0$。设$\boldsymbol{A}$是列归一化的,注意到矩阵$\boldsymbol{G}$的元素$g_{ij}=\boldsymbol{a}_i^{\mathrm{T}}\boldsymbol{a}_j$和$g_{ii}=1$,将$\lambda_h$代入式(11.4.8)并用$g_{ij}$替代$b_{ij}$,有

$$|1-0| \leqslant \sum_{j \neq i} |g_{ij}| = \sum_{j \neq i} |\boldsymbol{a}_i^{\mathrm{T}}\boldsymbol{a}_j| \leqslant (h-1)\mu(\boldsymbol{A})$$

即

$$(\text{spark}(\boldsymbol{A})-1)\mu(\boldsymbol{A}) \geqslant 1$$

则引理11.4.2得证。

我们知道,为了有更大的spark($\boldsymbol{A}$),希望矩阵$\boldsymbol{A}$的列具有最大不相关性,同样为了得到尽可能小的$\mu(\boldsymbol{A})$,希望矩阵$\boldsymbol{A}$的列尽可能相互正交。若矩阵$\boldsymbol{A}$是$M\times M$正交方阵,则$\text{spark}(\boldsymbol{A})=M+1$,$\mu(\boldsymbol{A})=0$。对于一般的$N>M$的矩阵,式(11.4.4)给出$\mu(\boldsymbol{A})$的下界,而$\text{spark}(\boldsymbol{A})=M+1$仍为其最大值。

定理11.4.1给出的稀疏范围更大,也更确切,对于一般应用由于spark($\boldsymbol{A}$)难于计算,定理11.4.2是一种替代,但一般讲定理11.4.2的估计过于保守了,例如,对于$N\gg M$,定理11.4.2给出的最大稀疏性保障为$(1+\sqrt{M})/2$,而定理11.4.1则可能为$(M+1)/2$。对于CS类的应用,通过设计随机矩阵$\boldsymbol{A}$,使得$\text{spark}(\boldsymbol{A})=M+1$是高概率的,则可以直接使用定理11.4.1。

11.4.2 ($\mathbf{P}_1$)解的唯一性

稀疏恢复的($\mathbf{P}_1$)问题如式(11.3.2)所定义,本小节分别讨论几个不同特征描述的($\mathbf{P}_1$)问题的解的性质。

1. 零空间特性表示的解的唯一性

再次看到矩阵的零空间Null($\boldsymbol{A}$)在稀疏恢复问题的重要作用,为了用零空间表示($\mathbf{P}_1$)问题解的唯一性,定义新的概念"零空间特性(Null Space Property,NSP)",为了叙述简洁,先给出几个符号。设N维向量$\boldsymbol{v}=[v_1,v_2,\cdots,v_N]^{\mathrm{T}}$,其下标集合为$Z_N=\{1,2,\cdots,N\}$,从$Z_N$中取出$k<N$个不同的下标组成新集合$K\subset Z_N$,并表示$K$的补集合为$K^c$,构造一个新的$N$维向量$\boldsymbol{v}|_K$,下标在$K$中的分量保持$\boldsymbol{v}$中相应值,其他分量置为0,类似地可定义$\boldsymbol{v}|_{K^c}$。看一个简单例子,$N=5$,$k=2$,$K=\{2,4\}$,若$\boldsymbol{v}=[0.2,6,0.3,3,0]^{\mathrm{T}}$,则$\boldsymbol{v}|_K=[0,6,0,3,0]$,$\boldsymbol{v}|_{K^c}=[0.2,0,0.3,0,0]^{\mathrm{T}}$。

定义11.4.2 零空间特性,对于$M\times N$维矩阵$\boldsymbol{A}$,给定一个k和相应的下标集$K\subset Z_N$,$\boldsymbol{A}$满足k阶零空间特性(NSP(k))是指,对于任意非零向量$\boldsymbol{v}\in\text{Null}(\boldsymbol{A})$,有

$$\|\boldsymbol{v}|_K\|_1 < \|\boldsymbol{v}|_{K^c}\|_1 \tag{11.4.9}$$

如下定理给出了ℓ_1范数最小化解的唯一性条件。

定理 11.4.3　向量$\hat{\boldsymbol{\theta}}$是$k$稀疏的，其非零元素的下标序号集$K\subset Z_N$，$\hat{\boldsymbol{\theta}}$是($\mathbf{P}_1$)问题

$$\begin{aligned}&\min_{s}\|\boldsymbol{\theta}\|_1\\&\text{s.t.}\quad \boldsymbol{y}=\boldsymbol{A}\boldsymbol{\theta}\end{aligned}$$

的唯一解的条件是：当且仅当$\boldsymbol{y}=\boldsymbol{A}\hat{\boldsymbol{\theta}}$和$\boldsymbol{A}$满足NSP($k$)特性。

证明：为了简单，这里只给出充分性证明，即NSP(k)特性保证解$\hat{\boldsymbol{\theta}}$的唯一性。设$\hat{\boldsymbol{\theta}}$满足$\boldsymbol{y}=\boldsymbol{A}\hat{\boldsymbol{\theta}}$属于解空间$\Theta$，且是$k$稀疏的，其非零值下标序号集$K\subset Z_N$，$\boldsymbol{A}$满足NSP($k$)特性。可以在解空间找到另一个$\boldsymbol{z}\in\Theta$，满足$\boldsymbol{y}=\boldsymbol{A}\boldsymbol{z}$，故$\boldsymbol{A}(\hat{\boldsymbol{\theta}}-\boldsymbol{z})=\boldsymbol{0}$，即$\boldsymbol{v}=\hat{\boldsymbol{\theta}}-\boldsymbol{z}\in\text{Null}(\boldsymbol{A})$，由前提条件知$\hat{\boldsymbol{\theta}}|_{K^c}=\boldsymbol{0}$，故$\boldsymbol{z}|_{K^c}=-\boldsymbol{v}|_{K^c}$，则有

$$\begin{aligned}\|\hat{\boldsymbol{\theta}}\|_1&\leqslant\|\hat{\boldsymbol{\theta}}-\boldsymbol{z}|_K\|_1+\|\boldsymbol{z}|_K\|_1=\|\boldsymbol{v}|_K\|_1+\|\boldsymbol{z}|_K\|_1\\&<\|\boldsymbol{v}|_{K^c}\|_1+\|\boldsymbol{z}|_K\|_1=\|\boldsymbol{z}|_{K^c}\|_1+\|\boldsymbol{z}|_K\|_1=\|\boldsymbol{z}\|_1\end{aligned}$$

即$\|\hat{\boldsymbol{\theta}}\|_1<\|\boldsymbol{z}\|_1$，故$\hat{\boldsymbol{\theta}}$是$\ell_1$范数最小化的唯一$k$稀疏解。

由定理11.4.3可导出两个很基本的推论。

推论 11.4.1　(1)对于一个ℓ_1范数最小化的唯一k稀疏解$\hat{\boldsymbol{\theta}}$，其0分量数目大于$\boldsymbol{A}$的零空间维数，即$N-k>\dim\{\text{Null}(\boldsymbol{A})\}$；(2)$k$稀疏解$\hat{\boldsymbol{\theta}}$的稀疏性满足$k<M$。

推论11.4.1的(1)可由反正法简单证明，若Null($\boldsymbol{A}$)大于$\hat{\boldsymbol{\theta}}$的0元素数目，则总可以找到一个非0的$\boldsymbol{v}\in\text{Null}(\boldsymbol{A})$，使得$\boldsymbol{v}$的0元素和$\hat{\boldsymbol{\theta}}$的0元素在相同位置，由$\boldsymbol{v}$是非0向量，则有$\|\boldsymbol{v}|_K\|_1>\|\boldsymbol{v}|_{K^c}\|_1$，这与式(11.4.9)表示的NSP($k$)性矛盾，故推论(1)成立。

推论(2)可由$N-k>\dim\{\text{Null}(\boldsymbol{A})\}=N-M$直接得到，也就是说要得到$k$稀疏解$\hat{\boldsymbol{\theta}}$，$M>k$，对于CS来说，若恢复的信号是$k$稀疏的，则压缩采样数目$M$要大于非0信号数$k$，这与直观的理解是吻合的。

注意，对于任意$\boldsymbol{A}$，验证NSP性是NP难的问题，因此，定理11.4.3更多的是理论意义。

2. 互相干表示的ℓ_0和ℓ_1解的等价性

这里，利用矩阵互相干参数描述ℓ_0和ℓ_1解的等价性，即在解满足一定稀疏性条件下，($\mathbf{P}_0$)问题和($\mathbf{P}_1$)问题具有同解。

定理 11.4.4　向量$\hat{\boldsymbol{\theta}}$满足$\boldsymbol{y}=\boldsymbol{A}\hat{\boldsymbol{\theta}}$和

$$\|\hat{\boldsymbol{\theta}}\|_0<\frac{1}{2}\left(1+\frac{1}{\mu(\boldsymbol{A})}\right)\tag{11.4.10}$$

则$\hat{\boldsymbol{\theta}}$是($\mathbf{P}_0$)问题也是($\mathbf{P}_1$)问题的唯一解。

定理11.4.4回答了一个重要问题，即满足式(11.4.10)的条件下，($\mathbf{P}_0$)问题和($\mathbf{P}_1$)问题具有相同的稀疏解，或ℓ_0和ℓ_1范数最小化的解是等价的。虽然定理11.4.4的结论很重要，但与定理11.4.2存在类似问题，即式(11.4.10)的约束太严格了，实际中发现满足($\mathbf{P}_0$)问题和($\mathbf{P}_1$)问题同解的k值范围要宽松很多。

3. RIP条件

严格等距特性(Restricted Isometry Property，RIP)是描述ℓ_1范数最小化问题的更有效的特征，定义RIP如下。

定义 11.4.3 对于整数 k，矩阵 $\boldsymbol{A}$ 的 k 严格等距常数 δ_k 是使得下式成立的最小量，即

$$(1-\delta_k)\|\boldsymbol{\theta}\|_2^2 \leqslant \|\boldsymbol{A\theta}\|_2^2 \leqslant (1+\delta_k)\|\boldsymbol{\theta}\|_2^2 \tag{11.4.11}$$

对任意 k 稀疏向量 $\boldsymbol{\theta}$ 成立。如果存在这个常数 δ_k 使得式(11.4.11)成立，称 $\boldsymbol{A}$ 满足 k 严格等距特性 RIP(k)。

首先给出严格等距常数 δ_k 的两个简单引理，然后再讨论其几何意义。

引理 11.4.3 等距常数 δ_k 满足 $\delta_1 \leqslant \delta_2 \leqslant \cdots \leqslant \delta_{k-1} \leqslant \delta_k \leqslant \cdots$。

既然 k 稀疏向量包含了 $k-1$ 稀疏向量，故引理 11.4.3 的结论很明显。

引理 11.4.4 设矩阵 $\boldsymbol{A}$ 是列归一化的，则严格等距常数 δ_k 和矩阵互相干量的关系如下：

(1) $\mu(\boldsymbol{A})=\delta_2$；

(2) 对 $k>2$，有 $\delta_k \leqslant (k-1)\mu(\boldsymbol{A})$。

注意到等距常数 δ_k 满足 $0 \leqslant \delta_k < 1$ 而且不接近 1。当 $\boldsymbol{A}$ 是正交方阵时 $\delta_k=0$，对于欠定矩阵 $\delta_k \neq 0$，δ_k 越接近 0，矩阵 $\boldsymbol{A}$ 的任意 k 列子集越接近相互正交的。若 δ_k 比较小，RIP(k)的几何意义是 $\boldsymbol{A}$ 矩阵对 k 稀疏向量 $\boldsymbol{\theta}$ 的变换具有范数近似保持特性。若矩阵 $\boldsymbol{A}$ 以常数 δ_{2k} 满足 RIP($2k$)，则 RIP 特性对 k 稀疏向量 $\boldsymbol{\theta}$ 的距离具有保持特性，设有两个 k 稀疏向量 $\boldsymbol{\theta}_1$，$\boldsymbol{\theta}_2$，其差向量 $\boldsymbol{\theta}_1-\boldsymbol{\theta}_2$ 是 $2k$ 稀疏的，则式(11.4.11)可改写为

$$(1-\delta_{2k})\|\boldsymbol{\theta}_1-\boldsymbol{\theta}_2\|_2^2 \leqslant \|\boldsymbol{A}(\boldsymbol{\theta}_1-\boldsymbol{\theta}_2)\|_2^2 \leqslant (1+\delta_{2k})\|\boldsymbol{\theta}_1-\boldsymbol{\theta}_2\|_2^2 \tag{11.4.12}$$

若 δ_{2k} 是较小的值，可见式(11.4.12)表示了两个 k 稀疏向量的欧氏距离保持特性。这说明，对于 N 维空间的 k 稀疏向量，用 $\boldsymbol{A\theta}$ 将其投影到 M 维空间，不同向量之间的距离被近似保持。若矩阵 $\boldsymbol{A}$ 满足 RIP($2k$)，则不同的 k 稀疏向量投影到 M 维空间后保持不同，具有可区别性，因此可在 M 维空间恢复 k 稀疏向量 $\boldsymbol{\theta}$。

定理 11.4.5 若 $\boldsymbol{A}$ 满足 RIP，对于给出的 k，有 $\delta_{2k}<\sqrt{2}-1$，则($\mathbf{P}_1$)问题

$$\begin{aligned} &\min_{\boldsymbol{\theta}} \|\boldsymbol{\theta}\|_1 \\ &\text{s.t.} \quad \boldsymbol{y}=\boldsymbol{A\theta} \end{aligned} \tag{11.4.13}$$

的解 $\hat{\boldsymbol{\theta}}$ 满足如下两个条件：

$$\|\boldsymbol{\theta}-\hat{\boldsymbol{\theta}}\|_1 \leqslant C_0 \|\boldsymbol{\theta}-\boldsymbol{\theta}_k\|_1 \tag{11.4.14}$$

$$\|\boldsymbol{\theta}-\hat{\boldsymbol{\theta}}\|_2 \leqslant C_0 \|\boldsymbol{\theta}-\boldsymbol{\theta}_k\|_1/\sqrt{k} \tag{11.4.15}$$

这里，C_0 是一个常数，$\boldsymbol{\theta}$ 表示产生式(11.4.13)的($\mathbf{P}_1$)模型的真实值，$\boldsymbol{\theta}_k$ 是保持 $\boldsymbol{\theta}$ 中绝对值最大的 k 个值，置其他值为 0。

定理 11.4.5 是一个很重要的结论，也更具有一般性。首先观察到，若式(11.4.13)的真实解 $\boldsymbol{\theta}$ 是 k 稀疏的，则 $\|\boldsymbol{\theta}-\boldsymbol{\theta}_k\|_1=0$，解($\mathbf{P}_1$)问题得到的解 $\hat{\boldsymbol{\theta}}=\boldsymbol{\theta}$，即得到的解既是稀疏的又是准确的。若 $\boldsymbol{\theta}$ 的真实解不是稀疏的，则保留其最大的 k 个值组成的 $\boldsymbol{\theta}_k$ 对 $\boldsymbol{\theta}$ 的逼近程度，确定了解 $\hat{\boldsymbol{\theta}}$ 的逼近程度。

通过检查 $\boldsymbol{A}$ 的 RIP 特性确定($\mathbf{P}_1$)问题的解，对于 CS 问题是很有效的，11.5 节进一步讨论通过构造随机矩阵 $\boldsymbol{A}$ 并检查其满足 RIP 特性的条件，得到通过压缩采样恢复稀疏信号所需样本量的有效估计。

11.4.3 ($\mathbf{P}_1^{\epsilon}$)问题的解

第 11.3 节给出了存在测量噪声情况下稀疏恢复的模型($\mathbf{P}_1^{\epsilon}$)，为方便重写如下：

$$\min_{\boldsymbol{\theta}} \|\boldsymbol{\theta}\|_1$$
$$\text{s.t.} \quad \|\boldsymbol{y}-\boldsymbol{A\theta}\|_2^2 \leqslant \varepsilon \tag{11.4.16}$$

RIP 特性也给出了对于($\mathbf{P}_1^{\varepsilon}$)问题解的性质,即如下的定理 11.4.6。

定理 11.4.6 若 $\boldsymbol{A}$ 满足 RIP,对于给出的 k,有 $\delta_{2k}<\sqrt{2}-1$,则式(11.4.16)所描述的($\mathbf{P}_1^{\varepsilon}$)问题的解$\hat{\boldsymbol{\theta}}$满足如下条件:

$$\|\boldsymbol{\theta}-\hat{\boldsymbol{\theta}}\|_2 \leqslant C_0\|\boldsymbol{\theta}-\boldsymbol{\theta}_k\|_1/\sqrt{k}+C_1\sqrt{\varepsilon} \tag{11.4.17}$$

这里,C_0 和 C_1 是常数,$\boldsymbol{\theta}$ 表示产生式(11.4.16)的($\mathbf{P}_1^{\varepsilon}$)模型的真实值,$\boldsymbol{\theta}_k$ 是保持$\boldsymbol{\theta}$ 中绝对值最大的 k 个值,置其他值为 0。

定理 11.4.6 中,不等式右侧多了误差控制量 ε 的影响,明显的若 $\varepsilon=0$,则定理 11.4.6 就变成定理 11.4.5,若真实解$\boldsymbol{\theta}$ 是 k 稀疏的,仅由$\sqrt{\varepsilon}$确定了解的不确定性,实际中 C_0 和 C_1 是小的常数,误差项 $C_1\sqrt{\varepsilon}$的作用表明,误差控制量 ε 对最终解的不确定性影响受到控制。

定理 11.4.5 和定理 11.4.6 的证明比较烦琐,此处省略,有兴趣的读者可参考 Candes 的文献[38]。

本节介绍了稀疏恢复问题的几个基本定理,这些定理是一般性的,对于 11.3 节给出的几个一般模型都是适用的,在实际中,这些定理对于不同应用的作用会有所不同,例如对于 11.2 节给出的两种典型稀疏恢复类型 CS 和 LASSO,这些定理的具体应用有所不同。对于 CS 类应用,由于 $\boldsymbol{A}$ 是人为构造的,可通过构造特殊的矩阵 $\boldsymbol{A}$,使得具有最大可能的 spark($\boldsymbol{A}$)值、最小可能的 $\mu(\boldsymbol{A})$值和满足 RIP 特性。但对于系统识别或 LASSO 这类应用,矩阵 $\boldsymbol{A}$ 是由输入信号样本组成,尽管在选择信号样本集时可附加一些条件,但终归这类应用中矩阵 $\boldsymbol{A}$ 的特性更难以预先控制。11.5 节我们专门针对 CS 应用背景,讨论矩阵 $\boldsymbol{A}$ 的构造和相关性质。

11.5 压缩感知与感知矩阵

以上两节讨论了稀疏恢复的一般性问题,作为稀疏恢复的一个典型场景,压缩感知(CS)有其独特性,本节专门讨论 CS 的一些独特性。

如 11.2.1 节所讨论的,对于一个 N 维信号向量 $\boldsymbol{x}$,若 $\boldsymbol{x}$ 是稀疏的,或 $\boldsymbol{x}$ 经过一个变换$\boldsymbol{\Psi}$其变换系数向量 $\boldsymbol{s}$ 是稀疏的,可得到 M 个测量 $\boldsymbol{y}$,一般地,$M<N$,即

$$\boldsymbol{y}=\boldsymbol{\Phi x}=\boldsymbol{\Phi\Psi s}=\boldsymbol{A s} \tag{11.5.1}$$

CS 的问题是通过 $\boldsymbol{y}$ 恢复 $\boldsymbol{x}$(或 $\boldsymbol{s}$)。

为了简单,首先假设$\boldsymbol{\Psi}=\boldsymbol{I}$,即 $\boldsymbol{y}=\boldsymbol{\Phi x}=\boldsymbol{A x}$,这种情况下,$\boldsymbol{A}=\boldsymbol{\Phi}$ 是测量矩阵也是感知矩阵。对于 CS 来说,矩阵$\boldsymbol{\Phi}$ 是可以由人为选择的,因此选择合适的矩阵$\boldsymbol{\Phi}$ 是 CS 的一个关键问题。我们可以选择最优的$\boldsymbol{\Phi}$ 使得在 $\boldsymbol{x}$ 是 k 稀疏的情况下,用尽可能少的测量样本 $\boldsymbol{y}$(即尽可能小的 M)来恢复 $\boldsymbol{x}$。

直接进行感知矩阵的最优设计是困难的事情。但是 Candes 等给出了$\boldsymbol{\Phi}$ 需满足的 RIP 条件,如定理 11.4.5 所述,若 $M\times N$ 维矩阵$\boldsymbol{\Phi}$ 满足 RIP 条件,则可以由 M 个测量值恢复 k 稀疏 N 维向量 $\boldsymbol{x}$。Candes 等同时指出,为了用更经济的测量值恢复稀疏信号,$\boldsymbol{\Phi}$ 需要取随机矩阵,即$\boldsymbol{\Phi}$ 的每一个元素 $\varphi_{i,j}$ 可以通过一个概率分布独立产生,即 $\varphi_{i,j}$ 是独立同分布(i.i.

d)的随机变量。为了得到矩阵$\boldsymbol{\Phi}$,几个常用的概率分布如下。

(1) 高斯随机变量

$$\varphi_{i,j} \sim N(0,1/M) \tag{11.5.2}$$

即每一个元素$\varphi_{i,j}$独立地产生自一个均值为0、方差为$1/M$的高斯分布。

(2) $\varphi_{i,j}$独立地产生自如下伯努利分布,即

$$\varphi_{i,j}=\begin{cases}+1/\sqrt{M}, & 以概率 1/2\\ -1/\sqrt{M}, & 以概率 1/2\end{cases} \tag{11.5.3}$$

(3) $\varphi_{i,j}$独立地产生自如下分布,即

$$\varphi_{i,j}=\begin{cases}+\sqrt{3/M}, & 以概率 1/3\\ 0, & 以概率 1/3\\ -\sqrt{3/M}, & 以概率 1/3\end{cases} \tag{11.5.4}$$

可直观地理解$\boldsymbol{\Phi}$取随机矩阵的意义。由式(11.5.1),一个测量值可写为$y_j=\sum_{i=1}^{N}\varphi_{j,i}x_i$,当$\varphi_{j,i}$取自i.i.d.的随机数时,每一个测量值以最大的不确定性获取了向量$\boldsymbol{x}$的部分信息,对于给定的M,M个测量值集合$\{y_j\}_{j=1}^{M}$可能获取了关于$\boldsymbol{x}$的最大信息量,最利于用这组测量值恢复$\boldsymbol{x}$。

理论上,Baraniuk等利用Johnson-Lindenstrauss(JL)引理和Kashin等的"M-widths"定理证明了在满足一定条件下,随机矩阵$\boldsymbol{\Phi}$以高概率满足RIP条件,从而保证了通过M个测量值可重构稀疏信号$\boldsymbol{x}$。这里不准备对Baraniuk等的证明过程做详细介绍,只简单地给出JL引理和利用它得到的结果。

引理 11.5.1 (JL引理)对于给定的$\varepsilon\in(0,1)$,对于任意Q集合,这里Q集合在$\boldsymbol{R}^N$空间有$\#(Q)$个点,如果正整数M取$M>M_0=O(\ln(\#(Q))/\varepsilon^2)$,则存在映射$f:\boldsymbol{R}^N\to\boldsymbol{R}^M$,对于任意$\boldsymbol{u},\boldsymbol{v}\in Q$,满足

$$(1-\varepsilon)\|\boldsymbol{u}-\boldsymbol{v}\|_{l_2^N}^2 \leqslant \|f(\boldsymbol{u})-f(\boldsymbol{v})\|_{l_2^M}^2 \leqslant (1+\varepsilon)\|\boldsymbol{u}-\boldsymbol{v}\|_{l_2^N}^2 \tag{11.5.5}$$

注意,上式中$\|\ \|_{l_2^N}$表示N维空间的l_2范数。

实际上,近年来JL引理得到广泛研究,人们证明,对于$\boldsymbol{u},\boldsymbol{v}$是$\boldsymbol{R}^N$的稀疏向量,则映射$f$可取一个$M\times N$维随机矩阵$\boldsymbol{\Phi}$,即$f(\boldsymbol{u})=\boldsymbol{\Phi u}$,这正是CS方程的形式。

在JL引理的证明中得到两个有意思的结果,这里仅给出简单介绍,第一个结果是映射的期望性质,即对于任意$\boldsymbol{u}\in\boldsymbol{R}^N$,满足

$$E\{\|\boldsymbol{\Phi u}\|_{l_2^M}^2\}=\|\boldsymbol{u}\|_{l_2^N}^2 \tag{11.5.6}$$

就是说,$\|\boldsymbol{\Phi u}\|_{l_2^M}^2$的期望值是$\|\boldsymbol{u}\|_{l_2^N}^2$;第二个结果是引出了一个聚集不等式(Concentration Inequality),即有如下概率条件成立:

$$\Pr\{|\|\boldsymbol{\Phi u}\|_{l_2^M}^2-\|\boldsymbol{u}\|_{l_2^N}^2|\geqslant\varepsilon\|\boldsymbol{u}\|_{l_2^N}^2\}\leqslant 2\mathrm{e}^{-Mc_0(\varepsilon)} \tag{11.5.7}$$

式(11.5.7)称为聚集不等式,该不等式说明映射结果$\|\boldsymbol{\Phi u}\|_{l_2^M}^2$聚集于$\|\boldsymbol{u}\|_{l_2^N}^2$附近。利用JL引理,Baraniuk等证明了如下定理[13]。

定理 11.5.1 设M,N和$0<\delta<1$给定,如果$M\times N$维随机矩阵$\boldsymbol{\Phi}$满足式(11.5.7)的聚集不等式,则存在两个仅依赖于δ的常数c_1,c_2,当稀疏度k满足

$$k \leqslant c_1 M/\log(N/k) \tag{11.5.8}$$

时，则$\boldsymbol{\Phi}$以概率$P \geqslant 1-2\mathrm{e}^{-c_2 M}$满足$\delta_k=\delta$的RIP条件。

注意到，定理11.5.1给出了$\boldsymbol{\Phi}$满足RIP的条件。首先$\boldsymbol{\Phi}$要满足式(11.5.7)的聚集不等式，用式(11.5.2)～式(11.5.4)得到的随机矩阵都满足这个条件，且$c_0(\varepsilon)=\varepsilon^2/4-\varepsilon^3/6$。定理11.5.1最关键的是给出了可实现重构的稀疏度量k的条件，即式(11.5.8)，实际中，更常用的是给出k，求测量样本数M的条件，由式(11.5.8)立刻得到

$$M \geqslant C_1 k \log(N/k) \tag{11.5.9}$$

也就是说给出N,k，测量样本数需满足式(11.5.9)，这里C_1是一个与δ有关的常数。

当信号在正交变换下是稀疏的，即$\boldsymbol{A}=\boldsymbol{\Phi\Psi}$，这里$\boldsymbol{\Psi}$是一个正交变换的基矩阵，Baraniuk等也说明了在这种情况下$\boldsymbol{A}=\boldsymbol{\Phi\Psi}$同样满足RIP条件，包括式(11.5.2)～式(11.5.4)产生的随机矩阵在正交变换下仍满足RIP特性，这是一个很一般化的结论，为了直观地理解，对式(11.5.2)产生的随机矩阵$\boldsymbol{\Phi}$，可以验证$\boldsymbol{A}=\boldsymbol{\Phi\Psi}$仍然服从i.i.d.的高斯分布，由

$$a_{i,j}=\boldsymbol{\varphi}_i^{\mathrm{T}}\boldsymbol{\psi}_j=\boldsymbol{\psi}_j^{\mathrm{T}}\boldsymbol{\varphi}_i \tag{11.5.10}$$

这里，$\boldsymbol{\varphi}_i^{\mathrm{T}}$表示$\boldsymbol{\Phi}$的第$i$行，$\boldsymbol{\psi}_j$表示$\boldsymbol{\Psi}$的第$j$列，两个系数的互相关为

$$\begin{aligned}E[a_{i,j}a_{l,k}]&=E[\boldsymbol{\psi}_j^{\mathrm{T}}\boldsymbol{\varphi}_i\boldsymbol{\varphi}_l^{\mathrm{T}}\boldsymbol{\psi}_k]=\boldsymbol{\psi}_j^{\mathrm{T}}E[\boldsymbol{\varphi}_i\boldsymbol{\varphi}_l^{\mathrm{T}}]\boldsymbol{\psi}_k\\&=\boldsymbol{\psi}_j^{\mathrm{T}}\sigma_\varphi^2\boldsymbol{I}\delta(i-l)\boldsymbol{\psi}_k=\sigma_\varphi^2\boldsymbol{\psi}_j^{\mathrm{T}}\boldsymbol{\psi}_k\delta(i-l)\\&=\sigma_\varphi^2\delta(i-l)\delta(j-k)\end{aligned} \tag{11.5.11}$$

上式说明各$a_{i,j}$是不相关的，由于其为高斯随机变量，故也是相互独立的，故各$a_{i,j}$是i.i.d.的高斯随机变量，因此$\boldsymbol{A}=\boldsymbol{\Phi\Psi}$和$\boldsymbol{\Phi}$满足相同的RIP特性。对于其他随机矩阵虽不能做如上简单证明，但仍满足相同的RIP特性。

尽管随机矩阵有许多良好的性质，但也存在一些缺点，例如由于矩阵元素是随机产生的，计算上没有规律，故计算复杂性较高，还需要存储感知矩阵，这在一些应用中也是较大的开销。故人们也研究一些其他矩阵用于构造感知矩阵，常用的一类是从大的正交变换矩阵抽取M行构成$\boldsymbol{A}$矩阵，设$\boldsymbol{T}$是归一化的$N\times N$维正交变换矩阵(最常用的是DFT或DCT变换矩阵)，可以均匀地抽取M行，构成$M\times N$维$\boldsymbol{A}$矩阵，这类矩阵在信号感知和重构时可导出快速算法。这类从大变换矩阵随机抽取行构成的感知矩阵具有存储量小、计算效率高的特点，但一般需要比式(11.5.9)更多的样本数，Rudelson等给出了样本估计为[222]

$$M \geqslant C_2 k[\log(N)]^4 \tag{11.5.12}$$

还有许多其他形式构造的感知矩阵，例如利用Toeplitz矩阵、利用Kronecker积构造的矩阵等等，本节不再进一步赘述。

式(11.5.9)或式(11.5.12)给出的样本数中都有一个与具体问题相关的常数系数，具有理论价值，实际中不易于使用，况且具体的恢复算法(11.6节介绍)也不一定能够达到这个理论值，实际中也常用一些经验值，例如，Candes建议取$M\approx 3k\sim 5k$一般可以恢复稀疏信号，11.6节的数值实验也验证了这一点。

11.6 稀疏恢复算法介绍

11.3节～11.5节讨论了稀疏恢复的原理问题，本节集中讨论基本的稀疏恢复算法。对于k稀疏的N维信号(或参数)向量，通过M个观测值恢复这一N维向量。

如前所述,对于 l_0 范数最小化问题的精确解是 NP 难,可以通过松弛到 l_1 范数约束进行求解,对于 l_1 范数问题的求解可采用标准凸优化技术。但实际中采用标准凸优化算法解这类问题的运算复杂性很高,并不是最好的选择。在近些年,信号处理、统计学和机器学习等领域研究了一些更专门的逼近算法,使得运算复杂性更低。

首先对于 l_0 范数最小化问题,提出了贪婪类算法用于得到逼近的解,实践证明这类算法是有效的。对于 l_1 范数最小化问题,也有多种算法被提出,典型的有收缩迭代算法、最小角度回归(同伦算法)等。

目前来讲,稀疏恢复算法的研究仍在活跃时期,很难给出一个全面的讨论,限于本节的篇幅,仅选择最基本的算法给予介绍。对贪婪算法给出一个较详细的介绍,并给出数值实例,对于其他算法,仅给出一个概要性的介绍。

11.6.1 贪婪算法

稀疏信号恢复的贪婪算法(Greedy Methods)是一类算法的总称,贪婪算法的一个基本方法称为匹配追踪(Matching Pursuit,MP),首先由 Mallat 和 Zhang 在研究时频词典表示时提出,稍后给出了改进的形式,称为正交匹配追踪(Orthogonal Matching Pursuit,OMP)。这类贪婪算法可用于逼近求解($\mathbf{P}_0$)问题,即

$$(\mathbf{P}_0)\qquad \begin{aligned} &\min_{\boldsymbol{\theta}} \|\boldsymbol{\theta}\|_0 \\ &\text{s.t.}\quad \boldsymbol{y}=\boldsymbol{A\theta} \end{aligned} \tag{11.6.1}$$

当然,由于($\mathbf{P}_1$)问题与($\mathbf{P}_0$)问题解的等价性条件,在满足这种等价性时,也可以求解($\mathbf{P}_1$)问题。

对于($\mathbf{P}_0$)问题的解,可以分解为两部分,即求解$\boldsymbol{\theta}$ 的支撑集(Support Set)和支撑集上的非零值。这里所谓支撑集为$\boldsymbol{\theta}$ 的非零元素下标的集合,与支撑集对应的矩阵 $\mathbf{A}$ 的相应列称为"有效列"。本节讨论的算法都是递推算法,用符号 i 表示第 i 次递推。设第 $i-1$ 次递推已进行,$\boldsymbol{\theta}^{(i-1)}$ 为已得到具有 $i-1$ 个非 0 元素的解,则支撑集

$$S^{(i-1)}=\mathrm{Supp}(\boldsymbol{\theta}^{(i-1)})=\{j_1,j_2,\cdots,j_{i-1}\}$$

这里,$j_k\in\{1,2,\cdots,N\}$,$1\leqslant k\leqslant i-1$,用 $\mathbf{A}^{(i-1)}=[\boldsymbol{a}_{j_1},\boldsymbol{a}_{j_2},\cdots,\boldsymbol{a}_{j_{i-1}}]$表示用已得到的有效列组成的矩阵,其为 $M\times(i-1)$维矩阵。

1. MP 算法

有了这些准备,可描述贪婪算法,基本思想是:贪婪算法的每一次迭代都将得到一个新的有效列和将解向量增加一个新的非零分量。有多种不同的贪婪算法,较早应用于信号处理的是 MP 算法,将 MP 算法的描述列于表 11.6.1 中。

假设在第 $i-1$ 次迭代后,已确定了 $i-1$ 列有效列 $\boldsymbol{a}_{j_1},\boldsymbol{a}_{j_2},\cdots,\boldsymbol{a}_{j_{i-1}}$ 和 $i-1$ 稀疏的解 $\boldsymbol{\theta}^{(i-1)}$,并形成了误差向量 $\mathbf{e}^{(i-1)}=\boldsymbol{y}-\boldsymbol{A\theta}^{(i-1)}$,注意到 $\mathbf{e}^{(i-1)}$ 是与 $\boldsymbol{a}_{j_1},\boldsymbol{a}_{j_2},\cdots,\boldsymbol{a}_{j_{i-1}}$ 互补的向量,理想情况下 $\mathbf{e}^{(i-1)}$ 与 $\boldsymbol{a}_{j_1},\boldsymbol{a}_{j_2},\cdots,\boldsymbol{a}_{j_{i-1}}$ 张成的空间正交,利用式(11.6.2)搜索得到的 $\boldsymbol{a}_{j_i}$ 是与 $\mathbf{e}^{(i-1)}$ 最相关,即与 $\boldsymbol{a}_{j_1},\boldsymbol{a}_{j_2},\cdots,\boldsymbol{a}_{j_{i-1}}$ 最大互补的列。

表 11.6.1　MP 算法描述

给定：矩阵 $\mathbf{A}$、向量 $\boldsymbol{y}$ 和误差阈值 ε_0；
初始条件：$i=0$；初始解 $\boldsymbol{\theta}^{(0)}=\mathbf{0}$；初始误差 $\mathbf{e}^{(0)}=\boldsymbol{y}$；初始支撑集 $S^{(i-1)}=\text{supp}(\boldsymbol{\theta}^{(0)})=\varnothing$ 为空集

算法描述
(1) $i\leftarrow i+1$；
(2) 确定一个新的有效列 j_i 为

$$j_i=\underset{j\in\{1,2,\cdots,N\}}{\operatorname{argmax}}\frac{|\boldsymbol{a}_j^{\mathrm{T}}\mathbf{e}^{(i-1)}|}{\|\boldsymbol{a}_j\|_2}\tag{11.6.2}$$

和更新的解分量为

$$\hat{\theta}_{j_i}=\frac{\boldsymbol{a}_{j_i}^{\mathrm{T}}\mathbf{e}^{(i-1)}}{\|\boldsymbol{a}_{j_i}\|_2^2}\tag{11.6.3}$$

(3) 扩充支撑集为 $S^{(i)}=S^{(i-1)}\cup\{j_i\}$；
(4) 更新解向量

$$\boldsymbol{\theta}^{(i)}=\boldsymbol{\theta}^{(i-1)}$$

$$\boldsymbol{\theta}^{(i)}(j_i)=\boldsymbol{\theta}^{(i)}(j_i)+\hat{\theta}_{j_i}\tag{11.6.4}$$

（注：$\boldsymbol{\theta}^{(i)}(j_i)$ 表示 $\boldsymbol{\theta}^{(i)}$ 第 j_i 分量）
(5) 更新误差向量

$$\boldsymbol{e}^{(i)}=\boldsymbol{y}-\boldsymbol{A\theta}^{(i)}=\mathbf{e}^{(i-1)}-\boldsymbol{a}_{j_i}\hat{\theta}_{j_i}\tag{11.6.5}$$

(6) 如果 $\|\mathbf{e}^{(i)}\|_2\leqslant\varepsilon_0$，停止迭代转入步骤(7)，否则转入步骤(1)继续迭代；
(7) 输出 i 稀疏解 $\hat{\boldsymbol{\theta}}=\boldsymbol{\theta}^{(i)}$

当得到了 $\boldsymbol{a}_{j_i}$，若把该列构成单列的数据矩阵 $\boldsymbol{A}_i=[\boldsymbol{a}_{j_i}]$，把 $\mathbf{e}^{(i-1)}$ 作为期望向量，利用标准 LS 估计参数值 $\hat{\theta}_{j_i}$，则

$$\hat{\theta}_{j_i}=(\boldsymbol{A}_i^{\mathrm{T}}\boldsymbol{A}_i)^{-1}\boldsymbol{A}_i^{\mathrm{T}}\mathbf{e}^{(i-1)}=\frac{\boldsymbol{a}_{j_i}^{\mathrm{T}}\mathbf{e}^{(i-1)}}{\|\boldsymbol{a}_{j_i}\|_2^2}$$

以上正是式(11.6.3)，故式(11.6.3)实际是单变量的 LS 估计。而式(11.6.4)将新估计得到的参数置于解 $\boldsymbol{\theta}^{(i)}$ 的相应位置，式(11.6.5)计算新的误差向量，若满足预设精度要求则停止，否则继续迭代。

2. OMP 算法

MP 算法每次搜索一个最有价值的新有效列，并利用 LS 估计新的参数分量，计算量比较简单，但性能不够理想，不能保证 $\mathbf{e}^{(i)}$ 与 $\boldsymbol{a}_{j_1},\boldsymbol{a}_{j_2},\cdots,\boldsymbol{a}_{j_i}$ 张成的空间的正交性，也就难以保证 $\boldsymbol{a}_{j_i}$ 与 $\boldsymbol{a}_{j_1},\boldsymbol{a}_{j_2},\cdots,\boldsymbol{a}_{j_{i-1}}$ 的最大互补性。针对 MP 的问题进行改进，得到性能更好的 OMP 算法。将 OMP 算法列于表 11.6.2 中。

OMP 算法中，确定新的有效列 j_i 的方法与 MP 一致，不同的是，OMP 将所有已得到的有效列构成矩阵 $\boldsymbol{A}^{(i)}=[\boldsymbol{a}_{j_1},\boldsymbol{a}_{j_2},\cdots,\boldsymbol{a}_{j_i}]$，并利用式(11.6.6)的 LS 约束重新求所有 i 个非零系数，将 i 个非零系数表示为向量 $\tilde{\boldsymbol{\theta}}$，由 11.4 节的理论结果知 $i<M$，故式(11.6.6)表示的总是过确定的 LS 问题，故

$$\tilde{\boldsymbol{\theta}}=((\boldsymbol{A}^{(i)})^{\mathrm{T}}\boldsymbol{A}^{(i)})^{-1}(\boldsymbol{A}^{(i)})^{\mathrm{T}}\boldsymbol{y}\tag{11.6.6}$$

求得 $\tilde{\boldsymbol{\theta}}$ 后，按照支撑集 $S^{(i)}=\{j_1,j_2,\cdots,j_i\}$ 的指示，将 $\tilde{\boldsymbol{\theta}}$ 各分量依次放置到 $\boldsymbol{\theta}^{(i)}$ 的 $j_1,j_2,\cdots,j_i$

表 11.6.2 OMP 算法描述

给定：矩阵 $\boldsymbol{A}$、向量 $\boldsymbol{y}$ 和误差阈值 ε_0； 初始条件：$i=0$；初始解 $\boldsymbol{\theta}^{(0)}=\mathbf{0}$；初始误差 $\mathbf{e}^{(0)}=\boldsymbol{y}$；初始支撑集 $S^{(0)}=\mathrm{supp}(\boldsymbol{\theta}^{(0)})=\varnothing$ 为空集；起始矩阵 $\boldsymbol{A}^{(0)}$ 是 0 列矩阵
算法描述 (1) $i\leftarrow i+1$； (2) 确定一个新的有效列 j_i 为 $$j_i=\underset{j\in\{1,2,\cdots,N\}}{\operatorname{argmax}}\frac{\lvert\boldsymbol{a}_j^{\mathrm{T}}\mathbf{e}^{(i-1)}\rvert}{\lVert\boldsymbol{a}_j\rVert_2}$$ (3) 扩充支撑集和有效列矩阵为 $S^{(i)}=S^{(i-1)}\cup\{j_i\}$ 和 $\boldsymbol{A}^{(i)}=[\boldsymbol{A}^{(i-1)},\boldsymbol{a}_{j_i}]$； (4) 更新有效解向量，首先求 i 维向量 $\tilde{\boldsymbol{\theta}}$ 满足如下 LS 约束，即 $$\tilde{\boldsymbol{\theta}}=\underset{\boldsymbol{v}\in\mathbf{R}^i}{\operatorname{argmin}}\lVert\boldsymbol{y}-\boldsymbol{A}^{(i)}\boldsymbol{v}\rVert_2^2 \tag{11.6.7}$$ 按 $S^{(i)}$ 的支撑集，将 $\tilde{\boldsymbol{\theta}}$ 各元素依次放置于 $\boldsymbol{\theta}^{(i)}$ 的 $j_1,j_2,\cdots,j_i$ 位子，$\boldsymbol{\theta}^{(i)}$ 的其他分量为 0； (5) 更新误差向量 $$\mathbf{e}^{(i)}=\boldsymbol{y}-\boldsymbol{A}\boldsymbol{\theta}^{(i)} \tag{11.6.8}$$ (6) 如果 $\lVert\boldsymbol{e}^{(i)}\rVert_2\leqslant\varepsilon_0$，停止迭代转入步骤(7)，否则转入步骤(1)继续迭代； (7) 输出 i 稀疏解 $\hat{\boldsymbol{\theta}}=\boldsymbol{\theta}^{(i)}$

行，$\boldsymbol{\theta}^{(i)}$ 的其他分量为 0，由式(11.6.7)利用新的 $\boldsymbol{\theta}^{(i)}$ 得到新的误差向量 $\mathbf{e}^{(i)}$。按照 LS 的正交原理，$\mathbf{e}^{(i)}$ 与 $\boldsymbol{a}_{j_1},\boldsymbol{a}_{j_2},\cdots,\boldsymbol{a}_{j_i}$ 张成的空间是正交的，这是 OMP 名称的由来。因此每一步迭代得到的新有效列与以前的有效列集合具有最大互补性，在一些特殊情况下可能是相互正交的，这种情况下，$\boldsymbol{A}^{(i)}$ 是正交矩阵，即 $(\boldsymbol{A}^{(i)})^{\mathrm{T}}\boldsymbol{A}^{(i)}=\boldsymbol{I}$，这时式(11.6.8)化简为 $\tilde{\boldsymbol{\theta}}=(\boldsymbol{A}^{(i)})^{\mathrm{T}}\boldsymbol{y}$，计算量得到明显降低。

对于 OMP 算法，若迭代在第 $i=k_0$ 次后满足终止条件，则得到 k_0 稀疏解，并且算法复杂度为 $O(k_0NM)$ 量级，这是实际中可接受的运算复杂度。

3. 贪婪算法稀疏恢复性的充分条件

没有一般性条件保证以上的 MP 和 OMP 算法能够得到$(\mathbf{P}_0)$问题的最优解，即没有保证所得到的解最接近于真实解。对于 OMP 算法，可以保证每一步迭代可使误差的 l_2 范数下降，但不能保证解最接近真实解。在一些比较严苛的条件下，OMP 算法保证得到真实的最稀疏解，以下不加证明地简述这些结论。

引理 11.6.1 若$(\mathbf{P}_0)$问题的一个真实解 $\boldsymbol{\theta}$ 满足方程 $\boldsymbol{y}=\boldsymbol{A}\boldsymbol{\theta}$，且有

$$k_0=\lVert\boldsymbol{\theta}\rVert_0<\frac{1}{2}\left(1+\frac{1}{\mu(\boldsymbol{A})}\right) \tag{11.6.9}$$

且 $\boldsymbol{\theta}$ 的支撑集为 $\{j_1,j_2,\cdots,j_{k_0}\}$，则通过 OMP 算法得到的有效列序号满足

$$j_i=\underset{j\in\{1,2,\cdots,N\}}{\operatorname{argmax}}\frac{\lvert\boldsymbol{a}_j^{\mathrm{T}}\mathbf{e}^{(i-1)}\rvert}{\lVert\boldsymbol{a}_j\rVert_2}\in\{j_1,j_2,\cdots,j_{k_0}\} \tag{11.6.10}$$

引理 11.6.1 说明，若$(\mathbf{P}_0)$问题存在一个满足式(11.6.9)的 $k_0=\lVert\boldsymbol{\theta}\rVert_0$ 的稀疏解，则 OMP 算法可保证其计算得到的支撑集是真实的支撑集。

定理 11.6.1 若$(\mathbf{P}_0)$问题的一个真实解 $\boldsymbol{\theta}$ 满足方程 $\boldsymbol{y}=\boldsymbol{A}\boldsymbol{\theta}$，且是 $k_0=\lVert\boldsymbol{\theta}\rVert_0$ 稀疏的，

这里 k_0 满足式(11.6.9)，则 OMP 算法通过 $k_0=\|\boldsymbol{\theta}\|_0$ 步迭代恢复最稀疏解。

尽管定理 11.6.1 的结论保证了一定条件下 OMP 算法的最优性，但是式(11.6.9)给出的稀疏性要求太苛刻了，其实际上给出的稀疏度的界为 $\sqrt{M}$ 量级。在实际中，可通过仿真验证来确定稀疏性 k_0 和 M、N 的关系。

4. OMP 算法的一个数值实验例

这里给出一个仿真实验的例子说明 OMP 算法的有效性，以 CS 应用为主，为简单，设时域信号本身是稀疏的，即$\boldsymbol{\Psi}=\boldsymbol{I}$，这样可避免使用变换，集中说明 OMP 的有效性。

第一组实验给出参数为 $N=1024, k_0=N/8=128, M=4k_0=512$，测量矩阵$\boldsymbol{\Phi}$由 i.i.d. 的高斯变量组成，满足 $N(0,1/M)$ 分布，将随机生成的 128 个非零数据随机放置于 1024 长数组中作为原始数据，由测量矩阵随机产生 512 个测量值，用 OMP 算法恢复原信号，图 11.6.1 同时画出原信号和 OMP 算法恢复的信号，在这个实验环境下，恢复性能近乎无失真。定义

$$E=\frac{\|\boldsymbol{x}-\hat{\boldsymbol{x}}\|_2^2}{\|\boldsymbol{x}\|_2^2} \tag{11.6.11}$$

表示恢复误差(均方误差)，$\boldsymbol{x}$ 表示原信号，$\hat{\boldsymbol{x}}$ 表示恢复信号，我们进行 10 次实验，得到平均恢复误差为 $E=3.24\times10^{-16}$。

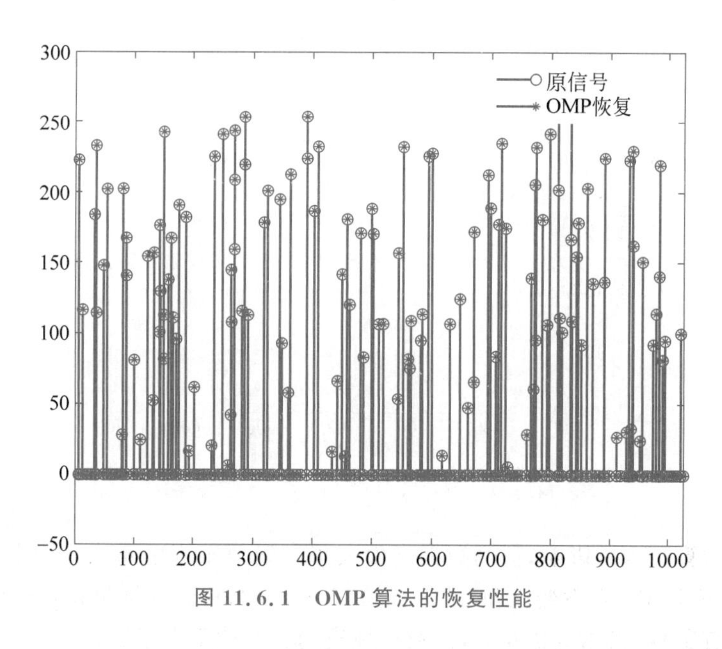

图 11.6.1　OMP 算法的恢复性能

再进行第二组实验，即在其他参数不变的情况下，改变测量样本数 M，让 M 在 $k_0\sim5k_0$ 之间变化，对每一个 M 值做 20 次实验，计算用 OMP 算法的恢复误差，并示于图 11.6.2 中。从图中可见，有一个陡峭区域，M 在小于陡峭区，原信号不能被准确恢复，但若 M 大于这个陡峭区，则 M 再增加恢复性能也不再有明显改善，图中显示对于本实验 $M=384$ 时，信号已可很精确地恢复，即相当于 $M=3k_0$ 或 $k_0=M/3$ 时，即可相当精确地恢复原信号。相比而言，在 $M=384$ 时，式(11.6.9)给出的 $k_0\leqslant10$，可见定理 11.6.1 给出的充分性条件是非常保守的一个估计。

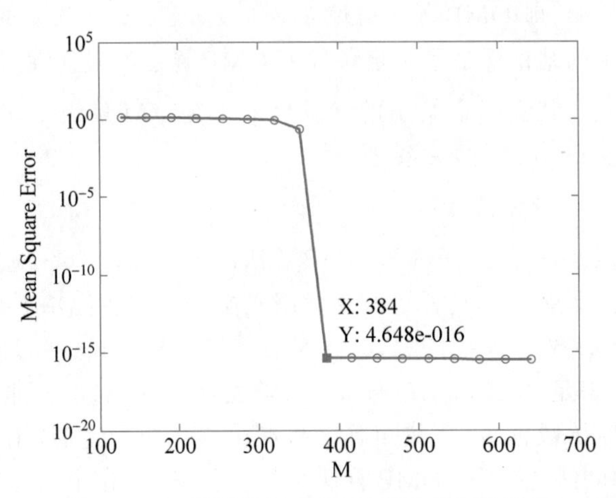

图 11.6.2 测量数目对 OMP 算法恢复的影响

为了比较 OMP 算法和 MP 算法的性能,这里进行第三组实验,实验条件与第二组实验相同,恢复算法换成 MP,结果如图 11.6.3 所示,可见对比 OMP 算法,为恢复 $k_0=128$ 的稀疏信号,MP 需要的测量数更大,MP 的恢复精度也不及 OMP 算法,OMP 稳定恢复的误差为 10^{-15} 量级,而 MP 算法响应为 10^{-8} 量级。

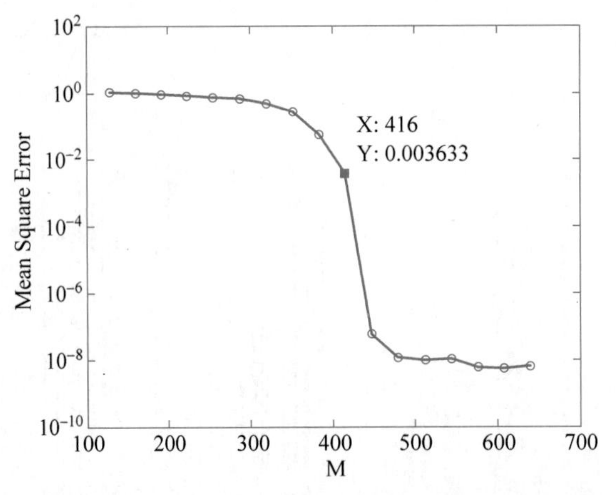

图 11.6.3 测量数目对 MP 算法恢复的影响

数据规模对算法也有影响,但当数据规模大于一定值则影响不大了,例如,在上述实验中,若保持 k_0/N 和 M/N 不变,实验数据规模 N 的影响,得到的结果是:N 很小时,数据规模对恢复精度有影响,当 $N>256$ 后,则数据规模的影响就不大了。

11.6.2 LASSO 的循环坐标下降算法

在 11.2.2 节讨论了 LASSO 问题,其描述如下:

$$\min_{\boldsymbol{\theta}}\left\{\frac{1}{2}\|\boldsymbol{y}-\boldsymbol{A}\boldsymbol{\theta}\|_2^2+\lambda\|\boldsymbol{\theta}\|_1\right\} \tag{11.6.12}$$

这里,$\lambda \geqslant 0$,本节给出 LASSO 的一种求解方法,由于等价性,这个算法也可用于其他稀疏恢复问题。

与11.2.2节的符号一致,设$\boldsymbol{\theta}$是ℓ维向量。为了使得对LASSO的求解表示更规范,对数据矩阵$\boldsymbol{A}$做一些限制,设$\boldsymbol{A}$可表示为$\boldsymbol{A}=[a_{ij}]_{M\times\ell}$,可将$\boldsymbol{A}$写成列向量表示形式为

$$\boldsymbol{A}=[\boldsymbol{a}_1,\boldsymbol{a}_2,\cdots,\boldsymbol{a}_\ell] \tag{11.6.13}$$

并假设$\sum_{i=1}^{M}a_{ij}=0,\ j=1,\cdots,\ell$和$\|\boldsymbol{a}_j\|_2^2=1$。由于假设信号是零均值的,第一个条件成立,至于$\boldsymbol{A}$的各列归一化,则可通过预处理达到。

为了简单,先推导单变量情况下的解,然后推广到一般情况。

1. 单变量情况下LASSO的解

为了推导简单,首先假设样本集$\{(\boldsymbol{x}_i,y_i)\}_{i=1}^{M}$中,$\boldsymbol{x}$仅是一维的标量,即样本集为$\{(z_i,y_i)\}_{i=1}^{M}$,这里为了符号表示不混乱,用$z_i$表示输入,只有一个参数$\theta$待求,式(11.6.12)化简为

$$\min_{\boldsymbol{\theta}}\left\{\frac{1}{2}\sum_{i=1}^{M}(y_i-z_i\theta)^2+\lambda|\theta|\right\} \tag{11.6.14}$$

为求θ的最优值,对式(11.6.14)两侧求导并令其为0,得

$$\theta-\boldsymbol{z}^{\mathrm{T}}\boldsymbol{y}+\lambda\frac{\partial|\theta|}{\partial\theta}=0 \tag{11.6.15}$$

这里$\boldsymbol{z}$表示z_i的向量形式,上式推导中用到了$\sum_{i=1}^{M}z_i^2=1$。对式(11.6.15)分三种情况讨论。

(1) 设$\theta>0$,式(11.6.15)化简为$\theta-\boldsymbol{z}^{\mathrm{T}}\boldsymbol{y}+\lambda=0$,得到解为

$$\hat{\theta}=\boldsymbol{z}^{\mathrm{T}}\boldsymbol{y}-\lambda,\quad \boldsymbol{z}^{\mathrm{T}}\boldsymbol{y}>\lambda \tag{11.6.16}$$

(2) 设$\theta<0$,式(11.6.15)化简为$\theta-\boldsymbol{z}^{\mathrm{T}}\boldsymbol{y}-\lambda=0$,得到解为

$$\hat{\theta}=\boldsymbol{z}^{\mathrm{T}}\boldsymbol{y}+\lambda,\quad \boldsymbol{z}^{\mathrm{T}}\boldsymbol{y}<-\lambda \tag{11.6.17}$$

(3) 若$\theta=0$,则$\frac{\partial|\theta|}{\partial\theta}\in[-1,1]$,不确定,但结合式(11.6.15)～式(11.6.17),可得,当$|\boldsymbol{z}^{\mathrm{T}}\boldsymbol{y}|<\lambda$时,$\hat{\theta}=0$。

综合以上三点,得到θ的解为

$$\hat{\theta}=\begin{cases}\boldsymbol{z}^{\mathrm{T}}\boldsymbol{y}-\lambda, & \boldsymbol{z}^{\mathrm{T}}\boldsymbol{y}>\lambda\\ 0, & |\boldsymbol{z}^{\mathrm{T}}\boldsymbol{y}|<\lambda\\ \boldsymbol{z}^{\mathrm{T}}\boldsymbol{y}+\lambda, & \boldsymbol{z}^{\mathrm{T}}\boldsymbol{y}<-\lambda\end{cases} \tag{11.6.18}$$

这里,定义一个软门限算子$S_\lambda(x)$为

$$S_\lambda(x)=\mathrm{sign}(x)(|x|-\lambda)_+ \tag{11.6.19}$$

这里算符$(x)_+$表示取x正的部分,即当$x>0$,$(x)_+=x$,否则$(x)_+=0$。图11.6.4表示了软门限计算的示意图。由软门限算子的定义可见,式(11.6.18)可用软门限算子表示为

$$\hat{\theta}=S_\lambda(\boldsymbol{z}^{\mathrm{T}}\boldsymbol{y}) \tag{11.6.20}$$

实际上若对单变量情况直接做LS解,其LS解为

$$\hat{\theta}_{\mathrm{LS}}=\boldsymbol{z}^{\mathrm{T}}\boldsymbol{y} \tag{11.6.21}$$

显然,LASSO 解的软门限算子,使得解更趋于 0,若 $|\hat{\theta}_{LS}| \leqslant \lambda$,则 LASSO 解 $\hat{\theta}=0$。图 11.6.4 中,若令 $x=\hat{\theta}_{LS}$,则实线表示了 LS 解,虚线表示了 LASSO 解,LASSO 解更趋于 0。

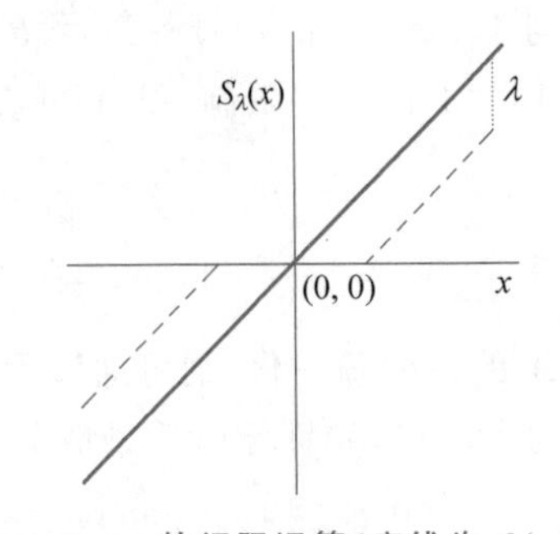

图 11.6.4 软门限运算(实线为 $f(x)=x$,虚线为 $S_\lambda(x)$)

2. 多变量情况下 LASSO 解的推广

利用以上单变量的解,通过对单变量方法的一个直观扩展,推广到多参数方法,即得到式(11.6.12)的一般解。设$\boldsymbol{\theta}$ 有 ℓ 个参数,每一次只改变一个参数 θ_j,而其他参数保持不变,可以证明,用部分残差值 $r_i^{(j)}=y_i-\sum_{k\neq j} a_{ik}\hat{\theta}_k$ 替代 y_i,则参数 θ_j 的估计值为

$$\hat{\theta}_j=S_\lambda(\boldsymbol{a}_j^{\mathrm{T}}\boldsymbol{r}^{(j)}) \tag{11.6.22}$$

初始时给出 $\hat{\theta}_j, j=1,2,\cdots,\ell$ 的初始值,然后循环改变 j 执行式(11.6.22),直到收敛为止。这个算法称为循环坐标下降法(Cyclical Coordinate Descent,CCD),在一定条件下该算法收敛。如果定义一个全残差量 $r_i=y_i-\sum_{k=1}^{p} a_{ik}\hat{\theta}_k$,则可导出式(11.6.22)的等价形式为

$$\hat{\theta}_j \leftarrow S_\lambda(\hat{\theta}_j+\boldsymbol{a}_j^{\mathrm{T}}\boldsymbol{r}) \tag{11.6.23}$$

可以看到,CCD 算法对每个参数施加软门限,使得解向量$\hat{\boldsymbol{\theta}}$ 具有稀疏性,这个稀疏性是 ℓ_1 范数约束的直接结果。

11.7 信号稀疏恢复的几个应用实例

信号的稀疏恢复方法已得到许多应用,是近年信号处理领域活跃的分支之一,除了理论和算法的研究取得大量成果外,也探讨了其可能的应用,本节只选择介绍其中几个比较简单的应用。

1. 单像素相机

这里简要介绍单像素相机的原理,可看到这是压缩感知在成像中的一个直接应用。单像素相机的原理是将真实图像与独立同分布的伯努利分布产生的随机向量进行内积,而后将测量到的内积值记录在单个像素上的设备。通过少量的记录样本,即可恢复原始图像。

假设图像为 $N_1\times N_2$ 像素点的灰度图,可以将其灰度写成一维向量 $\boldsymbol{x}$,其维度为 $N_1N_2\times 1$。图像一般是不直接满足稀疏性的,然而如上文说明的,在某些变换域下,如小波变换、DCT 变换等,图像可以表示为稀疏形式。这里假设通过小波变换$\boldsymbol{\Psi}$,$\boldsymbol{x}$ 可以表示为形式 $\boldsymbol{x}=\boldsymbol{\Psi}\boldsymbol{s}$。

单像素相机的硬件结构如图 11.7.1 所示。设备内部有一个数字反光镜阵列(Digital Micromirror Device,DMD),阵列上的每个反光镜都可以打开或关闭。镜头将打开的反光镜反射的光收集起来。采样部分通过 AD 对镜头收集到的光信息进行采样记录。设备通过

随机数产生器(Random Number Generator,RNG)控制 DMD 的翻转情况。所以整个过程相当于对 x 同独立的伯努利分布的 0-1 向量内积进行采样。此过程进行 M 次,获得 M 个内积值。将各次伯努利向量写成矩阵形式$\boldsymbol{\Phi}$,可得

$$\boldsymbol{y}=\boldsymbol{\Phi}\boldsymbol{\Psi}\boldsymbol{s}$$

这正是压缩感知的标准形式。而实际中通过 40%的随机采样,图像的恢复效果良好。图 11.7.1 说明了单像素相机的原理,这是美国莱斯大学的报道。

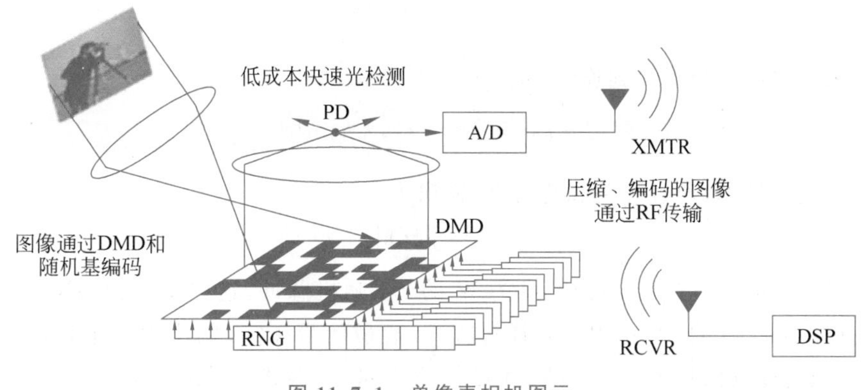

图 11.7.1　单像素相机图示

2. 模拟-信息转换器

本章前几节讨论稀疏表示时都是在离散域进行的,同样可以对连续时间信号研究稀疏表示问题。这里,利用压缩感知讨论更一般的信号采集问题。

在 11.2 节讨论 CS 时,假设对离散信号进行表示,若原离散信号向量是 N 维的,若该信号是 k 稀疏的,则可以通过 M 个样本恢复原 N 维稀疏向量,这里 $k<M<N$。这相当于对信号进行了一种特殊的亚采样,即降低了采样率。实际中,若原连续信号满足频域稀疏性,则可以对连续信号通过 CS 随机采样的原理直接进行低速率采样,即用低于奈奎斯特采样率的低速率采样得到可恢复原连续信号的信息,将这样的采样系统称为模拟-信息转换器(Analog-to-Infomation Conversion,AIC)。

设连续信号 $f(t)$的最高频率为 $F_{\max}$,奈奎斯特采样率为 $F_S=2F_{\max}$,假设信号 $f(t)$是频域稀疏的,其频谱如图 11.7.2 所示。按照稀疏表示的原理,既然按 F_S 采样得到的离散信号是频域稀疏的,可用更少的样本表示,则可以直接用一个更低的采样率 R 进行采样,这里 $R<F_S$,为了与 CS 的随机采样原理一致,我们设计一个随机脉冲函数 $p_c(t)$,AIC 的原理框图如图 11.7.3 所示。

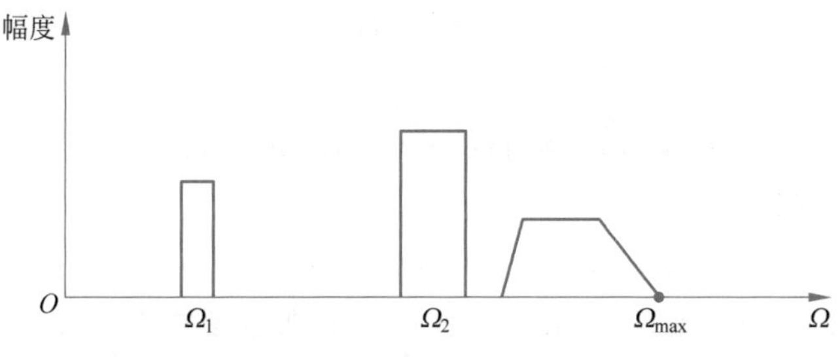

图 11.7.2　一个连续频域稀疏信号的示意图

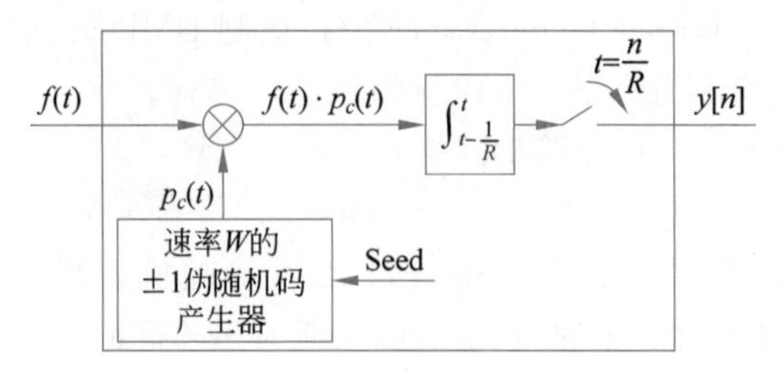

图 11.7.3 模拟-信息转换器实现框图

通过乘法器和积分器得到连续信号 $y(t)$ 为

$$y(t)=\int_{t-\frac{1}{R}}^{t} f(t)p_c(t)\mathrm{d}t$$

AIC 的输出是离散的,通过开关和定时器,输出为

$$y(n)=y(t)\Big|_{t=n\frac{1}{R}}$$

实际实现时为了简单,取 $p_c(t)$ 为宽度为 W 的 ±1 随机脉冲,这样实现的 AIC 等价于使用伯努利随机感知矩阵的 CS 过程。采样过程中,离散信号 $y(n)$ 的产生低于奈奎斯特率,且由 $y(n)$ 可恢复连续信号 $f(t)$。若以 AIC 代替 ADC 则得到更低采样率的信息采集系统。

采样问题是信号处理中一个基本问题,奈奎斯特的采样率是一个基本结果,当信号具有一定的结构性,例如稀疏性时,利用信号的结构性信息降低采样率,这一类问题可以归结为奈奎斯特采样问题,已有多种研究结果,保证在更低采样率时可恢复连续信号,建立在 CS 理论的降低采样技术是其中一种。关于采样问题的另一种思想是非均匀采样,通过非均匀间隔的采样重构信号,也是采样技术的一个研究方向,与此在方法上有紧密关联的图上信号采样问题,也已经变成一个受到关注的研究方向。总之,采样问题一直是信号处理中受到长期关注的一个问题,要做较详细讨论需专门一章,本书受篇幅所限,不准备展开讨论采样问题,有兴趣的读者可参考近期的相关文献。

3. 总体变分和核磁共振成像

稀疏模型描述中,l_0,l_1 范数是两种基本约束,也有许多其他特征可以用于描述稀疏性。这里简要介绍核磁共振成像(Magnetic Resonance Imaging,MRI)和总体变分(Total Variation,TV)方法。MRI 是一种重要的医学成像技术,也是 CS 最早得到应用的领域,为了有效描述一幅图像的稀疏性,引入 TV 特征。

设 $I(i,j)$,$1\leqslant i,j\leqslant N$ 表示一幅图像,定义其方向梯度为

$$\begin{aligned}\nabla_x I(i,j)&=I(i+1,j)-I(i,j),\quad 1\leqslant i<N\\ \nabla_y I(i,j)&=I(i,j+1)-I(i,j),\quad 1\leqslant j<N\end{aligned}\tag{11.7.1}$$

梯度的边界值为

$$\nabla_x I(N,j)=\nabla_y I(i,N)=0,\quad 1\leqslant i,j<N\tag{11.7.2}$$

一个像素点上的梯度是二维量

$$\nabla I(i,j)=[\nabla_x I(i,j),\nabla_y I(i,j)]\tag{11.7.3}$$

对于一幅图像,在其平坦区域,梯度很小或为 0,只有在边缘处才有大的梯度值,因此,图像在梯度域具有稀疏性,为此定义图像的 TV 特征如下:

$$\| I \|_{TV} = \sum_{i=1}^{N}\sum_{j=1}^{N} \| \nabla I(i,j) \|_2 = \sum_{i=1}^{N}\sum_{j=1}^{N} \sqrt{(\nabla_x I(i,j))^2 + (\nabla_y I(i,j))^2} \quad (11.7.4)$$

若以 $\| I \|_{TV}$ 代替图像自身的 l_1 范数，并能够得到与图像变换有关的一组（远少于图像像素数）测量值 $\boldsymbol{y}=\boldsymbol{R\Psi V}_I$，这里 $\boldsymbol{R\Psi}$ 表示取变换矩阵 $\boldsymbol{\Psi}$ 的部分行，$\boldsymbol{V}_I$ 表示图像像素值 $I(i,j)$ 重新排列成的一个向量，这里测量向量维数 $M<N^2$，即测量是欠定的，类似于 $\mathbf{P}_1$ 情况的稀疏恢复问题，定义 TV 特征代替 l_1 范数的稀疏恢复问题为

$$\begin{aligned} &\min\{ \| I \|_{TV} \} \\ &\text{s.t.} \quad \boldsymbol{y} = \boldsymbol{R\Psi V}_I \end{aligned} \quad (11.7.5)$$

由于 TV 特征是凸的，可以用凸优化技术求解式(11.7.5)，也可以导出类似 11.6 节的专门算法。图 11.7.4 给出一个例子，(a)是 MRI 的一个典型图像，MRI 成像可直接扫描得到其二维傅里叶变换，由于测量环境所限，只能得到部分 2-D DFT 系数，图(b)表示 2-D DFT 域，其上的 17 条仿射线表示可测量到 2-D DFT 在这些线条位置上的值，其他值未知。最基本的技术是，将未测量到的值设为 0，这样做反变换得到的重构图像如图(c) 所示，质量是很差的。利用稀疏恢复技术，求解式(11.7.5)得到图(d)，图(d)得到了近似无失真的重构。MRI 和图 11.7.4 是 CS 最早的应用之一，在 Candès 的经典论文中[34]就给出了介绍。

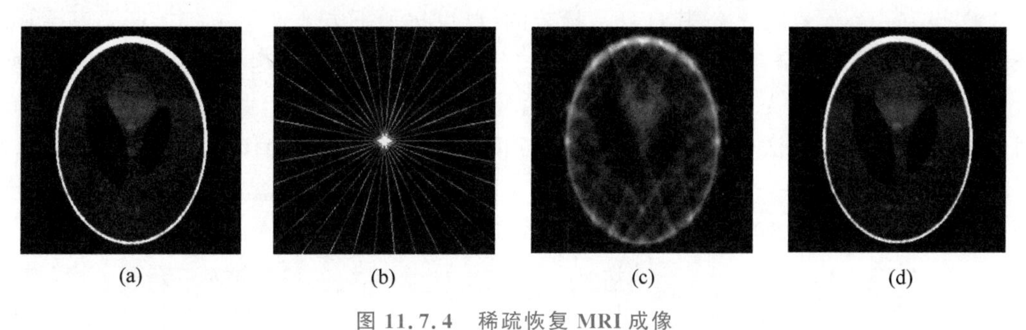

(a)　(b)　(c)　(d)

图 11.7.4　稀疏恢复 MRI 成像

11.8　本章小结和进一步阅读

本章讨论了稀疏表示和稀疏信号重构的基本原理和方法，并以压缩感知和统计中的回归问题或信号处理中的系统辨识问题为主要背景展开讨论。给出了稀疏引导的约束条件，解的存在性条件和典型重构算法。

近年来，围绕稀疏表示和压缩感知，数学家和信号处理学者又取得大量的进展，如结构化的稀疏问题求解（structured sparsity）、相位缺失情况下的向量恢复，而传统的从一维向量导出的压缩感知问题也被拓展至二维，形成矩阵完备（matrix completion）问题。从应用层面来看，数据压缩领域、雷达声呐领域、图像视频领域、计算成像领域、机器学习领域、统计领域都有稀疏表示和压缩感知成功应用的例子。围绕稀疏表示的文献和报到众多，已开拓或外延出多个小的研究分支，限于篇幅本章不再进一步展开讨论，读者可参考相关文献。

目前稀疏表示仍是一个活跃的研究分支，尽管如此，其一些基本理论和算法已得到验证，自 2010 年后陆续有该领域的著作出版，例如 Elad[91]、Foucart[94]、Rish[214]、Hastie[113]等的著作分别全面地讨论了稀疏表示、压缩感知、稀疏模型和稀疏统计学习等问题。有非常多

的论文从不同领域研究了稀疏表示和压缩感知问题，在压缩感知领域 Candès 等[34-36] 和 Donoho[82] 的论文是奠基性的文献，在稀疏统计模型领域，Tibshirani[248] 有关 LASSO 的工作是奠基性的。Baraniuk 给出了有关压缩感知的极为简洁的论述[11]，Candès 则给出一个稍详细的综述论文[37]，Bach 等给出了稀疏学习优化算法的详尽综述[10]。

习题

1. 在 11.6.2 节推导 CCD 算法时，导出了单变量情况的解是式(11.6.20)，通过对单变量方法的一个直观扩展，推广到多参数方法，设每一次只改变一个参数 θ_j，而其他参数保持不变，可以证明，用部分残差值 $r_i^{(j)}=y_i-\sum\limits_{k\neq j}a_{ik}\hat{\theta}_k$ 替代 y_i，则参数 θ_j 的估计值为

$$\hat{\theta}_j=S_\lambda(\boldsymbol{a}_j^{\mathrm{T}}\boldsymbol{r}^{(j)})$$

即证明式(11.6.22)。

2. 本章算法都是对实信号和实感知矩阵给出的，试将 OMP 算法推广到复数信号和复数感知矩阵的情况。

*3. 设有一个信号向量 $\boldsymbol{x}$，其自身是稀疏的，可以按如下方式产生 $\boldsymbol{x}$：设 $\boldsymbol{x}$ 是 $N=1000$ 维向量，首先产生 80 个在[−10,10]范围均匀分布的随机数，并把这 80 个随机数随机放置于 $\boldsymbol{x}$ 中，$\boldsymbol{x}$ 的其他分量为 0。对于这样一个信号，按 CS 方式分别产生 $M=100$、250、400 个测量值，试用 OMP 算法恢复信号 $\boldsymbol{x}$，计算各情况下的恢复精度。(注：可自行选择感知矩阵)

*4. 信号向量 $\boldsymbol{x}$ 是 1000 维的，对于 $1\leqslant n\leqslant 1000$，各分量

$$x(n)=1.2\cos\frac{13\pi n}{500}+2.5\sin\frac{27\pi n}{500}+0.68\cos\frac{173\pi n}{500}$$

$\boldsymbol{x}$ 在 DFT 域是稀疏的，利用第 2 题讨论的 OMP 算法，利用 CS 原理，用测量的 M 个样本恢复信号向量 $\boldsymbol{x}$，在给定重构均方误差不大于 0.001 的条件下，实验可恢复原信号的最小 M 值，并分别用以上最小 M 的 2 倍和 3 倍数量的测量值重做实验，观察重构信号的均方误差变化。

参考文献

请扫描二维码获取本书参考文献。

参考文献

附录A 矩阵论基础

现代信号处理中广泛使用矩阵运算，其中有些内容超出了工科工程数学中“线性代数”的内容，本附录给出与矩阵运算有关的一些数学基础。

附录是供查阅用的，大多数结果没有给出证明，内容的排列也不完全是循序渐进的，目的是为读者提供方便，在阅读正文遇到不熟悉的矩阵运算概念时，进行查阅。对矩阵论的更详细的讨论，请参看本附录后面给出的参考文献。

A.1 向量

一个 M 维列向量记为

$$\boldsymbol{x}=\begin{bmatrix}x_1\\x_2\\\vdots\\x_M\end{bmatrix}$$

用符号 T、H 分别表示转置和共轭转置，即

$$\boldsymbol{x}^{\mathrm{T}}=[x_1,x_2,\cdots,x_M],\quad \boldsymbol{x}^{\mathrm{H}}=[x_1^*,x_2^*,\cdots,x_M{}^*]$$

这里 x_1^* 表示对 x_1 取共轭，对于实数情况，共轭运算不起作用，但当 $x_1=\alpha+\mathrm{j}\beta$ 是复数时，则有 $x_1^*=\alpha-\mathrm{j}\beta$。

两个向量的内积（或称为点积）定义为

$$\langle\boldsymbol{x},\boldsymbol{y}\rangle=\boldsymbol{x}^{\mathrm{T}}\boldsymbol{y}=\sum_{k=1}^{M}x_ky_k$$

$$\langle\boldsymbol{x},\boldsymbol{y}\rangle=\boldsymbol{x}^{\mathrm{H}}\boldsymbol{y}=\sum_{k=1}^{M}x_k^*y_k$$

上面第1式是针对实向量定义的，第2式是针对复向量定义的，许多向量运算中，针对实的情况，用 $\boldsymbol{x}^{\mathrm{T}}$ 参与运算，而对复数情况，用 $\boldsymbol{x}^{\mathrm{H}}$ 参与运算，在本附录的后续内容中，如果不加说明，仅给出一种情况的公式，另一种情况按这种对应关系获得。

当两个向量内积为零，即 $\langle\boldsymbol{x},\boldsymbol{y}\rangle=0$，$\boldsymbol{x}$，$\boldsymbol{y}$ 正交。

由内积定义 $\boldsymbol{x}$ 的一种范数（2范数或 l_2）为

$$\|\boldsymbol{x}\|=\langle\boldsymbol{x},\boldsymbol{x}\rangle^{1/2}=\left(\sum_{k=1}^{M}|x_k|^2\right)^{1/2}$$

向量自身的外积（或称张量积）定义为

$$\boldsymbol{x}\boldsymbol{x}^{\mathrm{H}}=\begin{pmatrix}x_1x_1^* & x_1x_2^* & \cdots & x_1x_M^*\\ x_2x_1^* & x_2x_2^* & \cdots & x_2x_M^*\\ \vdots & \vdots & \ddots & \vdots\\ x_Mx_1^* & x_Mx_2^* & \cdots & x_Mx_M^*\end{pmatrix}$$

类似地,可以定义两个不同向量的外积。

A.2 向量空间

对于 n 个向量,$\boldsymbol{x}_1,\boldsymbol{x}_2,\cdots,\boldsymbol{x}_n$,如果

$$\alpha_1\boldsymbol{x}_1+\alpha_2\boldsymbol{x}_2+\cdots+\alpha_n\boldsymbol{x}_n=\boldsymbol{0}$$

意味着 $\alpha_i=0,i=1,2,\cdots,n$,则称 $\boldsymbol{x}_1,\boldsymbol{x}_2,\cdots,\boldsymbol{x}_n$ 是线性独立的。

向量集 $\boldsymbol{X}=\{\boldsymbol{x}_1,\boldsymbol{x}_2,\cdots,\boldsymbol{x}_N\}$ 张成的向量空间 $\mathcal{X}$ 是所有如下向量的集合:

$$\boldsymbol{x}=\alpha_1\boldsymbol{x}_1+\alpha_2\boldsymbol{x}_2+\cdots+\alpha_N\boldsymbol{x}_N$$

如果 $\boldsymbol{X}=\{\boldsymbol{x}_1,\boldsymbol{x}_2,\cdots,\boldsymbol{x}_N\}$ 是线性独立的,它构成 N 维空间的基向量,基向量不是唯一的。

向量空间的和:设 $\mathcal{X}$ 是向量空间,$\boldsymbol{W}_1$、$\boldsymbol{W}_2$ 是 $\mathcal{X}$ 两个子空间,$\boldsymbol{W}_1$、$\boldsymbol{W}_2$ 的和定义为

$$\boldsymbol{W}_1+\boldsymbol{W}_2=\{\boldsymbol{w}_1+\boldsymbol{w}_2 \mid \boldsymbol{w}_1\in\boldsymbol{W}_1,\boldsymbol{w}_2\in\boldsymbol{W}_2\}$$

向量空间的直和:设 $\boldsymbol{W}=\boldsymbol{W}_1+\boldsymbol{W}_2$ 是向量空间 $\mathcal{X}$ 的子空间 $\boldsymbol{W}_1$、$\boldsymbol{W}_2$ 的和,若 $\boldsymbol{W}$ 中的每个元素 $\boldsymbol{w}$ 表为 $\boldsymbol{W}_1$ 和 $\boldsymbol{W}_2$ 中元素的和的方法是唯一的,即由

$$\boldsymbol{w}=\boldsymbol{w}_1+\boldsymbol{w}_2=\boldsymbol{v}_1+\boldsymbol{v}_2\quad \boldsymbol{w}_1,\boldsymbol{v}_1\in\boldsymbol{W}_1,\boldsymbol{w}_2,\boldsymbol{v}_2\in\boldsymbol{W}_2$$

必有 $\boldsymbol{w}_1=\boldsymbol{v}_1,\boldsymbol{w}_2=\boldsymbol{v}_2$,那么,$\boldsymbol{W}$ 称为 $\boldsymbol{W}_1$ 和 $\boldsymbol{W}_2$ 的直和,记为 $\boldsymbol{W}=\boldsymbol{W}_1\oplus\boldsymbol{W}_2$。

A.3 矩阵及其基本性质

一个 $n\times m$ 矩阵 $\boldsymbol{A}$,可以用如下几种形式表示:

$$\boldsymbol{A}=[a_{ij}]_{n\times m}=\begin{bmatrix} a_{11} & a_{12} & \cdots & a_{1m} \\ a_{21} & a_{22} & \cdots & a_{2m} \\ \vdots & \vdots & \ddots & \vdots \\ a_{n1} & a_{n2} & \cdots & a_{nm} \end{bmatrix}=[\boldsymbol{c}_1,\boldsymbol{c}_2,\cdots,\boldsymbol{c}_m]=\begin{bmatrix} \boldsymbol{r}_1^{\mathrm{H}} \\ \boldsymbol{r}_2^{\mathrm{H}} \\ \vdots \\ \boldsymbol{r}_n^{\mathrm{H}} \end{bmatrix}=\begin{bmatrix} \boldsymbol{A}_{11} & \boldsymbol{A}_{12} \\ \boldsymbol{A}_{21} & \boldsymbol{A}_{22} \end{bmatrix}$$

矩阵的行和列交换,称为转置,用符号 T 表示,即 $\boldsymbol{A}^{\mathrm{T}}=[a_{ji}]_{m\times n}$,如果 $\boldsymbol{A}^{\mathrm{T}}=\boldsymbol{A}$,则称 $\boldsymbol{A}$ 为对称矩阵。对复数矩阵,更常用的是共轭转置,定义为 $\boldsymbol{A}^{\mathrm{H}}=(\boldsymbol{A}^{\mathrm{T}})^*=(\boldsymbol{A}^*)^{\mathrm{T}}=[\boldsymbol{a}_{ji}^*]_{m\times n}$,如果 $\boldsymbol{A}^{\mathrm{H}}=\boldsymbol{A}$,称 $\boldsymbol{A}$ 为共轭对称矩阵,或 Hermitian 矩阵。

共轭转置满足如下几个基本性质:

$$(\boldsymbol{A}+\boldsymbol{B})^{\mathrm{H}}=\boldsymbol{A}^{\mathrm{H}}+\boldsymbol{B}^{\mathrm{H}}$$

$$(\boldsymbol{A}^{\mathrm{H}})^{\mathrm{H}}=\boldsymbol{A}$$

$$(\boldsymbol{A}\boldsymbol{B})^{\mathrm{H}}=\boldsymbol{B}^{\mathrm{H}}\boldsymbol{A}^{\mathrm{H}}$$

矩阵 $\boldsymbol{A}$ 的秩 $\rho(\boldsymbol{A})$ 定义为 $\boldsymbol{A}$ 中最大的线性独立列向量的数目,利用秩的一个性质:$\rho(\boldsymbol{A})=\rho(\boldsymbol{A}^{\mathrm{H}})$,容易证明,秩也等于 $\boldsymbol{A}$ 中最大的线性独立行向量的数目,秩还有如下的性质:

$$\rho(\boldsymbol{A})=\rho(\boldsymbol{A}\boldsymbol{A}^{\mathrm{H}})=\rho(\boldsymbol{A}^{\mathrm{H}}\boldsymbol{A})$$

$$\rho(\boldsymbol{A})\leqslant\min\{m,n\}$$

对于 $n\times n$ 维方阵 $\boldsymbol{A}$,可以定义迹 $\mathrm{tr}(\boldsymbol{A})$ 为其对角线元素之和,即 $\mathrm{tr}(\boldsymbol{A})=\sum_{i=1}^{n}a_{ii}$,迹的一个性质是 $\mathrm{tr}(\boldsymbol{A}\boldsymbol{B})=\mathrm{tr}(\boldsymbol{B}\boldsymbol{A})$,这个性质仅要求 $\boldsymbol{A}\boldsymbol{B}$ 和 $\boldsymbol{B}\boldsymbol{A}$ 是方阵即可。

对于 $n\times n$ 维方阵 $\boldsymbol{A}$，如果 $\rho(\boldsymbol{A})=n$，$\boldsymbol{A}$ 存在逆矩阵 $\boldsymbol{A}^{-1}$，满足 $\boldsymbol{A}\boldsymbol{A}^{-1}=\boldsymbol{A}^{-1}\boldsymbol{A}=\boldsymbol{I}$，这里 $\boldsymbol{I}$ 是单位矩阵。如果 $\rho(\boldsymbol{A})<n$，$\boldsymbol{A}$ 不可逆，称 $\boldsymbol{A}$ 为奇异矩阵。可逆性与矩阵的行列式的值有直接关系，若 $\rho(\boldsymbol{A})=n$，必有 $\det(\boldsymbol{A})\neq 0$，矩阵 $\boldsymbol{A}$ 是可逆的，反之，若 $\det(\boldsymbol{A})=0$，必有 $\rho(\boldsymbol{A})<n$，矩阵 $\boldsymbol{A}$ 不可逆。对于可逆矩阵有如下性质：

$$(\boldsymbol{A}\boldsymbol{B})^{-1}=\boldsymbol{B}^{-1}\boldsymbol{A}^{-1}$$

$$(\boldsymbol{A}^{\mathrm{H}})^{-1}=(\boldsymbol{A}^{-1})^{\mathrm{H}}$$

在信号处理和系统理论中，常采用矩阵逆引理，矩阵逆引理的一般形式为下式：

$$(\boldsymbol{A}+\boldsymbol{B}\boldsymbol{C}\boldsymbol{D})^{-1}=\boldsymbol{A}^{-1}-\boldsymbol{A}^{-1}\boldsymbol{B}(\boldsymbol{C}^{-1}+\boldsymbol{D}\boldsymbol{A}^{-1}\boldsymbol{B})^{-1}\boldsymbol{D}\boldsymbol{A}^{-1}$$

在上式中，$\boldsymbol{A}$ 是 $n\times n$ 维方阵，$\boldsymbol{B}$ 是 $n\times m$ 维矩阵，$\boldsymbol{C}$ 是 $m\times m$ 维方阵，$\boldsymbol{D}$ 是 $m\times n$ 维矩阵，要求 $\boldsymbol{A}$ 和 $\boldsymbol{C}$ 可逆。矩阵逆引理的一个特例是：$\boldsymbol{C}=1$，$\boldsymbol{B}$ 是列向量，$\boldsymbol{D}$ 是行向量的情况，即

$$(\boldsymbol{A}+\boldsymbol{u}\boldsymbol{v}^{\mathrm{H}})^{-1}=\boldsymbol{A}^{-1}-\frac{\boldsymbol{A}^{-1}\boldsymbol{u}\boldsymbol{v}^{\mathrm{H}}\boldsymbol{A}^{-1}}{1+\boldsymbol{v}^{\mathrm{H}}\boldsymbol{A}^{-1}\boldsymbol{u}}$$

上式也称为 Woodbury 等式，如果 $\boldsymbol{A}^{-1}$ 已知，求 $(\boldsymbol{A}+\boldsymbol{u}\boldsymbol{v}^{\mathrm{H}})$ 的逆矩阵的运算，就变成简单的矩阵与向量相乘的运算，注意，上式中等号右侧的分母是个标量。

分块矩阵的逆公式如下：

$$\begin{bmatrix}\boldsymbol{A} & \boldsymbol{B}\\ \boldsymbol{C} & \boldsymbol{D}\end{bmatrix}^{-1}=\begin{bmatrix}\boldsymbol{K} & -\boldsymbol{K}\boldsymbol{B}\boldsymbol{D}^{-1}\\ -\boldsymbol{D}^{-1}\boldsymbol{C}\boldsymbol{K} & \boldsymbol{D}^{-1}+\boldsymbol{D}^{-1}\boldsymbol{C}\boldsymbol{K}\boldsymbol{B}\boldsymbol{D}^{-1}\end{bmatrix}$$

其中，

$$\boldsymbol{K}=(\boldsymbol{A}-\boldsymbol{B}\boldsymbol{D}^{-1}\boldsymbol{C})^{-1}$$

A.4 一些特殊矩阵

对角线矩阵可以用如下形式表示：

$$\boldsymbol{A}=\begin{bmatrix}a_{11} & 0 & \cdots & 0\\ 0 & a_{22} & \cdots & 0\\ \vdots & \vdots & \ddots & \vdots\\ 0 & 0 & \cdots & a_{nn}\end{bmatrix}=\operatorname{diag}(a_{11},a_{22},\cdots,a_{nn})$$

单位矩阵是一个特殊的对角线矩阵，即 $I=\operatorname{diag}(1,1,\cdots,1)$。

信号处理中经常使用 Toeplitz 矩阵，Toeplitz 矩阵是一个 $n\times n$ 维方阵，它的特点是对角线元素是相等的，平行于对角线的元素也是相等的，即

$$a_{i,j}=a_{i+k,j+k}\quad i<n,i+k\leqslant n,j<n,j+k\leqslant n,$$

如果一个 Toeplitz 矩阵是对称的或共轭对称的，仅由第 1 列元素可以确定整个矩阵，例如

$$A=\operatorname{Toep}(4,2-j,1-j)=\begin{bmatrix}4 & 2+j & 1+j\\ 2-j & 4 & 2+j\\ 1-j & 2-j & 4\end{bmatrix}$$

一般地，一个 Toeplitz 矩阵的逆矩阵不再是 Toeplitz 矩阵。

如果一个矩阵满足 $\boldsymbol{A}^{-1}=\boldsymbol{A}^{\mathrm{H}}$，称这个矩阵为酉矩阵，当 $\boldsymbol{A}$ 是酉矩阵，它的列向量形式可以写为 $\boldsymbol{A}=[\boldsymbol{c}_1,\boldsymbol{c}_2,\cdots,\boldsymbol{c}_m]$，各列是正交的，即

$$c_i^{\mathrm{H}} c_j = \begin{cases} 1, & i = j \\ 0, & i \neq j \end{cases}$$

由此得 $\boldsymbol{A}^{\mathrm{H}}\boldsymbol{A} = \boldsymbol{A}\boldsymbol{A}^{\mathrm{H}} = \boldsymbol{I}$。

A.5　二次型和正定性

对于给定的 $n \times n$ 维共轭对称矩阵 $\boldsymbol{A}$ 和一个任意的 n 维向量 $\boldsymbol{x}$，定义二次型为

$$G_A(\boldsymbol{x}) = \boldsymbol{x}^{\mathrm{H}}\boldsymbol{A}\boldsymbol{x} = \sum_{i=1}^{n}\sum_{j=1}^{n} x_i^* a_{ij} x_j$$

如果对任意非零 $\boldsymbol{x}$，均有 $G_A(\boldsymbol{x}) > 0$，称矩阵 $\boldsymbol{A}$ 是正定的，并可记为 $\boldsymbol{A} > 0$。如果 $G_A(\boldsymbol{x})$ 仅满足非负性，即 $G_A(\boldsymbol{x}) \geqslant 0$，称 $\boldsymbol{A}$ 是半正定的。

如果存在满秩的 $n \times m$ 维矩阵 $\boldsymbol{B}$，矩阵 $\boldsymbol{A}$ 是正定的，必有 $\boldsymbol{B}^{\mathrm{H}}\boldsymbol{A}\boldsymbol{B}$ 也是正定的。正定矩阵的行列式是正的，正定矩阵必有逆矩阵。

A.6　矩阵的特征值和特征向量

对于给定的 $n \times n$ 维矩阵 $\boldsymbol{A}$，可以如下线性方程组：

$$\boldsymbol{A}\boldsymbol{v} = \lambda \boldsymbol{v}$$

这里，λ 是常数，如上方程可改写为

$$(\boldsymbol{A} - \lambda \boldsymbol{I})\boldsymbol{v} = \boldsymbol{0}$$

为了得到非零解 $\boldsymbol{v}$，要求 $\boldsymbol{A} - \lambda \boldsymbol{I}$ 是奇异矩阵，即

$$p(\lambda) = \det(\boldsymbol{A} - \lambda \boldsymbol{I}) = 0$$

这里，$p(\lambda)$ 称为矩阵 $\boldsymbol{A}$ 的特征多项式，$p(\lambda)$ 是 λ 的 n 阶多项式，有 n 个根 $\lambda_i, i = 1, 2, \cdots, n$，每个根 λ_i 称为矩阵 $\boldsymbol{A}$ 的一个特征值，对于一个特征值 λ_i，至少有一个非零向量 $\boldsymbol{v}_i$ 满足

$$\boldsymbol{A}\boldsymbol{v}_i = \lambda_i \boldsymbol{v}_i$$

这些向量 $\boldsymbol{v}_i$ 称为矩阵 $\boldsymbol{A}$ 的特征向量。显然，如果 $\boldsymbol{v}_i$ 是特征向量，$\alpha \boldsymbol{v}_i$ 也是特征向量，因此，这里约定特征向量是归一化的，即 $\| \boldsymbol{v}_i \| = 1$。

特征值和特征向量有许多重要性质，这些性质在信号处理中得到应用。如下，我们不加证明地列出一些性质。

(1) 不同特征值 $\lambda_1, \lambda_2, \cdots, \lambda_n$ 对应的特征向量 $\boldsymbol{v}_1, \boldsymbol{v}_2, \cdots, \boldsymbol{v}_n$ 是线性独立的。

(2) 如果 $\boldsymbol{A}$ 是 $n \times n$ 维奇异矩阵，必存在零特征值，非零特征值数目为 $\rho(\boldsymbol{A})$，零特征值数目为 $n - \rho(\boldsymbol{A})$。

(3) 矩阵 $\boldsymbol{A}$ 的行列式可表示为特征值之积 $\det(\boldsymbol{A}) = \prod_{i=1}^{n} \lambda_i$。

(4) 共轭对称矩阵的特征值必为实数值。如果共轭对称矩阵也是正定的，其特征值必为正实数，即 $\lambda_i > 0, i = 1, 2, \cdots, n$，如果共轭对称矩阵是半正定的，其特征值是非负实数，即 $\lambda_i \geqslant 0, i = 1, 2, \cdots, n$。

(5) 共轭对称矩阵的不同特征值对应的特征向量必为正交的，即 $\lambda_i \neq \lambda_j$，则 $\langle \boldsymbol{v}_i, \boldsymbol{v}_j \rangle = 0$。

(6) 矩阵的迹和特征值的关系为：$\mathrm{tr}(\boldsymbol{A})=\sum_{i=1}^{n}\lambda_i$。

(7) 设矩阵 $\boldsymbol{A}$ 的特征值是 $\lambda_i, i=1,2,\cdots,n$，对应的特征向量为 $\boldsymbol{v}_1,\boldsymbol{v}_2,\cdots,\boldsymbol{v}_n$，另存在一个矩阵 $\boldsymbol{B}=\boldsymbol{A}+\alpha\boldsymbol{I}$，则 B 的特征值为 $\lambda_i+\alpha, i=1,2,\cdots,n$，特征向量仍为 $\boldsymbol{v}_1,\boldsymbol{v}_2,\cdots,\boldsymbol{v}_n$。

如上性质(5)非常重要，这里给出其证明。对于两个不同特征值 λ_i、λ_j，其特征向量分别为 $\boldsymbol{v}_i,\boldsymbol{v}_j$，满足如下方程：

$$\boldsymbol{A}\boldsymbol{v}_i=\lambda_i\boldsymbol{v}_i \tag{A.6.1}$$

$$\boldsymbol{A}\boldsymbol{v}_j=\lambda_j\boldsymbol{v}_j \tag{A.6.2}$$

式(A.6.1)和式(A.6.2)分别左乘 $\boldsymbol{v}_j^{\mathrm{H}},\boldsymbol{v}_i^{\mathrm{H}}$，得到

$$\boldsymbol{v}_j^{\mathrm{H}}\boldsymbol{A}\boldsymbol{v}_i=\lambda_i\boldsymbol{v}_j^{\mathrm{H}}\boldsymbol{v}_i \tag{A.6.3}$$

$$\boldsymbol{v}_i^{\mathrm{H}}\boldsymbol{A}\boldsymbol{v}_j=\lambda_j\boldsymbol{v}_i^{\mathrm{H}}\boldsymbol{v}_j \tag{A.6.4}$$

式(A.6.3)两边取共轭转置，得

$$\boldsymbol{v}_i^{\mathrm{H}}\boldsymbol{A}^{\mathrm{H}}\boldsymbol{v}_j=\lambda_i^{*}\boldsymbol{v}_i^{\mathrm{H}}\boldsymbol{v}_j \tag{A.6.5}$$

利用 $\boldsymbol{A}^{\mathrm{H}}=\boldsymbol{A}$ 和 $\lambda_i^{*}=\lambda_i$ 的关系，式(A.6.5)改写为

$$\boldsymbol{v}_i^{\mathrm{H}}\boldsymbol{A}\boldsymbol{v}_j=\lambda_i\boldsymbol{v}_i^{\mathrm{H}}\boldsymbol{v}_j \tag{A.6.6}$$

式(A.6.6)减式(A.6.4)，得到

$$(\lambda_i-\lambda_j)\boldsymbol{v}_i^{\mathrm{H}}\boldsymbol{v}_j=0 \tag{A.6.7}$$

既然 $\lambda_i\neq\lambda_j$，必有 $\boldsymbol{v}_i^{\mathrm{H}}\boldsymbol{v}_j=0$，性质(5)得证。

A.7 矩阵的特征分解

对于给定的 $n\times n$ 维矩阵 $\boldsymbol{A}$，设有不同的特征值 $\lambda_1,\lambda_2,\cdots,\lambda_n$，对应的特征向量为 $\boldsymbol{v}_1,\boldsymbol{v}_2,\cdots,\boldsymbol{v}_n$，对于任一个特征值，满足

$$\boldsymbol{A}\boldsymbol{v}_i=\lambda_i\boldsymbol{v}_i$$

将 n 个如上形式的方程，写成矩阵形式为

$$\boldsymbol{A}[\boldsymbol{v}_1,\boldsymbol{v}_2,\cdots,\boldsymbol{v}_n]=[\lambda_1\boldsymbol{v}_1,\lambda_2\boldsymbol{v}_2,\cdots,\lambda_n\boldsymbol{v}_n]$$

定义 $\boldsymbol{V}=[\boldsymbol{v}_1,\boldsymbol{v}_2,\cdots,\boldsymbol{v}_n]$，$\boldsymbol{\Lambda}=\mathrm{diag}(\lambda_1,\lambda_2,\cdots,\lambda_n)$，上式表示为

$$\boldsymbol{A}\boldsymbol{V}=\boldsymbol{V}\boldsymbol{\Lambda}$$

若 $\lambda_1,\lambda_2,\cdots,\lambda_n$ 各不相同，则 $\boldsymbol{v}_1,\boldsymbol{v}_2,\cdots,\boldsymbol{v}_n$ 线性独立，因此 $\boldsymbol{V}$ 的秩为 n 并可逆，矩阵 $\boldsymbol{A}$ 分解为

$$\boldsymbol{A}=\boldsymbol{V}\boldsymbol{\Lambda}\boldsymbol{V}^{-1}$$

如果 $\boldsymbol{A}$ 是共轭对称的，$\boldsymbol{v}_1,\boldsymbol{v}_2,\cdots,\boldsymbol{v}_n$ 是相互正交的，$\boldsymbol{V}$ 是酉矩阵，即 $\boldsymbol{V}^{\mathrm{H}}=\boldsymbol{V}^{-1}$，矩阵 $\boldsymbol{A}$ 分解为

$$\boldsymbol{A}=\boldsymbol{V}\boldsymbol{\Lambda}\boldsymbol{V}^{\mathrm{H}}=\sum_{i=1}^{n}\lambda_i\boldsymbol{v}_i\boldsymbol{v}_i^{\mathrm{H}}$$

上式称为谱定理(Spectral Theorem)。

由谱定理，如果 $\boldsymbol{A}$ 是非奇异的，其逆矩阵可表示为

$$\boldsymbol{A}^{-1}=(\boldsymbol{V}\boldsymbol{\Lambda}\boldsymbol{V}^{\mathrm{H}})^{-1}=\boldsymbol{V}\boldsymbol{\Lambda}^{-1}\boldsymbol{V}^{\mathrm{H}}=\sum_{i=1}^{n}\frac{1}{\lambda_i}\boldsymbol{v}_i\boldsymbol{v}_i^{\mathrm{H}}$$

由于 $\boldsymbol{V}$ 是酉矩阵，还可以得到

$$\boldsymbol{I}=\boldsymbol{V}\boldsymbol{V}^{\mathrm{H}}=\sum_{i=1}^{n}\boldsymbol{v}_i\boldsymbol{v}_i^{\mathrm{H}}$$

A.8 标量函数对向量的求导

有一个标量函数 $f(\boldsymbol{x})$，假设 $\boldsymbol{x}$ 和 $f(\boldsymbol{x})$ 都是实的，$\boldsymbol{x}=[x_1,x_2,\cdots,x_M]^{\mathrm{T}}$，定义 $f(\boldsymbol{x})$ 对 $\boldsymbol{x}$ 的梯度为

$$\nabla f(\boldsymbol{x})=\frac{\mathrm{d}f(\boldsymbol{x})}{\mathrm{d}\boldsymbol{x}}=\left(\frac{\partial f}{\partial x_1},\frac{\partial f}{\partial x_2},\cdots,\frac{\partial f}{\partial x_M}\right)^{\mathrm{T}}$$

两个常见例子为

$$\frac{\mathrm{d}(\boldsymbol{a}^{\mathrm{T}}\boldsymbol{x})}{\mathrm{d}\boldsymbol{x}}=\boldsymbol{a}$$

$$\frac{\mathrm{d}(\boldsymbol{x}^{\mathrm{T}}\boldsymbol{A}\boldsymbol{x})}{\mathrm{d}\boldsymbol{x}}=(\boldsymbol{A}+\boldsymbol{A}^{\mathrm{T}})\boldsymbol{x}$$

当 $\boldsymbol{A}$ 是实对称矩阵时，有 $\frac{\mathrm{d}(\boldsymbol{x}^{\mathrm{T}}\boldsymbol{A}\boldsymbol{x})}{\mathrm{d}\boldsymbol{x}}=2\boldsymbol{A}\boldsymbol{x}$。

类似地可定义函数对矩阵的求导，若 $\boldsymbol{A}=[a_{ij}]_{n\times m}$ 中每个 a_{ij} 是变量，$f(\boldsymbol{A})$ 对 $\boldsymbol{A}$ 的导数定义为

$$f(\boldsymbol{A})=\frac{\mathrm{d}f(\boldsymbol{A})}{\mathrm{d}\boldsymbol{A}}=\left[\frac{\partial f}{\partial a_{ij}}\right]_{n\times m}$$

例：容易验证，$\boldsymbol{x}^{\mathrm{T}}\boldsymbol{A}\boldsymbol{x}$ 对实对称矩阵 $\boldsymbol{A}$ 的导数为 $\frac{\mathrm{d}(\boldsymbol{x}^{\mathrm{T}}\boldsymbol{A}\boldsymbol{x})}{\mathrm{d}\boldsymbol{A}}=\boldsymbol{x}\boldsymbol{x}^{\mathrm{T}}$，另有 $\frac{\mathrm{d}(\ln|\boldsymbol{A}|)}{\mathrm{d}\boldsymbol{A}}=(\boldsymbol{A}^{-1})^{\mathrm{T}}$。

当 $\boldsymbol{x}$ 是复变量向量时，问题要复杂一些。为了进一步讨论函数对复变量向量的求导，首先介绍函数对一个单一复变量的求导，设复变量为 $z=x+\mathrm{j}y$，对复变量 z 的导数和对复变量 z 的共轭 z^* 的导数分别定义为

$$\frac{\partial}{\partial z}=\frac{1}{2}\left(\frac{\partial}{\partial x}-\mathrm{j}\frac{\partial}{\partial y}\right)$$

$$\frac{\partial}{\partial z^*}=\frac{1}{2}\left(\frac{\partial}{\partial x}+\mathrm{j}\frac{\partial}{\partial y}\right)$$

对复变量导数的定义，看上去有点奇怪，利用这个定义，可以得到

$$\frac{\mathrm{d}z}{\mathrm{d}z}=1,\quad \frac{\mathrm{d}z}{\mathrm{d}z^*}=0,\quad \frac{\mathrm{d}z^*}{\mathrm{d}z}=0,\quad \frac{\mathrm{d}z^*}{\mathrm{d}z^*}=1$$

由此不难理解这个定义的合理性，在对复变量求导时 z 和 z^* 看成独立的。

设 $\boldsymbol{z}=[z_1,z_2,\cdots,z_M]^{\mathrm{T}}=[x_1+\mathrm{j}y_1,x_2+\mathrm{j}y_2,\cdots,x_M+\mathrm{j}y_M]^{\mathrm{T}}$，对复变量向量的求导定义为

$$\frac{\partial}{\partial \boldsymbol{z}}=\frac{1}{2}\begin{pmatrix}\frac{\partial}{\partial x_1}-\mathrm{j}\frac{\partial}{\partial y_1}\\ \frac{\partial}{\partial x_2}-\mathrm{j}\frac{\partial}{\partial y_2}\\ \vdots\\ \frac{\partial}{\partial x_M}-\mathrm{j}\frac{\partial}{\partial y_M}\end{pmatrix}\qquad \frac{\partial}{\partial \boldsymbol{z}^*}=\frac{1}{2}\begin{pmatrix}\frac{\partial}{\partial x_1}+\mathrm{j}\frac{\partial}{\partial y_1}\\ \frac{\partial}{\partial x_2}+\mathrm{j}\frac{\partial}{\partial y_2}\\ \vdots\\ \frac{\partial}{\partial x_M}+\mathrm{j}\frac{\partial}{\partial y_M}\end{pmatrix}$$

例：利用定义可以直接验证如下各式：

$$\frac{\partial \boldsymbol{a}^{\mathrm{H}}\boldsymbol{z}}{\partial \boldsymbol{z}}=\boldsymbol{a}^*,\qquad \frac{\partial \boldsymbol{a}^{\mathrm{H}}\boldsymbol{z}}{\partial \boldsymbol{z}^*}=\boldsymbol{0}$$

$$\frac{\partial \boldsymbol{z}^{\mathrm{H}}\boldsymbol{a}}{\partial \boldsymbol{z}}=\boldsymbol{0},\qquad \frac{\partial \boldsymbol{z}^{\mathrm{H}}\boldsymbol{a}}{\partial \boldsymbol{z}^*}=\boldsymbol{a}$$

$$\frac{\partial \boldsymbol{z}^{\mathrm{H}}\boldsymbol{A}\boldsymbol{z}}{\partial \boldsymbol{z}}=(\boldsymbol{A}\boldsymbol{z})^*,\qquad \frac{\partial \boldsymbol{z}^{\mathrm{H}}\boldsymbol{A}\boldsymbol{z}}{\partial \boldsymbol{z}^*}=\boldsymbol{A}\boldsymbol{z}$$

对复变量向量 $\boldsymbol{z}$ 的梯度定义为

$$\nabla_z=\begin{pmatrix}\frac{\partial}{\partial x_1}+\mathrm{j}\frac{\partial}{\partial y_1}\\ \frac{\partial}{\partial x_2}+\mathrm{j}\frac{\partial}{\partial y_2}\\ \vdots\\ \frac{\partial}{\partial x_M}+\mathrm{j}\frac{\partial}{\partial y_M}\end{pmatrix}=2\frac{\partial}{\partial \boldsymbol{z}^*}$$

如果函数 $f(\boldsymbol{z})$的取值是实的，求 $\boldsymbol{z}=\boldsymbol{z}_0$ 使 $f(\boldsymbol{z})$取得极值，需求解如下方程组：

$$\nabla_z f(\boldsymbol{z})\big|_{\boldsymbol{z}=\boldsymbol{z}_0}=\boldsymbol{0},\quad \text{或}\frac{\partial f(\boldsymbol{z})}{\partial \boldsymbol{z}^*}\bigg|_{\boldsymbol{z}=\boldsymbol{z}_0}=\boldsymbol{0}$$

附录 B　拉格朗日(Lagrange)乘数法求解约束最优

有一个标量函数 $f(\boldsymbol{x})$,假设 $\boldsymbol{x}$ 和 $f(\boldsymbol{x})$ 都是实的,$\boldsymbol{x}=[x_1,x_2,\cdots,x_M]^{\mathrm{T}}$,$\boldsymbol{x}$ 满足 K 个约束方程

$$g_i(\boldsymbol{x})=0,\quad i=1,2,\cdots,K \tag{B.1}$$

求 $\boldsymbol{x}$ 的解,使得 $f(\boldsymbol{x})$ 最小。

构造一个新的目标函数

$$J(\boldsymbol{x})=f(\boldsymbol{x})+\sum_{i=1}^{K}\lambda_i g_i(\boldsymbol{x})$$

这里 λ_i 称为拉格朗日乘子,为求使 $f(\boldsymbol{x})$ 最小的 $\boldsymbol{x}$,需求解下列方程组:

$$\nabla J(\boldsymbol{x})=\frac{\partial J(\boldsymbol{x})}{\partial \boldsymbol{x}}=\frac{\partial f(\boldsymbol{x})}{\partial \boldsymbol{x}}+\sum_{i=1}^{K}\lambda_i\frac{\partial g_i(\boldsymbol{x})}{\partial \boldsymbol{x}}=\mathbf{0} \tag{B.2}$$

求解式(B.1)和式(B.2)联立的 $K+M$ 个方程,可得 λ_i 和 $\boldsymbol{x}$ 的最优解。

如果 $\boldsymbol{x}$ 是复变量向量,$f(\boldsymbol{x})$ 取实数值,$g_i(\boldsymbol{x})$ 可能取复数值,如上求解问题稍有变化,此时,取 λ_i 为复数拉格朗日乘子,定义实的目标函数为

$$J(\boldsymbol{x})=f(\boldsymbol{x})+\sum_{i=1}^{K}\mathrm{Re}(\lambda_i^* g_i(\boldsymbol{x}))=f(\boldsymbol{x})+\frac{1}{2}\sum_{i=1}^{K}(\lambda_i^* g_i(\boldsymbol{x})+\lambda_i g_i^*(\boldsymbol{x}))$$

复数变量情况下,与式(B.2)对应的方程是

$$\frac{\partial J(\boldsymbol{x})}{\partial \boldsymbol{x}^*}=\frac{\partial f(\boldsymbol{x})}{\partial \boldsymbol{x}^*}+\sum_{i=1}^{K}\frac{\partial}{\partial \boldsymbol{x}^*}\{\mathrm{Re}(\lambda_i^* g_i(\boldsymbol{x}))\}=\mathbf{0} \tag{B.3}$$

缩 写 词

AIC	Akaike Information Criterion	Akaike 信息准则
AIC	Analog-to-Information Conversion	模拟-信息转换
AF	Ambiguity Function	模糊函数
AR	Autoregressive	自回归
ARMA	Autoregressive Moving Average	自回归滑动平均
BSS	Blind Source Separation	盲源分离
CMA	Constant Modulus Algorithm	恒模算法
CS	Compressed Sensing(或 Compressive Sensing)	压缩感知
CWT	Continuous Wavelet Transform	连续小波变换
DCT	Discrete Cosine Transform	离散余弦变换
DFT	Discrete Fourier Transform	离散傅里叶变换
DTFT	Discrete Time Fourier Transform	离散时间傅里叶变换
DWT	Discrete Wavelet Transform	离散小波变换
ESPRIT	Estimating Signal Parameters via Rotational Invariance Techniques	信号参数旋转不变估计
FFT	Fast Fourier Transform	快速傅里叶变换
FIR	Finite Impulse Response	有限冲激响应
GMM	Gaussian Mixture Model	高斯混合模型
HMM	Hidden Markov Model	隐马尔可夫模型
HVS	Human Visual System	人类视觉系统
ICA	Independent Component Analysis	独立分量分析
KLT	Karhunen-Loeve Transform	KL 变换
LASSO	Least Absolute Selection and Shrinkage Operator	套索回归
LMS	Least Mean Square	最小均方算法
LS	Least Square	最小二乘
LSL	Least Squares Lattice	最小二乘格形
LTI	Linear Time Invariant	线性时不变
MA	Moving Average	滑动平均
MAP	Maximum Posterior	最大后验
MCS	Monte Carlo Simulation	蒙特卡洛模拟
MLE	Maximum Likelihood Estimator	最大似然估计
MMSE	Minimum Mean Square Estimation	最小均方估计
MRI	Magnetic Resonance Imaging	核磁共振成像
MUSIC	Multiple Signal Classification	多信号分类
MVU	Minimum Variance Unbiased	最小方差无偏估计
OMP	Orthogonal Matching Pursuit	正交匹配追踪
OFDM	Orthogonal Frequency Division Multiplexing	正交频分复用
PCA	Principal Component Analysis	主成分分析
PDF	Probability Density Function	概率密度函数

PSD	Power Spectrum Density	功率谱密度
RIP	Restricted Isometry Property	严格等距特性
RLS	Recursive Least-Squares	回归 LS
SIS	Sequential Importance Sampling	序列重要性采样
SVD	Singular-Value Decomposition	奇异值分解
TLS	Total Least Squares	总体最小二乘
TV	Total Variation	总体变分
WGN	White Gaussian Noise	高斯白噪声
WSS	Wide-Sense Stationary	宽平稳
WVD	Wigner-Ville Distribution	WVD 分布

索　引

G

H

J

K

L

M

N

O

P

Q

R

S

Y

Z